ESV
ERICH
SCHMIDT
VERLAG

AF533104

Operatives Controlling – Band 2

Kennzahlenanalyse der betrieblichen Funktionsbereiche – Grundlagen, Methoden, Techniken

Von

Prof. Dr. Martin Wördenweber

3., völlig neu bearbeitete Auflage

ERICH SCHMIDT VERLAG

Bibliografische Information der Deutschen Nationalbibliothek
Die Deutsche Nationalbibliothek verzeichnet diese Publikation in der Deutschen Nationalbibliografie; detaillierte bibliografische Daten sind im Internet über http://dnb.d-nb.de abrufbar.

Weitere Informationen zu diesem Titel finden Sie im Internet unter
ESV.info/978-3-503-20647-6

1.–2. Auflage 2013–2015
Verlag Gertrud Scheld, Fachbibliothek Verlag, Paderborn-Marienloh
3. Auflage 2022

ISBN 978-3-503-20647-6

www.ESV.info

Druck und Bindung: docupoint, Barleben

Vorwort zur 3. Auflage

Nunmehr wird es Zeit für eine dritte Auflage. So war wieder Gelegenheit, neben Anregungen der Kollegen und Kolleginnen und der Studenten (m, w, d) eigene neue Erkenntnisse in diese dritte Auflage einfließen zu lassen.

Die nachstehend aufgelisteten Erweiterungen haben dazu geführt, dass das bisherige Werk in zwei Bände aufgeteilt werden musste: Einen ersten Band mit den Bereichen „Operative Planung und Kontrolle" sowie „Operative Kennzahlenanalyse auf Unternehmensebene" und einen zweiten Band mit den Themen „Operative Kennzahlenanalyse in den Funktionsbereichen".

Gleichzeitig wurden im vorliegenden zweiten Band einige Ergänzungen vorgenommen: Das Beschaffungs-Controlling wurde inhaltlich um einige Schwerpunkte und um mehrere Kennzahlen erweitert. So wurde u. a. im Beschaffungsbereich der Paragraf „Maverick-buying" neu aufgenommen. Als neue Kennzahl ist etwa die „Lieferflexibilität" zu nennen. Der Abschnitt „Controlling der innerbetrieblichen Logistik" wurde in „Controlling der internen Transportlogistik" umbenannt und umstrukturiert. Zahlreiche Kennzahlen wie „Eigentransportquote", „Transportmittelnutzungsgrad", „Ausfallgrad", „Kosten je Tonnenkilometer", „Lieferflexibilität" oder „Lieferqualität" sind hinzugekommen. Der Abschnitt „Produktions-Controlling" wurde völlig neu konzipiert. Dabei wurde u. a. das Thema „Rüstzeiten" vertieft und mehrere Kennzahlen neu eingeführt. Nicht nur im Marketing-Controlling wurde aufgrund der Änderungen des HGB durch das BilRuG eine Abgrenzung zwischen dem handelsrechtlichen Begriff „Umsatzerlöse" einerseits und den betrieblichen Termini „Umsätze" bzw. „Erlöse" andererseits notwendig. Weiters wurde im Marketing-Controlling zwischen den renditeschwachen und den renditestarken Marktanteilen differenziert. Im Finanz-Controlling wurde die Notwendigkeit desselben explizit herausgestellt. Dieser Abschnitt umfasst nunmehr auch den dynamischen Verschuldungsgrad. Im Personal-Controlling wurden das Thema Personalbedarf und damit verbundene Kennzahlen aufgenommen.

Um sowohl die Unterabschnitte „Kennzahlen und Verfahren der Vollkostenrechnung" und „Kennzahlen und Verfahren der Deckungsbeitragsrechnung" als auch die Ausführungen zur Plankostenrechnung zu verschlanken und damit lesbarer zu gestalten, wurden aus dem Paragrafen 2.4.2.6.1 „Einführung in die Plankostenrechnung" grundlegende Begriffserläuterungen der Kostenrechnung herausgenommen und daraus mit einigen notwendigen

Ergänzungen eine eigenständige Monografie „Verfahren und Kennzahlen der Kostenrechnung“ sowie ein zugehöriges Klausurenübungsbuch Kostenrechnung geschaffen.

Zur Verwendung der geschlechtsspezifischen, meist männlichen Schreibweise sei folgender Hinweis erlaubt: Es ist schreibtechnisch deutlich einfacher, nur die männliche Form zu verwenden, anstatt der gelegentlich gebrauchten Ausdrücke wie AutorIn, Autor*in, Autor/in, Autor:in, Autor oder Autorin, StudentIn, Student/in, Student*in, Student oder Studentin etc. Zweitens wäre die vorstehende Verwendung grammatikalisch falsch. Drittens lässt sie sich in sehr vielen Fällen wie z. B. beim Arzt nicht einheitlich anwenden: Eine Arztin gibt es nicht. Viertens führt die Ausführung zu einer erschwerten Les- und Erfassbarkeit des Textes. Zuletzt ist vorstehende Art der genderorientierten (?) Schreibweise angesichts der drei Geschlechter (Männer, Frauen, Intersexuelle) ohnehin nicht korrekt und ethisch bedenklich, da sie nicht alle Formen der sexuellen Orientierung gleichwertig nebeneinanderstellt; die Angehörigen des dritten Geschlechts werden zu reinen Symbolen herabgesetzt. Eine Lösung könnte in der Findung neuer Sprachformen liegen. Was aber etliche neue Probleme schafft. Denn dann bräuchten wir bei detaillierter Betrachtung (neben dem Neutrum) mind. vier Formen: m, w, d und ein übergeordnetes Substantiv für Personen. Infolgedessen opfern wir nicht nur die hergebrachte deutsche Sprache, sondern schaffen wie im Lateinischen oder Griechischen eine noch komplexere Sprache, deren Anwendbarkeit und Beherrschbarkeit die nächsten Fragen aufwirft. (So würden etwa bestimmte gesellschaftliche Gruppen (negativ) diskriminiert, da sie schon allein rein sprachlich überfordert sein könnten.) Es sei zudem darauf hingewiesen, dass das Sprechen mit einer zeitlichen Lücke, etwa beim „Gender-Sternchen“ eine Zumutung für die vielen Hörgeschädigten darstellt. Die Nutzung der vorherrschenden Ausdrucksweise, die oft das männliche Genus beinhaltet, ist in dieser Monografie lediglich als Kurzform für die drei Geschlechter zu verstehen. Insofern mögen Leserinnen und Intersexuelle mir verzeihen und ein wenig Verständnis aufbringen.

Für die zahlreichen Anregungen, Hinweise und Verbesserungsvorschläge möchte ich mich bei den Studenten (m, w, d) der Fachhochschule Bielefeld, u. a. Saskia Dewert M A, Gabriel Heinatz M A, Janine Ladner B A, Marc Pöttker B A und Sabrina Zick M Sc herzlich bedanken. Mein besonderer Dank gilt meinen wissenschaftlichen Hilfskräften, Herrn cand. B A Tom Kowoll und Frau cand. M A Sophie Rehlaender, die mit außerordentlichem Fleiß und dem Aufzeigen von Verbesserungsmöglichkeiten zum Gelingen der 3. Auflage beigetragen hat. Kritik und Verbesserungsvorschläge, aber gerne auch Lob sind ausdrücklich erwünscht. Am besten per E-Mail an OC@dr-woerdenweber.de.

Büren, im März 2022 Martin Wördenweber

Inhaltsübersicht Band 1 und 2

Band 1

Band 2

Inhaltsverzeichnis

Abkürzungsverzeichnis

a. a. O.	am angegebenen Ort, am angeführten Ort
Abs.	Absatz
AG	Aktiengesellschaft
a. o.	außerordentlich(-e, -er)
ArbZG	Arbeitszeitgesetz
Aufl.	Auflage
B2B	Business-to-Business
B2C	Business-to-Consumer
BAB	Betriebsabrechnungsbogen
BCG	Boston Consulting Group
Bd.	Band
BDA	Bundesvereinigung der Deutschen Arbeitgeberverbände
BDU e. V.	Bundesverband Deutscher Unternehmensberater e. V.
betr.	betreffend(-e, -er, -es)
BetrVG	Betriebsverfassungsgesetz
bspw.	beispielsweise
BVMW	Bundesverband mittelständische Wirtschaft
bzw.	beziehungsweise
ca.	circa
cm	Zentimeter
c. p.	ceteris paribus
CPA	Cost per Action (Kosten je Aktion)
CPC	Cost per Click (Kosten pro Klick)
CPL	Cost per Lead (Kosten je Interessent)
CPO	Cost per Order (Kosten für eine Bestellung)
CRM	Customer-Relationship-Management
Darst.	Darstellung
DGQ	Deutsche Gesellschaft für Qualität e. V.
d. h.	das heißt
DIN	Deutsches Institut für Normung
Diss.	Dissertation
DRS	Deutsche Rechnungslegungsstandards

DVFA	Deutsche Vereinigung für Finanzanalyse und Anlageberatung e. V.
EAN	European Article Number (Europäische Artikel-Nummer)
EDI	Electronic Data Interchange
EDIFACT	Electronic Data Interchange for Administration, Commerce and Transport
EEV	Einkommen, Ertrag und Vermögen
EFFAS	European Federation of Financial Analysts Sociétés (Europäischer Zusammenschluss nationaler Vereinigungen von Finanzanalysten)
EN	Europäische Normen
Engl.	Englisch, englische (-r, -s)
Erg.	Ergänzung
ERP	Enterprise Ressource Planning
etc.	et cetera
e. V.	eingetragener Verein
evtl.	eventuell
f. bzw. ff.	folgende, fortfolgende
F&E	Forschung und Entwicklung
FK	Fremdkapital
FMEA	Failure Mode and Effects Analysis
FTE	Full Time Equivalents (Vollzeitäquivalent)
g	Gramm
G	Gewinn
GAE	Gesamtanlageneffektivität
GE	Geldeinheiten
g. g. A.	geschützte geografische Angabe
ggf.	gegebenenfalls
GK	Gesamtkapital
GKV	Gesamtkostenverfahren
GmbH	Gesellschaft mit beschränkter Haftung
GoB	Grundsätze ordnungsmäßiger Buchführung
GoP	Grundsätze ordnungsgemäßer Planung
GRI	Global Reporting Initiative
GRP	Gross Rating Point (Werbedruck)

g. U.	geschützte Ursprungsbezeichnung
GuV	Gewinn- und Verlustrechnung
HGB	Handelsgesetzbuch
hl	Hektoliter
Hrsg.	Herausgeber
i. A.	im Allgemeinen
IAS	International Accounting Standards
i. d. R.	in der Regel
i. e. S.	im engeren Sinne
IFRS	International Financial Reporting Standards
IHK	Industrie- und Handelskammer
inkl.	inklusiv(-e)
ISBN	International Standard Book Number
ISO	International Organization for Standardization
i. S. v.	im Sinne von
i. w. S.	im weiteren Sinne
Jg.	Jahrgang
Jhd.	Jahrhundert
JIT	Just-in-Time (bedarfssynchron)
K(x)	Kostenfunktion mit der unabhängigen Variablen x
K	Kosten
K_f	fixe Kosten
kg	Kilogramm
KPI	Key Performance Indicator (Kennzahl)
KrWG	Gesetz zur Förderung der Kreislaufwirtschaft und Sicherung der umweltverträglichen Bewirtschaftung von Abfällen (Kreislaufwirtschaftsgesetz)
k_v	variable Kosten
kWh	Kilowattstunde
l	Liter
LCIA	Low Cost Intelligent Automation
Lkw	Lastkraftwagen
LOHAS	Lifestyle of Health ans Sustainability

lt.	laut
m	Meter
m. a. W.	mit anderen Worten
MBLM	Mindestbestand an liquiden Mitteln
ME	Mengeneinheit
MES	Manufacturing Execution Systems
MHD	Mindesthaltbarkeitsdatum
min	Minute(-n)
Mio.	Million(-en)
ml	Milliliter
MTBF	Mean Time Between Failure (mittlere ausfallfreie Zeit eines Systems)
MTM	Methods-Time-Measurement-Analyse
MTTR	Mean Time To Repair (mittlere Dauer für die Wiederherstellung nach einem Ausfall)
NPO	Non-Profit-Organisation
Nr.	Nummer
ODETTE	Organization for Data Exchange by Teletransmission in Europe
OEE	Overall Equipment Effectiveness (Gesamtanlageneffektivität)
OTC	Opportunity to Contact (Ø Kontaktzahl pro Rezipient)
OTH	Opportunity to Hear (Ø Kontaktzahl pro Hörer)
OTS	Opportunity to See (Ø Kontaktzahl pro Leser/Seher)
p. a.	pro anno
PAF	Preis-Absatz-Funktion
PC	Personalcomputer
PPS	Produktionsplanungs- und Steuerungssystem
Pkw	Personenkraftwagen
PU	Pack Unit (Verpackungseinheit)
QFD	Quality Function Deployment
qm	Quadratmeter
QM	Qualitätsmanagement

REFA	Verband für Arbeitsgestaltung, Betriebsorganisation und Unternehmensentwicklung (ursprünglich: Reichsausschuß für Arbeitszeitermittlung)
RHB	Roh-, Hilfs- und Betriebsstoffe
RKW	Rationalisierungs- und Innovationszentrum der Deutschen Wirtschaft e. V. (vormals Reichskuratorium für Wirtschaftlichkeit in Industrie und Handwerk)
RoE	Return on Equity
ROI	Return on Investment
S.	Seite
SCM	Supply Chain Management
SG	Schmalenbachgesellschaft
SGE	Strategische Geschäftseinheit(-en)
SMED	Single Minute Exchange of Die
s. o.	siehe oben
sog.	so genannt(-e, -er, -en)
Std.	Stunde(-n)
SWOT	Strength, Weakness, Opportunities, Threats
t	Jahr(-e), Tonne(-n)
T€	Tausend Euro
TEEP	Total Effective Equipment Performance (totale effektive Anlagenproduktivität)
tkm	Tonnenkilometer
TKP	Tausend-Kontakt-Preis
TNP	Tausend-Nutzer-Preis
TQM	Total Quality Management
U	Umsatz
u.	und
u. a.	unter anderem, und andere
u. Ä.	und Ähnliche(-s)
UKV	Umsatzkostenverfahren
UStG	Umsatzsteuergesetz
usw.	und so weiter
u. U.	unter Umständen
UWG	Gesetz gegen den unlauteren Wettbewerb

v. Chr.	vor Christus
VDI	Verein Deutscher Ingenieure
VDMA	Verband Deutscher Maschinen- und Anlagenbau
VE	Vollständigkeitserklärung
VerpackG	Gesetz über das Inverkehrbringen, die Rücknahme und die hochwertige Verwertung von Verpackungen (Verpackungsgesetz)
vgl.	vergleiche
VMI	Vendor-managed Inventory (lieferantengesteuerter Bestand)
VPE	Verpackungseinheit
VZK	Vollzeitkraft
WAAC	Weighted Averige Cost of Capital (gewichteter durchschnittlicher Zinssatz)
WF	Work-Factor-Analyse
WWW	World Wide Web (Weltweites Informationssystem im Internet)
Xetra	Exchange Electronic Trading
z. B.	zum Beispiel
z. T.	zum Teil
zuzügl.	zuzüglich

Symbolverzeichnis

Ø	Durchschnitt, durchschnittlich
%	Prozent
a	Prohibitivpreis (Höchstpreis, bei dem kein Artikel mehr gekauft wird)
A_i	Anzahl der Lieferungen mit der Lieferzeit i
a_{ijk}	Bewertung des Merkmals k
AK	Anschaffungskosten
b	Steigung der Preis-Absatz-Funktion (PAF)
B_{ijk}	subjektive Wahrscheinlichkeit der Person *i*, Objekt *j* besitze das Merkmal *k* bzw. „reale" subjektive Einschätzung des Merkmals *k* beim Objekt *j* durch Person *i*
DB bzw. DB_i	Deckungsbeitrag einer Produktart *i*
ΔG	Änderungsbetrag des Gewinns
ΔK_v	Änderungsbetrag der gesamten variablen Kosten
ΔU	Änderungsbetrag des Umsatzes
€	Euro
E_{ij}	Einstellung der Person *i* zum Objekt *j*
i	Index für die *n* Einzelwerte von *x*, wobei i=1, …, *n*
i	kalkulatorischer Zinssatz, mit dem das gebundene (Eigen- und Fremd-)Kapital zu verzinsen ist
i_{FK}	Fremdkapitalzinssatz
i_{GK}	Zinssatz für das während eines Jahres durchschnittlich gebundene Kapital
I_{ik}	von Person i als ideal empfundene Ausprägung des Merkmals k
K	Kosten
K_B	Kosten je Bestellung (bestellfixe Kosten)
K_{Besch}	Gesamtkosten der Beschaffung pro Jahr
K_f	Fixkosten
k_{Hi}	Herstellkosten einer Erzeugniseinheit der Produktart i
K_{LH}	Lagerhaltungskosten

k_{LK}	Lagerkostensatz in % des Materialwertes
K_v	gesamte variable Kosten
k_v	variable Kosten pro Erzeugniseinheit
L_i	Lieferzeit i (in Tagen)
n	Anzahl der Nutzungsperioden
$p(x)$	Preis
P_E	Einstandspreis pro Mengeneinheit
p^i	Ist-Preis in einer vergangenen Periode
r_{EK}	Eigenkapitalrentabilität
r_{GK}	Gesamtkapitalrentabilität
RVE^n	Restwert (Restverkaufserlös) am Ende der Nutzungsdauer
RVE^{n-1}	Restwert (Restverkaufserlös) am Beginn des letzten Nutzungsjahres (= RVE^n zuzüglich der letzten Jahresabschreibung)
t	Zeit (Time)
t_R	Rüstzeit
U	Umsatz
U_{pl}	geplanter Umsatz/Planumsatz
x_B	Bestellmenge (Anzahl der Güter pro Bestellung)
x_{Bopt}	optimale Bestellmenge
x_{JM}	Jahresmenge (Jahresbedarf)
x_{LHB}	Mengenmäßiger Jahreshöchstbestand

1 Grundlagen des Funktionsbereichscontrollings

1.1 Einführung in das Funktionsbereichscontrolling

Bevor auf das operative Controlling näher eingegangen wird, soll zunächst das Controlling allgemein vorgestellt werden. Aus den nachfolgenden Ausführungen ergibt sich auch, in welcher Form das operative Controlling Teil des gesamten Controllings ist.

Das Controlling ist aus der heutigen Betriebswirtschaftslehre nicht mehr wegzudenken: Es ist eng mit dem **Steuerungsprozess des Unternehmens (Unternehmensführung)** verbunden und unterstützt die Unternehmensführung. Das Controlling ist somit ein **ressort- bzw. funktionsübergreifendes Konzept**. Es beinhaltet alle er- und verarbeiteten **Informationen, die geeignet sind, die unternehmerischen Entscheidungen hinsichtlich der Ziele und Maßnahmen optimal vorzubereiten**. Wichtig ist, dass sowohl die Ziele als auch die Maßnahmen (Aktivitäten, Prozesse) vom Controlling analysiert werden, wobei die **Maßnahmen erst dann vorgeschlagen/optimiert werden können, wenn die Ziele bereits bekannt sind**. Anderenfalls würden die Maßnahmen nicht zielgerichtet getroffen werden können; es fände zumindest keine zielorientierte Optimierung statt.

> Controlling ist die Unterstützung der Unternehmensführung, indem es in allen Phasen der ziel- und maßnahmenbezogenen Führungsprozesse (vor allem Planung und Kontrolle) im Unternehmen entscheidungsrelevante Methoden, Techniken und Informationen bereitstellt und die funktionsübergreifende Koordination der Führungsprozesse übernimmt.

Darst. 1.101: Definition Controlling

Unter **Unternehmensführung** wird das **Entwickeln, Gestalten und Steuern eines sozialen Systems**, wie es das Unternehmen eines ist, verstanden.[1]

Um die Komplexität des Controllings beherrschbar zu machen, wird das Controlling unter verschiedenen Aspekten weiter unterteilt:

---

[1] Vgl. WÖRDENWEBER, M.: Unternehmensplanung und Kontrolle, im Folgenden abgekürzt mit „Unternehmensplanung", Norderstedt 2019, S. 25ff., ULRICH, H.: Management, Bern 1984, S. 114ff.

- nach den Komponenten der Unternehmensführung:
  - Planungsaspekt (prozessual),
  - Organisationsaspekt (strukturell),
  - Führungsaspekt (personell),
- nach dem Zeitbezug/der Untersuchungsgröße:
  - strategisches Controlling,
  - u. U. taktisches Controlling,
  - operatives Controlling,
- nach der Weisungsbefugnis:
  - Stabscontrolling,
  - Liniencontrolling,
- nach dem Zentralisationsgrad des Controllings:
  - zentrales Controlling,
  - dezentrales Controlling,
- organisationsbezogen:
  - Unternehmenscontrolling,
  - Sparten-/Divisionscontrolling,
  - Bereichscontrolling oder funktionsbezogenes Controlling:
    - Material-Controlling,
    - Fertigungs-Controlling,
    - Marketing-/Vertriebs-Controlling,
    - Finanz-Controlling,
    - Personal-Controlling,
    - Administrations-Controlling,
  - Gruppencontrolling,
  - Individualcontrolling,
  - projekt-/auftragsbezogen
- branchenbezogen:
  - Industriecontrolling,
  - Handelscontrolling,
  - Dienstleistungscontrolling:
    - Bankencontrolling,
    - Versicherungscontrolling,
    - Krankenhauscontrolling,
    - usw.
  - usw.
- gebietsbezogen:
  - internationales Controlling,
  - nationales Controlling,
  - regionales Controlling,
  - örtliches Controlling

Darst. 1.102: Dimensionen des Controllings

Eine konkrete Controlling-Fragestellung bezieht sich immer auf *alle* genannten Dimensionen in jeweils einer spezifischen Ausprägung.

Der Begriff „Bereich“ als Teil des Bereichscontrollings ist in der Literatur nicht einheitlich definiert. Folgende Ausgestaltungsformen sind daher anzutreffen:

- Das Bereichscontrolling im weitesten Sinn bezieht sich auf Wirtschaftszweige, Branchen (branchenbezogenes Controlling) oder Institutionen und betrachtet bspw. Spezialthemen in Banken, Versicherungsunternehmen, Krankenhäusern, öffentlichen Verwaltungen, Handelsunternehmen oder Non-Profit-Unternehmen.[2]
- Das Bereichscontrolling als organisationsbezogenes Controlling bezieht sich auf das Controlling von Teileinheiten des Unternehmens wie z. B. rechtlich selbstständige Einheiten, Divisionen/Sparten, Werke, Abteilungen oder Gruppen. Des Weiteren ist ein objektbezogenes Controlling in der Form möglich, dass bspw. Produktgruppen, Märkte oder Regionen in den Fokus der Betrachtung rücken.
- Dem Bereichscontrolling als Controlling von Leistungseinheiten eines Unternehmens liegt eine funktional gegliederte Unternehmensorganisation in die einzelnen Elemente der Wertschöpfungskette zugrunde. Ausprägungsformen des Bereichscontrollings im Hinblick auf das Leistungssystem sind beispielsweise das F&E-, das Beschaffungs-, das Produktions-, das interne Transportlogistik- und Marketing- einschl. Vertriebs- sowie Investitions- und Personal-Controlling.

Sowohl das objektorientierte als auch das funktionalbereichsbezogene Controlling schließen sich bei einem Unternehmen nicht aus. In der Regel finden sich in (größeren) Unternehmen, insb. bei denen mit einer Matrix-Organisation, sowohl funktional orientierte Controllingspezialisten (z. B. der Beschaffungscontroller im zentralen Einkauf) als auch objektorientierte Projekt-, Werks- oder Beteiligungscontroller.

In dieser Monografie liegt der Fokus auf dem funktionsbereichsbezogenen Controlling, welches wie folgt definiert wird:

Funktionsbereichsbezogenes Controlling ist eine dezentrale Unterstützung der Unternehmensführung, indem es in allen Phasen der ziel- und maßnahmenbezogenen Führungsprozesse (vor allem Planung und Kontrolle) im Unternehmen funktionsspezifisch entscheidungsrelevante Methoden, Techniken und Informationen bereitstellt.

Darst. 1.103: Definition „Funktionsbereichsbezogenes Controlling“

[2] Vgl. KÜPPER, H.-U., FRIEDL, G., HOFMANN, C. ET AL.: Controlling. Konzeption, Aufgaben, Instrumente, 6. Aufl., Stuttgart 2013, S. 564.

Angesichts der aktuellen **Rahmenbedingungen der Unternehmensführung**[3]

- gestiegene Anzahl an Wettbewerbern
- globalisierte Wirtschaft
- fortschreitende Digitalisierung
- zunehmende Geschwindigkeit technologischer Änderungen verbunden mit kürzeren Produktlebenszyklen
- enorme demografische Veränderungen
- ein sich ändernder Wertewandel
- zunehmende Individualisierung der Kundenwünsche
- gleichzeitig erwünschte stärkere Nachhaltigkeit

Darst. 1.104: Rahmenbedingungen der Unternehmensführung

ergibt sich die Notwendigkeit eines **(Funktions-)Bereichscontrollings** als **Folge von prozessorientierten und funktional differenzierten Organisationsstrukturen**.

Bereichscontrolling ist somit die **logische Konsequenz der Übertragung der Controllingfunktion auf Subsysteme des Unternehmens**.

Dezentrale Strukturen sorgen für eine **Entlastung des (Top-)Managements**, in dem sie die Komplexität der Führungsaufgaben durch eine Delegation von Aufgaben und Entscheidungskompetenzen an nachgeordnete Unternehmenseinheiten reduzieren und gleichzeitig die Flexibilität erhöhen. **Flexibilität** umfasst die **Fähigkeit, auf Änderungen der Kundenanforderungen in Bezug auf die Sachgüter und Dienstleistungen des Unternehmens in möglichst jeglicher Hinsicht, also auch zeitlich und/oder räumlich, reagieren zu können**. Eine Dezentralisierung geht einher mit einer **höheren Motivation der Mitarbeiter** und einer **verstärkten Innovationskraft in den einzelnen Bereichen** des Unternehmens. Das intendierte Ergebnis ist letztlich eine **verbesserte Qualität unternehmerischer Entscheidungen**. Das Bereichscontrolling verfolgt demnach den Ansatz, die **Rationalität von Entscheidungen kontextspezifisch zu erhöhen, ohne die Gesamtunternehmensperspektive aus den Augen zu verlieren**.

Dezentrale Controller verfügen durch die inhaltliche Nähe zu „ihrem“ Funktionsbereich tendenziell über ein **tieferes Geschäftsverständnis**, was eine **höhere Akzeptanz** des

[3] Vgl. die „Rahmenbedingungen der Unternehmensführung“ bei WÖRDENWEBER, M.: Unternehmensplanung, a. a. O., S. 99–108.

Controllings seitens der anderen Mitarbeiter in diesem Bereich zur Folge hat. Ein dezentrales Controlling kann sich aufgrund des **hohen lokalen Wissens** durch eine **fundiertere ursachenbezogene Analyse** und **höhere Problemnähe** profilieren.[4] Auch **Sprach- und Mentalitätsbarrieren** können **leichter überwunden** werden.

Heupel/Reinhardt führen als weiteres Argument die **zunehmende digitale Transformation** im Controlling an, die u. a. zu folgenden Konsequenzen führt:[5]

- Zentral-Controlling verliert an Expertenwissen
- Dezentrales Controlling wird weitgehend das zentrale Controlling ersetzen („Experte des Arbeitsplatzes“)

Darst. 1.105: Ausgewählte Konsequenzen der digitalen Transformation im Controlling

Controlling heißt nach der vorstehenden Definition, **sämtliche betriebliche Teilbereiche** zu betreuen. War es seit dem Ende der 70er Jahren des letzten Jahrtausends noch üblich, eine Controlling-Konzeption ohne die (Teil-)Bereiche Organisation und Personal zu vertreten,[6] ist es aktuell wohl so, dass „fast keine betriebswirtschaftliche Aufgabe ausgeschlossen“[7] werden kann. Erst durch eine **Koordination von Teilbereichen bzw. deren (Teil-)Plänen und Prozessen** ist eine effektive und effiziente Führung des *gesamten* Unternehmens möglich.[8] Controlling ist notwendig, um divergierende Interessen einzelner betrieblicher Teilbereiche auszugleichen. Eine derartige Koordination erfordert (auch) eine Abstimmung mit dem Organisations- und Personalbereich. Hinsichtlich des Personalbereichs ist bezüglich der ihm innewohnenden Personalfunktion eine Unterscheidung zwischen den Begriffen Personalmanagement und Personalführung vonnöten. Das Perso-

[4] Vgl. SCHULTE, K.: Controlling 3. Konzeption, Ausprägungen und Instrumentarium des Bereichscontrollings, Studienbrief 01-2523-001-1 der HFH, 1. Aufl., Hamburg 2016, S. 7.

[5] Vgl. HEUPEL, T., REINHARDT, M.: Das Controlling-Bild der Zukunft: Welche Chancen und Risiken ergeben sich im Spannungsverhältnis zwischen IT und Controlling für den Controller der Zukunft? In: KÜMPEL, T., SCHLENRICH, K., HEUPEL, T. (HRSG.): Controlling & Innovation 2019. Digitalisierung, Wiesbaden 2019, S. 114.

[6] Vgl. HUBERT, B.: Grundlagen des operativen und strategischen Controllings. Konzeptionen, Instrumente und ihre Anwendung, 2. Aufl., Wiesbaden 2019, S. 7–10.

[7] KÜPPER, H.-U., FRIEDL, G., HOFMANN, C. ET AL.: a. a. O., S. 13.

[8] Vgl. SCHELD, G. A.: Controlling im Mittelstand. Bd. 1: Grundlagen und Informationsmanagement (im Folgenden mit „Grundlagen“ abgekürzt), 4. Aufl., Büren 2008, S. 33–34.

nalmanagement als alle auf die Mitarbeiter bezogenen Planungs-, Steuerungs- und Kontrollaufgaben gehört neben der Personalführung[9] zur Personalfunktion,[10] auf die hier nicht näher eingegangen werden muss. Damit gehört das Personal-Controlling als eigenständige Teilfunktion des Personalmanagements zu den funktionsbereichsbezogenen Aufgaben des Controllings.[11]

[9] Hier wird vor allem auf die generelle Führung von Mitarbeitern eingegangen, die ziel- und erfolgsorientiert durch die Führungskraft beeinflusst werden sollen. Personalführung kann somit verkürzt als Beeinflussung des Verhaltens der Mitarbeiter im Hinblick auf die Erreichung der Unternehmensziele definiert werden.

[10] Vgl. DILLERUP, R., STOI, R.: Unternehmensführung. Management & Leadership, Strategien – Werkzeuge – Praxis, 5. Aufl., München 2016, S. 50.

[11] Vgl. ebenda, S. 658. Mit dieser Abgrenzung geht die hier beschriebene Controlling-Konzeption nicht so weit wie die von Küpper/Friedl/Hofmann et al. beschriebene, nach deren Verständnis auch die Verhaltensbeeinflussung (Personalführung), bspw. über entsprechende Anreizsysteme, mit koordiniert werden muss (Vgl. KÜPPER, H.-U., FRIEDL, G., HOFMANN, C. ET AL.: a. a. O., S. 32.)

1.2 Aufgaben des Funktionsbereichscontrollings

Eine idealtypische Aufteilung der **Aufgaben** in Abhängigkeit von den Kernaufgaben des Controllings (Planung und Kontrolle einschl. Informationsversorgung) sieht wie folgt aus:[12]

Aufgabe	Zentralcontrolling	Bereichscontrolling
Planung	• Unterstützung des (Top-)Managements bei der gesamtbetrieblichen Ziel- und Maßnahmenplanung einschl. vertikaler, horizontaler (Funktionsbereiche) und zeitlicher Koordination • Konzeption und Weiterentwicklung des Planungssystems • Erstellung eines Planungshandbuchs • Koordination der Controllingorganisation im Unternehmen	• Unterstützung des Bereichsmanagements bei der strategischen, ggf. taktischen und operativen Planung der Funktionsbereiche im Rahmen der gesamtbetrieblichen Ziel- und Maßnahmenvorgaben • Koordination innerhalb des Funktionsbereichs • Kooperation mit den anderen Funktionsbereichen
Kontrolle	• Kontrolle der Planung auf Unnehmensebene (Methoden, Prognosen etc.) • Kontrolle der Unternehmensziele • Kontrolle der Durch- und Umsetzung auf Unternehmensebene im Hinblick auf die Zielerreichung einschl. Abweichungsanalysen	• Kontrolle der Planung auf Funktionsbereichsebene (Methoden, Prognosen etc.) • Kontrolle der Funktionsbereichsziele • Kontrolle der Durch- und Umsetzung auf Funktionsbereichsebene im Hinblick auf die Zielsetzung einschl. Abweichungsanalysen

Darst. 1.201: Planungs- und Kontrollaufgaben des Zentral- und Bereichscontrollings

[12] Vgl. SIEBER, C.: Kooperation von Zentralcontrolling und Bereichscontrolling, Messung – Auswirkung – Determinanten, Wiesbaden 2008, S. 22ff.

Die vorstehende Abbildung verdeutlicht, dass die Einrichtung des funktionsbereichsbezogenen Controllings eine **Verschiebung bzw. Delegation von Aufgaben des Zentral- hin zum Bereichscontrolling** mit sich bringt. Auch wenn die Aufgaben des jeweiligen Controllings grundsätzlich identisch sind, so treten sie beim Funktionsbereichscontrolling mit unterschiedlichem Gewicht auf, das von den spezifischen Merkmalen des Bereichs abhängt. Zudem liegt der Fokus zum einen auf der gesamtbetrieblichen Ebene, zum anderen auf der des Funktionsbereichs. Mit der Konzentration auf einen Bereich besteht die **Gefahr, Interdependenzen zwischen den Führungsprozessen anderer Bereiche nicht zu beachten**. Aufgabe des Zentralcontrollings ist es somit, die Ziele und Maßnahmen der einzelnen Funktionsbereiche zu koordinieren. Dies schließt ein, dass das Zentralcontrolling auch Bereichsegoismen erkennen und einschätzen muss. Mitentscheidend für ein erfolgreiches Controlling ist eine **klare Aufgabenabgrenzung**, um Zuständigkeitskonflikte und/oder Ineffizienzen aufgrund von Doppelarbeiten oder gar eine Nichterfüllung von Aufgaben zu vermeiden.

Auf die Frage der **organisatorischen Einordnung/Einbindung** des Funktionsbereichscontrollings soll hier nicht näher eingegangen werden. Stattdessen wird auf die entsprechende Fachliteratur verwiesen.[13] Zu klären ist in diesem Zusammenhang die **Frage der Entscheidungs- und Weisungsbefugnisse** einerseits zwischen Zentralcontroller und dezentralen Controllern und andererseits zwischen den Bereichsleitern und den dezentralen Controllern.

[13] Vgl. KÜPPER, H.-U., FRIEDL, G., HOFMANN, C. ET AL.: a. a. O., S. 684–693, SIEBER, C.: a. a. O., S. 27ff.

1.3 Funktionsbereiche und Zuordnung der Kennzahlen

Eines der bekanntesten Modelle einer Wertschöpfungskette/Wertkette ist das von Porter zwecks Erkennung der Ursachen von Wettbewerbsvorteilen entwickelte:

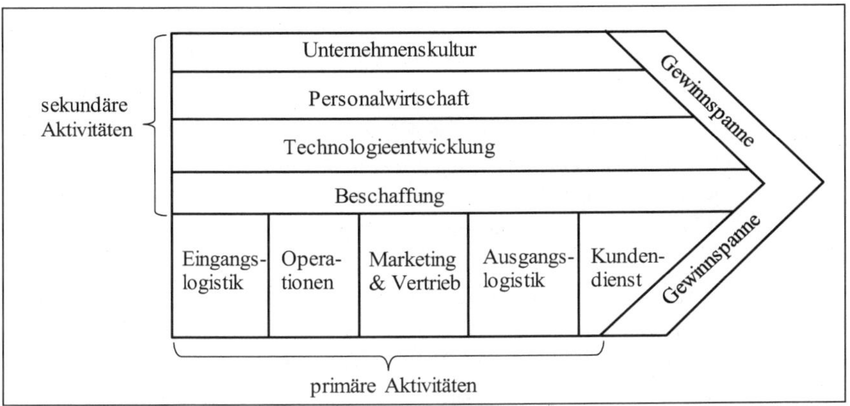

Darst. 1.301: Modell der Wertkette
(Vgl. PORTER, M. E.: Wettbewerbsvorteile (Competitive Advantage). Spitzenleistungen erreichen und behaupten, 7. Aufl., Frankfurt 2010, S. 10ff.)

In Anlehnung an die Portersche Wertschöpfungskette wird in dieser Monografie auf folgende funktionsbezogene Controllingbereiche näher eingegangen:

- Beschaffungs-Controlling,
- Controlling der internen Transportlogistik,
- Produktions-Controlling,
- Marketing-Controlling,
- Investitions-Controlling,
- Finanz-Controlling und
- Personal-Controlling.

Kennzahlen können nach verschiedenen Kriterien unterschieden werden. In der Literatur finden sich eine Reihe verschiedener – mehr oder weniger sinnvoller – Untergliederungen.[14] In der Regel sind diese Systematisierungen eindeutig, umfassend und/oder überschneidungsfrei. Eine Gliederung gleichzeitig nach zwei unterschiedlichen Kriterien scheitert zumeist. Somit stellt sich die Frage, nach welchem Kriterium die Kennzahlen systematisiert werden sollen.

Ein Beispiel für eine weniger sinnvolle Systematisierung ist das Merkmal Kennzahl der Gewinn- und Verlustrechnung (GuV) oder der Bilanz. Es eignet sich nicht als Differenzierungsmerkmal für die Frage gesamtbetriebliche oder funktionsbereichsbezogene Kennzahl, da es auch Kennzahlen außerhalb der Bilanz und GuV gibt, die gesamtbetrieblich oder funktionsbereichsbezogen sein können. Zudem ist eine Kennzahl wie Jahresüberschuss oder Beziehungszahlen wie z. B. Umsatz resp. Umsatzerlöse pro Mitarbeiter oder Umschlagshäufigkeit des Gesamtvermögens nicht eindeutig zuzuordnen.

In diesem Buch wird bei der Behandlung der Kennzahlen zwischen gesamtbetrieblichen[15] und funktionsbereichsbezogenen unterschieden. Problematisch ist diese Differenzierung insofern, als eine funktionsbereichsbezogene Kennzahl gleichzeitig eine gesamtbetriebliche sein kann und umgekehrt. Als Beispiel sei hier der Cashflow genannt. Der Cashflow könnte somit als finanzwirtschaftliche Kennzahl des (gesamten) Unternehmens angesehen werden und/oder als Kennzahl des Funktionsbereichs Finanzen/Finanzierung.

Die Zuordnung der Kennzahlen soll wie folgt vorgenommen werden: **Ist eine Kennzahl oder deren *Nenner* nicht (eindeutig) einem Funktionsbereich zuzuordnen, so handelt es sich um eine gesamtbetriebliche Kennzahl**, anderenfalls um eine funktionsbereichsbezogene.

Gesamtbetriebliche Kennzahlen sind in erster Linie erfolgswirtschaftliche Kennzahlen wie z. B. die Gewinngrößen EBIT, EBITA, Jahresüberschuss, Bilanzgewinn etc.

Im Gegensatz zu absoluten Größen oder Grundzahlen stellt sich bei vielen Kennzahlen die Frage, welchem Funktionsbereich eine Kennzahl zuzuordnen ist bzw. wo sie abgehandelt werden soll, wenn der Nenner und der Zähler unterschiedlichen Funktionsbereichen zugeordnet werden können. Dies trifft z. B. typischerweise auf Beziehungskennzahlen zu. Hier werden verschiedenartige Massen in eine sinnvolle Beziehung zueinander gesetzt. Als

[14] Vgl. Darst. 2.113 „Systematisierung von Kennzahlen" im Band 1 (WÖRDENWEBER, M.: Operatives Controlling – Band 1. Planung, Datenaufbereitung, gesamtbetriebliche Kennzahlen, Kontrolle, im Folgenden abgekürzt mit „Operatives Controlling – Band 1", 3. Aufl., Berlin 2021 oder auch MEYER, C.: Betriebswirtschaftliche Kennzahlen und Kennzahlensysteme, 6. Aufl., Sternenfels 2011, S. 23.

[15] Der Begriff gesamtbetrieblich ist nicht mit unternehmensbezogen gleichzusetzen. Eine Differenzierung der Begriffe erübrigt sich hier, da sich die betrachteten Kennzahlen immer auf ein konkretes Unternehmen beziehen, sofern nichts anderes bestimmt wird.

Beispiel sei hier die Produktivität genannt. Sie könnte bspw. dem Produktionsbereich oder dem Personalbereich zugeteilt werden. **Eine Kennzahl, deren Zähler und Nenner aus unterschiedlichen Funktionsbereichen stammen, wird dem Funktionsbereich zugeordnet, dem der Nenner der Kennzahl entstammt.**[16] **Ist der Nenner keinem Funktionsbereich eindeutig zuzuordnen, dann wird die Kennzahl *sinngemäß* einem Funktionsbereich zugeteilt.**

Einen Sonderfall stellen die Kennzahlensysteme dar. Nach der vorstehenden Festlegung gehören sie zu den Kennzahlen eines Funktionsbereichs. Aus Gründen der Übersichtlichkeit und weil die weiteren Untergliederungen unterschiedlichen Funktionsbereichen zugeschlagen werden können, werden die Kennzahlensysteme im Zusammenhang mit den gesamtbetrieblichen Kennzahlen im Band 1 behandelt.

In der Literatur wird bei Kennzahlen wie z. B. Lagerdauer, Lagerumschlag, Umschlagshäufigkeit oder Investitionsrentabilität, aber auch bei der Verwendung statischer Verfahren der Wirtschaftlichkeitsrechnung mit **Durchschnittswerten**, genauer: mit **durchschnittlichen Bestandswerten** wie durchschnittlicher Lagerbestand, durchschnittlicher Kapitaleinsatz oder durchschnittliches Gesamtkapital gearbeitet.

Dies geschieht aus zwei Gründen: Zum einen wird damit vermieden, dass eine Bestandsgröße mit einer Stromgröße in Beziehung gesetzt wird; zum anderen bemüht sich die Betriebswirtschaftslehre um ein (relativ) realistisches Bild, wenn sich Bestandsgrößen innerhalb eines Zeitraumes, in der Regel eines Geschäftsjahres, geändert haben. Beispiel: Durch eine Kapitalerhöhung während des Geschäftsjahres nimmt das Gesamtkapital zu.

[16] Nach dieser Einordnungsregel kommt es in wenigen Fällen zu überraschenden Zuordnungen. So werden die Erfolgskennzahlen wie Rentabilitätsgrößen im Bereich Finanzen oder im Bereich Marketing abgehandelt, da sich der Nenner auf eine Kapitalgröße oder den Umsatz bezieht. Wird der Aussagegehalt z. B. der Eigenkapitalrentabilität als Verzinsung des Eigenkapitals betrachtet, ist diese Zuordnung im Kontext der Finanzierung des Unternehmens und des aus Investorensicht erzielbaren Zinssatzes durchaus sinnvoll.

Die allgemeine Formel für *n* Endbestände[17] lautet[18]:

$$\text{Durchschnittlicher Bestand mit } n \text{ Endbeständen} = \frac{\text{Anfangsbestand} + n \text{ Endbestände}}{1 + n}$$

Darst. 1.302: Durchschnittlicher Bestand mit n Endbeständen

Je mehr Endbestände verwendet werden, umso genauer ist das berechnete arithmetische Mittel des betrachteten Zeitraums; je weniger, umso grober ist der errechnete Mittelwert. Insofern sind also bei der Berechnung von durchschnittlichen Beständen zwei Punkte zu klären: Erstens, **für welchen Zeitraum** werden die Daten erhoben und zweitens, **wie oft** sollen resp. werden die Daten in diesem Zeitraum erfasst.

Sollte beispielsweise der durchschnittliche Lagerbestand der Roh-, Hilfs- und Betriebsstoffe ermittelt werden, dann müsste bei möglichst exakter Berechnung des durchschnittlichen Lagerbestands eine tägliche Inventur erfolgen, damit dann 365 Endbestände in die Berechnung aufgenommen werden. Erstens wird es schwierig sein, an Sonn- und Feiertagen oder im Urlaubszeitraum eine Erhebung durchzuführen (vermutlich ändern sich an diesen Tagen die Bestände aber ohnehin nicht), zweitens wird in vielen Unternehmen eine Bestandsaufnahme an einem Tag nur mit erheblichen Anstrengungen möglich sein. Drittens entstehen dem Unternehmen enorme Kosten für eine körperliche Bestandserhebung[19], so dass es allein schon nicht wirtschaftlich ist, Bestände täglich festzuhalten.

[17] Vgl. BESTMANN, U.: Betriebswirtschaftliche Formelsammlung. Kommentierte Kennzahlen, München 2011, S. 37.

[18] Der Endbestand ergibt sich aus dem Anfangsbestand zuzüglich der Zugänge und abzüglich der Abgänge (Endbestand = Anfangsbestand + Zugänge – Abgänge).

[19] Anstatt einer körperlichen Bestandsaufnahme wäre alternativ eine fortgeschriebene Bestandsführung möglich. Allerdings ist diese oft mit Fehlern in Form von Bestandsdifferenzen verbunden.

In den **meisten Fällen** beziehen sich die Formeln auf ein **Geschäftsjahr** mit ***einem* Endbestand:**

$$\text{Durchschnittlicher Bestand mit Anfangs- und Endbestand} = \frac{\text{Anfangsbestand} + \text{Endbestand}}{2}$$

Darst. 1.303: Durchschnittlicher Bestand mit Anfangs- und Endbestand

Hier werden aus rein pragmatischen Gründen zwei Bestände (Anfangs- und Endbestand) gewählt, die **ohnehin im Zuge der Jahresabschlussarbeiten** erhoben werden müssen. Zudem kann im Rahmen des **externen Benchmarkings** meist nur auf die veröffentlichten Jahresabschlussdaten und damit auf die Zahlen zu Beginn und zum Ende des Geschäftsjahres zurückgegriffen werden.

Sofern ein Unternehmen **monatliche Bilanzen** erstellt, kann folgender Durchschnittsbestand zum Zuge kommen, auch wenn es sich „nur" um **Buchbestände** und nicht unbedingt reale handelt.

$$\text{Durchschnittlicher Bestand mit 12 Endbeständen} = \frac{\text{Anfangsbestand} + 12\ \text{Monatsendbestände}}{13}$$

Darst. 1.304: Durchschnittlicher Bestand mit 12 Endbeständen

Eine letzte Formel basiert auf Quartalszahlen:

$$\text{Durchschnittlicher Bestand mit Quartalsendbeständen} = \frac{\text{Anfangsbestand} + \sum \text{der Quartalsendbestände}}{5}$$

Darst. 1.305: Durchschnittlicher Bestand mit Quartalsendbeständen

2 Operative Kennzahlenanalyse in den Funktionsbereichen

2.1 Beschaffungs-Controlling

Bei der Definition des Beschaffungs-Controllings soll zunächst auf die beiden innewohnenden Termini „Beschaffung“ und „Controlling“ abgestellt werden. Im ersten Band „Operatives Controlling“ war das Controlling wie folgt beschrieben worden:[20]

Controlling ist die Unterstützung der Unternehmensführung, indem es in allen Phasen der ziel- und maßnahmenbezogenen Führungsprozesse (vor allem Planung und Kontrolle) im Unternehmen entscheidungsrelevante Methoden, Techniken und Informationen bereitstellt und die funktionsübergreifende Koordination der Führungsprozesse übernimmt.

Darst. 2.1001: Definition Controlling

Unter Beschaffung werden allgemein alle unternehmens- und/oder marktbezogenen Tätigkeiten verstanden, um ein **Unternehmen mit den erforderlichen, aber nicht selbst hergestellten Sachgütern und Dienstleistungen zu versorgen**. Wie nachfolgend zu lesen sein wird, sind v. a. die Objekte der Beschaffung näher zu spezifizieren. Das Beschaffungs-Controlling lässt sich als Synthese wie folgt formulieren:

Beschaffungs-Controlling ist ein sogenanntes Bereichscontrolling, das den Spezifika der Beschaffung Rechnung trägt. Beschaffungs-Controlling ist die systematische, sich ständig wiederholende und/oder situative Beurteilung, Optimierung, Auswahl (Entscheidungsvorbereitung) und Kontrolle der strategischen, taktischen und operativen Beschaffungsziele sowie aller Beschaffungsaktivitäten einschließlich der internen Prozessabläufe, Organisationsformen und des Personaleinsatzes im Hinblick die Verwirklichung der gesteckten Beschaffungsziele.

Darst. 2.1002: Definition Beschaffungs-Controlling

Anmerkung: Die Planverabschiedung (Entscheidung über die Realisierung des Plans) und die Durch-/Umsetzung des Plans sind *nicht* Aufgabe des Beschaffungs-Controllers.

[20] WÖRDENWEBER, M.: Operatives Controlling – Band 1, a. a. O., S. 1.

Im Folgenden wird zunächst im Unterabschnitt 2.1.1 der Funktionsbereich Beschaffung dargestellt. Später werden im Unterabschnitt 2.1.2 die Methoden, Techniken und Kennzahlen der Beschaffung erläutert.

2.1.1 Funktionsbereich Beschaffung

Ziel von Unternehmen ist es, Sachgüter und Dienstleistungen zu schaffen und erfolgreich am Markt abzusetzen. Die **Versorgung von Unternehmen mit den betriebsnotwendigen Sachgütern und Dienstleistungen** wurde in der Vergangenheit überwiegend als Einkauf bezeichnet und beschränkte sich auf ausschließlich **operative Tätigkeiten.**[21] Da sich das Aufgabenspektrum aber zunehmend ausdehnte und beispielsweise reines Preisdenken von **strategisch langfristigen Lieferantenbeziehungen** abgelöst wurde, hat auch die Bezeichnung *Einkauf* eine andere Bedeutung bekommen. In der Literatur wird der **gesamte Versorgungsprozess daher auch als (integrierte) Materialwirtschaft, Beschaffung oder Logistik** bezeichnet. Eine klare Trennung und Abgrenzung dieser Begriffe ist schwierig, da besonders die betriebliche Praxis einen anderen Sprachgebrauch pflegt als die Theorie. Um Missverständnisse zu vermeiden, soll an dieser Stelle eine Zu- und Überordnung getroffen werden, bei der die **Materialwirtschaft als Oberbegriff** verwendet wird, der die **enger gefassten Begriffe Beschaffung und Einkauf einschließt**. (Auf den Logistikbegriff wird weiter unten im Zusammenhang mit der Beschaffung eingegangen.)

Materialwirtschaft

Die Materialwirtschaft hat die Aufgabe, das Unternehmen mit sämtlichen betriebsnotwendigen **Produktionsfaktoren** zu versorgen. Die Produktionsfaktoren nach Gutenberg sind die sogenannten **Elementarfaktoren Werkstoffe** (Rohstoffe, Hilfsstoffe und Betriebsstoffe), **Betriebsmittel und Arbeit sowie der dispositive Faktor**. Zum dispositiven Faktor gehört die Leitung (originärer Faktor), Planung, Organisation und Überwachung (derivative Faktoren). In der Praxis gestaltet sich die Beschaffung im Einzelnen jedoch stark unterschiedlich, sodass sich die **verschiedenen Tätigkeiten nicht in einer Abteilung bündeln** lassen. Beispielsweise obliegt die Gewinnung geeigneter Arbeitskräfte der Per-

[21] Vgl. ARNOLDS, H., HEEGE, F., RÖH, C., TUSSING, W.: Materialwirtschaft und Einkauf, 13. Aufl. Wiesbaden 2016, S. 2f.

sonalabteilung und die Bereitstellung der Transportdienstleistungen fällt in den Aufgabenbereich der Logistik.[22] – Materialwirtschaft bedeutet zunächst, dass **Materialien** beschafft und bereitgestellt werden sollen. Das Wort „Materia" ist lateinischen Ursprungs und bedeutet so viel wie Ur- oder Grundstoff. Bei der Interpretation dieses Begriffs sind eine enge und eine weite Begriffsauslegung denkbar. Die weitere Begriffsauffassung umfasst alle Gegenstände der Materialwirtschaft, „die zur Gütererzeugung erforderlich sind", wie Roh-, Hilfs- und Betriebsstoffe, Fremdbauteile und Vorprodukte, Dienstleistungen, sonstige Materialien, Investitionsgüter und Entsorgungsobjekte bzw. -leistungen, „und die dabei ihre ursprüngliche Form, ihre selbständige Funktion und die Möglichkeit zu anderweitiger Verwendung verlieren"[23] sowie Handelswaren.

- Werkstoffe
  - Rohstoffe
  - Hilfsstoffe
  - Betriebsstoffe
- Zulieferteile
  - Vorprodukte
  - Fremdbauteile
- Handelswaren
- Investitionsgüter
- Verschleißwerkzeuge
- sonstige Materialien
- Dienstleistungen
- Entsorgungsobjekte

Darst. 2.1003: Beschaffungsobjekte der Materialwirtschaft (weite Begriffsauslegung)

Das enger gefasste Verständnis der Materialwirtschaft beschränkt sich auf die Beschaffung von **Stoffen, „die in die Produktion eingehen, im Zuge der Leistungserstellung verbraucht werden oder zu Bestandteilen der Erzeugnisse werden.**"[24] Dies sind **Roh-, Hilfs- und Betriebsstoffe und Zulieferteile (Vorprodukte und Fremdbauteile).**

[22] Da Finanzmittel (Kapital) – im Gegensatz zur Volkswirtschaftslehre – nicht zu den elementaren Produktionsfaktoren gehören, werden sie hier auch nicht weiter im Rahmen der Beschaffung erörtert.

[23] Vgl. REFA-Methodenlehre der Planung und Steuerung, Teil 2, 4. Aufl., München 1985, S. 62

[24] Vgl. FIETEN, R.: Integrierte Materialwirtschaft. Leinfelden-Echterdingen, Konradin 1994, S. 26.

- Werkstoffe
  - Rohstoffe
  - Hilfsstoffe
  - Betriebsstoffe
- Zulieferteile
  - Vorprodukte
  - Fremdbauteile

Darst. 2.1004: Beschaffungsobjekte der Materialwirtschaft (enge Begriffsauslegung)

- Werkstoffe
  - Rohstoffe
  - Hilfsstoffe
  - Betriebsstoffe
- Zulieferteile
  - Vorprodukte
  - Fremdbauteile
- Handelswaren

Darst. 2.1005: Beschaffungsobjekte der Materialwirtschaft

Hier soll eine praktische Auslegung des Begriffs Material vorgenommen werden, die die **Stoffe nach engem Verständnis** beinhaltet **und** im Hinblick auf das Sortiment[25] auch die zu beschaffende **Handelsware**[26] umfasst.

Die **Aufgabe der Sicherstellung bedarfsgerechter Materialversorgung** ist es, auf Grundlage der Absatz- und Produktionsprogrammplanung zur Verfügung zu stellen.

[25] Das Sortiment besteht aus dem Produktionsprogramm des Unternehmens und den zugekauften Handelswaren.

[26] Handelswaren sind Güter, die eine Ergänzung zur selbst hergestellten Produktpalette darstellen, und wenn man von Umverpackungsarbeiten und dem Labeln absieht, unbearbeitet weiter veräußert werden.

- ✓ die **r**ichtigen Materialien (in der **r**ichtigen Qualität)
- ✓ in der **r**ichtigen Menge
- ✓ zum **r**ichtigen Zeitpunkt
- ✓ am **r**ichtigen Ort
- ✓ zum **r**ichtigen Preis

Darst. 2.1006: 5 „R“ der Beschaffung

Neben der Sicherstellung einer bedarfsgerechten Materialversorgung ist ein **zweites Hauptziel** der Beschaffung die **Minimierung aller entstehenden Kosten**, da diese **maßgeblichen Einfluss auf das Betriebsergebnis** haben. Diese Feststellung lässt sich durch folgende Aussagen untermauern.

1. Als „Binsenweisheit“ sind die Redensarten „Der Gewinn liegt im Einkauf“ oder „Im Einkauf liegt der Segen“ bzw. im Angelsächsischen „Purchasing is a profit making job“ weit geläufig. Demzufolge ist es so, dass die Beschaffung nicht als unproduktiver Ausgabenbereich angesehen wird, sondern als (eine) Gewinnquelle des Unternehmens.

2. Die Analyse der Aufwandsarten in Relation zum Umsatz zeigt bei den Materialaufwendungen recht hohe Prozentwerte auf. So weist das Statistische Bundesamt bei den Unternehmen des Verarbeitenden Gewerbes 2014 einen Materialaufwandsanteil vom Gesamtumsatz in Höhe von 57,2 % aus.[27] Angesichts dieser hohen Materialquote wird unmittelbar abzuleiten sein, dass sich eine Reduzierung der Materialaufwendungen um wenige Prozentpunkte relativ stark auf den Erfolg des Unternehmens auswirkt.

3. Die Konsequenzen einer Senkung der Materialkosten in Bezug auf die Kapitalrentabilität[28] lassen sich anhand der folgenden Abbildung gut erkennen:

[27] https://www-genesis.destatis.de/genesis/online?operation=abruftabelleBearbeiten&levelindex=2&levelid=1628612799902&auswahloperation=abruftabelleAuspraegungAuswaehlen&auswahlverzeichnis=ordnungsstruktur&auswahlziel=werteabruf&code=42241-0004&auswahltext=&werteabruf=starten&nummer=4&variable=4&name=WZ08X2#abreadcrumb

[28] Die Aufspaltung der Kapitalrentabilität wird auch im Unter-Unterabschnitt 2.6.2.3 „Eigenkapitalrentabilität“ besprochen.

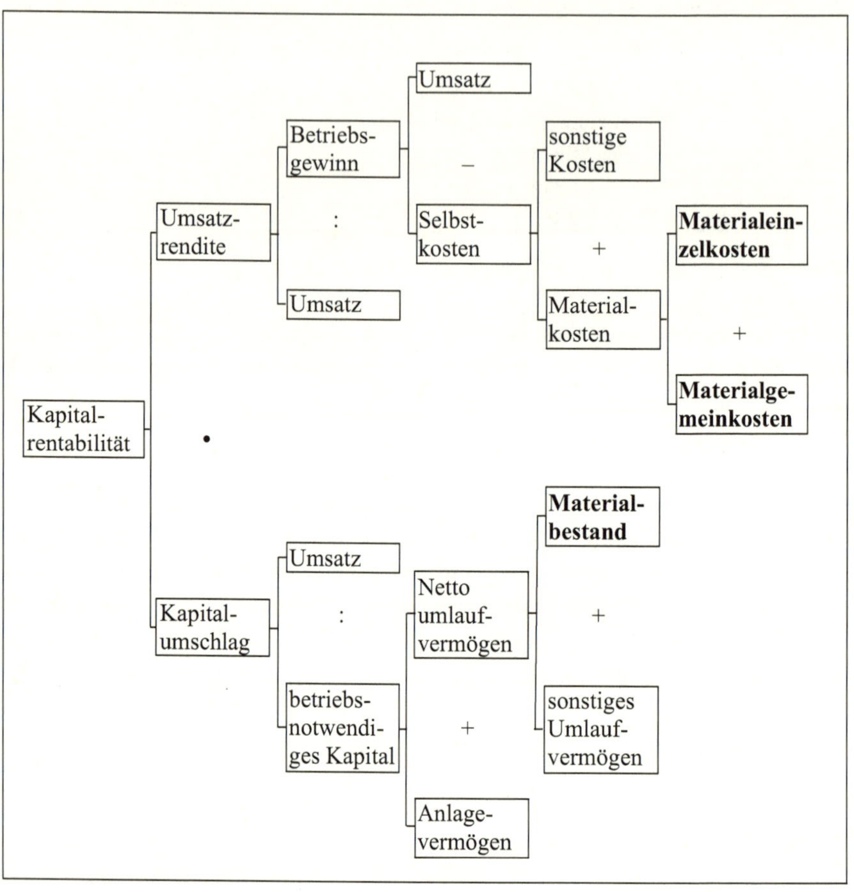

Darst. 2.1007: Komponenten der Kapitalrentabilität

Erstens: **Sinken** in der Betriebsergebnisrechnung **die Materialeinzelkosten und/oder die Materialgemeinkosten**, reduzieren sich die Materialkosten.[29] Eine Minderung der Materialkosten bewirkt eine Senkung der Selbstkosten und erhöht den Betriebsgewinn. Eine Steigerung des Betriebsgewinns führt zu einer Besserung der Umsatzrendite und letztlich zu einem **Anstieg der Kapitelrentabilität**.

[29] Während sich die Materialeinzelkosten einer Erzeugniseinheit direkt zurechnen lassen, fallen die Materialgemeinkosten nur für mehrere Produkteinheiten gemeinsam an. Vgl. WÖRDENWEBER, M.: Kennzahlen und Verfahren der Kostenrechnung (im Folgenden abgekürzt mit „Kostenrechnung"), 2. Aufl., Norderstedt 2021, S. 68–71, S. 170.

Zweitens: Durch einen **Materialbestandsabbau** sinkt das Nettoumlaufvermögen und somit das betriebsnotwendige Kapital. Damit **erhöht sich** der Kapitalumschlag und letztlich die **Kapitalrentabilität**. Es muss allerdings darauf hingewiesen werden, dass diese Überlegung nur **ceteris paribus** gilt, denn Bestandssenkungen führen zu **Trade-off-Effekten**, z. B. im Hinblick auf die Materialpreise oder Transportkosten.

Damit ergibt sich sowohl bei einer Minderung der Materialeinzelkosten und/oder der Materialgemeinkosten als auch bei einem Abbau des Materialbestands eine Steigerung der Kapitalrentabilität.

4. Nachfolgend soll untersucht werden, welchen Effekt eine Senkung der Materialkosten im Vergleich zu einer Umsatzsteigerung in Bezug auf eine Verbesserung des Gewinns hat. Dazu wird angenommen, dass ein Unternehmen bei einem Umsatz von 4,2 Mrd. € eine Umsatzrendite von 3 % (alternativ 8 %) bei einer Materialaufwandsquote von 57,2 %[30] ausweist. Es soll geklärt werden, um wie viel Prozent der Umsatz gesteigert werden müsste, um c. p. hinsichtlich des Gewinns den gleichen Effekt bei einer Senkung der Materialkosten um 5 % zu bewirken. Die Antwort liefert das nachstehende Schaubild: Das Unternehmen müsste bei gleichbleibender Umsatzrendite von 3 % (alternativ 8 %) seinen Umsatz um 95,33 % steigern, um einen gleich hohen Gewinnanstieg wie bei einer 5 %-igen Materialkostensenkung zu realisieren.[31]

[30] Diese Zahl entspricht der oben bereits wiedergegebenen Materialaufwandsquote des verarbeitenden Gewerbes 2014 laut Statistischem Bundesamt.

[31] Der Rechenweg ist im Anhang wiedergegeben.

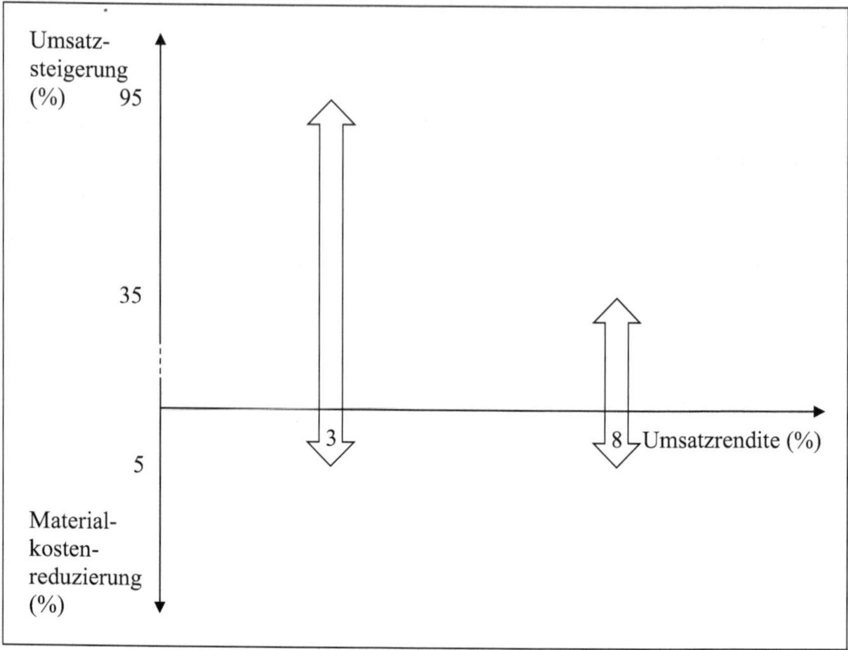

Darst. 2.1008: Äquivalenz von Materialkostensenkung und Umsatzsteigerung hinsichtlich des Gewinns bei alternativen Umsatzrenditen ($Umsatz_{alt}$ = 4.200 Mio. €, Materialkostensenkung 5 %)

Bevor im Weiteren näher auf die Kennzahlen zur Optimierung des Beschaffungswesens eingegangen wird, sollen zunächst die **einzelnen Funktionsbereiche innerhalb der Materialwirtschaft** vorgestellt werden. Eine mögliche Gliederung ist die Aufteilung in die Teilfunktionen Materialdisposition, Einkauf, Lagerwirtschaft, Transportwesen und Entsorgung (einschl. Recycling, sonstige Verwertung (insb. energetische Verwertung (Verbrennung) und Verfüllung) und/oder Abfallwirtschaft).[32]

[32] Vgl. BLOECH, J., ROTTENBACH, S. (HRSG.): Materialwirtschaft, Stuttgart 1986, S. 9. Siehe auch die Abgrenzungen im Unter-Unterabschnitt 1.4.29.1 „Ökologische Zentralkategorie".

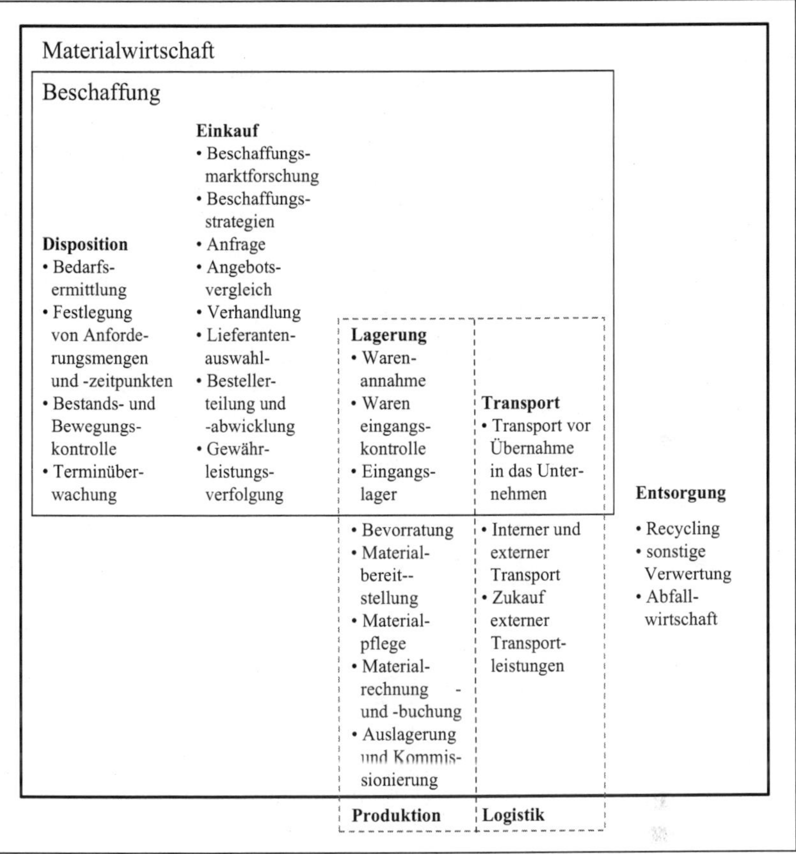

Darst. 2.1009: Funktionsbereiche der Materialwirtschaft

Beschaffung

Die Beschaffung konzentriert sich im Wesentlichen auf folgende Ziele:

- Beschaffungskosten senken
- Beschaffungsqualität erhöhen
- Beschaffungszeit reduzieren
- Beschaffungsrisiko minimieren
- Beschaffungsflexibilität erhöhen
- Beschaffungsautonomie optimieren
- Nachhaltigkeit in der Beschaffung verbessern

Darst. 2.1010: Beschaffungsziele
(Vgl. PIONTEK, J.: Beschaffungscontrolling, 5. Aufl., Berlin, Boston 2016, S. 39.)

Die **Beschaffung** im engeren Sinne befasst sich mit der **Übernahme von Werkstoffen, Zulieferteilen und Handelswaren vom Markt in das Unternehmen**. Wie bei der Materialwirtschaft schließt diese Definition Produktionsfaktoren aus, die in anderen Abteilungen angesiedelt sind, wie z. B. Personal oder Kapital (Passiva) zur Finanzierung der Produktionsfaktoren. Auch bei der Betrachtung der Funktionen der Beschaffung lassen sich **Parallelen zur Materialwirtschaft** feststellen. So finden sich in der Beschaffung die Teilfunktionen Disposition, Einkauf, Lagerung und Transport wieder. Gerade der übereinstimmende Wortgebrauch in der Bezeichnung der Funktionen führt zu Missverständnissen - denn **Lagerung ist nicht gleich Lagerung**. Der **Prozess der Beschaffung endet, wenn das beschaffte Gut dem Unternehmen zur Verfügung steht**. Der externe Transport, die Warenannahme, der interne Transport und die Einlagerung vor der ersten Verwendung sind somit Teil des Beschaffungsprozesses. Zwischenlagerungen finden in der Produktion und im Rahmen der Distribution statt. Der Rücknahmelogistik oder Entsorgungslogistik werden Lagerungs- und Transportvorgänge zugeordnet. Bei den zuletzt genannten Transporten handelt es sich um externe, während die inner- und zwischenbetrieblichen Transportvorgänge interne sind (vgl. Darst. 2.1009). Anmerkung: Eine Anlieferung seitens des Lieferanten schließt nicht aus, dass das Beschaffungsgut an einen vorab bestimmten Ort auf dem Firmengelände übergeben wird. Somit ist die Ortsbestimmung (s. 5 „R" der Beschaffung) Teil der Beschaffungskontrakte.

Da sowohl im Bereich Materialwirtschaft als auch im (untergeordneten) Bereich Beschaffung der Begriff Logistik wiederholt verwendet wurde, soll im Folgenden der Zusammenhang zwischen den Funktionen Materialwirtschaft, Beschaffung und Logistik erläutert werden.

Im Mittelpunkt der Logistik stehen die Funktionen der Zeit- und Raumüberbrückung.[33] Dies wird auch in der Definition des Begriffs „Logistik“[34] deutlich:

Logistik umfasst die integrierte Planung, Steuerung und Kontrolle des gesamten Material-, Personen- und Energieflusses, deren Lagerung und der damit verbundenen Informationsflüsse in Systemen.

Darst. 2.1011: Logistik

(Vgl. JÜNEMANN, R.: Materialfluss und Logistik. Systemtechnische Grundlagen mit Praxisbeispielen, Berlin, Heidelberg 1989, S. 11, NAGEL, M., MIEKE, C., TEUBER, S.: Methodenhandbuch der Betriebswirtschaft, 2. Aufl., München 2020, S. 84, PLÜMER, TH., STEINFATT, E.: Produktions- und Logistikmanagement, 2. Aufl., Berlin, Boston 2017, S. 3.)

Sofern die Aktivitäten der Logistik nicht nur kontrolliert, sondern auch im Rahmen der Revision überprüft werden, müsste der Begriff „Kontrolle“ durch den Terminus „Überwachung“ ersetzt werden.[35]

Als Systeme werden hier einzelne Standorte des Unternehmens, das Unternehmen in seiner Gesamtheit, aber auch ganze Lieferketten verstanden.

[33] Vgl. WERNER, H.: Supply Chain Management. Grundlagen, Strategien, Instrumente und Controlling, 7. Aufl., Wiesbaden 2020, S. 16.

[34] Der Begriff Logistik stammt vermutlich ursprünglich vom griechischen Begriff λογιστικός (logistikos) ab. Dieser Terminus steht für „im Rechnen geübt“, aber auch „überlegend“, „nachdenkend“, „verständig berechnend“ oder „vernünftig“. Vgl. MENGE, H.: Menge-Güthling. Langenscheidts Großwörterbuch Griechisch-Deutsch. Mit Etymologie, 22. Aufl., Berlin, München 1973, S. 426. In der römischen Antike war der Logistika ein Beamter, der für die Finanz- und Güterverwaltung verantwortlich zeichnete. Vgl. MATHAR, H.-J., SCHEURING, J.: Logistik für technische Kaufleute und HDW. Grundlagen mit Beispielen, Repetitionsfragen und Antworten sowie Übungen, im Folgenden mit „Logistik“ abgekürzt, 2. Aufl., Zürich 2011, S. 13. Das Substantiv Logistik wurde erstmals 1830 von Jomini verwendet, der die l'art logistique (die Kunst Truppen einzuquartieren) aus der französischen Vokabel logis (Unterkunft) ableitete. Hier wird der Bezug zum militärischen Nachschubwesen deutlich.

[35] Zur Abgrenzung der beiden Begriffe siehe u. a. WÖRDENWEBER, M.: Unternehmensplanung, a. a. O., S. 297.

Die **Aufgabe der Logistik** ist es, auf Grundlage der Absatz- und Sortimentsplanung

- ✓ die **r**ichtigen Objekte (Güter, Personen, Energie, Informationen)
- ✓ in der **r**ichtigen Qualität
- ✓ in der **r**ichtigen Menge
- ✓ zum **r**ichtigen Zeitpunkt
- ✓ an den **r**ichtigen (internen oder externen) Kunden
- ✓ am **r**ichtigen Ort des Kunden
- ✓ zum **r**ichtigen Preis

Darst. 2.1012: 7 „R" der Logistik

(Vgl. die 6-R-Definition von JÜNEMANN, R.: Materialfluss und Logistik. Systemtechnische Grundlagen mit Praxisbeispielen, Berlin, Heidelberg 1989, S. ?, PLÜMER, TH., STEINFATT, E.: Produktions- und Logistikmanagement, 2. Aufl., Berlin, Boston 2017, S. 3.)

zur Verfügung zu stellen.

Die Formulierung „zum richtigen Preis" deutet an, dass es nicht allein um die (isolierte) Minimierung von Kosten, z. B. für einen einzelnen Transportvorgang, sondern um die ganzheitliche Planung, Steuerung und Kontrolle von Systemen geht, um diese logistisch zu optimieren.

Wegen der Unterschiedlichkeit der spezifischen Anforderungen der Logistikobjekte und der daraus abzuleitenden Maßnahmen wird die Logistik üblicherweise wie folgt gegliedert:[36]

[36] Vgl. u. a. WITTIG, A.: Management von Unternehmensnetzwerken. Eine Analyse der Steuerung und Koordination von Logistiknetzwerken, Wiesbaden 2005, S. 19, OELDORF, G., OLFERT, K.: Material-Logistik, 14. Aufl., Ludwigshafen 2018, S. 41, PLÜMER, TH., STEINFATT, E.: Produktions- und Logistikmanagement, 2. Aufl., Berlin, Boston 2017, S. 3.)

<table>
<tr><td>ex-/interne Transportlogistik</td><td>interne Transportlogistik</td><td colspan="3">externe Transportlogistik</td></tr>
<tr><td>Beschaffungs-logistik</td><td>Produktions-logistik</td><td>Distributions-logistik</td><td>Rücknahme-logistik</td><td>Entsorgungs-logistik</td></tr>
<tr><td colspan="5">→ Informationslogistik ←</td></tr>
</table>

Darst. 2.1013: Logistikbereiche und Arten der Transportlogistik
(Vgl. OELDORF, G., OLFERT, K.: Material-Logistik, 14. Aufl., Ludwigshafen 2018, S. 41, PLÜMER, TH., STEINFATT, E.: Produktions- und Logistikmanagement, 2. Aufl., Berlin, Boston 2017, S. 3.)

Sowohl bei der **Beschaffungslogistik** als auch bei der **Distributionslogistik** ist zu beachten, dass diese zu einem Teil als interne, zu einem anderen Teil als externe Logistikaktivitäten einzustufen sind. Als **interne Logistik innerhalb der Distribution** sind diejenigen Aktivitäten anzusehen, bei denen ausschließlich interne Transportvorgänge und interne Zwischenläger in den Distributionsprozess vor dem Ausgang der Ware an den Kunden einbezogen sind. Als **interne Logistik innerhalb der Beschaffung** gelten diejenigen Vorgänge, bei denen interne Transportvorgänge und interne Zwischenlagerungen (Wareneingangslager) ab dem Wareneingang erfolgen.

Während sich die **externe Transportlogistik** auf Vorgänge außerhalb des Unternehmens – genauer: Beschaffungstransporte bis zum vereinbarten Anlieferort im Unternehmen[37] bzw. Transportlogistikleistungen ab dem ausgewählten Abgangslagerort im Unternehmen – bezieht, findet die **interne Transportlogistik** als **innerbetriebliche Transportlogistik** (innerhalb eines Betriebes)[38] als auch als **zwischenbetriebliche Transportlogistik** (zwischen verschiedenen Produktionsstätten oder zwischen verschiedenen Werken und z. B. weltweit verteilten Zentrallägern) statt.

[37] Die Beschaffungslogistik beinhaltet im Wesentlichen alle vorgelagerten Informations- und Materialströme vom Warenausgang der Lieferanten bis hin zum Wareneingang des beschaffenden Unternehmens. Vgl. SCHUH, G., GUO, D.: Ordnungsrahmen Einkaufsmanagement, in: SCHUH, G. (HRSG.): Einkaufsmanagement. Handbuch Produktion und Management 7, 2. Aufl., Berlin, Heidelberg 2014, S. 16.

[38] Die innerbetriebliche Logistik wird auch als Intralogistik bezeichnet. Es handelt sich um die logistischen Material-, Waren- und Energieflüsse, die sich innerhalb eines Betriebsgeländes abspielen. Vgl. WEBER, J., WALLENBURG, C. M.: Logistik- und Supply Chain Controlling, 6. Aufl., Stuttgart 2010, S. 410ff.

Als Ergebnis von Make-or-Buy-Überlegungen (In- bzw. Outsourcing von Dienstleistungen) können originäre interne Logistikaktivitäten einschl. Lagerung, oder externe Transportdienstleistungen (ab dem gewählten Abgangslagerort), bei denen – angenommen – eigene Betriebsmittel und eigenes Personal eingesetzt werden, auch ausgelagert, d. h. **externe Logistikleistungen zugekauft** werden. Umgekehrt kann eine **externe Transportlogistik in der Beschaffung** nach Absprache mit dem Lieferanten und unter Einbezug des Einkaufspreises der Materialien **auch mittels eigener Betriebsmittel und Arbeitskräfte** durchgeführt werden. Als Beispiel für einen derartigen Austausch ist das Unternehmen Amazon zu nennen, das sukzessive externe Postdienstleistungen in Eigenregie übernimmt. Ein weiteres Beispiel ist die Firma Böllhoff, die interne Wareneingangsläger ihrer Kunden führt.

Es sind weitere Unterteilungen der Logistik möglich. So ist bspw. im Rahmen der Entsorgung zu entscheiden, ob die Abfälle dem Recycling oder der sonstigen Verwertung (insb. energetische Verwertung (Verbrennung) und Verfüllung) zugeführt oder im Rahmen der Abfallwirtschaft beseitigt, also nicht mehr verwertet werden.[39] Im Falle der Rücknahme ist auch eine Wiederverwendung der Güter mit oder ohne Aufbereitung denkbar.

Weitere Ausführungen zum Thema „Logistik“ und zum „Supply Chain Management“ sollen hier nicht vorgenommen werden. Sie finden sich im Unterabschnitt 2.1.1 „Vorbemerkungen“, im Unter-Unterabschnitt 2.4.3.4 „Lieferflexibilität, Lieferbereitschaftsquote, Out-of-Stock-Quote“ und im Unter-Unterabschnitt 2.4.22.1 „Grundlagen des Distributions-Controllings“.

Einkauf

Unter dem Begriff **Einkauf** versteht die Praxis zumeist einen **verwaltenden Einkauf**, der die **reine Bestelltätigkeit** umfasst. Darüber hinaus gibt es aber auch den **gestaltenden modernen Einkauf**, der sich neben den verwaltenden Aufgaben auch mit **taktischen und strategischen Entscheidungen** auseinandersetzt:

[39] Vgl. Wördenweber, M.: Nachhaltigkeitsmanagement – Grundlagen und Praxis unternehmerischen Handelns, 1. Aufl., Stuttgart 2017, S. 231–235.

Verwaltender Einkauf	Gestaltender Einkauf
• Bestellschreibung • Bestellüberwachung • Verwaltung der Preis-, Lieferanten- und Konditionendatei • Wareneingangsüberwachung • allgemeine Verwaltungstätigkeiten	• Beschaffungsmarktforschung • Angebotsvergleich und -verhandlungen • optimales Preis-/Leistungsverhältnis erreichen • Kostensenkungsmaßnahmen • Verbesserung der Effizienz im Einkauf

Darst. 2.1014: Tätigkeiten des Einkaufs
(Vgl. JUNG, H.: Allgemeine Betriebswirtschaftslehre, a. a. O., S. 313.)

Obwohl es Auffassungen gibt, nach denen die Beschaffung dem Einkauf gleichzusetzen ist, werden in der Betriebswirtschaftslehre eher die Begriffe Beschaffung und Materialwirtschaft für diesen Funktionsbereich synonym verwendet. Wie bereits oben erwähnt, wird folgende Unter-/Überordnung – wie in Darst. 2.1009 ersichtlich – festgelegt. **Die Materialwirtschaft umfasst (u. a.) die Beschaffung, die ihrerseits (u. a.) den Einkauf beinhaltet.**

2.1.2 Methoden, Techniken und Kennzahlen

2.1.2.1 Teilfunktion Disposition und Lagerung

Wie zuvor beschrieben besteht die Beschaffung aus den Teilbereichen Disposition, Einkauf, Lagerung und Transport. In der Praxis sind diese Bereiche eng miteinander verbunden und können nicht immer getrennt voneinander betrachtet werden. Die Disposition ist u. a. für die Bedarfsermittlung, die Festlegung von Anforderungsmengen und die Bestands- und Bewegungskontrolle zuständig. Letzteres erfordert eine enge Zusammenarbeit mit der Lagerung, weswegen in dieser Arbeit keine Differenzierung zwischen Dispositions- und Lagerungskennzahlen vorgenommen wird.

2.1.2.1.1 ABC-Analyse der Materialien

Die ABC-Analyse ist ein Instrument der Konzentrationsanalyse. Im Beschaffungsbereich dient dieser Controlling-Ansatz der **Beschaffungsprogrammstrukturanalyse**, die zur materialwirtschaftlichen Planung und Entscheidungsfindung herangezogen wird. Um die Effizienz der Beschaffung zu steigern, ist es notwendig, das Wichtige vom Unwichtigen zu trennen. Mit Hilfe dieser Auswertung soll die Aufmerksamkeit schwerpunktmäßig auf **jene Güter** gelenkt werden, die eine **hohe wirtschaftliche Bedeutung** für das Unternehmen haben. Als Folge dessen zeigt sich in der Praxis eine **Steigerung der Wirtschaftlichkeit**, da in hohem Maße Rationalisierungspotenziale ausgenutzt werden können.

Es sollen also wichtige von weniger wichtigen Beschaffungsobjekten getrennt werden. Nun stellt sich die Frage, was unter „wichtig" zu verstehen ist: Wichtig in Bezug auf was? Eine Materialart ist wichtig, wenn sie einen hohen Beschaffungswert aufweist. Wird der Fall extrem teurer Beschaffungsgüter außer Acht gelassen, sind es Materialien, die in sehr hoher Stückzahl beschafft werden und demnach ständig in großen Mengen für die Produktion benötigt werden. Und genau darin kann ein Problem liegen: Hohe Produktionszahlen heißt hohe Maschinenkapazitäten, die vorgehalten werden müssen, ebenso wie Mitarbeiter. Bei den Abschreibungen für die Maschinen und den Personalkosten für die Mitarbeiter handelt es sich um Fixkosten, die naturgemäß nicht so schnell abgebaut werden können oder im Falle des Personals auch nicht sollten (eine kurzfristige Entlastung (ggf. mit den Kosten und dem Abfluss liquider Mittel aufgrund eines Sozialplans) und dann wieder Einstellung (derselben Mitarbeiten) ist nicht praktikabel). Und genau hierin liegt die Gefahr: Fällt eine solche Materialart aus, wird die Produktion über „kurz oder lang" (siehe hierzu unten die Ausführungen zu den Mindest- und Meldebeständen) eingestellt, so fallen diese Fixkosten weiterhin an, ohne dass ihnen letztlich Umsätze gegenüberstehen. Diese nicht durch eine Beschäftigung oder Umsätze gedeckten Kosten heißen **Leerkosten**.

Insofern zeigt eine ABC-Analyse in erster die Linie ein **Risiko** auf: das Risiko von enormen Verlusten, die dadurch entstehen, dass ein großer Teil der Aufwendungen weiterhin anfällt, die Umsätze hingegen fehlen; letztlich also Verluste drohen. Die ABC-Analyse verdeutlicht daher (hier) die **Abhängigkeit** von Einkaufsmaterialien bzw. Lieferanten.

Im weiteren Verlauf dieser Monografie wird deutlich, dass die ABC-Analyse ein wichtiges Instrument für weitere Controllingmaßnahmen wie z B. die Kennzahlenauswertung ist. So werden die meisten **Beschaffungskennzahlen nicht pauschal für alle zu beschaffenden Güter, sondern speziell für bestimmte Materialien oder Materialgruppen berechnet**.

Eine zu allgemeine Betrachtung hat zur Folge, dass Abweichungen in der Masse untergehen und Sachverhalte zu oberflächlich dargestellt werden. Zu detaillierte Betrachtungen sind hingegen sehr aufwendig und wichtige Informationen sind von den unwichtigen nicht zu unterscheiden.

Die ABC-Analyse basiert auf der Erkenntnis, dass ein mengenmäßig relativ kleiner Teil der Materialien einen relativ großen Anteil am Gesamtwert der beschafften Güter hat. Aus diesem Grund werden die Materialarten, **wertmäßig absteigend, den Klassen A, B und C zugeordnet**.

Oft wird in diesem Zusammenhang auf das **Pareto-Prinzip**[40] verwiesen. Der Ingenieur, Ökonom und Soziologe Pareto hatte 1906 herausgefunden, dass in Italien 80 % des Bodens 20 % der italienischen Bevölkerung gehörten. Das daraus abgeleitete Pareto-Prinzip besagt, dass mit einem Mitteleinsatz (Ursachen) von ca. 20 % etwa 80 % eines Effekts hervorgebracht werden. Diese 80/20-Regel wird häufig undifferenziert auf andere Fragestellungen übertragen, ohne die zugrunde liegenden Annahmen zu prüfen.[41] Insbesondere besagt die Pareto-Regel *nicht*, dass ein Zustand im Sinn der 80:20-Verteilung anzustreben ist. Auch die Annahme, dass dieses Prinzip nur als eine Verteilung, deren beide Quantile insgesamt 100 % ergeben, Gültigkeit besitzt, ist falsch. Faktisch sind auch beliebige andere Verteilungen denkbar. Beispielsweise, dass für einen Erfolg von 80 % nur 30 % der Anstrengungen erforderlich sind.[42] Letztlich hängt die Bewertung (s. u.) immer von den Umständen der Entscheidungssituation ab.

Die Klassifizierung in drei Gruppen ist üblich, jedoch nicht zwingend. Eine Einteilung in mehr als drei Klassen sollte nur dann vorgenommen werden, wenn dadurch die Wirtschaftlichkeit erhöht und ein zusätzlicher Informationsnutzen geschaffen wird. Da sich die Zuordnung nach dem Kriterium Wert[43] (Einkaufsvolumen) richtet und nicht ausschließlich nach dem Preis, können auch Materialien mit einem geringeren Einstandspreis aufgrund der hohen Bedarfsmenge in die A-Kategorie fallen. Auf der anderen Seite ist es möglich, dass Güter mit einem hohen Einstandspreis aufgrund der geringen Bedarfsmenge in die letzte Kategorie, also die C-Kategorie, gehören.

---

[40] Auch als Pareto-Regel, 80/20-Regel (80:20 Regel) oder 80/20-Prinzip bekannt.

[41] Entsprechende Aussagen lauten beispielsweise: „20 % der Kunden erzeugen 80 % des Umsatzes", „20 % der Angestellten generieren 80 % des Gewinns", „20 % der Websites im Internet machen 80 % des Datenvolumens aus", „In betrieblichen Meetings werden in 20 % der Zeit 80 % der Beschlüsse gefasst", „80 % der Umsätze basieren auf 20 % der Produkte" oder „80 % der Zeit zur Erstellung einer Hausarbeit wird für Formatierungen und Zitierregeln benötigt".

[42] Das ist leicht nachvollziehbar für den Fall, dass 100 % des Einsatzes für 100 % des Erfolgs verantwortlich sind.

[43] Der Wert ist das Ergebnis aus dem Preis multipliziert mit der Menge.

Grundsätzlich wird bei der ABC-Analyse der Beschaffungswert pro Materialart berechnet. Um zu vermeiden, dass Materialien mit ähnlichen Eigenschaften auseinandergerissen werden, sollten Materialgruppen gebildet werden. Werden in einem Unternehmen beispielsweise Schrauben mit unterschiedlicher Länge oder Durchmesser als verschiedene Materialarten geführt, ist es für die ABC-Analyse sinnvoll, diese in einer Materialgruppe Schrauben zusammenzufassen.

Das Vorgehen lässt sich in folgende **Schritte** gliedern:[44]

1. Berechnung des Beschaffungswertes jeder Materialart pro Periode (Menge multipliziert mit dem Einstandspreis).
2. Ordnen der Materialien in absteigender Reihenfolge gemessen an ihrem Gesamtbeschaffungswert.
3. Berechnung des prozentualen Anteils an der Gesamtzahl aller beschafften Güter.
4. Kumulieren der prozentualen Anteile an der Gesamtbeschaffungsmenge.
5. Berechnung des prozentualen Anteils am Gesamtbeschaffungswert aller Materialarten.
6. Kumulieren der prozentualen Anteile am Gesamtbeschaffungswert aller Materialarten.
7. Einteilung der Materialarten in A-, B- oder C-Güter.

Die Einteilung der Materialien in die Klassen A, B und C hängt von der Wahl der Wertgrenzen[45] ab. Eine denkbare Einteilung sieht wie folgt aus:

Klasse	Wertanteil	Mengenanteil
A	80 %	15 %
B	15 %	25 %
C	5 %	60 %

Darst. 2.1015: ABC-Analyse der Materialien

[44] Vgl. THOMMEN, J., ACHLEITNER, A., GILBERT, D. ET AL.: Allgemeine Betriebswirtschaftslehre, 9. Aufl., Wiesbaden 2020, S. 172.

[45] Als Wertgrenzen werden die vorher festgelegten Wertanteile bezeichnet, die die einzelnen Klassen voneinander abgrenzen.

Je nach der Branche, in der das Unternehmen tätig ist, **können die Wertgrenzen und Mengenanteile der Verteilung erheblich abweichen**. Bei der Einteilung der Wertgrenzen muss sich das Unternehmen nicht an das oben genannte Schema halten, vielmehr sollte anhand der Ergebnisse eine **sinnvolle Anordnung** gewählt werden. Dieser subjektive Vorgang der Klasseneinteilung hat jedoch den Nachteil, dass die Wahl der geeigneten Wertgrenzen mitunter schwierig ist. Darüber hinaus lässt sich der ökonomische Nutzen i. d. R. nicht quantifizieren, da Kosten- und Nutzenänderungen sich nicht hinreichend erfassen lassen.

Eine Möglichkeit, die Ergebnisse graphisch darzustellen, ist die **Konzentrationskurve**, auch **Lorenzkurve** genannt. Grundsätzlich gilt: **Je „bauchiger“** die entstandene Lorenzkurve ist, **desto höher ist die Abhängigkeit des Unternehmens von wenigen Merkmalsausprägungen** (hier: den beschafften Materialien). Die Diagonale dieser Kurve entspricht einer Gleichverteilung der Beschaffungsmengen und -werte. Die in Darst. 2.1008 abgebildete Konzentrationskurve stellt eine repräsentative Verteilung der ABC-Analyse im Materialbereich dar. Allgemein kann festgehalten werden, dass **umso geringer die Fertigungstiefe** eines Unternehmens ist, desto **flacher verläuft die Konzentrationskurve**.[46]

[46] Vgl. THOMMEN, J., ACHLEITNER, A., GILBERT, D. ET AL.: a. a. O., S. 172.

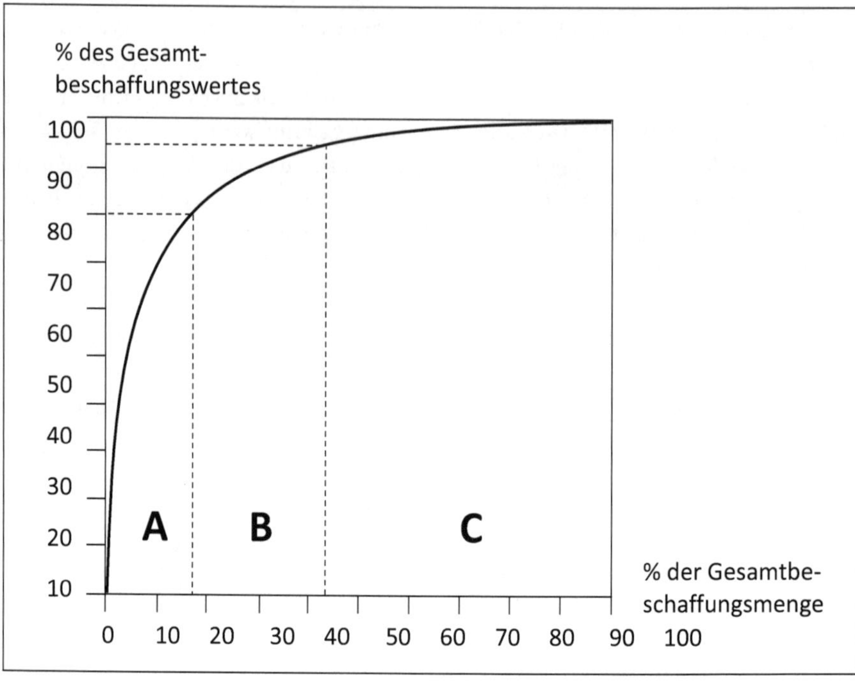

Darst. 2.1016: Beispielhafte graphische Darstellung der ABC-Analyse mittels Lorenzkurve
(Entnommen: THOMMEN, J, ACHLEITNER, A.: a. a. O., S. 328.)

Im Fokus der Beschaffung stehen **A-Materialien**, da diese die **größten Kosteneinsparungspotenziale** besitzen.

Zu empfehlen sind folgende **Maßnahmen**:

- Preiserhebungen (Angebote einholen) in regelmäßigen Abständen
- umfassende Marktanalysen (Anbieter-/Abnehmer-Struktur, neue Einkaufsquellen suchen)
- Auswahl zuverlässiger und leistungsfähiger Lieferanten
- Kostenstrukturanalyse einschließlich Wertanalyse
- genaue Bestandsführung und -überwachung
- sorgfältige Festlegung der Mindest- und Meldebestände (programmorientiert)
- gründliche Bestellvorbereitung
- aufwendige, exakte Dispositionsverfahren (Bestellmengenplanung und Bestellterminrechnung)
- optimale (kleinere?) Abrufmengen beim Lieferanten

Darst. 2.1017: Handlungsempfehlungen bei A-Materialien

Im Gegensatz zu A-Gütern bilden C-Materialien, trotz ihrer großen Menge, nur einen sehr geringen Anteil am Beschaffungsvolumen. Einsparungen bei diesen Materialien sind für die Senkung der gesamten Materialkosten meist bedeutungslos. Der Arbeitsaufwand sollte vereinfacht und reduziert werden, da die vermiedenen Bearbeitungskosten ein wesentlich größeres Kostensenkungspotenzial als eine Reduzierung der Materialkosten bieten. Ist eine programmorientierte Be- und Verarbeitung der Daten nicht grundsätzlich für alle Materialien vorgesehen, würde bei C-Artikeln bei der Bedarfsermittlung mit Schätzungen gearbeitet werden können. Die Lagerbuchführung könnte vereinfacht erfolgen. In den meisten Fällen sind höhere Mindestbestände und eine vereinfachte Bestellabwicklung zu empfehlen, da i. d. R. die eingesparten Planungskosten größer sind als die Lagermehrkosten. Angesichts laufender Prozesskosten, z. B. für die Pflege der Daten sollte geprüft werden, ob C-Materialien nicht gänzlich eliminiert werden können. Hier ist insbesondere zu prüfen, ob ein Wegfall aus technischer Sicht (überhaupt) möglich ist.

Mögliche Maßnahmen zur Kostensenkung bei C-Materialien sind:

- vereinfachte Bestellabwicklung
- vereinfachte Lagerbuchführung
- vereinfachte Bestandsüberwachung
- telefonische Bestellungen
- größere Bestellmengen
- Sammelbestellungen

Darst. 2.1018: Handlungsempfehlungen bei C-Materialien

Für die Behandlung der B-Materialien kann ein Mittelweg zwischen den Maßnahmen der A- und C-Materialien gewählt werden. Aus Rationalisierungsgründen sollten sie jedoch den A- oder C-Materialien zugeordnet werden. Ist sowohl eine genaue Bestandsführung als auch -überwachung bereits Standard im Unternehmen[47] und sind ohnehin bei allen Materialien automatisch Mindest- und Meldebestände hinterlegt, bleiben bei B-Materialien nur noch wenige Maßnahmen, die im Einzelfall zu weiteren Kostensenkungen führen.

Aufgrund der **einfachen Anwendung** ist die ABC-Analyse in der Praxis weit verbreitet. Diese Art der Darstellung von Konzentrationen ist anschaulich und gut zu kommunizieren. Zudem ist die Methode weitgehend unabhängig von der Problemstellung.[48] Probleme treten auf, wenn dem Unternehmen die aktuellen Daten nicht vorliegen oder an ihrer Verlässlichkeit und Konsistenz Zweifel bestehen. Ein weiterer möglicher Nachteil der ABC-Analyse ist ihre **Eindimensionalität**. Zwar verbindet der Beschaffungswert Preis und Menge, jedoch **bleiben andere Kriterien**, also auch Verbundeffekte wie beispielsweise Lagerkosten und/oder Verderblichkeit der Güter, **unberücksichtigt**. Prinzipiell sollten **zusätzliche Entscheidungshilfen** herangezogen werden, die z. B. Bedürfnisänderungen und Markt-trends berücksichtigen. Zudem ist die ABC-Analyse eine rein **statische und vergangenheitsorientierte Methode**, weshalb die Gefahr besteht, dass neue Entwicklungen den gewonnenen Eindruck verfälschen. Um Fehleinschätzungen zu vermeiden, sollten daher in regelmäßigen Abständen die jeweils aktuellen Daten erhoben werden. Neu in das Programm und/oder Sortiment aufgenommene Artikel werden wegen des noch geringen Umsatz-/Verbrauchs- oder Beschaffungswertanteils als C-Artikel eingestuft.[49]

[47] Programmorientiert, z. B. über Scanner-Systeme.

[48] Vgl. REINECKE, S., JANZ, S.: Marketingcontrolling, Stuttgart 2007, S. 119.

[49] Vgl. BECKER, J., WINKELMANN, A.: Handelscontrolling. Optimale Informationsversorgung mit Kennzahlen, 4. Aufl., Berlin, Heidelberg 2019, S. 226.

Ein spezielles **Problem** tritt dann auf, wenn die **ABC-Analyse zur Eliminierung von Lieferanten, Kunden, Produkten oder (Vertriebs-)Regionen genutzt** wird. Eine mögliche Fehlentscheidung wird im Paragrafen 2.1.2.2.1 „ABC-Analyse der Lieferanten" beispielhaft erläutert.

Es sei abschließend erwähnt, dass die ABC-Analyse auf verschiedene Situationen reproduziert werden kann und entsprechend diverse Abhängigkeiten und Größen in der Beschaffung in Betracht gezogen werden können:

- Anzahl und Umsatz der Lieferanten,
- Anzahl und Wert aller Bestellungen,
- Anzahl und Wert der beschafften Güter,
- Anzahl und Wert des verbrauchten Materials,
- Anzahl und Wert der Beanstandungen.

Die ABC-Analyse der Lieferanten wird im gleichnamigen Paragrafen 2.1.2.2.1 vorgestellt.

2.1.2.1.2 Lagerungskennzahlen

Die Lagerung verfolgt im Wesentlichen das **Ziel der Kostenminimierung unter der Bedingung einer sicheren Materialversorgung**.

Neben (viel) zu hohen, d. h. schlicht überflüssigen Beständen existieren in den Unternehmen auch Bestände, die Probleme verdecken. Ursachen sind:

- fehlerhafte Dispositionsstammdaten wie z. B. nicht der Realität entsprechender Mindestbestand (Sicherheitsbestand) oder nicht aktuelle Durchlaufzeiten, u. a. aufgrund
  - falscher Verantwortlichkeiten bzw. unklarer Trennung zwischen Verantwortungs- und Entscheidungsträgern,
  - mangelhafter Informationsflüsse[1],
  - fehlerhafter Dateneingabe[2],
  - „händischer“ Berechnungen unter Verwendung eines veralteten Methodenwissens statt automatisierter Ermittlung auf der Basis von Algorithmen,
  - mangelhafter Produktionsplanung,
  - fehlender Erfahrungen bei neuen Produkten
- Fehlmengen in der Vergangenheit[3]
- Kunden sind wegen der nicht fristgerechten Auslieferung vom Kaufvertrag zurückgetreten
- Falschbestellung eines Kunden und Nichtabnahme produzierter Güter
- Produktkataloge wurden nicht fristgerecht an die Kunden ausgeliefert
- ungenaue Prognosen (u. a. wegen zu grober Absatzplanung)[4]
- enorme Teilevielfalt bei den Produkten (z. B. sehr viele Schraubentypen)
- nicht optimale Losgrößen[5]
- (geplante) und durchgeführte Losgrößenproduktion kurz vor dem Stichtag der Bestandserfassung/-überprüfung
- übertriebenes Sicherheitsdenken[6] und/oder
- instabile Produktionsprozesse[7]

Darst. 2.1019: Ursachen zu hoher Lagerbestände

[1] Bspw.: PPS-Systeme verschiedener Werke oder Tochtergesellschaften, die die gleichen Produkte fertigen oder lagern, sind IT-technisch nicht miteinander verknüpft. Stornierung eines Kundenauftrages wurde bspw. nicht weitergegeben. Fehlende Abstimmung zwischen Einkauf (Fremdbezug) und Produktion (Eigenfertigung).

[2] Etwa aufgrund mangelhafter Qualifikation (Ausbildung). Auch: Daten wurden versehentlich nicht in das System eingegeben.

[3] Aufgrund nicht ausreichender Liefermengen hat der Kunde zuletzt die Bestellmengen erhöht, um einen höheren Sicherheitsbestand zu erlangen, danach die Bestellmengen aber wieder gesenkt.

[4] Aufgrund zu optimistischer Vertriebsprognosen werden z. B. bereits Fertigungsaufträge erteilt.

[5] Auch: Überbetonung des Aspekts der Rüstkostenminimierung.

[6] Auch infolge externer Kundenzufriedenheitsorientierung.

[7] So erfordern etwa maschinelle Störungen, z. B. bei Altanlagen, während der Produktion höhere/hohe Sicherheitsbestände.

Die Begründung für eine intensive Beschäftigung mit den Lagerungskennzahlen resultiert aus den enormen Kosten, die mit einem hohen durchschnittlichen Lagerbestand, einer hohen Lagerreichweite oder einer geringen Lagerumschlagshäufigkeit verbunden sind. Zu nennen sind in diesem Zusammenhang Raumkosten (Miete, Leasing, Pacht, Abschreibung, ggf. Opportunitätskosten aufgrund anderweitig fehlenden Lagerraums), Kapitalbindungskosten (Sollzinsen, Opportunitätskosten = Zinsentgang bei alternativer Finanzmittelverwendung), Abwertungskosten (Abschreibungen auf Gegenstände des Umlaufvermögens gemäß § 253 Abs. 3 HGB – strenges Niederstwertprinzip) aufgrund einer Verschlechterung der Ware oder bei Preisverfall, Personalkosten (z. B. Austausch verunreinigter Materialien, Inventurzählungen), Kosten für Fremdleistungen (z. B. Bewachung des Lagers), Versicherungskosten (Inventarversicherung) und andere mehr.

- Raumkosten
- Kapitalbindungskosten
- Abwertungskosten
- Personalkosten
- Kosten für Fremdleistungen
- Versicherungskosten
- weitere Kosten

Darst. 2.1020: Kosten bei hohem durchschnittlichen Lagerbestand, einer hohen Lagerreichweite oder einer geringen Lagerumschlagshäufigkeit

Von besonderer Bedeutung für die Planung, Steuerung und Kontrolle der Lagerung sind daher die Kennzahlen „Durchschnittlicher Lagerbestand“, „Toter Bestand“, „Lagerumschlagshäufigkeit“, und „Lagerreichweite“.[50] Die vorgenannten Kennzahlen können indirekt mit den Raumkosten in Verbindung gebracht werden. Eine genauere Beurteilung ist über den „Lagerbelegungsgrad“ möglich.

Durchschnittlicher Lagerbestand

Diese Kennzahl gibt den durchschnittlichen Bestand an Material in einer **Stück- oder Wertgröße** an. Die Messung sollte als Mengengröße erfolgen, da eine Wertgröße keine exakte Bestimmung aufgrund des Produktes Menge mal Preis möglich ist. So würde c. p. eine Preissteigerung zu einer Erhöhung des Lagerbestandes führen.

[50] Auf die wirtschaftlich sinnvollen und notwendigen Bestände wird im folgenden Paragrafen 2.1.2.1.3 „Bestandskennzahlen“ eingegangen.

Im Rahmen der Beschaffung wird ausschließlich das Eingangslager betrachtet, eventuelle Zwischenlager werden der Produktion oder Materialwirtschaft zugerechnet (vgl. Darst. 2.1009). Berechnet wird der Durchschnittswert aus der Summe eines Anfangsbestands und einem oder mehreren Endbeständen geteilt durch die Anzahl der Bestandsfeststellungen.[51] Werden die Bestände innerhalb eines Jahres jeweils monatlich festgehalten, ergibt sich der durchschnittliche Lagerbestand wie folgt:

$$\text{Durchschnittlicher Lagerbestand} = \frac{\text{Anfangsbestand} + 12 \text{ Monatsbestände}}{13}$$

Darst. 2.1021: Durchschnittlicher Lagerbestand bei 12 Bestandserfassungen im Jahr

Beispiel: Wenn der Jahresanfangsbestand beispielsweise 1 Einheit beträgt, und die zwölf Monatsendbestände jeweils mit 27 Einheiten ermittelt wurden, errechnet sich ein durchschnittlicher Lagerbestand (pro Monat) von (1+27•12)/13=25 Einheiten.

Der **Jahresdurchschnittsbestand** wird i. d. R. über Monats- oder Wochenendbestände ermittelt. Ein **Monatsdurchschnitt** berechnet sich meist aus Anfangsbestand plus Endbestand des Monats geteilt durch zwei; alternativ wäre auch hier eine Durchschnittsermittlung über Wochenendbestände möglich. Eine **tägliche Bestandsermittlung** ist denkbar, in der Praxis aufgrund des hohen Arbeitsaufwands jedoch nicht umzusetzen.

Grundsätzlich sollte der durchschnittliche **Lagerbestand so niedrig wie möglich** gehalten werden, um die mit der Lagerung verbundenen Kosten zu minimieren.

Im Vergleich zum Benchmark oder zu vorangegangenen Perioden gilt somit ein geringerer oder gesunkener Bestand als positives Ergebnis. Wird ein Mindestbestand an Material hingegen unterschritten, kann es zu Engpässen in der Produktion kommen. Dies kann ein Zeichen mangelnder Abstimmung zwischen der Beschaffung und der Produktions- und Absatzplanung sein, da der tatsächliche Materialbedarf der Produktion höher ist als die Schätzung der Beschaffung. Andererseits kann auch ein falsches Planungsverhalten der Disposition und des Einkaufs vorliegen.

[51] Vgl. die Ausführungen in Unterabschnitt 2.2.1 von Band 1 „Vorbemerkungen".

Ein erhöhter Lagerbestand und damit eine erhöhte Kapitalbindung können, gerade in kleinen und mittelständischen Unternehmen, zu Liquiditätsproblemen führen. Eine falsch aufgefasste Sicherheitspolitik oder Produktionsprobleme können der Grund sein.

Unabhängig von der Ermittlungsmethodik (Zahl der Bestandsfeststellungen) lässt sich die singuläre Größe „Lagerbestand“ nur **unbefriedigend bewerten**. Zwar existieren im Rahmen des Benchmarkings eine Reihe von Vergleichsmöglichkeiten;[52] sie weisen aber verschiedene Probleme auf. Ein Plan-Ist- bzw. Soll-Ist-Vergleich bezieht sich ebenso wie eine Zeitreihenanalyse auf die Zahlen des Unternehmens. Ein interner, erst recht ein externer Vergleich ist u. a. wegen der Heterogenität der Produktionsprogramme kaum sinnvoll.

Die Kennzahl **Lagerbestand eignet sich** nur **bedingt zur Steuerung**. Zwar ist auf der einen Seite klar, dass der Lagerbestand so niedrig wie möglich gehalten werden muss, auf der anderen Seite darf es nicht zu Engpässen in der Produktion kommen. Die konkrete **Steuerung des Lagerbestandes** erfolgt über die Kennzahlen „Mindest-, Melde- und optimaler Bestand“. Der Bestand ist abhängig von verschiedenen Umständen, die weiter unten noch diskutiert werden. Grundsätzlich orientieren sie sich am Materialbedarf. Daher werden in der Praxis die Kennzahlen Lagerreichweite und Lagerumschlagshäufigkeit hinzugezogen, da diese neben dem Bestand auch die interne Nachfrage berücksichtigen und somit erst die Bestimmung der Kennzahlen Mindest- und Meldebestand ermöglichen.

Insbesondere **bei fehlendem Lagerumschlag** lassen sich **überflüssige Bestände nicht identifizieren**.

„Toter Bestand“

Eine recht simple Methode, überflüssige Bestände zu entdecken, verwendet die Zeit als Kriterium für den „toten Bestand“.

[52] Vgl. Vgl. WÖRDENWEBER, M.: Operatives Controlling – Band 1, a. a. O., S. 178–193.

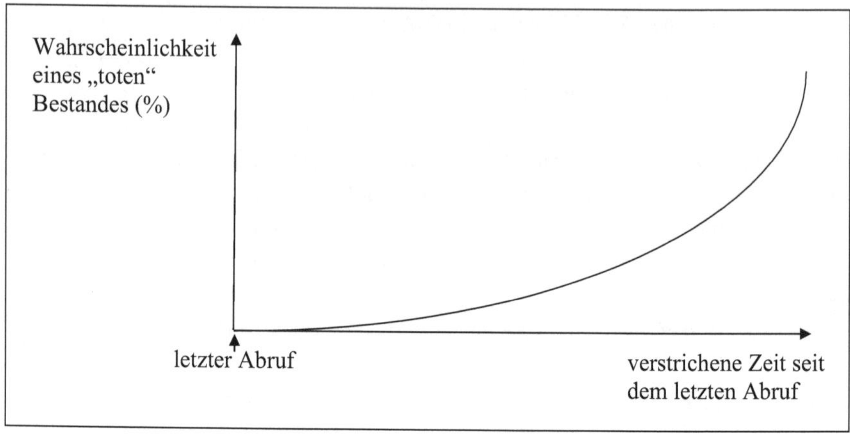

Darst. 2.1022: Wahrscheinlichkeit eines „toten Bestandes“ (%)

Je mehr Zeit seit dem letzten Abruf eines Artikels vergangen ist, desto **größer ist die Wahrscheinlichkeit**, dass es sich um eine obsolete Materialart handelt.

Die (i. d. R. automatisierte) **Analyse,** bspw. mittels SAP, ob es sich um einen toten Bestand handelt oder nicht, erfolgt in **vier Schritten**: Im ersten Schritt wird anhand der verstrichenen Zeit geprüft, ob es sich um einen obsoleten Bestand handeln könnte. Im zweiten Schritt wird studiert, ob der vermutete tote Bestand höher ist als der Mindestbestand (Sicherheitsbestand) (s. u.). Liegt in einem dritten Schritt der Mindestbestand über dem optimalen Bestand (s. u.), so ist hier als „Nebenprodukt“ der Analyse ggf. eine Korrektur erforderlich und viertens zu klären, ob sich der vermutete tote Bestand auch noch über dem optimalen Bestand befindet. Ist letzteres der Fall, muss jetzt weiters untersucht werden, warum es sich wohl um einen obsoleten Bestand handelt. Eine erste Möglichkeit ist der Abgleich mit den Stücklisten[53], ob die betroffene Materialart noch in diesen aufgelistet ist. Falls nein, sollte der tote Bestand bestmöglich veräußert oder anderweitig entsorgt werden. Ist die Materialart jedoch noch in mindestens einer Stückliste vorhanden, ist zu überlegen, wie weiter mit dieser Materialart verfahren werden soll. Dabei ist u. a. zu kontrollieren, ob der Deckungsbeitrag des letztlich zu produzierenden Erzeugnisses unter Berücksichtigung der deutlich höheren Lagerkosten noch positiv ist.

[53] Eine Stückliste (engl. parts list) beschreibt, aus welchen Komponenten – auch Baugruppen, die ihrerseits eine eigene Stückliste erhalten – sich ein Erzeugnis zusammensetzt. Hierbei ist die Struktur des Produktes erkennbar und die Anzahl der Bestandteile, die benötigt werden, um ein Stück einer Erzeugnisart herzustellen.

Lagerreichweite und Lagerumschlagshäufigkeit

Die Kennzahl **Lagerreichweite** – zuweilen auch als **Eindeckungsquote** bezeichnet – gibt an, **für wie viele Stunden**[54]**, Tage, Wochen, Monate oder Jahre der durchschnittliche Lagerbestand**, gemessen an der Materialnachfrage (Lagerabgangsgeschwindigkeit), **ausreicht**. Der durchschnittliche Bestand im Zähler bezieht sich je nach gewählter Zeitdimension auf ein Jahr, einen Monat, eine Woche, einen Tag oder eine Stunde. Im Nenner steht der durchschnittliche Bedarf, also die dem Eingangslager entnommenen Materialien pro Tag, pro Woche, pro Monat oder pro Jahr. Die zur Berechnung verwendeten Größen Bestand und Bedarf müssen sich auf den jeweils **selben Betrachtungszeitraum** (Tag, Woche, Monat, Jahr, Stunde) beziehen.

Der Lagerbestand bezieht sich in der Regel auf die **Beschaffungsobjekte der Materialwirtschaft** gemäß Darst. 2.1003 (Werkstoffe, Zulieferteile, Handelswaren).

$$\text{Lagerreichweite (in Zeiteinheiten)} = \frac{\text{Ø Lagerbestand je Zeiteinheit}}{\text{Ø Bedarf je Zeiteinheit}}$$

Darst. 2.1023: Lagerreichweite (in Zeiteinheiten)

Für die Auswertung der Kennzahl können sowohl Mengen- als auch Wertgrößen genutzt werden. Das Problem der Verwendung von Wertangaben liegt darin, dass starke Preisschwankungen die wertmäßige Berechnung stören können, da die Lagerreichweite aufgrund von Preisänderungen mehr oder weniger stark variiert. Exakte Mengenangaben stehen in der Praxis nicht immer zur Verfügung.

Beispiel 1: Im Januar wurde bei einem durchschnittlichen Bestand von 180 Einheiten ein durchschnittlicher Verbrauch von 140 Einheiten festgestellt. Die Lagerreichweite (in Monaten) beträgt dann 1,29 Monate (180/140).

Beispiel 2: Ausgehend von einem durchschnittlichen Tageslagerbestand von 10 Einheiten, wird ein Tagesbedarf von 5 Einheiten (Lagerabgangsgeschwindigkeit 5 Einheiten pro Tag) angenommen. Die Rechnung ergibt eine Lagerreichweite von 2 Tagen (10/5).

[54] Eine Reichweite pro Stunde ist beispielsweise für Unternehmen interessant, die eine extreme Form der Just in time-Produktion mit sehr niedrigen Beständen fahren.

Eine eng verwandte Kennzahl ist die **Lagerumschlagshäufigkeit**. Sie ist der mathematische **Kehrwert der Lagerreichweite.**

$$\text{Lagerumschlagshäufigkeit (je Zeiteinheit)} = \frac{\text{Ø Bedarf je Zeiteinheit}}{\text{Ø Lagerbestand je Zeiteinheit}}$$

Darst. 2.1024: Lagerumschlagshäufigkeit (je Zeiteinheit)

Beispiel: Werden die Zahlen des obigen Beispiels 1 verwendet, ergibt sich eine Lagerumschlagshäufigkeit von 0,78 (140/180). Das bedeutet, der gesamte Lagerbestand wurde im Monat Januar 0,78-mal ausgetauscht.

Zähler und Nenner beider Kennzahlen sollten sorgfältig gewählt, bzw. **hinterfragt** werden. Wenn beispielsweise die gelagerten Materialien nicht in dem gleichen Verhältnis vorhanden sind, in welchem sie auch bei der Weiterverarbeitung benötigt werden, kann es trotz hoher Reichweite (oder Umschlagshäufigkeit) zu Engpässen in der Produktion kommen. Daher empfiehlt es sich, zur genaueren Steuerung die vorgenannten Kennzahlen nicht ausschließlich nur für das gesamte Lager zu berechnen, sondern **vielmehr einzelne Materialien oder Materialgruppen** zu betrachten.

Der zugrunde gelegte **Zeitraum (Zeiteinheit) sollte sorgfältig bedacht werden**. Hier spielen die Branche, aber auch saisonale Schwankungen eine große Rolle. Während für größere Zeiträume die bessere Datenbasis spricht, sind für Steuerungszwecke eher kürzere Zeiträume empfehlenswert.

Auch hier stellt sich die Frage, ob mit Mengen- oder Wertgrößen gearbeitet werden sollte. Da bei Wertgrößen immer die Problematik der Ursachenerkennung für eine Änderung des Zählers und/oder Nenners besteht (war die Preis- oder die Mengenkomponente oder beide Faktoren Ursache der Änderung?), kann bei heterogenen Gütern nur die Wertgröße gewählt werden. **Wenn eben möglich**, sollte insbesondere bei einzelnen Materialien auf die **Mengengröße** zurückgegriffen werden.

Eine zunehmende Reichweite oder abnehmende Lagerumschlagshäufigkeit zeigt eine sichere Versorgung des Unternehmens mit den benötigten Materialien an. Somit nimmt die Wahrscheinlichkeit von Versorgungsengpässen ab. Eine **hohe Ausprägung** dieser Kennzahl ist jedoch **nicht** unbedingt **erstrebenswert**: Die Kennzahlen zeigen gleichzeitig die Bindungsdauer des eingesetzten Kapitals an. Im Falle zu erwartender Preiserhöhungen oder Lieferschwierigkeiten ist eine Aufstockung des Lagers jedoch positiv zu bewerten. Dennoch wird im Allgemeinen eine sinkende Lagerreichweite bzw. Lagerumschlagshäufigkeit angestrebt, da Kapital freigesetzt wird und Lagerhaltungs- und Überalterungskosten[55] minimiert werden.

Absolute Größen sind wenig aussagekräftig, da eine Beurteilung darüber, ob eine konkrete Ausprägung der Kennzahl gut oder schlecht ist, ohne Vergleich nicht möglich ist. Für einen **relativen Vergleich** kommt bei den beiden vorgestellten Kennzahlen ein Zeitreihenvergleich oder ein internes Benchmarking in Frage. Um Verbesserungen oder Verschlechterungen festzustellen, sollte der Vorjahresvergleich bzw. der Vergleich zur vorangegangenen Periode genutzt werden. Mittels internen Benchmarkings kann überprüft werden, ob die errechnete Kennzahl besser oder schlechter als die gewählte Benchmark-Größe ist.

Im Folgenden soll der Frage nachgegangen werden, welches die Ursachen zu hoher Lagerbestände bzw. zu großer Lagerreichweiten sind und welche Maßnahmen zur langfristigen Bestandsreduzierung ergriffen werden können.

Ein erster Schritt zur Aufspürung zu hoher Lagerreichweiten (Lagerbestände) liegt in der **Analyse der material- oder materialgruppenbezogenen Lagerreichweiten** (in Zeiteinheiten).

Insgesamt ist die Kennzahl Lagerumschlagshäufigkeit als alleiniges Kriterium zur Steuerung weniger geeignet. Über sie können schnell und langsam „drehende" Beschaffungsobjekte identifiziert und damit die Kosten der Lagerhaltung indirekt berücksichtigt werden; sie sagt aber nichts über etwaige Fehlbestände aus. Daher ist es denkbar, dass eine Lagerumschlagshäufigkeit nur deshalb gering ist, weil die Bestände wegen fehlender Mindest- und/oder Meldebestände nicht ausreichend dimensioniert waren. Zudem findet – speziell im Handelsbereich – die Ertragsseite bei der mengenmäßigen Betrachtung keine Beachtung: Ein extrem deckungsbeitragsstarker Artikel könnte im Vergleich zu einem Beschaffungsobjekt mit relativ geringer Deckungsspanne beispielsweise eine (gleiche) geringe Lagerumschlagshäufigkeit aufweisen.

Gleiches gilt auch für die Lagerreichweite. Beide Größen **dienen eher der Kontrolle**, ob Unregelmäßigkeiten zu einem sehr hohen oder recht niedrigen Lagerbestand geführt haben. Sie eignen sich **nicht zur** Steuerung im Sinne von **Optimierung der Bestände**.

[55] Als Überalterungskosten werden jene Kosten bezeichnet, die durch eine übermäßig lange Lagerung entstehen, wie z. B. Verfall oder wertmäßige Minderung der Materialien.

Lagerbelegungsgrad

Der **Lagerbelegungsgrad** kann als Indikator für die Planung, Steuerung und Kontrolle der räumlichen Belegung und damit der Raumkosten genutzt werden. Er wird wie folgt definiert:

$$\text{Lagerbelegungsgrad (\%)} = \frac{\text{Belegte Lagerfläche (qm)}}{\text{Gesamte zur Verfügung stehende Lagerfläche (qm)}} \cdot 100$$

Darst. 2.1025: Lagerbelegungsgrad (%)

Statt der Lagerfläche, die in qm gemessen wird, kann auch der Lagerrauminhalt (in cbm) verwendet werden, sofern die Raumhöhe für die Lagerung entscheidend ist.

Tendenziell deutet ein kleiner Lagerbelegungsgrad auf eine temporäre (saisonale) Unterauslastung hin oder überdimensionierte Lagerkapazitäten. Ein hoher Lagerbelegungsgrad kann auf zu hohe Lagerbestände hinweisen. Sofern es sich um optimierte Lagerbestände handelt, besteht kaum noch eine Lagerreserve, etwa für besondere Maßnahmen/Aktivitäten des Unternehmens.

2.1.2.1.3 Bestandskennzahlen

Die Bestandsführung stellt den Materialverbrauch fest, indem sie Materialabgänge erfasst und bewertet. Mit diesen Informationen lassen sich **Mindest-, Melde-, Höchst- und optimale Bestände** bestimmen. Das Ziel ist die Bereitstellung notwendiger Daten zur Optimierung des Bestellwesens hinsichtlich der in Darst. 2.1011 aufgelisteten Kosten. Die im Folgenden beschriebenen Kennzahlen dienen der besseren Organisation von Disposition, Lagerung und Einkauf. Sie eignen sich nicht für ein Benchmarking.

Mindestbestand

Der **Mindestbestand**, auch **eiserner Bestand**, **Sicherheitsbestand** oder **Reserve** genannt, soll Materialengpässe innerhalb des Unternehmens verhindern. Er stellt einen **mengenmäßigen Puffer** dar, der letztlich **die Lieferbereitschaft des Unternehmens gewährleisten soll.** Dazu werden vier verschiedene Risiken berücksichtigt:

- das Lieferrisiko,
- das Risiko von Bestandsdifferenzen,
- das Produktionsrisiko und
- das Nachfragerisiko.

Das **Lieferrisiko** umfasst aus dem möglichen Ausfall einer vereinbarten Lieferung, fehlender Produkte, fehlerhafter Teile, oder Lieferfristüberschreitungen. Das **Risiko von Bestandsdifferenzen** resultiert aus Unstimmigkeiten zwischen Buch- und (tatsächlichem) Lagerbestand (z. B. durch fehlerhafte Eingaben, unterlassene Buchungen (Diebstahl, sonstiger Schwund, Vergesslichkeit)). Des Weiteren bestehen **Produktionsrisiken** u. a. durch einen unerwarteten Ausschuss. Darüber hinaus sind auch **Nachfragerisiken** möglich. Etwa durch einen unerwartet hohen Verbrauch (z. B. im Weihnachtsgeschäft).
Die **Wahrscheinlichkeit für den Eintritt der Risiken** wird als **Sicherheitszuschlag** bei der Berechnung des Mindestbestandes verwendet. Hier wird auf Erfahrungswerte der Vergangenheit zurückgegriffen unter Berücksichtigung evtl. vorliegender Aussagen für die Zukunft.

Beim Erreichen des Mindestbestands ist noch genau die Menge vorhanden, die ausreicht, um den Bedarf zu decken, bis eine sofort abgegebene Bestellung (bei verdoppelter Beschaffungsdauer) eintrifft.

Berechnet wird der Mindestbestand aus dem durchschnittlichen Tagesbedarf, multipliziert mit der Beschaffungsdauer in Tagen und dem Sicherheitszuschlag.

$$\text{Mindestbestand} = \begin{array}{c}\text{Durch-}\\\text{schnittlicher}\\\text{Tagesbedarf}\end{array} \cdot \begin{array}{c}\text{Beschaffungs-}\\\text{dauer}\\\text{in Tagen}\end{array} \cdot [1 + \text{Sicherheitszuschlag (\%)}]$$

Darst. 2.1026: Berechnung des Mindestbestands

Die (reguläre) **Beschaffungsdauer** (in Tagen) ist der **Zeitraum von der Absendung der Bestellung bis zur Zustellung der Ware durch den Lieferanten an dem vereinbarten Lieferort**. Gegebenenfalls muss auch die Zeit für die Materialentnahme berücksichtigt werden.

Beispiel: Der durchschnittliche Tagesbedarf betrage wieder 5 Mengeneinheiten und die Beschaffungszeit 6 Tage. Multipliziert man diese beiden Größen mit einem angenommenen Sicherheitszuschlag von 10 %, ergibt sich ein Mindestbestand von 33 Mengeneinheiten (5 x 6 x 1,1).

Der **Sicherheitszuschlag muss angepasst werden, wenn sich die Wahrscheinlichkeiten für das Eintreten von Liefer- oder Nachfragerisiken ändern**. Der Sicherheitszuschlag kann auch verwendet werden, um kurzfristig bekannt gewordene zeitliche Verzögerungen des Lieferanten auszugleichen. Bei einem Sicherheitszuschlag von z. B. 100 % geht der Besteller davon aus, dass sich die reguläre Beschaffungsdauer (in Tagen) verdoppelt.

Sofern der Lieferant dem zu beliefernden Unternehmen (hoffentlich mit einem entsprechenden „Vorlauf") mitteilt, **um wie viele Tage sich eine oder mehrere Lieferungen künftig verzögern** (z. B. wenn ein Großhändler ein neues Lager in einer anderen Gemeinde bezieht), sollte die **Beschaffungsdauer in Tagen einmalig oder generell für die Zukunft angepasst werden**.

Beispiel: Der durchschnittliche Tagesbedarf wird in den kommenden Wochen aufgrund des bevorstehenden Osterfestes 12 statt bisher 5 Mengeneinheiten betragen, die grundsätzliche („normale") Beschaffungszeit laut kurzfristiger Information des Lieferanten (Produktionsprobleme) 12 statt bislang 6Tage. Parallel erhöht das Unternehmen den Sicherheitszuschlag von 10 % auf 20 %. Werden diese drei Größen miteinander multipliziert, ergibt sich ein Mindestbestand von 172 (12 x 12 x 1,2) statt bisher 33 Mengeneinheiten.

Im Falle von Lieferschwierigkeiten oder sonstigen Ausfällen stellt der Mindestbestand einen Puffer dar, der die Materialversorgung der Produktion gewährleisten soll. Folgerichtig würde die Bestandsführung besonders hohe Mindestbestände anstreben. Dieser Ansatz berücksichtigt hingegen nicht, dass die Lager- und Kapitalbindungskosten, die aus hohen Lagerbeständen resultieren, steigen. Demnach muss die Disposition geringe Mindestbestände anstreben, unter der Prämisse, dass die Produktion nicht durch Materialengpässe gefährdet wird.

Zur Steuerung der Bestände sollte die Kennzahl **für jede Materialart** einzeln berechnet werden. Bewegt sich der tatsächliche Bestand grundsätzlich weit über dem Mindestbestand, so kann von einer zu vorsichtigen Bestellpolitik ausgegangen werden. Um das gebundene Kapital gering zu halten, sollten die Bestellzeitpunkte verzögert oder die Bestellmengen verringert werden. Wird der Mindestbestand allerdings regelmäßig unterschritten, kann dies auf ein zu nachlässiges Bestellverhalten oder auf Lieferschwierigkeiten des Lieferanten hindeuten.

Meldebestand

Der **Meldebestand** wird mitunter auch **Bestellpunkt** genannt, da es die **Bestandsmenge ist, bei dessen Erreichen bzw. Unterschreiten eine Bestellung beim Lieferanten ausgelöst werden muss, damit der Mindestbestand** (Sicherheitsbestand) **im Verlaufe der Beschaffungszeit nicht angegriffen wird.**

Ein Meldebestand ist nur dann nicht erforderlich, wenn die Beschaffungsdauer gegen null tendiert oder der Zeitraum zwischen zwei Lagerabgängen bei einer nicht kontinuierlichen (auch internen) Nachfrage größer ist als die Beschaffungsdauer.

Die Höhe des Meldebestands ist **von folgenden Tatbeständen abhängig**:

- Sortiments- resp. Programmbreite
- Sortiments- resp. Programmtiefe
- mengenmäßige Restriktionen seitens des Lieferanten
- normale Beschaffungsdauer
- Lieferrisiken (Lieferfristüberschreitungen)
- normaler Materialbedarf (Nachfrage)
- Nachfragerisiken (unerwartet hohe Nachfrage, auch Ausschuss)

Darst. 2.1027: Determinanten des Meldebestands

Sortiments- bzw. Programmbreite und Sortiments- bzw. Programmtiefe sind ebenfalls zu nennen, da es bei Engpässen u. U. gelingt, den Kunden anderweitig (mit der Lieferung ähnlicher Artikel) zu befriedigen.

Ziel muss es sein, die **Beschaffung so rechtzeitig** einzuleiten, dass **keine Materialengpässe auftreten**. Insbesondere im **Internethandel** gewinnt dieses Ziel an Bedeutung, da der Kunde kurze Lieferzeiten fordert und den Händler entsprechend bewertet.

Die einfachste Berechnung des Meldebestands erfolgt mittels nachstehender Faustformel, indem der Mindestbestand rechnerisch verdoppelt wird:

Meldebestand = Mindestbestand • 2

Darst. 2.1028: Berechnung des Meldebestands (einfache Variante)

Beispiel: Bei einem durchschnittlichen Tagesbedarf von 5 Mengeneinheiten und einer Beschaffungsdauer von 6 Tagen, hatten wir bei einem angenommenen Sicherheitszuschlag von 10 % einen Mindestbestand von 33 Mengeneinheiten errechnet. Mittels der einfachen Variante wird der Mindestbestand in Höhe von 33 Mengeneinheiten mit 2 multipliziert. Das Ergebnis ist ein Meldebestand von 66 Mengeneinheiten.

Die weit gängigere und **genauere Formel** ist die Addition von Mindestbestand und dem Produkt aus durchschnittlichem Tagesbedarf und Beschaffungsdauer in Tagen. Genauer deshalb, weil zum einen der **Mindestbestand** und zum anderen der **durchschnittliche Tagesbedarf** und die **Beschaffungsdauer** explizit **prognostiziert** werden. Dies setzt voraus, dass die Wiederbeschaffungszeit und die Lagerabgangsgeschwindigkeit (Verbrauch) aus den Erfahrungen der Vergangenheit bekannt sind und keinen Änderungen unterliegen. Alternativ sollten aber auch zukünftige Entwicklungen antizipiert werden, soweit sie eine gewisse Konstanz erahnen lassen.

Meldebestand = Mindestbestand + (Ø Tagesbedarf • Beschaffungsdauer)

Darst. 2.1029: Berechnung des Meldebestands

Im Vergleich zur einfachen Variante zur Berechnung des Meldebestandes (Faustformel) wird hier der Sicherheitszuschlag nicht doppelt berücksichtigt.

Beispiel: Bei einem durchschnittlichen Tagesbedarf von 5 Mengeneinheiten und einer Beschaffungsdauer von 6 Tagen, hatten wir bei einem angenommenen Sicherheitszuschlag von 10 % einen Mindestbestand von 33 Mengeneinheiten errechnet. Addiert man zum Mindestbestand das Produkt aus durchschnittlichem Tagesbedarf und Beschaffungsdauer (30 Mengeneinheiten), erhält man einen Meldebestand von 63 Mengeneinheiten.

Die nachstehende Grafik zeigt, dass sich der Meldebestand aus der determinierten, konstanten Lagerabgangsgeschwindigkeit (vgl. vorstehend die Kennzahl Lagerreichweite), der Beschaffungsdauer und ggf. einem Sicherheitszuschlag ergibt.

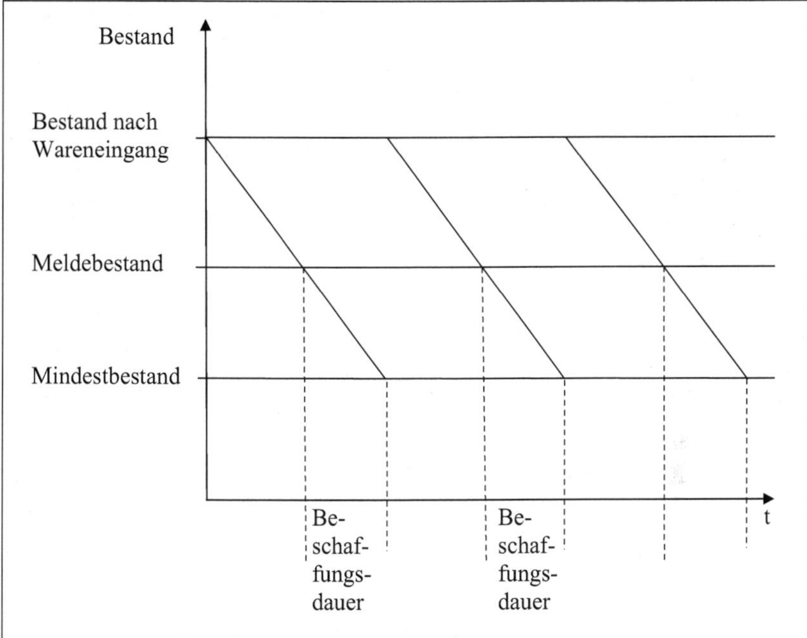

Darst. 2.1030: Meldebestand bei gleichbleibender Bestellmenge, konstanter Lagerabgangsmenge und -geschwindigkeit, gleichem Sicherheitszuschlag und identischer Beschaffungsdauer

In der nachstehenden Grafik werden die Bestandsgrößen Mindestbestand, Meldebestand, Mindestbestand nach Wareneingang und Höchstbestand gegenübergestellt.

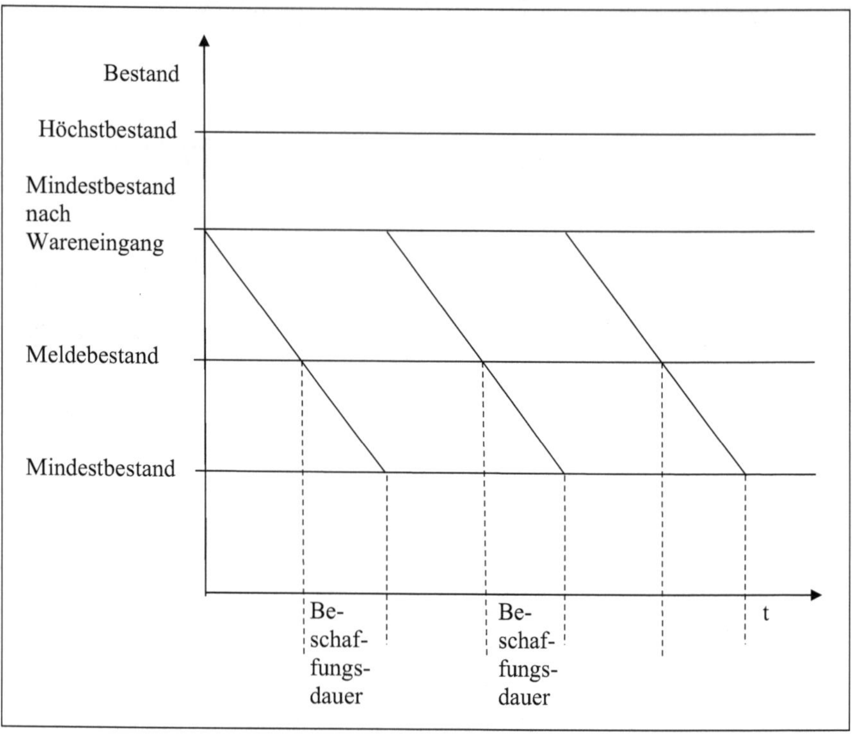

Darst. 2.1031: Bestände bei gleichbleibender Bestellmenge, konstanter Lagerabgangsmenge und -geschwindigkeit, gleichem Sicherheitszuschlag, identischer Beschaffungsdauer und angenommener optimaler Bestellmenge

Auf der einen Seite finden sich die Größen Mindestbestand, Meldebestand und Mindestbestand nach Wareneingang, deren konkrete Zahl von der definierten Ausprägung der Merkmale

- durchschnittlicher Tagesbedarf,
- Beschaffungsdauer in Tagen und dem
- Sicherheitszuschlag

abhängt, während die Größe **Höchstbestand** des Weiteren die **optimale Bestellmenge** beinhaltet, die ihrerseits auch **Kosten** wie fixe Bestellkosten sowie Lager- und Zinskosten berücksichtigt. Die optimale Bestellmenge muss mindestens so groß sein, dass unter Beachtung des Meldebestandes letztlich der Mindestbestand, dem der durchschnittliche Tagesbedarf, die Beschaffungsdauer und ggf. ein Sicherheitszuschlag zugrunde liegen, nicht unterschritten wird. Die sich aus der Addition von Meldebestand und Mindestbestand ergebende Größe wird in der vorstehenden Grafik mit „**Mindestbestand nach Wareneingang**" bezeichnet. Dieser ist kleiner oder gleich dem Mindestbestand plus optimaler Bestellmenge.

Zwischen den erstgenannten Größen (Mindestbestand, Meldebestand und Mindestbestand nach Wareneingang) und dem Höchstbestand besteht insofern keine direkte Verbindung, als im Grundmodell der optimalen Bestellmenge[56] einerseits die Beschaffungsdauer (in Tagen) und der Sicherheitszuschlag nicht enthalten sind, andererseits der Lagerkostensatz [(GE/ME)/ZE] neben den bestellfixen Kosten mit in die Berechnung einfließt.

Eine **Weiterung des Grundgedankens** ist dann anzunehmen, wenn während eines Jahres **saisonale Materialbedarfsschwankungen** zu konstatieren sind. In diesem Fall wäre *ein* Mindest- und Meldebestand nicht optimal. In Zeiten schwacher Nachfrage ist der Materialbestand überdimensioniert, während eine starke Nachfrage in der Hochsaison nicht ausreichend befriedigt werden kann. Mit der Berücksichtigung saisonaler Schwankungen werden sowohl der **Mindest- als auch der Meldebestand jahreszeitlich, quartalsmäßig oder gar monatlich angepasst**.

So können **bei monatlicher Planung** der Mindest- und Meldebestände die **Vorjahreswerte** für die Festlegung der aktuellen Monatswerte **genutzt werden**. Dies soll nachfolgend an einem Beispiel verdeutlicht werden.

[56] Siehe Unterparagraf 2.1.2.2.5.2 „Menge". Vgl. ADAM, D.: Produktions-Management, Nachdruck der 9. Aufl., Wiesbaden 2001, S. 475. SCHIERENBECK, H., WÖHLE, C. B.: Grundzüge der Betriebswirtschaftslehre, 19. Aufl., München 2017, S. 258f.

Für die einzelnen Monate des Vorjahres seien die abgesetzten Mengen in jedem Monat, der durchschnittliche Abgang pro Tag, die reguläre Beschaffungsdauer (in Tagen) sowie der Sicherheitszuschlag (aufgrund von Erfahrungswerten) bekannt:

Monat[1]	Tage	Abgesetzte Menge pro Monat	Ø Tagesbedarf	Reguläre Beschaffungsdauer (Tage)	Sicherheitszuschlag (%)	Mindestbestand
Januar	31	70	2,26	6	15	16
Februar	28	52	1,86	6	10	13
März	31	61	1,97	6	10	13
April	30	63	2,10	6	10	14
Mai	31	64	2,06	6	10	14
Juni	30	57	1,90	6	10	13
Juli	31	54	1,74	6	15	12
August	31	55	1,77	6	20	13
September	30	62	2,07	6	10	14
Oktober	31	68	2,19	6	10	15
November	30	76	2,53	6	20	19
Dezember	31	90	2,90	6	50	27

Darst. 2.1032: Beispiel für die monatliche Berechnung des Mindestbestands

1 Gemeint ist hier der Vorjahreswert, der für die Festlegung des Mindestbestands im aktuellen Monat benötigt wird.

Der Sicherheitszuschlag ändert sich insbesondere bei saisonal unterschiedlich stark nachgefragten Artikeln und beispielsweise im Fall von Betriebsferien in der sommerlichen Urlaubszeit und zum Jahresende bzw. Jahresanfang des folgenden Jahres, wenn die Produktion (der Betrieb) wegen der Weihnachtsferien pausiert. Sollte es (darüber hinaus) kurzfristig zu absehbaren Änderungen im Hinblick auf die Beschaffungsdauer kommen (die uns der Lieferant hoffentlich mitteilt), muss der Sicherheitszuschlag manuell geändert werden.

Aus dem Mindestbestand wird in einem nächsten Schritt der Meldebestand abgeleitet:

Monat[1]	Mindest-bestand	Ø Tages-bedarf	Reguläre Beschaf-fungsdauer (Tage)	Melde-bestand
Januar	6	2,26	6	30
Februar	13	1,86	6	25
März	13	1,97	6	25
April	14	2,10	6	27
Mai	14	2,06	6	27
Juni	13	1,90	6	25
Juli	12	1,74	6	23
August	13	1,77	6	24
September	14	2,07	6	27
Oktober	15	2,19	6	29
November	19	2,53	6	35
Dezember	27	2,90	6	45

Darst. 2.1033: Beispiel für die monatliche Berechnung des Meldebestands

[1] Gemeint ist hier der Vorjahreswert, der für die Festlegung des Mindestbestands im aktuellen Monat benötigt wird.

Das bisher vorgestellte Verfahren hat einen entscheidenden **Nachteil**: Es beruht auf den Zahlen des Vorjahres. **Aktuelle Entwicklungen** in den vergangenen Monaten und (vor allem) künftige Tendenzen **werden nicht berücksichtigt**.

Dieses Manko lässt sich auf zwei Arten beheben: Zum einen kann die Formel für den Meldebestand dahingehend geändert werden, dass eine Trendkomponente mit in die Berechnung einfließt. Zum anderen ist der Einsatz mathematisch-statistischer Zeitreihenanalysen mit Trendextrapolation[57] denkbar. Die Daten können i. d. R. dem Data Warehouse

[57] Als Trendextrapolation wird die Fortschreibung einer Zeitreihe in die Zukunft bezeichnet. Es handelt sich um eine Prognose auf Basis der ermittelten Komponenten einer Zeitreihe und deren Gesetzmäßigkeiten.

entnommen werden. Bei der Verwendung ist immer zu berücksichtigen, dass die sog. Zeitstabilitätshypothese[58] gilt.

Die modifizierte Formel für den Meldebestand lautet bei Verwendung eines **Trendzuschlags** (in %):

$$\text{Meldebestand} = \left[\text{Mindestbestand} + \left(\text{Ø Tagesbedarf} \cdot \text{Beschaffungsdauer}\right)\right] \cdot \left(1 + \text{Trendzuschlag (\%)}\right)$$

Darst. 2.1034: Berechnung des Meldebestands unter Berücksichtigung aktueller Trends

Liegen **genügend Vergangenheitswerte** vor, lässt sich ein möglicher **Trend statistisch auswerten**. Statt des (manuell eingepflegten) Trendzuschlags greift der Controller bei monatlicher Planung der Mindest- und Meldebestände auf beispielsweise 24 Vorjahreswerte zurück. Eine relativ einfache Vorgehensweise könnte so aussehen, dass die Zeiträume t_{-1} bis t_{-12} wie folgt den Zeiträumen $_{t-13}$ bis t_{-24} gegenübergestellt werden.

Der Trendzuschlag ergibt sich dann aus dem Quotienten der beiden Zeiträume:

$$\text{Trendzuschlag} = \frac{\text{Absatzmenge im Zeitraum } t_{-13} \text{ bis } t_{-24}}{\text{Absatzmenge im Zeitraum } t_{-1} \text{ bis } t_{-12}}$$

Darst. 2.1035: Trendzuschlag auf der Basis zweier Zeitreihen

Diese Vorgehensweise empfiehlt sich nur dann, wenn es sich um einen relativ stabilen Trend handelt.

Noch einen Schritt weiter gehen Überlegungen, **konjunkturelle Zyklen** bei der Planung der Mindest- und Meldebestände zu antizipieren. Das heißt, Prognosen bezüglich der Konjunkturerwartungen – zum Beispiel Aussagen des Sachverständigenrates zur künftigen

[58] Die Zeitstabilitätshypothese besagt, dass alle in der Vergangenheit wirksamen Einflüsse, die in den einzelnen Parametern implizit enthalten sind, in gleicher Weise in der Zukunft wirken. Vgl. WÖRDENWEBER, M.: Wertorientiertes Controlling, 1. Aufl., Norderstedt 2021, S. 62.

Entwicklung der Binnennachfrage – werden bei der Festlegung des Mindest- und Meldebestandes für das kommende Jahr oder die kommenden Jahre berücksichtigt.

In diesem, aber auch den vorstehenden Fällen empfiehlt sich der Einsatz mathematisch-statistischer Zeitreihenanalysen mit Trendextrapolation.

Der Meldebestand ist zur **Steuerung der Bestände gut geeignet**, da neben dem **erwarteten (absatzabhängigen) durchschnittlichen (Tages-)Bedarf** der – ebenfalls absatzabhängige – **Mindestbestand berücksichtigt wird.** Weitere Komponenten sind neben der unterstellten **regulären Beschaffungsdauer** (in Tagen) der im Mindestbestand enthaltene **Sicherheitszuschlag** sowie gegebenenfalls der **Trendzuschlag**. Besonders bei computergestützter Bestandsführung sichert diese Kennzahl einfach und zuverlässig die rechtzeitige Auslösung des Bestellvorgangs.

Höchstbestand

Der **Höchstbestand** gibt die **Menge** an, **die sich von einer Materialart maximal im Lager befinden soll**. Der Höchstbestand ist die **Summe aus Mindestbestand und optimaler Bestellmenge**, wobei die optimale Bestellmenge fixe Bestellkosten sowie Lager- und Zinskosten berücksichtigt und diese gegeneinander abwägt.[59]

Höchstbestand = Mindestbestand + optimale Bestellmenge

Darst. 2.1036: Berechnung des Höchstbestands

Beispiel: Oben wurde ein Mindestbestand von 3 Mengeneinheiten errechnet. Wird die optimale Bestellmenge mit 50 Mengeneinheiten (s. u.) ermittelt, ergibt sich ein Höchstbestand von 53 Mengeneinheiten.

Durch die Kennzahl Höchstbestand sollen zu hohe Lagerbestände und damit tatsächliche und potenzielle Kosten vermieden werden.

[59] Siehe Unterparagraf 2.1.2.2.5.2 „Menge“.

Die **Summe der Materialhöchstbestände** sollte i. d. R. die **maximale Lagerkapazität nicht überschreiten**. Im Falle eines begrenzten Lagervolumens muss die Bestandsplanung diesen Engpass in der Planung berücksichtigen. Es sollten Verhandlungen mit den Lieferanten angestrebt werden, von denen das größte Volumen bezogen wird. Kürzere Lieferzyklen und oft auch kürzere Lieferzeiten werden die Folge sein. Gleichzeitig lassen sich die Höchstbestände verringern.

Wird der **Höchstbestand überschritten** sollte geprüft werden, welche Gründe dafür bestehen. Folgende **Ursachen** treten häufig auf:

- Schwankt der Verbrauch stark, kann eine genauere Bestellplanung, beispielsweise auftragsbasierte Beschaffung, hilfreich sein.
- Ist der Verbrauch nachhaltig gesunken, können Änderungen in der Absatzplanung der Grund sein. In diesem Fall sollte der Informationsaustausch zwischen Absatz, Produktion und Beschaffung verbessert werden.
- Werden zu große Bestellmengen geordert, sollte der Grund geprüft werden und ggf. der Höchstbestand angepasst werden.
- Falls für bestimmte Materialarten Preiserhöhungen zu erwartet sind und daher die Lagerbestände aufgestockt werden, ist dies grundsätzlich positiv zu bewerten. Es ist aber insbesondere zu prüfen, ob die Zinskosten für die längere Lagerdauer geringer sind als die vorweggenommenen Preiserhöhungen.

Optimaler Bestand

Der **optimale Bestand** ist der **bedarfsorientierte, kostenoptimale Bestand** als Mengengröße. Die **Untergrenze** des Bestandsintervalls ist der oben genannte **Mindestbestand**, der nicht unterschritten werden darf. Die **Obergrenze** bildet der zuvor definierte **Höchstbestand**. Werden diese Grenzen nicht unter- bzw. überschritten, kann von einem bedarfsorientierten, aus Kostengesichtspunkten optimalen Bestand ausgegangen werden.

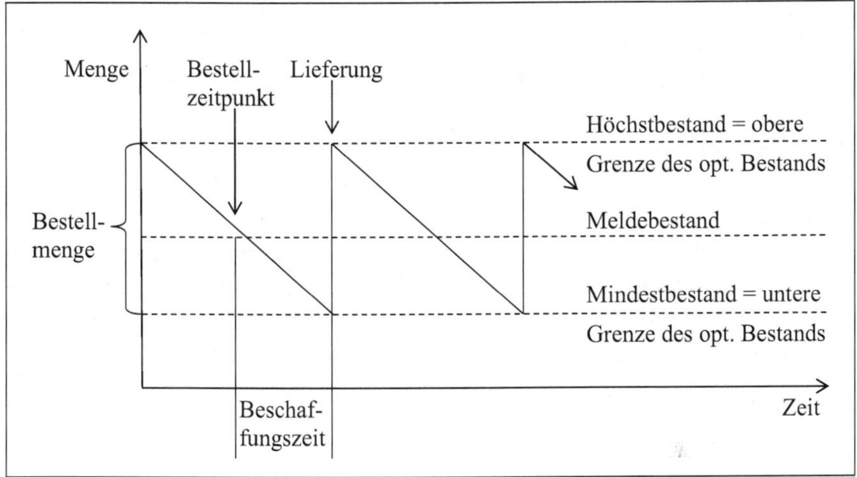

Darst. 2.1037: Graphische Darstellung des optimalen Lagerbestandes bei konstanter Lagerabgangsgeschwindigkeit, Beschaffungsdauer und prognostiziertem Mindestbestand
(Vgl. OELDORF, G., OLFERT, K.: Material-Logistik, 14. Aufl., Ludwigshafen 2018, S. 169.)

Große Änderungen in der Absatzplanung oder der Produktions- bzw. Sortimentsplanung haben einen direkten Einfluss auf den optimalen Bestand und sollten daher der Beschaffungsabteilung gemeldet werden bzw. von dieser in Erfahrung gebracht werden. In der Regel geschieht dies im Rahmen der Koordination einzelnen Teil-Pläne der Funktionsbereiche.

Entscheidend bei der Festlegung des optimalen Bestandes ist immer auch der einzelne Kunde zu berücksichtigen: Hier muss sich das Unternehmen u. a. die Frage stellen, ob es einem Kunden im Durchschnitt nur bspw. 97 % der bestellten Mengen liefern will oder was der Kunde denkt, wenn „immer etwas fehlt".

2.1.2.2 Teilfunktion Einkauf und externer Transport

Der **Einkauf** ist u. a. zuständig für die **Beschaffungsmarktforschung, Lieferantenbeurteilung, Angebotsvergleiche, Verhandlungen mit Lieferanten und Bestellerteilung sowie -abwicklung**. Teil der Anschaffungskosten und damit Teil der Angebots- und Preisverhandlungen sind u. a. die Transportkosten, die für die Übernahme der zu beschaffenden Güter entstehen. Da eine **Trennung des Einkaufs und des externen Transports** bis zum vereinbarten Anlieferort somit **kaum möglich** und nicht sinnvoll ist, werden in diesem Kapitel die Methoden, Techniken und Kennzahlen beider Bereiche gemeinsam betrachtet.

2.1.2.2.1 ABC-Analyse der Lieferanten

Während die Auswahl eines neuen Lieferanten strategischer Natur ist, können die umfangreichen Lieferantenanalysen auch Teil der operativen Beurteilung vorhandener Lieferanten sein. Im Rahmen der **Beschaffungsmarktforschung** werden einerseits differenzierte Informationen über die wirtschaftliche und technische Leistungsfähigkeit der Lieferanten und andererseits der Marktstrukturen zusammengetragen. Um den Aufwand der regelmäßigen Analysen und Überprüfungen gering zu halten, ist es grundsätzlich richtig, sich auf wenige für das Unternehmen wichtige Lieferanten (A-Lieferanten) zu beschränken. Wurde bereits eine ABC-Analyse des Materials vorgenommen, können diese Ergebnisse genutzt werden, um zusätzlichen Analyse-Aufwand zu vermeiden.

Ähnlich wie bei der materialbezogenen ABC-Analyse, werden bei der lieferantenbezogenen Variante die Lieferanten auf Grundlage der – meist im abgelaufenen Geschäftsjahr – getätigten Einkäufe **absteigend nach ihren Umsätzen geordnet**. Der prozentuale Anteil am gesamten Einkaufsvolumen ist entscheidend für die **Einteilung der Zulieferunternehmen in A-, B- und C-Lieferanten**. Die Vorgehensweise erfolgt nach demselben Schema, wie es schon bei der ABC-Analyse des Materials erläutert wurde.

Das Ergebnis der ABC-Analyse kann auf zwei Arten graphisch dargestellt werden. Es ist denkbar, die Lieferanten und deren Beschaffungsvolumen (Einkaufsvolumen, Einkaufswert) kumuliert oder in absoluten Zahlen abzubilden:

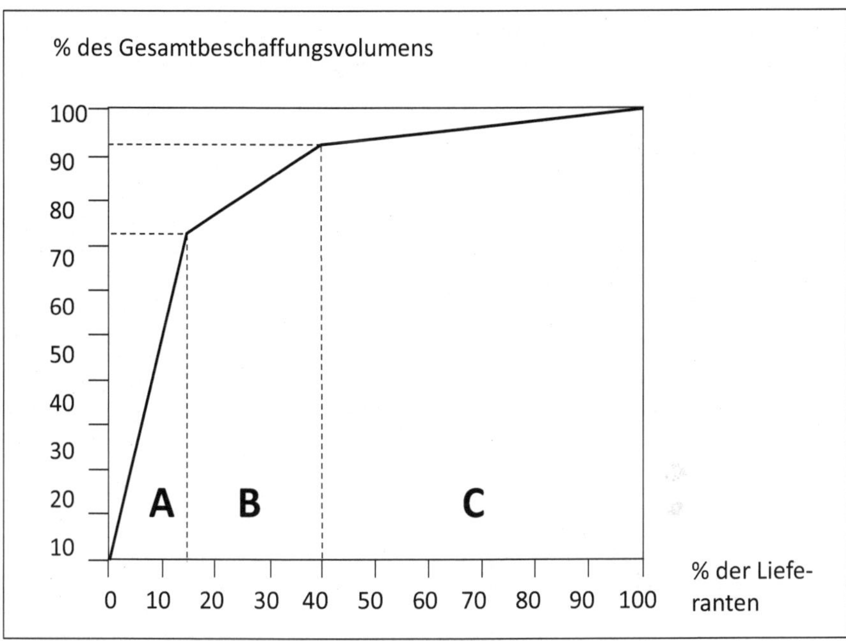

Darst. 2.1038: Lieferantenbezogene ABC-Analyse mit kumulierten Werten

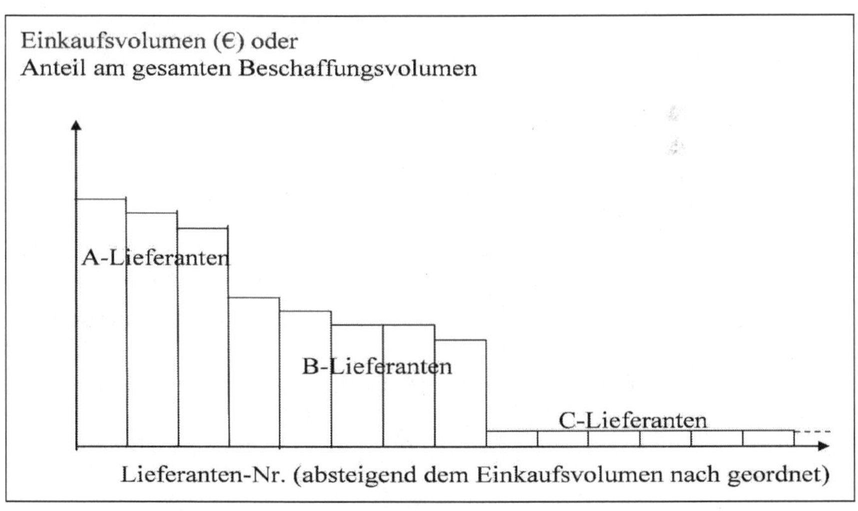

Darst. 2.1039: Lieferantenbezogene ABC-Analyse mit Einkaufsvolumen bzw. Anteil am gesamten Beschaffungsvolumen

Die einzelnen Arbeitsschritte werden im Folgenden anhand eines Beispiels erläutert. Bei den Lieferanten des Unternehmens wurden im vergangenen Geschäftsjahr die nachstehenden Einkäufe getätigt:

Lieferant	Umsatz	
	in T€	in %
Lieferant 01	500	2
Lieferant 02	6.597	21
Lieferant 03	3.412	11
Lieferant 04	1.319	4
Lieferant 05	1.501	5
Lieferant 06	3.821	12
Lieferant 07	5.596	18
Lieferant 08	591	2
Lieferant 09	182	1
Lieferant 10	546	2
Lieferant 11	2.684	8
Lieferant 12	682	2
Lieferant 13	3.048	10
Lieferant 14	1.092	3
Lieferant 15	227	1
Gesamt	31.800	100

Darst. 2.1040: Beispiel: Einkaufsvolumina der Lieferanten

Schrittweises Vorgehen:

1. Berechnung des Beschaffungswertes jedes Lieferanten pro Periode.
2. Berechnung des prozentualen Anteils an dem gesamten Beschaffungsvolumen.
3. Ordnen der Lieferanten in absteigender Reihenfolge gemessen am Beschaffungswert.
4. Kumulieren der Beschaffungswerte und der prozentualen Anteile an dem Gesamtbeschaffungsvolumen.
5. Einteilung der Lieferanten in A-, B- oder C-Lieferanten.

Nach Durchführung dieser Schritte ergibt sich folgende Übersicht:

Lieferant	Umsatz		kumuliert		Klasse
	in T€	in %	in T€	in %	
Lieferant 02	6.597	21	6.597	21	A (40 %)
Lieferant 07	5.596	18	12.193	38	
Lieferant 06	3.821	12	16.014	50	
Lieferant 03	3.412	11	19.426	61	
Lieferant 13	3.048	10	22.474	71	
Lieferant 11	2.684	8	25.158	79	
Lieferant 05	1.503	5	26.661	84	B (33%)
Lieferant 04	1.319	4	27.980	88	
Lieferant 14	1.092	3	29.072	91	
Lieferant 12	682	2	29.754	94	
Lieferant 08	591	2	30.345	95	
Lieferant 10	546	2	30.891	97	C (27%)
Lieferant 01	500	2	31.391	99	
Lieferant 15	227	1	31.618	99	
Lieferant 09	182	1	31.800	100	
Gesamt	31.800	100			

Darst. 2.1041: Beispiel: Durchführung der lieferantenbezogenen ABC-Analyse für die in Abb. 2.1040 aufgeführten Zahlen

In diesem Beispiel liefern die A-Lieferanten 79 % des gesamten Beschaffungsvolumens, bilden aber nur 40 % der gesamten Lieferanten. Die B-Lieferanten (ein Drittel aller Lieferanten) stellen 16 % der beschafften Materialien. Daneben leisten die C-Lieferanten, welche (hier eher untypisch nur) 27 % der Lieferanten ausmachen, lediglich 5 % des Beschaffungsvolumens.

Eine **idealtypische Verteilung** der Lieferanten könnte wie folgt aussehen:

Kategorie	Wertanteil	Mengenanteil
A-Lieferanten	ca. 65-90 %	ca. 5-20 %
B-Lieferanten	ca. 15-30 %	ca. 20-30 %
C-Lieferanten	ca. 5-20 %	ca. 70-85 %

Darst. 2.1042: Beispiel: Einkaufsvolumina der Lieferanten

Die tatsächliche Verteilung hängt von verschiedenen Determinanten wie Branche und Marktstruktur ab.

Die **A-Lieferanten** stellen die **wichtigste** Materialquelle des Unternehmens dar. Die Frage ist, inwiefern bzw. warum diese Lieferanten so wichtig sind. In erster Linie bedeutet „wichtig", dass bei einem Wegfall eines A-Lieferanten die entstehende/entstandene „Lieferlücke" nicht so schnell geschlossen werden kann. Und genau darin kann ein Problem liegen: Die Produktion wird zum Stillstand gebracht. Die Maschinenkapazitäten werden weiter vorgehalten, ebenso wie andere, bereits beschaffte Materialien und Mitarbeiter. Bei den Abschreibungen für die Maschinen und die Mitarbeiter handelt es sich um Fixkosten, die naturgemäß nicht so schnell abgebaut werden können – im Prinzip ja auch nicht sollen. Hinzu kommen die Finanzierungskosten und/oder Leasingraten, die weiterhin gezahlt werden müssen. Und genau hierin liegt die Gefahr: Fällt ein solches Unternehmen mit seinen Lieferungen aus, so fallen diese Fixkosten weiterhin an, ohne dass ihnen (spätere) Umsätze gegenüberstehen. Diese nicht durch eine Beschäftigung oder Umsätze gedeckten Kosten heißen **Leerkosten**.

Insofern zeigt eine ABC-Analyse in erster die Linie ein **Risiko** auf: das Risiko von enormen Verlusten, die dadurch entstehen, dass ein großer Teil der Aufwendungen weiterhin anfällt, die Umsätze hingegen (später) fehlen; letztlich also Verluste drohen. Die ABC-Analyse verdeutlicht daher die **Abhängigkeit** von Lieferanten.

Zwar bedeutet ein **großes Einkaufsvolumen** bei einem Lieferanten grundsätzlich eine **sehr gute Ausgangsposition für Verhandlungen**; allerdings ist vorab zu prüfen, um welche **Marktkonstellation** es sich bei dem oder den bezogenen Beschaffungsgütern handelt: Liegt ein Anbieter-Polypol, ein -Oligopol oder ein -Monopol vor? Aber auch die Nachfragerstruktur ist zu beleuchten: Auch hier sind die drei Konstellationen Polypol, Oligopol und Monopol vorstellbar. Aussichtsreich für machtvolle Verhandlungen ist die Kombination von Anbieter-Polypol und Nachfrager-Monopol, die in der Realität allerdings eher selten anzutreffen ist. Während es auf der Anbieterseite viele Alternativen gibt, tritt der Lieferant nur einem Nachfrager gegenüber. Bei der Kombination Anbieter-Monopol und Nachfrager-Polypol dürfte die Verhandlungsmacht hingegen sehr eingeschränkt sein.

Unabhängig von den vorgenannten Marktkonstellationen sollte eine enge Beziehung zwischen den wichtigen/wichtigsten Lieferanten und dem eigenen Unternehmen angestrebt werden. **Systemlieferanten** gehören von vornherein zu den A-Lieferanten oder sollten diesen nachträglich zugeordnet werden, falls sie aufgrund eines geringen Bezugsvolumens den B-Lieferanten zugeordnet wurden. Sie übernehmen zusätzliche Aufgaben, wodurch sie einen großen Nutzen für das Unternehmen bringen. Zum Thema Nutzen später mehr.

Oben wurde auf das Thema Risiko hingewiesen. Es stellt sich daher die Frage, wie das Unternehmen dem Risiko (des Ausfalls von Lieferanten, insbesondere von A-Lieferanten) entgegentreten kann. Zum einen bietet es sich an, sich auf dem Markt prophylaktisch nach **alternativen Lieferanten** umzusehen, notfalls gar einen alternativen Lieferanten aufzubauen. Es gibt einige Fälle in der Vergangenheit, in denen ein Kunde einen (potenziellen) Lieferanten finanziell, betriebswirtschaftlich und/oder technisch unterstützt hat, nur um die Abhängigkeit von/vom A-Lieferanten zu reduzieren. Insofern versucht der Kunde, quasi eine funktionierende Marktwirtschaft aufzubauen, von der er (langfristig) profitieren kann.

In diesem Zusammenhang muss auf einen leichtfertigen Fehler hingewiesen werden, der sich ergibt, wenn die ABC-Analyse zur Eliminierung von Lieferanten[60] genutzt wird. Als naheliegende Eliminierungskandidaten gelten die C-Lieferanten, da ihre Prozesskosten (Kosten der Lieferantenpflege etc.) im Vergleich zum Einkaufsvolumen sehr hoch bzw. zu hoch sind. Die für die C-Lieferanten gebundenen Kapazitäten könnten sinnvoller den A- oder B-Kunden zur Verfügung gestellt werden, beispielsweise um ein Lieferantenaudit zu erstellen.

Allgemein war festgestellt worden, dass die Abhängigkeit des Unternehmens von wenigen Merkmalsausprägungen (hier: Lieferanten) höher ist, wenn die Lorenzkurve recht „bauchig“ ist. Diese Interpretation wäre für den folgenden Entscheidungsprozess fatal.

[60] Dieser Fehler kann auch bei der Eliminierung von Kunden, Produkten oder (Vertriebs-)Regionen unterlaufen.

Angenommen, ein Unternehmen kauft bei 15 verschiedenen Lieferanten ein, die die in der Darst. 2.1040 aufgelisteten Beschaffungsvolumina aufweisen. Auf den größten A-Lieferanten (Lieferant 02) entfallen 21 % des gesamten Einkaufsvolumens, auf den zweitgrößten (Lieferant 07) 18 %; die beiden kleinsten Lieferanten (Lieferanten 09 und 15) weisen nur einen Anteil von je 1 % auf. Die entsprechende Lorenzkurve weist dann folgenden Verlauf auf:

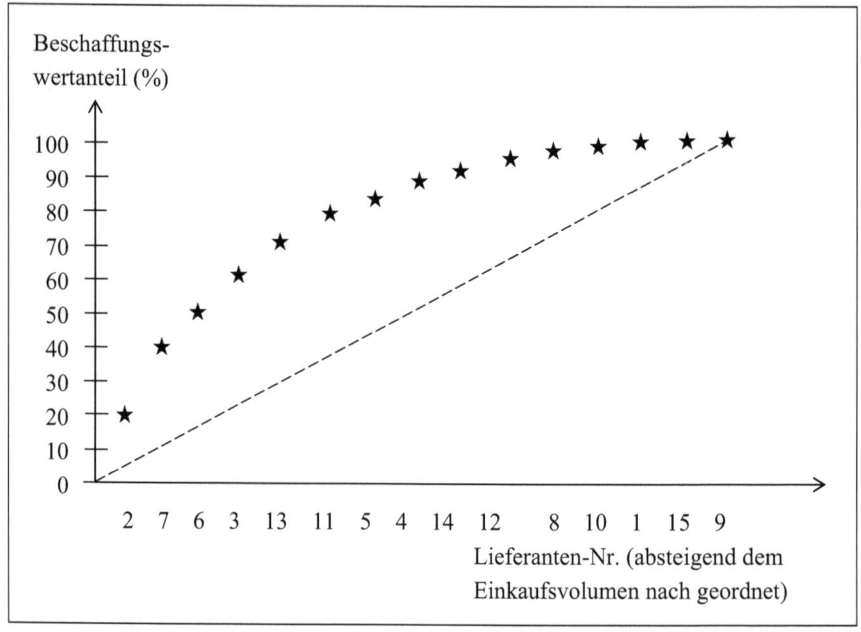

Darst. 2.1043: Lorenzkurve mit Lieferanten und Beschaffungswertanteil (Beispiel)

Aus betriebswirtschaftlichen Gründen (s. o.) scheint es angezeigt, die letzten vier Lieferanten (C-Lieferanten) mit einem Beschaffungsvolumenanteil von zusammen ca. vier Prozent zu eliminieren, sofern diese vier Lieferanten durch die anderen ersetzbar sind. Damit könnten wertvolle Ressourcen für die Pflege und eine optimierte Beschaffung bei anderen gewonnen werden. Wenn davon ausgegangen wird, dass jeweils ca. ein Prozent des Bestellvolumens die vier größten Lieferanten übernehmen, ergibt sich folgende neue Verteilung:

Lieferant	Umsatz		kumuliert		Klasse
	in T€	in %	in T€	in %	
Lieferant 02	6.961	22	6.961	22	A (45 %)
Lieferant 07	5.960	19	12.921	41	
Lieferant 06	4.185	13	17.106	54	
Lieferant 03	3.775	12	20.881	66	
Lieferant 13	3.048	10	23.929	76	
Lieferant 11	2.684	8	26.613	84	B (18 %)
Lieferant 05	1.503	5	28.116	89	
Lieferant 04	1.319	4	29.435	93	C (37%)
Lieferant 14	1.092	3	30.527	96	
Lieferant 12	682	2	31.209	98	
Lieferant 08	591	2	31.800	100	
Gesamt	31.800	100			

Darst. 2.1044: Durchführung der lieferantenbezogenen ABC-Analyse nach Umverteilung der Beschaffungsvolumina und Eliminierung der vier kleinsten Lieferanten (Beispiel)

Auf den größten A-Lieferanten (Lieferant 02) entfallen jetzt 22 % des gesamten Einkaufsvolumens, auf den zweitgrößten (Lieferant 07) 19 %; die beiden kleinsten Lieferanten (Lieferanten 12 und 08) weisen nur einen Anteil von je 2 % auf. Die prozentualen Anteile der beiden größten Lieferanten haben sich erhöht, da die verbliebenen 95 % Einkaufsvolumen gleich 100 % gesetzt werden. (Anmerkung: Bei einer gleichmäßigen Umverteilung des Beschaffungsvolumens auf die A- und B-Lieferanten – statt einer Gleichverteilung auf die vier größten Lieferanten – hätten sich minimale Änderungen in den Prozentsätzen ergeben.) Die entsprechende Lorenzkurve weist nun folgenden Verlauf auf:

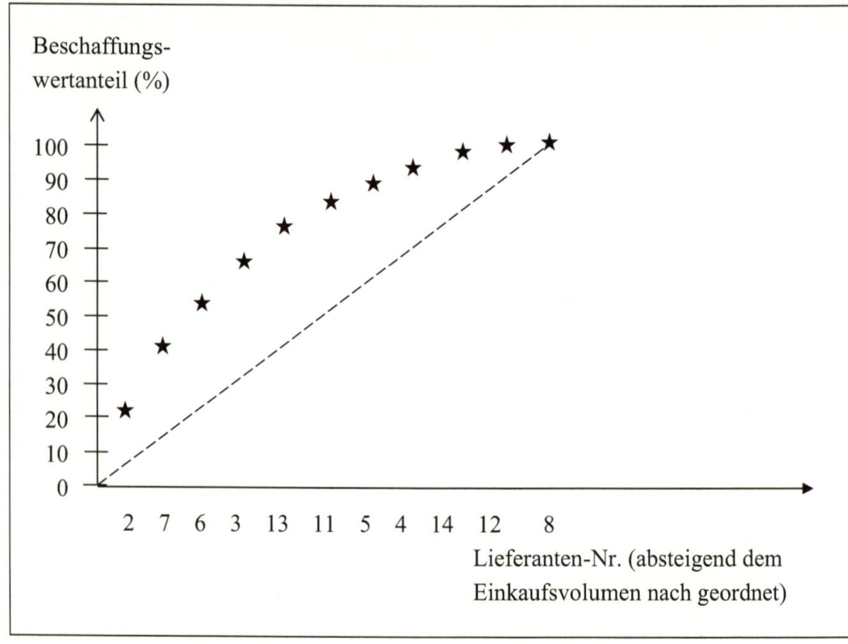

Darst. 2.1045: Lorenzkurve mit Lieferanten und Beschaffungswertanteil nach Umverteilung des Beschaffungsvolumens und Eliminierung der vier kleinsten Lieferanten (Beispiel)

Ausgehend von der vorstehenden Lorenzkurve könnte nun angedacht werden, weiter zu optimieren und als nächstens die beiden „schwächsten“ Lieferanten Nr. 12 und 08 auszutauschen. Es ergibt sich folgende neue Verteilung:

Lieferant	Umsatz		kumuliert		Klasse
	in T€	in %	in T€	in %	
Lieferant 02	7.216	23	7.216	23	A (56 %)
Lieferant 07	6.215	20	13.431	43	
Lieferant 06	4.440	14	17.871	57	
Lieferant 03	4.029	13	21.900	70	
Lieferant 13	3.302	10	25.202	80	
Lieferant 11	2.684	8	27.886	88	B (22 %)
Lieferant 05	1.503	5	29.389	93	
Lieferant 04	1.319	4	30.708	97	C (22%)
Lieferant 14	1.092	3	31.800	100	
Gesamt	31.800	100			

Darst. 2.1046: Durchführung der lieferantenbezogenen ABC-Analyse nach Umverteilung der Beschaffungsvolumina und Eliminierung von zwei weiteren kleinsten Lieferanten (Beispiel)

Die Beschaffungswertanteile der größten Lieferanten sind weiter gestiegen: Auf den größten A-Lieferanten (Lieferant 02) entfallen jetzt 23 % des gesamten Einkaufsvolumens, auf den zweitgrößten (Lieferant 07) 20 %; die beiden kleinsten Lieferanten (Lieferanten 04 und 14) weisen nur einen Anteil von 3 bzw. 4 % auf. Die prozentualen Anteile der beiden größten Lieferanten haben sich erhöht, da die verbliebenen 96 % Einkaufsvolumen gleich 100 % gesetzt werden. (Anmerkung: Bei einer gleichmaßigen Umverteilung des Beschaffungsvolumens auf die A- und B-Lieferanten – statt einer Gleichverteilung auf die fünf größten Lieferanten – hätten sich minimale Änderungen in den Prozentsätzen ergeben.) Die entsprechende Lorenzkurve weist nun folgenden Verlauf auf:

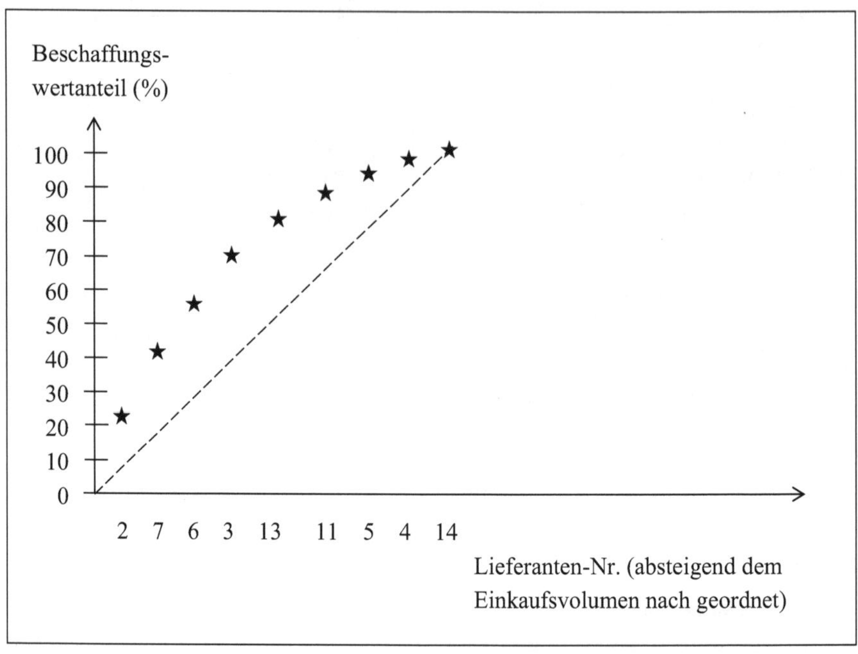

Darst. 2.1047: Lorenzkurve mit Lieferanten und Beschaffungswertanteil nach Umverteilung des Beschaffungsvolumens und Eliminierung von zwei weiteren kleinsten Lieferanten (Beispiel)

Der Vergleich der drei verschiedenen Lorenzkurven zeigt, dass sich die Lorenzkurven mit zunehmender Eliminierung der „kleinsten" Lieferanten immer weiter der Diagonalen und damit der Gleichverteilung nähern. Dies bestätigen nachfolgend auch die Gini-Koeffizienten[61] für die drei Lorenzkurven. Der Gini-Index verkörpert die grafische Information der Lorenzkurve in einer einzelnen Zahl. Der Gini-Koeffizient entspricht dabei der Fläche zwischen der Diagonalen (Gerade der perfekten Gleichverteilung) und der entsprechend ermittelten Lorenzkurve in Relation zur Gesamtfläche unterhalb der Diagonalen (Dreiecksfläche zwischen der Diagonalen und der vertikalen Achse). Anders erklärt: Wird die Fläche zwischen der Lorenzkurve und der Gleichverteilungsgerade Konzentrationsfläche genannt, ist der Gini-Koeffizient die Konzentrationsfläche dividiert durch die größtmögliche Konzentrationsfläche (letztere entspricht der Dreiecksfläche zwischen der Geraden der perfekten Gleichverteilung und der x-Achse).

[61] Der Gini-Koeffizient oder Gini-Index ist ein statistisches Maß zur Beschreibung von Ungleichverteilungen. Diese Maßgröße zur Kennzeichnung der relativen Konzentration wurde vom italienischen Statistiker Gini entwickelt.

Beispielsweise für die dritte Lorenzkurve (Daten der Darst. 2.1046) ergeben sich folgende Zahlen:

i	y_i	y_{i+1}	$((y_{i+1} - y_i)/2 + y_i)/n$
1	0,00000	0,22692	0,01260
2	0,22692	0,42236	0,03607
3	0,42236	0,56198	0,05469
4	0,56198	0,68868	0,06948
5	0,68868	0,79252	0,08229
6	0,79252	0,87692	0,09275
7	0,87692	0,92418	0,10006
8	0,92418	0,96566	0,10499
9	0,96566	1,00000	0,10920
Gesamtfläche unter der Lorenzkurve:			0,66213
Konzentrationsfläche[1]:			0,16213
Gini-Koeffizient:			0,32427

Darst. 2.1048: Tabelle zur Berechnung des Gini-Koeffizienten für die dritte Lorenzkurve (Darst. 2.1047) (Beispiel)

[1] Gesamtfläche unter der Lorenzkurve minus Konzentrationsfläche

Legende:
i = Index für die einzelnen Lieferanten
y_i = kumulierte relative Häufigkeit einschließlich des vorletzten Lieferanten
y_{i+1} = kumulierte relative Häufigkeit einschließlich des aktuellen Lieferanten
n = Zahl der Lieferanten

Für alle drei Lorenzkurven errechnen sich folgende Gini-Koeffizienten:

Lorenzkurve Nr.	Gini-Koeffizient
1	0,49046
2	0,39278
3	0,32427

Darst. 2.1049: Gini-Koeffizienten der drei Lorenzkurven (Beispiel)

In allen drei Fällen liegt eine schwache bis mittlere Konzentration vor.

Es wurde bereits festgestellt, dass sich die Lorenzkurven mit zunehmender Eliminierung von Lieferanten der Gleichverteilungsgerade nähern. Ausgehend von der Grundaussage, dass eine „bauchige" Kurve eine größere Abhängigkeit des Unternehmens von der Merkmalsausprägung (hier: Lieferanten) zeigt, müsste demnach mit zunehmender Annäherung der Lorenzkurve an die Gerade der perfekten Gleichverteilung die Abhängigkeit abnehmen. Das Gegenteil ist jedoch der Fall! Durch die Eliminierung wird die Abhängigkeit des Unternehmens von den verbliebenen Merkmalsausprägungen (hier: Lieferanten) immer stärker.[62] Insofern ist die **Schlussfolgerung irreführend, auf der Basis der Lorenzkurve Entscheidungen über die Eliminierung von C-Lieferanten fällen zu können**.

Bei betriebswirtschaftlichen Fragestellungen sollte **also nicht nur die ABC-Analyse, sondern diese nur zusammen mit anderen Entscheidungsgrößen** genutzt werden.

Nicht nur die Suche nach alternativen Lieferanten ist eine sinnvolle Maßnahme; **auch die Beschäftigung von C-Lieferanten** ist ratsam, damit diese lieferbereit gehalten werden und auch technologisch aktuell bleiben. In bestimmten Branchen sind Zweit- und Drittlieferanten gängige Praxis.

Bislang wurde der Begriff Risiko nur im Zusammenhang mit den Auswirkungen auf unser Unternehmen betrachtet. Noch nicht erläutert wurde, welches Risiko der Lieferant darstellt, d. h. wie groß die Wahrscheinlichkeit ist, dass der Lieferer ausfällt.

Dieses Ausfallrisiko „Lieferant" muss – insbesondere bei den A-Lieferanten (!) – im Rahmen des Risikomanagements näher untersucht werden. Es sei darauf hingewiesen, dass das Thema Risikomanagement in den vergangenen Jahren erheblich an Bedeutung gewonnen hat. Nicht zuletzt durch die Aktivitäten der Legislative sowie der Jurisprudenz. Im Zuge zahlreicher Gesetzesänderungen hat auch die (persönliche) Haftung der Manager und/oder Gesellschafter sowie der Aufsichtsräte und Abschlussprüfer enorm zugenommen. Insofern ist es nicht verwunderlich, dass (derzeit vorwiegend noch größere) Unternehmen dazu übergehen, sich von den Lieferanten entsprechende Unterlagen aushändigen zu lassen oder schlicht einfach im Internet, z. B. auf der Plattform unternehmensregister.de, nachzuforschen.

[62] Im gezeigten Beispiel wurde die Zahl der Lieferanten von 15 auf neun reduziert; die Anteile der vier größten Lieferanten (am Beschaffungsvolumen) stiegen von 61 % auf 70 %.

Bei der Prüfung des Risikos bieten sich vor allem die Analysetools an, wie sie im Bereich der Finanzierung, genauer Kreditwürdigkeitsprüfung bekannt sind. Einer der bekanntesten Bonitätsbeurteilungsmaßstäbe ist das **Rating**. Es bezeichnet die Bewertung der voraussichtlichen Fähigkeit eines Unternehmens, seinen zukünftigen Zahlungsverpflichtungen termin- und betragsgenau nachkommen zu können.

Ein Rating bei *Gewerblichen* wird auf der Basis geprüfter Jahresabschlüsse durchgeführt, angereichert durch intensive Gespräche mit der Geschäftsleitung und weitere Recherchen im Umfeld des Unternehmens.

Die Beurteilung des Unternehmens bezieht sich auf folgende Kriterien:

- Wirtschaftliche Verhältnisse
- Kundenbeziehung
- Unternehmensentwicklung
- Management und Unternehmen
- Markt und Branche

Darst. 2.1050: Kriterien bei der Erstellung einer Rating-Kennzahl

Die vorstehende Auflistung zeigt, dass es neben den „harten Fakten" auch um „weiche Faktoren" geht.

Die **wirtschaftlichen Verhältnisse** werden den Jahresabschlüssen der vergangenen Jahre (drei Jahre sollten ausreichen) entnommen. Weitere betriebswirtschaftliche Auswertungen werden ergänzend durchgeführt. In diesem Zusammenhang sei u. a. auch auf die Kennzahlenaufbereitung in diesem Buch hingewiesen. Im Rahmen dieser Analysen werden vor allem wichtige unternehmensbezogene Kennzahlen wie Rentabilität, Eigenkapitalquote, Cashflow einschließlich Selbstfinanzierungsgrad für Investitionen, Anlagendeckungsgrad sowie Kennzahlen der wertorientierten Unternehmensführung näher betrachtet.

Die **Kundenbeziehung** beleuchtet das Verhältnis zum Kunden. Ähnlich der Prüfung seitens der Kreditwirtschaft steht hier vor allem das Zahlungsverhalten und die Informationspolitik des Kunden im Vordergrund.

Die **weitere Unternehmensentwicklung** bezieht sich auf die Umsatz- bzw. Umsatzerlöse- und Gewinnerwartung sowie insbesondere die potenziellen Unternehmensrisiken des

Kunden. Eine wichtige Informationsquelle ist hier der Lagebericht des Unternehmens (soweit vorhanden).

Im Bereich **Management und Unternehmen** geht es um die Beurteilung des Top-Managements im Hinblick auf die funktionsbezogenen, speziell auch kaufmännischen Fähigkeiten. Dabei werden die Aufbau- und Prozessorganisation, die Ausgestaltung des Rechnungswesens und Controllings einschließlich des Berichtswesens (z. B. Instrumente wie Controller-Cockpit) sowie das Risikomanagement und die Compliance-Systeme des Unternehmens näher untersucht.

Das Kriterium **Markt und Branche** bezieht sich auf die Stellung des Unternehmens im Markt einschließlich der vergleichenden Konkurrenzanalyse. Dazu gehören Stärken- und Schwächen-Profile sowie existenzgefährdende Abhängigkeiten von Kunden und Lieferanten (unseres Kunden). Von besonderer Bedeutung ist die künftige Entwicklung der Anbieterstrukturen, z. B. Konzentrationstendenzen im Markt unseres Kunden und damit unseres Beschaffungsmarktes.

Eine **Weiterung** stellt ein sogenanntes **Lieferantenaudit** dar. Hier wird ein Lieferant dahingehend untersucht, ob er vom Unternehmen vorgegebene Kriterien erfüllt oder (mehr oder weniger) nicht. Die Ziele und Vorgehensweise des Lieferantenaudits werden im folgenden Kapitel erläutert.

B-Lieferanten sind von mittlerer Wichtigkeit für das Unternehmen. Sie weisen mittelgroße Umsätze auf. Sie sind weder ganz zu vernachlässigen noch soll ihnen übermäßige Aufmerksamkeit zuteilwerden. Die Bedeutung der von ihnen bezogenen Produkte hängt stark von ihrer Verfügbarkeit am Markt ab. Handelt es sich um spezielle, schwer zu beschaffende Güter, die trotz ihrer geringen Wertigkeit oder Menge für die Produktion unerlässlich sind, ist eine enge Beziehung erstrebenswert. Der Kontakt zu den Lieferanten von leicht ersetzbaren Materialien sollte kostenarm gestaltet werden.

Die Vielzahl der C-Lieferanten stellt den geringsten Teil der benötigten Materialien zur Verfügung. Um die Bezugskosten gering zu halten, sollten die Abläufe vereinfacht und automatisiert werden. Die aufwendige Suche nach alternativen Herstellern dieser Materialien ist zwar aus Kostengründen nicht sinnvoll, sollte aber im Einzelfall vorgenommen werden, um das vorab dargestellte Risiko eines Lieferantenausfalls zu minimieren. Grundsätzlich sollte eine geringe Anzahl dieser Lieferanten angestrebt werden, da die Lieferantenhaltung und -pflege verhältnismäßig hohe systemseitige und personelle Kosten verursachen.

Mit der Ausnahme der Lieferanten, die spezielle Güter liefern, birgt der Ausfall von B- und C-Lieferanten vergleichsweise geringe Risiken für das Unternehmen. Auf kostenintensive Vorbeugemaßnahmen sollte i. d. R. verzichtet werden.

Alle bisherigen Ausführungen zur ABC-Analyse dürfen nicht darüber hinwegtäuschen, dass es sich zum einen um **statische, vergangenheitsbezogene Analysen** handelt und zum anderen **keine Aussagen über die „Qualifikation" der Lieferanten** getroffen werden. Sie sagen nichts über zukünftige Veränderungen aus; beispielsweise hinsichtlich der technologischen Fortschritte des Lieferanten oder einer möglichen Kooperation mit dem einkaufenden Unternehmen. Derartige Punkte können neben weiteren Qualifikationsmerkmalen im Lieferantenaudit mit abgebildet werden (s. u.). Insofern müssen die bisherigen Analysen um eine dynamische Komponente ergänzt werden. Wird die dynamische Analyse unterlassen, läuft das Unternehmen Gefahr, sich von gerade mit viel Aufwand neu gewonnenen Lieferanten zu trennen (beispielsweise C-Lieferanten, die als Wettbewerber für risikoaffine A-Lieferanten aufgebaut werden und in der Vergangenheit keine hohen Einkaufsvolumina aufgewiesen haben) oder Lieferanten mit positiven Audits zu eliminieren.

Abhilfe schaffen kann hier ein **Lieferantenportfolio**, vergleichbar mit der Portfolio-Analyse wie z. B. der BCG-Matrix. Dieses wird im folgenden Paragraf 2.1.2.2.2 „Lieferantenaudit" vorgestellt.

2.1.2.2.2 Lieferantenaudit

Das Wort „Audit" entstammt der lateinischen Sprache und bedeutet als Infinitiv „hören". Audit wird mit „er, sie, es hört" übersetzt. Audit meint somit eine **Anhörung**.

Je nach Funktionsbereich (Auditgegenstand) wird bei einem Audit der **Ist-Zustand analysiert**, ein **Vergleich der ursprünglichen Zielsetzung mit den tatsächlich erreichten Zielausprägungen** angestellt oder im Weiteren **künftige Anforderungen** festgelegt. Oft soll ein Audit ganz einfach dazu dienen, allgemeine Probleme oder einen Verbesserungsbedarf aufzuspüren.

Die Ziele des Lieferantenaudits lauten:

- Lieferantenauswahl
- Lieferantenbewertung
- Lieferantenentwicklung
- Risikominimierung (u. a. Ausfalle eines Lieferanten)
- Optimierung der Qualität
- generell höheres Qualitätsniveau der Materialien
- Senkung der Kosten im Rahmen der Wareneingangsprüfung
- Kostenersparnis im Produktionsbereich (z. B. infolge von Nacharbeit)
- Reduzierung der Sicherheitsbestände
- Wettbewerbsfördernde Anreize
- Einhaltung von Firmenstandards

Darst. 2.1051: Ziele des Lieferantenaudits

Ein Lieferantenaudit wird oft mit Hilfe eines **Scoring-Modells** vorgenommen.

In einem **ersten Schritt** müssen die **Kriterien für die Bewertung** des Lieferanten festgelegt werden. Welche Merkmale innerhalb einer Bewertung zum Tragen kommen, hängt u. a. von der Möglichkeit ihrer automatischen Erfassung, ihrer Quantifizierbarkeit, der Vergleichbarkeit mit Richtwerten und in jedem Fall davon ab, welche Anforderungen der Beschaffungsbereich an den Lieferanten stellt. Bei einem Unternehmen, dass u. a. die Zulieferung von teilbearbeiteten oder vorgefertigten Materialien vereinbart hat, spielt die Qualitätseinhaltung eine entscheidende Rolle. Just-in-time-Anlieferungen müssen termin- und mengengenau erfolgen, damit ein Stillstand der Produktion ausgeschlossen werden kann.

Als Kriterien kommen beispielsweise in Frage:

- Gesamteindruck des Unternehmens
- Externe und interne (Daten-)Kommunikation
- Maschinenpark
- Qualitätsmanagement
- Prüfmittel und Prüfeinrichtungen
- Prüfungen
- Qualifikationen
- Lieferzuverlässigkeit
- Technologische Entwicklung
- Beteiligung an der Forschung und Entwicklung
- Grundsätzliche Kooperationsbereitschaft

Darst. 2.1052: Kriterienkatalog zur Bewertung von Lieferanten

Das Kriterium **Lieferzuverlässigkeit** kann über die Kennzahlen „Verzugsquote“ und „Termintreuegrad“ geprüft werden. Diese Kennzahlen werden im Paragrafen 2.1.2.2.5.3 „Zeit“ näher erläutert.

Die mengen- und wertmäßige **Beanstandungsquote** sowie andere Kennzahlen zur Bewertung eines Lieferanten werden im Paragrafen 2.1.2.2.5 „Aufgaben des Einkaufs“ behandelt.

Angesichts der enormen demografischen Veränderungen, eines sich ändernden Wertewandels und zunehmender Individualisierung der Kundenwünsche bei gleichzeitig erwünschter stärkerer Nachhaltigkeit[63] ergibt sich eine größere Bedeutung des Kriteriums „Lieferflexibilität“ für den Beschaffungsbereich, speziell für die Lieferanten des Unternehmens. Dies wird wie folgt definiert:[64]

Die **Lieferflexibilität** ergibt sich demnach aus der Menge der erfüllten Sonderwünsche gemessen an der Gesamtanzahl der Sonderwünsche, wie Abbildung sechs zeigt. Die Kennzahl zeigt damit den Grad, inwieweit Lieferanten auf Sonderwünsche eingehen und nimmt einen Wert zwischen null und eins ein.

---

[63] Vgl. die „Rahmenbedingungen der Unternehmensführung“ bei WÖRDENWEBER, M.: Unternehmensplanung, a. a. O., S. 99–108.

[64] Vgl. DISTELZWEIG, A.: Performance Measurement in der Beschaffung: Ein Konzeptvergleich, Wiesbaden 2014, S. 128.

$$\text{Lieferflexibilität (\%)} = \frac{\text{Anzahl erfüllter Sonderwünsche}}{\text{Gesamtanzahl der Sonderwünsche}} \cdot 100$$

Darst. 2.1053: Lieferflexibilität

Handelt es sich bei dem Kunden um ein **Handelsunternehmen**, muss der Kriterienkatalog um die Push- und Pull-Leistungen des Lieferanten erweitert werden.[65]

Typische Pull-Leistungen des Lieferers sind:

- Durchschnittliche Umschlagsgeschwindigkeit der Herstellerware
- Marktanteil
- Bekanntheitsgrad
- Umfang der Werbung
- Qualität der Werbung
- Preisattraktivität
- Produktqualität

Darst. 2.1054: Pull-Leistungen des Lieferanten (Handel)

Zu den Push-Leistungen zählen:

- Werbekostenzuschüsse
- Listungsgelder (Regalpflege)
- Marge

Darst. 2.1055: Push-Leistungen des Lieferanten (Handel)

[65] Vgl. beispielsweise ARNOLD, U.: Supplier Lifetime Value – Ein Konzept zur Lieferantenbewertung in Industrie und Handel, in: BAUER, H. H., HUBER, F. (HRSG.): Strategien und Trends im Handelsmanagement. Disziplinenübergreifende Herausforderungen und Lösungsansätze, München 2004, S. 187.

In einem **zweiten Schritt** werden den Kriterien **unternehmensindividuelle Gewichtungen** zugeordnet, da die Bedeutung der Kriterien von Unternehmen zu Unternehmen variiert.

Das Scoring-Modell kann das Ziel der Maximierung oder Minimierung der Punktsumme verfolgen. Bei einem Maximierungsziel ist darauf zu achten, dass sich die Noten und Gewichte nicht quasi saldieren. Wenn beispielsweise eine Gewichtung von 1 (nicht wichtig) bis 10 (äußerst wichtig) erfolgt, sollte beispielsweise das niederländische Notensystem von 1 (völlig ungenügend) bis 10 (ausgezeichnet) verwendet werden. (Das deutsche Schulnotensystem wäre hier ungeeignet.)

In einem **dritten Schritt** wird der **Lieferant eingehend untersucht**, d. h. die Kriterien werden benotet. Da die Kriterien wegen der Übersichtlichkeit für eine Bewertung zu global formuliert sind, werden **Unterkriterien** genutzt, die oft als Fragen gestellt werden. Für die Kriterien Qualitätsmanagement und Lieferzuverlässigkeit werden beispielsweise folgende Fragen zu finden sein:

- Kann das Unternehmen ein zertifiziertes QM-System (z. B. ISO 9001:2000) vorweisen? In der Entwicklung, bei der Materialversorgung, in der internen Transportlogistik, in der Produktionsvorbereitung, in der Fertigung, in der Montage, bei der Verpackung und dem Versand?
- Wie ist das Qualitätswesen des Lieferanten organisiert?
- Ist die Anzahl und Ausbildung der Mitarbeiter angemessen?
- Wenn kein zertifiziertes QM-System vorliegt: Ist die Wirkungsweise des QM-Systems beschrieben?
- Prüft die oberste Leitung des Lieferanten die Wirksamkeit des QM-Systems in festgelegten Zeitabständen, um die Eignung und Effektivität zu gewährleisten?
- Gibt es einen dokumentierten Prozess zur Messung der Kundenzufriedenheit einschließlich der Häufigkeit der Festlegung?
- Hat der Lieferant geeignete Projekte zur Qualitäts- und Produktivitätsverbesserung eingeführt?
- Werden Qualitätsaufzeichnungen über zugelassene Unterlieferanten erstellt und gepflegt?

Darst. 2.1056: Fragen zum Kriterium Qualitätsmanagement

Die Fragen zum Kriterium Lieferzuverlässigkeit könnten wie folgt lauten:

- Bestehen entsprechende Planungsinformationen und Einkaufszusagen seitens des Zulieferers, die es ermöglichen, eine absolut termingemäße Lieferung zu gewährleisten?
- Existiert ein System, nach dem die Lieferzuverlässigkeit von Vorlieferanten überwacht wird? Schließt dies den Nachweis entsprechender Korrekturmaßnahmen ein?
- Verfügt der Lieferant über Pläne, wie im Notfall die Versorgung des Kunden sicher zu stellen ist?
- Verfügt der Lieferant über ein System, mit dem er die absolut termingerechte Belieferung sicherstellen kann, um den Anforderungen des Kunden gerecht zu werden?
- Sind die Kapazitäten für den Fall erhöhter Nachfrage ausreichend dimensioniert?
  - Personal und/oder Schichten
  - Maschinen
  - Läger
  - Transportlogistik (intern und extern)
- Existiert ein System zur Rückverfolgbarkeit von
  - Teilen und Baugruppen,
  - Stücklisten oder ähnlichem,
  - Querverweisen auf technische Zeichnungen?
- Werden Prozess-FMEA (Fehler-, Möglichkeits- und Einflussanalysen) durchgeführt?

Darst. 2.1057: Fragen zum Kriterium Lieferzuverlässigkeit

Oft wird das Audit im Bereich Qualitätsmanagement durch drei **Audittypen**[66] charakterisiert: Das **Systemaudit** beurteilt einzelne Elemente des Qualitätssicherungssystems im Hinblick auf ihre Existenz und auf die Anwendung dieser durch den Lieferanten. Es prüft also beispielsweise, ob bei dem Lieferanten die Qualitätsnormen und -handbücher, die Richtlinien oder gesetzlichen Auflagen vorhanden sind bzw. umgesetzt werden. Beim **Verfahrensaudit** wird die Wirksamkeit der Qualitätssicherung überprüft. Hierbei werden

[66] Vgl. HOFBAUER, G., HELLWIG, C.: Professionelles Vertriebsmanagement - Der prozessorientierte Ansatz aus Anbieter- und Beschaffersicht, 4. Aufl., Erlangen 2016, S. 412, KUMMER, S. (HRSG.), GRÜN, O., JAMMERNEGG, W.: Grundzüge der Beschaffung, Produktion und Logistik, 4. Aufl., München 2019, S. 207.

bestimmte Verfahrens- und Arbeitsabläufe im Hinblick auf ihre Einhaltung und Zweckmäßigkeit beurteilt. Das **Produktaudit** untersucht während des gesamten Herstellungsprozesses das zu fertigende Produkt auf die Übereinstimmung mit den vorab definierten Qualitätsmerkmalen.

Untersuchungsdatum:
Prüfer:

Lieferant: **XY AG**

Kriterium	Gewicht	Note	Produkt
• Gesamteindruck des Unternehmens	3	6	18
• Externe und interne (Daten-)Kommunikation	2	4	8
• Maschinenpark	6	8	48
• Qualitätsmanagement	6	7	42
• Prüfmittel und Prüfeinrichtungen	6	6	36
• Prüfungen	5	8	40
• Qualifikationen	7	4	28
• Lieferzuverlässigkeit	9	8	72
• Technologische Entwicklung	8	3	24
• Beteiligung an der Forschung und Entwicklung	8	5	40
• Grundsätzliche Kooperationsbereitschaft	7	2	14
Gesamtsumme Audit			370

Darst. 2.1058: Ergebnis des Lieferantenaudits bei Fa. XY AG

In einem **vierten Schritt** werden die gefundenen **Ergebnisse dokumentiert**. Das Ergebnis könnte wie vorstehend gezeigt aussehen.

In einem **fünften Schritt** werden die gewonnenen **Ergebnisse analysiert**: Aufgrund der unternehmensindividuellen Gewichtung würde sich ein Maximalwert von 670 Punkten (Summe der Gewichte, multipliziert mit der jeweiligen Bestnote) ergeben. Mit 370 Punkten hat die untersuchte Firma lediglich 55 % der maximalen Punktzahl erreicht. Dies würde in etwa der deutschen Schulnote „ausreichend" entsprechen. Es ist offenkundig, dass bei dem untersuchten Unternehmen noch einiges im Argen liegt. Zu nennen sind hier die Kommunikation als eklatante Schwachstelle als auch die mangelnde Qualifikation des

Personals und die technologische Entwicklung. Möglicherweise liegen hier Defizite im Management vor, die als fehlende Weitsicht und/oder Offenheit interpretiert werden könnten. Es hat den Anschein, als wenn die Firma in der Entwicklung stehen geblieben ist und sich nach außen eher abschottet (mangelnde Kooperationsbereitschaft).

Eine besondere Beachtung verdienen die (ggf.) **K.-o.-Kriterien**, bei denen vorgegebene Werte nicht unterschritten werden dürfen. Eine negative Abweichung bedeutet sofortige Gespräche mit dem Lieferanten und/oder die Suche nach alternativen Zulieferern.

Der **sechste Schritt** heißt **Besprechung der Ergebnisse** mit den auditierten Unternehmen. Ziel der Unterredungen ist es, auf nicht erfüllte Anforderungen hinzuweisen und **Zielvereinbarungen** zu **treffen**, die eine Verbesserung des Audits ermöglichen.

Als **vorletzter Schritt** empfiehlt sich die **Veröffentlichung des besten Audits**. In der Praxis ist zu beobachten, dass zwar die Detailergebnisse nicht publiziert werden, wohl aber der „Sieger" des Lieferantenaudits veröffentlicht wird. Neben der **Ehrung des Lieferanten** soll eine **Wettbewerbssituation** für alle (anderen) Lieferanten **generiert werden**. Nicht zuletzt profiliert sich mit einer solchen Kampagne auch das zertifizierende Unternehmen äußerst werbewirksam mit dem **Attribut der Qualität**, wobei gleichzeitig der **Bekanntheitsgrad erhöht** wird. Ebenfalls nicht zu unterschätzen ist die **Wirkung auf potenzielle Mitarbeiter** des zertifizierenden und erst recht zertifizierten Betriebes, für die ein qualifizierter, angesehener Arbeitgeber oft von erheblicher Bedeutung ist.

Ein **letzter Schritt** besteht in der **vergleichenden Analyse der Lieferanten**. Hier empfiehlt sich ein Vergleich der Audits mittels eines **Lieferanten-Scoring-Modells**.

Bereits oben wurde das Lieferantenportfolio angesprochen. Wird das Ergebnis des Lieferantenaudits in den Vordergrund gestellt und mit dem lieferantenbezogenen bisherigen Wachstum des Einkaufsvolumens kombiniert, ergibt sich eine Matrix als **auditorientiertes Lieferantenportfolio**, aus dem eine Zukunftsstrategie abgeleitet werden kann:[67]

---

[67] Ein stark vereinfachtes Portfolio mit Strategieempfehlungen stellen Kümpel und Deux mit ihrem Lieferanten-Qualitäts-Portfolio vor. (KÜMPEL, T., DEUX, T.: Kennzahlensysteme und Portfoliotechniken für das Einkaufscontrolling, in: Controller Magazin, Heft 4, 2003, S. 369.) Allerdings wird die Qualität ausschließlich anhand der Beanstandungsquote (Anzahl beanstandeter Lieferungen dividiert durch die Gesamtzahl der Lieferungen; vgl. Darst. 2.1070) definiert. Die Fokussierung auf das alleinige Merkmal Beanstandungsquote ist nicht ausreichend. Zudem fehlt in dieser Betrachtung der dynamische Aspekt (Weiterentwicklung des Lieferanten).

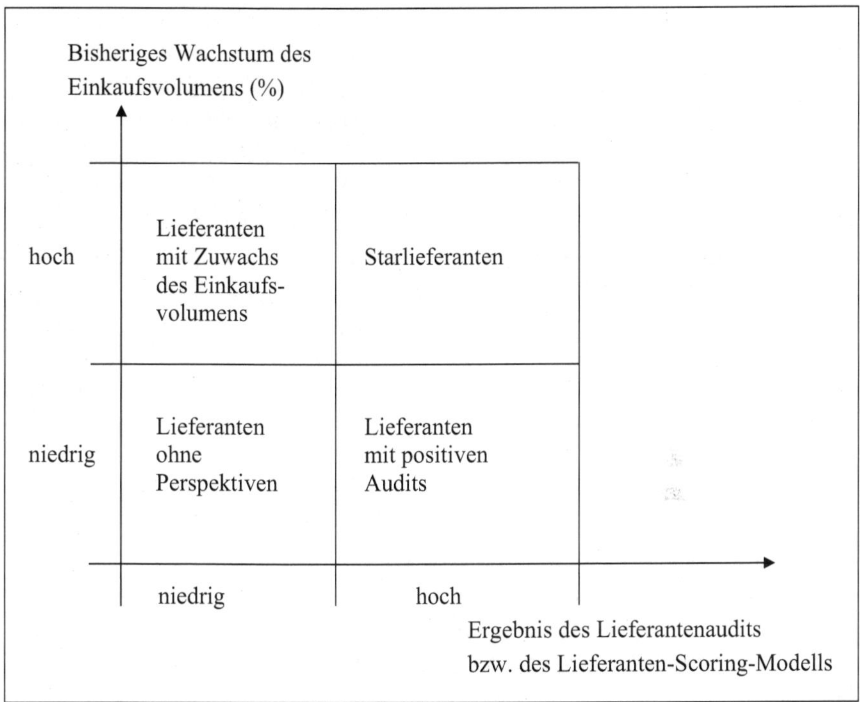

Darst. 2.1059: Auditorientiertes Lieferantenportfolio

In diese Matrix werden die Lieferanten mit Kreisen eingetragen, wobei die **Kreise das Einkaufsvolumen widerspiegeln**.

Ausgangspunkt der Überlegungen ist der eingezeichnete Status Quo, der hinsichtlich des Lieferantenaudits auch schon Zukunftsaspekte (s. u.) berücksichtigt.

Die **Zukunftsstrategien** können wie folgt lauten:
Bei den **Starlieferanten** sollte wie bei den A-Lieferanten die **Lieferantensicherung** im Vordergrund stehen, d. h. eine enge, intensive Beziehung gepflegt und ein langfristiges Vertragsverhältnis implementiert werden. Es gilt, das hohe Niveau aufrecht zu erhalten.

Handlungsbedarf ergibt sich bei den Lieferanten mit Zuwachs des Einkaufsvolumens und bei den Lieferanten mit positiven Audits. Die **Lieferanten mit Zuwachs des Einkaufsvolumens** weisen noch Defizite hinsichtlich des Audits auf. Hier sollte darauf hingewirkt werden, dass sich das Audit verbessert. Dies kann etwa durch Investitionshilfen, Unterstützung bei der Produktionsorganisation oder in den Bereichen Forschung und Entwicklung sowie andere Beratungsleistungen geschehen. Ist dieses Verlangen nicht umsetzbar, sollte das Einkaufsvolumen dieser Lieferanten zugunsten der Lieferanten mit positiven Audits umgeschichtet werden. Die **Lieferanten mit positiven Audits** wurden als für das Unternehmen bedeutsame Lieferanten identifiziert. Hier gilt es, eine Umschichtung des Einkaufsvolumens von Lieferanten ohne Perspektive zu den Lieferanten mit positiven Audits vorzunehmen. Auch ist es denkbar, dass zusammen mit den Lieferanten mit positiven Audits über (gemeinsame) Produktinnovationen nachgedacht wird.

Die **Lieferanten ohne Perspektive** stellen für das Unternehmen ein Problem dar: Sie wachsen nicht mehr oder weisen gar einen Rückgang des Einkaufsvolumens auf. Dafür gibt es mehrere Ursachen, wie weniger nachgefragte Produkte seitens des Marktes oder eine bewusste Entscheidung des Unternehmens gegen diese Lieferanten. Da das Lieferantenaudit den Ansprüchen des Unternehmens nicht genügt, sollten diese Lieferanten ausgesondert werden – es sei denn, sie werden noch unter Risikogesichtspunkten benötigt.

Der **Nachteil von Audits** ist, dass diese mit **hohen Kosten und personellem Aufwand** verbunden ist. Daher sollten insbesondere Lieferantenaudits **primär bei A-Lieferanten durchgeführt werden**, sofern die Lieferanten im Sinne einer ABC-Analyse im Voraus klassifiziert wurden.

2.1.2.2.3 XYZ- und ABC-XYZ-Analyse

Die **XYZ-Analyse**[68], auch als **RSU-Analyse**[69] oder **XYZ-Klassifikation** bezeichnet, ist ein **multivalent nutzbares Verfahren zur Klassifikation des Verbrauchs-/Bedarfsverhaltens von Sachgütern und Dienstleistungen und dessen Vorhersagbarkeit. Ziel** der Analyse ist die **Planung des Verbrauchs und der Lagerhaltung und damit verbunden die Optimierung der Disposition** und insbesondere die **Wahl des „richtigen" Bestell- und Bereitstellungsverfahrens**. Es eignet sich für viele Einsatzbereiche im Unternehmen wie Beschaffung, Qualitätssicherung und Vertrieb.

[68] Im Englischen: XYZ analysis.

[69] R steht für regelmäßig, S für saisonal und U für unregelmäßig.

Die **Einteilung der Artikel** in die **drei Klassen X, Y und Z** basiert auf **empirischen Erfahrungen, Ergebnissen aus Stücklistenauflösungen und statistischen Auswertungen wie Standardabweichungen, Variationskoeffizienten oder individuellen Schwankungskoeffizienten**[70].

Die XYZ-Analyse, die der ABC-Analyse in vielen Punkten ähnelt, kann mit letzterer kombiniert werden. Sie wird als ABC-XYZ-Analyse bezeichnet. Mehr dazu weiter unten.

Klassische Anwendungsgebiete der XYZ-Analyse im Beschaffungsbereich sind:[71]

- Unterstützung bei der Auswahl von Verfahren der Materialdisposition (Bedarfsplanung, Bestandsplanung, Planung von Bestellmengen und -terminen)
- Zuordnung von Materialbereitstellungskonzepten für einzelnen Materialien oder Materialgruppen (Bereitstellung im Bedarfsfall oder unter Vorratshaltung oder fertigungssynchron)
- Unterstützung bei der Auswahl von Materialfluss-Steuerungen (z. B JIT, VMI, KANBAN)
- Planung und Kontrolle von Beständen (Sicherheits-, Mindest-, Höchstbestände)
- Fehleranalyse
- Orientierung für das Lieferantenaudit und die Auswahl von Lieferanten

Darst. 2.1060: Anwendungsgebiete der XYZ-Analyse im Beschaffungsbereich

Während die ABC-Analyse wertmäßige Größen wie z. B. Umsatz verwendet, liegen der XYZ-Analyse Mengen zugrunde.

Die Sachgüter und Dienstleistungen (im Beschaffungsbereich: Materialien) werden wie folgt klassifiziert:

X-(R-)Güter weisen einen relativ konstanten bzw. gleichförmigen Verbrauch auf; Verbrauchsschwankungen treten eher selten auf. Typische Produkte sind Güter des täglichen Bedarfs oder Teile davon wie Rasierklingen (solo oder in Nassrasierern) oder Schraubverschlüsse für Milchverpackungen.

---

[70] Siehe beispielsweise HARTMANN, H.: Materialwirtschaft, 9. Aufl., Gernsbach 2005, S. 155.

[71] Vgl. SCHWARZ, M. in: http://www.ba-breitenbrunn.de/fileadmin/benutzer/benutzer_i/skripte/herr_prof_dr_schwarz/Kapitel_3__Materialauswahl_.pdf, Abruf am 01.03.2015.

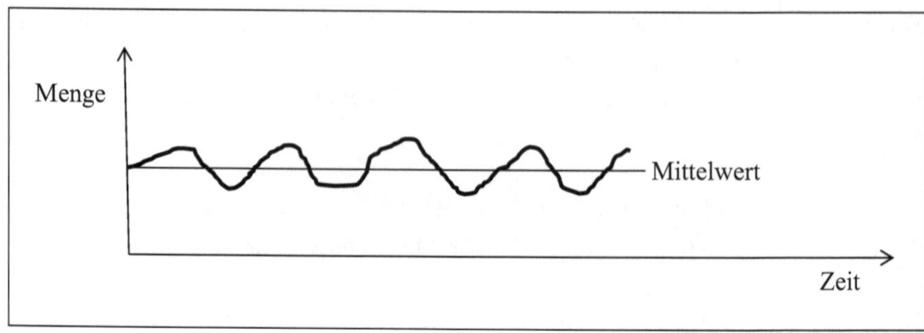

Darst. 2.1061: Typischer Kurvenverlauf von Materialien der X-Gruppe

Y-(S-)Güter schwanken stärker im Verbrauch; Schwankungen sind ggf. auf Trends oder saisonale Effekte zurückzuführen. Typische Artikel sind Lenkräder oder Lenksäulen in der Pkw-Produktion, aber auch Trend- und Saisonprodukte wie Gartenmöbel, loser Tee, Winterschuhe oder Miniröcke (Saison, ggf. Trend).

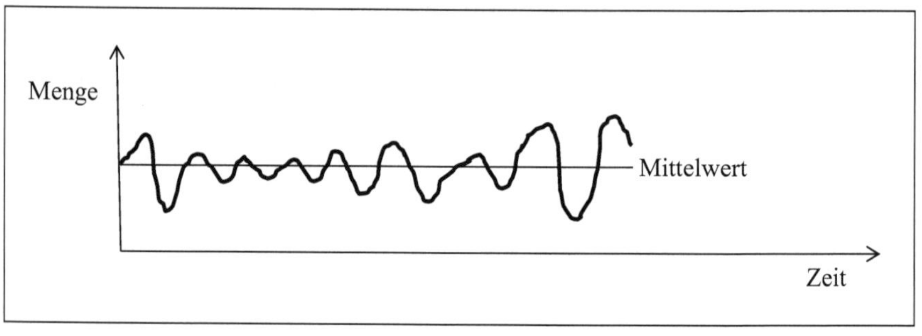

Darst. 2.1062: Typischer Kurvenverlauf von Materialien der Y-Gruppe

Z-(U-)Güter werden unregelmäßig verbraucht. Als typische Artikel gelten Ersatzteile für Spezialmaschinen und/oder langlebige Güter.

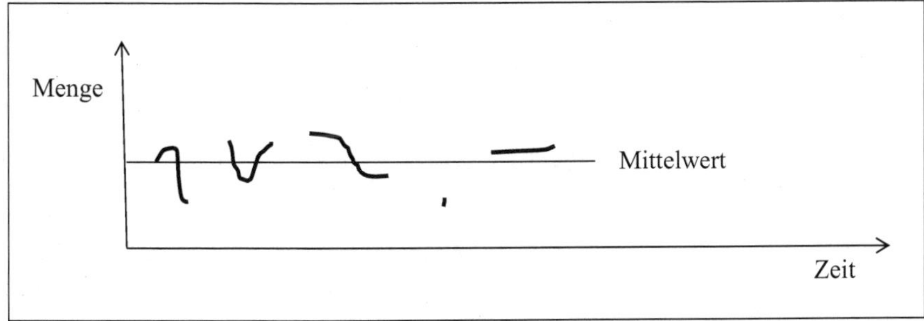

Darst. 2.1063: Typischer Kurvenverlauf von Materialien der Z-Gruppe

Neben den XYZ-Materialien werden gelegentlich ZZ-Artikel (auch S-Teile genannt) erwähnt. Deren Gesamtverbrauchs-/Bedarfsmenge im Betrachtungszeitraum wird an einem Tag erfasst. Diese ZZ-Teile wie Promotion-Artikel und spezielle Ersatzteile werden sehr unregelmäßig und selten nachgefragt. Sie können in der betrachteten Periode einen Nullbedarf aufweisen, d. h. sie wurden nicht angefordert. Die sporadischen Artikel sollten bei der Erfassung unbedingt berücksichtigt werden, da sie sich nur schwer oder gar nicht prognostizieren lassen und eine alternative Planungsstrategie erarbeitet werden muss. Diese ZZ-Teile werden im Folgenden nicht weiter berücksichtigt.

Konkret werden die Materialien z. B. anhand des **Variationskoeffizienten** den drei Gruppen zugeordnet. Gegenüber der Varianz und Standardabweichung weist der Variationskoeffizient den Vorteil auf, dass sich mit Hilfe dieser Kennzahl Streuungen mit stark unterschiedlichen Mittelwerten vergleichen lassen. Zum Zweck der Vergleichbarkeit wird die Standardabweichung *s* (Wurzel der Varianz), die ein absolutes Streuungsmaß ist, durch das arithmetische Mittel dividiert. Das Ergebnis ist der Variationskoeffizient, ein relatives Streuungsmaß.

$$VC = \frac{Standardabweichung\ s}{Arithmetisches\ Mittel\ \bar{x}}$$

Darst. 2.1064: Variationskoeffizient

Die Formel für die Berechnung der Standardabweichung lautet:

$$s = \sqrt{\frac{1}{n} \sum_{i=1}^{n} (x_i - \overline{x})^2}$$

Darst. 1.1065: Standardabweichung

mit
n = Anzahl der Materialien
i = Materialindex
x_i = Verbrauch/Bedarf der Materialart i

Das arithmetische Mittel $\overline{x}$ ergibt sich wie folgt:

$$\overline{x} = \frac{1}{n} \sum_{i=1}^{n} x_i$$

Darst. 1.1066: Arithmetisches Mittel $\overline{x}$

mit
n = Anzahl der Materialien
i = Materialindex
x_i = Verbrauch/Bedarf der Materialart i

In Microsoft Excel werden die Variationskoeffizienten *VC* mit der Formel =STABWIN(Feld1:Feld2)/MITTELWERT(Feld1:Feld2) berechnet.

Die Materialien werden **anhand der berechneten Variationskoeffizienten *VC* einer der drei Gruppen X, Y oder Z zugeordnet**. Meist werden für die Grenzen die folgenden Werte des Variationskoeffizienten verwendet:[72]

[72] Vgl. Lehrstuhl für Fördertechnik Materialfluss Logistik (fml), Technische Universität München: xyz-Analyse (http://www.fml.mw.tum.de/fml/index.php?Set_ID=320&letter=X), Abruf am 24.10.2014. In der Literatur werden auch andere Grenzen angegeben. Beispielsweise für 40 %, zwischen 40 % und 80 % und über 80 % bei KERTH, K., ASUM, H., STICH, V.: Die besten Strategietools in der Praxis. Welche Werkzeuge brauche ich wann? Wie wende ich sie an? Wo liegen die Grenzen? 6. Aufl., München 2015, S. 9.

Materialgruppe	Variationskoeffizient
X	$0\,\% \leq VC < 25\,\%$
Y	$25\,\% \leq VC < 50\,\%$
Z	$50\,\% < VC$

Darst. 2.1067: Materialgruppen und Grenzwerte des Variationskoeffizienten *VC*

Die Daten werden oft den Materialbewegungstabellen im jeweiligen ERP-System entnommen.[73]

Die Eingruppierung der Materialien sollte mindestens einmal jährlich überprüft werden, da insbesondere Trends zu falschen Klassifizierungen führen können. Es sollte sichergestellt sein, dass der untersuchte Zeitraum über eine hinreichende Anzahl historischer Perioden verfügt. Diese Voraussetzung ist notwendig, um die Materialien hinsichtlich der Vorhersagegenauigkeit und der Verbrauchs-/Bedarfsdynamik aussagefähig beurteilen zu können. Bei der Erfassung der Daten (in unterschiedlichen Perioden) ist darauf zu achten, dass die beobachteten Güter und Dienstleistungen in den jeweils selben Verbrauchseinheiten (VPE, PU) angegeben sind bzw. in diese umgewandelt werden. Eine Besonderheit stellen die Artikel dar, deren Produktlebenszyklus kürzer als der Untersuchungszeitraum ist. In diesem Fall dürfen bei der Berechnung des Variationskoeffizienten *VC* lediglich diejenigen Nullbedarfe der Perioden berücksichtigt werden, die innerhalb des Produktlebenszyklus des jeweiligen Artikels liegen.[74] Ein besonderes Augenmerk sollte auf Materialien gelegt werden, die zwar noch einen geringen Bedarf aufweisen, aber bereits zum Löschen vorgemerkt sind. Diese Artikel sollten aussortiert werden, d. h. nicht mit ausgewertet werden. Des Weiteren müssen die Daten, z. B. aus den Materialbewegungstabellen, dahingehend überprüft werden, ob bestimmte „Buchungsrituale“ die Datenbasis und damit die spätere Auswertung verfälscht haben. Zu nennen sind hier das zeitversetzte oder gebündelte Buchen (z. B. das Sammeln der Materialabgangsbelege über mehrere Tage und das Abbuchen, wenn „gerade Zeit ist“.)[75]

[73] Beispielsweise sind dies in SAP die Tabellen MSEG und MKPF.

[74] Vgl. KERTH, K., ASUM, H., STICH, V.: a. a. O., S. 10.

[75] Vgl. T&O: T&OMCAT, http://www.tundo.de/wertschoepfung/139-taomcat, Abruf am 24.10.2014.

Eine erste grafische Auswertung zeigt auf, wie hoch der prozentuale Anteil einer Materialgruppe (X, Y oder Z) an der Gesamtmenge ist:

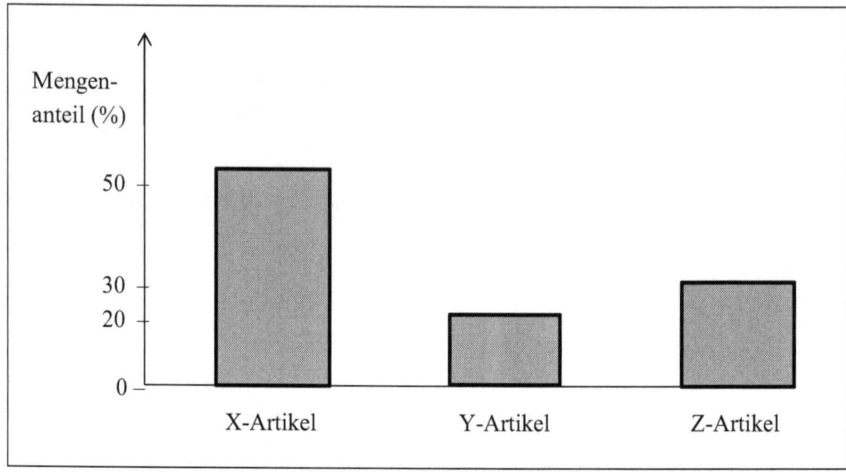

Darst. 2.1068: Mengenanteile der einzelnen Materialgruppen (Beispiel)

Diese Verteilung entspricht etwa den Erfahrungswerten der Praxis.[76]

Wie bereits aus der ABC-Analyse bekannt, können die Ergebnisse der Klassifikation grafisch dargestellt werden, wobei die Materialien nach dem Variationskoeffzienten *VC* aufsteigend auf der horizontalen Achse angeordnet und kumuliert eingetragen werden. Auf der senkrechten Achse werden die Mengenanteile kumuliert.

[76] Vgl. ARNOLDS, H., HEEGE, F., RÖH, C., TUSSING, W.: a. a. O., S. 26f.

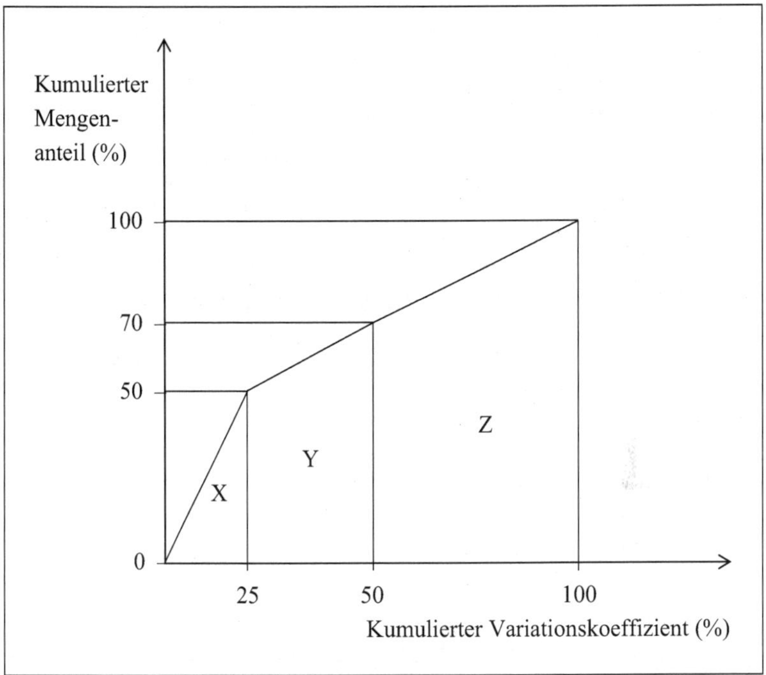

Darst. 2.1069: Grafische Darstellung der Ergebnisse einer XYZ-Analyse (Beispiel)

Der vorstehenden Darstellung ist zu entnehmen, dass 50 % der untersuchten Materialien der X-Gruppe zugerechnet werden und damit einen relativ konstanten Verbrauch ($VC \leq$ 25 %) aufweisen. 20 % der Materialien sind Y-Teile mit stärkeren Schwankungen im Verlauf, während 30 % der Artikel einen sehr unregelmäßigen Bedarf zeigen und damit zur Z-Gruppe gehören.

Aus den unterschiedlichen Bedarfsverläufen bzw. den Variationskoeffizienten ergeben sich folgende **Bestandsrisiken** und **Vorhersagegenauigkeiten** hinsichtlich des Verbrauchs/Bedarfs:

Materialgruppe	Vorhersagegenauigkeit	Bestandsrisiko
X	hoch	gering
Y	mittel	mittel
Z	niedrig	hoch

Darst. 2.1070: Materialgruppen, Vorhersagegenauigkeit und Bestandsrisiko

Bereits auf der Grundlage der XYZ-Analyse lassen sich erste Prognoseverfahren sowie das geeignete Bestell- und Bereitstellungsverhalten ableiten.

Um die Effizienz einer reinen XYZ-Analyse zu verbessern, wird dieses Klassifikationsverfahren mit einer ABC-Analyse zur **ABC-XYZ-Analyse** kombiniert.[77] Diese Vorgehensweise erlaubt eine systematische Differenzierung der Bereitstellungsmaßnahmen der Materialwirtschaft.

Die zusammengesetzte ABC-XYZ-Tabelle enthält neun Felder, die folgende Bezeichnungen erhalten:

Materialgruppe	A	B	C
X	XA	XB	XC
Y	YA	YB	YC
Z	ZA	ZB	ZC

Darst. 2.1071: ABC-XYZ-Tabelle und Bezeichnungen der einzelnen Felder

Einen ersten Überblick über die Verteilung liefert die Eintragung der Mengen (Anzahl) an Materialien in die vorstehenden neun Felder. Beispielhaft ergibt sich folgende Verteilung:

[77] Viele Software-Hersteller bieten entsprechende Tools an. Als Beispiel sei SAP genannt, die eine ABC-XYZ-Analyse über den Report „ABC/XYZ-Klassifizierung und Prognoseoptimierung“ ermöglichen.

Materialgruppe	A	B	C	Σ
X	786	205	48	1.039
Y	387	1.216	616	2.219
Z	492	1.175	4.926	6.593
Σ	1.665	2.596	5.590	9.851

Darst. 2.1072: Verteilung der Artikel im ABC-XYZ-Schema (Beispiel)

Im nächsten Schritt werden den Artikeln in der Neun-Felder-Matrix des ABC-XYZ-Schemas die entsprechenden Verbrauchs-/Bedarfsmengen zugewiesen.

Materialgruppe	A	B	C	Σ
X	537.338	16.704	79	554.122
Y	92.092	76.209	10.015	178.316
Z	219.227	66.218	42.968	328.413
Σ	848.657	159.131	53.062	1.060.851

Darst. 2.1073: Verteilung der Verbrauchs-/Bedarfsmengen im ABC-XYZ-Schema (Beispiel)

Diese Verteilung sollte nicht nur quantitativ, sondern auch grafisch dargestellt werden. Empfehlenswert ist hier ein dreidimensionales Säulendiagramm. Moderne ERP-Systeme oder auch Microsoft Excel bieten eine entsprechende Visualisierung. Als Beispiel sei eine Verteilung der artikelbezogenen Verbrauchs-/Bedarfsmengen auf der Basis der Daten in Darst. 2.1073 gezeigt.

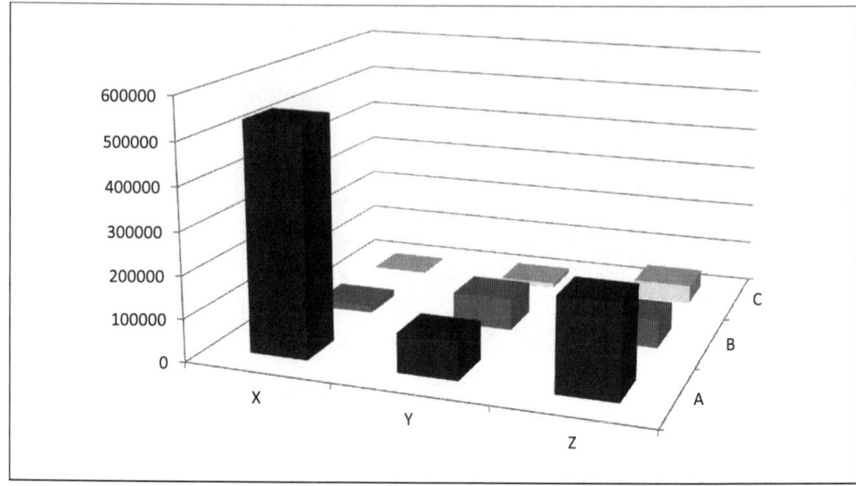

Darst. 2.1074: Verteilung der artikelbezogenen Verbrauchs-/Bedarfsmengen im dreidimensionalen Säulendiagramm (Beispiel)

Ein Abgleich der beiden Verteilungen in einer neuen relationalen bestands- und verbrauchs-/bedarfsorientierten Verteilung (Darst. 2.1075) wird für eine Kontrolle der Bestände genutzt. Um einen besseren Überblick zu erhalten, werden die Bestandsmengen der

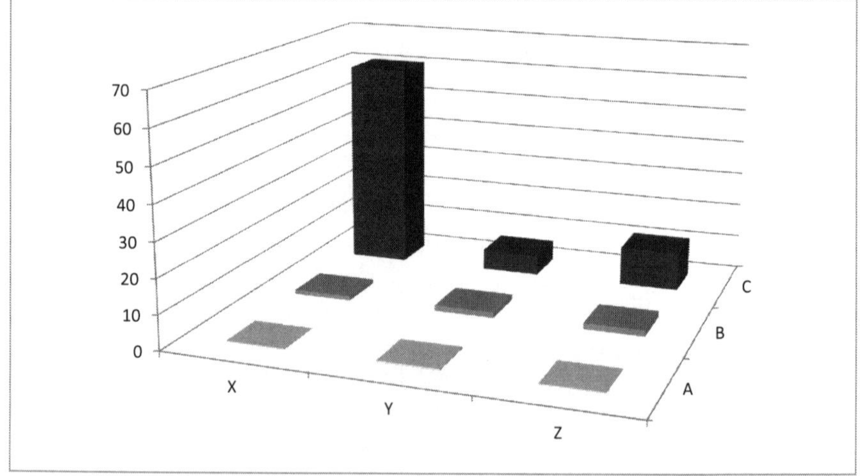

Darst. 2.1075: Relationale Verteilung der artikelbezogenen Bestände und Verbrauchs-/ Bedarfsmengen im dreidimensionalen Säulendiagramm (Beispiel)

Materialien durch die Verbrauchsmengen der Materialien dividiert und mit 100 multipliziert. Die Analyse lässt erkennen, bei welchem ABC-XYZ-Artikel vergleichsweise hohe Bestände (dies sind die hohen Säulen) vorliegen. Im Sinne einer gewinn- und rentabilitätsmaximierenden Strategie ist jetzt zu klären, warum überhöhte Bestände aufgebaut wurden und wie diese reduziert werden können.

Die Betrachtung der vorstehenden Abbildung zeigt, dass bei den XC-Artikeln ein extremes Ungleichgewicht zwischen den Bestandsmengen einerseits und den Verbrauchsmengen andererseits besteht. In abgeschwächter Form trifft dies auch für die ZC-Produkte zu. Da die Relation bei den XC-Artikeln sehr hoch ist, d. h. die Bestände in keinem vernünftigen Verhältnis zu den Verbrauchsmengen stehen, muss den Ursachen für diesen Missstand auf den Grund gegangen werden. Denkbar sind Buchungsfehler, enorme Losgrößen, die (kurz) vor dem Stichtag produziert wurden, falsche Prognosen etc.

In die neun Felder der ABC-XYZ-Tabelle (Darst. 2.1071) werden die Erkenntnisse hinsichtlich der Wertigkeit (A, B oder C), des Verbrauchs-/Bedarfsverhaltens (X, Y oder Z)

Material-gruppe	A	B	C
X	Hoher Verbrauchswert Konstanter Bedarf Hohe Vorhersage-genauigkeit	Mittlerer Verbrauchswert Konstanter Bedarf Hohe Vorhersage-genauigkeit	Niedriger Verbrauchswert Konstanter Bedarf Hohe Vorhersage-genauigkeit
Y	Hoher Verbrauchswert Schwankender Bedarf Mittlere Vorhersage-genauigkeit	Mittlerer Verbrauchswert Schwankender Bedarf Mittlere Vorhersage-genauigkeit	Niedriger Verbrauchswert Schwankender Bedarf Mittlere Vorhersage-genauigkeit
Z	Hoher Verbrauchswert Unregelmäßiger Bedarf Niedrige Vorhersage-genauigkeit	Mittlere Verbrauchswert Unregelmäßiger Bedarf Niedrige Vorhersage-genauigkeit	Niedriger Verbrauchswert Unregelmäßiger Bedarf Niedrige Vorhersage-genauigkeit

Darst. 2.1076: Kombinierte ABC-XYZ-Analyse

und der Vorhersagegenauigkeit (X, Y oder Z) eingetragen.[78] Das Ergebnis findet sich vorstehend.

Die **Vorhersagegenauigkeit über die Nachfrage nach Materialien** sowie **das Verbrauchs-/Bedarfs-Verhalten sind wesentlich für die Materialbereitstellungsprinzipien und die zu planenden Mindest- und Meldebestände**[79] im Rahmen der Vorratspolitik und insbesondere einer selektiven Lagerhaltung. **Je genauer die Nachfrage der Materialien zu prognostizieren ist, desto eher eignen sich die Artikel für eine Just-in-Time-(JIT-)Beschaffung und programmorientierte Disposition**. Dies führt zu **geringen Reichweiten**[80] und **niedrigen Beständen**. Für die neun Felder der ABC-XYZ-Matrix können folgende **Empfehlungen** ausgesprochen werden: Für die XA-, XB-, ggf. auch die YA- und YB-Artikel ist es ökonomisch sinnvoll, generelle organisatorische Regeln einzuführen, um den Informations-, Steuerungs- und Bestellaufwand zu minimieren. Tendenziell handelt es sich um JIT- und KANBAN-geeignete Positionen. Dabei wird mit den Lieferanten eines Unternehmens (oft in Form von Rahmenverträgen) vertraglich fixiert, dass benötigte Mengen einer Materialart zu bestimmten, vorab festgelegten Zeitpunkten angeliefert werden. Dieses Prinzip wird als **einsatz- oder fertigungssynchrone Bereitstellung oder Beschaffung** bezeichnet. Die Zeitpunkte sind durch den Produktionsablauf des zu beliefernden Unternehmens vorgegeben. Die exakten Artikelspezifikationen werden dem Zulieferer relativ kurz vor dem Abruf mitgeteilt. Beim Just-in-Time-Prinzip trägt der Lieferant die Kosten der Vorratshaltung. Er sollte daher bemüht sein, eine möglichst genaue Prognose für die zu liefernden Materialien zu erstellen. Im besten Fall kann er auf die Produktionsplanung des Kunden zurückgreifen. Der Kunde reduziert bei JIT seine vorratsbezogene Kapitalbindung, da eigene Bestände im Prinzip nicht mehr notwendig sind.

	Informationsfluss	Bestände
Normale Lieferung	niedrig	hoch (Material-/Fertigwarenlager)
Just-in-Time-Lieferung	hoch	niedrig (Material-/Versandpuffer)

Darst. 2.1077: Informationsfluss und Bestände bei unterschiedlichen Lieferungsarten in der Beschaffung und im Absatz

[78] Vgl. GROCHLA, E.: Grundlagen der Materialwirtschaft. Das materialwirtschaftliche Optimum im Betrieb, 3. Aufl., Wiesbaden 1986, S. 32.

[79] Diese beiden Größen werden im Paragrafen 2.1.2.1.3 „Bestandskennzahlen“ ausführlich behandelt.

[80] Nähere Erläuterungen zum Thema Lagerreichweite finden sich im Paragrafen 2.1.2.1.2 „Lagerungskennzahlen“.

Die **Vorteile von JIT** sind:
- geringeres in den Materialien gebundenes Kapital
- flexiblere Planung möglich
- Reduzierung des Handlingsaufwands (Einlagern, Kommissionieren etc.) und damit niedrigere Materialaufwendungen bzw. Materialkosten
- geringere Lagerhaltungsaufwendungen bzw. -kosten
- ggf. höhere Einkaufspreise wegen erhöhter Aufwendungen (z. B. geringere Auftragsmengen pro Lieferungen) auf Seiten des Lieferanten

Den Vorteilen von JIT stehen folgende **Nachteile** gegenüber:
- hoher Steuerungsaufwand, feine Abstimmung erforderlich
- hoher Transportaufwand
- damit verbunden höhere Gemeinkosten im Beschaffungsbereich
- ggf. höhere Einkaufspreise wegen erhöhter Aufwendungen (z. B. geringere Liefermengen pro Los bei einer gleichzeitig höheren Anzahl von Lieferungen, höherer Koordinationsaufwand) auf Seiten des Lieferanten
- Abhängigkeit von externen Einflüssen im Hinblick auf eine pünktliche und zuverlässige Lieferung (Gefahr durch Unterbrechungen der Supply Chain durch Streiks, Unfälle, Pandemien etc.)

Bei YB-Artikeln ist möglicherweise eine Vorratshaltung sinnvoller; in jedem Fall sollte eine verbrauchsorientierte Bedarfsplanung mit Optimierung der Bestellmengen und -zeitpunkte angestrebt werden. XC- und YC Materialien sind aufgrund der geringen Wertigkeit eher für eine Vorratshaltung (Lagerung) prädestiniert. Dies setzt eine Lagerfähigkeit der Produkte voraus. Hier geht es vor allem darum, angemessene Bestände vorzuhalten und Mindest- und Meldebestände zu optimieren sowie die Bestellabwicklung zu vereinfachen bzw. zu automatisieren. I. d. R. bedeutet dieses Vorgehen eine verbrauchsorientierte Planung der Bedarfe. ZA- und ZB-Teile sollten bedarfsgesteuert geplant, eingekauft und (sofern dafür vorgesehen) vertrieben werden. Diese Teile lohnen nur wegen ihres relativ hohen Wertes. Artikel aus dem Überschneidungsbereich Z und C (ZC) sind meist schwierig zu beschaffen. Der zeitliche Aufwand ist relativ hoch; dies trifft oft auch für die Transportkosten zu. Aus Lieferantensicht gelten diese Produkte als unattraktiv, da die Lagerumschlagshäufigkeit sehr niedrig ist und – auch – auf der Seite der Zulieferer der Verkauf zeitaufwendig ist. ZC-Artikel sollten daher dahingehend untersucht werden, ob sie nicht eliminiert werden können. Falls nicht, müssen sie im Bedarfsfall einzeln beschafft werden.

Zusammengefasst ergibt sich folgendes **Beschaffungsprofil**:

Material-gruppe	A	B	C
X	JIT	JIT	Vorratsbeschaffung
Y	JIT	Vorratsbeschaffung	Vorratsbeschaffung
Z	Einzelbeschaffung im Bedarfsfall	Einzelbeschaffung im Bedarfsfall	Eliminierung oder Einzel-beschaffung im Bedarfsfall

Darst. 2.1078: Beschaffungsprofile bei ABC-XYZ-Artikeln

Eine weitere Möglichkeit der Materialklassifikation ist die **LMN-Analyse**. Das Abgrenzungskriterium ist hierbei das Volumen bzw. die Sperrigkeit.

2.1.2.2.4 Materialeinkaufsvolumen

Da die bestellte Menge nicht mit der gelieferten Menge übereinstimmen muss, ist zwischen diesen beiden Größen zu differenzieren. Das **Bestellvolumen** gibt den **Wert der Waren** an, die **im Zuge einer Bestellung** oder **in einer Periode bestellt** wurden. Zur Berechnung wird die **Bestellmenge mit den Anschaffungskosten (pro Mengeneinheit) multipliziert**. Statt Anschaffungskosten wird in der Praxis – insbesondere im Handel – häufig der Begriff **Einstandspreis** benutzt.

Bestellvolumen = Bestellmenge x Einstandspreis (je Mengeneinheit)

Darst. 2.1079: Bestellvolumen

Das **Materialeinkaufsvolumen** hingegen gibt den **Wert der Waren** an, die **in einer Periode geliefert** wurden. Zur Berechnung wird die **gelieferte Menge mit den Anschaffungskosten bzw. dem Einstandspreis (pro Mengeneinheit) multipliziert**.

Materialeinkaufsvolumen = Gelieferte Menge x Einstandspreis (je Mengeneinheit)

Darst. 2.1080: Materialeinkaufsvolumen

Zu den Anschaffungskosten gehören gemäß § 255 HGB auch die Nebenkosten sowie die nachträglichen Anschaffungskosten. Anschaffungspreisminderungen sind abzusetzen. Dies bedeutet, dass sämtliche Preisminderungen und Bestellnebenkosten wie Rabatte, Skonti, Verpackung etc. zu berücksichtigen sind:

	Anschaffungspreis
–	Anschaffungskostenminderungen
+	Aufwendungen für die Versetzung des Vermögensgegenstandes in einen betriebsbereiten Zustand
+	Anschaffungsnebenkosten
+	nachträgliche Anschaffungskosten
=	Anschaffungskosten

Darst. 2.1081: Ermittlung der Anschaffungskosten gemäß § 255 Abs. 1 HGB

Der gewählte Erhebungszeitraum kann von dem Unternehmen frei gewählt werden. Üblich ist die halbjährliche oder jährliche, u. U. aber auch monatliche oder quartalsweise Berechnung. Die Kennzahl wird von der Unternehmensleitung, dem Controller sowie von der Bereichsleitung zur Planung und Steuerung eingesetzt. Für die Bereichssteuerung ist eine Unterteilung nach Verantwortungsbereichen wie z. B. Fertigungsmaterial, Hilfs- und Betriebsstoffen, Handelswaren, ABC-Materialien etc. möglich.

Die **Steuerung bzw. Kontrolle** erfolgt über einen **Soll-Ist-Vergleich** oder einen **Zeitreihenvergleich.**[81] Im Vordergrund steht jedoch der Soll-Ist-Vergleich mit Hilfe des **Materialbudgets**.

[81] Vgl. hierzu die Ausführungen im Unterabschnitt 2.2.6 im Band 1 „Bewertung von Kennzahlen und Benchmarking" (WÖRDENWEBER; M.: Operatives Controlling – Band 1, a. a. O., S. 178–192).

Materialbudget

Das zu Anfang der Periode aufgestellte **Materialbudget**, z. T. auch **Einkaufsbudget** genannt, ist ein Teil der Planungsgrundlage der Beschaffung. An dieser Stelle muss eine begriffliche Klärung der Begriffe Material-, Einkaufs- und Beschaffungsbudget erfolgen. Vielfach wird das Einkaufsbudget mit dem Materialbudget inhaltlich gleichgesetzt,[82] da unter Einkauf die Tätigkeit des Einkaufens verstanden wird. Auf der Basis der im Unterabschnitt 2.1.1 „Funktionsbereich Beschaffung" erläuterten Zusammenhänge zwischen der Materialwirtschaft, der Beschaffung und dem Einkauf, könnten auf den ersten Blick die drei Begriffe Material-, Einkaufs- und Beschaffungsbudget synonym verwendet werden, da sie sich in Bezug auf die Beschaffungsobjekte nicht unterscheiden. Diese Gleichsetzung ist jedoch nicht korrekt, da zwischen den Bereichen Materialwirtschaft, Beschaffung und Einkauf erhebliche Unterschiede hinsichtlich des Umfangs und der Art ihrer Aufgaben/Funktionen bestehen. Hier umfasst die Materialwirtschaft die Beschaffung, die ihrerseits den Einkauf beinhaltet. Insofern ist der Umfang der Gemeinkosten sehr unterschiedlich. Die Gemeinkosten der Materialwirtschaft sind wegen der Funktionen Beschaffung, Entsorgung sowie Transport- und produktionsnahe materialwirtschaftliche Aufgaben über die Beschaffung hinaus höher als die Gemeinkosten der Beschaffung.[83] Die Gemeinkosten der Beschaffung sind wegen der Funktionen Disposition und Einkauf sowie Lagerung und Transport im Rahmen der Beschaffung höher als die Gemeinkosten des Einkaufs. Somit muss **zwischen den Begriffen Material-, Einkaufs- und Beschaffungsbudget** wie vorstehend beschrieben **differenziert werden**.

In diesem Paragrafen liegt der Fokus allein auf den Beschaffungsobjekten der Materialwirtschaft und ihren (Material-)Einzelkosten. Das Budget für diese Einzelkosten wird im Folgenden **Materialbudget** genannt. Es darf nicht mit dem Materialkostenbudget (Budget des Bereichs Materialwirtschaft) verwechselt werden.

Das Materialbudget basiert auf der **Planung zukünftig benötigter Materialmengen und deren Preisen. Im Anschluss an die Absatzplanung und der daraus resultierenden Produktionsplanung** wird eine Prognose über die benötigten Materialien bzw. deren Mengen aufgestellt. Die zur Berechnung benötigten Einstandspreise plant der Einkauf **auf Grundlage von vergangenen Preisen und der zu erwartenden Preistrends am**

[82] Vgl. ARNOLDS, H., HEEGE, F., RÖH, C., TUSSING, W., a. a. O., S. 43ff. sowie BLOECH, J., ROTTENBACH, S., (Hrsg.), a. a. O., S. 167ff.

[83] Einen guten Überblick verschafft die Darst. 2.1009 „Funktionsbereiche der Materialwirtschaft".

Markt.[84] Mit zunehmendem Planungshorizont nimmt die Genauigkeit der Planungswerte jedoch ab, da weit in der Zukunft liegende Preise schwieriger zu antizipieren sind.

Soll-Ist-Vergleich

Der Soll-Ist-Vergleich wird häufig auch als Abweichungsanalyse bezeichnet. Es wird das **Materialbudget und das Materialeinkaufsvolumen verglichen**, also die **geplanten und die tatsächlich eingetretenen Kosten**. Um eingetretene Abweichungen bewerten und positiv beeinflussen zu können, werden jedoch weitere Informationen benötigt.

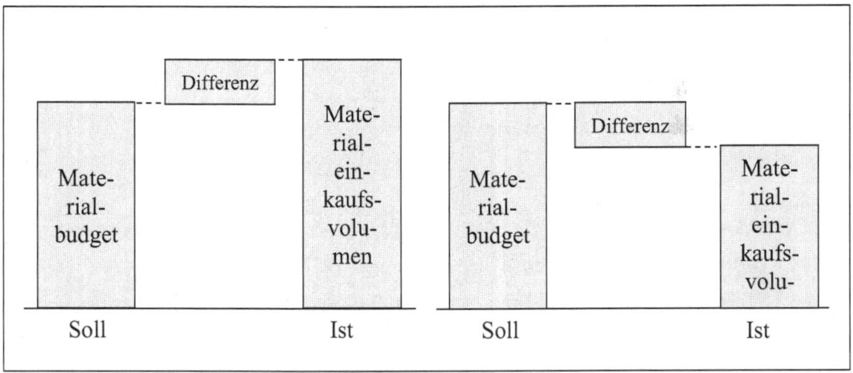

Darst. 2.1082: Soll-Ist-Vergleich als Säulendiagramm

Die aus der Produktion bekannten **Preis- und Mengenabweichungen** finden sich auch an dieser Stelle wieder und **müssen näher untersucht werden**. Ferner muss festgestellt werden, ob die Abweichungen wirtschaftlich vor- oder nachteilig für das Unternehmen sind.

Grundsätzlich handelt es sich bei den beiden Größen Materialbudget und Materialeinkaufsvolumen um **Wertgrößen**. Dies hat zur Konsequenz, dass die **Änderungen** eines Wertes **nicht eindeutig erklärbar** sind, da sie auf eine Änderung der Mengen- und/oder Preiskomponente zurückzuführen sein können.

Eine **Abweichung** des Materialeinkaufsvolumens **nach oben** kann **sowohl positiv als auch negativ** bewertet werden. Wird c. p. (= ohne Änderungen des Preises) oder bei einer

[84] Ein Beispiel für ein Materialkostenbudget findet sich im Unter-Unterabschnitt 2.4.2.3 „Materialkostenbudget" des ersten Bandes (WÖRDENWEBER, M.: Operatives Controlling – Band 1. Planung, Datenaufbereitung, gesamtbetriebliche Kennzahlen, Kontrolle, 3. Aufl., Berlin 2021, S. 284–284.).

Änderung des Preises bis unter den erwarteten Materialpreis die **geplante Beschaffungsmenge in Erwartung steigender Materialpreise überschritten, ist dies zu befürworten – vorausgesetzt, die eingekaufte Menge wird auch tatsächlich benötigt**. Sofern **höhere Einstandspreise** (im Vergleich zu den Planpreisen) zu verzeichnen sind, trägt hierfür der Einkauf die Verantwortung, **wenn sich das Preisniveau am Beschaffungsmarkt nicht verändert hat**. Mögliche **Ursachen** können u. a. sein:[85]

- unzureichende Lieferantenbewertungen und -pflege (z. B. eine mangelhafte Qualität beim bisherigen Lieferanten, so dass anderweitig teurer eingekauft werden musste),
- die Bestellung zu geringer Mengen (z. B: Wegen der geringeren Menge gingen bedeutsame Rabatte verloren, so dass insgesamt eine Erhöhung des Materialeinkaufsvolumens die Folge war),
- die unzureichende Suche nach Substitutionsmöglichkeiten (Beispiel: Wegen fehlender Alternativen und aufgrund einer (sehr) kurzfristigen Preiserhöhung des Lieferanten musste der höhere Preis akzeptiert werden) oder auch
- mangelnde Markttransparenz.

Ein **Gleichstand** zwischen Materialbudget und Materialeinkaufsvolumen **kann ebenfalls negativ zu beurteilen sein**: Wenn sich zwar der gleiche Saldo ergibt, sich aber die Struktur der Wertgröße verändert hat. Also aufgrund der multiplikativen Verknüpfung der Preis höher und die Menge niedriger ist. Hierzu ein Beispiel:

Geplantes Materialbudget: 2.500 Stück à 4,00 €
Realisiertes Materialeinkaufsvolumen: 2.000 Stück à 5,00 €

Die Folge: Die Materialaufwandsquote und die Rentabilität des Unternehmens haben sich c. p. deutlich verschlechtert.

Liegt das **Einkaufsvolumen unter dem geplanten Wert**, ***kann*** dies auf ein **gutes Beschaffungsmanagement** hinweisen. **Geringere Einkaufsmengen** oder **gesunkene Preise** sind ebenfalls eine mögliche Erklärung. Auch hier, insbesondere bei einer geringeren Anzahl bezogener Güter, sollten die **Gründe hinterfragt** und analysiert werden. Mögliche Ursachen können u. a. unzureichende Lieferantenbewertungen und -pflege einschließlich fehlender alternativer Lieferanten bei überraschendem Ausfall derselben mit der Folge einer Nichtbestellung, die Bestellung zu geringer Mengen (mangelnde Sorgfalt

[85] Vgl. GROCHLA, E., ET AL.: Erfolgsorientierte Materialwirtschaft durch Kennzahlen, Baden-Baden 1983, S. 149.

bei der Disposition), die unzureichende Suche nach Substitutionsmöglichkeiten (bei einem absehbaren Wegfall von Lieferanten) oder auch mangelnde Markttransparenz sein.

Allgemein kann nicht davon ausgegangen werden, dass das Materialeinkaufsvolumen genau dem Budget entspricht. Es ist ein **Richtwert**, der nach Bedarf unter- oder überschritten werden kann. Abweichungen können aber auf Probleme aufmerksam machen, die bisher nicht bekannt waren. Werden innerhalb der Planungsperiode regelmäßig Kontrollen durchgeführt, können frühzeitig Korrekturmaßnahmen ergriffen werden.

Insgesamt hat sich gezeigt, dass die Größe Materialeinkaufsvolumen wegen der wertmäßigen Bestimmung **für Controllingzwecke eher nicht geeignet** ist. Sinnvoller ist es, die Mengenkomponente z. B. im Rahmen der Verbrauchsabweichung in der Plankostenrechnung (bei Verwendung von Verrechnungspreisen; also ohne eine mögliche Preisabweichung) und die Preiskomponente z. B. als Zeitreihe getrennt zu analysieren.

2.1.2.2.5 Aufgaben des Einkaufs

Die **Hauptaufgabe** des Einkaufs ist die **Beschaffungsabwicklung**. Im Sinne einer optimalen Bereitstellung für die Produktion und einer optimalen Kosten-Nutzen-Relation müssen folgende Anforderungen im Hinblick auf die Güter erfüllt sein (5 „R“ der Beschaffung; vgl. Darst. 2.1006):

- das richtige Material in der richtigen Qualität
- in der richtigen Menge
- zur richtigen Zeit
- am richtigen Ort und
- zum richtigen Preis.

Neben den Kennzahlen der Disposition und Lagerung stehen dem Einkauf weitere Kontroll- und Steuerungsinstrumente zur Verfügung.

Im Folgenden wird auf die einzelnen Kriterien näher eingegangen.

2.1.2.2.5.1 Qualität

Die **Sicherung der Materialqualität** ist eine stetige Aufgabe der Einkaufsabteilung. Die Suche neuer Lieferanten, welche die erforderlichen Materialarten in benötigter Qualität zur Verfügung stellen können, ist eine strategische Aufgabe, da Lieferantenbeziehungen bis auf wenige Ausnahmen langfristig zu pflegen sind. Sendungen bestehender Lieferanten bedürfen jedoch ebenfalls **regelmäßiger Qualitätskontrollen**, denn **unzureichende Materialien können Probleme in der Produktion und somit zusätzliche Kosten verursachen**. Ein vorgeschriebenes Qualitätssicherungsverfahren in Form einer **Wareneingangskontrolle**, vermeidet die Einlagerung fehlerhafter Materialen. Für den Kontrollvorgang sollten daher einheitliche **Prüfvorschriften** festgelegt werden. Genau genommen ist die Wareneingangskontrolle Teil der Einlagerung, da sie üblicher Weise von Mitarbeitern des Eingangslagers durchgeführt wird. In der Praxis ist diese jedoch üblicherweise dem Einkauf unterstellt, da die Information über den ordnungsgemäßen Eingang der Ware für die Bestellabwicklung und Lieferantenbeurteilung benötigt wird. Daher wird die Kennzahl qualitativ nicht ordnungsgemäßer Lieferungen hier behandelt.

Beanstandungsquote

Die **Beanstandungsquote** ist eine Kennzahl, die sich **je nach Informationsbedürfnis des Einkäufers unterschiedlich berechnen lässt**. Beachte: Steht im Zähler der Wert der beanstandeten Lieferungen, muss im Nenner ebenfalls der Wert der gesamten Liefe-rungen stehen. Neben der **wertmäßigen Berechnung** besteht auch die Möglichkeit einer **anzahlmäßigen Berechnung:**

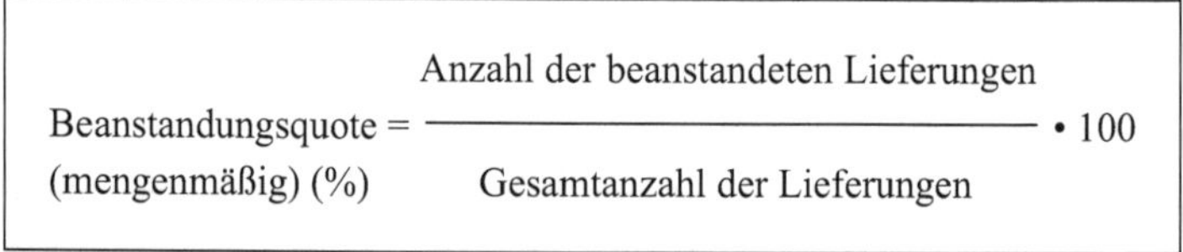

$$\text{Beanstandungsquote (mengenmäßig) (\%)} = \frac{\text{Anzahl der beanstandeten Lieferungen}}{\text{Gesamtanzahl der Lieferungen}} \cdot 100$$

Darst. 2.1083: Beanstandungsquote (mengenmäßig) (%)

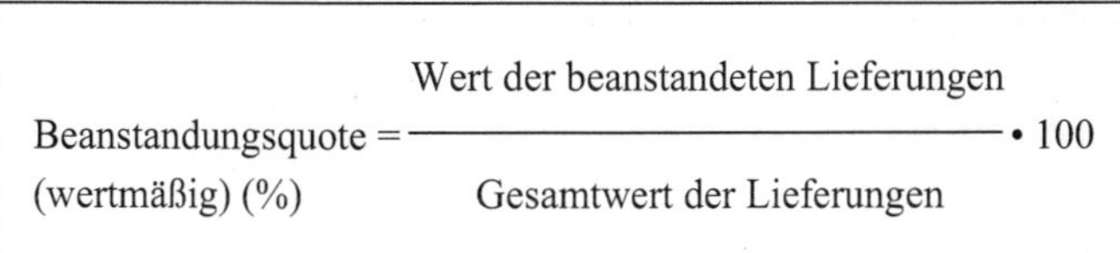

$$\text{Beanstandungsquote (wertmäßig) (\%)} = \frac{\text{Wert der beanstandeten Lieferungen}}{\text{Gesamtwert der Lieferungen}} \cdot 100$$

Darst. 2.1084: Beanstandungsquote (wertmäßig) (%)

Wegen der **Problematik von Wertgrößen** (vgl. die vorherigen Ausführungen zum Vergleich Materialbudget – Materialeinkaufsvolumen) sollte die **mengenmäßige Beanstandungsquote** verwendet werden.

Die Kennzahl lässt sich neben den gesamten Beanstandungen **auch für bestimmte Lieferanten oder Materialien** auswerten. Um die Qualität der Materiallieferungen näher analysieren zu können, wird im Zähler der Wert oder die Anzahl der qualitätsbedingten Beanstandungen eingesetzt. Die Kennzahl gibt nun den prozentualen Anteil der qualitätsbedingten Beanstandungen sämtlicher Lieferungen an. Um eine lückenlose Versorgung des betrieblichen Leistungsprozesses zu gewährleisten, strebt das Unternehmen eine **möglichst geringe Beanstandungsquote** an. **Reklamationen und Rücksendungen gefährden nicht nur die interne Materialversorgung, sondern verursachen auch einen erheblichen Mehraufwand in der Warenannahme und im Einkauf.** Falls sich diese Materialien erst nach der Einlagerung als fehlerhaft herausstellen tritt ein erhöhter Aufwand auch im Eingangslager auf. Verschlechtert sich diese Kennzahl, sind die Ursachen kritisch zu hinterfragen. Neben den allgemeinen Gründen ist ebenfalls zu prüfen, ob bestimmte Lieferanten vermehrt betroffen sind und welche Gegenmaßnahmen ergriffen werden können.

Im Rahmen der **Lieferantenbeurteilung** ist die Beanstandungsquote eine wichtige Kennzahl. Besonders sorgfältig sollten auch hier die A-Lieferanten beobachtet werden. Daher empfiehlt es sich die **Kennzahl lieferantenbezogen und mengenmäßig auszuwerten**:

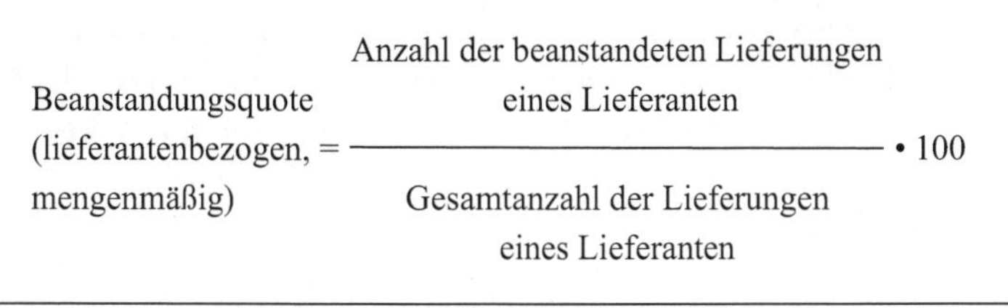

$$\text{Beanstandungsquote (lieferantenbezogen, mengenmäßig)} = \frac{\text{Anzahl der beanstandeten Lieferungen eines Lieferanten}}{\text{Gesamtanzahl der Lieferungen eines Lieferanten}} \cdot 100$$

Darst. 2.1085: Beanstandungsquote (lieferantenbezogen, mengenmäßig)

Durch regelmäßige Prüfungen zeigen sich über den **Zeitreihenvergleich** Verschlechterungen der Materialqualität eines Lieferanten und ermöglichen ein frühzeitiges Ergreifen von Gegenmaßnahmen.

Nachstehend findet sich eine Abbildung, die die Beanstandungsquote im Zeitablauf wiedergibt:

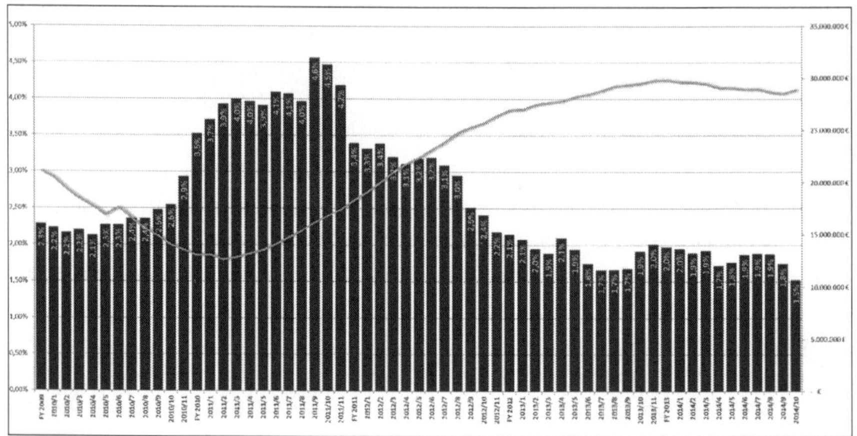

Darst. 2.1086: Entwicklung der Beanstandungsquote eines Lieferanten (mengenmäßig, monatlich) (Beispiel)

Darüber hinaus können bestimmte andere Beanstandungen von Interesse sein, wie z. B. Lieferungen mit einem zu geringem Mengenumfang (**Mindermengenlieferungen**) oder Lieferungen von falschen Materialarten (**Falschlieferungen**). Dazu wird der Zähler der Formel gegen Wert oder Anzahl der Mindermengenlieferungen bzw. Falschlieferungen ausgetauscht. Beide Sachverhalte deuten auf eine **mangelnde Kommunikation zwischen dem Einkauf und dem Lieferanten** hin. Unzureichende Artikelbeschreibungen, falsche Artikelbezeichnungen sowie fehlende Mengenangaben in der Bestellung können die Ursache auf Seiten des eigenen Unternehmens sein. Lässt sich das Problem jedoch auf einen oder wenige Lieferanten reduzieren, ist eine Lösung auf Seiten des Lieferanten zu suchen. Bei wichtigen (A-)Lieferanten oder Lieferanten von (A-)Materialien kann der Einkäufer versuchen, im Dialog mit dem Lieferanten eine gemeinsame Lösung zu erarbeiten. Scheitern diese Bemühungen, oder handelt es sich um B- oder C-Lieferanten bzw. Materialien, muss nach einem neuen Lieferanten gesucht werden.

2.1.2.2.5.2 Menge

Die Auswahl der **richtigen Losgröße** der Bestellungen ist **abhängig von verschiedenen Faktoren**, wie beispielsweise der **Liquidität**, den **Lagerungskapazitäten** und den **Lieferzeiträumen**. Zur besseren und schnelleren Abwicklung können von der Einkaufsabteilung **Mindestbestellmengen und optimale Bestellmengen für die einzelnen Materialarten** bestimmt werden. Kennzahlen, die die Bestellmengen betreffen, **hängen stark von den Gegebenheiten im Unternehmen ab und eignen sich daher nicht für einen Benchmark-Vergleich**. Auch ein **Zeitreihenvergleich ist nicht sinnvoll**, da diese Kennzahlen der Verbesserung der Bestellpolitik dienen und die Höhe des Ergebnisses keine Wertung zulässt.

Mindestbestellmenge

Die **Mindestbestellmenge** ist die **minimale Losgröße**, die pro Bestellung bei dem Lieferanten bestellt werden sollte. Berechnet wird diese Kennzahl aus der Beschaffungszeit in Tagen und dem Materialbedarf pro Tag.[86] Alternativ kann die Berechnung auch mit Wochen- oder Monatswerten erfolgen.

Mindestbestellmenge = Beschaffungszeit in Tagen • Materialverbrauch pro Tag

Darst. 2.1087: Mindestbestellmenge

Ein Vergleich der Mindestbestellmenge mit dem Mindestbestand (Darst. 2.1026) zeigt, dass sich die beiden Größen nur durch den Sicherheitszuschlag unterscheiden, der bei dem Mindestbestand zusätzlich zu berücksichtigen ist.

Vorteil der Mindestbestellmenge ist die **Verständlichkeit und Einfachheit** dieser Kennzahl. Sie lässt sich in dem vom Unternehmen benutzten **Warenwirtschaftssystem** hinterlegen und kann so von dem Mitarbeiter, der die Bestellung abwickelt, eingesehen werden. Es handelt sich jedoch nur um einen **Richtwert**, der auf Grundlage von Liefermodalitäten und Produktionsnachfrage bestimmt wird. **Der mit der Bestellung verbundene Aufwand sowie die Kosten für die Zustellung und Lagerung werden nicht berücksichtigt.** Die

[86] Vgl. MEYER, C., Betriebswirtschaftliche Kennzahlen und Kennzahlen-Systeme, 6. Aufl., Sternenfels 2011, S. 91.

ausgemachte Mindestmenge sollte i. d. R. nicht unterschritten werden, da größere Bestellmengen die Bestellhäufigkeit und somit den damit verbundenen Arbeitsaufwand senken.

Nachteile bringt die Bestimmung der beiden Faktoren der Formel mit sich. Die **Beschaffungszeit in Tagen ist kein fester Wert, sondern richtet sich nach der Auslastung des Lieferanten.** Aufgrund von Erfahrungswerten und Zusagen der Lieferanten kann dieser Teil der Formel jedoch recht zuverlässig geschätzt werden. Deutlich komplexer ist die Festlegung des Materialverbrauchs. **Nicht jede Materialart wird kontinuierlich und in gleichbleibenden Mengen von der Produktion nachgefragt.** Wird das Material nur für wenige Produkte verwendet oder für Produkte, die lediglich einen **saisonalen Absatz** finden, kann der tatsächliche Tagesverbrauch stark von der veranschlagten Tagesverbrauchsmenge abweichen. Der Einkäufer muss Kenntnis über die unterschiedlichen Bedarfssituationen und deren Gründe haben und die Bestellmengen diesem Wissen anpassen.

Optimale Bestellmenge

Eine weitere Bestellmengen-Kennzahl ist die „**Optimale Bestellmenge**“[87]. Im Gegensatz zur Mindestbestellmenge liegt der **Fokus dieser Kennzahl auf der Bestimmung der aus Kostengesichtspunkten optimalen Bestellmenge**. Zu diesem Zweck müssen die Vor- und Nachteile größerer und kleinerer Losgrößen betrachtet werden.

Die Vorteile besonders kleiner Bestellmengen sind die geringe Kapitalbindung und niedrige Lagerkosten. Die Kosten pro Bestellung sind jedoch mengenunabhängig. Werden nun lediglich kleinere Mengen bestellt, steigt die Anzahl der Bestellungen und damit auch die Bestellkosten pro Mengeneinheit. Der Einkauf von sehr großen Losgrößen würde zwar die Bestellkosten pro Mengeneinheit senken, jedoch auch Lager- und Kapitalbindungskosten steigern. Darüber hinaus könnten die Lagerkapazitäten u. U. nicht für sehr große Materialmengen ausgelegt sein. **Die optimale Bestellmenge ist also jene Menge, die unter Berücksichtigung von Bestell-, Kapitalbindungs- und Lagerkosten die wirtschaftlich sinnvollste ist.**[88]

[87] Die Bezeichnung für die optimale Bestellmenge heißt im Englischen „Economic Order Quantity“ und wird mit „EOQ“ abgekürzt.

[88] Vgl. JUNG, H.: Allgemeine Betriebswirtschaftslehre, 11. Aufl., München 2009, S. 388, im Folgenden abgekürzt mit „Betriebswirtschaftslehre“.

Zur Festlegung kostenoptimaler Losgrößen für einzelne Materialarten sind verschiedene Methoden denkbar. Die am häufigsten verwendete ist die **klassische Losformel** oder **Losgrößenformel von Andler**[89], nach der im Rahmen einstufiger, nicht kapazitätsmäßig beschränkter industrieller Fertigung die **kostenoptimale Menge im gemeinsamen Minimum der Bestellkostenfunktion und der Kapital- und Lagerkostenfunktion** liegt.[90] Zur Berechnung der optimalen Bestellmenge müssen die **Jahresbedarfsmenge, die fixen Kosten pro Bestellung und der Einstandspreis des Materials bekannt** sein, welche in der Praxis – mit Ausnahme der Bestellkosten – meist durch eine einfache Systemabfrage in Erfahrung zu bringen sind. Zu den **Kosten einer Bestellung**, die jeder Bestellung zuzurechnen sind und **unabhängig von der Bestellmenge anfallen, also fixe Kosten sind**, gehören u. a.:

- Abschreibungen (Gebäude und Betriebsmittel)
- Instandhaltung und Wartung
- Heizung, Wasser, Strom
- Miete (Gebäude und Betriebsmittel)
- Steuern
- Versicherungsprämien (Inventar, Haftpflicht etc.)
- Personalkosten und Sachkosten aufgrund
  - Meldung infolge Bestandsunterschreitung
  - Abgleich der Bestände zwischen Lager und Warenwirtschaftssystem
  - Auslösen und Überwachung der Bestellung
  - (Ein-)Buchungskosten und Schreibkosten
  - Kosten der Materialannahme (u. a. Prüfung des Lieferscheins)
  - Qualitätskontrolle im Warenein- und -ausgang
  - Ggf. Kosten der Rechnungsprüfung

Darst. 2.1088: Kosten der Bestellung (Bestellkosten)

Diese **Bestellkosten,** auch **Bestellabwicklungskosten** genannt, **dürfen nicht mit den Beschaffungskosten verwechselt werden.** Die Kosten einer Bestellung werden in der Regel über Umlagesätze oder im Rahmen der Prozesskostenrechnung (als Prozesskostensätze) ermittelt.

---

[89] ANDLER, K.: Rationalisierung der Fabrikation und optimale Losgröße, München 1929. Andler bezieht sich in einer Dissertationsschrift auf einen nicht näher bekanntgegebenen „Hrs." in der Zeitschrift Technik und Betrieb, Jg. 1, Zürich 1924, S. 1-83.

[90] Vgl. OLFERT, K., RAHN, J.: Einführung in die Betriebswirtschaftslehre, 12. Aufl., Ludwigshafen 2017, S. 269.

Das Stichwort Umlagesätze deutet schon darauf hin, dass die Bestellkosten (pro Bestellung) **nur dann fix sind, wenn sowohl die Summe der vorgenannten Kosten als auch die Bestellhäufigkeit konstant bleiben**. Ändert sich eine der beiden oder beide Größen ändern sich auch die bestellfixen Kosten. Damit unterliegen auch die Bestellkosten der typischen **Fixkostendegression**: **Je größer die Zahl der Bestellungen ist, desto kleiner sind die Kosten einer Bestellung**.

Hierzu ein kleines Beispiel:

Annahme: Nur ein kleiner Teil der in Darst. 2.1088 genannten Personal- und Sachkosten ist mit 10 € (pro Bestellung) variabel in Bezug auf die Kosteneinflussgröße Bestellung. Der größte Teil der Personal- und Sachkosten sowie die anderen Kosten wie z. B. Miete ist mit 12.000 € p. a. fix in Bezug auf die Kosteneinflussgröße Bestellung.

Zahl der Bestellungen pro Jahr	variable Personal- und Sachkosten pro Bestellung (€)	übrige Kosten pro Bestellung (€)	Kosten einer Bestellung (€)
1	10	12.000	12.010
10	10	1.200	1.210
50	10	240	250
200	10	60	70

Darst. 2.1089: Kosten einer Bestellung (Beispiel)

Das vorgestellte Beispiel zeigt, dass **vor der Berechnung der optimalen Bestellmenge die Häufigkeit der Bestellungen festgelegt werden muss**, um die bestellfixen Kosten der Bestellung (mehr oder weniger korrekt, da es sich a priori immer um einen Schätzwert handelt) in die Formel einfließen lassen zu können.

Der **Zinssatz *i* bezieht sich auf das im Material gebundene Kapital und ist abhängig von der jeweiligen Bindungsdauer**. Der Lagerkostensatz wird ebenfalls prozentual dargestellt und errechnet sich aus den Kosten, die im Einstandslager für Pflege und Handling der Materialien entstehen. Zu diesen gehören u. a.

- Personalkosten
- Abschreibungen (Gebäude und Betriebsmittel)
- Instandhaltung und Wartung
- Heizung
- Beleuchtung
- Miete (Gebäude und Betriebsmittel)
- Steuern
- Versicherungsprämien (Inventar, Haftpflicht etc.)
- Verderb, Schwund etc.

Darst. 2.1090: Kosten der Lagerung (Lagerungskosten)

Die Zinsen und die Lagerkosten ergeben zusammen die Lagerhaltungskosten. Die Formeln in der Literatur unterscheiden sich hinsichtlich der Symbolik[91], der Zusammenfassung von einzelnen Elementen der Formel (z. B. werden der Zinssatz i sowie der Lagerkostensatz l zum Lagerhaltungskostensatz L_{HS} zusammengefasst)[92] oder der Darstellung des Lagerhaltungskostensatzes als Prozentwert (dann steht eine 2 im Zähler) oder Dezimalwert (dann findet sich eine 200 im Zähler).[93]

Steigende Bestellmengen (x_B = Anzahl der Güter pro Bestellung) bewirken, dass die

- **bestellfixen Kosten pro Jahr sinken**, da weniger Bestellungen pro Jahr ausgelöst werden und die
- **Lagerkosten** aufgrund des höheren durchschnittlichen Lagerbestands **steigen**.

Bestellkosten und Lagerkosten entwickeln sich somit konträr.

Die optimale Bestellmenge x_{Bopt} ist diejenige Menge, bei der die vorstehend beschriebenen Gesamtkosten der Beschaffung (unterstellt: des Jahresbedarfs) K_{Besch} minimal sind.

[91] Vgl. die unterschiedliche Symbolik z. B. in OLFERT, K.: Einführung in die Betriebswirtschaftslehre, 6. Aufl., Herne 2020, S. 154 und BESCHORNER, D., PEEMÖLLER, V. H.: Allgemeine Betriebswirtschaftslehre. Grundlagen und Konzepte, 2. Aufl., Herne, Berlin 2006, S. 378.

[92] Vgl. WÖHE, G., DÖRING, U., BRÖSEL, G.: Einführung in die Allgemeine Betriebswirtschaftslehre, 27. Aufl., München 2020, S. 323.

[93] Vgl. die Darstellung z. B. in SCHIERENBECK, H., WÖHLE, C. B., a. a. O., S. 257 und OLFERT, K., RAHN, J., a. a. O., S. 270.

Wird ein sogenanntes „Sägezahnmodell“ mit **unendlich schneller Lagerauffüllung und gleichmäßigem Lagerabgang** unterstellt, kann mit dem durchschnittlichen Lagerbestand $(x_B \cdot p_E) / 2$ (mit x_B = Bestellmenge und p_E = Einstandspreis) gearbeitet werden. – Zur Berechnung der jährlichen Lagerhaltungskosten K_{LH}, bestehend aus den Zinsen und Lagerkosten, wird der durchschnittliche Lagerbestandswert $(x_B \cdot p_E) / 2$ mit dem jeweiligen zusammengefassten Zins- und Lagerkostensatz $(i_{GK} + k_{LK})$[94] multipliziert.[95] In beiden Fällen werden Dezimalwerte angesetzt. Die Kosten der Lagerhaltung betragen dann:

$$K_{LH} = 0{,}5 \cdot (x_B \cdot p_E) \cdot \frac{(i_{GK} + k_{LK})}{100}$$

Darst. 2.1091: Kosten der Lagerhaltung K_{LH}

Da die Häufigkeit der Bestellungen pro Jahr x_{JM}/x_B beträgt (mit x_{JM} = Jahresmenge (Jahresbedarf)), errechnen sich die Bestellkosten K_{BJ} pro Jahr bei gegebenen Kosten je Bestellung (bestellfixe Kosten; engl.: „set-up cost“) in Höhe von K_B wie folgt:

$$K_{BJ} = K_B \cdot \frac{x_{JM}}{x_B}$$

Darst. 2.1092: Kosten der Bestellung pro Jahr K_{BJ}

Die Gesamtkosten der Beschaffung pro Jahr belaufen sich damit auf:

$$K_{\text{Besch}} = K_{LH} + K_{BJ} = 0{,}5 \cdot (x_B \cdot p_E) \cdot \frac{(i_{GK} + k_{LK})}{100} + K_B \cdot \frac{x_{JM}}{x_B}$$

Darst. 2.1093: Gesamtkosten der Beschaffung pro Jahr K_{Besch}

[94] In einigen Lehrbüchern wie beispielsweise WÖHE, G., DÖRING, U., BRÖSEL, G.: a. a. O., S. 344 oder BALDERJAHN, I., SPECHT, G.: Einführung in die Betriebswirtschaftslehre, 8. Aufl., Stuttgart 2020, S. 323f., wird der Lager- und Zinskostensatz zu einer Größe q zusammengefasst.

[95] Vgl. BALDERJAHN, I., SPECHT, G., a. a. O., S. 229. Lagerhaltungskosten im Englischen: „holding cost“.

Das Kostenminimum wird bestimmt, indem die erste Ableitung der Gesamtkostenfunktion nach der Bestellmenge x_B vorgenommen und gleich Null gesetzt wird.

$$\frac{dK_{\text{Besch}}}{dx_B} = \frac{x_{JM} \cdot K_B}{x_B^2} + \frac{p_E \cdot (i_{GK} + k_{LK})}{2} = 0$$

Darst. 2.1094: Erste Ableitung der Gesamtkosten der Beschaffung pro Jahr K_{Besch} nach der Bestellmenge x_B und Gleichsetzung mit Null

Durch Auflösung der Gleichung nach x_B ergibt sich die optimale Bestellmenge $x_{B\text{opt}}$:

$$x_{B\text{opt}} = \sqrt{\frac{2 \cdot x_{JM} \cdot K_B}{p_E \cdot (i_{GK} + k_{LK})}}$$

Darst. 2.1095: Optimale Bestellmenge $x_{B\text{opt}}$

Jetzt bleibt noch zu klären, wie sich der Lagerkostensatz k_{LK} bestimmen lässt. Neben dem mengenmäßigen Lagerhöchstbestand x_{LHB} müssen die Lagerkosten (Kosten der Lagerung; nicht zu verwechseln mit den Lagerhaltungskosten K_{LH}) K_{LK} bei der zu bestellenden Jahresmenge x_{JM} geschätzt werden.[96]

$$k_{LK} = \frac{2 \cdot K_{LK}}{x_{LHB} \cdot p_E}$$

Dast. 2.1096: Lagerkostensatz k_{LK}

[96] Die nachstehende Formel wurde HÄRDLER, J.GONSCHOREK, T. (HRSG.): Betriebswirtschaftslehre für Ingenieure. Lehr- und Praxisbuch, 6. Aufl., Leipzig 2016, S. 227 entnommen, unter Umwandlung der prozentualen Darstellung in eine dezimale.

Anhand eines Beispiels soll nachstehend die optimale Bestellmenge x_{Bopt} berechnet werden. Gegeben sei folgender Datenkranz:

Einstandspreis p_E	8,73 €
Kosten je Bestellung (bestellfixe Kosten) K_B	42,00 €
Lagerkosten (Lagerungskosten) K_{LK}	286,70 €
Mengenmäßiger Jahreshöchstbestand x_{LHB}	1.260 Stück
Jahresmenge (Jahresbedarf) x_{JM}	3.780 Stück
Zinssatz für das während eines Jahres durchschnittlich gebundene Kapital i_{GK}	5 %

Aufgaben:

a) Bestimmen Sie den Lagerkostensatz in % des Materialwertes k_{LK}.

b) Berechnen Sie die optimale Bestellmenge x_{Bopt} nach der Andler'schen Formel.

Lösungen:

a) $$k_{lk} = \frac{286{,}70 \cdot 2}{1.260 \cdot 8{,}73} = \frac{573{,}40}{10.999{,}80} = 5{,}21\ \%$$

b) $$x_{Bopt} = \sqrt{\frac{2 \cdot 42 \cdot 3780}{8{,}73 \cdot (0{,}05 + 0{,}0521)}} = 596{,}85 \approx 597$$

Für die Bestimmung der optimalen Bestellmenge x_{Bopt} ist die *vorherige* Berechnung des Lagerkostensatzes k_{LK} erforderlich. Die nähere Betrachtung der Formel für den Lagerkostensatz k_{LK} offenbart ein **Dilemma**: In diese Formel geht nicht nur der Lagerhöchstbestand x_{LHB}[97] ein, der sich jedoch erst aufgrund der Bestimmung der optimalen Bestell- und Lieferungsmenge ergibt, sondern auch die Lagerkosten (Kosten der Lagerung) K_{LK}. Letztere wiederum werden in der Höhe durch die Zahl der Lieferungen, also durch die Zahl der jeweils bestellten Produkte beeinflusst. So ist zwar insgesamt die Jahresmenge gleich (hoch), aber es ist ein Unterschied, ob beispielsweise ein oder zehn Kartons geöffnet, ausgeräumt und entsorgt werden müssen. Die **Lagerkosten** K_{LK} sind demnach **keine konstante Größe**.

[97] Es handelt sich um identische Lagerhöchstbestände wegen der Prämisse „konstanter, gleichmäßiger Lagerzu- und -abgang".

Letztendlich hängt die Höhe des Lagerkostensatzes k_{LK} somit von der Höhe der Bestellmenge ab, die aber ihrerseits **erst mit Hilfe des Lagerkostensatzes k_{LK} berechnet werden kann.**

Der **Vorteil** der Andler'schen Formel für die optimale Bestellmenge ist die **relativ einfache Anwendbarkeit**. Nachdem sie berechnet wurde, kann das Ergebnis im System hinterlegt werden und muss nur bei Bedarf angepasst werden. **Nachteile** liefert jedoch die **sehr allgemeine Herangehensweise**. Die Berechnung **setzt voraus, dass das Lager kontinuierlich abgebaut wird und dass keine produktionsbedingten Schwankungen auftreten. Fehlmengen treten nicht auf**. Realitätsfremder wird das Ergebnis ebenfalls durch die **Annahme**, dass die **Bestellkosten** K_B sowie die **Einstandspreise** p_E **konstant** sind. In der Praxis **schwanken diese** jedoch; zudem gewährt fast jeder Lieferant **Mengenrabatte**. Auch **Transportkostenstaffelungen** sind denkbar.

Die Berechnung der Optimalen Bestellmenge unter Berücksichtigung von Mengenrabatten wird in der Literatur wenig diskutiert, da sie in der Praxis aufgrund des hohen Aufwands kaum angewandt wird. Daher soll an dieser Stelle nur auf diese Möglichkeit aufmerksam gemacht werden und der Ansatz kurz veranschaulicht werden.

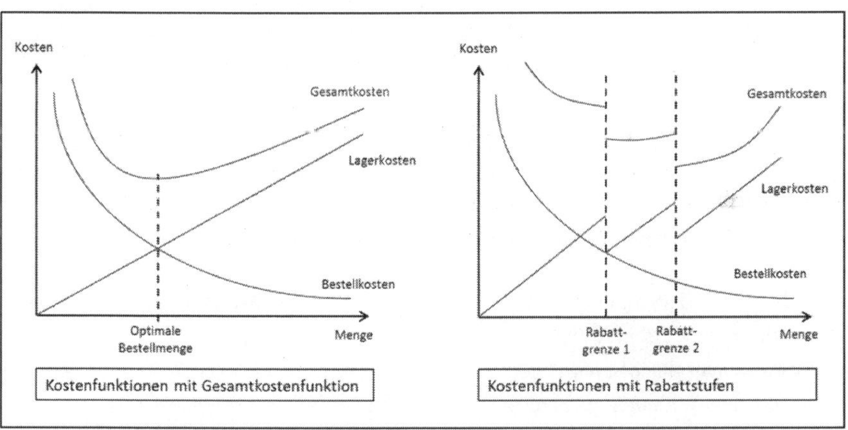

Darst. 2.1097: Kostenfunktionen zur Bestimmung der optimalen Bestellmenge
(Vgl. JUNG, H., Betriebswirtschaftslehre, a. a. O., S. 391 sowie CORSTEN, H., REISS, M. (HRSG.): Betriebswirtschaftslehre, Band 1, 4. Aufl., München, Wien 2008, S. 417.)

Die vorstehende Abbildung zeigt links die Kostenverläufe nach der klassischen Andler-Formel. Der Schnittpunkt der gegenläufigen Kostenfunktionen für Bestell- und Lagerkosten (inkl. Kapitalbindungskosten) bildet den Tiefpunkt der Gesamtkostenfunktion und somit die optimale Bestellmenge. Das Schaubild der Kostenverläufe mit Rabattstufen zeigt, dass es **in jeder Rabattstufe eine optimale Bestellmenge** gibt. Welche von dem Unternehmen gewählt wird, hängt nicht zuletzt von den internen Einschränkungen ab. **Engpässe** in Industrieunternehmen sind zumeist **Lagervolumen und Liquidität**[98], aber auch die Ware selbst kann u. U. **nicht für eine entsprechend längere Lagerung geeignet** sein. Eine Verschlechterung der Qualität sowie Verderb durch Überalterung und Verfall müssen mit bedacht werden. Des Weiteren sind sowohl ein **Materialausschuss** als auch **Fehlmengen nicht vorgesehen**.

Neben den bereits genannten Prämissen wird ebenfalls **unterstellt**, dass das **Material jederzeit** (frei wählbare Anlieferungszeitpunkte) **ohne Lieferzeiten** und **ohne jegliche Beschränkungen seitens des Lieferanten** (keine lieferseitig materialbezogenen Abhängigkeiten) **bezogen werden kann.** Die **optimale Bestellmenge** x_{Bopt} **muss** zudem **über** einer eventuell vorgegebenen **Mindestbestellmenge liegen.**

Die **Zinskosten** i_{GK} sind während der Planungsperiode **konstant**.

Grundsätzlich handelt es sich um eine **1-jährige Planung**. Ein mehrjähriger Planungszeitraum (z. B. hinsichtlich mittel- oder langfristiger Rahmenverträge mit den Lieferanten) ist nicht vorgesehen.

Die vorstehend genannten Prämissen schränken die Anwendbarkeit der Formel von Andler erheblich ein. Gründe liegen in einem veränderten und sich ständig änderndem Kundenverhalten, zunehmender Optimierung von Transport- und Verpackungsgrößen sowie einer Risikoverschiebung der Lagerhaltung hin zum Lieferanten.

Als **Alternative** zur Andler- Formel bieten sich **heuristische Modellansätze** an:[99]

- die gleitende wirtschaftliche Bestellmengen-Heuristik
- die Kostenausgleichs-Heuristik
- der Wagner-Within-Algorithmus
- die SELIM-Heuristik
- die Groff-Heuristik
- die Silver-Meal-Heuristik
- die Part-Period-Heuristik.

[98] Vgl. THOMMEN, J., ACHLEITNER, A., GILBERT, D. ET AL.: a. a. O., S. 176.

[99] Siehe HÄRDLER, J., GONSCHOREK T. (HRSG.): a. a. O., S. 227. Eine Auflistung realistischerer Ansätze findet sich bei GROCHLA, E.: Grundlagen der Materialwirtschaft, a. a. O., S. 84–92.

Die Einbeziehung der **Optimalen Bestellmenge als Instrument der Einkaufspolitik** ist **in ihrer einfachen (Andler-)Variante** in den meisten Fällen **dennoch empfehlenswert**. Stehen **Systemlösungen** zur Verfügung, ist der Berechnungs- und Pflegeaufwand i. d. R. sehr gering und kann somit für alle Materialarten unabhängig von ihrer Bedeutung für das Unternehmen erfolgen. **Für A-Materialien** sollten auch **komplexere Varianten** auf ihre Umsetzbarkeit geprüft werden. Da der Anteil dieser Materialien am gesamten Beschaffungsvolumen sehr hoch ist, **kann der durch optimierte Bestellmengen erreichte Kostenvorteil den Bearbeitungsaufwand überwiegen**.

Durchschnittlicher Bestellwert

Bei dieser Kennzahl wird der **Wert** errechnet, **den eine Bestellung im Durchschnitt umfasst**. Es wird der Gesamtwert aller getätigten Bestellungen durch die Gesamtanzahl der Bestellungen einer Periode geteilt.

$$\text{Durchschnittlicher Bestellwert} = \frac{\text{Gesamtwert der Bestellungen}}{\text{Gesamtzahl der Bestellungen}}$$

Darst. 2.1098: Durchschnittlicher Bestellwert

Die Kennzahl kann jährlich, halbjährlich, oder auch für andere gewünschte Zeiträume berechnet werden. Anstatt alle Bestellungen als Gesamtheit zu betrachten, ist es auch **möglich, die Kennzahl für bestimmte Lieferanten oder bestimmte Materialarten zu berechnen**. Wie immer empfiehlt es sich, diesen Aufwand nur für wichtige Lieferanten oder Materialien zu betreiben. Wurden Vorgaben bezüglich des Bestellverhaltens getroffen, kann die Kennzahl genutzt werden, um diese zu überprüfen. Wurde beschlossen **zur Liquiditätsschonung** kleine Mengen zu bestellen, sollte die Kennzahl im Vergleich zur vorangegangenen Periode kleiner geworden sein. Bei dem Versuch, die Kosten durch größere Bestellmengen zu optimieren, sollte diese Kennzahl gestiegen sein. Der durchschnittliche Bestellwert wird in der Literatur als Teil der Einkaufskennzahlen aufgeführt, ist jedoch nur **von untergeordneter Bedeutung**, da das Ergebnis ohne weiterführende Informationen nicht gewertet werden kann. **Die Effizienz des Einkaufs kann mit dieser Kennzahl nicht gemessen werden.** Weit auseinanderliegende Werte können einen durchschnittlichen Bestellwert ergeben, der die tatsächlichen Einzelwerte nicht widerspiegelt.

2.1.2.2.5.3 Zeit

Der Einkauf ist zuständig für die zeitliche Planung der Beschaffung, um eine bedarfsgerechte Bereitstellung der benötigten Materialien zu gewährleisten. **Je zeitgenauer diese Planung erfolgt, desto geringer kann der Lagerbestand dieser Materialien gehalten werden.**

Beschaffungszeit

Um die **terminliche Planung der Materialeingänge optimal zu steuern**, ist es notwendig, die **Beschaffungszeit** der einzelnen Materialien, oder alternativ auch abgestimmter Materialgruppen, zu ermitteln. Diese setzt sich zusammen aus Lieferzeit sowie vor- und nachgelagerten Teilzeiten:

	Zeit für die Bestellvorbereitung (Disposition)
+	Zeit für die Bestellabwicklung
+	Lieferzeit
+	Warenannahmezeit
+	Zeit für die Wareneingangsprüfung
+	Zeit für das Einlagern der Güter
=	Beschaffungszeit

Darst. 2.1099: Beschaffungszeit

Die Beschaffungszeit ist von großer Bedeutung für sämtliche Beschaffungsmethoden. Grundsätzlich ist zwischen **bedarfsgesteuerter und verbrauchsgesteuerter Planung** zu unterscheiden.

Besonders wichtig ist die Beschaffungszeit für die **bedarfsgesteuerte Planung**, welche **auf der gegenwärtigen Absatzplanung bzw. den eingegangenen Aufträgen basiert. Über die Auflösung der Stücklisten** erlangt der Einkauf ein genaues Bild darüber, wann welche Materialien in welchen Mengen benötigt werden.[100] Die Beschaffung erfolgt somit termin- und mengengenau. In der Praxis wird diese Methode jedoch nur in Einzelfällen

[100] Vgl. JUNG, H., Betriebswirtschaftslehre, a. a. O., S. 399.

und lediglich für ausgewählte Materialien angewendet. Durch die zeitgenaue Planung der Beschaffungs- und Bedarfstermine lassen sich **Sicherheitsbestände verringern und Kapital- und Lagerkosten senken**. Darüber hinaus muss die Beschaffungszeit **in enger Zusammenarbeit mit dem Lieferanten abgestimmt** und regelmäßig überprüft werden. Abweichende Lieferzeiten beeinflussen unmittelbar die Materialversorgung der Produktion. Dieses Vorgehen eignet sich aufgrund des hohen Beschaffungsaufwands ausschließlich **für hochwertige A-Materialien**, da im Falle von B- und C-Materialarten der Beschaffungsaufwand die eingesparten Kosten übersteigt.

Häufiger gebraucht werden daher die **verbrauchsgesteuerten Beschaffungsmethoden**. Diese stützen sich neben der Beschaffungszeit auch auf **Kennzahlen aus dem Dispositionsbereich, wie z. B. Melde- und Höchstbestand**. Das **Bestellpunktverfahren** und das **Bestellrhythmusverfahren** sind in der Praxis am weitesten verbreitet. Beide Verfahren **setzen einen kontinuierlichen Verbrauch voraus**.

Bei dem **Bestellpunktverfahren wird bei jeder Materialentnahme geprüft, ob der Restbestand den Meldebestand erreicht oder unterschritten hat. Ist letzteres der Fall, wird die zuvor ermittelte optimale Bestellmenge angefordert**. Die Zeitabstände zwischen den jeweiligen Bestellungen sind variabel und **hängen unmittelbar von der Höhe des Verbrauchs und der Beschaffungszeit ab**.

Das **Bestellrhythmusverfahren** basiert auf **konstanten, im Vorhinein festgelegten Überprüfungsintervallen**. Im Abstand von beispielsweise einer Woche wird eine **Bestellung in Höhe der Differenzmenge zwischen dem aktuellen Bestand und der vorher festgelegten Bestellgrenze ausgelöst. Die Zeitabstände sind somit fest und die Bestellmenge variabel**. Die Bestellgrenze setzt sich aus dem Sicherheitsbestand und dem Bedarf während der Überprüfungs- und der Beschaffungszeit zusammen. Ein **Vorteil** dieses Verfahrens ist, dass **weniger Bestandskontrollen** vorgenommen werden müssen. Zudem kann die **Disposition im Verbund mehrerer Materialarten** erfolgen, sodass keine Mindermengenzuschläge gezahlt werden müssen bzw. Mengenrabatte ausgenutzt werden können.[101]

Die Beschaffungszeit ist somit für alle Bestellverfahren wichtig und sollte daher **in regelmäßigen Abständen auf Veränderungen überprüft werden**. Darüber hinaus liegt es im Interesse des Unternehmens, die **Beschaffungszeiten möglichst gering zu halten**. Besonders mit den Lieferanten von A-Materialien sollten regelmäßig Gespräche zur Verkürzung

[101] Vgl. ARNOLDS, H., HEEGE, F., TUSSING, W., a. a. O., S. 96f.

der Lieferzeiten angestrebt werden. Darüber hinaus senken auch eine effizientere Bestellabwicklung sowie ein verbesserter Materialfluss die Beschaffungszeit. Neben der Verbesserung der allgemeinen Versorgungssicherheit bietet dies auch die **Möglichkeiten, die Lagerbestände zu reduzieren und so die Kapital- und Lagerkosten zu senken**.

Optimale Anzahl der Bestellungen und Bestellhäufigkeit

Zur Kontrolle und Steuerung der Bestellverfahren kann die **optimale Anzahl der Bestellungen** oder die **Beschaffungshäufigkeit** ermittelt werden. Während die optimale Anzahl der Bestellungen die Häufigkeit des Bestellvorgangs bezogen auf eine Planungsperiode angibt, bestimmt die Bestellhäufigkeit in Tagen das Ergebnis als Zeitintervall. Um die optimale Anzahl der Bestellungen zu berechnen, wird die Bedarfsmenge der Periode durch die optimale Bestellmenge geteilt.[102] Der Kehrwert multipliziert mit 360 bildet die Bestellhäufigkeit in Tagen.

$$\text{Optimale Anzahl der Bestellungen pro Periode} = \frac{\text{Bedarfsmenge pro Periode}}{\text{Optimale Bestellmenge}}$$

Darst. 2.1000: Optimale Anzahl der Bestellungen pro Periode

$$\text{Beschaffungshäufigkeit (in Tagen)} = \frac{\text{Optimale Bestellmenge}}{\text{Bedarfsmenge pro Jahr}} \cdot 360$$

Darst. 2.1101: Beschaffungshäufigkeit (in Tagen)

Die **Bedarfsmenge** der Periode ist i. d. R. nicht bekannt, weshalb die **Berechnung auf Grundlage von Plandaten, Vergangenheitswerten oder daraus abgeleiteten Schätzungen beruht**. Die berechneten Ergebnisse sollen auf ganze Zahlen gerundet werden, da es keine halben Bestellungen oder anteilige Tage geben kann. Mit diesen Kennzahlen lässt sich die Bestellhäufigkeit analysieren und steuern. Darüber hinaus lassen sich vergangene

[102] Vgl. MEYER, C., a. a. O., S. 90 oder JUNG, H.: Controlling, 4. Aufl., München 2014, S. 491, im Folgenden mit „Controlling" abgekürzt.

Perioden hinsichtlich ihrer Wirtschaftlichkeit untersuchen. **Wurden wesentlich mehr Bestellungen getätigt als vorgesehen, handelte der Einkauf zwar zu Gunsten der Liquidität und vermied Kapital- und Lagerkosten, verursachte jedoch damit höhere Bestellkosten, da diese pro Bestellung anfallen.** Die Gesamtkosten ließen sich durch größere Bestellmengen und damit einer geringeren Anzahl von Bestellvorgängen reduzieren. Wurden in der vergangenen Periode hingegen weniger Bestellungen abgegeben als ökonomisch sinnvoll, beansprucht das die Kapital- und Lagerkosten stark. Die Handlungsempfehlung für die Folgeperiode würde dementsprechend aussagen, dass Bestellungen in kürzeren Abständen sinnvoll sind.

Zu Steuerungszwecken werden die Kennzahlen mittels der Plandaten der Folgeperiode berechnet. Die Ergebnisse können als **Richtwerte** für die Einkaufsabteilung genutzt werden, mit deren Hilfe sich **Fehlentwicklungen frühzeitig erkennen** lassen. Die **Bestellhäufigkeit in Tagen eignet sich besonders zur Bestimmung der Zeitintervalle für das Bestellrhythmusverfahren**, da sich die Zeitabstände unmittelbar ablesen lassen. Grundsätzlich bieten beide Kennzahlen den gleichen Informationsgehalt, weshalb in der Praxis nur eine der beiden berechnet wird.

Verzugsquote und Termintreuegrad

Zur detaillierteren **Analyse der Termintreue** wird die **Verzugsquote** betrachtet. Diese ergibt sich aus dem **Verhältnis zwischen der Anzahl nicht termingerechter Lieferungen und der Gesamtzahl aller Lieferungen**.

$$\text{Verzugsquote} = \frac{\text{Anzahl der nicht eingehaltenen Liefertermine}}{\text{Gesamtzahl der Lieferungen}} \cdot 100$$

Darst. 2.1102: Verzugsquote

Alternativ könnte auch der sogenannte **Termintreuegrad** berechnet werden:[103]

[103] Vgl. PIONTEK, J.: Beschaffungscontrolling, 5. Aufl., Berlin, Boston 2016, S. 217.

$$\text{Termintreuegrad (in \%)} = \frac{\text{Verspätetes Beschaffungsvolumen}}{\text{Gesamtes Beschaffungsvolumen}} \cdot 100$$

Darst. 2.1103: Termintreuegrad

Allerdings weist der **Termintreuegrad** gegenüber der Verzugsquote einen wesentlichen **Nachteil** auf: Während in der Formel für die Verzugsquote nur mengenmäßige Angaben enthalten sind, handelt es sich bei den Größen im Nenner und Zähler des Termintreuegrades um Wertgrößen (Menge • Preis). Daher treten, insbesondere bei einer materialart- oder lieferantenbezogenen Auswertung, Verzerrungen auf, wenn sich etwa der Beschaffungspreis einer einzelnen Materialart oder der der Beschaffungsprodukte eines Lieferanten stärker erhöht als der (durchschnittliche) Preis aller beschafften Güter des Unternehmens. In diesem Fall würde sich c. p. der Termintreuegrad erhöhen und damit in der Beurteilung verschlechtern, obwohl sich nur die materialart- oder lieferantenspezifischen Preise erhöht haben. Insofern **eignet sich der Termintreuegrad** eher **nicht zur Beurteilung der Termintreue** eines Lieferanten.

Die Verzugsquote bzw. der Termintreuegrad wird meist jährlich oder halbjährlich für die in dem gewählten Zeitraum fälligen Lieferungen berechnet. Der Berechnungszeitraum kann jedoch grundsätzlich frei gewählt werden. Betrachtet werden üblicherweise alle Materiallieferungen als Gesamtheit. Je nach Informationsbedarf ist eine **Gliederung nach Lieferanten, ABC-Materialien oder Materialarten und -gruppen** sinnvoll. Neben der Beschaffungszeit ist diese Kennzahl überaus wichtig, um dem **Materialbedarf termingerecht** nachkommen zu können. Wenn es in der Vergangenheit zahlreiche verspätete Lieferungen gab, ist es durchaus wahrscheinlich, dass auch zukünftige Lieferungen nicht zu den vereinbarten Terminen eintreffen. Besonders bei bedeutsamen Materialien, die für die Produktion zwingend notwendig sind, **müssen mögliche Terminüberschreitungen berücksichtigt und eingeplant bzw. vermieden werden**.

Die Verzugsquote fließt in die Verhandlungen mit den Lieferanten und/oder das Lieferantenaudit ein.

Die Quote verfallener Liefertermine soll **gering gehalten** werden, da sonst eine verlässliche Planung gefährdet ist und Sicherheitsbestände angepasst werden müssen. Besonderes Augenmerk sollte auf Lieferanten von A-Materialien und A-Lieferanten liegen. Stellen sich im Zeitreihenvergleich Verschlechterungen heraus, kann dies auf zunehmende Lieferschwierigkeiten hindeuten.

Mögliche **interne Ursachen einer negativen Entwicklung** dieser Kennzahl können **unzureichende Terminüberwachung, mangelhafte Lieferantenbewertungen und -pflege oder auch nachteilige Lieferbedingungen** sein. Stellen sich bestimmte Lieferanten als besonders unzuverlässig heraus, sollten Konsequenzen gezogen werden. Lieferbedingungen müssen angepasst werden und strengere Folgen für verspätete Lieferungen beinhalten. In einigen Fällen kann auch ein Lieferantenwechsel in Erwägung gezogen werden.

Liste bzw. Quote offener Bestellungen und Bestellobligo

Im Hinblick auf eine termingerechte interne Logistik und die Beurteilung von Lieferanten ist die „**Liste der offenen Bestellungen**" zeitnah an bestimmten Stichtagen zu prüfen. Diese sollte über das Data Warehouse mindestens nach Materialarten, Endprodukt-Zuordnung und Lieferanten sortierbar sein und darüber eine Differenzierung nach dem zeitlichen Aspekt, d. h. zum einen (noch) vor dem vereinbarten Liefertermin und zum anderen nach diesem Liefertermin („verspätet") ermöglichen. Des Weiteren sollte auch erkennbar sein, ob die Überziehung des Liefertermins angemahnt wurde.

Für eine vergleichende Beurteilung von Lieferanten ist die Kennzahl „**Quote offener Bestellungen" (nach Ablauf des vereinbarten Liefertermins) (%)** besser geeignet. Sie stellt das Verhältnis der offenen Bestellungen nach Ablauf des gewünschten bzw. vereinbarten Liefertermins zur Gesamtzahl der Bestellungen dar:

$$\text{Quote offener Bestellungen (in \%)} = \frac{\text{Anzahl offener Bestellungen}}{\text{Gesamtzahl der Bestellungen}} \cdot 100$$

Darst. 2.1104: Quote offener Bestellungen (nach Ablauf des vereinbarten Liefertermins) (%)

Die vorstehende Kennzahl sollte mittels geeigneter Software ebenfalls mindestens nach Materialarten, Endprodukt-Zuordnung und v. a. Lieferanten sortierbar sein. Die „Quote offener Bestellungen" geht in das Lieferantenaudit ein.

Auch diese Kennzahl ist zeitnah an wiederkehrenden Stichtagen (z. B. Mitte eines jeden Monats) zu prüfen, um einen zeitlichen Vergleich zu ermöglichen. Dieser kann im Sinne eines Soll-Ist-Vergleichs eine Abweichung offenlegen oder bei einem Vergleich mittels einer Zeitreihe eine Tendenz offenbaren.

Ebenfalls zur Überprüfung bzw. zum Abgleich zwischen bestellten und gelieferten Mengen wird das Bestellobligo verwendet. Die in einer Periode bestellten Mengen sind nicht identisch mit den gelieferten. Das Delta dieser ist das **Bestellobligo (%)**. Im einfachsten Fall wird das Bestellobligo als Säulendiagramm dargestellt; entweder für den aktuellen Monat oder für das aktuelle Jahr oder als Zeitreihe.

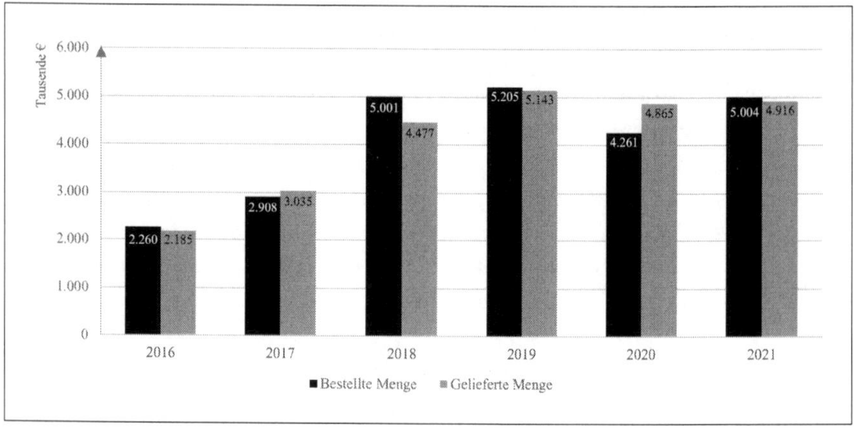

Darst. 2.1105: Bestellobligo (Jahresübersicht) (Beispiel)

Die vorstehende Kennzahl sollte in der Beschaffungs-Software ebenfalls mindestens nach Materialarten, Endprodukt-Zuordnung und v. a. Lieferanten sortierbar sein. Das Bestellobligo fließt in das Lieferantenaudit ein.

2.1.2.2.5.4 Preis

Eine effiziente Beschaffung zeichnet sich durch einen **ökonomisch handelnden Einkauf** (Minimumprinzip) aus, der die benötigten Materialien (in der definierten Qualität) zu **möglichst geringen Einstandspreisen** erwirbt. Daher empfiehlt es sich, das allgemeine Preisniveau der im Unternehmen verwendeten Güter und die mit dem Erwerb entstehenden Kosten genauer zu betrachten.

Preisindex

Der Preisindex gibt an, **um wie viel Prozent sich die Preise der dem Unternehmen zugeführten Materialien verändert haben**. Zur Berechnung wird der Preis der Berichtsperiode durch den Preis der Basisperiode geteilt. Die verwendeten Preise können sich dabei auf einen Zeitpunkt oder einen Zeitraum beziehen. Üblicherweise werden die Durchschnittspreise der betrachteten Perioden verwendet. Für eine Prognose wird der geschätzte Preis der Folgeperiode durch den Preis der aktuellen Berichtsperiode geteilt.

$$\text{Preisindex} = \frac{\text{Preis in der Berichtsperiode}}{\text{Preis in der Basisperiode}} \cdot 100$$

Darst. 2.1106: Preisindex

Während die Kostenrechnung die Materialpreise des Verbrauchs berücksichtigt, gelten für die Berechnung des Preisindex die einkaufswirksamen Materialpreisveränderungen.[104] Also die **Preise zum Zeitpunkt des Materialzugangs**.

Ein Ergebnis größer als 100 % zeigt eine Verteuerung der Güter an. Mögliche **Ursachen außerhalb des Unternehmens sind Inflation, kritische Entwicklungen auf den Beschaffungsmärkten und konjunkturelle Veränderungen**. **Innerhalb des Unternehmens können mangelnde Lieferantenbewertung und -pflege, zu kleine Bestellmengen oder unzureichende Substitution** die Ursache sein. Liegt der Preisindex unter 100 %, sind die Preise im Durchschnitt gesunken. Mögliche Gründe hierfür sind eine effizientere Bestellpolitik, die Substitution teurerer Materialarten oder mehr Konkurrenz auf den Beschaffungsmärkten. Grundsätzlich ist ein **niedriger Preisindex erstrebenswert**, da **sinkende Materialkosten die Herstellkosten verringern**. Bei gleichbleibenden Absatzpreisen erhöhen sich dadurch die Gewinnmargen und das Unternehmen erhält mehr Spielraum in der Ausgestaltung der Rabatte.

Im Vergleich zum Benchmarking-Partner (externes Benchmarking) sollte das Unternehmen möglichst einen gleichen oder niedrigeren Preisindex haben. Der Preisindex kann sich auf alle beschafften Materialien des Unternehmens beziehen oder auf bestimmte Materialien, Materialgruppen oder Lieferanten. Die Verfügbarkeit entsprechender Vergleichsdaten ist jedoch nicht immer gegeben.

[104] Vgl. PIONTEK, J.: Beschaffungscontrolling, a. a. O., S. 167, 175, 231.

Der **Preisindex bestimmter Materialien, Materialgruppen oder Lieferanten ermöglicht eine detailliertere Analyse** der für das Unternehmen wichtigen Materialien und Lieferanten. Überdurchschnittlich hohe Preisveränderungen können erkannt und problemlösungsadäquate Maßnahmen ergriffen werden.

Besondere Bedeutung hat der Preisindex für die **Abweichungsanalyse des Beschaffungsvolumens.**[105] Mit Hilfe dieser Kennzahl lässt sich der preisbedingte Teil der Abweichung bestimmen und berechnen, sodass ein preisunabhängiger Vergleich möglich ist.[106] Dies gilt nicht nur für das Beschaffungsvolumen, sondern auch für sämtliche Kennzahlen, deren Berechnung auf dem Wert des Materials basieren, wie beispielsweise der durchschnittliche Lagerbestand.

Für die **Budgetplanung**[107] können Schätzungen dieser Kennzahl helfen, möglichst realistische Werte festzulegen. Die **Prognosen** basieren auf aktuellen Preistrends und bei börsennotierten Gütern darüber hinaus auf Kursentwicklungen. Zudem können Gespräche mit wichtigen Lieferanten helfen, ein genaueres Bild über die zukünftige wirtschaftliche Situation zu erlangen. Diese Informationen sind für das Management wichtig, um im Falle von steigenden Materialkosten **Anpassungen der eigenen Kalkulation der Produkte und/oder der Preispolitik** vornehmen zu können. Die gewonnenen Erkenntnisse müssen jedoch nicht immer in Form eines Preisindex festgehalten werden, weshalb die Kennzahl überwiegend vergangenheitsbezogen ausgewertet wird.

Preisnachlassquote

Preisnachlässe seitens des Lieferanten erhöhen c. p. den Gewinn des Unternehmens. Da die Preisnachlässe in ihrer absoluten Größe – angesichts des nicht beachteten Einkaufsvolumens – nicht wirklich etwas über den Verhandlungserfolg aussagen, ist eine relative Betrachtung vonnöten. Preisnachlässe als Grundzahl eignen sich daher auch nicht als Zielwert für den/die Einkäufer.

Die **Preisnachlassquote**[108] dient der **Analyse von Preisen** und gibt **Aufschluss über den Erfolg der Preisverhandlungen mit den Lieferanten**. Sie kann als **Zielwert** (Vorgabegröße) für Verhandlungen benutzt werden, der von den Mitarbeitern im Einkaufsbereich

[105] Soll-Ist-Vergleich im Paragrafen 2.1.2.2.4 „Materialeinkaufsvolumen".

[106] Vgl. BORNEMANN, H.: Controlling im Einkauf, Wiesbaden 1987, S. 61.

[107] Vgl. Unter-Unterabschnitt 1.5.2.3 von Band 1 „Materialkostenbudget".

[108] Hinweis: Die Kennzahl „Preisnachlassquote" existiert auch im Marketing als Preisnachlassquote (Vertrieb). Vgl. Unterabschnitt 2.4.17 „Preisnachlassquote und Erlösschmälerungsquote".

mindestens erreicht werden muss.[109] Grundsätzlich gilt: **Je größer die Preisnachlassquote (Beschaffung) ist, desto erfolgreicher sind die Konditionsverhandlungen verlaufen.**[110]

In der Literatur finden sich für den Zähler und Nenner unterschiedliche Angaben. Während im Zähler alternativ „Preisnachlässe" oder „Erzielte Preisnachlässe" vorgeschlagen werden, existieren im Nenner die Begriffe „Materialeinkaufsvolumen", „Einkaufsvolumen" und „Durchschnittspreise".

Der **Zähler** sollte „**Erzielte Preisnachlässe**" heißen. Dieser Begriff ist präziser als einfach nur „Preisnachlässe"[111]. Die erzielten **Preisnachlässe** setzen sich zusammen aus den dem Unternehmen gewährten **Rabatten, Boni und Skonti,**[112] die sich hinsichtlich des Zeitpunktes der Gewährung bzw. Inanspruchnahme unterscheiden lassen: Ein **Rabatt** führt sofort beim Erwerb zu einem Preisnachlass[113], während ein Bonus[114] nachträglich (meist erst nach Beendigung des Geschäftsjahres) gewährt wird. Die Einräumung eines Skontos[115] gehört seitens des Lieferanten zu den Maßnahmen der Kontrahierungspolitik[116] und ermöglicht einen Preisnachlass bei sehr kurzfristiger, „vorzeitiger" Zahlung. Die Ermittlung der Preisnachlässe im Unternehmen ist etwas aufwendiger, da die Rabatte in der Finanzbuchhaltung nicht von Bedeutung sind. Rabatte sind i. d. R. auf der Rechnung ausgewiesen, die Buchung wird *netto* unter Abzug des Rabattes vorgenommen. Rabatte werden somit buchhalterisch nicht erfasst.[117] Damit kann dieser Teil der Preisnachlässe nur mühsam über spezielle Erfassungstools in den Unternehmen, wenn sie denn eingerichtet sind, oder schlicht und einfach den Rechnungen selbst entnommen werden. Damit bezieht sich der Preisnachlass in Form des Rabatts automatisch auf den Listenpreis. (Wie später zu sehen sein wird, erleichtert diese Feststellung die Definition des Nenners der Kennzahl

[109] Vgl. BECKER, J., WINKELMANN, A.: a. a. O., S. 166.

[110] Vgl. GRITZMANN, K.: Kennzahlensysteme als entscheidungsorientierte Informationsinstrumente der Unternehmensführung in Einzelhandelsunternehmen, Diss. Universität Göttingen, Göttingen 1991, S. 270.

[111] Es könnte sich beispielsweise auch um maximale Preisnachlässe handeln, die zwar dem Lieferanten, nicht aber dem Kunden bekannt sind.

[112] KRAUSE, H., ARORA, D.: Controlling-Kennzahlen – Key Performance Indicators, 2. Aufl., München 2010, S. 166.

[113] Verschiedentlich wird dieser Rabatt auch als „Sofort-Rabatt" bezeichnet. Diese Begriffswahl ist insofern unglücklich, weil Rabatte i. d. R. sofort anfallen. Vgl. WEDELL, H.: Grundlagen des Rechnungswesens. Lehrbuch und Online-Training mit über 50 Aufgaben, 16. Aufl., Herne 2018, S. 134.

[114] Bei einem Bonus handelt es sich um einen „Treuerabatt". Als Beispiel sei hier der Umsatzbonus genannt, der bei Erreichen eines vorab vereinbarten Umsatzes zu einer Rückgewährung von Zahlungen (Gutschrift) führt.

[115] Auch als Barzahlungsrabatt bezeichnet. Vgl. FRETER, H.: Marketing. Die Einführung mit Übungen, München 2004, S. 118.

[116] Vgl. MEFFERT, H.: Marketing. Einführung in die Absatzpolitik, 5. Aufl., Wiesbaden 1982, S. 85.

[117] Vgl. beispielsweise BUSSIEK, J., EHRMANN, H.: Buchführung, 8. Aufl., Ludwigshafen 2004, S. 70, HERMSEN, J.: Rechnungswesen der Industrie – IKR, 21. Aufl., Köln 2021, S. 183–184.

„Preisnachlassquote".) Die **Boni** können dem (hoffentlich! Und im Sinne des Controllings.) eingerichteten Unterkonto des Wareneinkaufskontos[118] „Nachlässe für …"[119] entnommen werden.[120] In der Praxis und in Lehrbüchern[121] werden gelegentlich die Bonuszahlungen des Lieferanten als Erträge („Bonusertrag") verbucht. Diese Buchungstechnik ist unter theoretischen Gesichtspunkten abzulehnen, da es sich bei diesen Boni nicht um eine besondere Ertragsart, sondern um Korrekturen früherer wertmäßiger Buchungen auf den Wareneinkaufskonten handelt.[122] Werden Boni jedoch *nach Erstellung des Jahresabschlusses* (also im Folgejahr) für Umsätze vorangegangener Geschäftsjahre gewährt, würde eine Buchung als Nachlass fehlerhaft sein. Das Postulat einer periodengerechten Erfolgsabgrenzung bedeutet, dass diese Boni nicht als Nachlässe den Wareneinkauf des laufenden Folgejahres mindern dürfen. Da eine Korrektur der Wareneinkäufe vergangener Geschäftsjahre nach Erstellung des Jahresabschlusses nicht mehr möglich ist[123], sind die Bonuszahlungen des Lieferanten im laufenden Folgejahr als periodenfremde oder sonstige Erträge zu buchen. Damit wird verdeutlicht, dass die Ursache ihrer Entstehung nicht im laufenden Geschäftsjahr, sondern in früheren Abrechnungsperioden liegt. **Skonti** können den Nachlasskonten direkt entnommen werden.

Im Nenner sollten nach Mathar/Scheuring die Durchschnittspreise (arithmetisches Mittel der Angebotspreise) zugrunde gelegt werden.[124] Diesem Vorschlag wird hier nicht gefolgt, da zum einen nicht eindeutig ist, welche Angebotspreise gemeint sind, zumal sich diese von Jahr zu Jahr in beide Richtungen (nach unten bei erfolgreichen Preisverhandlungen, nach oben bei nicht verhandelbaren Preiserhöhungen) ändern können. Ob die Angebotspreise überhaupt nachprüfbar sind, ist – insbesondere bei mündlichen Verhandlungen – eine andere Frage. Ein arithmetisches Mittel der Angebotspreise weist zudem den entscheidenden Nachteil von Verzerrungen auf.[125] Gegenüberstellungen (im Zähler und Nenner) führen in die Irre, wenn der Ursprung der ins Verhältnis gesetzten Preise unbekannt

[118] Bei einem Bonus handelt es sich um eine Anschaffungspreisminderung gem. § 255 Abs. 1 HGB.

[119] Eine aussagekräftige Buchhaltung unterteilt die Nachlasskonten in Nachlässe für Rohstoffe, Hilfsstoffe, Betriebsstoffe, Vorprodukte/Fremdbauteile, Waren (Handelswaren) und sonstiges Material.

[120] Es ist darauf zu achten, dass – im Falle einer Bruttobuchung – nur die Nettobeträge berücksichtigt werden!

[121] Z. B. MÜLLER, U.: Finanzbuchhaltung: vom Geschäftsvorfall bis zum Jahresabschluss, Herne, Berlin 2001, S. 127.

[122] Vgl. BIEG, H., WASCHBUSCH, G.: Buchführung. Systematische Anleitung mit zahlreichen Übungsaufgaben und Online-Training, 9. Aufl., Herne 2017, S. 96.

[123] Die Konten sind ja bereits abgeschlossen!

[124] MATHAR, H.-J., SCHEURING, J.: Logistik für technische Kaufleute und HDW. Grundlagen mit Beispielen, Repetitionsfragen und Antworten sowie Übungen, im Folgenden mit „Logistik" abgekürzt, 2. Aufl., Zürich 2011, S. 133.

[125] Bei der Verwendung von Mittelwerten sei auf die Problematik von „Ausreißern" hingewiesen, deretwegen oft statt des arithmetischen Mittels der Median gewählt wird. Vgl. BLEYMÜLLER, J., WEISSBACH, R., DÖRRE, A.: Statistik für Wirtschaftswissenschaftler, 18. Aufl., München 2020, S. 20ff., KOHN, W., ÖZTÜRK, R.: Statistik für Ökonomen. Datenanalyse mit R und SPSS, 3. Aufl., Berlin, Heidelberg 2017, S. 36–37, 43–47.

bzw. verschieden ist. Das tatsächliche Einkaufsvolumen ist zwar den eigenen Daten des Unternehmens relativ einfach zu entnehmen, lässt aber kein Benchmarking zu, da das tatsächliche Einkaufsvolumen die ausgehandelten Preisnachlässe bereits enthält. Zudem berührt ein Preisnachlass sowohl den Zähler als auch den Nenner der Preisnachlassquote. Die gängige Vorgehensweise sieht vor, die (erzielten) Preisnachlässe dem Materialeinkaufsvolumen zu Listenpreisen gegenüberzustellen, um das Problem der „Mondpreise" zu kompensieren.

$$\text{Preisnachlassquote (Beschaffung)} = \frac{\text{Erzielte Preisnachlässe}}{\text{Materialeinkaufsvolumen}^{1}} \cdot 100$$

Darst. 2.1107: Preisnachlassquote (Beschaffung)

[1] Zu Listenpreisen.

Die Bewertung der errechneten Preisnachlassquote über den **Benchmark** ist erst dann sinnvoll, wenn die zu vergleichenden Unternehmen unter denselben Voraussetzungen die Preisnachlassquote ermittelt haben. **Intern** lässt sich dies sicherlich (über ein zentrales Unternehmens- bzw. Konzerncontrolling) regeln. **Extern** ist ein Benchmarking nur dann sinnvoll, wenn die Bewertung des Materialeinkaufsvolumens unter den gleichen Voraussetzungen erfolgt. Da dies nicht transparent für alle Unternehmen einer Branche gehandhabt wird, erweist sich ein Vergleich per Benchmarking als problematisch, aber nicht als unmöglich. Der **Zeitreihenvergleich** erweist sich unter Beachtung einer Problematik als nützlich. Bei Errechnung dieser Kennzahl werden die Preisnachlässe des Listenpreises angegeben, dabei ist **Vorsicht bei der Aktualisierung der Listenpreise** geboten. Bei Änderung der Listenpreise erlangt man bei der Errechnung der Preisnachlassquote Ergebnisse, die nicht mit vorherigen Perioden alter Listenpreise verglichen werden können, da eine andere Bezugsbasis entstanden ist.[126] Unter Berücksichtigung dieser Problematik bietet der Zeitreihenvergleich eine Möglichkeit, die errechnete Preisnachlassquote zu bewerten. Das Unternehmen strebt eine stetige Erhöhung dieser Kennzahl an, da Preisnachlässe die Materialkosten senken und somit die Rentabilität und Liquidität verbessert wird.

Es ist zu empfehlen, diese Kennzahl **für einzelne Materialarten oder -gruppen** sowie für wichtige **Lieferanten** zu berechnen. Hierfür sind Zähler und Nenner entsprechend anzupassen. Die gewonnenen Informationen werden von der Materialeinkaufsleitung, dem

[126] Vgl. hierzu die Ausführungen im Unterabschnitt 2.2.6 von Band 1 „Bewertung von Kennzahlen und Benchmarking".

Materialeinkauf sowie dem Beschaffungscontrolling zur detaillierten Leistungsbeurteilung und Wirtschaftlichkeitsanalyse des Einkaufs benutzt. Die Preisnachlassquote wird überwiegend zum Periodenende berechnet. Es besteht die Möglichkeit, die Auswertung auch zu anderen Zeitpunkten durchzuführen.

Soll-/Plan-Ist-Vergleich der Einkaufspreise

Schon vorstehend wurde die Thematik des Benchmarkings angesprochen. Als Alternative zur Preisnachlassquote, falls bspw. die Listenpreise nicht bekannt sind und/oder ein externes Benchmarking bezüglich der Preisnachlassquote nicht möglich ist, und als Plan-/Soll-Ist-Vergleich bietet sich ein **Soll-/Plan-Ist-Vergleich der Einkaufspreise** an. Zu überlegen ist, ob der Vergleich über Soll- oder Plangrößen stattfinden soll.[127] Eine Sollgröße erscheint bei der Kontrolle des Einkaufs sinnvoller, da der Sollwert in jedem Fall einer Vorgabe entspricht. Ein Soll-Ist-Vergleich der Einkaufspreise zeigt nur den absoluten Erfolg oder Misserfolg an, lässt sich aber nicht weiter bewerten, da das Einkaufsvolumen nicht in die Analyse einfließt. Daher sollte der Soll-Ist-Vergleich als relative Soll-Ist-Abweichung (in %) ausgestaltet werden:

$$\frac{\text{Relative Soll-Ist-Abweichung}}{\text{des Einkaufspreises (in \%)}} = \frac{\text{Ist-Einkaufspreis ./. Soll-Einkaufspreis}}{\text{Soll-Einkaufspreis}} \cdot 100$$

Darst. 2.1108: Relative Soll-Ist-Abweichung des Einkaufspreises (in %)

Diese Art des Vergleichs wird gelegentlich auch – als weniger aussagekräftige Differenz zwischen dem tatsächlichen Einkaufspreis und dem geplanten Einkaufspreis – **Einkaufspreisrationalisierung** genannt.

Kosten pro Bestellung

Ziel des Einkaufs sollte es sein, **möglichst niedrige Kosten pro Bestellung** anzustreben. Die **Kosten pro Bestellung** geben Aufschluss darüber, **wie aufwendig** beziehungsweise

[127] Vgl. die Diskussion, ob Plan- oder Sollgrößen einem Vergleich zugrunde gelegt werden sollen, etwa bei WÖRDENWEBER, M.: Unternehmensplanung, a. a. O., S. 288.

effizient der Beschaffungsprozess ist. Zur Berechnung werden die gesamten mit den Bestellungen zusammenhängenden Kosten durch die Anzahl der Bestellungen geteilt.

$$\text{Kosten pro Bestellung} = \frac{\text{Gesamte Kosten aller Bestellungen}}{\text{Anzahl der Bestellungen}} \cdot 100$$

Darst. 2.1109: Kosten pro Bestellung

Da der Beschaffungsprozess für verschiedene Materialien unterschiedlich komplex ist, empfiehlt sich eine detailliertere Betrachtung auf der Material- oder Lieferantenebene. Mit Hilfe der ABC-Analysen können wichtige Materialien oder Lieferanten ermittelt werden,[128] für welche diese Kennzahl berechnet werden soll. Die Information dient nicht nur der Beschaffungsleitung zur Steuerung und Kontrolle der Einkaufsleitung, sondern auch der Disposition **zur Kalkulation der optimalen Bestellmenge**.[129]

Ein Nachteil dieser Kennzahl kann in der Erhebung der erforderlichen Daten liegen. Während die Anzahl der Bestellung zumeist durch eine einfache Systemabfrage in Erfahrung zu bringen ist, kann die Ermittlung der durch die Bestellungen verursachten Kosten komplex sein. Eine Kostenermittlung auf Grundlage von Prozesskosten (Prozesskostenrechnung) wäre in diesem Fall optimal. Die Identifizierung der einzelnen Teilprozesse und deren Kosten ist jedoch sehr aufwendig. Je nach Materialart und/oder Lieferant kann der Zeitaufwand des Bestellvorgangs unterschiedlich hoch sein. Verhandlungen über Preise und Lieferantentermine verursachen höhere Kosten als eine einfache telefonische Bestellung. Durch eine differenzierte Prozesskostenrechnung werden daraus resultierende Fehldispositionen vermieden.

Eine sehr allgemeine, aber auch sehr einfache Berechnung dieser Kennzahl verwendet die gesamten Kosten der Abwicklung des Einkaufs im Zähler. Es ist zu beachten, dass das Ergebnis dieser Berechnung nicht die tatsächlichen Kosten eines Bestellvorganges zeigt, sondern die durchschnittlichen Kosten des Einkaufs pro Bestellungen der Periode.

Durch einen Vergleich der vorangegangenen Perioden (**Zeitreihenanalyse**) können Erhöhungen oder Verringerungen der Kosten pro Bestellung erkannt werden. Anhand dieser

---

[128] Die ABC-Analysen wurden bereits in den Paragrafen 2.1.2.1.1 „ABC-Analyse der Materialien“ und 2.1.2.2.1 „ABC-Analyse der Lieferanten“ ausführlich vorgestellt.

[129] Vgl. die Erläuterungen zur Variablen „Kosten pro Bestellung (K_B)“ im Unterparagraf 2.1.2.2.5.2 „Menge“.

lassen sich Schlussfolgerungen über die Effizienz der Einkaufstätigkeit ableiten. Eine Erhöhung der Kostenintensität im Bestellprozess kann viele Ursachen haben, unter anderem eine unwirtschaftliche Abwicklung, ein erhöhter Aufwand durch mangelnde Termintreue oder ein zu geringes Bestreben, Rahmenverträge abzuschließen.[130]

Dem Vorangegangenen ist zu entnehmen, dass die Kennzahl „Kosten pro Bestellung“ zu hinterfragen ist, vor allem dann, wenn sich die Bestellpolitik grundsätzlich ändert und damit das Einhalten einer einmal festgelegten Berechnungsweise nicht mehr gegeben ist. Werden beispielsweise in der aktuellen Periode zunehmend Bestellungen zusammengefasst, erhöhen sich zwar die Kosten des einzelnen Vorgangs, gleichzeitig sinkt jedoch die Anzahl der Bestellungen. Entscheidend ist nicht, ob die Kosten des einzelnen Bestellvorgangs überproportional oder unterproportional steigen, sondern ob im Endeffekt die Gesamtkosten *aller* Bestellungen gestiegen oder gefallen sind[131]; und wenn sie gesunken sind, ist entscheidend, ob deren Minderung stärker war als die Reduzierung der Anzahl aller Bestellungen. Es ist nicht ausgeschlossen, dass die Gesamtkosten aller Bestellungen sogar steigen, da der Koordinationsaufwand zwecks Zusammenfassung von Bestellungen erheblich sein kann. Erst wenn die Senkung der Summe *aller* anfallenden Kosten größer ist als die Verringerung der Anzahl aller Bestellungen, hat sich die Effizienz der Bestellpolitik verbessert. Allerdings darf diese **Kennzahl nicht isoliert optimiert werden**. Eine **erhöhte Bestelleffizienz** kann einige **Nachteile** bewirken. So ist zu vermuten, dass sich durch das Zusammenlegen von Bestellungen die Lagerbestände einzelner Materialien erhöhen. Möglicherweise sogar so stark, dass der optimale Bestand deutlich überschritten wird.

Ein **Benchmark**-Vergleich wirft ähnliche Probleme auf. Eine abweichende Berechnung (bspw. aufgrund einer abweichenden inhaltlichen Festlegung der „Gesamten Kosten aller Bestellungen“) oder eine – aus welchen Gründen auch immer – unterschiedlich hohe Anzahl der Bestellungen im Verhältnis zum Beschaffungsvolumen und den jeweiligen Kosten führt zu Ergebnissen, die sich nicht für einen Vergleich eignen.

Die Kennzahl kann jährlich, halbjährlich, quartalsweise und auch monatlich berechnet werden. Es empfiehlt sich, diese **Kennzahl frühestens halbjährlich, spätestens jährlich zu überprüfen**. Kürzere zeitliche Abstände sind wegen des erheblichen Erfassungsaufwands nicht sinnvoll; ein längerer Abstand verhindert eine zeitnahe Anpassung auf ggf. erhöhte Kosten pro Bestellung.

[130] Vgl. GROCHLA, E, ET AL.: a. a. O., S. 205.

[131] Ein Gleichbleiben wäre rein zufällig.

Reisekostenquote pro aktivem Lieferanten

Bei der Kontrolle der Kosten des Einkaufs sollten auch die **Reisekosten pro Lieferanten** begutachtet werden. Diese sind einerseits grundsätzlich (und auch aus ökologischen Gründen) zu minimieren, indem bspw. **andere Möglichkeiten von Meetings wie Videokonferenzen** via Bitrix24, Cisco Webex, Microsoft Teams, Skype, Teamviewer, Zoom genutzt werden, andererseits sind in vielen Fällen persönliche (physische) Kontakte von größerem Nutzen/Wirkungsgrad. Gerade im letzten Fall ist abzuwägen, bei welchem Lieferanten ein persönliches Gespräch vor Ort notwendig ist. Insofern sollten diese Kontakte erstens auf die **aktiven Lieferanten**, das sind die A- und ggf. B-Lieferanten, beschränkt werden und zweitens innerhalb der Gruppe der aktiven Lieferanten die Kosten in einem vernünftigen Verhältnis zum jeweiligen Einkaufsvolumen stehen.

$$\text{Reisekostenquote (\%)} = \frac{\text{Reisekosten bezüglich eines bestimmten Lieferanten}}{\text{Einkaufsvolumen des bestimmten Lieferanten}} \cdot 100$$

Darst. 2.1110: Reisekostenquote (%)

Mit der Kennzahl „Reisekostenquote (%)" pro aktivem Lieferanten lassen sich u. a. auch eventuelle „Lustreisen" von Mitarbeitern des Beschaffungsbereichs besser aufdecken.

2.1.2.2.6 Maverick-buying

Maverick-buying wird umgangssprachlich als „wilder Einkauf", „eigenmächtiger Einkauf" oder „unkontrollierter Einkauf" bezeichnen. Er lässt sich wie folgt beschreiben:[132]

[132] Vgl. SCHUH, G., AGHASSI, S., BREMER, D. ET AL.: Einkaufsstrukturen, in: SCHUH, G. (HRSG.): Einkaufsmanagement. Handbuch Produktion und Management 7, 2. Aufl., Berlin, Heidelberg 2014, S. 35, KARJALAINEN, K., VAN RAAIJ, E.M.: An Empirical test of contributing factors to different forms of maverick buying, in: Journal of Purchasing and Supply Management. 17. Jg, 2011, S. 185–197, http://www.ippa.org/IPPC4/Proceedings/04EconomicsofProcurement/Paper4-2.pdf, Abruf am 04.08.2021.

Beim Maverick-buying handelt es sich um die von beschaffungsfremden Stellen des Unternehmens nicht abgesprochene Beschaffung von Sachgütern und Dienstleistungen, für die grundsätzlich ein vorgegebener Beschaffungsprozess, oft basierend auf bestehenden Rahmenverträgen mit ausgewählten Lieferanten, besteht.

Darst. 2.1111: Maverick-buying

Die vorstehende Definition verdeutlicht, dass Maverick-buying (auch) ein Thema der Compliance[133] im Unternehmen ist.

Maverick-buying ist gekennzeichnet durch Intransparenz, persönliche Präferenzen zu Lieferanten, keine strukturierte Selektion der Lieferanten, Durchführung von Verhandlungen ohne entsprechende Verhandlungskompetenzen sowie nicht genutzte Rahmenverträge. Sie sind oft Folge fehlender oder nicht bekannter Organisationsanweisungen im Unternehmen oder schlecht gestalteter bzw. schlecht organisierter Einkaufsprozesse.[134] Denkbar sind aber auch **Gründe** wie die Unkenntnis der „Total Cost of Ownership“, d. h. der Gesamtkosten des beschafften Gutes, Abteilungsegoismus aufgrund falscher interner Verrechnungspreise für innerbetriebliche Dienstleistungen,[135] dringender Bedarf, Zweifel an der Leistungsfähigkeit des vorgesehenen Lieferanten, Bedenken gegenüber den Kompetenzen der Beschaffungsabteilung, Zielkonflikte zwischen dem Beschaffungsbereich und anderen Stellen des Unternehmens, Existenz von Handkassen (Korruption), aber auch „Gründe der weichen Ebene“[136] wie Machtlosigkeit, Langeweile, Ungerechtigkeit, Frustration, fehlende Organisationsverbundenheit usw.

Auch wenn das Maverick-buying **auf den ersten Blick verschiedene Vorteile** wie hohe Flexibilität oder Zeitersparnis aufgrund kurzfristiger Beschaffungsvorgänge bietet, sind schlussendlich folgende **negative Effekte** zu konstatieren, die sich in einem **schlechteren Betriebsergebnis** niederschlagen. Zu nennen sind:[137]

[133] Corporate Compliance ist die Gesamtheit aller unternehmerischen Aktivitäten zur Einhaltung der gesetzlichen und anderer externer Regeln sowie der unternehmensinternen Richtlinien durch die Organmitglieder und Mitarbeiter des Unternehmens. Vgl. zum Thema Compliance WÖRDENWEBER, M.: Normatives Management und konstitutive Entscheidungen (im Folgenden abgekürzt mit „Normatives Management“), 1. Aufl., Norderstedt 2019, S. 281–330.

[134] Vgl. SCHWENK, J.: Maverick Buying – Anarchie im Indirect Procurement. DIMension, Ulm 2011.

[135] Die beschaffende Stelle des Unternehmens trägt nur die Grenzkosten (Beschaffungskosten) statt der Gesamtkosten, die u. a. auch die Personalkosten der Beschaffungsabteilung beinhalten.

[136] WERNER, H.: a. a. O., S. 42.

[137] Vgl. WANNENWETSCH, H.: Erfolgreiche Verhandlungsführung in Einkauf und Logistik: Praxisstrategien und Wege zur Kostensenkung – für Einkauf, Logistik und Vertrieb, 4. Aufl., Berlin, Heidelberg 2013, S. 376–377.

- fehlende Preisvergleiche
- höhere Preise aufgrund nicht oder schlecht geführter Einkaufsverhandlungen, z. B. bei dringendem Bedarf von Artikeln oder aufgrund von Nachforderungen durch mangelnde Kenntnis in der Vertragsgestaltung
- nicht genutzte Preisvorteile aus Rahmenverträgen
- höhere Kosten mangels Bündelung von Beschaffungsaufträgen
- durch kleine Losgrößen höhere Transportkosten und höhere Einkaufspreise
- erhöhte Reklamationen durch Lieferung falscher Produkte anhand eiliger Bestellprozesse
- nicht erreichte Zielgröße für Rahmenverträge (u. a. Rabattverluste)
- Beeinträchtigung der Außenwirkung des beschaffenden Unternehmens beim Lieferanten durch Nichteinhaltung der vorgesehenen Beschaffungswege

Darst. 2.1112: Negative Effekte des Maverick-buyings

Nach Wannenwetsch erhöhen sich die Bezugskosten aufgrund eines Maverick-buying durchschnittlich um 15 % gegenüber einer „kontrollierten" Beschaffung.[138] Vor allem bei den C-Artikeln ist dieser eigenmächtige Einkauf häufig festzustellen. Bis zu 30 % dieser Teile werden an bestehenden Verträgen vorbei bestellt.[139] Weitere dieser Aufträge finden sich bei Wartungen und Reparaturen sowie dringend benötigten Ersatzteilen und Kleinteilen.

Die Aufdeckung von Maverick-buying ist meist mit erheblichem Aufwand verbunden. In vielen Fällen sind detektivische Fähigkeiten erforderlich, bei denen eine gute Software im Unternehmen sehr hilfreich ist. Ansatzpunkte sind Hotelübernachtungen und Reisen von Mitarbeitern der potenziell betroffenen Stellen des Unternehmens sowie deren Beschaffungen von IT-Hardware und Software, Ersatzteilen und Kleinteilen für Wartungen und Reparaturen bzw. dementsprechende Aufträge/Verträge. Die durch Maverick-buying entstandenen Mehrkosten sind schwer festzustellen oder gar zu messen, weil diese Kosten oft nicht der Kostenstelle „Beschaffung" zugeordnet werden, sondern in den Kosten der beschaffenden Stellen „verschleiert" sind.[140] Als Kennzahl für das Maverick-buying kann die **Rahmenvertragsquote** genutzt werden, die sowohl mengenmäßig als auch wertmäßig definiert werden kann:

[138] Vgl. WANNENWETSCH, H.: a. a. O., S. 376.

[139] Ebenda.

[140] Vgl. SCHUH, G., AGHASSI, S., BREMER, D. ET AL.: a. a. O., S. 35.

$$\text{Rahmenvertragsquote (\%)} = \frac{\text{Anzahl der Bestellungen aus Rahmenverträgen}}{\text{Anzahl aller Bestellungen}} \cdot 100$$

Darst. 2.1113: Mengenmäßige Rahmenvertragsquote (%)

$$\text{Rahmenvertragsquote (\%)} = \frac{\text{Wert der Bestellungen aus Rahmenverträgen}}{\text{Gesamtes Einkaufsvolumen}} \cdot 100$$

Darst. 2.1114: Wertmäßige Rahmenvertragsquote (%)

Die Rahmenvertragsquote gibt den Anteil der durch Rahmenverträge gedeckten Einkäufe wieder. Aus Sicht der Beschaffung würde eine wertmäßige Rahmenvertragsquote bevorzugt, wenn das Maverick-buying aufgedeckt werden soll. Eine mengenmäßige Rahmenvertragsquote ist dann interessant, wenn bspw. die Auslastung des Einkaufs untersucht werden soll.

Die Verwendung der Rahmenvertragsquote setzt eine sorgfältige und sensible Kontierung und/oder Meldungen an die Beschaffungsabteilung beim Eingang der Rechnungen im Unternehmen voraus.

Zu den **wirkungsvollen Gegenmaßnahmen** gehören Schulungen der potenziellen, nicht autorisierten „Einkäufer" und (Organisations-)Rundschreiben an alle Mitarbeiter des Unternehmens. Eine weit verbreitete Möglichkeit des kontrollierten Einkaufs bieten sog. Purchasing Cards. Das sind elektronische Einkaufskarten der Kreditgesellschaften, ähnlich einer Kreditkarte. Angeboten werden sie etwa von American Express, Barclay, HSBC, J. P. Morgan, VISA und Lufthansa AirPlus. Diese Einkaufskarten werden physisch an ausgewählte Mitarbeiter des Unternehmens ausgegeben. Auch die bloße Hinterlegung einer Kartennummer bei den Kreditkartengesellschaften oder bei Kreditinstituten ist möglich (Corporate Purchasing Account). Die autorisierten Mitarbeiter, z. B. Kostenstellenleiter, können die Güter, v. a. C-Güter oder Ersatzteile/Kleinteile für Wartungen und Reparaturen direkt und eigenverantwortlich bei vorab festgelegten Lieferanten ordern. Die Zahlung der bestellten Güter erfolgt über die Einkaufskarte. Eine weitere Offensiv-Maßnahme zur Verhinderung von Maverick-buying besteht darin, Lead-Buyer, das sind erfahrene

Einkäufer, die die alleinige unternehmensweite Beschaffungskompetenz für bestimmte Einkaufsbereiche haben, einzusetzen. Grundsätzlich können auch Unterschriftenregelungen bei externen Beschaffungen unternehmensweit verkündet werden. Weitergehend ist auch denkbar, ungenehmigte Rechnungen, die vom Unternehmen bezahlt werden, intern dem Besteller im Unternehmen persönlich weiter zu belasten. Dies setzt aber belastbare, eindeutige Regelungen ex ante im Unternehmen voraus. Nicht zuletzt können auch Abmahnungen im Fall einer Zuwiderhandlung ausgesprochen werden.

Die **Anzahl der Abmahnungen** für Maverick-buying können als Kennzahl für eigenmächtige Einkäufe verwendet werden.

2.1.2.3 Lieferantenkreditdauer

Der Lieferantenkredit stellt eine Kreditbeziehung zwischen dem Lieferanten und dem Abnehmer dar (Handelskredit). Diese Beziehung entsteht in dem Zeitpunkt, in dem eine Ware geliefert und/oder eine Dienstleistung erbracht wird und der daraus resultierenden Zahlungsverpflichtung nicht unverzüglich nachgekommen wird. Bei einem Lieferantenkredit handelt es sich um eine kurzfristige Fremdfinanzierung. Daher wird dieses Thema oft im Bereich Finanzierung behandelt. Davon soll hier abgewichen werden, da der Nenner der Kennzahl den Wert der Materialzugänge umfasst (s. u.) und damit nach der oben aufgestellten Regel dem Bereich Beschaffung zugeordnet wird. Darüber hinaus fließt in die Überlegung, **bei welchem Lieferanten bestellt werden soll**, auch die Frage nach der Zahlung unter Ausnutzung des angebotenen Skontos ein, da die Anschaffungskosten gemäß § 255 I HGB auch das Skonto beinhalten und dieses somit die Anschaffungskosten letztlich senkt.

In der Literatur wird häufig die **Lieferantenkreditdauer**, synonym **Kreditorenziel oder Kreditorenlaufzeit**, nicht nur unterschiedlich definiert, sondern auch verschiedenartig interpretiert.

Da den Controller in der Regel nur der betriebliche Bereich eines Unternehmens interessiert, beschränkt sich der Nenner auf den Wert der Materialzugänge, der Zähler umfasst die Verbindlichkeiten aus Lieferungen an Roh-, Hilfs- und Betriebsstoffen sowie Fremdbauteilen, Vorprodukten und Handelswaren. Von den vorgenannten Verbindlichkeiten sind die geleisteten Anzahlungen zu subtrahieren.

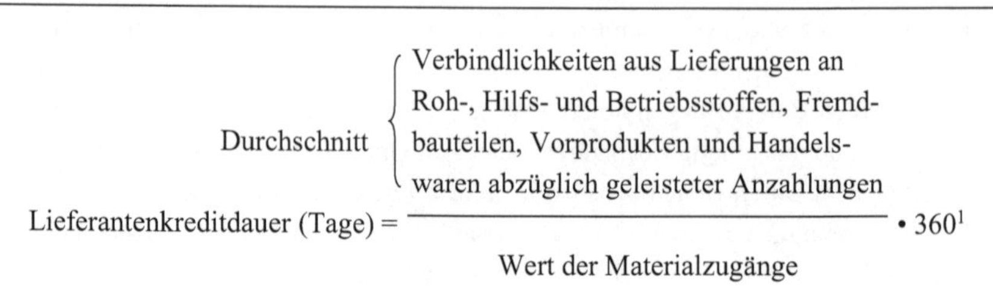

$$\text{Lieferantenkreditdauer (Tage)} = \frac{\text{Durchschnitt} \left\{ \begin{array}{l} \text{Verbindlichkeiten aus Lieferungen an} \\ \text{Roh-, Hilfs- und Betriebsstoffen, Fremd-} \\ \text{bauteilen, Vorprodukten und Handels-} \\ \text{waren abzüglich geleisteter Anzahlungen} \end{array} \right.}{\text{Wert der Materialzugänge}} \cdot 360^{1}$$

Darst. 2.1115: Lieferantenkreditdauer (Tage)

[1] Abweichend wird auch, insbesondere in vielen ausländischen Staaten, bei der Berechnung dieser Kennzahl mit 365 Tagen gearbeitet.

Die Lieferantenkreditdauer sagt aus, **nach wie vielen Tagen durchschnittlich eine Rechnung bezahlt wurde**.

Die Verbindlichkeiten werden in der Finanzbuchhaltung systemseitig einschließlich Umsatzsteuer geführt, während die Materialzugänge ohne diese gebucht werden. Bei der Berechnung der Kennzahl ist daher auf eine einheitliche Datengrundlage zu achten. Entweder muss die Umsatzsteuer bei den Materialzugängen aufgeschlagen werden oder sie wird aus den Verbindlichkeiten und Anzahlungen[141] herausgerechnet. Das Herausrechnen der Umsatzsteuer scheint der sinnvollere Weg, wenn Waren und/oder Dienstleistungen mit unterschiedlichen Steuersätzen (z. B. 7 % oder 19 %) bezogen wurden, da anderenfalls erst ein Mischzinssatz für einen Aufschlag auf die Materialzugänge berechnet werden müsste. Der Wert der Materialzugänge errechnet sich aus dem Materialverbrauch (Materialaufwand gemäß GuV) und den Bestandsveränderungen (Roh-, Hilfs- und Betriebsstoffe, Vorprodukte, Fremdbauteile, Handelsware).[142]

Für die Lieferantenkreditdauer kann sich – in seltenen Fällen – auch ein negativer Wert ermitteln lassen. Tendenziell liegt dies daran, dass dann die Waren per Vorkasse bezahlt werden. Es ist zu vermuten, dass ein Unternehmen bei hervorragender Liquiditätslage

[141] Anzahlungen sind gem. § 13 Abs. 1 Nr. 1 UStG umsatzsteuerpflichtig.

[142] Diese Zusammensetzung ergibt sich aus folgender Gleichung (für die Bestandskonten auf der Aktivseite der Bilanz):

Anfangsbestand
\+ Zugänge
./. Endbestand
= Materialaufwand (Materialverbrauch).

Oder: Zugänge = Materialaufwand + Endbestand ./. Anfangsbestand.

Vorkasse-Zahlungen nutzt, um damit Reduzierungen der Anschaffungspreise bei Investitionen und der Beschaffung von Waren durchzusetzen, die über dem üblichen Skontosatz liegen.

Grundsätzlich stellt sich die Frage, ob der ermittelte Wert ein vergleichsweise schlechter, mittelmäßiger oder guter ist. Eine Antwort könnte eine vergleichende Bewertung (vgl. Unterabschnitt 2.2.6 im Band 1) liefern. Neben einem Soll-Ist- bzw. Plan-Ist-Vergleich oder einem zeitlichen Vergleich (Zeitreihenanalyse) kann auch eine relative Bewertung in Form des internen oder externen Benchmarkings vorgenommen werden. Unabhängig von einem möglichen Vergleich ist der Frage nachzugehen, ob es sich hinsichtlich der Lieferantenkreditdauer um ein Maximierungs-, Minimierungs- oder sonstiges Ziel handelt.

Als Vorteile einer Ausweitung der Lieferantenkreditdauer sind zu nennen:

- Zinslosigkeit eines Lieferantendarlehens und der daraus resultierenden Möglichkeit, Sollzinsen einzusparen bzw. im Sinne von Opportunitätskosten oder oder tatsächlich Zinserträge zu erwirtschaften
- Verfügungsmöglichkeit über zusätzliche liquide Mittel infolge einer verzögerten Bezahlung der Lieferanten
- Entlastung der Kreditlinien bei Banken
- Unabhängigkeit von Kreditinstituten wird erhöht
- Schnelle, bequeme, formlose Gewährung eines Kredits
- Keine systematische, formelle Kreditwürdigkeitsprüfung
- Bessere Verhandlungsposition in Gewährleistungsfällen, da die Rechnung noch nicht beglichen wurde

Darst. 2.1116: Vorteile einer Ausweitung der Lieferantenkreditdauer

Diesen Vorteilen steht eine Reihe, zum Teil gravierender Nachteile gegenüber:

- Verschlechterung in den Ratings/Bonitätsbeurteilungen der Kreditinstitute und Auskunfteien
- Beeinträchtigung der Lieferantenbeziehung
- Wachsende Abhängigkeit vom Lieferanten im Falle steigender Verbindlichkeiten
- Höhere Preise aufgrund schlechter Zahlungsmoral
- Verzicht auf Skonto

Darst. 2.1117: Nachteile einer Ausweitung der Lieferantenkreditdauer

Bei den Nachteilen einer Ausweitung der Lieferantenkreditdauer ist auch zu berücksichtigen, dass bei der gelieferten Ware i. d. R. ein (oft auch: verlängerter) Eigentumsvorbehalt besteht.

Insbesondere der Verzicht auf **Skonto** stellt aus betriebswirtschaftlicher Sicht wegen der hohen **Opportunitätskosten (Effektivzinssatz)** ein gewichtiges Argument dar. Die Abwägung, ob eine Zahlung unter Ausnutzung des Skontos auch dann erfolgen sollte, wenn das Unternehmen die (hoffentlich) vereinbarte Kreditlinie der Bank in Anspruch nehmen muss, fällt angesichts des meist sehr hohen Effektivzinses einer Skontozahlung gegenüber den Sollzinsen zugunsten einer Skontozahlung aus.

Wie hoch die Opportunitätskosten bei dem Verzicht auf die Nutzung des Skontos sind, lässt sich anhand des Effektivzinssatzes feststellen. Wird das Skonto (seitens des Lieferanten) als Zinsaufwand bzw. (seitens des Kunden) als Zinsertrag für den eingeräumten Zahlungszeitraum betrachtet, ergibt sich folgende Faustformel (Überschlagslösung) für die Überprüfung der Wirtschaftlichkeit:

$$\text{Effektivzinssatz (Faustformel)} = \frac{\text{Skontosatz} \cdot 360}{\text{Netto-Zahlungsziel} - \text{Skontofrist}}$$

Darst. 2.1118: Effektivzinssatz (Faustformel) bei Skontonutzung

Bei einer in der Praxis recht häufig anzutreffenden Bedingung[143] von 30 Tagen Netto-Zahlungsziel und Skontogewährung von 2 % bei Zahlung innerhalb von 10 Tagen ergibt sich folgender effektiver Zinssatz:

$$\text{Effektivzinssatz (Faustformel)} = \frac{2\,\% \bullet 360}{30 - 10} = 36\,\%$$

Darst. 2.1119: Effektivzinssatz (Faustformel) bei 30 Tagen Netto-Zahlungsziel und Skontogewährung bei Zahlung innerhalb von 10 Tagen

Die genauere Berechnung mittels Zinsformel lautet:

$$\text{Effektivzinssatz (Zinsformel)} = \frac{\text{Skontosatz}}{100\,\% - \text{Skontosatz}} \bullet \frac{360}{\text{Nettoziel} - \text{Skontofrist}} \bullet 100$$

Darst. 2.1120: Effektivzinssatz (Zinsformel) bei Skontonutzung

Unter Verwendung der Daten des vorstehenden Beispiels ergibt sich:

$$\text{Effektivzinssatz (Zinsformel)} = \frac{2\,\%}{100\,\% - 2\,\%} \bullet \frac{360}{30 - 10} \bullet 100 = 36{,}73\,\%$$

Darst. 2.1121: Effektivzinssatz (Zinsformel) bei 30 Tagen Netto-Zahlungsziel und Skontogewährung bei Zahlung innerhalb von 10 Tagen

Beträgt der durchschnittliche Skontosatz c. p. 3 %, so steigt der effektive Jahreszins auf 55,67 %.

[143] Besitzt das Unternehmen eine große Nachfragemacht, wie es in der Automobil- und Lebensmittelbranche gängige Praxis ist, kann die (Netto-)Zahlungsfrist auch bis zu 90 Tage betragen. Vgl. WÖHE, G., DÖRING, U., BRÖSEL, G.: a. a. O., S. 548f.

Der von der Bank gewährte Kontokorrentzinssatz ist abhängig von dem allgemeinen Zinsniveau sowie der Bonität und Nachfragemacht des Unternehmens. Bei einem Vergleich mit einem Bankkredit zur Finanzierung von 20 Tagen, um den Skontovorteil zu nutzen, wäre sogar ein Kontokorrentkredit von z. B. 16 % noch vorteilhaft.

Es stellt sich die **Frage, ob in *allen* Fällen anzuraten ist, Rechnungen mit Skonto zu bezahlen**, sofern diese Möglichkeit überhaupt angeboten wird. Entscheidend ist das Verhältnis zwischen den Opportunitätskosten in Form des effektiven Zinssatzes für die Nutzung des Skontos und den Sollzinsen der Bank. Wenn auf der einen Seite von einem zweistelligen Sollzinssatz ausgegangen wird, ist zu klären, ob und wann der Effektivzinssatz sich so weit dem Sollzinssatz der Bank nähert, dass eine Entscheidungsindifferenz eingetreten ist. Ein Blick auf die beiden Formeln für den Effektivzinssatz zeigt, dass neben der Höhe des Skontosatzes die Differenz zwischen dem Nettozahlungsziel und der Skontofrist entscheidend für die Höhe des effektiven Zinssatzes sind. Die Zusammenhänge zwischen den drei vorgenannten Größen verdeutlicht die folgende Tabelle[144]:

Skontosatz (%)	Differenz zwischen Netto-Zahlungsziel und Skontofrist (Tage)							
	10	20	30	40	50	60	70	80
1,0	36,0	18,0	12,0	9,0	7,2	6,0	5,1	4,5
1,5	54,0	27,0	18,0	13,5	10,8	9,0	7,7	6,8
2,0	72,0	36,0	24,0	18,0	14,4	12,0	10,3	9,0
2,5	90,0	45,0	30,0	22,5	18,0	15,0	12,9	11,3
3,0	108,0	54,0	36,0	27,0	21,6	18,0	15,4	13,5
3,5	126,0	63,0	42,0	31,5	25,2	21,0	18,0	15,8
4,0	144,0	72,0	48,0	36,0	28,8	24,0	20,6	18,0
4,5	162,0	81,0	54,0	40,5	32,4	27,0	23,1	20,3
5,0	180,0	90,0	60,0	45,0	36,0	30,0	25,7	22,5

Darst. 2.1122: Effektivzinssatz (Faustformel) bei Variation des Skontosatzes und der Differenz zwischen Netto-Zahlungsziel und Skontofrist

[144] Vgl. HÄRDLER, J.,GONSCHOREK, T. (HRSG.): a. a. O., S. 346.

Die vorstehende Abbildung zeigt, dass sich der **Effektivzinssatz umso mehr verkleinert, je geringer der Skontosatz und/oder je größer die Differenz zwischen Netto-Zahlungsziel und Skontofrist** ist. Wenn von einem üblichen Skontosatz von 2 % ausgegangen wird, bedarf es einer Differenz von 80 Tagen, damit der effektive Zinssatz unter 10 % fällt. (Eine Differenz von 80 Tagen könnte beispielsweise die Kombination „Skontofrist 10 Tage, Netto-Zahlungsziel 90 Tage" sein.) Ein **derart ausgedehntes Netto-Zahlungsziel** (z. B. 90 Tage) mit Kreditkosten unter dem Sollzinssatz der Banken (im Beispiel 9 %) kann nur ein **Nachfrager mit enormer Marktmacht**, z. B. große Lebensmittelfilialisten, internationale Automobilkonzerne[145] oder andere global agierende Handelskonzerne **bei einem deutlich kleineren Lieferanten** durchsetzen. Wird der **Effektivzinssatz als Anreiz interpretiert, mit Skonto zu bezahlen** statt am Ende des Netto-Zahlungsziels, **schwindet der Anreiz c. p., je größer die Differenz zwischen Netto-Zahlungsziel und Skontofrist ist.** Die Vergrößerung dieser Differenz geht c. p. mit der Verlängerung des Netto-Zahlungsziels einher. In Relation zum Sollzinssatz der Banken (z. B. 12 %) kann die Verlängerung des Netto-Zahlungsziels dazu führen, dass kein Anreiz mehr gegeben ist, (vorzeitig) mit Skontoabzug zu zahlen.

Zusammenfassend ist eine zweistufige Strategie vorzuschlagen:

Stufe 1: Aushandeln der Zahlungsbedingungen

Ziel der Verhandlungen mit dem Lieferanten muss es sein, **eine Finanzierung zu erhalten, die günstiger als die Kreditierung über die Bank ist**. Ausgehend von der Darst. 2.1122 zeigt sich, dass **vorrangig eine Erhöhung des Skontosatzes** erreicht werden sollte, **nachrangig** auch **eine Verlängerung des Netto-Zahlungsziels.** Dies belegt ebenfalls die nachstehende Darstellung 2.1123. Eine Erhöhung des Skontosatzes dürfte schwieriger durchzusetzen sein, da jede Erhöhung eine erhebliche Verteuerung (siehe Effektivzinssatz) beim Lieferanten nach sich zieht. Eine Erhöhung des Skontosatzes ist auf der Seite des Lieferanten relativ einfach und direkt zu interpretieren: Bei Ausnutzung des Skontos verringern sich seine Umsatzerlöse um genau diesen Prozentsatz (Nachlässe)! Zum Beispiel 2 % bei Zahlung innerhalb von 10 Tagen. Auf der anderen Seite könnte er den vorzeitig erhaltenen Betrag bis zum Netto-Zahlungsziel wieder anlegen oder entsprechend zur Reduzierung des Zinsaufwandes (Sollzinsen) bei der Bank einsetzen. Zum Beispiel Sollzinssatz 12 %; das sind dann per Dreisatz für 10 Tage 0,33 %. Der zeitanteilige Zinssatz liegt in der Regel immer deutlich unter dem Skontosatz. Daher wird eine Verlängerung des Netto-Zahlungsziels eher verhandelbar sein, insbesondere dann, wenn sich der Sollzinssatz auf einem relativ niedrigen Niveau befindet. (Der Sollzinssatz hängt neben

[145] Vgl. WÖHE, G., DÖRING, U., BRÖSEL, G.: a. a. O., S. 548f.

dem allgemeinen Zinsniveau von der Bonität und Nachfragemacht des Bankkunden ab.) Wird beispielsweise das Netto-Zahlungsziel um ein Vierteljahr verlängert, erhöhen sich die Kosten des Lieferanten bei einem jährlichen Sollzinssatz von 12 % um 3 %. Im Allgemeinen ist es – von Ausnahmen wie den beschriebenen Nachfragern mit enormer Marktmacht abgesehen – eher so, dass sich der Kunde an die vorgegebenen Zahlungsbedingungen halten muss.

Stufe 2: Entscheidungsverhalten bei anstehenden Zahlungen an den Lieferanten

Entscheidend ist zunächst der Referenzzinssatz, hier der Sollzinssatz der Banken, mit dem der Effektivzinssatz im Hinblick auf die Frage „Zahlung mit Skonto oder nicht?" verglichen werden muss. Es soll von einem Sollzinssatz in Höhe von 12 % ausgegangen werden. (Die nachstehend beschriebene Entscheidung erfolgt bei anderen Sollzinssätzen analog.) Dann sind in der nachstehenden Grafik alle Kombination von Skontosatz und Differenz zwischen Netto-Zahlungsziel und Skontofrist für eine Zahlung zum Ende des möglichen Zeitraumes für eine (Netto-)Begleichung der Verbindlichkeit prädestiniert, die unterhalb der 12 % Iso-Effektivzinssatz-Linie liegen. Der Entscheidungsraum pro Nettozahlung ist grau hinterlegt. Bei allen Punkten auf der Linie besteht eine Entscheidungsindifferenz.

Die nachstehende Darstellung 2.1123 zeigt, dass die Nutzung des Skontos dann nicht lohnt, wenn bei einem angenommenen Sollzinssatz von 12 % und einem Skontosatz von 1 % die Differenz zwischen Netto-Zahlungsziel und Skontofrist mehr als 30 Tage beträgt oder bei einem Skontosatz von 2 % mehr als 60 Tage beträgt.

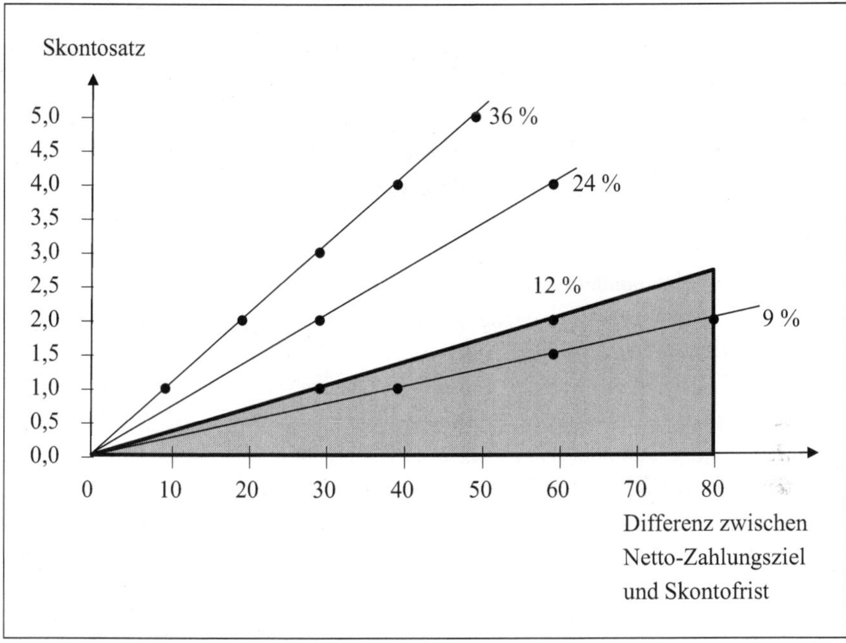

Darst. 2.1123: Iso-Effektivzinssatz-Linien

Anders ausgedrückt: Beträgt bei einem angenommenen Sollzinssatz von 12 % und einem Skontosatz von 1 % die Differenz zwischen Netto-Zahlungsziel und Skontofrist mehr als 30 Tage oder bei einem Skontosatz von 2 % mehr als 60 Tage, wäre eine Zahlung am Ende des Netto-Zahlungszeitraums sinnvoller. Es stellt sich allerdings (s. o.) die Frage, ob derart lange Netto-Zahlungsziele verhandelbar sind. Im Allgemeinen dürfte dies nicht der Fall sein.

Zusammenfassend lässt sich festhalten, dass es sich bei dem Kriterium Lieferantenkreditdauer weder um ein Maximierungs- noch Minimierungs-Ziel, sondern ein sonstiges Ziel handelt. **Optimal ist in den meisten Fällen** (Ausnahme sind Nachfrager mit enormer Marktmacht, die ein extrem langes Netto-Zahlungsziel durchsetzen können) **eine Zahlung mit Skonto** zum Ende der vereinbarten Skontofrist. Wird seitens des Lieferanten **keine**

Skontozahlung eingeräumt oder **wird der (vorrangig einzuhaltende) MBLM**[146] **unterschritten** (s. u.), wird eine **Rechnung gegen Ende des vereinbarten Netto-Zahlungsziels beglichen**.

Eine **Restriktion** bei der Zahlung mit Skonto ergibt sich (somit auch) aus dem mit der Bank vereinbarten Kreditrahmen. Ist er ausgeschöpft, kann eine weitergehende Skontozahlung nicht vorgenommen werden.

Die Einhaltung des Liquiditätsgrundsatzes des Unternehmens „Der MBLM (optimale Liquidität) darf nicht unterschritten werden!" könnte einen **scheinbaren Zielkonflikt** offenbaren, wenn das uneingeschränkte Postulat *und* Ziel „Skontozahlung lohnt in (fast) jedem Fall, da die Sollzinsen fast immer geringer sind als der Effektivzinssatz der Skontozahlung" lauten würde und die konsequente Umsetzung zu einer Unterschreitung des MBLM führen, wenn der Kreditrahmen der Bank ausgeschöpft würde und dann keinerlei Liquiditätsreserven bei den Kreditinstituten mehr bestehen würden. Hier muss deutlich gemacht werden, dass es sich aus zwei Gründen um **keinen Zielkonflikt** handelt. Zum einen handelt es sich bei dem **Liquiditätsgrundsatz** um kein Ziel, sondern eine **Nebenbedingung**, die zum anderen **unabdingbar** ist. Anders ausgedrückt: Es macht keinen Sinn, (Unternehmens-)Renditen über die maximale Ausnutzung der Skontozahlungsmöglichkeiten zu erhöhen, wenn gleichzeitig die Liquidität des Unternehmens gefährdet wird (Insolvenzrisiko). In diesem Zusammenhang wird auch klar, dass die **Sicherung des Unternehmens kein Ziel** darstellt, sondern eine **weiter gefasste (globale), unabdingbare Nebenbedingung des unternehmerischen Handelns** ist.

Im Folgenden soll näher untersucht werden, **von welchen Parametern die Lieferantenkreditdauer konkret abhängt**, sofern es sich bei dem betroffenen Unternehmen nicht um einen Nachfrager mit einer enormen Verhandlungsmacht (s. o.) handelt, dem es gelingt, das Netto-Zahlungsziel extrem auszuweiten.

Ausgehend von den Prämissen, dass

- die Zahlung am letzten Tag der Skontofrist erfolgt, sofern dem Unternehmen die Möglichkeit der Zahlung per Skonto (überhaupt) offeriert wird, ansonsten
- die Zahlung am letzten Tag der Netto-Zahlungsfrist vorgenommen wird und

[146] MBLM = Mindestbestand an liquiden Mitteln (optimale Liquidität). Der Mindestbestand an liquiden Mitteln setzt sich aus dem Kassenbestand, dem Bankguthaben (Kontokorrentguthaben, Sichtguthaben, Giralgeld) und dem freien, nicht ausgeschöpften Kreditrahmen zusammen.

- keine Präferenzen für das Vorziehen von Zahlungen bei höheren Skontosätzen bestehen[147],
- keine Liquiditätsengpässe vorliegen[148],
- keine Anzahlungen zu leisten sind,
- eine Gleichverteilung bei den Verbindlichkeiten (auch unabhängig davon, ob diese eine Skontoabzugsmöglichkeit vorsehen oder nicht) vorliegt,

soll die Lieferantenkreditdauer für den Fall eines Skontozahlungsziels von 10 Tagen und einem Netto-Zahlungsziel von 30 Tagen analysiert werden.

Das untersuchte Unternehmen erhält Rechnungen auf Ziel, die einerseits eine Zahlung mit Skonto vorsehen (Skontoabzugsmöglichkeit), andererseits eine Zahlungsmöglichkeit unter Ausnutzung von Skonto ausschließen (keine Skontoabzugsmöglichkeit).

Die durchschnittliche Lieferantenkreditdauer lässt sich unter den vorstehenden Annahmen recht einfach berechnen:

$$\text{Ø Lieferantenkreditdauer (Tage)} = \frac{\text{Proz. Anteil der Rechnungen mit Skontoabzugsmöglichkeit} \cdot \text{Skontozahlungsziel (Tage)} + \text{Proz. Anteil der Rechnungen ohne Skontoabzugsmöglichkeit} \cdot \text{Nettozahlungsziel (Tage)}}{100\,\%}$$

Darst. 2.1124: Durchschnittliche Lieferantenkreditdauer (Tage)

Für das Skontozahlungsziel wird 10 (Tage) eingesetzt, für das Nettozahlungsziel 30 Tage.

Bei einer Variation des Anteils der Rechnungen mit bzw. ohne Skontoabzugsmöglichkeit ergibt sich folgendes Bild:

[147] Damit ist gemeint, dass selbst bei extrem hohen Skontosätzen die Zahlung immer erst am letzten Tag der Skontofrist durchgeführt wird.

[148] Also ggf. auch die Kreditlinien ausreichend sind.

Anteil mit Skonto-abzug (%)	Anteil ohne Skonto-abzug (%)	Skonto-zahlungs-ziel (Tage)	Netto-zahlungs-ziel (Tage)	Lieferanten-kreditdauer (Tage)
100	0	10	30	10
90	10	10	30	12
80	20	10	30	14
70	30	10	30	16
60	40	10	30	18
50	50	10	30	20
40	60	10	30	22
30	70	10	30	24
20	80	10	30	26
10	90	10	30	28
0	100	10	30	30

Darst. 2.1125: Lieferantenkreditdauer mit variierendem Anteil an Rechnungen mit bzw. ohne Skontoabzugsmöglichkeit (Beispiel)

In einem mittelständischen Industrieunternehmen kann von einem relativ hohen Anteil an skontoabzugsberechtigten Verbindlichkeiten ausgegangen werden, da diese häufig mit anderen Unternehmen zusammenarbeiten, bei denen ein Skontoabzug üblich ist. Ein realistischer Wert von 80 % kann an dieser Stelle angenommen werden. Unter diesen Annahmen kann mit einer durchschnittlichen Lieferantenkreditdauer von 14 Tagen gerechnet werden. Wird bei einer solchen Relation eine Lieferantenkreditdauer von unter 14 Tagen erreicht, kann davon ausgegangen werden, dass das Unternehmen die Skontozahlungsfristen nicht komplett ausgeschöpft hat. Wird eine Lieferantenkreditdauer von über 14 Tagen erzielt, muss angenommen werden, dass das Unternehmen nicht alle Skontobeträge in Anspruch genommen hat. Dies würde dem oben unterstellten rationalen Verhalten widersprechen.

Unter den obigen Prämissen und insbesondere der Annahme, dass die Höhe des Skontosatzes keinen Anreiz liefert, Zahlungen vor dem Ende der Skontofrist zu leisten, **hängt die Lieferantenkreditdauer allein von dem Anteil der Verbindlichkeiten mit bzw. ohne Skontoabzugsmöglichkeit ab**. D. h.: **Bei einer vorgegebenen Struktur der Verbindlichkeiten (mit oder ohne Skontoabzugsmöglichkeit) liegt die Lieferantenkreditdauer**

fest. Erst die Änderung der Skontofrist hat Einfluss auf die Höhe der Lieferantenkreditdauer: **Verkürzt sich die Skontofrist, verringert sich c. p. auch die Lieferantenkreditdauer.**

2.1.2.4 Beschaffungseffizienz

Die Beschaffungseffizienz ist eine globale Kennzahl für den gesamten Beschaffungsbereich. Sie gibt Auskunft über die Kosten der Beschaffungsabteilung und dem zugeordneten Materialeinkaufsvolumen. Die Kosten des Beschaffungsbereichs in einer Periode werden dazu durch das Beschaffungsvolumen derselben Periode dividiert:[149]

$$\text{Beschaffungseffizienz (\%)} = \frac{\text{Kosten der Beschaffungsabteilung}}{\text{Materialeinkaufsvolumen}} \cdot 100$$

Darst. 2.1126: Beschaffungseffizienz

Die Berechnung erfolgt i. d. R. jährlich. Bei einer halbjährlichen oder monatlichen Berechnung ist die Verbuchung von Kosten übergeordneter Zeiträume unerlässlich. Kosten, die bspw. jährlich verbucht werden, müssen für eine unterjährige Berechnung der Beschaffungseffizienz auf den Berechnungszeitraum umgelegt werden.

Der Zähler, Kosten der Beschaffungsabteilung, ist die Summe der Personal-, Raum- und Telekommunikationskosten, Abschreibungen, Versicherungen, Reise- und allgemeinen Verwaltungskosten. Diese **Kosten sind überwiegend fix** und somit unabhängig vom Materialeinkaufsvolumen – auch wenn dieses je nach Auftragslage der Periode stark variieren kann. Allgemein ist ein niedriger Wert dieser Kennzahl anzustreben. Die Kosten sollen durch gezielte Steuerungsmaßnahmen gesenkt werden, jedoch nicht zu Lasten der Funktionserfüllung. Eine Empfehlung, welche Größenordnung die Beschaffungseffizienz aufweisen sollte, ist aufgrund des extrem unterschiedlichen Nenners „Materialeinkaufsvolumen" nicht möglich. Auch sind die Tätigkeiten der Beschaffungsabteilungen von Unternehmen in quantitativer und qualitativer Hinsicht sehr unterschiedlich. Hilfreich ist in diesem Zusammenhang die Prozesskostenrechnung. Durch die Erfassung der mit einem (Beschaffungs-)Prozess verbundenen Tätigkeiten gelingt es, einen genauen Einblick in die

[149] Vgl. KRAUSE, H., ARORA, D.: a. a. O., S. 222.

Tätigkeiten und Abläufe des Beschaffungsbereichs zu erhalten.[150] Bei den diesen Prozessen zugeordneten Kosten handelt es sich abrechnungstechnisch hauptsächlich um Gemeinkosten. **Aufgabe der Prozesskostenrechnung** ist die **Erfassung und Bewertung von Größen, Vorgängen oder Aktivitäten, die den Anfall und die Höhe der Gemeinkosten tatsächlich beeinflussen.**[151] Diese Kostenrechnung ermöglicht anhand der (Vor-)Arbeiten zur Zusammenstellung eines **Hauptprozesses aus mehreren Teilprozessen**, der Identifizierung von **Kostentreibern**[152] und letztlich der Ermittlung sogenannter **Prozesskostensätzen**, u. a. die effiziente Gestaltung der Ressourceninanspruchnahme und die Abbildung der Kapazitätsauslastung, wodurch fehlerbedingende Maßnahmen eliminiert werden können.[153] Dabei bezieht sich die Prozesskostenrechnung im Kern auf sich wiederholende, standardisierte Prozesse.[154] Bezüglich einer weitergehenden Darlegung der Prozesskostenrechnung wird auf die entsprechende Fachliteratur[155] verwiesen.

Ist die Beschaffungseffizienz aufgrund eines gesunkenen Materialeinkaufsvolumens gestiegen, ist zu prüfen, ob dieser Rückgang preis- oder mengenbedingt ist. Handelt es sich um einen dauerhaften Rückgang der Beschaffungsmenge, muss die Unternehmensleitung oder die Leitung des Beschaffungsbereichs die Möglichkeiten prüfen, auch fixe Kosten wie Personal- und Raumkosten zu senken. Ist die Kennzahl wegen einer starken Erhöhung des Materialeinkaufsvolumens gesunken, hat sich die Beschaffungseffizienz zwar verbessert, jedoch muss untersucht werden, ob die bestehenden Kapazitäten in der Beschaffung langfristig ausreichen, um den gestiegenen Abwicklungsaufwand bewältigen zu können.

Eine Wertung der singulären Größe „Beschaffungseffizienz" kann nur über ein Benchmarking, mind. über einen Soll-Ist- bzw. Plan-Ist-Vergleich, erfolgen.

---

[150] Vgl. HORVÁTH, P., GLEICH, R., SEITER, M.: Controlling, 14. Aufl., München 2020, S. 253–255.

[151] Vgl. WÖRDENWEBER, M.: Kostenrechnung, a. a. O., S. 282.

[152] Ein Kostentreiber ist eine Bezugsgröße/Maßgröße für die Kostenentstehung eines Prozesses, die die (direkte) Abhängigkeit vom Leistungsvolumen und damit letztlich der (Gemein-)Kosten bestimmt. Vgl. WÖRDENWEBER, M.: Kostenrechnung, a. a. O., S. 305.

[153] Vgl. HORVÁTH, P., MAYER, R.: Prozeßkostenrechnung – Der neue Weg zu mehr Kostentransparenz und wirkungsvolleren Unternehmensstrategien, in: Zeitschrift für Controlling, 1. Jg., 1989, Heft 4, S. 214.

[154] Vgl. COENENBERG, A., FISCHER, T., GÜNTHER, T.: Kostenrechnung und Kostenanalyse, 9. Aufl., Stuttgart 2016, S. 165.

[155] Etwa WÖRDENWEBER, M.: Kostenrechnung, a. a. O., S. 279–332.

2.2 Controlling der internen Transportlogistik

2.2.1 Vorbemerkungen

Bevor auf das Controlling der internen Transportlogistik näher eingegangen wird, sollen rekapitulierend in der folgenden Übersicht die **Logistikbereiche und Arten der Transportlogistik** noch einmal aufgeführt werden:[156]

ex-/interne Transportlogistik	interne Transportlogistik	externe Transportlogistik		
Beschaffungslogistik	Produktionslogistik	Distributionslogistik	Rücknahmelogistik	Entsorgungslogistik
→		Informationslogistik		←

Darst. 2.201: Logistikbereiche und Arten der Transportlogistik
(Vgl. OELDORF, G., OLFERT, K.: Material-Logistik, 14. Aufl., Ludwigshafen 2018, S. 41, PLÜMER, TH., STEINFATT, E.: Produktions- und Logistikmanagement, 2. Aufl., Berlin, Boston 2017, S. 3.)

Die interne Transportlogistik umfasst die integrierte Planung, Steuerung und Kontrolle des gesamten Material-, Personen- und Energieflusses und der damit verbundenen Informationsflüsse in einem Unternehmen oder einem Konzern. Sie findet als innerbetriebliche Transportlogistik innerhalb einer Betriebsstätte oder als zwischenbetriebliche Transportlogistik zwischen den Betriebsstätten eines Unternehmens oder Konzerns[1] statt.

Darst. 2.202: Interne Transportlogistik
[1] Ein Konzern ist ein Zusammenschluss von mehreren rechtlich selbstständigen Unternehmen unter einer einheitlichen Leistung.

Die interne Logistikkette kann bspw. wie folgt aussehen:

[156] Vgl. u. a. WITTIG, A.: Management von Unternehmensnetzwerken. Eine Analyse der Steuerung und Koordination von Logistiknetzwerken, Wiesbaden 2005, S. 19, OELDORF, G., OLFERT, K.: a. a. O., S. 41, PLÜMER, TH., STEINFATT, E.: Produktions- und Logistikmanagement, 2. Aufl., Berlin, Boston 2017, S. 3.

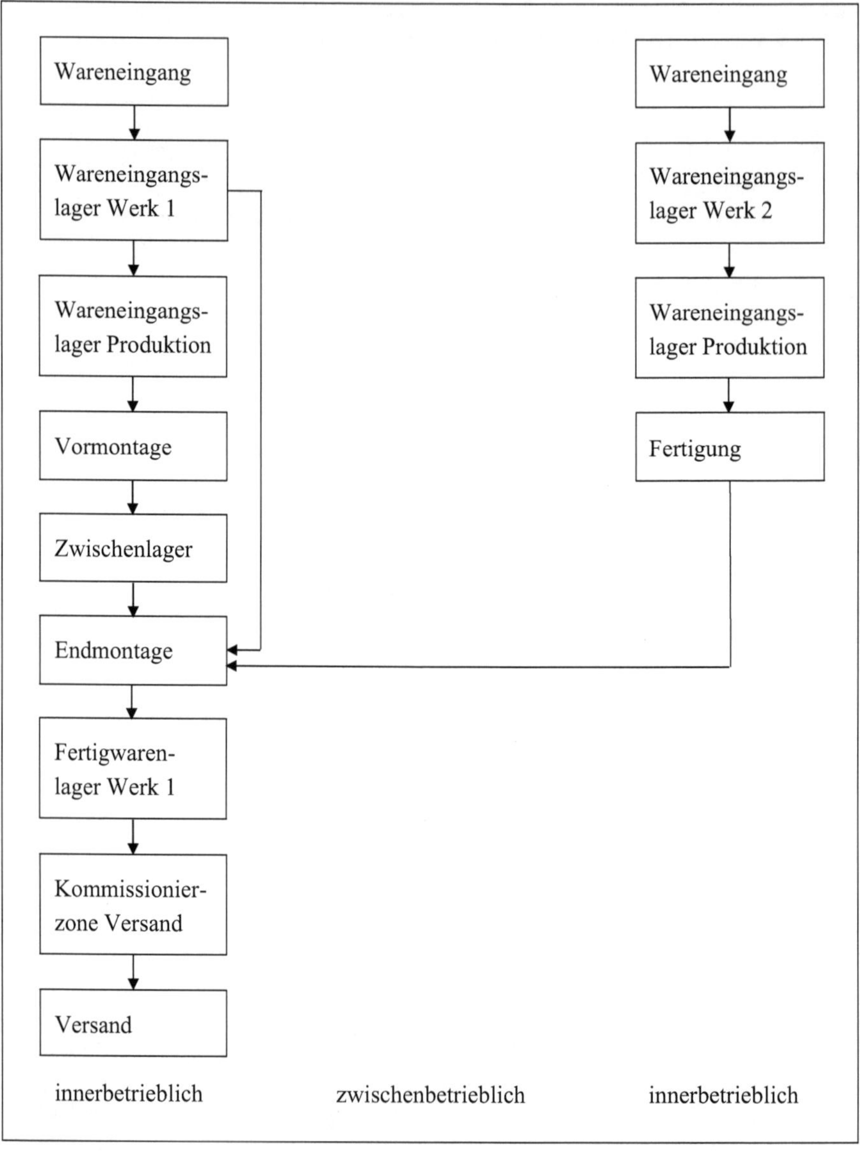

Darst. 2.203: Zwischen- und innerbetriebliche Transportlogistik (Beispiel)

Die **interne Transportlogistik** umfasst die **innerbetriebliche Transportlogistik** (innerhalb eines Betriebes) als auch die **zwischenbetriebliche Transportlogistik** (zwischen verschiedenen Produktionsstätten oder zwischen verschiedenen Werken und z. B. weltweit verteilten Zentrallägern), auch unter **Zukauf externer Logistikleistungen**.

Die **externe Transportlogistik** bezieht sich auf Aktivitäten außerhalb des Unternehmens – genauer: Beschaffungstransporte bis zum vereinbarten Anlieferort im Unternehmen bzw. Transportlogistikleistungen ab dem ausgewählten Abgangslagerort des Unternehmens. Der **Transport**[157] **zum (externen) Abnehmer** der Ware (als Teil der externen Logistik) wird zwar ebenfalls der Logistik zugeordnet; aber weder dem Unternehmensbereich Materialwirtschaft noch dem Beschaffungsbereich, sondern vielmehr dem Bereich Marketing, oder spezieller dem Vertriebsbereich.[158]

Der Begriff der „**Supply Chain**" ist wesentlich weiter gefasst. Das **Supply Chain Management (SCM)** als unternehmensübergreifende Integration von Lieferanten (und ggf. Vorlieferanten[159]), Produzenten, Absatzmittlern und Absatzhelfern bis hin zum Endabnehmer verlangt prinzipiell eine ganzheitliche strategische, taktische und operative Planung (Organisation und Steuerung) von Liefer(prozess-)ketten. Im Vergleich zur Logistikkette ist das SCM das umfassendere Konzept. Während eine **Logistikkette** auf die interne und die externe horizontale Verzahnung von Unternehmensbereichen zielt, berücksichtigt ein Supply Chain Management gleichzeitig komplette vertikale Netzwerke.[160]

[157] Der Begriff Transport wird im Unter-Unterabschnitt 2.4.22.6 „Versandkosten(quote)" definiert.

[158] Siehe beispielsweise Unter-Unterabschnitt 2.4.3.4 „Lieferflexibilität, Lieferbereitschaftsquote, Out-of-Stock-Quote".

[159] Das sind Lieferanten des Lieferanten.

[160] Vgl. WERNER, H.: a. a. O., S. 18.

Damit stehen im Fokus des **Logistikmanagements** folgende **Elemente des Logistikmanagement-Systems**:

- Alle Beschaffungsobjekte der Materialwirtschaft gemäß Darst. 2.1005
- (Extern) die Lieferanten und Unterlieferanten
- (Intern) sämtliche involvierte Funktionsbereiche des Unternehmens
- (Extern) die relevanten Absatzkanäle einschließlich ihrer Infrastrukturen bis hin zum Endabnehmer
- Rechtliche, organisatorische, finanzielle, zeitliche als auch räumliche Beziehungen zwischen den Prozessbeteiligten
- Die zwischen den Akteuren erforderlichen Informationsflüsse

Darst. 2.204: Elemente des Logistikmanagement-Systems

Die Beziehungen zwischen den Prozessbeteiligten können vielfältig sein. Neben rechtlichen Besonderheiten (z. B. Tochtergesellschaften, Lieferverträge) sind organisatorische (z. B. Kompetenzregelungen), finanzielle (z. B. Minderheitsbeteiligungen) und zeitliche (z. B. Just-in-Time-Philosophie) Regelungen zu finden sowie räumliche (z. B. örtliche) Bedingungen.

Für alle Elemente des Logistikmanagement-Systems sind allgemein folgende **Hauptziele der Logistik** zu nennen:

- (kosten-, zeit- und qualitäts-)optimale Beschaffung für die Produktion
- Steigerung der Kundenzufriedenheit durch eine bedarfsgerechte Anlieferung
- Minimierung der Logistikkosten

Darst. 2.205: Hauptziele der Logistik

Wie noch im Abschnitt 2.4 „Marketing-Controlling“ stärker betont wird, hat sich (auch) das Logistikmanagement am Nutzen des (End-)Kunden zu orientieren, ohne die Unternehmensziele sowie die „lebensnotwendigen“ Nebenbedingungen wie Liquiditäts- und Existenzsicherung zu vernachlässigen.

U. a. bedeutet dies[161], gerade im Zeitalter zunehmender Internet-Bestellungen (B2B oder B2C), dass folgende Punkte **im Vordergrund der Bemühungen** stehen:

- Steigerung der Kundenzufriedenheit durch bedarfsgerechte Anlieferung
- Zeitliche Verkürzung des Bestellaufgabe- und -abwicklungsprozesses
- Permanente und zügige Anpassungen an die Änderungen der Märkte
- Minimierung der Bestände in der Logistikkette
- Vermeidung von „Out of Stock"-Situationen
- Bei produzierenden Unternehmen eine effizientere Steuerung der Produktion durch ein bereichsübergreifendes Unternehmensmanagement und Controlling

Darst. 2.206: Ziele des Logistikmanagements

Bedarfsgerecht meint insbesondere, dass die richtige(n) Ware(n), in der richtigen Menge zum richtigen Zeitpunkt (Liefertreue) am richtigen Ort zu den vereinbarten Versandkosten[162] angeliefert wird. Diese Parameter finden sich daher folgerichtig auch in den Detailbewertungen (des Händlers durch die Kunden) auf einigen Internet-Marktplätzen wieder.

Die Erreichung der vorstehenden Ziele des Supply Chain Managements wird durch den möglichen Eintritt diverser **Risiken** gefährdet:

- Risiken im Beschaffungsbereich
- Risiken im Bereich der internen Logistik
- Risiken im Produktionsbereich
- Risiken im Marketing
- Finanzielle Risiken
- Personalrisiken
- Risiken aus der Umwelt des Unternehmens
- Kein oder ungenügendes Controlling

Darst. 1.207: Risiken in der Supply Chain

[161] FAHRENKAMP, R.: Supply Chain Management, in: WEBER, J., BAUMGARTEN, H.: Handbuch Logistik, Management von Material- und Warenflussprozessen, Stuttgart 1999, S. 309.

[162] Ob die Versandkosten, die nun einmal tatsächlich anfallen, unter dem Begriff „versandkostenfrei" in der Gesamtkalkulation des Produkts verschleiert werden oder separat und damit transparent und „ehrlich" ausgewiesen werden, soll hier nicht näher untersucht werden. Die Versandkosten werden im Unter-Unterabschnitt 2.4.22.6 „Versandkosten(quote)" ausführlich erläutert.

Als Beispiele für einzelne Risiken sind zu nennen:

- Risiken im Beschaffungsbereich: nicht oder ungenügende Marktformanalyse (z. B. beschränktes Angebotsmonopol, Angebotsoligopol (Oligopol)),[163] falsche Lieferantenselektion, falsch eingeschätzte Kapazitätsauslastungen der zentralen Lieferanten bzw. A-Materialien, Material- und Energiepreisrisiko einschl. (kapazitätsverengende) Absprachen, Abhängigkeit von Lieferanten/Single Sourcing, potenzielle Störanfälligkeit des Transports (Transportwege, Transportmittel)
- Existenz von Substitutionsgütern
- Risiken im Bereich der internen Transportlogistik: ungeeignete Ladungsbehälter
- Risiken im Produktionsbereich: hohe oder unerwartete Ausschussraten, Maschinenstillstand, unzureichende Kapazitäten
- Risiken im Marketing: fehlerhafte Marktsegmentierung, Nachfrageänderungen, (Produkt-)Piraterie, neue Distributionskanäle, Abhängigkeit von Großkunden
- Finanzielle Risiken: Währungsrisiko, Zinsrisiko, Kreditrisiko
- Personalrisiken: Krankheitsquote, Streiks, Verfügbarkeit von Arbeits-, insbesondere Fachkräften
- Risiken aus der Umwelt des Unternehmens: Gesetzte und Verordnungen, politische Unruhen, Klima (auch Katastrophen), Infrastruktur, Konjunktur
- Kein oder ungenügendes Controlling, insbesondere keine oder fehlerhafte Kostenrechnung sowie fehlendes oder mangelhaftes Kostenmanagement.

Gelten die vorgenannten Ausführungen für das Logistikmanagement in seiner Gesamtheit, soll im Folgenden die Logistikkette funktionsbereichsbezogen aufgeteilt werden.

Die Logistik-Leitung wird bei ihren Aufgaben durch das **Logistik-Controlling** unterstützt. Gleiches gilt für die Leitung der innerbetrieblichen, zwischenbetrieblichen und externen Logistik.

Logistik-Controlling ist die systematische, sich ständig wiederholende und/oder situative Beurteilung, Optimierung, Auswahl (Planung, Entscheidungsvorbereitung[1]) und Kontrolle der strategischen, taktischen und operativen Logistikziele sowie aller Aktivitäten einschließlich der internen Prozessabläufe und Organisationsformen im Hinblick auf eine Verwirklichung der gesteckten Logistikziele.

Darst. 2.208: Logistik-Controlling

[1] Die Entscheidung und Umsetzung ist *nicht* Aufgabe des Logistik-Controllers.

[163] Vgl. WÖRDENWEBER, M.: Unternehmensplanung, a. a. O., S. 269.

Die wichtigsten **Teilaufgaben** sind dabei:

- Mitarbeit bei der Analyse des Status quo sowie der künftigen Umweltzustände
- Beratung bei der Formulierung von Logistikzielen
- (Spätere) Überprüfung der Ziele in der Logistik
- Entwicklung von Logistikstrategien
- Erarbeitung von Planungsrichtlinien
- Festlegung der Planungsmethoden
- Vorgabe der Terminpläne für die diversen Planungen
- Hilfe bei der Erstellung der einzelnen Bereichspläne (Teilpläne)
- Koordination der Teilpläne
- Abschließende Begutachtung des Maßnahmenkatalogs im Hinblick auf dessen Effektivität und Effizienz
- Implementierung eines Logistik-Berichtswesens
- Zielerreichungskontrolle (Abweichungen) und Abweichungsursachenanalyse
- Implementierung eines Logistik-Berichtswesens

Darst. 2.209: Teilaufgaben des Logistik-Controllings
(Vgl. EHRMANN, H.: Logistik, 7. Aufl., Ludwigshafen (Rhein) 2012, S. 471.)

Insbesondere die **Kontrolle der Zielerreichung** erfolgt über **geeignete Kennzahlen** und deren Zielwerte.

Wichtig für eine funktionierende Planung ist die **Erarbeitung von Planungsrichtlinien** als Rahmenwerk, die einen sich nach Unternehmensgröße richtenden Detaillierungsgrad aufweisen.[164] Auf jeden Fall müssen in den Richtlinien die zu verwendenden Planungsmethoden genau festgelegt werden. Nach diesen Richtlinien werden Teilpläne erstellt, die später koordiniert werden müssen. Für alle Planungen sollte das Logistik-Controlling auch Termine vorgeben und Planabweichungen analysieren, um den Grad der Zielerreichung zu ermitteln und mögliche Abweichungen auf deren Ursachen zurückführen, damit gezielte Gegenmaßnahmen eingeleitet werden können.

Analog zu der Erarbeitung von Planungsrichtlinien ist es auch Aufgabe des Logistik-Controllings, ein **Kennzahlenstammblatt** zu erstellen, welches die genaue Definition und den Formelaufbau einer Kennzahl präzisiert und ausdrückt, was die Kennzahl beschreibt, da es gerade bei Kennzahlen oft auf den intendierten Interpretationszweck ankommt, welche

[164] Vgl. WÖRDENWEBER, M.: Unternehmensplanung, a. a. O., S. 206, 208, 218–222, 231.

Werte einfließen sollen. Generell sollte der Aussagewert einer Kennzahl auch stets im Verhältnis zum Aufwand stehen, der zur jeweiligen Informationsbeschaffung notwendig ist. Es liegt in der Natur der Sache, dass Kennzahlen außerdem lediglich quantitative Größen erfassen können und sogenannte weiche Faktoren nicht berücksichtigt werden.[165]

Die wichtigsten Kennzahlen der inner- und zwischenbetrieblichen Transportlogistik des Unternehmens werden in den folgenden Unterabschnitten vorgestellt.

2.2.2 Struktur- und Rahmenkennzahlen

Der **Umschlag** lässt sich in der Logistik wie folgt definieren:[166]

> Als Umschlag wird der Vorgang des Be-, Ent- und Umladens von logistischen Objekten auf ein bestimmtes bzw. von einem bestimmten Transportmittel bezeichnet.

Darst. 2.210: Umschlag (in der Logistik)

Sinn und Zweck des Umschlags ist die Verladung der logistischen Objekte (Material, Personen) zwischen Transportmitteln bzw. Lagerorten. Für den Umschlag werden eine geeignete **Infrastruktur** (z. B. Laderampen) und unterstützende **Fördermittel** wie bspw. Bandförderer, Rollenbahnen, Brückenkrane, Gabelstapler und Hubwagen benötigt. Zur **Analyse der Wirtschaftlichkeit, Prüfung der technischen Kompatibilität** mit den logistischen Objekten und **Antriebsarten im Hinblick auf die Nachhaltigkeit** sowie der **Kapazität** werden die Fördermittel nach ihrer Zahl, Art und Eigenschaften sowie der **Nutzungsgrad, Ausfallgrad, Betriebs- und Reparaturkosten** (s. u.) detailliert in einer Datenbank festgehalten.

Entscheidend im Hinblick auf die **zeitliche Dimension** und auch die **Kosten** ist der **Mechanisierungs-/Automatisierungsgrad** beim Umschlag der logistischen Objekte. In diesem Zusammenhang sind im Besonderen auch die Möglichkeiten der IT zu nennen.

Über eine erste Kennzahl in diesem Bereich wird das **Transportaufkommen** in der internen Transportlogistik **innerhalb eines bestimmten Zeitraums** erfasst. Als **Maßeinheiten**

[165] Vgl. hierzu insb. die Ausführungen bei WÖRDENWEBER, M.: Operatives Controlling – Band 1, a. a. O., S. 46–59.

[166] Vgl. KRIEGEL, J.: Logistik, Studienbrief 01-0904-002-3 der HFH, 3. Aufl., Hamburg 2019, S. 9.

für das Transportaufkommen können die **Zahl der Sendungen** oder – insb. bei sehr unterschiedlich großen Packstücken – das **Volumen der Sendungen** (in cbm) gewählt werden.

Eine zweite Kennzahl enthält die **Anzahl der Transporte**, ebenfalls innerhalb eines bestimmten Zeitraums. Die Anzahl der Transporte kann zum einen mit dem Transportaufkommen zur Kennzahl „**Transportaufkommen pro Transport**" in Zusammenhang gebracht werden:

$$\text{Transportaufkommen pro Transport} = \frac{\text{Gesamtes Transportaufkommen}}{\text{Anzahl der Transporte}}$$

Darst. 2.211: Transportaufkommen pro Transport

Zum anderen fließt die Gesamtzahl der Transporte in die Eigentransportquote ein. Die **Eigentransportquote** (%) ist eine wichtige Kennzahl für das Flottenmanagement (Fleet). Sie gibt den **prozentualen Anteil der Selbsttransporte an den gesamten Transporten** an, unabhängig davon, ob es sich um einen internen oder externen Transport handelt.[167]

$$\text{Eigentransportquote (\%)} = \frac{\text{Anzahl der Eigentransporte}}{\text{Gesamtzahl der Transporte}} \cdot 100$$

Darst. 2.212: Eigentransportquote (%)

Diese Kennzahl gibt keine Auskunft darüber, welche Menge oder welches Volumen jeweils distribuiert wird.

Die nächste Kennzahl, der **Transportmittelnutzungsgrad (%)** geht auf die **volumenmäßige Auslastung der jeweiligen Transportmittel**, z. B. der Gabelstapler (im Rahmen der internen Transportlogistik) oder der Lkw (etwa bei Eigentransporten), ein.

[167] Anders Werner, der die Eigentransporte nur auf die Transporte Richtung Kunde bezieht. Vgl. WERNER, H.: a. a. O., S. 395.

$$\text{Transportmittelnutzungsgrad (\%)} = \frac{\text{Tatsächliches Transportvolumen}}{\text{Mögliches Transportvolumen}} \cdot 100$$

Darst. 2.213: Transportmittelnutzungsgrad (%)

Zum einen kann die **kapazitative Auslastung der verschiedenen Transportmittel** überprüft werden. Diese Analyse offenbart **Dispositionsfehler** bei der erstmaligen Anschaffung des Betriebsmittels, aber auch beim späteren Einsatz. Im Hinblick auf die Nutzung eines Transportmittels verbessert sich mit einer steigenden Zahl an Transporten der **Transportmittelnutzungsgrad** und damit die Verteilung der Fixkosten (z. B. der zeitabhängigen Abschreibungen, Steuern oder Versicherungsprämien) auf den einzelnen Transportvorgang. Zum anderen kann der Transportnutzungsgrad für Make-or-Buy-Entscheidungen herangezogen werden.

Um die **Wirtschaftlichkeit** eines Transport- bzw. Entlademittels zu überprüfen, kann auch statt des möglichen Transportvolumens (im Nenner der Kennzahl) eine individuell gewählte Soll- oder Plan-Größe stehen.

Bei der Betrachtung der Wirtschaftlichkeit ist der **Ermittlungszeitraum entscheidend**. Auftretende Spitzenzeiten bzw. saisonale Effekte (Beispiel: typische Geschenkartikel vor Weihnachten oder Ostern) oder spezielle Marketing-Aktionen sind unbedingt zu beachten. Bei großen Versandunternehmen wie bspw. Amazon, Zalando oder Otto wird in den vorgenannten „hektischen“ Zeiten selbst eine tägliche Betrachtung nicht mehr ausreichend sein. Bezüglich der Transportzeiten und der zu planenden Abholtermine dürfte eine stündliche Überwachung erforderlich sein. (Im Übrigen gelten die Aussagen auch für das zu beschäftigende Personal.)

Sind an verschiedenen Stationen im Unternehmen gleiche Transportmittel vorhanden, ist zu klären, ob an einem Standort überflüssige Kapazitäten abgebaut oder produktiver genutzt werden können. Allerdings müssen Kostenverlagerungseffekte mitberücksichtigt werden. So können etwa bei einer Standortverlagerung eines Transportmittels der Aufbau einer zweiten Schicht an einem anderen Standort notwendig werden, um das Transportvolumen zu bewältigen.

Im Rahmen des Flottenmanagements ist als weitere Größe der **Einsatzgrad** bzw. der **Ausfallgrad eines Transportmittels** zu analysieren. Der Ausfallgrad (%) spiegelt den **Prozentsatz der Ausfalltage an den arbeitszeit- und betriebsbedingt möglichen Transporttagen** wider:

$$\text{Ausfallgrad (\%)} = \frac{\text{Ausfalltage}}{\text{Arbeitszeit- und betriebsbedingt mögliche Transporttage}} \cdot 100$$

Darst. 2.214: Ausfallgrad eines Transportmittels (%)

Ausgehend von den maximal möglichen Transporttagen (365 p. a.) werden zunächst die normalen arbeitszeitbedingten Stillstände subtrahiert, die auf gesetzliche Bestimmungen wie z. B. Verbot des Lkw-Fahrverbots an Sonn- und Feiertagen zurückzuführen sind. Tage, für die Ausnahmegenehmigungen (etwa für Blumen- oder Gemüse/Obst-Transporte) zu bekommen sind, werden hinzuaddiert. Des Weiteren müssen betriebsbedingte Stillstände in Abzug gebracht werden, die nur bestimmte Unternehmen betreffen. Als Beispiel können Betriebsferien genannt werden.

Der Ausfallgrad eines Transportmittels ist eine wichtige Kennzahl hinsichtlich dessen **Wirtschaftlichkeit**.

Um des Weiteren die Wirtschaftlichkeit der einzelnen Transportmittel beurteilen zu können, ist die Erfassung der **Betriebs- und Reparaturkosten eines jeden Transportmittels** unabdingbar. Diese Daten lassen sich entweder den Konten der GuV, sofern ein detaillierter Kontenplan existiert, oder der Betriebsstatistik entnehmen.

Die Auswahl des richtigen Transportmittels – bereits bei der (erneuten) Anschaffung desselben – hat **Auswirkungen** auf die später noch vorzustellenden **zeitbezogenen Kennzahlen**.

Die vorgenannten Überprüfungen (Nutzungsgrad, Ausfallgrad, Betriebs- und Reparaturkosten) sollten **auch für die Fördermittel** vorgenommen werden.

Für die Ermittlung der **Raumkosten** ist der **Flächenanteil der Verkehrswege** (in qm) interessant.

2.2.3 Transportlogistikkosten pro Bezugsgröße

Die **Transportlogistikkosten pro Bezugsgröße** werden wie folgt definiert:

$$\text{Transportlogistikkosten pro Bezugsgröße} = \frac{\text{Gesamtkosten der Transportlogistik}}{\text{Bezugsgröße}}$$

Darst. 2.215: Transportlogistikkosten pro Bezugsgröße

Die Bezugsgröße können hier **Wertgrößen** wie z. B. Wert der transportierten Güter als auch **Mengengrößen** wie z. B. Zahl der Lieferobjekte (Paletten, Pakete), Transportaufträge oder das Volumen (in t) sein. Grundsätzlich empfiehlt es sich, Wertgrößen zu vermeiden, da diese sowohl eine Preis- als auch eine Mengenkomponente enthalten. Diese Komponenten können sich saldieren: Die Bezugsgröße könnte bspw. konstant bleiben, obwohl sich eine qualitative Änderung der Bezugsgröße ergeben hat. Die Wertgröße kann – insbesondere bei einer vergleichenden Bewertung (Zeitreihe oder Benchmarking) – irreführend sein, wenn der Preis der transportierten Güter (extrem) unterschiedliche Gewinnaufschläge beinhaltet oder generell die Preise sehr stark differieren. Eine Möglichkeit, die Problematik mit den Gewinnaufschlägen zu umgehen, wäre es, lediglich die Herstellkosten der Güter zu benutzen. Auf der anderen Seite kann es sinnvoll sein, Wertgrößen zu verwenden, nämlich dann, wenn sehr heterogene Güter zusammen in einer Sendung transportiert werden.

Generell lässt sich über die Transportlogistikkosten aussagen, dass ihr Anteil am Umsatz umso niedriger ist, je größer die **Packdichte** der einzelnen Güter ausfällt.[168] Dieser Gesamteffekt würde sich auch auf die Transportlogistikkosten pro Bezugsgröße auswirken, wenn die Transportlogistikkosten pro Palette betrachtet werden und es erreicht wird, mehr Güter auf einer Palette zu transportieren.

Bei dieser Kennzahl ist es wichtig, zu prüfen, **aufgrund welcher Ursache sich die Kennzahl geändert hat**. Eine Erhöhung der Transportlogistikkosten pro Palette würde zunächst eine negative Entwicklung suggerieren. Das muss, wie im folgenden Beispiel gezeigt, nicht immer der Fall sein: Die Gesamtkosten der Transportlogistik seien zunächst konstant. Allerdings würden aufgrund effizienterer Verpackung der Güter weniger Paletten

[168] Vgl. PFOHL, H.-C.: Logistiksysteme. Betriebswirtschaftliche Grundlagen. Logistik in Industrie, Handel und Dienstleistungen, 9. Aufl., Berlin 2018, S. 64.

benötigt, sodass die Transportlogistikkosten pro Palette steigen würden, weil der unveränderte Zähler durch eine kleinere Zahl im Nenner dividiert werden würde.

In der Praxis würde dieser Effekt noch ein wenig abgedämpft werden, da die gesamten Transportlogistikkosten nicht konstant blieben, wenn längerfristig effizienter verpackt werden könnte und weniger Paletten benötigt werden, da dann auch weniger im Lager umdisponiert werden muss, was u. a. zu Zeit- und Betriebsstoffeinsparungen (z. B. Kraftstoff für Gabelstapler) und damit in der Folge zu Kosteneinsparungen führt. Solange allerdings die gesamten Transportlogistikkosten unterproportional im Vergleich zu der sinkenden Anzahl der Paletten abnehmen, würde dieser Effekt gegeben sein.

Nun soll für ein konkretes Zahlenbeispiel angenommen werden, es gäbe ein Unternehmen, welches Nikoläuse aus Schokolade produziert und diese auf eine Palette stapelt und es schafft, auf diese Weise 1.000 Stück auf eine Palette zu bekommen und insgesamt im Unternehmen 200.000 € an Logistikkosten in der betrachteten Periode anfallen. In derselben Periode wurden 2.600 Paletten transportiert. Die Transportlogistikkosten pro Palette würden sich wie folgt darstellen:

$$\text{Transportlogistikkosten pro Palette} = \frac{200.000\ €}{2.600\ \text{Paletten}} = 76{,}92\ €/\text{Palette}$$

Darst. 2.216: Transportlogistikkosten pro Palette (Beispiel)

Wenn es nun in einer anderen Periode durch eine veränderte Form der Nikoläuse möglich ist, mehr von ihnen auf eine Palette zu bekommen, sodass nun 1.500 Stück auf eine Palette passen, so würde schätzungsweise nur noch die folgende Anzahl an Paletten benötigt:

$$\text{Neue Anzahl an Paletten} = \frac{1.000\ \text{Paletten}}{1.500\ \text{Paletten}} \cdot 2.600\ \text{Paletten} \approx 1.734\ \text{Paletten}$$

Darst. 2.217: Approximation der neuen Anzahl an Paletten (Beispiel)

Trotz leicht zurückgegangener Transportlogistikkosten (auf nunmehr 190.000 €) würde dies zu einer Erhöhung der Kennzahl führen:

$$\text{Transportlogistikkosten pro Palette}_{neu} = \frac{190.000\ €}{1.734\ \text{Paletten}} = 109{,}57\ €/\text{Palette}$$

Darst. 2.218: Transportlogistikkosten pro Palette nach Optimierung (Beispiel)

Steigen die Kosten pro Palette, ist es also stets wichtig zu überprüfen, ob die Ursache dafür ein Anstieg der gesamten Kosten ist, was tatsächlich negativ wäre, wenn die Anzahl der Paletten gleichbliebe, oder der Grund eine Verminderung der Anzahl an Paletten durch effizienteres Verpacken ist, da es ansonsten zu einer Irreführung kommen kann.

Zur Vermeidung dieses Problems wäre eine Betrachtung der Transportlogistikkosten pro Produkteinheit besser geeignet. Im vorliegenden Beispiel würden sich die ursprünglichen und danach gefallenen Transportlogistikkosten jeweils auf eine konstante Anzahl an Nikoläusen verteilen, was nach der Erhöhung der Packdichte und Senkung der Transportlogistikkosten auch zu einer Senkung dieser Kostenkennzahl führen würde.

Eine weitere Differenzierung der Kennzahl „Transportlogistikkosten pro Bezugsgröße" besteht darin, neben der Bezugsgröße (z. B. Auftrag oder Stück) auch die **Entfernung** zwischen der abgebenden Station und der empfangenden Stelle zu berücksichtigen. Die **Kosten je Tonnenkilometer (€/tkm)** stellen in diesem Zusammenhang eine wichtige Kennzahl dar. Hier werden die Transportlogistikkosten durch die Zahl der Tonnenkilometer dividiert. Der **Tonnenkilometer (tkm)** ist im Güterverkehr ein Maß für die Transportleistung von Frachtgütern, die sogenannte **Verkehrsleistung**. Er berechnet sich als Multiplikation der zwei Parameter „Tonnenbetrag" und „Distanz" (im km). Die Kennzahl „Kosten je Tonnenkilometer" wird dann wie folgt definiert:

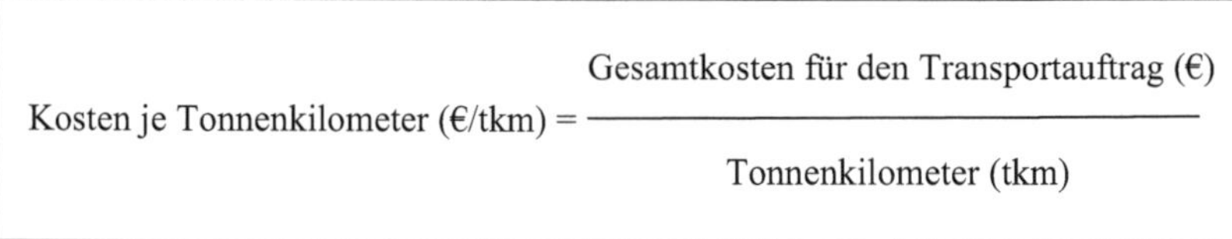

$$\text{Kosten je Tonnenkilometer (€/tkm)} = \frac{\text{Gesamtkosten für den Transportauftrag (€)}}{\text{Tonnenkilometer (tkm)}}$$

Darst. 2.219: Kosten je Tonnenkilometer (€/tkm)

Beispiel: Eine Spedition rechnet bei Entfernungen ab 150 km für ihren 26tonner mit Kosten in Höhe von 1,62 € pro km. Die Transportdistanz beläuft sich auf 217 km. Zu transportieren sind 18,14 t. Es geben sich:

$$\text{Kosten je Tonnenkilometer} = \frac{217\text{ km} \cdot 1{,}62\text{ €/km}}{217\text{ km} \cdot 18{,}14\text{ t}} = \frac{1{,}62\text{ €/km}}{18{,}14\text{ t}} \approx 0{,}09\text{ €/tkm}$$

Darst. 2.220: Kosten je Tonnenkilometer (€/tkm) (Beispiel)

Wie das vorangehende Beispiel gezeigt hat, lässt sich die Formel zur Berechnung der Kosten je Tonnenkilometer verkürzen, wenn die Kosten pro Kilometer bekannt sind:

$$\text{Kosten je Tonnenkilometer (€/tkm)} = \frac{\text{Gesamtkosten pro km (€/km)}}{\text{Ladungsgewicht (t)}}$$

Darst. 2.221: Kosten je Tonnenkilometer (€/tkm) (verkürzte Formel)

2.2.4 Zeitbezogene Kennzahlen

Sowohl in der externen Vertriebslogistik als auch in der internen Transportlogistik ist die Lieferzeit einer der wichtigsten Anforderungen.

Insbesondere bei Unternehmen wie Alternate oder Zalando, die ihre Waren im Fernabsatz vertreiben (per Katalog, Internet-Shop oder fernmündlich) ist die Frage der Zeitdauer zwischen der Abgabe der Bestellung (aus Kundensicht) und dem Eingang der Ware beim Kunden ein sehr bedeutsamer Faktor. So stellt dieses Kriterium bei fast allen Bewertungssystemen (z. B. auf Amazon, eBay, Rakuten, Yatego etc.) eine zentrale Rolle. Die **Prozessdauer der Bestellaufgabe und -abwicklung**[169] ist bei den meisten Handelstreibenden ein kritischer Punkt. In vielen Fällen entscheidet diese Einzelbewertung nicht nur über die Frage, wo ein Produkt auf dem Portal gelistet wird, sondern auch darüber, wie die Gesamtbewertung des Kunden ausfällt. Speziell dann, wenn das Überschreiten einer kritischen Grenze, die oft vom Portalbetreiber vorgegeben wird, zu einer Abwertung der Gesamtbewertung oder einer Kennzeichnung als Top-Händler führt.

[169] Unter einem Bestellaufgabe- und -abwicklungsprozess werden sämtliche Prozesse von der Auftragserteilung durch den Kunden bis hin zur Ablieferung der bestellten Ware(n) durch den Versender verstanden.

Den meisten Kunden sind betriebliche Abläufe völlig fremd. Auch aus diesem Grund existiert eine Vielzahl von Begriffen, die zwar ähnlich oder miteinander verwandt sind, aber eben doch nicht das gleiche meinen. Hinzu kommen noch Portalbetreiber, die der deutschen Sprache oft nicht mächtig sind und Begrifflichkeiten nicht sauber trennen. So finden sich bei den zeitbezogenen Angaben Begriffe wie Versanddauer, Lieferdauer, Bearbeitungszeit, Eingangszeit, Bestelldauer und viele andere mehr.

Sind Transportbewegungen zwischen einzelnen Betriebsstätten erforderlich, wie dies z. B. bei Amazon („Prime-trucks") der Fall ist, spielt neben der innerbetrieblichen Logistik die **zwischenbetriebliche Transportlogistik** eine entscheidende Rolle.

Unabhängig davon, ob es sich um innerbetriebliche oder zwischenbetriebliche Logistik handelt, sollte grundsätzlich die **Transportzeit** pro Transportauftrag/Sendung erfasst werden. Als Transportzeit wird die **Zeitdauer ab der Übernahme des logistischen Objekts bis zur Übergabe desselben** (i. d. R. an den Empfänger) angesehen.

Auch in Unternehmen, die nach dem Just-in-Time-Prinzip fertigen, ist (neben den richtigen Produkten in der definierten Qualität) die **Lieferzuverlässigkeit**, auch **Termintreue** genannt, ein entscheidender Parameter, da anderenfalls die Produktion (im Handel der Versand)[170] zum Erliegen kommt. Diese Liefertermintreue, die u. a. auch in der VDI-Richtlinie 4400[171] dargestellt ist, wird gelegentlich als auch **Liefererfüllungsgrad** bezeichnet.[172] Sie kann mit den Kennzahlen **On-Time-Quote** (%) und **Verzugsquote** (%) gemessen werden:

$$\text{On-Time-Quote (\%)} = \frac{\text{Zahl der Lieferungen zum vereinbarten Zeitpunkt}}{\text{Gesamtzahl der Lieferungen}} \cdot 100$$

Darst. 2.222: On-Time-Quote (%)

[170] Die (Detail-)Bewertung bspw. eines Händlers im Online-Handel findet sich dann z. B. im Punkt „Versandzeit" wieder

[171] Vgl. VDI: VDI 4400: Logistikkennzahlen für die Distribution, Juli 2002, S. 26-30.

[172] Vgl. SCHNELL, H.: Effizienzmessung in der Produktion mit Hilfe von Kennzahlen, in: KLEIN, A., SCHNELL, H. (HRSG.): Controlling in der Produktion, a. a. O., im Folgenden abgekürzt mit „Effizienzmessung", a. a. O., S. 48.

$$\text{Verzugsquote (\%)} = \frac{\text{Anzahl nicht eingehaltener Liefertermine}}{\text{Gesamtzahl der Lieferungen}} \cdot 100$$

Darst. 2.223: Verzugsquote (%)

2.2.5 Lieferflexibilität und Lieferbereitschaftsquote

Die Kunden stellen nicht nur Anforderungen an Unternehmen, die Werte und Normen betreffen,[173] sondern äußern auch Wünsche, die sich konkret auf die Produkte und die Lieferung derselben beziehen.[174] Zum Beispiel:

- Jeder hat einen anderen Geschmack.
- Ich möchte, was andere nicht haben!
- Alles muss frisch sein!
- Qualität ist selbstverständlich.
- Möglichst preiswert muss es sein.
- Auch wenn es teuer ist, muss ich es sofort haben.
- Gibt es nicht etwas Neues? Etwas Besonderes?
- Ich möchte es sofort!
- Ich möchte es möglichst schnell an einen bestimmten Ort geliefert bekommen.
- Lieferung(en) und Retoure(n) erfolgen versandkostenfrei.

Darst. 2.224: Anforderungen der Kunden an Produkte und ihre Lieferung
(Vgl. TAKEDA, H. LCIA – Low Cost Intelligent Automation, Produktionsvorteile durch Einfachautomatisierung, 3. Aufl., München 2011, S. 18.)

Daraus resultieren u. a. folgende Herausforderungen, die das Unternehmen zu meistern hat:

[173] Vgl. WÖRDENWEBER, M.: Normatives Management, a. a. O., S. 4–5, 38–43.

[174] Es sei der Hinweis erlaubt, dass die Werte und Normen von Kunden oft nicht kompatibel sind mit ihren Anforderungen an Produkte und die Lieferung derselben.

- extrem hohe Produktvielfalt
- Verkleinerung der Losgrößen
- kürzere Produktionszyklen
- kurze Lieferzyklen
- kurze Lieferzeiten
- Fehlerquote null bei den Produkten, der Lieferung und dem Service
- Kostenminimierung
- steile Anlaufkurven bei Neuprodukten
- verkürzte Produktlebenszyklen
- gesteigerte Flexibilität

Darst. 2.225: Anforderungen an das Unternehmen als Reflex der Wünsche der Kunden an Produkte und ihre Lieferung
(Vgl. TAKEDA, H. LCIA – Low Cost Intelligent Automation, Produktionsvorteile durch Einfachautomatisierung, 3. Aufl., München 2011, S. 18.)

Hier ist der letzte Punkt von Bedeutung: Die „Lieferflexibilität" seitens der Transportlogistik des Unternehmens. Sie wird wie folgt definiert:[175]

Die **Lieferflexibilität** ergibt sich demnach aus der Menge der erfüllten Sonderwünsche gemessen an der Gesamtanzahl der Sonderwünsche, wie die untenstehende Abbildung zeigt. Die Kennzahl zeigt damit den Grad, inwieweit Lieferanten auf Sonderwünsche eingehen und nimmt einen Wert zwischen null und eins ein.

$$\text{Lieferflexibilität (\%)} = \frac{\text{Anzahl erfüllter Sonderwünsche}}{\text{Gesamtanzahl der Sonderwünsche}} \cdot 100$$

Darst. 2.226: Lieferflexibilität

In engem Kontext mit der Lieferflexibilität steht ein weiteres wichtiges Merkmal erfolgreicher Unternehmen. Sie sollen nicht nur flexibel auf (kurzfristig) veränderte (interne oder externe) Kundenwünsche reagieren, sondern die gewünschten Produkte auch noch möglichst schnell liefern, d. h. in der Regel sofort. (Die Art der Versendung, z. B. Express ist damit nicht gemeint. Dieser Kundenwunsch würde zusätzlich dazu führen, dass ein

[175] Vgl. DISTELZWEIG, A.: a. a. O., S. 128.

Kunde einen Artikel noch schneller erhält.) Sowohl der Vertriebsbereich (Lagerung und externer Transport) als auch die Produktion, die interne Transportlogistik und der Beschaffungsbereich (externer Transport und Lagerung) sind von der Anforderung „sofortige Auslieferung“ betroffen. Eine denkbare Kennzahl im Hinblick auf die Prüfung dieser Kundenerwartung ist die Lieferbereitschaftsquote.

$$\text{Lieferbereitschaftsquote (\%)} = \frac{\text{Anzahl sofort bedienter Anforderungen}}{\text{Anzahl der Anforderungen}} \cdot 100$$

Darst. 2.227: Lieferbereitschaftsquote (%)

Bei der Verwendung dieser Kennzahl für die Kostenstelle interne bzw. innerbetriebliche Transportlogistik ist allerdings vorab zu klären, ob das Transportwesen jederzeit auf **ausreichende Bestände** zurückgreifen kann.

Bei 100%iger Lieferbereitschaft müssten – bei gleichzeitig ausreichenden Kapazitäten der Transportlogistik – die Lagerbestände aller Güter so dimensioniert sein, dass jederzeit eine ausreichende Versorgung mit sämtlichen Gütern garantiert ist. Die Erfüllung der vorstehenden Bedingungen würde zu extrem hohen Lagerbeständen führen, um auch in- oder externen Nachfragespitzen jederzeit begegnen zu können. Die Folge sind ein Sinken der durchschnittlichen Lagerumschlagshäufigkeit (des gesamten Lagers) sowie ein Anstieg der durchschnittlichen Lagerreichweite. Auch das Risiko von Wertberichtigungen in Form von Abschreibungen (Niederstwertprinzip), z. B. durch Überalterung, Verderb etc. steigt bei (extrem) hohen Lagerbeständen. Nicht auszuschließen ist ggf. eine gleichzeitig vorgenommene Vergrößerung von Lagerkapazitäten (Räumlichkeiten und Betriebsmittel), die dauerhafte Fixkosten mit sich bringen. Das i. d. R. prioritäre Rentabilitätsziel würde u. a. durch die zusätzlichen Finanzierungskosten (Kapitalbindung in Waren, ggf. Räumlichkeiten und Betriebsmitteln) verletzt. Eine Lieferbereitschaftsquote von 100 % dürfte daher nur in Ausnahmefällen ein primäres Ziel des Unternehmens sein.

2.2.6 Lieferqualität und Fehllieferungsquote

Die **Lieferqualität (%) (Lieferbeschaffenheit**) sagt aus, wie gut der bearbeitete Transportauftrag erfüllt wurde. Mit ihr wird die Frage nach der **Liefergenauigkeit nach Art und Menge** und der Frage nach dem **Zustand der abgelieferten Sendungen einschl.**

beschädigter oder zerstörter Artikel durch Aussagen über die Anzahl von Beanstandungen aufgrund quantitativer bzw. qualitativer Liefermängel beantwortet. Letztlich ist die Lieferqualität bei internen, aber auch externen Kunden immer ein wichtiger Bestandteil der Kundenzufriedenheit und damit Thema im Rahmen des Beschwerdemanagements. Die Kunden reagieren bei Nichteinhaltung der Anforderungen an eine qualitativ einwandfreie Sendung negativ. Zudem entstehen dem Unternehmen zusätzliche Kosten. Die Lieferqualität lässt sich wie folgt bestimmen:

$$\text{Lieferqualität (\%)} = \frac{\text{Anzahl logistisch beanstandeter Sendungen}}{\text{Anzahl der Sendungen}} \cdot 100$$

Darst. 2.228: Lieferqualität (%)

In Bezug auf **falsch gelieferte Güter** kann eine genauere Analyse über die Kennzahl „**Fehllieferungsquote**" vorgenommen werden.

$$\text{Fehllieferungsquote (\%)} = \frac{\text{Anzahl falsch gelieferter Güter}}{\text{Gesamtzahl der gelieferten Güter}} \cdot 100$$

Darst. 2.229: Fehllieferungsquote (%)

In Zusammenhang mit der Lieferqualität bzw. der Fehllieferungsquote muss jedoch geklärt werden, ob die **abgebende Stelle** (z. B. Zwischenlager) oder der **Transporteur für die Kommissionierung verantwortlich** war oder ob es sich um einen **Ladefehler** oder **Abgabefehler** (falscher Karton, falsche Palette etc.) handelt.

2.2.7 Tages-Produktivität

Das Logistik-Controlling kann die Produktivität beispielsweise als Tages-Produktivität (Zahl der Transportbewegungen/Arbeitstag) berechnen.

2.3 Produktions-Controlling

2.3.1 Ziele und Aufgaben des Produktions-Controllings

Der Begriff **Controlling** basiert auf den Überlegungen der Leitkonzepte der Planungs-, Steuerungs-, Kontroll- und Informationssysteme.[176]

Das **Produktions-Controlling** ist als ein Teil eines übergeordneten Controlling-Konzeptes zu betrachten, welches nach funktionalen Gesichtspunkten ein **auf die betriebliche Leistungserstellung** ausgerichtetes **Instrument v. a. zur Sicherstellung der Wirtschaftlichkeit des Produktionsprozesses** darstellt.

> Produktions-Controlling ist die systematische, sich ständig wiederholende und/oder situative Beurteilung, Optimierung, Auswahl (Entscheidungsvorbereitung)[1] und Prüfung der strategischen, taktischen und operativen Produktionsziele sowie aller Produktionsaktivitäten einschließlich der internen Prozessabläufe, Organisationsformen und des Personaleinsatzes im Hinblick auf eine Verwirklichung der gesteckten Produktionsziele.

Darst. 1.301: Definition Produktions-Controlling

[1] Die Entscheidung und Umsetzung ist *nicht* Aufgabe des Produktions-Controllers.

Bevor auf die Aufgaben des Produktions-Controllings eingegangen wird, soll zunächst der Begriff der **Produktion** näher erläutert werden:

> Unter einer Produktion wird die Kombination und Transformation der Produktionsfaktoren zur Erzeugung von Sachgütern und Dienstleistungen (materielle und immaterielle Güter) verstanden.

Darst. 2.302: Produktion

(Vgl. GUTENBERG, E.: Grundlagen der Betriebswirtschaftslehre, Bd. 1: Die Produktion, 24. Aufl., Berlin, Heidelberg, New York 1983, S. 298.)

---

[176] Vgl. HOITSCH, H.-J.: Ziele und Aufgaben des Produktionscontrolling, in: CORSTEN, H. (HRSG.:) Handbuch Produktionsmanagement, Wiesbaden 1994, S. 426 sowie WÖRDENWEBER, M.: Operatives Controlling – Band 1, a. a. O., S. 1–4, insb. den „Führungsprozess".

Aus dieser Definition ergeben sich drei Ansatzpunkte, die das Fundament für die Entwicklung eines Kennzahlenkonzeptes bilden:[177]

- Produktionsfaktoren (Ressourcen)
- Maßnahmen bzw. Produktionsprozesse
- Produktionsziele

Produktionsfaktoren

Die Produktionsfaktoren (Ressourcen) bestehen aus der Arbeit, den Betriebsmitteln und den Werkstoffen. Unter dem Produktionsfaktor Arbeit werden die ausführende Tätigkeit und die dispositive Tätigkeit subsumiert. Zu den ausführenden Tätigkeiten gehört bspw. die Arbeitsleistung im Montage- und Produktionsbereich. Arbeitsleistungen im Bereich der Unternehmensführung werden den dispositiven Tätigkeiten zugeordnet. Maschinelle Anlagen, Betriebsgebäude, Geschäftsausstattung usw. zählen zu den Betriebsmitteln. Zu den Materialien gehören die Roh-, Hilfs- und Betriebsstoffe sowie die Komponenten.[178] Die Unternehmensführung hat die Aufgabe, mithilfe der Planung, Steuerung und Kontrolle den Leistungserstellungsprozess bzw. die Kombination der Produktionsfaktoren so zu gestalten, dass das (die) Unternehmensziel(e) auf höchstmöglichem Niveau erreicht wird (werden). Um die Unternehmensführung bei der Erfüllung dieser Aufgabe durch die Bereitstellung entscheidungsrelevanter Informationen zu unterstützen, ist die Messung (auch) produktionsfaktorbezogener Größen unumgänglich.[179]

Produktionsprozess und Produktionssystem

Ein Produktionsprozess besteht aus einer Vielzahl von Aktivitäten, welche aus einer Reihe von Inputs einen bestimmten Output erzeugen. Der Input umfasst die Produktionsfaktoren Arbeit, Betriebsmittel und Materialien, welche im Rahmen der Prozessabwicklung zu Produkten transformiert werden, die wiederum den Output darstellen. Diese wertsteigernde Transformation im Rahmen von Produktionsprozessen wird auch als **Throughput** bezeichnet. Die Gesamtheit der vorgenannten Elemente wird **Produktionssystem** genannt.

[177] Vgl. KLEIN, A., SCHNELL, H.: Controlling in der Produktion, München 2012, S. 43ff.

[178] Vgl. die „Beschaffungsobjekte der Materialwirtschaft“, S. 3, VOSSEBEIN, U.: Materialwirtschaft und Produktionstheorie, 2. Aufl., Wiesbaden 2001, S. 3.

[179] Vgl. KLEIN, A.: Unternehmenssteuerung mit Kennzahlen (im Folgenden mit „Unternehmenssteuerung“ abgekürzt), München 2014, S. 90.

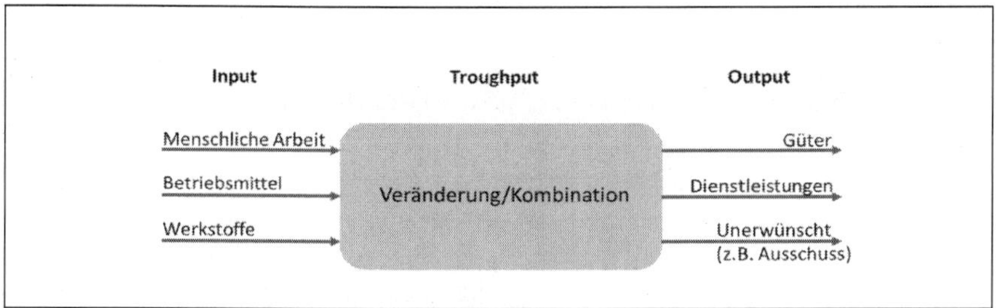

Darst. 2.303: Produktionssystem
(In Anlehnung an BLOECH, J. ET AL.: Einführung in die Produktion, 7. Aufl., Berlin, Heidelberg, 2014, S. 3 und BLOHM, H., BEER, T., SEIDENBERG, U., SILBER, H.: Produktionswirtschaft, 5. Aufl., Herne, 2016, S. 27.)

Neben den von Gutenberg dargelegten Elementarfaktoren, werden ebenso Zusatzfaktoren, wie die Leistungen der Exekutive, und darüber hinaus auch bspw. Dienstleistungen in Form von Versicherungen, Rechte (z. B. Patente), Wissen und die Umgebung hinsichtlich ihrer natürlichen Vorkommnisse in die Betrachtung einbezogen.[180]

Bezüglich der hierarchischen Strukturierung von Prozessen erfolgt im Rahmen dieser Arbeit die Gliederung in Haupt- und Teilprozesse sowie in Aktivitäten, wobei ein Hauptprozess aus mehreren Teilprozessen und ein Teilprozess aus mehreren Aktivitäten besteht.[181] Zudem wird zwischen Leistungs- und Führungsprozessen unterschieden. Erstere bezeichnen sämtliche Prozesse, welche in direkter Verbindung zu der Leistungserstellung stehen. Dazu gehören u. a. die Produktionsprozesse. Die Führungsprozesse stehen nur indirekt mit der Leistungserstellung in Verbindung, sind jedoch trotzdem von hoher Bedeutung für den Unternehmenserfolg. Diese beinhalten sämtliche Planungs-, Steuerungs- und Kontrollprozesse.[182] Aus den oben genannten Informationen wird deutlich, dass sämtliche Handlungen in einem Unternehmen mit einem Prozess oder mehreren Prozessen in Verbindung stehen, sodass die Messung prozessbezogener Größen notwendig erscheint.[183]

---

[180] Vgl. CORSTEN, H., GÖSSINGER, R., Produktionswirtschaft – Einführung in das industrielle Produktionsmanagement, 14. Aufl., Berlin, Boston 2016, S. 4ff.

[181] Vgl. WÖRDENWEBER, M.: Kostenrechnung, a. a. O., S. 293.

[182] Vgl. WÖRDENWEBER, M.: Operatives Controlling – Band 1, a. a. O., S. 2–5.

[183] Vgl. ATZERT, S.: Strategisches Prozesscontrolling – Koordinationsorientierte Konzeption auf der Basis von Beiträgen zur theoretischen Fundierung von strategischem Prozessmanagement, 1. Aufl., Wiesbaden 2011, S. 15ff.

Produktionsziele

Produktionsziele leiten sich üblicherweise aus den hierarchisch übergeordneten Unternehmenszielen ab. Als grundlegende Unternehmensziele sind die Sicherstellung der (Über-)Lebensfähigkeit des Unternehmens und die Förderung der (Weiter-)Entwicklungsfähigkeit des Unternehmens zu nennen.[184] Die Fähigkeit zur Unternehmensentwicklung in Richtung eines positiven, sinnvollen Wandels im – i. d. R. in einer Marktwirtschaft – wertorientierten Sinne.[185] Ein wesentlicher Punkt bei der Erfüllung der Unternehmensziele ist der Aufbau einer dem Wettbewerb überlegenen Position am Markt.

Grundsätzlich werden Unternehmen durch ihre Umwelt beeinflusst. Dabei spielen neben bedeutsamen Stakeholdern wie Kunden, Wettbewerber und Lieferanten auch der Markt an sich und die angebotenen Produkte eine Rolle. Die Unternehmensumwelt verändert sich laufend, aufgrund des weltweiten Wettbewerbs durch Globalisierung, des technologischen Fortschritts einschl. Digitalisierung und somit kürzeren Produktlebenszyklen[186] und des Wandels von Wertvorstellungen, wie z. B. dem stetig zunehmenden Fokus auf Nachhaltigkeit. Somit ergibt sich eine Vielzahl von Zielen, deren Umsetzung von den Unternehmen angestrebt wird, um eine dauerhafte Wettbewerbsfähigkeit zu gewährleisten.

Die angestrebten Unternehmensziele variieren von Unternehmen zu Unternehmen und werden z. T. nicht von allen verfolgt oder sind jeweils different in ihrer Wichtigkeit. Die Unternehmensziele werden dabei (mehr oder weniger) durch die Anspruchsgruppen (v. a. Öffentlichkeit und Gesetzgeber) beeinflusst, wie u. a. der steigende Fokus auf das Thema Nachhaltigkeit zeigt. Die folgende Abbildung zeigt die bedeutsamsten Unternehmensziele auf.[187]

[184] Vgl. BLEICHER, K., ABEGGLEN, C.: Das Konzept Integriertes Management. Visionen – Missionen – Programme, 10. Aufl., Frankfurt, New York 2021, S. 180, SCHUH, G., SCHMIDT, C.: Produktionsmanagement, 2. Aufl., Berlin 2015, S. 5.

[185] Vgl. WÖRDENWEBER, M.: Normatives Management und konstitutive Entscheidungen (im Folgenden abgekürzt mit „Normatives Management"), 1. Aufl., Norderstedt 2019, S. 11.

[186] Vgl. HORVÁTH, P., GLEICH, R., SEITER, M.: a. a. O., S. 123.

[187] Vgl. WÖRDENWEBER, M.: Operatives Controlling – Band 1, a. a. O., S. 46.

- Gewinn
- Rentabilität
- Position in der Branche, Marktanteil
- Unabhängigkeit
- Umsatz
- Substanzerhaltung
- Soziale Verantwortung
- Ökologie

Darst. 2.304: Unternehmensziele
(WELGE, M. K.: Planung, Unternehmensführung. Band 1. Planung. Stuttgart 1985 (Reprint, 1992) S. 59.)

Darüber hinaus können, je nach Organisation, weitere Unternehmensziele existieren, da zahlreiche Einflussfaktoren und deren Auswirkungen individuell hinsichtlich der Zielerreichung berücksichtigt werden müssen. Auf weitere, denkbare Unternehmensziele wird hier nicht weiter eingegangen.

Besonderes Augenmerk gilt aktuell dem Thema Umweltschutz, nicht zuletzt durch die Abgasmanipulationen an Diesel-Fahrzeugen diverser Hersteller und der „Fridays for Future“-Bewegung. Die vorhandenen Ressourcen sollen dabei gerecht und nur insoweit genutzt werden, als dass die Gesellschaft, aber auch zukünftige Generationen in ihren Bedürfnissen nicht beeinträchtigt werden.[188] Im Fokus der ökologieorientierten Unternehmensführung steht die Frage, „wie Unternehmen die durch ihre Aktivitäten ausgelöste **Umweltverschmutzung reduzieren oder (möglichst) gänzlich vermeiden** können. Es geht darum, die **Öko-Effektivität** zu **erhöhen** und die **Öko-Effizienz** zu **verbessern**.“[189]

Die hierarchisch übergeordneten Unternehmensziele müssen zunächst in Ziele des Produktionsbereichs umgewandelt werden, sodass auf dieser Ebene durch Unterstützung des Produktions-Controllings die Zielverwirklichung mit Hilfe entsprechender Tätigkeiten ge-

[188] Vgl. WÖRDENWEBER, M.: Nachhaltigkeitsmanagement, a. a. O., S. 9, WCED/UN: Report of the World Commission on Environment and Development – Our Common Future, Oxford 1987, S. 37.

[189] WÖRDENWEBER, M.: Nachhaltigkeitsmanagement, a. a. O., S. 170–171.

plant, gesteuert und kontrolliert werden kann. Bei einer Übertragung der genannten Unternehmensziele ergibt sich für den Produktionsbereich, dass hier die **Erstellung eines geplanten Outputs in hoher Qualität zu möglichst geringen Kosten in möglichst kurzer Zeit**, auf jeden Fall aber innerhalb der festgelegten Termine angestrebt wird.[190] Daraus lassen sich die **Einflussfaktoren „Zeit“, „Kosten“, und „Qualität“** ableiten. Hinzu treten (s. u.) die Kriterien „**Flexibilität**“ im Hinblick auf die Kundenwünsche und das vorgenannte Thema „**Soziales/Ökologie**“.

Im Gegensatz zur **strategischen Ebene** des Produktions-Controllings, die sich mit **langfristiger Planung** in Hinsicht auf das **Erfolgspotential** bezieht, definiert sich das Hauptaufgabengebiet des **operativen Produktions-Controllings** – in diesem Part ist der größte Teil des Produktions-Controllings tätig – meist in der **Wirtschaftlichkeit des Produktionsbereiches**. Dazu gehört die Überwachung der Produktionskosten, die als bewertete Produktionsfaktoreinsatzmengen verstanden werden. Letztere dienen der Leistungserstellung und der Aufrechterhaltung der Betriebsbereitschaft.[191] Für die Planung und Kontrolle der Produktionskosten kann die Plankostenrechnung[192] genutzt werden. Darüber hinaus gehören die Koordination von den im Rahmen der operativen Planung festgelegten Sachzielen hinsichtlich Produktionsprogramm und -ablauf sowie die darauffolgende Kontrolle zu den Aufgaben des operativen Produktions-Controllings, um somit die laufende Verbesserung der Produktionsprozesse sicherzustellen. Hier werden oftmals auch nicht-monetäre Kennzahlen genutzt.

Die nachhaltige Sicherung des Erfolges zwingt die Unternehmen dazu, überlegene Wettbewerbspositionen aufzubauen. Die aus diesem Grunde praktizierte **Konzentration der Unternehmen auf den alleinigen Faktor Kosten** zeigt allerdings hinsichtlich der Ausreizung **geringe Kostenpotenziale** auf.[193] Folgerichtig hat die Behauptung gegenüber dem Wettbewerb über eine Kostenorientierung hinauszugehen. Die Grundlagen hierfür sind bereits in der Produktion mit Hilfe des Produktions-Controllings zu legen. Eine **simultane Betrachtung der Erfolgsfaktoren Zeit, Kosten und Qualität** hat sich dabei als wirksam erwiesen. Dabei ist anzumerken, dass **Interdependenzen** zwischen diesen Faktoren auf-

[190] Vgl. BLOECH, J. ET AL.: a. a. O., S. 8.

[191] Vgl. REICHMANN, TH., KISSLER, M., BAUMÖL, U.: Controlling mit Kennzahlen – Die systemgestützte Controlling-Konzeption, 9. Aufl., München 2017, S. 361.

[192] Vgl. WÖRDENWEBER, M.: Kostenrechnung, a. a. O., S. 251–275.

[193] Vgl. KLETTI, J., SCHUMACHER, J.: Die perfekte Produktion. Manufacturing Excellence durch Short Interval Technology (SIT), 2. Aufl., Berlin, Heidelberg 2014, S. 127.

treten, d. h., dass sich Veränderungen einer der drei Größen auf die anderen beiden Parameter auswirken.[194] Bei einer ganzheitlichen Organisationsgestaltung, woraus sich die Ziele für die Produktion ableiten lassen, lässt sich das Gesamtoptimum erreichen, indem eine Harmonisierung der drei Größen anhand einer Zielformulierung erfolgt. Das erfordert eine Abbildung und eine unternehmensrelevante Gewichtung der drei Zielgrößen in einem gemeinsamen Zielsystem. In der Literatur wird in dem Zusammenhang die Korrelation der drei Faktoren als „magisches Dreieck" der Produktion bezeichnet:[195]

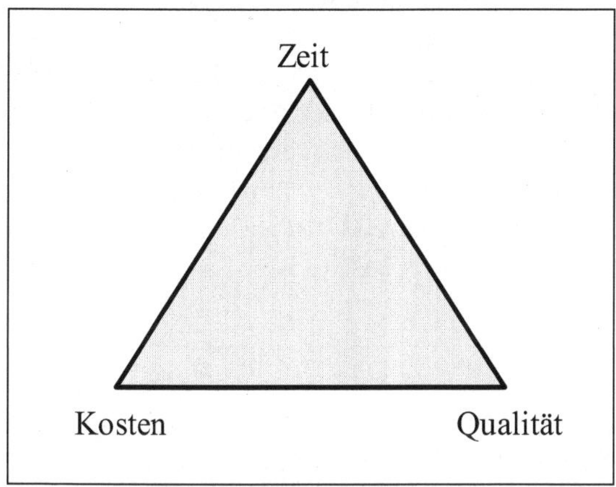

Darst. 2.305: Magisches Zielgrößendreieck der Produktion

Das Magische Dreieck als eine These der komplementären Triade dient in der vorliegenden Arbeit für die Unterscheidung zwischen Kosten-, Zeit- und Qualitätscontrolling und soll im Folgenden als ein zugrundeliegender Funktionsaspekt des Controllings dienen.

Nachfolgend soll auf die drei vorgenannten Faktoren kurz eingegangen werden.

[194] Vgl. SCHLOSKE, A., THIEME, P.: Qualität als entscheidender Wettbewerbsfaktor, in: BULLINGER, H.-J. ET AL. (HRSG.): Handbuch Unternehmensorganisation – Strategien, Planung, Umsetzung, 3. Aufl., Berlin, Heidelberg 2009, S. 150–152.

[195] Vgl. BULLINGER, H.-J. ET Al. (HRSG.): Handbuch Unternehmensorganisation. Strategien, Planung, Umsetzung. 3. Aufl., Berlin, Heidelberg, New York 2009, S. 6ff.

2.3.1.1 Zielgröße Kosten

Im Rahmen der betrieblichen Leistungserstellung entstehen durch Bewertung der Ressourceninanspruchnahme[196] **Kosten**. Kosten bezeichnen den im Zusammenhang mit dem Betriebszweck stehenden Werteverzehr an Sachgütern und Dienstleistungen, welcher bei der Leistungserstellung und -verwertung versuracht wird. Es sind diejenigen Aufwendungen, die weder betriebsfremd noch außergewöhnlich noch periodenfremd sind, zuzüglich der Zusatzkosten und unter Berücksichtigung der Anderskosten.[197]

Die Zielgröße der Kosten umfasst somit im Wesentlichen die Personalkosten, Betriebsmittelkosten, Materialkosten, Kapitalkosten, Energiekosten sowie sonstige Kosten.[198] Kosten stellen keinen Selbstzweck dar, sondern bilden die eingesetzte Produktionsfaktorkombination wertmäßig ab. Es wird demnach nicht beschlossen, Kosten in einer bestimmten Höhe zu erzeugen, sondern Prozesse, Teilprozesse oder Aktivitäten durchzuführen, welche den Einsatz von Produktionsfaktoren bewirken, die anschließend mit den Kosten zu bewerten sind.[199]

Die Überwachung der Produktionskosten impliziert eine **Kostenplanung**, welche erst mit einer Kontrolle der Planeinhaltung an Aussagekraft gewinnt. **Kontrolle** wird in diesem Zusammenhang als eine Vergleichsdurchführung von Kostengrößen für bestimmte Perioden definiert. Die Kosten- und Leistungsrechnung hält hier als Instrument die Plankostenrechnung vor, die im Rahmen des Produktions-Controllings die Kostenstellen der Produktion und die Kostenträger auf Kostenabweichungen hin untersucht. Die Kostenkontrolle hat in der **Plankostenrechnung** das Ziel, die Beschäftigungs-, Verbrauchs- und Preisabweichungen durch einen Vergleich der tatsächlich realisierten, als Istkosten bezeichnet, und der geplanten Kosten (Sollkosten)[200] aufzudecken. Der **Kerngedanke** der Kostenkontrolle beruht somit auf einer **Aufdeckung und Analyse der internen, produktionsbezogenen Unwirtschaftlichkeiten in der (den) Kostenstelle(n) und bei den Kostenträgern in Form der Kostenabweichungen**, die durch das Einleiten von Gegenmaßnahmen behoben werden. Diese Kostenabweichungen können auf Preis-, Verbrauchs- und/oder Be-

[196] Vgl. REICHMANN, TH., KISSLER, M., BAUMÖL, U.: a. a. O., S. 361.

[197] Vgl. WÖRDENWEBER, M.: Kostenrechnung: a. a. O., S. 10.

[198] Vgl. WESTKÄMPER, E.: Einführung in die Organisation der Produktion, 1. Aufl., Berlin, Heidelberg 2006, S. 82ff., GOTTMANN, J.: Produktionscontrolling – Wertströme und Kosten optimieren, 2. Aufl., Wiesbaden 2019, S. 55–56.

[199] Vgl. SCHILD, U.: Lebenszyklusrechnung und lebenszyklusbezogenes Zielkostenmanagement, Wiesbaden 2005, S. 24.

[200] Vgl. WÖRDENWEBER, M.: Operatives Controlling – Band 1, a. a. O., S. 286–302.

schäftigungsänderungen beruhen. Hinsichtlich der detaillierten Kostenabweichungsanalysen (in Abhängigkeit vom jeweiligen System der Plankostenrechnung) und ihrer Probleme wird auf die Ausführungen im ersten Band verwiesen.[201]

Eine Minimierung der Kosten trägt sowohl zur Steigerung des Gewinns und somit zur langfristigen Existenzsicherung des Unternehmens als auch zur Erfüllung der Erwartungen der Shareholder bei. Es liegt demnach nahe, dass die **Kostenminimierung** ein zentrales Anliegen bzw. Ziel der Produktion ist. Dieses Anliegen kann allerdings nur gelingen, wenn die zur Kostenreduzierung geplanten Maßnahmen nicht im Widerspruch zu den Zielgrößen Qualität und Zeit stehen.[202]

Soll eine Kostenminimierung im Produktionsbereich mittels der Planung und Kontrolle von Kosten (im Rahmen der **Vor- und Nachkalkulation** von Kostenstellen bzw. **Budgetierung und Kontrolle des Budgets**) erreicht werden, lautet das Ziel, ein angestrebtes, adäquates Kostenniveau nicht zu überschreiten. Dabei wird eine Untersuchung der in einer Kostenstelle vorgefundenen Kostensituation neben dem kostenartenweisen Vergleich von variablen und fixen Kosten nach Eliminierung der Preisabweichungen als Mengenabweichungsanalyse[203] durchgeführt. Nicht in allen Bereichen der Produktion können Kosten ohne Weiteres genau bestimmt werden. Daher werden **auch Kosteneinflussgrößen** in die Kostenbetrachtung einbezogen. Für die Ermittlung von Kosten, die bei der Umrüstung einer Maschine oder durch einen Prozess entstehen, werden bspw. die entsprechenden Zeiten, wie die Rüst- oder Durchlaufzeit[204] (s. u.) betrachtet.

Die nachstehende Auflistung der **Kosteneinflussgrößen** verdeutlicht, **welche Handlungen (Entscheidungen) Kosten auslösen**.

---

[201] Vgl. WÖRDENWEBER, M.: Operatives Controlling – Band 1, a. a. O., S. 329–340.

[202] Vgl. WESTKÄMPER, E.: a. a. O., S. 72ff.

[203] Vgl. REICHMANN, TH., KISSLER, M., BAUMÖL, U.: a. a. O., S. 372–373.

[204] Vgl. HAHN, D.: Ziele des Produktionsmanagement, in: CORSTEN, H. (HRSG.): Handbuch Produktionsmanagement: Strategie – Führung – Technologie – Schnittstellen, Wiesbaden 1994, S. 30.

- Betriebsgröße
- Schichten
- Produktionsprogramm
  - artmäßige Zusammensetzung
  - mengenmäßige Kombination
  - zeitliche Verteilung
- Fertigungstiefe
- Maschinenbelegung
- Produktionsintensität
- Lagerhaltung
- (Produktions-)Verfahren
- Einführung oder Änderung von Prozessen
- Rezepturen
- Qualität
  - Material
  - Personal
  - Betriebsmittel
- Kapazitätswirksame Änderungen
  - Betriebsmittel
  - Personal
- Abschreibung (Methode, Ausgangsbetrag, Nutzungsdauer)
- Einkaufspreise
  - Roh-, Hilfs- und Betriebsstoffe
  - Vorprodukte, Fremdbauteile
- Höhe der Entlohnung
- Verbrauch von Produktionsfaktoren
  - Arbeit
  - Werkstoffe
  - Betriebsmittel
- Beschäftigung

Darst. 2.306: Kosteneinflussgrößen

Bei der Betrachtung der Kosteneinflussgrößen stellen sich zwei Fragen: Erstens, welche Kosten entfalten welche **temporäre oder dauerhafte Fixkostenwirkung** und welche

Kosten sind **tendenziell variabel** und damit kurzfristig abbaubar und/oder beeinflussbar? Zweitens, welche der vorgenannten Kosten sind überhaupt **entscheidungsrelevant**?[205]

Einfluss auf die anfallenden Kosten hat u. a. die Produktionsauslastung. Hohe Stückkosten entstehen, wenn die Auslastung der Produktion gering ist, und somit die anfallenden Kosten von wenigen erstellten Gütern getragen werden müssen.[206] Die sogenannten Leerkosten, die den Teil der fixen Kosten verkörpern, der auf die ungenutzte Kapazität entfällt[207], sollen möglichst gering gehalten werden. Wird eine Steigerung des Umsatzes und eine Senkung der Stückkosten durch eine höhere Produktionsmenge angestrebt, führt sowohl bei Anwendung der Vollkostenrechnung als auch der Teilkostenrechnung eine höhere Absatzmenge c. p. zu einem höheren Betriebsergebnis. Insofern ist ein Absatz zusätzlich produzierter und abgesetzter Einheiten zu erreichen, da ansonsten die Fixkosten weiterhin von den wenigen Produkten getragen werden müssen. Folglich ist die Auslastung der technischen Anlagen und Maschinen von der Nachfrage abhängig. – Die Durchführung der **Kostenkontrolle** beruht auf den drei grundsätzlichen Möglichkeiten (Grundtypen des Benchmarkings):[208]

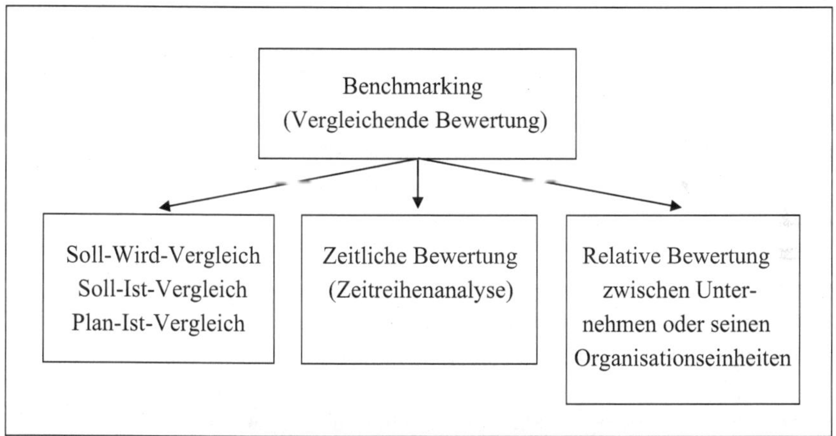

Darst. 2.307: Vergleichende Betrachtung der konkreten Ausprägungen eines Merkmals

Der Zeitvergleich und der Soll-Ist-Vergleich gehören der Kategorie der **innerbetrieblichen** oder auch der **internen Kostenkontrolle** an. Die Anwendung der Methoden erfolgt

[205] Diese Frage wurde bereits bei WÖRDENWEBER, M.: Kostenrechnung, a. a. O., S. 31–33 aufgegriffen und beantwortet.

[206] Vgl. GOTTMANN, J.: a. a O., S. 54.

[207] Vgl. WÖRDENWEBER, M.: Kostenrechnung, a. a. O., S. 248.

[208] Vgl. WÖRDENWEBER, M.: Operatives Controlling – Band 1, a. a. O., S. 178–193.

zur Überwachung der Kosten als auch neben der Wirtschaftlichkeitskontrolle zur Erfassung der Kostenabweichungen. Die Aussagekraft dessen ruht auf einer Voraussetzung der Elimination der externen Kosteneinflussgrößen in Form von beispielsweise Preisschwankungen. Die verantwortlichen Instanzen werden damit kostenmäßig überwacht und in ihren Kostenverhalten gesteuert. Die **Wirksamkeit der internen Kostenkontrolle** hängt von vielen Faktoren ab, insbesondere von der Genauigkeit der Kostenerfassung, der Aufgliederung der Unternehmung in Kostenstellen, bzw. Prozesse und der Art der Verteilung der erfassten Kosten auf Kostenstellen, Prozesse und Kostenträger. Die Kontrollzeitspannen stellen ebenfalls einen Einfluss auf die Aussagekraft der internen Kostenkontrolle dar und äußern sich bei der Wahl eines längeren Zeitraumes in der sinkenden Anpassung und fordern somit kurze Abrechnungszeiträume bzw. kurzfristige Abschlüsse der Kostenrechnung.[209]

Bei dem **Zeitvergleich im Rahmen der Istkostenrechnung** als eine Möglichkeit zur Kostenkontrolle werden die Istkosten einer Abrechnungsperiode mit den Istkosten einer oder mehrerer vergangener Perioden verglichen. Als Istkosten werden mit Istpreisen bewertete Istverbrauchsmengen definiert, d.h. darunter werden tatsächlich angefallene Kosten für eine realisierte Leistung verstanden. Der Zeitvergleich stellt eine Kontrollrechnung dar, der die Wertentwicklung bestimmter Größen wie beispielsweise Kostenarten, Kostenstellen, Herstellkosten oder auch Anzahl der Mitarbeiter im Zeitablauf in den Fokus stellt. Die Möglichkeit zur Kostenüberwachung ist im Gegensatz zu den Hinweisen für Verbesserungen der Wirtschaftlichkeit gegeben. Zwischenzeitlich eingetretene Schwankungen innerhalb einzelner Perioden deuten auf die Gefahr hin, Unwirtschaftlichkeiten untereinander zu vergleichen und teilen dem Zeitvergleich in seiner Form keine wirksame Kontrolle der Kostenwirtschaftlichkeit zu. Die Methode fördert dennoch das Kostenbewusstsein der Verantwortlichen und wird ferner als zusätzliches Instrument der Kostenkontrolle empfohlen, um bei größeren Abweichungen unter Umständen Unwirtschaftlichkeiten aufzudecken.

Dem **Soll-Ist-Vergleich** liegt eine Gegenüberstellung der festgestellten Soll- und Istkosten für gleiche wirtschaftliche Sachverhalte zugrunde. Sollkosten sind die für eine Periode oder einen Kostenträger i. w. S. (Kostenzurechnungsobjekt) vorausberechneten und vorgegebenen Kosten. Die Soll-Größe hat in der Tat einen **Vorgabecharakter**, d. h. die Größe dient als „Messlatte“ (Ausmaß der Zielerreichung). Sie muss **nicht zwangsläufig ein Plan-Wert bzw. mit diesem identisch sein**. Zum einen kann sich ein Zielerreichungsvorgabewert von einem (internen) Wert für die Planung unterscheiden, zum anderen ist

[209] Vgl. SCHWEITZER, M., KÜPPER, H.-U., FRIEDL, G., PEDELL, B.: Systeme der Kosten- und Erlösrechnung, 11. Aufl., Wiesbaden 2016, S. 14.

auch denkbar, dass der Planende unterschiedliche Planwerte ansetzt, nämlich dann, wenn z. B. mit unterschiedlichen Szenarien wie „worst case“ oder „best case“ gearbeitet wird. In diesem Fall wäre es nicht von Vorteil, dem Ausführenden den niedrigen worst case-Planwert vorzugeben, wenn ein „höherer“ (Soll-)Wert erreicht werden kann – und sollte. Istkosten hingegen stellen die tatsächlich angefallenen Kosten dar. Der Soll-Ist-Vergleich ermöglicht die Feststellung der Kostenabweichungen in Form von Kostenüber- und Unterdeckungen. Die Kostenunterdeckungen, die sich in der Übersteigung der Istkosten den Sollkosten äußern, stellen einen Indikator für Unwirtschaftlichkeiten im Unternehmungsprozess dar. Die Ursachen für Kostenüber- und Unterdeckungen können durch Abweichungsanalysen aufgezeigt werden und Schwachstellen sichtbar machen, deren Beseitigung eine Verbesserung der Wirtschaftlichkeit mit sich bringen kann.

Neben den beiden Methoden zur internen Kostenkontrolle besteht die Möglichkeit eines **Betriebsvergleiches (Benchmarking)** anhand der **Istkostenrechnung**. Dabei werden die Istkosten des eigenen Betriebes (Kosten der Kostenarten, Kostenstellenkosten, Herstellkosten u. a.) mit denen eines anderen Betriebes oder mit Durchschnittswerten der Branche verglichen. Der Kostenvergleich zwischen den verschiedenen Betrieben ermöglicht Schlüsse auf eine Verbesserung der Kostensituation der eigenen Unternehmung. Kritisch anzumerken ist, dass der Betriebsvergleich einige Probleme aufweisen kann. Die Verschiedenartigkeit der Produktionsprogramme und der Produktionsbedingungen bei den vergleichenden Unternehmungen lassen sowohl an der Sinnhaftigkeit des Vergleiches zweifeln als auch diesen erschweren bis unmöglich gestalten. Verstärkt wird diese Tatsache durch die beschrankte Einsichtnahme in das Kostengefüge anderer Unternehmungen. Ist das Unternehmen ggf. Mitglied in einem der Unternehmensverbände, z. B. VDMA, oder engagiert es eine Unternehmensberatung, ist es oft möglich, anonymisierte Daten aus dem Produktionsbereich (ähnlicher) Unternehmen der Branche zu erhalten. – Der fehlende Maßstab der Wirtschaftlichkeit als auch keine Vergleichbarkeit der Betriebe lassen nur Aussagen darüber treffen, ob der eigene Betrieb besser oder schlechter liegt, nicht aber über die Qualität der Wirtschaftlichkeit.[210]

[210] Vgl. STELLING, J. N.: Kostenmanagement und Controlling, 3. Aufl., München 2008, S. 90.

2.3.1.2 Zielgröße Qualität

2.3.1.2.1 Qualitätsbegriff

Die Qualität ist zweifelsfrei ein unumstrittener **Wettbewerbsfaktor**. Um ganzheitliche Vorteile gegenüber der Konkurrenz zu erzielen, werden **qualitätserforderliche und -fördernde Maßnahmen** angestrebt, die keine negativen Wirkungen auf die anderen beiden Komponenten der Triade des magischen Dreiecks (s. o.) aufweisen. In diesem Sinne wird eine höhere Qualität in der kürzeren Zeit zu niedrigeren Kosten führen. Qualitätsdiskontinuitäten sind dabei zu vermeiden, da sich diese als Antreiber auf den Umsatzrückgang auswirken. Beispiele für Erfolgseinbußen sind Mindererlöse in Form von Preisnachlass, Garantiepauschale, Kulanzregelungen und Vertragsannullierungen. Aber auch weitere Konsequenzen mangelnder Qualität wie Preisdisproportionen, Fehlmengen, Kundenabwanderung und Neukundendefizite sind möglich.

Die ersten Versuche die **Qualität** zu definieren führen auf Lao-tse[211] im Klassikerwerk Tao-Te-King (4. Jhd. v. Chr.) zurück, indem im Taoismus Qualität im Sinne von Güte ausgewählter Situationen wie Denken, Wohnen, Reden oder Bewegen manifestiert wurde.[212] Grundzüge des betriebswirtschaftlichen Qualitätsverständnisses lassen sich auf die industrielle Arbeitsteilung zu Beginn dieses Jahrhunderts zurückführen, welche als systematischer Ansatz für das heutige Qualitätsmanagement genannt werden. Allgemein wird heute Qualität wie folgt definiert:

Qualität ist die Beschaffenheit eines Produktes und der dazugehörigen Dienstleistungen bezüglich seiner Eignung, vorausgesetzte Anforderungen zu erfüllen.

Darst. 2.308: Qualität

[211] Auch Laotse ist als Schreibweise gebräuchlich.

[212] Vgl. ZOLLONDZ, H.-D.: Grundlagen Qualitätsmanagement. Einführung in Geschichte, Begriffe, Systeme und Konzept, 3. Auf., München 2011, S. 8.

In der internationalen Definition wird der Begriff Qualität als ein „**Grad, in dem ein Satz inhärenter Merkmale Forderungen erfüllt**“[213] definiert. Qualität gibt also an, in welchem Ausmaß ein Produkt (Sachgut oder Dienstleistung) den bestehenden Erwartungen nachkommt.[214]

Die Sicherung der Wirtschaftlichkeit als vorrangiges Ziel des Produktions-Controllings impliziert eine **Vermeidung der Qualitätsminderwertigkeiten** und ist somit als ein Dogma des Produktions-Controllings anzusehen. Die Produktion stellt dabei der Qualität als Zielgröße den nicht wertschöpfenden **Ausschuss- und Nacharbeitsanteil** in den Mittelpunkt. Neben dem Materialausschuss ist die durch die Nacharbeit minderwertiger Produkte bedingte **Betriebsmittelbelastung** als ein Grund der Fokussierung anzusehen. Hinzu gezählt wird auch die durch den Ausschuss bedingte Ersatzproduktion, die durch eine Wiederbelastung eine **Minderung der Rest-Kapazität** der Maschine verursacht.

Somit wird deutlich, dass die Qualität nicht nur als exogene Größe[215] dem Kunden gegenüber für das produzierende Unternehmen eine Relevanz hat, sondern auch als interne Qualität in Form von Ausschuss, Anfahrverlusten und Nacharbeit erfasst werden sollte.

Die obige Definition von Qualität lässt eine Untergliederung in **Produktqualität** und **Prozessqualität** zu.[216] Letztlich hat die Prozessqualität auch ihren Anteil an der Produktqualität. Gleiches gilt auch für weitere Qualitätsbegriffe wie z. B. die Materialqualität, die Qualität der Logistik und die Service- und Dienstleistungsqualität.

Die **Produktqualität** misst, in welchem Umfang das Produkt die Erwartungen der verschiedenen Anspruchsgruppen hinsichtlich der Beschaffenheit erfüllt. Es handelt sich demnach um die Relation zwischen der realisierten Beschaffenheit und der geforderten Beschaffenheit. Unter dem Begriff der **Beschaffenheit** wird die Gesamtheit aller äußeren und inneren Zustände sowie Funktionsmerkmale und Merkmalswerte verstanden, welche zur Einheit selbst gehören. Der Umfang und die Schärfe der jeweiligen Merkmale werden maßgeblich durch den Kunden, aber auch durch die Unternehmensleitung, den Markt sowie durch Gesetze und Normen beeinflusst. Üblicherweise erfolgt eine Zusammenfassung der einzelnen Qualitätsmerkmale zu bestimmten Merkmalsgruppen. Dies sind bspw. zuverlässigkeitsbezogene, sicherheitsbezogene, designbezogene, funktionsbezogene oder

[213] DIN EN ISO 9000:2005-12.

[214] Vgl. SIHN, W. ET AL.: Produktion und Qualität, München 2016, S. 232.

[215] Vgl. DUMAS, M., LA ROSA, M., MENDLING, J., REIJERS, H.: Fundamentals of Business Process Management, 2. Aufl., Berlin 2018, S. 60-61.

[216] Vgl. SCHILD, U.: a. a. O., S. 22.

umweltschutzbezogene Merkmalsgruppen.[217] Zahlreiche empirische Studien belegen den **Zusammenhang zwischen Produktqualität, Kundenzufriedenheit, Kundenbindung und dem daraus resultierenden Unternehmenserfolg.**[218]

Die **Prozessqualität** bezieht sich, anders als die Produktqualität, nicht auf die Beschaffenheit, sondern auf die **Fähigkeit**. Unter dem Begriff der Fähigkeit soll in diesem Zusammenhang die Eignung einer Organisation bzw. ihrer Elemente zur Erstellung eines Produktes, das die Erwartungen an die Beschaffenheit erfüllt, verstanden werden. Zu den Elementen der Organisation gehören u. a. Mitarbeiter, Maschinen, Produktionsstraßen, Verfahren oder Prozesse. Die Prozessqualität misst somit die Fähigkeit eines Prozesses, Produkte in der erwarteten Beschaffenheit zu erzeugen. – **Prozessbedingte Probleme** wie fehlerhafte Bearbeitungen oder instabile Prozesse sorgen dafür, dass Produkte u. U. nicht den Erwartungen entsprechen und somit als Ausschuss- oder Nacharbeitsteile aus der Produktion geschleust werden müssen. Um den Kundenauftrag erwartungsgerecht zu erfüllen, ist es notwendig, diese Teile nachzuarbeiten oder erneut zu produzieren. Dadurch entstehen im Produktionsbereich zusätzliche Personal-, Betriebsmittel- und Materialkosten, welche wiederum einen negativen Einfluss auf das Betriebsergebnis und somit auf die Erwartungen der Shareholder haben.

Die Produktqualität sowie eine hohe Prozessqualität stellen wichtige produktionsbezogene Ziele für Unternehmen dar. Es stellt sich allerdings die Frage, ob *jede* qualitätsverbessernde Maßnahme durchgeführt werden sollte, da diese kontraproduktiv im Hinblick auf die Zielgrößen Kosten oder Zeit sein können.[219]

---

[217] Vgl. GEIGER, W., KOTTE, W.: Handbuch Qualität – Grundlagen und Elemente des Qualitätsmanagements, 5. Aufl., Wiesbaden 2008, S. 78ff.

[218] Vgl. HUBER, F., HERRMANN, A., BRAUNSTEIN, C.: Der Zusammenhang zwischen Produktqualität, Kundenzufriedenheit und Unternehmenserfolg, in: HINTERHUBER, H. H., MATZLER, K. (HRSG.): Kundenorientierte Unternehmensführung – Kundenorientierung, Kundenzufriedenheit, Kundenbindung, 6. Aufl., Wiesbaden 2009, S. 71.

[219] Siehe im Paragrafen 2.3.1.2.3 „Qualitätskosten“ die Ausführungen zum kostenoptimalen Qualitätsniveau.

2.3.1.2.2 Messung der Qualität

Die Messung der Qualität stellt eine interessante Frage dar und wird in der Praxis mit geeigneten Mess-, Bewertungs- und Analyseverfahren im Rahmen des Qualitätsmanagements entwickelt und eingesetzt. Dabei wird die Qualität auf zwei Arten wahrgenommen: als **objektive und subjektive Qualität**.

Unter einer **subjektiven Qualität** wird eine **Wahrnehmung und Beurteilung durch die Befragungen der Kunden, Mitarbeiter oder Partner** verstanden. Einer **objektiven Qualität** hingegen wird die Definition einer Messung aufgrund von Produkteigenschaften zugesprochen. Darunter fallen ebenfalls die messbaren Prozessleistungen oder auch das messbare Mitarbeiterverhalten. Für die Ermittlung der objektiven Qualität werden somit **Prüfverfahren wie Befragungen und Statistiken, Testkäufe, -anrufe und -beratungen** eingesetzt. **Kennzahlen** wie beispielsweise **Fehlerquoten, Kundenzufriedenheit, Mitarbeiterverhalten und die Reklamationsrate** dienen als Messgrößen und somit zur Analyse. Eine individuelle Entwicklung und Implementierung der Messgrößen beruht in der Regel auf einem Involvierungsprozess der Betroffenen. Dieser Prozess ist gekennzeichnet durch Wechselbeziehungen oder Wechselwirkungen von Tätigkeiten, die zu dem gewünschten Ergebnis führen. Dabei sind die Messgrößen an den folgenden Anforderungen auszurichten: **Objektivität, Validität, Reliabilität und Aktualität**.[220] Ferner müssen weitere Aspekte bei der Messgrößenbestimmung in Betracht gezogen werden: **Messbarkeit, Präzision, Sensitivität, Zuverlässigkeit, Verständlichkeit, Einflussmöglichkeit als auch der Messaufwand**.

Zum einen können die erfassten Einzelwerte als eine Möglichkeit des Ausdruckes für Qualität dienen, sie können aber auch zum Beispiel in einem Scoring Modell zu einer Größe zusammengefasst werden, indem eine Gewichtung und Addition der erfassten Einzelwerte erfolgt. Den einzelnen Messgrößen werden dabei die Gewichtungsfaktoren zugeordnet, die von der Bedeutung des Merkmals abhängen.

Eine zweite Möglichkeit besteht darin, die Qualität als **monetäre Größe** auszudrücken. Dabei ist festzuhalten, dass für die Beurteilung des Produkt- und Prozessnutzens **keine direkte monetäre Anzeige** existiert: Das Messergebnis bedarf einer (mehr oder weniger) **subjektiven monetären Bewertung**. Ferner ist bei der alleinigen Betrachtung der monetären Größen auf die **fehlende Erkenntnis der Fehlerursachen** hinzuweisen. Eine Fo-

[220] Vgl. die Ausführungen zum Stichwort „Bewertungskriterien bei Kennzahlen und Kennzahlensystemen" bei WÖRDENWEBER, M.: Operatives Controlling – Band 1, a. a. O., S. 52–55.

kussierung auf die eben erwähnte Größe ist ergo prinzipiell nicht zweckmäßig. Da monetäre Größen aber als Anstoß für Verbesserungsmaßnahmen der Qualität von großer Bedeutung sind und das Ausmaß von Qualitätseinbußen oder -verbesserungen finanziell sichtbar und vergleichbar machen, sollen diese im Folgenden näher erläutert werden.

2.3.1.2.3 Qualitätskosten

Die ISO 9004:2000 empfiehlt die Ermittlung der Qualitätskosten. Die Praxis geht von auf den Umsatz bezogenen Qualitätskosten in Höhe von 5-15 % aus. Sie können damit im ungünstigsten Fall den Gewinn der Unternehmung übertreffen. Somit ist es unabdingbar, den Qualitätskosten hohe Aufmerksamkeit zu schenken. Der Begriff der Qualitätskosten ist in der Literatur uneinheitlich definiert. Hier wird folgende Definition der Qualitätskosten verwendet:

Qualitätskosten sind Kosten, die hauptsächlich durch Aktivitäten der Fehlerverhütung, durch planmäßige Qualitätsprüfungen sowie durch intern oder extern festgestellte Fehler verursacht sind.

Darst. 2.309: Qualitätskosten
(Vgl. die Definition des Deutschen Instituts für Normung bzw. der Gesellschaft für Qualität (DGQ))

Kurz gefasst setzen sich die Qualitätskosten zusammen aus:

- Fehlerverhütungskosten (prevention costs)
- Prüfkosten (appraisal costs)
- Fehlerkosten (failure costs)

Zu den Instrumenten und Methoden des **Qualitätscontrollings** gehören zudem das **Total Quality Management (TQM)**, das **Auditing** oder die **Qualitätskostenrechnung**. Hinzu gezählt werden auch Qualitätskennzahlen, Qualitätsberichtswesen sowie neue Instrumente wie Benchmarking, **Product-Life-Cycle-Costing** und **Target-Costing**. Beim **Auditing** geht es um das Erkennen und Beseitigen von Schwachstellen entlang der Wertschöpfungskette.[221] Das **Total Quality Management** hingegen ist ein Qualitätsmanagementsystem, welches unter anderem Ziele wie die Reduzierung von Gemeinkosten, die Verbesserung

[221] Vgl. NEBL, T.: Produktionswirtschaft, 7. Aufl., München 2011, S. 882.

von internen Abläufen und die kontinuierliche Reduzierung von Fehlern verfolgt. Das Besondere beim Total Quality Management liegt dabei darin, dass die Prozessorientierung, die Kundenorientierung und die Mitarbeiterorientierung als gleichwertig betrachtet und gleichmäßig bedacht werden. Das Denken in übergreifenden Zusammenhängen zwischen den drei Orientierungen ist für das Konzept ebenfalls wichtig.[222] Studien dazu erhärten die Bedeutung von TQM.[223] Sie zeigen auf, dass Unternehmen mit einem qualitätsorientierten Managementsystem im internationalen Wettbewerb erfolgreicher sind.

Bei einer erfolgreichen Umsetzung jedes Instruments, welches ein Bündel von Einzelmaßnahmen erfordert, ergibt sich ein **Qualitätsmanagementsystem**, welches folgende Aufgaben lösen soll:

- Reduzierung der Fehlleistungskosten
- Reduzierung der Gemeinkosten
- Stärkung des Qualitäts- und Kostenbewusstseins bei den Mitarbeitern
- Kontinuierliche Reduzierung der Fehler in allen Bereichen des Unternehmens
- Verbesserung der internen Abläufe
- Verminderung der Doppelarbeit
- Verbesserung der Motivation der Mitarbeiter

Darst. 2.310: Aufgaben eines Qualitätsmanagementsystems
(Vgl. PIONTEK, J.: Controlling, 3. Aufl., München, Wien 2005, S. 160.)

Als Beispiele für die drei Bausteine der klassischen Qualitätskosten lassen sich folgende nennen:

[222] Vgl. STEVEN, M.: Handbuch Produktion. Theorie – Management – Logistik – Controlling, Stuttgart 2007, S. 166.

[223] Vgl. KUMMER, S. (HRSG.), GRÜN, O., JAMMERNEGG, W.: a. a. O., S. 302.

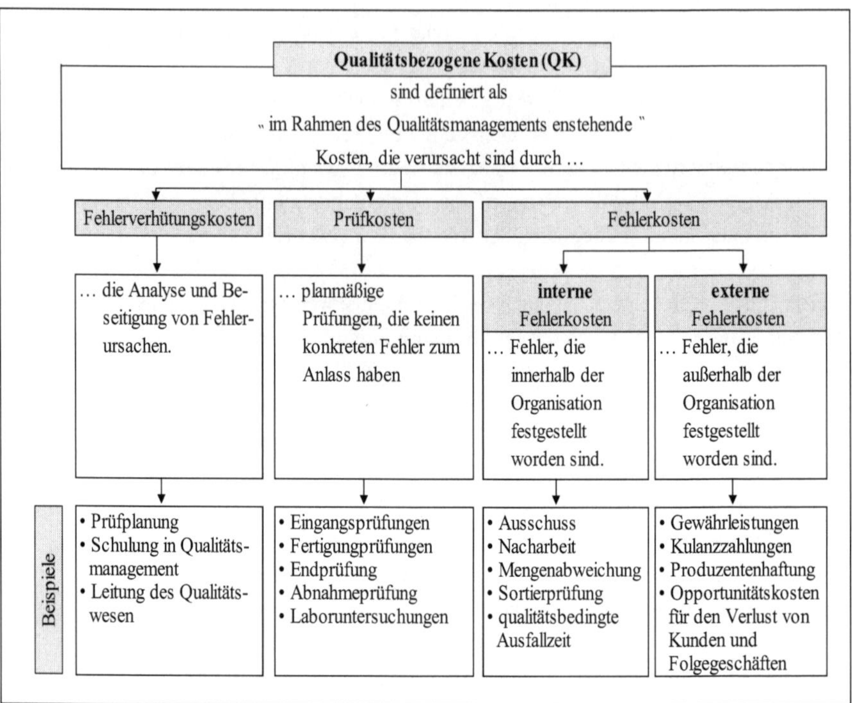

Darst. 2.311: Unterteilung der qualitätsbezogenen Kosten

(Vgl. GIEBEL, M.: Wertsteigerung durch Qualitätsmanagement. Entwicklung eines Modells zur Beschreibung der Wirkmechanismen und eines Vorgehenskonzepts zu dessen Einführung, Kassel 2011, S. 33, SIHN, W. ET AL.: a. a. O., S. 250.)

Die Zusammenhänge und gegenseitige Wirkungsweisen der qualitätsbezogenen Kosten werden anhand des klassischen Modells der Qualitätskostenoptimierung sichtbar:

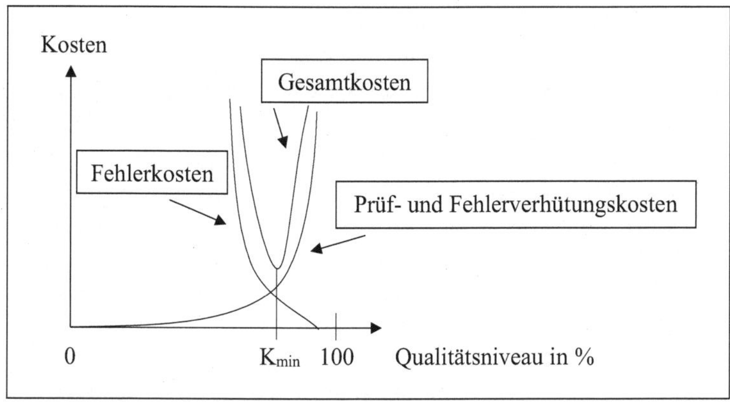

Darst. 2.312: Kostenoptimales Qualitätsniveau (klassische Darstellung)
(Vgl. BELKIN, V.: Multikriterielles Controlling von Geschäftsprozessen. Prozessverbesserung mit Hilfe der dynamischen Simulation, Lohmar 2011, S. 121, ähnlich PLÜMER, TH., STEINFATT, E.: Produktions- und Logistikmanagement, 2. Aufl., Berlin, Boston 2017, S. 74.)

Dieses klassische Modell zur Qualitätskostenoptimierung zeigt grafisch auf, dass die **Prüf- und Fehlerverhütungskosten** mit dem mehrenden Anteil an fehlerfreien Produkten überproportional ansteigen. Ferner streben die Prüf- und Fehlerverhütungskosten gegen unendlich, je mehr diese dem 100 %-gen Qualitätsgrad kommen. Die **Fehlerkosten** hingegen sinken mit jedem weiteren Anteil von fehlerfreien Produkten.

Eine Verringerung der Prüfungsaktivitäten und präventiven Maßnahmen der Prüf- und Fehlerverhütungskosten führt zwar zu deren Kostenersparnissen, dennoch gleichzeitig zu höheren Fehlerkosten und zu der Zunahme fehlerhafter Produkte.

Aus der Darstellung wird deutlich, dass das **Kostenminimum nicht bei der fehlerfreien Qualität** liegt und im Allgemeinen nicht an dem Schnittpunkt der beiden Qualitätskostenkurven. Diesem Modell der Qualitätskostenoptimierung liegt die **Prämisse** zugrunde, dass die **Qualität kostet und nicht die Nichteinhaltung der Qualität**. Ferner schließt dieses Modell eine Realisation des Null-Fehler-Ziels aus und hält eine Fehlerakzeptanz für wirtschaftlich sinnvoll.

Die bisherige Betrachtung beurteilt die Kosten **allein aus der betrieblichen Sicht**. Es sind nur diejenigen Kosten eines qualitativen Schadens relevant, die das produzierende und/oder liefernde Unternehmen trägt. Sofern dem Empfänger der Ware weitere Kosten, Folgeschäden oder ein Nutzenentgang entstehen, sind diese in der Kostenaufstellung nicht enthalten. Als Beispiel sei hier ein Kunde genannt, der kurz vor seinem Urlaub eine fehlerhafte elektrische Zahnbürste erhält, die er unbedingt mit auf die Reise nehmen will. Oder ein Kunde der Bahn, der durch eine Verspätung einen Anschlusszug oder Flug versäumt und somit einen wichtigen Geschäftstermin nicht wahrnehmen kann. Etwaige Erstattungsansprüche wegen einer Verspätung des Verkehrsmittels werden nicht berücksichtigt.[224] Auch die Ressourcenverschwendung infolge fehlerhafter Produkte ist hier aufzulisten. Bei knapper werdenden Ressourcen (in) der Natur (auch wegen erhöhter Nachfrage aufgrund der steigenden Weltbevölkerungszahl) steigen die Kosten für notwendige Rohstoffe.[225] – Als externe Fehlerkosten werden lediglich die Opportunitätskosten für den Verlust von Kunden oder Folgegeschäften betrachtet.

Die Schwachstellen des klassischen Qualitätskostenmodells haben zu der Konsequenz geführt, das klassische Modell einer **Zweiteilung der Qualitätskosten** zu unterziehen. Die nachfolgende Darstellung zeigt auf, dass beim Paradigmenwechsel von der traditionellen zur neuen Qualitätsgliederung die **Prüfkosten** durch eine **Aufteilung in eine geplante und eine ungeplante Komponente** aufgelöst wurden.[226] Die geplanten Anteile der Prüfkosten, die der Vermeidung dienen, werden dabei den Übereinstimmungskosten zugeordnet. Die ungeplanten Anteile hingegen, deren Ursache in Fehlern liegt, gehören zur Kostenkategorie der Abweichungskosten.

Den Grund für die Aufteilung der Prüfkosten stellt ein hoher Grad der Automatisierung dar einschl. einer integrierten (automatisierten) Prüfung der Produktionsprozesse, die somit eine Trennung zwischen Prüf- und Herstellkosten zwecklos bzw. das Herausrechnen der Kosten dieser Prüfvorgänge aus den Herstellkosten kaum machbar erscheinen lässt.[227]

---

[224] Siehe z. B. die EU-Bahngastrechteverordnung EG 1371/2007 vom 23.10.2007 oder das Urteil des AG Köln zum Erstattungsanspruch bei Verspätungen von Luftfahrtunternehmen (AG Köln, Urt. v. 24.02.2012, Az: 145 C 263/11.

[225] Vgl. WÖRDENWEBER, M.: Nachhaltigkeitsmanagement, a. a. O, S. 29–31.

[226] Vgl. PLÜMER, TH., STEINFATT, E.: a. a. O., S. 75.

[227] Vgl. SEGHEZZI, H. D., FAHRNI, F., FRIEDLI, T.: Integriertes Qualitätsmanagement. Der St. Galler Ansatz, 4. Aufl., München 2013, S. 67.

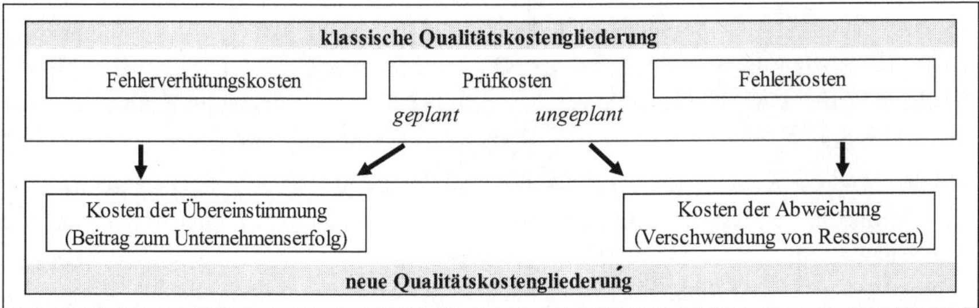

Darst. 2.313: Zweiteilung der Qualitätskosten
(Vgl. BELKIN, V.: a. a. O., S. 123.)

Die **Abweichungskosten**, die grundsätzlich **nicht bekannt, nicht planbar und nur schätzbar sind**, werden in **interne und externe Kategorien** aufgeteilt und stellen einen zusätzlichen – über die eigentliche Leistungserstellung hinaus notwendigen – Ressourcenverbrauch dar. Dieser ergibt sich aus den Anforderungsabweichungen der Prozessergebnisse entlang der im Band 1[228] geschilderten Wertschöpfungskette. Die Grenze für die Unterteilung in interne und externe Abweichungskosten stellt die Zustellung des Produktes beim Kunden dar und ist somit von dem Zeitpunkt und Ort der Mangelaufdeckung und -korrektur abhängig.

Interne Abweichungskosten bringen Maßnahmen zum Ausdruck, die zur Vermeidung der Auslieferung mangelhafter Produkte an den Kunden dienen. Zu den hierfür manifestierten Methoden gehören Ausschuss, Nacharbeit, Wertminderung, als auch Sortier- und Wiederholungsprüfungen. Konträr dazu werden als **externe Abweichungskosten** solche Maßnahmen verstanden, die eine Kundenzufriedenheit trotz einer erbrachten Fehlleistung herbeirufen. Damit sind – zumindest vom Ansatz her – auch die Kosten, Folgeschäden oder ein Nutzenentgang eines Kunden enthalten, der ein fehlerhaftes Produkt oder eine mangelhafte Dienstleistung erhält.

Übereinstimmungskosten sind **bekannt, planbar und nicht vermeidbar**. Sie werden als Präventionsmaßnahmen zur Fehlervermeidung verstanden. Es erfolgt eine Unterscheidung der Kosten in drei Blöcke der Kostenverursachung.

Dem ersten Block werden die Tätigkeiten zugeordnet, die einen prüfenden oder Überwachenden Charakter aufweisen. Als Beispiele dafür können Aufwendungen für technische Eignungsprüfungen von Verfahren oder Anlagen genannt werden, als auch Lieferantenbeurteilungen und Audits.

[228] Vgl. WÖRDENWEBER, M.: Operatives Controlling – Band 1, a. a. O., S. 579.

Dem zweiten Block stehen die Kosten der Methodenanwendung entgegen, wie beispielsweise die Kosten der Durchführung von Quality Function Deployment (QFD) , Failure Mode and Effects Analysis oder Maschinenfähigkeitsuntersuchungen im Rahmen des Statistical Process Control. **QFD** als eine Methode der Qualitätssicherung ist ein Verfahren mit dem Ziel der Konzeption, der Erstellung und des Verkaufs von Produkten und Dienstleistungen, die der Kunde wirklich wünscht. Die Kundenanforderungen werden also in qualitätsbeeinflussende Merkmale von Produkten und Prozessen umgewandelt. Dies ist ein sehr komplexer Vorgang, der die Umwandlung dieser Anforderungen in vier Phasen plant, nämlich in der Produkt-, der Komponenten-, der Prozess- und der Produktionsplanung.[229] QFD bezieht – ähnlich wie das Konzept des Target Costing – somit alle Unternehmensbereiche in die Qualitätsverantwortung mit ein. Es versteht sich als teamorientiertes Methodensystem mit Moderator. Somit kommt es vor allem sowohl auf die Kompetenz des Projekt- und Teamleiters als auch auf die richtige Zusammensetzung des Teams an. Als Hilfsmittel wird eine Merkmal-Funktions-Darstellung verwendet. Der Begriff Merkmal beinhaltet neben den Merkmalen die Qualität, Güte, Beschaffenheit, Attribute und Features eines Produktes. Quality Function Deployment lässt auch die Entwicklungen von Dienstleistungen zu. Bei der **Failure Mode and Effects Analysis (FMEA)** als Fehlermöglichkeits- und Einfluss-Analyse, kurz auch Auswirkungsanalyse, handelt es sich um analytische Methoden der Zuverlässigkeitstechnik, um potenzielle Schwachstellen aufzudecken. FMEA dient der (vorbeugenden) Fehlervermeidung und Erhöhung der technischen Zuverlässigkeit, also der frühzeitigen Identifikation und Bewertung potenzieller Fehlerursachen bereits in der Produktentwicklungsphase. Wie bei der Quality Function Deployment ist auch bei der FMEA ein interdisziplinäres Team aus Mitarbeitern verschiedener Unternehmensfunktionen einzurichten. Insbesondere Mitarbeiter aus den Bereichen Konstruktion, Entwicklung, Versuch, Fertigungsplanung, Produktion, Qualitätskontrolle etc. sollten Bestandteil des Teams sein.

Die **Schulungs- und Ausbildungskosten** bilden den dritten und letzten Block der Übereinstimmungskosten.

Der Wandel des Qualitätskostenverständnisses ist von dem Ziel geprägt, den höchsten Qualitätsgrad zeitgleich mit den niedrigsten Qualitätskosten zu erreichen:

[229] Vgl. NEBL, T.: a. a. O., S. 882.

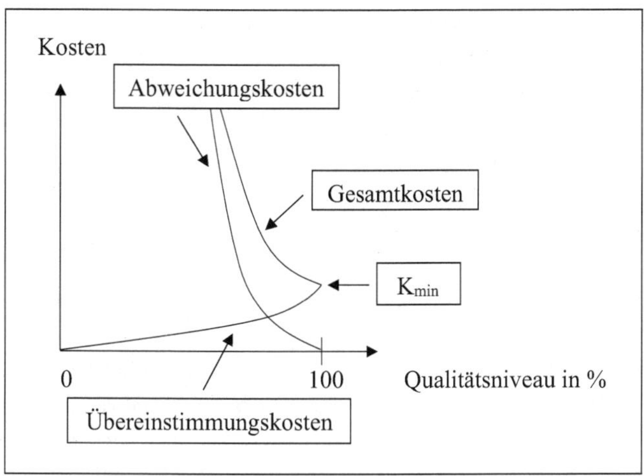

Darst. 2.314: Modifiziertes Qualitätskostenmodell
(Vgl. WILDEMANN, H.: Kosten- und Leistungsbeurteilung von Qualitätssicherungssystemen, in: Zeitschrift für Betriebswirtschaft, 62. Jg., 1992, Heft 7, S. 764.)

Wie die vorstehende Darstellung aufzeigt, besteht zwischen der Kostensenkung gesamter qualitätsbezogener Kosten und der sinkenden Anzahl der fehlerhaften Produkte ein kausaler Zusammenhang, der **bei einem 100 %igen Qualitätsgrad ein Minimum der qualitätsbezogenen Kosten** aufweist. Der Tatbestand entspricht sowohl der Null-Fehler-Philosophie als auch dem in der traditionellen Auffassung fehlenden kundenorientierten Qualitätsverständnis und dem vernachlässigten Nachhaltigkeitsaspekt (s. o.). Diese Null-Fehler-Hypothese wird heute in vielen Qualitätsmanagementsystemen wie beispielsweise der Six Sigma Methode angewandt.[230]

Im Vergleich zu dem Vorgängermodell zeigt sich im Zusammenhang mit einer Qualitätsverbesserung ein weniger rapider Anstieg der Übereinstimmungskosten, der bei einer fehlerfreien Qualität einen konkreten Wert annimmt, anstatt wie in der traditionellen Sichtweise ins Unendliche zu gehen. Die Kosten der Abweichung nehmen mit dem sinkenden Anteil der fehlerhaften Produkte in der neuen Sicht weniger steil ab. Der Wandel von der traditionellen zu der neuen Qualitätskostengliederung ist von dem ökonomischen Prinzip geprägt, den höchsten Qualitätsgrad mit den niedrigsten Qualitätskosten gleichzeitig zu erreichen.

[230] Vgl. HAUNERDINGER, M., PROBST, H.: BWL leicht gemacht: Die wichtigsten Instrumente und Methoden der Unternehmensführung, München 2009, S. 82.

Dem Schlussgedanken dieses Kapitels liegt das Werk von Crosby zugrunde, der **nicht die Qualität, sondern die Nichteinhaltung der Qualität als Kostenverursachung** erkennt.[231] Diese These gewinnt angesichts der zunehmenden Ausweitung des Verbraucherschutzgedankens und der wachsenden Bedeutung der Nachhaltigkeit noch weiter an Bedeutung. Seitens der Politik muss verstärkt darauf geachtet werden, dass einerseits verständliche und nachvollziehbare Verbraucherrechte gestärkt werden, auf der anderen Seite dem zunehmenden Missbrauch Einhalt geboten wird.

Die Qualität sollte demnach als Lösung und nicht als Problem betrachtet werden.

Crosbys Maßstab rückt die Prävention in den Vordergrund, verbunden mit dem Postulat „Null Fehler". Dabei sollen die Fehler verhindert werden, bevor sie auftreten – stets von dem Leistungsstandard in allen Unternehmensbereichen geprägt: „do it right the first time". Der Mittelpunkt seiner Orientierung liegt auf den Fehler- und Nachbesserungskosten und besagt ferner, dass je geringer diese Kosten sind, desto hochwertiger und kostengünstiger das Produkt ist. Die Null Fehler sieht Crosby durch den Aufbau einer qualitätsorientierten Unternehmenskultur erfüllt. Bei seinen Ideen zur Produktverbesserung geht er von wechselseitiger Kommunikation und Information aus. Qualität wird u. a. anhand der Mitarbeiteridentifikation und -motivation gemessen.

2.3.1.3 Zielgröße Zeit

Die Zielgröße Zeit ist – auch als eigenständige Wettbewerbsstrategie – eine der entscheidenden Faktoren für die Produktion. Denn im Zeitwettbewerb lassen sich anhand von **Economies of Speed** die Geschwindigkeitsvorteile in den Leistungsprozessen zur Befriedigung der Kundenbedürfnisse ausnutzen. Auf operativer Ebene geschieht das durch eine **Beschleunigung der unternehmensinternen Wertschöpfungsprozesse**. Als Resultat ergibt sich sowohl die Verhinderung von Liegezeiten als auch eine Beschleunigung des Warendurchlaufes und eine Erhöhung der Umschlagsgeschwindigkeit. Neben diesem Aspekt geht es dabei aber auch um weitere Zeitaspekte wie das Timing, die Liefergeschwindigkeit und die Langfristigkeit beziehungsweise Dauerhaftigkeit von Maßnahmen.

Ein Unternehmen, welches bspw. im Handelsbereich diesen Zeitwettbewerb hervorragend beherrscht, ist der amerikanische Online-Versandhändler Amazon. Erstens hält Amazon seine riesige Spanne an Produkten nicht selbst, sondern vermittelt den Großteil zwischen den Kunden und den Herstellern. Das führt dazu, dass die Liegezeit bei den Herstellern

[231] Vgl. CROSBY, P. B.: Quality is free – The Art of making quality certain, New York 1979.

liegt und Amazon nur als eine Art Verteiler dient, was die Durchlaufzeit gering hält. Und zweitens führt das dazu, dass bei mehreren Anbietern desselben Produktes immer jemand kurzfristig liefern kann. Auch ist der Anbieter zu jeder Tageszeit erreichbar, was in Zeiten einer Corona-Pandemie und ihren Lockdowns und/oder bei einer immer stärkeren Einschränkung des stationären Handelns durch Verkehrsbehinderungs- bzw. Erreichbarkeitsmaßnahmen und damit fehlender Transportkapazitäten der Kunden zu einem fast unschlagbaren Vorteil wird. Amazon ist nicht an Öffnungs- oder Tageszeiten gebunden und durch mobiles Internet auch von überall zu erreichen.

Weitere Instrumente, die den Zeitvorteil des Unternehmens ausbauen, sind Amazon Prime und der Amazon Dash Button. Diese garantieren Lieferung am nächsten Tag beziehungsweise Lieferung per Knopfdruck. Auch der forcierte Ausbau von Lager- und Verteilzentren in Kundennähe dient der Verbesserung des Faktors Zeit. Die Lieferung per Drohne ist schon heute teilweise Realität. Insgesamt macht Amazon also alles, um seinen Zeitvorteil als Wettbewerbsstrategie zu behalten, sowie diesen auszubauen. Die Kunden müssen keine Zeit mehr opfern, um zum Händler zu kommen, sondern der Händler kommt zu ihnen.

Effizienzwirkungen stellen sich ein, wenn zeitverkürzende Maßnahmen keine negativen Wirkungen auf die Qualität und die Kosten aufweisen.

Die Aufgabe des Zeitcontrollings beruht auf dem Versuch, die Prozesseffektivität und -effizienz durch eine Reduzierung bzw. Optimierung der Prozesszeiten zu steigern. Höhere Zeiteffizienz wirkt sich u. a. mindernd auf die Personalkosten, Raumkosten, Kapitalbindungskosten, Abwertungskosten und Versicherungskosten aus. Zudem sorgen kürzere **Durchlaufzeiten** i. d. R. auch eine kürzere Prozessdauer der Bestellaufgabe und -abwicklung[232] bzw. für kürzere **Abwicklungszeiten**[233], insb. verringerte Lieferzeiten, welche wiederum einen positiven Beitrag zur Erfüllung der (zeitbezogenen) Kundenerwartungen leisten. Eine Reduzierung der Durchlaufzeit bspw. führt nicht zwingend zu einer Verkürzung der Abwicklungszeit[234], da die die Zeitspanne verlängernden Ursachen, z. B. im Rahmen der Auftragseingabe, in das System zu verorten sind.

---

232 Der Begriff „Prozessdauer der Bestellaufgabe und -abwicklung" wird im Unterabschnitten 2.3.2.2 „Troughput-orientierte Kennzahlen" definiert und im Unter-Unterabschnitt 2.4.22.4 „Zeitbezogene Kennzahlen" verfeinert.

233 Auf den Begriff „Abwicklungszeit" wird im Unterabschnitt 2.3.2.2 „Troughput-orientierte Kennzahlen" näher eingegangen.

234 Vgl. ADAM, D.: Produktions-Management, a. a. O., S. 33.

Folglich besteht das Ziel des Zeitcontrollings darin, die organisationalen Voraussetzungen für die Wertschöpfung zu schaffen und eine zeitnahe als auch termingerechte Zielerreichung bei der Wertschöpfung zu realisieren. Die vorstehende Formulierung deutet an, dass für produzierende Unternehmen hauptsächlich zwei zeitliche Komponenten, die Geschwindigkeit und die Pünktlichkeit, von wesentlicher Bedeutung sind.[235] Die **Geschwindigkeit** bezieht sich auf die Zeitspanne zwischen der Übergabe eines Auftrages an die Produktion und der Übergabe des Produktionsergebnisses an das Fertigwarenlager, also auf die Zeit, welche ein Auftrag zur Fertigung eines Produktes oder mehrere identischer Produkte benötigt, um alle Arbeitsschritte/Prozesse im Produktionsbereich zu durchlaufen. Diese Zeitspanne wird als **Durchlaufzeit** bezeichnet und umfasst die Rüst-, Bearbeitungs-, Transport- und Liegezeiten (prozessbedingte Wartezeiten, Stillstandszeiten aufgrund organisatorischer oder technischer Probleme) im Produktionsbereich.[236]

Eine kurze Durchlaufzeit steht in Verbindung mit geringer Zeitbeanspruchung durch Transporte und Warten[237], bspw. aufgrund fehlender Materialien. Beide Aspekte sind nicht wertschöpfend. Eine Verkürzung der Durchlaufzeit kann nicht nur auf Basis der Einflussnahme von Warte- und Transportzeiten erfolgen, sondern auch durch den parallelen Ablauf zweier voneinander unabhängiger Prozesse.[238] Auch durch den Einsatz von Überstunden kann die Durchlaufzeit gesenkt werden, wobei diese Maßnahme in Verbindung mit erhöhten Kosten, insbesondere hinsichtlich der Entgeltzahlung, steht. Um Sorge dafür zu tragen, dass das für die Fertigung erforderliche Material zum richtigen Zeitpunkt zur Verfügung steht, muss auch die Termineinhaltung seitens der Lieferanten gewährleistet sein.

Die zweite wichtige zeitliche Komponente ist die **Pünktlichkeit** bzw. die **Liefer-** oder **Termintreue**. Diese soll die Einhaltung der bei Auftragsannahme vereinbarten Liefertermine gewährleisten.

Es ist vom Empfinden des Kunden abhängig, ob eine Abweichung des tatsächlichen Liefertermins vom vereinbarten Liefertermin als Nachteil empfunden wird. So kann es bspw. für Kunden eines Konsum- oder Luxusgutes durchaus positiv sein, wenn das gewünschte Produkt vor dem vereinbarten Liefertermin eintrifft. Im Maschinenbau bspw. findet der Kunde eine vorgezogene oder verzögerte Lieferung als enorme Belastung, da er womöglich erst zum tatsächlichen Liefertermin Ressourcen und Platz geschaffen hat. Zudem ist

[235] Vgl. WESTKÄMPER, E.: a. a. O., S. 72ff.

[236] Vgl. ADAM, D.: Produktions-Management, a. a. O., S. 549.

[237] Vgl. SCHNELL, H.: Produktionscontrolling: Bedeutung, Selbstverständnis, Aufgaben, Instrumente, in: KLEIN, A., SCHNELL, H. (HRSG.): Controlling in der Produktion – Instrumente, Kennzahlen und Best-Practices, im Folgenden abgekürzt mit „Produktionscontrolling“, München 2012, S. 35.

[238] Vgl. DUMAS, M., LA ROSA, M., MENDLING, J., REIJERS, H.: a. a. O., S. 317.

es möglich, dass der Kunde nicht bereit oder nicht liquide genug ist, um die Anlage oder Maschine zum vorgezogenen Liefertermin zu bezahlen. In diesem Fall bleiben Kosten, wie bspw. Kapitalbindungskosten sowie das Risiko auf der Seite des Lieferanten.[239]

Die Minimierung von Durchlaufzeiten sowie die Einhaltung von Lieferterminen stellen daher wichtige Ziele (nicht nur) für produzierende Unternehmen dar. Allerdings besteht die Gefahr, dass sich durchlaufzeitreduzierende Maßnahmen negativ auf die Zielgrößen der Qualität oder Zeit auswirken.[240]

2.3.1.4 Zielgröße Flexibilität

Da, ausgehend von den obigen Überlegungen, Unternehmen in Bezug auf Änderungen in ihrer Umwelt[241] agil sein müssen, ist, wie sich im Folgenden zeigen wird, „Flexibilität" als weitere Zielkategorie ebenfalls von Bedeutung. Eine hohe Anpassungsfähigkeit lässt die Generierung diesbezüglicher **Wettbewerbsvorteile** zu.

Flexibilität umfasst die **Fähigkeit, auf Änderungen der Kundenanforderungen in Bezug auf Produkte, Produktvarianten, Produktmengen, die Zeit und den Ablieferort reagieren zu können**. Flexibilität im Produktionsbereich bedeutet somit die (dynamische) Fähigkeit, die Produktionsfaktoren effektiv und effizient so zu rekonfigurieren, dass diese die Erfüllung der geänderten Kundenwünsche ermöglichen. Bei Maschinen und technischen Anlagen wird im Hinblick auf die Flexibilität traditionell zwischen Einzweckmaschinen und Mehrzweckmaschinen unterschieden. Einzweckmaschinen sind nach Gutenberg solche Betriebsmittel, die nur einen bestimmten Arbeitsgang vorzunehmen imstande sind.[242] Zu den nur für einen bestimmten Zweck nutzbaren Einzweckmaschinen gehören verzahnende Maschinen oder Spezialgeräte, zu den Mehrzweckmaschinen CNC-Maschinen, flexible Fertigungszentren, Transferstraßen oder Fließbänder. Sie weisen einen erheblich höheren Nutzungsgrad auf als Einzweckmaschinen und erfordern eine geringere Maschinenzahl als bei einer konventioneller Fertigung.[243] Abhängig vom Ausmaß der vorhandenen Kapazitäten, können die einzelnen Mehrzweckmaschinen der Produktionspro-

239 Vgl. GOTTMANN, J.: a. a. O., S. 172.

240 Vgl. KLEIN, A.: Unternehmenssteuerung, a. a. O., S. 103.

241 Vgl. dazu etwa die Ausführungen „Rahmenbedingungen der Unternehmensführung" bei WÖRDENWEBER, M.: Unternehmensplanung, a. a. O., S. 99–107.

242 Vgl. GUTENBERG, E.: a. a. O., S. 331.

243 Vgl. HOLZ, B. F., GAEBLER, W.: Flexible Fertigungssysteme. Der FFS-Report der INGERSOLL ENGINEERS, Berlin, Heidelberg, New York, Tokyo 1985, S. 19.

zesse umgerüstet werden, um kurzfristigen bzw. vom Plan abweichenden Aufträgen nachkommen zu können. Dadurch kann ein hoher Bestand an Fertigprodukten, der seinerseits auch einen bestimmten Grad an Flexibilität bei entsprechenden Kapitalbindungskosten bietet, tendenziell niedriger ausfallen.

Die Flexibilität in Produktionsprozessen kann auch daran festgemacht werden, inwiefern die Prozesse vom Personal abhängig bzw. unabhängig sind, da die Mitarbeiter bspw. an Schichtvereinbarungen und Arbeitszeitmodelle gebunden sind und die Qualifikationen der Personen eine große Rolle spielen.[244]

Auch im Zusammenhang mit dem Personaleinsatz spielt Flexibilität eine Rolle. Damit eine Organisation flexibel agieren kann, sind Mitarbeiter notwendig, die ebenso flexibel sind. Neben der Arbeitszeit und -dauer sowie dem Arbeitsort (Stichwort Mobilität) ist vor allem der Arbeitsinhalt, der sich an der Qualifikation des Personals orientiert, in Bezug auf die Anpassungsfähigkeit von Bedeutung.[245] Grundsätzlich gehört die Flexibilität zur Individual-/Personenkompetenz, auch als Selbstkompetenz oder Humankompetenz bezeichnet.[246]

Eine weitere personalbezogene Flexibilität ergibt sich aus der Möglichkeit, Zeitarbeitskräfte zu beschäftigen, ohne langfristig den Personalbestand zu erhöhen.

2.3.1.5 Zielgröße Soziales und Ökologie

Bereits im Kontext der Nachhaltigkeit im Bereich „Einkauf und Transport“ wurden die Themen „Soziale Verantwortung“ und „Umweltschutz“ diskutiert und ihre Bedeutung für das Unternehmen nachdrücklich unterstrichen. **Soziales einschl. gesellschaftlicher Tatbestände** wie z. B. Korruption und **Ökologie** sind neben der **Ökonomie** Komponenten des Drei-Säulen-Modells (Triple-Bottom-Line) der **Nachhaltigkeit**.[247] Da die Ökonomie, hier u. a. die Kosten, ohnehin Gegenstand dieser Monografie ist, soll der Fokus im Folgenden auf den Bereichen Soziales und Ökologie liegen.

Insbesondere im Produktionsbereich existiert eine Vielzahl an Stellschrauben, die betätigt werden können, um nachhaltig zu produzieren. Hinsichtlich der materiellen Ressourcen

[244] Vgl. GOTTMANN, J.: a. a. O., S. 55.

[245] Vgl. ebenda, S. 58.

[246] Vgl. WÖRDENWEBER, M.: Unternehmensplanung, a. a. O., S. 76–79.

[247] Vgl. ebenda.

kann Nachhaltigkeit etabliert werden, indem auf deren Schonung geachtet und folglich Verschwendung vermieden wird. Letzteres hat einen positiven Einfluss auf die Kostensituation eines Unternehmens. Nicht nur die Werkstoffe spielen dabei eine Rolle, sondern auch Betriebsstoffe, wie z. B. die benötigte Energie.[248] Die Nutzung nachhaltigkeitsbezogener Materialien und Betriebsmittel verursacht allerdings nicht immer die Kosten, die bei herkömmlicher Rohstoffnutzung entstehen, sondern durchaus höhere, wie bspw. bei biologisch angebauten Zutaten.

Als zentrales Umweltproblem sind der Treibhauseffekt und die daraus resultierenden Folgen zu nennen. Als eine der Ursachen gelten die enormen CO_2-Emissionen. Ziel des Unternehmens muss es daher sein, den Ausstoß seiner Treibhausgase, insb. des Kohlenstoffdioxids nachhaltig zu senken.

Es geht darum, dass Unternehmen Ansatzpunkte zur Verbesserung des „ökologischen Fußabdrucks"[249] bei der Produktion etwa durch die Erhöhung der Energieeffizienz, die Senkung klimarelevanter Emissionen oder die Schonung von Ressourcen anstreben. Ein Beispiel für das Erreichen einer besseren ökologischen Performance können Verbesserungen der Produktionsverfahren sein.

2.3.1.6 Magisches Zielgrößenfünfeck der Produktion

Das **Polylemma der Produktion** lässt sich grafisch als „Magisches Fünfeck der Produktion" darstellen, welches auf die zahlreichen Zielkonflikte zwischen den fünf Zielgrößen der Produktion „Kosten", „Qualität", „Zeit", „Flexibilität" und „Soziales/Ökologie" hinweist.[250]

---

[248] Vgl. VAHRENKAMP, R.: Produktionsmanagement, 6. Aufl., München 2008, S. 54–56.

[249] Der Begriff des Kohlendioxid-Fußabdrucks (Carbon Footprint) wird u. a. bei Wördenweber ausführlich erläutert (WÖRDENWEBER, M.: Nachhaltigkeitsmanagement, a. a. O., S. 214–217).

[250] Vgl. GRUNWALD, A., KOPFMÜLLER, J.: Nachhaltigkeit, 2. Aufl., Frankfurt/Main 2012, S. 51, 55, 121–122, WÖRDENWEBER, M.: Nachhaltigkeitsmanagement, a. a. O., S. 57.

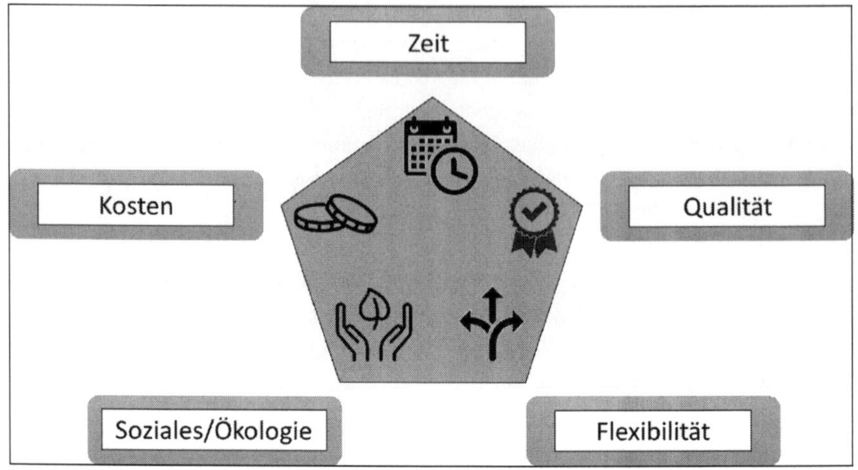

Darst. 2.315: Magisches Fünfeck der Produktion

Im Folgenden sollen einige wichtige Zielkonflikte aufgezeigt werden.

Zwischen den Zielgrößen **Qualität** und **Kosten** sind grundsätzlich zwei unterschiedliche Zielbeziehungen denkbar. Speziell im Bereich des Qualitätsmanagements wird die Zielbeziehung häufig als **komplementär** eingestuft. Bezüglich der komplementären Zielbeziehung zwischen der Produktqualität und den Kosten stützen sich derartige Aussagen oftmals auf die Ergebnisse der PIMS-Studie. Diese besagen, dass eine im Vergleich zu den Wettbewerbern hohe Produktqualität einerseits zu einem Umsatzwachstum und andererseits zu einer Kostenabnahme, welche aus Degressions- und Lerneffekten resultiert, führen kann.[251] Die komplementäre Zielbeziehung zwischen der Prozessqualität und den Kosten wird dadurch begründet, dass Fehlerkosten im Wertschöpfungsprozess überproportional ansteigen. Dieser Kostenverlauf lässt sich dadurch erklären, dass die Fehlerkosten nicht nur aus den direkten Bearbeitungs- und Materialkosten, sondern auch aus Kosten der indirekten, administrativen Bereiche (dispositive und planerische Tätigkeiten, Materialtransporte, Materialbuchungen, Datenerfassungen etc.) bestehen.[252] Folglich verlagern prozessqualitätsverbessernde Maßnahmen Qualitätsfolgekosten (Fehlerkosten) zu Fehlerverhütungskosten[253], wodurch es insgesamt zu einer Kostensenkung kommen kann. Demgegenüber steht die These einer **konfliktären** Beziehung zwischen den Zielgrößen Kosten

[251] Vgl. SCHILD, U.: a. a. O., S. 22.

[252] Vgl. KLETTI, J., SCHUMACHER, J.: a. a. O., S. 42–43.

[253] Anzumerken ist, dass auch das Halten eines bestimmten Qualitätsniveaus Kosten verursacht, z. B. als Überwachungskosten im Sinne geplanter Prüfkosten.

und Qualität, welche folgendermaßen argumentiert wird: Wird ein Produkt mit zusätzlichen Produktfunktionen ausgestattet oder werden existierende Produktfunktionen erheblich verbessert, so ist damit innerhalb der beteiligten Funktionsbereiche auch ein erhöhter Aufwand verbunden. Eine Verbesserung der Produktqualität führt somit ceteris paribus zu einer Steigerung der Kosten. Dabei wird angenommen, dass jede zusätzliche Geldeinheit in Bezug auf die Steigerung der Produktqualität einen abnehmenden Grenznutzen hat. Zudem wird von einer Produktion im Qualitätskostenoptimum[254] ausgegangen. Das hat zur Folge, dass eine Verbesserung der Prozessqualität ausgehend von dieser kostenoptimalen Situation nur realisierbar ist, wenn die Qualität der eingesetzten Faktoren und somit die Kosten der eingesetzten Faktoren gesteigert wird. Dabei wird ebenfalls unterstellt, dass jede zusätzlich eingesetzte Geldeinheit in Bezug auf die Steigerung der Prozessqualität einen sinkenden Grenznutzen hat.[255] Der scheinbare Widerspruch beider Thesen lässt sich durch die Berücksichtigung des Kriteriums der Effizienz lösen. Effizienz ist die ermittelte Beziehung zwischen dem erzeugten Ergebnis bzw. der erzeugten Leistung und den dafür erforderlichen Ressourcen bzw. dem Mitteleinsatz. Ohne Einbezug dieses Kriteriums widerspricht die These der komplementären Zielbeziehung der ökonomischen Logik. Unter der Prämisse einer ineffizienten Ausgangssituation wäre es jedoch möglich, bei gleichbleibenden Kosten die Qualität zu steigern oder bei gleichbleibender Qualität die Kosten zu reduzieren. Folglich kann für die Beziehung zwischen den Zielgrößen Qualität und Kosten zusammenfassend festgestellt werden, dass sie ihrer Natur nach **konfliktär** ist.[256] Qualitätsverbessernde Maßnahmen können in der Unternehmensrealität jedoch oftmals auch kostensenkend wirken, da die Ausgangssituation in der Praxis häufig ineffizient ist.[257] Bei dieser Zielkonfliktediskussion wird zudem das tendenziell kostenträchtigere Thema Nachhaltigkeit, genauer: Soziales und v. a. Ökologie außer Acht gelassen. Durch die Berücksichtigung dieser beiden Punkte, z. B. angesichts möglicher oder tatsächlicher Sanktionen von relevanten Anspruchsgruppen wie etwa Imageverluste durch Shitstorms im Internet oder Boykott von Produkten des Unternehmens, wegen Verschwendung von Ressourcen aufgrund von Mängeln (verkürzte Lebensdauer, „Wegwerfprodukte" u. Ä.), dürfte sich die Auffassung in vielen Fällen in **komplementär** ändern.

---

[254] „Zur Sicherstellung einer bestimmten output-orientierten Produktqualität werden die nachträglichen Qualitätssicherungsmaßnahmen so lange mit der Inputqualität der eingesetzten Faktoren substituiert, bis das Kostenoptimum erreicht ist." (SCHILD, U.: a. a. O., S. 26.)

[255] Vgl. SCHILD, U.: a. a. O., S. 26ff.

[256] Anmerkung: Bei dieser Zielkonfliktediskussion wird das Thema Nachhaltigkeit, genauer: Soziales und v. a. Ökologie außer Acht gelassen. Durch die Berücksichtigung dieser beiden Punkte, z. B. angesichts möglicher oder tatsächlicher Sanktionen von relevanten Anspruchsgruppen, dürfte sich die Auffassung ändern.

[257] Vgl. SCHILD, U.: a. a. O., S. 26ff.

Die Einhaltung des Liefertermins (Zielgröße **Zeit**) ist in zweifacher Hinsicht **kosten**relevant, wenn der Kunde darauf besteht, dass der festgelegte Liefertermin seitens des Unternehmens eingehalten, d. h. weder zu früh noch zu spät geliefert wird. Diese Tatsache muss im Rahmen der Produktionsplanung berücksichtigt werden, damit es weder zu Lieferengpässen noch zu überhöhter Lagerung der produzierten Güter kommt. Nicht termingerechte Lieferungen lösen ggf. Konventionalstrafen aus oder bedeuten den Verlust von Kunden. Höhere Lagerbestände bringen zusätzliche Kosten mit sich. – Für die Beziehung zwischen den Zielgrößen Zeit und Kosten wird im Bereich des Zeitmanagements häufig propagiert, dass durchlaufzeitverkürzende Maßnahmen bei Kostenarten, in denen die Zeit die Mengenkomponente bei der Bewertung ist (z. B. Fertigungslöhne), grundsätzlich eine Reduktion der Kosten zur Folge hat. Diese Aussage ist allerdings nicht schlüssig. Einerseits existieren Maßnahmen, wie bspw. JIT-Anlieferungen oder das Eliminieren bzw. zeitliche Optimieren von Aktivitäten oder Prozessen, welche sowohl die Durchlaufzeit als auch die Kosten (v. a. Personal-, Betriebsmittel- und Kapitalbindungskosten) der Produktion reduzieren können. Andererseits können Maßnahmen, wie bspw. die Parallelisierung von Prozessen zwar zu einer Reduzierung der Durchlaufzeiten führen, jedoch bleibt eine Verringerung der Kosten aus. Darüber hinaus können durchlaufzeitverkürzende Maßnahmen, wie bspw. Überstunden, zu einem Anstieg der Kosten führen. Die Frage nach der Art der Zielbeziehung lässt sich somit wiederum nur aus dem Blickwinkel der Effizienz der Ausgangssituation beurteilen. Bei effizienter Ausgangssituation führt eine Verkürzung der Durchlaufzeit zwangsläufig zu einer Steigerung der Kosten, da diese ausschließlich durch besondere Maßnahmen, wie bspw. Überstunden o. Ä. erfolgen kann. Es handelt sich demnach wiederum um eine Zielbeziehung, welche ihrer Natur nach **konfliktär** ist. Falls die Ausgangssituation jedoch nicht effizient ist, können zeitverkürzende Maßnahmen zugleich kostenreduzierend wirken, sodass sich zwischen den Zielgrößen Zeit und Kosten insgesamt ein u-förmiger Verlauf ergibt.[258]

Auch bei der Beziehung zwischen den Zielgrößen **Zeit** und **Qualität** existiert u. a. die Meinung, dass zeitverkürzende Maßnahmen ebenfalls eine Qualitätsverbesserung mit sich bringen. Begründet wird diese Meinung mithilfe des folgenden Beispiels: Durch die Beseitigung von Schnittstellenproblemen, wie bspw. die Weitergabe von fehlerhaften Informationen, lässt sich sowohl die Durchlaufzeit verkürzen als auch die Prozessqualität verbessern. Auch bei dieser Argumentation war die Ausgangssituation offensichtlich ineffizient. Eine Verkürzung der Durchlaufzeit ist bei gleichbleibenden Kosten und in einer effizienten Ausgangssituation nur denkbar, wenn die Qualität darunter leidet, sodass grundsätzlich eine **konfliktäre** Zielbeziehung zwischen den Zielgrößen Zeit und Qualität

[258] Vgl. SCHILD, U.: a. a. O., S. 28ff.

besteht. Wie bereits mehrfach erwähnt, sind die Prozesse in der Unternehmensrealität jedoch häufig ineffizient, sodass bestimmte zeitreduzierende Maßnahmen durchaus eine qualitätsoptimierende Wirkung haben können, was dann zumindest **teilweise** auf eine **komplementäre** Zielbeziehung hinweist.[259]

Im Folgenden wird der Gesamtzusammenhang der drei Zielgrößen **Zeit, Qualität und Kosten** diskutiert. Die nachstehende Darstellung zeigt mithilfe einer dreidimensionalen Grafik den funktionalen Zusammenhang und somit die möglichen Kombinationen der Zielgrößen Kosten, Zeit und Qualität auf. Da das dargestellte Möglichkeitsgefüge einer erheblichen Dynamik unterliegt und abstrakte Größen repräsentiert, kann dessen Ausprägung selbstverständlich nur grob abgeschätzt werden. Die unternehmensindividuell realisierbaren Möglichkeiten resultieren aus deren Position innerhalb des dargestellten Gefüges und sind hauptsächlich von den verfügbaren technischen, organisatorischen sowie betriebswirtschaftlichen Bedingungen abhängig.[260]

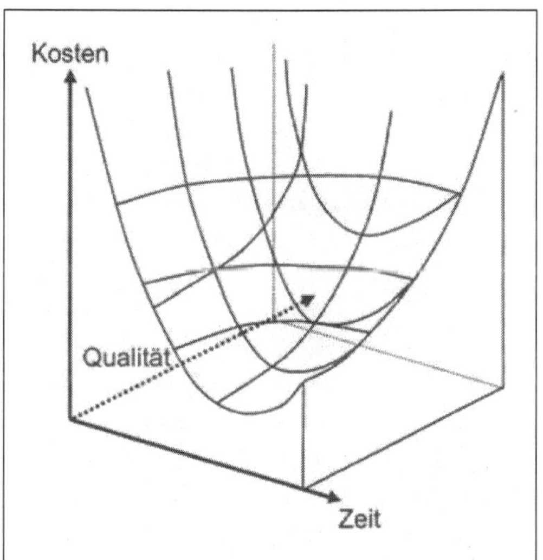

Darst. 2.316: Zielbeziehung zwischen den Zielgrößen Kosten, Qualität und Zeit
(Entnommen SCHILD, U.: Lebenszyklusrechnung und lebenszyklusbezogenes Zielkostenmanagement, S. 31.)

[259] Vgl. SCHILD, U.: a. a. O., S. 30ff.

[260] Ebenda.

Es lassen sich allerdings drei zentrale Aussagen aus diesem Möglichkeitsgefüge ableiten: Erstens kann davon ausgegangen werden, dass **Qualität oder Zeit verändernde Maßnahmen** unabhängig davon, ob die Ausgangssituation effizient oder ineffizient ist, **stets Auswirkungen auf die jeweils anderen Zielgrößen** nach sich ziehen. Eine isolierte Betrachtung einzelner Zielgrößen sollte demnach vermieden werden. Zweitens existieren **bei einer *effizienten* Ausgangssituation keinerlei kostensenkende Maßnahmen, welche sich nicht zeitgleich negativ auf die Zielgrößen der Qualität oder Zeit auswirken.** In der realistischerweise häufig ***ineffizienten* Unternehmensrealität können jedoch kostenreduzierende Maßnahmen** ergriffen werden, welche **keinerlei oder sogar positive Auswirkungen auf die Zielgrößen der Qualität und Zeit** haben. Drittens können sowohl das **Qualitätsmanagement als auch das Zeitmanagement Ideenschmieden für effizienzsteigernde Maßnahmen des Kostenmanagements** sein. Diese Aussage unterstützt nochmals die **Empfehlung, einzelne Zielgrößen nicht isoliert von anderen Zielgrößen zu betrachten.**[261]

Gehen wir im Folgenden kurz auf Konflikte zwischen den vier Zielgrößen **Kosten, Qualität, Zeit** und **Flexibilität** ein. Die Flexibilität im Hinblick auf Kundenwünsche stellt einen Wettbewerbsvorteil dar, verursacht aber vermehrt (Um-)Rüstvorgänge. Diese wirken nicht nur kostenerhöhend, sondern verlängern auch die Abwicklungszeit. Zudem besteht die Gefahr, dass Rüstvorgänge zu einer höheren Fehlerzahl führen und damit die Qualität beeinträchtigen. Eine hohe zeitliche Beanspruchung durch Rüsttätigkeiten erfordert entsprechend große Lose, die wiederum vermehrt Kapazitäten in Anspruch nehmen und somit die Flexibilität des Unternehmens einschränken und die Lagerhaltung ebenso wie die damit einhergehenden Kosten erhöhen.[262] – Auch im beispielhaften Bezug auf das Personal im Produktionsprozess können die Zielkonflikte verdeutlicht werden. Abhängig von einer tendenziell außergewöhnlichen zeitlichen Lage der Arbeitsstunden, einer notwendigen Flexibilität der Mitarbeiter oder der erforderlichen Qualifikation steigen die Kosten an.[263] So hat eine Verringerung der angestrebten Durchlaufzeit zur Folge, dass die Mitarbeiter ihre Aufgaben in kürzerer Zeit erledigen müssen. Dies ist oftmals nur von erfahrenem Personal möglich, das mit höheren Lohnkosten verbunden ist. Außerdem nimmt die Fehleranfälligkeit in Prozessen, deren Geschwindigkeit erhöht wird, zu. Das hat zur Folge, dass die Qualität der Produkte negativ beeinflusst wird und gleichzeitig Verschwendung begünstigt wird, wodurch wiederum die anfallenden Kosten steigen.

[261] Vgl. SCHILD, U.: a. a. O., S. 30ff.

[262] Vgl. GOTTMANN, J.: a. a. O., S. 98.

[263] Vgl. ebenda, S. 59, 61-62.

Als Konflikt zwischen den Zielgrößen **Kosten** und **Soziales/Ökologie** wird oft das Thema „Krabben nach Marokko“[264] zitiert. In diesem Fall lohnt es sich ökonomisch, die Krabben aufgrund der vergleichsweise geringen Transportkosten in Lkw von der norddeutschen Küste zum Pulen nach Nordafrika mit seinen niedrigen Lohnkosten und wieder verkaufsfertig zurück nach Deutschland zu transportieren. In dieser Konstellation werden die Kosten gesenkt, die Umwelt belastet und Arbeitsplätze in Nordafrika (Entwicklungshilfe) geschaffen, in Norddeutschland allerdings aufgegeben.

Als Beispiel für eine tendenziell komplementäre Beziehung zwischen **Kosten, Qualität, Zeit, Flexibilität** und **Soziales/Ökologie** kann folgender Fall angeführt werden: Für die Produktion eines Gutes werden qualitativ hochwertige Schrauben verwendet, weil diese in der Fertigung nur selten brechen. Das hat zwar zur Folge, dass die Beschaffungskosten steigen, aber die Kosten für Ausschuss und Nacharbeit sinken, da beides zu einem geringeren Teil ausgeprägt ist. Die Nachhaltigkeit der Produktion wird somit erhöht. Außerdem verringert sich die für die Produktion benötigte Zeit. Die eingesetzten Maschinen ebenso wie die Mitarbeiter haben folglich mehr freie Kapazitäten, die flexibel eingesetzt werden können.

2.3.2 Kennzahlen im Rahmen des Produktions-Controllings

In den folgenden Abschnitten erfolgt eine Darstellung derjenigen Kennzahlen des Produktions-Controllings, denen in Bezug auf die Planung, Steuerung und Kontrolle der Produktion eine hohe Relevanz zugesprochen wird. Diese Kennzahlen resultieren sowohl aus der einschlägigen Literatur als auch aus der Unternehmensrealität. Stellvertretend für die praktische Relevanz der folgenden Kennzahlen stehen die Ausarbeitungen des Vereins Deutscher Ingenieure (VDI) sowie des Verbands Deutscher Maschinen- und Anlagenbau (VDMA). Der VDI, der sich vor allem an Ingenieure und Naturwissenschaftler richtet, formuliert für differente Branchen praxisbezogene Regelungen, die sogenannten VDI-Richtlinien[265], die der Verbesserung technischer Prozesse dienen, und ist damit für die deutsche Wirtschaft von großer Relevanz.[266] Eine Vielzahl an VDI-Richtlinien unterschiedlicher Adressatengruppen beinhaltet praxisrelevante Kennzahlen, die u. a. dem Pro-

[264] Vgl. UNTEREINER, V.: Krabben nach Marokko, 12.03.2007, https://www.welt.de/wirtschaft/article756944/Krabben-nach-Marokko.html, Abruf am 13.11.2020.

[265] Vgl. VDI: VDI-Richtlinien, o. J., https://www.vdi.de/richtlinien, Abruf am 20.05.2020.

[266] Vgl. VDI: Organisation des VDI, o. J., https://www.vdi.de/ueber-uns/organisation/vdi-gruppe, Abruf am 20.05.2020.

duktionscontrolling zugeordnet werden können. Der VDMA hingegen fokussiert Unternehmen des Maschinen- und Anlagenbaus.[267] Die formulierten sogenannten Einheitsblätter beinhalten dabei technische Regelungen ebenso wie Handlungsempfehlungen.[268] Im Rahmen der Kennzahlen des Produktionscontrollings ist dabei das VDMA-Einheitsblatt 66214-1 von 2009 mit dem Titel „Manufacturing Execution Systems Kennzahlen" von großer Bedeutung. Darin sind, mit dem Ziel der Vergleichbarkeit, Produktionskennzahlen dokumentiert,[269] die den Erreichungsgrad der festgelegten Produktionsziele (s. den vorhergehenden Unterabschnitt) abbilden und anhand derer ebendieser überprüft werden kann.[270] Diese Kennzahlen sind insbesondere im Rahmen von Industrie 4.0 (vgl. Unterabschnitt 2.3.3 „Aktuelle Herausforderungen des Produktions-Controllings") von Bedeutung. Ergänzend sei auf eine Umfrage von Statista hingewiesen, die bei Handwerksbetrieben 2015 abgefragt hat, welche betriebswirtschaftlichen Kennzahlen regelmäßig erhoben werden.[271] Unter diesen befanden sich die (auch) produktionsseitig relevanten Kennzahlen Fixkostenanteil (63 %), Auslastungsgrad (49 %), Krankenstand (47 %), Reklamationsquote (36 %) und Ausschussquote (29 %). Ergänzend ist zu sagen, dass der Anteil der Unternehmen, die bei Finanzierungsentscheidungen mit industriellen Daten wie bspw. Verbrauchswerte, Durchlaufzeiten, Ausschussquote und Reklamationen arbeiten, von 47 % (2017) auf 61 % (2018) angestiegen ist.[272] Sowohl anhand der absoluten Prozentzahlen als auch der enormen Zunahme der Prozentzahlen wird deutlich, mit welchem Gewicht die Kennzahlen aus der Produktion in Berechnungsmodelle für Bankkredite einfließen.

In einem ersten Schritt ist auf das ökonomische Prinzip und die grundlegende Beziehung zwischen Input und Output, die Effizienz, einzugehen. In diesem Zusammenhang sind die beiden Basiskennzahlen der Betriebswirtschaftslehre, die die Effizienz verkörpern, zu erläutern. Zu diesen Basiskennzahlen gehören die Produktivität und die Wirtschaftlichkeit. In einem weiteren Schritt werden analog zum Aufbau der Darstellung der Produktionsziele Kennzahlen des Produktions-Controllings, wie die folgende Abbildung zeigt, sortiert nach

[267] Vgl. VDMA: Der VDMA, o. J., https://www.vdma.org/ueber-den-vdma, Abruf am 20.05.2020.

[268] Vgl. VDMA: Verzeichnis der VDMA-Einheitsblätter, o. J., https://www.vdma.org/v2viewer/-/v2article/render/15252708, Abruf am 20.05.2020.

[269] Vgl. VDMA: VDMA-Einheitsblatt 66412-1: Manufacturing Execution Systems Kennzahlen, Berlin, Oktober 2009, S. 2.

[270] Vgl. VDMA: MES, o. J., https://www.vdma.org/v2viewer/-/v2article/render/15291019, Abruf am 20.05.2020.

[271] Vgl. STATISTA: Welche betriebswirtschaftlichen Kennzahlen erheben Sie regelmäßig? https://de.statista.com/statistik/daten/studie/458886/umfrage/umfrage-unter-handwerksbetrieben-zu-erhobenen-betriebswirtschaftichen-kennzahlen/, Abruf am 28.11.2020.

[272] Vgl. CREDITSHELF AG: Industrieller Mittelstand und Finanzierung 4.0, Juli 2018, https://www.forum-institut.de/de/media/B3/Content/180731%20creditshelf%20Studie%20Finanzierung%204_0.pdf, Abruf am 13.07.2021.

Ressourceneinsatz- (Input), Prozess- (Throughput) und Ergebnisorientierung (Output) vorgestellt.

Effizienz[273]

In der Betriebswirtschaftslehre bedeutet das ökonomische Prinzip[274], dass die Inputs (Produktionsfaktoren) möglichst gut ausgenutzt werden sollen *oder* ein bestimmter Output mit möglichst geringem Input (Produktionsfaktoren) hergestellt werden soll. Die Beziehung zwischen Output und Input wird i. d. R. als Quotient ausgedrückt. Rationalität bedeutet, dieses Verhältnis zu maximieren:

$$\frac{\text{Output}}{\text{Input}} \rightarrow \text{max.!}$$

Diese Relation wird als **Effizienz** bezeichnet. Effizienz heißt, dem Maximalprinzip oder dem Minimalprinzip Folge zu leisten. Da die Güter (Produktionsfaktoren) nahezu ausnahmslos nicht ausreichend für alle Unternehmen zur Verfügung stehen, kann eine Überwindung der (relativen) Knappheit nur durch rationales Handeln überwunden werden. – Das Gegenteil von Effizienz ist Verschwendung. Verschwendung ist nicht nur ökonomisch verwerflich, sondern auch ethisch (sehr) problematisch.[275]

In der Betriebswirtschaftslehre verkörpern die beiden Begriffe „Produktivität“ und „Wirtschaftlichkeit“ die Effizienz.

Produktivität

Während die **Produktivität** dem **mengenmäßigen Output** den **mengenmäßigen Input** gegenüberstellt, handelt es sich bei der **Wirtschaftlichkeit** über das Verhältnis des **wertmäßigen Outputs** zum **wertmäßigen Input**. Betriebswirtschaftlich ist die (mengenmäßige) **Produktivität zur Messung der Effizienz zu bevorzugen**, weil Wertgrößen im

[273] Vgl. WÖRDENWEBER, M.: Operatives Controlling – Band 1, a. a. O., S. 22.

[274] Zum Begriff „ökonomisches Prinzip“ siehe etwa WÖRDENWEBER, M.: Operatives Controlling – Band 1, a. a. O., S. 21.

[275] Siehe WÖRDENWEBER, M.: Normatives Management, a. a. O., S. 82.

Zähler und Nenner des Quotienten erhebliche Interpretationsspielräume und damit auch Fehlinterpretationen im Hinblick auf die tatsächliche Effizienz ermöglichen.

Weitere Ausführungen zur Produktivität (u. a. formelmäßige Definition, Maßnahmen zur Steigerung der Produktivität, Schwierigkeiten bei der Messung der Produktivität) finden sich im ersten Band.[276]

Zwei Probleme der Messung der Produktivität werden nachstehend herausgegriffen, weil sie insb. im Produktions-Controlling zu beachten sind.

Bei der Produktion von Sachgütern und Dienstleistungen setzt sich der **Input** meist aus **sehr verschiedenen Produktionsfaktoren**, insb. Werkstoffen zusammen, die in **unterschiedlichen Dimensionen** gemessen werden (z. B. l, hl, mm, cm, m, qm, cbm, h). Der Input ist dann nicht mehr ohne Weiteres addierbar. Zweckmäßig ist es deshalb, den Output in Bezug auf nur einen Produktionsfaktor zu analysieren. In diesem Fall werden dann nur **Teilproduktivitäten** ermittelt. Dies ist bspw. bei der **Arbeits-, Material- oder Betriebsmittelproduktivität** (**Anlagenproduktivität**, **Maschinenproduktivität**, **Technische Produktivität**) der Fall. Hierbei werden stets die entsprechenden Inputfaktoren angesetzt. Für die Arbeitsproduktivität wäre das im Nenner die Zahl der tatsächlich geleisteten Arbeitsstunden, für die Betriebsmittelproduktivität die Zahl der eingesetzten Maschinenstunden und für die Materialproduktivität der jeweilige Materialeinsatz. Sollen aber mehrere Inputs in Bezug auf den Output betrachtet werden, muss eine andere Lösung her.

Besteht der **Output** aus **sehr unterschiedlichen Leistungen** des Unternehmens (heterogenes Produktionsprogramm), die über **unterschiedliche Maßgrößen** definiert werden, kann eine Produktivität nicht mehr sinnvoll berechnet werden. Als Beispiel diene hier das Leistungsspektrum des global agierenden Unternehmens Procter & Gamble (P&G) mit Produkten wie Pampers, Ariel, Lenor, always, Braun, Gilette, head&shoulders, Old Spice, Pantene Pro-V, OLAZ, febreze, Swiffer, Oral-B, Wick usw.

Eine Lösung der vorstehenden komplexen Probleme kann nur darin bestehen, dass **statt der mengenmäßigen Größen wertmäßige** im Zähler und Nenner festgehalten werden. Die Outputarten und Inputfaktoren werden **über Wertgrößen homogenisiert**. Die einzelnen Outputarten (im Zähler) und die unterschiedlichen Inputfaktoren (im Nenner) werden als mathematische Produkte addiert, nachdem vorab jede einzelne Ausbringungsmenge mit ihren Umsätzen pro Mengeneinheit und jede einzelne Faktoreinsatzmenge mit ihren Kosten pro Mengeneinheit multipliziert wurde. Somit ist das mathematische Produkt einer

[276] Siehe WÖRDENWEBER, M.: Operatives Controlling – Band 1, a. a. O., S. 22–24.

Outputart bzw. eines Inputfaktors das Ergebnis einer Multiplikation von Menge und Preis. Das wertmäßige Effizienzkriterium heißt **Wirtschaftlichkeit.**

Wirtschaftlichkeit

Oben sowie auch im Zusammenhang mit den Unternehmenszielen und den Produktionszielen wurde bereits angerissen,[277] dass Wirtschaftlichkeit das Fundament ökonomischen Agierens darstellt. Gerade im Rahmen von Investitionsrechnungen, die innerhalb strategischer Produktions-Controlling-Tätigkeiten durchgeführt werden,[278] stellt die **Wirtschaftlichkeit** die Grundlage für Entscheidungen dar.

Weitere Ausführungen zur Wirtschaftlichkeit (u. a. formelmäßige Definition, spezielle Kennzahlen der Wirtschaftlichkeit mit Größen aus der Finanzbuchhaltung oder aus der Kosten- und Leistungsrechnung, Interpretation konkreter Ergebnisse berechneter Wirtschaftlichkeitskennzahlen und ihre Probleme, externe Einflüsse, zeitliche Abgrenzungsprobleme, vergleichende Bewertung) finden sich im ersten Band.[279]

Spezielle Ausprägungen der Wirtschaftlichkeit, die im Rahmen der vergleichenden Analyse betrachtet werden können, wie z. B. das Verhältnis von Soll- bzw. Plan-Größen zu Ist-Größen werden im Abschnitt 2.2.6 „Bewertung von Kennzahlen und Benchmarking" des ersten Bandes behandelt.[280]

Wirtschaftlichkeitskennzahlen, die auf Größen der Finanzbuchhaltung oder Kosten- und Leistungsrechnung basieren, könne durch verschiedene Maßnahmen positiv gestaltet werden, bspw. durch eine Senkung der Einkaufspreise oder eine Erhöhung der Absatzpreise. Darüber hinaus hat auch die produzierte Menge Auswirkungen auf die Wirtschaftlichkeit. Hierbei ist die Prüfung der Kostenarten hinsichtlich ihrer Reagibilität bei Beschäftigungsschwankungen (fix und variabel) notwendig,[281] da bei einer Reduzierung der Zahl der produzierten bzw. zu produzierenden Güter die fixen Kosten (für die Leistungserstellung einer größeren Menge) bestehen bleiben und nicht ohne Weiteres gesenkt werden können (Kostenremanenz)[282].

[277] Vgl. Unterabschnitt 2.3.1 „Ziele und Aufgaben des Produktions-Controllings".

[278] Vgl. KRAUSE, H.-U., ARORA, D., a. a. O., S. 8, HORVÁTH, P.: Produktionscontrolling, in: KERN, W., SCHRÖDER, H.-H., WEBER, J. (HRSG.): Handbuch der Produktionswirtschaft, a. a. O., S. 1486.

[279] Siehe WÖRDENWEBER, M.: Operatives Controlling – Band 1, a. a. O., S. 24–28.

[280] Siehe ebenda, S. 178–193.

[281] Vgl. WÖRDENWEBER, M.: Kostenrechnung, a. a. O., S. 31–40.

[282] Vgl. ebenda, S. 41.

Strategische Entscheidungen, die im Rahmen des Produktionsmanagements getroffen werden, wirken interdependent auf das Investitionsgeschehen im Unternehmen und müssen einer Wirtschaftlichkeitsanalyse unterzogen werden. So bedingt die Entscheidung zur Erhöhung bzw. Verringerung der Fertigungstiefe bspw. den Kauf einer neuen Anlage und damit einhergehend Investition bzw. die Stilllegung einer Maschine und somit Desinvestition.[283] Folglich sind hinsichtlich des Produktions-Controllings ebenfalls Kennzahlen der auch als **Wirtschaftlichkeitsrechnung** titulierten **Investitionsrechnung** von Bedeutung, deren Aufgabe es ist, relevante Informationen bereitzustellen, damit Investitionen geplant, gesteuert und kontrolliert werden können. Grundsätzlich können Investitionsrechnungen unterteilt werden in statische Verfahren, im Rahmen derer keine Berücksichtigung des zeitlichen Ablaufs bspw. in Form von Zinseszinseffekten erfolgt und sämtliche Zahlungen auf Basis ermittelter Durchschnittsgrößen nur eine Periode fokussieren, und dynamische Verfahren, die im Gegensatz dazu den zeitlichen Aspekt berücksichtigen.[284] Folglich ist die statische Investitionsrechnung für eine langfristige Betrachtung, wie sie für das Produktionscontrolling z. B. bei einer Investition in neue Produktionsanlagen notwendig ist, nur bedingt geeignet.

Auf die Kennzahlen der Plankostenrechnung (Kostenstellenkosten und Kostenträgerkosten) zwecks Wirtschaftlichkeitskontrolle wurde bereits im Unter-Unterabschnitt 2.3.1.1 „Zielgröße Kosten“ eingegangen.

Wie bereits angekündigt werden in den folgenden Unter-Unterabschnitten analog zum Aufbau der Darstellung der Produktionsziele diverse Kennzahlen, wie die folgende Abbildung zeigt, sortiert nach Ressourceneinsatz- (**Input**), Prozess- (**Throughput**) und Ergebnisorientierung (**Output**) abgebildet:

[283] Vgl. SCHNELL, H.: Produktionscontrolling, a. a. O., S. 27.

[284] Vgl. die detaillierteren Ausführungen im Abschnitt 2.5 „Investitions-Controlling“, insb. zu den statischen Verfahren.

Elemente des Produktionssystems / Ziele	Input	Throughput	Output
Kosten Qualität Zeit Flexibilität Soziales/Ökologie		Kennzahlen	

Darst. 2.317: Zielorientierte Kennzahlen im Produktionssystem

Im Einzelnen sollen v. a. folgende Kennzahlen erörtert werden:

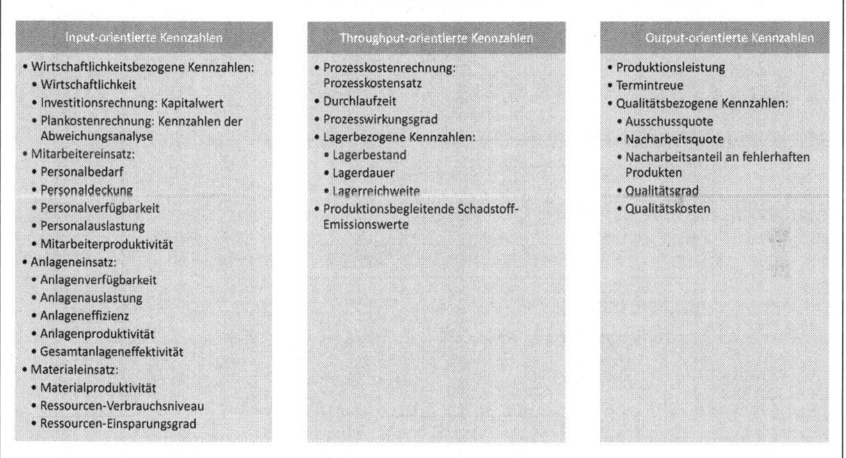

Darst. 2.318: Kennzahlen des Produktionssystems

2.3.2.1 Input-orientierte Kennzahlen

Im Rahmen des Unterabschnitts 2.3.1 „Ziele und Aufgaben des Produktions-Controllings“ wurde die Produktion samt der notwendigen Produktionsfaktoren, der menschlichen Arbeitskraft, der Betriebsmittel und der Werkstoffe vorgestellt. Um einen optimalen Produktionsprozess mit bestmöglichem Output zu erreichen, ist es unerlässlich, bereits den Input der Leistungserstellung zu beleuchten. So ist es möglich, erforderliche und verfügbare Kapazitäten zu ermitteln und zu untersuchen, um Maßnahmen zur Verbesserung ergreifen zu können.[285] Aus diesem Grund werden im Folgenden ausgewählte inputorientierte Kennzahlen des Produktions-Controllings vorgestellt.

Mitarbeiter

Der Einsatz von Mitarbeitern ist im Rahmen der innerbetrieblichen Leistungserstellung unabdingbar, weshalb die damit in Verbindung stehenden Kennzahlen für das Produktions-Controlling relevant sind. Als solche gelten v. a.:

- Fehlzeitenquote
- Krankheitsquote/Krankenstand
- Soll-Personalbestand (Brutto-Personalbedarf)
- Mitarbeiter-/Personalauslastung (%)
- Netto-Personalbedarfs
- Personaldeckung
- Wertschöpfungszeitquote (%)
- Personalkosten je Mitarbeiter bzw. Personalkosten in % der Wertschöpfung
- Arbeitsproduktivität
- Wirtschaftlichkeit des Faktors Arbeit (Aufwand oder Kosten)
- Mitarbeiterportfolio

Darst. 2.319: Input-orientierte Kennzahlen des Produktionsfaktors Arbeitskraft

Aufgrund der Zuordnungsregel im ersten Band[286] werden die mitarbeiterbezogenen Kennzahlen im Abschnitt 2.7 „Personal-Controlling“ ausführlich diskutiert.

[285] Vgl. SCHNELL, H.: Produktionscontrolling, a. a. O., S. 45.

[286] Vgl. WÖRDENWEBER, M.: Operatives Controlling – Band 1, a. a. O., S. 425–426.

Über die genannten personalspezifischen Kennzahlen im Rahmen der Produktion hinaus ist eine Vielzahl an Weiteren existent.[287] Das Produktions-Controlling, das im Rahmen der Produktion den optimalen Einsatz von Mitarbeitern sicherzustellen hat, arbeitet im Rahmen des Mitarbeitereinsatzes grundsätzlich eng mit dem Personalcontrolling zusammen, da sich dieses abteilungsübergreifend mit Personalkennzahlen beschäftigt.

Betriebsmittel

Speziell der Produktionsbereich eines Unternehmens ist durch regelmäßige, umfangreiche Investitionen in Sachmittel geprägt, welche nicht nur eine hohe Kapitalbindung verursachen, sondern auch einen hohen Abschreibungsaufwand im Produktionsbereich erzeugen. Das Management ist folglich an einer optimalen Auslastung dieser Betriebsmittel, also an einer Vermeidung von **Kapazitätsüberhängen** einerseits und **Kapazitätsengpässen** andererseits, interessiert. Dies liegt zum einen darin begründet, dass bei einem Kapazitätsüberhang Leerkosten entstehen. Diese Leerkosten haben höhere Stückkosten zur Folge, was c. p. wiederum zu Gewinneinbußen und Rentabilitätsverschlechterungen führt. Zum anderen kann ein Kapazitätsengpass bewirken, dass Aufträge nicht abgearbeitet oder sogar nicht angenommen werden können, was ebenfalls c. p. Gewinnchancen und eine verbesserte Rentabilität vereitelt. Folglich wird den folgenden Betriebsmittel-orientierten Kennzahlen sowohl in der Theorie als auch in der Praxis eine hohe Relevanz zugesprochen:[288] Bevor auf die einzelnen Kennzahlen eingegangen wird, sollen zunächst die verschiedenen maschinenbezogenen Zeiten differenziert werden.

Ausgangspunkt für die Berechnung der Plan- oder Ist-Belegungszeit (des Betriebsmittels: i. d. R. der Anlage, Maschine oder Montagefläche) p. a. ist die Kalenderzeit, d. h. die **maximale Kapazität**, die der **theoretisch verfügbaren Gesamtzeit einer Maschine** entspricht. Dementsprechend läge die maximale Kapazität bei 24 Stunden an 365 Tagen, also insgesamt 8.760 Stunden. (Selbstverständlich kann die maximale Kapazität auch monatlich oder pro Schicht geplant und kontrolliert werden.)

Unter der **Kapazität** wird in diesem Zusammenhang das technisch-organisatorische Leistungsvermögen einer Maschine in einem bestimmten Zeitraum verstanden.

Bevor auf die verschiedenen Kennzahlen des betriebsmittelbezogenen Produktions-Controllings eingegangen wird, wird zunächst der Zusammenhang zwischen den Begriffen

[287] Vgl. SCHNELL, H.: Effizienzmessung, a. a. O., S. 55.

[288] Vgl. KLEIN, A.: Unternehmenssteuerung, a. a. O., S. 93.

Plan-Belegungszeit, Ist-Belegungszeit, gesamter Bearbeitungszeit und maximaler Kapazität (in h) im nachfolgenden Schaubild dargestellt:

<table>
<tr><td colspan="4">Maximale Kapazität (jährlich 365 Tage • 24 h, monatlich z. B. 30 Tage • 24 h)</td></tr>
<tr><td colspan="3">Plan-Belegungszeit</td><td>geplanter Ausfall</td></tr>
<tr><td colspan="2">Ist-Belegungszeit</td><td>ungeplanter Ausfall</td><td></td></tr>
<tr><td>Gesamte Bearbeitungszeit</td><td>Leistungsverlust</td><td></td><td></td></tr>
</table>

Darst. 2.320: Zusammenhang zwischen theoretisch maximaler Kapazität, Plan-Belegungszeit, Ist-Belegungszeit und gesamter Bearbeitungszeit

Die **geplante Belegungszeit** Laufzeit ergibt sich, indem von der maximalen Kapazität die **geplanten bzw. vorab bekannten Ausfallzeiten** (Stillstände) subtrahiert werden. Unter der **Plan-Belegungszeit** wird die Zeit verstanden, in der ein Betriebsmittel mit Produktionsaufträgen belegt werden könnte. Unter die Ausfallzeiten bzw. Stillstandszeiten werden sämtliche arbeitszeitbedingten, betriebsbedingten und technischen Stillstände (siehe die Erläuterungen zur nachfolgenden Darstellung) subsumiert. Die **Ausfall- bzw. Stillstandszeiten** können **geplant bzw. vorab bekannt oder ungeplant** sein. Insofern muss bei jeder der nachstehend aufgeführten Stillstände differenziert werden, ob die Ursachen geplant/bekannt sind oder nicht. So sind bspw. Wartungsarbeiten absehbar, weil z. B. aufgrund der Garantiebedingungen vorgeschrieben, während Reparaturen nicht planbar sind. (Anmerkung: Durch vorab festgelegte Wartungen in bestimmten Intervallen lassen sich ungeplante Reparaturen oft vermeiden, was insofern zu einer Verringerung der Plan-Belegungszeit und zu einer Reduzierung der ungeplanten Ausfallzeiten führt.) Die Zuordnung von Rüstvorgängen zu geplantem oder ungeplantem Ausfall ist sowohl in der Literatur als auch in der Praxis nicht einheitlich.[289] Dies liegt daran, dass Rüstzeiten in den meisten Fällen vorab planbar/bekannt sind, in Ausnahmefällen (z. B. bei kurzfristig priorisierten Aufträgen) jedoch ungeplant sind. Die Zuordnung von Rüstzeiten zu geplanten oder ungeplanten Ausfall-/Stillstandszeiten sind letztlich von der spezifischen Festlegung des Anwenders abhängig. Somit wirkt sich die Zuweisung unterschiedlich auf die Kenn-

[289] Vgl. z. B. GOTTMANN, J., a. a. O., S. 181, VDI: VDI 3423: Verfügbarkeit von Maschinen und Anlagen – Begriffe, Zeiterfassung und Berechnung, August 2011, S. 6.

zahlen aus. Sie muss in jedem Fall konsistent sein. Wenn die betrachtete Maschine während der Rüsttätigkeiten weiterlaufen kann, ist eine Zuordnung nicht erforderlich.[290] Die geplante und die tatsächliche Belegungszeit kann nach folgendem Schema berechnet werden.

	Maximale Kapazität (theoretisch verfügbare Gesamtzeit des Betriebsmittels)
–	arbeitszeitbedingte Stillstände[1]
–	betriebsbedingte Stillstände[2]
–	technisch bedingte Stillstände[3]
=	Plan- oder Ist-Belegungszeit

Darst. 2.321: Berechnung der Plan- oder Ist-Belegungszeit

[1] Allgemein gültige Stillstände aufgrund gesetzlicher Bestimmungen (z. B. Verbot der Sonn- und Feiertagsarbeit).

[2] Stillstandszeiten, die nur bestimmte Betriebe betreffen und demzufolge betriebsindividuell anzusetzen sind (z. B. Emissionsschutzauflagen, die u. a. zu einem Nachtarbeitsverbot führen, Pausen, Betriebsurlaub, Übergaben, Energieausfall, Unfälle, Erkrankungen, Betriebsversammlung, Schulungen, Streik des eigenen Personals, Lieferungsausfälle). Die personalbezogenen Ausfallzeiten des Betriebsmittels sind nur dann zu berücksichtigen, wenn kein Ersatz gefunden wird bzw. werden konnte.

[3] Hier handelt es sich um Stillstände aufgrund von geplanten oder ungeplanten Rüstzeiten (Rüstzeiten nur dann, wenn die Anlage oder Maschine nicht weiter produzieren kann), Wartungen, Reinigungsarbeiten, Reparaturen, Neuzustellungen, Aussortieren von Fehlteilen (falls die Fehlteile die weitere Produktion behindern).

Die Zuordnung von Rüstvorgängen zu geplantem oder ungeplantem Ausfall ist sowohl in der Literatur als auch in der Praxis nicht einheitlich.[291] Dies liegt daran, dass Rüstzeiten in den meisten Fällen vorab planbar/bekannt sind, in Ausnahmefällen (z. B. bei kurzfristig priorisierten Aufträgen) jedoch ungeplant sind. Die Rüstzeiten sind letztlich von der spezifischen Festlegung des Anwenders abhängig. Somit wirkt sich die Zuordnung unterschiedlich auf die Kennzahlen aus. Sie muss in jedem Fall konsistent sein. Wenn die betrachtete Maschine während der Rüsttätigkeiten weiterlaufen kann, ist eine Zuordnung nicht erforderlich.[292]

Die Berechnung der monatlichen Plan-Belegungszeit einer bestimmten Maschine sei an folgendem Beispiel erklärt:

[290] Vgl. VDI: VDI 3423, a. a. O., S. 6.

[291] Vgl. z. B. GOTTMANN, J., a. a. O., S. 181, VDI: VDI 3423: a. a. O., S. 6.

[292] Vgl. VDI: VDI 3423, a. a. O., S. 6.

	Maximale Kapazität[1]	720 h
–	arbeitszeitbedingte Stillstände (Sonn- und Feiertage)[2]	120 h
–	betriebsbedingte Stillstände (keine Nachtschichten)[3]	175 h
–	technisch bedingte Stillstände (Rüstzeiten, Wartungen)[4]	54 h
=	Plan-Belegungszeit	371 h

Darst. 2.322: Beispielhafte Berechnung der Plan-Belegungszeit einer bestimmten Maschine in einem Monat

[1] Unterstellt wird ein Monat mit 30 Tagen.
[2] Annahme: 5 Sonn- und Feiertage.
[3] Der Betrieb hat die Nachtruhe von 22:00 bis 05:00 Uhr einzuhalten: 25 Tage à 7 h = 175 h.
[4] Der Betrieb hat vertraglich Wartungsarbeiten, die erfahrungsgemäß 4 h/Monat benötigen, vereinbart. Die Rüstzeiten nehmen im Normalfall 2 h/Tag in Anspruch (25 Tage à 2 h = 50 h).

Werden von den geplanten Belegungszeiten die **ungeplanten Ausfallzeiten**, z. B. aufgrund von (außerplanmäßigen) Reparaturmaßnahmen, Unfällen oder Streiks abgezogen, ergibt sich die **tatsächliche Belegungszeit (Ist-Belegungszeit, tatsächliche Laufzeit, tatsächlich verfügbare Produktionszeit)** .

In Bezug auf das vorstehende Beispiel könnte sich etwa folgende Ist-Belegungszeit ergeben:

	Maximale Kapazität[1]	720 h
–	arbeitszeitbedingte Stillstände (Sonn- und Feiertage)[2]	120 h
–	betriebsbedingte Stillstände (keine Nachtschichten, Energieausfall, Unfall, Schulungsmaßnahmen)[3]	242 h
–	technisch bedingte Stillstände (Rüstzeiten, Wartungen)[4]	54 h
=	Ist-Belegungszeit	304 h

Darst. 2.323: Beispielhafte Berechnung der Ist-Belegungszeit einer bestimmten Maschine in einem Monat

[1] Unterstellt wird ein Monat mit 30 Tagen. [2] Annahme: 5 Sonn- und Feiertage. [3] Der Betrieb hat die Nachtruhe von 22:00 bis 05:00 Uhr einzuhalten: 25 Tage à 7 h = 175 h. Energieausfall 3 h. Unfall 2 h. Schulungsmaßnahmen 2 • 2 h = 4 h. Krankheitsbedingte, nicht kompensierbare Ausfallzeiten 17 h. Coronabedingte Ausfallzeit wegen der verspäteten Lieferung eines Vorprodukts 41 h.
[4] Der Betrieb hat vertraglich Wartungsarbeiten, die erfahrungsgemäß 4 h/Monat benötigen, vereinbart. Die Rüstzeiten nehmen im Normalfall 2 h/Tag in Anspruch (25 Tage à 2 h = 50 h). Außerplanmäßige Umrüstung wegen Spezialauftrag 3 h. Reparatur 5 h.

Um Aussagen treffen zu können, in welchem Ausmaß die vorhandene Kapazität von der betrachteten Maschine zur Fertigung genutzt werden kann bzw. könnte, wird die **Betriebsmittelverfügbarkeit (%)**, zuweilen auch speziell **Anlagenverfügbarkeit (%)** genannt, bestimmt. Diese, u. a. im Rahmen des VMDA-Einheitsblatts 66412-1 als **Verfügbarkeitsgrad** bezeichnete Kennzahl[293], setzt sich aus dem Verhältnis der Ist-Belegungszeit zur Plan-Belegungszeit, multipliziert mit 100, zusammen.

$$\text{Betriebsmittelverfügbarkeit (\%)} = \frac{\text{Ist-Belegungszeit}}{\text{Plan-Belegungszeit}} \cdot 100$$

Darst. 2.324: Betriebsmittelverfügbarkeit (%)

Bezogen auf das vorstehende Beispiel ergibt sich eine Betriebsmittelverfügbarkeit (%) in Höhe von 304 h/371 h •100 = 81,94 %.

Die Betriebsmittelverfügbarkeit sagt aus, **wie viel Prozent der geplanten Belegungszeit** eines Betriebsmittels (Anlage, Maschine, Montagefläche etc.) **tatsächlich für die Produktion zur Verfügung steht** bzw. gestanden hat. Somit gibt die Betriebsmittelverfügbarkeit den verfügbaren, wertschöpfenden Arbeitsanteil eines Betriebsmittels an der Plan-Belegungszeit an. Ist der Prozentsatz hoch, kann auf wenige ungeplante Komplikationen wie z. B. fehlendes Material oder Personal, mechanische, elektrische, pneumatische oder hydraulische Defekte größer als (meist) fünf Minuten, ungeplante Rüstzeiten aufgrund kurzfristiger Sonderaufträge etc. geschlossen werden. Die Betriebsmittelverfügbarkeit ist eine bedeutsame Kennzahl des Managements bei der Planung, Steuerung und Kontrolle. **Primäre Zielsetzung** dieser Kennzahl ist die **Optimierung des Betriebsmitteleinsatzes durch die Reduzierung der ungeplanten Ausfallzeiten**. Die für die Berechnung benötigten Werte resultieren i. d. R. aus dem Betriebsdatenerfassungssystem.

Ungeachtet der Optimierung der Betriebsmittelverfügbarkeit ist zu betonen, dass auch die **Plan-Belegungszeit** Ansatzpunkte für eine Maximierung des Gewinns und der Rentabilität liefert, indem (schon) die **geplanten Ausfallzeiten minimiert werden**. Dies ist allerdings in der Praxis kaum bzw. nicht möglich, da es sich überwiegend um gesetzliche Vorgaben oder betriebsnotwendige Umstände handelt, die eine Produktion überhaupt erst ermöglichen.

[293] Vgl. KLETTI, J., SCHUMACHER, J.: a. a. O., S. 131.

Die Betriebsmittelverfügbarkeit sagt noch nichts über die **tatsächliche Auslastung der Betriebsmittels infolge einer Abarbeitung des Produktionsprogramms/der Aufträge** aus. Die Betriebsmittelverfügbarkeit gibt nur an, in welchem (prozentualen) Ausmaß das Betriebsmittel in Bezug auf die Plan-Belegungszeit für die Produktion **grundsätzlich** zur Verfügung steht bzw. gestanden hat. Die tatsächliche Inanspruchnahme eines Betriebsmittels lässt sich über die Kennzahl **Betriebsmittelauslastung (%)**, **Kapazitätsauslastung (%)** oder Belegnutzungsgrad[294], zuweilen auch speziell als **Anlagenauslastung (%)** bezeichnet, planen und kontrollieren. Dadurch ist es möglich, Flexibilität in einem gewissen Maß zu quantifizieren.

Zur Ermittlung der **Plan-Betriebsmittelauslastung (%)** wird die zu produzierende Menge mit der vorgegebenen Zeit pro Stück multipliziert und diese in Relation zur Planbelegungszeit gesetzt.[295] Dieser Quotient wird letztlich mit 100 multipliziert. Die Vorgabezeiten resultieren i. d. R. aus dem Produktionsplanungssystem (PPS).

$$\text{Plan-Betriebsmittelauslastung (\%)} = \frac{\text{zu produzierende Menge} \cdot \text{Vorgabezeit}}{\text{Plan-Belegungszeit}} \cdot 100$$

Darst. 2.325: Plan-Betriebsmittelauslastung (%)

Bei der Berechnung der **Ist-Betriebsmittelauslastung (%)** wird die produzierte Menge mit der Ist-Zeit pro Stück multipliziert und diese durch die Planbelegungszeit dividiert.[296] Dieser Quotient wird letztlich mit 100 multipliziert. Die Ist-Zeiten sollten dem Enterprise-Resource-Planning-(ERP-)System entnommen werden können.

$$\text{Ist-Betriebsmittelauslastung (\%)} = \frac{\text{produzierte Menge} \cdot \text{Ist-Zeit pro Stück}}{\text{Plan-Belegungszeit}} \cdot 100$$

Darst. 2.326: Ist-Betriebsmittelauslastung (%)

[294] Vgl. VDMA: VDMA 66412-1, Oktober 2009, S. 17.

[295] Bei heterogener Produktion werden die zu produzierenden Mengen mit ihren jeweiligen Zeitvorgaben pro Stück multipliziert und die Produkte addiert.

[296] Bei heterogener Produktion werden die produzierten Mengen mit ihren jeweiligen Zeitvorgaben pro Stück multipliziert und die Produkte addiert.

Bei dem Vergleich von Plan- und Ist-Betriebsmittelauslastung (%) ergeben sich häufig Abweichungen. Da der Nenner in beiden Größen konstant ist, kann die Abweichung nur aus den Differenzen im Zähler der Kennzahl resultieren. Hier ist zu bedenken, dass der Zähler (mathematisch) aus einem Produkt besteht, sodass u. U. der Zähler im Falle eines Vergleichs gleich groß geblieben ist, sich dennoch die beiden Größen „produzierte Menge“ und „Ist-Zeit pro Stück“ kompensiert haben können. Sofern die produzierte Menge geringer ist und sich damit die Ist-Zeit pro Stück vergrößert hat, werden sich c. p. der Gewinn und die Rentabilität verschlechtern.

In beiden Fällen gilt, dass, sofern die **geplante Verfügbarkeit der Anlage (Plan-Belegungszeit) höher ist als deren Auslastung, Kapazitäten vorhanden** sind, die bislang nicht genutzt werden und somit Flexibilität bspw. hinsichtlich Auftragsschwankungen oder Zusatz-/Fremdaufträgen gewährleistet werden kann. Außerdem ist es möglich, die festgestellten freien Kapazitäten für zusätzliche Rüsttätigkeiten zu nutzen, um Losgrößen zu verringern. Insofern ist beim letzten Gesichtspunkt ein Ausgleich zwischen den Zielkriterien Kosten (Minimierung der Stückkosten durch große Lose) und Flexibilität (Verbesserung durch kleine Lose) möglich. Eine hohe Anlagenauslastung geht dementsprechend mit einer geringen Flexibilität einher, weshalb diesbezügliche Kompromisse erforderlich sind.

Besteht ein **Kapazitätsbedarf**, kann dieser **kurzfristig** gestillt werden, indem Aufträge an Subunternehmer weitergegeben werden oder eine zeitliche Ausweitung der Plan-Belegungszeit (**zeitliche (Kapazitäts-)Anpassung**) erfolgt. Denkbar wäre auch eine **intensitätsmäßige (Kapazitäts-)Anpassung**, bei der die Arbeitsgeschwindigkeit erhöht wird. Diese Maßnahmen induzieren fast ausnahmslos zusätzliche Kosten. Im Falle von Subunternehmern besteht darüber hinaus die Gefahr, dass wichtiges Betriebs-Know-how preisgegeben wird. Auf **langfristige** Sicht können Investitionen in neue Betriebsmittel, möglicherweise auch in entsprechendes Personal, erforderlich sein (**quantitative (Kapazitäts-)Anpassung**) .

Eine weitere Größe von hoher Bedeutung im Rahmen des Betriebsmitteleinsatzes ist die **Anlageneffizienz**, die auch als **Nutzungsgrad** oder gelegentlich auch als **Leistungsgrad** bezeichnet wird.[297] Diese Kennzahl stellt dar, welchen **Anteil die gesamte Bearbeitungszeit an der tatsächlichen Laufzeit (Ist-Belegungszeit, tatsächliche Belegungszeit)** ausmacht, folglich inwieweit die **(tatsächlich) verfügbare Produktionszeit** verwendet wird.[298] Für die Ermittlung dieser Kennzahl wird die gesamte (Bearbeitungs-)Zeit, die für

[297] Vgl. SCHNELL, H.: Effizienzmessung, a. a. O., S. 56.
[298] Vgl. KRAUSE, H.-U., ARORA, D., a. a. O., S. 239.

die Produktion benötigt wird, in Relation zu der Ist-Belegungszeit gesetzt. Dabei erfolgt eine Multiplikation mit 100, um ein prozentuales Ergebnis zu erhalten.

$$\text{Anlageneffizienz} = \frac{\text{Gesamte Bearbeitungszeit}}{\text{Ist-Belegungszeit}} \cdot 100$$

Darst. 2.327: Anlageneffizienz

Die **Differenz zwischen tatsächlicher Laufzeit (Ist-Belegungszeit) und gesamter Bearbeitungszeit** wird als **Leistungsverlust** bezeichnet. Er tritt auf durch Abweichungen von der geplanten Vorgabezeit pro Stück (verringerte Geschwindigkeiten oder Anfahrverluste), kleinere Ausfallzeiten (das sind Stillstände, die nicht in die Ist-Belegungszeit eingehen) und Leerläufe des Betriebsmittels. Der Leistungsverlust bzw. die Anlageneffizienz ist weiter unten im Rahmen der Kennzahl „Gesamtanlageneffektivität (GAE)"[299] von Bedeutung.

Die Anlageneffizienz kann sowohl in Bezug auf spezifische Maschinen oder Arbeitsplätze als auch hinsichtlich des gesamten Unternehmens bestimmt werden. Ein hoher Wert, der in Verbindung mit einer adäquaten Anlagenauslastung steht, ist hier von Vorteil, wobei die Zielsetzung 85-90 % beträgt.[300] Außerdem wird dann jedes einzelne Produkt mit weniger Kosten in Verbindung gebracht, da aufgrund der Fixkostendegression[301] die zugerechneten Fixkosten pro Produkt sinken, wenn der Output erhöht wird. Hinsichtlich dieses Aspekts ist erneut die nur bedingt vorhandene Flexibilität anzumerken. Folglich ist auch die Anlageneffizienz u. a. davon abhängig, in welchem Ausmaß verschiedene Varianten durch die Maschine erstellt werden, da ein Variantenwechsel in der Fertigung zumeist mit Rüsttätigkeiten, wie bspw. einem Werkzeugwechsel, verbunden ist und, wie bereits dargestellt, eine Reduzierung der Losgröße nur durch freie Kapazitäten möglich ist.

Auch diese Kennzahl verdeutlicht die Anknüpfungspunkte des Produktions-Controllings. Die Kapazitäten der einzelnen Anlagen müssen auf die Unternehmensstrategie abgestimmt sein, damit die anfallenden Fixkosten auf eine möglichst hohe Produktmenge verrechnet werden können und Leerlaufzeiten reduziert werden können. Beides bedingt geringere Kosten je Produkt. Dabei ist aber zu berücksichtigen, dass freie Kapazitäten einen

[299] Im englischsprachigen Raum mit OEE für Overall Equipment Effectiveness abgekürzt.
[300] Vgl. GOTTMANN, J., a. a. O., S. 97.
[301] Vgl. WÖRDENWEBER, M.: Operatives Controlling – Band 1, a. a. O., S. 523.

Beitrag zur Flexibilität des Unternehmens leisten. An dieser Stelle sind folglich Kompromisse erforderlich. Für die Koordination und Entscheidungsunterstützung ist das Produktions-Controlling zuständig, das auf Basis der genannten Kennzahlen entscheidungsrelevante Informationen bereitstellen und somit die Steuerung und Überprüfung des Anlageneinsatzes sicherstellen kann.

Darüber hinaus kann die Effizienz eines Betriebsmittels auch über die **Betriebsmittelproduktivität**, meist spezieller als **Anlagenproduktivität** deklariert, geplant, gesteuert und kontrolliert werden. Im ersten Band war die Teilproduktivität als das Verhältnis zwischen einem bestimmten **mengenmäßigen** Ergebnis und der dafür notwendigen **Einsatzmenge** eines bestimmten Produktionsfaktors bezeichnet.[302] Die Produktivität dient als Messzahl für die **Effizienz** eines Leistungserstellungsprozesses. Sowohl die Ausbringungsmenge als auch die Einsatzmenge können i. d. R. dem Auftragsdatenerfassungssystem entnommen werden.

Die **geplante Anlagenproduktivität** gibt im Zähler an, welche Ausbringungsmenge vorgesehen ist, im Nenner, in welcher geplanten Belegungszeit. Das Ergebnis der Division ist die **geplante Ausbringungsmenge pro Zeiteinheit** (i. d. R. pro Stunde).

$$\text{Plan-Anlagenproduktivität} = \frac{\text{geplante Ausbringungsmenge}}{\text{Plan-Belegungszeit}}$$

Darst. 2.328: Geplante Anlagenproduktivität

Die **tatsächliche Anlagenproduktivität** wird auch **Maschinenproduktivität**[303] oder **Technische Produktivität**[304] genannt. Sie zeigt im Zähler an, welche Ausbringungsmenge tatsächlich produziert worden ist, im Nenner, innerhalb welcher angefallenen Gesamtbearbeitungszeit. Das Resultat der Division ist die tatsächliche Ausbringungsmenge pro Zeiteinheit (i. d. R. pro Stunde).

---

302 Vgl. ebenda, S. 22–24.

303 Vgl. etwa KRAUSE, H.-U.: Ganzheitliches Reporting mit Kennzahlen im Zeitalter der digitalen Vernetzung. Ein fallstudienbegleiteter Ansatz zur Nachhaltigkeits-Implementierung, im Folgenden mit „Ganzheitliches Reporting" abgekürzt, 2. Aufl., Berlin, Boston 2019, S. 394–395, KRAUSE, H.-U., ARORA, D.: a. a. O., S. 1, SIEDENBIEDEL, G.: Internationales Management. Einflussgrößen – Erfolgskriterien – Konzepte, Stuttgart 2008, S. 30.

304 Vgl. u. a. WÖLTJE, J.: Betriebswirtschaftliche Formeln: TaschenGuide (im Folgenden mit „Formeln" abgekürzt), 5. Aufl., Freiburg 2018, S. 8.

$$\text{Ist-Anlagenproduktivität} = \frac{\text{tatsächliche Ausbringungsmenge}}{\text{angefallene Gesamtbearbeitungszeit}}$$

Darst. 2.329: Tatsächliche Anlagenproduktivität

Je höher die Anlagenproduktivität ist, umso größere Stückzahlen werden innerhalb eines Zeitraums gefertigt. Insofern könnte ein möglichst hoher Output angestrebt werden. Allerdings ist zu bedenken, was die **Bedeutung dieser Kennzahl für Steuerungszwecke einschränkt**, dass ein maximaler Output bei höchstmöglicher Bearbeitungsgeschwindigkeit nicht nur zu einem erhöhten Verschleiß des Betriebsmittels, sondern i. d. R. auch zu einem erhöhten Ausschuss führt.

Im Rahmen des Controllings lässt sich ein **Plan-Ist-Vergleich** anstellen. Dabei ist zu ergründen, warum es ggf. **Abweichungen bei der Produktionsmenge** gegeben hat. Auch im Zähler ist eine separate Abweichungsursachenanalyse geboten. Die zeitliche Diskrepanz ist grundsätzlich auf **ungeplante Ausfallzeiten** und **Leistungsverluste** zurückzuführen. Es gilt herauszufinden, welche Ursachen im Detail zu Abweichungen geführt haben.

Abschließend sei noch auf die grundsätzlichen Probleme bei der Messung der Produktivität hingewiesen, die bereits oben angesprochen wurden.

Als letzte Kennzahl dieses Unter-Unterabschnitts wird eine weitere Kennzahl zur Bewertung des Betriebsmitteleinsatzes vorgestellt: die **Gesamtanlageneffektivität (GAE)** , die im englischsprachigen Raum mit **Overall Equipment Effectiveness (OEE)** übersetzt wird. Diese Kennzahl ist das **Produkt aus Anlagenverfügbarkeit, Anlageneffizienz und Qualitätsgrad**, der das Verhältnis von Gutteilemenge (Anzahl der fehlerfreien Produkte) zur Gesamtteilemenge (Anzahl der hergestellten Produkte) bezeichnet (vgl. Unter-Unterabschnitt 2.3.2.3 „Output-orientierte Kennzahlen“).

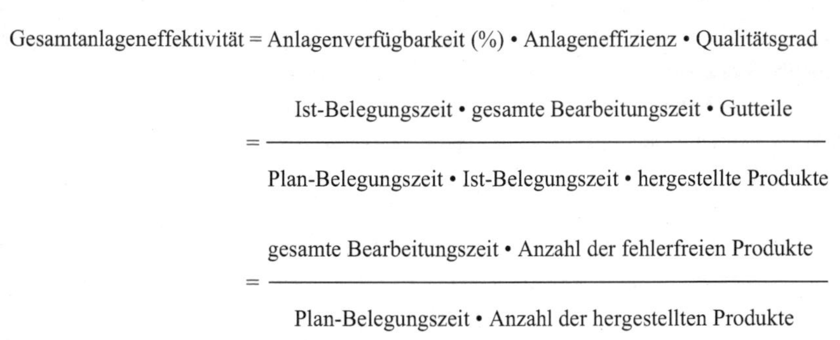

$$\text{Gesamtanlageneffektivität} = \text{Anlagenverfügbarkeit (\%)} \cdot \text{Anlageneffizienz} \cdot \text{Qualitätsgrad}$$

$$= \frac{\text{Ist-Belegungszeit} \cdot \text{gesamte Bearbeitungszeit} \cdot \text{Gutteile}}{\text{Plan-Belegungszeit} \cdot \text{Ist-Belegungszeit} \cdot \text{hergestellte Produkte}}$$

$$= \frac{\text{gesamte Bearbeitungszeit} \cdot \text{Anzahl der fehlerfreien Produkte}}{\text{Plan-Belegungszeit} \cdot \text{Anzahl der hergestellten Produkte}}$$

Darst. 2.330: Gesamtanlageneffektivität

Die Gesamtanlageneffektivität wird meist als Prozentwert angegeben. Somit wären die vorstehenden Quotienten mit 100 zu multiplizieren. Der Wertebereich liegt zwischen null und eins bzw. 0 % und 100 %.

Ziel ist es, eine möglichst hohe Gesamtanlageneffektivität zu erreichen. Sinkt der GAE-Wert auf unter 65 % ab, so gilt dies als sehr problematisch. Doch der OEE-Wert hängt auch stark von der individuellen Situation der Anlage ab. Bei einem neuen oder schwierigen Produktionsverfahren kann dieser Wert bereits die zu erreichende Obergrenze sein.
Es stellt sich die Frage, wie die Gesamtanlageneffektivität grundsätzlich gesteigert werden kann. In der umgeformten Version ergeben sich zwei Quotienten, die zunächst unabhängig voneinander betrachtet werden sollen. Dies ist zum einen das Verhältnis von gesamter Bearbeitungszeit zur Plan-Belegungszeit und zum anderen der Qualitätsgrad. Der erste Quotient ähnelt der Anlageneffizienz; im Nenner steht allerdings statt der Ist-Belegungszeit die Plan-Belegungszeit. Der Quotient würde sich verbessern, wenn sich die zeitliche Diskrepanz zwischen gesamter Bearbeitungszeit und Plan-Belegungszeit reduzieren ließe. Diese zeitliche Divergenz ist grundsätzlich auf **ungeplante Ausfallzeiten** und **Leistungsverluste** zurückzuführen. Es gilt herauszufinden, welche Ursachen im Detail zu einer hohen Differenz geführt haben und wie diese Ursachen abgestellt bzw. abgemildert werden können. So sind in diesem Zusammenhang etwa außerplanmäßige Rüstzeiten für spezielle Aufträge zu diskutieren. Hier offenbart sich ein Zielkonflikt zwischen dem Ziel Umsatz oder Gewinn auf der einen Seite oder einer Verbesserung des OEE-Wertes auf der anderen Seite. Es wird schnell klar, dass die Umrüstungszeiten für Spezialaufträge im Abgabepreis durch sehr hohe Zuschläge abgegolten werden müssen. Im Übrigen sei in Bezug auf die ungeplanten Ausfallzeiten und die Leistungsverluste auf die obigen Ausführungen verwie-

sen. Der Qualitätsgrad lässt sich verbessern durch eine **Erhöhung des Anteils der Gutteile, d. h. also durch eine Verringerung des Anteils fehlerhafter Produkte**. Verfahrenstechnische Verbesserungen oder materialbezogene Optimierungen bspw., die zu einem höheren Anteil fehlerfreier Produkte führen, hätten möglicherweise auch den Vorteil, dass Nacharbeiten oder eine Ersatzproduktion aufgrund der Ausschussteile sowie das Aussortieren der Fehlteile gleichzeitig die ungeplanten Ausfallzeiten verringern würden.

Anstelle der mengenbezogenen Ermittlung des Qualitätsgrads ist es ebenfalls möglich, die Zeit, die für die Produktion der Gutteile in Anspruch genommen wird durch die benötigte Zeit für die gesamte Fertigung zu dividieren.[305] Dadurch sind die Dimensionen der Kennzahlen gleich. Die Wahl der zeitlichen oder mengenmäßigen Dimension hat allerdings keine Auswirkungen auf das prozentuale Ergebnis der GAE.

Die **geplanten Ausfallzeiten**, etwa Wochenenden und Feiertage, Nachtarbeitsverbote, vertragliche Wartungsarbeiten und geplante Rüstzeiten spielen – wie zu sehen war – bei der GAE keine Rolle.[306]

Hinzugezogen werden die geplanten Stillstände hingegen bei der Ermittlung der **Totalen effektiven Anlagenproduktivität** (engl. **Total Effective Equipment Performance, TEEP**), im Rahmen derer die GAE mit der Betriebsmittelauslastung (siehe oben), multipliziert wird.[307] Der TEEP-Wert kann im besten Fall mit dem OEE-Wert identisch sein; i. d. R. liegt er unter dem OEE-Wert.

Die TEEP ist keine Kennzahl des operativen Controllings. Selbst im strategischen Controlling spielt diese Kennzahl keine große Rolle, da die geplanten Ausfallzeiten wie z. B. das Verbot von Sonn- und Feiertagsarbeit oder Emissionsschutzauflagen zu einem großen Teil auf gesetzlichen Bestimmungen beruhen, die kaum oder nicht abänderbar sind. Insofern kommt der Kennzahl TEEP eher eine hohe Bedeutung im Rahmen langfristiger Standortentscheidungen zu.

Zusammenfassend ermöglicht die GAE die Verknüpfung mehrerer Kennzahlen des Anlageneinsatzes und somit die in festgestellten Optimierungsmöglichkeiten und damit einhergehenden Maßnahmen resultierende Produktivitätssteigerung[308]. Im Gegensatz zum

---

[305] Vgl. HARTMANN, E.: TPM – Effiziente Instandhaltung und Maschinenmanagement, 4. Aufl., München 2013, S. 46.

[306] Anders GOTTMANN, J.: a. a. O., S. 101.

[307] Vgl. HARTMANN, E.: a. a. O., S. 37.

[308] Vgl. KLETTI, J., SCHUMACHER, J., a. a. O., S. 130f.

VDMA-Einheitsblatt 66412-1, das die Bedeutsamkeit der GAE aufzeigt[309], wird in der VDI 3423, die sich mit der „Verfügbarkeit von Maschinen und Anlagen" beschäftigt,[310] auf eine Verwendung u. a. der Bezeichnungen „GAE" und „TEEP" bewusst verzichtet,[311] wobei die relevanten Größen ebenfalls dargelegt werden. Das Ergebnis der Berechnung, ebenso wie mögliche Zielvorgaben der GAE sind leicht verständliche prozentuale Größen. Außerdem sind, bei klaren Definitionen einschl. der Berechnungsmethodiken der verwendeten Kennzahlen, Vergleiche auf Basis der GAE zwischen Anlagen möglich. Diese Kennzahl ist folglich in der Praxis von höchster Relevanz, sodass es im Rahmen von Enterprise-Resource-Planning-(ERP-)Systemen eigene Funktionen zur Berechnung der GAE gibt.

Die „OEE"-Funktion von SAP bspw. ermöglicht aufgrund der Integration in die Produktions- (SAP ME und SAP MII) und Analysesysteme (SAP HANA) die Erfassung, Berechnung und Analyse der GAE in Echtzeit.[312] Dadurch können Verlustursachen aufgedeckt und durch Optimierungsmaßnahmen innerhalb der Prozesse die Produktivität der Anlage erhöht werden. Darüber hinaus können die zur Verfügung stehenden Daten als Entscheidungsgrundlage genutzt werden. Die umfassende Erhebung und Auswertung von Daten, durch die die GAE berechnet werden kann, stellt den Ausgangspunkt für eine Entwicklung in Richtung Industrie 4.0 dar.[313]

Zusammenfassend ermöglicht die Betrachtung der im Rahmen des Anlageneinsatzes relevanten Kennzahlen sowohl die Untersuchung der Einflussfaktoren als auch die damit einhergehende Einleitung von Verbesserungsmaßnahmen zu einem frühen Zeitpunkt. Dabei muss berücksichtigt werden, dass der Übergang von Ressourceneinsatz- zu Prozesskennzahlen in Bezug auf den Anlageneinsatz fließend ist und die jeweiligen Kennzahlen miteinander verzahnt sind. Zumeist können die genannten Kennzahlen des Anlageneinsatzes erst während bzw. am Ende des Produktionsprozesses ermittelt werden. Dennoch erscheint die input-, throughput- und output-orientierte Dreiteilung, wie sie auch im Rahmen einschlägiger Literatur zu finden ist, sinnvoll, da sämtliche der bisher genannten Kennzahlen des Produktions-Controllings und der, die im weiteren Verlauf folgen, jeweils einen unterschiedlich ausgeprägten Einfluss auf die Ziele der Produktion, die Faktoren „Zeit",

[309] Vgl. VDMA: VDMA 66412-1, a. a. O., S. 19.

[310] VDI: VDI 3423, a. a. O.

[311] Vgl. VDI: VDI 3423, a. a. O., S. 3.

[312] Vgl. SAP: Overall Equipment Effectiveness, o. J., über: https://help.sap.com/viewer/e1adc70af32241619335c8768a892edb/15.2/deDE/59d8e9a1370f49fbaac56fed0fac804f.html, Abruf am 03.05.2020.

[313] Vgl. IGZ: SAP Manufacturing: OEE, o. J., https://www.igz.com/sap-manufacturing/oee/, Abruf am 03.05.2020.

„Kosten“, „Qualität“, „Flexibilität“ und „Nachhaltigkeit“ haben. Somit ist eine diesbezügliche eindeutige Zuordnung und adäquate Abbildung der Auswirkungen nur begrenzt möglich.

Interessieren die **einer Maschine zurechenbaren Kosten** während einer 60-minütigen Laufzeit, kann als Kennzahl der **Maschinenstundensatz** herangezogen werden. Dieser ergibt sich als Quotient der maschinenabhängigen Kosten und der Maschinenlaufzeit:

$$\text{Maschinenstundensatz} = \frac{\text{Maschinenabhängige Kosten}}{\text{Maschinenlaufzeit}}$$

Darst. 2.331: Maschinenstundensatz

Der Maschinenstundensatz kann im Rahmen der **Planung** als **Plan-Maschinenstundensatz** oder im Zuge der **Kontrolle** als **Ist-Maschinenstundensatz** berechnet werden. Sind die tatsächlich geleisteten Stunden geringer als die geplanten Stunden, so werden zu wenig Kosten verrechnet; vice versa. Diese **Gefahr der Über- oder Unterdeckung** besteht in jeder Planungs-/Abrechnungsperiode. Sie lässt sich kaum vermeiden. Sie kann lediglich durch eine permanente Überprüfung der Maschinenkapazität und -auslastung gemildert werden. Die beiden Maschinenstundensätze werden in der Dimension „GE/h“ angegeben. Der Maschinenstundensatz kann, falls erforderlich, aber auch leicht auf andere Zeiteinheiten, z. B. eine Minute, umgerechnet werden.

In der Kosten- und Leistungsrechnung wird der Maschinenstundensatz verwendet, um einen Teil der Gemeinkosten – bei elektiver/differenzierter Zuschlagskalkulation sind die Fertigungsgemeinkosten gemeint – anstatt eines einzelkostenbasierten Gemeinkostenzuschlagssatzes verursachungsgerechter zu verteilen. Um eine solche genauere Kalkulation von Sachgütern und Dienstleistungen zu erreichen, ist es betriebswirtschaftlich erforderlich, die in Anspruch genommenen Produktionsmittel in Form einer sog. Platzkostenrechnung – der „Platz“ ist hier das Aggregat – mit ihrem Ressourcenverbrauch den vorgenannten Kostenträgern möglichst exakt zuzurechnen.

Dies geschieht anhand folgender Arbeitsschritte:

1. Ermittlung der Maschinenlaufzeit
2. Ermittlung der Bestandteile des Maschinenstundensatzes und Umrechnung der Kosten der Bestandteile auf eine Maschinenstunde
3. Addition der Kosten pro Stunde der einzelnen Bestandteile

Darst. 2.332: Arbeitsschritte zur Berechnung des Maschinenstundensatzes

Die Ausführung dieser Arbeitsschritte wird nachstehend anhand eines Beispiels zur Berechnung des Plan-Maschinenstundensatzes erklärt.

Ausgehend von der Kalenderzeit wird unter Berücksichtigung der voraussichtlichen Ausfallzeiten die geplante Maschinenlaufzeit berechnet.

	52 Wochen à 40 Stunden	= 2.080 h
–	12 Feiertage à 8 Stunden	= 96 h
–	29 Urlaubstage à 8 Stunden	= 232 h
–	44 Stunden krankheitsbedingter Ausfall	= 44 h
–	26 Stunden Ausfälle wegen Störungen, Unfällen etc.	= 26 h
=	geplante Maschinenlaufzeit	= 1.682 h

Zu den wichtigsten maschinenabhängigen Gemeinkosten gehören:

- kalkulatorische Abschreibungen
- kalkulatorische Zinsen
- kalkulatorische Wagnisse
- Versicherungsprämien
- Instandhaltungskosten
- Raumkosten
- Energiekosten
- Werkzeugkosten

Darst. 2.333: Bedeutende maschinenabhängige Gemeinkosten

Im Einzelfall sind noch weitere Gemeinkosten zu berücksichtigen, sofern sie eindeutig maschinenabhängig sind.

Im nächsten Schritt werden im konkreten Fall die einzelnen maschinenabhängigen Gemeinkosten ermittelt und dann auf die einzelne Maschinenstunde bezogen.

Die Anschaffungskosten einer Maschine betrugen 680.000 €. Im ersten Nutzungsjahr wurden die Wiederbeschaffungskosten auf 700.000 € geschätzt. Die Nutzungsdauer wurde mit 10 Jahren angegeben. Als Zinssatz wird der Weighted Averige Cost of Capital (WACC) in Höhe von 8,0 % verwendet.

1) Kalkulatorische Abschreibungen

$$\text{Abschreibungsbetrag p. a.} = \frac{\text{Wiederbeschaffungskosten}}{\text{Nutzungsdauer}} = \frac{700.000\ €}{10} = 70.000\ €/\text{Jahr}$$

$$\frac{70.000\ €/\text{Jahr}}{1.682\ \text{h/Jahr}} = 41{,}62\ €/\text{h}$$

2) Kalkulatorische Zinsen

$$\text{kalk. Zinsen p. a.} = \frac{\text{Wiederbeschaffungskosten + letzte Abschreibungsrate}}{2} \bullet \text{WACC}$$

$$= \frac{700.000\ € + 70.000\ €}{2} \bullet 0{,}08 = 30.800\ €/\text{Jahr}$$

$$\frac{30.800\ €/\text{Jahr}}{1.682\ \text{h/Jahr}} = 18{,}31\ €/\text{h}$$

3) Kalkulatorische Wagnisse

Erfahrungssatz der letzten Jahre: 1 % der Anschaffungskosten (unter Berücksichtigung der versicherten Wagnisse)

1 % der Anschaffungskosten 680.000 € = 6.800 €/Jahr

$$\frac{6.800\ €/\text{Jahr}}{1.682\ \text{h/Jahr}} = 4{,}04\ €/\text{h}$$

4) Versicherungsprämie

Die Versicherungsprämie beträgt 12.000 €/Jahr.

$$\frac{12.000\ €/\text{Jahr}}{1.682\ \text{h/Jahr}} = 7{,}13\ €/\text{h}$$

5) Instandhaltungskosten

Es wird angenommen, dass insgesamt 10 % der Anschaffungskosten als Instandhaltungskosten anfallen, der Instandhaltungsfaktor beträgt somit 0,1.

$$\frac{\text{Anschaffungskosten} \bullet \text{Instandhaltungsfaktor}}{\text{Nutzungsdauer} \bullet \text{Maschinenstunden p. a.}} = \frac{680.000\ € \bullet 0{,}1}{10\ \text{Jahre} \bullet 1.682\ \text{h/Jahr}} = 4{,}04\ €/\text{h}$$

6) Energiekosten

Meistens wird von der Nennleistung unter Berücksichtigung der mittleren Inanspruchnahme der Anlage ausgegangen.

Hier: 27 kWh zu 0,1208 €/kWh; mittlere Antriebsleistung 80 %.

27 kWh • 0,1208 €/kWh • 0,8 = 2,61 €/h

7) Raumkosten

Zunächst wird der Raumbedarf (in qm) der Maschine einschließlich Bedienungs- und Abstellfläche ermittelt. Dieser wird dann mit dem Raumkostensatz multipliziert. Der Raumkostensatz je qm wird dem BAB entnommen.

Hier: Raumbedarf 38 qm, Raumkostensatz 54 €/qm

$$\frac{38 \text{ qm} \cdot 54 \text{ €/qm}}{1.682 \text{ h}} = 1{,}22 \text{ €/h}$$

8) Werkzeugkosten

Zu den Werkzeugkosten gehören die Anschaffungskosten (des Werkzeugs) sowie die Wiederaufarbeitungskosten, wenn die Werkzeuge mehrmals eingesetzt werden können. Hier: Die Anschaffungskosten des Werkzeugs betragen 62 €. Die Standzeit des Werkezeugs beträgt 7 Stunden. Grundsätzlich ist eine dreimalige Wiederaufarbeitung möglich. Der Fertigungslohn der Werkstatt, die die Aufarbeitungen durchführt, beträgt 32 €/h, der Fertigungsgemeinkostensatz 260 %. Die Aufarbeitungsdauer beläuft sich ab 12 Minuten.

Anschaffungskosten	62,00 €
Fertigungslohn: 3 • 10 min • 32 €/h/60 min/h	16,00 €
Fertigungsgemeinkosten: 260 % (auf den Fertigungslohn)	41,60 €
Werkzeugkosten	119,60 €

$$\frac{\text{Werkzeugkosten}}{\text{Gesamtstandzeit}} = \frac{119{,}60 \text{ €}}{7 \text{ h} \cdot 4} = 4{,}27 \text{ €/h}$$

Im letzten Arbeitsschritt werden die einzelnen Kostenbestandteile des Maschinenstundensatzes addiert:

Kalkulatorische Abschreibungen	41,62 €/h
+ Kalkulatorische Zinsen	18,31 €/h
+ Kalkulatorische Wagnisse	4,04 €/h
+ Versicherungsprämien	7,13 €/h
+ Instandhaltungskosten	4,04 €/h
+ Energiekosten	2,61 €/h
+ Raumkosten	1,22 €/h
+ Werkzeugkosten	4,27 €/h
= Maschinenstundensatz	83,24 €/h

Pro Stunde Laufzeit verursacht die Maschine Kosten in Höhe von 83,24 €.

Alle erforderlichen Kosten- und Zeitinformationen können dem in- und externen Rechnungswesen sowie den Betriebsstatistiken im Anlagen- und Produktionscontrolling entnommen werden.

Insbesondere, wenn die Kostenstrukturen je nach gewähltem Produktionsverfahren (z. B. aufgrund unterschiedlicher Automatisierungsgrade bzw. Kapitalintensitäten) oder bei alternativen Werksstandorten (ggf. dezentralisierter Fertigung in unterschiedlichen Ländern) voneinander abweichen, liefert der Maschinenstundensatz ein wichtiges Entscheidungskriterium für ökonomische Vergleichsrechnungen.[314]

Material

Obwohl der Materialanteil in vielen Produktionen bei bis zu 85 % liegt, kommt der Messung des Materialeinsatzes im Vergleich zur Messung des Mitarbeiter- und Betriebsmitteleinsatzes nur eine relativ geringe Bedeutung zu. Diese Aussage kann dadurch begründet werden, dass das Produktionsmanagement kaum oder überhaupt keinen Einfluss auf den Materialeinsatz hat. Materialart und Materialeinsatzmenge eines Produktes sind fest über die Stückliste definiert und werden i.d.R. durch die (Produkt-)Entwicklung vorgegeben. Die Verantwortung für die Sicherung der **Materialqualität** liegt bei der Beschaffung, genauer: beim Einkauf sowie beim Qualitätsmanagement, sofern letzteres ein eigenständiger Funktionsbereich ist. Für die **Materialkosten** (insb. die Einkaufspreise), **Liefermengen**, **Liefertermine** und **Lieferorte** ist der Einkauf zuständig.[315] Insofern weist das Produktions-Controlling diesbezüglich keinen ausgeprägten Stellenwert auf.

Eine erste Kennzahl im material-orientierten Bereich beschäftigt sich mit der Materialverfügbarkeit, d. h. mit fehlendem Material für die Produktion.

Die **Materialverfügbarkeit** misst, ob das jeweils richtige benötigte Material zur richtigen Zeit, in der richtigen Qualität, in der richtigen Menge und am richtigen Ort zur Verfügung gestellt wurde. Diese Kennzahl lässt sich dadurch berechnen, dass die befriedigten Materialanfragen ins Verhältnis zu den Gesamtmaterialanfragen gesetzt werden.

---

[314] Vgl. KRAUSE, H.-U.: Ganzheitliches Reporting, a. a. O., S. 405.

[315] Vgl. Paragraf 2.1.2.2.5 „Aufgaben des Einkaufs“, KLEIN, A.: Unternehmenssteuerung, a. a. O., S. 95.

$$\text{Materialverfügbarkeit (\%)} = \frac{\text{befriedigter Materialbedarf}}{\text{Gesamtmaterialbedarf}} \cdot 100$$

Darst. 2.334: Materialverfügbarkeit (%)

Die übergeordnete Zielsetzung der Materialverfügbarkeit ist die Vermeidung von fehlteilbedingten Stillständen und somit eine Erhöhung der Liefertreue. Diese Kennzahl kann das Management bei Planungs-, Steuerungs- und Kontrollzwecken unterstützen. Insofern kann diese Kennzahl auf der Basis von Plan-Größen oder Vergangenheitswerten als Plan- bzw. Ist-Größe ausgebildet werden. Die dazu benötigten Daten können i. d. R. von den verantwortlichen Abteilungen aus dem ERP-System (Betriebsdatenerfassung) entnommen werden.

Das Produktions-Controlling sollte auch hinsichtlich des Materialeinsatzes die Produktivität ermitteln. Die **Materialproduktivität**, auch **Materialergiebigkeit** oder **Produktivität des Materialeinsatzes** genannt, berechnet das **mengenmäßige Verhältnis von Output zum eingesetzten Material**.[316] Beim Output wird sinnvollerweise nur die **fehlerfreie Ausbringungsmenge** (Gutstückzahl) gezählt. Im Folgenden wird die Ist-Materialproduktivität (%) wiedergegeben.

$$\text{Materialproduktivität (\%)} = \frac{\text{fehlerfreie Ausbringungsmenge}}{\text{eingesetzte Materialmenge}} \cdot 100$$

Darst. 2.335: Materialproduktivität (%) Ist

So kann herausgestellt werden, welche Menge des Rohmaterials im Endprodukt genutzt werden kann, bspw. aufgrund von Ausschneidevorgängen. Dementsprechend kann u. a. eine mögliche Materialverschwendung sowie folglich eine negative Auswirkung auf die Nachhaltigkeit und die Kostensituation aufgezeigt werden.

[316] Vgl. SCHMITT, M.: Zwischen Strategie und Produktionsreporting: Produktivitätskennzahlen als Bindeglied, in: KLEIN, A., SCHNELL, H. (HRSG.): Controlling in der Produktion – Instrumente, Kennzahlen und Best-Practices, München 2012, S. 128.

Abschließend sei noch auf die grundsätzlichen Probleme bei der Messung der Produktivität, etwa bei einem heterogenen Produktionsprogramm, hingewiesen, die bereits oben angesprochen wurden.

Weitaus eindeutigere Indikatoren hinsichtlich der Nachhaltigkeit als die bisher genannten Kennzahlen, aus denen sich nur teilweise **nachhaltigkeitsbezogene Aspekte** ableiten lassen, stellen nachhaltigkeitsorientierte Kennzahlen dar. Diese fallen in den Bereich des Nachhaltigkeitscontrollings, das diesbezügliche Planungs-, Steuerungs-, Kontroll- und Informationsfunktionen wahrnimmt und im Rahmen der Nachhaltigkeits-Berichterstattung relevante Daten offenlegt.[317]

Die **Ressourcen-Verbrauchs-Relation** gibt, bezogen auf einen bestimmten Zeitraum oder die Ausbringungsmenge, an, in welcher Höhe die für die Umwelt bedeutsamen Ressourcen, gemessen in Größen-, Gewichts- oder Mengeneinheiten, in Anspruch genommen werden. Bei einer Fokussierung auf den Zeitraum ist die Unterteilung in differente Arten der Einsatzmenge möglich. Hier erfolgt die Ermittlung durch die Bestimmung des Verbrauchs in Mengeneinheiten. Im Rahmen der stückbezogenen Ressourcen-Verbrauchs-Relation erfolgt die Festlegung durch das Verhältnis von der Menge des Ressourcenverbrauchs zu der Menge der erstellten Outputeinheiten. Dabei können die genutzten Ressourcen den verschiedenen Outputs, spezifiziert durch unterschiedliche Maßeinheiten wie z. B. Stück, mm, cm, m, ml, l, hl, qcm, qm, qkm, g, kg, t, zugeordnet werden.[318] Beim Output wird auch hier sinnvollerweise nur die **fehlerfreie Ausbringungsmenge** zugrunde gelegt.

$$\text{Ressourcen-Verbrauchs-Relation} = \frac{\text{Ressourcenverbrauch in einer Periode}}{\text{Erzeugniseinheiten in einer Periode}}$$

Darst. 2.336: Mengenbezogene Ressourcen-Verbrauchs-Relation

Entsprechend der Nachhaltigkeitsdefinition wird ein **möglichst geringer Verbrauch an Ressourcen** und damit einhergehend eine **möglichst niedrige Ressourcen-Verbrauchs-Relation** angestrebt.

[317] Vgl. COLSMAN, B.: Nachhaltigkeitscontrolling – Strategien, Ziele, Umsetzung, 2. Aufl., Wiesbaden 2016, S. 45-47.

[318] Vgl. KRAUSE, H.-U., ARORA, D.: a. a. O., S. 262.

Eine Überprüfung vorgenommenen nachhaltigkeitsorientierten Maßnahmen kann anhand des **Ressourcenverbrauchsänderungsgrads** erfolgen. Diese Kennzahl gibt prozentual an, inwiefern sich die in Anspruch genommene Menge an Ressourcen, die für die Umwelt von Bedeutung sind, geändert hat. Der Ressourcenverbrauchsänderungsgrad ist, ebenso wie die Ressourcen-Verbrauchs-Relation, hinsichtlich eines bestimmten Zeitraums oder bezogen auf die Ausbringungsmenge ermittelbar.[319]

$$\text{Ressourcenverbrauchsänderungsgrad (\%)} = \frac{\text{Ressourcenverbrauch in Periode t}}{\text{Ressourcenverbrauch in Periode t-1}}$$

Darst. 2.337: Ressourcenverbrauchsänderungsgrad (%)

Dabei entspricht eine Prozentzahl größer 100 einem zusätzlichen Verbrauch von Ressourcen in der Periode t gegenüber dem vorherigen Zeitraum t-1. Prozentwerte unter 100 sind positiv zu bewerten, denn dann konnten in der Periode t Ressourcen gegenüber der vorherigen Periode t-1 eingespart werden.

Sowohl die stückbezogene Ermittlung der Ressourcen-Verbrauchs-Relation als auch des Ressourcenverbrauchsänderungsgrades ist insbesondere für ein **unternehmensinternes und -externes Benchmarking**[320] geeignet. Die Optimierung dieser Kennzahlen kann durch eine Vielzahl an Stellhebeln ermöglicht werden, wobei vor allem die Effizienz-Verbesserung der relevanten Produktionsprozesse im Hinblick auf den Materialverbrauch hier im Fokus der Überlegungen steht. Auswirkungen einer Veränderung dieser Kennzahl auf andere Produktionsziele sind bspw. insofern gegeben, als dass bei einer Reduktion des Ressourcenverbrauchs auch anfallende Kosten gesenkt werden, da folglich ein geringerer Bedarf an Rohstoffen vorliegt.[321]

Der VDI hat hinsichtlich der **Ressourceneffizienz** eine eigenständige Richtlinie formuliert, wodurch die Relevanz dieser Thematik für die Praxis deutlich wird. Im Rahmen der

[319] Vgl. ebenda, S. 265.

[320] Auf die Bewertung von Kennzahlen und Benchmarking wird u. a. bei WÖRDENWEBER, M.: Operatives Controlling – Band 1, a. a. O., S. 178–192 eingegangen.

[321] Vgl. KRAUSE, H.-U., ARORA, D.: a. a. O., S. 263-264.

VDI 4801, die sich mit der Verringerung des Ressourcenverbrauchs unter Berücksichtigung wirtschaftlicher Entwicklung befasst, werden Ansatzpunkte zur Steigerung der Effizienz des Materialeinsatzes aufgezeigt.[322]

Eine weitere Möglichkeit, den **Materialverbrauch zu kontrollieren**, ist sowohl über die **Materialaufwandsquote** als auch die **Materialintensität** möglich. Die beiden Kennzahlen werden in der Literatur synonym, also materiell identisch, aber auch formell und/oder materiell verschieden verwendet. Aufgrund der Zuordnungsregel im Kapitel 1 und wegen der Tatsache, dass neben der Produktion v. a. der Vertrieb[323] für den Verbrauch verantwortlich ist, werden die beiden Größen im Unterabschnitt 2.4.19 „Materialaufwandsquoten und Materialintensitäten" diskutiert.

Zusammenfassend ermöglicht die Ermittlung von input-orientierten Kennzahlen des Produktions-Controllings, insbesondere der Produktivitätskennzahlen, die Beurteilung, ob die Produktionsfaktoren in der richtigen Art und Weise genutzt werden. Das Produktions-Controlling leistet seinen Beitrag zur Verbesserung von Produktivität und Wirtschaftlichkeit im Rahmen der internen Leistungserstellung.

2.3.2.2 Troughput-orientierte Kennzahlen

Neben dem effizienten Einsatz der Produktionsfaktoren trägt auch die Effizienz des Leistungserstellungsprozesses entscheidend zur Wirtschaftlichkeit der gesamten Produktion bei. Falls der Leistungserstellungsprozess ausschließlich aus wertschöpfenden Aktivitäten bestünde, läge dessen Effizienz bei 100 %. Dieser Wert wird in der Unternehmensrealität aus vielerlei Gründen wie z. B. Wartezeiten, auch aufgrund von Verzögerungen im Produktionsprozess, nicht erreicht. Eine hundertprozentige Effizienz soll daher als theoretisches Optimum verstanden werden, an dem die realen Leistungserstellungsprozesse zu messen und auszurichten sind.[324]

[322] Vgl. VDI: VDI 4801: Ressourceneffizienz in kleinen und mittleren Unternehmen (KMU) – Strategien und Vorgehensweisen zum effizienten Einsatz natürlicher Ressourcen, Mai 2018, S. 2.

[323] Es sei bspw. daran erinnert, dass gemäß der einfach-flexiblen Plankostenrechnung als einzige Kosteneinflussgröße die Beschäftigung berücksichtigt wird. Vgl. WÖRDENWEBER, M.: Kostenrechnung, a. a. O., S. 276.

[324] Vgl. KLETTI, J., SCHUMACHER, J.: a. a. O., S. 43.

Bevor auf die Wertschöpfung im Produktionsbereich eingegangen wird, soll zunächst kurz die gesamtbetriebliche Wertschöpfungskettenanalyse erläutert werden.[325] Das **Geschäftsmodell** eines Unternehmens kann durch eine oder mehrere (produktartbezogene) Wertschöpfungskettenanalysen[326] differenziert dargestellt und untersucht werden. Dabei wird ein Unternehmen als Konglomerat von Teilaktivitäten angesehen, die als zu optimierende Glieder einer Kette, in der richtigen Reihenfolge konfiguriert, zur Wertschöpfung beitragen.[327] Diese **Wertkette** gliedert ein Unternehmen prozessorientiert in eine Anordnung von strategisch bedeutsamen Tätigkeiten, durch die ein Produkt konzipiert, produziert, vertrieben und unterstützt wird.

Die einzelne Wertkette setzt sich aus den Wertaktivitäten und der Gewinnspanne zusammen. Wertaktivitäten sind die von einem Unternehmen ausgeführten Aktivitäten, mittels derer das Unternehmen ein Produkt für seine Abnehmer schafft, bzw. einen Nutzen für diese kreiert. Die Gewinnspanne ist die Differenz zwischen den produktartbezogenen Umsatzerlösen, die den Gesamtwert der ausgeführten Wertaktivitäten aus Kundensicht widerspiegeln, und den damit verbundenen Kosten. Sofern es sich um mehrere Wertketten handelt, stellt die Summe der einzelnen Wertketten die gesamten Umsatzerlöse des Unternehmens dar.

Darst. 2.338: Wertkette

Eine **Analyse der Wertschöpfungskette** ordnet die unterschiedlichen wertkettenbezogenen Aktivitäten eines Unternehmens in einer Reihenfolge an.

Die Wertschöpfungskettenanalyse dient zur Bestimmung der Ursachen von Wettbewerbsvorteilen und beschreibt unter strategischen Gesichtspunkten die einer (produktartbezogenen) Wertschöpfungskette zurechenbaren Tätigkeiten eines Unternehmens sowie deren Zusammenhänge.

Darst. 2.339: Wertschöpfungskettenanalyse

[325] Das Thema Wertschöpfung wurde bereits im ersten Band für den gesamten Betrieb ausführlich besprochen. Siehe WÖRDENWEBER, M.: Operatives Controlling – Band 1, a. a. O., S. 574–582.

[326] (engl.: Value-Chain-Analysis)

[327] Vgl. die Definition von „Prozess“ bei WÖRDENWEBER, M.: Kostenrechnung, a. a. O., S. 293.

Bei der Darstellung der Wertkette wird in Anlehnung an Porter zwischen **primären Unternehmensaktivitäten** sowie **unterstützenden (sekundären) Aktivitäten** unterschieden.[328] Die primären Aktivitäten betreffen die Versorgung des Marktes mit Sachgütern und Dienstleistungen und stehen somit im Zusammenhang mit der Transformation von Inputs in marktfähige Outputs und weisen eine Schnittstelle zu Kunden auf.[329] Die unterstützenden (sekundären) Aktivitäten umfassen alle Prozesse, die zur Ausübung der primären Aktivitäten erforderlich sind. Sekundäre Aktivitäten können sowohl die einzelnen primären Aktivitäten betreffen als auch die gesamte (produktartbezogene) Kette und gleichzeitig auch die unterstützenden Aktivitäten untereinander beeinflussen.[330] Die sekundären Aktivitäten entsprechen häufig (unternehmens-)zentralen (Dienst-)Leistungen über alle produktartbezogenen Wertketten mit primären Aktivitäten hinweg. Sekundäre Aktivitäten dienen somit auch der Koordination der einzelnen produktartbezogenen Wertketten. Auf diese Weise werden die Prozesse des Unternehmens in strategisch relevante und weniger strategisch relevante Wertschöpfungsaktivitäten aufgeteilt und ermöglichen die Analyse von Unterschieden im Vergleich zur Wertschöpfung der Konkurrenten. Das Modell der Wertkette ist nachfolgend dargestellt:

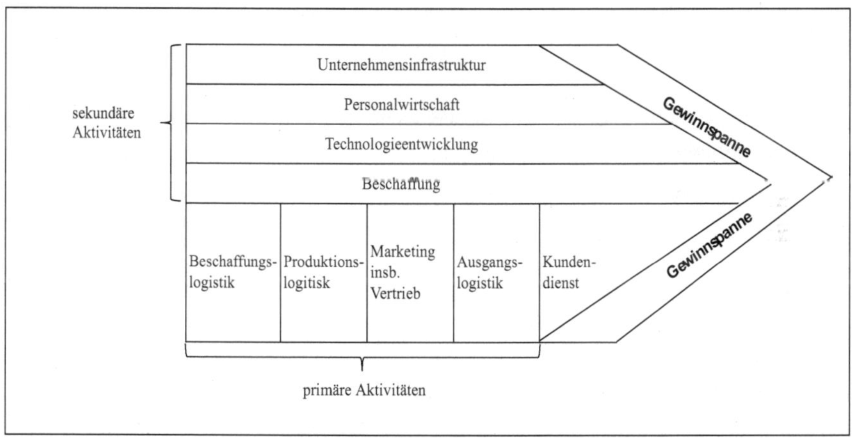

Darst. 2.340: Modell einer Wertkette
(Vgl. PORTER, M. E.: a. a. O., S. 66.)

[328] Vgl. PORTER, M. E.: Wettbewerbsstrategie: Methoden zur Analyse von Branchen und Konkurrenten, 12. Aufl., Frankfurt, New York 2013, S. 68.

[329] Vgl. GRANT, R. M., NIPPA, M.: Strategisches Management: Analyse, Entwicklung und Implementierung von Unternehmensstrategien, 5. Aufl., München 2006, S. 192.

[330] Vgl. BAUM, H.-G., COENENBERG, A. G., GÜNTHER, T.: Strategisches Controlling,5. Aufl., Stuttgart 2013, S. 91.

Die primären Aktivitäten werden von den sekundären Aktivitäten übergreifend unterstützt und gesteuert:

Die vorstehend erläuterte Wertkettenanalyse lässt sich auch auf die Produktion übertragen. Allerdings sind wertschöpfende Aktivitäten nicht immer eindeutig von nicht wertschöpfenden Aktivitäten abzugrenzen. Zu den **wertschöpfenden Aktivitäten** gehören diejenigen Aktivitäten, die einen direkten Kundennutzen erzeugen. Dazu gehören u. a. Tätigkeiten wie das Bearbeiten, Montieren oder Fügen. Aktivitäten wie das Rüsten, Prüfen o. Ä. zählen zu den notwendigen vor- oder nachbereitenden Aktivitäten. Diese sind erforderlich, um die Wertschöpfung zu vollbringen, allerdings nicht im engeren Sinne werterzeugend. **Nicht wertschöpfende Aktivitäten** sind weder notwendig, um Werte zu generieren, noch erzeugen sie einen direkten Kundennutzen, sodass diese Aktivitäten vollständig vermieden werden sollten. Zu diesen Aktivitäten gehören u. a. der unnötige Transport von Waren, vermeidbare Umlagerungen von Halberzeugnissen und sehr häufig auch abwendbare Wartezeiten. Folglich ist das Management daran interessiert, das Verhältnis zwischen den wertschöpfenden und den nicht wertschöpfenden Aktivitäten zu optimieren.

Den folgenden Throughput-orientierten Kennzahlen wird in diesem Zusammenhang sowohl in der Theorie also auch in der Praxis eine hohe Relevanz zugeordnet.

Als im Hinblick auf den Kunden mitentscheidende Kennzahl im Produktionsbereich wird die **Durchlaufzeit** genannt. Wie später noch zu lesen sein wird, lässt sich auch diese auf wertschöpfende und nicht wertschöpfende Prozesse zurückführen.

In der Literatur wie auch in der Praxis herrscht bezüglich des Begriffs „Durchlaufzeit" ein ziemlicher Wirrwarr vor. So wird sie einmal als die Zeit zwischen Produktionsbeginn und Fertigungsende definiert.[331] Allerdings ist sich die Literatur weder darüber einig, welches Ereignis als Produktionsbeginn, noch welches als Fertigungsende anzusehen ist. Auch die Formulierung „Zeitspanne, die bei der Erstellung eines Produktes oder einer Dienstleistung zwischen dem Beginn des ersten Arbeitsvorgangs und dem Ende des letzten Arbeitsvorgangs liegt"[332], hilft hier nicht weiter, zumal nicht einmal klar ist, ob sich diese Arbeitsvorgänge nur auf die des produzierenden Unternehmens beziehen. Die Durchlaufzeit kann auch die Zeitspanne zwischen Produktionsbeginn und dem Eingang der Ware beim

[331] Vgl. ADAM, D.: Produktions-Management, a. a. O., S. 550, VDI: VDI 4490: Operative Logistikkennzahlen von Wareneingang bis Versand, Berlin, Mai 2007, S. 10, 14.

[332] Vgl. KRAUSE, H.-U.: Controlling-Kennzahlen für ein nachhaltiges Management. Ein umfassendes Kompendium kompakt erklärter Key Performance Indicators, im Folgenden mit „Controlling-Kennzahlen" abgekürzt, Berlin, Boston 2016, S. 273.

Kunden sein.[333] Auch die Dauer zwischen Wareneingang und Warenausgang wird als Durchlaufzeit bezeichnet.[334] Daneben findet sich als (totale) Durchlaufzeit noch die Zeit zwischen Auftragseingang und Auslieferung.[335] – Um diese Konfusion – auch im Hinblick auf spätere Ausführungen im Marketing-Controlling – aufzulösen, wird folgende Abgrenzung zwischen den zeitlichen Zielgrößen im Zusammenhang mit der noch zu definierenden Durchlaufzeit anhand der nachstehenden Grafik vorgenommen:

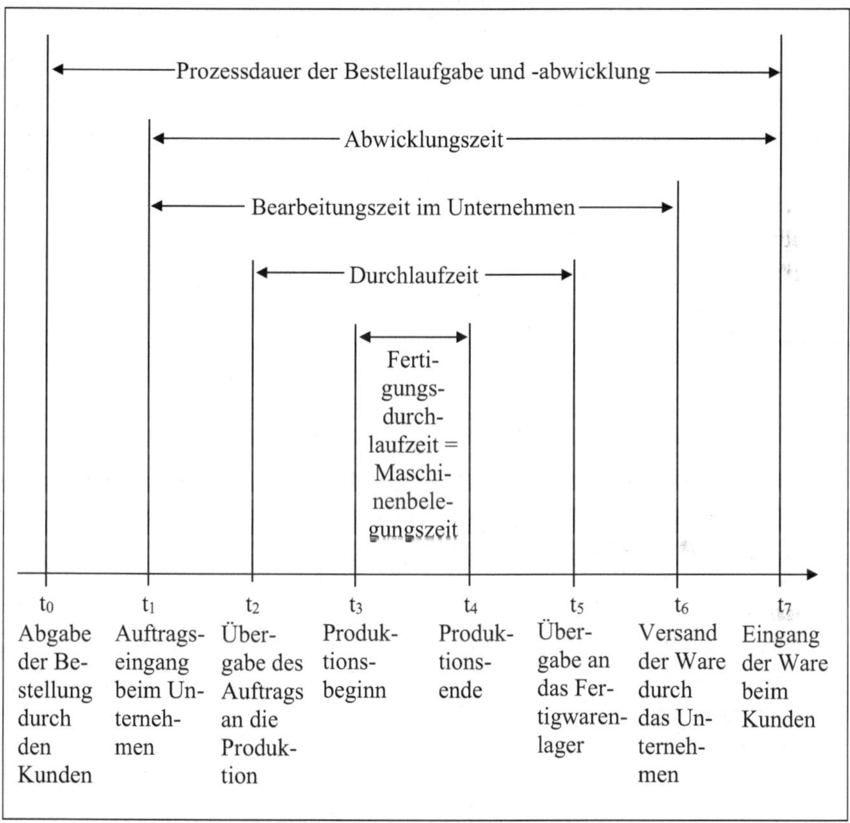

Darst. 2.341: Zeitliche Zielgrößen

[333] Vgl. DILLERUP, R., STOI, R.: a. a. O., S. 593, SCHULTE-ZURHAUSEN, M.: Organisation, 6. Aufl., München 2014, S. 76.

[334] Vgl. GOTTMANN, J.: a. a. O., S. 181.

[335] Vgl. WERNER, H.: a. a. O., S. 321.

Während – unter zeitlichen Aspekten – für den Kunden i. d. R. die **Prozessdauer der Bestellaufgabe und -abwicklung** zwischen der Abgabe der Bestellung durch den Kunden (t_0) und dem Eingang der Ware beim Kunden (t_7) relevant ist,[336] fokussiert sich die Produktion auf die Durchlaufzeit, die Fertigungsdurchlaufzeit und die Bearbeitungs-/Ausführungszeit.

Die **Bearbeitungszeit im Unternehmen** unterscheidet sich von der **Durchlaufzeit** dadurch, dass zwischen dem Auftragseingang im Unternehmen (t_1) und der Übergabe des Auftrages an die Produktion (t_2) oft noch einige zeitraubende Zwischenschritte notwendig sind, die der Bearbeitung des Auftrages gewidmet sind. Dazu gehören, insb. bei Handelsunternehmen, nicht nur die Prüfung des Auftraggebers (Solvenz etc.) in Zusammenarbeit mit der Finanzbuchhaltung und etwaiger Anzahlungen/Vorauszahlungen, die erst eingegangen sein müssen, sondern auch die (meist nochmalige) Prüfung der Frage, ob ein Auftrag (ggf. immer noch) kapazitätsmäßig realisierbar ist. Des Weiteren ist es häufig so, dass die entsprechenden Materialien für einen Auftrag noch zu beschaffen sind. Zudem muss der Auftrag intern angelegt und ausgewählte Daten zur Weiterbearbeitung an die Finanzbuchhaltung transferiert werden. Auch nach der Übergabe an das Fertigwarenlager (t_5) sind noch einige Arbeitsschritte zu unternehmen, bevor das fertige Produkt/die fertigen Produkte an den Kunden versandt (t_6) werden. Möglicherweise müssen mehrere Fertigungsaufträge zusammengefasst werden, sodass auch aufgrund dieser Tätigkeiten zwischen t_5 und t_6 **Transport- und Liegezeiten** zu berücksichtigen sind. Liegezeiten sind z. B. Zwischenlagerungszeiten sowie ablauf-, störungs- und personalbedingte Wartezeiten. Auch die Ausstellung der Versandpapiere fällt in diesen Zeitraum zwischen t_5 und t_6.

Die **Durchlaufzeit** wird als **Zeitspanne zwischen der Übergabe eines Auftrages** zur Fertigung eines Produktes oder mehrerer identischer Produkte[337] **an die Produktion** (t_2), also zwischen dem Eingang des Auftrages in der Produktion **bis zur Übergabe** dieses Produktes oder dieser identischen Produkte **an das Fertigwarenlager** (t_5) verstanden.[338] Die Durchlaufzeit gibt somit an, wie lange ein Auftrag benötigt, um alle Arbeitsschritte/Prozesse im Produktionsbereich zu durchlaufen. Die Durchlaufzeit umfasst damit die vorbereitenden Planungsarbeiten zur Fertigung sowie alle **Rüst-, Bearbeitungs-, Transport- und Liegezeiten eines Produktes vom Auftragseingang in der Produktion bis zur Übergabe an das Fertigwarenlager**:[339]

---

[336] Vgl. die Ausführungen im Unter-Unterabschnitt 2.4.22.4 „Zeitbezogene Kennzahlen".

[337] Die verschiedenen Aufträge zur Fertigung eines selben Produkts oder mehrerer dieser Produkte können (später) in der Produktion zu einer Losgröße zusammengefasst werden.

[338] Statt eines Fertigwarenlagers kann hier ggf. auch die Auslieferungsstation, z. B. der Versand, gemeint sein, falls ein Fertigwarenlager nicht vorgesehen ist und der Auftrag direkt an den Kunden ausgeliefert wird.

[339] Ähnlich VAHS, D.: Organisation. Ein Lehr- und Managementbuch, 10. Aufl., Stuttgart 2019, S. 224.

Durchlaufzeit = Rüstzeiten + Bearbeitungszeiten + Transportzeiten + Liegezeiten

Darst. 2.342: Durchlaufzeit

Gleiches gilt auch für die Produktion von Halbfabrikaten, die in ein anderes Produkt des Unternehmens eingehen. In diesem Fall würde es sich statt eines Fertigwarenlagers um ein Halbfabrikatelager handeln. Die Kennzahl „Durchlaufzeit" wird je nach Unternehmenserfordernissen in den zeitlichen Maßgrößen Minuten, Stunden oder Tagen angegeben.

Wie die nachstehende Abbildung zeigt, wird der größte Teil der Durchlaufzeit von den Liegezeiten beansprucht:[340]

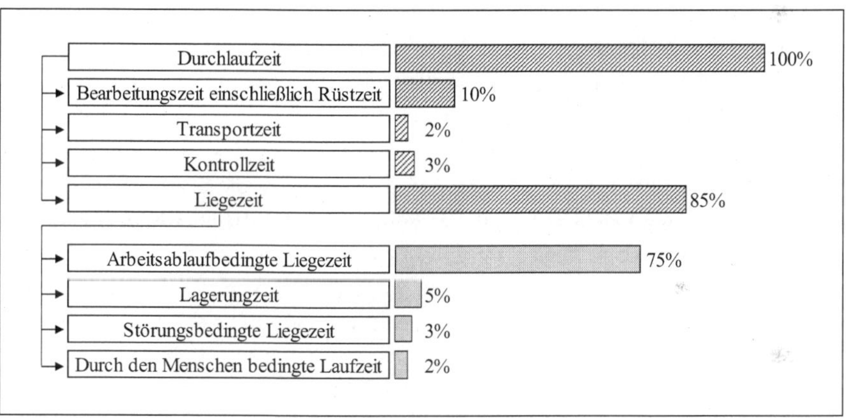

Darst. 2.343: Relative Anteile der zeitlichen Komponenten der Durchlaufzeit

In metallverarbeitenden Betrieben mit Einzel- und Kleinserienfertigung können die Liegezeiten bis zu 85 % der Durchlaufzeit ausmachen.[341]

Die **Durchlaufzeit** und die **Fertigungsdurchlaufzeit** unterscheiden sich dadurch, dass in der Zeit zwischen der Übergabe des Auftrages an die Produktion (t_2) und dem Produktionsbeginn (t_3) noch vorbereitende Planungsprozesse wie z. B. die Losgrößenplanung,

[340] STOMMEL, H. J., KUNZ, D.: Untersuchungen über Durchlaufzeiten in Betrieben der metallverarbeitenden Industrie mit Einzel- und Kleinserienfertigung, Wiesbaden 1973, S. 12.

[341] Vgl. ebenda.

Auftragsreihenfolgeplanung und Maschinenbelegungsplanung stattfinden und zwischen dem Produktionsende (t_4) und der Übergabe an das Fertigwarenlager (t_5) Transport- und Liegezeiten einzukalkulieren sind.

Die **Fertigungsdurchlaufzeit** zwischen dem Produktionsbeginn (t_3) und dem Produktionsende (t_4) setzt sich aus Rüstzeiten einschl. Rüstvorbereitungszeiten, Transport- und Liegezeiten, Ausführungs-/Bearbeitungszeiten (in der Produktion) und Kontrollzeiten zusammen.

Einen hohen Stellenwert in der Produktion weisen die (reinen) **Bearbeitungszeiten (Ausführungszeiten)** auf, denn diese dienen der unmittelbaren Erstellung des Prozessergebnisses. Während dieser Zeiten befindet sich das Produkt auf maschinellen Anlagen oder in Montageprozessen. Dieser Zeitraum kann daher als Maschinenbelegungszeitraum bezeichnet werden. Somit stehen v. a. die Bearbeitungszeiten für die tatsächliche Wertschöpfung (in der Produktion). Die Bearbeitungszeit (in der Produktion) ist **nicht identisch mit der Fertigungsdurchlaufzeit.** Dies liegt daran, dass es während der Fertigungsdurchlaufzeit i. d. R. zu Liegezeiten (nach bzw. vor Bearbeitungen) kommt sowie Transporte und auch (Zwischen-)Kontrollen vorgenommen werden.

Grundsätzlich kann davon ausgegangen werden, dass sowohl die Bearbeitungszeiten als auch die Rüst-, Transport- oder Liegezeiten **Potenziale zur Effizienzsteigerung und somit auch zu Kostensenkungen** bieten, sodass sich die Erhöhung der Auftragsbearbeitungsgeschwindigkeit als übergeordnete Zielsetzung dieser Kennzahl nennen lässt. Die Durchlaufzeit ist insb. ein Indikator für die Höhe der Kapitalbindungskosten, welche neben der Durchlaufzeit vom Ansatz kalkulatorischer Zinsen, der Höhe des Kapitalbindungsbetrages und dem Zinssatz abhängig sind. Weiterhin hat die Durchlaufzeit neben den **Wettbewerbsvorteilen** (u. a. erhöhte Reaktionsfähigkeit und Schnelligkeit durch Zeitgewinne etwa in **verkürzten Produktentwicklungszeiten** (Time-to-Market)[342] oder in **kürzeren Lieferzeiten** für die Produkte oder **Flexibilität**) einen enormen Einfluss sowohl auf die **Liquidität** als auch auf den **Umsatz bzw.** die **Umsatzerlöse** und muss daher in einem Unternehmen von dem Ziel geprägt sein, minimiert zu werden.

Die nachstehende Tabelle zeigt die **kostenmäßigen Folgen einer Verkürzung der einzelnen zeitlichen Komponenten der Durchlaufzeit**.

[342] Unter Time-to-Market wird die Vorlaufzeit bzw. Produkteinführungszeit verstanden, d. h. die Zeitspanne zwischen der Produktentwicklung und der Einführung des Produktes im Markt.

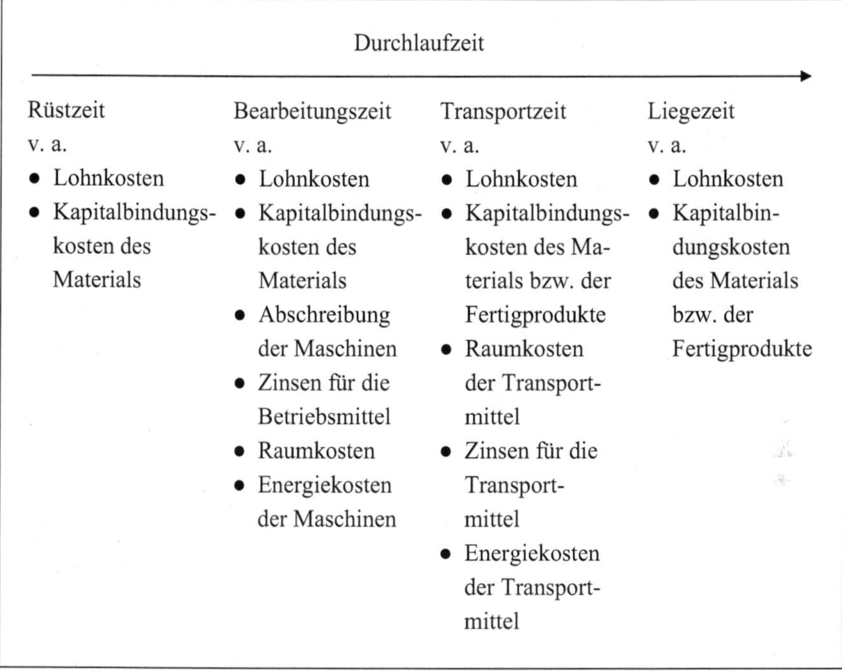

Darst. 2.344: Kostensenkungen durch Maßnahmen zur Verkürzung der Durchlaufzeit
(Vgl.: KLEIN, A.: Unternehmenssteuerung mit Kennzahlen, a. a. O., S. 103.)

Da sowohl die Fertigungsdurchlaufzeit als auch die Bearbeitungszeit Teil der Durchlaufzeit sind, gelten die in der vorstehenden Darstellung aufgeführten Kostenreduzierungen auch im Falle einer Verkürzung der Fertigungsdurchlaufzeit und der Bearbeitungszeit/Ausführungszeit (in der Produktion).

In einem Unternehmen können viele **Faktoren die Durchlaufzeit beeinflussen**. Zu nennen sind u. a.

- Fertigungsumgebung (auftragsbezogene Fertigung, auftragsbezogene Montage)
- Nacheinander geschaltete, überlappende oder parallele Arbeitsgänge
- Feste oder variable Mengen
- Losgrößen
- Zahl der Schichten und der Arbeitskräfte
- Feste oder variable Arbeitszeiten
- Arbeitnehmerschutzbestimmungen
- Berücksichtigung der Anlageneffizienz/des Nutzungsgrades
- Emissionsschutzrechtliche oder sonstige Auflagen

Darst. 2.345: Auswahl durchlaufzeitbeeinflussender Faktoren

Eine Minimierung der Durchlauf-, Fertigungsdurchlauf- und Bearbeitungszeit ist c. p.

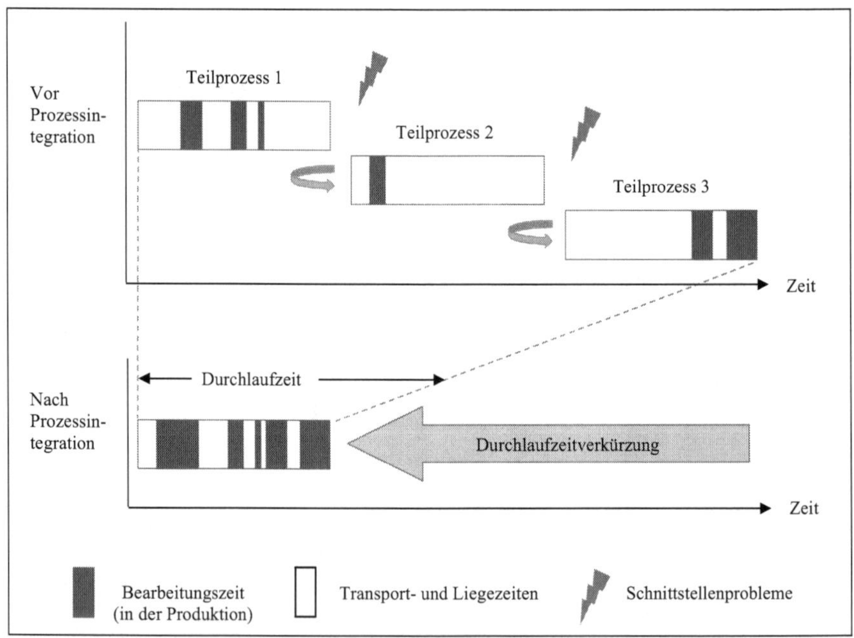

Darst. 2.346: Durchlaufzeitverkürzung durch Prozessoptimierung
(Geringfügig modifiziert aus VAHS, D.: Organisation, 10. Aufl., Stuttgart 2019, S. 227.)

durch eine **Verbesserung der Ablauf- bzw. Prozessorganisation**[343] zu erreichen. Damit ist eine **Abstimmung der einzelnen Prozesse der Leistungserstellung** gemeint, um Leerzeiten zu vermeiden. Die vorstehende Grafik verdeutlicht die Durchlaufzeitverkürzung mittels Prozessoptimierung.

Die Abbildung verdeutlicht, dass sich die häufig auftretenden Schnittstellenprobleme durch die Aggregation von Teilprozessen zu einem Gesamtprozess deutlich reduzieren oder sogar vermeiden lassen. Die Notwendigkeit einer solchen Optimierung erscheint plausibel, da der Anteil der Value-Added-Tätigkeiten in vielen Unternehmen bei nur etwa 10 % der gesamten Durchlaufzeit liegt.[344]

Neben der Optimierung der Durchlaufzeit durch eine Verbesserung der Ablauforganisation bzw. Prozessorganisation (Zielgröße Zeit) sind jedoch auch die weiteren Kosteneinflussgrößen wie z. B. die Losgröße als auch die anderen Zielgrößen der Produktion (Qualität, Flexibilität, Ökologie, Soziales) zu beachten, die z. T. (s. o.) einen **Zielkonflikt** auslösen. So wirken sich bspw. ungeplante Rüsttätigkeiten, die etwa aufgrund kurzfristig durchzuführender Sonderaufträge als ungeplante Ausfallzeit zu klassifizieren sind, negativ auf die Anlagenverfügbarkeit (s. o.) aus. Durch die Fertigung größerer Losgrößen, die spezifische Werkzeuge einer Anlage benötigen, kann die Rüstzeit reduziert werden, wobei dann wiederum die Lagerhaltung erhöht wird.[345] Gerade die Reduzierung von Wartungsarbeiten, und je nach Zuordnung auch Rüstmaßnahmen, und dem damit einhergehenden Zeitverlust ist ein bedeutsamer Bestandteil der operativen Produktionsplanung, -steuerung und -kontrolle.

Im Folgenden soll auf einige zeitliche Komponenten der Durchlaufzeit näher eingegangen werden.

Auch wenn die **Rüstzeiten** von Unternehmen zu Unternehmen variieren,[346] weisen sie den zweitgrößten Zeitanteil innerhalb der Durchlaufzeit auf. Dies liegt u. a. daran, dass die Anzahl der Rüstwechsel in den letzten Jahren aufgrund

---

343 Der Begriff Prozessorganisation stellt insofern eine Erweiterung des Begriffes Ablauforganisation dar, als er nicht nur die einzelnen, abteilungs- bzw. funktionsinternen Abläufe, sondern besonders die funktions- bzw. organisationsübergreifen Prozesse in den Fokus der Betrachtung rückt. Vgl. SCHMELZER, H. J., SESSELMANN, W.: Geschäftsprozessmanagement in der Praxis, 9. Aufl., München 2020, S. 31.

344 Vgl. EVERSHEIM, W. (HRSG.): Prozeßorientierte Unternehmensorganisation. Konzepte und Methoden zur Gestaltung „schlanker" Organisationen, 2. Aufl., Berlin 1996, S. 29.

345 Vgl. WÜST, K., KUPPINGER, B.: Optimierung von Losgröße, Durchlaufzeit und Werkstattumlaufbeständen, in: KLEIN, A., SCHNELL, H. (HRSG.): Controlling in der Produktion, a. a. O., S. 95.

346 Beispiel: Laut einer Studie der MTU Friedrichshafen GmbH liegt der Anteil der Rüstzeit bei 9 % der Durchlaufzeit.

- der steigenden Anforderungen an die Durchlaufzeit für die Herstellung der Produkte,
- der vergrößerten Variantenvielfalt,
- der Verkürzung der Produktlebenszyklen sowie
- des Einsatzes bestandsoptimaler logistischer Prinzipien

stark zugenommen hat.[347] Ziel ist es, Konzepte für das Reduzieren, Vermeiden oder Beherrschen des Rüstaufwands im Hinblick auf einen verbesserten **Anlagennutzungsgrad** zu finden, da die Tätigkeiten im Zuge des **Rüstens einen nicht wertschöpfenden Stillstand der Fertigungsanlagen** zur Folge haben.[348] Im Einzelnen sind folgende Konsequenzen zu langer Rüstzeiten festzustellen:

- Verringerung der Durchlaufzeiten
- Verbesserung der Wirtschaftlichkeit (insb. der Maschinenproduktivität)
- Senkung der Selbstkosten der bisher produzierten Güter (eingesparte Energie- Roh-, Hilfs- und Betriebsstoff-, Lohn- und Transportkosten sowie reduzierte anteilige Betriebsmittelkosten (Anlagen- und Werkzeugabschreibung, Zinsen))
- Erzielung zusätzlicher Deckungsbeiträge durch hinzugewonnene technisch-bedingte Kapazität (Opportunitätskosten)

Darst. 2.347: Notwendigkeit einer Rüstzeitenminimierung

Die Opportunitätskosten (Nutzenentgang) beim Personal und den Fertigungsanlagen ergeben sich daraus, dass die für Rüstvorgänge aufgebrachte Zeit für die Produktion anderer Güter oder höherer Stückzahlen verwendet werden könnte. Rüstzeiten müssen bei der Bestimmung der Planbeschäftigung berücksichtigt werden. **Je höher die Rüstzeiten bzw. je häufiger die Umrüstungen stattfinden, desto niedriger ist die (Plan-)Beschäftigung. M. a. W.: Eine Ausdehnung des Produktionsprogramms (Stichwort „Variantenvielfalt“) bedeutet immer eine Erhöhung der Zahl der Rüstvorgänge und damit eine Verringerung der (Plan-)Beschäftigung.** Die vorgenannten Opportunitätskosten sind insofern noch höher, da insgesamt auf Deckungsbeiträge der zusätzlich produzierbaren Artikel verzichtet würde. Die Verringerung der Durchlaufzeiten führt nicht nur zu einer kür-

[347] Vgl. WILDEMANN, H.: Rüstzeitmanagement: Leitfaden zur Reduzierung des Rüstaufwands und Steigerung der Anlagenproduktivität, 9. Aufl. München 2015, Präambel.

[348] Hierzu gehören u. a. auch zeitraubende Abfragen aus Datenbanken, das Hochfahren von Systemen oder vorbereitende, administrative Tätigkeiten hochbezahlter Fachkräfte im Büro. Vgl. WAGNER, K. W., LINDNER, A. M.: WPM Wertstromorientiertes Prozessmanagement – Effizienz steigern, Verschwendung reduzieren, Abläufe optimieren, 2. Aufl., München 2017, S. 241.

zeren Kapitalbindungsdauer der zu produzierenden/produzierten Güter und zu einer geringeren zeitanteiligen Abschreibungsdauer[349] und damit zu einer Senkung der Selbstkosten eines Produktes, sondern auch zu einer schnelleren Belieferung des Kunden. Sowohl die Möglichkeit, geringere Preise am Markt anbieten zu können als auch eine zügigere Belieferung der Abnehmer stellen **erhebliche Wettbewerbsvorteile** dar. Gleiches gilt für die Chance, kleine Losgrößen wirtschaftlich und flexibel zu produzieren.

Beim Thema **Rüstmanagement** geht es daher um die

- die Vermeidung von Rüstvorgängen,
- die Reduzierung der Rüstzeiten sowie
- die Beherrschung der Rüstprozesse.

Der Rüstprozess determiniert nicht nur die Rüstkosten einschließlich der Dauer der Maschinenausfallzeit und der Anlaufzeit, sondern auch die Qualität der Erzeugnisse.[350]

Bei den in der Darst. 2.350 aufgeführten Rüstzeiten stehen vorrangig die **Rüstzeitreihenfolgen** als auch die **Rüstzeiten** (selbst) **für die Erfüllung eines Auftrags** im Fokus.[351] Die Ziele sind die **Minimierung des Rüstaufwands** sowie das Aufspüren **der Auftragsreihenfolge**[352] **(Produktionsreihenfolge), welche die Summe der Rüstzeiten zwischen den Aufträgen senkt**.

Zunächst ist zwischen der Rüstzeit und einer Losgröße zu unterscheiden. Die **Losgröße** stellt die Auflagengröße einer Produktart (das kann auch eine Produktvariante sein) dar. Die Rüstzeit fällt bei jedem Auftragswechsel separat an und ist unabhängig von der Auftragsmenge und der Bearbeitungszeit.[353]

349 Zum Beispiel als Teil des Maschinenstundensatzes.

350 Vgl. WAGNER, K. W., LINDNER, A. M.: a. a. O., S. 241.

351 Insofern ist das Ziel einer Rüstzeitminimierung u. U. nicht eindeutig: Es kann sich auf die Minimierung einer einzelnen Rüstzeit beziehen oder auf die Verminderung für das Umrüsten von Maschinen durch Optimierung der Belegungsreihenfolge. Letztere Definition findet sich bspw. bei EHRMANN (EHRMANN, H.: Logistik, a. a. O., S. 318.)

352 Vgl. HERING, E.: Controlling für Ingenieure, Heidelberg 2014, S. 18, WÖLTJE, J.: Formeln, a. a. O., S. 171. Anders Pfister/Pfister, die als Nenner die Fertigungszeit verwenden (PFISTER, M. D., PFISTER, R.-D.: Value-oriented Leadership in Organizations auf Basis des ganzheitlichen Value Management-Ansatzes nach EN 12973 (VoLiO), Bd. 1., Kennzahlen als Basis für eine nationale und internationale Organisationsführung, Konstanz 2015, S. 416.). Nicht brauchbar, weil unbestimmt (nicht exakt definiert) ist der Nenner „Gesamtzeit" bei GUNIA (GUNIA, P.-G.: Mehr Effizienz und mehr Erfolg im Personalkostenmanagement: ein Arbeitshandbuch zur Kostensenkung und Leistungssteigerung, Renningen 1995, S. 77.).

353 Vgl. MATHAR, H.-J., SCHEURING, J.: Unternehmenslogistik. Grundlagen für die betriebliche Praxis mit zahlreichen Beispielen, Repetitionsfragen und Antworten, im Folgenden mit „Unternehmenslogistik" abgekürzt, 3. Aufl., Zürich 2018, S. 146.

Einer engeren Beschreibung nach ist die Rüstzeit als ein auftragsvorbereitendes Intervall zwischen den einzelnen Losgrößen zu verstehen, d. h. die Rüstzeit umfasst nur die vorbereitenden Arbeiten für die Ausführung eines Auftrages/Loses. Bei dieser engen Auslegung wird die Zeit, die nach Fertigstellung des Auftrages benötigt wird, um den Mitarbeiter und die Betriebsmittel in den ursprünglichen Zustand zurückzuversetzen (Zeit für Abrüstung), nicht berücksichtigt.[354] Eine exakte Definition des Begriffs „Rüstzeit" könnte wie folgt lauten[355]:

> Als Rüstzeit ist die Zeit anzusehen, die benötigt wird, um die Fertigungsanlagen bzw. Maschinen oder sonstige Arbeitsplätze für einen bestimmten Auftrag (Los) vor- oder nachzubereiten.

Darst. 2.348: Definition Rüstzeit

Grafisch lässt sich die Rüstzeit, die grob in eine Vorrüstzeit (vor Beginn der Produktion des Auftrags) und eine Nachrüstzeit (Zeit für Abrüstung nach der Herstellung des Loses) unterteilt wird, wie folgt veranschaulichen:

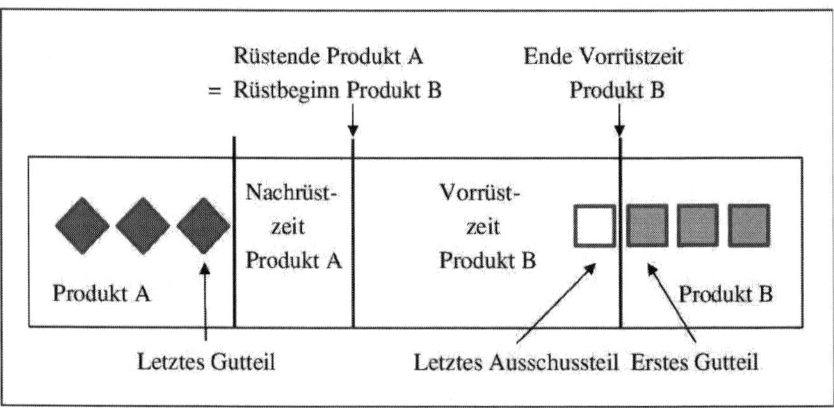

Darst. 2.349: Rüstbeginn, Rüstzeit und Rüstende bei der Produktion zweier Produkte auf einer Maschine

[354] Vgl. JACOB, H.: Industriebetriebslehre in programmierter Form: Bd. I: Grundlagen, Wiesbaden 1972, S. 243.

[355] Vgl. JUNGE, M.: Controlling moderner Produktfamilien in der Automobilindustrie, Diss. Uni Mainz 2004, Wiesbaden 2005, S. 195, OLFERT, K., RAHN, H.-J., ZSCHENDERLEIN, O.: Lexikon der Betriebswirtschaftslehre, 9. Aufl., Ludwigshafen 2020, Nr. 243, REFA – VERBAND FÜR ARBEITSSTUDIEN UND BETRIEBSORGANISATION (HRSG.): Methodenlehre der Betriebsorganisation – Aufbauorganisation, München 1992, S. 21.

Im Zuge der Bestimmung der Auftragszeit (= Vorgabezeit für die Erledigung eines Auftrages) hatte die REFA die Rüstzeit t_R im Hinblick auf die Mitarbeiter wie folgt zerlegt:

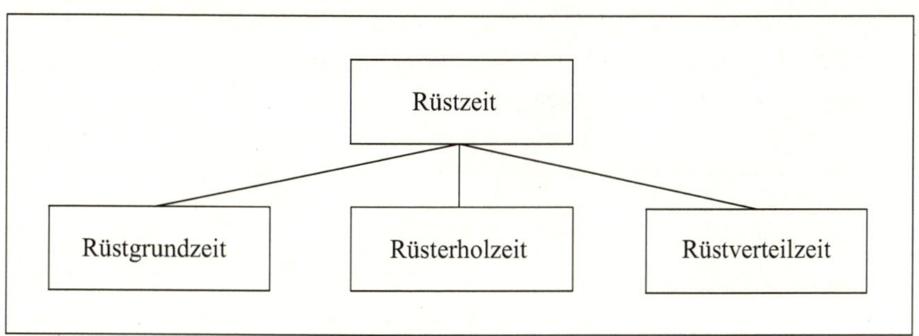

Darst. 2.350: Aufteilung der Rüstzeit gemäß REFA
(Vgl. REFA – VERBAND FÜR ARBEITSSTUDIEN UND BETRIEBSORGANISATION)

Die Rüstgrundzeit ist diejenige, während der das Betriebsmittel vom Menschen gerüstet wird. Die Rüsterholzeit ist die Zeit, die beim Rüsten erforderlich ist, um die Ermüdung (des Menschen) abzubauen, die durch das Rüsten verursacht wurde. Die Rüstverteilzeit entsteht zusätzlich unplanmäßig durch den Menschen.

Da die vorstehende Aufteilung der Rüstzeit zum einen nur auf die Menschen bezogen ist und andererseits für eine Minimierung der Rüstzeit viel zu grob ist, lässt sich der Rüstprozess feiner in folgende Rüstzeitabschnitte zerlegen:

Vorrüstzeit					Nachrüstzeit
Rüst-vor-bereitung	Vor-rüsten	Auf-rüsten	Probe-lauf	Rüst-nach-bereitung	Ab-rüsten

→ Zeit

Objekte (z. B.):

Arbeits-unterla-gen	Vor-rich-tung	Werk-zeug	Er-zeug-nis	Mess-mittel	Werk-zeug

Tätigkeiten:

lesen	lösen	einbauen	prüfen	verräumen	ausbauen

Darst. 2.351: Rüstzeitabschnitte eines Rüstprozesses
(Vgl. IFA (Institut für Fabrikanlagen und Logistik an der Leibniz Universität Hannover))

Um die Rüstzeiten in den einzelnen Rüstzeitabschnitten festlegen zu können, ist zunächst zu klären, **wovon die Rüstzeiten abhängig sind**. Als **Determinanten einer Rüstzeit**, die absatzseitig (Markt: Kunde, Wettbewerber) im Ursprung vom Endprodukt und dessen Produkteigenschaften (wie z. B. hygienisch, recyclingfähig, umweltverträglich, temperaturbeständig, Aussehen/Form) und beschaffungsseitig von den Lieferanten (z. B. Teilequalität, Lieferengpässe) und dem Personal abhängen, kommen infrage:

- Spezifikationen des zu fertigenden Produkts (z. B. Geometrie, Teilevielfalt, Werkstoff, Qualität, Komplexität, Spannfläche, Fertigungstiefe)
- Auftragsinformationen (z. B. Zeichnung, Daten, Einrichteblatt, Checklisten)
- Art der Betriebsmittel (z. B. Maschinentyp, Werkzeug, Spannmittel, Peripheriegeräte)
- Fertigungsprozess (z. B. Fertigungsverfahren)
- Art der Vorrichtungswechsels (automatisch, halb-automatisch, manuell)
- Material/Rohstoff (z. B. teilbearbeitet, unbearbeitet)
- Art der Hilfsmittel (z. B. Geräte, Werkzeug, Kran, Transportbehältnis)
- Steuerprogramm (z. B. Laden der Software, Nullpunkt, WZ-Daten)
- Prüfung (z. B. Messmittel, Messunterlagen/Prüflisten, Richtlinien, Prüfung automatisiert?)
- Personal (z. B. Qualifikation, Flexibilität, Motivation, Gewissenhaftigkeit, Training, Zusammenarbeit, Anzahl)
- Reinigungsmittel
- Räumliche Situation (Bewegungsfreiheit um die Maschine/das Werkzeug herum)
- Betriebsbedingungen (z. B. Temperatur (z. B. Vorheizen?), Druck)
- Lagerung der Betriebs-, Prüf- und Reinigungsmittel (z. B. Nähe, Ordnung und Kennzeichnung)
- Bestand der Betriebs-, Prüf- und Reinigungsmittel (ausreichend?)
- Transportlogistik der Betriebs-, Prüf- und Reinigungsmittel (z. B. Eignung der Transportgeräte, Verfügbarkeit)
- Sonstiges

Darst. 2.352: Determinanten der Rüstzeit
(Vgl. IPH, unter: www.awf.de/wp-content/uploads/2014/12/Ruestablaufanalyse-mit-FastCura.pdf, Abruf am 04.07.2015.)

Im Folgenden soll exemplarisch der Einfluss der Spezifikationen des zu fertigenden Produkts und des angelieferten Materials auf die Rüstzeiten bzw. Rüstkosten aufgezeigt werden.

Die (vereinfachte) Ausgangssituation: Ein holzverarbeitendes Werk bekommt Rundhölzer in der Länge 5 m zu je 22,50 €/Stück angeboten. Aus diesen sollen 10 Bretter mit 2,50 m Länge und 45 Bretter mit 1 m Länge gesägt werden. Die Rüstkosten betragen pro Auftrag 245,00 €.

Nachstehend sollen zwei Lösungen präsentiert werden:

- Eine verschnittoptimale Lösung.
- Eine gesamtkostenoptimale Lösung.

Verschnittoptimale Lösung:

In einem ersten Durchgang sieht die Programmierung 5 Läufe mit je 2 Brettern von 2,50 m Länge vor:

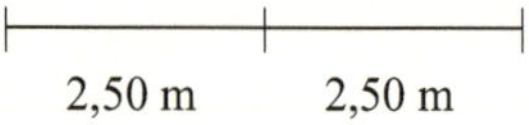

2,50 m 2,50 m

In einem zweiten Durchgang werden 9 Läufe mit je 5 Brettern in einer Länge von 1 m programmiert:

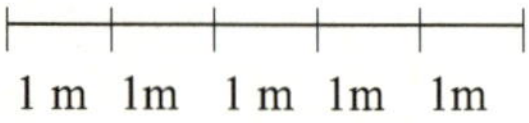

1 m 1m 1 m 1m 1m

Bei dieser Aufteilung werden 14 Rundhölzer benötigt. Es entsteht keinerlei Verschnitt.

Die Gesamtkosten resultieren aus einer zweimaligen Umrüstung (einschließlich Programmierung) und 14 eingesetzten Rundhölzern:

Gesamtkosten: 2 • 245,00 € + 14 • 22,50 € = 805,00 €

Gesamtkostenoptimale Lösung:

In diesem Fertigungsauftrag wird die Maschine so programmiert, dass in 23 Läufen jeweils 1 Brett mit 2,50 m Länge und 2 Bretter mit 1 m Länge produziert werden:

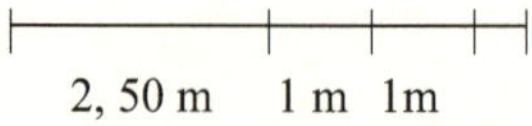

2, 50 m 1 m 1m

Es ergeben sich dann 23 Bretter mit 2,50 m Länge und 46 Bretter mit 1 m Länge; es werden 13 Bretter mit 2,50 m und ein Brett mit 1m Länge zu viel produziert. Hinzu kommt ein Verschnitt von 23 mal 0,50 m.

Trotz der zu viel produzierten Bretter und des Verschnitts lässt sich folgender, deutlich niedrigerer Gesamtkostenbetrag errechnen:

Gesamtkosten: 245,00 € + 23 • 22,50 € = 762,50 €

Die Gesamtkostenersparnis liegt bei 42,50 €, das sind 5,3 % weniger an Gesamtkosten als bei der verschnittoptimalen Lösung. Hinzu kommt zusätzlich die Möglichkeit, die zu viel produzierte Ware mit den entsprechenden Deckungsbeiträgen zu veräußern, sodass sogar der ursprüngliche Auftrag (10 Bretter mit 2,50 Länge und 45 Bretter mit 1 m Länge) günstiger angeboten werden könnte (als bei der verschnittoptimalen Lösung).

Auch wenn die Rüstkosten im vorstehenden Beispiel vielleicht ein wenig zu hoch angesetzt sein sollten; die Grundüberlegungen konnten aber verdeutlicht werden. Eine reine Optimierung nach dem Verschnitt liefert im Allgemeinen nicht das beste Ergebnis.

Zurück zum Thema „Rüstzeiten“. Um die Rüstzeit pro Los/Auftrag zu minimieren, wurden in der Praxis drei **Formen der Rüstzeitverkürzung** entwickelt[356]:

- „Single Minute Exchange of Die“ (SMED) : Die Umrüstung erfolgt in weniger als zehn Minuten.[357]
- „Zero Changeover“: Die Umrüstung erfolgt in weniger als drei Minuten.
- „One Touch Exchange of Die“: Die Umrüstung erfolgt mit einer Handbewegung von nur einer Minute per Knopfdruck.

Im Folgenden soll die **Variante SMED** vorgestellt werden.

Dazu ist es notwendig, die Rüstzeiten im Hinblick auf interne und externe Rüsttätigkeiten zu unterscheiden. Als **interne Rüsttätigkeiten** werden Verrichtungen bei stillstehender Anlage (z. B. Austausch von Formen und Werkzeugen, Justieren der Werkzeuge) bezeichnet. Die **externen Rüsttätigkeiten** können hingegen parallel zur produzierenden Anlage durchgeführt werden, wie z. B. nächsten Auftrag suchen, Materialvorbereitung und Werkzeugprogramme laden.[358] Eine direkte Verkürzung der internen und externen Rüstzeiten bedeutet eine Verringerung der Kapitalkosten als auch die der Personalkosten für das Rüsten. Die Maschinenproduktivität erhöht sich somit. Ferner mindert die Verkürzung die

[356] Vgl. VOLLAND, ST.: Produktionsmanagement, 3. Aufl., Berlin 2011, S. 18-20.

[357] Eine alternative Formulierung lautet: Umrüstung im einstelligen Minutenbereich.

[358] Vgl. MERAN, R., JOHN, A., STAUDTER, C., ROENPAGE, O. in: LUNAU, S. (HRSG.): Six Sigma + Lean Toolset. Mindset zur erfolgreichen Umsetzung von Verbesserungsprojekten, 5. Aufl., Berlin, Heidelberg 2014, S. 284–285.

„Investition" für das Einrichten der Maschine, verkleinert damit die wirtschaftliche Losgröße und reduziert deshalb die Bestände im Umlaufvermögen.

Die SMED-Methode, die von Shingo, der als externer Berater bei u. a. bei Toyota tätig war, entwickelt wurde, geht vor der grundlegenden Idee aus, unproduktive Zeiten von teuren Ressourcen (hier: Maschinen in der Produktion) zu minimieren, also Rüstzeiten drastisch zu senken.[359] Es ging (zu der damaligen Zeit Mitte der 60er Jahre) nicht darum, hochautomatisierte Systeme anzuwenden, sondern (zunächst einmal) die (nutzlose) Zeit, in der die Maschinen stillstanden, durch eine konsequente Arbeitsorganisation zu reduzieren.[360] Diese, eigentlich schon ältere, Methode ist nach wie vor aktuell. So arbeitet die Volkswagen AG in Poznan (Posen), Polen, die dort aktuell den Caddy produziert, mit der SMED-Methode und bietet dazu Schulungen an.[361]

Die Umsetzung des SMED-Konzepts erfolgt in fünf Stufen[362], die nacheinander bearbeitet werden.[363] Sie lauten:

1. Schritt: Detaillierte Analyse des Ist-Zustands
2. Schritt: Trennung der internen und der externen Rüsttätigkeiten
3. Schritt: Umwandlung der internen Aktivitäten in externe
4. Schritt: Optimierung der internen Aktivitäten
5. Schritt: Optimierung der externen Rüstvorgänge

Darst. 2.353: Fünf Schritte des SMED-Konzepts

Im ersten Schritt werden in der Produktion sämtliche Rüsttätigkeiten ohne Trennung in externe oder interne – meist mit Hilfe von Videoaufnahmen – vollständig dokumentiert und detailliert einschließlich der benötigten Zeiten ausgewertet und protokolliert.

[359] Vgl. SHINGO, S.: A Revolution in Manufacturing. The SMED System, New York 1985, S. 33ff., SHINGO, S.: Quick Changeover for Operators: SMED System, New York 1996.

[360] Vgl. REGBER, H., ZIMMERMANN, K.: Changemanagement in der Produktion: Prozesse effizient verbessern im Team, Landsberg 2013, S. 95.

[361] www.volkswagen-poznan.pl/de/schulung-smed-modul, Abruf am 04.07.2015.

[362] Gelegentlich findet sich in der Literatur auch eine Darstellung in vier Schritten. Dann werden die vierte und fünfte Stufe zusammengelegt. Dies macht jedoch keinen Sinn, da zuvor im zweiten Schritt gerade interne und externe Rüstvorgänge getrennt wurden.

[363] Vgl. BICHENO, J., HOLWEG, M.: The Lean Toolbox: The Essential Guide to Lean Transformation, 5. Aufl., Buckingham 2016, S. 148f.

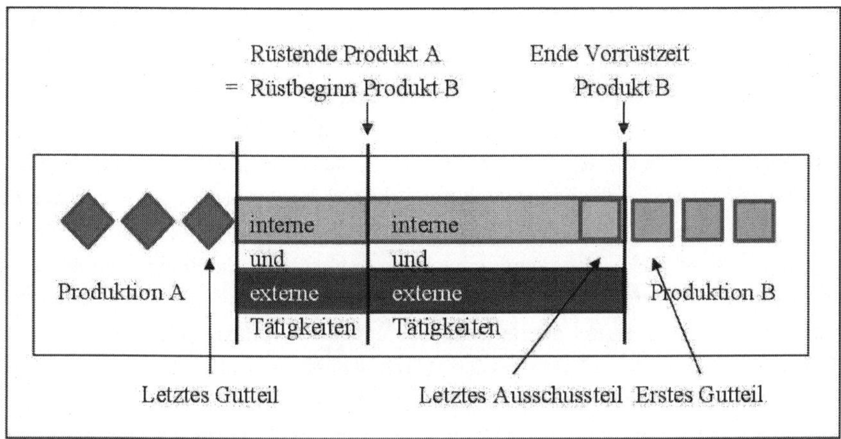

Darst. 2.354: 1. Schritt des SMED-Konzepts

Im zweiten Schritt werden die internen Rüstarbeiten von den externen getrennt. Es geht also um die Frage, welche der Tätigkeiten während der Maschinenlaufzeit oder welche bei dem Stillstand der Maschine ausgeführt werden können. Bei der Trennung sollte auf einer Checkliste gleich festgehalten werden, welche Produktionsfaktoren (Personal, Betriebsmittel, RHB) und Informationen vorhanden sind bzw. benötigt werden.

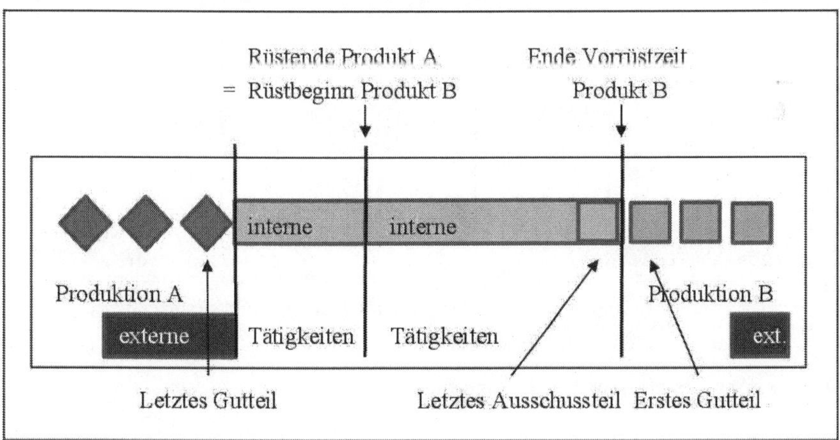

Darst. 2.355: 2. Schritt des SMED-Konzepts

Im dritten Schritt werden die internen Rüsttätigkeiten daraufhin untersucht, ob sie in externe umgewandelt werden können. Dies geschieht durch das Hinterfragen der jeweiligen Aufgabe und des Zwecks. In diesem Zusammenhang wird u. a. geprüft, ob die Werkzeuge oder Materialien dort gelagert können, wo sie gebraucht werden. Auch die Betriebsbedingungen (z. B. Temperatur, Druck) können geändert werden, um eine Transformation interner in externe Vorgänge zu ermöglichen. Ebenso könnte eine Vormontage der Rüstumbauteile infrage kommen. Ein weiterer Ansatzpunkt kann die Verwendung von Standardwerkzeugen mit einheitlichen Dimensionierungen, festen Zentrierungen und universell anwendbaren Werkstückaufspannungen anstatt von Spezialwerkzeugen sein. Des Weiteren ist auch die Nutzung von Adaptern denkbar, um Werkzeuge oder Werkstücke bereits außerhalb der Maschine zu befestigen und zu justieren. Gegebenenfalls ist zu prüfen, ob zusätzliche Geräte bereitgestellt werden sollten. So ist beispielsweise zu überlegen, ob zum bereits vorhandenen, mit zu bearbeitendem Material bestückten Zuführbehältnis nicht ein zweites angeschafft wird, welches dann bereits extern während der laufenden Produktion mit Material bestückt werden kann. Bereits hier sind wirtschaftlich sinnvolle Investitionen zu prüfen, um weiter interne Vorgänge in externe umwandeln zu können. Zuletzt kann in Betracht gezogen werden, eine spezielle Software für die Verwaltung von Rüstvorgängen anzuschaffen und zu installieren, um komplexere Vorgänge zu bearbeiten, die Arbeiten zu beschleunigen, Fehler zu vermeiden und mittels des Programms eine Weiterentwicklung anzustoßen.

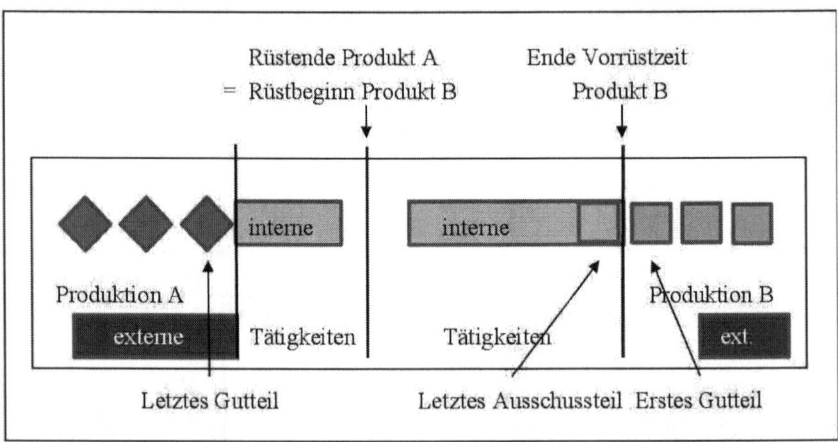

Darst. 2.356: 3. Schritt des SMED-Konzepts

Im vierten Schritt werden die internen Aktivitäten optimiert. Damit wird eine Verkürzung der verbliebenen internen Rüstzeit bezweckt. Als Vorschläge sind hier zu nennen:

- Die Verteilung der Rüstarbeiten auf mehrere Personen (paralleles Rüsten).
- Verkürzung der (Lauf-)Wege.
- Nutzung funktioneller Befestigungen wie Klemmen anstatt von (manuellen) Schraubverbindungen.
- Ersatz manueller Justier- und Einstellarbeiten durch automatisierte Verfahren.
- Optimierung von Rüstvorgängen durch eine stärkere Mechanisierung. Rationalisierungen sind hier i. d. R. mit Investitionen verbunden. Hier bieten sich bspw. die LCIA-Konzepte an.[364]
- Training in der Beseitigung von Schadensregulierungen.

Im fünften Schritt stehen zur Optimierung der externen Rüstarbeiten folgende Anregungen zur Auswahl:

- Optimierung der räumlichen Lage der Bestände an Betriebsmitteln und Material.
- Verbesserung der Transportwege und -möglichkeiten.
- Reduzierung der Suchzeiten für Betriebsmittel und Materialen durch eine klare Kennzeichnung und fehlerbefreiten Ablesung durch entsprechende Geräte und die Hinterlegung der Lagerplätze im Rechner und in den Auftragsinformationen.
- Sämtliche Betriebsmittel und Materialien sind in einem einwandfreien und sauberen Zustand verfügbar.
- Optimierung des Ersatzbestandes von Werkzeugen, um Haltbarkeiten und die Übersicht zu gewährleisten und Bestände zu minimieren.

Die beiden letzten Schritte stellen sich grafisch wie folgt dar:

[364] LCIA steht für **L**ow **C**ost **I**ntelligent **A**utomation (TAKEDA, H.: LCIA – Low Cost Intelligent Automation: Produktivitätsvorteile durch Einfachautomatisierung, 3. Aufl., München 2011, S. 18.) Im Produktionsbereich wird das Personal, Betriebsmittel einschl. Werkzeuge, Prozesse, Linien und letztlich das ganze Werk mit einer Systematik versehen, die jegliche Abweichung vom Soll-Zustand in Bezug auf Qualität, Anzahl und Kosten der Produktionsfaktoren sowie Logistik, Informationen, Timing etc. autonom erkennt. Ein Rüstvorgang ist einer der zu betrachtenden Prozesse.

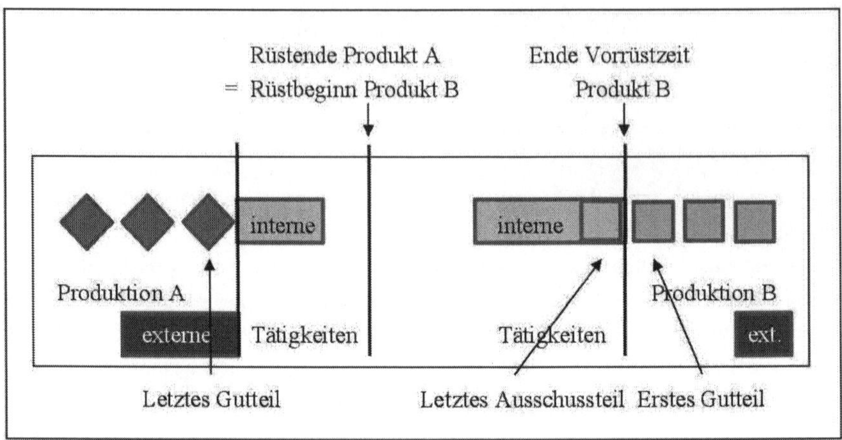

Darst. 2.357: 4. und 5. Schritt des SMED-Konzepts

Es zeigt sich, dass sich die Fläche der weißen Felder in der Phase des Nachrüstens für die (bereits erfolgte) Produktion von A und in der Phase des Vorrüstens für die Produktion von B, d. h. die Rüstzeiten enorm verringert haben. Den gleichen Sachverhalt verdeutlicht die nachfolgende Abbildung:

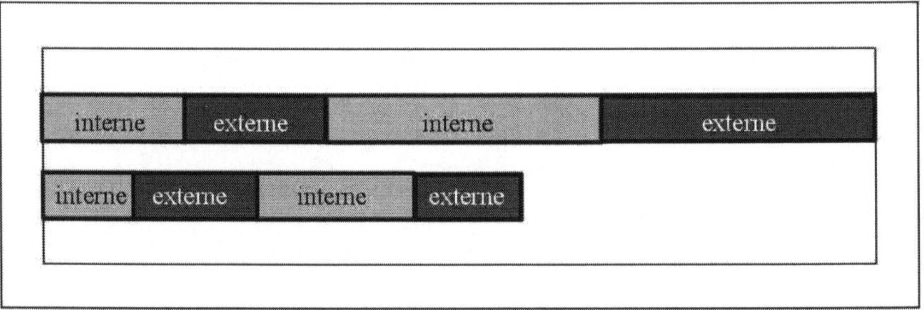

Darst. 2.358: Rüstzeiten zu Beginn des 1. Schritts[1] und zum Ende des 5. Schritts[2]
[1] Oberer Balken
[2] Unterer Balken

Die eingesparte Rüstzeit steht nun für eine zusätzliche Produktion von Gütern zur Verfügung; die **technisch bedingte Kapazität hat sich stark erhöht**.

Als Kontrollgröße für die Rüstzeiten wird in der Literatur die **Rüstzeitquote**[365] vorgeschlagen:

$$\text{Rüstzeitquote} = \frac{\text{Rüstzeit}}{\text{Durchlaufzeit}} \cdot 100$$

Darst. 2.359: Rüstzeitquote

Als Ziel wird eine Quote von maximal 20 % angestrebt.[366]

Beispiel: Für ein Erzeugnis sind folgende Daten ermittelt worden:

Auflage (Losgröße): 7.000 (Stück/Los)
Rüstzeit: 280 (min/Los)
Bearbeitungszeit: 2,8 (min/Stück)
Transportzeit: 1,0 (min/Stück)
Kontrollzeit: 0,78 (min/Stück)
Liegezeit: 3,2 (min/Stück)

Aufgabe: Ermitteln Sie die Rüstzeitquote für dieses Produkt!

1. Schritt: Ermittlung der Rüstzeit pro Stück:
   Zunächst muss die Rüstzeit pro Erzeugniseinheit berechnet werden: Die 280 min/Los werden durch 7.000 Stück/Los dividiert. Es ergibt sich eine Rüstzeit von 0,04 min/Stück.
2. Schritt: Ermittlung der Durchlaufzeit pro Stück:
   Nachdem alle Zeiten als Minutenangabe verfügbar sind, können die Rüstzeit, die Bearbeitungszeit, die Transportzeit, die Kontrollzeit und die Liegezeit addiert werden: Die Summe beträgt 7,82 min/Stück.

---

[365] Vgl. HERING, E.: Controlling für Ingenieure, Heidelberg 2014, S. 18, WÖLTJE, J.: Formeln, a. a. O., S. 171. Anders Pfister/Pfister, die als Nenner die Fertigungszeit verwenden (PFISTER, M. D., PFISTER, R.-D.: Value-oriented Leadership in Organizations auf Basis des ganzheitlichen Value Management-Ansatzes nach EN 12973 (VoLiO), Bd. 1., Kennzahlen als Basis für eine nationale und internationale Organisationsführung, Konstanz 2015, S. 416.). Nicht brauchbar, weil unbestimmt (nicht exakt definiert) ist der Nenner „Gesamtzeit" bei GUNIA (GUNIA, P.-G.: Mehr Effizienz und mehr Erfolg im Personalkostenmanagement: ein Arbeitshandbuch zur Kostensenkung und Leistungssteigerung, Renningen 1995, S. 77.).

[366] Vgl. PFISTER, M. D., PFISTER, R.-D.: a. a. O., S. 416.

3. Schritt: Berechnung der Rüstzeitquote
   Die Division der Rüstzeit pro Stück durch die Durchlaufzeit je Produkteinheit, multipliziert mit 100 ergibt die Rüstzeitquote in %: 0,04 min/Stück ÷ 7,82 min/Stück = 0,51 %.

Alternativ kann die Rüstzeitquote (in %) auch berechnet werden, indem die Rüstzeit (min/Los) durch das Produkt aus Durchlaufzeit pro Stück (min/Stück) und Auflage (Stück/Los) dividiert und mit 100 multipliziert wird.

Laut Preißler weist eine zu hohe Rüstzeitquote auf eine zu klein gewählte Losgröße hin.[367] Diese Aussage lässt sich anhand der vorstehenden alternativen Berechnung schnell und einfach nachvollziehen, da im Nenner die Auflagenhöhe steht.

Es stellt sich allerdings die Frage, ob es Sinn macht, die Formel „Rüstzeitquote" für Optimierungszwecke zu verwenden. Diese Kennzahl beinhaltet die Losgröße. Bei letzterer wird ein **Konflikt zwischen der Fertigung und dem Marketing** offenkundig. Während die Fertigung aus Gründen der Auflagendegression (der Kosten)[368] möglichst große Stückzahlen fertigen möchte, sieht sich das Marketing/der Vertrieb mit Kundenwünschen konfrontiert, die eine oft individuelle, auf jeden Fall aber schnelle Lieferung beinhaltet, was zu kleineren Losgrößen führt. Insofern muss jedes Unternehmen für sich markt- und renditeorientiert entscheiden, welche Strategie es im Hinblick auf die Losgröße stellt. Die **Rüstzeitquote kann daher nicht generell als zu minimierende Kennzahl empfohlen werden**. (Dass die Rüstzeiten (pro Auftrag) minimiert werden müssen, ist in keinem Fall fraglich.)

Aus den vorgenannten Gründen würde es erst recht keinen Sinn machen, sämtliche Rüstzeiten zu addieren und diese Summe der Summe aller Durchlaufzeiten gegenüberzustellen.

Hilfe/Unterstützung bei der Prüfung, ob interne Rüstaktivitäten in externe umgewandelt werden können oder Optimierungen interner und/oder externer Rüstaktivitäten möglich

---

[367] Vgl. PREISSLER, P. R.: Betriebswirtschaftliche Kennzahlen, Formeln, Aussagekraft, Sollwerte, Ermittlungsintervalle, München 2008, S. 159.

[368] Vgl. HERING, E.: Controlling für Ingenieure, Heidelberg 2014, S. 18. Anders Pfister/Pfister, die als Nenner die Fertigungszeit verwenden (PFISTER, M. D., PFISTER, R.-D.: Value-oriented Leadership in Organizations auf Basis des ganzheitlichen Value Management-Ansatzes nach EN 12973 (VoLiO), Bd. 1., Kennzahlen als Basis für eine nationale und internationale Organisationsführung, Konstanz 2015, S. 416.). Nicht brauchbar, weil unbestimmt (nicht exakt definiert) ist der Nenner „Gesamtzeit" bei GUNIA (GUNIA, P.-G.: Mehr Effizienz und mehr Erfolg im Personalkostenmanagement: ein Arbeitshandbuch zur Kostensenkung und Leistungssteigerung, Renningen 1995, S. 77.).

sind, bieten die bekannten **Brainstorming**-Techniken an. Auch das **Betriebliche Vorschlagswesen (BVW)** wird in vielen großen Firmen eingesetzt, um schriftlich eingereichte Verbesserungsvorschläge zu erhalten. Oft werden für die erhaltenen Vorschläge Prämien an die Mitarbeiter ausgeschüttet, um sie (weiter) zu motivieren, neue Vorschläge zu unterbreiten.

Die **Rüstkosten** setzen sich aus **Lohn-, Material- (einschl. Energie-) und Werkzeugkosten** zusammen, die durch die Rüstarbeiten verursacht werden. Des Weiteren sind auch die **Kosten für die Ausfallzeit** der Anlage zu berücksichtigen. Denn während des Rüstvorganges kann die Maschine nicht für die Produktion genutzt werden. Es handelt sich somit um **Opportunitätskosten**, da potenzielle Umsätze verloren gehen. Von den Vorschlägen, wie diese Ausfallzeiten zu bewerten sind – Maschinenstundensatz, entgangene Deckungsbeiträge oder Umsätze – ist der **Ansatz von Deckungsbeiträgen** zu wählen. Ein Maschinenstundensatz berücksichtigt nicht die entgangenen Gewinne, während ein Umsatz nicht die Kosten beinhaltet. Dabei ist allerdings zu bedenken, dass die Deckungsbeiträge zu relativieren sind, wenn eine Engpasssituation vorliegt.[369] Die Kapazitätssituation hängt ihrerseits jedoch wiederum von der Losgrößenplanung bzw. der Produktionsprogrammplanung ab. Nicht zu den Rüstkosten gehören hingegen die während der Umrüstung für Reparaturen und Wartung der Aggregate entstandenen Verbräuche. Diese Kosten stehen in keinem kausalen Zusammenhang zu den Umrüstungsarbeiten. Mit der gleichen Begründung fehlender Ursächlichkeit sind auch anteilige auf die Stillstandszeiten verrechnete beschäftigungsunabhängige Kosten nicht den Rüstkosten zuzuschlagen.[370]

Anlaufkosten zählen zu den Rüstkosten. Sie resultieren daraus, dass beim Anlauf einer neuen Sorte die Einstellung der Maschinen noch korrigiert werden muss, da oftmals Rohstoffe noch nicht korrekt zugeführt werden.[371] Die Folge ist ein erhöhter Ausschuss. Auch liefern die Mitarbeiter während der Eingewöhnungsphase noch nicht ihre spätere Normalleistung ab. Aus diesen Gründen muss der Betrieb daher mit höheren variablen Fertigungskosten je produzierter fehlerfreier Mengeneinheit bei gleichzeitig geringerer Sortenleistung rechnen als während der späteren Produktionszeit einer Sorte. Die Anlaufkosten sind erst dann in voller Höhe angefallen, wenn sich der Produktionsprozess auf das normale Kosten- und Leistungsniveau eingependelt hat. Anlaufkosten können zusammenfassend wie folgt definiert werden. Sie sind diejenigen **Mehrkosten, die für die Produktion einer**

[369] Vgl. WÖRDENWEBER, M.: Kostenrechnung, a. a. O., S. 211ff.

[370] Vgl. ADAM, D.: Produktionsplanung bei Sortenfertigung: Ein Beitrag zur Theorie der Mehrproduktunternehmung, im Folgenden abgekürzt mit „Produktionsplanung", Wiesbaden 1969, S. 53.

[371] Vgl. im Folgenden ebenda.

neu aufzulegenden bzw. neu aufgelegten Sorte während der Anlaufphase im Vergleich zur identischen Ausbringung bei eingespielter Produktion anfallen.

Zwischen den Rüstkosten und den Anlaufkosten ist hinsichtlich ihrer Berücksichtigung für die Losdimensionierung nur dann ein Unterschied zu machen, wenn das kostengünstigste Los noch innerhalb der Anlaufphase einer Sorte erreicht wird.[372]

In Bezug auf die **Rüstkosten** sind – wie immer bei den Kosten – zwei Punkte zu klären: Wie heißt das **Kostenzurechnungsobjekt**[373] und welcher **Kosteneinflussfaktor (Kosteneinflussgröße)**[374] soll untersucht werden: Als Kostenzurechnungsobjekt kommen hier die gesamten Rüstkosten, die Rüstkosten pro Auftrag/Los/Auflage oder die Rüstkosten pro Erzeugniseinheit infrage. Kosteneinflussgrößen können die Zeit oder die Ausbringungsmenge sein.

Werden die **Rüstkosten pro (Fertigungs-)Auftrag** betrachtet, so sind die Rüstkosten von verschiedenen Faktoren (s. o.) wie z. B. der Maschine, dem Verfahren oder der Endproduktart abhängig. Wird nur die **Zeit als Kosteneinflussgröße** gewählt, dann stellen die Rüstkosten pro Auftrag **variable Kosten** dar, denn die benötigte Zeit hängt u. a. von den vorgenannten Faktoren ab. Ob es sich um rüstzeit**proportionale Kosten** handelt, hängt davon ab, ob das Rüsten innerhalb der regulären Arbeitszeit erfolgt, oder ggf. Zuschläge für Überstunden etc. gezahlt werden müssen. In Bezug auf die **Kosteneinflussgröße Beschäftigung** liegen **fixe Kosten** vor. Denn die Rüstzeit ist im Gegensatz zu der Bearbeitungszeit **unabhängig von der Auftragsmenge eines Loses.**

In Bezug auf das **gesamte Produktionsprogramm (gesamte Rüstkosten)** sind **sprung-/auflagenfixe Kosten** zu konstatieren. Als Rüstkosten für ein Los/einen Auftrag entfallen sie, wenn das Los/der Auftrag nicht produziert werden soll. Werden für einen bestimmten Auftrag, der innerhalb einer Frist produziert werden muss, mehrere Maschinen parallel benötigt, weil die Beschäftigungsgrenze einer Maschine überschritten wird und müssen somit mehrere umgerüstet werden, entstehen sprungfixe Kosten; mit einer Entscheidung, mehr als eine Maschine umzurüsten, fallen ebenfalls (sprung-)fixe Kosten an.

Stehen die Rüstkosten pro Erzeugniseinheit im Fokus der Betrachtungen, handelt es sich um **variable Kosten**. Sie **variieren mit der der Höhe der Beschäftigung**: Je größer die

[372] Vgl. ADAM, D.: Produktionsplanung, a. a. O., S. 54.

[373] Zur Definition des Begriffs „Kostenzurechnungsobjekt" vgl. etwa WÖRDENWEBER, M.: Kostenrechnung, a. a. O., S. 18–19.

[374] Eine Aufzählung von Kosteneinflussgrößen findet sich u. a. ebenda, S. 33–34.

Auflage eines Fertigungsauftrages, desto niedriger sind die Rüstkosten pro Fertigungseinheit (z. B. Stück). Ein typischer Fall der sogenannten **Fixkostendegression**[375]. Umgekehrt steigen die Rüstkosten pro Produktionseinheit bei fallender Beschäftigung.[376]

Unter der **Bearbeitungszeit** (vgl. Darst. 2.341) versteht man die **Zeitspanne für eine reine Bearbeitung eines Produktes**.

Analog zur obigen Rüstzeitquote lässt sich die **Bearbeitungszeitquote** berechnen:

$$\text{Bearbeitungszeitquote} = \frac{\text{Bearbeitungszeit}}{\text{Durchlaufzeit}} \cdot 100$$

Darst. 2.360: Bearbeitungszeitquote

Auf der Basis des vorgestellten Beispiels ergibt sich eine Bearbeitungszeitquote von 35,8 %. Sie errechnet sich, indem die Bearbeitungszeit (2,8 min/Stück) durch die Durchlaufzeit (siehe oben 2. Schritt: 7,82 min/Stück) dividiert und mit 100 multipliziert wird.

Für die **Transportzeit** kann die Kennzahl „**Transportzeitquote**“ berechnet werden.

$$\text{Transportzeitquote} = \frac{\text{Transportzeit}}{\text{Durchlaufzeit}} \cdot 100$$

Darst. 2.361: Transportzeitquote

Eine zu hohe Transportzeitquote lässt ebenso wie eine hohe absolute Transportzeit darauf schließen, dass die Transportwege zu lang sind und/oder der Transport schlecht organisiert ist.

375 Eine Erläuterung dieses Begriffs findet sich u. a. bei WÖRDENWEBER, M.: Kostenrechnung, a. a. O., S. 43.

376 ADAM, D.: Produktionsplanung, a. a. O., S. 53. KIENER, ST., MAIER-SCHEUBECK, N., OBERMAIER, R., WEISS, M.: Produktions-Management: Grundlagen der Produktionsplanung und -steuerung, 11. Aufl., München 2018, S. 172.

Auf der Basis des vorgestellten Beispiels ergibt sich eine Transportzeitquote von 40,9 %. Sie errechnet sich, indem die Bearbeitungszeit (3,2 min/Stück) durch die Durchlaufzeit (siehe oben 2. Schritt: 7,82 min/Stück) dividiert und mit 100 multipliziert wird.

Auch die Kontrollzeit sollte separat überwacht werden. Eine **Kontrollzeit** ist die **Zeitdauer aller Abläufe zur Sicherstellung der Qualität**.

Als weitere Kennzahl kann die **Kontrollzeitquote** ermittelt werden. Sie gibt an, wieviel Prozent der Durchlaufzeit für die Kontrolle während der Produktion und für die Kontrolle der hergestellten Erzeugnisse verwendet wird.

$$\text{Kontrollzeitquote} = \frac{\text{Kontrollzeit}}{\text{Durchlaufzeit}} \cdot 100$$

Darst. 2.362: Kontrollzeitquote

Die **Minimierung der Kontrollzeit bzw. der Kontrollzeitquote** ist **mit Bedacht** anzugehen. Zum einen stellt die Qualität des Produktes einen wesentlichen Wettbewerbsvorteil dar, zum anderen verursacht die Nacharbeit fehlerhafter Produkte oder, wenn der Mangel erst beim Abnehmer auffällt, die Retouren- und Neubelieferungen erhebliche Kosten.

Auf der Basis des vorgestellten Beispiels ergibt sich eine Kontrollzeitquote von 10,0 %. Sie errechnet sich, indem die Bearbeitungszeit (0,78 min/Stück) durch die Durchlaufzeit (siehe oben 2. Schritt: 7,82 min/Stück) dividiert und mit 100 multipliziert wird.

Liegezeiten beanspruchen, wie oben bereits zu sehen war, den größten Teil der Durchlaufzeit. Diese Lagerungszeiten während der Durchlaufzeit sind zurückzuführen auf prozess-(ablauf-)bedingte Wartezeiten sowie Stillstandszeiten aufgrund technischer, organisatorischer und/oder personalbedingter Probleme. Zwischenläger in der Produktion sollten möglichst vermieden werden, da sie nicht nur eine (vermeidbare) Kapitalbindung bedeuten, sondern auch organisatorischen, personellen, technischen, räumlichen und sonstigen Aufwand mit sich bringen und somit auch die Produktionsziele „Kosten“, „Zeit“, „Qualität“ und „Flexibilität“ tangieren. Neben den Kennzahlen, wie sie bereits in den Paragrafen 2.1.2.1.2 „Lagerungskennzahlen“ und 2.1.2.1.3 „Bestandskennzahlen“ vorgestellt wurden, z. B. der Lagerbestand, die Lagerdauer und die Lagerreichweite, kann für die Liegezeit die Kennzahl „**Liegezeitquote**“ berechnet werden.

$$\text{Liegezeitquote} = \frac{\text{Liegezeit}}{\text{Durchlaufzeit}} \cdot 100$$

Darst. 2.363: Liegezeitquote

Bei der Minimierung der Liegezeitquote ist zu beachten, dass bei einer produktionstechnisch unvermeidbaren Zwischenlagerung eine reibungslose Fertigung ohne etwaige Engpasssituation nur bei Existenz eines Mindestbestandes möglich ist.

Auf der Basis des vorgestellten Beispiels ergibt sich eine Liegezeitquote von 10,0 %. Sie errechnet sich, indem die Bearbeitungszeit (0,78 min/Stück) durch die Durchlaufzeit (siehe oben 2. Schritt: 7,82 min/Stück) dividiert und mit 100 multipliziert wird.

Eine zu hohe Liegezeitquote kann ebenso wie eine hohe absolute Liegezeit darauf schließen, dass die Koordination mit dem Absatzbereich nicht optimal funktioniert. Denkbar ist aber auch, dass die produzierten Güter z. B. aufgrund von Engpässen im Fertigproduktelager (Warenausgang) hier zwischengelagert werden müssen. Dann liegt die Verantwortung im Absatzbereich.

Die **Kennzahl Durchlaufzeit** einschließlich ihrer verschiedenen zeitlichen Komponenten sollte sowohl bei der Planung (mit Plan-Größen) als auch bei der **Kontrolle** (mit Vergangenheitswerten der Kontrollgrößen sowie mit geeigneten Vergleichswerten) Verwendung finden. Bei der Kontrolle der erreichten Reduzierung der Durchlaufzeit kann auf keinerlei Orientierungsgrößen zurückgegriffen werden, da diese Kennzahl abhängig von den angewandten Techniken und der Ausgestaltung der Produkte ist. Eine Vergleichsmöglichkeit ergibt sich hierbei mithilfe des **Benchmarkings**.[377] Durch die bspw. branchenweite Identifikation der bestmöglichen Durchlaufzeit[378] können Schlüsse in Bezug auf die Durchlaufzeit der eigenen Produktion gezogen und Maßnahmen implementiert werden. Die Plan- und Vergangenheitswerte der jeweiligen Kontrollgröße und die Vergleichswerte können i. d. R. aus dem ERP-System entnommen werden, wohingegen die Vorgabezeiten für die Plan-Größe aus den Arbeitsplänen stammen, welche im Produktionsplanungs- und Steuerungssystem (PPS) hinterlegt sind.

---

377 Auf die Bewertung von Kennzahlen und Benchmarking wird u. a. bei WÖRDENWEBER, M.: Operatives Controlling – Band 1, a. a. O., S. 178–192 eingegangen.

378 Vgl. KRAUSE, H.-U., ARORA, D., a. a. O., S. 244.

Die Durchlaufzeit als singuläre Größe lässt keine Messung von Effizienzen zu. Ob tatsächlich eine Verbesserung der **Effizienz** stattgefunden hat, kann etwa mithilfe der **Durchlaufzeit-Effizienz** festgestellt werden. Wenn sich die Durchlaufzeit also aus Lagerdauer und Fertigungsdurchlaufzeit ergibt, dann kann die Effizienz als folgendes Verhältnis dargestellt werden:[379]

$$\text{Durchlaufzeit-Effizienz (\%)} = \frac{\text{Fertigungsdurchlaufzeit}}{\text{Durchlaufzeit}} \cdot 100$$

Darst. 2.364: Durchlaufzeit-Effizienz (%)

Ein Betrieb, der bspw. eine Fertigungsdurchlaufzeit von 10 Tagen und eine Durchlaufzeit von 51 Tagen berechnet hat, kann dann auch die zeitliche Effizienz seiner Produktion bestimmen:

$$\text{Durchlaufzeit-Effizienz (\%)} = \frac{\text{10 Tage}}{\text{51 Tage}} \cdot 100 = 19{,}61\ \%$$

Darst. 2.365: Durchlaufzeit-Effizienz (%) (Rechenbeispiel)

Wird die Berechnung zu einem späteren Zeitpunkt wiederholt, lässt sich durch den Vergleich dieser Kennzahl feststellen, ob eine Optimierung der Durchlaufzeit stattgefunden hat und in welcher Höhe.

Die Kennzahl „**Fließgrad**" geht noch einen Schritt weiter ins Detail. Hier wird nicht nur die Durchlaufzeit an sich analysiert, sondern im Hinblick auf die Wertschöpfung auch der Anteil an der Durchlaufzeit betrachtet, der sich speziell auf wertschöpfenden Tätigkeiten bezieht. Der Fließgrad gibt das Verhältnis zwischen den Bearbeitungszeiten (in der Produktion) und der gesamten Durchlaufzeit an und beschreibt somit den Anteil der wertschöpfenden Zeiten an der gesamten Durchlaufzeit. Dieser wird berechnet, indem die Summe der Bearbeitungszeiten eines Produktes durch die gesamte Durchlaufzeit des Produktes dividiert wird:

---

[379] Vgl. KUMMER, S. (HRSG.), GRÜN, O., JAMMERNEGG, W.: a. a. O., S. 277.

$$\text{Fließgrad (\%)} = \frac{\text{Summe der Bearbeitungszeiten}}{\text{Durchlaufzeit}} \cdot 100$$

Darst. 2.366: Fließgrad (%) eines Sachgutes oder einer Dienstleistung

Diese Kennzahl ist zu maximieren, d. h. jegliche Form zeitlicher Verschwendung soll vermieden werden. Der Idealwert von 1 wird in der Praxis jedoch nur selten erreicht. Er liegt in der deutschen Industrie zwischen 5 % und 15 %.[380]

Da sich die Durchlaufzeit aus den Rüstzeiten, Bearbeitungszeiten, Transportzeiten und Liegezeiten zusammensetzt, kann die vorstehende Formel auch ausführlicher wie folgt notiert werden:

$$\text{Fließgrad (\%)} = \frac{\text{Summe der Bearbeitungszeiten}}{\text{Rüstzeiten} + \text{Bearbeitungszeiten} + \text{Transportzeiten} + \text{Liegezeiten}} \cdot 100$$

Darst. 2.367: Fließgrad (%) eines Sachgutes oder einer Dienstleistung

Die zur Berechnung benötigten Daten stammen i. d. R. aus dem Auftragsdatenerfassungssystem. Eine Erhöhung des Fließgrades zielt primär auf die Erhöhung des Wertschöpfungsanteils ab und kann durch eine Reduzierung der Rüst-, Transport- und Liegezeiten erreicht werden, was zusätzlich zu einer Senkung bestimmter Produktionskosten führen kann.

Beispiel: Bei einer Analyse wurde festgestellt, dass ein bestimmter Zeitungsartikel eine Bearbeitungszeit von drei Stunden hat. Seit der Übergabe des Auftrages an den Autor zum Verfassen des Artikels bis zur Veröffentlichung im Internet verstreicht eine Zeit von insgesamt acht Stunden. Aus der Division der Bearbeitungszeit (drei Stunden) durch die Durchlaufzeit (acht Stunden) ergibt sich ein Fließgrad von 37,5 %.

[380] Vgl. VAJNA, S., SCHLINGENSIEPEN, J.: CIM Lexikon, Braunschweig 1990, S. 208.

Statt des Fließgrades kann auch der Kehrwert, der **Flussgrad** verwendet werden. Er gibt Aufschluss darüber, welchen Anteil Rüstzeiten, Transportzeiten und Liegezeiten im Verhältnis zur Bearbeitungszeit haben. Ziel ist es, diese Kennzahl zu minimieren. Der Idealwert ist 1, der in der Praxis allerdings nur selten erreicht wird.

Statt des Fließgrades wird zuweilen auch der **Prozesswirkungsgrad** verwendet. Der zugrunde liegende Gedanke ist aus der Technik seit langem bekannt. Dort ist der Wirkungsgrad das Verhältnis der Nutzleistung zu der insgesamt aufgewendeten Leistung.[381] Diese Nutzenanalyse wird analog auf die Wertschöpfungsuntersuchung in der Produktion wie folgt übertragen: Im Rahmen des Produktions-Controllings werden die einzelnen Leistungsarten, aus denen sich ein Prozess im Produktionsbereich zusammensetzt, zunächst dahingehend unterteilt, ob die **Leistungen geplant oder ungeplant** sind und des Weiteren, ob sie einen **Beitrag zur Wertschöpfung leisten oder nicht**. Diesen Zusammenhang verdeutlicht die nachstehende Abbildung.

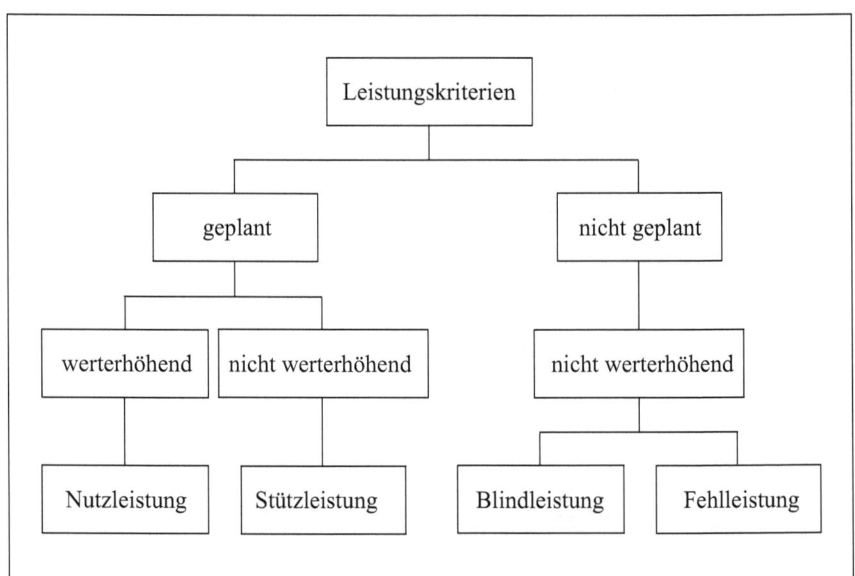

Darst. 2.368: Unterscheidung der Leistungsarten in der Wertschöpfungskette
(Modifiziert entnommen aus BENES, G., GROH, P.: Grundlagen des Qualitätsmanagements, 4. Aufl., München 2017, S. 204.)

[381] Vgl. etwa BENES, G., GROH, P.: Grundlagen des Qualitätsmanagements, 4. Aufl., München 2017, S. 204.

Es ergeben sich Nutz-, Stütz-, Blind- und Fehlleistungen,[382] die zu **erfassen und bewerten** sind (Zeiteinheiten • Kostensatz/Zeiteinheit). Diese **Leistungsarten** sind wie folgt definiert:

Nutzleistungen, die den Tätigkeiten im Rahmen der Bearbeitungszeit entsprechen, sind geplant und erhöhen den Wert eines Produkts, wie bspw. Auftrag erfassen, Fräsen, Schleifen, Polieren, Montieren. Sie werden unterstützt von ebenso geplanten **Stützleistungen**, wie z. B. Arbeitsvorbereitung[383], Entspänen, Ausrichten, interner Transport, Qualitätsmanagement, Ablage, die allerdings zu keiner Werterhöhung führen und nicht vom Abnehmer registriert werden. Darüber hinaus können ungeplante **Blindleistungen**, die bspw. in Form von Zwischenlagerungen, etwa im Fall einer stehenden Maschine oder bei verkehrten Tätigkeiten, anfallen. Sie führen zu keiner Wertsteigerung und sollten daher nach Möglichkeit nicht entstehen. Bei **Fehlleistungen** handelt es sich um ungeplante Nutz- bzw. Stützleistungen, die ursächlich für einen Fehler am Produkt sind und somit seinen Wert senken. Fehlleistungen sind ebenfalls weder geplant noch wertsteigernd. Dazu gehören z. B. die Kosten für Ausschuss, Nacharbeit, Rückrufaktionen oder Reklamationen. Sie gilt es ebenfalls zu vermeiden.[384]

Die Kennzahl „Prozesswirkungsgrad“ wird ermittelt, indem die den Wert erhöhende Nutzleistung durch die Summe aus Nutz-, Stütz-, Blind- und Fehlleistung, folglich die gesamten aufgewendeten Leistungen dividiert wird:

$$\text{Prozesswirkungsgrad (\%)} = \frac{\text{Nutzleistung}}{\text{Nutzleistung} + \text{Stützleistung} + \text{Blindleistung} + \text{Fehlleistung}} \cdot 100$$

Darst. 2.369: Prozesswirkungsgrad (%) eines Sachgutes oder einer Dienstleistung

Der Prozesswirkungsgrad und seine Leistungsarten liefern die Basis für eine anschließende Kosten-Nutzen-Analyse. Diese kann zweistufig erfolgen. Zum einen auf der Ebene der Prozesswirkungsgrade, zum anderen auf der Ebene der einzelnen Leistungsarten. Grundsätzlich gilt für den **Prozesswirkungsgrad**, dass ein errechneter Wert von eins ein

[382] Vgl. SCHMITT, R., PFEIFER, T.: Qualitätsmanagement, 5. Aufl., München, Wien 2015, S. 584.

[383] Vgl. FÜERMANN, T., DAMMASCH, C.: Prozessmanagement, in: KAMISKE, G. (HRSG.): Handbuch QM-Methoden, 3. Aufl., München 2015, S. 364.

[384] Vgl. ebenda.

optimales Ergebnis widerspiegelt, denn es werden nur Nutzleistungen erbracht. Dementsprechend gilt, je kleiner der Prozesswirkungsgrad, umso mehr Leistungen werden getätigt, die keinen Beitrag zur Wertschöpfung leisten. Der Prozesswirkungsgrad als singuläre Größe ist jedoch wenig aussagekräftig, da eine Beurteilung darüber, ob eine konkrete Ausprägung der Kennzahl gut oder schlecht ist, ohne Vergleich nicht möglich ist. Für einen relativen Vergleich kommt bei den beiden vorgestellten Kennzahlen ein Zeitreihenvergleich oder ein internes Benchmarking in Frage. Um Verbesserungen oder Verschlechterungen festzustellen, sollte der Vorjahresvergleich bzw. der Vergleich zur vorangegangenen Periode genutzt werden. Mittels eines internen Benchmarkings kann überprüft werden, ob die errechnete Kennzahl für identische oder recht ähnliche Prozesse besser oder schlechter als die gewählte Benchmark-Größe ist. Ein externes Benchmarking dürfte nur in Ausnahmefällen wegen der i. d. R. nicht zur Verfügung stehenden Daten möglich sein.[385] Anschließend erfolgt ein Benchmarking der **Leistungsarten** und ihrer Bestandteile. So können Schwachstellen (hohe Kosten) sehr schnell identifiziert werden. Auf der Grundlage der untersuchten Prozesse können erfolgreiche Lösungen (niedrige Kosten) übernommen werden. Bei zu großen Divergenzen zum Vergleichswert sind die Prozesse bzw. Prozessabläufe zu überarbeiten oder völlig neu zu konfigurieren. Dies ist der Beginn eines neuen Führungskreises. Die Wirksamkeit der vorgeschlagenen/geplanten Maßnahmen, ggf. auch der erforderlichen Investitionen sollte durch eine rechnerische Simulation geprüft werden. Nachdem die geplanten Aktivitäten verabschiedet und umgesetzt wurden, erfolgt eine erneute Kontrolle der umgesetzten Maßnahmen.

Im Vergleich zum Fließgrad ist die grundsätzliche Aussage beim Prozesswirkungsgrad sehr ähnlich. In beiden Fällen gilt es, dass Verhältnis von wertschöpfenden Prozessen (Leistungen) zu sämtlichen Prozessen (Leistungen) zu prüfen. Insofern ist auch die Grundstruktur der beiden Formeln identisch. Dennoch ist auf einen **gravierenden Unterschied** hinzuweisen: Während es sich bei den Größen in der Formel des Fließgrades um Mengengrößen (Zeit) handelt, stellen die Beträge in der Formel des Prozesswirkungsgrades wertmäßige Größen (Zeiteinheiten • Kostensatz/Zeiteinheit) dar. **Betriebswirtschaftlich ist eine mengenmäßige Betrachtung zu bevorzugen**, da Wertgrößen als Produkt einer Mengen- und Preiskomponente erhebliche Interpretationsspielräume und damit auch Fehlinterpretationen im Hinblick auf die tatsächliche Effizienz von Prozessen in der Produktion ermöglichen.

Bei der Frage nach den Optimierungsansätzen kann beispielsweise die **Beeinflussung der Bearbeitungsdauer durch die Mitarbeiter** in den Mittelpunkt gestellt werden. Neben

[385] Zum Thema „Vergleichende Bewertung und Benchmarking siehe WÖRDENWEBER, M.: Operatives Controlling – Band 1, a. a. O., S. 178–193.

der Kapazitätserhöhung stellt die **Qualifikation der Mitarbeiter**[386] einen wichtigen Aspekt zur Verkürzung der Durchlaufzeit dar.

Produktionsökologie

Bei der **Produktionsökologie**[387] handelt es sich um ein zentrales Aktionsfeld eines Industrieunternehmens. Es geht darum, dass Unternehmen Ansatzpunkte zur Verbesserung des **„ökologischen Fußabdrucks"**[388] bei der Produktion etwa durch die Erhöhung der Energieeffizienz, die Senkung klimarelevanter Emissionen oder die Schonung von Ressourcen anstreben. Ein Beispiel für das Erreichen einer **besseren ökologischen Performance** können Verbesserungen der Produktionsverfahren sein. Von grundsätzlichem Interesse sind:

Soziale Gesichtspunkte	**Ökologische Gesichtspunkte**	**Sonstige Themen**
• Arbeitszeit • Aus- und Weiterbildung • Chancengerechtigkeit • Chancengleichheit • Diversity Management • Mitbestimmungsrecht • Betriebsrat • Mitarbeiterbeteiligung • Mitarbeiterführung • Arbeitsplatzsicherheit • Sicherheit am Arbeitsplatz • Gesundheitsengagement • Vergütungssystem • Mindestlohn • Betriebliches Vorschlagswesen/Prämien • Mitarbeiterevents	• Verbrauch von Roh-, Hilfs- und Betriebsstoffen • Energieverbrauch • Substitution von Energiearten • Wasserverbrauch und -entsorgung • Emissionen • Kontamination von Böden • Abfälle • Recycling/-quoten • Logistik • Klimaschutz • Biodiversität • Effizienzquoten	• Menschenrechte • Versammlungsfreiheit • Korruptionsbekämpfung • Verbot von Kinder- und Zwangsarbeit • Produktsicherheit • Kundengesundheit • Produktinformation, Kennzeichnung von Inhaltsstoffen • Verbraucherschutz/ -aufklärung • weitere gesellschaftliche Aktivitäten • Steuern/Abgaben

Darst. 2.370: Inhalte eines Nachhaltigkeitsberichts unter ökologischen und sozialen Aspekten
(Entnommen: WÖRDENWEBER, M.: Nachhaltigkeitsmanagement – Grundlagen und Praxis unternehmerischen Handelns, Stuttgart 2017, S. 304.)

386 Vgl. hierzu auch die Ausführungen im Unterabschnitt 2.7.6 „Weitere personalbezogene Kennzahlen".

387 Vgl. WÖRDENWEBER, M.: Nachhaltigkeitsmanagement, a. a. O., S. 173.

388 Der ökologische Fußabdruck eines Unternehmens spiegelt wider, wieviel -Fläche der Erde (Global Hectar, gha) für benötigte Energie und Rohstoffe, zu entsorgenden Müll und durch menschliche Aktivitäten freigesetztes Kohlenstoffdioxid ein Unternehmen zur Erbringung seiner Sachgüter und/oder Dienstleistungen in einem bestimmten Zeitraum benötigt hat resp. die Fläche, die vorhanden sein müsste, um seinen Unternehmenswert zukünftig mindestens beibehalten zu können. Siehe WÖRDENWEBER, M.: Nachhaltigkeitsmanagement, a. a. O., S. 215.

Für eine ökologische Bewertung der Produktion ist eine feinere Unterscheidung vonnöten. Ein Beispiel für zu erhebende bzw. zu publizierende Kennzahlen (KPIs) nach dem Standard der DVFA/EFFAS zeigt die nachstehende Tabelle:

KPI	Spez.-ID	Scope	Specification	2015	2014	2013
CO_2-Emissionen	E02-01	I	in Mio. t	80,1	97,9	117,2
CO_2-Emissionen	E02-01	II	in Mio. t	3,6	3,9	3,5
CO_2-Emissionen	E02-01	III	in Mio. t	119,6	123,6[1,3]	145,0[2,3]
CO_2-Emissionen aus der Strom- und Wärmeerzeugung	E03-01		in Mio. t	76,8	95,7	114,3
NO_x-Emissionen	E03-01		in kt	74,3	94,1	116,3
SO_2-Emissionen	E03-01		in kt	27,9	41,5	57,6
CO_2-Emissionen	E03-03		in kg CO_2/MWh	400	430	450
NO_x-Emissionen	E03-03		in kg NO_x/MWh	0,39	0,44	0,47
SO_2-Emissionen	E03-03		in kg SO_2/MWh	0,15	0,19	0,23
Gesamtmenge an Abfall[4]	E04-01		in kt	593	209	282
Anteil der verwerteten Gesamtmenge an Abfall[5]	E05-01		in %	44,0	77,7	62,4
Gesamtmenge der gefährlichen Abfälle	E06-01		in kt	62	32	76
Schwach- und mittelradioaktiver Abfall	E08-01 E08-02		in t	1.111,5	3.298,7	2.306,1
Hochradioaktiver Abfall	E08-03		in t	264,2	157,8	225,2
Rücklagen für zukünftige Umweltmaßnahmen[6]	E12-05		in Mio. €	851	871	871

Darst. 2.371: KPIs nach DVFA/EFFAS der EON SE (Teil 1)

(Vgl. EON SE: DVFA/EFFAS KPIs, http://www.eon.com/de/nachhaltigkeit/esg-daten-und-fakten/ dvfa-effas-kpis.html, Abruf am 09.10.2016.)

[1] Kennzahlenerhebung einschließlich Aktivitäten in Italien

[2] Kennzahlenerhebung gem. Konzernabschluss ohne nicht fortgeführte Aktivitäten (regionale Einheiten Spanien und Italien)

[3] Werte wurden gegenüber der Vorjahresberichterstattung angepasst

[4] Setzt sich zusammen aus: radioaktiven, gefährlichen und ungefährlichen Abfällen

[5] Setzt sich zusammen aus: verwerteter Anteil an gefährlichen und ungefährlichen Abfällen

[6] Die Rückstellungen für Umweltschutzmaßnahmen betreffen vor allem Sanierungs- und Gewässer-Schutzmaßnahmen sowie die Beseitigung von Altlasten, darüber hinaus Rückstellungen für Rekul tivierungsmaßnahmen sowie Verpflichtungen zur Beseitigung von Bergschäden

Da die vorstehenden ökologischen Werte, sofern es sich um absolute Größen handelt, wenig aussagekräftig sind, sollten diese produktionsbezogenen Ökologie-Kennzahlen relativiert werden. Die konkreten Ausprägungen **produktionsbezogener Ökologie-Kennzahlen (%)** (Ökologie-KPIs (%)) geben an, in welchem Ausmaß betrachtete Stoffe, bezogen auf eine Zeitspanne und Output-Größe, an die Umwelt abgegeben werden. Die Bestimmung der anfallenden Menge der Emissionsart je Zeitraum, in Mengendimension oder physikalischer Größe, ermöglicht eine Unterteilung ebendieser in die verschiedenen Ausprägungen, wie „Abfall, Wasser/Abwasser (auch Nitrate/Nitrite, Arznei- und Pflanzenschutzmittel), Emissionen, (Gase, Wärme, Schwermetalle etc.), (Fein-)Staub, (oder)

Lärm, ...“[389]. Die stückbezogene Ermittlung, im Rahmen derer die Menge der Emissionsart pro Periode in Relation zu der Menge der erstellten Outputeinheiten pro Periode gesetzt wird, ermöglicht hingegen die Zuteilung der produktionsbegleitenden Schadstoff-Emissionswerte zu einzelnen Arten von Output und ist daher für unternehmensinternes und -externes Benchmarking geeignet. Nur auf dieser Basis kann eine Aussage hinsichtlich der Ausprägung dieser Kennzahl getätigt werden, wobei i. A. ein möglichst geringes Ausmaß positiv für die Umwelt ist.[390]

Grundsätzlich lautet die Formel für die Berechnung einer produktionsbezogenen Ökologie-Kennzahl (%) (Ökologie-KPI (%)) wie folgt:

$$\text{Produktionsbezogener Ökologie-KPI (\%)} = \frac{\text{Menge der Ökologie-Kennzahl}}{\text{Menge der Outputeinheiten}} \cdot 100$$

Darst. 2.372: Produktionsbezogener Ökologie-KPI einer Periode (%)

Bei den absoluten Mengen einer Ökologie-Kennzahl kann es sich um **geplante** (im Rahmen der Planung) oder **realisierte** (im Zuge der Kontrolle) Größen handeln. Gleiches gilt für die Menge der Outputeinheiten.

Maßnahmen zur Optimierung der produktionsbegleitenden Schadstoff-Emissionswerte fokussieren die Produktionsprozesse und knüpfen bei der Identifikation von Beeinträchtigungen an. Dabei sind, aufgrund des naturwissenschaftlichen Bezugs der Emissionen und ihrer Auswirkungen aufeinander, **Verbesserungen in kurzer Zeit oft nur bedingt durch- bzw. umzusetzen.**

Die **Auftragsreichweite** informiert über den Arbeitsvorrat, welcher für die gesamte Produktion zur Verfügung steht. Sie sagt demnach aus, wie lange die Produktion durch die Aufträge mit Arbeit versorgt bzw. die Kapazität mit den Aufträgen ausgelastet sein wird. Die Berechnung der Auftragsreichweite erfolgt durch die Multiplikation der Vorgabezeiten (Zeiteinheiten pro Mengeneinheit) mit der Menge des aktuellen Gesamtauftragsbestands:

---

[389] Vgl. KRAUSE, H.-U., ARORA, D., a. a. O., S. 273, WÖRDENWEBER, M.: Nachhaltigkeitsmanagement, a. a. O., S. 214–240.

[390] Vgl. KRAUSE, H.-U., ARORA, D., a. a. O., S. 273-274.

Auftragsreichweite = Vorgabezeiten • Menge des aktuellen Auftragsbestandes

Darst. 2.373: Auftragsreichweite

Eine gedanklich ähnliche Berechnung der Auftragsreichweite schlägt Scheld vor, indem sich die Auftragsreichweite aus der Division des Kapazitätsbedarfs der (vorliegenden) Aufträge durch die pro Arbeitstag verfügbare Kapazität bestimmt.[391] Eine Auftragsreichweite von bspw. 60 bedeutet dann, dass das Unternehmen zum gegenwärtigen Zeitpunkt für weitere 60 Tage vollbeschäftigt ist.

Gelegentlich wird die Auftragsreichweite auch berechnet, indem der Auftragsbestand (in €) durch den Umsatz (in €) pro Jahr dividiert und mit 360 Tagen multipliziert wird.[392] Diese Formel wird hier nicht verwendet, da der Umsatz im Nenner des Quotienten entweder eine Ist-Größe beinhaltet, d. h. sich auf den Umsatz des abgelaufenen Geschäftsjahres bezieht (Kombination von aktuellem Auftragsbestand mit vergangenem Umsatz) oder der Umsatz als prognostizierte Größe verwendet wird und damit eine (im Vergleich) zusätzliche Unsicherheit bei der Analyse der Auftragsreichweite in Kauf genommen wird. Zudem wird bei dieser Kennzahl ein proportionales Verhältnis zwischen Umsatzhöhe und Kapazitätsbeanspruchung unterstellt. Nicht zuletzt ist eine verlässliche Aussage bei wertmäßig (sehr) heterogenem Produktionsprogramm kaum möglich.

Die Vorgabezeiten stammen aus den Arbeitsplänen, welche im Produktionsplanungssystem hinterlegt sind. Bei dem Gesamtauftragsbestand kann es sich sowohl um **prognostizierte Aufträge** als auch um **Ist-Aufträge** handeln. Eine **hohe Auftragsreichweite** steht in erster Linie für die **Sicherheit** der (Über-)Lebensfähigkeit des Unternehmens und damit der Arbeitsplätze. Sie kann aber auch marktseitig als eine attraktive **Erfüllung der Nachfragerwünsche** interpretiert werden. Darüber hinaus bietet eine hohe Auftragsweite die Möglichkeit, die Auslastung der Mitarbeiter oder der Betriebsmittel zu optimieren, indem bspw. eine Zusammenfassung gleichartiger Aufträge erfolgt. Derartige Maßnahmen können u. U. eine Reduzierung der unterstützenden oder nicht wertschöpfenden Prozesse (z. B. Rüstprozesse) zur Folge haben. Die Kennzahl Auftragsreichweite dient somit der Optimierung der Produktionsplanung und -steuerung sowie der frühzeitigen Erkennung von Engpässen, aber auch bei einer „dünnen Auftragsdecke“ von Unwirtschaftlichkeiten

[391] Vgl. SCHELD, G. A.: Operatives, a. a. O., S. 333.

[392] Vgl. WÖLTJE, J.: Betriebswirtschaftliche Formelsammlung (im Folgenden mit „Formelsammlung“ abgekürzt), 7. Aufl., Freiburg 2020, S. 171–172, KRAUSE, H.-U.: a. a. O., S. 217, REICHMANN, TH., KISSLER, M., BAUMÖL, U.: a. a. O., S. 178.

aufgrund von Unterauslastungen der Kapazitäten oder sogar von Produktionsstillständen. Sie kann somit als Frühwarn- bzw. Früherkennungsindikator verstanden werden. Anzumerken ist, dass die alleinige Kenntnis des Gesamtauftragsbestandes keine exakte Vorhersage des Gewinns ermöglicht.

Bei der **Kontrolle** ist zu bedenken, dass die Auftragsreichweite als singuläre Größe jedoch wenig aussagekräftig ist, da eine Beurteilung darüber, ob eine konkrete Ausprägung der Kennzahl gut oder schlecht ist, ohne Vergleich nicht möglich ist. Für einen relativen Vergleich kommt bei dieser Kennzahl ein Soll- bzw. Plan-Ist-Vergleich, ein Zeitreihenvergleich oder ggf. ein internes Benchmarking in Frage. Um Verbesserungen oder Verschlechterungen festzustellen, sollte der Vorjahresvergleich bzw. der Vergleich zur vorangegangenen Periode genutzt werden. Mit Hilfe eines internen Benchmarkings kann überprüft werden, ob die errechnete Kennzahl für bestimmte Produkte, Regionen oder Kunden besser oder schlechter als die gewählte Benchmark-Größe ist. Ein externes Benchmarking dürfte nur in Ausnahmefällen wegen der i. d. R. nicht zur Verfügung stehenden Daten möglich sein.[393]

Sofern eine **Abweichung** zwischen der Kontrollgröße „Auftragsreichweite“ und dem Vergleichswert festgestellt wurde, ist eine weitergehende **Abweichungsursachenanalyse** vorzunehmen. Diese kann **produkt-, (vertriebs-)regionen- oder kundenbezogen** erfolgen. Dabei ist in die Untersuchung sowohl die **Mikroumwelt** (Branchenstruktur, Marktform, Konkurrenten)[394] als auch die **Makroumwelt** (Unternehmensumwelten)[395] hinsichtlich eingetretener und/oder absehbarer Änderungen einzubeziehen.

Im nächsten Schritt sind bei festgestellten Abweichungen auf der Basis der identifizierten Abweichungsursachen zu überlegen, mit Hilfe welcher **Maßnahmen** auf die Abweichungen reagiert werden kann. Hier ist u. a. das Marketinginstrumentarium gefragt. So wäre bspw. zu prüfen, ob Produktmodifikationen vorgenommen werden müssen, wenn die Marktforschung festgestellt hat, dass das Produkt nicht mehr den Kundenbedürfnissen entspricht. Eine kurzfristige Reaktion in Form von Preiszugeständnissen – unter Beachtung der Preisuntergrenzen – ist in einem starken Wettbewerbsumfeld oder in konjunkturell schwächeren Zeiten eine Möglichkeit. Aber auch die Überprüfung der produktionsbezogenen Kennzahlen ist vorzunehmen. So könnte etwa eine im Zeitablauf verschlechterte Durchlaufzeit und damit einhergehend eine verzögerte Belieferung des Kunden Ursache

[393] Zum Thema „Vergleichende Bewertung und Benchmarking siehe WÖRDENWEBER, M.: Operatives Controlling – Band 1, a. a. O., S. 178–193.

[394] Vgl. WÖRDENWEBER, M.: Unternehmensplanung, a. a. O., S. 260–271.

[395] Vgl. ebenda, S. 255–260.

für einen Auftragsrückgang sein. Dementsprechend ist zu prüfen, ob Prozesse oder Prozessabläufe optimiert werden können.

Da eine solche Analyse der Prozesse ohnehin Inhalt der **Prozesskostenrechnung** ist, die bereits im Unter-Unterabschnitt 2.1.2.4 „Beschaffungseffizienz kurz vorgestellt wurde.

Aufgrund der Tatsache, dass im Rahmen der Produktion nicht nur die Fertigungsprozesse an sich von Bedeutung sind, sondern ebenfalls indirekte Tätigkeiten, die der Planung, Steuerung und Kontrolle der eigentlichen Produktion dienen, die wiederum in Verbindung mit fixen Gemeinkosten stehen, wird auf die Prozesskostenrechnung zurückgegriffen, die den Fokus auf die jeweiligen Prozesse legt.[396] Zweck ist u. a. die effiziente Gestaltung der Ressourceninanspruchnahme und die Abbildung der Kapazitätsauslastung, wodurch fehlerbedingende Maßnahmen eliminiert werden können.[397]

2.3.2.3 Output-orientierte Kennzahlen

Der Output einer Produktion, im Weiteren auch der Outcome oder Impact,[398] hat einen besonders hohen Stellenwert im Produktions-Controlling, da ein Nichterreichen der Ziele „Kosten“ (aus Kundensicht: Preis), „Zeit“, „Qualität“, „Ökologie und Soziales“ unmittelbar oder mittelbar durch die verschiedenen Anspruchsgruppen wahrgenommen und dementsprechend negativ bewertet wird.

Als erste output-orientierte Kennzahl wird die **Produktionsleistung** vorgestellt. Sie kann als Mengengröße oder als Wertgröße berechnet werden. Entweder ist die Produktionsleistung der produzierte **mengenmäßige fehlerfreie Output** (gefertigte Menge, frei von Fehlern) oder der produzierte **wertmäßige fehlerfreie Output**, der sich aus der Multiplikation der gefertigten Menge, die frei von Fehlern ist, mit den Herstellkosten pro Produkt ergibt. Da in den meisten Praxisfällen ein heterogenes Produktionsprogramm vorzufinden ist, wird hier die wertmäßige Variante aufgezeigt. Sie errechnet sich gemäß nachstehender Formel:

[396] Vgl. HORVÁTH, P., GLEICH, R., SEITER, M., a. a. O., S. 253-255.

[397] Vgl. HORVÁTH, P., MAYER, R.: a. a. O., S. 214.

[398] Zur Erläuterung dieser Begriffe siehe WÖRDENWEBER, M.: Operatives Controlling – Band 1, a. a. O., S. 77.

$$\text{Produktionsleistung} = \sum_{i=1}^{n} \text{fehlerfrei produzierte Menge } x_i \cdot \text{Herstellkosten } k_{Hi}$$

Darst. 2.374: Produktionsleistung (wertmäßig)

Legende:
k_{Hi} = Herstellkosten pro Mengeneinheit der Produktart i
n = Anzahl der Produktarten
x_i = produzierte Mengen der Produktart i

Die Produktionsleistung als alleinstehende Größe ist nur bedingt aussagekräftig. Eine hohe Produktionsleistung bedeutet lediglich, dass diese Menge fehlerfrei gefertigt wurde. Bei einer Betrachtung dieser singulären Größe ist keine Beurteilung darüber möglich, ob eine konkrete Ausprägung der Kennzahl gut oder schlecht ist. Hier hilft nur ein relationaler Vergleich. Für diesen kommt ein Soll- bzw. Plan-Ist-Vergleich, ein Zeitreihenvergleich oder ggf. ein internes Benchmarking in Frage. Um Verbesserungen oder Verschlechterungen festzustellen, sollte der Vorjahresvergleich bzw. der Vergleich zur vorangegangenen Periode genutzt werden. Mittels eines internen Benchmarkings kann überprüft werden, ob die errechnete Kennzahl für bestimmte Produkte, Regionen oder Kunden besser oder schlechter als die gewählte Benchmark-Größe ist. Ein externes Benchmarking dürfte nur in Ausnahmefällen wegen der i. d. R. nicht zur Verfügung stehenden Daten möglich sein.

Mathar/Scheuring beschreiben „Produktionsleistung" zwar auch als „Leistung einer Fertigungsanlage in einer bestimmten Periode", definieren sie aber als Quotient aus Ausbringungsmenge und Zeit, was auf eine Produktivitätskennzahl hindeutet.[399]

Gleich ob die erstellten Sachgüter und Dienstleistungen für interne Kunden, also nachgelagerte Stellen, oder direkt für externe Kunden des Unternehmens produziert werden, in jedem Fall ist die **Termintreue**, die auch auf die empfundene Qualität des Produktes abfärben kann,[400] für die Zufriedenheit des Empfängers entscheidend: Wurde die bestellte Ware zum vereinbarten oder angegebenen Zeitpunkt geliefert oder nicht? Die (Detail-)Bewertung bspw. eines Händlers im Online-Handel findet sich dann z. B. im Punkt „Versandzeit" wieder. Diese Liefertermintreue, die u. a. in der auch in der VDI-Richtlinie 4400[401] dargestellt ist, wird gelegentlich als auch Liefererfüllungsgrad bezeichnet.[402] Die

399 Vgl. MATHAR, H.-J., SCHEURING, J.: Unternehmenslogistik, a. a. O., S. 121–122.

400 Vgl. GOTTMANN, J.: a. a. O, S. 128.

401 Vgl. VDI: VDI 4400: Logistikkennzahlen für die Distribution, Juli 2002, S. 26-30.

402 Vgl. SCHNELL, H.: Effizienzmessung, a. a. O., S. 48.

Termintreue kann mit den Kennzahlen **On-Time-Quote** (%) und **Verzugsquote** (%) gemessen werden:

$$\text{On-Time-Quote (\%)} = \frac{\text{Zahl der Lieferungen zum vereinbarten Zeitpunkt}}{\text{Gesamtzahl der Lieferungen}} \cdot 100$$

Darst. 2.375: On-Time-Quote (%)

$$\text{Verzugsquote (\%)} = \frac{\text{Anzahl nicht eingehaltener Liefertermine}}{\text{Gesamtzahl der Lieferungen}} \cdot 100$$

Darst. 2.376: Verzugsquote (%)

Grundsätzlich gilt, je größer der ermittelte Wert, umso mehr Aufträge werden dem Abnehmer termintreu zur Verfügung gestellt. Vor der Ermittlung ist es notwendig, Kriterien festzulegen, nach denen Aufträge als liefertreu bzw. nicht-liefertreu eingeordnet werden können. Dabei berücksichtigt werden muss die Tatsache, dass auch Aufträge, die zu früh geliefert werden, nicht den angekündigten Liefertermin einhalten und zu Problemen seitens der Abnehmer führen können, da diese noch nicht mit der einkommenden Ware geplant haben und sie somit bspw. nicht lagern oder nutzen können. Wird die zu früh oder zu spät angelieferte Ware gar nicht erst angenommen, entstehen zusätzliche Kosten, ebenso wie negative Auswirkungen auf die Umwelt, z. B. durch zusätzliche Fahrten und/oder eine erneute Anlieferung.

Zusammenfassend hat die Einhaltung der Liefertermine sowohl Einfluss auf die Zeit, als auch auf die Kosten, Qualität und Nachhaltigkeit und wirkt sich außerdem vorteilhaft auf das Image des Unternehmens aus.[403] Anknüpfungspunkte zur Verbesserung dieser Kennzahl ergeben sich sowohl hinsichtlich der Optimierung der Prozessabläufe, insbesondere in Bezug auf die bereits dargelegte Durchlaufzeit durch Reduktion nicht-wertschöpfender Tätigkeiten, wie z. B. Warten, als auch ggf. hinsichtlich der Ausweitung von Kapazitäten, bspw. durch Kapazitäts- bzw. Schichterweiterungen.[404]

---

[403] Vgl. BLOECH ET AL.: a. a. O., S. 289.

[404] Vgl. BAUER, J.: Produktionscontrolling und -management mit SAP ERP, 5. Aufl., Wiesbaden 2017, S. 269.

Zusätzlich zur Termintreue ist die **Qualität**[405] des Outputs, wie im Rahmen der Produktionsleistung angerissen, von entscheidender Relevanz für Abnehmer und insbesondere auch für Produzenten. Vor allem in Hinblick auf die damit in Verbindung stehenden Kosten sind Maßnahmen zur Planung, Steuerung und Kontrolle von Bedeutung. An dieser Stelle greifen Produktions- und Qualitätscontrolling, wie sich im Weiteren zeigen wird, ineinander.

Im Bereich des **Nachhaltigkeitsmanagements** wird u. a. der Schutz der Kundengesundheit und -sicherheit angesprochen. Diesem Punkt dient die Angabe, wie viele der hergestellten und/oder gehandelten Sachgüter und Dienstleistungen (überhaupt) geprüft wurden.[406]

$$\text{Anteil überprüfter Produkte (\%)} = \frac{\text{Zahl überprüfter Güter}}{\text{Gesamtzahl aller Güter}} \cdot 100$$

Darst. 2.377: Anteil überprüfter Produkte (%)

Mit dieser Kennzahl soll die Frage beantwortet werden, ob sämtliche produzierte Güter kontrolliert wurden oder ob es sich lediglich um eine Stichprobe handelt.

Bei einer tiefergehenden Analyse im Hinblick auf die **Produktsicherheit** wird vermerkt, in wie vielen Fällen rechtliche Vorschriften und freiwillige Verhaltensregeln hinsichtlich der Gesundheit und Sicherheit der Sachgüter und Dienstleistungen nicht eingehalten wurden.[407]

In Bezug auf die produkthaftungsrechtlichen Anforderungen sollte offengelegt werden, wie groß der Anteil derjenigen Sachgüter und Dienstleistungen ist, die eine entsprechende **Kennzeichnung** tragen (ggf. tragen müssen) und damit eine Rückverfolgung bis zum Lieferanten zulassen. In diesem Zusammenhang lässt sich für Dokumentations- und/oder Publikationszwecke (etwa im Zuge der Nachhaltigkeitsberichterstattung) auch ein entsprechender „Anteil der Produktbestandteile mit produkthaftungsbezogenen Kennzeichnungen“ bestimmen.[408]

---

[405] Vgl. zum Thema Qualität die Ausführungen im Paragrafen 2.3.1.2.1 „Qualitätsbegriff“.

[406] Vgl. WÖRDENWEBER, M.: Nachhaltigkeitsmanagement, a. a. O., S. 261.

[407] Vgl. ebenda, S. 261.

[408] Vgl. ebenda, S. 262.

Der aufgrund unzureichender Qualität aussortierte prozentuale Anteil der Produkte an der Gesamtproduktion wird als **Ausschussquote** bezeichnet und lässt sich formal darstellen:

$$\text{Ausschussquote (\%)} = \frac{\text{Anzahl der fehlerhaften Produkte}}{\text{Anzahl der hergestellten Produkte}} \cdot 100$$

Darst. 2.378: Ausschussquote (%)

Zu beachten ist, dass die Ausschussquote *nicht* diejenigen Produkte umfasst, die zwar fehlerhaft sind, aber noch nachgearbeitet werden bzw. wurden.

Den Ausschussprodukten stehen gleichermaßen wie den erlösfähigen Erzeugnissen Produktionskosten entgegen, die durch den Nichtverkauf nicht gedeckt werden können. Bei der daraus resultierenden signifikanten Bedeutung dieser Kennzahl ist zu überlegen, ob ein Zielwert von Null angestrebt werden sollte. Wie die Ausführungen im Paragrafen 2.3.1.2.3 „Qualitätskosten" gezeigt haben, führt eine **Ausschussquote** von **null Prozent** aufgrund der Kostenverläufe der einzelnen qualitätsbezogenen Kostenfunktionen in der Gesamtbetrachtung **nicht** zu **optimalen Qualitätskosten**. Vielmehr ist ein gewisser Ausschuss zu tolerieren.

Der **Entstehungsort** von Minderqualität kann durch die Ermittlung und Analyse der Ausschussquote an verschiedenen Stationen des Produktionsprozesses lokalisiert werden. Eine Analyse der **zeitlichen Verteilung** der erhöhten Ausschussquoten bringt Aufschluss über tageszeitliche Schwankungen. Eine schichtenweise Untersuchung verschafft Auskunft über die **Mitarbeitersorgfalt** und bietet gleichzeitig Anhaltspunkte zur Mitarbeitermotivation, indem eine niedrige Ausschussquote über Lohnzusatzleistungen honoriert werden kann bzw. sollte. Um beispielsweise in einem Zeitvergleich frühzeitig Verschlechterungen der Kennzahl zu erkennen und Gegenmaßnahmen einleiten zu können, ist es ratsam die Qualitätskontrollen in festen Abständen durchzuführen. Um bei Abweichungen genauere Daten zu erhalten, sollten weitere Kennzahlen wie **maschinenbezogene** Ausfall- und Reparaturzeiten als auch mitarbeiterbezogene Fehlzeiten und deren Ausbildung in Betracht gezogen werden. Eine präzisere Aussage hinsichtlich der **Fehlerursachen** und deren Häufigkeiten liefert die **Ausschussstrukturquote**:

$$\text{Ausschussstrukturquote (\%)} = \frac{\text{Ausschussmenge durch Fehlerursache XY}}{\text{Anzahl der fehlerhaften Produkte}} \cdot 100$$

Darst. 2.379: Ausschussstrukturquote (%)

Sie gibt an, welche Fehlerursachen wie häufig unter den Ausschussteilen zu finden sind.

Bei einer steigenden Ausschussquote kann durch folgende Anhaltspunkte Besserung verschafft werden, indem beispielsweise eine **Wartung und Reparatur**, als auch eine **Neuanschaffung der Betriebsmittel** in Betracht gezogen wird. Die mitarbeiterbedingte **Schaffung des Qualitätsbewusstseins**, als auch **Schulungen und Einweisungen der Mitarbeiter** dürfen dabei nicht vernachlässigt werden. Ein Qualitätsmanagement in Form von **Total Quality Management**, als auch eine Änderung der ausschussbedingten zeitlichen Muster sollten angestrebt werden.

Der gleiche Sachverhalt kann auch positiv dargestellt werden, indem der **Qualitätsgrad** verwendet wird:

$$\text{Qualitätsgrad (\%)} = \frac{\text{Anzahl der fehlerfreien Produkte}}{\text{Anzahl der hergestellten Produkte}} \cdot 100$$

Darst. 2.380: Qualitätsgrad

Er sollte, wie schon bei der Ausschussquote vermerkt, **annähernd bei 100 %** liegen.

Neben Ausschuss, der aufgrund seines ausgeprägten Fehlerniveaus nicht genutzt werden kann, werden im Rahmen der Produktion ebenfalls Güter erstellt, die zwar **fehlerbehaftet** sind, **aber durch Nacharbeitstätigkeiten nutzbar gemacht werden können**. Bei (zunächst) fehlerhaften Produkten ist zu überlegen, ob eine **bestimmte Qualitätsanforderung** auch nachträglich **durch Nacharbeit erfüllt werden kann** und ob diese **Nacharbeit** auch **wirtschaftlich sinnvoll** ist.

Die **Nacharbeitsquote**, die sich aus dem mit 100 multiplizierten Verhältnis von Produkten mit Nacharbeit zu der Anzahl der hergestellten Produkte, folglich der Gesamtstückzahl, zusammensetzt (**mengenmäßige Nacharbeitsquote**), bzw. die Relation von durch Nacharbeit in Anspruch genommener Zeit zur Gesamtproduktionszeit multipliziert mit 100 darstellt (**zeitmäßige Nacharbeitsquote**), zeigt auf, zu welchem Anteil nachgearbeitet wird.[409]

$$\text{Mengenmäßige Nacharbeitsquote (\%)} = \frac{\text{Anzahl der nachbearbeiteten Produkte}}{\text{Anzahl der hergestellten Produkte}} \cdot 100$$

Darst. 2.381: Mengenmäßige Nacharbeitsquote (%)

$$\text{Zeitmäßige Nacharbeitsquote (\%)} = \frac{\text{Nacharbeitszeit}}{\text{Tatsächliche Gesamtproduktionszeit}} \cdot 100$$

Darst. 2.382: Zeitmäßige Nacharbeitsquote (%)

Ebenso wie die Ausschussquote ist auch die Nacharbeitsquote möglichst gering zu halten, wobei der Einsatz von Nacharbeit nur dann geeignet ist, wenn die damit in Verbindung stehenden Kosten und Aufwände nicht die einer Neuproduktion überschreiten.

Ausschuss- und Nacharbeitsquote lassen sich insofern verbinden, als dass im Rahmen des **Nacharbeitsanteils fehlerhafter Produkte** (%) die Produkte, die nachgearbeitet werden, durch die Anzahl an fehlerinnehabenden Produkten dividiert und der sich ergebende Quotient mit 100 multipliziert wird. Dieser prozentuale Anteil verdeutlicht, wie viele der nicht fehlerfreien Produkte nachgearbeitet werden.[410]

[409] Vgl. VDMA-Einheitsblatt 66412-1: Manufacturing Execution Systems Kennzahlen, a. a. O., S. 29–30, GOTTMANN, J.: a. a. O., S. 111, WÖLTJE, J.: Formeln, a. a. O., S. 169.

[410] Vgl. GOTTMANN, J.: a. a. O., S. 112.

$$\text{Nacharbeitsanteil fehlerhafter Produkte (\%)} = \frac{\text{Anzahl nachbearbeiteter Produkte}}{\text{Anzahl fehlerhafter Produkte}} \cdot 100$$

Darst. 2.383: Nacharbeitsanteil fehlerhafter Produkte (%)

Die **Ursachen für fehlerhaften Output** sind vielfältig und können u. a. in nicht richtig eingestellten Anlagen, maschineninternen Verschmutzungen oder personalbedingten Fehlhandlungen begründet sein.[411] Grundsätzlich bedingen sowohl Ausschuss als auch Nacharbeit die Verschwendung zeit- und kostenorientierter Faktoren ebenso wie von Ressourcen. Die Produktion von Gütern, die entweder nicht genutzt oder zunächst nachgearbeitet werden müssen, führt dazu, dass zusätzliche zeitliche Kapazitäten für die Erledigung eines Auftrags in Anspruch genommen werden müssen. Darüber hinaus werden auch zusätzliche materielle, maschinelle und personelle Ressourcen benötigt. Sämtliche Aspekte haben negative Auswirkungen auf die Kostensituation. Zunächst werden aufgrund von Ausschuss und Nacharbeit zusätzliche Materialien benötigt, was sich negativ auf die Nachhaltigkeit auswirkt. Außerdem führt die Tatsache, dass bspw. notwendige Rohstoffe nicht in ausreichender Menge vorhanden oder keine ausreichenden maschinellen und personellen Kapazitäten verfügbar sind, dazu, dass der gesamte Produktionsprozess gestört wird. Die Durchlaufzeit verlängert sich mit den dargestellten damit einhergehenden Auswirkungen. Ebenso ist es möglich, dass die zugesagten Liefertermine nicht eingehalten werden können. Des Weiteren sinkt die Flexibilität der Produktion, da die freien Kapazitäten für die Erledigung der bestehenden Aufträge genutzt werden müssen. An dieser Stelle wird noch einmal die Relevanz der im Unter-Unterabschnitt 2.3.1.6 „Magisches Zielgrößenfünfeck der Produktion" dargestellten Ziele deutlich. Die Änderung eines Parameters hat weitreichende Folgen für die übrigen.

Wie sich anhand der Vielzahl der dargestellten Kennzahlen, insb. der input-orientierten, gezeigt hat, ist es notwendig, bereits vor Beginn der Transformationsprozesse die Produktionseinsatzfaktoren zu analysieren, um die Effizienz und Effektivität der Produktion auch langfristig sicherzustellen. Darüber hinaus greifen die einzelnen Kennzahlen z. T. ineinander, wodurch die ganzheitliche Abbildung der für ein Unternehmen spezifischen Kennzahlen erforderlich ist. Zwischen den dargestellten Kennzahlen bestehen die ebenfalls erörterten Interdependenzen. Somit hat die Beeinflussung einer Kennzahl Auswirkungen auf eine andere, die nicht notwendigerweise positiv sind. Aus diesem Grund sind die Folgen

[411] Vgl. GOTTMANN, J.: a. a. O., S. 177–178.

von Handlungen im Vorhinein abzuschätzen und häufig Kompromisse erforderlich. Aufgrund der Tatsache, dass die bedeutsamen Kennzahlen des Produktions-Controllings bspw. auch investitions-, personal-, nachhaltigkeits- und qualitätsbezogene Größen miteinbeziehen, ist die **abteilungsübergreifende Zusammenarbeit des Produktionscontrollings mit Personal-, Nachhaltigkeits- und Qualitätscontrolling sowie der Finanzabteilung** sicherzustellen.

2.3.3 Aktuelle Herausforderungen des Produktions-Controllings

Die Agilität der Umwelt führt dazu, dass Unternehmen sich verändernden Herausforderungen ausgesetzt sind und damit einhergehend auch das Produktions-Controlling solche zu meistern hat. Insbesondere aufgrund der **wachsenden Entwicklung hin zu ausgeprägter Kundenorientierung mit ausgeprägter Individualisierung,**[412] **stärkerer Berücksichtigung von Nachhaltigkeitsaspekten,**[413] **zunehmender Digitalisierung und Vernetzung in einer globalisierten Welt – bei gleichzeitig anfällig werdenden Lieferketten**[414] – ergeben sich komplexe Sachverhalte, denen das Produktions-Controlling gerecht werden muss.

Aufgrund der Tatsache, dass Abnehmer zunehmend individuelle Produkte fordern, sind Unternehmen gezwungen, die Menge an **Produktvarianten** zu erhöhen. Dadurch ergibt sich ein zusätzlicher Aufwand in Bezug auf die organisatorischen Abläufe und die eigentliche Produktion u. a. aufgrund verschiedener Kundensegmente. Die Beschaffung unterschiedlicher Einsatzfaktoren ist eine weitere Erschwernis, die sich auf eine verlängerte Lagerdauer[415] unfertiger Erzeugnisse und folglich eine erhöhte Kapitalbindung auswirken kann. Darüber hinaus beeinflussen fehlende Standardisierungen[416] und insbesondere der erhebliche Koordinationsaufwand[417], dem das Produktions-Controlling gerecht werden muss, die Produktionsziele negativ. Die Fertigung vieler Varianten führt dazu, dass weni-

---

412 Vgl. BITKOM, VDMA, ZVEI: Industrie 4.0 – Whitepaper FuE-Themen, 2014, S. 1, https://www.zvei.org/fileadmin/user_upload/Presse_und_Medien/Publikationen/2014/april/Industrie_4.0__Whitepaper_zu_Forschungs-_und_Entwicklungsthemen/Industrie-40-Whitepaper-Forschung-20140403.pdf, Abruf am 21.06.2020.

413 Vgl. WÖRDENWEBER, M.: Nachhaltigkeitsmanagement, a. a. O., S. 8, 12, 29–41.

414 Vgl. WERNER, H.: Supply Chain Management, a. a. O., S. 216. Es sei bspw. an den coronabedingten Containerstau in China erinnert. Vgl. NTV: Containerschiffe stauen sich in China, 22.06.2021, https://www.n-tv.de/wirtschaft/Containerschiffe-stauen-sich-in-China-article22636382.html.

415 Vgl. ADAM, D.: a. a. O., S. 35–37.

416 Vgl. GOTTMANN, J.: a. a. O., S. 13.

417 Vgl. ADAM, D.: a. a. O., S. 36.

ger Stückzahlen pro Variante abgesetzt werden können und, sofern bereits im frühen Produktionsprozess Varianten differenziert werden, somit häufiges Rüsten, mit den im Rahmen dieser Arbeit genannten Auswirkungen auf die Produktionsziele, erforderlich wird. Insgesamt ist es essenziell, trotz einer großen Menge an Varianten die Absatzpreise für die langfristige Überlebensfähigkeit wettbewerbsfähig zu gestalten – auf der anderen Seite ermöglichen gerade erst (spezielle) Varianten bessere Margen. Dabei muss das Produktionscontrolling die Kosten der einzelnen Varianten[418] ebenso wie die Kennzahlen der jeweiligen Produktion betrachten, um einzugreifen, wenn die Erreichung der Produktionsziele gefährdet ist.

Auf Basis individueller Kundenanforderungen und zunehmender Digitalisierung ergibt sich als weitere Herausforderung für das Produktionscontrolling die Industrie 4.0. Diese ist dadurch gekennzeichnet, dass die Wertschöpfung innerhalb der Produktion „...durch Digitalisierung, Automatisierung sowie Vernetzung aller an der Wertschöpfung beteiligter Akteure...“[419] geprägt ist. Der Fokus liegt dabei auf einer Vielzahl an in **Echtzeit zur Verfügung stehenden Daten**, auf deren Grundlage wesentliche Produktionsaspekte verbessert werden können.[420] Die Anwendung und Kombination verschiedenster Technologien führt dazu, dass Inhaber dispositiver Tätigkeiten bei ihrer Entscheidungsfindung durch ebendiese Echtzeitinformationen unterstützt werden. Das Produktions-Controlling wird hierbei vor die Herausforderung gestellt, **Analyseinstrumente herauszuarbeiten, die der Vielzahl an Daten (Big Data) gerecht werden**, um die relevanten Informationen für die Entscheidungsträger darzustellen.[421] Für die Verknüpfung sämtlicher Beteiligter können sogenannte **Manufacturing Execution Systems** (MES) genutzt werden, die betriebswirtschaftliche und technische Daten synchronisieren und nutzen[422] und damit das Produktions-Controlling unterstützen können. Die Auswirkungen des Einsatzes eines MES sind in der VDI-Richtlinie 5600, insbesondere im Rahmen des Blattes 2 erörtert.[423] Darüber hinaus werden die Kennzahlen, die im Rahmen eines MES von Bedeutung sind, im VDMA-Einheitsblatt 66412-1 dargestellt, sowie darauf aufbauend auch zu einem großen Teil im Rahmen dieser Monografie.

[418] Vgl. WÖRDENWEBER, M.: Kostenrechnung, a. a. O., S. 289.

[419] OBERMAIER, R.: Industrie 4.0 und digitale Transformation als unternehmerische Gestaltungsaufgabe, in: OBERMAIER, R. (HRSG.): Handbuch Industrie 4.0 als digitale Transformation – Betriebswirtschaftliche, technische und rechtliche Herausforderungen, 1. Aufl., Wiesbaden 2019, S. 7.

[420] Vgl. WERNER, H.: Supply Chain Management, a. a. O., S. 13–14.

[421] Vgl. OBERMAIER; R.: „Industrie 4.0“ – Stand und Perspektivem digital vernetzter Produktions- und Produktsysteme, in: CORSTEN, H., GÖSSINGER, R., SPENGLER, T. (HRSG.): Handbuch Produktions- und Logistikmanagement in Wertschöpfungsnetzwerken, Berlin, Boston 2018, S. 1271.

[422] Vgl. OBERMAIER, R., WAGENSEIL, V.: Betriebswirtschaftliche Wirkungen digital vernetzter Fertigungssysteme – Eine Analyse des Einsatzes moderner Manufacturing Execution Systeme in der verarbeitenden Industrie, in: OBERMAIER, R. (HRSG.): a. a. O., S. 208–209.

[423] Vgl. VDI: VDI 5600 Blatt 2: Fertigungsmanagementsysteme – Wirtschaftlichkeit, Berlin, März 2013.

2.3.4 Forschungskostenquote

Forschung und Entwicklung sind insbesondere in zwei Fällen von herausragender Bedeutung: Eine exportorientierte Wirtschaft wird nur dann auf den Weltmärkten erfolgreich sein, wenn sie innovative und qualitativ hochwertige Erzeugnisse offeriert und zielsegmentspezifisch flexibel agiert. Gleiches gilt, wenn ein Unternehmen zu einer innovationsintensiven Branche mit starkem Wettbewerb gehört. Hinzu kommt das Problem, dass trotz immer kürzer werdender Produktlebenszyklen die Forschungs- und Entwicklungskosten durch Produktverkäufe wieder eingenommen werden müssen.[424]

Als **Forschung und Entwicklung** bezeichnet man die **Kombination von Produktionsfaktoren mit dem Ziel, neues Wissen zu gewinnen. Forschung** ist „die eigenständige und planmäßige Suche nach neuen wissenschaftlichen oder technischen Erkenntnissen oder Erfahrungen allgemeiner Art, über deren technische Verwertbarkeit und wirtschaftliche Erfolgsaussichten grundsätzlich keine Aussagen gemacht werden können."[425]

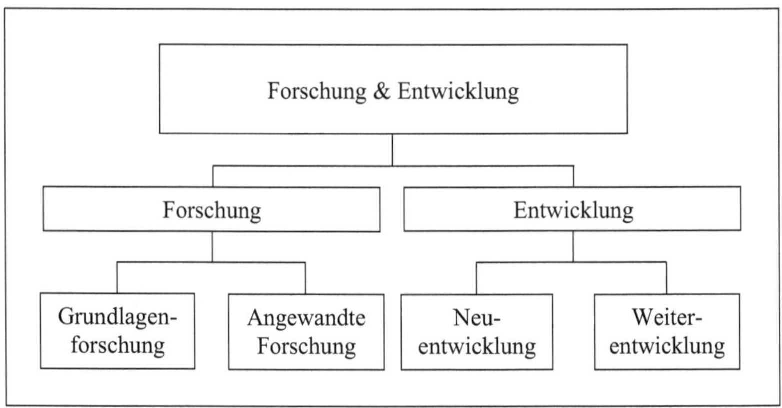

Darst. 2.384: Komponenten von Forschung und Entwicklung

Den Teil der Forschung kann man in die Grundlagenforschung und die Angewandte Forschung aufteilen, wobei die **Grundlagenforschung** der Erweiterung wissenschaftlicher Erkenntnisse dient und die **Angewandte Forschung** prüft, ob das bisherige Wissen zur Lösung von praktischen Problemen genutzt werden kann. Die **Entwicklung** fußt auf For-

[424] Vgl. HAUNERDINGER, M., PROBST, H.: a. a. O., S. 83.

[425] § 255 Abs. 2a S. 3 HGB.

schungsergebnissen. Sie ist „die Anwendung von Forschungsergebnissen oder von anderem Wissen für die Neuentwicklung von Gütern oder Verfahren oder die Weiterentwicklung von Gütern oder Verfahren mittels wesentlicher Änderungen.“[426] Es muss also mit hoher Wahrscheinlichkeit davon ausgegangen werden können, dass künftig ein (bilanzierungsfähiger) Vermögensgegenstand entsteht, der aber zum Zeitpunkt der Aktivierung noch nicht vorhanden sein muss.[427] Entwicklung lässt sich in Neu- und Weiterentwicklung aufspalten. Bei der **Neuentwicklung** geht es um die Entwicklung von Prozessen oder Produkten auf Grundlage von noch nicht bekanntem technischem Wissen. Im Gegensatz dazu versucht die **Weiterentwicklung** Prozesse und Produkte aufgrund von einer Neukombination bereits vorhandenen Wissens zu erstellen.[428]

Zu den wichtigen Kennzahlen im Bereich Forschung und Entwicklung (F&E) gehört die **Forschungsintensität** (auch Forschungsaufwandsquote genannt):

$$\text{Forschungsintensität (\%)} = \frac{\text{Aufwand für F\&E}}{\text{Umsatzerlöse}} \cdot 100$$

Darst. 2.385: Forschungsintensität (%)

Sie gibt an, wie viel Prozent der Umsatzerlöse für Forschung und Entwicklung in einem Jahr ausgegeben wird.

Die vorgenannte Kennzahl ist unter methodischen Gesichtspunkten kritisch zu diskutieren, denn der **Zeitbezug im Nenner und Zähler differiert in der Regel erheblich**, da der Aufwand für F&E nicht im selben Kalenderjahr zu Umsatzerlösen führt.

Die **Einhaltung einer bestimmten Forschungsintensität** führt zu einem **zyklischen Verhalten**: Positiv ist, dass in „guten Zeiten“, d. h. Perioden mit hohen Umsätzen betragsmäßig erhebliche Mittel für den Forschungs- und Entwicklungsaufwand ausgegeben werden. Damit beugt das Unternehmen konjunkturschwachen Perioden vor bzw. versucht, mögliche Umsatzrückgänge in diesen Perioden zu vermeiden. In umsatzmäßig schwachen Jah-

---

426 Vgl. § 255 Abs. 2a S. 2 HGB.

427 Vgl. GRAUMANN, M.: Wirtschaftliches Prüfungswesen, 6. Aufl., Herne 2020, S. 452.

428 Vgl. NEBL, T.: a. a. O., S. 93–94.

ren wird bei einer konstanten Quote weniger in Forschung & Entwicklung investiert. Damit gelingt es dem Unternehmen eher nicht, aus „der Talsohle“ zu kommen. Auch wird der Abstand zu den Wettbewerbern vermutlich vergrößert.

Da der **Gesamtumsatz** marktabhängige Größen wie den **Gewinnzuschlag** enthält und dementsprechend je nach Konjunkturlage bzw. Durchsetzbarkeit auf dem Markt schwanken kann, empfiehlt es sich, den Aufwand für Forschung und Entwicklung auf die Herstellkosten zu beziehen. Dieses Verhältnis wird **Forschungskostenquote** genannt:

$$\text{Forschungskostenquote (\%)} = \frac{\text{Aufwand für F\&E}}{\text{Umsatzerlöse}} \cdot 100$$

Darst. 2.386: Forschungskostenquote (%)

Kritisch anzumerken ist, dass die Datenverfügbarkeit oft nur bei einer gut ausgebauten Kostenrechnung gewährleistet ist. Zudem ist ein Benchmarking wegen der Datenerhältlichkeit bei externem Benchmarking kaum möglich.

Da die Kostenrechnung der Unternehmen nicht publiziert wird, ist es Dritten nicht möglich, die Forschungskostenquote zu berechnen.

2.4 Marketing-Controlling

2.4.1 Vorbemerkungen

Ausgangspunkt war ab Beginn der 70er Jahre das Primat des Marketings einer kundenorientierten Führung des Unternehmens vom Markt her;[429] d. h. im Mittelpunkt aller Entscheidungen im Unternehmen steht der Kunde und die Befriedigung seiner aktuellen, zukünftigen und potenziellen Bedürfnisse.[430] Somit ist der langfristige Unternehmenserfolg nur dann erreichbar, wenn die Wünsche des Kunden durch den Marketing-Mix des Unternehmens befriedigt werden können. Der Kunde wird somit zum strategischen Erfolgsfaktor eines Unternehmens. Diese (ökonomisch geprägte) Beschreibung des Marketings hat sich in den letzten Jahren erheblich gewandelt. Im Prinzip geht es um viele unterschiedliche Formen des Austausches zwischen zwei Parteien. Auf der einen Seite die Marketing betreibende Institution (For-Profit-Organisationen wie (nicht gemeinnützige) Unternehmen und sogenannte Non-Profit-Organisationen (NPO) wie öffentlichen Organe, Parteien, Kirchen, Gewerkschaften und andere gesellschaftliche Gruppen), auf der anderen Seite die Zielgruppe(n) innerhalb der Stakeholder der Marketing betreibenden Institution. Dementsprechend existieren vielfältige Formen des sog. nicht-kommerziellen Marketings (z. B. Vermarktung der Ideen und Leistungen der NPOs) und des Social Marketings, z. B. als Fund Raising gesellschaftlicher Gruppen.[431] Auch die Balanced Scorecard zeigt bspw., dass neben den Formalzielen (Erfolgs- und Liquiditätsziele) auch andere Ziele für ein Unternehmen von Bedeutung sind. Hinzu treten verstärkt ethische sowie insb. nachhaltigkeitsorientierte Ziele. Es ist erkennbar, dass sich bei einem kosten- bzw. gewinnorientierten Unternehmen, das nunmehr auch eine Nachhaltigkeit in den Bereichen Ökologie und Soziales anstrebt, die Konsequenzen für das unternehmerische Handeln verschieben. Diese Verschiebung zeigt sich konkret in der (noch) stärkeren Berücksichtigung ökologischer, sozialer und weiterer Aspekte der Nachhaltigkeit in der Unternehmensphilosophie als Basis aller unternehmerischen Ziele und Maßnahmen. Erkennbar ist dies auch in der Marketingphilosophie eines Unternehmens, deren Schwerpunkte sich im Zeitablauf immer wieder geändert haben:

---

[429] Einer Untersuchung zufolge dominiert in 92 % der befragten Unternehmen die marketingorientierte Führungskonzeption (SEPEHR, PH.: Die Entwicklung der Marketingdisziplin: Wandel der marktorientierten Unternehmensführung in Wissenschaft und Praxis, Diss. Uni Münster 2013, Wiesbaden 2014, S. 15ff.).

[430] Vgl. MEFFERT, H.: a. a. O., S. 33ff.

[431] Vgl. MEFFERT, H., BURMANN, C., KIRCHGEORG, M., EISENBEISS, M.: Marketing. Grundlagen marktorientierter Unternehmensführung, 13. Aufl., Wiesbaden 2019, S. 10.

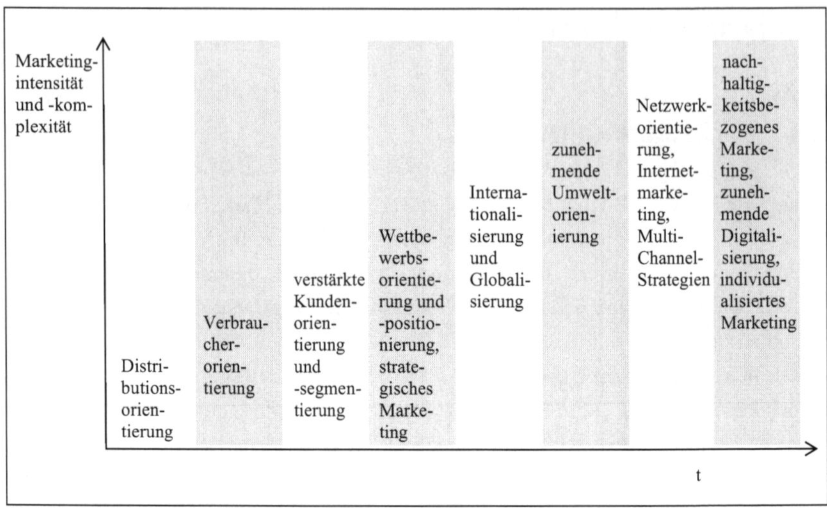

Darst. 2.4001: Marketingschwerpunkte im Laufe der Zeit

Dadurch, dass die Interessen der Stakeholder hinsichtlich ökologischer, sozialer und weiterer Belange sehr viel stärker berücksichtigt werden müssen, kann das nachhaltigkeitsbezogene Marketing auch als Stakeholder Driven Marketing bezeichnet werden, auch wenn die aktuellen und potenziellen Kunden die wichtigste Stakeholder-Gruppe bleiben. Dementsprechend kann auf Unternehmensebene von einer **Stakeholder Driven Company** gesprochen werden.

Im Folgenden soll auf der Basis der ökomischen Interpretation des Marketing-Begriffs weitergearbeitet werden, sofern nichts anderes vermerkt ist.

Marketing bedeutet zwar einerseits eine konsequente Ausrichtung des Unternehmens auf die Kundenbedürfnisse, andererseits darf aber nicht übersehen werden, dass die Befriedigung *aller* Kundenwünsche für die Unternehmung nicht rentabel sein kann. Liegen in einer konkreten Entscheidungssituation die kundenbezogenen Aufwendungen (Grenzkosten) über den kundenbezogenen Erträgen (Grenzerlöse), macht die Realisierung keinen Sinn, da keine Gewinne zu erwarten sind. Die Durchführung dieses Vorhabens ist nicht rentabel.

In dieser Situation können allenfalls andere Kriterien wie z. B. Image, vertragliche Bindungen etc. bedeutender sein, um dieses Vorhaben dennoch durchzuführen. Eine derartige Entscheidung kann wegen der fehlenden Gewinne entweder nur kurzfristiger Natur sein oder es findet sich ein gewinnbezogener Ausgleich über andere Aktivitäten des Unternehmens.

In diesem Zusammenhang wird gleichzeitig deutlich, dass Marketingentscheidungen nicht in allen Fällen „rechenbar" (quantifizierbar) sind. Gerade bei Marketingentscheidungen wird schnell klar, dass die Beschaffung von (quantifizierbaren) Informationen eine besondere Herausforderung darstellt. Nicht zuletzt ist darauf hinzuweisen, dass viele Informationen auf Wahrscheinlichkeitsaussagen beruhen.

Im Einzelnen betreffen die Marketingentscheidungen die Aktivitäten im Rahmen des Marketing-Mix, also die Maßnahmen in den Bereichen Preis- und Kontrahierungspolitik, Produktpolitik, Distributionspolitik und Kommunikationspolitik.

Diese Aktivitäten werden im Rahmen des Marketing-Controlling prozessorientiert begleitet: Über die Anregungsphase, die oft durch Soll-Ist-Abweichungen initiiert wird, über die Such- und Orientierungsphase (nach Alternativen) und die Auswahl- und Optimierungsphase. Die sich daran anschließende Durch-/Umsetzungsphase beendet diesen Planungsprozess noch nicht. Fehlt doch noch die Kontrolle, inwieweit die Marketing-Ziele erreicht wurden.

Die Messung der Zielerreichung erfolgt sowohl über absolute als auch relative Kennzahlen, die im Folgenden dargestellt werden.

Neben den Entscheidungen im Rahmen kurzfristig angelegter Aktivitäten des Marketing-Mix gilt es auch, taktische und/oder strategische Entscheidungen zu treffen wie z. B. die Produkt-Markt-Kombination, die Marktsegmentierung, strategische Portfolioüberlegungen im Hinblick auf langfristig erfolgsträchtige Produkte oder Produktfelder (SGE) und nicht zuletzt die Frage, wie der relevante Markt von der Unternehmung überhaupt definiert wird. Dies sind dann u. U. Fragestellungen, die als fundamentale Ziele in den Unternehmensgrundsätzen/-leitbildern/-philosophien verankert sind bzw. sein sollten.

Zusammenfassend lässt sich festhalten, dass das Marketing-Controlling der Unterstützung der Geschäftsleitung und insbesondere der Führungskräfte im Marketing bei Entscheidungen dient, die die aktuellen und zukünftigen Beziehungen zwischen aktuellen und potenziellen Kunden und dem Unternehmen betreffen.

Marketing-Controlling ist die systematische, sich ständig wiederholende und/oder situative Beurteilung, Optimierung, Auswahl (Entscheidungsvorbereitung)[1] und Kontrolle der strategischen, taktischen und operativen Marketingziele sowie aller Marketingaktivitäten einschließlich der internen Prozessabläufe, Organisationsformen und des Personaleinsatzes im Hinblick auf eine Verwirklichung der gesteckten Marketingziele.

Darst. 2.4002: Definition Marketing-Controlling

[1] Die Entscheidung und Umsetzung ist *nicht* Aufgabe des Marketing-Controllers.

Wird der Kunde primär als strategischer Erfolgsfaktor des Unternehmens gesehen, sind parallel viele Marketingziele wie z. B. Image (des Unternehmens oder des Produktes) ebenfalls nur langfristig erreichbar. Dies bedeutet aber nicht, dass diese automatisch (nur) dem strategischen Controlling zuzuordnen sind. Viele dieser langfristigen Marketingziele lassen sich in Etappenziele (operative oder taktische Ziele) untergliedern und werden daher im operativen Controlling erläutert und über Kennzahlen gemessen und kontrolliert. Eine grobe Unterscheidung zwischen operativen und strategischen Marketing-Controlling-Instrumenten verdeutlicht die nachstehende Darstellung:

Operative	Strategische
• Soll-/Ist-Vergleich	• Szenarioanalyse
• Deckungsbeitragsrechnung	• Portfolioanalyse
• Konkurrenzanalyse	• Lebenszyklusanalyse
• Umsatzanalyse	• Markt-Attraktivitätsanalyse
• Kundenzufriedenheitsanalyse	• Branchenanalyse
• Effizienzmessung Marketing-Mix	• Trendanalyse
• Marktanalyse	• Umfeldanalyse
• Marktforschung	• SWOT-Analyse
• Operative Marketingplanung	• Marktsegmentierung
• Berichtswesen	• Taktische und strategische Marketingplanung
• ABC-Analyse	

Darst. 2.4003: Operative und strategische Marketing-Controlling-Instrumente

(Vgl. WEIS, H. C, Kompakt-Training Marketing, 4. Aufl., Ludwigshafen 2005, S. 203)

2.4.2 Marktpotential, Marktvolumen, Absatzpotential und Absatzvolumen

Bevor auf die einzelnen Kennzahlen eingegangen wird, sollen die leicht verwechselbaren Begriffe Marktpotential, Absatzpotential, Marktvolumen und Absatzvolumen erläutert werden.

Marktpotential ist die Gesamtheit möglicher Absatzmengen eines Marktes für ein bestimmtes Produkt/eine bestimmte Dienstleistung (Aufnahmefähigkeit eines Marktes).

Marktvolumen ist die realisierte oder prognostizierte effektive Absatzmenge für ein bestimmtes Produkt/eine bestimmte Dienstleistung auf einem Markt.

Absatzpotential ist die maximal denkbare Absatzmenge für ein bestimmtes Produkt/eine bestimmte Dienstleistung des betrachteten Unternehmens auf einem Markt.

Die vorgenannten Begriffe lassen sich graphisch beispielsweise wie folgt darstellen:

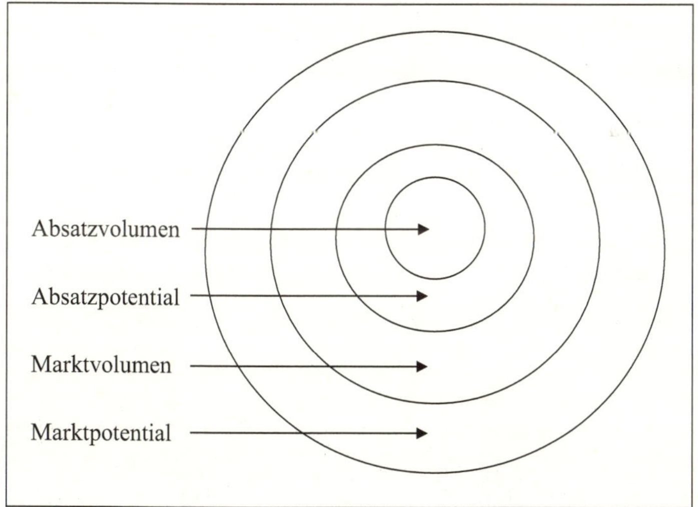

Darst. 2.4004: Zusammenhang zwischen Absatzvolumen, Absatzpotential, Marktvolumen und Marktpotential

Absatzvolumen ist die realisierte oder prognostizierte effektive Absatzmenge für ein bestimmtes Produkt/eine bestimmte Dienstleistung der betrachteten Unternehmung auf einem Markt.

Gelegentlich wird in den Definitionen statt Absatzmenge der Begriff Umsatz gewählt. Die daraus abgeleiteten Aussagen können wegen verschiedener Preissetzungen der Unternehmen z. B. unter Ausnutzung verschiedener Präferenzen irreführend sein.

2.4.3 Kundenzufriedenheit

Für Unternehmen ist es besonders wichtig, dass aus Interessenten zunächst Erstkäufer und dann Folgekäufer, Mehrfachkäufer und im besten Fall Stammkunden werden. Untersuchungen haben gezeigt, dass bei Stammkunden (Dauerkunden) höhere Gewinnpotenziale – auch durch Cross-Selling-Käufe – erreichbar sind als bei Einmalkunden. Hinzu treten noch weitere ergebnisrelevante Vorteile wie keine erneuten Kosten der Kundenakquise.[432] Des Weiteren ergeben sich Vorteile über Weiterempfehlungen der Stammkunden und mögliche höhere Preise, etwa durch ein Trading-up.

Eine entscheidende **Voraussetzung** für das **Wiederkaufverhalten** ist die **Zufriedenheit des Kunden**.

> Kundenzufriedenheit bzw. -unzufriedenheit resultiert aus einem Soll-Ist-Vergleich der erwarteten mit den wahrgenommenen Leistungen aus Sicht eines Kunden. Kundenzufriedenheit (Kundenunzufriedenheit) liegt vor, wenn die wahrgenommenen Leistungen mindestens gleich oder höher (niedriger) sind als die erwarteten.

Darst. 2.4005: Kundenzufriedenheit

Die Kundenzufriedenheit kann sich auf Unternehmen, aber auch Marken beziehen.

Ein Unternehmen verfügt über mehrere **Kennzahlen**, die die **Fähigkeit eines Unternehmens im Hinblick auf die Erfüllung der expliziten und impliziten Kundenerwartungen** messen sollen. Neben den ökonomischen Messgrößen wie z. B. Umsatz, Gewinn,

[432] Die Gewinnung eines neuen Kunden kostet ein Vielfaches von dem, was ein bestehender Kunde kostet.

Rentabilität, Marktanteil oder Distributionsgrad existieren auch psychografische Größen wie etwa der Kundenzufriedenheitsindex.

Die Messung der Kundenzufriedenheit dient u. a. der **Verbesserung der Abläufe innerhalb und außerhalb des Unternehmens** und v. a. der verstärkten **Konzentration auf den Kundennutzen**. Letzterer ist ein entscheidender Parameter im Hinblick auf die **gesellschaftliche Legitimität** des Unternehmens und gehört zu den Zielen des normativen Managements.[433]

2.4.3.1 Kundenzufriedenheitsindex

Der **Kundenzufriedenheitsindex** komprimiert in einer anschaulichen Kennzahl den recht komplexen Sachverhalt der Kundenzufriedenheit.[434] Er kann auf verschiedene Art und Weisen berechnet werden. Hier wird eine Vorgehensweise gezeigt, die auf den üblichen Scoring-Modellen basiert und zu folgender Definition der Kennzahl Kundenzufriedenheitsindex führt:

Kundenzufriedenheitsindex = Summe der Produkte aus der Gewichtung eines Kundenzufriedenheitskriteriums und der Bewertung desselben Kriteriums

Darst. 2.4006: Kundenzufriedenheitsindex

Grundsätzlich ist die zwar die **Maximierung des Kundenzufriedenheitsindexes** wünschenswert, allerdings darf nicht verschwiegen werden, dass **Konflikte zwischen den Zielen** bzw. ihren Kennzahlen möglich sind. So kann bspw. ein hoher Individualisierungsgrad[435] zu einem hohen Kundenzufriedenheitsindex führen, aber auch die Rentabilität des Unternehmens verschlechtern.

Die einzelnen Schritte zur Ermittlung des Kundenzufriedenheitsindexes werden nachstehend erklärt.

[433] Vgl. WÖRDENWEBER, M.: Normatives Management, a. a. O., S. 12–14.

[434] Vgl. im Folgenden KRAUSE, H., ARORA, D.: a. a. O., S. 143–146.

[435] Vgl. zum Individualisierungsgrad die Ausführungen im Unterabschnitt 2.4.12 „ABC-Analyse der Produkte, Ertragskraft und Individualisierungsgrad“.

Grundsätzlich kann die **Messung der Kundenzufriedenheit** als Ein- oder Zweikomponentenansatz konzipiert sein.[436] Bei der **eindimensionalen Messung (Einkomponentenansatz)** erfolgt die Messung global über eine einfache Ratingskala, auf dieser der Kunde seinen Grad der Zufriedenheit angibt. Auf der Ratingskala für ein Zufriedenheitsmerkmal, z. B. „Die Auswahl an Zahlungsmöglichkeiten der XY AG ist …“, wird dieses mit Zahlen von bspw. 1 (= völlig ungenügend) bis 10 (= ausgezeichnet) bewertet. Der **Zweikomponentenansatz** berücksichtigt neben der Bewertung eines Merkmals (Items) als zweite Dimension auch dessen Bedeutungsgewicht. Die Bedeutung eines Merkmals wird über eine Ratingskala erfasst, die als Gewichte die Zahlen von bspw. 1 (= nicht wichtig) bis 10 (= äußerst wichtig) enthält. Die Frage würde hier z. B. lauten: „Wie wichtig ist Ihnen die Auswahl an Zahlungsmöglichkeiten?“

Wird für die Erfassung und Auswertung der Kundenzufriedenheit ein **Scoring-Modell** (Nutzwertanalyse, Punktbewertungsmodell) verwendet, kann das Scoring-Modell das Ziel der Maximierung oder Minimierung der Punktsumme verfolgen. Bei einem Maximierungsziel ist **darauf zu achten, dass sich die Noten und Gewichte nicht quasi saldieren**. Wenn beispielsweise eine Gewichtung von 1 (nicht wichtig) bis 10 (äußerst wichtig) erfolgt, sollte beispielsweise das niederländische oder spanische Notensystem von 1 (völlig ungenügend) bis 10 (ausgezeichnet) verwendet werden. (Das deutsche Schulnotensystem wäre hier ungeeignet.)

Im Folgenden wird das Konzept des Zweikomponentenansatzes angewendet.

In einem **ersten Schritt** müssen die **Kriterien für die Bewertung** seitens der Kunden festgelegt werden. Welche Merkmale innerhalb einer Bewertung zum Tragen kommen, hängt u. a. von der Möglichkeit ihrer automatischen Erfassung, ihrer Quantifizierbarkeit, der Vergleichbarkeit mit Richtwerten und in jedem Fall davon ab, welche Anforderungen die Kunden an das Unternehmen stellen. Als Kriterien kommen bspw. in Frage:[437]

[436] Weitere Verfahren zur Messung der Kundenzufriedenheit finden sich u. a. bei NERDINGER, F. W., NEUMANN, C., CURTH, S.: Kundenzufriedenheit und Kundenbindung, in: MOSER, K.: Wirtschaftspsychologie, 2. Aufl. Berlin, Heidelberg 2015, S. 128–132.

[437] Eine Vielzahl der vorgenannten Kriterien wird ausführlich in den nachstehenden Unterabschnitten besprochen.

- Lieferflexibilität
- Lieferbereitschaft
- Zahl der Fehllieferungen
- Zahl der Gewährleistungsfälle
- Fester Ansprechpartner bei Reklamation
- Verhalten bei Reklamationsfällen
- Unbürokratische Abwicklung von Garantiefällen
- Qualität der materiellen Güter und/oder Dienstleistungen
- Garantiefristen (bei freiwilligen Garantien)
- Möglichkeiten der Kontaktaufnahme
- Zeitliche Erreichbarkeit der Mitarbeiter des Unternehmens
- Entfernung des stationären Dienstleisters
- Beschreibung des Angebots in den Medien
- Persönliche Beratung, insb. bei hochwertigen Gütern
- Kompetenz der Beratung
- Eingehen auf Sonderwünsche
- Testmöglichkeiten vor dem Kauf bzw. Kauf auf Probe
- Freundlichkeit und Aufgeschlossenheit der Mitarbeiter
- Erscheinungsbild/Auftritt des Anbieters
- Ökologische Anforderungen
- Soziale Aspekte
- Preisniveau bzw. Kosten-Nutzen-Relation
- Verpackungsqualität
- Ggf. diskreter Versand
- Lieferzeit
- Pünktlichkeit der Lieferung (On-Time- bzw. In-Time-Quote)
- Versandkosten
- Zahlungsmöglichkeiten
- Sonstiger Service

Darst. 2.4007: Ausgewählte Parameter der Kundenzufriedenheit

Ein Beispiel für wichtige Items beim Fliegen liefert die nachstehende Grafik:

Items	Bedeutung (%)		
	wichtig	sehr wichtig	Summe
Sauberkeit an Bord	44	52	96
Sicherheitsgefühl	70	26	96
Erreichbarkeit des Flughafens	40	51	91
Freundlichkeit des Personals	32	59	91
Komfort der Sitze in der Kabine	37	50	87
Schnelle Sicherheitskontrolle	26	56	82
Großzügige Gepäckregeln	21	51	72
Komfort der Wartebereiche	10	49	59
Essen und Trinken an Bord	11	37	48
Attraktives Unterhaltungsangebot	9	24	33

Darst. 2.4008: Wichtige Kriterien bei Flugreisen

(Quelle: STATISTA: Was ist Ihnen beim Fliegen besonders wichtig? 2021, https://de.statista.com/statistik/daten/studie/258540/umfrage/umfrage-zu-den-wichtigsten-kriterien-bei-flugreisen/, Abruf am 21.11.2021.

In einem **zweiten Schritt** werden den Kriterien **unternehmensindividuelle Gewichtungen** zugeordnet, da die Bedeutung der Kriterien von Unternehmen zu Unternehmen variiert.

In einem **dritten Schritt** wird das **Unternehmen** hinsichtlich der Kundenzufriedenheit **eingehend untersucht**, d. h. die Kriterien werden benotet. Da die Kriterien wegen der Übersichtlichkeit für eine Bewertung zu global formuliert sind, werden **Unterkriterien** genutzt, die oft als Fragen gestellt werden.

Die **Datengewinnung** kann auf verschiedenen Wegen erfolgen.[438] Diese wurden bereits im ersten Band kurz vorgestellt.[439]

[438] Vgl. etwa FRETER, H.: Marketing – Die Einführung mit Übungen, München 2004, S. 44ff., MEFFERT, H., BURMANN, C., KIRCHGEORG, M., EISENBEISS, M.: Marketing. Grundlagen marktorientierter Unternehmensführung. Konzepte – Instrumente – Praxisbeispiele, 13. Aufl., Wiesbaden 2019, S. 158ff., KOTLER, PH., ARMSTRONG, G., HARRIS, L., PIERCY, N.: Grundlagen des Marketing, 7. Aufl., München 2019, S. 200–222, WEIS, H. C., STEINMETZ, P.: Marktforschung, 8. Aufl., Herne 2012, S. 62ff.

[439] Vgl. WÖRDENWEBER, M.: Operatives Controlling – Band 1, a. a. O., S. 153–154.

Nachstehend findet sich ein Beispiel einer Kundenzufriedenheitsermittlung:

Untersuchungsdatum:
Erfasser:

Unternehmen: **XY AG**

Kriterium	Gewicht	Note	Produkt
Lieferflexibilität	3	6	18
Zahl der Fehllieferungen	2	4	8
Zahl der Gewährleistungsfälle	6	8	48
Verhalten bei Reklamationsfällen	6	7	42
Pünktlichkeit der Lieferung	6	6	36
Freundlichkeit der Mitarbeiter	5	8	40
Ökologische Anforderungen	7	4	28
Soziale Aspekte	9	8	72
Preisniveau bzw. Kosten-Nutzen-Relation	8	3	24
Versandkosten	8	5	40
Zahlungsmöglichkeiten	7	2	14
Gesamtsumme Audit			370

Darst. 2.4009: Kundenzufriedenheitsindex bei Fa. XY AG

Im vorliegenden Fall hat ein Kunde die Fa. XY AG bezüglich der einzelnen Kundenzufriedenheitskriterien bewertet. Zunächst werden zeilenweise das Gewicht mit der Note multipliziert und anschließend die Zeilenprodukte über die Parameter aufsummiert. Es ergibt sich hier ein Kundenzufriedenheitsindex von 370.

Vor dem nächsten Schritt sollte eine **Plausibilitätsprüfung** stattfinden. Für den Kundenzufriedenheitsindex existieren im besten Fall alternative Kennzahlen wie die „Reklamationsquote“[440] bzw. „Kundenbeschwerdequote“. Weitere Abgleiche sind bspw. mit den Kennzahlen des internen Qualitäts-Controllings (z. B. Ausschussrate), Ablieferungsnachweisen, Umsätzen, Zahl der Wiederholungskäufer usw. möglich.

[440] Vgl. zu dieser Kennzahl die Ausführungen im Unter-Unterabschnitt 2.4.22.3 „Fehllieferungs-, Gewährleistungs-, Reklamations-, Widerrufs- und Retourenquote“.

Der Kundenzufriedenheitsindex kann von **einzelnen Kunden** erfragt werden. Im Hinblick auf die Repräsentativität/Aussagekraft des Ergebnisses sollte jedoch gemäß der statistischen Anforderungen eine **ausreichende Anzahl von Kunden** befragt werden.

Der Fragenkatalog lässt sich weiter in Bezug auf einzelne **Kundensegmente** oder **Kundenregionen** etc. **differenzieren**. Damit wird eine genauere Analyse der Stärken und Schwächen bei bestimmten Kundensegmenten oder Kundenregionen sichtbar. Auch eine **Individualisierung des Fragenkataloges** kann sinnvoll sein.

In einem **vierten Schritt** werden die gefundenen **Ergebnisse dokumentiert**. Das Ergebnis könnte wie vorstehend gezeigt aussehen.

In einem **fünften Schritt** werden die gewonnenen **Ergebnisse analysiert**: Aufgrund der unternehmensindividuellen Gewichtung würde sich ein Maximalwert von 670 Punkten (Summe der Gewichte, multipliziert mit der jeweiligen Bestnote) ergeben. Mit 370 Punkten hat die untersuchte Firma lediglich 55 % der maximalen Punktzahl erreicht. Dies würde in etwa der deutschen Schulnote „ausreichend“ entsprechen.

Die Untersuchung der einzelnen Kriterien zeigt die **Stärken** und **Schwächen** (vgl. die SWOT-Analyse) des Unternehmens betreffend die Kundenzufriedenheit auf. Es ist offenkundig, dass bei dem untersuchten Unternehmen noch einiges im Argen liegt. Zu nennen sind hier das Preisniveau bzw. die Kosten-Nutzen-Relation sowie als eklatante Schwachstellen die Zahlungsmöglichkeiten und die Zahl der Fehllieferungen. Möglicherweise liegen hier Kommissionierfehler vor. Des Weiteren ist die Auswahl der Zahlungsmöglichkeiten schlicht zu gering, vermutlich handelt es sich auch noch um veraltete Zahlungsverfahren. Da das Preisniveau den Kunden insgesamt zu hoch erscheint, müsste weitergehend untersucht werden, ob diese Aussage für alle Produkte und Produktgruppen gilt.

Eine besondere Beachtung verdienen die (ggf.) **K.-o.-Kriterien**, bei denen vorgegebene Werte (Toleranzgrenzen) nicht unterschritten werden durften bzw. dürfen. Eine (erhebliche) negative Abweichung bedeutet sofortige Gespräche mit den zuständigen Unternehmenseinheiten (z. B. Abteilungen) und/oder die Suche nach Alternativen wie etwa Outsourcing.

Als **Vergleichswert (Maß- oder Normgröße)**[441] kann neben der maximal zu vergebenden Punktsumme auch eine Sollgröße dienen. Eine Tendenzaussage liefert ein Ist-Ist-Vergleich im Rahmen der Zeitreihenanalyse. In einem Diagramm, in dem auf der Abszisse die Erhebungszeitpunkte/-räume und auf der Ordinate die Kundenzufriedenheitsindizes abgetragen werden, kann das Engagement des Unternehmens in der Kundenzufriedenheit abgelesen werden.

Der **sechste Schritt** heißt **Besprechung der Ergebnisse** mit den betroffenen Unternehmenseinheiten. Ziel der Unterredungen ist es, auf nicht erfüllte Anforderungen hinzuweisen und **Zielvereinbarungen** zu **treffen**, die eine Verbesserung des Audits ermöglichen.

Der Kundenzufriedenheitsindex sollte **monatlich** erhoben werden, ggf. über Stichproben, um zeitnah reagieren zu können. Zusätzlich kann eine Auswertung für bestimmte Regionen, Kundengruppen, Marken oder Produkte vorgenommen werden.

Die Beschäftigung mit dem Kundenzufriedenheitsindex erfolgt nach dem bekannten Schema des Führungsprozesses. In der Kontrollphase wird der **Ist-Zustand analysiert**, der einen **Vergleich der ursprünglichen Zielsetzung mit dem tatsächlich erreichten Zielausmaß (Abweichungsfeststellung)** und eine **Abweichungsursachenanalyse** beinhaltet. Führt die Abweichungsermittlung zu gravierenden Änderungen gegenüber dem anvisierten Ziel (Anregungsphase), werden im Rahmen der Such- und Orientierungsphase **Maßnahmen, Mittel und Wege eruiert**, um den Kundenzufriedenheitsindex zu steigern. In der Auswahlphase werden dem Management entsprechende **Vorschläge** unterbreitet. Nach der Entscheidung über den vorgelegten Plan werden die **Maßnahmen durch- und umgesetzt**.

Der Kundenzufriedenheitsindex basiert – anders als die ökonomischen Kennzahlen – nicht auf objektiven Daten, sondern auf **subjektiven Bewertungen** der Kunden. Dies zeigt sich bereits bei der Konstruktion der Kennzahl „Kundenzufriedenheit“. Zudem muss darauf hingewiesen werden, dass es sich trotz des Anscheins einer metrischen Variablen um eine **ordinalskalierte** handelt, da bei der Zusammensetzung der Kennzahl (Schul-)Noten verwendet werden.

In den Kundenzufriedenheitsindex gehen verschiedene Kriterien ein. Dazu gehört u. a. auch der Umgang mit Kundenbeschwerden. Auf diesen Sachverhalt wird nachstehend näher eingegangen.

[441] Siehe die Ausführungen zu diesen Begriffen bei WÖRDENWEBER, M.: Operatives Controlling – Band 1, a. a. O., S. 175–176.

2.4.3.2 Digitale Kundenbewertungen

Eine digitale Kundenbewertung stellt ein Urteil eines Kunden, Patienten, Klienten, Arbeitnehmers oder anderer Personen bezüglich der Zufriedenheit resp. Unzufriedenheit mit einem Unternehmen bzw. mit einem materiellem Gut oder einer Dienstleistung auf einer digitalen Bewertungsplattfom dar.

Darst. 2.4010: Digitale Kundenbewertung

Circa 90 % aller Kaufentscheidungen sind heute von Kundenbewertungen (engl.: online reviews) beeinflusst.[442] 46 % der Befragten lesen mehrmals pro Monat Bewertungen, 82 % aller Befragten haben schon mal eine Kundenbewertung verfasst. Online-Bewertungen genießen ein großes Vertrauen: 50 % der Rezipienten vertrauen ihnen genau so sehr wie dem Rat von Familie und Freunde.[443]

Über den Status Quo hinaus zeigen die Umfrageergebnisse ein **enormes Zukunftspotenzial für Online-Bewertungen**. Für viele bisher eher selten bewertete Themenfelder besteht großes Bewertungs-Interesse bei den Befragten. So können sich 66% vorstellen, künftig auch **Handwerker** zu bewerten. 64% möchten ihre Meinung zu **Supermärkten** im Netz kundtun und auch der Bereich **Öffentlicher Nahverkehr** birgt mit 63% große Wachstumschancen.[444]

Angesichts zahlreicher Bewertungsplattformen zu unterschiedlichsten Themenbereichen wird es für **Kunden, Patienten, Klienten, Gäste und Arbeitnehmer** immer einfacher, überall und jederzeit auf die **gebündelte „Weisheit der Vielen“** zurückzugreifen. Somit können Kundenbewertungen als eine Form des **Peer-Learnings** begriffen werden. Das nachstehende Bild zeigt eine spontane Kundenbewertungseinsicht wortwörtlich „auf der Straße“. Kundenbewertungen können auch auf digitalen Stadtplänen sichtbar gemacht werden.

---

[442] Vgl. DREWNICKI, N.: Survey: 90% say positive reviews impact purchase decisions, 2013, http://www.reviewpro.com/survey-zendesk-mashable-dimensional-research-90-say-positive-reviews-impact-purchase-decisions-26016#sthash.c9enKPvk.dpuf, Abruf am 21.11.2021.

[443] Vgl. HOLIDAYCHECK GROUP: Die Psychologie des Bewertens, 2016, https://www.holidaycheckgroup.com/news/die-psychologie-des-bewertens-studie-zum-thema-online-bewertungen/, Abruf am 21.11.2021.

[444] Vgl. ebenda.

Darst. 2.4011: Kundenbewertungen im Straßenbild

Kundenbewertungen stellen eine **Maßnahme zum Abbau von Informationsasymmetrien** zwischen Unternehmen und Kunden dar und **verbessern den Verbraucherschutz**.

Auch die bewerteten Hersteller oder Dienstleister profitieren von Kundenbewertungen: Höhere Durchschnittsbewertungen und eine höhere Anzahl von Bewertungen generieren höhere Einnahmen, wie dies zahlreiche Untersuchungen u. a. für Restaurants,[445] den Buchhandel,[446] die Filmindustrie und im Handel auf eBay[447] zeigen. Gut bewertete Hotels erhöhen ihre Preise, während schlecht bewertete i. d. R. ihre Preise senken.[448] Airbnb-

[445] Vgl. ANDERSON, M., MAGRUDER, J.: Learning from the Crowd: Regression Discontinuity Estimates of the Effects on an Online Review Database, in: Economic Journal, Jg. 122, 2012, H. 563, S. 957–989.

[446] Vgl. CHEVALIER, J., MAYZLIN; D.: The Effect of Word of Mouth on Sales: Online Book Reviews, in: Journal of Marketing Research, Jg. 43, 2006, H. 3, S. 345–354.

[447] Vgl. CABRAL, L., HORTACSU, A.: The Dynamics of Seller Reputation: Evidence from Ebay, in: The Journal of Industrial Economics, Jg. 58, 2010, H. 1, S. 54–78.

[448] Vgl. LEWIS, G., ZERVAS, G.: The Supply and Demand Effects of Review Platforms, in: Communication & Computational Methods eJournal, Oktober 2019.

Gastgeber erhöhen ihre Preise, wenn sie gute Bewertungen erhalten[449] und die Anzahl ihrer Bewertungen steigt[450]. Ähnliches gilt für Restaurants, deren Ausbuchungen bei besseren Bewertungen steigen.[451]

Das **Ziel** von Unternehmen muss es sein, den **Anteil der Kunden zu erhöhen, die durch Empfehlungen gewonnen wurden** oder um vorangegangene Bewertungen zu „korrigieren"[452]. Dies kann im Rahmen des **Empfehlungsmarketing** geschehen. Um viele Kundenbewertungen zu erhalten, sollte ein Unternehmen die **Kunden aktiv auffordern, eine Bewertung abzugeben**. Dabei ist es entscheidend, die **Barrieren für das Abgeben einer Bewertung möglichst niedrig zu halten**. Nach Möglichkeit sollte der Kunde auch ohne Profilanmeldung eine Bewertung verfassen können. Darüber hinaus ist es für Unternehmen wichtig, den Fokus auf diejenigen Kunden zu legen, die **auf Social-Media-Kanälen besonders aktiv** sind, denn auch auf diesen Kanälen werden Feedbacks abgegeben. Speziell **Bloggern**, die materielle Güter oder Dienstleistungen bewerben, sind im Laufe der Zeit immer wichtiger geworden, weil sie **Tausende von Followern** haben. Bei bestimmten Marken oder Kategorien gehören die Links zu Blogs zu den erstgenannten Treffern bei Internetsuchmaschinen.[453] Besonders aktiven Kunden oder den vorgenannten Bloggern sollte folglich mehr Aufmerksamkeit geschenkt werden. Es ist üblich, dass die Unternehmen mittels Gratismustern, Vorabinformationen und einer besonderen Behandlung um die Gunst von Bloggern buhlen. Bei voraussichtlich positiven Bewertungen empfiehlt es sich, dass die vorgenannten Personenkreise animiert werden, das Unternehmen **weiterzuempfehlen**. Dies kann bei Kunden bspw. mithilfe von **Aufklebern** oder **speziellen Sendungsbeilagen** geschehen, die Kunden dazu auffordern, das Unternehmen auf seinen Social-Media-Accounts oder entsprechenden Bewertungsseiten zu beurteilen.

Kundenbewertungen, die i. d. R. digital erfolgen, stellen **als Headline**, meist mit einer Bewertung von keinem bis hin zu maximal fünf Sternen, **eine globale Bewertung** einer Transaktion dar. Die **Zahl der Sterne** wird **parallel als Dezimalzahl** angegeben, die eine genauere Bestimmung der Bewertungszahl zulässt. Darüber hinaus wird auch noch die

---

[449] Vgl. GUTT, D., HERRMANN, P.: Sharing Means Caring? Hosts‘ Price Reactions to Rating Visibility, in: Proceedings oft he 23rd European Conference on Information Systems (ECIS), Münster 2015, https://ris.uni-paderborn.de/record/254.

[450] Vgl. NEUMANN, J., GUTT, D., KUNDISCH, D.: A Homeowner's Guide to Airbnb: Theory and Empirical Evidence for Optimal Pricing Conditional on Online Ratings, vorgestellt anlässlich: INFORMS Conference on Information Systems and Technology (CIST), Houston USA, 2017.

[451] Vgl. ANDERSON, M., MAGRUDER, J.: a. a. O.

[452] Vgl. MUCHNIK, L., ET AL.: Social Influence Bias: A Randomized Experiment, in: Science, Jg. 341, 2013, H. 6146, S. 647–651.

[453] Vgl. KOTLER, PH., KELLER, K., OPRESNIK, M.: a. a. O., S. 190.

Anzahl der Bewertungen übermittelt, sodass der Kunde zum einen weiß, dass eine bestimmte Anzahl das Produkt erworben und bewertet hat, d. h. keine kleine Bewertungsanzahl das Ergebnis verzerrt. Tendenziell **wirkt eine hohe Anzahl von Kundenbewertungen glaubwürdiger** als eine geringe Anzahl. Kundenbewertungen können in einem weiteren Schritt mit **Bewertungstexten** detailliert werden.

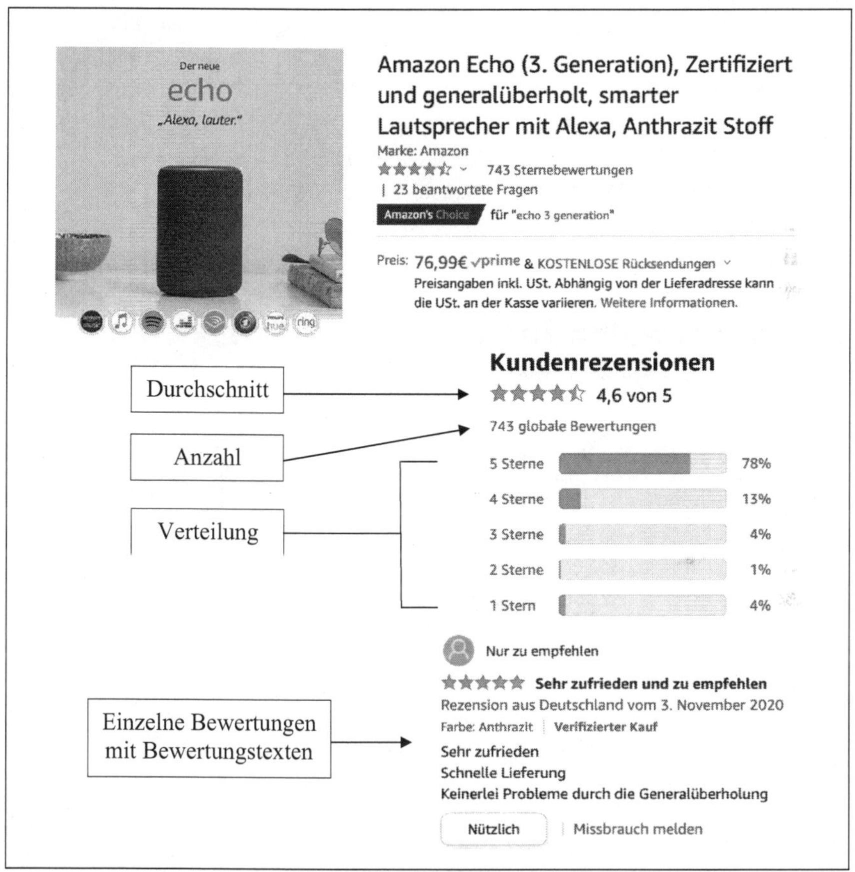

Darst. 2.4012: Kundenbewertung mit Sternen und Bewertungstexten

Alternativ sind auch Unterkriterien denkbar, womit produktspezifische Eigenschaften bewertet werden können. Bei Services/Dienstleistungen sind v. a. Erfahrungseigenschaften (z. B. Geschmack des Essens, Qualität des Services) und Vertrauenseigenschaften (z. B.

vegane Herkunft der Speisen, Bio-Qualität, Spreewald-Gurken aus dem Spreewald) gefragt, während bei physischen Produkten i. d. R. ein hoher Anteil an Sucheigenschaften (z. B. Farbe, Größe, Voltzahl) und Erfahrungseigenschaften (z. B. Haptik des Produkts, Geruch) von Bedeutung sind.[454] Für Hotels sind in der nachstehenden Grafik die Bewertungskategorien Hotel (z. B. WLAN, Pools, Parken, Wellness, Kinderbetreuung, Ausstattung), Services (Rezeption, Lift, weitere Serviceangebote wie Autovermietung und Fahrradverleih), Strand (Entfernung, Strandtyp, Zugang, Liegen), Gastronomie (gastronomische Einrichtungen, Verpflegungsarten, Stil der Küche, Qualität der Speisen), Zimmer (u. a. Badezimmer und -details, Klimatisierung, TV-Empfang, Telefon, Radio, Minibar, Balkon, Terrasse, Zimmerservice (Häufigkeit und Qualität), Zimmertyp, Qualität der Einrichtung), Lage (Entfernung zum Flughafen, zu öffentlichen Verkehrsmitteln, zur Autobahn und zu touristischen Angeboten, Strand (Entfernung, Strandtyp, Zugang, Liegen)), Sport & Unterhaltung (Indoor- und Outdoor-Aktivitäten, Tennisplatz, Discothek, Abendunterhaltung).

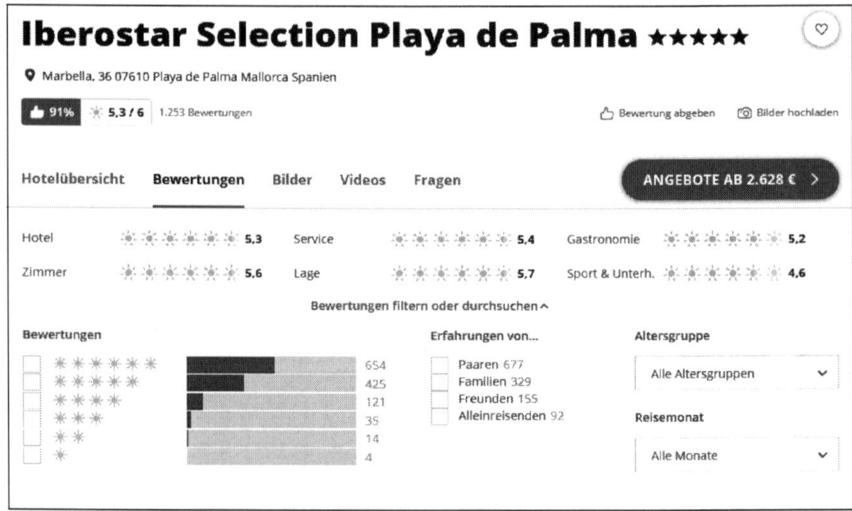

Darst. 2.4013: Unterkriterien bei der Kundenbewertungen von Hotels am Beispiel von Iberostar Selection Playa de Palma
(Quelle: https://www.holidaycheck.de/hr/bewertungen-iberostar-selection-playa-de-palma/7c552adb-248a-355a-9f41-659fb90ed364, Abruf am 29.11.2011.)

[454] Vgl. KUNDISCH, D.: Einfluss und Relevanz von digitalen Kundenbewertungen. Vortrag auf einer Veranstaltung des Bundesverbandes mittelständische Wirtschaft (BVMW) am 14.06.2018 in Lichtenau.

Entscheidend für die **Glaubwürdigkeit** (Stichwort: Missbrauch von Bewertungen) ist ein **transaktionsbasiertes Kundenbewertungssystem**,[455] wie dies in den beiden vorstehenden Beispielen der Fall ist.

Kunden nehmen Bewertungen aus vielerlei **Gründen** vor. Neben den **sehr guten oder bei besonders schlechten Erfahrungen** verspürt der Bewertende zuweilen den Wunsch, eine **vorangegangene Bewertung zu „korrigieren"**[456].

Erfahrungsgemäß nehmen (gute, v. a. aber schlechte) Bewertungen zu, wenn es sich bei einem Produkt um einen **Bestseller** oder ein **Nischenprodukt** handelt.[457]

Erhält ein Unternehmen negative Bewertungen, sollte hierauf freundlich und sachlich, verbunden mit einer positiven „Wir bessern uns"-Message reagiert werden. Besonders wirkungsvoll ist diese Antwort, wenn sich eine Person, die als Angehöriger des „Higher Managements" erkennbar ist, äußert. Letzteres wird als besondere Wertschätzung des Kunden interpretiert. Grundsätzlich gilt: Wenn ein Unternehmen **auf negative Kommentare reagiert**, signalisiert es, dass es bereit ist, sich professionell mit Kritik auseinanderzusetzen.

Negative Bewertungen können u. U. auch hilfreich sein. So kauften laut einer Untersuchung von Forrester Kunden die Produkte trotz schlechter Kritiken, weil sie der Meinung waren, dass die Bewertungen den persönlichen Geschmack und den persönlichen Eindruck widerspiegelten, die sich von ihrer eigenen Meinung unterschied.[458] Da die potenziellen Kunden die Vor- und Nachteile von Artikeln durch negative Kritiken besser kennenlernen können, kann es sein, dass es zu weniger Produktrückläufen kommt, was bei den Verkäufern weniger Kosten zu verursacht.[459]

Beim **Design einer eigenen Bewertungsplattform** ist u. a. die Beachtung folgender Punkte hilfreich:

[455] Dieses gewährleistet, dass ausschließlich Kunden, die auch das entsprechende Produkt gekauft oder die Dienstleistung tatsächlich in Anspruch genommen haben, eine Bewertung abgeben dürfen.

[456] Vgl. MUCHNIK, L., ET AL.: Social Influence Bias: A Randomized Experiment, in: Science, Jg. 341, 2013, H. 6146, S. 647–651.

[457] Vgl. DELLAROCAS, C., GAO, G., NARAYAN, R.: Are Consumers More Likely to Contribute Online Reviews für Hit or Niche Products? In: Journal of Management Information Systems, Jg. 27, 2010, H. 2, S. 127–158.

[458] Vgl. MANGALINDAN, M.: Web Stores Tap Product Reviews, in: Wall Street Journal, 11.09.2007.

[459] Vgl. BERGER, J., SORENSEN A. T., RASMUSSEN, S. J.: Positive Effects of Negative Publicity: When Negative Reviews Increase Sales, in: Marketing Science, Jg. 29, 2010, H. 5, S. 815–827.

- das Bewertungsprofil eines Verkäufers wird nur in Intervallen aktualisiert (erweckt den Anschein von Manipulationen und untergräbt die Glaubwürdigkeit von Bewertungen),
- der Kunde hat die Möglichkeit, seinen geographischen Standort in der Bewertung anzuzeigen (erhöht die Authentizität und damit die Glaubwürdigkeit der Bewertung),[460]
- die Profilbilder der Kunden sind neben der Bewertung sichtbar (Bewertungen werden als hilfreicher wahrgenommen,[461]
- das Bewertungssystem ist wie ein soziales Netzwerk aufgebaut (Kunden mit vielen Kontakten geben objektivere Bewertungen ab),
- mehrdimensionale Bewertungssysteme (Unterkriterien) führen i. d. R. zu höheren Bewertungen.

2.4.3.3 Kennzahlen des Beschwerdemanagements

Das Beschwerdemanagement wird als ein Bestandteil eines Customer Relationship Management (CRM) angesehen. Das **übergeordnete Ziel** des CRM und damit auch des Beschwerdemanagements ist letztlich die **Verbesserung der Wettbewerbsfähigkeit** des Unternehmens und somit die **Steigerung des (langfristigen) Gewinns** (Wertorientierung). Konkrete Unterziele des Beschwerdemanagements sind die **Wiederherstellung bzw. Verbesserung der Kundenzufriedenheit** und **eines neuen Vertrauensverhältnisses**, die **Beseitigung oder Abmilderung der Folgen der Unzufriedenheit** auf das Unternehmen, die **Akquisition zusätzlicher Kunden durch eine positive Mund-zu-Mund-Werbung durch zufriedengestellte Kunden** sowie die **Identifizierung und Nutzung des in den Beschwerden enthaltenen Verbesserungspotenzials** hinsichtlich der Schwächen des Unternehmens. Eine hohe Kundenzufriedenheit wirkt sich auch auf die Mitarbeiter aus. Diese **Zufriedenheit der Mitarbeiter** führt zu einer positiven Wirkung sowohl auf die Beschwerdeführer als auch alle anderen Kunden. Diese wechselseitige Beziehung wird als „Service Profit Chain“ oder dienstleistungsspezifisch als „Cycle of Success“ bezeichnet.[462] Die Erreichung der vorgenannten Ziele führt c. p. zu **geringeren Reklamationskosten** und **höheren Umsätzen**. Das Beschwerdemanagement-Controlling unterstützt das Management.

---

[460] Vgl. DELLAROCAS, C.: Strategic Manipulation of Internet Opinion Forums: Implications for Consumer and Firms, in: Management Science, Jg. 52, 2006, H. 10, S. 153–169.

[461] Vgl. KARIMI, S., WANG, F.: Online review helpfulness: Impact of reviewer profile image, in: Decision Support Systems, Jg. 96, 2017, S. 39–48.

[462] Vgl. HEUPEL, T.: Funktionales Controlling, Studienbrief 003233-001565 des Instituts für Verbundstudien der Fachhochschulen Nordrhein-Westfalens – IfV NRW, Hagen 2009, S. 96.

Beschwerdemanagement-Controlling ist die systematische, sich ständig wiederholende und/oder situative Beurteilung, Optimierung, Auswahl (Entscheidungsvorbereitung)[1] und Kontrolle der strategischen, taktischen und operativen Ziele des Beschwerdemanagements sowie aller Aktivitäten einschließlich der internen Prozessabläufe und des Personaleinsatzes im Hinblick die Verwirklichung der gesteckten Ziele des Beschwerdemanagements.

Darst. 2.4014: Definition Beschwerdemanagement-Controlling

[1] Die Entscheidung und Umsetzung ist *nicht* Aufgabe des Beschaffungs-Controllers.

Aufgrund der engen Interaktion zwischen Unternehmen und Kunden im Fall von Dienstleistungen und der daraus resultierenden hohen Bedeutung der persönlichen Kontakte sowie der Immaterialität der Leistung bekommt das **Beschwerdemanagement in Unternehmen mit hohem Dienstleistungsanteil ein größeres Gewicht** als in Unternehmen mit geringem Dienstleistungsanteil.

Da es bereits vor einem Kaufabschluss Grund zu klagen geben kann (z. B. unfreundliche Bedienung, unzulängliche einschl. unqualifizierter Beratung, ungünstige Öffnungs- bzw. Erreichbarkeitszeiten, fehlende Lieferflexibilität, mangelhafte Lieferbereitschaft, Out-of-Stock-Situation), fußen Beschwerden nicht nur auf rechtlich begründeten Reklamationen oder der Einforderung freiwillig offerierter Garantieleistungen. Beschwerden beziehen sich oftmals auf Mängel bei materiellen Gütern und Dienstleistungen oder das Fehlverhal-

Beschwerden sind eine Form der Artikulation von Unzufriedenheit direkt gegenüber dem Unternehmen oder indirekt gegenüber Dritten über subjektiv bewertete oder objektiv feststellbare Missstände in Bezug auf Ergebnisse, Prozesse oder den zwischenmenschlichen Umgang. Zweck einer Beschwerde ist, das Unternehmen auf die vorgenannten Mängel aufmerksam zu machen, eine Wiedergutmachung für erlittene Beeinträchtigungen zu erhalten und/oder eine Beseitigung der kritisierten Missstände zu erreichen.

Darst. 2.4015: Beschwerde

(Vgl. ORSINGHER, C., VALENTINI, S., ANGELIS, M.: A meta-analysis of satisfaction with complaint handling in services, in: Journal of the Academy of Marketing Science, Vol. 38, 2009, H. 2, S. 179ff., STAUSS, B., SEIDEL, F.: Beschwerdemanagement – Unzufriedene Kunden als profitable Zielgruppe, 5. Aufl., München 2014, S. 28.)

ten von Mitarbeitern. Zudem kann sich die Beschwerde auch auf Absatzhelfer oder Absatzmittler des Unternehmens beziehen. In eher seltenen Fällen kann sich eine Beschwerde auch auf die Makroumwelt des Unternehmens richten.

Die **Kommunikation** kann brieflich, telefonisch, telekommunikativ oder im persönlichen Gespräch erfolgen. Als Beschwerdeplattform dienen **zunehmend die sozialen Medien**, die Unternehmen vor besondere Herausforderungen, allein schon wegen des meist nicht erkennbaren Absenders der Unmutsbekundung und der Möglichkeit einer schnellen Vernetzung der Nutzer, stellen. Das Unternehmen sollte darauf achten, dass die Beschwerdewege einen **niedrigschwelligen Zugang** für den Kunden aufweisen.

Um die Zielerreichung zu messen, stellt das Beschwerdemanagement-Controlling verschiedene Kennzahlen zur Verfügung. Eine häufig genannte ist die Beschwerdequote.

$$\text{Beschwerdequote (\%)} = \frac{\text{Zahl der Beschwerden}}{\text{Zahl der Verkäufe}} \cdot 100$$

Darst. 2.4016: Beschwerdequote (%)

Die Berechnung dieser Quote setzt voraus, dass die Beanstandungen systematisch erfasst und ausgewertet werden. Es empfiehlt sich, bei der Aufnahme einer Beschwerde eine Checkliste (**Beschwerdeaufnahmeformular**) zu verwenden.[463]

Eine **vergleichende Bewertung der** ermittelten **Beschwerdequote** ist – sinnsteigernde gemäß der nachstehenden Reihenfolge – über einen Plan-Ist- bzw. Soll-Ist-Vergleich, eine Zeitreihenanalyse oder als internes Benchmarking anzuraten. Ein externes Benchmarking dürften wegen der Zahlenerhältlichkeit zur selten möglich sein.

[463] Vgl. SCHNEIDER, W., HENNIG, A.: a. a. O., S. 60.

- Name des Beschwerdeaufnehmers
- Datum und Uhrzeit der Beschwerde
- Namen und Adresse des Kunden
- Kommunikationsweg (Brief, Telefon, Internet-Formular, E-Mail, Fax, Gespräch)
- Grund der Beschwerde (per Ankreuzen: u. a. Bestellprozess, äußerliche Beschädigung des Paketes/des Produktes, eingeschränkte Funktionsfähigkeit des Artikels, Lieferzeit, Zahlungsweise, Freundlichkeit des Personals)
- Verantwortlichkeit im oder außerhalb des Unternehmens (etwa Bereich/Stelle, Person, Absatzmittler, Absatzhelfer)
- Garantiefall (ja/nein)
- Eingeleitete Maßnahme (per Ankreuzen: Preisnachlass, Erstattung des Verkaufspreises und/oder des gezahlten Portos, Umtausch, Reparatur, anderes Produkt, Schadensersatz, Beratungsleistungen, Informationen, Entschuldigung)
- Vereinbarte Aktivität seitens des Kunden (z. B. Rücksendung, Vernichtung der Artikel)
- Zeitraum zwischen Beschwerde und Bearbeitung sowie Lösung des Problems (mindestens tagesgenau)
- Ausdrückliches Bedauern des Missstands und Entschuldigung beim Kunden
- Bitte um eine Bewertung des Vorgangs seitens des Kunden auf einem Bewertungsportal, ggf. E-Mail mit Bewertungslink zusenden
- Zufriedenheit des Kunden mit der Lösung des Problems (persönlicher Eindruck des Beschwerdeaufnehmers auf einer Skala z. B. von – 5 (sehr unzufrieden) bis + 5 (sehr zufrieden))
- Abgegebene Beschwerdezufriedenheit des Kunden erfassen und ggf. mit der Bewertung des Mitarbeiters abgleichen

Darst. 2.4017: Beschwerdeaufnahmeformular

Statt geäußerte Beschwerden als Chance zu sehen, tendieren die meisten Unternehmen bzw. deren Mitarbeiter dazu, diese bewusst zu ignorieren, nach außen hin abzuwehren und/oder nach innen hin zu vertuschen. Das hat verschiedene Ursachen, auf die hier nicht weiter eingegangen werden soll.[464] Durch bestimmte Verhaltensweisen wie der Aufbau von Beschwerdebarrieren (z. B. durch, auch angeblich, fehlende Ansprechpartner oder Nichtzuständigkeiten), Bagatellisieren von Problemen oder kleinliche Regulierung von Beschwerden werden zwar vordergründig Kosten gespart und bestimmte Probleme, die

[464] Auf diese Ursachen sowie bestimmte Techniken der Mitarbeiter, Beschwerden zu bagatellisieren, gehen bspw. SCHNEIDER, W., HENNIG, A.: a. a. O., S. 61–62 ein.

die Beschwerdeführer äußern, beiseitegeschoben, aber eben nicht zum Wohle des Unternehmens gelöst. Im Gegenteil: Möglichen Folgen wie einer stillen Abwanderung oder einer negativen Mundpropaganda kann nicht (mehr) entgegengewirkt werden. Die bessere Strategie besteht darin, ein **aktives Beschwerdemanagement** zu implementieren. Durch ein frühzeitiges Erkennen/Realisieren von Problemen (Frühwarnsignale!) besteht die Chance, weitere Unzufriedenheit nicht erst entstehen zu lassen und weitere Kostenentstehungen, z. B. bei berechtigten Reklamationen, zu verhindern. Mögliche Ansätze sind Service- oder Produktbewertungen – am besten mit Kommentierungen – unmittelbar nach dem Kauf oder Verkäufer, die bei bestimmten, insb. bei werthaltigen Produkten Kontakt mit dem Käufer aufnehmen. – Allerdings ist in diesem Zusammenhang anzumerken, dass nicht jede Beschwerde auf Missstände des Unternehmens oder seiner Absatzmittler bzw. Absatzhelfer zurückzuführen sind. Ursachen können etwa in rechtlichen Regelungen liegen, die der Kunde nicht versteht, nicht verstehen kann oder nicht verstehen will. Zu den Letzteren gehören die notorischen Nörgler, die niemals zufrieden zu stellen sind. Demgegenüber werden Beschwerden zuweilen auch von zufriedenen Kunden geäußert, um einen wirtschaftlichen Vorteil daraus zu ziehen. Auch kann mache Unzufriedenheitsursache dem Verantwortungsbereich des Kunden zuzuordnen sein, z. B. bei unsachgemäßer Bedienung des Produktes. In diesen Fällen muss sich das Unternehmen auf seine gut geschulten und psychisch belastbaren Mitarbeiter verlassen können. Einem guten Teil der beschwerenden Kunden „genügt“ es, den Mitarbeitern des Unternehmens „einmal die Meinung zu sagen“ und zu hören, dass Besserung gelobt wird.

Das **Beschwerdeverhalten** selbst wird beeinflusst durch sozio- und psychografische Personenmerkmale wie Alter, Geschlecht, Bildung, Einkommen, Selbstbewusstsein, Frustrationstoleranz und Beschwerdeerfahrung.[465] Auch Situationsmerkmale wie die Relevanz des Konsumereignisses, das Rollenverhältnis zwischen Anbieter und Nachfrager sowie die Existenz von Beschwerdebarrieren spielen eine Rolle.

Generell führt eine **Unzufriedenheit mit der Reaktion auf eine Beschwerde** zu einer Verschlechterung der Einstellung gegenüber dem Produkt bzw. dem Unternehmen und zu negativer Mund-zu-Mund-Werbung, Boykott oder Abwanderung.[466] Entscheidend für die Kundenzufriedenheit ist die **Lösung eines Problems gleich im Erstkontakt**. Dies setzt voraus, dass der Kunde einen Mitarbeiter des Unternehmens zum einen überhaupt erreicht und zweitens nicht „in endlosen Telefonschleifen zermürbt“ und damit seine Unzufriedenheit nicht noch weiter gesteigert wird. Insbesondere ältere Kunden (das ist eine stark wachsende Bevölkerungsgruppe!) äußern immer wieder ihren Unmut darüber, dass sie nach

[465] Vgl. WIRCHER, H.: Beschwerdemanagement, in: WISU, 2016, H. 10, S. 1108.

[466] Vgl. ebenda.

wiederholten Aufforderungen, bestimmte Tasten zu drücken, irgendwann nicht mehr wissen, bei welchen Alternativen welche Taste gewählt werden muss. Derartige Strategien können nur als kundenunfreundlich bezeichnet werden.

Aus diesem Grunde sollte festgehalten werden, wie es um die **generelle Erreichbarkeit** des Unternehmens bei Beschwerden steht. Ein Indikator für die **telefonische Erreichbarkeit** ist die Zahl der angenommenen Anrufe im Verhältnis zur Gesamtzahl der Anrufversuche:

$$\text{Telefonische Erreichbarkeit} = \frac{\text{Anzahl der angenommenen Anrufe}}{\text{Gesamtanzahl der Anrufversuche}}$$

Darst. 2.4018: Telefonische Erreichbarkeit

Die Mehrzahl der Kunden wünscht sich eine **schnelle und unbürokratische Behebung ihrer Probleme**. Dies bedeutet, dass die Missstände im optimalen Fall gleich beim ersten Kontakt beseitigt werden. Bei Kunden, die wiederholt mit ihrem Problem konfrontiert werden, ist davon auszugehen, dass sich die Unzufriedenheit vertieft und dauerhaft festsetzt. Die Wahrscheinlichkeit, einen Beschwerdeführer nach einer wiederholten Beschäftigung mit seinem Problem als Kunden wiederzugewinnen, sinkt drastisch. Daher sollte der **Erstkontaktlösungsquote** ebenfalls Beachtung geschenkt werden.

$$\text{Erstkontaktlösungsquote (\%)} = \frac{\text{Im Erstkontakt direkt gelöstes Problem}}{\text{Gesamtanzahl der Beschwerden}}$$

Darst. 2.4019: Erstkontaktlösungsquote (%)

Um die vorstehenden Anforderungen an ein optimales Beschwerdemanagement zu erfüllen, ist es eine **dezentrale Verankerung des Beschwerdemanagements im Unternehmen** sinnvoll, sofern verschiedene Unternehmensbereiche einen direkten Kundenkontakt haben, über die notwendige Fachkompetenz verfügen und die Beschwerde vor Ort schneller und wirtschaftlicher abgewickelt werden kann.[467]

[467] Vgl. WIRCHER, H.: a. a. O., S. 1109.

In der Praxis wird häufig davon ausgegangen, dass eine geringe Beschwerdequote unmittelbar auf eine hohe Kundenzufriedenheit schließen lässt.[468] Diese These ist aus mindestens zwei Gründen zu relativieren: Zum einen beschwert sich nur ein Bruchteil der unzufriedenen Kunden auch tatsächlich gegenüber dem Unternehmen („Spitze des Eisbergs“) (auf den Social Media-Kanälen scheint diese Quote höher), zum anderen ist die Beschwerdegruppe nicht unbedingt repräsentativ für die Gesamtzahl derjenigen der Kunden, die (objektiv oder subjektiv) Missstände feststellen.

2.4.3.4 Lieferflexibilität, Lieferbereitschaftsquote, Out-of-Stock-Quote

Die Kunden stellen nicht nur Anforderungen an Unternehmen, die grundlegende Werte und Normen, u. a. auch Fragen der Nachhaltigkeit, betreffen,[469] sondern äußern darüber hinaus explizite Wünsche, die sich konkret auf die Produkte und die Lieferung derselben beziehen.[470] Eine der Anforderungen an die Unternehmen betrifft die Lieferflexibilität. Sie wird wie folgt definiert:[471]

Die **Lieferflexibilität** ergibt sich demnach aus der Menge der erfüllten Sonderwünsche gemessen an der Gesamtanzahl der Sonderwünsche. Die Kennzahl zeigt damit den Grad, inwieweit Lieferanten auf Sonderwünsche eingehen und nimmt einen Wert zwischen 0 und 100 % ein.

$$\text{Lieferflexibilität (\%)} = \frac{\text{Anzahl erfüllter Sonderwünsche}}{\text{Gesamtanzahl der Sonderwünsche}} \cdot 100$$

Darst. 2.4020: Lieferflexibilität

Im Rahmen der **Fehl- und Nichtverkaufsanalyse** wird geklärt, welche Umsatzverluste dadurch entstanden sind, dass Artikel zum Zeitpunkt der Nachfrage nicht verfügbar waren.

[468] Vgl. SCHNEIDER, W., HENNIG, A.: a. a. O., S. 61.

[469] Vgl. WÖRDENWEBER, M.: Normatives Management, a. a. O., S. 4–5, 38–43.

[470] Es sei der Hinweis erlaubt, dass die Werte und Normen von Kunden oft nicht kompatibel sind mit ihren Anforderungen an Produkte und die Lieferung derselben. Etwas ausführlicher wird das Thema im Unterabschnitt 2.2.5 „Lieferflexibilität und Lieferbereitschaftsquote“ erörtert.

[471] Vgl. DISTELZWEIG, A.: a. a. O., S. 128.

Dies kann im Wesentlichen zwei Gründe haben: Wenn der Artikel grundsätzlich im Unternehmen gelistet ist, aber aufgrund verspäteter Herstellung, Anlieferung oder Regalbeschickung (im stationären Handel) nicht vorhanden ist (out of stock), handelt es sich um einen sogenannten **Fehlkauf**. Von einem **Nichtverkauf** ist hingegen die Rede, wenn der Artikel im Sortiment des Unternehmens grundsätzlich nicht existent ist.[472]

Ein weiteres wichtiges Merkmal erfolgreicher Hersteller, bzw. Unternehmen im Fernabsatzbereich ist die dem Kunden gebotene Möglichkeit, Artikel möglichst schnell, d. h. in der Regel sofort auszuliefern. (Die Art der Versendung, z. B. Express ist damit nicht gemeint. Dieser Kundenwunsch würde zusätzlich dazu führen, dass ein Kunde einen Artikel noch schneller erhält.) Eine nicht gegebene Verfügbarkeit von Produkten bedeutet zum einen **Umsatzverluste**, zum anderen **Imageverluste** einschließlich deutlich sichtbarer Verschlechterungen bei den **Kundenbewertungen**, die wiederum Umsatzeinbußen nach sich ziehen können. Auf der anderen Seite ist – gerade vor Weihnachten – die (sofortige) Lieferfähigkeit ein bedeutsames Kaufargument. Ausgehend vom Vertriebsbereich (Lagerung und externe Transportlogistik) sind sowohl die Produktion als auch die interne Transportlogistik und der Beschaffungsbereich (externe Transportlogistik und Lagerung) von der Anforderung „sofortige Auslieferung“ betroffen. Eine denkbare Kennzahl im Hinblick auf die Prüfung dieser Kundenerwartung ist die Lieferbereitschaftsquote.

$$\text{Lieferbereitschaftsquote (\%)} = \frac{\text{Anzahl sofort bedienter Anforderungen}}{\text{Anzahl der Anforderungen}} \cdot 100$$

Darst. 2.4021: Lieferbereitschaftsquote (%)

Beispiel: Ein Onlineshop im Bereich Handy-Zubehör konnte im März von insgesamt 1.326.420 bestellten Artikeln 13.727 Artikel nicht sofort versenden, da diese Artikel nicht vorrätig waren. Die Lieferbereitschaftsquote beträgt demnach 98,97 % (1.326.420 minus 13.727 ergibt 1.312.693. Letztere Zahl dividiert durch 1.326.420 ergibt 0,9897.)

Eine verwandte Kennzahl, insbesondere für den stationären Handel, ist die **Out-of-Stock-Quote**, die auch **Fehlmengenquote** genannt wird. Sie gibt den Anteil der nicht verfügbaren Artikel an der Gesamtzahl der gelisteten bzw. nachgefragten Artikel an.

[472] Vgl. ZENTES, J., SWOBODA, B., FOSCHT, T.: Handelsmanagement, 4. Aufl., München 2019, S. 823.

$$\text{Out-of-Stock-Quote (\%)} = \frac{\text{Anzahl der nicht verfügbaren Artikel}}{\text{Anzahl der gelisteten bzw. nachgefragten Artikel}} \cdot 100$$

Darst. 2.4022: Out-of-Stock-Quote (%)

Beispiel: Ein (stationärer) Supermarkt konnte im vergangenen Monat von insgesamt 86.244 gelisteten Artikeln 892 Produkte bzw. von 88.173 von den Kunden gewünschten Artikeln 2.827 Produkte nicht verkaufen. Die Out-of-Stock-Quote liegt dann bei 1,03 % (bezogen auf die gelisteten Artikel) bzw. 3,21 % (bezogen auf die geforderten Artikel).

Als **Datenquelle** dienen die Inventur(en) und/oder die Kontrolle durch Inaugenscheinnahme der Regale, Differenzlisten im Warenwirtschaftssystem oder Nachfragen/Anregungen von Kunden.

Bei der Verwendung dieser Kennzahlen für die Kostenstelle **interne bzw. innerbetriebliche Transportlogistik** ist allerdings vorab zu klären, ob die Kommissionierung/Regalbestückung bzw. der Versand jederzeit auf ausreichende Bestände zurückgreifen kann und ob im Fall der Out-of-Stock-Quote die Artikel überhaupt gelistet waren.

Mittels der vorgenannten Kennzahlen kann die **Qualität der Absatzplanung, aber auch der Beschaffungs- und/oder Herstellungsplanung** überprüft werden.

Mögliche **Ursachen** für nicht zufriedenstellende Lieferbereitschafts- bzw. Out-of-Stock-Quoten sind:

- Mangelhafte Beschaffungsplanung
  - zu lange Bestellrhythmen
  - nicht ausreichende Mindestbestände
  - zu geringe Meldebestände
  - zu kleine Bestellmengen
- Bestellfehler (nicht oder zu wenig bestellt)
  - nicht bestellt
  - zu wenig geordert
- Mangelhafte Produktionsplanung
  - fehlerhafte Terminplanung
  - falsche Mengenplanung
- Fehler in der Transportlogistikkette (in- und/oder extern)
  - falsche Mengen geliefert
  - zu spät geliefert
  - gar nicht geliefert
- Fehler in der Lagerhaltung
  - mangelhafte Bestandspflege
  - unübersichtliche Lagerung der Produkte bei fehlender Lagerplatzzuweisung über das Warenwirtschaftssystem
  - falscher Lagerplatz trotz (richtiger) Lagerplatzzuweisung über das Warenwirtschaftssystem
- Fehler im Versand
  - Kommissionierfehler
  - (Ab-)Buchungsfehler
- Schwund, Verderb und Diebstahl

Darst. 2.4023: Ursachen für nicht zufriedenstellende Lieferbereitschafts- und Out-of-Stock-Quote

Bei 100%iger Lieferbereitschaft bzw. Verfügbarkeit im Regal des stationären Händlers müssten – bei gleichzeitig ausreichenden Kapazitäten der Transportlogistik – die Lagerbestände aller Güter so dimensioniert sein, dass jederzeit eine ausreichende Versorgung mit sämtlichen Gütern garantiert ist. Die Erfüllung der vorstehenden Bedingungen würde zu extrem hohen Lagerbeständen führen, um auch in- oder externen Nachfragespitzen jederzeit begegnen zu können. Die Folge sind ein Sinken der durchschnittlichen Lagerumschlagshäufigkeit (des gesamten Lagers) sowie ein Anstieg der durchschnittlichen Lagerreichweite. Das i. d. R. prioritäre Rentabilitätsziel würde u. a. durch die zusätzlichen Finanzierungskosten (Kapitalbindung) verletzt. Eine Lieferbereitschaftsquote von 100 % resp. eine Out-of-Stock-Quote von 0 % dürfte daher nur in Ausnahmefällen ein primäres Ziel des Unternehmens sein.

2.4.4 Werbe-Controlling

Zu den nur langfristig erreichbaren, aber bereits kurzfristig messbaren Zielen gehören der **Bekanntheitsgrad**, das **Image**/die **Einstellungen, Marktanteile** und die **Distributionsquote**.

Absatzpolitische Maßnahmen sollen eine Beeinflussung bzw. Änderung des Kaufverhaltens bewirken. Voraussetzung für den Aktions- oder Handlungserfolg ist die Erzielung einer psychischen Wirkung beim Käufer. **Psychographische Marketingziele** knüpfen deshalb in erster Linie an den mentalen Prozessen des Käufers an. Ausgangspunkt ist die empirisch nachgewiesene Hypothese, dass **Motive, Einstellungen und Images des Käufers die Kaufbereitschaft und damit letztlich die Kaufwahrscheinlichkeit bestimmen**.

Die Mehrzahl psychographischer Ziele wurde im Rahmen **werbepsychologischer Untersuchungen** formuliert. Dabei wird insbesondere auf den **Zusammenhang zwischen Information, Einstellungen und Verhalten** Bezug genommen. Ziele sind die

- Erhöhung des Bekanntheitsgrades,
- Erzielung von Wissenswirkungen,
- Veränderung bzw. Verstärkung von Einstellungen bzw. Images,
- Erhöhung der Präferenzen,
- Verstärkung der Kaufabsicht.

Das **Kernproblem** besteht in der **Messung dieser nicht unmittelbar beobachtbaren psychischen Variablen** des Käufers.

Die größte Bedeutung wird bei der Zielplanung den Einstellungen und Images zuerkannt. **Images** sind **subjektive, verstandes- und gefühlsmäßige Bedeutungsinhalte**, die jemand mit einem Gegenstand verbindet.[473] Images werden auch als „spezifisch wertende Ansichten" interpretiert. Stark vereinfacht bilden sich Einstellungen aus einer Summe von

[473] Also beispielsweise das Bild, welches sich ein Konsument von einer Marke macht. Vgl. KLOSS, I.: Werbung. Lehr-, Studien- und Nachschlagewerk, 5. Aufl. München 2012, S. 133f.

Images oder Eindruckswerten eines Gegenstandes (Produkt oder Firma). **Einstellungen** sind **vom Käufer gelernte und relativ dauerhafte Bereitschaften, auf bestimmte Reizkonstellationen (Stimuli) der Umwelt konsistent positiv oder negativ zu reagieren**. Sie beruhen auf der Einschätzung eines Produktes, einer Marke oder einer Unternehmung bezüglich bestimmter kaufrelevanter Kriterien wie z. B. Preis, Lieferfähigkeit, Qualität, Solidität, Vertrauen. Weitere Objekte der Einstellung können Personen oder Themen sein.

Die vorgenannten psychographischen Ziele Bekanntheitsgrad, Images und Einstellungen sowie Verhalten werden in erster Linie durch den Einsatz von **Werbung** erreicht. Daher werden nachfolgend die Themen Werbung und **Werbe-Controlling** näher beleuchtet.

Der Begriff „Werbung" wird in der Literatur sehr unterschiedlich definiert.[474] Allen Versionen gemeinsam ist ein Kern von drei Merkmalen:

- Zielorientierung
- Kommunikation und Information
- Einstellungs- und Verhaltensbeeinflussung.

Diese drei Elemente finden sich in der folgenden Definition wieder:

Werbung ist die Einstellungs- und Verhaltensbeeinflussung mit Hilfe ausgewählter Kommunikationsmittel.

Darst. 2.4024: Werbung

Werbung verfolgt in den meisten Fällen das **Ziel, Produkt- und Markenpositionierungen** vorzunehmen und die Marke mit spezifischen Erlebniswerten zu verknüpfen.[475] Es geht den Unternehmen somit darum, neue Käufer für sein Produkt zu gewinnen, um eine Steigerung des Umsatzes und der Marktanteile zu erreichen. Ebenso wird versucht, durch Werbung u. a. zu informieren (Wissenswirkungen zu erzeugen), Emotionen und Aufmerksamkeit zu wecken, zu unterhalten, Preissenkungen und Angebote bekannt zu geben, das

[474] Vgl. beispielsweise FRETER, H., a. a. O., S. 133, FRITZ, W., VON DER OELSNITZ, D., SEEGEBARTH, B.: Marketing. Elemente marktorientierter Unternehmensführung, 5. Aufl., Stuttgart 2019, S. 249-250, KOTLER, PH., ARMSTRONG, G., HARRIS, L., PIERCY, N.: Grundlagen des Marketing, 7. Aufl., Halbergmoos 2019, S. 885, KOTLER, PH., KELLER, K., OPRESNIK, M.: Marketing-Management. Konzepte – Instrumente – Unternehmensfallstudien, 15. Aufl., Hallbergmoos 2017, S. 728, KROEBER-RIEL, W., GRÖPPEL-KLEIN, A.: Konsumentenverhalten, 11. Aufl., München 2019, S. 554, STENDER-MONHEMIUS, K.: Marketing kompakt und Fallstudien. Systematik, Beispiele, Fallstudien mit Lösungen, 3. Aufl., Norderstedt 2020, S. 165f.

[475] Vgl. KROEBER-RIEL, W., GRÖPPEL-KLEIN, A.: a. a. O., S. 554ff.

Produkt- und Unternehmensimage nachhaltig zu verbessern, den Bekanntheitsgrad der Produkte und/oder des Unternehmens zu erhöhen und nicht zuletzt die Kaufbereitschaft des Rezipienten zu erhöhen.

Werbung wird aber nicht nur von For-Profit-Organisationen wie (nicht gemeinnützige) Unternehmen, sondern auch von sogenannten NPOs[476] wie öffentlichen Organen[477], Parteien, Kirchen, Gewerkschaften und anderen gesellschaftlichen Gruppen betrieben.[478]

Die (möglichst) operationalisierbaren Werbeziele beinhalten immer auch die Bestimmung der **Zielgruppe**, d. h. den Personenkreis, auf die das Unternehmen seine Werbemaßnahmen richten möchte. Ziel ist es, eine möglichst homogene Zielgruppe zu finden, um die Kosten der Werbung zu minimieren und den größtmöglichen Werbeeffekt bei der Zielgruppe zu erreichen.

Zu den Arten der Kommunikation gehören die persönliche Kommunikation und die Massenkommunikation.[479] Prinzipiell unterscheiden sie sich im Sinne der Zielgruppenorientierung dadurch, wie viele Empfänger der Sender erreichen möchte. Bei der persönlichen Kommunikation erfolgt die Ansprache von Person zu Person bzw. direkt auf eine Person zugeschnitten (personalisierte Werbung). Dagegen richtet sich die Massenkommunikation an eine große Zahl von Menschen, ohne gezielt[480] einzelne Personen oder Gruppen anzusprechen.[481]
Werbung ist immer zielorientiert (s. o.). Somit ist eine Überprüfung des Zielerreichungsgrades der Werbung naheliegend und im Sinne der Wirtschaftlichkeit des Unternehmens notwendig. Diese Überprüfung kann grundsätzlich auf zwei Ebenen erfolgen:[482]

[476] NPO steht für Non-Profit-Organisation. Diese, oft gemeinnützigen Organisationen verfolgen keine Gewinnziele. Es handelt sich um soziale, kulturelle, ökologische oder wissenschaftliche Ziele ohne Gewinnerzielungsabsicht.

[477] Dazu gehören u. a. die Bundesrepublik Deutschland, die Länder, Gebietskörperschaften und Kommunen sowie öffentlich-rechtliche Einrichtungen wie z. B. Rundfunkanstalten.

[478] Oft handelt es sich hier um Werbung im Sinne von **Propaganda**, mit dem Ziel, politisches, religiöses und kulturelles Gedankengut zu verbreiten. – In diesem Zusammenhang wird deutlich, dass eine Begrenzung der Werbenden auf „Handel, Gewerbe, Handwerk oder freie Berufe“ wie sie beispielsweise vom Amtsgericht Berlin/Pankow Weißensee (Urt. v. 16.12.2014, 101 C 1005/14) vorgenommen wurde, grundsätzlich falsch ist.

[479] Insofern ist eine – bei einigen Autoren nachzulesende – Beschränkung des Begriffs „Werbung“ allein auf Massenwerbung nicht zulässig.

[480] Damit ist nicht gemeint, dass auf eine zielgruppenspezifische Ansprache verzichtet wird!

[481] Vgl. RAMME, I.: Marketing. Einführung mit Fallbeispielen, Aufgaben und Lösungen, 3. Aufl., Stuttgart 2009, S. 165.

[482] Vgl. KLOSS, I.: Werbung, a. a. O., S. 28f.

- Effizienz: Kontrolle der Produktivität oder (monetär bewertet der) Wirtschaftlichkeit (Verhältnis von erzielter Wirkung und Mitteleinsatz)
- Effektivität: Hinterfragung der Wirksamkeit der Werbung (Zielerreichungsgrad: Verhältnis von tatsächlicher und angestrebter Werbewirkung)

Diese Überprüfungen finden im Rahmen des **Werbe-Controlling** statt.

> Werbe-Controlling ist die systematische, sich ständig wiederholende und/oder situative Beurteilung, Optimierung, Auswahl (Entscheidungsvorbereitung)[1] und Kontrolle der strategischen, taktischen und operativen Werbeziele sowie aller Werbemaßnahmen im Hinblick auf eine Verwirklichung der gesteckten Werbeziele. Letztere müssen permanent auf ihre Konsistenz mit den jeweiligen strategischen, taktischen und operativen Unternehmenszielen überprüft werden.

Darst. 2.4025: Definition Werbe-Controlling

[1] Die Entscheidung und Umsetzung ist *nicht* Aufgabe des Werbe-Controllers.

In der Definition des Werbe-Controlling spiegelt sich der Controlling-Prozess in der Werbung wider. Die Beurteilung der Rahmenbedingungen ist sowohl für die Werbeziele als auch die Werbemaßnahmen der Ausgangspunkt aller Planungen.

Rahmenbedingungen →	Konzeption →	Realisation →	Kontrolle
Werbegebiet Werbeetat Werbezeitraum	Werbeziele Werbeobjekt Werbestrategie Zielgruppe	Produktion Schaltung	Werbe- wirkungsmessung

Darst. 2.4026: Controlling-Prozess in der Werbung

(Vgl. KLOSS, I.: Werbung. Handbuch für Studium und Praxis, 5. Aufl. München 2012, S. 295.)

Das operative Werbe-Controlling überprüft auf der Ebene der Werbeumsetzung vor allem die **Mediastrategie** und die **Werbewirkung**.

Die drei psychologischen Werbeziele im Bereich der klassischen Werbung und die jeweilige Ebene der Kommunikationswirkung gibt die nachfolgende Darstellung wieder.

Beschreibung[1]	**Ebene der Kommuni-kationswirkung**[2]	**Zielgröße**[3]
subjektives Wissen eines Einstellungsobjektes	kognitiv[4]	Bekanntheit
gefühlsmäßige Einschätzung eines Objektes	affektiv[5]	Image, Einstellung
Verhaltensabsicht zu einem Objekt	konativ[6]	Kaufabsicht, Weiterempfehlung

Darst. 2.4027: Zielgrößen der Wirkungsmessung von klassischer Werbung[1]
[1] Vgl. STENDER-MONHEMIUS, K.: a. a. O., S. 165f.
[2] Vgl. MEFFERT, H., BURMANN, C., KIRCHGEORG, M., EISENBEISS, M.: a. a. O., S. 829ff.
[3] Ebenda.
[4] kognitiv = die Erkenntnis betreffend
[5] affektiv = das Gefühl betreffend
[6] konativ = das Verhalten betreffend

2.4.4.1 Werbewirkungstests

Pretests

Pretests werden im Anfangsstadium einer Werbemaßnahme eingesetzt, um die Wirksamkeit der Werbemittel vor Produktion und Schaltung zu testen. Diesbezüglich werden die zu untersuchenden Werbemittel den Zielgruppenpersonen dargeboten, welche dann unter Berücksichtigung der Beurteilungen gestaltet werden. Der Einsatz von Pretests kann im kompletten Gestaltungszeitraum erfolgen.[483]

Werbekonzeptionstests[484] und Gestaltungstests[485] lassen sich ebenfalls in die Pretest-Kategorie einordnen.[486] Die Tatsache, dass jede fünfte schlecht getestete Kampagne erfolgreich am Markt umgesetzt wird, stellt eine Grenze dar und kann durch die Psychologie der

[483] Vgl. KLOSS, I.: Werbung, a. a. O., S. 107.

[484] Der Werbekonzeptionstest ist nur eine grundsätzliche Idee. Es werden nicht die Teilelemente der gestalteten Botschaft geprüft. Sie sind Rohentwürfe und enthalten u. a. Slogan und Bildmotiv.

[485] Der Gestaltungstest befasst sich mit der Wirksamkeit der einzelnen Elemente der geschalteten Botschaft, sowie der gesamten Botschaft. Es ist darauf zu achten, dass einzelne Elemente im Gesamten nicht untergehen.

[486] Vgl. ROGGE, J.: Werbung, 6. Aufl., Ludwigshafen 2004, S. 352.

Probanden erklärt werden, bei welcher „Ungewöhnliches" häufig zunächst zur Ablehnung führt.[487]

Posttests

Posttests beziehen sich auf den abgeschlossenen Prozess nach einer Schaltung der Werbemittel und werden am Markt erhoben (im Folgenden unter Messverfahren näher erläutert).[488]

Während Pre- und Posttests zeitpunktbetrachtende Untersuchungen sind, werden Trackingstudien und Panel in die zeitraumbetrachtenden Untersuchungen eingeordnet.[489]

Trackingstudien[490]

Die Werbewirkung während eines Kampagnenverlaufes wird von Marktforschungsinstituten erhoben. Die sogenannte „Wellenerhebung" befragt im gleichen Umfang, zu einem Thema, in zeitlich definierten Abständen eine wechselnde, aber repräsentative Zielgruppenstichprobe. Erst eine vergleichende Bewertung in Form des (internen oder externen) Benchmarking ermöglicht eine qualitative Aussage, ob z. B. eine erstmalige Messung von 50 % Bekanntheitsgrad gut oder schlecht ist.[491]

Panel

Zur Erforschung von Verhaltenseinstellungen wird die Langzeitstudie (auch über Jahrzehnte) Panelerhebung angewendet. In regelmäßigen, zeitlichen Abständen (u. a. täglich, wöchentlich) wird eine identische Stichprobe von Untersuchungseinheiten (Personen, Einkaufsstätten, Unternehmen) zum gleichen Untersuchungsgegenstand befragt. Als Ziel verfolgt das Panel nicht nur Verhaltensänderungen zu erkennen, sondern sie auch erklären zu können. Darüber hinaus werden Informationen über Marktänderungen oder Markenwechselvorgänge erhoben.[492]

---

[487] Vgl. KLOSS, I.: Werbung, a. a. O., S. 107.

[488] Ebenda.

[489] Vgl. MEFFERT, H., BURMANN, C., KIRCHGEORG M., EISENBEISS, M.: a. a. O., S. 831.

[490] Unter Tracking (tracking (engl.) = Verfolgung, Spur) wird im Allgemeinen die Spurensuche oder das Verfolgen einer Spur (im Speziellen auch die Sendungsverfolgung) verstanden. Trackingstudien im Marketing sind fortlaufende Erhebungen über vorab festgelegte Inhalte (z. B. Bekanntheitsgrad, Images, Einstellungen, Kaufabsichten) mit repräsentativen, unterschiedlichen Rezipienten.

[491] Vgl. Unterabschnitt 2.1.2 von Band 1 „Bewertung von Kennzahlen".

[492] Vgl. MEFFERT, H., BURMANN, C., KIRCHGEORG M., EISENBEISS, M.: a. a. O., S. 170f.

2.4.4.2 Messverfahren für Bekanntheitsgrad und Image

2.4.4.2.1 Bekanntheitsgrad

Die nachstehend beschriebene Messmethodik wird eingesetzt, um die Bekanntheit einem Objekt gegenüber (Produkt, Unternehmen, Marke) herauszufinden. Dabei können u. a. die Markenbekanntheit, Werbebekanntheit, sowie Werbewiedererkennung erforscht werden.

Der **Bekanntheitsgrad** wird in den beiden Ausprägungen „**gestützt**" (passiv; im angelsächsischen Sprachraum: **recognition** oder als **aided recall**) oder „**ungestützt**" (aktiv; in der englischsprachigen Literatur: **recall**) gemessen.

Bei der **ungestützten** Abfrage wird eine offene Frage im Hinblick auf die Wahrnehmung eines oder mehrerer dem Befragten bekannten Produkte aus der relevanten Produktgruppe formuliert. Mit dieser Fragestellung wird ermittelt, welche Produkte ein Konsument wahrgenommen hat. Hier wird letztlich festgestellt, welches selektive Wissen über bestimmte Produkte bei dem Befragten innerhalb der auf ihn einströmenden Informationsflut vorhanden (geblieben) ist. Bei der ungestützten Befragung ist davon auszugehen, dass beim Rezipienten schon mehr als die reine Markenbekanntschaft vorhanden ist. Meist sind in diesem Fall schon Images oder Einstellungen beim Konsumenten verankert. Die zuerst genannten Markenprodukte werden auch „Top of Mind" genannt und sind Bestandteil des **evoked sets** (begrenzte Anzahl von Alternativen, z. B. Waschmittel).[493] Die Bildung des Sets ermöglicht, den Überblick im Rahmen der einströmenden Informationsfluten nicht zu verlieren.

Beispiel: Angenommen, bei einer Befragung von 200 zufällig ausgewählten Rezipienten wird ein bestimmtes Produkt 30-mal genannt, so ergibt sich ein Bekanntheitsgrad von 15 %[494].

[493] Vgl. STENDER-MONHEMIUS, K.: a. a. O., S. 161f.

[494] Dies ist ein recht niedriger Wert, den es im Rahmen der Maßnahmen des Marketing-Mix zu optimieren gilt.

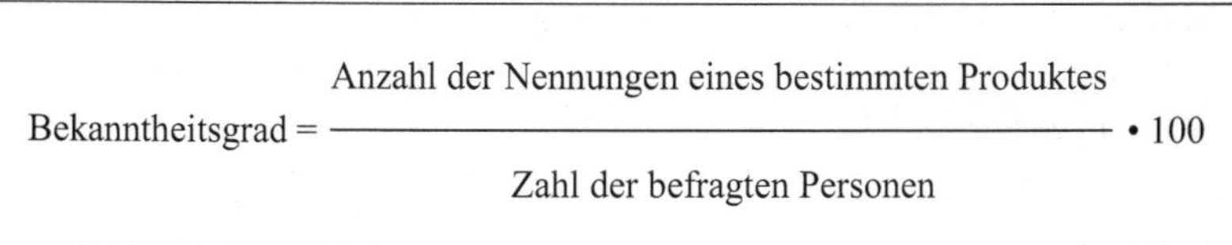

$$\text{Bekanntheitsgrad} = \frac{\text{Anzahl der Nennungen eines bestimmten Produktes}}{\text{Zahl der befragten Personen}} \cdot 100$$

Darst. 2.4028: Bekanntheitsgrad

Alternativ kann der **Aided Recall** (gestützte Wiedergabe auf Basis einer Auswahlliste) eingesetzt werden. Dabei erläutert der Proband unter Vorgabe einer Liste von z. B. ähnlichen Markenprodukten, welche Marken ihm sehr bekannt, unbekannt bzw. geläufig sind.

Als drittes Tool gilt die **Recognition** (Wiedererkennen; gestützte Wiedergabe auf der Basis eines Gegenstandes), welche die Aufmerksamkeit des Werbemittels bzw. ob ein Werbekontakt stattfand, prüft. Den Versuchspersonen wird ein Werbemittel gezeigt und es wird erfragt, ob dies schon einmal gesehen wurde. Ein Beispiel wäre das Vorlegen unterschiedlicher Insertionen in einer Zeitung, wobei im Anschluss analysiert wird, welche der Anzeigen wiedererkannt wurde.

2.4.4.2.2 Image

Die Schwierigkeit der Messung liegt darin, dass psychische Prozesse im Organismus stattfinden und nicht beobachtbar sind.[495] Außerdem geschieht in den seltensten Fällen eine Einstellungsbildung direkt nach der Werbemittelschaltung. Eine gute Vorhersehbarkeit der Kaufabsicht ist nur dann vorhanden, wenn ein Befragter detailliert die Absicht (z. B. Kaufzeitpunkt) beschreiben kann. Außerdem ist zu beachten, dass insbesondere situative Einflüsse wie Sonderangebote einstellungskonträr zum Kaufverhalten sein können.[496]

Das Werbe-Controlling stellt dem **idealen Einstellungsprofil** (gegenüber einem Produkt oder einer Unternehmung) das **reale Einstellungsprofil** gegenüber. Je größer die Übereinstimmung zwischen diesen beiden Profilen ist, desto stärker ausgeprägt ist die Präferenz des Konsumenten für das betrachtete Produkt/die betrachtete Unternehmung, desto wirkungsvoller waren also die eingesetzten Instrumente des Marketing-Mix.

[495] Vgl. MEFFERT, H., BURMANN, C., KIRCHGEORG M., EISENBEISS, M.: a. a. O., S. 108f.

[496] Vgl. KLOSS, I.: Werbung, a. a. O., S. 108f.

Die Abfrage des Einstellungsprofils erfolgt über genau definierte Items wie z. B. Kundendienst, Beschwerdemanagement, Preiswürdigkeit, Seriosität, Nachhaltigkeit usw., die für unterschiedliche Stärken/Schwächen stehen.

	Fishbein	**Trommsdorff**
Kognitive Komponente	B_{ijk} Subjektive Wahrscheinlichkeit (Überzeugung) der Person *i*, Objekt *j* besitze das Merkmal *k*	B_{ijk} „Reale" subjektive Einschätzung (Realeindruck) des Merkmals *k* beim Objekt *j* durch Person *i*
Affektive Komponente	a_{ijk} Bewertung des Merkmals *k* (Wertung von Person *i* für den Fall, dass Objekt *j* über das Merkmal *k* verfügt)	I_{ik} Von Person *i* als ideal empfundene Ausprägung (Idealvorstellung) des Merkmals *k*
Verknüpfung	$E_{ij} = \sum_{k=1}^{n} B_{ijk} \bullet a_{ijk}$ Einstellung der Person *i* zum Objekt *j*	$E_{ij} = \sum_{k=1}^{n} \left| B_{ijk} - I_{ik} \right|$ Einstellung der Person *i* zum Objekt *j*
Aussage	Je größer der berechnete Einstellungswert ist, umso positiver ist die Gesamteinstellung zum Untersuchungsobjekt	Je kleiner der berechnete Einstellungswert ist, umso positiver ist die Gesamteinstellung zum Untersuchungsobjekt (umso geringer ist die Distanz zum Idealprodukt)

Darst. 2.4029: Einstellungsmessung Fishbein versus Trommsdorff[1]

[1] Vgl. STENDER-MONHEMIUS, K.: a. a. O., S. 51, TROMMSDORFF, V.: Vorlesung Konsumentenverhalten. Einstellungen/Werte, Sommersemester 2010, TU Berlin, Lehrstuhl Marketing, unter: https://www.marketing.tu-berlin.de/fileadmin/fg44/download_kv/ss10/KV_04_05_Einstellungen_Werte.pdf, Abruf am 13.02.2015.
(Legende: *n* = Zahl der relevanten Merkmale)

Eine **Einstellungsmessung** kann mit Hilfe der Modelle von Trommsdorff (Real-Ideal-Imagedifferenzen) und Fishbein (Belief-Evaluation-Modell) vorgenommen werden. Das Trommsdorff-Modell zeigt – ähnlich dem Fishbein-Modell – eine wesentliche Verfeinerung des semantischen Differentials. In Analogie zu Fishbein erfasst und verknüpft Trommsdorff die affektive und die kognitive Komponente (siehe die folgende Darstellung). Das Modell von Fishbein unterstellt, dass ein funktioneller Zusammenhang zwischen der Einstellung eines Individuums zu einem gewählten Objekt und seiner kognitiven bzw. affektiven Beurteilung des Objektes existiert. Der Vorteil des Trommsdorff-Modells gegenüber dem Fishbein-Modell besteht u. a. darin, dass die Bewertungsmaßstäbe des Rezipienten durch die Angabe der subjektiv als ideal empfundenen Merkmalsausprägungen relativiert und transparent gemacht werden.

Für die beiden Varianten zur Messung von Einstellungen wird nachstehend jeweils ein fiktives Beispiel vorgestellt. Im Fishbein-Modell-Beispiel geht es um die Einstellungsmessung eines Studieninteressierten *i* zu einem Studiengang an den Fachhochschulen B, M und S (Objekte *j*). Die Bewertung der (n = 6) relevanten Eigenschaften (Merkmale *k*) Ruf, Veröffentlichungen, kulturelle Umwelt, Lehrkräfte, Räumlichkeiten und (direkte) Umgebung des Campus kann Werte von 1 (nicht wichtig) bis 5 (sehr wichtig) annehmen. Die subjektive Einschätzung (Überzeugung) kann Werte von 10 (sehr gut) bis 0 (völlig unbefriedigend) aufweisen.

Merkmal k	Bewertungsrating a_{ijk}	Überzeugungsrating B_{ijk}		
		B_B	B_M	B_S
Ruf	4	7	8	5
Veröffentlichungen	2	6	5	2
Lehrkräfte	3	6	3	5
Räumlichkeiten	2	4	1	3
Campusumgebung	1	3	4	5
Kulturelle Umwelt	3	3	3	5
Wert der Einstellung ($\Sigma B_{ijk} \bullet a_{ijk}$)	–	78	66	65

Darst. 2.4030: Einstellungsmessung nach Fishbein am Beispiel der Einstellung eines Studieninteressierten *i* zu einem Studiengang an Fachhochschulen

Im vorstehenden Beispiel zeigt sich, dass Fachhochschule M zwar bei dem Kriterium „Ruf“ punktet und die Fachhochschule S bei den Kriterien „Campusumgebung“ und „Kulturelle Umwelt“ gewinnt, dennoch weist die Fachhochschule B den besten Einstellungswert mit 78 auf. Dieser hohe Wert resultiert aus den guten Bewertungen bei den Kriterien „Veröffentlichungen“, „Lehrkräfte“ und „Räumlichkeiten“. Aus Sicht des befragten Studieninteressierten könnte die Fachhochschule S als „Ambiente-Hochschule“ charakterisiert werden, die Fachhochschule M als „Hochschule mit Namen“ bezeichnet, während an der Fachhochschule B die qualifizierteste Ausbildung zu erwarten ist. Die vorliegende personenspezifische Einstellungsmessung könnte variiert werden, indem die Gewichtung der Merkmale *k* von einer Kommission verbindlich für alle Befragten festgelegt würde. Alsdann könnte über eine repräsentative Stichprobe ein Vergleich der Fachhochschulen bezüglich eines bestimmten Studiengangs vorgenommen werden, der dann einen allgemein gültigen Charakter besitzt. – Im Trommsdorff-Modell-Beispiel handelt es sich um die Einstellungsmessung eines Rezipienten *i* zu drei obergärigen Bieren B, M und S (Objekte *j*). Die Idealwerte der (n = 5) relevanten Eigenschaften (Merkmale *k*) Geschmack, Kohlensäuregehalt, Kaloriengehalt, Alkoholgehalt und Preis können Ausprägungen von 1 bis 5 annehmen. Die „reale“ subjektive Einschätzung (Überzeugung) kann ebenfalls Werte von 1 bis 5 aufweisen.

Merkmal k	Idealausprägung I_{ik}	Überzeugungsrating B_{ijk}		
		B_B	B_M	B_S
Geschmack 1 (wässerig) – 5 (kräftig)	4	3	5	1
Kohlensäuregehalt 1 (hoch) – 5 (gering)	4	3	1	4
Kaloriengehalt 1 (hoch) – 5 (gering)	5	5	3	2
Alkoholgehalt 1 (gering) – 5 (hoch)	3	3	5	1
Preis 1 (hoch) – 5 (niedrig)	4	3	5	4
Wert der Einstellung (Σ $\vert B_{ijk} \cdot a_{ijk}\vert$	–	3	9	8

Darst. 2.4031: Einstellungsmessung nach Trommsdorff am Beispiel der Einstellung eines Probanden *i* zu drei obergärigen Bieren

Im vorstehenden Beispiel ist die Abweichung zwischen dem Idealbild eines obergärigen Bieres und dem Realbild des Bieres B aus Sicht des Probanden am geringsten. Insofern ist das Bier B für die betroffene Person das Beste der drei untersuchten Biere.

2.4.4.3 Werbekennzahlen

Neben den Messverfahren für den Bekanntheitsgrad und das Image existieren eine ganze Reihe weiterer Kennzahlen, um den Erfolg von Werbemaßnahmen messen zu können.

2.4.4.3.1 Reichweite, Kontakte, Tiefenwirkung und Werbedruck

Die Reichweite gibt an, wie viele Personen durch eine/mehrere Schaltung(en) in einem/mehreren Werbeträger(n) erreicht werden. Die Kontaktzahl gibt an, wie häufig ein/mehrere Werbeträger die Zielpersonen erreicht hat/haben.[497]

Die **Reichweitemaße** können nach der Zahl der Einschaltungen und nach der Zahl der Medien klassifiziert werden:[498]

Zahl der Medien	Zahl der Einschaltungen	
	Einmalige Einschaltung (= Einheitsfrequenz)	Wiederholte Einschaltung
Ein Medium	**Bruttoreichweite:** Gesamtnutzeranzahl bei einem einmalig geschalteten Medium, wobei Überschneidungen miteingeschlossen werden. Dies können z. B. Leser pro Ausgabe oder Besucher pro Woche im Kino sein.	**Kumulierte Reichweite:** Nutzer eines Werbeträgers, die bei mehrmaliger Belegung erreicht werden. Es wird die Bruttoreichweite eines Werbeträgers mit der Anzahl der Belegungen multipliziert und bereinigt um Nutzer, die wiederholt erreicht wurden = interne Überschneidungen.
Mehrere Medien	**Nettoreichweite:**	**Kombinierte Reichweite:**

[497] Vgl. KLOSS, I.: Werbung, a. a. O., S. 274.

[498] Vgl. MEFFERT, H., BURMANN, C., KIRCHGEORG, M., EISENBEISS, M.: a. a. O., S. 796f.

	Von der Bruttoreichweite einzelner Medien wird die Nachfrageranzahl, die mehrere Medien gleichzeitig nutzen, abgezogen. Die Nettoreichweite ist bereinigt um externe Überschneidungen (z. B. Leser verschiedener Werbeträger).	Alle Personen, die bei mehreren Einschaltungen in verschiedenen Medien erreicht werden. Dabei werden externe und interne Überschneidungen berücksichtigt.

Darst. 2.4032: Reichweitemaße

Die **Bruttoreichweite** gibt die Gesamtzahl der erreichten Leser bei einem einmalig geschalteten Medium an. Beispiele: Gesamtzahl der Leser pro Ausgabe einer monatlich erscheinenden Zeitschrift, Zuschauer einer Fernsehsendung bei erstmaliger Ausstrahlung, Besucher eines Kinofilms, Vorführung im deutschsprachigen Raum etc. Zu beachten sind mögliche, nicht auszuschließende Überschneidungen zwischen den einzelnen Medien.

Die vorstehend aufgeführte Möglichkeit der **externen Überschneidung**, d. h. die Überlappung der Rezipienten verschiedener Werbeträger, wird bei der Berechnung der **Nettoreichweite** berücksichtigt. Sie wird ermittelt, indem von der Bruttoreichweite die Zahl der (aktuellen oder potenziellen) Nachfrager, die mehrere Medien parallel benutzen, subtrahiert wird. Anders ausgedrückt: Die Nettoreichweite registriert diejenigen Betroffenen, die von einem bzw. mehreren Werbeträgern mindestens einmal erreicht wurden.[499]

Die **kumulierte Reichweite** berücksichtigt keine **internen Überschneidungen** (innerhalb desselben Werbeträgers). Stößt beispielsweise ein Leser einer Zeitschrift A in drei verschiedenen Monatsausgaben innerhalb eines Jahres auf die gleiche Schaltung, zählt dieser Kontakt nur einmal. Sofern der gleiche Leser in einer anderen Zeitschrift B in fünf Ausgaben die gleiche Anzeige liest, ergibt sich bezüglich dieses Mediums ebenfalls nur ein Kontakt. Nimmt ein anderer Leser in der Zeitschrift A in zwei verschiedenen Ausgaben die gleiche Insertion zur Kenntnis, ergibt sich wiederum nur ein Kontakt. Über den Werbeträger A kumuliert sind zwei Kontakte zu verzeichnen. Die kumulierte Reichweite stellt die Gesamtzahl aller Nutzer eines Werbeträgers dar – auch wenn diese durch eine mehrfache Belegung in diesem Werbeträger wiederholt erreicht wurden. Im Detail sieht die Berechnung so aus, dass die Bruttoreichweite des Werbeträgers mit der Anzahl der Schaltungen multipliziert und dann von diesem Produkt diejenigen Nutzer subtrahiert werden, die mehrfach kontaktiert wurden.

[499] Vgl. FUCHS, W., UNGER, F.: Management der Marketing-Kommunikation, 5. Aufl., Heidelberg 2014, S. 428.

Das am häufigsten verwendete Kontaktmaß ist die **kombinierte Reichweite**.[500] Hier werden alle Personen gezählt, die bei mehreren Schaltungen in unterschiedlichen Medien erreicht werden. Die kombinierte Reichweite fasst die beiden vorgenannten Kennzahlen zusammen. Sie berücksichtigt daher sowohl interne als auch externe Überschneidungen.

Die Ermittlung der hergestellten Kontakte sowie die erreichte Personenanzahl wird als **Breitenwirkung** bezeichnet. Die Berechnung der vorgestellten Reichweitemaße soll anhand der nachstehenden Beispiele demonstriert werden.

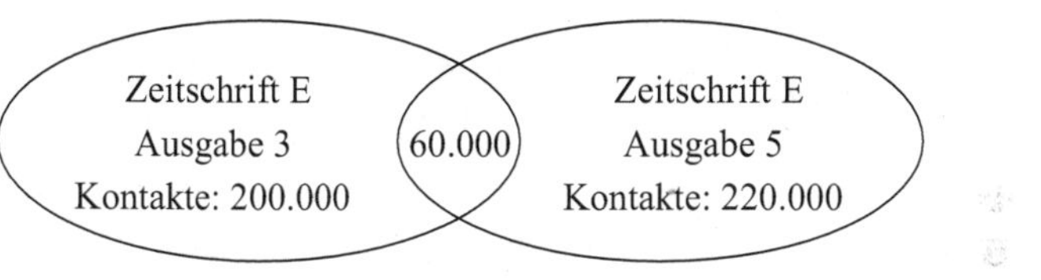

Bruttoreichweite Zeitschrift E, Ausgabe 3 = 260.000
Bruttoreichweite Zeitschrift E, Ausgabe 5 = 280.000
Kontaktsumme: 200.000 + 220.000 + 60.000 = 480.000
Interne Überschneidungen: 60.000 (Leser haben Ausgabe 3 und 5 gesehen)
Kumulierte Reichweite: 480.000 – 60.000 = 420.000

Darst. 2.4033: Berechnung von Reichweiten fiktiver Zeitschriften (Beispiel 1)

[500] Laut MEFFERT, H., BURMANN, C., KIRCHGEORG, M., EISENBEISS, M.: a. a. O., S. 797.

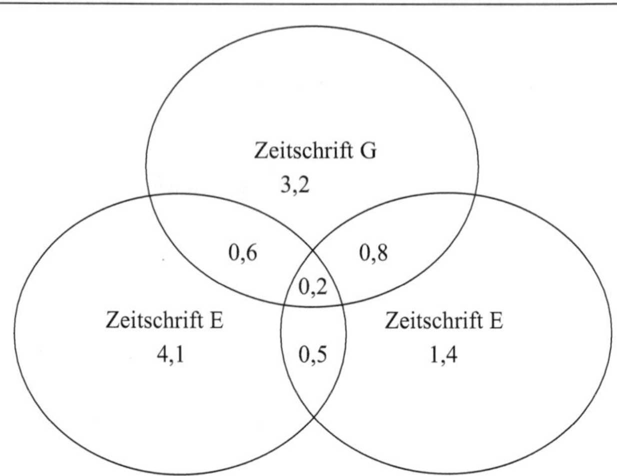

Bruttoreichweite der Zeitschrift E: 5,4 Mio.
Bruttoreichweite der Zeitschrift F: 2,9 Mio.
Bruttoreichweite der Zeitschrift G: 4,8 Mio.
Kontaktsumme in Mio.: 3,2 + 4,1 + 1,4 + 0,6 + 0,8 + 0,5 + 0,2 = 10,8
Externe Überschneidungen (Leser, die mindestens zwei von drei Zeitschriften gelesen haben): 0,6 Mio. + 0,8 Mio. + 0,2 Mio. + 0,5 Mio. = 2,1 Mio.
Nettoreichweite: 10,8 Mio. – 2,1 Mio. = 8,7 Mio.

Darst. 2.4034: Berechnung von Reichweiten fiktiver Zeitschriften (Beispiel 2)
(Die Zahlen in den Kreisen geben die Anzahl der Kontakte (in Mio.) wieder.)

Die **Tiefenwirkung** und der **Werbedruck** sind als Unterkategorien der Reichweite einzuordnen.

Die durchschnittliche Kontaktzahl pro Rezipienten, auch **OTC** (Opportunity to Contact) bzw. **OTS** (Opportunity to See) im Fall visueller Medien oder **OTH** (Opportunity to Hear) bei auditiven Medien genannt, wird zwecks **Tiefenwirkung** ausgewählter Werbeträger errechnet. Sie stellt quasi die „Kontaktchance" eines Nutzers dar.[501] Der durchschnittliche OTC-/OTS-/OTH-Wert weist innerhalb der Mediaplanung eine hohe Bedeutung hinsichtlich der Beurteilung des eingesetzten Mediums dahingehend auf, dass eine Werbewirkung erst nach einer bestimmten Anzahl von Kontakten mit der Werbebotschaft erzielt werden kann. Daher wird diejenige Medien-Kombination ausgewählt, die eine möglichst hohe

[501] Vgl. UNGER, F, FUCHS, W., MICHEL, B.: Mediaplanung. Methodische Grundlagen und praktische Anwendungen, 6. Aufl., Berlin 2013, S. 19.

Kontakthäufigkeit in der Zielgruppe verspricht. Anzumerken ist, dass es sich um einen mathematisch errechneten Durchschnittswert handelt, der keinerlei Rückschlüsse auf die tatsächliche Kontaktmöglichkeit einer bestimmten Zielperson zulässt.

$$\text{OTS} = \frac{\text{Kontaktsumme (Bruttoreichweite)}}{\text{Kombinierte Reichweite}}$$

Darst. 2.4035: OTS (Opportunity To See)

Der Werbedruck wird mit Hilfe der prozentualen Größe **GRP** (Gross Rating Point) bestimmt. Er dient der Bewertung von Mediaplänen. Laut GfK SE beeinflusst der Werbedruck neben dem Budget für Fernsehwerbung den Anstieg des Marktanteils sowie der Käuferreichweite am stärksten.[502] Grob formuliert sagt diese Größe aus, wie oft Personen der Zielgruppe Kontakt mit der Schaltung hatten bzw. haben sollten. Der GRP stellt die Anzahl der Kontakte ohne Berücksichtigung von Überschneidungen in Relation zur Größe der Zielgruppe dar. Der GRP relativiert die schwankende, landesabhängige gesamte Zielgruppengröße und stellt fest, wie vielen Kontakten 1% der Zielgruppe durchschnittlich ausgesetzt sind. Für die Berechnung des GRP existieren verschiedene Formeln. Zum einen kann die Reichweite in % mit den Durchschnittskontakten multipliziert werden. Zum anderen wird die Reichweite in % bei einer Schaltung multipliziert mit der Zahl der Schaltungen. Hier soll die dritte Möglichkeit vorgestellt werden:

$$\text{GRP} = \frac{\text{Kontaktsumme (Bruttoreichweite)}}{\text{Größe der Zielgruppe}} \cdot 100$$

Darst. 2.4036: Gross Rating Point (GRP)

Beispiel: Eine spezielle Senioren-Gruppe weist ein Potential von 4,59 Mio. Fernsehnutzern auf. Werden durch drei zielgruppenorientierte Werbekampagnen zunächst 3,093 Mio., dann 2,81 Mio. und zuletzt 3,142 Mio. Personen (im Durchschnitt 3,015 Mio.) der vorgenannten Zielgruppe erreicht, wurden insgesamt 9,045 Mio. Senioren kontaktiert.

[502] Zitiert in absatzwirtschaft.de vom 04.03.2011, http://www.absatzwirtschaft.de/budget-ausschlaggebend-fuer-kampagnenerfolg-10727/; Abruf am 17.05.2015.

Nach der Division durch die Größe der Zielgruppe (4,59 Mio.) und Multiplikation mit 100 ergibt sich ein GRP von 197,06 %.[503]

Der so ermittelte GRP-Wert ist ein Durchschnittswert, der in Bezug auf die **Kontaktqualität** des Mediums keine Aussagekraft besitzt. Auch kann nicht festgestellt werden, wie sich der insgesamt erreichte Werbedruck innerhalb der Zielgruppe auf einzelne Rezipienten verteilt; denn es sind auch Mehrfachkontakte pro Person denkbar. Die Messung erfolgt entweder durch Befragungen oder anhand des finanziellen Volumens für Werbeaufwendungen innerhalb eines bestimmten Zeitraums.[504]

2.4.4.3.2 Zielgruppenaffinität

Bei der Entscheidung über den optimalen Werbeträger gehört die **Zielgruppenaffinität** zu den Leistungskriterien mit besonderer Relevanz, da sie eine effiziente Werbung ohne Streuverluste ermöglicht. Effizient bedeutet in diesem Zusammenhang, dass (möglichst) alle Personen der Zielgruppe gleichzeitig Nutzer des Mediums sind oder anders ausgedrückt: (bestenfalls) keine Zielperson zur Gruppe der Rezipienten des betrachteten Mediums gehört.[505] Die Zielgruppenaffinität gibt an, wie hoch der Anteil der ausgewählten Zielgruppe an der Gesamtnutzerschaft eines Mediums im Vergleich zum Anteil an der Zielgruppe in der Gesamtbevölkerung ist.[506]

$$\text{Zielgruppenaffinität (\%)} = \frac{\text{Anteil der Zielgruppe an der Gesamtnutzerschaft des untersuchten Werbeträgers}^{1}}{\text{Anteil der Zielgruppe an der Gesamtbevölkerung}^{1}} \cdot 100$$

Darst. 2.4037: Zielgruppenaffinität

[1] Ob die Anteile – wie hin und wieder publiziert – in % angegeben werden oder nicht, spielt für die Berechnung keine Rolle.

[503] Der gleiche Wert errechnet sich, wenn die durchschnittliche Kontaktzahl durch die Zielgruppengröße dividiert und sowohl mit der Zahl der Schaltungen als auch mit 100 multipliziert wird.

[504] Vgl. UNGER, F, FUCHS, W., MICHEL, B.: a. a. O., S. 74f.

[505] Vgl. SIEGERT, G., BRECHEIS, D.: Werbung in der Medien- und Informationsgesellschaft: Eine kommunikationswissenschaftliche Einführung, 3. Aufl., Wiesbaden 2017, S. 165–166, 170.

[506] Die mancherorts verkürzte Definition „Anteil der Zielgruppe an der Gesamtnutzerschaft eines Mediums“ ist irreführend und führt zu einem falschen Ergebnis. Bezogen auf das nachstehende Beispiel würde sich eine Zielgruppenaffinität von 3,1 % (0,1 Mio. Leser der Zielgruppe dividiert durch 3,2 Mio. Gesamtnutzer, multipliziert mit 100). Erst wenn diese Zahl auf den prozentualen Anteil an der Gesamtbevölkerung bezogen wird, ergibt sich der richtige Wert.

Die **Streuverluste** sind umso geringer, je höher die Zielgruppenaffinität ist. Sofern der Anteil der Zielgruppe an der Nutzerschaft eines Werbeträgers mit dem Durchschnitt der Gesamtbevölkerung identisch ist, erhält dieses Medium den Wert 100. Ein Wert über 100 besagt, dass eine überproportionale hohe Zielgruppenabdeckung erreicht wurde, unter 100 dagegen lässt auf Streuverluste schließen. Empfehlenswert sind demnach Werbeträger, die eine (sehr) hohe Zielgruppenaffinität aufweisen.

Die Zielgruppensegmentierung und -typologisierung erfolgt im Rahmen der Markt-, Medien- und Publikumsforschung. Mit der Erarbeitung der Daten wird meist eine Mediaagentur beauftragt, die dann auf der Basis dieser Daten den Werbeträgereinsatz plant, der die dem Werbeziel entsprechend zielgruppenaffinen Titel und Programme enthält.[507] Beispiele für eine zielgruppenaffine Ansprachen finden sich etwa im Sponsoring von z. B. Trend- oder Funsportarten für junge, progressiv eingestellte Zielpersonen oder das Programmsponsoring der Centrale Marketing-Gesellschaft der deutschen Agrarwirtschaft (CMA) auf dem Jugendsender VIVA für die Kochsendung „Das jüngste Gericht“. Sinn dieser Aktion war es, einer jungen Zielgruppe die Vorteile einer gesunden Ernährung mit Agrarprodukten aus Deutschland zu vermitteln.[508]

Nachstehend wird anhand einer Frauenzeitschrift exemplarisch gezeigt, wie die Zielgruppenaffinität berechnet und interpretiert wird.

[507] Vgl. FREY-VOR, G., SIEGERT, G., STIEHLER, H.-J.: Mediaforschung, Konstanz 2008.

[508] Quelle: http://www.uebernehmensie.com/gericht.html, Abruf am 17.02.2015.

Zielgruppe: Männer zwischen 20 und 30 Jahren

Männer zwischen 20 und 30 Jahren in der Bundesrepublik Deutschland 2012: ca. 5,1 Mio.[1]
Bevölkerung der Bundesrepublik Deutschland 2012: ca. 80,5 Mio.[2]
Anteil der Männer zwischen 20 und 30 Jahren an der Gesamtbevölkerung: ca. 6,3 %

Untersuchter Werbeträger: Brigitte (G+J Women New Media GmbH, Hamburg)
Reichweite: ca. 3,2 Mio. Leser ab 14 Jahren pro Ausgabe[3]
Anzahl der Zielpersonen, die die Brigitte lesen: 0,1 Mio.[4]
Anteil der Zielgruppe an der Gesamtnutzerschaft des Mediums: 3,1 %

Zielgruppenaffinität: 49,2 % (3,1 % dividiert durch 6,3 %, multipliziert mit 100)

Darst. 2.4038: Berechnung der Zielgruppenaffinität (Beispiel)
([1] Quelle: BUNDESZENTRALE FÜR POLITISCHE BILDUNG (HRSG:) Die soziale Situation in Deutschland, unter: http://www.bpb.de/nachschlagen/zahlen-und-fakten/soziale-situation-in-deutschland/61538/altersgruppen; Abruf am 17.02.2015.
[2] Ebenda.
[3] Quelle: AWA 2014.
[4] Annahme.)

Der unterproportionale Wert von 49,2 % Zielgruppenaffinität verdeutlicht, dass dieses Medium als Werbeträger für die angestrebte Zielgruppe eher nicht geeignet ist.

2.4.4.3.3 Spezielle Werbekennzahlen bei Online-Werbung

Online-Werbung gehört zu den Instrumenten der **Kommunikationspolitik**, die wiederum eine der vier Komponenten des Marketing-Mix darstellt. Die Online-Werbung ist gleichzeitig ein wesentliches Teilgebiet des Online-Marketings. Das **Online-Marketing** überträgt quasi die Instrumente des herkömmlichen Marketings ins Internet. Allerdings handelt es sich nicht mehr um das klassische Marketing, das primär ökonomisch ausgeprägt war und „... die Planung, Koordination und Kontrolle aller auf die aktuellen und potenziellen Märkte ausgerichteten Unternehmensaktivitäten [beinhaltete; Erg. des Verf.]. Durch eine dauerhafte Befriedigung der Kundenbedürfnisse sollen die Unternehmensziele verwirklicht werden."[509] Diese Beschreibung hat sich in den letzten Jahren erheblich gewandelt. Im Prinzip geht es um viele unterschiedliche Formen des Austausches zwischen zwei Parteien; auf der einen Seite die Marketing betreibende Institution (For-Profit-Organisationen wie (nicht gemeinnützige) Unternehmen und sogenannte NPOs wie öffentlichen Organe, Parteien, Kirchen, Gewerkschaften und andere gesellschaftliche Gruppen), auf der anderen Seite die Zielgruppe(n) innerhalb der Stakeholder der Marketing betreibenden Institution. Dementsprechend existieren vielfältige Formen des sog. nicht-kommerziellen Marketings (z. B. Vermarktung der Ideen und Leistungen der NPOs) und des Social Marketings, z. B. als Fund Raising gesellschaftlicher Gruppen.[510] Online-Marketing kann wie folgt definiert werden:

Online-Marketing ist die Planung, Durch- und Umsetzung sowie Kontrolle aller auf die aktuellen und potenziellen Zielgruppen interaktiv ausgerichteten Instrumente des Marketing-Mix mittels Einsatzes vernetzter Informationssysteme zwecks Erreichung der Unternehmensziele.

Darst. 2.4039: Online-Marketing

Zum Online-Marketing gehören u. a. das **Suchmaschinenmarketing (SEM)**, das **E-Mail-Marketing**, das **Affiliate-Marketing** und die **Online-Werbung**.

Das Online-Marketing funktioniert aber nur „… unter Berücksichtigung der spezifischen Potentiale und Bedingungen, die bei einem Agieren über elektronische Netzwerke zu berücksichtigen sind."[511] Diese Aussage gilt gleichermaßen für die **Online-Werbung** als Teilbereich des Online-Marketings. Die Definition der Online-Werbung lautet hier:[512]

[509] Vgl. MEFFERT, H.: Absatzpolitik, 2 Bände, Münster 1974, S. 8.

[510] Vgl. MEFFERT, H., BURMANN, C., KIRCHGEORG, M., EISENBEISS, M.: a. a. O., S. 10.

[511] HERMANNS, A.: Online-Marketing im E-Commerce. Herausforderungen für das Management, in: HERMANNS, A., SAUTER, M. (HRSG.): Management-Handbuch Electronic Commerce. Grundlagen, Strategien, Praxisbeispiele, 2. Aufl., München 2001, S. 103.

[512] Vgl. KOPP, G.: Behavioral Targeting: Identifizierung verhaltensorientierter Zielgruppen im Rahmen der Online-Werbung, Hamburg 2014, S. 16, LAMMENETT, E.: Praxiswissen Online-Marketing: Affiliate-, Influencer-, Content-, Social-Media-, Amazon-, Voice-, B2B-, Sprachassistenten- und E-Mail-Marketing, Google Ads, SEO, 8. Aufl., Wiesbaden 2021, S. 366.

Unter Online-Werbung wird die Platzierung von Werbemitteln auf einer Internetpräsenz zur Unterstützung der Marketing-, insb. der Kommunikationsziele verstanden.

Darst. 2.4040: Online-Werbung

Internet-Präsenzen sind in erster Linie die Websites, aber auch jede andere Aktivität wie z. B. ein Account in einem Social-Media-Netzwerk. Das Kommunikationsziel der Online-Werbung ist die Einstellungs- und Verhaltensbeeinflussung mit Hilfe ausgewählter Kommunikationsmittel im Internet.

Zur Messung der Effizienz von Online-Werbung werden verschiedene Kennzahlen verwendet, die nachfolgend vorgestellt werden.

2.4.4.3.3.1 Klicks und Klickrate

Mit den sogenannten **Klicks** wird die Anzahl der Besucher gemessen, die auf das Werbemittel geklickt haben und somit auf die Website des Werbetreibenden gelangt sind.[513] Dies kann zum Beispiel der Klick auf einen Werbebanner, der Klick auf ein Werbemittel in einer E-Mail oder der Klick auf einen Link eines Suchmaschinenergebnisses sein. Um die Anzahl der Klicks mit anderen Marketingaktivitäten vergleichbar zu gestalten, wird in der Praxis die **Klickrate** – ähnlich den Öffnungsraten – verwendet, die sich aus dem Verhältnis der Klicks zu den Einblendungen eines Werbemittels zusammensetzt.

$$\text{Klickrate (\%)} = \frac{\text{Anzahl der Klicks}}{\text{Anzahl Einblendungen eines Werbemittels}} \cdot 100$$

Darst. 2.4041: Klickrate (%)

Die Öffnungsrate liegt 2021 in Deutschland zwischen 20 und 25 %.[514] Sie ist in den vergangenen Jahren v. a. aufgrund von Spamfiltern deutlich gesunken. Aufgrund des Zusam-

[513] LAMMENETT, E.: a. a. O., S. 87–88, 192.

[514] Vgl. LAMMENETT, E.: a. a. O., S. 87.

menhangs einer Suchanfrage mit dem Inhalt der Anzeige und damit der Verbindung zwischen dem Bedarf des Suchenden und dem Angebot („Der Kunde wird dort abgeholt, wo er wartet.“) lassen sich mit dem Keyword-Advertising deutlich höhere Klickraten erzielen als mit Bannerwerbung.[515]

2.4.4.3.3.2 Conversion und Conversion-Rate (Kampagne)

Eine Werbekampagne kann eine hohe Klickrate und dadurch einen Anstieg der Visits herbeiführen, aber trotzdem zu einer gleichbleibenden Anzahl an Transaktionen führen. Um neben quantitativen Messgrößen auch qualitative Aussagen über die Besucher zu erhalten, werden diverse Kennzahlen hinzugezogen, die die Conversions berücksichtigen.

Wortwörtlich übersetzt sind **Conversions** Umwandlungen. Sie sind die Anzahl der Website-Besucher, die eine vom Unternehmen gewünschte Transaktion, im Rahmen der Online-Werbung z. B. das Klicken auf einen Banner, durchführen. Die **Conversion-Rate** (**Konversionsrate, Umwandlungsrate, Umwandlungsquote**) ist das Verhältnis von Conversions zur Anzahl der Besucher. Sie gibt an, wieviel Prozent der durch die Werbekampagne inspirierten Besucher zu Kunden konvertiert wurden.

$$\text{Conversion-Rate (Kampagne) (\%)} = \frac{\text{Anzahl Conversions}}{\text{Anzahl generierter Klicks}} \cdot 100$$

Darst. 2.4042: Conversion-Rate (Kampagne) (%)

Mit Hilfe der Conversion-Rate lässt sich die **Effektivität** von Kampagnen verschiedener Kanäle vergleichen.

Als Beispiel dient folgende Marketingkampagne eines Onlineshops. Für die Bewerbung des Onlineshops werden die Kanäle E-Mail-Marketing, Direct-Mailing[516] (postalische Werbesendung) und Banner-Werbung genutzt. Nach der Realisierung der Kampagne werden folgende Ergebnisse gemessen:

[515] Vgl. ebenda, S. 169.

[516] Vgl. hierzu die Ausführungen in Unter-Unterabschnitt 2.4.4.3.4 „Erfolgskontrolle bei Direktwerbung“.

Werbekanal	Anzahl generierter Klicks	Conversions	Conversion-Rate (in %)
E-Mailing	1.000	50	5,0 %
Direct-Mailing	800	72	9,0 %
Banner-Werbung	2.000	40	2,0 %

Darst. 2.4043: Conversion-Rates bei Nutzung verschiedener Werbekanäle (Beispiel)

So lässt sich beispielsweise erkennen, dass die durch Bannerwerbung auf die Website gelenkten Besucher seltener umgewandelt wurden als Besucher, die über ein Direct-Mailing akquiriert wurden. Grund hierfür könnte zum Beispiel sein, dass der potenzielle Kunde bei einem postalischen Direct-Mailing mehr Aufwand erbringen muss, um auf die Website zu gelangen, als bei den digitalen Werbeformen, die durch einen einfachen Klick auf die gewünschte Website weiterleiten. Folglich besteht beim Empfänger des Direct-Mailings eine höhere Kaufabsicht, wenn schon die Website besucht wird (Klick).

Allerdings gibt die Anzahl der Conversions und die Conversion-Rate (Kampagne) keinen Aufschluss über die Effizienz der Marketingmaßnahmen, da die monetäre Betrachtung fehlt. Ein Direct-Mailing verursacht, verglichen mit digitalen Werbemöglichkeiten, höhere Kosten.

Die Effizienz von Werbemaßnahmen wird über verschiedene Kennzahlen wie Cost per Klick oder Cost per Conversion resp. Cost per Order beurteilt. Diese Kennzahlen werden im Paragrafen 2.4.4.3.5.4 „Cost per Click" erläutert.

2.4.4.3.4 Erfolgskontrolle von Direktwerbung

Die Entwicklung des Direktmarketings[517] (engl. Direct Marketing) resultiert historisch betrachtet aus dem Versand von **Werbebriefen** und **-katalogen** (**Direct-Mail**). Daraus hat sich die **Direktwerbung** und daraus schließlich das **Direktmarketing** herausgebildet.[518] Direktwerbung beinhaltet Direct-Mail, denn sie verwendet neben den physischen (Post-)Mailings auch andere Kommunikationsmedien wie das Telefon oder E-Mails. Direktmarketing geht noch einen Schritt weiter, denn das Direktmarketing umfasst alle Marketing-

[517] Andere Schreibweisen sind Direct-Marketing oder Direkt-Marketing.

[518] Vgl. SCHLEUNING, CHR.: Dialog Marketing, Ettlingen 1997, S. 61.

Aktivitäten, die auf eine gezielte Ansprache der Zielpersonen und eine Response ausgerichtet sind.[519] Daraus lässt sich folgende Definition des Direktmarketing ableiten.[520]

> Direktmarketing ist die Beurteilung, Optimierung, Auswahl, Durch- und Umsetzung sowie Kontrolle der Ziele von Werbemaßnahmen, die sich unmittelbar (direkt) und personalisiert an Kunden richten, sowie derjenigen werblichen Aktivitäten, durch die die vorgenannten Ziele erreicht werden sollen. Mittels der Werbemaßnahmen soll eine eindeutige und direkte Interaktion mit Zielpersonen aufgebaut und/oder dauerhaft aufrechterhalten werden, um letztlich eine messbare Reaktion im Hinblick auf die gesteckten Ziele zu bewirken.

Darst. 2.4044: Definition Direktmarketing

Mit Reaktion, auch **Response** genannt, ist auch der **Direktvertrieb** als ein Instrument der Distributionspolitik innerhalb des Direktmarketings gemeint. Im Kern ist das Direktmarketing eine Form der Individualkommunikation, welche insofern eine wichtige Komponente darstellt, da diesbezüglich interaktiv zwischen dem Werbetreibenden und dem Umworbenen gearbeitet wird. Unternehmen versuchen gezielter auf die individuellen Kundenbedürfnisse einzugehen, welches mittels dialogorientierter, individueller Betreuung einen Wettbewerbsvorteil schaffen soll. Primär soll dabei die Kundenbindung ausgebaut werden. Aus den angeführten Gründen muss die Bedeutung des Direktmarketings zunehmen. Darüber hinaus wird der Trend durch Verbesserungen der Kommunikationstechnologien und des Zahlungsverkehrs unterstützt. Der wohl bedeutendste Vorteil des Direktmarketings ist, dass weniger Streuverluste entstehen.

Direktmarketing wird fälschlicherweise häufig mit Dialogmarketing bzw. One-to-One-Marketing gleichgesetzt. Während das Direktmarketing auf eine Response ausgerichtet ist, sieht das **Dialogmarketing** sein Ziel in der längerfristigen, auch mehrfachen Interaktion. **One-to-One-Marketing** legt den Fokus auf die Gestaltung der Beziehung mit einer einzelnen Person (und nicht mit Kundensegmenten).[521]

Die **Direktwerbung** ist neben anderen Maßnahmen wie insbesondere dem **persönlichen Verkauf** ein wesentlicher Bestandteil der Kommunikationspolitik innerhalb des Direktmarketings. Sie kann wie folgt definiert werden.

---

[519] Vgl. DALLMER, H.: Das System des Direct Marketing – Entwicklung und Zukunftsperspektiven, in DALLMER, H. (HRSG.): Das Handbuch des Direct Marketing & More, 8. Aufl., Wiesbaden 2002, S. 11.

[520] In Anlehnung an HOLLAND, H.: Direktmarketing, 3. Aufl., München 2009, S. 5.

[521] Vgl. HOLLAND, H.: a. a. O., S. 7.

Direktwerbung ist die gezielte Ansprache eines oder mehrerer Adressaten zwecks Einstellungs- und Verhaltensbeeinflussung mit Hilfe eines selbständigen Kommunikationsmittels.

Darst. 2.4045: Direktwerbung

Über die Gewohnheiten, Bedürfnisse etc. der ausgesuchten Empfänger der Direktwerbung hat sich der Werbende im Vorfeld ein genaues Bild verschafft.

Die beschriebene direkte Ansprache einzelner, bestenfalls individuell bekannter Empfänger der Werbung ermöglicht eine unmittelbare Erfolgskontrolle mittels Kennzahlen zur Bewertung der Reichweite sowie der Werbeträgerkosten, da ergriffene Maßnahmen und dessen Erfolge i. d. R. direkt zurechenbar sind.

Als Kennzahlen zur Messung der Effizienz von Direktwerbemaßnahmen können alle in den vor- und nachstehenden Paragrafen genannten Maßstäbe zur Anwendung kommen.

2.4.4.3.5 Werbeträgerkosten

Werbung ist vor allem dann, wenn größere Zielgruppen angesprochen werden sollen, (sehr) kostenintensiv. Zu den Kosten der Werbung (**Werbekosten**) gehören, grob unterteilt, die

- Werbematerialkosten (Kosten der Konzeption und Produktion der Werbebotschaft),
- Werbeträgerkosten (Kosten der Verbreitung der Werbebotschaft) und die
- Werbeverwaltungskosten (Kosten der Planung, Abrechnung und Kontrolle).[522]

Die Werbekosten, die nicht mit den Werbungskosten aus dem Einkommensteuerrecht[523] verwechselt werden dürfen, können wie folgt definiert werden:

[522] Vgl. HEINRICH, J.: Medienökonomie. Bd. 2. Hörfunk und Fernsehen, 2. Aufl., Heidelberg 2010, S. 542.

[523] Gemäß § 9 Abs. 1 S. 1 sind Werbungskosten Aufwendungen zur Erwerbung, Sicherung und Erhaltung von Einnahmen.

> Werbekosten sind sämtliche Aufwendungen eines Werbenden für die Planung, Durch- und Umsetzung sowie Kontrolle der Werbemaßnahmen.

Darst. 2.4046: Werbekosten

In vielen Fällen werden nur die im Werbebudget enthaltenen Aufwendungen als Werbekosten definiert. Das ist jedoch zu kurz gegriffen.

Werbekosten mindern den zu versteuernden Gewinn eines Unternehmens[524]. Sie sind als Bestandteil der Vertriebskosten nicht Bestandteil der Herstellungskosten.[525]

In der **Gewinn- und Verlustrechnung** sind Werbekosten (abgesehen von den Personalaufwendungen und Abschreibungen des Vertriebsbereichs) als sonstige betriebliche Aufwendungen (bei Anwendung des Gesamtkostenverfahrens) oder als Vertriebskosten (bei Anwendung des Umsatzkostenverfahrens) auszuweisen.

In der **Kostenrechnung** werden die Werbekosten i. d. R. auf speziellen Vertriebskostenstellen erfasst. Im Falle einer produktbezogenen Werbeaktion erfolgt eine direkte Zuordnung der Kosten zu dem entsprechenden Produkt als Sondereinzelkosten des Vertriebs. Ansonsten werden diese Kosten im Rahmen der Vollkostenrechnung als Vertriebsgemeinkosten betrachtet.

Wie oben bereits ausgeführt entfällt ein Teil der Werbekosten u. a. auf **Werbemittel**[526] (z. B. Honorare für die Kreativleistungen der Werbeagenturen, Werbemitteltestkosten auf Seiten der Marktforschung, Materialkosten, Produktionskosten) und auf die **Werbeträger**[527] (z. B. Aufwendungen für die Vermarkter, Kosten für die Schaltung, Mieten für Plakatsäulen, -wände, Giebelwände, Energiekosten für Leuchtreklame, Schaufenster- und Raumbeleuchtung, Versandkosten der Werbeaussendungen).

---

[524] Es soll an dieser Stelle – siehe auch die vorstehende Definition von Werbekosten – daran erinnern werden, dass Werbung nicht nur von For-Profit-Organisationen wie (nicht gemeinnützige) Unternehmen, sondern auch von sogenannten NPOs wie öffentlichen Organen, Parteien, Kirchen, Gewerkschaften und anderen gesellschaftlichen Gruppen betrieben wird.

[525] Vgl. § 255 Abs. 2 S. 4 HGB.

[526] Als Werbemittel gelten Fernseh- und Hörfunkspots, Anzeigen, Inserate, Plakate, Handzettel, Flyer, Kino-Dia, Adressaufdruck, Banner, Pop-up-Fenster etc.

[527] Werbeträger sind TV, Hörfunk, Printmedien (Zeitung, Zeitschrift, Adressbücher), Filmtheater, Außenwerbung, Internet.

In der Literatur ist der Begriff „**Werbeträgerkosten**" nicht eindeutig definiert. Werbeträgerkosten können jene Beträge sein, die „die Werbungtreibenden an die Massenmedien bezahlen"[528], oder „die jeweiligen Einschaltkosten (TV = 30 Sekunden, Kino = 60 Sekunden, Print [Zeitschrift, Anm. d. Verf.] = 1/1 4c, [Print (Zeitung) Millimeter-Zeile, Anm. d. Verf.] etc.)"[529]. Gelegentlich werden sie auch als Kosten für den Einsatz von Werbemitteln bezeichnet.

Als Werbeträgerkosten werden sämtliche Aufwendungen eines Werbenden für die Verbreitung der Werbebotschaft verstanden.[1]

Darst. 2.4047: Werbeträgerkosten

[1] Vgl. HEINRICH, J.: a. a. O., S. 542.

Die Kosten der Verbreitung von Werbeinhalten sind je nach Medium unterschiedlich hoch. Nachstehend finden sich die Insertionskosten ausgewählter Zeitschriften.

Für einen Werbetreibenden ist die absolute Höhe der Kosten für das Werbemittel bzw. für den Einsatz des Werbemittels nicht sehr aussagekräftig. Vielmehr interessiert die Frage der **Effizienz** des Werbemittels bzw. des Werbeträgers. Dies bedeutet, dass die Kosten des Werbemittels bzw. des Kostenträgers im Verhältnis zu seinem Nutzen gesehen werden müssen. „Letztlich ausschlaggebend ist das Verhältnis der Werbeträgerkosten zur Größe der erreichten Zielgruppe, ausgedrückt in Werbeträgerkosten … je 1000 Zielpersonen."[530]

[528] HEINRICH, J., PÄTZOLD, U., RÖPER, H.: Werbepotenziale für die privaten elektronischen Medien in Nordrhein-Westfalen, Opladen 2002, S. 16.

[529] SZAMEITAT, TH.: Praxiswissen Anzeigenverkauf: So gelingt die Kommunikation zwischen Verlag, Agentur und Kunde, Wiesbaden 2010, S. 97.

[530] Vgl. NIESCHLAG, R., DICHTL, E., HÖRSCHGEN, H.: Marketing, 16. Aufl., Berlin 2002, S. 612.

Werbeträger \ Farbigkeit	1/1 sw	1/1 4c
Auto Bild[1]	43.450	43.450
Bild der Frau[1]	46.900	46.900
Brigitte (Durchschnittspreis)[2]	52.800	52.900
Capital (Durchschnittspreis)[2]	29.900	29.900
Computer Bild[1]	27.950	27.950
Hörzu[1]	50.817	50.817
Stern (Durchschnittspreis)[2]	61.542	61.542

Darst. 2.4048: Werbeträgerkosten für ausgewählte Zeitschriften 2015 (in €)
[1] Quelle: http://www.axelspringer-mediapilot.de/artikel/Preise-Formate-Zeitschriften-Anzeigen preise-Zeitschriften-2015_21879832.html
[2] Quelle: http://www.gujmedia.de/print/preise-fakten/

Stehen verschiedene Medien zur Auswahl wird im Rahmen der **Mediaselektion** ein **Wirtschaftlichkeitsvergleich** unternommen, indem eine Rangreihe dieser Medien anhand des (generellen) Kriteriums **„Relative Werbeträgerkosten"** erstellt wird. Relativ bedeutet, dass die Werketrägerkosten in Relation zur Anzahl der erreichbaren Zielpersonen betrachtet werden.

Bevor konkrete Kennzahlen vorgestellt werden, sind bei der Beurteilung der Rangreihenfolge anhand des generellen Kriteriums „Relative Werbeträgerkosten" folgende Punkte zu beachten. Möglicherweise werden bei der ausgewählten spezifischen Kennzahl keine Mehrfachkontakte berücksichtigt. Des Weiteren wird von potenziellen statt von realisierten Kontakten ausgegangen. Dies würde die unrealistische Prämisse der gleichen Nutzungsintensität aller Medien unterstellen. Der zentrale Nachteil der vergleichenden Betrachtung anhand der vorgestellten Kennzahlen liegt jedoch in der fehlenden Berücksichtigung von Werbewirkungsfunktionen und damit der mangelnden theoretischen Fundierung. „Ausgehend von einer linearen Kontaktbewertungskurve, die eine Gleichwertigkeit der Kontakte unabhängig von der Anzahl der Einschaltungen unterstellt, wird weder die Kontaktverteilung noch die unterschiedliche Kontaktqualität von Medien in die Überlegung miteinbezogen."[531]

[531] LIEBL, CHR.: Kommunikations-Controlling: Ein Beitrag zur Steuerung der Marketing-Kommunikation am Beispiel der Marke Mercedes-Benz, Diss. TU Berlin, Wiesbaden 2003, S. 196.

Das generelle Kriterium „Relative Werbeträgerkosten" wird konkret über folgende Kennzahlen abgebildet:

2.4.4.3.5.1 Tausend-Kontakt-Preis

Der **Tausend-Kontakt-Preis (TKP)**, auch **Tausendkontaktpreis** oder **Tausenderpreis** genannt, ist ein Preismaßstab auf den Werbemärkten, der eine Messgröße für den Preis einer Werbemaßnahme je 1.000 Kontakte darstellt.

$$\text{Tausend-Kontakt-Preis} = \frac{\text{Kosten der Schaltung}}{\text{Kontaktsumme (Bruttoreichweite)}} \cdot 1.000$$

Darst. 2.4049: Tausend-Kontakt-Preis

Als Kosten der Schaltung gilt der Brutto-Preis der gewählten Werbemaßnahme. Dieser wird in Relation zu dem Produkt aus der Zahl der erreichten Rezipienten und der Zahl der durchschnittlichen Kontakte pro erreichtem Nutzer gesetzt. Bei einmaliger Belegung eines Werbeträgers besteht Identität mit dem noch zu besprechenden Tausend-Nutzer-Preis (TNP). Beim Tausend-Kontakt-Preis (TKP) werden interne oder externe Überschneidungen (Mehrfachkontakte) nicht herausgerechnet, d. h. 1.000 Kontakte bei der gleichen Person weisen den gleichen TKP auf wie jeweils ein Kontakt bei 1.000 Personen.

Anhand des nachfolgenden Beispiels (Zeitschrift Stern) soll die Berechnung des Tausend-Kontakt-Preises demonstriert werden.

Die Zahl der Leser pro Ausgabe liegt bei 8,6 Mio.[532] Die Kosten einer einseitigen Insertion liegen bei 61.542 € (siehe vorstehende Darstellung). Der Tausend-Kontakt-Preis beträgt 7,16 €/1000 Leser (61.542 € ÷ 8.600.000 x 1.000).

Der **einfache Tausenderpreis** setzt den Brutto-Preis einer Werbemaßnahme ins Verhältnis zur Auflage. Beispiel: Liegt die (angenommene) Auflage der Zeitschrift Stern bei 760.000, errechnet sich daraus ein einfacher Tausenderpreis von 0,08 €/Käufer (61.542 €

[532] Quelle: http://lexikon.guj.de/print_text.php?slid=975&sprache_id=1&autor_id=2, Abruf am 19.02.2015.

÷ 760.000). Der einfache Tausenderpreis berücksichtigt nicht, wie viele Leser eine erworbene Zeitschrift hat.

Während ein **Intermediavergleich** auf der Basis des Tausend-Kontakt-Preises problematisch ist, da sehr unterschiedliche Werbeträgergruppen (TV, Kino, Internet, Hörfunk, Printmedien, Außenwerbung) miteinander verglichen werden,[533] ist der TKP im Bereich der **Intramediaselektion** ein durchaus sinnvoller Beurteilungsmaßstab zur Bestimmung der Effizienz von Werbeträgern.

2.4.4.3.5.2 Tausend-Nutzer-Preis

Der **Tausend-Nutzer-Preis (TNP)** nennt die Kosten, um 1.000 verschiedene Personen der Zielgruppe mindestens einmal zu erreichen. Insofern wird der TNP bei Werbekampagnen, die aus mehreren Werbeblöcken/-maßnahmen bestehen, als Kriterium für die Wirtschaftlichkeit verwendet. Dem Tausend-Nutzer-Preis wird wegen der (möglicherweise) mehrfachen Kontakte einer Person mit der Werbebotschaft die Nettoreichweite, die externe Überschneidungen[534] nicht zulässt, zugrunde gelegt.

$$\text{Tausend-Nutzer-Preis} = \frac{\text{Kosten der Schaltung}}{\text{Nettoreichweite}} \cdot 1.000$$

Darst. 2.4050: Tausend-Nutzer-Preis

Sind nicht nur Werbemaßnahmen in verschiedenen Werbeträgern, sondern auch wiederholte Schaltungen (im gleichen Werbeträger) geplant, wird statt der Nettoreichweite die kombinierte Reichweite gewählt.

Je nach zu verwendendem Medium kann der Tausend-Nutzer-Preis als

- **Tausend-Leser-Preis (TLP)** oder
- **Tausend-Hörer-Preis (THP)** oder
- **Tausend-Kinobesucher-Preis**

[533] Vgl. SJURTS, I. (HRSG): Gabler Lexikon Medienwirtschaft, 2. Aufl., Wiesbaden 2010, S. 588.

[534] Eine Person nutzt (z. B. liest) mehrere Werbeträger.

bezeichnet werden.

Anhand des nachfolgenden Beispiels (Zeitschrift Stern) soll die Berechnung des Tausend-Nutzer-Preises resp. des Tausend-Leser-Preises demonstriert werden.

Eine Anzeige soll in der Zeitschrift zweimal geschaltet werden. Die Zahl der Leser pro Ausgabe liegt bei 8,6 Mio., die Nettoreichweite nach zwei Ausgaben bei 11,8 Mio.[535], d. h. es bestehen 5,4 Mio. interne Überschneidungen. Die Kosten einer einseitigen Insertion liegen bei 61.542 € (siehe vorstehende Darstellung); also 123.084 € bei zwei ganzseitigen Anzeigen. Der Tausend-Nutzer-Preis beträgt 10,43 €/1000 Leser (123.084 € ÷ 11.800.000 • 1.000).

Sinnvoll ist eine weitere Modifizierung im Hinblick auf eine zielgruppenspezifische Ansprache. Ein TKP oder ein TNP (auch mit Modifikationen) mit Berücksichtigung der Zielgruppe wird **gewichteter Tausend-Kontakt-Preis** bzw. **gewichteter Tausend-Nutzer-Preis** (auch als TLP oder THP) genannt.[536] Beispielhaft sei die Formel für den gewichteten TNP aufgeführt:

$$\text{Tausend-Nutzer-Preis gewichtet} = \frac{\text{Kosten der Schaltung}}{\text{Nettoreichweite in der Zielgruppe}} \cdot 1.000$$

Darst. 2.4051: Gewichteter Tausend-Nutzer-Preis

Zwischen der **Zielgruppenaffinität** und dem TKP bzw. TNP besteht eine hohe Korrelation. Je höher die Zielgruppenaffinität, desto höher ist auch der TKP bzw. TNP.

2.4.4.3.5.3 Cost per GRP

Der Werbedruck wird über den GRP gemessen. Er stellt die Anzahl der Kontakte ohne Berücksichtigung von Überschneidungen in Relation zur Größe der Zielgruppe dar.

---

[535] Quelle: http://lexikon.guj.de/print_text.php?slid=975&sprache_id=1&autor_id=2, Abruf am 19.02.2015.

[536] Ein ungewichteter TKP oder TNP bezieht sich demnach auf die Gesamtbevölkerung.

Der **Cost per GRP** als Maßstab zur Messung der Effizienz im internationalen Vergleich gibt die Kosten an, die für eine Chance des Kontakts mit einem Prozent der Zielgruppe anfallen.

$$\text{Cost per GRP} = \frac{\text{Kosten der Schaltung}}{\text{GRP}}$$

Darst. 2.4052: Cost per GRP (Grundformel)

Nach Einsetzen der GRP-Formel in die vorstehende Formel lässt sich leicht erkennen, dass der Tausend-Kontakt-Preis quasi in der Umformung enthalten ist. Dementsprechend kann der Cost per GRP auch wie folgt definiert werden:

$$\text{Cost per GRP} = \frac{\text{Tausend-Kontakt-Preis} \cdot \text{Größe der Zielgruppe}}{1000 \cdot 100}$$

Darst. 2.4053: Cost per GRP bei Nutzung des Tausend-Kontakt-Preises

Je kleiner der Cost per GRP ist, desto wirtschaftlicher ist die zielgruppenspezifische werbliche Ansprache.

Beispiel: Zielgruppe seien Männer zwischen 20 und 30 Jahren in der Bundesrepublik Deutschland. Das waren 2012 ca. 5,1 Mio. Bezüglich der Zeitschrift Stern war oben ein Tausend-Kontakt-Preis von 7,16 € ermittelt worden. Der Cost per GRP errechnet sich mit 365,16 €.

2.4.4.3.5.4 Cost per Click

Zur Messung der Effizienz von Online-Werbung werden verschiedene Kennzahlen verwendet, die nachfolgend vorgestellt werden.

Cost per Click (CPC), auch Pay per Click genannt,[537] beschreibt eine Zahlungsmethode, bei der pro Click auf ein vom Unternehmen gebuchtes Internet-Werbemittel (Banner, Text-Link, Pop-up-Fenster, Video) im Rahmen der Online-Werbung abgerechnet wird. Der Preis für jedes Anklicken wird meist automatisiert über Real-Time-Bidding ermittelt. Er ist daher in erster Linie von der Anzahl der Mitbewerber und den verwendeten Keywords[538] abhängig. Weitere Bestimmungsfaktoren sind die Reichweite des Portals, Art des gewünschten Werbemittels[539], Platzierung des Werbemittels auf der Website, werbliches Umfeld des Werbemittels,[540] Branche des Unternehmers und die Menge der gebuchten Werbung. Die hier eingesetzten Werbemittel finden sich vor allem im Rahmen des Affiliate[541]- und Suchmaschinen[542]-Marketings (SEM). Der Cost per Click ermittelt sich wie folgt:

$$\text{Cost per Click} = \frac{\text{Kosten der Schaltung des Werbemittels}}{\text{Anzahl der Klicks}}$$

Darst. 2.4054: Cost per Click

Beispiel: Die Rechnung des Affiliate lautet über 235,29 € für die Schaltung eines Banners auf seiner Website. Laut beigefügter Statistik wurde 1.023-mal auf dieses Banner geklickt. Folglich errechnet sich der CPC mit 0,23 €.

Bei diesem Verfahren ist sichergestellt, dass der Nutzer (User) auch tatsächlich auf die Seite des Werbenden weitergeleitet und die Werbebotschaft somit auch wahrgenommen wird. Damit unterscheidet sich der CPC grundlegend von der Abrechnungsmodalität wie bei dem CPM oder dem oben vorgestellten TKP. Nachteilig ist, dass die Klicks sehr leicht generiert werden können, ohne dass ein tatsächliches Interesse an der Werbebotschaft oder dem Unternehmen besteht. Dieser Klickbetrug kann durch richtige oder simulierte Klicks

[537] Die synonyme Verwendung ist im Prinzip nicht korrekt, da pay per click das Verfahren an sich beschreibt.

[538] Ein Keyword (Schlüsselwort, Suchbegriff, Schlagwort, Stichwort), meist ein gängiger Begriff, besteht aus einer Zeichenkette (ein Wort, mehrere Wörter, Zahlen oder Zeichen), nach der bei Eingabe des Begriffs im Suchfeld/-formular übereinstimmende Ergebnisse aus dem Datenbestand angezeigt werden. Im Rahmen des Suchmaschinenmarketings werden Webseiten angezeigt, die das gesuchte Keyword enthalten.

[539] Bannerklicks sind meist teurer als Klicks auf Textlinks.

[540] Ein negativ besetztes Umfeld wie z. B. Bad News oder Themen wie Gewalt, Pornographie und Alkohol beeinflusst den CPC (und auch das Image des Unternehmens) erheblich.

[541] Ein Affiliate (engl. = angliedern) betreibt eine Partner-Website, über die Unternehmen (Hersteller, Händler und andere Dienstleister) ihre Produkte oder Dienstleistungen durch Verlinkung auf die Partner-Webseiten offerieren. Der Affiliate fungiert als Schnittstelle zwischen den Unternehmen und den potenziellen Kunden.

[542] Zu den Suchmaschinen gehören in Deutschland u. a. AOL, Ask.com, Bing, Google, T-Online und Yahoo.

des Affiliates oder der Suchmaschine geschehen, aber auch dadurch, dass der Anbieter im Rahmen der „Versteigerung“ von Klicks an den/die Meistbietenden durch bewusste Klicks auf (stark) gefragte Keywords die Preise in die Höhe treibt und somit höhere Einnahmen generiert. Aber auch Mitbewerber werden zu Klickbetrügern, indem sie mehrfach auf die Werbemittel des Konkurrenten klicken. Dadurch werden die Werbeträgerkosten des zuletzt Genannten enorm erhöht. Auch kann ein mögliches Tagesbudget erreicht werden, was zur Deaktivierung des Werbeplatzes führt. Ein ähnlich kostentreibender Fall liegt vor, wenn ein User mehrfach auf das gleiche Werbemittel klickt.

2.4.4.3.5.5 Cost per Order/Cost per Conversion

Auch die Kennzahl **Cost per Order (CPO)** , gleichfalls als **Cost per Sale** bekannt, dient der Kontrolle von Internet-Werbeaktivitäten. Sie weist einen ähnlichen Hintergrund auf wie der Cost per Click. Ein Anwendungsschwerpunkt ist die Direktwerbung. Als Werbeträger kommen auch Verkaufssendungen in einem Teleshopping-Kanal infrage. Ansonsten sind die Werbemittel, die Bestimmungsfaktoren des Preises, die Anbieter (Affiliate und Suchmaschinen) und auch der Mechanismus nahezu identisch. Allerdings geht diese Kennzahl noch einen Schritt weiter, denn der Nutzer muss hier mehr tun, als nur auf das Werbemittel zu klicken. Cost per Order oder – gleichbedeutend **Cost per Conversion** – misst den **Betrag, der für eine (Werbe-)Aktivität ausgegeben wurde bzw. wird, um eine bestimmte Reaktion** (engl.: **conversion; Verkauf eines Produkts, Bestellung einer Dienstleistung oder eines Abonnements) zu erreichen**.[543] Gezahlt wird also erst bei tatsächlich erfolgter Bestellung (engl.: order). In der Regel wird zwischen dem Unternehmen und dem Anbieter des Werbeplatzes (vermittelnder Partner bzw. Publisher) eine bestimmte, nicht vom Verkaufswert abhängige Provision vereinbart. Es existieren aber auch Abrechnungsmodelle mit einem Fixbetrag oder einer Kombination aus beidem, wobei diese additiv anfallen können, aber auch eine Anrechnung des fixen Teils möglich ist. Ziel ist es in jedem Fall, den CPO-Betrag so gering wie möglich zu halten.

Die Kennzahl CPO lässt sich wie folgt bestimmen:

[543] Vgl. THOMAS, B., HOUSDEN, M.: Direct and Digital Marketing in Practice, 3rd ed., New York 2017, S. 497, FRITZ, W.: Internet-Marketing und Electronic Commerce: Grundlagen – Rahmenbedingungen – Instrumente, 3. Aufl., Wiesbaden 2004, S. 277.

$$\text{Cost per Order} = \frac{\text{Kosten der Werbemaßnahme}}{\text{Anzahl der Bestellungen}}$$

Darst. 2.4055: Cost per Order

Bei Verwendung der Kennzahl Cost per Conversion steht im Nenner „Anzahl generierter Conversions".

Die vorstehende Kennzahl sollte für jedes Werbemittel und/oder für jedes Produkt (jede Produktgruppe separat berechnet werden, um im Sinne eines Kosten-Nutzen-Vergleichs das optimale auswählen zu können. Gängige CPO-Beträge für den Abschluss eines Mobilfunkvertrages liegen bei durchschnittlich ca. 75,00 €, für den Schuhkauf bei ca. 5,00 bis 10,00 €.[544]

Beispiel: Ein Notebook-Händler zahlt an einen externen Dienstleister für jede Bestellung 3,05 € an fixer Provision zuzüglich 5 % Umsatzbeteiligung. In der Abrechnungsperiode gehen 620 Bestellungen mit einem durchschnittlichen Warenkorb von 855,00 € ein. Der CPO-Betrag berechnet sich wie folgt:

$$\text{CPO} = \frac{\text{620 Bestellungen} \cdot \text{3,05 €/Bestellung} + \text{620 Bestellungen} \cdot \text{855,00 €} \cdot \text{5 \%}}{\text{620 Bestellungen}}$$

$$= \frac{\text{1.891,00 €} + \text{26.505 €}}{620} = \text{45,80 €/Bestellung}$$

In Fortführung des Beispiels aus Darst. 2.4043 ergibt sich folgende Auswertung zu den Werbeträgerkosten:

[544] Vgl. SCHROETER, A., WESTERMEYER, PH., MÜLLER, CHR. ET AL.: Die Zukunft des Display Advertising. Intelligenter – automatisierter – effizienter durch Real Time Bidding, Hamburg 2012, S. 12.

Werbekanal	Conversions	Conversion-Rate (in %)	Kosten (in €)	Cost per Conversion (in €)
E-Mailing	50	5,0	2.000	40,00
Direct-Mailing	72	9,0	10.000	138,89
Banner-Werbung	40	2,0	1.500	37,50

Darst. 2.4056: Cost per Conversion bei Nutzung verschiedener Werbekanäle (Beispiel)

Nach Hinzunahme der Kostenkomponente wird in dem Beispiel deutlich, dass das Direct-Mailing trotz seiner hohen Conversion-Rate nicht der günstigste Kampagnenkanal ist. Die Kosten pro Bestellung liegen bei dem Direct-Mailing mit 138,89 € deutlich über den Kosten der digitalen Aktivitäten. Die Banner-Werbung erzielt einen Cost per Conversion von 37,50 € den besten Wert. Dennoch stellt sich die Frage, ob sich die Banner-Werbung lohnt, wenn ein Cost per Conversion von 37,50 € erzielt wird oder ob sich sogar noch ein Direct-Mailing mit einem Cost per Conversion von 138,89 € rentiert.

Eine Aussage zum **Erfolg der Maßnahmen**, lässt sich nur treffen, wenn den Conversions neben den Kosten auch deren Erfolge zugeordnet werden. Folglich muss der Gewinnanteil je Kapitaleinsatz (**Return on Advertising Investment (ROAI)**) ermittelt werden. Diese Kennzahl wird in Paragraf 2.6.1.4 „Return on Advertising Investment" vorgestellt.

Der direkte Kaufabschluss, das Hauptziel, lässt sich mit einem Web-Analytics-System wie beispielsweise Google Analytics leicht bewerten. Hierzu wird ein sogenannter E-Commerce-Tracking-Code im Einkaufswagen integriert und somit der tatsächliche Wert der Bestellung der jeweiligen Marketingmaßnahme gutgeschrieben.[545]

Neben dem Hauptziel „Bestellungen" bzw. „Conversions" empfiehlt es sich folglich auch Unterziele zu definieren. Unterziele, sogenannte **Sub-Conversions**, werden aus weiteren gewünschten Transaktionen gebildet. So könnte beispielsweise das Hinzufügen eines Produktes zum Warenkorb oder das Absenden einer Newsletteranmeldung als Sub-Conversion hinzugezogen werden.[546] Dieses Vorgehen ermöglicht eine umfangreichere und zielorientierte Optimierung der Website sowie der Marketingkampagnen.

Im Grunde ist der übersetzte Begriff „Kosten einer Bestellung" für den Terminus „Cost per Order" nicht eindeutig bzw. irreführend. So finden sich hin und wieder auch die Kosten des Versands in den Kosten einer Bestellung. Hier muss also differenziert werden: Mit Cost per Order sind **nur die Kosten der Werbeaktivität** gemeint, die zum unmittelbaren

[545] Vgl. https://support.google.com/analytics/answer/1032415?hl=de, Abruf am 13.11.2014; 18:14 Uhr.

[546] Vgl. HASSLER, M., a. a. O., S. 345.

Verkauf eines Produkts, zur Bestellung einer Dienstleistung oder eines Abonnements führen. Damit gehören die Kosten für eine **Leadgenerierung** (Lead: qualifizierter Interessent für ein Unternehmen oder ein Produkt) nicht in jedem Fall zu den „Cost per Order", da ein gewonnener Interessent nicht gleichbedeutend mit einem neuen Kunden ist. Auch kann ein späterer Kauf nicht unmittelbar und eindeutig diesem Lead zugeordnet werden. In der Regel besuchen Kaufinteressierte eine Website bis zu fünfmal, bevor sie sich zu einer Bestellung entschließen. Nur dann, wenn das Abrechnungsmodell ein verkaufsfertiges Lead, welches nur bei einer tatsächlichen Bestellung vergütet, vorsieht, gehören die Kosten der Leadgenerierung zu den Cost per Order. Um eine der vorgenannten Aktionen auf den Einsatz des Werbemittels zurückführen zu können, werden Cookies eingesetzt und IP-Adressen ausgewertet, welche die Besteller vom Erstkontakt bis zum Abschluss verfolgen. Ist der Verkauf oder die Bestellung durch das Vergütungsmodell nicht garantiert, sollte als Kennzahl **„Cost per Lead (CPL)"**[547] oder – noch weniger zwingend im Sinne einer Bestellung – der Maßstab **„Cost per Action (CPA)"**[548] (z. B. bei Gewinnspielen oder Downloads unternehmenstypischer Informationen) verwendet werden. In diesem Zusammenhang ist die sogenannte **Conversion-Rate** von zentraler Bedeutung, die darstellt, ob ein Nutzer nicht nur einfach die Seite besucht, sondern auch eine Bestellung tätigt.

Unter den Kosten der Bestellung (des Kunden) müssen auch weitere Kosten wie z. B. die der Bestellabwicklung, Kommissionierung, des Versandes und ggf. der Rücksendung berücksichtigt werden. Auch im Beschaffungsbereich existiert der Begriff „Kosten der/je Bestellung". Hier sind u. a. die Kosten des operativen Einkaufs inkludiert.

Wie der Cost per Click ist der Cost per Order eine besonders werbekundenfreundliche Abrechnungsart, weil sie streng erfolgsbasiert arbeitet und dem Unternehmen nicht das Risiko hoher Werbeausgaben ohne entsprechende Gegenleistung (Abschluss eines Vertrages mit dem Kunden) aufbürdet. Denn Traffic, Page Impressions, Ad Impressions, Clicks und die Click-trough-Rate generieren nicht zwangsläufig Vertragsabschlüsse, auch wenn sie aus Sicht des Suchmaschinenmarketing sinnvoll sind. Insofern verwundert es nicht, dass die Werbeform Cost per Order als Performance-basiertes System das attraktivste Vergütungsmodell darstellt.[549]

---

[547] Meist gemessen an der Übermittlung der E-Mail- oder Postadresse.

[548] Hinweis: Die Abkürzung CPA wird gelegentlich auch für Cost per Acquisition (Kosten pro Akquisition) verwendet.

[549] Vgl. DENKWERT GMBH, MEDIENCLUSTER NRW GMBH, ARTHUR D. LITTLE AUSTRIA GMBH (HRSG.): Future of Advertising 2015, S. 28, unter: https://www.eco.de/wp-content/blogs.dir/the-future-of-advertising-2015.pdf

2.4.5 Controlling des Webauftritts

2.4.5.1 Grundlagen des Online-Marketings

Bevor auf das Controlling der Website eingegangen wird, sollen zunächst einige Begriffe geklärt werden. Dies scheint notwendig, da viele Begriffe verwechselt werden oder synonym genutzt werden, obwohl sie nicht das gleiche bedeuten.

Häufig ist folgende Aussage zu lesen (oder hören): Neben den **Printmedien** (Zeitung, Zeitschrift, Buch, Flyer etc.) und den **audiovisuellen Medien** (Rundfunk, Fernsehen und Trägermedien wie Tonträger (Schallplatte, Compact Disc) oder Videokassette und DVD) haben in den vergangenen Jahren die elektronischen Medien enorm an Bedeutung gewonnen. Diese vorgenannte Dreiteilung der Medien ist jedoch nicht überschneidungsfrei und somit nicht eindeutig. So sind beispielsweise HTML-Dokumente im World Wide Web (WWW) oder Videos auf YouTube® (Internetportal für Videofilme) auch „audiovisuell". „Elektronische Medien können Informationen im weitesten Sinne tragen und übermitteln, also Texte und Töne sowie stehende und bewegte Bilder. Sie müssen durch elektronische Geräte dekodiert werden ..."[550] Hierzu zählen beispielsweise E-Mails als Trägermedium für Texte, Bilder und Dateien sowie das Internet als Übertragungsmedium für E-Mails oder Verbreitungsmedium für HTML-Dokumente, aber auch CD-ROM oder Mailboxen und gar das Intranet und Telefon, Mobiltelefon oder sonstige mobile Geräte wie Smartphones und Tablets. Selbst Fernsehen/Video und Spielkonsole gehören zu den elektronischen (Bildschirm-)Medien.[551] **Elektronische Medien** sind Medien, mit denen digitale und analoge Informationen auf elektronischem Weg verbreitet werden. Werden die übertragenen Medien digital kodiert, wird von **digitalen Medien** gesprochen.

In der Regel werden folgende Begriffe gleichgesetzt (sofern keine Differenzierung zwischen **World Wide Web (WWW)**[552] und **Internet** erfolgt): **Website, Internetauftritt, Webauftritt, Internetpräsenz, Internetplattform, Webpräsenz** und **Webangebot**.[553] *Nicht synonym* zu verwenden sind **Online-Auftritt, Online-Präsenz, Webseite, Inter-**

[550] KAISER, A.: Elektronische Medien: Herausforderung für die Marketing-Kommunikation, in: BAUER, H. H., DILLER, H. (HRSG.): Wege des Marketing, Berlin 1995, S. 83.

[551] Vgl. MANZ, K., SCHLACK, R., POETHKO-MÜLLER, C. ET AL.: Körperlich-sportliche Aktivität und Nutzung elektronischer Medien im Kindes- und Jugendalter. Ergebnisse der KiGGS-Studie – Erste Folgebefragung (KiGGS Welle 1), in: BUNGESGESUNDHEITSBLATT 2014 57, Berlin Heidelberg 2014, S. 844.

[552] Das World Wide Web (WWW) ist ein weltweites Informationssystem im Internet und somit Teil des Internet.

[553] In englischsprachigen Medien wird hierfür der Begriff „website" verwendet.

netseite oder **Homepage**! Online-Auftritt und Online-Präsenz kann auch ein Angebot außerhalb des Internet sein, z. B. im Fernsehen[554]. Die Webseite bzw. Internetseite ist *eine* Seite der Website (Achtung: „false friends“). Völlig fehl am Platz ist im vorgenannten Kontext der Begriff Homepage. Eine Homepage ist (lediglich) die Startseite einer Webpräsenz resp. die erste Seite einer Internetpräsenz, sofern nicht in besonderen Fällen eine Intro-Seite vorgeschaltet ist.

Da die Kennzahlen zur Online-Werbung bereits oben im Zusammenhang mit dem Thema Werbeträgerkosten besprochen wurden, wird ein Internetauftritt oder ein Webangebot, dass sich auf die Online-Werbung auf *fremden* Websites bezieht, hier ausgeklammert. Im Folgenden geht es ausschließlich um die *eigene* Internetsite oder den *eigenen* Account[555] auf *fremden* Websites[556].

Laut einer Studie der AGOF[557] vom Oktober 2021 nutzen ca. 88 % der über 16-jährigen in Deutschland das Internet, davon 99 % regelmäßig[558]. Dabei gaben 69,9 % der befragten Internetnutzer an, das World Wide Web in den letzten drei Monaten für Online-Einkäufe genutzt zu haben, was damit die vierthäufigste Aktivität im Internet ist. Dies weist auf die immer größer werdende Bedeutung von **Electronic Commerce (E-Commerce)** hin, obwohl neben enormen Vorteilen auch zahlreiche Nachteile aufzuzählen sind. Zunächst werden die Vorteile des E-Commerce aufgelistet:

---

[554] Beispielsweise das sogenannte Teleshopping.

[555] Ein Account (engl.: user account), auch als Benutzer-/Nutzerkonto bezeichnet, ist ein „Konto“ bei einem Website-Betreiber, nach dessen Einrichtung Dienstleistungen der Plattform in Anspruch genommen oder persönliche Daten (Stamm- und Bewegungsdaten) angelegt und Konfigurationseinstellungen vorgenommen werden können.

[556] Zum Beispiel in einem Social-Media-Netzwerk.

[557] AGOF – ARBEITSGEMEINSCHAFT ONLINE FORSCHUNG E. V. (HRSG.): agof daily digital facts Oktober 2021, https://www.agof.de/en/?wpfb_dl=8557, Abruf am 24.12.2021.

[558] Häufiger als drei Monate.

- globale Präsenz mit entsprechendem Kaufpotential
- 24 Stunden an 365 Tagen im Jahr nutzbar
- Internet als zusätzlicher Absatzkanal (neben Katalogversand und stationärem Handel)
- Gewinnung von Kundendaten für Marketingmaßnahmen
- individuelle Bereitstellung von Informationen (z. B. über entsprechende Datenbanken im Hintergrund)
- Möglichkeit der Zurverfügungstellung wesentlich detaillierterer Informationen
- schnellerer Informationsaustausch mit aktuellen und/oder potenziellen Kunden
- direkte Kontaktaufnahme ohne Absatzmittler/-helfer
- gezielte werbliche Ansprache von Internet-Usern/-Kunden
- Unternehmens- und/oder Produktdarstellung durch „bewegte Bilder“
- ggf. geringere Personalkosten als im stationären Handel (Logistik-Tarife)
- Verkauf ohne persönlichen Kundenkontakt möglich
- geringere Raumkosten pro qm bei Ansiedlung „auf dem Lande“
- Produkte müssen physisch nicht vorhanden sein
- schnellere Aktualisierung von Produkten und Preisen möglich
- Integration des Kunden in die Kaufabwicklung möglich

Darst. 2.4057: Vorteile der Nutzung von E-Commerce

- kann nicht in allen Fällen das persönliche Gespräch ersetzen
- Aushandlung der Konditionen aus Kundensicht meist nicht möglich
- aus Kundensicht häufig nur standardisierter oder reduzierter Servicelevel
- hohe Kosten beim Ausbau der E-Commerce-Infrastruktur
- teures Suchmaschinenmarketing (Quasi-Monopol von google®)
- Abhängigkeit von Datennetzen und Providern
- extrem hoher Konkurrenzdruck, insbesondere bei (leicht) substituierbaren Gütern
  → Preisdifferenzierung nicht möglich
  → Zwang zu niedrigen Preisen → Folge: niedrige Renditen
  → oft versandkostenfreie Lieferungen → Folge: niedrige Renditen
- Versandkosten
- oft (branchenspezifisch) hohe Retourenquoten
- Sicherheit der Daten für das Unternehmen und die Kunden oft nicht gewährleistet
- ökologische Folgen (extreme Zunahme des Lkw-Verkehrs)

Darst. 2.4058: Nachteile der Nutzung von E-Commerce

In der Literatur existieren zahlreiche und durchaus (auch sehr) unterschiedliche Definitionen von und zur Abgrenzung zwischen E-Commerce und **Electronic Business (E-Business)**;[559] teilweise werden diese beiden Begriffe auch als Synonyme verwendet.

Electronic Business besteht aus den beiden englischen Begriffen „Electronic“, was mit „elektronisch“ zu übersetzen ist, während „Business“ in erster Linie „Geschäft, Unternehmen, Betrieb, (kaufmännisches) Gewerbe oder Handel bedeutet.“[560] Dementsprechend wird „Electronic Business“ mit „elektronischer Geschäftsabwicklung“[561] oder „elektronischer Geschäftsverkehr“[562] in das Deutsche übertragen.

Die folgende Differenzierung zeigt, dass der Begriff E-Business wesentlich weiter gefasst ist als die Definition von E-Commerce. Da es sich in beiden Fällen um geschäftliche Aktivitäten[563] handelt, gehört das sog. **Electronic Government (E-Government)**[564] oder **Electronic Vote (E-Vote)**[565] bzw. **Electronic Administration (E-Administration)** in keine der beiden Beschreibungen, auch wenn staatliche Stellen (eher in Ausnahmefällen) wirtschaftliche Geschäftszwecke verfolgen.[566] Die Eingruppierung von **Electronic Learning (E-Learning)** ist nicht eindeutig vorzunehmen. Zum einen könnte es sich um ein gewerbliches Angebot handeln, zum anderen aber auch um – für die Lernenden kostenfreie – E-Learning-Angebote von Bildungseinrichtungen wie Fachhochschulen oder Universitäten. E-Business lässt sich wie folgt definieren:

---

[559] Vgl. etwa BARTON, TH.: E-Business mit Cloud Computing. Grundlagen – Praktische Anwendungen – Verständliche Lösungsansätze, Berlin 2014, S. 22, MEIER, A., STORMER, H.: eBusiness & eCommerce. Management der digitalen Wertschöpfungskette, 3. Aufl., Berlin, Heidelberg 2012, S 2, SCHWARZE, J., SCHWARZE, ST.: Electronic Commerce. Grundlagen und praktische Umsetzung, Herne, Berlin 2002, S.35, STÄHLER, P.: Geschäftsmodelle in der digitalen Ökonomie: Merkmale, Strategien und Auswirkungen, 2. Aufl., Köln-Lohmar 2002, S. 54, THOME, R.: e-business, in: Informatik Spektrum, Bd. 25, 2002, Heft 2, S. 151, WEIBER, R.: Handbuch Electronic Business, 2. Aufl., Wiesbaden 2002 (Reprint 2014), S. 10, WIRTZ, B. W.: Electronic Business, 3. Aufl., Wiesbaden 2010, S. 25–32.

[560] Vgl. RUNDELL, M. (HRSG.): Macmillan English Dictionary – For advanced learners of american English. Begriff "Business", New York 2002, S. 180f., http://de.pons.com/%C3%BCbersetzung/englisch-deutsch/business Neben den vorgenannten Übersetzungen kann "Business" auch „Angelegenheit“ oder „Sache“ meinen.

[561] Vgl. http://de.pons.com/%C3%BCbersetzung/englisch-deutsch/electronic+business http://de.bab.la/woerterbuch/englisch-deutsch/e-businesshttp://www.dict.cc/englisch-deutsch/electronic+business.html

[562] Vgl. http://woerterbuch.reverso.net/englisch-deutsch/e-business

[563] Typische Geschäftsaktivitäten von Unternehmen sind z. B. Marketing, Beschaffung, Produktion, Logistik, Finanzierung etc.

[564] E-Government bezeichnet den elektronischen Austausch von Informationen zwischen staatlichen, kommunalen oder sonstigen öffentlichen Organen einerseits und den vorgenannten Institutionen oder Bürgern andererseits.

[565] Wahlen mit Hilfe elektronischer Medien.

[566] Es sei der Hinweis erlaubt, dass es diesbezüglich auch abweichende Meinungen gibt, die sowohl das E-Government als auch die E-Administration ebenfalls zum E-Business zählen. Vgl. BÄCHLE, M., LEHMANN, F. R.: E-Business: Grundlagen elektronischer Geschäftsprozesse im Web 2.0, München 2010, S. 4.

> Electronic Business (E-Business) bezeichnet alle Prozesse der Einladung zu sowie der Vereinbarung und der Durchführung von beiderseits nutzenstiftenden Geschäftsaktivitäten zwischen Marktteilnehmern einschließlich der Unterstützung der vorgenannten Aktionen durch unternehmensin- und -externe Stellen mit Hilfe elektronischer Medien (Netze).

Darst. 2.4059: Electronic Business (E-Business)

Die vorstehende Definition beinhaltet also auch die außerbetrieblichen Prozesse, die nach dem Kauf die Kommunikation und die Zusammenarbeit mit dem Kunden unterstützen, wie z. B. der After Sales Service (u. a. Tracking der Versanddaten), aber auch den Austausch geschäftsrelevanter Daten mit anderen Unternehmen sowie die Kommunikation mit Stellen innerhalb des Unternehmens (Business-to-Self, B2S bzw. Business-to-Employee, B2E), wobei im Fall externer Kunden diejenigen Informationen übermittelt werden, die in Zusammenhang mit dem Kauf, der Lieferung und der Bezahlung der Ware oder Dienstleistung stehen. Insofern kann sowohl das unternehmensübergreifende Konzept des **Supply Chain Management** als auch das **Customer Relationship Management** ebenfalls zum E-Business gezählt werden. Das E-Business bedient sich i. d. R. des Internets, Intranets oder Extranets. An dieser Stelle wird die Integration des Internets in die Prozesse (innerhalb) des Unternehmens deutlich. So ist die Produktion und/oder der Vertrieb oder die Finanzbuchhaltung über geeignete Software eng mit dem Webauftritt verbunden.[567] Die Einladung bezieht sich auf das Angebot, Produkte, Dienstleistungen u. a. des Unternehmens käuflich zu erwerben.

E-Commerce stellt einen Ausschnitt von E-Business dar. Bereits die Übersetzung von „Commerce“ weist im Gegensatz zu „Business“ eindeutig auf ökonomische Aktivitäten hin: „Handel, Kommerz, Handelsverkehr“[568]. E-Commerce beschränkt sich auf die direkte Leistungsbeziehung zwischen Unternehmen und (externen) Kunden; interne Geschäftsprozesse werden ausgeklammert. Zur Übermittlung der Daten wird ausschließlich das Internet als Plattform der verwendeten Informations- und Kommunikationstechnologie genutzt.[569] Dementsprechend verkürzt sich die Definition des E-Commerce:

[567] Vgl. BÄCHLE, M., LEHMANN, F. R.: a. a. O., S. 47.

[568] Vgl. http://de.pons.com/%C3%BCbersetzung/englisch-deutsch/commerce, Abruf am 28.02.2015, http://www.dict.cc/englisch-deutsch/commerce.html Begriff „commmerce“, Abruf am 28.02.1015.

[569] Vgl. etwa KUHN, A.: Electronic commerce: Interface-Design und Website-Gestaltung im Business-to-Consumer-Bereich, Münster 2006, S. 16, SCHWARZE, J., SCHWARZE, ST.: a. a. O., S. 35, SCHWICKERT, A. C.: Web Site Engineering: Ökonomische Analyse und Entwicklungssystematik für eBusiness-Präsenzen, Berlin 2013, S. 15, STÄHLER, P.: a. a. O., S. 54, THOME, R., SCHINZER, H., HEPP, M.: Electronic Commerce: Ertragsorientierte Integration und Automatisierung, in: THOME, R., SCHINZER, H., HEPP, M. (HRSG.):

Electronic Commerce (E-Commerce) bezeichnet alle Prozesse der Einladung zu sowie der Vereinbarung und der Durchführung von beiderseits nutzenstiftenden Handelsaktivitäten zwischen externen Marktteilnehmern einschließlich der Unterstützung der vorgenannten Aktionen durch unternehmensexterne Stellen mit Hilfe des Internets.

Darst. 2.4060: Electronic Commerce (E-Commerce)

Marktbeziehungen im E-Commerce betreffen nicht nur den Verkauf von Waren und Dienstleistungen von Unternehmen an Endverbraucher **(Business-to-Customer, B2C)**, sondern auch Transaktionen mit anderen Geschäftspartnern **(Business-to-Business, B2B)**. Dem grundsätzlichen Geschäftsmodell des E-Business entsprechend wären auch der Leistungsaustausch zwischen Verbrauchern (Consumer-to-Consumer, C2C)[570], zwischen Verbrauchern und Unternehmen (Consumer-to-Business, C2B)[571] sowie zwischen Verbrauchern und der Administration (Consumer-to-Administration, C2A)[572] denkbar. Im Hinblick auf eine möglichst klare Abgrenzung und unter Berücksichtigung des Adressatenkreises bezieht sich „E-Commerce“ ausschließlich auf kommerzielle Transaktionen zwischen Unternehmen einerseits sowie Unternehmen, Endverbrauchern oder der Administration andererseits. Der Schwerpunkt liegt auf dem Geschäftsmodell B2C. Eine mögliche Unterscheidung zwischen offenen und geschlossenen Marktplätzen wird hier nicht vorgenommen.[573]

Spezialfälle des E-Commerce stellen das M-Commerce sowie das T-Commerce dar. Im Prinzip handelt es sich beim **M-Commerce** um „Mobile Electronic Commerce“, d. h. es findet eine Beschränkung auf den Einsatz mobiler Netze und Geräte wie Smartphones und Tablets zur Abwicklung von E-Commerce-Transaktionen statt. Der Vorteil des stark zunehmenden M-Commerce[574] liegt in der Ubiquität. Dem stehen grundsätzlich die Nach-

Electronic commerce und Electronic Business – Mehrwert durch Integration und Automation, 3. Aufl., München 2005, S. 3.

[570] Zum Beispiel: Verkauf über Kleinanzeigenportale oder über eine eigene persönliche Website.

[571] Denkbar wäre beispielsweise die Veröffentlichung des Lebenslaufs mit speziellen Kenntnissen auf der eigenen persönlichen Website.

[572] Hier gibt es erste Beispiele für die Beteiligung von Bürgern an öffentlichen Entscheidungen oder die Teilnahme an Wahlen (E-Voting).

[573] Offene Marktplätze gewähren jedem Interessierten Zugang zum virtuellen Waren- und Dienstleistungsangebot; geschlossene Systeme (Beispiel: Intranet) lassen nur bestimmte ausgewählte Teilnehmer zu.

[574] Vgl. ECKSTEIN, A, HALBACH, J.: Mobile Commerce in Deutschland – Die Rolle des Smartphones im Kaufprozess, unter: http://www.ecckoeln.de/Downloads/Themen/Mobile/ECC_Handel_Mobile_Commerce_in_Deutschland_2012.pdf, S. 2, Abruf am 01.03.2015.

teile relativ kleiner Geräteabmessungen und damit der Darstellungsmöglichkeiten des Inhaltes auf dem Display gegenüber. Nachteilig sind darüber hinaus die höheren Kosten pro Transaktion und die höheren Risiken im Vergleich zur stationären Nutzung.[575]

Das Segment E-Commerce lässt sich noch weiter unterteilen: Neben dem **E-Procurement** (elektronische Beschaffung über elektronische Medien wie z. B. Internet oder andere Computernetze) und innerhalb dieses Bereichs das **E-Sourcing** (Ermittlung und Auswahl von Zulieferern über elektronische Medien) im B2B-Sektor sind im B2C-Geschäft vor allem die E-Auction (Versteigerung) und in naher Zukunft das **T-Commerce** (Nutzung von stationären Fernseher-Endgeräten)[576] zu nennen. Beide Sektoren nutzen das **E-Payment** (Zahlungsverkehr). Die Zusammenhänge sind in folgender Grafik dargestellt:

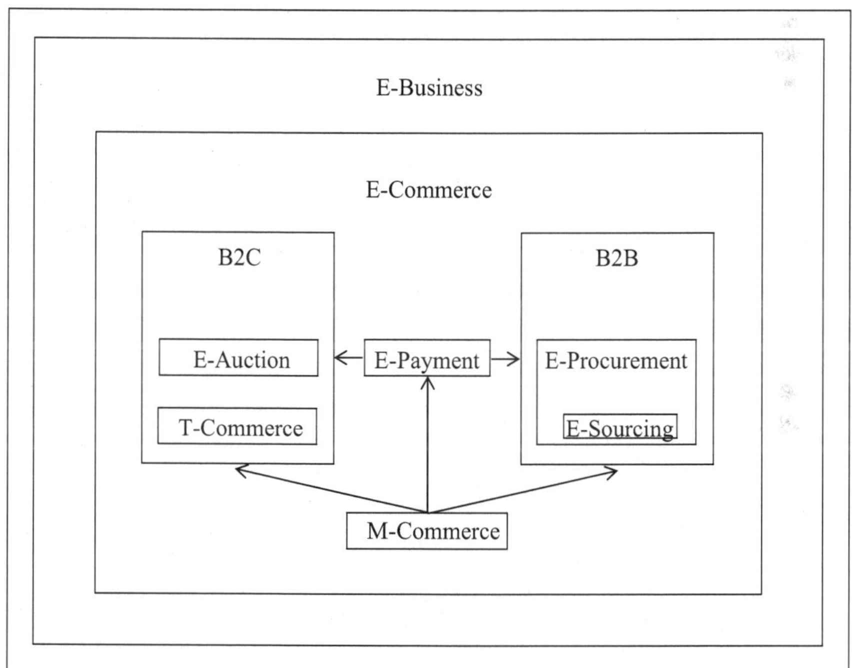

Darst. 2.4061: Strukturierte Darstellung ausgewählter E-Begriffe

[575] Vgl. BÄCHLE, M., LEHMANN, F. R.: a. a. O., S. 5.

[576] Laut KOLLMANN hat das T-Commerce nur dann eine Chance, wenn T-Apps direkt und unmittelbar mit dem laufenden Fernsehprogramm verbunden werden (KOLLMANN, T.: Online-Marketing: Grundlagen der Absatzpolitik in der Net Economy, 2. Aufl., Stuttgart 2013, S. 35.).

Die typische Interaktionsfläche im Internet zwischen dem Unternehmen und dem aktuellen und potenziellen Käufer ist die Website.

Da die Kennzahlen zur Online-Werbung bereits oben im Zusammenhang mit dem Thema Werbeträgerkosten besprochen wurden, wird ein Internetauftritt oder ein Webangebot, dass sich auf die Online-Werbung auf *fremden* Websites bezieht, hier ausgeklammert. Im Folgenden geht es ausschließlich um die *eigene* Internetsite oder den *eigenen* Account[577] auf *fremden* Websites[578].

2.4.5.2 Web-Controlling

Ein großer Vorteil des E-Commerce besteht darin, dass durch die elektronische Abwicklung der geschäftlichen Transaktionen eine permanente Datenerhebung erfolgt und somit der Erfolg des E-Commerce in Echtzeit gemessen werden kann.[579] Die Messung der Daten erfolgt mittels **Web-Controlling**, auch **Web-Analytics, Web-Analyse, Traffic-Analyse** oder **Webtracking** genannt. Web-Controlling kann wie folgt definiert werden:[580]

> Web-Controlling bedeutet Informationsgewinnung und -verarbeitung zum Nutzerverhalten auf Websites sowie die Erarbeitung von Maßnahmen mit dem Ziel, die Unternehmensziele zu erreichen und insbesondere die Nutzung und Wirtschaftlichkeit der Website zu optimieren.

Darst. 2.4062: Web-Controlling

Mittels spezieller Web-Controlling-Tools wird untersucht, woher die Besucher einer Website kommen, welche Bereiche auf einer Internetseite aufgesucht werden und wie lange sich der Nutzer Unterseiten und Kategorien ansieht.
Im Bereich des Web-Controllings gibt es in der Summe mehr als 100 verschiedene Kennzahlen, die zur vergleichenden Bewertung eingesetzt werden können. Im Folgenden werden einige ausgewählte Kennzahlen vorgestellt.

[577] Ein Account (engl.: user account), auch als Benutzer-/Nutzerkonto bezeichnet, ist ein „Konto" bei einem Website-Betreiber, nach dessen Einrichtung Dienstleistungen der Plattform in Anspruch genommen oder persönliche Daten (Stamm- und Bewegungsdaten) angelegt und Konfigurationseinstellungen vorgenommen werden können.

[578] Zum Beispiel in einem Social-Media-Netzwerk.

[579] Vgl. LAMMENETT, E.: a. a. O., S. 592, 394.

[580] Vgl. BAUER, C., GREVE, G., HOPF, G., Online Targeting und Controlling, Wiesbaden 2011, S. 162f., HASSLER, M., a. a. O., S. 28.

2.4.5.2.1 Systemverfügbarkeit und Dauer des Seitenaufbaus

Eine erste grundlegende Kennzahl ist die **Systemverfügbarkeit**[581], die entscheidend durch **ungeplante Nichtverfügbarkeiten** (System-Ausfälle) und **geplante Nichtverfügbarkeiten** (System-Wartungsarbeiten, Updates bzw. Reboots) geprägt werden. Sie gibt den prozentualen Anteil der Nichtverfügbarkeitszeiten an der geforderten (Soll-)Verfügbarkeitszeit, im E-Commerce sind dies 24 Stunden bzw. 1440 Minuten bzw. 86.400 Sekunden an 365 Tagen, an.

$$\text{Systemverfügbarkeit (\%)} = \frac{\text{ungeplante + geplante Nichtverfügbarkeitszeit}}{\text{Soll-Verfügbarkeitszeit}} \cdot 100$$

Darst. 2.4063: Systemverfügbarkeit (%)

Die Zeiten im Nenner und Zähler des Quotienten können je nach Anforderung und betrachtetem Zeitintervall einheitlich in h, min oder s angegeben werden.

Die Kennzahl „Systemverfügbarkeit“ stellt im Marketing ein generelles Maß für die uneingeschränkte Nutzbarkeit des Online-Angebots für die Kunden im Sinne einer zuverlässigen Zugriffsmöglichkeit dar.[582]

Insbesondere bei Einschränkungen der Systemverfügbarkeit sind zwei weitere Kennzahlen zu betrachten:

- **Mean Time Between Failure (MTBF)**, das ist die mittlere ausfallfreie Zeit eines Systems und die
- **Mean Time To Repair (MTTR)**, die die mittlere Dauer für die Wiederherstellung nach einem Ausfall wiedergibt.

[581] Engl.: system availability.

[582] Vgl. KRAUSE, H.-U.: Ganzheitliches Reporting, a. a. O., S. 337.

Eine zweite grundlegende Kennzahl ist die **Dauer des Seitenaufbaus**[583]. Diese Zeit ist entscheidend für den generierbaren Umsatz. Denn es wird im Onlinehandel davon ausgegangen, dass bei 1 s Verzögerung beim Seitenaufbau 10 % weniger Umsatz erzielt werden.[584]

2.4.5.2.2 Page Tagging

Die meistverbreitete Methode zur Datenerhebung ist das **Page Tagging**. Hierbei wird jeder Website ein Tag (ein Code) eingepflanzt, der die Seitenaufrufe und das Verhalten von Besuchern misst. Mittels Page Tagging findet somit eine Vollerhebung sämtlichen Website Traffics statt. Das am weitesten verbreitete Web-Analyse-System, das dieses Page Tagging nutzt, ist Google Analytics®.[585]

Google Analytics ist ein kostenfreies Werkzeug für das Web-Controlling und für das Online-Marketing-Controlling. Das Web-Analyse-System erstellt zum einen Auswertungen zur Website-Nutzung und zum anderen integriert es Daten von Marketingkampagnen und deren darauffolgenden Website-Besuche in einem System. Die messbaren Eigenschaften (Metriken) werden in Berichten zusammengestellt, wobei sich die angezeigten Auswertungen beliebig zusammenstellen und folglich auf die eigenen Bedürfnisse personalisieren lassen. Trotz der weiten Verbreitung und umfangreichen Auswertungsmöglichkeiten von Google Analytics ist das Tool eine Einsteigerlösung. Professionelle Web-Controlling-Systeme bieten weitaus mehr Controlling-Möglichkeiten und sollten anhand des tatsächlichen Anforderungsprofils des eigenen Unternehmens ausgewählt werden. Im Folgenden wird die Website des E-Commerce-Betreibers näher betrachtet und das Verhalten der Internetnutzer auf der Website eingehend analysiert. Die Analyse der Websitenutzung bietet aufschlussreiche Informationen zur Qualität und zum Erfolg einer Website. Des Weiteren können durch die permanente Datenerhebung Abweichungen und Veränderungen der Websitenutzung in Echtzeit identifiziert und Gründe für Auffälligkeiten eruiert werden.

---

[583] Engl.: loading speed of the site.

[584] Vgl. ARTHUR D. LITTLE (HRSG.): The Future oft he Internet. Innovation and Investment in IP Interconnection, Mai 2014, https://www.libertyglobal.com/pdf/public-policy/Liberty-Global-2014-Future-Of-The-Internet.pdf, S. 15–16, Abruf am 28.11.2021.

[585] Vgl. HASSLER, M., a. a. O., S. 29.

2.4.5.2.3 Hits, Page Impressions, Visits, Unique Visitors

Zu den Standard-Messgrößen gehören Hits, Page Impressions, Visits und Unique Visitors. Bei allen vier Größen wird die Anzahl ermittelt, die in einem bestimmten Zeitraum (täglich, wöchentlich, monatlich, etc.) generiert wird.

Hits

Ein **Hit** bezeichnet einen einzelnen Aufruf einer einzelnen Datei auf dem Webserver. Da Websites mittlerweile nicht mehr aus einer einzigen Textdatei, sondern aus verschiedenen Dateien, Grafiken und Bildern erstellt werden und dadurch unzählige Hits gezählt werden, ist die Kennzahl kaum noch aussagekräftig. Aus diesem Grund hat unter anderem die Kennzahl Page Impressions an Bedeutung gewonnen.[586]

Page Impressions

Page Impression (Page View, Seitenzugriff, Seitenaufruf) wird der Abruf einer ganzen Seite genannt und ersetzt somit den nicht aussagekräftigen Hit. Das allgemeine Besucherverhalten lässt sich mittels Page Impressions analysieren. **Ad Impressions** sind speziell die Sichtkontakte eines Nutzers mit einer Werbeanzeige. Ein Anstieg oder Rückgang der Anzahl der Page Impressions kann unzählige Gründe haben. Die Anzahl der Seitenaufrufe wird unter anderem vom veränderten Produktangebot, von Marketingaktivitäten des Onlineshops und von Produktbewerbungen durch den Hersteller beeinflusst. Aber auch eine interessant gestaltete Seite, eine schlecht benutzbare Seite, auf der sich Besucher nicht zurechtfinden (Usability), externe Kampagnen oder eine prominente in- bzw. externe Verlinkung sind verantwortlich für die Anzahl der Seitenaufrufe. Die Kennzahl ist somit für allgemeine Tendenzen der Website-Nutzung einzusetzen. Des Weiteren kann sie besser als Frühindikator für Abweichungen im Zeitverlauf verwendet werden als beispielsweise der Umsatz oder die Anzahl an Bestellungen.[587]

Visits

Neben den Page Impressions werden Visits (Besuche, **Session**) als wichtige Messgröße zur Website-Analyse herangezogen. Ein **Visit** ist ein Website-Besuch, der erst endet, wenn die Website wieder verlassen wird. Während eines Visits können somit mehrere Seitenaufrufe generiert werden. Die Anzahl der Visits wird als Indikator für die Reichweite der

[586] Vgl. HASSLER, M., a. a. O., S. 90.

[587] Vgl. ebenda, S. 91f.

Website genutzt. Eine Zunahme der Visits ist meist auf eine steigende Nachfrage des Angebots zurückzuführen. Die Steigerung der Visit-Anzahl kann bedeuten, dass die gleichen Besucher öfter auf die Website kommen oder dass die Anzahl der Besucher steigt.[588] Visits werden über die IP-Adresse des Nutzers gezählt, was voraussetzt, dass jedem User genau eine IP-Adresse zugeordnet wird. Jedoch nutzen in der Praxis beispielsweise mehrere User durch Netzwerke die gleiche IP-Adresse; parallel dazu können sich Nutzer über verschiedene Computer und somit IP-Adressen in das Netz einwählen. Diese Inkonsistenz sollte bei der Interpretation der Kennzahl berücksichtigt werden.

Unique Visitors

Die Steigerung der Besucheranzahl wird durch die Kennzahl **Unique Visitor (Besucher)** gemessen. Ein Unique Visitor ist eine einzelne Person, die die Website einmal oder mehrmals besuchen kann. Um festzustellen, ob eine Person zum ersten oder wiederholten Male auf die Website zugreift, werden sogenannte Cookies gesetzt. Beim Surfen werden Textdateien (Cookies) auf dem Computer des Anwenders gespeichert, sodass beim erneuten Aufruf der Website diese Cookies erkannt und dem jeweiligen Besucher zugewiesen werden. Die Anzahl der Unique Visitors ist außerdem für den Vergleich mit anderen Medien wichtig, da diese Kennzahl am ehesten mit beispielsweise der Anzahl der Zeitungsleser, Fernsehzuschauer oder Radiohörern verglichen werden kann.

Wenn die bislang diskutierten Kennzahlen Hits, Page Impressions, Visits und Unique Visitors mit Faktoren wie dem Wochentag, Uhrzeiten oder Besonderheiten (Events, Feiertage, Ferien, etc.) kombiniert werden, lassen sich detailliertere Aussagen zu dem Nutzungsverhalten der Besucher treffen. Es wird festgestellt, dass sich das Surfverhalten der Internetnutzer ändert, da sich die Bedürfnisse der Verbraucher stetig entwickeln und an verschiedenste Gegebenheiten anpassen. Dennoch sind die obigen Kennzahlen zunächst quantitative Messwerte, die noch wenig Aufschluss über qualitative Merkmale der Website-Besucher geben.

[588] Vgl. KLEIN, A.: a. a. O., S. 167.

2.4.5.2.4 Neue und wiederkehrende Besucher, Visit Time, Besuchstiefe

Neben der reinen Erfassung der Besucherzahlen, wird zwischen **neuen und wiederkehrenden Besuchern** unterschieden. Kennzahlen, welche die neuen beziehungsweise wiederkehrenden Besucher ins Verhältnis zu der Anzahl aller Besucher setzen, sind die gebräuchlichsten.[589]

$$\text{Anteil neuer Besucher} = \frac{\text{Anzahl neuer Besucher}}{\text{Anzahl aller Besucher}}$$

Darst. 2.4064: Anteil neuer Besucher

$$\text{Anteil wiederkehrender Besucher} = \frac{\text{Anzahl wiederkehrender Besucher}}{\text{Anzahl aller Besucher}}$$

Darst. 2.4065: Anteil wiederkehrender Besucher

Mit der Messung der Besuchsdauer und der Besuchstiefe lässt sich ermitteln, wie stark das Interesse des Besuchers für eine Website ist.

Die **Visit Time (Visit Duration, Besuchsdauer)** ist die Zeit zwischen Aufruf der ersten und der letzten Seite eines Besuchs. Web-Analytics-Systeme errechnen hierfür die durchschnittliche Dauer eines solchen Besuchs.[590] Die Besuchsdauer wird meist in Minuten angegeben.

[589] Vgl. HASSLER, M., a. a. O., S. 152.

[590] Vgl. ebenda, S. 182.

$$\text{Visit Time} = \frac{\text{Summe Besuchsdauer aller Besucher}}{\text{Anzahl aller Besuche}}$$

Darst. 2.4066: Besuchsdauer

Grundsätzlich ist eine längere durchschnittliche Verweildauer des Benutzers anzustreben, da davon ausgegangen wird, dass sich dieser dann intensiver mit den Angeboten der Seite beschäftigt und die Kaufwahrscheinlichkeit zunimmt. Ausnahme ist hierbei der Abschluss des Kaufprozesses. Hier ist eine kürzere durchschnittliche Verweildauer wünschenswert, um dem Kunden einen unkomplizierten Bestellvorgang zu vermitteln. Es ist eine Unterscheidung von Brutto-Besuchsdauern und Netto-Besuchsdauern möglich, wobei die Brutto-Verweildauer Ladezeiten mitberücksichtigt.

Die **Besuchstiefe (Depth)** misst die durchschnittliche Anzahl der betrachteten Seiten bei einem Besuch.[591]

$$\text{Besuchstiefe} = \frac{\text{Anzahl Seitenaufrufe eines Zeitraums}}{\text{Anzahl Besuche desselben Zeitraums}}$$

Darst. 2.4067: Besuchstiefe

Da es sich bei der Besuchsdauer und der Besuchstiefe um Durchschnittswerte handelt, können Ausreißer nach oben und unten diesen Wert stark beeinflussen. Aus diesem Grund sollten außerdem die absoluten Zahlen, also die Verteilung der je Besuch betrachteter Seiten, berücksichtigt werden. Folglich wird zur Auswertung der Besuchstiefe die **Absprungrate** hinzugezogen. Die Absprungrate gibt an, wie viel Prozent aller Besucher die Website nach einem einzigen Seitenaufruf wieder verlassen.[592]

---

[591] Vgl. HASSLER, M., a. a. O., S. 186.

[592] Vgl. ebenda, S. 189.

$$\text{Absprungrate (\%)} = \frac{\text{Anzahl Besuche mit einem Seitenzugriff}}{\text{Anzahl der Besucher}} \cdot 100$$

Darst. 2.4068: Absprungrate (%)

Gründe für eine hohe Absprungrate können unter anderem sein, dass

- Nutzungsprobleme auf der Website bestehen,
- die Website die gewünschten Informationen oder Produkte nicht enthält,
- das Design, das Layout oder die Navigation der Website nicht ansprechend ist oder
- die Botschaft einer Marketingkampagne auf der Website nicht weitergeführt wird.[593]

2.4.5.2.5 Conversions und Conversion-Rate

Wortwörtlich übersetzt sind **Conversions** Umwandlungen. Sie sind die Anzahl der Website-Besucher, die eine vom Unternehmen gewünschte Transaktion durchführen. Die **Conversion-Rate** (**Konversionsrate, Umwandlungsrate, Umwandlungsquote**) ist das Verhältnis von Conversions zur Anzahl der Besucher. Sie gibt an, wieviel Prozent der Besucher zu Kunden konvertiert wurden.

$$\text{Conversion-Rate (\%)} = \frac{\text{Anzahl Conversions}}{\text{Anzahl aller Besuche}} \cdot 100$$

Darst. 2.4069: Conversion-Rate (%)

Im E-Commerce ist die zu erzielende Transaktion typischerweise eine Bestellung, sodass die Conversion-Rate die Umwandlungsrate von Besuchern in Kunden ist. Bei dieser Betrachtung hat die Conversion-Rate einen sehr geringen Wert. Beträgt sie zum Beispiel zwei bis vier Prozent, bleiben die restlichen 96 bis 98 Prozent der Besucher unberücksichtigt. Analyse-Tools wie Google Analytics® ermöglichen die gleichzeitige Festlegung und

[593] Vgl. https://support.google.com/analytics/answer/1009409?hl=de, Abruf am 13.11.2014; 15:38 Uhr.

Auswertung mehrerer Ziele. Neben dem Hauptziel „Bestellungen" empfiehlt es sich folglich auch Unterziele zu definieren. Unterziele, sogenannte Sub-Conversions, werden aus weiteren gewünschten Transaktionen gebildet. So könnte beispielsweise das Hinzufügen eines Produktes zum Warenkorb oder das Absenden einer Newsletteranmeldung als Sub-Conversion hinzugezogen werden.[594] Dieses Vorgehen ermöglicht eine umfangreichere und zielorientierte Optimierung der Website sowie der Marketingkampagnen. Im weiteren Verlauf dieser Ausarbeitung[595] wird im Rahmen der Erfolgsmessung von Marketingmaßnahmen noch einmal näher auf die Auswertung der Conversions und Sub-Conversions eingegangen.

2.4.6 Angebotserfolgsquote

Die Kennzahl „Angebotserfolgsquote" dient neben anderen Größen der **Beurteilung des Marketings und insb. der Vertriebspolitik** eines Unternehmens. Die Angebotserfolgsquote kann speziell bei auftragsorientiert fertigenden Unternehmen als **Frühwarnindikator** bzw. **Früherkennungsindikator** genutzt werden.

Eine hohe Produktqualität, ein gutes Preis-Leistungs-Verhältnis, ein guter Service, ggf. ein leistungsfähiger Außendienst, eine verstärkte Werbung sowie weitere Instrumente des Marketing-Mix führen zu einer hohen Kundenzufriedenheit und Kundenbindung, die sich in einer hohen **Angebotserfolgsquote** niederschlagen sollte.

$$\text{Angebotserfolgsquote (\%)} = \frac{\text{erteilte Aufträge}}{\text{abgegebene Angebote}} \cdot 100$$

Darst. 2.4070: Angebotserfolgsquote (%)

Anzustrebendes Ziel ist die **Maximierung der Angebotserfolgsquote**, da durch einen höheren Angebotserfolg sowohl der Gewinn als auch die Rentabilität eines Unternehmens gesteigert wird. Mit jeder erfolglosen Angebotsunterbreitung sind fast ausschließlich Kosten verbunden. Es ist im Allgemeinen davon auszugehen, dass in einem monopolähnlichen Markt eine deutlich höhere Angebotserfolgsquote als bei einem Angebotspolypol.[596]

---

[594] Vgl. HASSLER, M., a. a. O., S. 345.

[595] Siehe Paragraf 2.6.1.4 „Return on Advertising Investment".

[596] Vgl. KRAUSE, H.-U.: Controlling-Kennzahlen, a. a. O., S. 209.

Die Angebotsquote sollte nicht nur für das gesamte Unternehmen ermittelt werden, sondern für **weitergehende Analysen** nach

- Divisionen,
- Vertriebskanälen,
- Absatzregionen,
- Verkaufsorganen (Reisende, Handelsvertreter, Makler),
- einzelnen Vertriebs- oder Außendienstmitarbeitern,
- Produktgruppen oder Produktarten oder
- speziellen Aktivitäten wie Werbemaßnahmen oder Messen

differenziert werden.

Die Daten können weder dem internen noch dem externen Rechnungswesen entnommen werden. Üblicherweise werden die **Zahlen in einer separaten Statistik bzw. einem ERP-System** festgehalten. Zunehmend existieren in größeren Unternehmen auch auf derartige Anfragen spezialisierte Abteilungen („Request-for-Quotation-Controlling“) mit sog. Data Scientists.

Da externe Daten nicht und wenn überhaupt, nur in seltenen Fällen erhältlich sind, bleiben für eine **vergleichende Bewertung** der Kennzahl nur Plan-Ist- bzw. Soll-Ist-Vergleiche, zeitliche Vergleiche oder das interne Benchmarking.

Die **Gründe für eine niedrige Angebotserfolgsquote** können vielfältig sein:[597]

- eine noch (stark) ausbaufähige Produktqualität,
- eine nicht ausreichende Sortimentstiefe,
- verhältnismäßig wenige innovative Produkte,
- ein vergleichsweise schlechtes Preis-Leistungs-Verhältnis,
- unbefriedigende Zahlungs- und Lieferungsbedingungen, z. B. bei den Zahlungsmöglichkeiten,
- zu lange Lieferzeiten,
- ein relativ gesehen schlechter Service, etwa bei Sonderwünschen oder einem Umtausch,
- ggf. ein ineffizienter Außendienst,
- mangelhafte Werbung und Verkaufsförderung sowie

[597] Vgl. SCHNEIDER, W., HENNIG, A.: a. a. O., S. 17–19.

- weitere, bislang fehlende oder nicht gut funktionierende Instrumente des Marketing-Mix, die zu einer höheren Kundenzufriedenheit und Kundenbindung führen können und nicht zuletzt
- eine hohe Wettbewerbsintensität (Angebotspolypol).

Bei der Angebotserfolgsquote handelt es sich um eine **Produktivitätskennzahl**. Sie sagt nichts über das Volumen der erhaltenen Aufträge aus. Hier hilft die **Auftragsgröße** weiter, die im Unterabschnitt 2.4.12 „Umsatz je Kunde, Auftragswert, Kundenbedeutungsgrad, kundenbezogene Deckungsbeitragsrechnung, dynamische Kundenerfolgsrechnung“ als durchschnittliche Auftragsgröße *aller* Kunden und als durchschnittliche Auftragsgröße *eines* Kunden berechnet werden kann. Da die Auftragsgröße weder ein Indikator für den **Gewinn** noch für die **Rentabilität** eines Auftrages ist, kann es sinnvoll sein eine diesbezüglich weitergehende Analyse vorzunehmen.

Insbesondere kann auch die **Auftragszusammensetzung** nicht optimal sein, wenn bspw. sehr viele Angebote mit einem niedrigen Auftragswert und wenige mit einem hohen Auftragswert eingeholt werden. Vor diesem Hintergrund empfiehlt es sich vorab eine umsatzbezogene ABC-Analyse, die die Umsätze nach ihrem Volumen ordnet, zu fahren, um dann für die einzelnen Klassen (A-, B- und C-Angebote) die jeweilige Angebotserfolgsquote zu berechnen.[598]

Eine hohe Angebotserfolgsquote stellt eine wichtige Stütze für eine gute Marktdurchdringung dar. Eine gute Marktdurchdringung zeigt sich in einem hohen Marktanteil.

2.4.7 Marktanteil und relativer Marktanteil

Bezogen auf den **Markt** eines Unternehmens sind die Kennzahlen Marktanteil, relativer Marktanteil und Distributionsquote[599] zur Steuerung geeignet.

Der **Marktanteil** kann sowohl auf Mengen- als auch auf Wertgrößen basieren (s. o.).

Wegen unterschiedlicher Verkaufspreise ist die **mengenmäßige Betrachtung zu bevorzugen**.

---

[598] Vgl. SCHNEIDER, W., HENNIG, A.: a. a. O., S. 19.

[599] Die Distributionsquote wird im Unter-Unterabschnitt 2.4.22.2 „Distributionsgrad“ ausführlich erläutert.

$$\text{Marktanteil} = \frac{\text{Absatzvolumen}}{\text{Marktvolumen}} \bullet 100$$

Darst. 2.4071: Marktanteil

Beispiel: Angenommen, marktweit wurden 2.000.000 Stück eines Artikels verkauft (Marktvolumen) und unser Unternehmen hat davon 5.000 abgesetzt (Absatzvolumen), dann ergibt sich aus der Division der beiden Größen ein Marktanteil von 0,25 %.

Der Marktanteil kann einen Hinweis darauf liefern, ob Absatzänderungen durch externe, zumeist nicht kontrollierbare Variablen (vgl. Umwelten des Marketing-Systems) oder auf den nicht optimalen Marketing-Mix zurückzuführen sind. Insbesondere im Vergleich zu anderen Unternehmen (Benchmarking) sind Verschlechterungen des Marktanteils ein Alarmzeichen. Ursachen können dann z. B. eine nicht effiziente Werbung, Preissenkungen der Wettbewerber, ökologisch kritisierbare Verpackungen und viele Komponenten des Marketing-Mix sein.

Eine genauere Aussage lässt sich meist erst dann machen, wenn eine **Disaggregation** nach verschiedenen Dimensionen vorgenommen wird, wie z. B. die Bestimmung des Marktanteils nach bestimmten Produktvarianten, Konsumententypen oder Regionen. Speziell die regionale Betrachtung kann enorme Unterschiede sichtbar machen; z. B. wenn es sich bei bestimmten Regionen um den Stammsitz eines Unternehmens handelt. Dann dürfte das Absatzvolumen des betrachteten Wettbewerbers eher begrenzt sein.
Die Analyse des **wertmäßigen Marktanteils**, also unter Verwendung von Umsatzzahlen ist meist nur bedingt möglich, weil die Wertgröße Umsatz aus den beiden Komponenten Preis und Menge besteht. In diesem Fall ist es beispielsweise denkbar, dass der wertmäßige Marktanteil konstant bleibt, während der mengenmäßige Marktanteil gesunken ist. Dieser Fall wäre positiv zu bewerten, weil es dem Unternehmen c. p. gelungen ist, den gleichen Umsatz mit einer geringeren Absatzmenge zu realisieren. Die Konsequenz wird in der Regel eine Verbesserung der Rentabilität sein. Im umgekehrten Fall kann der Marktanteil c. p. nur mit Preiszugeständnissen und höheren Absatzmengen und damit verbunden einer geringeren Rentabilität realisiert werden.

Eine Verbesserung des wertmäßigen Marktanteils kann auch erreicht worden sein, wenn der Wettbewerb(er) seine Preise gesenkt hat (bei gleichbleibenden Absatzmengen) und es dem betrachteten Unternehmen gelungen ist, den Umsatz dennoch zu halten. Hier kommt es dann darauf an, ob der Umsatz ebenfalls mit Preiszugeständnissen erreicht worden ist oder nicht.

Ob eine Maximierung des Absatzes, verbunden mit einer Reduzierung des Verkaufspreises Sinn macht, muss anhand des Kriteriums

Grenzerlös > Grenzkosten

(Ziel: Gewinn-, nicht zwangsläufig Rentabilitätsmaximierung) entschieden werden – es sei denn, andere Ziele wie z. B. Marktanteilssteigerung im Zuge eines Verdrängungswettbewerbs (Voraussetzung in der Regel: Kostenführerschaft) sollen erreicht werden.

Um falsche Schlussfolgerungen aus der Veränderung von Marktanteilen zu vermeiden, sind folgende Punkte zu bedenken[600]:

- Wirkt sich der Einfluss der externen und damit in der Regel unkontrollierbaren Umweltvariablen in gleichem Maße auf *alle* Unternehmen einer Branche aus? Gibt es eventuell regionale Unterschiede?
- Ist die Schwankung des Marktanteils darauf zurückzuführen, dass ein neuer Wettbewerber in den Markt eingetreten oder ausgeschieden ist, ohne dass eine Marktanteilsschwankung auf unterschiedliche Marketingleistungen zurückzuführen sind? Oder sind gerade die Marketinganstrengungen des betrachteten Unternehmens Ursache des Ausscheidens? Oder führten die mangelhaften Marketingaktivitäten quasi zu einer Einladung an den neuen Mitbewerber, sich ebenfalls auf dem Markt zu engagieren?
- Sind die Marktanteile zu verschiedenen Zeitpunkten und zwischen den Wettbewerbern überhaupt vergleichbar? Unterstellt ist beim wertmäßigen Marktanteil die durchschnittliche Branchenleistung. Diese kann aber erheblich von der Leistung des betrachteten Unternehmens abweichen, etwa wenn die Marktbedingungen unterschiedlich sind oder die unternehmensinternen Voraussetzungen nicht vergleichbar sind.
- Ist der gesunkene Marktanteil eines Wettbewerbers das Ergebnis einer gezielten gewinn- und/oder rentabilitätssteigernden Maßnahme, indem sich dieser Wettbewerber entschlossen hat, sich von verlustbringenden Produkten oder Kunden zu trennen (s. o.)?
- Ist der Marktanteil Ausfluss einer gezielten, stichtagsbezogenen Verlagerung einer oder mehrerer Abrechnungen? D. h. wurde die Rechnung so gestellt, dass sie bewusst in einen Abrechnungszeitraum (z. B. Wirtschaftsjahr) fällt – oder eben nicht?

---

[600] Vgl. GREIPL, E.: Bestimmung und Würdigung von Marktanteilen, in: BÖCKER, F., DICHTL, E., (HRSG.): Erfolgskontrolle im Marketing, Schriften zum Marketing, Band 1, Berlin 1975, S. 113f.

- Wie schnell reagiert der Marktanteil auf Veränderungen aufgrund der Marketingaktivitäten eines Unternehmens? Marktanteilsstrukturen haben eine Tendenz zur Beharrung. Das Resultat ist eine Marktanteilsänderung mit einem gewissen Timelag.

Letztendlich basieren Marktanteilsschwankungen auf einer Vielzahl von Änderungen einzelner Faktoren, die nur zum Teil durch das Unternehmen selbst beeinflusst werden können und in vielen Fällen resultieren Marktanteilsveränderungen aus einem Bündel von Maßnahmen, so dass eine Erfolgswirkungsmessung im Hinblick auf einzelne Marketingaktivitäten kaum möglich ist.

Der **relative Marktanteil** ist wie folgt definiert:

$$\text{Relativer Marktanteil} = \frac{\text{Marktanteil des betrachteten Unternehmens}}{\text{Marktanteil des größten Konkurrenten}}$$

Darst. 2.4072: Relativer Marktanteil

Beispiel: Liegt der Marktanteil des eigenen Unternehmens bei 25 %, der Marktanteil des größten Wettbewerbers bei 18 %, ergibt sich ein relativer Marktanteil von gerundet 1,7.

Ab einem Wert von 1 ist das eigene Unternehmen das mit dem höchsten Marktanteil, der **Marktführer**. Bei einem Wert unter 1 ist das eigene Unternehmen **Marktfolger**; es gibt noch mindestens einen Konkurrenten mit einem höheren Marktanteil.
Zu beachten ist, dass sich der relative Marktanteil wie auch die Marktanteile selbst in der Regel auf den Markt einer **strategischen Geschäftseinheit (SGE)** oder eines Produktes bezieht.

Diese Kennzahl findet vor allem im Rahmen der (strategischen) Portfolio-Analyse (vgl. BCG-Matrix) Verwendung.

Die Verwendung des relativen Marktanteils in der BCG-Matrix macht Sinn, denn eine **Verwendung des wertmäßigen Marktanteils** würde je nach Ausprägung des eigenen Marktanteils bzw. der Verteilung der Marktanteile aller Unternehmen der Branche bzw. der SGE oder im Hinblick auf ein Produkt zu einer **Verzerrung der Matrix** und damit zu einer mehr oder weniger willkürlichen und **kaum nachvollziehbaren Einordnung der Branchen, SGE's oder Produkte in die vier Segmente** (poor dogs, question marks, stars und cash cows) führen.

An dieser Stelle muss mit einem Irrglauben „aufgeräumt“ werden, der seit Jahrzehnten durch die betriebswirtschaftliche Literatur geistert: Die **Hypothese, dass ein hoher Marktanteil zu hoher Profitabilität führt**. Daraus wurde das Ziel des Erreichens und Haltens hoher Marktanteile abgeleitet. Die bekannteste Quelle für das Entstehen des Marktanteilsdenkens ist die PIMS-Studie, die eine starke Korrelation zwischen Marktanteil und Rendite aufdeckte.[601] Auch die (Kosten-)Erfahrungskurve könnte zu der vorgenannten Hypothese verleiten, wird doch davon ausgegangen, dass mit steigenden Stückzahlen die Kosten pro Stück sinken.[602] Ist das Marktvolumen konstant, kann die Senkung der Stückkosten nur über größere relative Marktanteile realisiert werden. Auch die Matrix der Boston Consulting Group mit den beiden Dimensionen „Marktwachstum“ und „Relativer Marktanteil“ legt nahe, den relativen Marktanteil zu erhöhen.

Die vorstehende Hypothese hat Simon eindrucksvoll widerlegt. In einer ersten Untersuchung konnte **keine Korrelation** festgestellt werden,[603] in der aktuellen Analyse war die **Korrelation nicht signifikant**.[604] Das gilt sowohl für den absoluten als auch den relativen Marktanteil und auch für die drei Märkte Deutschland, Europa und die Welt.

Jeder Betriebswirt weiß, dass aus einer Korrelation nicht automatisch eine Kausalität gefolgert werden kann. Das Stichwort Kausalität liefert einen Hinweis auf die fehlenden bzw. nicht signifikante Korrelation. Entscheidend dafür, dass ein Marktanteil auch eine gute Profitabilität bedeutet, ist, ob es sich um einen „guten“ oder einen „schlechten“ Marktanteil handelt. Was ist ein „guter“ resp. „schlechter“ Marktanteil? Ein „guter“ Marktanteil, der hier als **renditestarker Marktanteil** definiert wird, ist ein Marktanteil, der durch überlegene Leistung, Qualität, Innovation und/oder Kundennutzen sowie ausgezeichneten Service und Prestige errungen wird und nicht wie bei den „schlechten“, **renditeschwachen Marktanteilen** über margenruinierende Preissenkungen oder -strategien, ohne dass eine entsprechend günstigere Kostenposition zugrunde liegt.[605] Renditestarke Marktanteile können allerdings in bestimmten Fällen auch bei niedrigen Preisen erreicht werden, nämlich dann, wenn die Kosten gering sind.

[601] Vgl. BUZZELL, R. D., GALE, B. T.: The PIMS Principles. Linking Strategy to Performance, New York 1987.

[602] Bei einer Verdoppelung der kumulierten Ausbringungs-/Produktionsmenge wird i. d. R. eine Senkung der inflationsbereinigten (realen) Kosten um 20 % bis 30 % unterstellt.

[603] SIMON, H., BILSTEIN, F., LUBY, F.: Manage for Profit, not for Market Share. A Guide to higher Profitability in Highly Contested Markets, Boston 2006.

[604] SIMON, H.: Hidden Champions. Aufbruch nach Globalia. Die Erfolgsstrategien unbekannter Weltmarktführer, Frankfurt, New York 2012, S. 143.

[605] Vgl. SIMON, H.: a. a. O., S. 144.

Als Beispiel für ein Unternehmen mit renditeschwachen Marktanteilen kann General Motors angeführt werden. Dieses Unternehmen war über Jahrzehnte größter Automobilhersteller der Welt – und hat dennoch 2009 die Insolvenz beantragt. Die wohl entscheidende Aussage lautete: „Fixed Costs are extremely high in our industry. We realized that in a crisis we fare better with low prices than by reducing volume. After all, in contrast to some competitors, we still make money with this strategy."[606] Die Preissenkungen führten (teilweise) nicht nur zu Irritationen bei den Käufer (Image), sondern zu Verlusten, denn sie waren höher als die Senkung der Stückkosten. Letztlich waren die Fixkostendegression und die übrigen Maßnahmen zur Senkung der Kosten nicht ausreichend, um die Reduzierung der Preise auszugleichen. – Als Beispiele für Unternehmen mit renditestarken Marktanteilen trotz niedriger Preise gelten die Lebensmitteldiscounter Aldi und Lidl. Das Konzept niedriger Preise muss allerdings dann infrage gestellt werden, wenn die Konsumenten andere Prioritäten wie Nachhaltigkeit (u. a. Bio) und „frisches Obst und Gemüse" setzen und das Eingehen auf derartige Kundenwünsche zu einem Margenverfall führt und ggf. der Preisabstand gegenüber den Wettbewerbern als wichtiges Kundenargument nicht mehr gegeben ist.

2.4.8 Umsatz und Umsatzanalyse

Eine der bedeutendsten und gleichzeitig schillerndsten Größen innerhalb des Marketing-Controllings ist der Umsatz[607].

In der Literatur findet sich eine bemerkenswerte Aussage zum Umsatz: „Der Umsatz ist nur bei konstanten variablen Kosten eine sinnvolle Größe."

Zunächst sollte im Zusammenhang mit diesem Zitat geklärt werden, welche konstanten variablen Kosten gemeint sind. Hier dürfte es sich um die variablen Stückkosten handeln, denn dass die variablen Kosten in ihrer Gesamtheit konstant sind, macht keinen Sinn. Denn dann wären die Grenzkosten gleich Null; m. a. W. jedes weitere produzierte Stück verursacht keine weiteren Kosten.

[606] Richard Wagoner, CEO 2000-2009 von General Motors, zitiert in: SIMON, H.: Beat the crisis, New York 2009, S. 88.

[607] Infolge der (neuen) Definition der Umsatzerlöse gem. BilRUG 2015 muss zwischen den betrieblichen Umsätzen/Erlösen und den Umsatzerlösen nach § 277 Abs. 1 HGB streng unterschieden werden. Vgl. dazu die Ausführungen bei WÖRDENWEBER, M.: Operatives Controlling – Band 1, a. a. O., Paragraf 3.1.1.1.1 „Analyse der Erfolgserzielung", Stichwort „Umsatzerlöse".

Als erstes soll der Fall einer monoton fallenden Preis-Absatz-Funktion PAF (etwa bei monopolistischer Angebotsstruktur) betrachtet werden. Hier stellt sich die PAF mathematisch wie folgt dar:

$$p(x) = a - b \cdot x$$

Während a als Prohibitivpreis (Höchstpreis, bei dem kein Artikel mehr gekauft wird) bezeichnet wird, gibt b die Steigung der PAF wieder. b erklärt, um welchen Betrag der Preis steigt (sinkt), wenn die Absatzmenge um ein Stück reduziert (ausgedehnt) wird.

Bei Annahme einer linearen Kostenfunktion kann diese mathematisch wie folgt dargestellt werden:

$$K(x) = K_F + k_V \cdot x$$

mit K_F = fixe Kosten und k_V = variable Stückkosten.

Die Gewinngleichung ergibt sich, indem die Kosten vom Umsatz $p(x) \cdot x$ subtrahiert werden:

$$G(x) = p(x) \cdot x - (K_F + k_V \cdot x)$$

Wenn, wie oben formuliert, der Umsatz als Kennzahl nur Sinn macht, wenn die variablen Stückkosten k_V konstant sind, stellt sich die Frage, ob der Preis $p(x)$ dann auch konstant sein muss.

Bei einem **konstanten** Preis p (und konstanten variablen Stückkosten k_v) wäre die Deckungsspanne $d = p - k_V$ konstant und dann handelt es sich bei den Zielen **Gewinnmaximierung** und **Umsatzmaximierung** um komplementäre Ziele. (Nur) in diesem Fall würde das Zitat zutreffend sein. Aber auch jetzt macht diese Aussage grundsätzlich nur dann Sinn, wenn vorausgesetzt werden kann, dass $p > k_V$ ist, der Preis über den variablen Stückkosten liegt. Und selbst dann stellt sich die Frage, ob der Deckungsbeitrag als Produkt aus Deckungsspanne und abgesetzter Menge die fixen Kosten deckt.

Die Wertgröße Umsatz besteht aus dem Produkt des konstanten Preises p und der variablen Absatzmenge x. Bei linearem Verlauf der Umsatzfunktion ist der Grenzerlös $U'(x)$ mit dem Durchschnittserlös identisch, so dass **kein Erlösmaximum** existiert.

Unabhängig von den vorstehenden Ausführungen muss diskutiert werden, in welchen Fällen der Preis p (überhaupt) eine Konstante darstellt. Letzteres ist allenfalls dann denkbar, wenn es sich um die Marktform der **vollkommenen Konkurrenz**[608] handelt. In diesem Fall hängt der Umsatz lediglich von der Absatzmenge ab.

Bei einer **fallenden Preis-Absatz-Funktion** müsste die Gewinnfunktion

$$G(x) = (a - b \cdot x) \cdot x - (K_F + k_V \cdot x)$$

optimiert werden. Das gewinnmaximale Ergebnis bezeichnet man als **Cournot'schen Punkt** mit der gewinnoptimalen Menge

$$x_G = \frac{a - k_V}{2 \cdot b}$$

Die Maximierung der Umsatzfunktion $p(x) \cdot x$ führt zur umsatzmaximalen Menge

$$x_U = \frac{a}{2 \cdot b}$$

Die beiden Optima x_G und x_U zeigen, **dass es sich nicht um die gleichen Mengen handelt. Insofern ist die gewinnoptimale Absatzmenge nicht identisch mit der umsatzmaximalen.**

Die genaue Analyse zeigt, dass die Ziele Gewinn- und Umsatzmaximierung bis zur Menge x_G komplementär sind, bei den Absatzmengen zwischen x_G und x_U ein Zielkonflikt vorliegt (x_G ist kleiner als x_U) und bei Absatzmengen größer als x_U wieder Zielkomplementarität herrscht.

[608] Ein vollkommener Markt liegt vor, wenn bei sachlicher Gleichartigkeit der Güter eine atomistische Konkurrenz vorliegt und der Markt durch einen unendlich schnellen Informationsaustausch aufgrund der vollkommenen Markttransparenz und eine unendlich große Reaktionsgeschwindigkeit gekennzeichnet ist sowie seitens der Anbieter und Nachfrager keine persönlichen, räumlichen oder zeitlichen Präferenzen vorliegen. Der Käufer reagiert nach dem Minimalprinzip (Minimierung des Preises), während der Verkäufer dem Prinzip der Gewinnmaximierung folgt.

Zur Messung des Ziels „Maximierung der wertbezogenen Marktanteilssteigerung“[609] wird zuweilen die Kennzahl Umsatz/Erlös herangezogen, um die eigenen Umsätze im Verhältnis zum gesamten Umsatz des Marktes zu betrachten. Ziel einer wertbezogenen Marktanteilssteigerung wäre dann die Maximierung der Erlöse.

Im Allgemeinen wird eine Umsatzsteigerung positiv bewertet. Allerdings stellt sich im Rahmen der **Umsatzanalyse** die Frage der „Qualität“ der Umsatzsteigerung. „Qualität“ wird im wertorientierten Controlling[610] als **Wertbeitrag**[611] gemessen: Wie groß ist die Wertsteigerung bei einer bestimmten Umsatzsteigerung? Diese Frage stellt sich deshalb, weil der Umsatz eine **Wertgröße** mit den Komponenten Preis und (Absatz-)Menge darstellt.

$$U = \sum_{i=1}^{n} p_i \cdot x_{Ai}$$

mit p_i = (Netto-)Preis eines Stücks der Produktart *i*

War für die Umsatzsteigerung die Erhöhung des (Markt-)Preises, die abgesetzte Menge oder beide Komponenten verantwortlich? Da die Komponenten Menge und Preis multiplikativ verknüpft sind, wären bei den beiden Komponenten sogar gegenläufige Bewegungen denkbar.

Diese Frage wird anhand von zwei Fallkonstellationen untersucht. In beiden Fällen sind die variablen Stückkosten k_v mit 15 €/St. konstant. Die Fixkosten ändern sich ebenfalls nicht. Laut Monatsplanung sollen 17.500 St. eines bestimmten Produktes zu einem Preis von 19 €/St. abgesetzt werden. Der geplante Umsatz U_{pl} beträgt dann 332.500 €. Am Ende des Monats wird festgestellt, dass ein Umsatz von 400.000 € erzielt wurde. Die Umsatzsteigerung ΔU beläuft sich somit auf 67.500 €.

Im Fall 1 hat eine nähere Untersuchung ergeben, dass 20.000 St. zu 20 €/St. (Umsatz = 400.000 €) veräußert wurden. Die Gewinnänderung ΔG ergibt sich, indem vom Mehrumsatz ΔU die Änderung der variablen Kosten ΔK_v subtrahiert wird. Letztere ist hier das Produkt aus der Mengensteigerung in Höhe von 2.500 St. (20.000 St. – 17.500 St.) und

[609] Vgl. Abschnitt 2.4.7 „Marktanteil, relativer Marktanteil und Distributionsquote“.

[610] WÖRDENWEBER, M.: Wertorientiertes Controlling, 1. Aufl., Norderstedt 2021.

[611] Vgl. ebenda, S. 48.

den variablen Stückkosten k_v; also: K_v = 2.500 St. • 15 €/St. = 37.500 €.[612] Folglich ergibt sich ein Mehrgewinn ΔG in Höhe von 67.500 € – 37.500 € = 30.000 €. Der Wertbeitrag der Umsatzsteigerung ist positiv und damit eine Wertschaffung.

Im Fall 2 wurde festgestellt, dass 22.000 St. zu 18,18 €/St. (Umsatz = 400.000 €) verkauft wurden. Die Änderung der variablen Kosten ΔK_v ist das Produkt der Mengensteigerung in Höhe von 4.500 St. (22.000 St. – 17.500 St.) und den variablen Stückkosten k_v; also: Kv = 4.500 St. • 15 €/St. = 67.500 €. Es ergibt sich kein Mehrgewinn, da die Umsatzsteigerung ΔU der Änderung der variablen Kosten ΔK_v entspricht. Dieser Wertbeitrag der Umsatzsteigerung beträgt 0 €. Damit liegt weder eine Wertschaffung noch eine Wertvernichtung vor. Denn parallel zur Mengensteigerung wurde der Absatzpreis p gesenkt.

Der Vergleich der beiden Fälle offenbart, dass im Fall 1 bei gleicher Umsatzsteigerung wie im Fall 2 im Fall 1 eine Wertschaffung erreicht wurde, während im Fall 2 keine Wertschaffung, aber auch keine Wertvernichtung festzustellen ist.

Ganz unabhängig davon ist der **Umsatz** als Kennzahl eine **sehr fragwürdige Größe. Sagt er doch nichts über den Gewinn aus. Sind die Kosten höher als der Umsatz, verbleibt ein Verlust.** Insofern wird schnell klar, dass der Umsatz als isolierte Größe nur bedingt aussagefähig ist.

2.4.9 Umsatzerlöserendite/Umsatzrendite/Leistungsrendite

Aus dem gerade Gesagten ergibt sich, dass es sinnvoll ist, den Gewinn *und* den Umsatz zu betrachten.

Dies geschieht beispielsweise, indem der Gewinn des Unternehmens in Relation zum Umsatz gesetzt wird. Diese Beziehungszahl wird in der Betriebswirtschaftslehre **Umsatzrendite** genannt. Sie stellt den auf den Umsatz bezogenen Gewinnanteil dar.

Die Umsatzrendite wird auch **Umsatzrentabilität** oder **Umsatzgewinnrate** genannt.

[612] Die Fixkosten sind nicht entscheidungsrelevant, da sie sich nicht (beschäftigungsabhängig) ändern. Im vorliegenden Fall wären sind sie zudem in beiden Fällen identisch.

$$\text{Umsatzrendite (\%)} = \frac{\text{Gewinn}}{\text{Umsatz}} \cdot 100$$

Darst. 2.4073: Umsatzrendite (%)

Beispiel: Eine Umsatzrendite von 10 % bedeutet, dass bei einem Umsatz von 1,00 € exakt 0,10 € oder 10 Cent an Gewinn erwirtschaftet werden.

Sie ist zu unterscheiden von der **Umsatzerlöserendite**, bei der im Nenner nicht der (betriebliche Umsatz, sondern die Umsatzerlöse des Unternehmens zu finden ist.[613] Im Folgenden soll lediglich die Umsatzrentabilität betrachtet werden, da die Umsatzerlöse gem. HGB nicht deckungsgleich mit dem Leistungsbegriff der Kostenrechnung sind.

Zum einen sind in den Umsatzerlösen Erlöse aus dem Verkauf und der Vermietung oder Verpachtung von Produkten sowie aus der Erbringung von Dienstleistungen enthalten, die *nicht* zur betrieblichen Geschäftstätigkeit gehören, also betriebsfremd sind. Dazu gehören etwa Kantinenerlöse, Gebühren für den Kindergarten des Unternehmens, Erlöse aus dem Verkauf von Roh-, Hilfs- und Betriebsstoffen, Miet- und Pachteinnahmen oder auch Erträge aus Schrottverkäufen.

Zum anderen werden Kostensteuern wie bspw. die Mineralölsteuer, Tabaksteuer, Biersteuer und Branntweinsteuer; nicht aber Grundsteuer und Kraftfahrzeugsteuer, in der Position „Umsatzerlöse“ als Aufwand direkt berücksichtigt.

Befinden sich in den Umsatzerlösen außergewöhnliche und/oder periodenfremde Geschäftsvorfälle, müssen diese im Hinblick auf den Umsatz herausgerechnet werden, weil sie dem Unternehmen nicht stetig zufließen.[614] Ein Beispiel für außergewöhnliche Transaktionen können Umsatzerlöse aufgrund eines einmaligen Sonderauftrages sein.

---

[613] Infolge der (neuen) Definition der Umsatzerlöse gem. BilRUG 2015 muss zwischen den betrieblichen Umsätzen/Erlösen und den Umsatzerlösen nach § 277 Abs. 1 HGB streng unterschieden werden. Vgl. dazu die Ausführungen bei WÖRDENWEBER, M.: Operatives Controlling – Band 1, a. a. O., Paragraf 3.1.1.1.1 „Analyse der Erfolgserzielung“, Stichwort „Umsatzerlöse“.

[614] Gemäß § 385 Nr. 31 HGB muss der Bilanzierende ohnehin Erträge und Aufwendungen von außergewöhnlicher Größenordnung und Bedeutung im Anhang angeben und erläutern.

Die Kennzahl Umsatzrendite gehört nach dem Bundesverband Deutscher Unternehmensberater BDU e. V. zu den wichtigsten Kennzahlen, die im Rahmen des Unternehmenscontrolling regelmäßig geplant und kontrolliert werden sollten.[615] Inwieweit dieser Aussage hier gefolgt werden kann, muss im Folgenden noch näher untersucht werden. Laut Scheld gibt die „Kennzahl einen Anhaltspunkt für die Beurteilung der Absatzfähigkeit und Gewinnentwicklung in der betrachteten Periode."[616]

Bei näherer Betrachtung des Quotienten Umsatzrendite fällt auf, dass es sich um **Wertgrößen** handelt. Diese Wertgrößen bestehen immer aus zwei Komponenten: Menge und Preis, die multiplikativ miteinander verknüpft sind.

Der Gewinn G kann wie folgt dargestellt werden:

$$G = \sum_{i=1}^{n} g_i \cdot x_{Ai}$$

mit g_i = Gewinn pro Stück der Produktart i

x_{Ai} = abgesetzte Menge der Produktart i

n = Zahl der Produktarten im Sortiment des Herstellers/Händlers

Steigt der Gewinn eines Unternehmens, kann (zunächst) keine eindeutige Aussage darüber getroffen werden, warum der Gewinn gestiegen ist: Es kommt sowohl eine Steigerung des Stückgewinns als auch der Menge oder beider Komponenten (möglicherweise sogar mit gegenläufigen Tendenzen) in Frage. Darüber hinaus können **innerhalb des Sortiments** unterschiedliche, möglicherweise auch gegenläufige Entwicklungen stattgefunden haben.

Neben der Wertproblematik existiert auch eine **zeitbezogene Schwierigkeit** bei der Definition der Kennzahl Umsatzrendite: Der Gewinn, genauer die g_i, werden durch die Produktkosten der abgesetzten Erzeugnisse maßgeblich bestimmt. Diese Stückkosten können sich im Laufe der Geschäftsjahre bzw. der betrachteten Perioden verändern. Problematisch bei der Berechnung des Gewinns ist daher, dass die veräußerten Produkte in verschiedenen Perioden zu unterschiedlichen Kosten hergestellt worden sind. Die Umsatzrendite kann somit nur dann Maßstab für die Leistungsfähigkeit einer Periode sein, wenn die **Erfolgseinflüsse anderer Perioden neutralisiert** werden.

[615] Vgl. BDU: Grundsätze ordnungsmäßiger Planung (GoP), S. 21.

[616] SCHELD, G. A.: Betriebswirtschaftliche Kennzahlenanalyse unter besonderer Berücksichtigung mittelständischer Unternehmen, Büren 2009, S. 110 (im Folgenden mit „Kennzahlenanalyse" abgekürzt).

Ähnliche Aussagen wie zum Gewinn gelten für den Nenner des Quotienten:

$$U = \sum_{i=1}^{n} p_i \cdot x_{Ai}$$

mit p_i = (Netto-)Preis eines Stücks der Produktart i

War für die Umsatzsteigerung die Erhöhung des (Markt-)Preises, die abgesetzte Menge oder beide Komponenten verantwortlich? Da die Komponenten Menge und Preis multiplikativ verknüpft sind, wären bei den beiden Komponenten sogar gegenläufige Bewegungen denkbar.

Generell ist eine **steigende Umsatzrendite** zu begrüßen. Allerdings darf die Umsatzrendite nicht isoliert betrachtet werden! Es ist immer zu klären, **mit welchem (Gesamt-)Kapital das Ergebnis erwirtschaftet wurde**. Daher ist die Umsatzrendite immer im Zusammenhang mit der Umschlagshäufigkeit des Gesamtkapitals zu sehen, „denn was nützt eine vorzügliche Umsatzrendite, wenn ein ungewöhnlicher hoher Kapitaleinsatz erforderlich war?“[617] Diesen Zusammenhang zeigt insbesondere die Definition des ROI ($G/U \cdot U/GK \cdot 100$)[618] mit den multiplikativ verknüpften Quotienten Umsatzrendite und Kapitalumschlag auf. Eine hohe Umsatzrendite bewirkt keinen hohen ROI, wenn der Kapitalumschlag aufgrund eines hohen Kapitalaufwands gering ist.

Die Ursache einer **sinkenden Umsatzrendite** kann ceteris paribus eine sinkende Handelsspanne sein. Selbst Absatzsteigerungen können Einbußen bei den Deckungsspannen nicht auffangen, so dass die Umsatzrendite sinkt. Aber auch Rückgänge sowohl beim Absatz als auch bei der (den) Deckungsspanne(n) können eintreten, wenn beispielsweise in einem nahezu vollkommenen Markt ein konkurrierendes Unternehmen, das Kostenführer der Branche ist, die Preise senkt (und wir gezwungen sind, gleiches zu tun) und gleichzeitig seine Distributionsdichte (zu unseren Lasten) erhöht.

Korrespondiert eine sinkende Umsatzrendite mit einer steigenden Abschreibungsintensität[619], kann dies auf noch nicht kapazitäts- und ertragswirksam gewordene Investitionen hinweisen.

---

617 HARMANN, A.: Bilanzanalyse für die Praxis unter Berücksichtigung moderner Kennzahlen, 2. Aufl., Berlin, Herne 1986, S. 62.

618 Vgl. hierzu Unter-Unterabschnitt 2.6.1.1.

619 Sofern die Abschreibungen auf Erweiterungs- oder u. U. Rationalisierungsinvestitionen zurückzuführen sind.

Eine Aufklärung über die Ursachen einer Änderung der Umsatzrendite kann eine gut ausgebaute Kosten- und Leistungsrechnung, beispielsweise in Form einer detaillierten Betriebsergebnisrechnung liefern.

Bevor auf die Interpretation der Kennzahl Umsatzrendite weiter eingegangen wird, ist eine genauere Betrachtung des Zählers bzw. Nenners vonnöten. Es stellt sich – wie auch später bei den Kennzahlen im Finanz-Controlling – die Frage, **welcher Gewinn** (im **Zähler**) denn eigentlich gemeint ist.[620] In der Betriebswirtschaftslehre existieren eine ganze Reihe (zum Teil sehr) unterschiedlicher Gewinngrößen.[621]

Wenn davon ausgegangen wird, dass die Größe Umsatzrendite dem Unternehmen/dem Controller bei der Steuerung des Unternehmens dient, dann muss sich diese Größe **auf den betrieblichen Bereich fokussieren**. Es kann sich daher nur einen **„betrieblichen" Gewinn** handeln.

Optimal ist es daher, als Gewinn das **Betriebsergebnis laut Kosten- und Leistungsrechnung**[622] zu wählen. In der Kostenrechnung werden die Erfolgsgrößen (Erträge und Aufwendungen) im Rahmen der Kostenartenrechnung um die

- außergewöhnlichen,
- periodenfremden und (vor allem)
- betriebsfremden

Aufwendungen bereinigt. Hinzu gezählt werden die kalkulatorischen Zusatzkosten, während die kalkulatorischen Anderskosten eine betriebswirtschaftliche (kostenrechnerische) Behandlung der Erfolgsgrößen erfahren.

Hinweis: Wird eine Erfolgsrechnung auf der Basis einer Vollkostenrechnung vorgenommen, ist darauf zu achten, ob eine Steigerung des Gewinns (auch) auf eine Bestandsmehrung zurückzuführen ist.

[620] Vgl. hierzu die Ausführungen im Unterabschnitt 2.2.2 „Betriebswirtschaftlicher Erfolg und Gewinnbegriff" von Band 1.

[621] Darst. 2.205 von Band 1.

[622] Im Folgenden mit Kostenrechnung abgekürzt.

Voraussetzung für den Ansatz des Betriebsergebnisses (laut Kostenrechnung) als Gewinngröße ist eine funktionierende Kostenrechnung. Fehlt diese, sollte **hilfsweise** der **ordentliche Betriebserfolg**[623] Verwendung finden.

Wie bei (fast) allen Kennzahlen ist eine sinnvolle Interpretation der Umsatzrendite nur bei einer vergleichenden Betrachtung erlaubt.[624] Die **zeitliche Bewertung (Zeitreihenanalyse)** zeigt, ob es bei dieser wichtigen Renditekennzahl eine Veränderung im Zeitablauf gegeben hat. Allerdings handelt es sich dann lediglich um eine **Tendenzaussage** (besser, schlechter oder gleich), nicht aber, ob es sich bei der konkret berechneten Zahl (singuläre Größe) um einen hohen (guten) oder niedrigen (schlechten) Wert handelt. Diese Beurteilung kann nur über eine **relative Bewertung (Benchmarking)** vorgenommen werden. Hier bieten sich sowohl das **interne** und/oder das **externe Benchmarking** an,[625] zumal die Umsatzrendite unabhängig von der gewählten Finanzierungsform ist.[626]

Während sich für einen **Zeitreihenvergleich** oder das **interne Benchmarking** die Größe Betriebsergebnis laut Kostenrechnung ohne Weiteres berechnen lässt, ist ein externes Benchmarking nahezu unmöglich, da die kostenrechnerischen Daten nicht veröffentlicht werden.

Fragt sich, welche Größe für das **externe Benchmarking** geeignet ist. Sofern der **ordentliche Betriebserfolg** bei Externen anhand der zur Verfügung stehenden Unterlagen (Anhang, Unterlagen für Analysten etc.) ermittelbar ist, sollte dieser als Gewinngröße Geltung finden.

Anderenfalls, wenn eine Modifikation des GuV-Ergebnisses **nicht möglich** oder **zu aufwendig** ist, muss auf das Betriebsergebnis laut GuV[627] zurückgegriffen werden. Die sich daraus ergebende Kennzahl (mit den Umsatzerlösen im Nenner) wird **Betriebsrendite**[628] genannt.

---

[623] Auch bei der Berechnung des ordentlichen Betriebserfolges werden, ausgehend von der GuV außergewöhnliche, periodenfremde und betriebsfremde Erfolgsgrößen in der Regel eliminiert sowie kalkulatorischer Unternehmerlohn (für Einzelunternehmer und Personengesellschaften) und die kalkulatorische Miete berücksichtigt. Das Zinsergebnis bleibt als Finanz- und Verbunderfolg außen vor.

[624] Vgl. hierzu die Ausführungen in Unterabschnitt 2.1.5 von Band 1.

[625] Vgl. Darst. 2.153 von Band 1.

[626] Vgl. die Problematik bei der Gesamtrentabilität bzw. beim Return on Investment (ROI).

[627] § 275 II HGB; siehe Darst. 1.611.

[628] Vgl. ADAM, S.: Das Going-Concern-Prinzip in der Jahresabschlussprüfung, Diss. TU Darmstadt, Wiesbaden 2007, S. 128, PRÄTSCH, J., SCHIKORRA, U., LUDWIG, E.: Finanzmanagement: Lehr- und Praxisbuch für Investition, Finanzierung und Finanzcontrolling, 4. Aufl., Berlin, Heidelberg 2012, S 121.

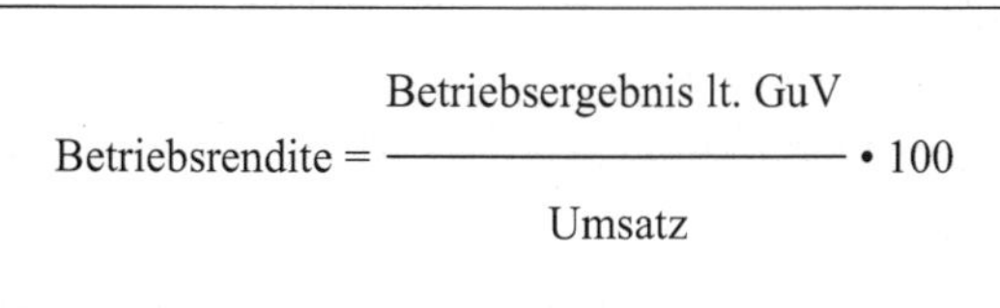

$$\text{Betriebsrendite} = \frac{\text{Betriebsergebnis lt. GuV}}{\text{Umsatz}} \cdot 100$$

Darst. 2.4074: Betriebsrendite

Nachdem der Zähler der Umsatzrendite besprochen wurde, wird nun der **Nenner** einer genaueren Untersuchung unterzogen.

In den meisten Lehrbüchern findet sich der Umsatz als Bezugsgröße aus dem eigentlichen Geschäftsbetrieb. Nun ist der Umsatz aber nur ein Teil der betrieblichen Leistung. Es fehlen auf der Ertrags-, besser Leistungsseite zwei wichtige Komponenten der **Gesamtleistung**: die **aktivierten Eigenleistungen** sowie die **Bestandsveränderungen**:

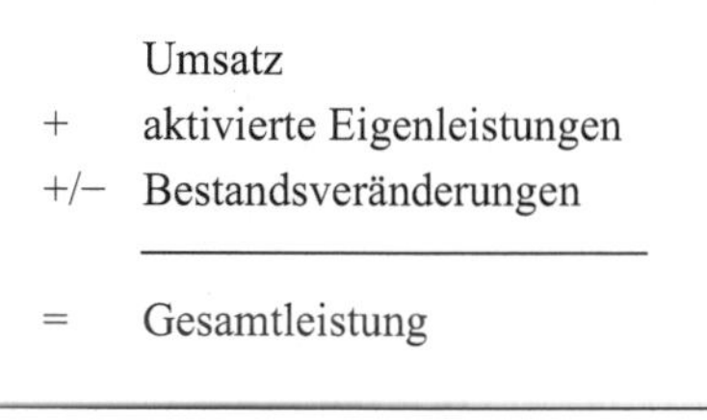

	Umsatz
+	aktivierte Eigenleistungen
+/−	Bestandsveränderungen
=	Gesamtleistung

Darst. 2.4075: Gesamtleistung

Bereits oben wurde auf die zeitliche Problematik hingewiesen: Die Umsatzleistung einer bestimmten Periode kann aus dem Abbau von Beständen resultieren. Andererseits werden im Gewinn z. B. Bestandserhöhungen gewinnerhöhend berücksichtigt (bzw. Bestandsminderungen gewinnmindernd) und aktivierte Eigenleistungen berücksichtigt, obwohl diese in keinem Zusammenhang mit dem Absatz resp. der Umsatzleistung stehen.
Wenn also die weiteren erfolgswirksamen Komponenten im Gewinn berücksichtigt werden, ist es nur konsequent, im Nenner die Gesamtleistung statt der Umsatzerlöse zu berücksichtigen.

Statt der Umsatzrendite wird dann von einer **Leistungsrendite** gesprochen. Letztere wird bei Anwendung einer Zeitreihenanalyse oder internem Benchmarking wie folgt definiert:

$$\text{Leistungsrendite (\%)} = \frac{\text{Betriebsergebnis laut Kostenrechnung}}{\text{Gesamtleistung}} \cdot 100$$

Darst. 2.4076: Leistungsrendite bei Zeitreihenanalyse und internem Benchmarking

Soll die Umsatzrendite per externem Benchmarking vergleichend bewertet werden, liegen die Betriebsergebnisse der Kostenrechnung in der Regel nicht vor. In diesem Fall muss der Zähler „**Ordentlicher Betriebserfolg**" heißen.

Anderenfalls, wenn eine Modifikation des GuV-Ergebnisses **nicht möglich** oder **zu aufwendig** ist, muss auf das Betriebsergebnis laut GuV zurückgegriffen werden.

$$\text{Leistungsrendite (\%)} = \frac{\text{Betriebsergebnis laut GuV}}{\text{Gesamtleistung}} \cdot 100$$

Darst. 2.4077: Leistungsrendite (%) bei externem Benchmarking (vereinfachte Formel)

Wird die Umsatzrendite an den Erfolgen anderer Unternehmen oder an den Durchschnittserfolgen der Branche gemessen, so lautet das **Entscheidungskriterium**: Die Umsatzrendite soll nicht niedriger als die Rendite vergleichbarer Unternehmen bzw. der Branche sein.

Darst. 2.4078 zeigt beispielhaft die Umsatzrendite der deutschen Unternehmen von 2008 bis 2019 in Prozent. Im Zähler steht der Jahresüberschuss vor Gewinnsteuern, der Nenner zeigt die Umsatzerlöse gemäß HGB.

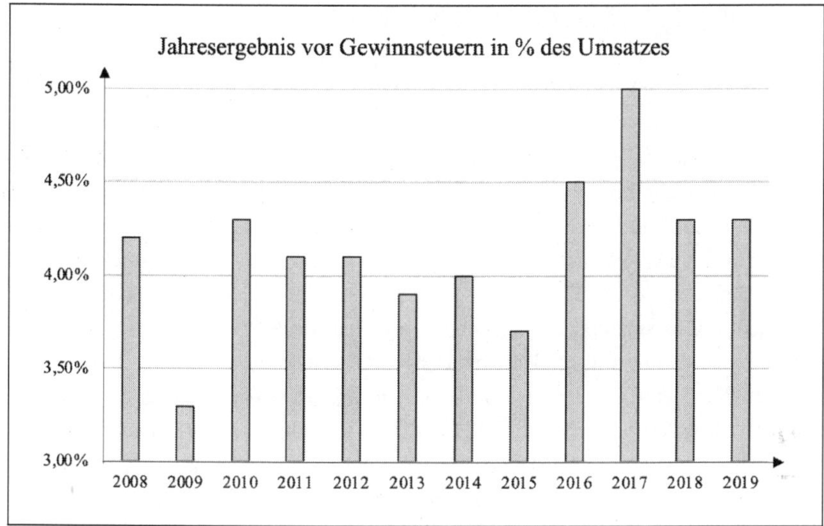

Darst. 2.4078: Umsatzrenditen deutscher Unternehmen
(Entnommen: DEUTSCHE BUNDESBANK: Ertragslage und Finanzierungsverhältnisse deutscher Unternehmen im Jahr 2019, Jg. 72, 2020, Nr. 12, Monatsbericht Dezember, S. 76.)

Im Allgemeinen sind die Umsatzrenditen *börsennotierter* Industrieunternehmen höher als die der Umsatzrenditen deutscher Unternehmen, wie sie im vorstehenden Säulendiagramm zu sehen sind. Offensichtlich zeigen sich bei diesen Unternehmen die sogenannten economies of scale und/oder economies of scope. In beiden Fällen handelt es sich typischerweise um größenbedingte Vorteile einer Firma. Eine eindeutige Bewertung lässt sich nicht vornehmen, da nicht erkennbar ist, welche Gewinngröße hier Verwendung gefunden hat.

Sofern die Umsatzrendite des eigenen Unternehmens mit den Umsatzrenditen deutscher Unternehmen verglichen wird, ist zu bedenken, dass es sich bei der Umsatzrendite deutscher Unternehmen um eine gesamtdeutsche Durchschnittszahl handelt. Diese kann erheblich von den Umsatzrenditen der eigenen Branche abweichen, denn die Ertragslage wird maßgeblich von den **Besonderheiten der einzelnen Branchen** bestimmt.[629] So ist zu vermuten, dass Produktionsunternehmen aufgrund der im Allgemeinen höheren Wertschöpfung eine höhere Umsatzrendite aufweisen.

[629] Vgl. die Umwelten des Marketingsystems (z. B. MEFFERT, H.: a. a. O., S. 44.).

2.4.10 Exportumsatz und Exportquote

In den letzten Jahrzehnten hat sich das Umfeld von Unternehmen nachhaltig verändert. Waren die deutschen Unternehmen viele Jahre nach dem II. Weltkrieg primär damit beschäftigt, die enorme Binnennachfrage aufgrund der Kriegsschäden zu befriedigen und somit die Schaffung und Ausweitung von Produktionskapazitäten im Fokus der Bemühungen stand, fand nach und nach mit beginnenden Sättigungstendenzen auf dem Heimatmarkt ein Wandel vom Verkäufermarkt zum Käufermarkt statt. Diese Entwicklung wurde verstärkt durch den wachsenden Eintritt ausländischer Anbieter auf dem deutschen Markt. Seitdem ist ein stagnierender Binnenmarkt, ein wachsender Wettbewerbs- und Kostendruck und sich stetig verkürzende Innovations- und Produktlebenszyklen Kennzeichen der deutschen Wirtschaft. Da eine Stagnation der Umsätze eines Unternehmens bei gleichzeitig wachsenden Wettbewerbern i. d. R. das (Über-)Leben eines Unternehmens nicht gewährleistet, ist ein Unternehmen gezwungen, sich nach Wachstumspotenzialen umzuschauen. Dabei stellen die Wachstumschancen auf internationalen Märkten eine (strategische) Option dar.

Die beschriebene Entwicklung findet sich (auch) im **Markt-/Feldstrategischen Ansatz** (**Produkt-Markt-Entwicklung**) wieder. Im strategischen Marketing-Controlling beinhaltet dieses Modell vier grundlegende **Produkt-Markt-Kombinationen**. In der sogenann-

Käufer bzw.-Märkte / Produkte	vorhanden	neu
vorhanden	Marktdurchdringung und -ausschöpfung	Marktschaffung (Segmentierung, Differenzierung)
neu	Erschließung von Marktlücken (Produktentwicklung)	Diversifikation (Sortimentserweiterung)

Darst. 2.4079: Marktbezogene Aufgaben des Marketings
(Vgl. ANSOFF, H. I.: Management-Strategie, München 1966.)

ten Ansoff-Matrix werden die potenziellen Marktfelder des Unternehmens dargelegt. Die Entscheidung für ein oder mehrere Marktfelder muss sorgfältig geplant werden, da sie zu den Basisentscheidungen des Unternehmens gehört: alle anderen strategischen Alternativen fußen auf dieser Produkt-Markt-Entscheidung.

Die marketing-strategische Keimzelle eines Unternehmens ist das Marktfeld **„Marktdurchdringung und Marktausschöpfung"** . Die Strategie der Marktdurchdringung wird auch Marktpenetration genannt. Sie strebt einen höheren Absatz der bisher schon angebotenen Produkte in den gegenwärtigen Märkten an. Ziel ist die „Weckung" des latenten Potentials. Diese naheliegende Strategie basiert auf der Überlegung, dass mit relativ einfachen Mitteln (Produkt, Distribution und Kunden sind ja bekannt) eine höhere (Stück-)Kostendegression realisierbar ist. Dieses Ziel wird durch eine intensivere Nutzung angewandter Marketinginstrumente und eine Festigung der Kundenbeziehung erreicht. Gleichzeitig, d. h. mit steigendem Marktanteil **wächst der Einfluss auf die Preisbildung** (Marketingführerschaft als faktische Macht). Ist eine weitere Marktdurchdringung nicht mehr ersichtlich, stellt sich die Frage, wie das Unternehmen weiter agieren soll.

Die zwei naheliegenden Stoßrichtungen sind jetzt die Marktschaffung oder die Erschließung von Marktlücken. In dieser Situation spielen die **Chancen**, v. a. aber die **Risiken** eine entscheidende Rolle. Im Allgemeinen ist es für Unternehmen sicherer und auch einfacher, sich mit den etablierten Produkten, bei denen das Unternehmen i. d. R. über eine jahrelange Erfahrung verfügt, auf neue Märkte zu begeben.

Ziel der Strategie **„Marktschaffung"** ist es, für die dem Unternehmen bereits bekannten Produkte **neue Märkte** zu erschließen und damit die Gewinne weiter zu steigern. Insbesondere dann, wenn auf dem „Heimatmarkt" eine gewisse Sättigung festzustellen ist, liegt es nahe, **angrenzende Märkte** zu bearbeiten. Angrenzend ist hier nicht unbedingt räumlich gemeint; es kann sich auch auf angrenzende Käuferschichten beziehen. Also **Marktschaffung und Marktausweitung**, z. B. durch verstärkten Kundendienst, Erhöhung der Werbeausgaben oder Kundenbesuche am Abend. Im Allgemeinen ist dies gleichbedeutend mit einer Veränderung der Instrumente des Marketing-Mix.

Es geht also darum, mit überschaubarem Aufwand und ohne „große Abenteuer" zusätzliche Potentiale auf zusätzlichen Absatzmärkten zu erschließen.

Zeichnet sich auch auf den neuen Märkten mit den bisherigen Produkten eine Marktsättigung ab, bleiben dem Unternehmen nur noch die Strategie der Erschließung von Marktlücken mit einem erweiterten Sortiment bei bestehenden Kunden oder die (risikoreichste)

Strategie der Diversifikation, da in diesem Fall nicht nur das Sortiment erweitert, sondern auch neue Märkte entwickelt und erschlossen werden müssen. Auf die Erschließung von Marktlücken soll hier nicht näher eingegangen werden, da diese Strategie nicht mit einem Export verbunden ist.

Wachstum, Gewinn und Stabilität auf lange Sicht werden bei dieser Strategie durch eine **Diversifikation** erreicht, d. h. der Einführung **neuer Programme** bei **neuen Kunden**. Diversifikationsstrategien wenden im Prinzip zwei verschiedene Unternehmertypen an: **Existenzgründer** und **Unternehmen, die sich aus verschiedenen Gründen zur Produkt-/Markt-Erweiterung gezwungen** sehen. Da das Risiko einer Fehlinvestition bei dieser Strategie vergleichsweise am größten ist, müssen die Zwänge oder aber die Perspektiven so ausgezeichnet sein, dass sich das Wagnis Diversifikation lohnt. **Stagnierende oder schrumpfende Märkte, zunehmender Verdrängungswettbewerb, der inflationsbedingte Zwang zum Wachstum (Einkaufsvorteile)** sind gewichtige Gründe für eine derartige Strategie. Aber neben einem **Risikostrukturausgleich** führen auch **hervorragende Gewinnperspektiven** Unternehmen zur Verwirklichung einer Diversifikationsstrategie. Wie groß das Risiko, aber auch die Chancen sind, zeigen die Entwicklungen verschiedener Unternehmen auf. Während die Daimler AG mit ihrem „Ausflug" in die Luftfahrt (u. a. mit dem Kauf von Dornier, Messerschmitt-Bölkow-Blohm und Fokker) nicht erfolgreich war, konnte Miele & Cie. KG trotz der Aufgabe der Produktion von Autos, Motorrädern, Fahrrädern, Buttermaschinen und Küchenmöbeln seine langjährige Diversifikation mit Waschmaschinen, Wäschetrocknern, Staubsaugern, Saugroboter, Kücheneinbaugeräte, vollautomatisierte Gewächsschränke, Medizintechnik (Steelco) Outdoor-Grill-Geräten, Spitzengastronomie-Lieferdienst (MChef), Robotikhersteller (Yujin Robot Co. Ltd) erfolgreich fortsetzen.

Grenzüberschreitende Aktivitäten, d. h. die neuen Märkte befinden sich außerhalb des Heimatmarktes, sind – unabhängig von der Zielsetzung – mit Chancen und Risiken verbunden.[630] In Abhängigkeit von der Kapital- und Managementleistung sowie der Wertschöpfung kann zwischen folgenden Alternativen der Internationalisierung gewählt werden:[631]

[630] Auf die Chancen und Risiken soll hier nicht weiter eingegangen werden, da es sich um strategische Analysen handelt. Es sei bspw. auf NAGEL, M., MIEKE, C., TEUBER, S.: a. a. O., S. 294–295 verwiesen.

[631] Ebenda, S. 296, MORSCHETT, D., SCHRAMM-KLEIN, H., ZENTES, J.: Strategic International Management, 3. Aufl., Wiesbaden 2015, S. 218.

- Export
- Lizenzierung
- Franchising
- Joint Venture
- Ausländische Vertriebsniederlassung
- Auslandsproduktion
- Ausländische Tochtergesellschaft und Akquisitionen

Darst. 2.4080: Formen der Internationalisierung

Sowohl die **Kapital- und Managementleistung** sowie die **Wertschöpfung im Ausland nehmen von der Lizenzierung bis hin zu ausländischen Tochtergesellschaften und Akquisitionen zu**. Mit ihrer Zunahme **steigen die Risiken**, aber auch **die Chancen auf Gewinne**, u. a. durch bessere Möglichkeiten der Einflussnahme und Kontrolle.

Der einfachste und – relativ gesehen – risikoärmste Weg, einen Auslandsmarkt zu bedienen, ist der **Export**. Nahezu alle Kapital- und Managementleistungen sowie die Wertschöpfung werden im Stammland erbracht. Diese Strategie ist dann zu bevorzugen, wenn nur eine geringe Auslandsnachfrage besteht, die politischen und rechtlichen Umweltbedingungen des ausländischen Marktes instabil sind oder ein Unternehmen auf dem Auslandsmarkt eine monopolähnliche Marktstellung innehat bzw. sehr wenige Unternehmen ein Oligopol bilden.[632] Ein Unternehmen kann Überproduktionen auf dem Auslandsmarkt absetzen oder aktiv Auslandsmärkte mit Exporten bedienen.

Export ist eine – relativ gesehen – risikoarme Form der Internationalisierung, bei der materielle Güter und Dienstleistungen im Inland erzeugt und auf ausländischen Märkten abgesetzt werden. Es wird kein zusätzliches Kapital im Ausland investiert.

Darst. 2.4081: Export

[632] Vgl. DILLERUP, R., STOI, R.: a. a. O., S. 950. Weitere Vor- und Nachteile des Exports finden sich u. a. bei KUTSCHKER, M., SCHMID, S.: Internationales Management, 7. Aufl., München 2011, S. 862 und WILDMANN, L.: Makroökonomie, Geld und Währung, 2. Aufl. München 2010, S. 82.

Exportgeschäfte können **auf indirektem**[633] **oder direktem**[634] **Wege** sowie in Form von **Exportkooperationen** (mit anderen Unternehmen) getätigt werden. Da diese Unterscheidung für die Definition der Exportquote, keine Rolle spielt, soll auf die Ausführungen in anderen Fachbüchern verwiesen werden.[635]

Auch wenn die **Entscheidung für oder gegen eine Exporttätigkeit** eine **strategische** ist, gehört die **Analyse der Exportentwicklung** zu den **operativen** Aufgaben, um kurzfristig auf bedeutsame Änderungen reagieren zu können.

Um die Exporterfolge messen zu können, bieten sich zwei Möglichkeiten an. Zum einen die Verwendung des **Exportumsatzes** als absolute Größe oder zum anderen als **Exportquote**.

Die Verwendung der Kennzahl **Exportumsatz** als **absolute, einzige Größe ist wenig aussagekräftig**, da ein Bezugspunkt/eine Vergleichsgröße fehlt. Als Norm- oder Maßgrößen bieten sich Soll-, Plan- oder Ist-Werte, letztere auch als Zeitreihe, an.[636] Ein steigender Exportumsatz lässt sich als Erfolg einer expansiven Vertriebspolitik, d. h. als Konsequenz vertriebspolitischer Aktivitäten, die auf eine exportorientierte Ausweitung des Absatzgebietes gerichtet sind, interpretieren.

Eine sinnvollere Kennzahl ist die **Exportquote**, da sie die **Bedeutung des Exports im Vergleich zum Inlandsmarkt** anzeigt. Sie gibt Aufschluss über die **Abhängigkeit des Unternehmens vom Export.**[637] Diese Abhängigkeit kann auch als Risiko interpretiert werden. Zu den **Risiken** zählen allgemein politisch-rechtliche, ökonomische, ökologische, gesellschaftliche und technologische,[638] im speziellen auch die Wechselkursrisiken. Auf der anderen Seite stellt der Export grundsätzlich eine **Risikostreuung/Risikodiversifikation** dar, denn durch den Export sinkt die (alleinige) Abhängigkeit vom Heimatmarkt.

---

[633] Die auszuführenden materiellen Güter oder Dienstleistungen werden bereits im Inland an einen Absatzmittler, nämlich an einen (inländischen) Exporteur oder einen (ausländischen) Importeur geliefert, wobei ein Reimport i. d. R. ausgeschlossen wird.

[634] Der Hersteller setzt seine materiellen und/oder immateriellen Güter grenzüberschreitend selbst, also ohne inländische Absatzmittler, im Ausland ab, wobei der Export durch eigene Kräfte oder fremde Absatzhelfer abgewickelt wird. Ausländische Absatzmittler können den Export unterstützen.

[635] Vgl. etwa SIEDENBIEDEL, G.: a. a. O., S. 89–91.

[636] Auf die Vor- und Nachteile der genannten Vergleichsgrößen wird u. a. bei WÖRDENWEBER, M.: Operatives Controlling – Band 1, a. a. O., S. 178–192 ausführlich eingegangen.

[637] Sie gibt nicht, wie bei WÖLTJE, H.: Formelsammlung, a. a. O., erwähnt, die Abhängigkeit vom Auslandsumsatz an, da noch weitere Formen der Internationalisierung in einem Unternehmen denkbar sind. Aus diesem Grunde darf im Nenner auch nicht der Auslandsumsatz stehen.

[638] Vgl. die Ausführungen zur PEST-/PESTEL-/PESTLE-Analyse u. a. bei WÖRDENWEBER, M.: Unternehmensplanung, a. a. O., S. 255–260.

Die **Exportquote (Umsatz) (%)** gibt den prozentualen Anteil des Exportumsatzes am Gesamtumsatz an:[639]

$$\text{Exportquote (\%)} = \frac{\text{Exportumsatz}}{\text{Gesamtumsatz}} \cdot 100$$

Darst. 2.4082: Exportquote (Umsatz) (%)

Die Exportquote (Umsatz) entspricht zwar dem betriebswirtschaftlichen Verständnis von Umsätzen, weil er – im Gegensatz zu den Umsatzerlösen (gem. HGB) – **keine betriebsfremden Umsätze** enthält, aber er ist im Rahmen des **externen Benchmarkings nicht verwendbar**, da in der Bilanz gem. § 277 Abs. 1 HGB die Umsatzerlöse auszuweisen sind. Für einen Vergleich mit anderen Unternehmen ist daher die Exportquote (Umsatzerlöse) % die richtige.

Die **Exportquote (Umsatzerlöse) (%)** wird wie folgt berechnet:

$$\text{Exportquote (\%)} = \frac{\text{Exportumsatzerlöse}}{\text{Gesamtumsatzerlöse}} \cdot 100$$

Darst. 2.4083: Exportquote (Umsatzerlöse) (%)

Die Exportquote (Umsatzerlöse) (%) lässt einen **Vergleich mittels aller Benchmarking-Formen** zu.

Eine **tiefergehende Analyse** der Exportquote (Umsatzerlöse) (%) ist empfehlenswert, um spezifischer reagieren zu können. Dabei bietet sich eine Aufgliederung **nach Tätigkeitsbereichen** und **nach geografisch bestimmten Märkten** an. Im § 285 Nr. 4 HGB ist eine solche Angabe im Anhang kodifiziert. Zweck dieser Offenlegungspflicht ist die Vermittlung eines tieferen Einblicks in die Ertragslage der Gesellschaft, damit **Hinweise auf mögliche Ergebnisrisiken**, die sich aus der Umsatzstruktur ergeben, geliefert werden können.

---

[639] Vgl. etwa SCHNEIDER, W., HENNIG, A.: Lexikon Kennzahlen für Marketing und Vertrieb, 2. Aufl., Berlin, Heidelberg 2008, S. 121.

[640] § 286 Abs. 2 HGB lässt eine sachliche Erleichterung zu: Große Kapitalgesellschaften dürfen die Aufgliederung der Umsatzerlöse unterlassen, wenn die Aufgliederung nach vernünftiger kaufmännischer Beurteilung geeignet ist, der Gesellschaft einen nicht unerheblichen Nachteil zuzufügen.

Nach sorgfältiger Analyse der Hintergründe zu entscheiden, auf welchen Exportmärkten welche **Strategien** zu wählen sind, wenn bspw. die Exportquote in einem Auslandsmarkt vergleichsweise niedrig ausfällt. Dies soll folgendes Beispiel der Bayer AG demonstrieren.

Region	2019	2020	Veränderung (in %)	
			nominal	währungs- und portfoliobereinigt
Europa/Nahost/Afrika	13.185	12.881	– 2,3	0,7
Nordamerika	15. 087	14.352	– 4,9	– 2,0
Asien/Pazifik	8.610	8.267	– 4,0	– 1,9
Lateinamerika	6.663	5.900	– 11,5	9,3
Summe	43.545	41.400	–	–

Darst. 2.4084: Umsatzerlöse nach Regionen der Bayer AG 2019 und 2020 (in Mio. €)
(Quelle: BAYER AG: Geschäftsbericht 2020, https://www.bayer.com/sites/default/files/2021-02/Bayer-Geschaeftsbericht-2020.pdf, S. 77, Abruf am 09.11.2021.)

Vom Umsatz des Bayer-Konzerns entfielen 2.361 Mio. € auf Deutschland.

Angenommen, die Umsätze auf den Auslandsmärkten ließen sich ausschließlich auf Exporttätigkeiten zurückführen, können folgende Kennzahlen berechnet werden.

Zur Berechnung der gesamtbetrieblichen Exportquote ergibt nach Abzug des Wertes der in Deutschland abgesetzten materiellen Güter und Dienstleistungen ein Exportumsatz von 38.739 Mio. € (41.400 Mio. € – 2.361 Mio. €). Damit lässt sich die gesamtbetriebliche Exportquote in Höhe von

$$\frac{39.039 \text{ Mio. €}}{41.400 \text{ Mio. €}} \cdot 100 = 94{,}30\ \% \text{ (Vorjahr: 94,56 \%)}$$

errechnen. Mit fast 95 % wurde der Hauptteil der Umsatzerlöse im Ausland erzielt, wobei der wichtigste Auslandsmarkt Nordamerika ist.

Aus den Exportumsätzen der einzelnen Regionen in Verbindung mit dem Gesamtumsatz ergeben sich folgende (fiktive) regionale Exportquoten:

Region	Exportquote 2019	Exportquote 2020	Veränderung (in %)
Europa/Nahost/Afrika	30,28	31,11	+ 2,74
Nordamerika	34,65	34,67	+ 0,06
Asien/Pazifik	19,77	19,97	+ 1,01
Lateinamerika	15,30	14,25	– 6,86
Gesamtbetrieblich	94,30	94,57	+ 0,29

Darst. 2.4085: Fiktive regionale Exportquoten der Bayer AG 2019 und2020 (in %)
(Originaldaten aus: BAYER AG: Geschäftsbericht 2020, https://www.bayer.com/sites/default/files/2021-02/Bayer-Geschaeftsbericht-2020.pdf, S. 77, Abruf am 09.11.2021.)

Zu den wichtigsten Auslandsmärkten zählen die Regionen Europa/Nahost/Afrika und Nordamerika mit jeweils über 30 % Auslandsmarktanteil. Die schwächste Auslandsregion ist Lateinamerika mit unter 15 % Auslandsmarktanteil.

Der Vergleich der regionalen Exportquoten im Zeitvergleich verdeutlicht eine teils gegenläufige Entwicklung. Während sich der Exportanteil in der Region Europa/Nahost/Afrika um fast 3 % erhöht hat, musste bei der Exportquote nach Lateinamerika ein Rückgang um annähernd 7 % verzeichnet werden. Vor allem die Reduzierung des Exportanteils nach Lateinamerika sollte näher untersucht werden. Die **Grenzen** einer Exportquote liegen darin, dass gemäß obiger Unterscheidung zwischen direktem und indirektem Export in den Exportumsatz **nur der direkte Export** eingeht, während der indirekte Export (über inländische Exporteure) außen vor bleibt. Darüber hinaus ist zu beachten, dass **Wechselkursschwankungen**, die ggf. in den Exportumsatz einfließen, einen **Ländervergleich** (erheblich) **verzerren** können.

2.4.11 Kundenstrukturanalysen

In diesem Unterabschnitt wird nicht weiter differenziert, ob das Unternehmen stationär betrieben wird oder ob der Vertrieb per Onlinehandel oder klassischem Versandhandel per

Printkatalog betrieben wird. Denn die nachfolgenden Kennzahlen sind für alle Unternehmen im Hinblick auf eine **Kundenstrukturanalyse** gleichermaßen relevant.

Die Kundenstrukturanalyse kann einerseits mit **Einzelzahlen** vorgenommen werden, die allerdings isoliert betrachtet wenig aussagekräftig sind, und andererseits mit **Verhältniszahlen**, bei denen zwei Einzelzahlen in einem betriebswirtschaftlich sinnvollen Zusammenhang stehen.[641] Die Verhältniszahlen im Rahmen einer Kundenstrukturanalyse weisen allgemein folgende Form auf:

$$\text{Kundenstrukturquote (\%)} = \frac{\text{Anzahl der Kunden mit Kriterium X}}{\text{Anzahl aller Kunden}} \cdot 100$$

Darst. 2.4086: Kundenstrukturquote (%)

Die Kundenstrukturquote wird je nach Kundenart berechnet. Sie gibt an, welchen Anteil eine bestimmte Kundengruppe, z. B. die Kunden der Altersklasse 21-30 Jahre, an der Gesamtzahl der Kunden hat. Im Folgenden werden sowohl Einzelzahlen als auch verschiedene Kundenstrukturquoten vorgestellt.

Zunächst einmal sollte dem Unternehmen bekannt sein, wie groß die **Anzahl der Kunden** zum Stichtag (z. B. Geschäftsjahresende) ist.

Die wichtigsten Kunden des Unternehmens sind die **Stammkunden**. Zum einen, weil auf sie **Verlass** ist, d. h. mit ihnen kann (immer) gerechnet werden. Zum anderen sind sie auch insofern **wertvolle Kunden** im Sinne des Opportunitätskostengedankens, wenn die Akquise neuer Kunden oder die Wiedergewinnung ehemaliger Kunden meist mit erheblichem finanziellen und/oder kostenmäßigen Anstrengungen verbunden ist. Zudem schenkt der Dauerkunde konkurrierenden Marken weniger Aufmerksamkeit, ist weniger preissensibel und liefert dem Unternehmen innovative Ideen.[642]

Im Zusammenhang mit der Anzahl der Stammkunden kann die **Loyalitätsrate** – auch **Stammkundenquote** genannt – ermittelt werden. Sie gibt Auskunft über die **Kundentreue** und damit indirekt über die Kundenzufriedenheit. Die Kennzahl „Loyalitätsrate"

[641] Weitere Erläuterungen zu den verschiedenen Kennzahlentypen finden Sie u. a. bei WÖRDENWEBER, M.: Operatives Controlling – Band 1, a. a. O., S. 50–51.

[642] Vgl. KOTLER, PH., KELLER, K., OPRESNIK, M.: a. a. O., S. 170.

kann mengenmäßig oder wertmäßig berechnet werden. Die **mengenmäßige Loyalitätsrate (%)** wird wie folgt definiert:

$$\text{Loyalitätsrate (mengenmäßig) (\%)} = \frac{\text{Anzahl der Stammkunden}}{\text{Anzahl aller Kunden}} \cdot 100$$

Darst. 2.4087: Loyalitätsrate (mengenmäßig) (%)

$$\text{Loyalitätsrate (wertmäßig) (\%)} = \frac{\text{Umsatz mit Stammkunden}}{\text{Gesamtumsatz}} \cdot 100$$

Darst. 2.4088: Loyalitätsrate (wertmäßig) (%)

Bei der wertmäßigen Loyalitätsrate ist darauf zu achten, dass die **Umsätze** und **nicht** die **Umsatzerlöse** angesetzt werden. Die Verwendung von Umsatzerlösen gem. GuV im Zähler und Nenner der wertmäßigen Loyalitätsrate ist problematisch, da zum einen in den Umsatzerlösen auch Erlöse aus dem Verkauf und der Vermietung oder Verpachtung von Produkten sowie aus der Erbringung von Dienstleistungen enthalten sind, die *nicht* zur betrieblichen Geschäftstätigkeit gehören, also **betriebsfremd** sind. Dazu gehören etwa Kantinenerlöse, Gebühren für den Kindergarten des Unternehmens, Erlöse aus dem Verkauf von Roh-, Hilfs- und Betriebsstoffen, Miet- und Pachteinnahmen oder auch Erträge aus Schrottverkäufen. Zum anderen werden **Kostensteuern** wie bspw. die Mineralölsteuer, Tabaksteuer, Biersteuer und Branntweinsteuer, nicht aber Grundsteuer und Kraftfahrzeugsteuer, in der Position „Umsatzerlöse" **als Aufwand** direkt **berücksichtigt**. Allerdings ist bei einer Verwendung der Größe „Umsatz" ein externes Benchmarking nur in seltenen Fällen möglich, da die Umsätze i. d. R. nicht publiziert werden – unabhängig davon, ob die Umsätze der Stammkunden separat aufgeführt werden.

Eine weitere Kennzahl beschäftigt sich mit der Frage, in welchem Ausmaß es sich bei den Kunden um **reaktivierte Kunden** handelt. Mit reaktivierten Kunden werden diejenigen Kunden bezeichnet, die schon längere Zeit nicht mehr bei dem Unternehmen bestellt haben. Bei der Erfassung und Auswertung muss auf eine nachvollziehbare Definition des „reaktivierten Kunden" geachtet werden. Insbesondere muss geklärt werden, wie klein bzw. groß der Zeitraum zu einem früher getätigten Kontakt (z. B. Kauf) gewesen sein muss. Die den reaktivierten Kunden zugeordnete Verhältniszahl heißt Kundenreaktivierungsquote. Sie gibt den Anteil der reaktivierten Kunden an der Gesamtzahl der Kunden wieder:

$$\text{Kundenreaktivierungsquote (\%)} = \frac{\text{Anzahl der reaktivierten Kunden}}{\text{Anzahl aller Kunden}} \cdot 100$$

Darst. 2.4089: Kundenreaktivierungsquote (%)

Die Kundenreaktivierungsquote zeigt an, wie erfolgreich die Reaktivierungsbemühungen des Unternehmens waren.

Im vorhergehenden Unterabschnitt 2.4.10 „Exportumsatz und Exportquote" war bereits der **Markt-/Feldstrategische Ansatz (Produkt-Markt-Entwicklung)** vorgestellt worden.

Interessant sind hier die Strategien, mit denen **neue Kunden** gewonnen werden können. Diese sind ist zum einen die **Marktdurchdringung und Marktausschöpfung** (bisherige Märkte mit vorhandenen Produkten), die **Erschließung von Marktlücken** (bisherige Märkte mit neuen Produkten) sowie die **Marktschaffung** (neue Märkte mit vorhandenen Produkten) und zum anderen die **Diversifikation** (neue Märkte mit neuen Produkten). Diese Strategien waren mit Ausnahme der Erschließung von Marktlücken oben bereits beschrieben worden.

Bei der Strategie „**Erschließung durch Marktlücken**" ist im Vergleich zur Marktschaffung und zur Marktdurchdringung und -ausschöpfung ein erhöhtes Absatzrisiko erkennbar. Zum einen müssen wesentlich mehr Finanzmittel bereitgestellt werden (z. B. im Bereich F&E), zum anderen ist der **Absatz*erfolg*** oftmals nicht kalkulierbar (vgl. den Verdrängungswettbewerb im Regal des Einzelhändlers). Der Zwang, neue Produkte zu entwickeln, erhöht sich ständig durch zunehmenden Wettbewerbsdruck und damit einhergehend **immer kürzeren Produktlebenszyklen**. Auf **stagnierenden Märkten** findet ein **Verdrängungswettbewerb** statt, der zu einer „Neuprodukt-Inflation" führt. Es sei hier beispielsweise an Schokoladen- und Keks-Produkte erinnert (Inflation der Farbe lila, selbst zu Ostern!). **Echte Neuheiten (Innovationen)** sichern zunehmend das Überleben eines Unternehmens. Erfolgreiche Unternehmen weisen ein Sortiment auf, dass nicht selten zu 50 % oder mehr aus Produkten besteht, die nicht älter als fünf Jahre sind.

Diese Unternehmen betreiben einen permanenten Produktentwicklungsprozess, der einerseits zur Markteinführung verbesserter oder neuer Produkte führt und andererseits (z. B. wegen Lagerkosten, Umschlagshäufigkeit) zur systematischen Überwachung und Eliminierung degenerierter Produkte zwingt.

Wichtig ist, dass die Produktentwicklung nicht nur permanent und systematisch erfolgt, sondern auch das Timing eine ganz entscheidende Rolle spielt. Im Hinblick auf die Produktlebenszyklen der bisherigen Produkte bzw. die Portfolio-Analyse der bislang im Programm enthaltenen Produkte ist eine Verstetigung der Ertrags- und Liquiditätslage anzustreben. Es wäre nicht nur unwirtschaftlich, sondern auch gegenüber Kapitalgebern nicht zu verantworten, wenn hier erhebliche Disparitäten auftreten würden.

Zusammengefasst geschieht hier die Marktanteilsicherung der Zukunft durch eine fortlaufende Verbesserung der Leistungsprogramme, Veränderung alter und Schaffung neuer Produktkonzeptionen (Produktdifferenzierung), Produkteliminierungen und die Entwicklung neuer Produkte.

Sowohl bei der Einzelzahl „neue Kunden" als auch bei der folgenden Kundenakquisitionsquote (%) ist festzulegen, was unter einem neuen Kunden genau zu verstehen ist. Neben der Bestimmung des Erfassungs-/Auswertungszeitraums ist insbesondere eine zeitliche Abgrenzung erforderlich, um einen Kunden nicht (fälschlicherweise) als reaktivierten Kunden zu identifizieren. Die **Kundenakquisitionsquote (%)**, auch als **Neukundenquote**, **Erstkundenquote**[643] oder **Kundenzugangsquote**[644] bezeichnet, wird **mengenmäßig** wie folgt berechnet:[645]

$$\text{Kundenakquisitionsquote (mengenmäßig) (\%)} = \frac{\text{Anzahl neuer Kunden}}{\text{Anzahl aller Kunden}} \cdot 100$$

Darst. 2.4090: Kundenakquisitionsquote (mengenmäßig) (%)

[643] Vgl. KRAUSE, H.-U.: Ganzheitliches Reporting, a. a. O., S. 321.

[644] Vgl. WÖLTJE, J.: Betriebswirtschaftliche Formelsammlung, a. a. O., S. 152–153.

[645] Vgl. BEHRENS, R., FEUERLOHN, B.: Angewandtes Unternehmenscontrolling. Operative Systeme der Planung, Kontrolle und Entscheidung, Berlin, Boston 2018, S. 346.

Beispiel: Wie hoch ist einem Ticketing-System die Zahl der Neukunden nach einer Werbung auf bestimmten Fernsehkanälen?

Nun ist nicht automatisch davon auszugehen, dass ein hohes prozentuales Kundenwachstum, d. h. ein hoher Anteil von Neukunden c. p. mit einem starken Umsatzanstieg korreliert.[646] Daher ist es angezeigt, zusätzlich die **wertmäßige Kundenakquisitionsquote** zu berechnen:

$$\text{Kundenakquisitionsquote (wertmäßig) (\%)} = \frac{\text{Umsatz mit Neukunden}}{\text{Gesamtumsatz}} \cdot 100$$

Darst. 2.4091: Kundenakquisitionsquote (wertmäßig) (%)

Bei wachsenden Märkten ist davon auszugehen, dass das Unternehmen Erstkäufer akquirieren konnte. Ob dies besser als die Konkurrenz gelungen ist, kann nur im Rahmen des externen Benchmarkings festgestellt werden. Anders sieht es aus bei gesättigten oder stagnierenden Märkten. Es kann davon ausgegangen werden, dass das Abwerben von Kunden der Wettbewerber erfolgreich war.[647]

Die Kundenakquisitionsquote wird betriebswirtschaftlich dem generellen Kundenbeziehungsmanagement – Customer-Relationship-Management (CRM) – zugeordnet. Sie misst das Ergebnis der unternehmerischen Bemühungen um neue Kunden im Verhältnis zum gesamten Kundenbestand. Die Kundenakquisitionsquote dient als wichtiger Indikator im Sinne eines Frühwarn- bzw. Früherkennungsinstruments für zukünftige (ggf. auch zusätzliche) Umsätze und (ggf. mögliche) Gewinne.[648] Sie kann auch eine „Verjüngung" des Kundenstamms bedeuten.

Verfolgt ein Unternehmen die vorab beschriebene Strategie der **Marktdurchdringung**, kann der Erfolg dieser Strategie im Rahmen des operativen Controllings mit der Kennzahl **Penetrationserfolgsrate** oder – auf die Zahl wiederholt gekaufter Produkte bezogen – als Wiederholungskaufrate überprüft werden.

[646] Vgl. SCHNEIDER, W., HENNIG, A.: a. a. O., S. 252.

[647] Vgl. ebenda, S. 253.

[648] Vgl. KRAUSE, H.-U.: Ganzheitliches Reporting, a. a. O., S. 322.

$$\text{Penetrationserfolgsrate (\%)} = \frac{\text{Zahl der Wiederholungskäufer}}{\text{Gesamtzahl der potenziellen Kunden}} \cdot 100$$

Darst. 2.4092: Penetrationserfolgsrate (%)

Bei ganzheitlicher Betrachtung sollte „spiegelbildlich“ auch die **Kundenabgangsquote (%)**, auch als **Kundenverlustintensität** oder spezieller als **Kundenabwanderungsquote** oder **Kundenkündigungsrate** tituliert, analysiert werden. Sie gibt an, wie groß der prozentuale Verlust bei der Kundenzahl ist. Genau genommen sollte bei dieser Kennzahl immer angegeben, auf welchen **Betrachtungszeitraum** (z. B. Geschäftsjahr; im Sinne eines Frühwarnsystems besser: Quartal) sich diese Kennzahl bezieht.

$$\text{Kundenabgangsquote (\%)} = \frac{\text{Anzahl der beendeten Kundenbeziehungen}}{\text{Anfangsbestand an Kundenbeziehungen}} \cdot 100$$

Darst. 2.4093: Kundenabgangsquote (%)

Die Kundenabgangsquote kann auch wertmäßig berechnet werden, um das Ausmaß des verlorenen Umsatzes zu verdeutlichen.

Den **Abgangsursachen** sollte eine besondere Aufmerksamkeit gewidmet werden. Aus den Gründen für eine Beendigung der Geschäftsbeziehung lassen sich oft Rückschlüsse auf einen Modernisierungsbedarf in bestimmten Punkten ziehen. In diesem Zusammenhang ist ein funktionierendes **Beschwerdemanagement** von enormer Bedeutung. Die sich beschwerenden Kunden sollten im Hinblick auf ihre Verbesserungsvorschläge und/oder ihre Kritik angehört und diese eingehend analysiert werden. Eine Möglichkeit, an derartige Informationen heranzukommen, bietet die **Newsletter-Abmeldung**, bei der optional nachgefragt sind, warum sich der Kunde vom Newsletter abmeldet. Die Gründe sind vielfältig. Sie reichen von „Erhalte Newsletter zu oft“, über „Angebote/Produkte interessieren mich nicht (mehr)“ bis hin zu „Schlechter Kundendienst“, „Belieferung zu langsam“ oder „Überteuerte Produkte/Dienstleistungen“.

Im Zusammenhang mit den Abgangsursachen sollte auch die **Kundenbeziehungsdauer**[649] betrachtet werden. Denn es macht einen Unterschied, ob (tendenziell) langjährige Kunden die Geschäftsbeziehung beendet haben oder ob es sich bei dem Kunden nur um einen Einmalkäufer gehandelt hat, der nur ein spezielles Produkt gesucht (und gefunden) hat. Bedeutsam ist der Abbruch lang andauernder Kundenbeziehungen, denn bei dem Schritt, das Unternehmen nicht mehr aufzusuchen, handelt es sich in diesem Fall vermutlich um einen gravierenden Anlass. Auch kann der Kunden zwischenzeitlich verstorben sein. Gegebenenfalls muss eine tiefergehende Differenzierung entsprechend der Kundenstruktur vorgenommen werden.

Mit einer verlängerten Kundenbeziehungsdauer wird im Allgemeinen die Hypothese verknüpft, dass durch ersparte Akquisitionskosten (Opportunitätskosten) und vielfach auch im Zeitablauf sinkende begleitende Kommunikationskosten zwischen dem Unternehmen und dem Kunden die Kundendeckungsbeiträge und sich damit die Rentabilität einer Kundenbeziehung verbessert.

Angesichts hoher durchschnittlicher Akquisitionskosten pro neugewonnenem Kunden muss es das Ziel eines Unternehmens sein, profitable Kunden an das Unternehmen zu binden (**Kundenbeziehungsmanagement**). Hier bieten sich vielfältige Maßnahmen an, die hier nur exemplarisch aufgezeigt werden sollen:

- Kundenzufriedenheitsanalysen,
- leistungsfähiges Beschwerdemanagement,
- Kundenkarten oder Kundenkreditkarten,
- Sonderaktionen mit Rabatten für langjährige Kunden.

Einen besonderen Stellenwert erhält die Kennzahl „Kundenabgangsquote“ im Vergleich zur Kundenakquisitionsquote, denn bei einer **simultanen Betrachtung beider Kennzahlen** lässt sich ablesen, ob ein **Nettorückgang oder ein Nettozuwachs bei den Kundenzahlen** zu verzeichnen ist.

Im Nachgang geht es um die **Rückgewinnung von Kunden**, die allerdings **profitabel** sein sollten. Insofern ist hier eine vorherige **Selektion** der potenziellen wiedergewonnenen Kunden auf der Basis der vorhandenen Daten vorzunehmen. Ein wichtiger Baustein ist hier der Kundendeckungsbeitrag.[650]

---

[649] Dies ist die Zeitspanne, in der ein Austauschprozess von materiellen oder immateriellen Sachgütern zwischen dem Unternehmen und dem Kunden (noch) stattfindet oder stattgefunden hat.

[650] Siehe die Ausführungen im Unterabschnitt 2.4.12 „Umsatz je Kunde, Auftragswert, Kundenbedeutungsgrad, kundenbezogene Deckungsbeitragsrechnung und dynamische Kundenerfolgsrechnung“.

Alle vorgenannten Kennzahlen sollten daraufhin **untersucht werden, ob sie sich verbessert haben** – oder nicht. Dies geschieht mit Hilfe des **Benchmarkings** als Soll-Ist- bzw. Plan-Ist-Vergleich, Zeitreihenanalyse, internem Benchmarking oder externem Benchmarking, sofern im letzten Fall die Zahlen der Wettbewerber ermittelbar sind. Es sei auf die Ausführungen zur vergleichenden Analyse und zum Benchmarking im Band 1 verwiesen.[651]

Wie anfangs ausgeführt, kann eine Kundenstrukturanalyse noch verfeinert werden. Eine sehr weit verbreitete Untersuchung ist die ABC-Analyse für Kunden.

Die klassische ABC-Analyse[652] kann zum einen für **Kunden** oder **Kundengruppen** (z. B. Großhandel, Distanzhandel, Kaufhäuser), zum anderen für **Produkte** oder **Produktgruppen**, aber auch **Länder, Regionen** und **Lieferanten** vorgenommen werden.

Bei der **kundenbezogenen ABC-Analyse**) werden die Kunden, absteigend nach deren Umsätzen geordnet auf der Abszisse eingetragen. Je nach konkreter Verteilung ergibt sich eine näher zu untersuchende **Kundenstruktur**.

Die Darstellung kann auf zwei Arten erfolgen:

Entweder als Grafik mit der Ordinate Umsatz bzw. Umsatzanteil und der Abszisse Kunden-Nummer (Darst. 2.4095) oder mit der Ordinate Kumulierter Umsatzanteil und der Abszissen Kumulierte Kundenquote (Darst. 2.4094).

---

651 Vgl. Unterabschnitt 2.2.6 „Bewertung von Kennzahlen und Benchmarking" in WÖRDENWEBER, M.: Operatives Controlling – Band 1, a. a. O., S. 178–202.

652 Auf grundsätzliche Probleme der ABC-Analyse wurde bereits im Paragrafen 2.1.2.1.1 „ABC-Analyse der Materialien" ausführlich eingegangen.

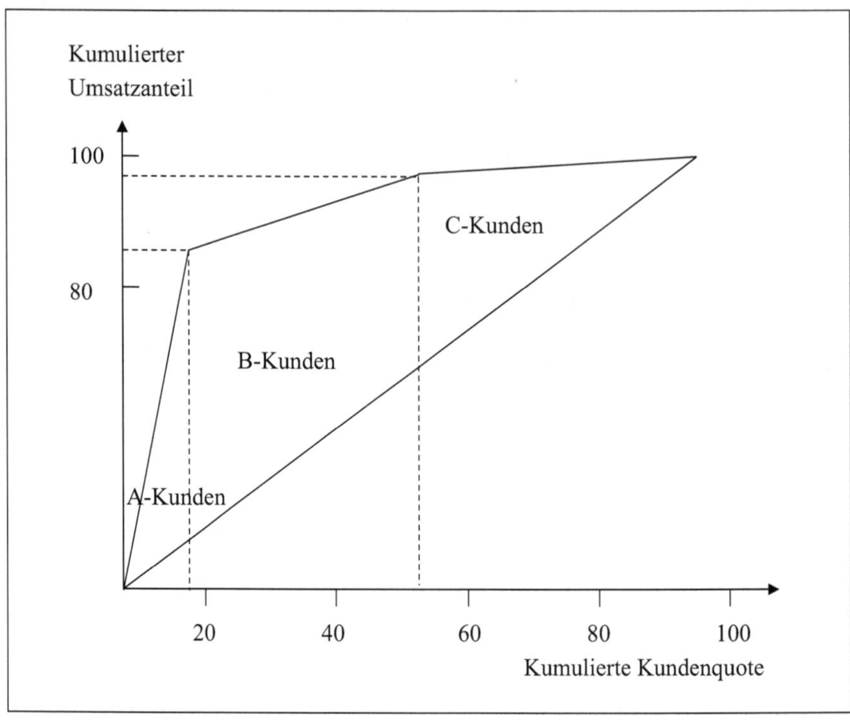

Darst. 2.4094: Kundenbezogene ABC-Analyse mit kumuliertem Umsatzanteil

Grundsätzlich gilt: **Je „bauchiger“** die entstandene Lorenzkurve ist, **desto höher ist die Abhängigkeit des Unternehmens von wenigen Merkmalsausprägungen** (hier den Kunden). Ein Verlauf der Kurve entlang der Diagonalen bedeutet entsprechend eine gleichverteilte Abhängigkeit eines Kriteriums (hier Umsatz) von den Merkmalsausprägungen (hier Kunden).

In diesem Zusammenhang muss auf einen leichtfertigen Fehler hingewiesen werden, der sich ergibt, wenn die ABC-Analyse zur Eliminierung von Kunden[653] genutzt wird. Als naheliegende Eliminierungskandidaten gelten die C-Kunden, da ihre Prozesskosten (Kosten der Kundenpflege etc.) im Vergleich zum Umsatz sehr hoch bzw. zu hoch sind. Die für die C-Kunden gebundenen Kapazitäten könnten sinnvoller den A- oder B-Kunden zur Verfügung gestellt werden, beispielsweise um eine Kunden-Bonitätsanalyse zu erstellen.

[653] Dieser Fehler kann auch bei der Eliminierung von Produkten, (Vertriebs-)Regionen oder Lieferanten unterlaufen.

Allgemein war festgestellt worden, dass die Abhängigkeit des Unternehmens von wenigen Merkmalsausprägungen (hier: Lieferanten) höher ist, wenn die Lorenzkurve recht „bauchig“ ist. Diese Interpretation wäre für den folgenden Entscheidungsprozess fatal: Wie im Paragrafen 2.1.2.2.1 „ABC-Analyse der Lieferanten“ gezeigt wurde, sinkt der Gini-Koeffizient und nähern sich die Lorenzkurven mit zunehmender Eliminierung von Merkmalsausprägungen (hier: Kunden) der Gleichverteilungsgerade. Ausgehend von der Grundaussage, dass eine „bauchige“ Kurve eine größere Abhängigkeit des Unternehmens von der Merkmalsausprägung (hier: Kunden) zeigt, müsste demnach mit zunehmender Annäherung der Lorenzkurve an die Gerade der perfekten Gleichverteilung die Abhängigkeit abnehmen. Das Gegenteil ist jedoch der Fall! Durch die Eliminierung wird die Abhängigkeit des Unternehmens von den verbliebenen Merkmalsausprägungen (hier: Kunden) immer stärker.[654] Insofern ist die **Schlussfolgerung irreführend, auf der Basis der Lorenzkurve Entscheidungen über die Eliminierung von C-Kunden fällen zu können**. Eine bessere, auch betriebswirtschaftlich fundiertere Möglichkeit wird unter den Stichworten „kundenbezogene Deckungsbeitragsrechnung“ oder „Kundenerfolgsrechnung“ weiter unten diskutiert. – Zurück zur zweiten Darstellungsmöglichkeit von Kundenstrukturen:

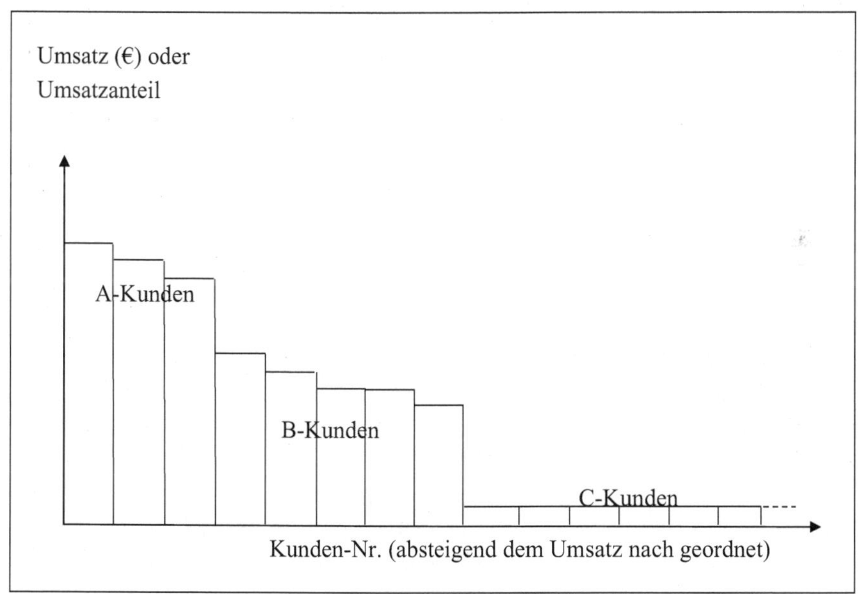

Darst. 2.4095: Kundenbezogene ABC-Analyse mit Umsatz bzw. Umsatzanteil

[654] Im gezeigten Beispiel wurde die Zahl der Lieferanten von 15 auf neun reduziert; die Anteile der vier größten Lieferanten (am Beschaffungsvolumen) stiegen von 61 % auf 70 %.

In den beiden Abbildungen werden jetzt bestimmte Kundengruppen zusammengefasst: Die Kunden einer ersten Gruppe von Kunden, die ca. 85 % des Umsatzes ausmachen, werden als A-Kunden bezeichnet. Die Kunden einer zweiten Gruppe, die kumuliert etwa bis 95 % des Umsatzes erwirtschaften, werden B-Kunden genannt. Die Kunden, die zur dritten Gruppe mit einem Umsatzanteil von 5 % gehören, heißen C-Kunden. Es ergibt sich bei der Auswertung beispielsweise folgendes Bild: Knapp 20 % der Kunden (A-Kunden) erwirtschaften ca. 85 % des Umsatzes; weitere etwa 30 % der Kunden (B-Kunden) machen 10 % des Umsatzes aus; während alle weiteren Kunden (C-Kunden) mit einer Kundenquote von fast 50 % zu nur 5 % zum Umsatz beitragen.

Insofern findet sich dann in vielen Lehrbüchern die Aussage, die **A-Kunden seien die wichtigsten Kunden** des Unternehmens, die B-Kunden wichtig und die C-Kunden weniger wichtig. Diese Aussage muss näher überprüft werden.

Zum Ersten stellt sich die **Frage, was unter „wichtig" zu verstehen ist**: Wichtig in Bezug auf was? In Bezug auf den Gewinn? Wohl kaum: über den Gewinn wird hier gar nichts ausgesagt! Es kann also durchaus so sein, **dass ein Kunde zwar einen hohen Umsatz erwirtschaftet, die Kosten aber höher sind**, letztlich sogar ein Verlust bei diesem Kunden zu verzeichnen ist.

Der Kunde ist wichtig, weil er bei uns für einen hohen Umsatz sorgt bzw. einen hohen Umsatzanteil ausweist. Und genau darin kann ein Problem liegen: Hohe Umsätze heißt hohe Maschinenkapazitäten, die vorgehalten werden müssen, ebenso wie Rohstoffe und Mitarbeiter. Bei den Abschreibungen für die Maschinen und die Mitarbeiter handelt es sich um Fixkosten, die naturgemäß nicht so schnell abgebaut werden können. Und genau hierin liegt die Gefahr: Fällt ein solcher Kunde mit seinem Umsatz aus, so fallen diese Fixkosten weiterhin an, ohne dass ihnen Umsätze gegenüberstehen. Diese nicht durch eine Beschäftigung oder Umsätze gedeckten Kosten heißen **Leerkosten**. Würden die Mitarbeiter schnell abgebaut, so entstehen kurzfristig enorme Kosten durch einen Sozialplan, der zudem noch die Liquidität des Unternehmens enorm belastet oder gar gefährdet.

Insofern zeigt eine ABC-Analyse in erster Linie ein **Risiko** auf: das Risiko von enormen Verlusten, die dadurch entstehen, dass ein großer Teil der Aufwendungen weiterhin anfällt, die Umsätze hingegen fehlen; letztlich also Verluste drohen. Die ABC-Analyse verdeutlicht daher die **Abhängigkeit** von Kunden oder Kundengruppen.

Vorstehend war schon darauf hingewiesen worden, dass die ABC-Analyse in der Form der kundenbezogenen ABC-Analyse mit Umsatz bzw. Umsatzanteil nur den **Umsatz** eines

Kunden, nicht aber dessen **Gewinn** ausweist. Wenn also die **Frage** gestellt werden soll, **an welchem Kunden verdienen wir etwas**, muss eine kundenbezogenen Gewinnanalyse vorgenommen werden. Eine solche wird im nächsten Unterabschnitt ausführlich erläutert.

2.4.12 Umsatz je Kunde, Auftragswert, Kundenbedeutungsgrad, kundenbezogene Deckungsbeitragsrechnung, dynamische Kundenerfolgsrechnung

Auch für die folgende kundenbezogene Deckungsbeitragsanalyse ist die Kenntnis des **Umsatzes pro Kunde** wissenswert. Die Daten sind nicht mehr ohne Weiteres aus der GuV ablesbar, da dort aufgrund der letzten HGB-Reform nur die Umsatzerlöse ausgewiesen werden.[655] Insofern kann hier nur eine betriebsinterne Statistik bzw. die korrigierten Daten der Finanzbuchhaltung weiterhelfen.

Um bspw. die Abwicklungskosten eines Auftrages, welche am besten mit Hilfe der Prozesskostenrechnung erfolgt, dem Umsatz eines Auftrages gegenüberstellen zu können, müssen die durchschnittlichen **Umsätze (Wert) einer Kundenbestellung (Auftragsgröße)** bekannt sein. Der Begriff „Durchschnitt" kann auf zwei Arten interpretiert werden. Zum einen als durchschnittliche Auftragsgröße *aller* Kunden oder als durchschnittliche Auftragsgröße *eines* Kunden. Die **durchschnittliche Auftragsgröße aller Kunden** wird wie folgt berechnet:

$$\text{Ø Auftragsgröße aller Kunden} = \frac{\text{Gesamtumsatz}}{\text{Anzahl aller Kundenbestellungen}} \cdot 100$$

Darst. 2.4096: Durchschnittliche Auftragsgröße aller Kunden

Die durchschnittliche Auftragsgröße aller Kunden kann jetzt mit den **durchschnittlichen Kosten der Auftragsabwicklung verglichen** werden.

Für eine kundenbezogene Deckungsbeitragsanalyse ist die durchschnittliche Auftragsgröße aller Kunden viel zu ungenau. In diesem Fall muss die **durchschnittliche Auftragsgröße eines jeden einzelnen Kunden** ermittelt werden:

---

[655] Vgl. hierzu die Ausführungen im Unterabschnitt 2.4.11 „Kundenstrukturanalysen".

$$\text{Ø Auftragsgröße eines Kunden} = \frac{\text{Gesamtumsatz eines Kunden}}{\text{Anzahl aller Bestellungen eines Kunden}} \cdot 100$$

Darst. 2.4097: Durchschnittliche Auftragsgröße eines (bestimmten) Kunden

Der spezifischen Auftragsgröße eines bestimmten Kunden können jetzt die **individuellen Kosten der Auftragsabwicklung gegenübergestellt** werden.

Im Band 1 war bereits der Break-even-Beschäftigungsgrad vorgestellt worden.[656] Er gibt an, bei wieviel Prozent des geplanten Umsatzes U_{pl} eine vollständige Kostendeckung gegeben ist. Der Break-even-Beschäftigungsgrad stellt einen Risiko-Indikator dar, denn bei einem Unterschreiten des Break-even-Beschäftigungsgrades gerät das Unternehmen unter seine Gewinnschwelle. Dieser Gedanke wird auf einen Kunden übertragen, indem sich die **Frage stellt, ob ein (bestimmter) Kunde bei seinem Weggang das Unternehmen in die Verlustzone treibt**. Die Kennzahl, die diese Frage beantwortet, ist der Kundenbedeutungsgrad.

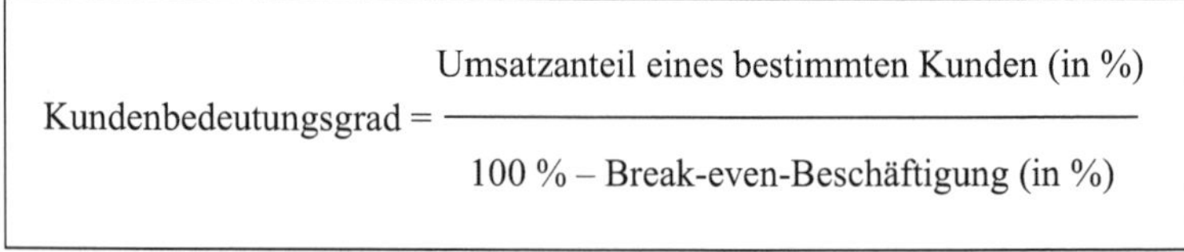

Darst. 2.4098: Kundenbedeutungsgrad

Ausgehend von der kundenbezogenen ABC-Analyse mit Umsatz bzw. Umsatzanteil[657] werden die **umsatzgroßen Kunden** im Sinne von „wichtigen" Kunden dahingehend untersucht, ob sich das Unternehmen ohne diese(n) Kunden in der Verlustzone befindet.

Auf die Erfordernisse einer Teilkostenrechnung wurde bereits im Band 1 ausführlich eingegangen.[658] Des Weiteren ist darauf zu achten, dass den Auswertungen die Umsätze, nicht die Umsatzerlöse, zugrunde gelegt werden.

[656] Vgl. WÖRDENWEBER, M.: Operatives Controlling – Band 1, a. a. O., S. 557.

[657] Vgl. zu diesem Thema die Ausführungen im Unterabschnitt 2.4.11 „Kundenstrukturanalyse".

[658] Vgl. WÖRDENWEBER, M.: Operatives Controlling – Band 1, a. a. O., S. 508.

Ergibt die Berechnung des Kundenbedeutungsgrades einen **Wert unter eins**, so **verbleibt das Unternehmen trotz des Weggangs des bestimmten Kunden in der Gewinnzone**. Ein **Quotient über eins** besagt, dass es sich um einen „bedeutenden" Kunden handelt, denn **durch diesen Kunden gerät das Unternehmen in die Verlustzone**.

Der Kundenbedeutungsgrad kann ex post ermittelt werden. Entscheidend ist aber im Hinblick auf eine **Risikoprophylaxe** die **Begutachtung der umsatzbezogen größten Kunden ex ante**. Die Ergebnisse sollten den **Vertriebsmitarbeitern zu Beginn eines Geschäftsjahres bekannt gemacht werden** und dann möglichst unter Beachtung der aktuellen Umsatzerwartung – davon hängt der Break-even-Beschäftigungsgrad ab – quartalsweise oder gar monatlich **aktualisiert werden**.

Bei einem Unterschreiten des Wertes von eins verbleibt dem Unternehmen aufgrund des kurzfristigen Zeithorizonts der Deckungsbeitragsrechnung nur ein **eingeschränktes Instrumentarium an (Re-)Aktionsmöglichkeiten**. Diese setzen bei den Parametern „Preis" und „variable Kosten" an, deren Differenz die Deckungsspanne resp. den Stückdeckungsbeitrag ergibt, und der „Absatzmenge" des (bestimmten) Kunden, der als Produkt aus Deckungsspanne und Absatzmenge den Deckungsbeitrag eines Kunden wiedergibt. Grundsätzlich führt auch eine Verringerung der – meist nur langfristig abbaubaren – Fixkosten zu einem niedrigeren Break-even-Beschäftigungsgrad. Darüber hinaus sollte bei Erkennen risikobehafteter Kunden verstärkt auf die Akquise neuer Kunden Wert gelegt werden.

Zuletzt sei noch auf die methodischen Grenzen der Ermittlung des Kundenbedeutungsgrades hingewiesen, die sich aus den Prämissen der Deckungsbeitragsrechnung ergeben.[659]

Vorstehend war schon darauf hingewiesen worden, dass die ABC-Analyse in der Form der kundenbezogenen ABC-Analyse mit Umsatz bzw. Umsatzanteil (Darst. 1.4061) nur den **Umsatz** eines Kunden, nicht aber dessen **Gewinn** ausweist. Wenn also die **Frage** gestellt werden soll, **an welchem Kunden verdienen wir etwas**, muss eine kundenbezogenen Gewinnanalyse vorgenommen werden. Dies bedeutet, dass bei einem Kunden eine Trennung in Einzelkosten (variable Kosten) und Gemeinkosten vorgenommen werden muss. Die Einzelkosten stellen hierbei in der Regel kein Problem dar, da sie durch die Aufträge/den Umsatz des Kunden veranlasst wurden. Schwieriger ist die Zurechnung der Gemeinkosten auf den Kunden. Bei diesen Kosten handelt es sich meist um Gemeinkosten, die mit Hilfe von Schlüsseln auf die Kunden umgelegt werden. Diese Verteilung der Gemeinkosten wie z. B. die Kosten im Mahnwesen oder die Zinsen werden aber nicht

[659] Vgl. WÖRDENWEBER, M.: Operatives Controlling – Band 1, a. a. O., S. 509–510.

verursachungsgerecht auf die Kunden verteilt! Hier hilft in der Regel nur eine Prozesskostenrechnung oder zumindest die prozessbezogene Kostenbetrachtung weiter. Also z. B. die Frage: „Was kostet die Erstellung einer Mahnung oder welche Zinsaufwendungen (auch kalkulatorische) verursacht das Überziehen des Zahlungsziels, besser noch die Zeitspanne zwischen Rechnungserstellung und Zahlungseingang durch den Kunden (Forderungsdauer)? Eine solche Rechnung wird **kundenbezogene Deckungsbeitragsrechnung** oder **Kundenerfolgsrechnung** genannt. Die nachfolgende Darstellung zeigt ein Beispiel einer Kundenerfolgsrechnung.

Brutto-Umsätze einschließlich Sofortrabatte (Mengen-, Sonder-, Wiederverkäuferrabatte)
./. Erlösschmälerungen aufgrund von Mängelrügen, Skonti, Boni, Preisdifferenzen
= (Netto-)Umsätze
./. Wareneinsatz
= Rohertrag
./. variable Produktionskosten
= Deckungsbeitrag I
./. dem Kunden direkt zurechenbare Kosten für Delkredere, Wechselspesen u. a. Kosten des Geldverkehrs
= Deckungsbeitrag II
./. Zinsen resp. kalkulatorische Zinsen infolge Überschreitens des vereinbarten Zahlungsziels
= Deckungsbeitrag III
./. Mahnkosten und ähnliche Kosten der Bearbeitung des Debitors in der Finanzbuchhaltung und Rechtsabteilung
= Deckungsbeitrag IV
./. dem Kunden direkt zurechenbare Vertriebskosten (Provisionen, Besuchskosten einschl. Bewirtung etc.)
= Deckungsbeitrag V
./. dem Kunden direkt zurechenbare weitere Marketingaufwendungen
= Deckungsbeitrag VI
./. dem Kunden direkt zurechenbare Logistik-/Service-Kosten
= Deckungsbeitrag VII
./. dem Kunden direkt zurechenbare Kosten für Rücksendungen
= Deckungsbeitrag VIII
./. Kosten für Sonderleistungen (spezielle Displays u. Ä., besonderer Service)
= Deckungsbeitrag IX

Darst. 2.4099: Kundenerfolgsrechnung

Es sei nur am Rande darauf hingewiesen, dass ein (großer) Teil der Erlösschmälerungen aus Preisnachlässen resultiert, die nach der Rechnungserstellung abgezogen werden dürfen. Die entsprechenden Beträge werden im Rahmen der Berechnung der Preisnachlassquote (vgl. Unterabschnitt 2.4.17 „Preisnachlassquote und Erlösschmälerungsquote“) ebenfalls ermittelt.

Zu den direkt dem Kunden zurechenbaren weiteren Marketingaufwendungen gehören bspw. verkaufsfördernde Aufwendungen für Werbung, die i. d. R. einen Hinweis auf den Hersteller/Lieferanten enthalten oder das „Abstellen“ eigener Mitarbeiter für Hausmessen des Kunden.

Als dem Kunden direkt zurechenbare Servicekosten können u. a. die kostenlose Wartung eines Produktes, die Übernahme von Reklamationskosten aus Kulanz oder spezielle Schulungen der Mitarbeiter des Kunden gelten.

Die bisher vorgestellte ABC-Analyse sollte, wenn es um die Frage (Ziel) **Gewinn** geht, den Kunden-Deckungsbeitrag als Kriterium verwenden und die Kunden dementsprechend sortieren. Die Folge dürfte in den meisten Fällen eine Veränderung in der Struktur (A-, B- oder C-Kunden) sein.

Der in der Darst. 2.4099 berechnete Deckungsbeitrag IX kann verwendet werden, um gute (gewinnbringende) und schlechte (verlustträchtige) Kunden zu selektieren und die verlustbringenden Kunden zu eliminieren.

Vorab wurde ausgeführt, dass der hier genannte Deckungsbeitrag IX als Entscheidungsgrundlage für die Eliminierung/Beibehaltung/Förderung von Kunden dienen kann. Doch auch diese Aussage ist zu relativieren: Hohe Deckungsbeiträge bedeuten **nicht zwangsläufig hoch rentable Kunden**. Die hohen Deckungsbeiträge können durch sehr große Mengen bei geringen Deckungsspannen erwirtschaftet worden sein. Die geringen Margen könnten darauf zurückzuführen sein, dass diese (großen) Kunden bereits „harte“ Preisverhandlungen geführt und ihre Preise dementsprechend stark reduzieren konnten.

Gibt es eine einheitliche Preisliste im Verkauf, würde dies bedeuten, dass das Unternehmen den Kunden entsprechende Rabatte (Mengen-, Sonder-, Wiederverkäuferrabatte) eingeräumt hat. Die Rabatte müssen sich immer auf die Beträge beziehen, die in der Rechnung explizit ersichtlich sind. Diese Rabatte dürfen in der Finanzbuchhaltung nicht erfasst werden und sind auf den ersten Blick daher nicht erkennbar. (Insofern wäre hier auch eine kundenbezogene Umsatzrendite irreführend!) Daher ist hinsichtlich der Frage rentabler

Kunden eine Relativierung des Deckungsbeitrages vorzunehmen, der als **relativer Kundendeckungsbeitrag** oder **kundenbezogene Listenpreisumsatzrendite** definiert wird:

$$\text{Relativer Kundendeckungsbeitrag (\%)} = \frac{\text{Deckungsbeitrag des Kunden}}{\text{Listenpreis-Umsatz}} \cdot 100$$

Darst. 2.4100: Relativer Kundendeckungsbeitrag (%)

Gegenüber der (meist) unternehmensbezogen verwendeten Umsatzrendite bietet diese Größe den Vorteil, dass sie wegen der variabel gewählten Rabatte aussagekräftiger ist und zudem auf einen einzelnen Kunden bezogen wird.

Die zuletzt vorgestellte ABC-Analyse unter Verwendung des Kriteriums Deckungsbeitrag sollte hinsichtlich der Frage „Wie rentabel sind die einzelnen Kunden?" das Kriterium relativer Kundendeckungsbeitrag zugrunde gelegt und die Kunden dementsprechend sortiert werden. Die Folge dürfte in den meisten Fällen eine Veränderung in der Struktur (A-, B- oder C-Kunden) sein.

Wenn es dem Unternehmen jetzt gelingt, die Umsätze der *rentablen* Kunden unter Beibehaltung der bisher gewählten Rabattsätze zu forcieren, werden sich sämtliche **Rentabilitätsgrößen** des Unternehmens deutlich steigern lassen.

Alle bisherigen Ausführungen dürfen nicht darüber hinwegtäuschen, dass es sich um **statische Analysen** handelt. Sie sagen nichts über zukünftige Veränderungen aus, d. h. welche Umsatzentwicklung ein Kunde gezeigt hat bzw. zeigen wird. Das gleiche gilt für den kundenbezogenen Deckungsbeitrag. Insofern müssen die bisherigen Analysen um eine dynamische Komponente ergänzt werden. Wird die dynamische Analyse unterlassen, läuft das Unternehmen Gefahr, sich von gerade mit viel Aufwand neu gewonnenen Kunden zu trennen oder Kunden mit hohem Entwicklungspotential zu eliminieren.

Abhilfe schaffen kann hier ein **dynamisches Kundenportfolio**, vergleichbar mit der Portfolio-Analyse wie z. B. der BCG-Matrix. Wird der relative Kundendeckungsbeitrag in den Vordergrund gestellt und mit dem kundenbezogenen (prognostizierten) Umsatzwachstum kombiniert, ergibt sich folgende Matrix als **renditeorientiertes umsatzdynamisches Kundenportfolio**:

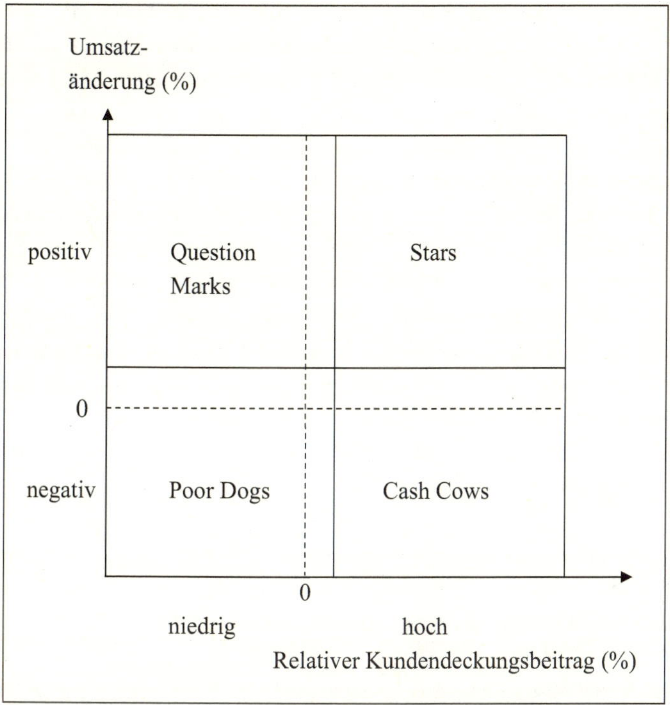

Darst. 2.4101: Renditeorientiertes umsatzdynamisches Kundenportfolio

In dieser Grafik wird anstelle der oft gezeigten *einen* horizontalen Linie zwecks Trennung der vier Quadranten (waagerechte Trennlinie, Feldgrenze) mit *zwei* Linien gearbeitet. Während die gestrichelte Null-Linie der Orientierung dient, wird die horizontale Trennungslinie zwischen den vier Quadranten individuell von den Unternehmen festgelegt. So ist es durchaus denkbar, dass die Unternehmung nur mit Kunden zusammenarbeiten möchte, die ein Umsatzwachstum von beispielsweise mindestens 3 % aufweisen. Ähnliches gilt für die eingezeichneten vertikalen Linien.

Ob die senkrechte bzw. waagerechte **Linie bei exakt 50 %** des maximalen Skalenwertes auf einer Achse gezogen wird, muss **unternehmensindividuell** entschieden werden.

Des Weiteren ist zu klären, ob in der Darstellung auch **negative Werte** hinsichtlich der Kriterien berücksichtigt werden, also beispielsweise absehbare Umsatzrückgänge oder negative relative Kundendeckungsbeiträge. Kunden mit einem **künftigen Umsatzminus** sollten automatisch den Poor Dogs oder den Cash Cows zugeordnet werden. In diesem

Zusammenhang sollte noch mal geprüft werden, ob es sich um Einzelfälle oder gar einen generellen Trend handelt. Im letzteren Fall muss möglichst schnell geprüft werden, welche generelle Strategie künftig gewählt werden soll, wie man beispielsweise diesem erkannten Trend entgegenwirken kann.

Die nachstehenden **Strategieempfehlungen** basieren auf der Einteilung der Kunden in eines der vier Felder. In diesem Zusammenhang muss auf einen weiteren wichtigen Punkt hingewiesen werden. Zum einen spielt die **Skalierung der Achsen** eine entscheidende Rolle für die Festlegung der Feldbegrenzungen (senkrechte und waagerechte Linie). Werden die maximalen Zahlenwerte auf einer oder beiden Achsen zu groß gewählt, z. B. ein Umsatzwachstum und auch ein relativer Kundendeckungsbeitrag von 100 % und der umsatzwachstumsstärkste Kunde weist einen Wert von 27 % auf, ein anderer Kunde einen maximalen relativen Deckungsbeitrag von 36 %, dann werden alle Kunden den Poor Dogs zugeordnet. Es macht daher eher **Sinn, den jeweils größten Wert bei den Kunden als höchsten Skalenwert** auf den Achsen festzulegen.

Zu fördern sind die Stars, da sie neben einem (derzeit) hohen relativen Kundendeckungsbeitrag ein hohes Umsatzwachstum erkennen lassen. Es ist strikt darauf zu achten, dass das Umsatzwachstum nicht zu Renditeverschlechterungen führt.

Bei den Poor Dogs ist eher eine Austrittsstrategie (z. B. Verringerung der Rabatte, Anheben der Verkaufspreise oder das Verweisen auf den Großhandel) anzuwenden, da sie relativ gesehen keinen Gewinn erwirtschaften und keine Wachstumsperspektive vorhersehbar ist.

Kunden mit **negativen relativen Kundendeckungsbeiträgen** werden entweder den Poor Dogs oder den Question Marks zugeteilt. Bei den Kunden, bei denen bei beiden Kriterien negative Werte zu konstatieren sind, müssten schon (längst) bei anderen Kriterien wie Auftragseingang, Umsatz oder Zahlungsverhalten etc. „Alarm geschlagen“ und geeignete Maßnahmen eingeleitet worden sein, denn wenn diese Kunden erst hier im Rahmen der Portfolioanalyse entdeckt werden, hat das Unternehmen bei diesen Kunden oft schon längere Zeit „draufgezahlt“. Bei den Kunden, die aufgrund negativer relativer Kundendeckungsbeiträge bei hohem Umsatzwachstum den Question Marks zugeordnet wurden, kann es eine ganz simple Erklärung geben. Beispiel: In diese Kunden wird/wurde unternehmensseitig viel investiert, um sie aufzubauen, da sie ein hohes Umsatzpotential erkennen lassen. Dieser Fall zeigt, dass vor dem generellen Aussortieren von Kunden eine Einzelfallentscheidung getroffen werden muss.

Bei einer stärkeren Betonung des **Risikos** wird auf der Ordinate der prognostizierte Deckungsbeitragszuwachs (in %) abgetragen; auf der Abszisse sollte im Hinblick auf die Abhängigkeit vom Kunden der Umsatzanteil des Kunden am Gesamtumsatz notiert werden. Dieses dynamische Kundenportfolio soll als **risikoorientiertes dynamisches Kundenportfolio** bezeichnet werden. Die gängigen Bezeichnungen aus der Portfolio-Analyse können hier nur zum Teil übernommen werden:

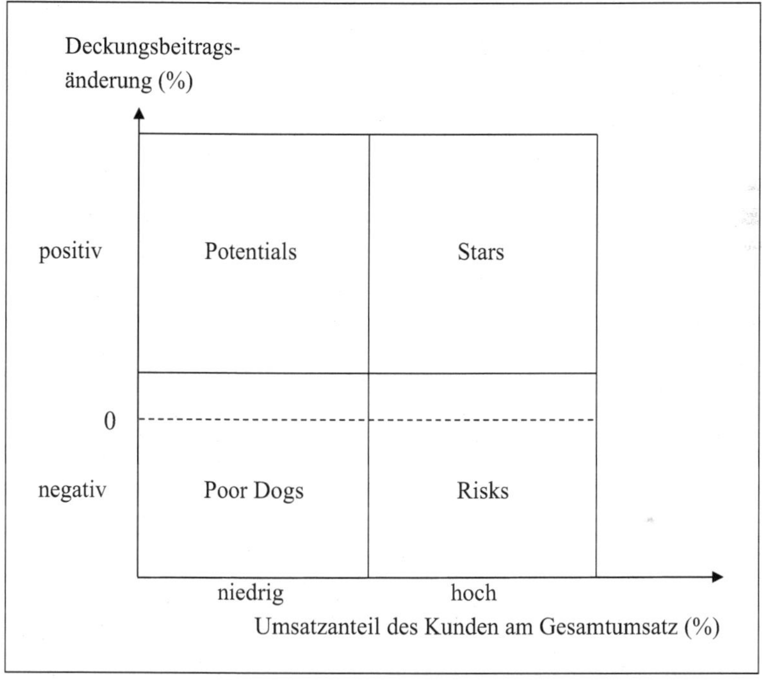

Darst. 2.4102: Risikoorientiertes deckungsbeitragsdynamisches Kundenportfolio

Auch in dieser Abbildung wird anstelle der oft gezeigten *einen* horizontalen Linie zwecks Trennung der vier Quadranten (waagerechte Trennlinie, Feldgrenze) mit *zwei* Linien gearbeitet. Während die gestrichelte Null-Linie der Orientierung dient, wird die horizontale Trennungslinie zwischen den vier Quadranten individuell von den Unternehmen festgelegt. So ist es durchaus denkbar, dass die Unternehmung nur mit Kunden zusammenarbeiten möchte, die eine bestimmte positive Deckungsbeitragsänderung aufweisen.

Wie schon beim renditeorientierten dynamischen Kundenportfolio ausführlich erläutert, sei hier wiederholend nur kurz an die beiden weiteren Probleme „Skalierung der Achsen" und „negative Werte" bei den Merkmalsausprägungen erinnert.

Bei der Interpretation dieser Grafik sind vor allem einige Felder von besonderer Bedeutung: A-Kunden mit gleichzeitig niedrigem Deckungsbeitragszuwachs. Das können z. B. große Kunden sein, die ständig und vehement Druck auf die Preise und damit auf die Marge ausüben. Irgendwann lohnt es sich möglicherweise nicht mehr, diese Kunden zu bedienen, zumal oft auch die Abhängigkeit vom Kunden steigt. Diese Kunden werden als **Risks** bezeichnet.

Von strategischem Interesse sollte das Feld **Potentials** sein. Diese derzeitigen C-Kunden weisen zwar noch einen geringen Umsatzanteil auf, zeigen aber für die Zukunft hohe Deckungsbeitragszuwächse. Diese Kunden gilt es zu fördern. Gleichzeitig sollte versucht werden, von vornherein bei den Verkaufspreisen und anderen kundenspezifischen Aufwendungen „gegenzusteuern".

Bislang wurde der Begriff Risiko nur im Zusammenhang mit den Auswirkungen auf unser Unternehmen betrachtet. Noch nicht erläutert wurde, welches Risiko der Kunde darstellt, d. h. wie groß die **Wahrscheinlichkeit** ist, **dass der Kunde ausfällt**.

Dieses Ausfallrisiko Kunde muss – insbesondere bei den A-Kunden(!) – näher untersucht werden. Hier bieten sich vor allem die Analysetools an, wie sie im Bereich der Finanzierung, genauer Kreditwürdigkeitsprüfung bekannt sind. Einer der bekanntesten Bonitätsbeurteilungsmaßstäbe ist das **Rating**. Es bezeichnet die Bewertung der voraussichtlichen Fähigkeit eines Unternehmens, seinen zukünftigen Zahlungsverpflichtungen termin- und betragsgenau nachkommen zu können.

Ein Rating bei *gewerblichen* Kunden wird auf der Basis geprüfter Jahresabschlüsse durchgeführt, angereichert durch intensive Gespräche mit der Geschäftsleitung und weitere Recherchen im Umfeld des Unternehmens.

Die Beurteilung des Unternehmens bezieht sich auf folgende Kriterien:

- Wirtschaftliche Verhältnisse
- Kundenbeziehung
- Unternehmensentwicklung
- Management und Unternehmen
- Markt und Branche

Darst. 2.4103: Kriterien bei der Erstellung einer Rating-Kennzahl

Die vorstehende Auflistung zeigt, dass es neben den „harten Fakten" auch um „weiche Faktoren" geht.

Die **wirtschaftlichen Verhältnisse** werden den Jahresabschlüssen der vergangenen Jahre (drei Jahre sollten ausreichen) entnommen. Weitere betriebswirtschaftliche Auswertungen werden ergänzend durchgeführt. In diesem Zusammenhang sei u. a. auch auf die Kennzahlenpräsentation einschließlich der notwendigen Datenaufbereitung[660] in diesem Buch hingewiesen. Im Rahmen dieser Analysen werden vor allem wichtige unternehmensbezogene Kennzahlen wie Rentabilitäten, Eigenkapitalquote, Cashflow einschließlich Selbstfinanzierungsgrad für Investitionen, Anlagendeckungsgrad sowie Kennzahlen der wertorientierten Unternehmensführung näher betrachtet.

Die **Kundenbeziehung** beleuchtet das Verhältnis zum Kunden. Ähnlich der Prüfung seitens der Kreditwirtschaft stehen hier vor allem das Zahlungsverhalten und die Informationspolitik des Kunden im Vordergrund.

Die **weitere Unternehmensentwicklung** bezieht sich auf die Umsatz- und Gewinnerwartung sowie insbesondere die potenzielle Unternehmensrisiken des Kunden. Eine wichtige Informationsquelle ist hier der Lagebericht des Unternehmens (soweit vorhanden).

Im Bereich **Management und Unternehmen** geht es um die Beurteilung des Top-Managements im Hinblick auf die funktionsbezogenen, speziell auch kaufmännischen Fähigkeiten. Dabei werden die Aufbau- und Prozessorganisation, die Ausgestaltung des Rechnungswesens und Controllings einschließlich des Berichtswesens (z. B. Instrumente wie

[660] Vgl. Abschnitt 3.1 von Band 1 „Datenaufbereitung".

Controller-Cockpit) sowie speziell die Themen Compliance und Risk Management näher untersucht.

Das Kriterium **Markt und Branche** bezieht sich auf die Stellung des Unternehmens im Markt einschließlich der vergleichenden Konkurrenzanalyse. Dazu gehören Stärken- und Schwächen-Profile sowie existenzgefährdende Abhängigkeiten von Kunden und Lieferanten (unseres Kunden). Von besonderer Bedeutung ist die künftige Entwicklung der Anbieterstrukturen, z. B. Konzentrationstendenzen im Markt unseres Kunden und damit unseres Beschaffungsmarktes.

2.4.13 ABC-Analyse der Produkte, Ertragskraft und Individualisierungsgrad des Sortiments

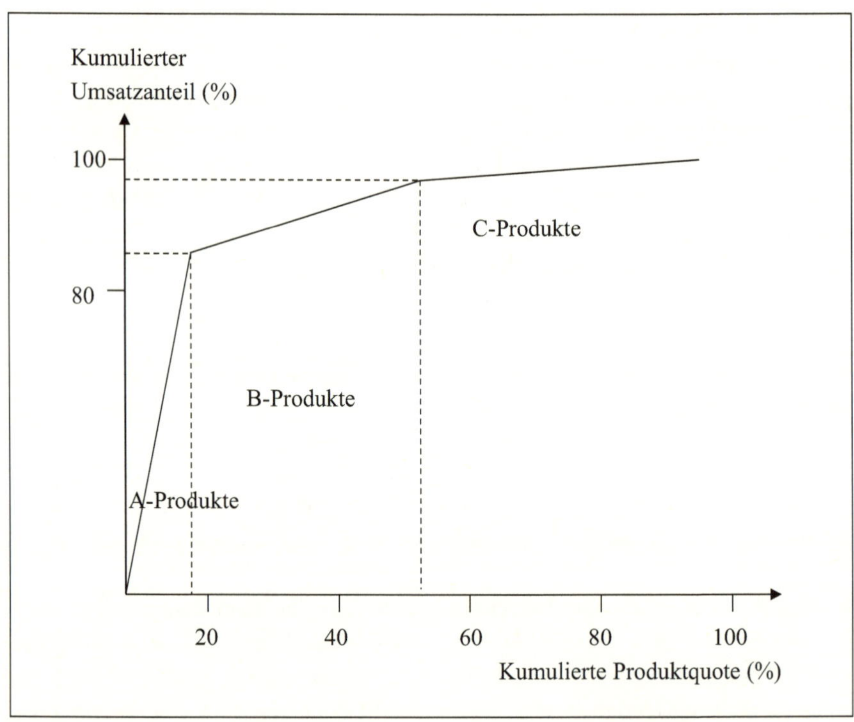

Darst. 2.4104: Produktbezogene ABC-Analyse mit kumuliertem Umsatzanteil

Neben der kundenbezogenen ABC-Analyse sollte auch eine **produktbezogene ABC-Analyse** vorgenommen werden. Bei der produktbezogenen ABC-Analyse werden die Produkt-Umsätze, absteigend nach Umsätzen geordnet auf der Abszisse eingetragen.

Die Darstellung kann auf zwei Arten erfolgen:

Entweder als Grafik mit der Ordinate Kumulierter Umsatzanteil und der Abszissen Kumulierte Produktquote (Darst. 2.4104) oder mit der Ordinate Umsatz bzw. Umsatzanteil und der Abszisse Produkt-Nummer (Darst. 2.4105).

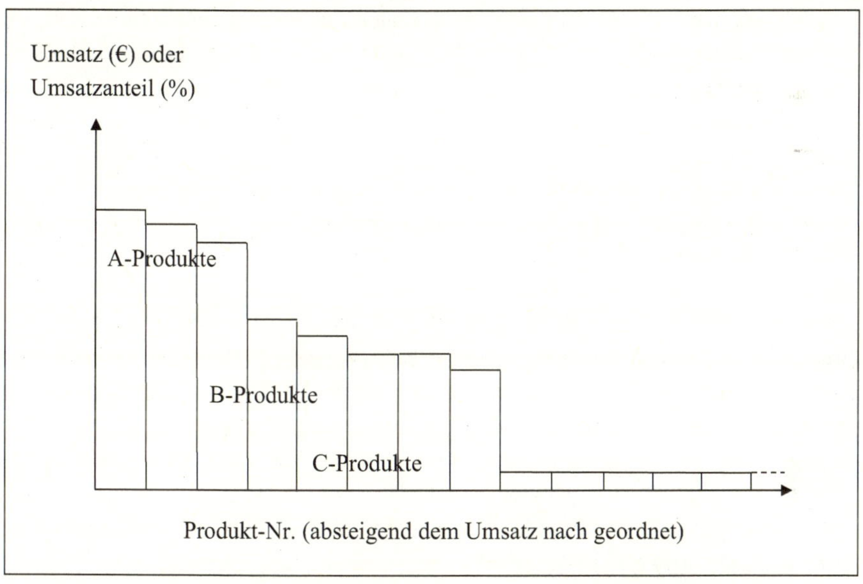

Darst. 2.4105: Produktbezogene ABC-Analyse mit Umsatz bzw. Umsatzanteil

Analog zur kundenbezogenen ABC-Analyse ist der Umsatz als Entscheidungskriterium für oder gegen eine Produktart wenig geeignet. Eher wird anhand des Umsatzes das **Risiko** deutlich, dass darin besteht, dass bei einem Wegfall des Umsatzes (z. B. durch den Eintritt eines Wettbewerbers, durch Nachfrageänderungen, aufgrund rechtlicher Untersagungen) **Leerkosten** die Folge sind. Wenn also ein großer Teil der Aufwendungen weiterhin anfällt, die Umsätze aber fehlen, drohen empfindliche **Verluste** bis hin zu einer möglichen Insolvenz.

Unabhängig davon sagt der Umsatz einer Produktart nichts darüber aus, ob ein **Gewinn** erzielt wird. Die Kostenkomponente wird ja nicht berücksichtigt.

Insofern scheint es sinnvoll, den Gewinn einer Produktart zu betrachten. Die Gewinnberechnung auf der Basis der Vollkosten offenbart jedoch einige Probleme: Die Verteilung der Gemeinkosten bzw. Fixkosten auf die Kostenträger ist nicht nur nicht verursachungsgerecht, sondern hängt auch noch von der Produktionsmenge ab. Mit anderen Worten: Bei einer hohen Produktionsmenge ergibt sich möglicherweise ein Gewinn, bei einer niedrigen nicht.

Es stellt sich die Frage, ob die Fixkosten überhaupt entscheidungsrelevant sind, denn sie fallen immer an, ob ein Produkt hergestellt wird oder nicht.[661] Daher rechnet die Teilkostenrechnung nur mit variablen Kosten. Als Gewinnbegriff gilt hier der **Deckungsbeitrag einer Produktart**[662].

Wenn die Produkte bzw. Produktarten nach ihrem Deckungsbeitrag geordnet werden, ergibt sich nach Anwendung dieses Kriteriums vermutlich eine andere Rang- bzw. Reihenfolge der Produkte.

Problematisch sind negative Deckungsbeiträge bei einer Produktart, denn diese Produktart trägt nicht zur Deckung der fixen Kosten bei. Doch Vorsicht! Es darf nicht vergessen werden, dass es sich hier, wie bei vielen anderen Analysen um eine **statische Betrachtung** handelt. Denkbar wäre, dass es sich bei der betrachteten Produktart mit negativem Deckungsbeitrag um eine gerade neu in das Produktionsprogramm aufgenommenes Produkt mit hervorragenden Zukunftsperspektiven handelt. Eine Entscheidung über eine Eliminierung (oder Förderung) von Produkten ist daher immer einer **dynamischen Betrachtung**, wie sie etwa in den Portfolio-Modellen vorgenommen wird, zu unterziehen.

Der Deckungsbeitrag einer Produktart als alleiniges Entscheidungskriterium für die Eliminierung oder Förderung von Produkten taugt auch aus zwei weiteren Gründen nicht: Da

[661] Das heißt natürlich nicht, dass die Fixkosten betriebswirtschaftlich (überhaupt) nicht zu beachten sind. Selbstverständlich müssen sie (langfristig) gedeckt werden.

[662] Deckungsbeitrag einer Produktart (DB) = abgesetzte Menge (x_A) x Deckungsbeitrag pro Stück (Deckungsspanne) (db). Vgl. hierzu die Ausführungen in Unterabschnitt 2.2.6 von Band 1 „Entscheidungen über Produkte, Produktionsprogramm und kurzfristige Preisuntergrenze mittels Deckungsbeitragsrechnung" (WÖRDENWEBER: M.: Operatives Controlling – Band 1, a. a. O., S. 178–198.)

es sich beim Deckungsbeitrag um eine Wertgröße[663] handelt, kann ein hoher Deckungsbeitrag das Ergebnis einer Multiplikation zweier unterschiedlichen großer Zahlen (Multiplikator und Multiplikand) sein. Zum einen kann ein hoher Deckungsbeitrag daraus resultieren, dass ein Produkt mit sehr kleiner Deckungsspanne ($p - k_v$) und hoher Stückzahl verkauft wird. In diesem Fall kann der hohe Deckungsbeitrag schnell zu einem hohen Verlust mutieren, wenn die (ohnehin sehr geringe) Deckungsspanne negativ wird.

Zum anderen kann ein hoher Deckungsbeitrag erzielt werden, indem im Extremfall ein Stück einer Produktart veräußert wird. Hier wird in der Regel eine hohe Kapitalbindung während des Jahres zu konstatieren sein, deren Kapitalkosten (tatsächlich oder als Opportunitätskosten) vom Deckungsbeitrag subtrahiert werden müssen.

Die Frage, **welches Produkt forciert werden sollte**, kann daher nicht anhand des Deckungsbeitrags einer Produktart entschieden werden. Vielmehr muss das Kriterium hier **Deckungsspanne (Deckungsbeitrag pro Stück, Stückdeckungsbeitrag)** heißen.[664] Ist die Deckungsspanne negativ, ist das Produkt zu eliminieren. Ob *alle* Produkte mit positiver Deckungsspanne produziert werden können, hängt von den Kapazitäten ab. In Engpasssituationen muss die Deckungsspanne auf die Engpasseinheit bezogen werden. Das Entscheidungskriterium lautet dann **relative Deckungsspanne (relativer Stückdeckungsbeitrag)**.

Die Rang-/Reihenfolge der Produktarten kann sich gegenüber der Reihenfolge nach dem Kriterium Deckungsbeitrag einer Produktart noch ändern, je nachdem ob die Deckungsspanne oder die relative Deckungsspanne als entscheidendes Kriterium ausgewählt werden muss.

Auch an dieser Stelle muss noch einmal darauf hingewiesen werden, dass aufgrund einer **dynamischen Betrachtung** diese Rangfolge modifiziert werden muss.

Die Deckungsspanne ist nur ein **absoluter** „Rohgewinn“. Sie lässt keine Aussage über die Rendite eines Produktes, ähnlich wie die Umsatzrendite, zu. In diesem Fall empfiehlt sich die Kennzahl **Ertragskraft**. Sie ist wie folgt definiert:

---

663 Der Deckungsbeitrag einer Produktart setzt sich multiplikativ aus einer Mengen- und einer Preiskomponente zusammen, wobei die Menge die abgesetzte Menge x_A ist und die Preiskomponente der Deckungsbeitrag pro Stück/die Deckungsspanne darstellt.

664 Die Begriffe „Deckungsspanne“/“Deckungsbeitrag pro Stück“/“Stückdeckungsbeitrag“ werden u. a. bei WÖRDENWEBER, M.: Operatives Controlling – Band 1, a. a. O., S. 529–531 näher erläutert.

$$\text{Ertragskraft} = \frac{\text{Deckungsbeitrag einer Produktart}}{\text{Umsatz}} \cdot 100$$

Darst. 2.4106: Ertragskraft

oder wegen Deckungsbeitrag einer Produktart = Absatzmenge • Deckungsspanne und Umsatz = Absatzmenge • (Absatz-)Preis

$$\text{Ertragskraft (Absatzpreis)} = \frac{\text{Deckungsbeitrag pro Stück}}{\text{Preis}} \cdot 100$$

Darst. 2.4107: Ertragskraft eines Produktes auf der Basis Absatzpreis

Wird die Deckungsspanne in die beiden Komponenten p und k_v zerlegt, lässt sich die **Ertragskraft (Absatzpreis)** wie folgt berechnen:

$$\text{Ertragskraft (Absatzpreis)} = \frac{p - k_v}{p} \cdot 100$$

Darst. 2.4108: Ertragskraft eines Produktes auf der Basis Absatzpreis

Es zeigt sich, dass letztlich die variablen Stückkosten (k_v) ausschlaggebend für die Ertragskraft eines Produktes sind.

Die Verwendung des Absatzpreises (im Nenner) ist nicht unproblematisch: Der Absatzpreis kann das Ergebnis von (mehr oder weniger stark reduzierenden) Verhandlungen mit den Kunden oder Folge einer preisaggressiven Strategie des Wettbewerbs sein. **Der Preis ist dann ein „Spielball" des Marktes**. Über die Rendite eines Produktes ist dann **keine vernünftige Aussage** mehr möglich. Bei einem starken Preisverfall würde die Ertragskraft auf der Basis des Absatzpreises gleich wieder relativiert, da sich der Absatzpreis als Bezugsgröße im Nenner ebenfalls reduziert hat.

Soll die Rendite eines Produktes im Vordergrund stehen[665], empfiehlt es sich, im Nenner den Preis durch den Listenpreis oder besser durch die Herstellkosten zu ersetzen. Diese Größe ist nicht absatzmarktabhängig, sondern basiert auf der (mehr oder weniger) richtigen Kalkulation der **Herstellkosten**.

$$\text{Ertragskraft (Herstellkosten)} = \frac{\text{Deckungsbeitrag pro Stück}}{\text{Herstellkosten}} \cdot 100$$

Darst. 2.4109: Ertragskraft eines Produktes auf der Basis Herstellkosten

Im Rahmen der Analyse der Mikroumwelt[666] sollte in relativ kurzen Zeitabständen das Wettbewerbsumfeld in Bezug auf den **Preis eines Produktes** untersucht werden, um zeitnah auf Aktivitäten der Konkurrenten reagieren zu können. Diese Analyse erfolgt für jeden Absatzmarkt. Die entsprechende Kennzahl zwecks Vergleichs des Preises eines bestimmten eigenen Produktes mit dem durchschnittlichen Preis (sehr) ähnlicher Produkte der Wettbewerber lautet **branchenbezogene Produktpreisrelation**.

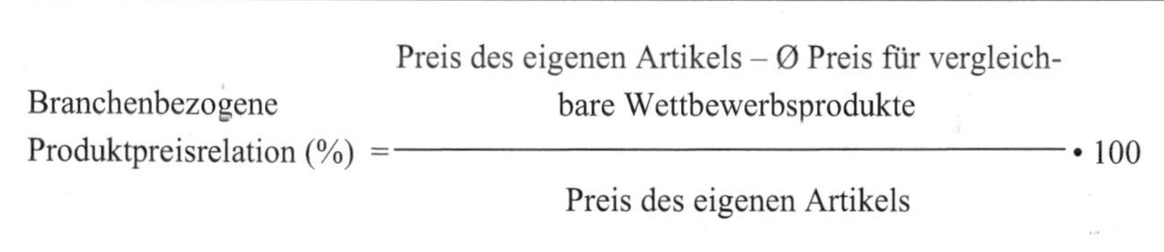

Darst. 2.4110: Branchenbezogene Produktpreisrelation (%)

Diese Zahl wird als Prozentzahl angegeben. Eine positive Prozentzahl bedeutet, dass der eigene Preis um einen bestimmten Prozentsatz über dem durchschnittlichen Preis (sehr) ähnlicher Produkte der Wettbewerber liegt – und vice versa.

Ergänzend sollte festgestellt werden, wie hoch der Preis eines bestimmten eigenen Produktes im Vergleich zum Preis der (des) Hauptwettbewerber(s) ist. Dazu wird die **konkurrentbezogene Produktpreisrelation** herangezogen.

---

665 Auch hier stellt sich die Frage des Ziels: Gewinn- oder Rentabilitätsmaximierung?

666 Die Analyse der Mikroumwelt wird u. a. bei WÖRDENWEBER, M.: Unternehmensplanung, a. a. O., S. 260–271 vorgestellt.

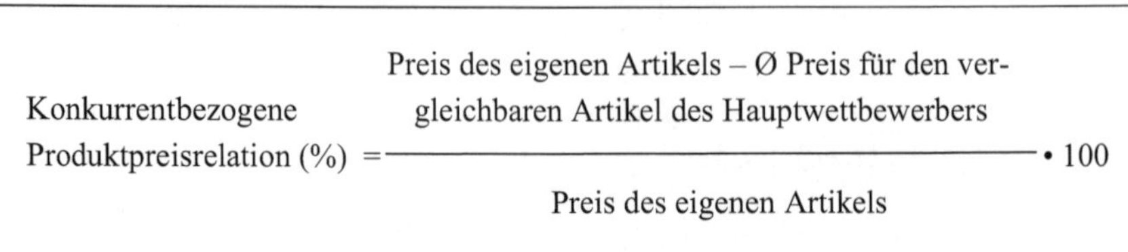

$$\text{Konkurrentbezogene Produktpreisrelation (\%)} = \frac{\text{Preis des eigenen Artikels} - \text{Ø Preis für den vergleichbaren Artikel des Hauptwettbewerbers}}{\text{Preis des eigenen Artikels}} \cdot 100$$

Darst. 2.4111: Konkurrentbezogene Produktpreisrelation (%)

Im Nenner kann statt des Preises eines vergleichbaren Produktes eines bestimmten Wettbewerbers, z. B. des Hauptkonkurrenten, auch der durchschnittliche Preis für vergleichbare Wettbewerbsprodukte stehen.

Gegenüber der produktbezogenen ABC-Analyse lässt sich mithilfe des **Individualisierungsgrades** – zum einen eine einfachere, zum anderen eine differenziertere Betrachtung des Sortiments vornehmen. Ausgehend von der begrifflich-hierarchischen Struktur

- → Sortiment (Absatzprogramm)
  - → Produktart
    - → Produktvariante

kann der **Individualisierungsgrad auf der Sortimentsebene**[667] wie folgt berechnet werden:

$$\text{Individualisierungsgrad des Sortiments} = \frac{\text{Zahl aller Produktvarianten}}{\text{Zahl der Produktarten}} \cdot 100$$

Darst. 2.4112: Individualisierungsgrad des Sortiments

Der Individualisierungsgrad auf der Sortimentsebene zeigt an, in welcher prozentualen Höhe das Unternehmen Varianten einer Produktart anbietet. Er ist ein **Indikator für die Vielfalt des angebotenen Absatzprogramms** und damit letztlich für die **Kundenorientierung**.

[667] Vgl. KRAUSE, H.-U.: Ganzheitliches Reporting, a. a. O., S. 456–457.

Ein hoher Individualisierungsgrad des Sortiments ist gleichzeitig Sinnbild einer großen **Komplexität**. Komplexität bedeutet nicht nur eine (enorme) Unübersichtlichkeit, sondern führt auch zu einer hohen Beanspruchung der verwaltenden/disponierenden Stellen. Die Zunahme planender, steuernder und kontrollierender Aufgaben in den indirekten Leistungsbereichen, in diesem Fall erkennbar an der Zunahme von Varianten, führt zu **steigenden Gemeinkosten**, die mittels der Prozesskostenrechnung näher analysiert werden sollten.[668] Die erhöhten Gemeinkosten bewirken letztlich **höhere Selbstkosten** der Produkte. An dieser Stelle wird der **Zielkonflikt** zwischen **verstärkter Kundenorientierung/-individualisierung** (mit höheren Selbstkosten und damit Preisen) und **niedrigeren Verkaufspreisen** deutlich. Somit gilt es, die „optimale Vielfalt" im Sinne von Kosten und Nutzen zu bestimmen.[669]

Eine **differenzierte Betrachtung des Sortiments** wird erreicht, indem **auf der Ebene eines Produktes** die **Zahl der Produktvarianten** (einer Produktart) ermittelt wird. Sofern sich eine Produktvariante weiter, d. h. auf einer tieferen Ebene, zergliedern lässt, sind tiefergehende Erkenntnisse möglich.

2.4.14 XYZ- und ABC-XYZ-Analyse

Die **XYZ-Analyse**[670], auch als **RSU-Analyse**[671] oder **XYZ-Klassifikation** bezeichnet, wurde bereits im Paragrafen 2.1.2.2.3 „XYZ-Analyse und ABC-XYZ-Analyse" ausführlich vorgestellt. Daher sollen hier nur die wesentlichen vertriebsbezogenen Aspekte behandelt werden. Die XYZ-Analyse ist ein **multivalent nutzbares Verfahren zur Klassifikation des Nachfrageverhaltens von Sachgütern und Dienstleistungen und dessen Vorhersagbarkeit**. **Ziel** der Analyse ist die **Planung des Verbrauchs und der Lagerhaltung und damit verbunden die Optimierung der Disposition** und insbesondere die **Wahl des „richtigen" Bestell- und Bereitstellungsverfahrens**. Es eignet sich für viele Einsatzbereiche im Unternehmen wie Beschaffung, Produktion, Qualitätssicherung und Vertrieb.

---

[668] Vgl. WÖRDENWEBER, M.: Kostenrechnung, a. a. O., S. 289–290.

[669] Vgl. ebenda, S. 289.

[670] Im Englischen: XYZ analysis.

[671] R steht für regelmäßig, S für saisonal und U für unregelmäßig.

Die **Einteilung der Artikel** in die **drei Klassen X, Y und Z** basiert auf **empirischen Erfahrungen, Ergebnissen aus Stücklistenauflösungen und statistischen Auswertungen wie Standardabweichungen, Variationskoeffizienten oder individuellen Schwankungskoeffizienten**[672].

Die XYZ-Analyse, die der ABC-Analyse[673] in vielen Punkten ähnelt, kann mit letzterer kombiniert werden. Sie wird als ABC-XYZ-Analyse bezeichnet. Mehr dazu weiter unten.

Klassische Anwendungsgebiete der XYZ-Analyse im Vertriebsbereich sind:[674]

- Unterstützung bei der Auswahl von Verfahren der (End-)Produktdisposition (Bedarfsplanung, Bestandsplanung, Planung von Bestellmengen und -terminen)
- Zuordnung von Produktbereitstellungskonzepten für einzelne Artikel oder Artikel (Bereitstellung im Bedarfsfall oder unter Vorratshaltung oder fertigungssynchron)
- Unterstützung bei der Auswahl von Artikelfluss-Steuerungen (z. B JIT, VMI, KANBAN)
- Planung und Kontrolle von Beständen (Sicherheits-, Mindest-, Höchstbestände)
- Fehleranalyse
- Orientierung für die Bewertung innerbetrieblicher Lieferanten (Werke, Produktionsgesellschaften etc.)

Darst. 2.4113: Anwendungsgebiete der XYZ-Analyse im Vertriebsbereich

Während die ABC-Analyse wertmäßige Größen wie z. B. Umsatz verwendet, liegen der XYZ-Analyse Mengen zugrunde.

Die Sachgüter und Dienstleistungen (im Vertriebsbereich: Endprodukte/Artikel) werden wie folgt klassifiziert:

X-(R-)Güter weisen einen relativ konstanten bzw. gleichförmigen Verbrauch auf; Verbrauchsschwankungen treten eher selten auf. Typische (End-)Produkte sind Güter des täglichen Bedarfs oder Teile davon wie Rasierklingen (solo oder in Nassrasierern), Einmal-Handschuhe für Krankenhäuser oder Konfitüren-Portionspackungen für typische Stadthotels.

672 Siehe beispielsweise HARTMANN, H.: a. a. O., S. 155.

673 Vgl. hierzu Unterabschnitt 2.4.11 „Kundenstrukturanalysen".

674 Vgl. SCHWARZ, M.: a. a. O.

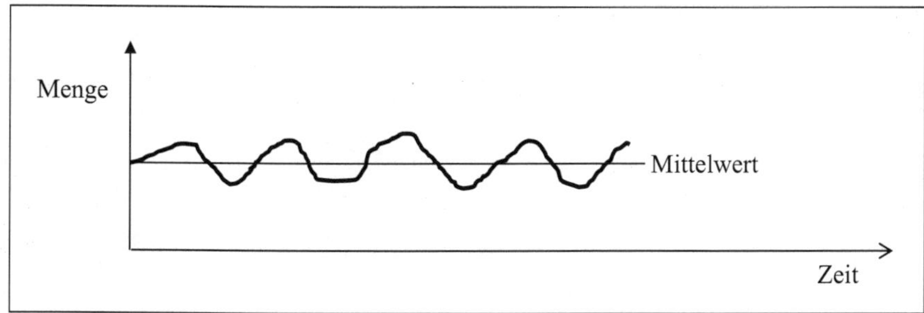

Darst. 2.4114: Typischer Kurvenverlauf von (End-)Produkten der X-Gruppe

Y-(S-)Güter schwanken stärker im Verbrauch; Schwankungen sind ggf. auf Trends oder saisonale Effekte zurückzuführen. Typische Artikel sind Lenkräder oder Lenksäulen der Pkw-Oberklassen-Produktion, aber auch Trend- und Saisonprodukte wie (teilweise) Unterhaltungselektronik, Gartenmöbel, Erkältungstee, Winterschuhe oder Miniröcke (Saison, ggf. Trend).

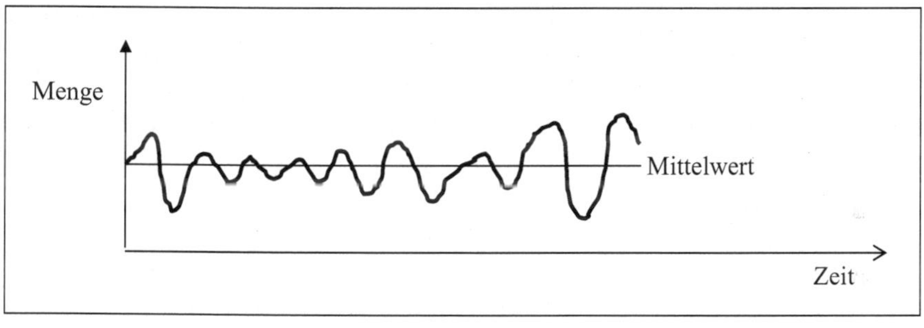

Darst. 2.4115: Typischer Kurvenverlauf von (End-)Produkten der Y-Gruppe

Z-(U-)Güter werden unregelmäßig verbraucht. Als typische Artikel gelten Ersatzteile für Spezialmaschinen und/oder langlebige Güter wie z. B. Küchenmöbel.

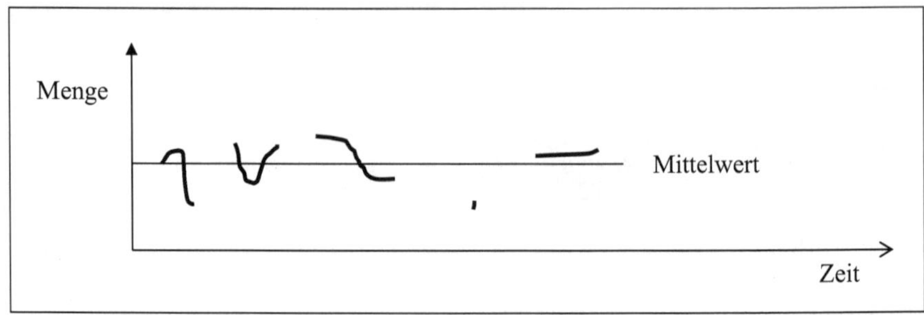

Darst. 2.4116: Typischer Kurvenverlauf von (End-)Produkten der Z-Gruppe

Neben den XYZ-Artikel werden gelegentlich ZZ-Artikel (auch S-Teile genannt) erwähnt. Deren Gesamtverbrauchs-/Bedarfsmenge im Betrachtungszeitraum wird an einem Tag erfasst. Diese ZZ-Teile wie Promotionartikel und spezielle Ersatzteile werden sehr unregelmäßig und selten nachgefragt. Sie können in der betrachteten Periode einen Nullbedarf aufweisen, d. h. sie wurden nicht angefordert. Die sporadischen Artikel sollten bei der Erfassung unbedingt berücksichtigt werden, da sie sich nur schwer oder gar nicht prognostizieren lassen und eine alternative Planungsstrategie erarbeitet werden muss. Diese ZZ-Teile werden im Folgenden nicht weiter berücksichtigt.

Konkret werden die Artikel z. B. anhand des **Variationskoeffizienten VC**[675] den drei Gruppen X, Y oder Z zugeordnet.

[675] Vorteile des Variationskoeffizienten VC (gegenüber der Varianz und Standardabweichung) sowie die Berechnung des VC wurden im Paragraf 1.1.2.2.2 „XYZ-Analyse und ABC-XYZ-Analyse“ ausführlich beschrieben.

Meist werden für die Grenzen die folgenden Werte des Variationskoeffizienten verwendet:[676]

Artikel-gruppe	Variationskoeffizient
X	$0\,\% \leq VC < 25\,\%$
Y	$25\,\% \leq VC < 50\,\%$
Z	$50\,\% < VC$

Darst. 2.4117: Artikelgruppen und Grenzwerte des Variationskoeffizienten *VC*

Die Daten werden oft den Artikelbewegungstabellen im jeweiligen ERP-System entnommen.

Die Eingruppierung der Produkte sollte mindestens einmal jährlich überprüft werden, da insbesondere Trends zu falschen Klassifizierungen führen können. Es sollte sichergestellt sein, dass der untersuchte Zeitraum über eine hinreichende Anzahl historischer Perioden verfügt. Diese Voraussetzung ist notwendig, um die Artikel hinsichtlich der Vorhersagegenauigkeit und der Nachfragedynamik aussagefähig beurteilen zu können. Bei der Erfassung der Daten (in unterschiedlichen Perioden) ist darauf zu achten, dass die beobachteten Sachgüter und Dienstleistungen in den jeweils selben Verbrauchseinheiten (VPE, PU) angegeben sind bzw. in diese umgewandelt werden. Eine Besonderheit stellen die Artikel dar, deren Produktlebenszyklus kürzer als der Untersuchungszeitraum ist. In diesem Fall dürfen bei der Berechnung des Variationskoeffizienten *VC* lediglich diejenigen Nullbedarfe der Perioden berücksichtigt werden, die innerhalb des Produktlebenszyklus des jeweiligen Artikels liegen.[677] Ein besonderes Augenmerk sollte auf Produkte gelegt werden, die zwar noch eine geringe Nachfrage aufweisen, aber bereits zum Löschen vorgemerkt sind. Diese Artikel sollten aussortiert werden, d. h. nicht mit ausgewertet werden. Des Weiteren müssen die Daten, z. B. aus den Artikelbewegungstabellen, dahingehend überprüft werden, ob bestimmte „Buchungsrituale" die Datenbasis und damit die spätere Auswertung verfälscht haben. Zu nennen sind hier das zeitversetzte oder gebündelte Buchen

[676] Vgl. Lehrstuhl für Fördertechnik Materialfluss Logistik (fml), Technische Universität München: a. a. O. In der Literatur werden auch andere Grenzen angegeben. Beispielsweise für 40 %, zwischen 40 % und 80 % und über 80 % bei KERTH,, K., ASUM, H., STICH, V.: a. a. O., S. 9.

[677] Vgl. KERTH, K., ASUM, H., STICH, V.: a. a. O., S. 10.

(z. B. das Sammeln der Artikelabgangsbelege über mehrere Tage und das Abbuchen, wenn „gerade Zeit ist".)[678]

Eine erste grafische Auswertung zeigt auf, wie hoch der prozentuale Anteil einer Artikelgruppe (X, Y oder Z) an der Gesamtmenge ist:

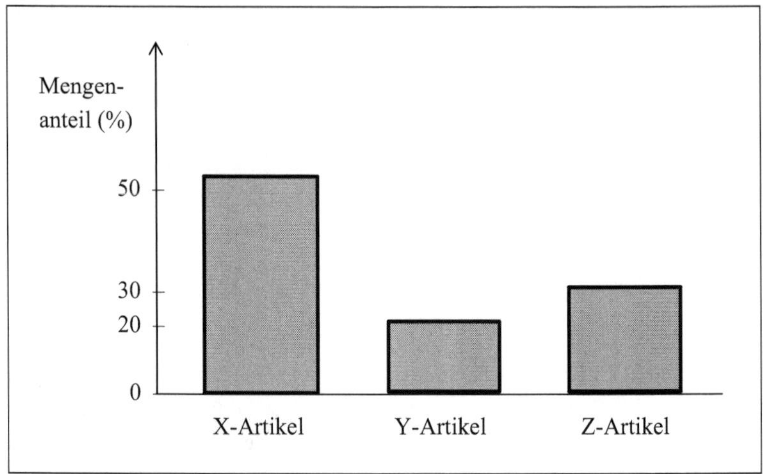

Darst. 2.4118: Mengenanteile der einzelnen Artikelgruppen (Beispiel)

Wie bereits aus der ABC-Analyse bekannt, können die Ergebnisse der Klassifikation grafisch dargestellt werden, wobei die Artikel dem Variationskoeffzienten *VC* nach aufsteigend auf der horizontalen Achse angeordnet und kumuliert eingetragen werden. Auf der senkrechten Achse werden die Mengenanteile kumuliert.

[678] Vgl. T&O: a. a. O.

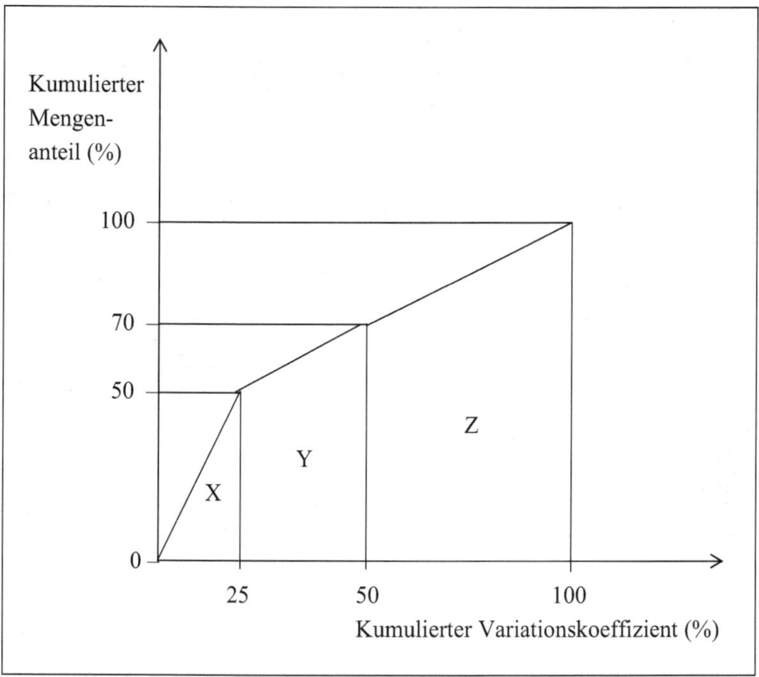

Darst. 2.4119: Grafische Darstellung der Ergebnisse einer XYZ-Analyse (Beispiel)

Der vorstehenden Darstellung ist zu entnehmen, dass 50 % der untersuchten Produkte der X-Gruppe zugerechnet werden und damit einen relativ konstanten Verbrauch ($VC \leq 25$ %) aufweisen. 20 % der Artikel sind Y-Teile mit stärkeren Schwankungen im Verlauf, während 30 % der Artikel einen sehr unregelmäßigen Bedarf zeigen und damit zur Z-Gruppe gehören.

Aus den unterschiedlichen Nachfrageverläufen bzw. den Variationskoeffizienten ergeben sich folgende **Bestandsrisiken** und **Vorhersagegenauigkeiten** hinsichtlich der Nachfrage:

Artikel-gruppe	Vorhersage-genauigkeit	Bestands-risiko
X	hoch	gering
Y	mittel	mittel
Z	niedrig	hoch

Darst. 2.4120: Artikelgruppen, Vorhersagegenauigkeit und Bestandsrisiko

Bereits auf der Grundlage der XYZ-Analyse lassen sich erste Prognoseverfahren sowie das geeignete Bestell- und Bereitstellungsverhalten ableiten.

Um die Effizienz einer reinen XYZ-Analyse zu verbessern, wird dieses Klassifikationsverfahren mit einer ABC-Analyse zur **ABC-XYZ-Analyse** kombiniert.[679] Diese Vorgehensweise erlaubt eine systematische Differenzierung der Bereitstellungsmaßnahmen im Vertriebsbereich.

Die zusammengesetzte ABC-XYZ-Tabelle enthält neun Felder, die folgende Bezeichnungen erhalten:

Artikelgruppe	A	B	C
X	XA	XB	XC
Y	YA	YB	YC
Z	ZA	ZB	ZC

Darst. 2.4121: ABC-XYZ-Tabelle und Bezeichnungen der einzelnen Felder

Einen ersten Überblick über die Verteilung liefert die Eintragung der Mengen (Anzahl) an Artikeln in die vorstehenden neun Felder. Beispielhaft ergibt sich folgende Verteilung:

[679] Viele Software-Hersteller bieten entsprechende Tools an. Als Beispiel sei SAP genannt, die eine ABC-XYZ-Analyse über den Report „ABC/XYZ-Klassifizierung und Prognoseoptimierung“ ermöglichen.

Artikelgruppe	A	B	C	Σ
X	786	205	48	1.039
Y	387	1.216	616	2.219
Z	492	1.175	4.926	6.593
Σ	1.665	2.596	5.590	9.851

Darst. 2.4122: Verteilung der artikelbezogenen Bestände im ABC-XYZ-Schema (Beispiel)

Im nächsten Schritt werden den Artikeln in der Neun-Felder-Matrix des ABC-XYZ-Schemas die entsprechenden Nachfragemengen eingetragen.

Artikelgruppe	A	B	C	Σ
X	537.338	16.704	79	554.122
Y	92.092	76.209	10.015	178.316
Z	219.227	66.218	42.968	328.413
Σ	848.657	159.131	53.062	1.060.851

Darst. 2.4123: Verteilung der artikelbezogenen Nachfragemengen im ABC-XYZ-Schema (Beispiel)

Diese Verteilung sollte nicht nur quantitativ, sondern auch grafisch dargestellt werden. Empfehlenswert ist hier ein dreidimensionales Säulendiagramm. Moderne ERP-Systeme oder auch Microsoft Excel bieten eine entsprechende Visualisierung. Als Beispiel sei eine Verteilung der artikelbezogenen Nachfragemengen auf der Basis der Daten in der nachstehenden Abbildung gezeigt.

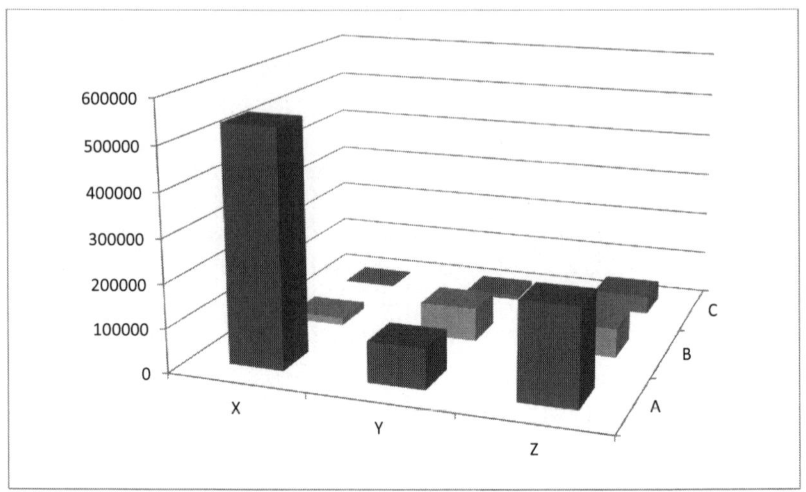

Darst. 2.4124: Verteilung der artikelbezogenen Nachfragemengen im dreidimensionalen Säulendiagramm (Beispiel)

Ein Abgleich der beiden Verteilungen in einer neuen relationalen bestands- *und* nachfrageorientierten Verteilung (Darst. 2.4125) wird für eine **Kontrolle der Bestände** genutzt. Um einen besseren Überblick zu erhalten, werden die Bestandsmengen der Artikel durch die Nachfragemengen der Artikel dividiert und mit 100 multipliziert. Die Analyse lässt

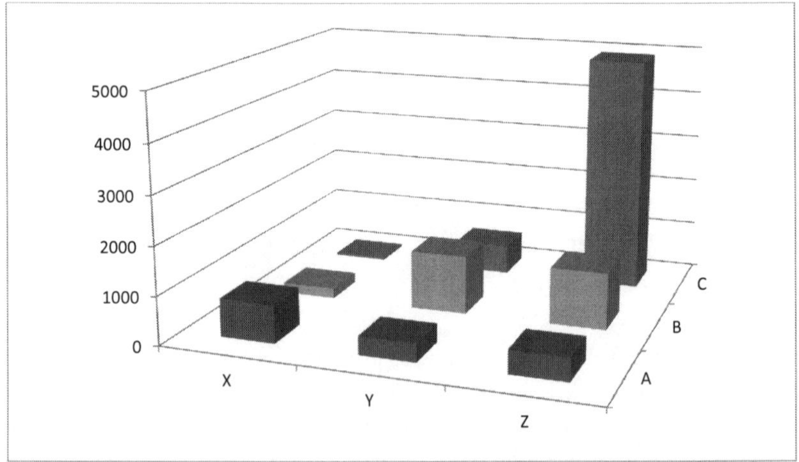

Darst. 2.4125: Verteilung der artikelbezogenen Bestände und Nachfragemengen im dreidimensionalen Säulendiagramm (Beispiel)

erkennen, bei welchem ABC-XYZ-Artikel vergleichsweise hohe Bestände vorliegen. Im Sinne einer gewinn- und rentabilitätsmaximierenden Strategie ist jetzt zu klären, warum überhöhte Bestände aufgebaut wurden und wie diese reduziert werden können.

In die neun Felder der nachstehenden ABC-XYZ-Tabelle werden die Erkenntnisse hinsichtlich der Wertigkeit (A, B oder C), des Nachfrageverhaltens (X, Y oder Z) und der Vorhersagegenauigkeit (X, Y oder Z) eingetragen.[680]

Artikel-gruppe	A	B	C
X	Hoher Umsatz Konstante Nachfrage Hohe Vorhersage-genauigkeit	Mittlerer Umsatz Konstante Nachfrage Hoher Vorhersage-genauigkeit	Niedriger Umsatz Konstante Nachfrage Hohe Vorhersage-genauigkeit
Y	Hoher Umsatz Schwankende Nachfrage Mittlere Vorhersage-genauigkeit	Mittlerer Umsatz Schwankende Nachfrage Mittlere Vorhersage-genauigkeit	Niedriger Umsatz Schwankende Nachfrage Mittlere Vorhersage-genauigkeit
Z	Hoher Umsatz Unregelmäßige Nachfrage Niedrige Vorhersage-genauigkeit	Mittlerer Umsatz Unregelmäßige Nachfrage Niedrige Vorhersage-genauigkeit	Niedriger Umsatz Unregelmäßige Nachfrage Niedrige Vorhersage-genauigkeit

Darst. 2.4126: Kombinierte ABC-XYZ-Analyse

Die **Vorhersagegenauigkeit über die Nachfrage nach Artikeln** sowie **das Nachfrageverhalten sind wesentlich für die Produktbereitstellungsprinzipien und die zu planenden Mindest- und Meldebestände**[681] im Rahmen der Vorratspolitik und insbesondere einer selektiven Lagerhaltung. **Je genauer die Nachfrage der Artikel zu prognostizieren ist, desto eher eignen sich die Artikel für eine Just-in-Time-(JIT-)Beschaffung**

[680] Vgl. GROCHLA, E.: a. a. O., S. 32.

[681] Diese beiden Größen werden im Paragrafen 2.1.2.1.3 „Bestandskennzahlen" ausführlich behandelt.

und programmorientierte Disposition. Dies führt zu **geringen Reichweiten**[682] und **niedrigen Beständen**. Für die neun Felder der ABC-XYZ-Matrix können folgende **Empfehlungen** ausgesprochen werden:

Für die XA-, XB-, ggf. auch die YA- und YB-Artikel ist es ökonomisch sinnvoll, generelle organisatorische Regeln einzuführen, um den Informations-, Steuerungs- und Bestellaufwand zu minimieren. Tendenziell handelt es sich um JIT- und KANBAN-geeignete Positionen. Dabei wird mit den Lieferanten (auch intern = Produktion) eines Unternehmens (extern: oft in Form von Rahmenverträgen) vertraglich fixiert, dass benötigte Mengen einer Produktart zu bestimmten, vorab festgelegten Zeitpunkten angeliefert werden. Dieses Prinzip wird als **nachfragesynchrone Bereitstellung oder Beschaffung** bezeichnet. Die Zeitpunkte sind durch das Nachfrageverhalten der Kunden vorgegeben. Die exakten Artikelspezifikationen werden dem Zulieferer (intern: Produktion) relativ kurz vor dem Abruf mitgeteilt. Beim Just-in-Time-Prinzip trägt der (auch interne, insb. innerbetriebliche) Lieferant die Kosten der Vorratshaltung. Er sollte daher bemüht sein, eine möglichst genaue Prognose für die zu liefernden Artikel zu erstellen. Im besten Fall kann er auf die Beschaffungsplanung des Kunden zurückgreifen. Der Kunde reduziert bei JIT seine vorratsbezogene Kapitalbindung, da eigene Bestände im Prinzip nicht mehr notwendig sind. Bei YB-Artikeln ist möglicherweise eine Vorratshaltung sinnvoller; in jedem Fall sollte eine nachfrageorientierte Bedarfsplanung mit Optimierung der Bestellmengen und -zeitpunkte angestrebt werden. XC- und YC-Artikel sind aufgrund der geringen Wertigkeit eher für eine Vorratshaltung (Lagerung) prädestiniert. Dies setzt eine Lagerfähigkeit der Produkte voraus. Hier geht es vor allem darum, angemessene Bestände vorzuhalten und Mindest- und Meldebestände zu optimieren sowie die Bestellabwicklung zu vereinfachen bzw. zu automatisieren. I. d. R. bedeutet dieses Vorgehen eine nachfrageorientierte Planung der Bedarfe. ZA- und ZB-Teile sollten nachfragegesteuert geplant, beschafft und vertrieben werden. Diese Teile lohnen nur wegen ihres relativ hohen Wertes. Artikel aus dem Überschneidungsbereich Z und C (ZC) sind meist schwierig zu beschaffen. Der zeitliche Aufwand ist relativ hoch; dies trifft oft auch für die Transportkosten zu. Aus Lieferantensicht gelten diese Produkte als unattraktiv, da die Lagerumschlagshäufigkeit sehr niedrig ist und – auch – auf der Seite der Zulieferer der Verkauf zeitaufwändig ist. ZC-Artikel sollten daher dahingehend untersucht werden, ob sie nicht eliminiert werden können. Falls nicht, müssen sie im Bedarfsfall einzeln beschafft werden.

[682] Nähere Erläuterungen zum Thema Lagerreichweite finden sich im Paragrafen 2.1.2.1.2 „Lagerungskennzahlen“.

Zusammengefasst ergibt sich folgendes **Beschaffungsprofil**:

Artikel-gruppe	A	B	C
X	JIT	JIT	Vorratsbeschaffung
Y	JIT	Vorratsbeschaffung	Vorratsbeschaffung
Z	Einzelbeschaffung im Bedarfsfall	Einzelbeschaffung im Bedarfsfall	Eliminierung oder Einzel-beschaffung im Bedarfsfall

Darst. 2.4127: Beschaffungsprofile bei ABC-XYZ-Artikeln

Eine weitere Möglichkeit der Artikelklassifikation ist die **LMN-Analyse**. Das Abgrenzungskriterium ist hierbei das Volumen bzw. die Sperrigkeit.

2.4.15 Deckungsspanne-Umschlagshäufigkeit-Matrix

Im Unterabschnitt 2.4.12 „Umsatz je Kunde, Auftragswert, Kundenbedeutungsgrad, kundenbezogene Deckungsbeitragsrechnung, dynamische Kundenerfolgsrechnung" war das Kriterium Deckungsbeitrag vorgestellt worden. Schon dort war das Kriterium Deckungsbeitrag in Frage gestellt worden. Denn es ist zu klären, ob ein Deckungsbeitrag von beispielsweise 1000 € p. a. aus 100 Deckungsspannen (Deckungsbeitrag pro Stück) à 10 € resultiert oder aus einer Deckungsspanne à 1000 €. Wenn nun die Frage gestellt wird, welches Produkt absatzmäßig forciert werden soll, kann dies nur anhand der Deckungsspannen entschieden werden. In diesem Zusammenhang kommt es insbesondere auf die Prozesskosten an: Wie hoch sind die Kosten für die produktbezogenen Aktivitäten über alle Funktionsbereiche (Beschaffung, Produktion, Vertrieb usw.)? In der Regel ist es so, dass das Verhältnis von Prozesskosten zum Verkaufspreis und damit tendenziell zu den Deckungsspannen abnimmt, je höher letztere sind.

Insofern sollte das Kriterium Deckungsspanne mit dem Merkmal Umschlagshäufigkeit kombiniert werden.[683] Diese Kombination stellt ein sinnvolleres **Entscheidungskriterium für die Eliminierung von Produkten** dar als die alleinige Verwendung der Kriterien Lagerdauer, Umschlagshäufigkeit oder Deckungsbeitrag.

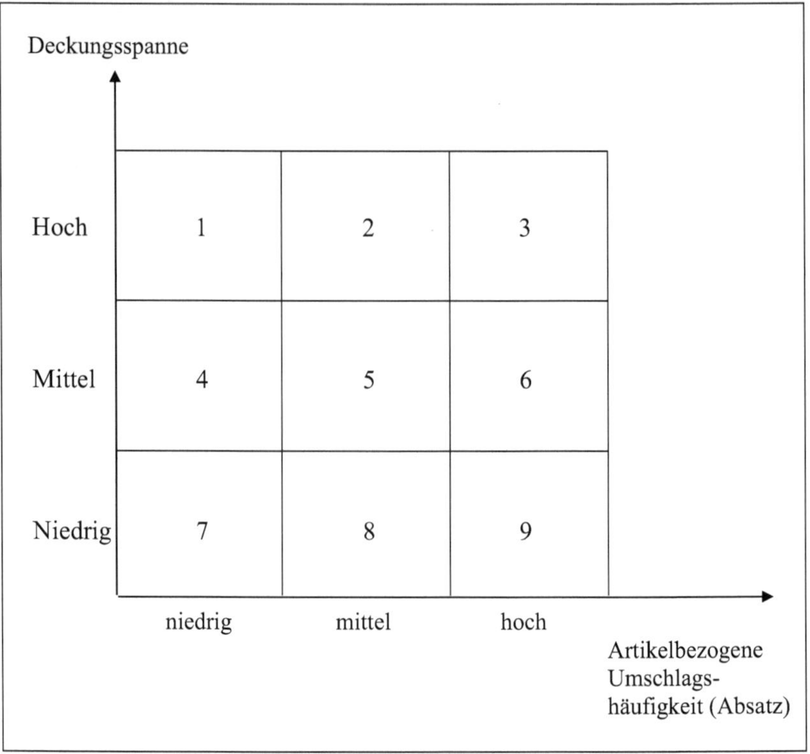

Darst. 2.4128: Deckungsspanne-Umschlagshäufigkeit-Matrix

Während die Produkte in den Feldern 1, 2, 3, und 6 unproblematisch sind, sollten die Produkte im Feld 7 sofort eliminiert werden. Auf die möglichen Probleme im Zusammenhang mit der Eliminierung von Produkten und angesichts einer statischen Analyse[684] wurde bereits im Unter-Unterabschnitt 2.4.22.7 „Disposition und Lagerung als Teilfunktionen der Distributionslogistik" eingegangen.

[683] Eine hohe Umschlagshäufigkeit senkt die stückbezogenen Fixkosten (wie z.B. Abschreibung des Regalsystems).

[684] Speziell die Problematik (gerade) neu eingeführter Produkte sei hier angesprochen.

Das Feld 9 stellt einen Sonderfall dar, da hier zwar die artikelbezogenen Umschlagshäufigkeiten hoch sind, die Deckungsspanne aber niedrig. Wenn diese Artikel eher singulär, also selten mit anderen Produkten zusammen verkauft werden, lohnen sich derartige Verkäufe nicht, da die Prozesskosten im Vergleich zum Verkaufspreis in der Regel zu hoch sind. Daher stehen diese Produkte in vielen Fällen auf der „Streichliste".

Die Felder 4, 5 und 8 sind mit einem Fragezeichen zu versehen. Entweder gelingt es dem Unternehmen, die Deckungsbeiträge, insbesondere die Deckungsspannen, zu steigern, so dass eine niedrige Umschlagshäufigkeit in Kauf genommen werden kann (Feld 4) oder die Umschlagshäufigkeit wird deutlich gesteigert, was selbst bei gesenkten Preisen und kleinerer Deckungsspanne mit einer Verbesserung des Deckungsbeitrags einhergehen kann (Feld 8) oder beide Kriterien lassen eine Steigerung zu (Feld 5). Hier sei auf das reichhaltige Instrumentarium des Marketing-Mix verwiesen.

Die Deckungsspanne-Umschlagshäufigkeit-Matrix eignet sich zur Erkennung förderungswürdiger (profitabler) oder potenziell eliminierbarer (nicht profitabler) Produkte besser als eine aufeinander aufbauende Kombination von ABC- und XYZ-Analyse, da bei der letztgenannten Kombination keine Aussage über produktbezogene Gewinne (Deckungsspannen) getroffen werden kann.

2.4.16 Intensitätsrate der Kundenbetreuung und Besuchseffizienz

Die (beim Unternehmen angestellten) Reisenden[685] (Außendienst) und/oder unternehmensfremde Absatzhelfer (Handelsvertreter,[686] Kommissionäre,[687] Handelsmakler[688]) können über die Kennzahlen „Intensitätsrate der Kundenbetreuung" und „Besuchseffektivitätsquote" geplant und kontrolliert werden.[689]

[685] Vgl. §§ 59 f. HGB.

[686] Vgl. §§ 84 – 92c HGB.

[687] Vgl. § 383 HGB.

[688] Vgl. §§ 93 ff. HGB.

[689] Eine vergleichende Übersicht zwischen Reisenden und Handelsvertretern findet sich u. a. bei STENDER-MONHEMIUS, K.: a. a. O., S. 149.

Die **Intensitätsrate der Kundenbetreuung** gibt die Relation der Zahl der Kundenbesuche zur Zahl der Kunden wieder:

$$\text{Intensitätsrate der Kundenbetreuung} = \frac{\text{Zahl der Kundenbesuche}}{\text{Zahl der Kunden}}$$

Darst. 2.4129: Intensitätsrate der Kundenbetreuung

Diese Kennzahl hält die die **durchschnittliche Zahl der Kundenbesuche** in einem definierten Zeitraum fest.

Die Intensitätsrate der Kundenbetreuung ist auch im Zusammenhang mit der Nachhaltigkeit im Marketing wenn damit Reisen verbunden sind.

Die **Effizienz** (Produktivität oder Wirtschaftlichkeit) der Kundenbesuche wird über die **Besuchseffizienz** gemessen. Sie kann zum einen als mengenmäßige Besuchseffizienzquote oder zum anderen als wertmäßige Besuchseffizienz definiert werden.

Die (mengenmäßige) **Besuchsproduktivität**[690] setzt die Zahl der erhaltenen Aufträge durch die Verkaufsorgane oder ein bestimmtes Vertriebsorgan ins Verhältnis zur Zahl der Kundenbesuche:

$$\text{Besuchsproduktivität} = \frac{\text{Erhaltene Aufträge der Verkaufsorgane}}{\text{Zahl der Kundenbesuche}}$$

Darst. 2.4130: Besuchsproduktivität

Statt des Zählers mit allen Verkaufsorganen sollte zwecks **genauerer Analyse nach den einzelnen Vertriebsorganen** (Reisende, Handelsvertreter, Kommissionäre, Handelsmakler) oder gar **nach einzelnen Vertriebspersonen**, z. B. Außendienstmitarbeitern, **differenziert** werden.

[690] Die Frage der Effektivität stellt sich hier nicht. Sie wäre notwendig, wenn geklärt werden soll, mit Hilfe welches Marketinginstruments die meisten Kundenaufträge hereingeholt werden können. (Die Effizienz beziffert hier die Kosten-Nutzen-Relation.)

Mit dieser Kennzahl wird festgestellt, **wie viele Besuche notwendig sind, um einen Auftrag** zu erhalten.

Sie liefert allerdings keine Aussage darüber, wie **werthaltig** die Aufträge sind. Dazu wird die auftragswertbezogene Besuchseffizienz herangezogen.

$$\text{Auftragswertbezogene Besuchseffizienz} = \frac{\text{Wert der erhaltenen Aufträge der Verkaufsorgane}}{\text{Zahl der Kundenbesuche}}$$

Darst. 2.4131: Auftragswertbezogene Besuchseffizienz

Auch bei dieser Kennzahl empfiehlt sich eine **differenzierte Betrachtung nach den einzelnen Vertriebsorganen** (Reisende, Handelsvertreter, Kommissionäre, Handelsmakler) oder gar **nach einzelnen Vertriebspersonen**, z. B. Außendienstmitarbeitern.

2.4.17 Preisnachlassquote und Erlösschmälerungsquote

Preisnachlässe zugunsten des Kunden vermindern c. p. den Gewinn des Unternehmens. Da die Preisnachlässe in ihrer absoluten Größe – angesichts des nicht beachteten Verkaufsvolumens – nicht wirklich etwas über den Verhandlungserfolg aussagen, ist eine relative Betrachtung vonnöten. Preisnachlässe als Grundzahl eignen sich daher auch nicht als Zielwert für den/die Verkäufer.

Die **Preisnachlassquote**[691] dient der **Analyse von Preisen** und gibt **Aufschluss über den Erfolg der Preisverhandlungen mit den Kunden**. Sie kann als **Zielwert** (Vorgabegröße) für Verhandlungen benutzt werden, der von den Mitarbeitern im Verkauf höchstens erreicht werden darf. Grundsätzlich gilt: **Je kleiner die Preisnachlassquote (Vertrieb) ist, desto erfolgreicher sind die Konditionsverhandlungen verlaufen.** Die Preisnachlassquote (Vertrieb) ist wie folgt definiert:[692]

---

[691] Nicht zu verwechseln mit der Erlösschmälerungsquote (s. u.)! Hinweis: Die Kennzahl „Preisnachlassquote“ existiert auch im Beschaffungsbereich als Preisnachlassquote (Beschaffung). Vgl. Unterparagraf 2.1.2.2.5.4 „Preis“.

[692] Vgl. beispielsweise WÖLTJE, J.: Formelsammlung, a. a. O., S. 162, WEBER, M.: Schnelleinstieg Kennzahlen, Freiburg 2006, S. 117.

$$\text{Preisnachlassquote (Vertrieb)} = \frac{\text{Preisnachlässe}}{\text{Umsatz}^1} \cdot 100$$

Darst. 2.4132: Preisnachlassquote (Vertrieb)

[1] Zu Listenpreisen.

Sie soll anzeigen, wie viel Prozent des Umsatzes auf die gesamten Preisnachlässe entfällt bzw. **wie viel Prozent Umsatz dem Unternehmen in Form von Preisnachlässen entgangen sind**. Anhand der Preisnachlassquote lässt sich schnell **erkennen, „ob die Preis- und Konditionenpolitik umgesetzt wird oder ob zu großzügig Preisnachlässe gewährt wurden**".[693] Es geht also auch um die Frage, ob eine ggf. positive Entwicklung des (wertmäßigen) Umsatzes über Preis- oder Mengensteigerungen erreicht wurde. Eine Umsatzsteigerung allein über die Mengenkomponente, eventuell verbunden mit Preiszugeständnissen, hätte c. p. eine signifikante Verschlechterung der **Rentabilitäten** aufgrund des höheren Materialaufwands zur Folge. Bei einer differenzierenden regionalen (und damit i. d. R. personalbezogenen) oder produktspezifischen Betrachtung (s. u.) ist in diesem Zusammenhang zu prüfen, wie intensiv der Wettbewerb in der Region oder in Bezug auf bestimmte Produkte/Produktgruppen ist.

Die (gewährten) **Preisnachlässe** setzen sich zusammen aus den vom Unternehmen gewährten **Rabatten, Boni und Skonti** für die dem Betriebszweck entsprechenden Produkte. Rabatte, Skonti und Boni lassen sich hinsichtlich des Zeitpunktes der Gewährung bzw. Inanspruchnahme unterscheiden: Ein **Rabatt** führt sofort beim Erwerb zu einem Preisnachlass[694], während ein Bonus[695] nachträglich (meist erst nach Beendigung des Geschäftsjahres) gewährt wird. Die Einräumung eines Skontos[696] gehört seitens des Lieferanten zu den Maßnahmen der Kontrahierungspolitik[697] und ermöglicht dem Kunden einen Preisnachlass bei sehr kurzfristiger, „vorzeitiger" Zahlung. Die Ermittlung der Preisnachlässe im Unternehmen ist etwas aufwendiger, da die Rabatte in der Finanzbuchhaltung nicht von Bedeutung sind. Rabatte sind i. d. R. auf der Rechnung ausgewiesen, die Bu-

[693] SABRAUTZKY, TH.: Erfolgreiche und profitable Vertriebssteuerung, Norderstedt 2013, S. 61.

[694] Verschiedentlich wird dieser Rabatt auch als „Sofort-Rabatt" bezeichnet. Diese Begriffswahl ist insofern unglücklich, weil Rabatte i. d. R. sofort anfallen. Vgl. WEDELL, H., DILLING, A.: a. a. O., S. 134.

[695] Bei einem Bonus handelt es sich um einen „Treuerabatt". Als Beispiel sei hier der Umsatzbonus genannt, der bei Erreichen eines vorab vereinbarten Umsatzes zu einer Rückgewährung von Zahlungen (Gutschrift) führt.

[696] Auch als Barzahlungsrabatt bezeichnet. Vgl. FRETER, H.: a. a. O., S. 118.

[697] Vgl. MEFFERT, H.: a. a. O., S. 85.

chung wird *netto* unter Abzug des Rabattes vorgenommen. Rabatte werden somit buchhalterisch nicht erfasst.[698] Damit kann dieser Teil der Preisnachlässe nur mühsam über spezielle Erfassungstools in den Unternehmen, wenn sie denn eingerichtet sind, oder schlicht und einfach auf den Rechnungen selbst eingesehen werden. Damit bezieht sich der Preisnachlass in Form des Rabatts automatisch auf den Listenpreis. (Wie später zu sehen sein wird, hat diese Feststellung Konsequenzen im Hinblick auf die Definition des Nenners der Kennzahl „Preisnachlassquote".) Anhaltspunkt für die Gewährung von Rabatten kann eine umsatzbezogene ABC-Analyse sein, sofern die Rabatte umsatzabhängig gewährt werden sollen. Den einzelnen Klassen von Kunden werden in diesem Falle bestimmte (maximale) Rabattstufen eingeräumt. Die **Boni** können dem Unterkonto des Umsatzerlöskontos „Erlösberichtigungen für …"[699] entnommen werden.[700] In der Praxis und in Lehrbüchern[701] werden gelegentlich die Bonuszahlungen des Lieferanten als Aufwendungen („Bonusaufwand") verbucht. Diese Buchungstechnik ist unter theoretischen Gesichtspunkten abzulehnen, da es sich bei diesen Boni nicht um eine besondere Aufwandsart, sondern um Korrekturen früherer wertmäßiger Buchungen auf den Umsatzerlöskonten handelt.[702] Werden Boni jedoch *nach Erstellung des Jahresabschlusses* (also im Folgejahr) für Umsätze vorangegangener Geschäftsjahre gewährt, würde eine Buchung als Erlösberichtigung fehlerhaft sein. Das Postulat einer periodengerechten Erfolgsabgrenzung bedeutet, dass diese Boni nicht als Erlösberichtigung den Umsatz des laufenden Folgejahres mindern dürfen. Da eine Korrektur der Umsatzerlöse vergangener Geschäftsjahre nach Erstellung des Jahresabschlusses nicht mehr möglich ist[703], sind die Bonuszahlungen des Lieferanten beim Lieferanten im laufenden Folgejahr als periodenfremde oder sonstige Aufwendungen zu buchen. Damit wird verdeutlicht, dass die Ursache ihrer Entstehung nicht im laufenden Geschäftsjahr, sondern in früheren Abrechnungsperioden liegt. **Skonti** sind direkt dem Erlösberichtigungskonto zu entnehmen.

Im Zähler der Quotienten „Preisnachlassquote" steht der Umsatz. Während Wöltje die Umsatzerlöse gem. § 277 Abs. 1 HGB verwendet[704], weist Weber darauf hin, dass die Umsatzerlöse *vor* Abzug der Preisnachlässe (und ohne Umsatzsteuer) angesetzt werden.[705] Die Verwendung von Umsatzerlösen gem. GuV im Nenner der Preisnachlassquote ist

[698] Vgl. beispielsweise MÜLLER, U.: a. a. O., S. 127, BIEG, H.: a. a. O., S. 112.

[699] Eine aussagekräftige Buchhaltung unterteilt die Erlösberichtigungen (mindestens) in Erlösberichtigungen für eigene Erzeugnisse und Erlösberichtigungen für (Handels-)Waren.

[700] Es ist darauf zu achten, dass – im Falle einer Bruttobuchung – nur die Nettobeträge berücksichtigt werden!

[701] Etwa MÜLLER, U.: a. a. O., S. 127.

[702] Vgl. BIEG, H.: a. a. O., S. 113f.

[703] Die Konten sind ja bereits abgeschlossen!

[704] Siehe WÖLTJE. J.: Formelsammlung, a. a. O., S. 162.

[705] Vgl. WEBER, M.: a. a. O., S. 117.

problematisch, da zum einen in den Umsatzerlösen auch Erlöse aus dem Verkauf und der Vermietung oder Verpachtung von Produkten sowie aus der Erbringung von Dienstleistungen enthalten sind, die *nicht* zur betrieblichen Geschäftstätigkeit gehören, also **betriebsfremd** sind. Dazu gehören etwa Kantinenerlöse, Gebühren für den Kindergarten des Unternehmens, Erlöse aus dem Verkauf von Roh-, Hilfs- und Betriebsstoffen, Miet- und Pachteinnahmen oder auch Erträge aus Schrottverkäufen. Zum anderen werden **Kostensteuern** wie bspw. die Mineralölsteuer, Tabaksteuer, Biersteuer und Branntweinsteuer, nicht aber Grundsteuer und Kraftfahrzeugsteuer, in der Position „Umsatzerlöse" **als Aufwand** direkt **berücksichtigt**. Die (tatsächlichen) Umsatzerlöse sind zwar den eigenen Daten des Unternehmens relativ einfach zu entnehmen, lässt aber kein externes Benchmarking zu, da die tatsächlichen Umsatzerlöse die ausgehandelten Preisnachlässe bereits enthalten. Zudem berührt ein Preisnachlass sowohl den Zähler als auch den Nenner der Preisnachlassquote. Die gängige Vorgehensweise sieht vor, die (gewährten) Preisnachlässe den Umsätzen zu Listenpreisen gegenüberzustellen, um das Problem der „**Mondpreise**" zu kompensieren. Unabhängig davon wäre die obige Formulierung, dass die Preisnachlassquote anzeigt, wie viel Prozent des Umsatzes auf die gesamten Preisnachlässe entfällt bzw. wie viel Prozent Umsatz dem Unternehmen in Form von Preisnachlässen entgangen sind, auch wegen des Nichtausweises von Rabatten nicht korrekt, wenn die Umsatzerlöse gem. § 277 Abs. 1 HGB zugrunde gelegt würden.

Der **Umsatz der geschäftstypischen Kunden zu Listenpreisen** lässt sich jedoch über die Addition von Kundenrabatten (über die Kundenstammdaten) und den Daten aus den Debitorenkonten der Finanzbuchhaltung (Umsätze, Skonti, Boni) ermitteln. Dies zeigt das nachstehende Beispiel:

Der Lieferant L gewährte laut Buchführung seinen Kunden (im Rahmen der gewöhnlichen Geschäftstätigkeit) im gesamten Geschäftsjahr Preisnachlässe in Höhe von 21,16 Mio. € Diese setzten sich zusammen aus Rabatten in Höhe von 18,32 Mio. € sowie Skonti und Boni in Höhe von 2,84 Mio. €. Die addierten Umsatzerlöse der geschäftstypischen Kunden betrugen 91,42 Mio. €.

In einem ersten Schritt ist zu ermitteln, wie hoch die Umsätze zu Listenpreisen gewesen wären. Denn darauf sind die gesamten Preisnachlässe zu beziehen.

Die Umsätze zu Listenpreisen ergeben sich bei den geschäftstypischen Kunden aus der Addition der Umsatzerlöse und der Rabatte: 109,74 Mio. € = 91,42 Mio. € + 18,32 Mio. €.

Jetzt lässt sich die Preisnachlassquote (Vertrieb) wie folgt berechnen:

$$\text{Preisnachlassquote (Vertrieb)} = \frac{21{,}16 \text{ Mio. €}}{109{,}74 \text{ Mio. €}} \cdot 100 = 19{,}28\ \%$$

Interpretation: 19,28 % Prozent des Umsatzes (zu Listenpreisen) entfallen auf die gesamten Preisnachlässe, d. h. 19,28 % des Umsatzes (zu Listenpreisen) sind dem Unternehmen in Form von Preisnachlässen entgangen.

Es sei nur am Rande darauf hingewiesen, dass diese Daten auch bei der Berechnung des Kundendeckungsbeitrags (vgl. Unterabschnitt 2.4.12 „Umsatz je Kunden, Auftragswert, Kundenbedeutungsgrad, kundenbezogene Deckungsbeitragsrechnung und dynamische Kundenerfolgsrechnung“) benötigt werden.

Krause/Aurora führen an, dass als „Synonym für die Preisnachlassquote ... auch der Begriff der „**Erlösschmälerungsquote**“ gebräuchlich“ sei.[706] Dies mag so sein, ist aber falsch: Der Umfang der **Erlösschmälerungen** ist wesentlich größer als die vorab definierten Preisnachlässe. Zu den Erlösschmälerungen gehören nach Pepels neben den erwähnten Rabatten, Boni und Skonti auch Zugaben, Gewährleistungen (Reklamationen, Mängelrügen), Pönale, Gutschriften (auch für Berechnungsfehler), Provisionen, Forderungsausfälle, Wechselkursänderungen etc. Die Erlösschmälerungen sind die Differenz zwischen dem Bruttoumsatz (Umsatz zu Listenpreisen) und Nettoumsatz (pagatorischem Umsatz).[707] Dementsprechend ergibt sich der Nettoumsatz als Bruttoumsatz minus Erlösschmälerungen.

[706] KRAUSE, H., ARORA, D.: a. a. O., S. 167.

[707] PEPELS, W. ET AL.: Expert Praxislexikon betriebswirtschaftliche Kennzahlen: Instrumente zur unternehmerischen Leistungsmessung, 2. Aufl., Renningen 2008, S. 57.

Die Erlösschmälerungsquote wird wie folgt definiert:[708]

$$\text{Erlösschmälerungsquote} = \frac{\text{Nettoumsatz}}{\text{Umsatz}^1} \cdot 100$$

Darst. 2.4133: Erlösschmälerungsquote

[1] Zu Listenpreisen.

Auch die Erlösschmälerungsquote dient der **Analyse von Preisen** und gibt **Aufschluss über den Erfolg der Preisverhandlungen mit den Kunden**. Sie kann als **Zielwert** (Vorgabegröße) für Verhandlungen benutzt werden, der von den Mitarbeitern im Verkauf mindestens erreicht werden muss. Ziel ist die **Maximierung der Erlösschmälerungsquote**. Bei einer Erlösschmälerungsquote von 100 % hätte das Unternehmen keinerlei Erlösschmälerungen zu verzeichnen.

Die Bewertung der errechneten Preisnachlassquote bzw. der Erlösschmälerungsquote über ein internes oder externes **Benchmarking** ist erst dann sinnvoll, wenn die zu vergleichenden Unternehmen oder Unternehmensteile unter denselben Voraussetzungen die Preisnachlassquote bzw. Erlösschmälerungsquote ermittelt haben. Diese Prämissen werden als materielle und formelle Identität bezeichnet.[709] Hinzu tritt bei Zeitreihenanalysen noch die materielle Kontinuität. Die **materielle Kontinuität**[710] fordert, dass die Kontrollgröße als eingetretener Istwert **zu jedem Zeitpunkt** auf die gleiche Weise ermittelt, abgegrenzt und zusammengesetzt ist. Als Beispiel sei hier die jährlich vom Statistischen Bundesamt ermittelte Inflationsrate genannt, der ein bestimmter Warenkorb zugrunde liegt. Die **materielle Identität** stellt auf die **inhaltliche Übereinstimmung zwischen Kontroll- und Vergleichsgröße(n)** ab. Empfehlenswert ist im Rahmen des Vergleichs von Kontroll- und Maßstabsgröße auch eine **formelle Identität**. Diese besagt, dass sowohl für die Kontrollgröße als auch den Vergleichswert **die gleichen Begriffe** verwendet werden (sollten). Die formelle Identität vereinfacht die Vergleichbarkeit, erheblich, ist aber keine zwingende Voraussetzung. Entscheidend ist die materielle Identität, die – insbesondere beim externen Benchmarking und gleichlautenden Begrifflichkeiten – sorgsam zu prüfen ist.

[708] Vgl. ähnlich ebenda.

[709] Vgl. WÖRDENWEBER, M.: Unternehmensplanung, a. a. O., S. 289.

[710] Vgl. die materielle Kontinuität im Rahmen der Grundsätze ordnungsgemäßer Buchführung (GoB).

Intern lassen sich sowohl die Preisnachlässe als auch die Erlösschmälerungen (über ein zentrales Unternehmens- bzw. Konzerncontrolling) ermitteln, um dann Unternehmens- bzw. Konzernteile miteinander vergleichen zu können. Die Möglichkeit eines **externen Benchmarkings** scheidet aus zwei Gründen aus. Zum einen lassen sich aus den Umsatzerlösen nicht die Umsätze herausrechnen, zum anderen werden weder die Summe der Preisnachlässe noch die gesamten Erlösschmälerungen eines Unternehmens veröffentlicht.[711] In den meisten Fällen dürfte nur der **Zeitreihenvergleich** möglich sein; allerdings unter Beachtung folgender Problematik: Bei Errechnung der Kennzahl „Preisnachlassquote" werden die Preisnachlässe auf den Umsatz zu Listenpreisen angegeben. Dabei ist **Vorsicht** wegen der **Aktualisierung der Listenpreise** geboten. Bei Änderung der Listenpreise ergeben sich bei der Errechnung der beiden Quoten Ergebnisse, die nicht mit vorherigen Perioden alter Listenpreise verglichen werden können, da eine andere Bezugsbasis entstanden ist.[712]

Das Unternehmen strebt eine stetige Senkung der Kennzahl „Preisnachlassquote" und/ oder eine Erhöhung der „Erlösschmälerungsquote" an, da **Preisnachlässe bzw. Erlösschmälerungen die Rentabilität und Liquidität verschlechtern**. Insofern sollten die Instrumente im Bereich der Erlösschmälerungen, insbesondere **alle Formen von Preiszugeständnissen einschließlich der Rabatte, mit Bedacht ausgewählt werden**. Es ist im Einzelfall u. a. mittels Deckungsbeitragsrechnung zu prüfen, ob eine Senkung des Preises zu einem Mehrumsatz führt. Darüber hinaus gilt, dass eine Reduzierung des Preises eine gewisse Remanenz (ähnlich den Kosten) mit sich bringt: Eine letztlich vermutlich nicht gewünschte dauerhafte Senkung (es sei denn, dies ist Teil einer Strategie der Preisführerschaft) aufgrund nicht rücknehmbarer Preise (Rabatte) kann zu einer dauerhaften Belastung des Gewinns führen.

Es empfiehlt sich, beide Kennzahlen für eine differenzierende **regionale** (und damit i. d. R. **personalbezogene**), **produktspezifische, marktsegment-** oder **kunden(gruppen)bezogene Betrachtung** zu nutzen. In diesem Zusammenhang ist zu prüfen, wie intensiv der Wettbewerb in den Marktsegmenten und/oder Absatzgebieten (und/oder in Bezug auf bestimmte Produkte/Produktgruppen) ist. Hierfür sind Zähler und Nenner entsprechend anzupassen. Die Fokussierung auf Kunden kann konsequent fortgeführt werden, indem nicht nur die Preisnachlässe oder Erlösschmälerungen, sondern alle kundenbezogenen Aufwendungen den kundenspezifischen Umsätzen gegenübergestellt werden. Diese Analyse wurde unter den Begriffen „Kundenbezogene Deckungsbeitragsrechnung" und

[711] Unabhängig davon ist festzustellen, dass die beiden Kennzahlen branchen- und kundenspezifisch sehr stark divergieren.

[712] Vgl. hierzu die Ausführungen bei WÖRDENWEBER, M.: Operatives Controlling – Band 1, a. a. O., S. 50–51.

„Dynamische Kundenerfolgsrechnung" im Unterabschnitt 2.4.12 vorgestellt. Die gewonnenen Informationen werden von der Verkaufsleitung sowie dem Marketing- oder Vertriebscontrolling zur detaillierten Leistungsbeurteilung und Wirtschaftlichkeitsanalyse des Einkaufs benutzt. Die beiden Verhältniszahlen sollten **unterjährig, am besten monatlich, berechnet** werden, um auf aktuelle Ereignisse und Änderungen der Quoten schnell reagieren zu können.

Weitergehende Analysen können im Bereich der Rabatte angeregt werden. Sie dienen der Messung der **Wirksamkeit unterschiedlicher Rabattaktionen** wie

- Mengenrabatte (bei Abnahme größerer Mengen),
- Personalrabatte (an Mitarbeiter des Unternehmens),
- Sonderrabatte (bei besonderen Anlässen wie Jubiläen, (Teil-)Räumungsverkäufen, Lagerüberhängen)
- Treuerabatte (an Stammkunden),
- Wiederverkäuferrabatte (an den Handel).

2.4.18 Forderungslaufzeit

Der **Absatzkredit** ist eine spezielle Form des Kredits zur Förderung des Verkaufs von Waren und Dienstleistungen. Dabei werden meist hochwertige Güter vom Kunden in einem Betrag sehr viel später nach dem Kauf bezahlt oder in Teilbeträgen über einen längeren Zeitraum, wobei auch eine Anzahlung in einer bestimmten Höhe denkbar ist. Der Absatzkredit ist dort anzutreffen, wo das sofortige Bezahlen einer Ware in einer Summe die Zahlungskraft des Käufers übersteigt oder wo die Kaufentscheidung durch das Angebot einer günstigen Finanzierung herbeigeführt werden soll. Dies ist beispielsweise bei Kraftfahrzeugen, Möbeln, und Fernseh- oder anderen Geräten der Unterhaltungselektronik häufig der Fall. Unter dem Begriff „**Absatzkreditpolitik**" werden alle Maßnahmen eines Unternehmens verstanden, mittels derer potenzielle Kunden durch die Gewährung oder Vermittlung von Absatzkrediten zum Kauf veranlasst werden sollen.[713] In der Praxis treten viele Arten von Absatzkrediten auf. Je nach Art und Form der Kreditmittel, die dem Kunden zur Verfügung gestellt werden, lassen sich die Absatzkredite in Absatzgeldkredite und Absatzgüterkredite unterscheiden.[714] Während der Absatzgeldkredit die Kreditvergabe nicht direkt mit dem Bezug von Sachgütern oder Dienstleistungen des Kreditgebers koppelt, wird der Absatzgüterkredit unmittelbar im Zusammenhang mit dem Absatz gewährt:

[713] Vgl. MEFFERT, H.: a. a. O., S. 319.

[714] Vgl. MEFFERT, H., BURMANN, C., KIRCHGEORG, M., EISENBEISS, M.: a. a. O., S. 566.

Hier wird dem Kunden der Kaufpreis für die erworbenen Güter und Dienstleistungen gestundet.[715] Der **Zeitraum zwischen der Rechnungslegung und dem Zahlungseingang** wird als **Forderungsdauer** definiert. Bis zum Zahlungseingang müssen die **Forderungen durch den Verkäufer finanziert** werden. Entweder muss er seinerseits einen Kredit aufnehmen und dafür Sollzinsen bezahlen oder er verzichtet in dieser Zeit auf die Anlage der Kundengelder (Opportunitätskosten). Im Zusammenhang mit der Beurteilung der verkäuferischen Leistung muss also auch bedacht werden, dass die Verantwortung für die Forderungsdauer und die damit verbundenen Kosten und Risiken (neben der Debitorenbuchhaltung auch) im Absatzbereich liegt. Aus diesem Grund, weil es sich bei dem Absatzkredit um ein Marketinginstrument handelt und da der Nenner der noch zu betrachtenden Kennzahl die Umsätze umfasst, wird die folgende Kennzahl dem Bereich Marketing bzw. Vertrieb zugeordnet. Sie heißt **Forderungslaufzeit**[716], die als Durchschnittsgröße angibt, **nach wie viel Tagen die Rechnungen des Unternehmens beglichen werden**. Sie wird in der Zeit-Dimension „Tage" angegeben. Es gibt eine stattliche Anzahl synonym gebrauchter Begriffe wie Debitorenziel[717], Debitorenlaufzeit[718], Debitorendauer[719], Außenstandsdauer, Forderungsbindung, Laufzeit der Forderungen[720], Forderungsumschlagszeit[721], Kundenziel[722] und durchschnittliche Forderungsdauer[723]. Der ebenfalls synonym verwendete Begriff „Kundenkreditdauer"[724] bietet sich zwar vordergründig als Pendant zur Lieferantenkreditdauer an, wird hier aber nicht weiter verfolgt, da er irreführend ist: Im Wort ist der Kundenkredit enthalten, der jedoch eine völlig andere Bedeutung als der Absatzkredit aufweist: Der Kundenkredit ist ein kurzfristiger Handelskredit des Kunden an den Lieferanten auf der Basis einer vertraglichen Vereinbarung zwischen einem Kunden und einem Lieferanten als Kreditnehmer. Die Kreditbeziehung ist also genau entgegengesetzt dem Absatzkredit. In der Regel wird ein Kundenkredit in Form von zu leistenden Anzahlungen, Vorauszahlungen oder Abschlagszahlungen des Kunden an den Lieferanten vertraglich fixiert, wenn zwischen der Planungsphase oder Auftragsvergabe und

[715] Vgl. AHLERT, D.: Grundzüge des Marketing, 3. Aufl., Düsseldorf 1984, S. 147.

[716] Im Englischen: Days' Sales in Receivables, Average Collection Period.

[717] Vgl. PREISSLER, P. R.: a. a. O., S. 140.

[718] Vgl. GRÄFER, H., GERENKAMP, TH.: Bilanzanalyse, 13. Aufl., Herne 2016, S. 76, GRÄFER, H., WENGEL, T.: Bilanzanalyse. Kompaktes Lern- und Arbeitsbuch mit Online-Training, 14. Aufl., Herne 2019, S. 79, KRAUSE, H., ARORA, D.: a. a. O., S. 102.

[719] Vgl. BESTMANN, U.: a. a. O., S. 19.

[720] Vgl. OLFERT, K., RAHN, H.-J., ZSCHENDERLEIN, O.: a. a. O., Nr. 441.

[721] Vgl. REICHMANN, TH., KISSLER, M., BAUMÖL, U.: a. a. O., S. 57, 115.

[722] Vgl. SCHIERENBECK, H., WÖHLE, C. B.: a. a. O., S. 801, 808.

[723] Vgl. ERICHSEN, J. (HRSG.): Controlling für Einsteiger, Planegg/München 2010, S. 459, MEHLAN, A.: Praxishilfen Controlling. Die besten Controlling-Instrumente mit Excel, Darmstadt 2007, S 76.

[724] Vgl. DEYHLE, A., KOTTBAUER, M., PASCHER, D.: Manager und Controlling: Kompaktes Controlling-Wissen für Führungskräfte, Freiburg 2011, S. 238.

der Fertigstellung einer Leistung erhebliche Zeit liegt und/oder die Leistung auf die speziellen Bedürfnisse des Kunden ausgerichtet ist und/oder eine enorme Kapitalbindung beim Hersteller festzustellen ist. Typische Produkte sind Sonder- und Großmaschinen, Großanlagen, große Bauvorhaben und größere Schiffsbauten. Abweichend von den genannten Begriffen gibt Scheld eine ähnliche Kennzahl (Zielgewährung an Kunden) an, die allerdings auf monatlicher Basis definiert ist.[725]

Die Forderungslaufzeit wird wie folgt definiert:

$$\text{Forderungslaufzeit (GuV)} = \frac{\text{Forderungen aus Lieferungen und Leistungen}}{\text{Umsatzerlöse zuzügl. Umsatzsteuer}} \cdot 360$$

Darst. 2.4134: Forderungslaufzeit (GuV)

Bei dieser Definition ist zu beachten, dass die in den Nenner genannten Umsatzerlöse zum einen Erlöse aus dem Verkauf und der Vermietung oder Verpachtung von Produkten sowie aus der Erbringung von Dienstleistungen enthalten, die *nicht* zur betrieblichen Geschäftstätigkeit gehören, also **betriebsfremd** sind. Dazu gehören z. B. Gebühren für den Kindergarten des Unternehmens, Kantinenerlöse, Erlöse aus dem Verkauf von Roh-, Hilfs- und Betriebsstoffen, Miet- und Pachteinnahmen oder auch Erträge aus Schrottverkäufen. Zum anderen werden **Kostensteuern** wie bspw. die Mineralölsteuer, Tabaksteuer, Biersteuer und Branntweinsteuer; nicht aber Grundsteuer und Kraftfahrzeugsteuer, in der Position „Umsatzerlöse“ **als Aufwand direkt berücksichtigt**. Befinden sich in den Umsatzerlösen **außergewöhnliche und/oder periodenfremde Geschäftsvorfälle**, müssen diese im Hinblick auf den Umsatz herausgerechnet werden, weil sie dem Unternehmen nicht stetig zufließen.[726] Ein Beispiel für außergewöhnliche Transaktionen können Umsatzerlöse aufgrund eines einmaligen Sonderauftrages sein. Infolge der (neuen) Definition der Umsatzerlöse gem. BilRUG 2015 muss zwischen den betrieblichen Umsätzen/Erlösen und den Umsatzerlösen nach § 277 Abs. 1 HGB streng unterschieden werden.[727]

---

[725] Vgl. SCHELD, G. A.: Kennzahlenanalyse, a. a. O., S. 153.

[726] Gemäß § 385 Nr. 31 HGB muss der Bilanzierende ohnehin Erträge und Aufwendungen von außergewöhnlicher Größenordnung und Bedeutung im Anhang angeben und erläutern.

[727] Vgl. dazu die Ausführungen bei WÖRDENWEBER, M.: Operatives Controlling – Band 1, a. a. O., Paragraf 3.1.1.1.1 „Analyse der Erfolgserzielung“, Stichwort „Umsatzerlöse“.

Von den gesamten Forderungen gem. § 266 Abs. 2 HGB sind nur die Forderungen aus Lieferungen und Leistungen relevant. Und zwar als Durchschnittswert, d. h. als arithmetisches Mittel von Geschäftsjahresanfangs- und -endwert. Bei stark schwankenden Umsätzen während des Jahres ist eine Berechnung mit mindestens vier, besser zwölf Endbeständen empfehlenswert, denn es gilt: Je mehr Endbestände verwendet werden, umso genauer ist das berechnete arithmetische Mittel des betrachteten Zeitraums.[728] Den Forderungen aus Lieferungen und Leistungen stehen im Nenner die Umsatzerlöse gegenüber, denen die Umsatzsteuern zugerechnet werden,[729] da die Forderungen in der Finanzbuchhaltung inkl. Umsatzsteuern ausgewiesen werden. Damit ist eine einheitliche Datengrundlage gegeben. Abweichend wird auch, insbesondere in vielen ausländischen Staaten, bei der Berechnung dieser Kennzahl mit 365 Tagen gearbeitet.[730]

Grundsätzlich stellt sich die Frage, ob der ermittelte Wert ein vergleichsweise schlechter, mittelmäßiger oder guter ist. Eine Antwort könnte eine **vergleichende Bewertung (Benchmarking)** (vgl. Operatives Controlling. Band 1, Unterabschnitt 2.2.6 „Bewertung von Kennzahlen und Benchmarking) liefern. Neben der zeitlichen Bewertung (**Zeitreihenanalyse**) kann eine auch eine relative Bewertung in Form des **internen oder externen Benchmarkings** (vgl. Operatives Controlling. Band 1, Darst. 2.209) vorgenommen werden. Preissler nennt folgende Sollwerte:[731]

Industrie (Erzeugung) < 45 Tage
Handwerk < 40 Tage
Großhandel < 40 Tage
Einzelhandel < 10 Tage

[728] Vgl. hierzu die Ausführungen im Unterabschnitt 2.2.1 von Band 1 „Vorbemerkungen“.

[729] In einigen Formeln wie z. B. bei Deyhle/Kottbauer/Pascher (DEYHLE, A., KOTTBAUER, M., PASCHER, D.: a. a. O., S. 238) fehlt die Mehrwertsteuer. Bei Reichmann/Kissler/Baumöl (REICHMANN, TH., KISSLER, M., BAUMÖL, U.: a. a. O., S. 115.) und Olfert/Rahn/Zschenderlein (OLFERT, K., RAHN, H.-J., ZSCHENDERLEIN, O.: a. a. O., Nr. 441.) wird abweichend im Nenner der Umsatz ausgewiesen.

[730] Siehe etwa bei GRÄFER, H., WENGEL, T.: a. a. O., S. 79.

[731] PREISSLER, P. R.: Kennzahlen, a. a. O., S. 140.

Die Kennzahl „Forderungslaufzeit“ kann auch indirekt über die Kennzahl „Forderungsumschlag“, auch Debitorenumschlag genannt, ermittelt werden:

$$\text{Forderungslaufzeit} = \frac{360}{\text{Forderungsumschlag}}$$

Darst. 2.4135: Forderungslaufzeit (indirekte Berechnung)

Der **Forderungsumschlag** wiederum ist wie folgt definiert:

$$\text{Forderungsumschlag (GuV)} = \frac{\text{Umsatzerlöse zuzügl. Umsatzsteuer}}{\text{Forderungen aus Lieferungen und Leistungen}}$$

Darst. 2.4136: Forderungsumschlag (GuV)

Es stellt sich allerdings die berechtigte **Frage, ob die Steuerung über GuV-Größen aus betrieblicher Sicht sinnvoll und richtig ist**, denn sowohl die Forderungen aus Lieferungen und Leistungen als auch die Umsatzerlöse enthalten betriebsfremde, außergewöhnliche oder periodenfremde Geschäftsvorfälle und die Umsatzerlöse darüber hinaus als Aufwand die Kostensteuern. Sofern sich das Marketing und damit sich der Vertrieb auf die Aktivitäten entsprechend dem Unternehmenszweck bezieht, können betriebsfremde Umsatzerlöse nicht im Fokus stehen. Vielmehr sind nur diejenigen **Erfolgskomponenten relevant**, die sowohl **betrieblich** als auch **stetig** und **finanziell** wirksam sind.[732] Dementsprechend muss die Definition der Kennzahl „Forderungslaufzeit“ angepasst und auf die Daten der Strukturbilanz[733] zurückgegriffen werden. So können ein Teil der außergewöhnlichen und periodenfremden Umsatzerlöse, soweit sie nicht von untergeordneter Bedeutung sind, bei mittelgroßen und großen Kapitalgesellschaften dem Anhang gem. § 285 Nr. 31 HGB (außergewöhnliche Erträge und Aufwendungen) bzw. bei großen Kapitalgesellschaften dem Anhang gem. § 285 Nr. 32 HGB (periodenfremde Erträge und

[732] Vgl. die Ausführungen bei WÖRDENWEBER, M.: Operatives Controlling. Band 1, Paragraf 3.1.1.1.1 „Analyse der Erfolgserzielung“.

[733] Ebenda.

Aufwendungen) entnommen werden, nicht aber die betriebsfremden Umsatzerlöse. In diesem Fall müsste auf die Umsatzerlöse in den Debitorenkonten der geschäftstypischen, dem Unternehmenszweck entsprechenden Kunden zurückgegriffen werden. Aus diesen Debitorenkonten lassen sich additiv die Forderungen aus Lieferungen und Leistungen ablesen. Die modifizierte Kennzahl im „Kernbereich“ des Unternehmens (gewöhnlicher Betriebszweck oder gewöhnliche Geschäftstätigkeit) ist dann wie folgt zu definieren:

$$\text{Forderungslaufzeit (Unternehmenszweck)} = \frac{\text{Forderungen aus Lieferungen und Leistungen aus betriebsgewöhnlicher Geschäftstätigkeit}}{\text{Umsatz zuzügl. Umsatzsteuer}} \cdot 360$$

Darst. 2.4137: Forderungslaufzeit (Unternehmenszweck)

Die Kennzahl „Forderungslaufzeit“ ist für ein Unternehmen aus **Risiko-, Kosten-, Finanzierungs- und Absatzgründen** bedeutsam. Sie gibt Auskunft darüber, welche Zeit verstreicht, bis die **Umsatzerlöse** bzw. **Umsätze liquiditätswirksam** werden. Sie beantwortet damit auch die Frage, nach wie viel Tagen die Rechnungen von allen bzw. den geschäftstypischen Kunden beglichen werden und gibt somit **Auskunft über das Zahlungsverhalten**/die Zahlungsmoral der Kunden. Die Forderungslaufzeit ist Ursache der **Kapitalbindung** durch die Kunden und den damit verbundenen **Zinsaufwand**. Auch **fehlen** dem Unternehmen **die gebundenen Mittel für die Finanzierung.** Zudem **steigt das Kreditrisiko**, welches das Unternehmen trägt, **je später der Rechnungsausgleich erfolgt**. Das **Risiko** kann **gemindert** werden, **wenn dem Kunden für eine schnellere Zahlung Skonto angeboten wird**. Wie Tabelle 2.1121 jedoch gezeigt hat, ist die Nutzung von **Skonto eine recht teure Zahlungsbedingung**. Je höher der Skontosatz, desto höher ist der Anreiz für den Kunden, die Skontoabzugsmöglichkeit zu nutzen und desto höher ist der Effektivzinssatz.[734] **Optimal aus Sicht des Kunden ist** in den meisten Fällen (Ausnahmen sind Kunden mit enormer Marktmacht, die ein extrem langes Netto-Zahlungsziel durchsetzen können) **eine Zahlung mit Skonto** zum Ende der vereinbarten Skontofrist.[735] Erst wenn seitens des Lieferanten keine Skontozahlung eingeräumt wird, wird eine Rechnung gegen Ende des vereinbarten Netto-Zahlungsziels oder später beglichen. **Aufgrund des hohen effektiven Zinses sollte das Angebot eines hohen Skontosatzes mit Bedacht erfolgen.**

[734] Vgl. hierzu die detaillierten Ausführungen im Unter-Unterabschnitt 2.1.2.3 „Lieferantenkreditdauer“.

[735] Ebenda.

Die Forderungslaufzeit ist mindestens jährlich, besser aber im monatlichen Rhythmus zu betrachten. Eine unterjährige Überprüfung muss jedoch, insbesondere bei stark saisonalen Effekten, beachten, dass zwischen der Forderungsentstehung und der Begleichung der Rechnung ein time-lag aufgrund der Forderungsdauer, also auch der Zahlungsziele besteht. Eine Veränderung der Forderungslaufzeit ist in jedem Fall mit den Beteiligten, das ist i. d. R. das Controlling, der Vertrieb, die Debitorenbuchhaltung sowie die Abteilung Finanzen im Hinblick auf die im vorhergehenden Absatz genannten Gesichtspunkte zu analysieren. **Verlängerte Forderungslaufzeiten** können u. a. auf Qualitätsprobleme bei den Sachgütern und Dienstleistungen oder ein ineffizientes Mahnwesen zurückzuführen sein. Auch auf eine Änderung der Kundenstruktur kann Ursache einer längeren Forderungslaufzeit sein, wenn die neu gewonnenen Kunden eine schlechtere Bonität aufweisen und/oder mentalitätsspezifische und/oder landestypische längere Zahlungsziele, ggf. verbunden mit mehr oder weniger stark verzögerten Zahlungsgewohnheiten eine große Rolle spielen. Denkbar ist auch das Ausnutzen einer schlechten oder sich verschlechternden Marktposition (Polypol auf Seiten des Lieferanten oder Monopol-Strukturen auf der Nachfragerseite). Darüber hinaus können auch die konjunkturellen Zyklen Auswirkungen auf das Zahlungsverhalten haben. Letztlich können auch individuelle wirtschaftliche Schwierigkeiten bei den Kunden aufgetreten sein. Insofern ist es sinnvoll, die Kennzahl **„Forderungslaufzeit" für jeden einzelnen Kunden** zu berechnen. Die Kennzahl offenbart dann die Zahlungsmoral einzelner Debitoren und hat damit eine **Frühwarnfunktion** in Bezug auf die Liquidität des Kunden. **Indikatoren** sind die Nicht-Ausnutzung von Skonto, häufige Reklamation oder immer wieder neue Ausreden, warum das vereinbarte Zahlungsziel nicht eingehalten werden konnte. In diesem Zusammenhang ist eine **Prüfung des kundenbezogenen Deckungsbeitrags**[736] anzuraten, zumal die Forderungslaufzeit in Form von Zinsen, Überschreitungen des Zahlungsziels oder als Mahnaufwand etc. in die Berechnung des kundenbezogenen Deckungsbeitrags[737] eingehen.

In vielen Fällen lässt sich bei einer Ausweitung der Forderungslaufzeit und/oder Liquiditätsengpässen „gegensteuern", beispielsweise durch eine Intensivierung des Mahnwesens[738], das verstärkte Angebot von Skonti, die Nutzung von Factoring (zu Lasten der Rentabilität?), das Anbieten oder Durchsetzen von Lastschriftverfahren sowie durch den verstärkten Einsatz von Electronic Banking. Auf die Problematik der hohen Kosten und die schwierige Rücknahme von Skontoangeboten wurde schon oben hingewiesen. Auch

[736] Vgl. Unterabschnitt 2.4.12 „Umsatz je Kunde, Auftragswert, Kundenbedeutungsgrad, kundenbezogene Deckungsbeitragsrechnung und dynamische Kundenerfolgsrechnung".

[737] Siehe die Darst. 2.4099.

[738] Im Detail könnten dies sein: Konsequente Berechnung von Mahngebühren und Verzugszinsen, konsequentes Nachfordern von unberechtigtem Skontoabzug, wöchentliches Mahnen bei großem Mahnaufkommen.

auf die Gefahr, dass Kunden bei starker Kürzung der Zahlungsziele und Skontomöglichkeiten den Lieferanten wechseln. Grundsätzlich und nach Abwägung aller Vor- und Nachteile ist die **Forderungslaufzeit** jedoch **möglichst gering zu halten**. Bei der Forderungslaufzeit handelt es sich damit um ein **Minimierungs-Ziel**. In allen Fällen ist eine Abstimmung mit den betroffenen Abteilungen notwendig.

Eine **Verkürzung der Forderungslaufzeit** kann u. a. auf eine Heraufsetzung der Skontosätze, die Abschreibung von Forderungen, vermehrtes Factoring oder ein verbessertes Mahnwesen zurückzuführen sein.

Da zum einen der **Vertrieb** die Zahlungsziele, mithin auch den geplanten Zahlungseingang, mit dem Kunden vereinbart und der Vertrieb – anders als die Finanzbuchhaltung – im direkten Kontakt mit dem Kunden steht und ihn somit kennt bzw. kennen sollte, ist er im Hinblick auf die Umsatz-, Kosten-, Finanzierungs- und Risikoziele des Unternehmens **letztlich für die Forderungslaufzeit und den Zahlungseingang verantwortlich**. Die Finanzbuchhaltung kann lediglich im Rahmen der Vereinbarungen erinnern und mahnen.

2.4.19 Materialaufwandsquote und Materialintensitäten

Bei der einfach-flexiblen Plankostenrechnung wird als einzige Kosteneinflussgröße die Beschäftigung zugrunde gelegt.[739] Aufgrund der Zuordnungsregel im Kapitel 1 und wegen der Tatsache, dass neben der Produktion v. a. der Vertrieb – zu denken ist hier an die Kundenwünsche und die daraus resultierenden Produktbestandteile bzw. Materialien – für den **Materialverbrauch** verantwortlich ist, werden die zwei Kontrollgrößen **Materialaufwandsquote** und **Materialintensität** hier diskutiert. Die zwei Kennzahlen werden in der Literatur synonym, also materiell identisch, aber auch formell und/oder materiell verschieden verwendet.[740]

[739] Erst bei der mehrfach-flexiblen Plankostenrechnung werden auch andere Kosteneinflussgrößen wie etwa die Verfahrenswahl oder die Qualität berücksichtigt. Vgl. WÖRDENWEBER, M.: Kostenrechnung, a. a. O., S. 276.

[740] Vgl. COENENBERG, A. G., HALLER, A., SCHULTZE; W.: Jahresabschluss und Jahresabschlussanalyse. Betriebswirtschaftliche, handelsrechtliche, steuerrechtliche und internationale Grundlagen – HGB, IAS/IFRS, US-GAAP, DRS, 26. Aufl., Stuttgart 2021, S. 1222–1223, GRAUMANN, M.: Controlling, a. a. O., S. 363, POOTEN, H., LANGENBECK, J.: Bilanzanalyse, 4. Aufl., Herne 2016, S. 139, SCHELD, G. A.: Operatives, a. a. O., S. 279, SCHIERENBECK, H., WÖHLE, C. B.: a. a. O., S. 780, WÖHE, G., DÖRING, U., BRÖSEL, G.: a. a. O., S. 828, WÖLTJE, J.: Formelsammlung, a. a. O., S. 289. Steger verwendet zwar auch den Begriff Materialintensität. Gemeint ist aber eigentlich der ebenfalls verwendete Terminus Materialaufwandstruktur, denn der Materialaufwand wird dort ins Verhältnis zum Gesamtaufwand gesetzt. Vgl. STEGER, J.: Kennzahlen und Kennzahlensysteme, a. a. O., S. 45.

Bevor auf die Kennzahlen im Einzelnen eingegangen wird, sollen zunächst der Materialaufwand und die Materialkosten definiert werden.

Materialaufwand ist der Aufwand an Roh-, Hilfs- und Betriebsstoffen und für bezogene Waren (§ 275 Abs. 2 Nr. 5a HGB) sowie für bezogene Leistungen (§ 275 Abs. 2 Nr. 5b HGB).

Darst. 2.4138: Materialaufwand

Materialkosten sind derjenige Teil der extern bezogenen Materialaufwendungen, die weder betriebsfremd, periodenfremd noch außergewöhnlich sind.

Darst. 2.4139: Materialkosten

Materialaufwand und Materialkosten resultieren aus dem Bezug der Materialien von außerhalb des Unternehmens. Zu diesen Materialien gehören die Roh-, Hilfs- und Betriebsstoffe sowie Vorprodukte/Fremdbauteile, aber auch Reparaturmaterial, Energie und Treibstoffe, Waren (Handelswaren), Verpackungsmaterial und sonstige Materialien wie z. B. Verschleißwerkzeuge.

Neben einer Analyse des Materialverbrauchs ist mit diesen Kennzahlen auch einer Beurteilung der **Fertigungstiefe**[741] bzw. der **vertikalen Integration** möglich. Mit einer hohen Fertigungstiefe ist tendenziell die Realisierung von Synergiepotenzialen verbunden. Eine niedrige Fertigungstiefe bietet den Vorteil einer höheren Flexibilität in der Gestaltung des Produktions- und Absatzprogramms sowie der Produktionsmittel und -abläufe. Je höher die Merkmalsausprägungen der Kennzahlen ausfallen, desto höher ist der Anteil des zugekauften Materials und desto niedriger ist die Fertigungstiefe. In diesem Kontext muss auch auf die **Wechselwirkungen zwischen** verschiedenen **Kennzahlen** hingewiesen werden. So kann bspw. die Materialaufwandsquote bzw. die Materialintensität steigen, wenn der Personalbestand und damit die Personalaufwandsquote verringert wird; vice versa. Ein steigender Materialaufwand bzw. steigende Materialkosten bedeuten eine zunehmende Abhängigkeit von Lieferanten, dafür nimmt das Beschäftigungsrisiko ab. Im Rahmen der

[741] Die Fertigungstiefe beschreibt, welcher Anteil eines Erzeugnisses im Unternehmen selbst produziert wird und wie hoch der Anteil der bezogenen Waren und Dienstleistungen (v. a. Vorprodukte/Fremdbauteile) ist.

Wirtschaftlichkeit und anderer Aspekte muss gesamtbetrieblich entschieden werden, welcher Maßnahme und damit welcher Quote der Vorzug gegeben wird. Eine deutliche Steigerung bei beiden Kennzahlen signalisiert stets eine strukturell verschlechterte Ertragskraft.
Die Beurteilung einer singulären Kennzahl ist sinnlos, da ein Vergleichsmaßstab fehlt. Wie bei anderen Analysen beruht auch eine effektive **Materialverbrauchskontrolle** auf den drei grundsätzlichen Möglichkeiten (Grundtypen) des Benchmarkings: dem Soll-Wird-Vergleich, dem Soll-Ist- oder Plan-Ist-Vergleich, der Zeitreihenanalyse und der relativen Bewertung zwischen Unternehmen (internes, wenn es sich bspw. um Konzerntöchter handelt oder externes Benchmarking) oder den Organisationseinheiten eines Unternehmens (internes Benchmarking).[742]

Der Zeitvergleich und der Soll-Ist-Vergleich gehören der Kategorie der **innerbetrieblichen** oder auch der **internen Materialverbrauchskontrolle** an. Die Anwendung der Methoden erfolgt zur Überwachung des (absoluten) Materialverbrauchs als auch neben der Wirtschaftlichkeitskontrolle zur Erfassung der Materialverbrauchsabweichungen. Die verantwortlichen Instanzen werden damit kostenmäßig überwacht und in ihren Kostenverhalten gesteuert. Die **Wirksamkeit der internen Kostenkontrolle** hängt von vielen Faktoren ab, insbesondere von der Genauigkeit der Materialverbrauchsmengenerfassung und deren Bewertung,[743] der Aufgliederung der Unternehmung in Kostenstellen bzw. Prozesse und der Art der Verteilung der erfassten Kosten auf Kostenstellen, Prozesse und Kostenträger. Die Kontrollzeitspannen stellen ebenfalls einen Einfluss auf die Aussagekraft der internen Kostenkontrolle dar und äußern sich bei der Wahl eines längeren Zeitraumes in der dann nicht kurzfristigen Anpassung. Gefordert sind demnach kurze Abrechnungszeiträume bzw. kurzfristige Abschlüsse der Kostenrechnung.[744]

Bei dem **Zeitvergleich im Rahmen der Istkostenrechnung** als eine Möglichkeit zur Materialkostenkontrolle werden die Istkosten einer Abrechnungsperiode mit den Istkosten einer oder mehrerer vergangener Perioden verglichen. Als Istkosten werden mit Istpreisen bewertete Istverbrauchsmengen definiert, d. h. darunter werden tatsächlich angefallene Kosten für eine realisierte Leistung verstanden. Der zeitliche Vergleich stellt eine Kontrollrechnung dar, der die Wertentwicklung der Materialkosten bei bestimmten Kostenzurechnungsobjekten wie dem Unternehmen, Unternehmenseinheiten wie z. B. Werken oder Kostenstellen, Kostenträgern (i. e. S.), aber auch Prozessen im Zeitablauf in den Fokus

[742] Ausführlich werden die Formen des Benchmarkings u. a. bei Wördenweber erläutert: WÖRDENWEBER, M.: Operatives Controlling – Band 1, a. a. O., S.178–192.

[743] Vgl. zu diesem Thema die Ausführungen bei WÖRDENWEBER, M.: Kostenrechnung, a. a. O., S. 77–83.

[744] Vgl. SCHWEITZER, M., KÜPPER, H.-U., FRIEDL, G., PEDELL, B.: Systeme der Kosten- und Erlösrechnung, 11. Aufl., Wiesbaden 2016, S. 14.

stellt. Die Schwäche eines zeitlichen Vergleichs von Materialkosten zwischen einzelnen Perioden beinhaltet die Gefahr, Unwirtschaftlichkeiten miteinander zu vergleichen, denn eine Zeitreihenanalyse lässt offen, ob ein Unternehmen hinsichtlich der Kennzahlen – etwa im Branchenvergleich – als gut oder schlecht zu beurteilen ist. Ein zeitlicher Vergleich von Ist-Kennzahlen lässt also keine wirksame Kontrolle der Kostenwirtschaftlichkeit zu. Die Methode fördert dennoch das Kostenbewusstsein der Verantwortlichen und wird ferner als zusätzliches Instrument der Kostenkontrolle empfohlen, um bei größeren Abweichungen unter Umständen Unwirtschaftlichkeiten aufzudecken.

Dem **Soll-Ist-Vergleich** liegt eine Gegenüberstellung der vorgegebenen Sollkosten (als Vergleichsgröße) und den festgestellten Istkosten (als Kontrollgröße) für gleiche wirtschaftliche Sachverhalte (materielle Identität) zugrunde. Sollkosten sind die für eine Periode oder einen Kostenträger i. w. S. (Kostenzurechnungsobjekt) vorausberechneten und vorgegebenen Kosten. Die Soll-Größe hat in der Tat einen **Vorgabecharakter**, d. h. die Größe dient als „Messlatte" (Ausmaß der Zielerreichung). Sie muss **nicht zwangsläufig ein Plan-Wert bzw. mit diesem identisch sein**. Zum einen kann sich ein Zielerreichungsvorgabewert von einem (internen) Wert für die Planung unterscheiden, zum anderen ist auch denkbar, dass der Planende unterschiedliche Planwerte ansetzt, nämlich dann, wenn z. B. mit unterschiedlichen Szenarien wie „worst case" oder „best case" arbeitet. In diesem Fall wäre es nicht von Vorteil, dem Ausführenden den niedrigen worst case-Planwert vorzugeben, wenn ein „höherer" (Soll-)Wert erreicht werden kann – und sollte. Istkosten hingegen stellen die tatsächlich angefallenen Kosten dar. Der Soll-Ist-Vergleich ermöglicht die Feststellung der Kostenabweichungen in Form von Kostenüber- und Unterdeckungen. Die Kostenunterdeckungen, die sich in der Übersteigung der Istkosten den Sollkosten äußert, stellen einen Indikator für Unwirtschaftlichkeiten im Unternehmungsprozess dar. Die Ursachen für Kostenüber- und Unterdeckungen können durch Abweichungsanalysen aufgezeigt werden und Schwachstellen sichtbar gemacht werden, deren Beseitigung eine Verbesserung der Wirtschaftlichkeit mit sich bringen kann.

Neben den beiden Methoden zur internen bzw. innerbetrieblichen Kostenkontrolle besteht die Möglichkeit eines **Betriebsvergleiches (internes Benchmarking)** anhand der **Istkostenrechnung**. Dabei werden die Istkosten des eigenen Betriebes (Kosten der Kostenarten, Kostenstellenkosten, Herstellkosten u. a.) mit denen eines anderen Betriebes oder mit Durchschnittswerten der Branche verglichen. Der Kostenvergleich zwischen den verschiedenen Betrieben ermöglicht Schlüsse auf eine Verbesserung der Kostensituation der eigenen Unternehmung. Kritisch anzumerken ist, dass der Betriebsvergleich einige Probleme aufweisen kann. Die Verschiedenartigkeit der Produktionsprogramme und der Produktionsbedingungen bei den vergleichenden Unternehmungen lassen sowohl an der Sinnhaftigkeit des Vergleiches zweifeln als auch diesen erschweren bis unmöglich gestalten.

Für die vorgenannten Vergleichsmöglichkeiten (Soll-Ist-Vergleich, zeitlicher Vergleich, internes Benchmarking) bietet sich die Kennzahl **Materialintensität** an. Sie existiert in zwei Varianten, die wie folgt definiert werden:

$$\text{Materialintensität (Umsatz) (\%)} = \frac{\text{Materialkosten}}{\text{Umsatz}} \cdot 100$$

Darst. 2.4140: Materialintensität (Umsatz) (%)

Die Kennzahl Materialintensität (Umsatz) (%) beinhaltet zwei Probleme: Zum einen ist es denkbar, dass **Leistungen** produziert wurden, **die nicht im gleichen Geschäftsjahr am Markt abgesetzt** werden. Da in den Umsätzen u. U. nicht nur die Leistung dieses Jahres enthalten ist, wenn die **Bestände des Vorjahres** abgebaut wurden oder **auf Lager** produziert worden ist, muss zu den Umsätzen die (negative oder positive) **Bestandsveränderung** subtrahiert oder addiert werden. Denn bei einem Lagerbestandsabbau sind in den Umsätzen Leistungen des Vorjahres enthalten. Zusätzlich müssen, wenn im Nenner statt des Umsatzes die Gesamtleistung gewählt würde, in der Gesamtleistung diejenigen Produkte berücksichtigt werden, die nicht zu Verkauf bestimmt sind, sondern im Unternehmen als Produktivgüter verbleiben. Zum anderen ist der Umsatz auch wegen der Abhängigkeit von der **Marktleistung** (Preiserhöhungen?) eine fragliche Größe. Aus den vorgenannten Gründen empfiehlt es sich, im Nenner auf die Herstellkosten zurückzugreifen.

$$\text{Materialintensität (Herstellkosten) (\%)} = \frac{\text{Materialkosten}}{\text{Herstellkosten}} \cdot 100$$

Darst. 2.4141: Materialintensität (Herstellkosten) (%)

Der Nachteil dieser Kennzahlen liegt darin, dass ein **externes Benchmarking**, etwa mit anderen Unternehmen der Branche, wegen der beschränkten Einsichtnahme in das Kostengefüge anderer Unternehmungen **nur selten gelingt**. Ist das Unternehmen ggf. Mitglied in einem der Unternehmensverbände, z. B. VDMA, oder engagiert es eine Unternehmensberatung mit einer branchenbezogenen Datenbank, ist es oft möglich, anonymisierte Daten aus dem Produktionsbereich (ähnlicher) Unternehmen der Branche zu erhalten.
Der fehlende Maßstab der Wirtschaftlichkeit als auch keine Vergleichbarkeit der Betriebe lassen beim externen Benchmarking **nur Aussagen darüber** treffen, **ob sich der eigene Betrieb verbessert oder verschlechtert hat, nicht aber über die Qualität der Wirtschaftlichkeit.**[745]

In allen Fällen, in denen keine Kostenvergleiche mit externen Unternehmen möglich sind, bleibt nur noch ein Vergleich über die Zahlen, die der Jahresabschluss liefert. Eine erste Kennzahl ist die **Materialaufwandsquote (Umsatzerlöse) (%)**. Hier muss noch keine Differenzierung dahingehend vorgenommen werden, ob es sich um ein Unternehmen handelt, welches die Gewinn- und Verlustrechnung (GuV) nach dem Gesamtkostenverfahren (GKV)[746] oder dem Umsatzkostenverfahren (UKV) erstellt. Denn gemäß § 285 Nr. 8 HGB sind Unternehmen, die das Umsatzkostenverfahren praktizieren, dazu verpflichtet, den Materialaufwand im Anhang gesondert anzugeben.

$$\text{Materialaufwandsquote (Umsatzerlöse) (\%)} = \frac{\text{Materialaufwand}}{\text{Umsatzerlöse}} \cdot 100$$

Darst. 2.4142: Materialaufwandsquote (Umsatzerlöse) (%)

Problematisch ist seit der Umsetzung des BilRUG 2015, dass ein **externes Benchmarking** mit dieser Kennzahl kaum noch sinnvoll ist, da in der GuV **statt der Umsätze** eines Unternehmens dessen **Umsatzerlöse** veröffentlicht werden. In den Umsatzerlösen sind **auch betriebsfremde Erträge** wie z. B. Kantinenerlöse, Gebühren für den Kindergarten des Unternehmens, Erlöse aus dem Verkauf von Roh- Hilfs- und Betriebsstoffen, Miet- und

[745] Vgl. STELLING, J. N.: Kostenmanagement und Controlling, 3. Aufl., München 2008, S. 90.

[746] Das Gesamtkostenverfahren ist nach IFRS ebenfalls zulässig (IAS 1.102). Bei international tätigen Unternehmen, die IFRS verwenden, ist dieses Verfahren aber weitgehend unüblich. Die US-GAAP kennen das Gesamtkostenverfahren nicht. Vgl. COENENBERG, A. G., HALLER, A., SCHULTZE; W.: a. a. O., S. 1126–1127.

Pachteinnahmen, Erträge aus Schrottverkäufen enthalten. Direkt mit den Umsätzen verbundene Steuern (z. B. bestimmte Verbrauch- und Verkehrsteuern) werden in der Position Umsatzerlöse saldiert.[747]

Im Übrigen kann wegen der Umsatzerlöse auf die obigen Anmerkungen zum Umsatz verwiesen werden.

Da die Umsatzerlöse nur einen Teil der Gesamtleistung umfassen, die Materialaufwendungen aber auch noch die Erhöhung oder Verminderung des Bestandes an fertigen und unfertigen Erzeugnissen und andere aktivierte Eigenleistungen betreffen, erscheint es sinnvoll, im Nenner statt der Umsatzerlöse die Gesamtleistung zu wählen. Hinsichtlich der nachstehenden Kennzahlen ist allerdings zu **differenzieren**, ob es sich um ein Unternehmen handelt, welches die **Gewinn- und Verlustrechnung (GuV) nach dem Gesamtkostenverfahren (GKV) oder dem Umsatzkostenverfahren (UKV)** erstellt. Dies liegt daran, dass Unternehmen, die nach § 275 Abs. 3 HGB das Umsatzkostenverfahren verwenden, die Gesamtleistung nicht angeben müssen.

Die **Materialaufwandsquote (Gesamtleistung) (%)** stellt sich wie folgt dar:

$$\text{Materialaufwandsquote (Gesamtleistung) (\%)} = \frac{\text{Materialaufwand}}{\text{Gesamtleistung}} \cdot 100$$

Darst. 2.4143: Materialaufwandsquote (Gesamtleistung) (%)

Grundsätzlich ist zu berücksichtigen, dass ein **externes Benchmarking** wegen der unterschiedlichen Eigenarten der Branchen nur **branchenintern** sinnvoll ist. Darüber hinaus ist zu bedenken, dass bei Unternehmen mit (sehr) **heterogenem Produktionsprogramm oder Sortiment** die Verkaufspreise der Produkte in den einzelnen **Organisationseinheiten (Vertriebseinheiten)** sehr unterschiedlich sind. Insofern sollte die Zahl auf die vorgenannten Kostenzurechnungsobjekte **heruntergebrochen** werden, sofern die Angaben im Anhang dies zulassen.

[747] Vgl. dazu die ausführlichere Darlegung im Unter-Unterabschnitt 3.1.1.1 von Band 1 „Analyse der Erfolgserzielung“.

Eine **Steigerung der Materialaufwandsquoten und Materialintensitäten** können vielfältige Ursachen haben:[748]

- gestiegene Einkaufspreise und ungünstigere Zahlungskonditionen
- Änderungen der Bewertungsmethoden
- Erhöhung der Fertigungstiefe
- Veränderungen des Produktionsprogramms
- verschlechterte Produktions- und Produktqualität
- sinkende Produktivität, d. h. Materialverluste durch Unwirtschaftlichkeiten im Produktionsprozess
- Diebstahl von Material, unfertigen und fertigen Erzeugnissen
- bei Umsatz im Nenner: Verringerungen der Absatzmengen und/oder der Verkaufspreise
- bei Umsatzerlösen im Nenner: Verringerung des Umsatzes und/oder der betriebsfremden Umsatzerlöse
- bei Gesamtleistung im Nenner: Verringerung der Umsatzerlöse und/oder Verminderung des Bestandes an fertigen und unfertigen Erzeugnissen und/oder weniger andere aktivierte Eigenleistungen
- bei Herstellkosten im Nenner: gestiegene Fertigungskosten

Darst. 2.4144: Ursachen gestiegener Materialaufwandsquoten und Materialintensitäten

Da sich – wie oben vermerkt – der Materialaufwand aus sehr **verschiedenen Materialkostenarten** zusammensetzt, sollte in jedem Fall eine **detaillierte Auswertung** dieser Komponenten erfolgen.

Auch bei **vergleichsweise hohen Merkmalsausprägungen der Kennzahlen** sollten die vorstehenden Punkte kritisch hinterfragt werden.

Ob ein Sinken der Materialaufwandsquoten und Materialintensitäten als vorteilhaft einzustufen ist, lässt sich nicht eindeutig sagen, insb. dann nicht, wenn überproportionale Steigerungen anderer Aufwands- bzw. Kostenarten die Ursache dafür sind.

Ein grundsätzlicher **Kritikpunkt** an allen vorgestellten Kennzahlen besteht darin, dass es sich um Verhältniszahlen handelt, die sowohl im Nenner als auch im Zähler **Wertgrößen**

[748] Vgl. SCHELD, G. A.: Operatives, a. a. O., S. 279.

aufweisen. Letztere bestehen immer aus einer Mengenangabe und einem ihr zugeordneten Preis. Dies hat zur Konsequenz, dass sich beispielsweise eine Wertgröße nicht ändert, obwohl sich die beiden Komponenten der Wertgröße verkleinert bzw. vergrößert haben. Die Saldierung der beiden Multiplikanden führt dazu, dass – ohne weitere Erkenntnisse – keine Aussage darüber getroffen werden kann, warum sich die Wertgröße tatsächlich verändert hat. Auch eine gleichbleibende Wertgröße kann aufgrund der Saldierung eine durchaus andere Interpretation erfahren: Sind beispielsweise die Umsatzerlöse konstant geblieben, obwohl sich die Menge verringert hat, der Absatzpreis aber erhöht werden konnte, ist dies durchaus positiv zu werten, denn die Umsatzrendite ist c. p. gestiegen.

Zweitens ist bezüglich der Wertgrößen grundsätzlich hervorzuheben, dass diese von Ereignissen abhängen können, die **nicht im Einflussbereich des Unternehmens** liegen wie etwa Inflationsraten oder Tarifabschlüsse.

Drittens sind die Umsatzerlöse u. U. nicht Leistung dieses Jahres, nämlich dann, wenn die **Bestände des Vorjahres** abgebaut worden sind. In diesem Fall sind in den Umsatzerlösen **auch Materialaufwendungen des Vorjahres** enthalten.

Die Aussagekraft der Kennzahlen ruht auf einer Voraussetzung der **Elimination der** externen Materialverbrauchseinflussgröße „**Preisänderungen**", etwa mittels von Planpreisen. Die Alternative wäre eine rein mengenmäßige Betrachtung, wie dies etwa bei der **Materialproduktivität**[749] vorgesehen ist. Allerdings ist eine Berechnung der (Gesamt-)Materialproduktivität für ein heterogenes Produktionsprogramm sinnlos.

2.4.20 Herstellungskostenquote

Mittels der **Herstellungskostenquote** (%) kann die Frage beantwortet werden, wie groß der Anteil der Herstellungskosten an den Umsatzerlösen ist.

$$\text{Herstellungskostenquote (\%)} = \frac{\text{Herstellungskosten}}{\text{Umsatzerlöse}} \cdot 100$$

Darst. 2.4145: Herstellungskostenquote (%)

[749] Vgl. die Ausführungen zu dieser Kennzahl im Unter-Unterabschnitt 2.3.2.1 „Input-orientierte Kennzahlen".

Die **Herstellungskostenquote** (%) wiederum kann nur bei Unternehmen berechnet werden, die die GuV nach dem Umsatzkostenverfahren (§ 275 Abs. 3 HGB) erstellen. Die Definition der **Herstellungskosten** ergibt sich aus dem Text des § 255 Abs. 2 HGB: „Herstellungskosten sind die Aufwendungen, die durch den Verbrauch von Gütern und die Inanspruchnahme von Diensten für die Herstellung eines Vermögensgegenstands, seine Erweiterung oder für eine über seinen ursprünglichen Zustand hinausgehende wesentliche Verbesserung entstehen. Dazu gehören die Materialkosten, die Fertigungskosten und die Sonderkosten der Fertigung sowie angemessene Teile der Materialgemeinkosten, der Fertigungsgemeinkosten und des Werteverzehrs des Anlagevermögens, soweit dieser durch die Fertigung veranlasst ist. Bei der Berechnung der Herstellungskosten dürfen angemessene Teile der Kosten der allgemeinen Verwaltung sowie angemessene Aufwendungen für soziale Einrichtungen des Betriebs, für freiwillige soziale Leistungen und für die betriebliche Altersversorgung einbezogen werden, soweit diese auf den Zeitraum der Herstellung entfallen. Forschungs- und Vertriebskosten dürfen nicht einbezogen werden."

Die Herstellungskosten liegen demnach **betragsmäßig zwischen den Herstellkosten**[750], die sich aus den Materialkosten und den Fertigungskosten zusammensetzen **und den Selbstkosten (eines Produktes)** , die die gesamten Stückkosten umfassen.

Ein **externes Benchmarking** wird hier durch zwei Aspekte **wesentlich eingeschränkt**. Zum einen werden die Herstellungskosten **nur von einem Teil der Unternehmen**, nämlich denjenigen, die die GuV nach dem Umsatzkostenverfahren konzipieren, angegeben, zum anderen werden die **Herstellungskosten** von den Unternehmen **nicht einheitlich ermittelt**. Dies betrifft u. a. die Formulierung, dass laut § 255 Abs. 2 S. 2 HGB zu den Herstellungskosten „*angemessene* Teile der Materialgemeinkosten, der Fertigungsgemeinkosten und des Werteverzehrs des Anlagevermögens" gehören, soweit diese durch die Fertigung veranlasst sind. Es stellt sich also die Frage der „Angemessenheit". Des Weiteren findet sich im § 255 Abs. 2 S. 3 HGB ein Wahlrecht dahingehend, dass „angemessene Teile der Kosten der allgemeinen Verwaltung sowie angemessene Aufwendungen für soziale Einrichtungen des Betriebs, für freiwillige soziale Leistungen und für die betriebliche Altersversorgung einbezogen werden [*dürfen*], soweit diese auf den Zeitraum der Herstellung entfallen."

[750] Zur ausführlicheren Erläuterung der Herstellkosten siehe WÖRDENWEBER, M.: Kostenrechnung, a. a. O., S. 165–168.

Im Übrigen kann auf die Anmerkungen zu folgenden Punkten auf den vorangehenden Unterabschnitt verwiesen werden:

- Umsatzerlöse bzw. Umsätze,
- Empfehlungen zur Nutzung der Benchmarkingmöglichkeiten unter Beachtung der jeweiligen Vor- und Nachteile sowie Restriktionen und Grenzen,
- Problematik von Wertgrößen.

2.4.21 Erneuerungsrate

Analog zur Forschungskostenquote (%) (Vgl. 2.3 Produktions-Controlling) wird im Marketing die Kennzahl **Erneuerungsrate** (%) analysiert, um zu erkennen, welchen Teil des Umsatzes das Unternehmen mit neuen Erzeugnissen tätigt. Die Erneuerungsrate ist ein Indiz für die Innovationsfähigkeit, auch Innovationsgrad genannt, des Unternehmens.

$$\text{Erneuerungsrate (\%)} = \frac{\text{Umsatz neuer Erzeugnisse}}{\text{Gesamtumsatz}} \cdot 100$$

Darst. 2.4146: Erneuerungsrate (%)

Die Betrachtung des Zählers offenbart, dass der Begriff „neu“ exakt definiert werden muss. Anderenfalls sind völlig unterschiedliche Ausprägungen dieser Verhältniszahl denkbar.

Hier soll unter „neu“ eine **Produkt-Innovation für das Unternehmen** verstanden werden.

Eine Innovation ist eine Neuerung oder Erneuerung. Sie umfasst also nicht nur etwas völlig Neues (für den Markt), sondern auch die Erneuerung, d. h. die Einführung von Neuem. Das Neue kann beispielsweise ein Produkt (**Produktinnovation**) oder ein Verfahren (**Verfahrensinnovation**) sein. Eine weitere Differenzierung befasst sich mit der Frage, ob es sich um eine **Unternehmens- oder Marktinnovation** handelt: D. h., liegt eine Innovation für das Unternehmen oder den Markt vor. (Selbstverständlich kann auch beides gleichzeitig zutreffen.) Der Innovationsbegriff wird auch für organisatorische, soziale und rechtliche Neuerungen verwendet.

Darüber hinaus ist zu klären, wann bzw. **wie lange** ein Produkt als „neu" gilt. In der Praxis wird hier häufig ein Produkt (noch) als neu bezeichnet, wenn es nicht älter als fünf Jahre ist.

2.4.22 Distributions-Controlling

2.4.22.1 Grundlagen des Distributions-Controllings

Zunächst ist der Begriff **Distribution** zu klären. Distribuere bedeutet im Lateinischen verteilen, austeilen oder einteilen. Die Distribution im Marketing bezieht sich auf die **Verteilung der produzierten und/oder beschafften Güter**, was u. a. auch eine Einteilung der Beteiligten im Absatzkanal in Absatzmittler und Absatzhelfer mit sich bringt. In diesem Zusammenhang sind nicht nur die geeigneten Personen und Institutionen auszuwählen, die beim Absatz der Produkte eingebunden werden sollen. Zwischen Letzteren und dem Hersteller sind in diesem Zusammenhang auch die vertraglichen Beziehungen zu regeln. Eine weitere distributionsbezogene Entscheidung betrifft die Distributionslogistik.

> Gegenstand der Distributionspolitik sind alle Entscheidungen und Handlungen, welche sich auf die Verteilung von materiellen oder immateriellen Gütern eines Herstellers an seine(n) Kunden beziehen.

Darst. 2.4147: Distributionspolitik

Als **Kunden** aus Herstellersicht gelten auf der einen Seite gewerbliche Personen oder Institutionen, die die Güter des Unternehmens weiterreichen (**B2B**), auf der anderen Seite Endverbraucher (**B2C**).[751] Dabei ist sowohl die B2B-Absatzentscheidung als auch die B2C-Belieferung denkbar, wobei eine derartige Absatzkombination zu Konflikten zwischen dem Hersteller und den Absatzmittlern führen kann.

Das **Distributions-Controlling** unterstützt das Management bei den Aufgaben **Planung und Kontrolle**. (Die Durch- und Umsetzung von Zielen und Maßnahmen, d. h. die Steuerung gehört nicht zu den Aufgaben des Controllings.)

[751] Vgl. STENDER-MONHEMIUS, K.: a. a. O., S. 147.

Distributions-Controlling ist Teil des Marketing-Controllings. Ersteres ist die systematische, sich ständig wiederholende und/oder situative Beurteilung, Optimierung, Auswahl (Planung, Entscheidungsvorbereitung) und Kontrolle der strategischen, taktischen und operativen Distributionsziele sowie aller distributiven Aktivitäten einschließlich der internen Prozessabläufe, Organisationsformen und des Personaleinsatzes im Hinblick die Verwirklichung der gesteckten Distributionsziele.

Darst. 2.4148: Distributions-Controlling

Auf der Basis einer detaillierten **Situationsanalyse**, die u. a. die Makroumwelt, die Mikroumwelt und das Unternehmen selbst umfasst,[752] und unter Nutzung von **Lage- bzw. Entwicklungs- und Wirkungsprognosen**,[753] sind zunächst die distributionspolitischen Ziele zu bestimmen. Erst danach können die erforderlichen Maßnahmen festgelegt werden.
Zu den **Zielinhalten der Distributionspolitik** zählen:[754]

- Distributionsgrad
- Distributionsdichte
- Vertriebskosten und Handelsspanne
- Image des Absatzkanals
- Kooperationsbereitschaft der Absatzmittler und Konfliktvermeidung bzw. Reduktion möglicher Konflikte zwischen den Absatzkanälen bzw. Absatzmittlern
- Zeitbedarf und Flexibilität beim Aufbau des Absatzkanalsystems
- Beeinflussbarkeit und Kontrollierbarkeit des Absatzkanals

Darst. 2.4149: Zielinhalte der Distributionspolitik

Die **Distributionslogistik**, auch **Marketing-Logistik** genannt, ist Teil der Distributionspolitik. Sie lässt sich als Implementierung der (zuvor) getroffenen strategischen Entscheidungen des Absatzkanalmanagements verstehen.[755] Die **Distributionslogistik von materiellen Leistungen** lässt sich anhand des nachstehenden Schaubildes gut erklären.

[752] Vgl. die Ausführungen bei WÖRDENWEBER, M.: Unternehmensplanung, a. a. O., S. 251–271.

[753] Auf diese wird etwa bei WÖRDENWEBER, M.: Unternehmensplanung, a. a. O., S. 122–123 eingegangen.

[754] Vgl. MEFFERT, H., BURMANN, C., KIRCHGEORG M., EISENBEISS, M.: a. a. O., S. 581, STENDER-MONHEMIUS, K.: a. a. O., S. 147. Dort finden sich auch Beispiele zu den Zielen bzw. Zielinhalten.

[755] Vgl. MEFFERT, H., BURMANN, C., KIRCHGEORG M., EISENBEISS, M.: a. a. O., S. 579, 618.

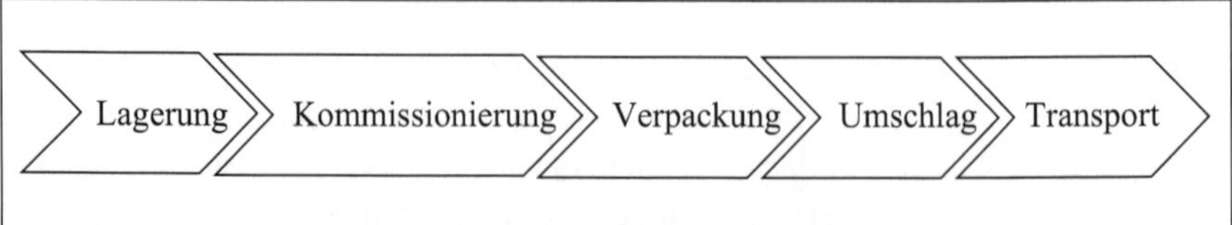

Darst. 2.4150: Distributionslogistikteilprozesse

Die **Ziele der Distributionslogistik** folgen den 7 „R" der Logistik:[756]

Die Ziele der Distributionslogistik bestehen darin,

- die **r**ichtigen Objekte (Güter, Personen, Energie, Informationen)
- in der **r**ichtigen Qualität
- in der **r**ichtigen Menge
- zum **r**ichtigen Zeitpunkt
- an den **r**ichtigen Ort des Kunden
- mit minimalen Kosten und
- unter Berücksichtigung ökologischer und sozialer Aspekte (Corporate Sustainability)

zu verteilen.

Darst. 2.4151: Ziele der Distributionslogistik

Aus **Kundensicht** sind zum einen die Ziele relevant, die unter dem Begriff **Lieferserviceniveau** zusammengefasst werden: richtige Objekte, richtige Qualität, richtige Menge, richtiger Zeitpunkt, richtiger Anlieferort. Zum anderen gewinnt die Verringerung ökologischer Belastungen und die Einhaltung sozialer Normen zunehmend an Bedeutung.[757]

Im Folgenden wird auf die Zielinhalte der Distributionspolitik und insb. auf die Ziele der Distributionslogistik, auch unter Bezugnahme auf die Distributionslogistikteilprozesse, näher eingegangen, indem die Kennzahlen zur Messung der jeweiligen Zielerreichung detailliert vorgestellt werden.

[756] Die 7 „R" der Logistik wurden im Unterabschnitt 2.1.1. „Funktionsbereich Beschaffung" erörtert.

[757] Vgl. WÖRDENWEBER, M.: Nachhaltigkeitsmanagement, a. a. O., S. 7. So hat eine jährliche Befragung deutscher Konsumenten ergeben, dass der Anteil derjenigen, die vom Begriff „Nachhaltigkeit" gehört haben, von 77 % in 2012 auf 88 % in 2016 kontinuierlich gestiegen ist.

2.4.22.2 Distributionsgrad

Die **Distributionsquote** (auch **Distributionsgrad** genannt) besagt, wie viel Prozent aller infrage kommenden Händler in einem Distributionskanal das vom Unternehmen hergestellte Produkt vertreiben (**Händlerdichte innerhalb eines Distributionskanals**). Die Erhebung dieser Kennzahl **setzt** daher immer **eine Absatzkanalentscheidung** (stationäres Internet, mobiles Internet, Call-Center, Großhandel, Einzelhandel, Außendienst) **voraus**. (Beispiel: Svarowski im Wandel der Zeiten.)

Die Distributionsquote ist wie folgt definiert:

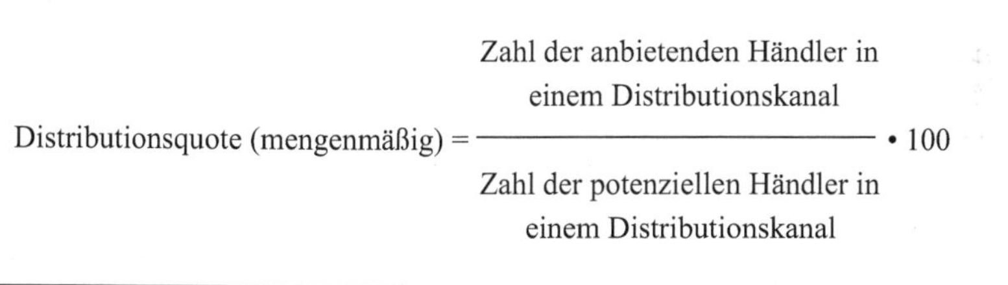

$$\text{Distributionsquote (mengenmäßig)} = \frac{\text{Zahl der anbietenden Händler in einem Distributionskanal}}{\text{Zahl der potenziellen Händler in einem Distributionskanal}} \cdot 100$$

Darst. 2.4152: Mengenmäßige Distributionsquote

Beispiel: Der Distributionskanal „Kataloggeschäft“ (hier: Verkauf unseres Produkts über die Kataloge der Händler) besteht aus 500 potenziellen Händlern für dieses Produkt. Bis jetzt vertreiben jedoch nur 20 dieser Händler unser Produkt über dieses Medium. Es ergibt sich eine mengenmäßige Distributionsquote von 4 %. Der Außendienst sollte versuchen, unser Produkt in mehr Kataloge aufnehmen zu lassen.

Gegenüber dem Marktanteil besitzt die Distributionsquote einen gravierenden **Vorteil**, da sie eine **Verbindung zu den gewählten Distributionskanälen** herstellt. Dies kann insbesondere im Hinblick auf eine **differenzierte Marktbearbeitung**[758] (Voraussetzung: Marktsegmentierung) von entscheidender Bedeutung sein.

Da die Entscheidungen über die Wahl des Absatzkanals einerseits von den Faktoren

- Umsatz bzw. Absatzmengen,
- Marktanteil,
- Vertriebskosten,

[758] Vgl. BECKER, J.: Marketingkonzeption. 11. Aufl., München 2019, S. 237f.

- Gewöhnliche Liefergeschwindigkeit und -rhythmus in einem Absatzkanal,
- Image des Absatzkanals,
- Kooperationsbereitschaft (Konfliktvermeidung),
- Flexibilität,
- Aufbaudauer

und andererseits von

- konsumentenbezogenen Faktoren wie Zahl, geographische Verteilung der Konsumenten, Einkaufsgewohnheiten, Aufgeschlossenheit gegenüber Verkaufsmethoden,
- produktbezogenen Faktoren wie Erklärungsbedürftigkeit, Bedarfshäufigkeit (vgl. auch Lieferrhythmus), Lagerfähigkeit, Transportempfindlichkeit,
- konkurrenzbezogenen Faktoren wie Anzahl, Art der Konkurrenzprodukte und Angebotsmodalitäten, Wettbewerbsstrategie,
- unternehmensbezogenen Faktoren (Stärken und Schwächen) wie Größe, Know-how, Finanzmittel, Qualität und Ressourcen des Marketing-Mix sowie
- rechtlichen Faktoren wie Schutz von Vertriebsbindungen, Be- und Vertriebsvorbehalte verschiedener Geschäftsformen, Ausgleichsansprüche des Handelsvertreters, UWG etc.,

abhängt, muss eine hohe Distributionsquote nicht unbedingt gleichbedeutend mit einem hohen (maximalen) Gewinn sein.

Da die mengenmäßige Distributionsquote nur die Anzahl der anbietenden Händler betrachtet und nicht deren Umsatzbeteiligung, kann der Distributionsgrad auch **wertmäßig** definiert werden:

$$\text{Distributionsquote (wertmäßig)} = \frac{\text{Umsatz der anbietenden Händler in einem Distributionskanal}}{\text{Umsatz der potenziellen Händler in einem Distributionskanal}} \cdot 100$$

Darst. 2.4153: Wertmäßige Distributionsquote

Beispiel: Im Distributionskanal „Kataloggeschäft“ (hier: Verkauf unseres Produkts über die Kataloge der Händler) gehen wir wie zuvor von 500 potenziellen Händlern mit einem geschätzten Umsatz von 300.000 € für dieses Produkt aus. Bis jetzt vertreiben jedoch nur 20 dieser Händler mit einem Umsatz von 28.000 € unser Produkt über dieses Medium. Es ergibt sich eine wertmäßige Distributionsquote von 9,3 %. Offenbar ist es um im Vergleich zur mengenmäßigen Distributionsquote gelungen, größere Händler, d. h. Händler mit einem überdurchschnittlichen Umsatz für unser Produkt zu begeistern.

Es ist darauf hinzuweisen, dass sich die Distributionsquote immer auf ein bestimmtes Produkt oder eine bestimmte Produktgruppe bezieht. Anderenfalls ist bei unterschiedlichen Produkten mit unterschiedlichen Absatzkanälen keine sinnvolle Aussage möglich.

2.4.22.3 Fehllieferungs-, Gewährleistungs-, Reklamations-, Widerrufs- und Retourenquote, Reklamationskostenanteil

Die traditionelle Distribution setzte typischerweise bei den Waren an, die produziert wurden und dann möglichst kostengünstig zum Kunden, der meist nicht der Endverbraucher, sondern eher der Groß- oder Einzelhändler war, transportiert werden musste. Dieses Bild hat sich in den letzten 10 bis 25 Jahren stark gewandelt. Heute werden die Produkte nicht selten von den Herstellern direkt an die Endkunden geliefert. Es sind auch vermehrt die Einzelhändler, bei denen die Kunden im Internet bestellen, und die dann die Artikel möglichst schnell, zuverlässig und günstig zu den Kunden bringen müssen. Marketing-Experten in der Distribution, speziell im Bereich des Onlinehandels, stellen daher den Endkunden in den Mittelpunkt der Logistik. Bei der sogenannten **Marketing-Logistik**, auch **Distributionslogistik** genannt, wird ausgehend vom Endkunden der Lieferweg in umgekehrter Richtung bis zum Unternehmen, bei dem der Endverbraucher bestellt, oder sogar bis zu dessen Lieferanten definiert.[759]

Bereits im Abschnitt 2.1 (Controlling der internen Transportlogistik) wurde im Rahmen des Logistikmanagements auf eines der Hauptziele (der Logistik), nämlich die **Steigerung der Kundenzufriedenheit durch eine bedarfsgerechte Lieferung** hingewiesen. U. a. wurde als wesentliches Kriterium die Lieferung der **„richtigen" Ware**, d. h. des gewählten Artikels mit allen zugesicherten Eigenschaften identifiziert.

[759] Vgl. KOTLER, PH., ARMSTRONG, G., HARRIS, L., PIERCY, N.: a. a. O., S. 592.

Hier steht zum einen der zufriedene Kunde im Vordergrund der Marketing-Philosophie; zum anderen entstehen im Falle einer **Rücklieferung** und ggf. erneuten Zusendung **enorme Kosten**:

- Zeitraubende Kontakte mit dem Kunden
- Erstattung und Übernahme der Rücksendekosten
- Auspacken und Wegräumen oder Entsorgen der retournierten Sendung
- Wiederverwendung mit Aufbereitung oder Entsorgung der empfangenen Verpackung
- Ggf. Stornierung der falschen und Erstellen einer neuen Rechnung
- Kommissionieren und Einpacken des „richtigen" Artikels
- Ggf. Kosten für neue Kartonage und Füllmaterial
- Erneute Versandkosten

Darst. 2.4154: Reklamationskosten

Gerade **Sendungen mit einem relativ geringen Warenwert** entpuppen sich hier als regelrechte „**Gewinnkiller**": Angenommen, ein Artikel, der als Maxibrief versendet wurde, weist einen Warenwert von 3,99 € auf. Die Deckungsspanne liegt aufgrund des enormen Wettbewerbs gerade mal bei 0,15 € pro Artikel. Ein Mitarbeiter in der Bestellabwicklung hat sich fälschlicherweise einen „Zahlendreher" bei der Eingabe der Artikelnummer erlaubt. Somit wurde der falsche Artikel versendet. Der Kunde schickt die falsche Ware ohne Rücksprache mit dem Händler unfrei zurück und besteht im beigelegten Zettel auf der sofortigen Zusendung der richtigen Ware. Das Unternehmen entscheidet sich aus Gründen der Kundenzufriedenheit und um möglichst eine schlechte Bewertung durch den Kunden zu vermeiden, sich beim Kunden zu entschuldigen und Ersatz zu schicken. Die Auflistung der Kosten könnte dann wie folgt aussehen:

- Portokosten der unfreien Rücksendung: 4,20 €
- E-Mail an den Kunden (6 min): 3,20 €
- Auspacken und Wegräumen der retournierten Sendung (5 min): 2,70 €
- Stornierung der alten (falschen) und Erstellen einer neuen Rechnung (6 min): 3,20 €
- Kommissionieren und Einpacken des richtigen Artikels (5 min): 2,70 €
- Kosten für Maxibrief und Füllmaterial: 0,18 €
- (Erneute) Versandkosten Maxibrief: 2,70 €

= Gesamtkosten: 18,88 €

Darst. 2.4155: Kosten einer Reklamation (Beispiel)

Um sich die (vor allem: relativ) hohen Kosten zu vergegenwärtigen, werden die Kosten der Reklamation (18,88 €) in Relation zur Deckungsspanne dieses Artikels (0,15 €) gesetzt: Um die Kosten der Reklamation zu kompensieren, müssten ca. 126 (!) des falsch gelieferten Artikels *zusätzlich* verkauft werden. Hatte der Kunde eine größere Stückzahl dieses Artikels bestellt und erhalten, potenziert sich das Problem entsprechend.

Um sich darüber klar zu werden, wie viel % des Umsatzes für die Reklamationsbehandlung nach dem Kauf wieder verloren gehen, wird der Reklamationskostenanteil berechnet. Er wird als Prozentwert angegeben.

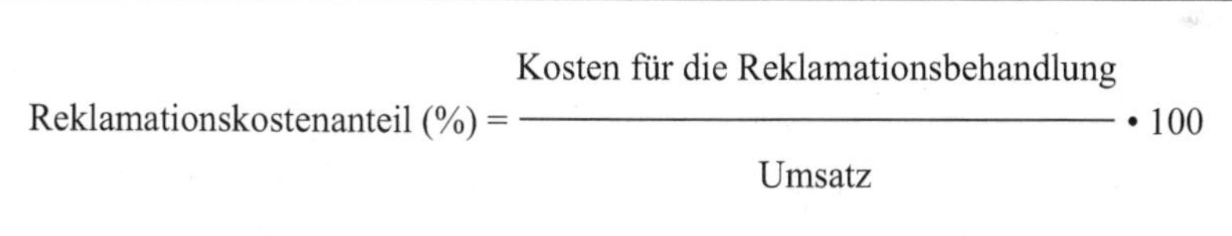

$$\text{Reklamationskostenanteil (\%)} = \frac{\text{Kosten für die Reklamationsbehandlung}}{\text{Umsatz}} \cdot 100$$

Darst. 2.4156: Reklamationskostenanteil (%)

Das vorgestellte Beispiel zeigt, dass Reklamationen einen enormen Kostenfaktor für ein Unternehmen darstellen. Ähnliches gilt für **Retouren im Zuge des gesetzlichen Widerrufsrechts, wenn die „Fehler“ auf Seiten des Kunden liegen**.

Grundsätzlich sollten **sechs Fälle von Retouren** unterschieden und entsprechend ausgewertet werden, weil die Gründe dieser Retouren unterschiedlich sind und zum Teil vom Unternehmen mehr oder weniger beeinflusst werden können.

- Fehllieferungen aufgrund eines falsch erfassten, falsch kommissionierten oder falsch zugeordneten Artikels
- Artikel entspricht nicht der Produktbeschreibung
- Lieferung unvollständig
- Doppellieferung durch den Lieferanten
- Retouren wegen eines Gewährleistungsfalls
- Retouren aufgrund von verschiedenen „Fehlern“ auf Seiten des Kunden

Darst. 2.4157: Retourengründe

Die ersten fünf Fälle sind typische **Reklamationen**, entweder weil ein nicht bestellter bzw. falsch beschriebener Artikel geliefert wurde oder die Lieferung doppelt erfolgt ist oder weil der Warenempfänger einen Gewährleistungsfall reklamiert. Diese Retourenarten sollten näher untersucht werden, denn einerseits erfolgt hier oft eine erneute Zusendung, andererseits handelt es sich hier um Fehler (und damit Kosten), die vermieden werden können. Im ersten Fall der Fehllieferungen liegen entweder Erfassungsfehler bei der Verarbeitung der Bestellung[760] und als Folge ein falsch erstellter Versandschein/eine falsch erstellte Kommissionierliste (z. B. bei kundenseitiger Änderung der Bestellung) vor oder Kommissionierfehler oder Fehler beim Zuordnen der kommissionierten Waren zu den Bestellungen, die durch erhöhte Aufmerksamkeit der Mitarbeiter, Schulungen oder notfalls Austausch der Mitarbeiter umgangen werden können. Zudem kann der gelieferte Artikel nicht der Produktbeschreibung entsprochen haben. Denkbar ist, dass mit der Kundenaussage „Artikel passt nicht“ das gleiche gemeint sein könnte. In diesem Fall ist die Produktbeschreibung unter Zuhilfenahme der Äußerungen der Kunden zu optimieren. Wenn hingegen Gewährleistungsfälle gehäuft auftreten, muss entweder der Hersteller seitens des Händlers „in die Pflicht genommen werden“ und die Kosten erstatten (auch durch Ersatzware, Nachlässe u. Ä.) oder diese Artikel werden – insbesondere, wenn das eigene Image einen Schaden erleidet – schnell aus dem Sortiment genommen; erst recht, wenn es sich bspw. um einen grundsätzlichen Konstruktionsfehler handelt oder die Kunden anderweitig geschädigt werden (könnten).

Die **Zahl der Fehllieferungen** im Sinne durch das Unternehmen falsch gelieferter Güter kann direkt ermittelt werden. Änderungen bezüglich der Sorgfalt der Mitarbeiter können über einen zeitlichen Vergleich der **Fehllieferungsquote** festgestellt werden:

[760] Sofern die Erfassung der Bestellung nicht prinzipiell automatisch erfolgt.

$$\text{Fehllieferungsquote (\%)} = \frac{\text{Anzahl falsch gelieferter Güter}}{\text{Gesamtzahl der gelieferten Güter}} \cdot 100$$

Darst. 2.4158: Fehllieferungsquote (%)

In diesem Zusammenhang muss jedoch geklärt werden, ob die **Kommissionierung bzw. der Versand** für die Falschlieferung **verantwortlich** war **oder** ob es sich um einen **Ladefehler** (falscher Inhalt bzw. falsche Kartonbeschriftung, falsche Palettenlabelung etc.) des Lieferanten handelt.

Die **Gewährleistungsquote** (%) setzt die Zahl der Gewährleistungsfälle in das Verhältnis zur Gesamtzahl der gelieferten Artikel:

$$\text{Gewährleistungsquote (\%)} = \frac{\text{Zahl der Gewährleistungsfälle}}{\text{Gesamtzahl der gelieferten Güter}} \cdot 100$$

Darst. 2.4159: Gewährleistungsquote (%)

Ein Spezialfall der Gewährleistungsquote ist die **Verderblichkeitsquote**. Diese findet sich in der Lebensmittelbranche wieder.

$$\text{Verderblichkeitsquote (\%)} = \frac{\text{Zahl der verdorbenen Artikel}}{\text{Gesamtzahl der gelieferten Güter}} \cdot 100$$

Darst. 2.4160: Verderblichkeitsquote (%)

Um die **Artikel mit häufigen Mängeln** zu **identifizieren**, macht es Sinn die Gewährleistungsquote oder ggf. die Verderblichkeitsquote **für jeden Artikel** zu berechnen.

Erscheint es *nicht* erforderlich, die beiden Reklamationsgründe separat zu betrachten, kann die **Reklamationsquote** verwendet werden, die entweder auf die Zahl der einzelnen Güter oder auf die Zahl der Sendungen bezogen wird. Da i. d. R. nicht komplette Sendungen widerrufen werden, sondern nur einzelne Artikel einer Sendung, empfiehlt es sich, insb. die Zahl der widerrufenen Artikel auszuwerten:

$$\text{Reklamationsquote (\%)} = \frac{\text{Zahl der reklamierten Güter}}{\text{Gesamtzahl der gelieferten Güter}} \cdot 100$$

Darst. 2.4161: Reklamationsquote (%)

Die Begründungen für Retouren, bei denen die **„Fehler“ auf Seiten des Kunden** zu finden sind, lauten:

- Der Artikel gefällt nicht
- Der Artikel passt nicht
- Mehrere Varianten zur Auswahl bestellt
- Versehentlich falsch bestellt
- Keine echte Kaufabsicht
- Doppelkauf (z. B. zweimal das gleiche Geburtstagsgeschenk)
- Lieferzeit zu lang.

Die häufigsten Gründe für Retouren aus Sicht der Händler sind die beiden Erstgenannten: „Der Artikel gefällt nicht“ mit 68 % im Bereich Bekleidung, Textilien, Schuhe (55 % in anderen Branchen) und „Der Artikel passt nicht“ mit 86 % im Bereich Bekleidung, Textilien, Schuhe (35 % in anderen Branchen).[761]

Speziell bei Kleidungsstücken beanstanden die Kunden unzureichende Größenangaben, aus denen u. a. nicht erkennbar ist, ob die Textilien „weit“ oder „eng“ ausfallen oder bspw. die Länge von Kleidern oder Röcken nicht exakt bestimmbar ist.[762]

Die vorigen Ausführungen lassen erkennen, dass es sinnvoll ist, die Gründe für eine Rücksendung zu erfahren, um v. a. die Kundenzufriedenheit zu erhöhen und die Rücksendekosten für das Unternehmen zu senken. Daher empfiehlt es sich, den Sendungen einen

[761] Vgl. T3N: Retouren verringern: 5 Tipps, die deine Quote senken, 16.03.2014, https://t3n.de/news/retouren-verringern-532832/, Abruf am 02.12.2021.

[762] Letzteres ist oft auch dann nicht möglich, wenn zwar ein Model das Kleidungsstück trägt, aber die Maße des Models nicht bekannt sind.

Retouren-Zettel mit einem **Fragebogen**, der die Gründe der Rücksendung aufzählt. Allerdings sollte der Umfang des Fragebogens weder dazu führen, dass der Kunde zu viel Zeit braucht, um ihn auszufüllen, noch ihn dazu animiert, Gründe für eine Retoure zu finden.

Die Widerrufsquote ist in Deutschland aufgrund des oft fehlenden Kostenbewusstseins der Konsumenten und der sehr weitreichenden Verbraucherrechte ein sehr oft und häufig exzessiv genutztes Instrument der Käufer, zumal der Kunde die Ware ohne weitere Begründung zurückgeben kann und der Wertersatz für beschädigte oder verschmutzte Ware von den Gerichten oft nicht ausreichend bemessen wird, oft in der Regel beim Kunden nicht durchsetzbar ist oder die Händler mit Negativ-Bewertungen konfrontiert werden.[763] Speziell bei Artikeln aus dem Bereich Mode, Schmuck und Uhren sind die Rücklaufquoten extrem hoch. In seltenen Fällen wird die Möglichkeit der Retoure als willkommenes Marketinginstrument angesehen. Allerdings leiden diese Unternehmen unter meist erbärmlichen Rentabilitäten – sofern sie überhaupt einen Gewinn ausweisen.

Insofern bemühen sich die Händler in aller Regel, derartige **Retouren zu vermeiden**. Zum Beispiel durch

- Artikelbewertungen, ggf. mit Bewertungstexten, an denen sich die Kunden orientieren können[764]
- umfangreiche Artikelbeschreibungen, im Bereich Bekleidung, Textilien bspw. Größentabellen für Brustumfang, Ärmel- und Beinlänge in Zoll- und cm-Angaben sowie EU- und anderen Größenkategorien,
- gut gestaltete, unterschiedliche Bilder (große Produktbilder, Abbildungen des Produkts aus verschiedenen Perspektiven, Artikeldetails, farbgetreue Darstellungen, im Bereich Bekleidung: Bilder mit bekleideten Personen etc.),
- Produktvideos,
- den Einsatz von Scannersystemen, insb. bei Textilien, die über die Kamera am heimischen PC des Kunden – ähnlich den Scannern im Zuge der Sicherheitskontrollen an den Flughäfen – die Körperhülle erfassen und somit einen Abgleich mit potenziellen Kleidungsstücken zulassen bzw. Empfehlungen ausgesprochen werden können,
- Guthaben (Gutschrift) für nicht vorgenommene Retouren,
- die Auferlegung von Rücksendekosten, sofern dies in einem extremen Wettbewerbsumfeld überhaupt durchsetzbar ist,
- einen Verzicht auf Rücksendungen aus ökonomischen Gründen und vieles andere mehr.

[763] Viele Händler nennen die gesetzlichen Vorschriften zum Widerruf daher nicht *Verbraucher*schutz, sondern reden eher von *Verbrecher*schutz.

[764] Vgl. zum Thema „Artikelbewertungen" die Ausführungen im Unter-Unterabschnitt 2.4.3.2 „Digitale Kundenbewertungen".

Neben Betrügereien (z. B. (versuchter) Austausch von Artikeln) ist ein Teil der Retouren auf die mangelnde Sorgfalt der Kunden (Stichwort: gedankenlos) zurückzuführen. Umfragen legen nahe, dass bei den Bezahlarten Vorkasse, Sofortüberweisung und Lastschrift weniger Retouren anfallen.[765] Allerdings stoßen derartige Zahlungsbedingungen Kunden auch ab, weil Sie erst nach dem Empfang der Ware (im Sinne der Risikominimierung ihrerseits) bezahlen möchten.

Soll lediglich festgestellt werden, wie hoch der Anteil der Retouren insgesamt ist, findet die Retourenquote Anwendung:

$$\text{Retourenquote (\%)} = \frac{\text{Zahl der retournierten Artikel}}{\text{Zahl der versandten Artikel}} \bullet 100$$

Darst. 2.4162: Retourenquote (%)

Von der Retourenquote zu unterscheiden ist die **Widerrufsquote**, da auch Bestellungen widerrufen werden können, bevor es zu einer Auslieferung der Bestellung an einen Kunden kommt. Insofern ist die Zahl der Retouren nicht identisch mit der Zahl der Widerrufe.

Widerrufene Bestellungen, auch einzelne Artikel einer Bestellung, im Zuge des gesetzlich zulässigen Widerrufsrechts – egal aus welchem Grund – lassen sich separat über die Widerrufsquote erfassen, die sich entweder auf die Zahl der widerrufenen Artikel oder auf die Zahl der widerrufenen Sendungen bezieht. Da oft nicht komplette Sendungen widerrufen werden, empfiehlt es sich, insb. die Zahl der widerrufenen Artikel auszuwerten.

$$\text{Widerrufsquote (\%)} = \frac{\text{Zahl der widerrufenen Güter}}{\text{Gesamtzahl der gelieferten Güter}} \bullet 100$$

Darst. 2.4163: Widerrufsquote (%)

Auch in diesem Fall sollte versucht werden, herauszufinden, warum es zu einem Widerruf der Bestellung, ggf. auch einzelner Produkte, gekommen ist.

[765] Vgl. T3N: a. a. O.

2.4.22.4 Zeitbezogene Kennzahlen

Insbesondere bei Unternehmen, die ihre Waren im Fernabsatz vertreiben (per Katalog, Internet-Shop oder fernmündlich) ist die Frage der Zeitdauer zwischen der Abgabe der Bestellung (aus Kundensicht) und dem Eingang der Ware beim Kunden ein sehr bedeutsamer Faktor. So stellt dieses Kriterium bei fast allen Bewertungssystemen (Yatego, eBay, Amazon etc.) eine zentrale Rolle. Die **Prozessdauer der Bestellaufgabe und -abwicklung**[766] ist bei meisten Handelstreibenden ein kritischer Punkt. In vielen Fällen entscheidet diese Einzelbewertung nicht nur über die Frage, wo ein Produkt auf dem Portal gelistet wird, sondern auch darüber wie die Gesamtbewertung des Kunden ausfällt. Speziell dann, wenn das Überschreiten einer kritischen Grenze, die oft vom Portalbetreiber vorgegeben wird, zu einer Abwertung der Gesamtbewertung oder einer Kennzeichnung als Top-Händler führt. Die **Abwicklungszeit** ist etwas kürzer, denn sie ist der Zeitraum zwischen dem Auftragseingang und der Ablieferung der Sachgüter und Dienstleistungen beim Kunden.[767] Der Unterschied zwischen den beiden Zeiten liegt in der Zeitspanne zwischen der Auftragserteilung durch den Kunden und dem Eingang des Auftrages im Unternehmen. Eine gegenüber der Abwicklungszeit noch kürzere, betriebliche Zeitspanne ist diese **Bearbeitungszeit im Unternehmen**. Diese zeitliche Dauer ergibt sich als Zahl der Tage (ggf. auch Stunden oder Minuten), die zwischen dem Eingang der Bestellung (im Unternehmen) und der Abholung des Versandguts durch den Versender bzw. der eigenen externen Transportlogistik festzustellen ist.[768]

Den meisten Kunden sind betriebliche Abläufe völlig fremd. Auch aus diesem Grund existiert eine Vielzahl von Begriffen, die zwar ähnlich oder miteinander verwandt sind, aber eben doch nicht das gleiche meinen. Hinzu kommen noch Portalbetreiber, die der deutschen Sprache oft nicht mächtig sind und Begrifflichkeiten nicht sauber trennen. So finden sich bei den zeitbezogenen Angaben Begriffe wie Versanddauer, Versandzeit, Lieferdauer, Bearbeitungszeit, Eingangszeit, Bestelldauer und viele andere mehr.

Für die Kunden ist letztlich immer die **Termintreue** entscheidend: Wurde die bestellte Ware zum vereinbarten oder angegebenen Zeitpunkt geliefert oder nicht? Die (Detail-)Be-

[766] Unter einem Bestellaufgabe- und -abwicklungsprozess werden sämtliche Prozesse von der Auftragserteilung durch den Kunden bis hin zur Ablieferung der bestellten Ware(n) durch den Versender verstanden. Vgl. auch die Ausführungen im Unter-Unterabschnitt 1.3.2.2 „Troughput-orientierte Kennzahlen".

[767] Vgl. ADAM, D.: Produktions-Management, a. a. O., S. 33.

[768] Auf die – gegenüber der Bearbeitungszeit im Unternehmen – noch kürzere Durchlaufzeit braucht hier nicht eingegangen zu werden. Die Durchlaufzeit als die Zeitspanne zwischen der Übergabe eines Auftrages zur Fertigung eines oder mehrerer identischer Produkte an die Produktion bis zur Übergabe an das Fertigwarenlager wurde im Unter-Unterabschnitt 1.3.2.2 „Troughput-orientierte Kennzahlen" bereits ausführlich besprochen.

wertung des Händlers findet sich dann z. B. im Punkt „Versandzeit“ wieder. Diese Liefertermintreue kann mit den Kennzahlen **On-Time-Quote** (%) und **Verzugsquote** (%) gemessen werden:

Diese beiden Kennzahlen wurden bereits im Unterabschnitt 2.2.4 „Zeitbezogene Kennzahlen“ vorgestellt. Daher wird hier auf eine nochmalige Erläuterung verzichtet.

Die Frage ist, inwieweit die On-Time-Quote und die Verzugsquote überhaupt **erhoben werden können**. Ein Anhaltspunkt wären eventuell schlechte Detailbewertungen der Kunden beim Kriterium „Lieferzeit“. Allerdings ist die Quote der Detailbewertungen nicht eindeutig. Erstens ist das Empfinden einer einwandfreien Lieferzeit etwas Subjektives. Der eine Kunde findet beispielsweise drei Tage Lieferzeit relativ schnell, der andere eher relativ langsam. Die subjektive Einschätzung könnte u. a. vom Alter, Geschlecht oder Standort der Kunden, aber auch vom Artikel abhängen. So gelten etwa Teetrinker als geduldiger als Kaffeetrinker. Zweitens bewertet nicht jeder Kunde die Versanddauer. Der **Trend** allerdings geht zu **kürzeren Lieferzeiten**, wie dies etwa bei der **Same Day Delivery** der Fall ist. So befeuern große Player wie Amazon oder Zalando dieses Konzept, wobei sie an innovativen Lieferkonzepten wie Drohnen oder Zustellrobotern arbeiten, aber auch „konventionell“ die Dichte der Versandzentren und den internen Transport zwischen ihnen sowie Kofferraumbelieferung und Amazon Hubs (Paketstationen) zwecks schnellerer Belieferung des Kunden forcieren. Unter den sog. Heavy-Online-Shoppern, die einen (sehr) großen Anteil ihrer Einkäufe online erledigen und den Smart Consumern, für die das Smartphone eine zentrale Rolle in ihrem Leben spielt, haben schon 20 % bzw. 25 % eine **Blitzlieferung** genutzt.[769] Es ist zu erwarten, dass dieser Service weiteren Auftrieb erhält – nicht zuletzt auch aufgrund des Amazon-Prime-Programms. Amazon hat **kürzere Lieferzeiten als Wettbewerbsvorteil** erkannt und kommt insofern der Ungeduld des Kunden entgegen. Neben den vorgenannten Services einer schnellen Lieferung wird auch auf die Bequemlichkeit/Erreichbarkeit des Kunden geachtet sowie auf seine individuellen Zustellwünsche eingegangen. Dazu gehören die Kofferraumbelieferung, Amazon Hubs (Paketstationen) sowie Paketkästen an Ein- und Mehrfamilienhäusern. Letztlich lässt sich auch mit diesen Maßnahmen die Lieferzeit verkürzen. Mit all diesen Aktivitäten setzt das amerikanische Unternehmen neue Maßstäbe im Lieferservice.

Ein ähnliches Problem der Erfassung wie bei der On-Time-Quote und der Verzugsquote ergibt sich bei der **durchschnittlichen Lieferzeit**. Sie ist wie folgt definiert:

---

[769] Vgl. BUSCHMANN, S.: Trends auf der „letzten Meile“: Das halten Online-Shopper von Same Day, Robotern, Drohnen und Co., 01.09.2017, https://www.ifhkoeln.de/trends-auf-der-letzten-meile-das-halten-online-shopper-von-same-day-robotern-drohnen-und-co/, Abruf am 28.11.2021.

$$\text{Durchschnittliche Lieferzeit} = \frac{\sum_{i}^{n} A_i \cdot L_i}{\text{Gesamtzahl der Lieferungen}}$$

Darst. 2.4164: Durchschnittliche Lieferzeit

mit:
A_i: Anzahl der Lieferungen mit der Lieferzeit i
L_i: Lieferzeit i (in Tagen)
i = 1 … n (Index für die unterschiedlichen Lieferzeiten)

Die durchschnittliche Lieferzeit sollte **nach Versandarten** oder **nach Versendern** oder **nach beiden Kriterien** differenziert betrachtet werden, da sich zwischen den Versandarten (z. B. Warensendung versus Paket) grundsätzlich unterschiedliche Laufzeiten ergeben. Gleiches gilt für eine bestimmte Versandart bei unterschiedlichen Versendern. Werden seitens der Kunden längere Versandzeiten moniert, zum Beispiel bei Warensendungen der Deutschen Post, können die (durchschnittlichen) Versandzeiten durch einen Wechsel der Versandart und/oder des Versenders verbessert werden.

Sowohl die On-Time-Quote als auch die Verzugsquote sind letztlich Ausfluss der gesamten Prozessdauer einer Bestellaufgabe und -abwicklung. Letztere lässt sich grob in drei Teilprozesse zerlegen:

- Auftragserteilung durch den Kunden
- Bearbeitung des Kundenauftrages im Unternehmen
- Zustellung der Ware durch den Versender

Darst. 2.4165: Wichtige Teilprozesse einer Bestellaufgabe und -abwicklung

Während sowohl die Auftragserteilung durch den Kunden als auch die Zustellung durch den Versender nur **mittelbar** durch das Unternehmen **beeinflussbar** sind, ergibt sich bei der Bearbeitung einer Bestellung im Unternehmen die Möglichkeit der **direkten Einflussnahme**. Dies bedeutet nicht, dass die beiden erstgenannten Prozesse ohne jegliche Einwirkungsmöglichkeit sind. So kann das Unternehmen zum Beispiel Bestellmöglichkeiten anbieten, die die Zeitdauer zwischen der Auftragserteilung durch den Kunden und dem Auftragseingang im Unternehmen verkürzen. Eine weitere zeitliche Verkürzung kann erreicht werden, wenn statt einer Zahlung per Vorkasse eine Zahlung per Bezahldienst (Amazon Payments, iClear, Moneybookers, Paydirekt, PayPal, Sofortüberweisung etc.) angeboten wird. Auch bei der Zustelldauer kann beispielsweise durch den Wechsel des Versenders oder der Versandart die Versandzeit reduziert werden. – Die vorstehende Aussage unterstellt, dass die vom Kunden bestellten **Waren ausreichend auf dem Lager vorhanden** sind. Ist dies nicht der Fall, sind zeitliche Verzögerungen einzuplanen.

Wenn die gesamte Dauer zwischen der Abgabe einer Bestellung und dem Eingang der Ware beim Kunden in einzelne Prozessschritte zerlegt wird, so lässt sich eine Prozesskette erkennen, deren **Reihenfolge** durchaus **variieren** kann. Dem Unternehmen kann an dieser Stelle nur empfohlen werden, in Abhängigkeit von verschiedenen Optionen (z. B. Bestellmöglichkeiten, Zahlungsarten, Lieferarten) **Netzpläne** zu erstellen, die die Struktur wiedergeben. In diesem Zusammenhang ergeben sich hier zwei verschiedene, gleichzeitig **widerstrebende Ziele**: Zum einen die Vielzahl möglicher Abläufe im Sinne der Minimierung von Prozesskosten zu reduzieren, auf der anderen Seite im Sinne einer Kundenorientierung möglichst viele kundenindividuelle Prozesse anzubieten und diese zu beschleunigen.

- Abgabe der Bestellung und Dauer der Übermittlung
- Eingang der Bestellung und Dauer der Erfassung
- Informieren des Kunden über Bestelleingang
- Erstellung der Rechnung, ggf. des Lieferscheins
- Zahlungsart und bei Vorkasse Eingang der Zahlung vor dem Kommissionieren prüfen sowie Freigabe der bezahlten Ware zur Kommissionierung erteilen
- Kommissionierung der bezahlten Ware(n)
- Auswahl und Herbeischaffen geeigneter Verpackung einschließlich Füllmaterial
- Verpacken des gesamten Kundenauftrages
- Auswahl des Versenders
- Etikettierung der fertig gepackten Ware (Versandlabel)
- Bereitstellung und Lagern der zu versendenden Einheiten
- Sofern nicht Dauerabholung mit dem Versender vereinbart: Abholungsauftrag übermitteln
- Abholung der zu versenden Ware
- Zustellung beim Kunden

Darst. 2.4166: Wesentliche Elemente eines Bestellaufgabe- und -abwicklungsprozesses im Fernabsatzbereich mit Endverbrauchern (Beispiel)

Das vorstehende Schaubild verdeutlicht, dass es eine **Vielzahl innerbetrieblicher Aktivitäten** gibt, die controllingbedürftig sind. Im Vordergrund steht hier die Verkürzung der Prozessdauern einzelner Teilprozesse sowie die Koordination und zeitliche Allokation aller Teilprozesse mit dem **Ziel, die Bearbeitungszeit im Unternehmen zu verkürzen**.

Während im Unter-Unterabschnitt 2.3.2.2 „Troughput-orientierte Kennzahlen" die **Bearbeitungszeit im Unternehmen** als die Zeit zwischen dem Zeitpunkt des Auftragseingangs und dem Zeitpunkt der Einlieferung ins Fertigwarenlager definiert wurde, muss diese vorstehende Bearbeitungszeit insbesondere bei Handelsunternehmen um die Zeitdauer erweitert werden, die u. a. benötigt wird, die zu Ware zu kommissionieren, zu verpacken, die Sendung zu etikettieren, zur Abholung bereitzustellen/bis zur Abholung zu lagern (Gefahrübergang). Diese **Abwicklungszeit im Unternehmen** ergibt sich als Zahl der **Tage**[770], die zwischen dem Eingang der Bestellung und der Abholung des Versandguts durch den Versender bzw. der Übernahme durch die eigene externe Transportlogistik liegt.

	Abwicklungszeit im Unternehmen (Tage)
=	Datum der Ablieferung beim Kunden
./	Datum des Eingangs der Bestellung

Darst. 2.4167: Abwicklungszeit im Unternehmen (Tage)

Da die Prozessdauer einer Bestellaufgabe und -abwicklung bei den meisten Unternehmen als kritische Größe einzustufen ist und praktische Erfahrungen zeigen, dass sich diese Prozessdauer in den letzten Jahren kontinuierlich verkürzt hat (Anmerkung: Dies scheint gleichbedeutend mit der enormen Zunahme des Lkw-Verkehrs auf den Straßen) und Versender oftmals verschiedene Optionen hinsichtlich eines Zustellzeitpunktes oder Lieferungen am selben Tag (Same Day Delivery) oder innerhalb bestimmter Stunden offerieren, empfiehlt es sich, die Bearbeitungsdauer in Stunden anzugeben:

[770] Große Internethändler sind dazu übergegangen, die Bearbeitungszeit nicht mehr in Tagen, sondern in Stunden zu messen.

Abwicklungszeit im Unternehmen (Stunden)
= Datum und Uhrzeit der Ablieferung beim Kunden
./. Datum und Uhrzeit des Eingangs der Bestellung

Dars. 2.4168: Abwicklungszeit im Unternehmen (Stunden)

Eine der größten Herausforderungen – neben der termingenauen Bereitstellung der Artikel – ist die zeitminimale Bewältigung unterschiedlich großer Bestellmengen. Hier erweisen sich die rechtlichen Rahmenbedingungen in Deutschland oft als wenig praktikabel, weil sie eine notwendige Flexibilisierung be- oder gar verhindern. Hinzu kommen vielmals individuelle Arbeitszeitenwünsche, die mit den Bestellmengen und -rhythmen der Kunden nicht kompatibel sind. Letztlich kommt es für die Unternehmen darauf an, einen Mitarbeiterkreis zu finden, der optimal auf die – oft nicht vorhersehbaren – Kundenwünsche (Bestellmengen) eingestellt werden kann.

Praktisch bedeutet dies, dass die Bestellmengen jährlich, monatlich, wöchentlich, täglich, möglicherweise sogar stündlich prognostiziert werden müssen. In der Regel wird das Unternehmen über eigene Erfahrungen verfügen. Bei der Prognose helfen hier u. a. die Verfahren der Zeitanalyse wie z. B. das Exponentielle Glätten 3. Ordnung. Diese werden abgerundet durch eigene Erwartungen und Prognosen über das künftige Bestellverhalten in einschlägigen Medien (z. B. Konjunkturberichte der Deutschen Bundesbank oder des Bundeswirtschaftsministeriums, Aufsätze in Fachzeitschriften etc.). Liegen keine eigenen Erfahrungen vor, muss auf Sekundärerhebungen zurückgegriffen werden.

Sofern die Produktivitäten, speziell die Arbeitsproduktivitäten (s. Abschnitt 2.7) bekannt sind, lässt sich hieraus der Personalbedarf ableiten. Jetzt gilt es, den entsprechenden Mitarbeiterbedarf mengen- und termingenau zu befriedigen. Bei stark schwankenden Bestellvolumina empfiehlt es sich, frühzeitig ein Reservoir an „Reservisten“ anzulegen.

2.4.22.5 Auftragsabwicklungskosten(quote)

Bezüglich der Auftragsabwicklungskosten ist zunächst festzulegen, was unter den Auftragsabwicklungskosten verstanden werden soll.

Erstens wäre zu klären, **welche Kosten** zu den Auftragsabwicklungskosten gehören (**Umfang der Auftragsabwicklungskosten**). Denkbar wäre, **sämtliche Kosten**, die im Zuge der Abwicklung eines Auftrages eines Kunden anfallen, als Auftragsabwicklungskosten zu bezeichnen. In dieser **weiten Fassung** gehören

- die Kosten der Erfüllung des Auftrages an sich: Produktion und/oder Auftragszusammenstellung (Kommissionierung und Umschlag) sowie
- die Kosten aller begleitenden Tätigkeiten organisatorischer und informatorischer Art wie die
  - einer evtl. Kundenanfrage,
  - der Erfassung eines Kundenauftrages,
  - der Prüfung der Preiskonditionen und Liefermodalitäten,
  - der Bonitätsprüfung,
  - der Auftragsbestätigung,
  - der Weitergabe der Daten an die Produktion (Einplanung in das Produktionssystem),
  - der Erstellung des Lieferscheins und der Versandpapiere,
  - der Fakturierung,
  - der Weiterleitung der Daten an die Ausgangslogistik,
  - eines möglichweise gewünschten Bankeinzuges,
  - der Überprüfung des Zahlungseingangs,
  - der Disposition in der Distribution,
  - der Nacharbeiten infolge evtl. von Widerrufen, Reklamationen, Gewährleistungsfällen und
  - weiterer auftragsbezogener Kundenbetreuung

zu den Auftragsabwicklungskosten. Der Umfang der Abwicklungskosten hängt im Einzelfall auch davon ab, ob es sich um eine sog. Auftragsfertigung handelt, bei der ein Kundenauftrag erst die Produktion einschl. der zu beschaffenden Materialien bzw. im Handel eine spezifische Bestellung bei der in der Supply Chain vorgelagerten Stelle auslöst. Oder ob es sich um gängige Lagerware handelt, wie es bspw. wie bei einer standardisierten Industrieproduktion oder im Onlinehandel mit Standardartikeln üblich ist. Im **engeren Sinne** zählen zu den Auftragsabwicklungskosten die **Kosten der Auftragsabwicklung in der Distribution**. In diesem Unter-Unterabschnitt sollen lediglich die Auftragsabwicklungskosten innerhalb der Distribution betrachtet werden.

Die Ermittlung der Auftragsabwicklungskosten erfolgt am besten mit Hilfe der **Prozesskostenrechnung**. Die Verwendung der Prozesskostenrechnung führt nicht nur zu einer Berechnung der Prozesskosten einer Auftragsabwicklung, sondern bereits bei der Zusammenstellung der einzelnen Tätigkeiten zu Prozessen zur Aufdeckung von Schwachstellen im Prozessablauf. Mögliche **Kostenverursacher** der Auftragsabwicklung sind Personalkosten, Reisekosten, IT-Kosten (fixe wie Abschreibungen und variable wie u. a. auftragsbezogene), Raumkosten (auch Abschreibungen, Mieten, Leasing), fixe und variable Kosten der Betriebsmittel (Infrastruktur wie z. B. Laderampen, unterstützende Fördermittel wie bspw. Gabelstapler und Hubwagen, Fuhrpark), Kostensteuern, Versicherungen und weitere Energiekosten.

Zweitens ist zu klären, ob die Auftragsabwicklungskosten als **Grundzahl** oder in Kombination mit einer anderen Grundzahl als **Zähler einer Verhältniszahl** (Gliederungszahl oder Beziehungszahl) betrachtet werden sollen. Im **Nenner einer auftragsbezogenen Verhältniszahl** können Größen wie **Umsatz, Gesamtzahl der Kunden, einzelne Kunden oder die Zahl der Aufträge** stehen. Darüber hinaus können sich die letztgenannten Größen auf **verschiedenen Zeiteinheiten wie Jahr oder Monat** beziehen.

Während im Abschnitt 2.4.12 „Umsatz je Kunde, Auftragswert, Kundenbedeutungsgrad, kundenbezogene Deckungsbeitragsrechnung, dynamische Kundenerfolgsrechnung“ die Auftragsabwicklungskosten eines durchschnittlichen und eines individuellen Kunden diskutiert wurden, soll hier die Auftragsabwicklungskostenquote (%) und die Auftragsabwicklungskosten pro Auftrag (innerhalb der Distribution) vorgestellt werden:

$$\text{Auftragsabwicklungskostenquote (\%)} = \frac{\text{Gesamtkosten Auftragsabwicklung}}{\text{Umsatz}} \cdot 100$$

Darst. 2.4169: Auftragsabwicklungskostenquote (%)

Die **Auftragsabwicklungskostenquote (%)** gibt den prozentualen Anteil der Auftragsabwicklungskosten der Distribution am Umsatz wieder.

$$\text{Auftragsabwicklungskosten je Auftrag} = \frac{\text{Gesamtkosten der Auftragsabwicklung}}{\text{Gesamtzahl der Aufträge}}$$

Darst. 2.4170: Auftragsabwicklungskosten je Auftrag

Bei den **Auftragsabwicklungskosten je Auftrag** handelt es sich um die durchschnittlichen Auftragsabwicklungskosten eines Auftrags.

Die beiden Größen im Nenner und Zähler der Auftragsabwicklungskostenquote (%) bzw. der Auftragsabwicklungskosten je Auftrag können sich auf ein Geschäftsjahr oder – bei einer kürzerfristigen Betrachtung – auch auf einen Monat beziehen. Da es sich bei beiden Werten im Zähler und Nenner um interne Daten handelt, ist eine vergleichende Analyse nur als Soll-Ist- bzw. Plan-Ist-Vergleich, Zeitreihenanalyse oder internes Benchmarking möglich.

2.4.22.6 Versandkosten(quote)

Ergänzend zu den Auftragsabwicklungskosten sollten auch die Versandkosten erhoben werden, denn die **Auftragsabwicklungskosten** beziehen sich auf die Zahl der **bearbeiteten Aufträge**, während die **Versandkosten** auf den tatsächlich **versandten Aufträgen** basiert, denn ein abgewickelter Auftrag muss nicht zwangsläufig zu seiner späteren Versendung gelangen.[771]

Der Begriff „Versand" lässt sich anhand zweier Ansätze definieren. Zum einen aus der **institutionellen Perspektive**, bei der die Unternehmenseinheit „Versand", z. B. als Abteilung, den Fokus der Betrachtung bildet. Sie ist hierarchisch in die Strukturorganisation des Unternehmens bzw. auf einer niedrigeren Unternehmensebene in die des Vertriebs eingegliedert. Der Leiter des Versands gehört zu den Führungskräften[772] des Middle-Managements. Zum anderen wird eine Beschreibung aus der **funktionalen Perspektive** vorgenommen. Die **funktionale Sichtweise** bezieht sich auf die Aufgaben und Aktivitäten zur Kontrolle, Steuerung und Planung des Versands von materiellen Gütern und Dienstleistungen.

In der Literatur zum Thema Versand erfährt die institutionelle Sichtweise nur geringe Beachtung. Das Gewicht wird eher auf die funktionale Betrachtung gelegt.

---

[771] Beispielsweise bei einer Abholung durch den Kunden oder bei einer Stornierung des Auftrages vor der Auslieferung.

[772] Führungskräfte sind Personen, die anderen Personen Weisungen erteilen und diese beeinflussen. Vgl. hierzu die weiteren Ausführungen im Abschnitt 1.3 „Führungsebenen und -aufgaben" bei WÖRDENWEBER, M.: Unternehmensplanung, a. a. O., S. 55–64.

Der Versand ist sowohl gegenüber der Auftragsabwicklung als auch gegenüber der externen Transportlogistik abzugrenzen. Wie vorab erwähnt unterscheiden sich die Auftragsabwicklung und der Versand erstens hinsichtlich der Zahl der Aufträge. Zweitens geht der Umfang der **Auftragsabwicklung** – gleich, ob die enge oder die weite Fassung dieses Begriffs zugrunde gelegt wird – weit über das Aufgabenspektrum des Versands hinaus. **Nicht zu den Tätigkeiten des Versands** gehören

- die Erfüllung des Auftrages an sich (Produktion) sowie
- die dem Versand vorgelagerten begleitenden Aktivitäten organisatorischer und informatorischer Art wie die
  - Beantwortung einer evtl. Kundenanfrage,
  - Erfassung eines Kundenauftrages,
  - Prüfung der Preiskonditionen und Liefermodalitäten,
  - Bonitätsprüfung,
  - Übersendung einer Auftragsbestätigung,
  - Weitergabe der Daten an die Produktion (Einplanung in das Produktionssystem),
  - Fakturierung.

Auf der anderen Seite ist der **Transport** eine von weiteren Aufgaben des Versands, wie die nachstehende Abbildung verdeutlicht:

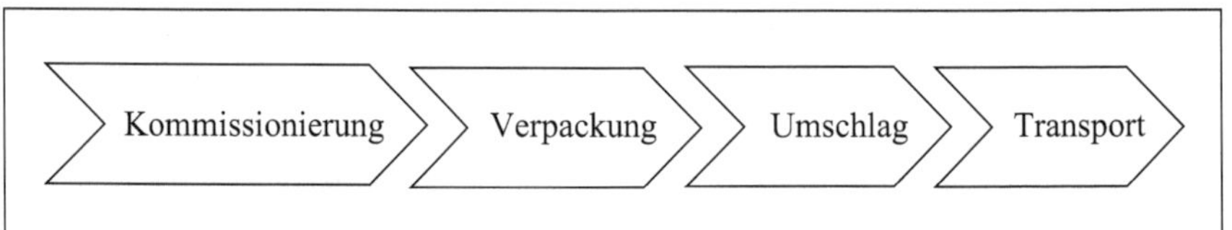

Darst. 2.4171: Versandteilprozesse

Die **Kommissionierung** sorgt für die dem Lieferschein entsprechende Zusammenstellung der Waren für jeden einzelnen Kundenauftrag. Bei der **Verpackung** der kommissionierten Artikel sind die Höchstgewichte einer Versendungsart, die optimale Verpackungsgröße und gesetzliche Bestimmungen, wie sie bspw. im VerpackG genannt sind, zu beachten. Einer der Konflikte beim Verpacken der Ware liegt darin, dass die (Um-)Verpackung und ggf. Füllstoffe im Sinne einer müllfreien Gesellschaft im besten Falle gar nicht mehr benötigt wird, und wenn unumgänglich, dann sparsam verwendet wird, auf der anderen Seite aber die Verpackungsinhalte möglicherweise nicht mehr ausreichend gegen etwaige Transportschäden geschützt sind. Ein weiteres Beispiel für Konflikte zwischen den Zielen Zeit und Kosten (Ökonomie) und Ökologie ist folgendes. Während die Kunden immer häufiger schnellere (Be-)Lieferungen wünschen, sind für den Unternehmer die Kosten entscheidend. Aus diesem Grunde ist gelegentlich zu beobachten, dass eine Transportverpackungen (deutlich) größer ausfällt als der eigentliche Inhalt des Paketes. Es wird also ein Mehr an Verpackungsmaterial benötigt, was ökologisch einen Mehrverbrauch an Ressourcen zur Folge hat. Der Grund für „übergroße" Versandverpackungen sind i. d. R. räumliche Restriktionen (Lagerplatz für Versandverpackungen) und höhere Kosten (Zeit) für die Auswahl eines geeigneten Kartons. Große Versandhandelsunternehmen wie Amazon, Zalando oder Otto begegnen diesem Problem, indem sie eine Software nutzen, die die Abmessungen der Produkte kennt und somit, selbst bei Kombinationsbestellungen (mehrere Artikel), den kleinsten verfügbaren Umkarton auswählt. Als **Umschlag** wird der Vorgang des Be-, Ent- und Umladens von logistischen Objekten auf ein bestimmtes bzw. von einem bestimmten Transportmittel bezeichnet.[773] Der **Transport** ist – in der weiten Fassung – die Beförderung von Materialien (Werkstoffe, Zulieferteile, Halb- und Fertigerzeugnisse, Handelswaren, Entsorgungsobjekten), Energie, Betriebsmitteln, Personen und Nachrichten mit Hilfe von Transportmitteln auf Transportwegen von einem Ort zu einem anderen Ort (Raumüberbrückung). In einer engeren Fassung bezieht sich der Begriff Transport lediglich auf die Materialien und Personen. Eine ganz enge Version befasst sich nur mit Gütern.[774] Im Weiteren soll hier die letztgenannte Definition verwendet werden.

Um die Versandkosten vollständig zu erfassen, d. h. um alle relevanten Sachverhalte abzudecken, muss die Planung und Kontrolle im Hinblick auf die **sachliche Vollständigkeit** alle betroffenen Bereiche innerhalb des Versands mit einbeziehen.[775] Daher bietet es sich an, entlang des Versandprozesses mit seinen Versandteilprozessen (s. o.) zu planen.

---

[773] Vgl. die weiteren Ausführungen im Unterabschnitt 2.2.2 „Struktur- und Rahmenkennzahlen".

[774] Vgl. etwa OLFERT, K., RAHN, H.-J., ZSCHENDERLEIN, O.: a. a. O., Nr. 885.

[775] Vgl. die Beschreibung des Grundsatzes der Vollständigkeit bei WÖRDENWEBER, M.: Unternehmensplanung, a. a. O., S. 137–139.

Demnach gehören zu den **Versandkosten** die

Kosten im Zusammenhang mit • der Kommissionierung • der Verpackung • dem Umschlag und • dem Transport von Materialien.

Darst. 2.4172: Versandkosten

Im Einzelnen sind dies die

- Kommissionierungskosten: Personalkosten, Abschreibungen der Kommissionierungsstruktur und der Kommissionierungshilfsmittel,
- Verpackungskosten (Außenverpackung)[776]: Personalkosten, Kartonage, Füllmaterial, Adressaufkleber, Banderoliermaschine, Paketabroller, Klebeband, Kosten für die Einhaltung des VerpackG (z. B. Rücknahmekosten),
- Kosten des Umschlags: Personalkosten, Abschreibungen auf die Infrastruktur (z. B. Laderampen) und unterstützende Fördermittel wie bspw. Bandförderer, Rollenbahnen, Brückenkrane, Gabelstapler und Hubwagen, Kosten für Betriebsstoffe, Energiekosten sowie Reparatur- und Wartungskoten für den Betrieb der Infrastruktur und unterstützenden Fördermittel,
- Transportkosten: Personalkosten, Abschreibung der eigenen Transportmittel, Kosten der jeweiligen Antriebsart (Kraftstoff, Strom), Wartungs- und Reparaturkosten, Kosten für Ersatzteile, Schulungskosten (Ladungssicherheit, Fahrsicherheit sowie Sozial-, Gesundheits- und Arbeitsschutz), Transportversicherungsprämien, Ausgangsfrachtkosten, Rollgeld, Porti.

Entscheidend für die **Kommissionierungskosten** ist die kommissionierungskostenoptimale Lagerung der zu kommissionierenden Waren, die sich an Zugriffshäufigkeit der Artikel (ABC-Analyse) und den Zusammensetzungen der Aufträge orientiert.

[776] Im Gegensatz zur Innenverpackung, durch die ein Produkt erst verkaufsfähig wird. Sie gehören als Materialeinzelkosten zu den Herstellkosten eines Erzeugnisses.

Im Falle des **„Mann zur Ware"-Prinzips** wird mit Hilfe einer geeigneten Software versucht, die Anzahl und Länge der Arbeitswege der Lagermitarbeiter (Laufzeit) zu optimieren. Ergänzend helfen können hier Systeme der beleglosen Kommissionierung wie bspw. Durchlaufregale mit **Pick-to-Light**. Hierbei zeigen Leuchten an, aus welchen Positionen ein Produkt entnommen werden muss und in welcher Anzahl. Ein weiteres Beispiel sind sog. **Put-to-Light-Systeme**. Hierbei werden Lämpchen genutzt, um anzuzeigen, an welcher Stelle welche Anzahl von Einheiten für jede Bestellung platziert werden muss. Als letztes Beispiel kann das **Pick-by-Vision-**System angeführt werden. Bei diesem System tragen die Kommissionierer eine Datenbrille, welche die Informationen hinsichtlich der auszuführenden Lagerprozesse (Entnahme der Waren etc.) direkt in deren Blickfeld anzeigt. Ein weiterer Ansatzpunkt ist die beleglose Kommissionierung, z. B. mittels **Voice Picking** (Sprachkommissionierung).[777]

Im Falle der Kommissionierungsstrategie **„Ware zum Mann"** muss der Mitarbeiter seine Arbeitsstation nicht verlassen, da die Ware z. B. mit Hilfe von Behälterfördersystemen zu ihm bewegt wird. Mit diesem Prinzip kann die Lagerkapazität erweitert werden.

Auf die einzelnen Methoden zur Kommissionierung sowie praxisrelevante Mischformen (auftragsorientierte, serielle Kommissionierung; auftragsorientierte, parallele Kommissionierung; artikelorientierte, serielle Kommissionierung; artikelorientierte, parallele Kommissionierung) soll hier nicht weiter eingegangen werden. Diesbezüglich wird auf die entsprechende Fachliteratur verwiesen.[778]

Analog zur Auftragsabwicklungskostenquote (%) kann jetzt die Versandkostenquote (%) berechnet werden:

$$\text{Versandkostenquote (\%)} = \frac{\text{Gesamtkosten des Versandes}}{\text{Umsatz}} \cdot 100$$

Darst. 2.4173: Versandkostenquote (%)

Die **Versandkostenquote (%)** gibt den prozentualen Anteil der Versandkosten am Umsatz wieder.

---

[777] Vgl. https://www.mecalux.de/handbuch-lagerlogistik/kommissionierung, Abruf am 01.11.2021.

[778] Etwa EHRMANN, H.: a. a. O., S. 413–427, PLÜMER, TH., STEINFATT, E.: a. a. O., S. 110–116, MATHAR, H.-J., SCHEURING, J.: a. a. O., S. 203–205.

$$\text{Versandkosten je Sendung} = \frac{\text{Gesamtkosten des Versandes}}{\text{Anzahl der Sendungen}}$$

Darst. 2.4174: Versandkosten je Sendung

Bei den **Versandkosten je (Ver-)Sendung** handelt es sich um die durchschnittlichen Versandkosten eines Auftrags. Hier ist – insbesondere bei sehr heterogenen Gütern – eine **weitere Spezifizierung** hinsichtlich der **Versendungsart** und/oder des **Gewichts** bzw. **Volumens** der Sendung sinnvoll.

Die beiden Größen im Nenner und Zähler der Versandkostenquote (%) bzw. der Versandkosten je Sendung können sich auf ein Geschäftsjahr oder – bei einer kürzerfristigen Betrachtung – auch auf einen Monat beziehen. Da es sich bei beiden Werten im Zähler und Nenner um interne Daten handelt, ist eine vergleichende Analyse nur als Soll-Ist- bzw. Plan-Ist-Vergleich, Zeitreihenanalyse oder internes Benchmarking möglich.

2.4.22.7 Disposition und Lagerung als Teilfunktionen der Distributionslogistik

Wie bereits im Unter-Unterabschnitt 2.1.2.1 „Disposition und Lagerung" beschrieben besteht die Beschaffung aus den Teilbereichen Disposition, Einkauf, Lagerung und Transport. In der Praxis sind diese Bereiche eng miteinander verbunden und können nicht immer getrennt voneinander betrachtet werden. Die Disposition ist u. a. für die Bedarfsermittlung, die Festlegung von Anforderungsmengen und die Bestands- und Bewegungskontrolle zuständig. Letzteres erfordert eine enge Zusammenarbeit mit der Lagerung, weswegen in dieser Arbeit keine Differenzierung zwischen Dispositions- und Lagerungskennzahlen vorgenommen wird.

Da die meisten Kennzahlen aus den vorgenannten Funktionsbereichen wie z. B.

- ABC-Analyse der Produkte,[779]
- durchschnittlicher Lagerbestand bei 12 Bestandserfassungen im Jahr,

[779] Im Paragrafen 2.1.2.1.1 „ABC-Analyse der Materialien" bezogen sich die Ausführungen auf die Materialarten. Die Erläuterungen lassen sich ohne Weiteres auf (End-)Produkte übertragen.

- „toter Bestand“,
- Lagereichweite (in Zeiteinheiten),
- Lagerbelegungsgrad,
- Mindestbestand (Sicherheitsbestand),
- Meldebestand,
- Höchstbestand,
- optimaler Bestand

bereits im Unter-Unterabschnitt 2.1.2.1 „Disposition und Lagerung“ ausführlich vorgestellt wurden, kann hier auf eine explizite Erläuterung verzichtet werden. Daher werden im Folgenden nur definitorisch abweichende und zusätzliche Kennzahlen vorgestellt.

Die Begründung für eine intensive Beschäftigung mit dem Kriterium **Lagerdauer** (Tage) (englisch: Day's Sales in Inventory) resultiert aus den enormen Kosten, die mit einer langen Lagerdauer verbunden sind. Zu nennen sind in diesem Zusammenhang Raumkosten (Miete, Leasing, Pacht, Abschreibung, ggf. Opportunitätskosten aufgrund anderweitig fehlenden Lagerraums), Kapitalbindungskosten (Sollzinsen, Opportunitätskosten = Zinsentgang bei alternativer Finanzmittelverwendung), Abwertungskosten (Abschreibungen auf Gegenstände des Umlaufvermögens gemäß § 253 III HGB – strenges Niederstwertprinzip) aufgrund einer Verschlechterung der Ware (auch Überschreitung des MHD)[780] oder bei Preisverfall, Personalkosten (z. B. Austausch verstaubter Verpackungen, Reinigung, Inventurzählungen), Kosten für Fremdleistungen (z. B. Bewachung des Lagers), Versicherungskosten (Inventarversicherung) und andere mehr.

- Raumkosten
- Kapitalbindungskosten
- Abwertungskosten
- Personalkosten
- Kosten für Fremdleistungen
- Versicherungskosten
- Entsorgungskosten
- weitere Kosten

Darst. 2.4175: Kosten bei hoher Lagerdauer

[780] MHD = Mindesthaltbarkeitsdatum (Das MHD ist kein End-Haltbarkeitsdatum und sagt daher nichts über den tatsächlichen Zustand einer Ware aus.)

Steigende Lagerdauern sind – von Ausnahmen abgesehen – ein Zeichen für **geringe Wirtschaftlichkeit** und **sinkende Effizienz**. Diese Fixkosten im Absatzbereich, das sind Kosten, die unabhängig von Warenbewegungen anfallen, werden auf eine kleinere Anzahl von Erzeugnissen verteilt. Damit steigen nicht nur die Selbstkosten, sondern auch die langfristigen Preisuntergrenzen. Bei konstanten Marktpreisen sinken die Gewinnaufschläge (im Handel: Handelsspannen).

Im umgekehrten Fall **verringert eine sinkende Lagerdauer den Kapitalbedarf** und **erhöht das Liquiditätspotential** des Unternehmens. Eine geringe Umschlagsdauer des Fertigwarenbestandes erhöht die Liquidierbarkeit der Aktiva.[781] Schnell liquidierbare Vermögensgegenstände können wiederum im Fall von finanziellen Engpässen als Liquiditätsreserven herangezogen werden, weil das eingesetzte Kapital umso schneller für andere Finanzierungszwecke genutzt werden kann.

Das Kriterium Lagerdauer kann wie folgt definiert werden:

$$\text{Lagerdauer (Tage)} = \frac{\text{Fertigwarenbestand}^{1}\text{ (Durchschnitt)}}{\text{Umsatz}} \cdot 365\text{ Tage}^{2}$$

Darst. 2.4176: Unternehmensbezogene Lagerdauer (Tage) auf der Basis der Jahresabschlussdaten

[1] Statt „Fertigwarenbestand“ wird in der Literatur oft der Begriff „Lagerbestand“ verwendet. Damit aber klar wird, welcher „Lagerbestand“ gemeint ist, wird hier „Fertigwarenbestand“ gewählt.

[2] Einige Autoren wie Schierenbeck/Wöhle schreiben hier statt „365 Tage“ „Anzahl der Tage im im Jahr“ (SCHIERENBECK, H., WÖHLE, C. B.: a. a. O., S. 808.). Auch findet sich vereinzelt (z. B. BESTMANN) „360 Tage“ in der Literatur.

Der Fertigwarenbestand würde hier **fertige Erzeugnisse** des Unternehmens und ggf. **Handelsware** umfassen.

[781] Das heißt aber nicht, dass der Bestand an Fertigwaren aus diesem Grund erhöht werden sollte!

Eine andere Definition von Lagerdauer stellt den Zusammenhang zwischen der Lagerdauer und der Umschlagshäufigkeit her:

$$\text{Lagerdauer (Tage)} = \frac{365}{\text{Umschlagshäufigkeit}}$$

Darst. 2.4177: Relation unternehmensbezogene Lagerdauer (Tage) und Umschlagshäufigkeit

Die Lagerdauer (Absatz) gibt (in Tagen) an, **wie lange die Fertigwaren gebunden sind**.

Die Daten können den Jahresabschlüssen (Fertigwarenbestand der Bilanz, Umsatzerlöse der Gewinn- und Verlustrechnung) entnommen werden. Die Verwendung der Jahresabschlussdaten ist jedoch nicht unproblematisch: Die **fertigen Erzeugnisse** beinhalten je nach verwendeter materieller Bewertung **Verwaltungskostenaufschläge**, die aufgrund handelsrechtlicher Wahlrechte **im zwischenbetrieblichen Vergleich unterschiedlich hoch** sein können. Zweitens sind in den **Umsatzerlösen** Erlöse aus dem Verkauf und der Vermietung oder Verpachtung von Produkten sowie aus der Erbringung von Dienstleistungen enthalten, die *nicht* zur betrieblichen Geschäftstätigkeit gehören, also **betriebsfremd** sind. Dazu gehören etwa Kantinenerlöse, Gebühren für den Kindergarten des Unternehmens, Erlöse aus dem Verkauf von Roh-, Hilfs- und Betriebsstoffen, Miet- und Pachteinnahmen oder auch Erträge aus Schrottverkäufen. Drittens werden **Kostensteuern** wie bspw. die Mineralölsteuer, Tabaksteuer, Biersteuer und Branntweinsteuer; nicht aber Grundsteuer und Kraftfahrzeugsteuer, in der Position „Umsatzerlöse" als Aufwand direkt **berücksichtigt**. Viertens: Befinden sich in den Umsatzerlösen **außergewöhnliche und/oder periodenfremde Geschäftsvorfälle**, müssen diese im Hinblick auf den Umsatz herausgerechnet werden, weil sie dem Unternehmen nicht stetig zufließen. Ein Beispiel für außergewöhnliche Transaktionen können Umsatzerlöse aufgrund eines einmaligen Sonderauftrages sein. Grundsätzlich ist festzuhalten, dass im Umsatz **Gewinnaufschläge** enthalten sind, die bei absatzmarktbezogener Ausrichtung unterschiedlich hoch sein können und somit die Lagerdauer eines Produktes (u. U. erheblich) verzerren.

Im Falle fertiger Erzeugnisse wird daher empfohlen, den Zähler und Nenner **auf der Basis der Herstellkosten** zu ermitteln.

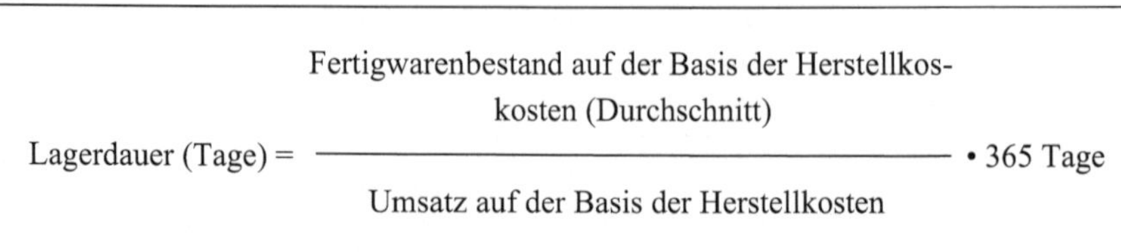

$$\text{Lagerdauer (Tage)} = \frac{\text{Fertigwarenbestand auf der Basis der Herstellkosten (Durchschnitt)}}{\text{Umsatz auf der Basis der Herstellkosten}} \cdot 365 \text{ Tage}$$

Darst. 2.4178: Unternehmensbezogene Lagerdauer (Tage) auf der Basis der Herstellkosten

Bei der Frage, welche Formel verwendet werden sollte, ergibt sich folgender Konflikt: Bezüglich der unternehmensbezogenen Lagerdauer ist ein externes Benchmarking nur mit der Formel Darst. 2.4176 (Unternehmensbezogene Lagerdauer (Tage) auf der Basis der Jahresabschlussdaten) möglich. Für eine genauere Beurteilung sollte jedoch das interne Benchmarking mit der Formel Darst. 2.4178 (Unternehmensbezogene Lagerdauer (Tage) auf der Basis der Herstellkosten) verwendet werden.

Insbesondere wenn eine produktgruppen- oder produktbezogene Betrachtung gewählt wird, was ohnehin zu empfehlen ist, da eine globale Betrachtung der Lagerdauer nur einen ersten Hinweis auf ein Problem im Bereich der Lagerdauer liefert, wird deutlich, dass unterschiedliche Gewinne die Lagerdauer erheblich beeinflussen können. M. a. W.: Gelingt es dem Unternehmen, aufgrund der Marktverhältnisse hohe Gewinne durchzusetzen, würde sich bei der Kennzahl „Unternehmensbezogene Lagerdauer (Tage)“ gemäß Darst. 2.4176 eine deutlich niedrigere Lagerdauer ergeben.

Die **produktbezogene Lagerdauer** wird daher wie folgt definiert:

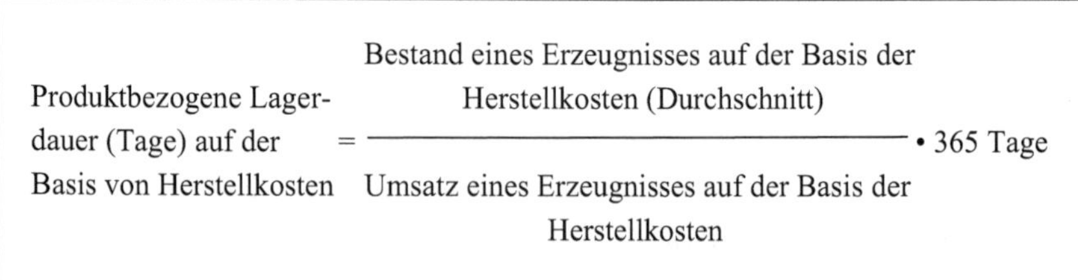

$$\text{Produktbezogene Lagerdauer (Tage) auf der Basis von Herstellkosten} = \frac{\text{Bestand eines Erzeugnisses auf der Basis der Herstellkosten (Durchschnitt)}}{\text{Umsatz eines Erzeugnisses auf der Basis der Herstellkosten}} \cdot 365 \text{ Tage}$$

Darst. 2.4179: Produktbezogene Lagerdauer (Tage) auf der Basis von Herstellkosten

Der Umsatz eines Erzeugnisses auf der Basis der Herstellkosten ergibt sich als Produkt von abgesetzter Menge eines Erzeugnisses und den Herstellkosten; der wertmäßige Bestand aus der Multiplikation der vorhandenen Menge eines Erzeugnisses mit den Herstellkosten.

Die vorstehende Formel lässt sich nun verkürzen, so dass sich folgende Formel zur Berechnung der produktbezogenen Lagerdauer (Tage) auf der Basis von Mengengrößen ergibt:

$$\text{Produktbezogene Lagerdauer (Tage) auf der Basis von Mengengrößen} = \frac{\text{Vorhandene Menge eines Erzeugnisses } (\varnothing)}{\text{Abgesetzte Menge eines Erzeugnisses}} \cdot 365 \text{ Tage}$$

Darst. 2.4180: Produktbezogene Lagerdauer (Tage) auf der Basis von Mengengrößen

In den bisherigen Formeln wurde der Umsatz bzw. die abgesetzte Menge auf der Basis eines (Geschäfts-)Jahres berechnet. Dieser Zeitraum ist für Controlling-, insbesondere Steuerungszwecke schlicht zu lang. Es macht keinen Sinn, erst die Jahresumsätze oder die in einem Jahr abgesetzten Mengen abzuwarten, um dann eingreifen zu können. Diese Maßnahmen kämen zu spät, speziell in Märkten, die einem ständigen und möglicherweise auch (noch) schnellen Wandel unterliegen. Daher ist es angeraten, eine **monatliche Betrachtungsweise**, wie in der Kostenrechnung üblich, anzustreben.

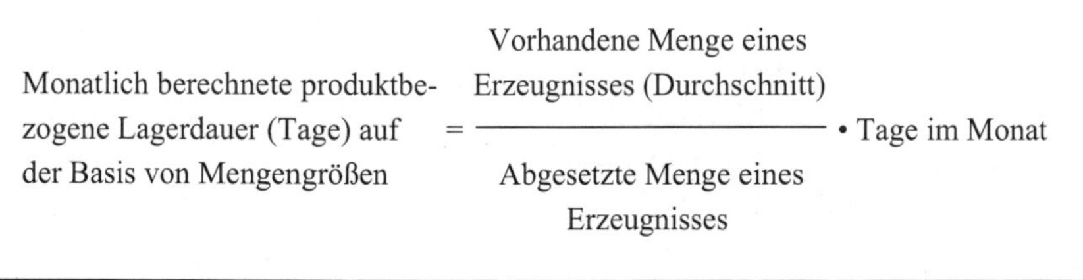

$$\text{Monatlich berechnete produktbezogene Lagerdauer (Tage) auf der Basis von Mengengrößen} = \frac{\text{Vorhandene Menge eines Erzeugnisses (Durchschnitt)}}{\text{Abgesetzte Menge eines Erzeugnisses}} \cdot \text{Tage im Monat}$$

Darst. 2.4181: Monatlich berechnete produktbezogene Lagerdauer (Tage) auf der Basis von Mengengrößen

Die mittels der vorstehenden Formel gewonnenen Daten lassen sich am besten visualisieren. Ein Beispiel zeigt die nachstehende Darstellung:

Die dicke gestrichelte Linie spiegelt die (subjektiv) gewählte kritische Lagerdauer wider.

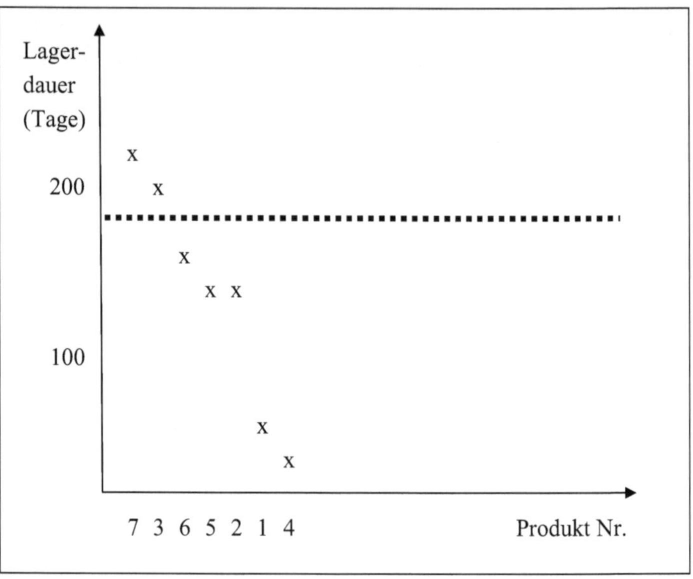

Darst. 2.4182: Graphische Darstellung der produktbezogenen Lagerdauern (Tage) auf Basis von Herstellkosten mit kritischer Lagerdauer (Beispiel)

Zusammenfassend ergibt sich folgende Empfehlung: Zur **Beobachtung der Lagerdauer** empfiehlt sich die **produktbezogene Lagerdauer (Tage) auf der Basis der Mengengrößen**. Für einen **ersten Gesamtüberblick** wird die **unternehmensbezogene Lagerdauer (Tage) auf der Basis der Herstellkosten** verwendet.

Bislang wurden die verschiedenen Definitionen zwar miteinander verglichen; allerdings lässt sich keine Aussage darüber ableiten, ob die konkrete Ausprägung des Kriteriums gut oder schlecht ist. Es fehlt ein Bezugspunkt.

Zur Auswahl stehen hier grundsätzlich eine Zeitreihenbetrachtung, das Benchmarking mit anderen Unternehmen (intern und/oder extern) und ggf. ein Vergleich mit anderen Produkten.[782]

Während sowohl die produktbezogene Lagerdauer (Tage) auf der Basis der Herstellkosten als auch die unternehmensbezogene Lagerdauer (Tage) auf der Basis der Herstellkosten nicht per Benchmarking mit Externen verglichen werden können (hier fehlen die externen Auswertungsmöglichkeiten), ist bei der unternehmensbezogenen Lagerdauer (Tage) ein Vergleich auf Unternehmensebene extern möglich. Im letzten Fall ist darauf zu achten, dass nur die Unternehmen derselben Branche in die Untersuchung einbezogen werden. Selbst dies kann noch zu einem Vergleich „Äpfel mit Birnen" führen, wenn die Unternehmen innerhalb einer Branche sehr heterogen sind. Dann sollte eine absatzkanal- oder marktsegmentbezogene Fokussierung erfolgen.

Bei der produktbezogenen Lagerdauer (Tage) auf der Basis der Herstellkosten ist auch ein Vergleich mit der Lagerdauer anderer Produkte möglich, um einen Anhaltspunkt für eine zu hohe Lagerdauer zu bekommen.

Zusammenfassend ergibt sich folgendes Bild:

Kriterium / Vergleich	unternehmensbezogene-Lagerdauer (Tage) auf der Basis der Jahresabschlussdaten	unternehmensbezogene Lagerdauer (Tage) auf der Basis von Herstellkosten	produktbezogene Lagerdauer (Tage) auf der Basis von Mengengrößen
mit anderen Unternehmen (externes Benchmarking)	x	–	–
mit anderen Unternehmen oder Unternehmenteilen der Gruppe (internes Benchmarking)	x	x	x
mittels Zeitreihe	(x)	(x)	(x)
mit anderen Produkten	–	–	x

Darst. 2.4183: Relativierung der Kennzahl Lagerdauer

[782] Vgl. zum Thema „Bewertung von Kennzahlen und Benchmarking" Unterabschnitt 2.2.6 von Band 1.

Die vorstehende Abbildung verdeutlicht, welche Lagerdauer-Kennzahl mit welcher Vergleichsmöglichkeit kombiniert werden kann. Ein Vergleich mittels Zeitreihe ermöglicht lediglich eine Tendenzaussage.

Wurden **Artikel mit hohen Lagerdauern** identifiziert, stellt sich die Frage, ob und wenn ja, welche Maßnahmen ergriffen werden sollen.

Zunächst muss den **Ursachen** für eine hohe Lagerdauer auf den Grund gegangen werden. So könnte die Produktion einer betriebswirtschaftlich sinnvollen Losgröße oder eine vom Management vermutete Belebung des Absatzes oder eine konkret geplante Absatzkampagne die Ursache für einen hohen Lagerbestand und damit für eine hohe Lagerdauer sein.[783] Oder gesetzliche Vorschriften, die das Verbot des Vertriebs eines bestimmten Artikels beinhalten. Oder eine zwischenzeitlich eingetretene technologische Rückständigkeit, die zu einem massiven Rückgang der Verkäufe geführt hat. Oder ein Wettbewerber, der den Markteintritt mit extrem niedrigen Preisen versucht. Hier lassen sich eine Vielzahl von Gründen nennen.

Die zu ergreifenden **Maßnahmen** sind zunächst ursachenbezogen zu wählen. Aber auch die zukünftige Marketingstrategie/Firmenpolitik muss in die Überlegungen mit einbezogen werden. Erwähnt sei hier beispielsweise eine detaillierte Lebenszyklusanalyse.

Die Maßnahmen könnten also z. B. die Reduzierung des Verkaufspreises, Forcierung der Vertriebsanstrengungen, Nutzenoptimierung, technologische Erneuerung, Verkauf des Produktes an einen Wettbewerber, die Eliminierung von Produkten etc. sein.

Bei jeder Maßnahme ist genau zu prüfen, welche Konsequenzen mit der Umsetzung in finanzieller und/oder erfolgswirtschaftlicher Sicht verbunden sind.

[783] Diese Fälle sind durchaus positiv zu werten, da die Unternehmensführung vorausschauend für die Zukunft vorsorgt. Die Gewinnchancen verbessern sich. Die Existenz der Unternehmung dürfte zumindest in absehbarer Zukunft gesichert sein.

Der Eliminierung von Produkten beispielsweise können folgende Gesichtspunkte entgegen stehen:

- Kunden erwarten ein bestimmtes Sortiment
- Imageträchtige Produkte
- Penetrationspreispolitik: Tolerierung von Verlusten oder niedrigen Gewinnen bei neu eingeführten Produkten
- Höhere Einkaufspreise bei anderen Produkten im Baukasten-Verbund
- Verbundprodukte (z. B. Drucker/Patronen)
- Hereinnahme von „Lockvögeln“ ins Sortiment
- Gesetzliche oder vertragliche Verpflichtung zur künftigen Produktion bestimmter Artikel
- Langfristige Risikostreuung im Rahmen eines strategischen Portfolios
- Soziale Gesichtspunkte
- Sozialplan ist nicht finanzierbar oder führt zu nicht erwünschten/nicht verkraftbaren Verlusten
- Nicht gewünschte / nicht verkraftbare außerplanmäßige Abschreibung gem. § 253 Abs. 3 HGB der (Spezial-)Maschine und Werkzeuge
- Lerneffekte führen im Zusammenhang mit der Kostenerfahrungskurve in Zukunft zu deutlich niedrigeren Stückkosten

Darst. 2.4184: Gründe gegen eine Eliminierung von Produkten

Speziell die **Kosten einer Eliminierung von Produkten** können erheblich sein. Da beispielsweise technologisch hoch entwickelte Produkte aus einer Vielzahl von Bauteilen bestehen, ergeben sich für jedes Bauteil unterschiedliche Lagerbestände. Bei einem Stopp der Produktion stellt sich die Frage, was mit den Beständen der bisher eingebauten Bauteile geschehen soll. Schlimmstenfalls können diese nur noch einen Schrotterlös erzielen. Das Entsorgen dieser Bauteile verursacht zudem zusätzliche Kosten.

Wird nach dem Baukastenprinzip gefertigt und bestimmte Bauteile finden auch in anderen Produkten Verwendung, wird die Einkaufsmenge dieser Bauteile sinken, was steigende Einkaufsvolumina (bei diesen Bauteilen), höhere Selbstkosten der anderen Produkte und bei konstanter Menge und gleichem Gewinnaufschlag höhere Verkaufspreise zur Folge hat. Letztlich kann dies dazu führen, dass die anderen Produkte nicht mehr wettbewerbsfähig sind und sich deren Lagerdauern erhöhen.

Bei einer Eliminierungsentscheidung sind möglicherweise auch **Verbundeffekte** zu berücksichtigen. Wünschen beispielsweise designorientierte Kunden farblich aufeinander abgestimmte Badezimmerartikel wie Waschtischarmatur, Spiegelumfassung, Handtuchhalter, Wannengriff, Toilettenpapierhalter, Dusch- und Badewannenarmatur, so ist die Herausnahme der Waschtischarmatur aufgrund der unerträglichen Formgebung ein K.o.-Kriterium für sämtliche, farblich aufeinander abgestimmte Badezimmerartikel.

Auch auf das Problem der **zeitlichen Synchronisation** muss eingegangen werden. Gerade bei erheblichen zeitlichen Vorläufen stellt sich die Frage, wann ein Artikel auslaufen soll. Allein die Abstimmung zwischen Katalogerstellung und Verfügbarkeit der Artikel ist oft ein Rechenexempel: Soll das Unternehmen Kleinstmengen produzieren, um die Kundenwünsche zu erfüllen oder möglicherweise Kunden an den Wettbewerber verlieren, wenn die im Katalog offerierte Ware nicht mehr lieferbar ist.

Zuletzt ist ausdrücklich darauf hinzuweisen, dass eine Entscheidung auf Basis der Lagerdauer angesichts der erwähnten hohen Kosten zwar ein Indiz für die Eliminierung von Produkten ist, eine endgültige Entscheidung jedoch deshalb nicht getroffen werden kann, weil die Ertragsseite eines Produktes, genauer die Deckungsbeiträge außer Acht gelassen werden. So kann es sein, dass eine Produktart auf der einen Seite zwar eine hohe Lagerdauer aufweist, auf der anderen Seite jedoch hohe Deckungsbeiträge generiert.

Bislang war nur von zu hohen Lagerdauern gesprochen worden und welche Maßnahmen (in Abhängigkeit von den Ursachen) ergriffen werden können. Die Frage, inwieweit, d. h. **auf welche Anzahl von Tagen die Lagerdauer reduziert** werden sollte, wurde noch nicht beantwortet. Sicher ist, dass eine **Minimierung** der Lagerdauer **nicht das Ziel** sein kann, denn dann würden möglicherweise Mindest- und/oder Meldebestände unterschritten. Dies wäre fatal, da dadurch ausfallende Erlöse, unzufriedene Kunden (bis hin zu negativen Bewertungen im Internet) und fehlende liquide Mittel die Folge wären. Es ist daher zu erörtern, ob und wie die Lagerdauer optimiert werden kann. Sinnvoll ist es, die **Bestände über den Mindest-, Melde- und optimalen Bestand zu steuern**. Ergeben sich dennoch bei der (notwendigen) Kontrolle der Bestände über die Kennzahl „Lagerdauer" zu hohe Werte, d. h. werden Produkte zu lange gelagert, müssen die Ursachen wie vorstehend beschrieben näher ergründet werden.

Zusammengefasst lässt sich sagen, dass die Lagerdauer **eher der Kontrolle dient**, ob Unregelmäßigkeiten zu einem sehr hohen oder recht niedrigen Lagerbestand geführt haben. Auch kann sie ein **Indiz für die Eliminierung von Produkten** sein. Die Kennzahl eignet sich **nicht zur** Steuerung im Sinne von **Optimierung der Bestände**.

Bereits bei der Besprechung des Kriteriums Lagerdauer[784] (s. o.) war auf die enormen Kosten (vgl. Darst. 1.4088) einer langen Lagerzeit hingewiesen worden. Eine ähnliche Aussage lässt sich aus einer geringen **Umschlagshäufigkeit (Absatz)**[785] ableiten, die im Falle einer Gesamtbetrachtung des Unternehmens wie folgt definiert wird:

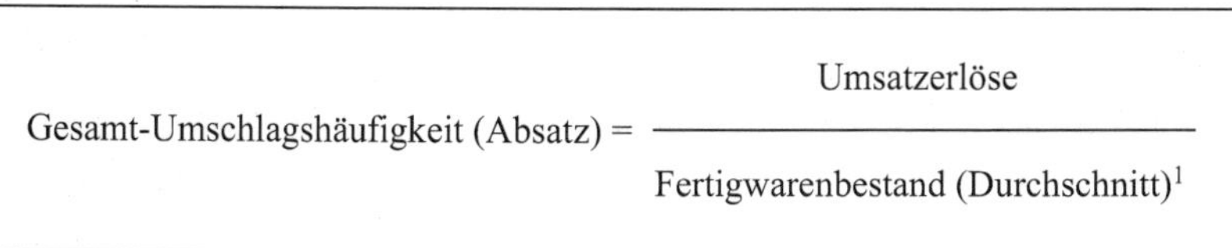

$$\text{Gesamt-Umschlagshäufigkeit (Absatz)} = \frac{\text{Umsatzerlöse}}{\text{Fertigwarenbestand (Durchschnitt)}^{1}}$$

Darst. 2.4185: Gesamt-Umschlagshäufigkeit (Absatz gesamt)

[1] Statt „Fertigwarenbestand" wird in der Literatur oft der „Lagerbestand" verwendet. Dieser Begriff ist jedoch nicht eindeutig. Daher wird im Absatzbereich von „Fertigwarenbestand" gesprochen.

Mit der Umschlagshäufigkeit (Absatz) wird ausgedrückt, **wie häufig der (gesamte) Fertigwarenbestand oder ein (einzelner) Artikel in der betrachteten Periode umgeschlagen wird**.

Die Kritik an der vorstehenden Formel lautet ähnlich wie schon beim Kriterium Lagerdauer: Die **fertigen Erzeugnisse** beinhalten je nach verwendeter materieller Bewertung **Verwaltungskostenaufschläge**, die aufgrund handelsrechtlicher Wahlrechte **im zwischenbetrieblichen Vergleich unterschiedlich hoch** sein können. Zweitens sind in den **Umsatzerlösen** Erlöse aus dem Verkauf und der Vermietung oder Verpachtung von Produkten sowie aus der Erbringung von Dienstleistungen enthalten, die *nicht* zur betrieblichen Geschäftstätigkeit gehören, also **betriebsfremd** sind. Dazu gehören etwa Kantinenerlöse, Gebühren für den Kindergarten des Unternehmens, Erlöse aus dem Verkauf von Roh-, Hilfs- und Betriebsstoffen, Miet- und Pachteinnahmen oder auch Erträge aus Schrottverkäufen. Drittens werden **Kostensteuern** wie bspw. die Mineralölsteuer, Tabaksteuer, Biersteuer und Branntweinsteuer; nicht aber Grundsteuer und Kraftfahrzeugsteuer, in der Position „Umsatzerlöse" als Aufwand direkt **berücksichtigt**. Viertens: Befinden sich in den Umsatzerlösen **außergewöhnliche und/oder periodenfremde Geschäftsvorfälle**, müssen diese im Hinblick auf den Umsatz herausgerechnet werden, weil sie dem Unternehmen nicht stetig zufließen. Ein Beispiel für außergewöhnliche Transaktionen können Umsatzerlöse aufgrund eines einmaligen Sonderauftrages sein. Fünftens

[784] Siehe Unter-Unterabschnitt 2.4.22.7 „Disposition und Lagerung als Teilfunktionen der Distributionslogistik".

[785] Statt „Umschlagshäufigkeit" findet sich in der Literatur auch der Begriff „Lagerumschlag" oder „Umschlagskoeffizient" (Bestmann). Reichmann bezieht sich offenbar auf die gesamte Unternehmung und nennt diese Größe daher „Gesamtumschlagshäufigkeit" (REICHMANN, TH., KISSLER, M., BAUMÖL, U.: a. a. O., S. 431).

sind in den Umsätzen und damit auch in den Umsatzerlösen **Gewinnaufschläge** enthalten, die bei absatzmarktbezogener Ausrichtung unterschiedlich hoch sein können, so dass die berechneten Umschlagshäufigkeiten erheblich voneinander abweichen können, ohne dass sich der tatsächliche Lagerumschlag unterschiedlich darstellt. Daher wird im Zähler dieser Kennzahl der „Umsatz auf der Basis der Herstellkosten" bevorzugt.

Um im **Vergleichsfall** das Kriterium Umschlagshäufigkeit nutzen zu können, ist darauf zu achten, wie die Bewertung des Fertigwarenbestandes erfolgt: Zu Herstellkosten, zu Herstellungskosten oder mit Kosten, die zwischen der handelsrechtlichen Unter- und Obergrenze liegen. Da zum einen die Herstellungskosten im Vergleich zu den Herstellkosten (noch) mehr oder weniger willkürlich bzw. verursachungsgerecht verteilte Gemeinkosten beinhalten und zum anderen der Nenner bereits auf der Basis der Herstellkosten berechnet wird, ist es sinnvoll, den Fertigwarenbestand auf der Basis der Herstellkosten zu berechnen.

Somit lautet die **Gesamt-Umschlagshäufigkeit (Absatz)** :

$$\text{Gesamt-Umschlagshäufigkeit (Absatz) auf der Basis von Herstellkosten} = \frac{\text{Umsatz auf der Basis von Herstellkosten}}{\text{Fertigwarenbestand auf der Basis von Ø Herstellkosten}}$$

Darst. 2.4186: Gesamt-Umschlagshäufigkeit (Absatz) auf der Basis von Herstellkosten

Da sich der Controller nicht nur mit der Berechnung einer Größe zufriedengeben kann, sondern das gefundene Ergebnis auch beurteilen muss, ergibt sich hier im Hinblick auf eine vergleichende Bewertung folgende Schwierigkeit: Während eine Zeitreihenanalyse mit beiden Formeln möglich ist, liegen für ein externes Benchmarking die Werte auf der Basis der Herstellkosten in aller Regel nicht vor.

Insofern bieten sich im Falle einer vergleichenden Bewertung zwei Alternativen an:

Art des Benchmarking	Formel gemäß Abbildung
intern	2.4186
extern	2.4185

Darst. 2.4187: Art des Benchmarkings und zu verwendende Formel für die Umschlagshäufigkeit (Absatz gesamt)

Zwar lassen sich im Zuge des Benchmarkings die Umschlagshäufigkeiten (Absatz gesamt) zwischenbetrieblich vergleichen; zur Steuerung eines Unternehmens ist diese **globale Kennzahl nicht geeignet**. Hier ist eine wesentlich detailliertere Betrachtung **auf Artikelebene** unumgänglich.

Daher wird die Kennzahl artikelbezogen wie folgt modifiziert:

$$\text{Artikelbezogene Umschlagshäufigkeit (Absatz) auf der Basis von Herstellkosten} = \frac{\text{Umsatz eines Artikels auf der Basis von Herstellkosten}}{\text{Fertigwarenbestand dieses Artikels auf der Basis von Herstellkosten (Durchschnitt)}}$$

Darst. 2.4188: Artikelbezogene Umschlagshäufigkeit (Absatz) auf der Basis von Herstellkosten

Der Umsatz eines Artikels auf der Basis von Herstellkosten ergibt sich aus dem Produkt von abgesetzter Menge eines Erzeugnisses und den Herstellkosten; der wertmäßige Fertigwarenbestand aus der Multiplikation der vorhandenen Menge eines Erzeugnisses mit den Herstellkosten.

Werden Nenner und Zähler der vorstehenden Formel um die Herstellkosten gekürzt, ergibt sich die nachstehende Formel zur Berechnung der artikelbezogenen Umschlagshäufigkeit (Absatz) auf der Basis von Mengengrößen:

$$\text{Artikelbezogene Umschlagshäufigkeit (Absatz) auf der Basis von Mengengrößen} = \frac{\text{Abgesetzte Menge eines Erzeugnisses}}{\text{Vorhandene Menge eines Erzeugnisses (Durchschnitt)}}$$

Darst. 2.4189: Artikelbezogene Umschlagshäufigkeit (Absatz) auf der Basis von Mengengrößen

Ähnlich wie bei der Lagerdauer kann ein Einschreiten bei zu niedrigen Umschlagshäufigkeiten nur dann erfolgen, wenn letztere **monatlich berechnet** werden.

Die mittels der vorstehenden Formel gewonnenen Daten lassen sich am besten visualisieren. Ein Beispiel zeigt die Darst. 2.4190:

Die dicke gestrichelte Linie spiegelt die (subjektiv) gewählte kritische artikelbezogene Umschlagshäufigkeit im Absatzbereich wider.

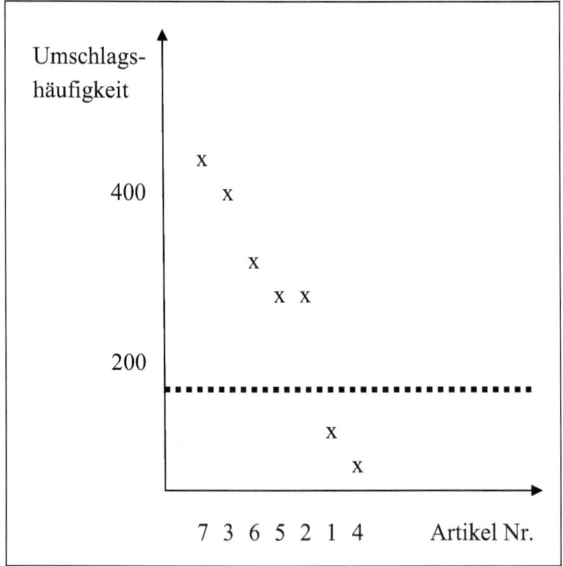

Darst. 2.4190: Graphische Darstellung der artikelbezogenen Umschlagshäufigkeit im Absatzbereich mit kritischer Umschlagshäufigkeit (Beispiel)

Werden Artikel mit geringen Umschlagshäufigkeiten identifiziert, stellt sich auch hier wie schon bei hohen Lagerdauern die Frage, ob und wenn ja, welche Aktivitäten in Gang gesetzt werden sollten. Hier wird auf die vorhergehenden Ausführungen verwiesen. Ähnlich wie bei der **Lagerdauer als alleiniges Kriterium für die Eliminierung von Produkten** ist auch die Umschlagshäufigkeit als einziges K.o.-Kriterium **ungeeignet, da die Ertragsseite nicht betrachtet wird**.

2.4.22.8 Externe Transportlogistik als Teilfunktion der Distributionslogistik

Bevor auf das Controlling der externen Transportlogistik näher eingegangen wird, sollen rekapitulierend in der folgenden Übersicht die **Logistikbereiche und Arten der Transportlogistik** noch einmal aufgeführt werden:[786]

ex-/interne Transportlogistik	interne Transportlogistik	externe Transportlogistik		
Beschaffungslogistik	Produktionslogistik	Distributionslogistik	Rücknahmelogistik	Entsorgungslogistik
→		Informationslogistik		←

Darst. 2.4191: Logistikbereiche und Arten der Transportlogistik
(Vgl. OELDORF, G., OLFERT, K.: Material-Logistik, 14. Aufl., Ludwigshafen 2018, S. 41, PLÜMER, TH., STEINFATT, E.: Produktions- und Logistikmanagement, 2. Aufl., Berlin, Boston 2017, S. 3.)

[786] Vgl. u. a. WITTIG, A.: Management von Unternehmensnetzwerken. Eine Analyse der Steuerung und Koordination von Logistiknetzwerken, Wiesbaden 2005, S. 19, OELDORF, G., OLFERT, K.: a. a. O., S. 41, PLÜMER, TH., STEINFATT, E.: Produktions- und Logistikmanagement, 2. Aufl., Berlin, Boston 2017, S. 3.)

Die externe Transportlogistik lässt sich wie folgt definieren:

Die externe Transportlogistik umfasst die integrierte Planung, Steuerung und Kontrolle des gesamten Material-, Personen- und Energieflusses und der damit verbundenen Informationsflüsse bis zum vereinbarten Anlieferort im Unternehmen und Transportlogistikleistungen ab dem ausgewählten Abgangslagerort des Unternehmens.

Darst. 2.4192: Externe Transportlogistik

Auf die Abgrenzung der externen Transportlogistik zur bzw. auf die Einbindung der externen Transportlogistik in die „**Supply Chain**" und das **Supply Chain Management (SCM)** soll hier nicht noch einmal eingegangen werden. Insofern wird auf die Ausführungen im Unterabschnitt 2.2.1 „Vorbemerkungen" verwiesen. Gleiches gilt für die **Hauptziele der Logistik,** die **Ziele** und **Elemente des Logistikmanagement-Systems**, die **Risiken in der Supply Chain**, das **Logistik-Controlling** und seine **Teilaufgaben** sowie im Unterabschnitt 2.2.2 „Struktur- und Rahmenkennzahlen" den **Umschlag** (in der Logistik).

Da die meisten Kennzahlen der externen Transportlogistik wie z. B.

- Transportaufkommen pro Transport,
- Eigen- bzw. Fremdtransportquote,
- Transportmittelnutzungsgrad,
- Ausfallgrad eines Transportmittels,
- Transportlogistikkosten pro Bezugsgröße
  - Wertgrößen wie z. B. Wert der transportierten Güter,
  - Mengengrößen wie z. B. Zahl der Lieferobjekte (Paletten, Pakete), Transportaufträge, Volumen (in t),
- Kosten je Tonnenkilometer,
- On-Time-Quote,
- Verzugsquote,
- Lieferflexibilität,
- Lieferbereitschaftsquote,
- Lieferqualität,
- Fehllieferungsquote

mit den in der internen Transportlogistik (Abschnitt 2.2 „Controlling der internen Transportlogistik“) vorgestellten identisch sind, wird hier auf eine explizite Erläuterung verzichtet. Daher werden im Folgenden nur definitorisch abweichende und zusätzliche Kennzahlen vorgestellt.

In der **Auftragsdisposition**[787] als Teilbereich der **internen** oder der **externen Transportlogistik** wird eine spezielle Kennzahl der Arbeitsproduktivität, die **Auftragsabwicklungsproduktivität** verwendet. Eine weitere Produktivitätskennzahl im **Versand** ist die **Versandabwicklungsproduktivität**. Im Unterschied zur Auftragsabwicklungsproduktivität, die die Zahl der *bearbeiteten* Aufträge ins Verhältnis zur Zahl der geleisteten Arbeitsstunden setzt, überprüft die Versandabwicklungsquote die Zahl der tatsächlich *versandten* Aufträge (in Bezug zu den geleisteten Stunden pro Arbeitstag), denn ein abgewickelter Auftrag muss nicht zwangsläufig zu seiner späteren Versendung gelangen.[788] Die beiden Kennzahlen werden erst im Unterabschnitt 2.7.5 „Leistungsbezogene Kennzahlen“ näher beschrieben, da über den Nenner der Kennzahlen letztlich die Produktivität der Mitarbeiter überprüft wird.

[787] Die Auftragsdisposition beinhaltet die mengenmäßige Zuordnung und Verteilung von Aufgaben bzw. Aufträgen auf interne verfügbare Ressourcen. Abzuwickelnde Auftragsdispositionen können verbindliche Aufträge externer oder interner Kunden (andere Unternehmenseinheiten wie z. B. Werke, Versandläger), auch aufgrund von Planungsvorgaben, sein.

[788] Beispielsweise bei einer Abholung durch den Kunden oder bei einer Stornierung des Auftrages vor der Auslieferung.

2.4.23 Nachsorgeaufwand

Die klassischen Phasen des Produktlebenszyklus lassen sich der folgenden Darstellung von Freudenmann entnehmen:

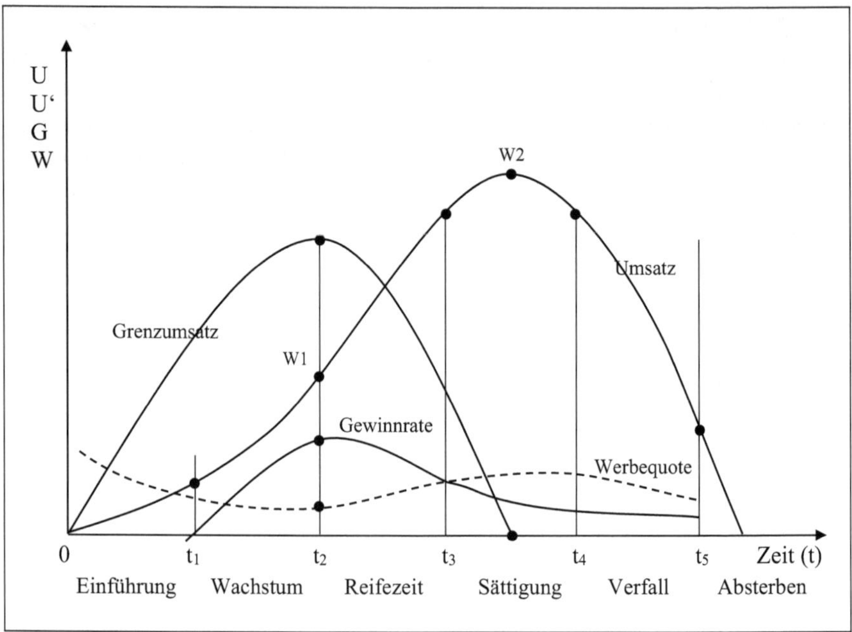

Darst. 2.4193 Abgrenzung der Phasen des Produktlebenszyklus
(Modifiziert entnommen: FREUDENMANN, H.: Planung neuer Produkte, Stuttgart 1965.)

Aus Sicht des Controllers ist die **Beschränkung** auf die Phasen Einführung, Wachstum, Reifezeit, Sättigung, Verfall und Absterben **nicht sachgerecht**. Der klassische Zyklus beginnt mit der Einführung des Produkts und endet, wenn das letzte Produkt verkauft wurde.

Zwei wichtige Phasen fehlen jedoch: *Vor* der Einführung eines Produktes auf dem Markt fallen Kosten in den Bereichen **Umweltanalyse, Forschung und Entwicklung sowie Konstruktion** an. Dieser Zeitraum wird **Vorverkaufsphase** genannt. Daneben fallen weitere Kosten *nach* dem Verkauf eines Produktes an. Diese Kosten resultieren aus der **Entsorgung** von Abfällen (Recycling[789], sonstige Verwertung[790] oder Abfallbeseitigung), der **Gewährleistung** sowie der Wiederverwendung von Produkten (mit oder ohne Aufbereitung) im Rahmen der **Rücknahme**[791]. Diese Phase wird als Nachverkaufsphase oder **Nachsorgephase** bezeichnet. Gerade die Kosten für die Nachsorge sind in den vergangenen Jahren aus Umwelt- und Ressourcengründen enorm angestiegen. Dabei spielt es zunächst keine Rolle, ob das Unternehmen die Rücknahme selbst vornimmt oder Umlagen für die Erfüllung der Verpflichtungen zahlt.

Damit ergibt sich folgender **integrierte Produktlebenszyklus**:

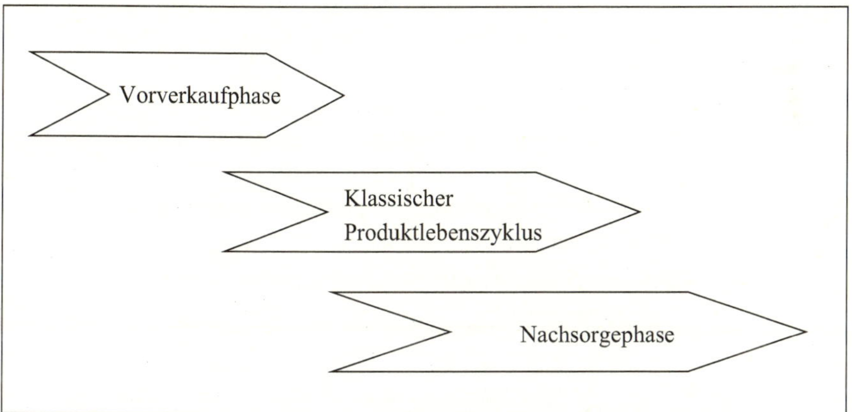

Darst. 2.4194: Phasen des integrierten Produktlebenszyklus

Die vorgenannten Phasen laufen in der Betrachtung jedes einzelnen Produktes nacheinander ab. In der Totalbetrachtung aller Produkte überlappen sie sich.

Für den Produzenten sind sämtliche Erträge und Aufwendungen einer Produktart relevant. Bisher wurden die Aufwendungen und – eher in seltenen Fällen – Erträge der Nachsorgephase nicht explizit betrachtet. Dies ist angesichts der enormen Kosten der Nachsorgephase nicht sachgerecht.

---

789 Vgl. die zahlreichen Verpflichtungen der Industrie zur Rücknahme von Altöl, Batterien, Elektronikschrott, Autos etc.

790 Der Begriff Verwertung umfasst die Wiederverwendung von Produkten, das Recycling sowie die sonstige Verwertung.

791 Vgl. das sehr weitgehende deutsche Verbraucherrecht, das im Fernabsatz beispielsweise in Form des Widerrufsrechts zu grotesken Aktionen einschließlich Missbrauch der Käufer führt.

Die Kosten der Nachsorge können als absolute Größe (Wertgröße) oder relativ analysiert werden. Als relative Größe gilt die **Nachsorgeaufwandsquote**. Sie setzt die Aufwendungen für die Nachsorge ins Verhältnis zum den Umsatzerlösen bzw. zum Umsatz.

$$\text{Nachsorgeaufwandsquote (GuV)} = \frac{\text{Nachsorgeaufwendungen}}{\text{Umsatzerlöse}} \cdot 100$$

Darst. 2.4195: Nachsorgeaufwandsquote (GuV)

Sinnvoller ist es allerdings, die Nachsorgeaufwendungen auf die Umsatzerlöse zu beziehen, die dem gewöhnlichen Betriebszweck zuzuordnen sind. Das sind die Umsätze. Denn die Umsatzerlöse gem. § 277 Abs. 1 HGB enthalten betriebsfremde, außergewöhnliche oder periodenfremde Geschäftsvorfälle und darüber hinaus als Aufwand die Kostensteuern. Sofern sich das Marketing und damit sich der Vertrieb auf die Aktivitäten entsprechend dem Unternehmenszweck bezieht, können betriebsfremde Umsatzerlöse nicht im Fokus stehen. Vielmehr sind nur diejenigen **Erfolgskomponenten relevant**, die sowohl **betrieblich** als auch **stetig** und **finanziell** wirksam sind.[792] Insofern macht es Sinn, die Nachsorgeaufwandsquote (Unternehmenszweck) zu analysieren.

$$\text{Nachsorgeaufwandsquote (Unternehmenszweck)} = \frac{\text{Nachsorgeaufwendungen}}{\text{Umsatz}} \cdot 100$$

Darst. 2.4196: Nachsorgeaufwandsquote (Unternehmenszweck)

Die vorgenannte Kennzahl ist unter methodischen Gesichtspunkten kritisch zu diskutieren, denn der **Zeitbezug im Nenner und Zähler differiert in der Regel erheblich**.

Diese Größe kann global für alle Produkte des Unternehmens berechnet und geprüft werden. Bei einem sehr heterogenen Produktionsprogramm können die **Nachsorgeaufwendungen bei den einzelnen Produkten jedoch sehr unterschiedlich** sein, so dass die Nachsorgeaufwandsquote für jedes Erzeugnis berechnet werden sollte.

[792] Vgl. die Ausführungen bei WÖRDENWEBER, M.: Operatives Controlling. Band 1, Paragraf 3.1.1.1.1 „Analyse der Erfolgserzielung“.

Sollen die Nachsorgeaufwendungen produktbezogen analysiert werden, empfiehlt es sich, den Aufwand für die Nachsorge auf die Herstellkosten zu beziehen. Dieses Verhältnis der Nachsorgekosten wird **Nachsorgekostenquote** genannt:

$$\text{Nachsorgekostenquote} = \frac{\text{Nachsorgeaufwendungen}}{\text{Herstellkosten}} \cdot 100$$

Darst. 2.4197: Nachsorgekostenquote

Kritisch anzumerken ist, dass die Datenverfügbarkeit oft nur bei einer gut ausgebauten Kostenrechnung gewährleistet ist. Zudem ist eine vergleichende Bewertung wegen der Datenerhältlichkeit bei externem Benchmarking kaum möglich. Bleibt oft nur noch eine Zeitreihenbetrachtung, ggf. ein internes Benchmarking.

2.4.24 Auftragslage

Während die bisher vorgestellten Daten vergangenheitsorientiert sind und somit erst ex post ermittelt werden konnten, ist es für das Unternehmen, insbesondere für die kurz- und mittelfristige Planung, sehr wichtig, über die kommende Beschäftigung und eventuell damit verbundene Probleme in der Zukunft Bescheid zu wissen.

Eine der entscheidenden Größen ist die **Auftragslage**, die als Mengen-, Umsatz- oder Indexgröße wiedergegeben werden kann.

2.5 Investitions-Controlling

Bereits in der Gründungsphase eines Unternehmens ist eine Reihe von Investitionsentscheidungen zu fällen. In erster Linie geht es um den Kauf von Grundstücken, Gebäuden, Maschinen, Fahrzeugen sowie der Betriebs- und Geschäftsausstattung. Aber auch das Umlaufvermögen wie beispielsweise Roh-, Hilfs- und Betriebsstoffe sind zu finanzieren.

Es geht also um **Kapitalverwendungsentscheidungen**. Dabei ist zwischen lang-, mittel- und kurzfristigen Kapitalanlagen zu unterscheiden. Lang- und mittelfristige Kapitalverwendungen werden als das **Strukturvermögen** einer Unternehmung bezeichnet. Zu diesen gehören das Anlagevermögen (immaterielle Güter, Sach- und Finanzanlagen) und die längerfristigen Teile des Umlaufvermögens. Längerfristig bedeutet, dass bei diesen Gegenständen eine Kapitalbindung über ein Jahr festzustellen ist. Die Definition des Umlaufvermögens als diejenigen Güter, die dem Unternehmen kurzfristig dienen, ist hier irreführend, denn tatsächlich steht ein bestimmter Bestand an Gütern des Umlaufvermögens **permanent** für die betrieblichen Prozesse zur Verfügung. Als Beispiel sei der Mindestbestand an Roh-, Hilfs- und Betriebsstoffen genannt.

Wenn sich das Investitions-Controlling mit Investitionsgütern beschäftigt, ist zunächst zu klären, was unter Investitionen zu verstehen ist.

Etymologisch ist die Investition aus dem Lateinischen „investire = einkleiden" abzuleiten. Dies würde mit der oben genannten Erstausstattung des Unternehmens gut nachvollziehbar sein.

Im allgemeinen Sprachgebrauch werden häufig die Begriffe „Kapitalverwendung" oder „langfristige Kapitalanlage" für eine Investition benutzt. Es ist jedoch nicht jede Kapitalverwendung als Investition anzusehen. Steuerzahlungen, Gewinnausschüttungen, Rückzahlung von Eigen- und Fremdkapital sind keine Investitionen. Zum einen steht diesen Ausgaben kein **Zuwachs an Kapitalwerten** gegenüber, zum anderen fehlt hier die mittelbare oder unmittelbare **Ertragsabsicht** (Gewinnmaximierung).

Vereinzelt (z. B. Schierenbeck/Wöhle) wird die Ansicht vertreten, Dividendenzahlungen werden mit der Intention vorgenommen, unter strategischen Aspekten einen Anreiz für zukünftige Kapitalerhöhungen zu bieten. Diesem Ansatz wird hier nicht gefolgt, da die Entscheidung über einen (eventuellen) Zuwachs an Kapitalwerten von Externen getroffen wird und insofern fraglich ist.

Eine exportorientierte Wirtschaft wie die deutsche kann dauerhaft nur dann erfolgreich sein, wenn sie Güter auf dem Weltmarkt anbietet, die andere Volkswirtschaften nicht oder nicht in der geforderten Qualität produzieren können. Dies setzt eine permanente Forschung und Entwicklung voraus. Insofern sind Aufwendungen für Forschung und Entwicklung ebenfalls zu den (eher langfristigen) Investitionen zu zählen. Gleichzeitig gehören sie zu den bedeutendsten Maßnahmen einer Zukunftsvorsorge.

Zusammenfassend sollen unter einer Investition **zielgerichtete Ausgaben für das Strukturvermögen** (Anlagegüter und längerfristiges Umlaufvermögen) **sowie Aufwendungen für Forschung und Entwicklung** verstanden werden.[793]

Bei den aufgelisteten Investitionen handelt es sich um **finanzwirtschaftlich bedeutsame Ausgaben**. Die Entscheidung für eine Investition ist daher sorgsam abzuwägen.

Ein Investitions-Controlling ist auch deshalb dringend erforderlich, weil die vorgenannten Investitionen das Betriebsgeschehen nachhaltig beeinflussen. Eine längerfristige Kapitalbindung bedeutet, dass diese Investitionen nicht kurzfristig rückgängig gemacht werden können, und wenn doch, dann meist nicht ohne Schwierigkeiten und beträchtliche Verluste. Zudem bewirkt eine Investitionsentscheidung die Entstehung von Fixkosten, die unabhängig von der Beschäftigung (immer) anfallen und in Zeiten schwacher Auslastung zu erheblichen Leerkosten führen und die Selbstkosten (Stückkosten) der Erzeugnisse steigen lassen.

Die bisherigen Ausführungen haben sich schwerpunktmäßig auf besondere Aspekte der **Investitionsplanung und -kontrolle** bezogen. Neben den letztgenannten Punkten gehören zum Investitions-Controlling aber auch Fragen der **Organisation und der Personal(einsatz)planung**[794].

Gegenüber dem **Finanz-Controlling**, das sich ausschließlich auf kurz-, mittel- und langfristige Finanzprozesse (Kapitalherkunft) fokussiert, stellen die eher längerfristige Anlage finanzieller Mittel (Kapitalverwendung) und die Erreichung längerfristiger Erfolgsziele den Schwerpunkt der Investitionstätigkeit und damit des **Investitions-Controllings** dar.[795]

---

[793] Nach dem Handelsgesetzbuch sind Ausgaben für die Entwicklung als immaterielle Vermögensgegenstände aktivierungsfähig (Wahlrecht gemäß § 255 Abs. 2a S. 1 HGB), gehören also zum Anlagevermögen.

[794] Hierzu zählen beispielsweise die Einbindung der Investitionsplanung in die Unternehmensplanung oder die Koordination von Investitions- und Kapazitätsplanung oder die Beschaffung, Aufstellung, Inbetriebnahme, Wartung und Nutzung der Investitionen oder die Zusammenarbeit mit der Investitionsrechnung (meist im Controlling angesiedelt) u. s. w.

[795] Vgl. KÜPPER, H.-U., FRIEDL, G., HOFMANN, C. ET AL.: a. a. O., S. 618–619.

Das **Anlagen-Controlling** beschäftigt sich in erster Linie mit leistungswirtschaftlichen Aspekten (Einsatz und Nutzung) von Anlagegütern. Die Analysen des Anlagen-Controllings fließen in das Investitions-Controlling ein.

> Investitions-Controlling ist die systematische, sich ständig wiederholende und/oder situative Beurteilung, Optimierung, Auswahl (Entscheidungsvorbereitung)[1] und Kontrolle der Investitionsziele sowie aller Investitionsmaßnahmen einschließlich der Prozessabläufe, Organisationsformen und des Personaleinsatzes im Hinblick auf eine Verwirklichung der gesteckten Investitionsziele.

Darst. 2.501: Investitions-Controlling (Definition)

[1] Die Entscheidung und Umsetzung ist nicht Aufgabe des Investitions-Controllers.

Vereinfachend formuliert bedeutet Investitions-Controlling die Koordination der Führungsaufgaben, mit denen Investitionsprozesse gesteuert werden.[796]

Der in der Definition erkennbare investitionsorientierte Managementzyklus im Hinblick auf die zieladäquate Festlegung der einzelnen Maßnahmen wird Phase für Phase, wie nachstehend abgebildet, durchlaufen.

1. **Anregungsphase** (Erkennen eines Entscheidungsproblems im Investitionsbereich; z. B. Notwendigkeit von Ersatz- oder Erweiterungsinvestitionen)
2. **Such- und Orientierungsphase** (Informationsbeschaffung hinsichtlich der technischen Merkmale und finanzwirtschaftlichen Daten verschiedener Investitionsalternativen)
3. **Auswahl und Optimierungsphase** (Bewertung der Investitionsalternativen und Wahl der „richtigen" Entscheidungsalternative auf der Basis vergleichender Analysen (Vergleichsrechnungen)
4. **Durchsetzungsphase** (Realisierung der getroffenen Entscheidung)
5. **Kontrollphase** (Überprüfung des Ergebnisses durch einen Soll-Ist-Vergleich während und am Ende der Nutzungsdauer; ggf. folgt nochmals ein Durchlauf des Prozesses mit der Anregungsphase)

Darst. 2.502: Investitionsorientierter Entscheidungsprozess

[796] Vgl. ADAM, D.: Investitionscontrolling, 3. Aufl., München, Wien 2000, S. 15.

Die Anregungsphase ist gekennzeichnet durch das Erkennen des Entscheidungsproblems. Die Gründe für eine Investition können vielfältig sein. Den einzelnen Investitionsarten werden unterschiedliche Investitionszwecke/-motive zugrunde gelegt.

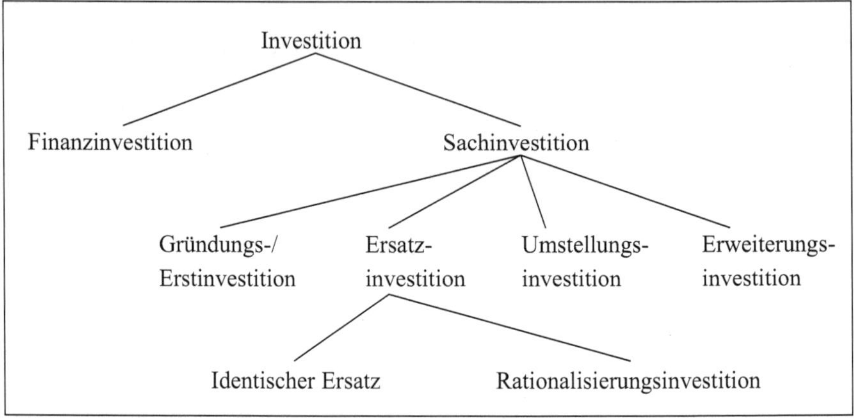

Darst. 2.503: Investitionsarten

Zu den **Finanzinvestitionen** gehören langfristige Wertpapiere und Beteiligungen, die entweder unter Renditegesichtspunkten angeschafft oder als strategische einzustufen sind, z. B. zur Sicherung der Beschaffungs- und Absatzmärkte.

Die **Sachinvestitionen** lassen sich in Gründungs-/Erstinvestitionen, Ersatzinvestitionen, Umstellungsinvestitionen und Erweiterungsinvestitionen unterteilen.

Bei der **Gründungs-/Erstinvestition** handelt es sich um die Beschaffung eines Anlagegutes zur völlig neuen Leistungserstellung bzw. um einen einmaligen Investitionsakt im Rahmen einer Unternehmensgründung.

Eine **Ersatzinvestition** wird vorgenommen, wenn ein Anlagegut wirtschaftlich oder technisch verbraucht ist (vgl. die Abschreibungsursachen). Entweder werden die Kapazitäten unter denselben Kostenbedingungen beibehalten (**identischer Ersatz**) oder Anlagen mit den gleichen Kapazitäten bei verbesserten Kostenstrukturen erworben (**Rationalisierungsinvestition**) .

Die **Umstellungsinvestition** ist durch den Umbau einer bestehenden Anlage für neue Produkte und/oder neue Produktionsverfahren (einschließlich Forschung und Entwicklung) gekennzeichnet.

Investitionen zur Erweiterung der Kapazität werden **Erweiterungsinvestitionen** genannt. Sofern Anlagen zur Herstellung neuer Produkte beschafft werden, handelt es sich um eine Erstinvestition.

Die **Such- und Orientierungsphase** beschäftigt sich neben der Suche nach Investitionsalternativen mit der Datenbeschaffung für eben diese Investitionsmöglichkeiten.

In der **Auswahl- und Optimierungsphase** findet eine technische, wirtschaftliche und ggf. organisatorische sowie rechtlichen Prüfung der Entscheidungsalternativen statt. Die Investitionsalternativen werden bewertet und die Wahl der optimalen Investition auf der Basis vergleichender Analysen (Vergleichsrechnungen) unter Berücksichtigung der denkbaren Umweltzustände (Szenarien) und Eintrittswahrscheinlichkeiten getroffen.

Investitionsrechnungen unterstützen die Investitionsentscheidung, weil sie die Wirtschaftlichkeit einer Investition überprüfen und optimieren sollen. Sie zeigen die monetären Konsequenzen einer Investitionsentscheidung auf.

Letztlich geht es bei den Investitionsrechnungen darum, die Vorteilhaftigkeit von Investitionen bezüglich der Erreichung quantifizierbarer Unternehmensziele (i. d. R. Gewinnmaximierung) zu prüfen. Dies geschieht anhand diverser Kriterien, die weiter unten noch vorgestellt werden.

Die Bewertung kann sich dabei beziehen auf:

- Ein singuläres Objekt
- Zwei oder mehr alternative Objekte mit identischem Verwendungszweck
- Mehrere Objekte mit unterschiedlichen Verwendungszwecken im Rahmen eines optimalen Investitionsprogramms

Darst. 2.504: Bewertungsobjekte in der Investitionsrechnung

Unabhängig davon, welche Bewertungsobjekte näher untersucht werden, handelt es sich bei den verschiedenen Investitionsrechnungen immer um quantitative Verfahren. Ihnen liegen entweder liquiditäts- und erfolgswirksame Zahlen (bei den statischen Verfahren) oder ausschließlich liquiditätswirksame Strömungsgrößen (Ein- und Auszahlungen bei den dynamischen Verfahren) zugrunde.

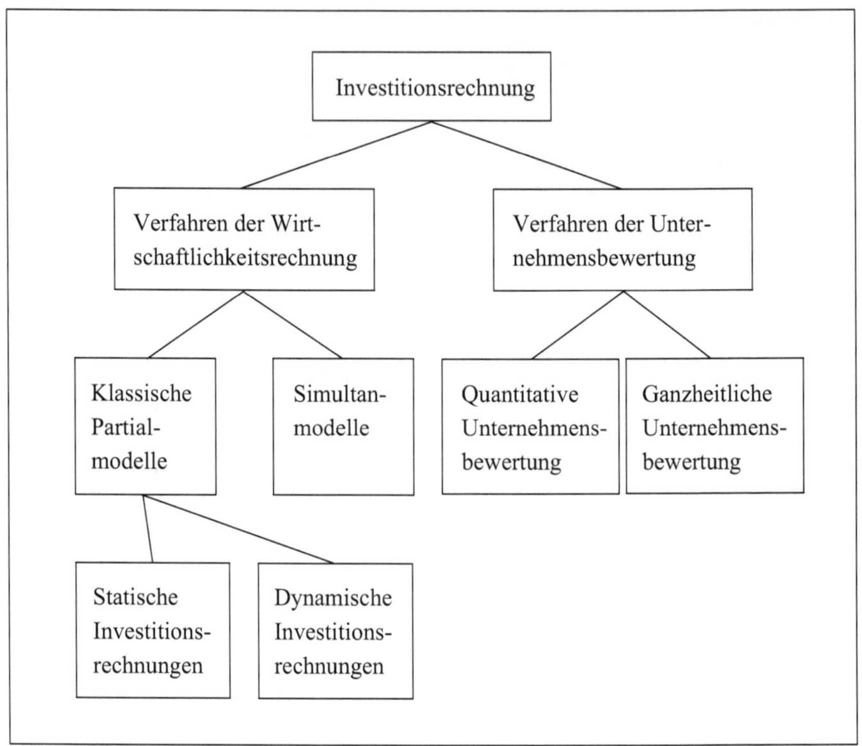

Darst. 2.505: Arten der Investitionsrechnung

Die Investitionsrechnungsverfahren lassen sich in Verfahren der **Wirtschaftlichkeits-rechnung** und Verfahren der **Unternehmensbewertung** unterscheiden.

Die Unternehmensbewertung weist neben der **quantitativen Unternehmensbewertung** eine weitere Betrachtungsweise auf: die **ganzheitliche Unternehmensbewertung**. Hier wird das Gebiet der klassischen Investitions"rechnungen" insoweit verlassen, als auch qualitative Faktoren wie z. B. die Qualität des Managements, Betriebsklima, Wettbewerber-Stärke und -Schwäche, Marktentwicklung etc.) eine gewichtige Rolle spielen. Auch kann die Zielsetzung bei einer Unternehmensbewertung eine andere sein. So ist u. U. ein Auftraggeber daran interessiert, den Wert einer Division oder eines Betriebes zu erfahren.

Des Weiteren kann es ein Ziel einer Unternehmensbewertung sein, Synergieeffekte mit anderen Unternehmen zu erkennen. Letztlich kann der Auftrag auch lauten, das sogenannte betriebsnotwendige Vermögen festzustellen, um im Falle einer Übernahme (Kauf o. ä.) das nicht betriebsnotwendige Vermögen festzustellen und (i. d. R. zwecks Schuldenabbau) zu liquidieren.

Wie das vorstehende Schaubild zeigt, ist eine Gleichsetzung von Investitionsrechnung und Wirtschaftlichkeitsrechnung nicht korrekt, auch wenn die beiden Begriffe gelegentlich synonym verwendet werden. Innerhalb der **Wirtschaftlichkeitsrechnungen** werden die Verfahren in klassische Partialmodelle und Simultanmodelle unterteilt. Während **Simultanmodelle** oft nicht nur Interdependenzen zwischen Investitionsobjekten berücksichtigen, sondern insbesondere eine Verzahnung von Finanzierung und Investition, ggf. erweitert um Produktion und Absatz vorsehen, nehmen **Partialmodelle** in zeitlicher Hinsicht eine Beschränkung durch die Einführung eines Planungshorizontes und in sachlicher Hinsicht eine zahlenmäßige Beschränkung der festzulegenden Unternehmensvariablen vor.

Innerhalb der klassischen Partialmodelle beziehen sich die **dynamischen Verfahren**, auch finanzmathematische Verfahren genannt, auf die gesamte Nutzungsdauer des oder der Investitionsobjekte, also auf alle Aus- und Einzahlungen von der Investitionsauszahlung bis zur Einzahlung des Verkaufserlöses des Investitionsgutes. Die **statischen Verfahren** werden als Hilfsverfahren der Praxis charakterisiert. Es handelt sich um einfach strukturierte Vergleichsverfahren, die die zeitlichen Unterschiede hinsichtlich der Zahlungen (auch zwischenzeitlichen Finanzanlagen) oder Desinvestitionen nur unvollkommen über Durchschnittsbetrachtungen gar nicht berücksichtigen. Die Darstellung erfolgt als Einperiodenmodell.

Statische Investitionsrechnungsverfahren

- Einfache Vergleichsverfahren
- Zeitliche Unterschiede hinsichtlich der Investitionen oder Desinvestitionen werden nicht oder nur unvollkommen berücksichtigt
- Häufig nur Durchschnittsbetrachtungen
- Vier statische Verfahren
  - Kostenvergleichsrechnung
  - Gewinnvergleichsrechnung
  - Rentabilitätsvergleichsrechnung
  - Amortisationsrechnung

Dynamische Investitionsrechnungsverfahren

- Zeitliche Unterschiede hinsichtlich der Investitionen oder Desinvestitionen finden Eingang in die Berechnungen
- Keine Durchschnittsgrößen: explizite Berücksichtigung aller Einnahmen und Ausgaben
- Wichtige Verfahren:
  - Kapitalwertmethode
  - Annuitätenmethode
  - Interne Zinsfuß-Methode
  - Vermögensendwertmethode

Darst. 2.506: Abgrenzung statische/dynamische Investitionsrechnungsverfahren

Im Bereich des operativen Investitions-Controllings stehen die statischen Verfahren im Vordergrund; die mehrjährigen, dynamischen Verfahren werden im strategischen Controlling behandelt. Zu den statischen Investitionsrechnungsverfahren gehören:

- Kostenvergleichsrechnung
- Gewinnvergleichsrechnung
- Rentabilitätsvergleichsrechnung
- Amortisationsrechnung

Darst. 2.507: Statische Investitionsrechnungsverfahren

Die statischen Investitionsrechnungsverfahren verwenden vorwiegend Größen aus der Kostenrechnung (Kosten und Leistungen). Einzige Ausnahme ist die Amortisationsrechnung, die auf Ein- und Auszahlungen basiert.

Für die statischen Investitionsrechnungsverfahren Kostenvergleichsrechnung, Gewinnvergleichsrechnung und Rentabilitätsrechnung werden die **beschäftigungsabhängigen variablen Kosten** für eine Periode (i. d. R. ist dies das Geschäftsjahr) ermittelt. Dies geschieht, indem die beschäftigungsabhängigen variablen Kosten pro Erzeugniseinheit (z. B. in Stück, l, hl, g, kg, qm, cbm gemessen) k_v mit der Beschäftigung[797] der Periode multipliziert werden.

Beispiel:

variable Kosten pro Stück k_v (€/Stück): 2,80
Beschäftigung der Periode (Stück/Periode): 10.000

Mittels Multiplikation der beiden Größen k_v und Beschäftigung der Periode ergeben sich als variable Kosten der Periode 28.000 €.

Hinsichtlich der zu ermittelnden **fixen Kosten einer Periode** muss vorab geklärt werden, ob diese **direkt/unmittelbar einer Periode zugerechnet werden** können, also pro Periode (bspw. jährlich) anfallen wie z. B. Miete, Beiträge, Gebühren oder ob sie **auf eine Periode umgerechnet werden müssen** wie z. B. unterperiodige (bspw. monatliche) fixe Personalkosten oder Abschreibungen oder Zinsen. So werden etwa die Anschaffungskosten gem. § 255 Abs. 1 HGB abzüglich eines eventuellen Restverkaufserlöses am Ende der Nutzungsdauer mittels der linearen Abschreibungsmethode auf die einzelne Periode umgerechnet (s. u.), indem die Anschaffungskosten *AK,* ggf. abzüglich eines Restverkaufserlöses am Ende der Nutzungsdauer R_n, durch die Nutzungsdauer n dividiert werden.

Nachfolgend findet sich eine Aufstellung, die die üblichen beschäftigungsabhängigen variablen und beschäftigungsunabhängigen fixen Kosten bei Anwendung der drei vorgenannten statischen Investitionsrechnungsverfahren beinhaltet.

[797] Unter Beschäftigung wird der Output eines Unternehmens verstanden, der mittels Maßeinheit (Bezugsgröße), z. B. Stück, ml, l, hl, g, kg, t, mm, cm, m, km spezifiziert wird. Vgl. S. 106-107.

Kostenart	fixe Kosten	variable Kosten
Materialkosten (RHB)		x
Materialkosten (Energie)	x (z. B. Allgemeinstrom Strom für Pförtnerloge Parkplatzbeleuchtung)	x (z. B. Strom für eine Maschine)
Personalkosten	x (z. B. festes Gehalt, Fort- und Weiterbildung	x (z. B. für Mitarbeiter im Stückakkord
Abschreibungen	x	(x) (sehr seltene Ausnahme: verbrauchsabhängige Abschreibung)
Zinsen	x	
Mieten, Leasing, Gebühren	x	
Grundsteuer, Kfz-Steuer	x	

Darst. 2.508: Ausgewählte Kostenarten und ihre Charakterisierung als fixe und/oder beschäftigungsabhängige variable Kosten

Die Ermittlung der durchschnittlichen Kapitalkosten (durchschnittliche Zinsen pro Periode) erfolgt anhand folgender Formel:

$$i \cdot \frac{AK + R_{n-1}}{2} \quad \text{oder} \quad i \cdot \frac{AK + R_n + \text{Ø Jahresabschreibung}}{2}$$

Darst. 2.509: Ermittlung der durchschnittlichen Kapitalkosten (Zinsen)

Legende:
AK = Anschaffungskosten
n = Anzahl der Nutzungsperioden
R^n = Restwert (Restverkaufserlös) am Ende der Nutzungsdauer
R^{n-1} = Restwert (Restverkaufserlös) am Beginn des letzten Nutzungsjahres (= R^n zuzüglich der letzten Jahresabschreibung)
i = kalkulatorischer Zinssatz, mit dem das gebundene (Eigen- und Fremd-)Kapital zu verzinsen ist

Die **Prämisse** bei den statischen Verfahren lautet: Die Tilgung erfolgt nicht kontinuierlich, sondern in Jahresraten am Ende des Jahres, die dem Betrag der jährlichen Abschreibung entsprechen, d. h. die Tilgung = Abschreibung wird erst zum Ende der Periode vorgenommen. Die Zinsen berechnen sich jeweils auf den Saldo zu Beginn des Jahres. Sie werden nachschüssig gezahlt.

Der Term $(AK + R_{n-1})/2$ stellt dabei das **durchschnittlich zu verzinsende Kapital** dar.

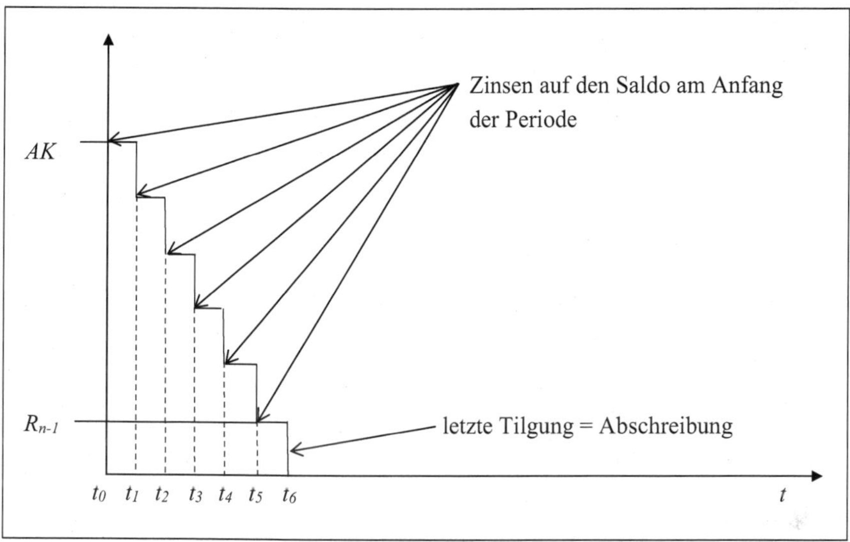

Darst. 2.510: Durchschnittliche Kapitalkosten (Zinsen) bei Tilgung (= Abschreibung zum Ende einer Periode, nachschüssiger Zinszahlung und einem Restverkaufserlös (= Kreditsaldo) am Ende der Laufzeit/Nutzungsdauer von Null

Legende:
AK = Anschaffungskosten = Anschaffungsauszahlung
n = Anzahl der Nutzungsperioden
R_n = Restwert (Restverkaufserlös) am Ende der Nutzungsdauer
R_{n1} = Restwert (Restverkaufserlös) zu Beginn des letzten Nutzungsjahres (= R_n zuzüglich der letzten Jahresabschreibung)
i = kalkulatorischer Zinssatz, mit dem das gebundene (Eigen- und Fremd-)Kapital zu verzinsen ist

Die vorstehende Grafik verdeutlicht die Herleitung der vorgenannten Formel, wobei hier ein R_n am Ende der Kreditlaufzeit von Null angenommen wird. Die Zinsen werden nachschüssig auf den Saldo am Anfang der Periode berechnet: In der ersten Periode auf den ursprünglichen Kreditbetrag, der der Anschaffungsauszahlung (Anschaffungskosten) entspricht; in der letzten Periode (in der Darstellung t_6) auf den Restverkaufserlös R_{n-1} am Ende der vorletzten Periode bzw. zu Beginn der letzten Periode. Um das durchschnittlich zu verzinsende Kapital zu ermitteln, werden daher die Anschaffungskosten (Anschaffungsauszahlung = ursprünglicher Kreditbetrag) und der Restverkaufserlös R_{n-1} addiert und durch 2 dividiert.

Zur rechnerischen Begründung diene das nachfolgende Beispiel.

t	Restwert zu Beginn der Periode (€)	Zinsen auf den Restwert zu Beginn der Periode (€)	Tilgung (€)	Restwert am Ende der Periode (€)
0	–	–	–	100.000
1	100.000	10.000	20.000	80.000
2	80.000	8.000	20.000	60.000
3	60.000	6.000	20.000	40.000
4	40.000	4.000	20.000	20.000
5	20.000	2.000	20.000	0
Σ	–	30.000	–	–

Darst. 2.511: Kreditverlauf (Beispiel) bei einem Zinssatz von 10 % und einer Laufzeit/Nutzungsdauer von 5 Jahren
Legende: *t* = Periode

In dem vorgenannten Beispiel zeigt sich, dass insgesamt 30.000 € an Zinsen zu zahlen sind. Das sind bei einer fünfjährigen Kreditlaufzeit von fünf Jahren im Schnitt pro Jahr 6.000 €.

Wird die Kreditbelastung mit Hilfe der obigen Formel zur Ermittlung der durchschnittlichen Kapitalkosten berechnet, ergibt sich ebenfalls eine durchschnittliche Zinsbelastung von 6.000 €:

$$0{,}10 \cdot (100.000\ € + 20.000\ €)/2 = 0{,}10 \cdot 120.000\ €/2 = 0{,}10 \cdot 60.000\ € = 6.000\ €.$$

Die gleichen durchschnittlichen Kapitalkosten lassen sich berechnen, wenn im Fall eines **nicht vorhandenen Restwerts (R_n = Null)** statt des obigen Terms zur Berechnung des durchschnittlich zu verzinsenden Kapitals die Formel ($AK/2 + AK/2n$) verwendet wird."[798]

Die „Ingenieurformel"[799] ($AK/2$) für den Fall eines **nicht vorhandenen Restwerts (R_n = Null)** am Ende der Laufzeit/Nutzungsdauer führt nicht zur korrekten Zinsberechnung. Es ergeben sich bei Anwendung dieser Formel jährlich durchschnittliche Zinsen nur in Höhe von 5.000 € (0,1 • 100.000/2).

Würde im Fall des vorstehenden Beispiels eines Kredits über eine Laufzeit von fünf Jahren die Nutzung des Objekts bereits nach vier Perioden beendet (n=4), verbleibt am Ende der letzten Periode ein Restwert (R_4) in Höhe von 20.000 € und am Ende der vorletzten Periode ein Restwert (R_3) in Höhe von 40.000 €. Die bis zum Ende der vierten Periode gezahlten Zinsen belaufen sich auf insgesamt 28.000 €. Die durchschnittlich pro Periode zu zahlenden Zinsen betragen 7.000 € (28.000 €/4). Auf das gleiche Ergebnis kommt man mit der obigen Formel zur Berechnung der durchschnittlichen Kapitalkosten: 0,1 • 100.000 € + 40.000 €)/2 = 0,10 • 70.000 € = 7.000 €. Das gleiche Resultat ergibt sich, wenn der Kredit von vornherein nur eine Laufzeit von vier Jahren bei einer Restschuld (= Restverkaufserlös) von 20.000 € gehabt hätte.

Die gleichen durchschnittlichen Kapitalkosten lassen sich berechnen, wenn im Fall eines **vorhandenen Restwerts (R_n > Null)** statt des obigen Terms zur Berechnung des durchschnittlich zu verzinsenden Kapitals die Formel $(AK - R_n)/2 + (AK - R_n)/2n + R_n)$ verwendet wird.[800]

Sofern am Ende der Nutzungsdauer ein **Restverkaufserlös von 0,00 €** unterstellt wird bzw. sich Abbruch-/Beseitigungskosten und Restverkaufserlös aufheben, vereinfacht sich die Formel wie folgt:

798 Vgl. OLFERT, K.: Investition, 14. Aufl., Herne 2019, S. 152f.

799 Vgl. DÄUMLER, K.-D., GRABE, J., MEINZER, C.: Investitionsrechnung verstehen: Grundlagen und praktische Anwendung mit Online-Training, 14. Aufl., Herne 2019, S. 217-219.

800 Vgl. OLFERT, K.: Investition, a. a. o., S. 152f., DÄUMLER, K.-D., GRABE, J., MEINZER, C.: a. a. O., S. 217–219.

$$\text{Durchschnittliche Zinsen} = i \cdot \frac{AK + \text{Ø Jahresabschreibung}}{2}$$

Darst. 2.512: Durchschnittliche Zinsen pro Periode bei einem $R_n = 0$

Zusammenfassend lässt sich feststellen, dass die obige Formel zur Berechnung der durchschnittlichen Kapitalkosten (Darst. 2.509) immer zum richtigen Ergebnis führt. Eine Fallunterscheidung, ob am Ende der Laufzeit/Nutzungsdauer ein Restwert/Restverkaufserlös vorhanden ist oder nicht, ist nicht erforderlich.

Der **durchschnittliche Abschreibungsbetrag pro Periode** berechnet sich wie folgt:

$$\text{Durchschnittliche Abschreibung pro Periode} = \frac{AK - R_n}{n}$$

Darst. 2.513: Ermittlung der durchschnittlichen Abschreibung pro Periode
Legende:
AK = Anschaffungskosten
n = Anzahl der Nutzungsperioden
R_n = Restwert (Restverkaufserlös) am Ende der Nutzungsdauer

2.5.1 Kostenvergleichsrechnung

Das Entscheidungskriterium in der Kostenvergleichsrechnung lautet: **Von zwei oder mehreren sich ausschließenden Alternativen wird jene mit den geringsten Kosten ausgewählt.** In Abhängigkeit von der Produktionsmenge ist das vorgenannte Kriterium zu präzisieren. Entweder muss ein Periodenkostenvergleich oder ein Stückkostenvergleich vorgenommen werden:

- **Periodenkostenvergleich**
  Die Voraussetzung lautet: Die Investitionsobjekte geben die gleiche quantitative und qualitative Leistung ab.

- **Stückkostenvergleich**
  Dieser ist durchzuführen, wenn quantitative Unterschiede hinsichtlich der Ausbringungsmenge bestehen.

Das untenstehende Beispiel belegt dies eindrucksvoll.

Grundsätzlich werden bei Investitionen mit mehrperiodischer Nutzungsdauer die **Durchschnittskosten pro Periode** (bzw. die daraus abgeleiteten Stückkosten) zugrunde gelegt. Kosten, die bei allen Investitionsobjekten in gleicher Höhe entstehen, können vernachlässigt werden, wenn ein Periodenkostenvergleich angestellt wird. Allerdings wird in diesem Fall die absolute Höhe der Gesamtkosten pro Periode nicht mehr exakt wiedergegeben.

Rechengrößen \ Investitionsobjekte	Typ A	Typ B
I Daten		
1. Anschaffungskosten des PKW	40.000 €	50.000 €
2. Fixe Betriebskosten pro Jahr (ohne Abschreibungen und Zinsen)	28.000 €	27.200 €
3. Variable Betriebskosten pro km	0,40 €	0,45 €
4. Voraussichtliche Fahrleistung pro Jahr	60.000 km	66.000 km
5. Geplante Nutzungsdauer	2 Jahre	3 Jahre
6. Restverkaufserlös am Ende der geplanten Nutzungsdauer	12.000 €	11.000 €
7. Zinssatz	10 %	10 %
II Periodenkostenvergleich		
1. Fixe Betriebskosten	28.000 €	27.200 €
2. Variable Betriebskosten (I 3. • I 4.)	24.000 €	29.700 €
3. Abschreibungen ((I 1. – I 6.) / I 5.)	14.000 €	13.000 €
4. Zinsen (0,1 x (I 1. + I 6. + II 3.) / 2)	3.300 €	3.700 €
5. Durchschnittliche Gesamtkosten p. a.	69.300 €	73.600 €
III Stückkostenvergleich (II 5. / I 4.)	1,15 €/km	1,11 €/km

Darst. 2.514: Kostenvergleichsrechnung (Beispiel)

Da die Erlöse bei den Kostenvergleichsrechnungen keine Rolle spielen, beschränkt sich die Analyse auf den Kostenvergleich. Da sich im vorstehenden Beispiel die Fahrleistungen pro Jahr unterscheiden, wäre ein Periodenkostenvergleich falsch; es ist ein Stückkostenvergleich vorzunehmen. Damit fällt die Entscheidung für den PKW Typ B.

Ist die Kostenstruktur sehr unterschiedlich (gemessen am Anteil der fixen und variablen Kosten an den Gesamtkosten pro Periode) reicht ein summarischer Perioden- oder Stückkostenvergleich für eine richtige Entscheidung häufig nicht aus: In solchen Fällen ist zusätzlich zu prüfen, für welche Beschäftigung (Auslastungsintervall) die berechnete relative Vorteilhaftigkeit einer Investition Gültigkeit besitzt bzw. wann sich die Vorteilhaftigkeit ändert.

Dieser Punkt wird als **kritische Beschäftigung** oder **kritische Auslastung** bezeichnet. Dies ist die Menge, bei der sich die Kostenkurven der verglichenen Alternativen schneiden. (Vgl. Darst. 2.516.)

Angenommen, folgende Daten liegen vor:

Investitionsobjekte / Rechengrößen	Typ A	Typ B
1. Variable Kosten pro Mengeneinheit (k_v)	3,50 €/ME	2,00 €/ME
2. Fixe Kosten pro Periode (K_f)	7.000 €	10.000 €
3. Kritische Beschäftigung	2.000 ME	2.000 ME
4. Voraussichtliches Auslastungsintervall	1.000 (Min) -	4.000 (Max) ME
5. Stückkosten bei Vollauslastung	5,25 €/ME	4,50 €/ME
6. Stückkosten bei Mindestauslastung	10,50 €/ME	12,00 €/ME
7. Stückkosten bei kritischer Beschäftigung	7,00 €/ME	7,00 €/ME

Darst. 2.515: Datenkranz zur Berechnung der kritischen Beschäftigung

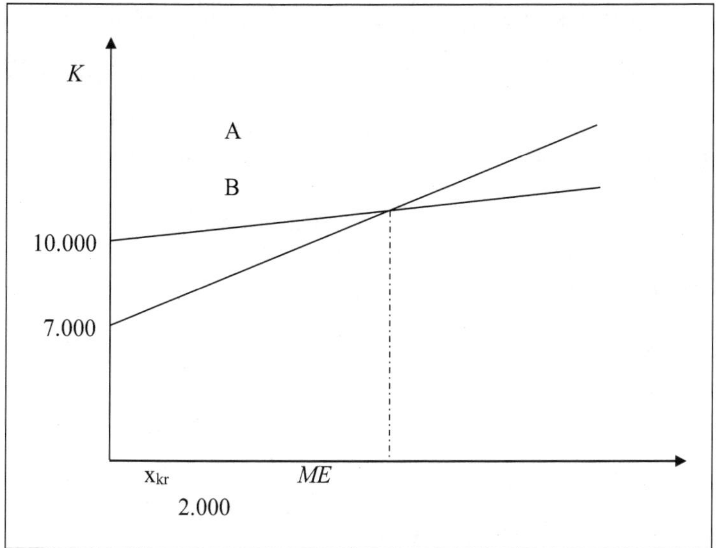

Darst. 2.516: Ermittlung der kritischen Beschäftigung (Beispiel)

Die kritische Beschäftigung errechnet sich wie folgt:

1. $K_f^A + x_{kr} \bullet k_v^A = K_f^B + x_{kr} \bullet k_v^B$

2. $x_{kr} \bullet k_v^B - x_{kr} \bullet k_v^A = K_f^A - K_f^B$

3. $x_{kr} = \dfrac{K_f^A - K_f^B}{k_v^B - k_v^A}$

Ausgehend von der angenommenen tatsächlichen Beschäftigung (Auslastung) ist nun zu entscheiden, welcher Typ zu erwerben ist. Bei $x_t < x_{kr}$: Typ A; bei $x_t > x_{kr}$: Typ B.

Die Anwendung einer Kostenvergleichsrechnung ist nicht unproblematisch:

- Es werden keine Aussagen zur Verzinsung des eingesetzten Kapitals getroffen.
- Die zumeist kurzfristige Betrachtungsweise widerspricht der vielfach vorliegenden Langfristigkeit der Investitionen.
- Aufgrund der kurzfristigen Betrachtung werden nur im Zeitablauf konstante Größen verwendet. Variierende Zahlungsströme als Abbild der tatsächlichen Entwicklung finden keine Berücksichtigung.
- Zahlungen zu unterschiedlichen Zeitpunkten werden als gleichwertig angenommen.
- Insbesondere bei langfristigen Kapitalverwendungen bleiben unterjährige Einzahlungsüberschüsse und -defizite unberücksichtigt.
- Aussagen über Gewinne oder Verluste sind nicht möglich.
- Es wird nicht geklärt, ob eine ausreichende/akzeptable Verzinsung des eingesetzten Kapitals (Rentabilität) ermöglicht wird.

Darst. 2.517: Probleme der Kostenvergleichsrechnung

Im folgenden Beispiel werden drei Investitionsobjekte (Typen I, II und III) mit den entsprechenden finanz- und erfolgswirtschaftlichen Daten vorgestellt. Der Periodenkostenvergleich führt zu einer Auswahl des Investitionsobjektes vom Typ II, während bei Verwendung des Kriteriums „Stückkosten“ das Objekt I bevorzugt würde. Da im vorliegenden Fall Investitionen mit unterschiedlichen Beschäftigungen resp. Kapazitäten verglichen werden, lautet das richtige Auswahlkriterium: Stückkosten.

Rechengrößen / Investitionsobjekte	Typ I	Typ II	Typ III
I Daten			
1. Anschaffungskosten	100. 000 €	50.000 €	150.000 €
2. Fixe Betriebskosten pro Periode	1.000 €	500 €	1.500 €
3. Variable Betriebskosten pro ME	0,40 €	0,55 €	0,24 €
4. Voraussichtliche Leistungsabgabe	20.000 ME	10.000 ME	20.000 ME
5. Geplante Nutzungsdauer	10 Jahre	10 Jahre	6 Jahre
6. Durchschnittlich zu verzinsendes Kapital	55.000 €	27.500 €	87.500 €
7. Zinssatz	10 %	10 %	10 %
8. Erlöse pro ME	1,85 €	2,15 €	2,75 €
II Periodenkostenvergleich			
1. Fixe Betriebskosten pro Periode	1.000 €	500 €	1.500 €
2. Variable Betriebskosten (I 3. • I 4.)	8.000 €	5.500 €	4.800 €
3. Abschreibungen (I 1. / I 5.)	10.000 €	5.000 €	25.000 €
4. Zinsen (0,1 • I 6.)	5.500 €	2.750 €	8.750 €
5. Durchschnittliche Gesamtkosten p. a.	24.500 €	13.750 €	40.050 €
6. Stückkosten	1,23 €	1,38 €	2,00 €

Darst. 2.518: Kostenvergleichsrechnung (Beispiel)

Doch auch diese Entscheidung ist fehlerhaft: Da die Erlöse pro Mengeneinheit differieren, muss eine Gewinnvergleichsrechnung vorgenommen werden. Diese wird im folgenden Unterabschnitt vorgestellt.

2.5.2 Gewinnvergleichsrechnung

Muss zusätzlich zur Kostenseite (dann Kostenvergleichsrechnung) die Erlösseite mit betrachtet werden, so ist das Entscheidungskriterium bei der **Gewinnvergleichsrechnung** der **durchschnittliche Investitionsgewinn pro Periode**, definiert als Saldo der durchschnittlichen Kosten und Erlöse pro Periode. Anzuwenden ist die Gewinnvergleichsrechnung, wenn die **qualitativen Leistungsabgaben der verglichenen Investitionsobjekte unterschiedlich** sind und auch entsprechend bewertet werden können. Die Zurechnung von Erlösen (= bewerteten Leistungen) zu einzelnen Investitionsobjekten bereitet in der Praxis allerdings oft Schwierigkeiten, so dass die Kosten oft alleiniges Auswahlkriterium bleiben.

Bei Anwendung der Gewinnvergleichsrechnung im vorstehenden Beispiel ergeben sich folgende Gewinne:

Rechengrößen / Investitionsobjekte	Typ I	Typ II	Typ III
I Daten			
1. Anschaffungskosten	100.000 €	50.000 €	150.000 €
2. Fixe Betriebskosten pro Periode	1.000 €	500 €	1.500 €
3. Variable Betriebskosten pro ME	0,40 €	0,55 €	0,24 €
4. Voraussichtliche Leistungsabgabe	20.000 ME	10.000 ME	20.000 ME
5. Geplante Nutzungsdauer	10 Jahre	10 Jahre	6 Jahre
6. Ø zu verzinsendes Kapital	55.000 €	27.500 €	87.500 €
7. Zinssatz	10 %	10 %	10 %
8. Erlöse pro ME	1,85 €	2,15 €	2,75 €
II Gewinnvergleich			
1. Erlöse pro Periode	37.000 €	21.500 €	55.000 €
2. Gesamtgewinn pro Periode	12.500 €	7.750 €	14.950 €
3. Stückgewinn pro Periode	0,63 €	0,78 €	0,75 €
4. Gesamtgewinn des Investitionsobjekts	125.000 €	77.500 €	89.700 €
5. Gesamtgewinn bei gleicher Nutzungsdauer	125.000 €	77.500 €	149.500 €
6. Gesamtgewinn bei nicht gleich erfolgreicher zeitlicher Differenzinvestition vom Typ III	375.000 €	232.500 €	448.500 €

Darst. 2.519: Gewinnvergleichsrechnung (Beispiel)

Während der Gesamtgewinn pro Periode (2.) zur Auswahl der Maschine vom Typ III führen würde, zeigt der Stückgewinn (pro Periode) (3.) einen anderen Sieger: Typ II.

Eine Entscheidung auf Basis des **Gesamtgewinns pro Periode** ist dann **problematisch, wenn sich die Ausbringungsmengen (und/oder die Nutzungsdauern) unterscheiden.** Das Kriterium Stückgewinn berücksichtigt zwar unterschiedliche Ausbringungsmengen, nicht aber unterschiedliche Nutzungsdauern.

Die unterschiedlichen Nutzungsdauern werden bei der Ermittlung des Gesamtgewinns des Investitionsobjektes (4.) berücksichtigt. In diesem Fall fällt die Entscheidung für die Maschine vom Typ I.

Bei genauer Betrachtung der Nutzungsdauern zeigt sich, dass die Nutzungsdauer von Typ I 10 Jahre, die von Typ III 6 Jahre beträgt. Wird eine teilbare (hier: für 4 Jahre), gleich erfolgreiche Differenzinvestition vom Typ III unterstellt, wechselt die Vorteilhaftigkeit noch einmal: Der Gesamtgewinn der Investitionsobjekte bei gleicher Nutzungsdauer (hier: 10 Jahre) (5.) ist bei der Maschine vom Typ III am höchsten.

Sind die Investitionen nicht teilbar, muss der Gesamtgewinn der Investitionsobjekte bei gleicher Nutzungsdauer auf der Basis des kgV aller Nutzungsdauer (hier: 30 Jahre) betrachtet werden. Das optimale Investitionsobjekt wäre Typ III.

Auch die Anwendung der Gewinnvergleichsrechnung ist nicht unproblematisch. Die Kritikpunkte sind dieselben wie bei der Kostenvergleichsrechnung (Darst. 2.518). **Ergänzend** ist hier noch folgende **Prämisse** zu nennen: **Das Kapital stellt keinen Engpass dar.** Sind die Finanzmittel jedoch beschränkt, empfiehlt sich die Anwendung einer Rentabilitätsvergleichsrechnung.

2.5.3 Rentabilitätsvergleichsrechnung

Die Rentabilitätsvergleichsrechnung ermittelt für jede Investitionsalternative die Verzinsung des eingesetzten Kapitals, indem der Periodenerfolg der jeweiligen Investition zum zugehörigen durchschnittlichen Kapitaleinsatz ins Verhältnis gesetzt wird. Im Zähler wird bei **Ersatzinvestitionen** die durchschnittliche Kostenersparnis als Periodenerfolg angesehen, bei **Erweiterungsinvestitionen** der durchschnittliche Periodengewinn.

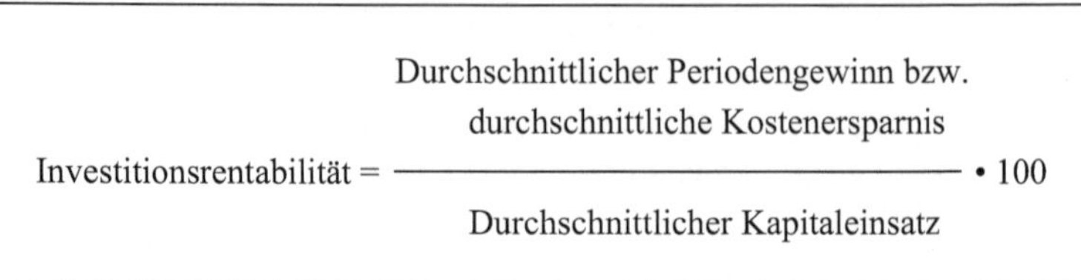

$$\text{Investitionsrentabilität} = \frac{\text{Durchschnittlicher Periodengewinn bzw. durchschnittliche Kostenersparnis}}{\text{Durchschnittlicher Kapitaleinsatz}} \cdot 100$$

Darst. 2.520: Investitionsrentabilität

Wichtig ist, dass nicht mit dem ursprünglichen Kapitaleinsatz gerechnet wird, sondern mit dem **durchschnittlich gebundenen**.[801] Anderenfalls kann eine Fehlentscheidung die Folge sein.

Das durchschnittlich gebundene Kapital ergibt sich, indem die Summe aus ursprünglichem Kapitaleinsatz AK und Restverkaufserlös R_n durch 2 dividiert wird.

Vorteilhaft ist das Investitionsobjekt mit der **höchsten Investitionsrentabilität**.

Diese Aussage ist jedoch zu relativieren: Um die Angemessenheit der Investitionsrentabilität zu beurteilen, ist eine vergleichende Betrachtung vorzunehmen: Bei einem einzelnen Investitionsobjekt muss die **(Netto-)Investitionsrentabilität** (Gewinn nach Abzug der Zinsen im Verhältnis zum durchschnittlichen Kapitaleinsatz) **größer 0** sein; bei mehreren Investitionsalternativen (auch Finanzanlagen am Kapitalmarkt) zählt die maximale Netto-Investitionsrentabilität.

Wird alternativ die Brutto-Investitionsrentabilität (Gewinn *vor* Abzug der Zinsen) im Verhältnis zum durchschnittlichen Kapitaleinsatz als Entscheidungskriterium verwendet, muss die Brutto-Investitionsrentabilität größer sein als der Kalkulationszinssatz des Investors.

[801] Das durchschnittlich gebundene Kapital ist nicht zu verwechseln mit dem durchschnittlich zu verzinsenden Kapital. Bei Letzterem wird die nachschüssige Zinszahlung auf das Kapital zu Beginn der Periode berücksichtigt. Insofern ist das durchschnittlich zu verzinsende Kapital größer als das durchschnittlich gebundene Kapital.

Rechengrößen \ Investitionsobjekte	Typ I	Typ II	Typ III
I Bisherige Daten			
1. Ø gebundenes Kapital (€)	50.000	25.000	75.000
2. Ø Gesamtkosten p. a. (€)	24.500	13.750	40.050
3. Stückkosten (€)	1,23	1,38	2,00
4. Erlöse pro Periode (€)	37.000	21.500	55.000
5. Gesamtgewinn pro Periode (€)	12.500	7.750	14.950
6. Gesamtgewinn des Investitionsobjekts (€)	125.000	77.500	89.700
II Rentabilitätsberechnung			
1. Investitionsrentabilität (%) (I 5. / I 1. • 100)	25,0	31,0	19,9
2. Umsatzrentabilität (€) (I 5. / I 4. • 100)	33,8	36,0	27,2
3. Kapitalumschlag (I 4. / I 1.)	0,67	0,78	0,63

Darst. 2.521: Rentabilitätsvergleichsrechnung (Beispiel)

Zwar werden bei der Rentabilitätsvergleichsrechnung die Kapitaleinsatzdifferenzen berücksichtigt, nicht jedoch die unterschiedlichen Nutzungsdauern der Investitionsobjekte. Eine Rentabilitätsrechnung ist daher nur dann ohne Vorbehalte anzuwenden, wenn die **Nutzungsdauern der Investitionsalternativen gleich** sind oder diese Nutzungsdauerdifferenzen keine Rolle spielen, weil die betrachteten **Investitionen beliebig oft wiederholt** werden können.

Die schon in der Darst. 2.517 geäußerten Einwände gelten auch bei der Rentabilitätsrechnung.

Weitere Aufschlüsse liefert eine ergänzende Analyse des an anderer Stelle dargestellten ROI-Schemas. Die Zerlegung des ROI in die beiden Komponenten Umsatzrendite und Kapitalumschlag lässt strukturelle Unterschiede im Zustandekommen der Investitionsrentabilität erkennen.

$$\frac{\text{Ø Periodengewinn}}{\text{Ø Kapitaleinsatz}} \cdot 100 = \frac{\text{Ø Periodengewinn}}{\text{Ø Umsatz}} \cdot 100 \cdot \frac{\text{Ø Umsatz}}{\text{Ø Kapitaleinsatz}} \cdot 100$$

Darst. 2.522: Aufspaltung der Investitionsrentabilität

Es wird deutlich, dass z. B. eine verschlechterte Umsatzrendite durch einen verbesserten Kapitalumschlag kompensiert werden kann.

2.5.4 Amortisationsvergleichsrechnung

Die Amortisationsrechnung stellt fest, welche Zeitdauer erforderlich ist, bis sich eine Investition amortisiert hat. Unter **Amortisationsdauer** (Pay off-Periode) wird der Zeitraum verstanden, der benötigt wird, um die Anschaffungsauszahlung[802] durch die zurückfließenden Einzahlungsüberschüsse auszugleichen. Demnach ist der **Amortisationszeitpunkt** derjenige, an dem die Summe der Einzahlungsüberschüsse erstmalig über der Anschaffungsauszahlung liegt.

Da die Bestimmung der Amortisationsdauer auf einer Liquiditätsbetrachtung basiert, müssen zum Periodengewinn bzw. zur Kostenersparnis pro Periode die Abschreibungen (wieder) hinzuaddiert werden. Somit lässt sich die Amortisationsdauer bei Anwendung des statischen Verfahrens wie folgt berechnen:

$$\text{Amortisationsdauer in Jahren} = \frac{\text{Anschaffungsauszahlung}}{\text{Gewinn bzw. Kostenersparnis pro Periode} + \text{jährliche Abschreibungen}}$$

Darst. 2.523: Amortisationsdauer in Jahren

[802] Da bei den statischen Verfahren nicht zwischen Einzahlungen/Auszahlungen einerseits und Einnahmen/Ausgaben andererseits differenziert werden muss, sind auch die Termini Anschaffungsausgabe und Einnahmenüberschüsse verwendbar.

Während sich bei der Erweiterungsinvestition die (jährlichen) Einzahlungsüberschüsse aus dem Gewinn pro Periode und den jährlichen Abschreibungen zusammensetzen, ergeben sich bei einer Ersatzinvestition die Einzahlungsüberschüsse aus der jährlichen Kostenersparnis und den jährlichen Abschreibungen.

Bei der Frage nach der Vorteilhaftigkeit ist zwischen einer Investition und mehreren Investitionsobjekten zu unterscheiden.

Für eine **singuläre Investition** gilt: Ist-Amortisationsdauer ≤ Soll-Amortisationsdauer

Die Soll-Amortisationsdauer entspricht den Vorgaben/Vorstellungen des Investors. Sie leitet sich in erster Linie aus den Risikoüberlegungen des Investors ab. Sofern mit zunehmender Zeitdauer nicht vorhersehbare Ereignisse (Risiken) auf die Zahlungsreihen einwirken können, wird der Investor tendenziell eine kürzere Amortisationsdauer mit überschaubaren Risiken bevorzugen.

Liegen **mehrere Investitionsalternativen** vor, wird das Investitionsobjekt mit der kürzesten Amortisationsdauer präferiert. Diese Amortisationsdauer muss gleichzeitig unter der gewünschten Soll-Amortisationsdauer liegen.

Eine genauere Rechnung wird erreicht, wenn statt der jährlich konstanten Beträge (statisches Verfahren) jährlich unterschiedliche Einzahlungsüberschüsse angesetzt werden.

Das nachstehende Beispiel zeigt, dass das Investitionsobjekt vom Typ III zwar die kürzeste Amortisationsdauer aufweist, aber nicht den höchsten Gesamtgewinn der betrachteten Investitionsobjekte.

Rechengrößen / Investitionsobjekte	Typ I	Typ II	Typ III
I Bisherige Daten			
1. Anschaffungskosten	100.000 €	50.000 €	150.000 €
2. Geplante Nutzungsdauer	10 Jahre	10 Jahre	6 Jahre
3. Abschreibungen (I 1. / I 2.)	10.000 €	5.000 €	25.000 €
4. Durchschnittliche Gesamtkosten p. a.	24.500 €	13.750 €	40.050 €
5. Stückkosten	1,23 €	1,38 €	2,00 €
6. Gesamtgewinn pro Periode	12.500 €	7.750 €	14.950 €
7. Gesamtgewinn des Investitionsobjekts	125.000 €	77.500 €	89.700 €
8. Investitionsrentabilität	22,7 %	28,2 %	17,1 %
II Berechnung der Amortisationsdauer (I 1. / I 6. + I 3.)	4,44 Jahre	3,92 Jahre	3,75 Jahre

Darst. 2.524: Amortisationsrechnung (Beispiel)

Anhand des vorstehenden Beispiels zeigt sich, dass dem Kriterium Amortisationsdauer mit großer Skepsis begegnet werden muss: **Die Amortisationsdauer sagt nichts über den Gewinn aus.** Es ist also durchaus möglich, und das Beispiel zeigt dies deutlich, dass nicht das Investitionsobjekt mit dem höchsten Gewinn ausgewählt wird. Dies liegt daran, dass die Einzahlungsüberschüsse *nach* dem Amortisationszeitpunkt nicht mehr beachtet/betrachtet werden. Speziell dann, **wenn die Nutzungsdauern (sehr) unterschiedlich sind, kann die Verwendung des Kriteriums Amortisationsdauer zu einer Fehlentscheidung führen.** Dies ergibt sich aus der Tatsache, dass die Abschreibung als Teil der Einzahlungsüberschüsse bei Investitionsobjekten mit langen Nutzungsdauern auf wesentlich mehr Jahre verteilt wird. Damit sinken die Einzahlungsüberschüsse im Nenner des Quotienten mit der Folge, dass die Amortisationsdauer steigt.

Das Kriterium Amortisationsdauer sollte demnach als nur **zusätzlicher** Aspekt Verwendung finden. Es dient der Abschätzung des Investitionsrisikos, das in der Unsicherheit über die Rückgewinnung der Anschaffungsauszahlungen seinen Ausdruck findet: Je länger die Amortisationsdauer, umso höher ist im Allgemeinen das Investitionsrisiko zu veranschlagen.

Generell sind die statischen Verfahren nur dann sinnvoll einzusetzen, wenn es sich um Investitionsalternativen mit kurzer Nutzungsdauer handelt. Zeitliche Unterschiede im Auftreten von Einzahlungen und Auszahlungen werden nicht oder nur unvollkommen berücksichtigt. Dieser Einwand ist neben dem Ansatz von Durchschnittswerten in der statischen Investitionsrechnung anstelle realer Zahlungsströme gravierend, da der Kapitalwert als Gegenwert künftiger Ein- und Auszahlungen nicht nur von den Nominalbeträgen, sondern auch von den Zahlungszeitpunkten abhängt. Insofern liefern die statischen Verfahren in der Regel nur approximative Lösungen.

2.5.5 Nettoinvestition

Der Umfang aller Investitionen eines Geschäftsjahres geht aus dem Anlagenspiegel im Anhang oder in der Bilanz eines Jahresabschlusses hervor.[803] Grundsätzlich gilt: Je größer das Investitionsvolumen ist, desto besser ist c. p. **für die Zukunft vorgesorgt** und desto höher ist die **künftige Ertragskraft** des Unternehmens einzuschätzen.[804] Allerdings werden in den Unternehmen aus verschiedenen Gründen[805] auch Desinvestitionen vorgenommen. Insofern sind die Brutto-Investitionen, die im Anlagespiegel (Anlagegitter)[806] als Zugänge aufgeführt werden, um die Desinvestitionen zu kürzen. Dieser Saldo wird als **Nettoinvestition**[807] bezeichnet:

[803] Vgl. hierzu § 268 Abs. 2 HGB.

[804] Vgl. GRÄFER, H., GERENKAMP, TH.: a. a. O., S. 102.

[805] Dazu zählen u. a. die Veräußerung nicht mehr benötigten Anlagevermögens und/oder die Kapitalfreisetzung zwecks Gewinnung liquider Mittel.

[806] Als Anlagespiegel oder Anlagegitter wird die gemäß § 286 Abs. 2 HGB geforderte Aufstellung bezeichnet, die die wertmäßige Entwicklung des Anlagevermögens in der Bilanz oder im Anhang dokumentiert. Dazu sind bei jeder Position des Anlagevermögens die ursprünglichen Anschaffungs- bzw. Herstellungskosten, die Zugänge und Abgänge des abgelaufenen Geschäftsjahres, die Umbuchungen, die insgesamt vorgenommenen Abschreibungen sowie die Zuschreibungen und der Jahreswert zu vermerken. Sog. kleinste und kleine GmbHs sind von dieser Verpflichtung befreit.

[807] Eine hiervon abweichende Definition findet sich bei SCHELD, G. A.: Kennzahlenanalyse, a. a. O., S. 129. Dort sind die Nettoinvestitionen als Differenz zwischen Zugängen und Abgängen des Sachanlagevermögens festgelegt. Da aber auch Investitionen in immaterielle Güter und Gegenstände des Finanzanlagevermögens erfolgen, ist diese Definition zu eng gefasst. (Gerade die Investitionen in immaterielles Anlagevermögen (z. B. Software) haben in den letzten Jahren erheblich zugenommen.) Der von Olfert/Rahn (OLFERT, K., RAHN, H.-J.: a. a. O., S. 310f.) und Olfert/Rahn/Zschenderlein (OLFERT, K., RAHN, H.-J., ZSCHENDERLEIN, O., a. a. O., Nr. 439.) vorgetragenen Definition, dass es sich um Nettoinvestitionen (Gründungsinvestitionen, Erweiterungsinvestitionen) handelt, die „erstmals im Unternehmen vorgenommen werden“, wird nicht gefolgt. Zum einen kann es sich auch um Rationalisierungs- oder Ersatzinvestitionen handeln. Zum anderen besagt der Begriff „netto“, dass eine saldierte Größe vorliegen und es somit auch Brutto-Investitionen geben muss. Auf diesen Saldo/diese Differenz wird nicht eingegangen. Zum anderen ist fraglich, ob sich rechnerisch eine Netto-Investition ergibt, wenn im gleichen Geschäftsjahr Desinvestitionen vorgenommen werden, deren Erlöse größer sind als die Anschaffungs- oder Herstellungskosten der Erweiterungsinvestition.

Zugänge an Anlagevermögen[1]
./. Abgänge an Anlagevermögen[2]
= Nettoinvestition

Darst. 2.525: Nettoinvestition (liquiditätsmäßig)

[1] Anschaffungskosten der Anlagenzugänge
[2] Erlöse aus Anlagenabgängen

Diese liquiditätsorientierte Betrachtung stößt jedoch an ihre Grenzen, wenn eine **Kapitalflussrechnung** nicht veröffentlicht wird. In diesem Fall sind Unternehmensfremden diese Erlöse nicht bekannt. Hilfsweise bietet sich als Lösung die Verwendung der im Anlagegitter ausgewiesenen „Abgänge“ an; unter der Prämisse, dass die Erlöse aus den Abgängen von Gegenständen des Anlagevermögens (exakt) den Restbuchwerten entsprechen – was in der Praxis eher selten der Fall ist. Dementsprechend lautet die modifizierte Formel für die Nettoinvestition:

Zugänge an Anlagevermögen
./. Anlagenabgänge zum Restbuchwert
= Nettoinvestition

Darst. 2.526: Nettoinvestition (buchmäßig)

Die Ermittlung der Restbuchwerte erweist sich i. d. R. als unmöglich, da die Abschreibungen auf die Anlagenabgänge bei den kumulierten Abschreibungen nach der Mindestgliederung gem. § 268 Abs. 2 HGB nicht explizit vermerkt werden müssen. Wird die (historische) Entwicklung der Abschreibungen aufgezeigt, kann der Restbuchwert der Anlagenabgänge wie folgt ermittelt werden:

	Abgänge zu Anschaffungs- bzw. Herstellungskosten
./.	Abschreibungen auf Anlagenabgänge
=	Anlagenabgänge zu Restbuchwert

Darst. 2.527: Anlagenabgänge zum Restbuchwert

Sind die Abschreibungen auf Anlagenabgänge nicht festgehalten, können die Restbuchwerte der Anlagenabgänge (umständlicher) wie folgt berechnet werden:

	Buchwert am Anfang der Geschäftsjahres[1]
./.	Buchwert am Ende des Geschäftsjahres
+	Zugänge zum Anlagevermögen im Geschäftsjahr[2]
+	Zuschreibungen im Geschäftsjahr
./.	Abschreibungen auf Anlagevermögen im Geschäftsjahr
=	Anlagenabgänge zu Restbuchwert

Darst. 2.528: Anlagenabgänge zum Restbuchwert

[1] Dieser Wert entspricht dem Buchwert am Ende des vorhergehenden Geschäftsjahres.

[2] Bewertet zu Anschaffungs- oder Herstellungskosten.

Wird nun die Formel gemäß Darst. 2.528 in die Formel der Darst. 2.526 eingesetzt, ergibt sich folgendes Berechnungsschema:

	Buchwert am Ende des Geschäftsjahres
./.	Buchwert am Anfang des Geschäftsjahres
./.	Zuschreibungen im Geschäftsjahr
+	Abschreibungen auf Anlagevermögen im Geschäftsjahr
=	Nettoinvestition

Darst. 2.529: Nettoinvestition (Anlagespiegel)

Sofern die Restbuchwerte der Anlagenabgänge relativ gering sind, kann die Nettoinvestition simplifizierend mit den im Anlagenspiegel aufgeführten Zugängen an Anlagevermögen gleichgesetzt werden.

Es muss an dieser Stelle explizit darauf hingewiesen werden, dass in der Ausgangsformel die Erlöse aus Anlagenabgängen durch die Anlagenabgänge zu Restbuchwerten (oder gar mit 0 wie im vorhergehenden Absatz) ersetzt wurden – für den Fall, dass keine Kapitalflussrechnung vorliegt. Damit wird i. d. R. eine Nettoinvestition ausgewiesen, die höher ausfällt, als sie liquiditätsmäßig tatsächlich ist.

Die **isolierte Betrachtung** der Größe „Nettoinvestition“ **reicht für weitergehende Schlussfolgerungen nicht aus**, da die Höhe der Nettoinvestitionen besonders stark von der **Unternehmensgröße** und der **Branche** abhängt. Daher ist die Größe „Nettoinvestition“ zu relativieren. Eine Möglichkeit ist die sogenannte Investitionsquote, bei der die gesamten Nettoinvestitionen (ggf. bezogen auf das Sachanlagevermögen) dividiert werden durch das Anlagevermögen (ggf. nur Sachanlagen), bewertet zu (historischen) Anschaffungs- oder Herstellungskosten am Anfang des Geschäftsjahres. Sie wurde bereits im Unter-Unterabschnitt 2.2.5.1 von Band 1 „Anlageintensität, Investitionsintensität und Investitionsquote“ ausführlich behandelt.

2.6 Finanz-Controlling

2.6.1 Notwendigkeit des Finanz-Controllings

Bereits im Abschnitt 2.1.1 „Notwendigkeit der Planung, Planungsbegriff und Prognose“ des ersten Bandes wurde auf die nach wie vor hohe Zahl von Unternehmensinsolvenzen[808] und deren negative Folgen für die Gesellschaft hingewiesen. Als wichtigste Insolvenzursachen wurden Finanzierungsmängel bzw. Fehler im finanzwirtschaftlichen Bereich herausgearbeitet.[809] Zum einen sind dies vor allem Finanzierungslücken, zum anderen ein unzureichendes Debitorenmanagement. Zu den Finanzierungsfehlern gehören u. a.:

- Zu wenig Eigenkapital
- Keine rechtzeitigen Verhandlungen mit der Hausbank
- Verwendung von Kontokorrentkrediten zur Finanzierung von Investitionen
- Hohe Schulden bei Lieferanten
- Öffentliche Finanzierungshilfen nicht beantragt
- Mangelhafte Planung des Kapitalbedarfs
- Finanzielle Überlastung durch scheinbar günstige Kreditangebote

Darst. 2.601: Finanzierungsfehler

Sobald beim zuständigen Amtsgericht ein Insolvenzantrag (seitens des Gläubigers oder Schuldners) eingegangen ist, prüft das Gericht gem. § 5 InsO, ob der Antrag zulässig und ausreichend begründet ist.[810] Ein begründeter Antrag liegt dann vor, wenn einer der folgenden zahlungsbezogenen Eröffnungsgründe vorliegt:[811]

[808] Siehe Darst. 2.101 „Zahl der Unternehmensinsolvenzen ab 1991“ im Band 1.

[809] Siehe die Darst. 2.102 „Ursachen für Geschäftsaufgaben“ und Darst. 2.103 „Die wichtigsten Insolvenzursachen“ im ersten Band.

[810] Vgl. § 14 InsO.

[811] Der dritte Grund „Überschuldung“ wurde hier nicht aufgeführt. Alle Gründe finden sich im Paragrafen 2.4.3.3.2 „Ziele und Aufgaben der Finanzierung“ im Band 1.

- **Zahlungsunfähigkeit** (§ 17 InsO): Der Schuldner ist zahlungsunfähig, wenn er nicht in der Lage ist, die fälligen Zahlungsverpflichtungen zu erfüllen (§ 17 Abs. 2 InsO).[812]
- **drohende Zahlungsunfähigkeit** (§ 18 InsO): Das Unternehmen wird voraussichtlich zum Zeitpunkt der Fälligkeit seiner Schulden nicht in der Lage sein, diese zu begleichen.

An dieser Stelle sei ausdrücklich auf den Straftatbestand der Insolvenzverschleppung hingewiesen. Wenn einer der drei vorgenannten Insolvenzgründe vorliegt, hat die Unternehmung bzw. deren Vertreter (bei der GmbH also der oder die Geschäftsführer) unverzüglich einen Insolvenzantrag zu stellen. Erfolgt dies nicht oder nicht rechtzeitig, so müssen die Verantwortlichen für diese Insolvenzverschleppung mit einer Verurteilung rechnen.[813]

Auch aus Gründen der persönlichen Haftung ergibt sich das Ziel, für eine jederzeit ausreichende Liquidität zu sorgen.

Liquidität ist die Fähigkeit, jederzeit den Zahlungsverpflichtungen termin- und betragsgenau nachkommen zu können.

Darst. 2.602: Definition Liquidität

Eine ausreichende Liquidität bedeutet aber nicht, dass diese im **optimalen** Umfang gegeben ist. Erst wenn der Liquiditätssaldo dem Mindestbestand an liquiden Mitteln (MBLM) entspricht, wird von einer **optimalen Liquidität** gesprochen. Liegt der Liquiditätssaldo unter dem MBLM, handelt es sich um eine Unterliquidität; wenn er darüber liegt Überliquidität. Sowohl eine Unterliquidität als auch eine Überliquidität sind zu vermeiden: Bei der Unterliquidität *können* sich Zahlungsschwierigkeiten bis hin zur Insolvenz ergeben. Aus der Unterliquidität kann eine **gefährdete Liquidität** resultieren, wenn es dem Unternehmen nicht gelingt, die absehbare Unterliquidität (Liquiditätssaldo < MBLM) durch Maßnahmen des Finanzmanagements auszugleichen.[814] Bei einer Überliquidität würden zu viele liquide Mittel bereitgehalten, insbesondere (hohe) Zahlungsmittelbestände stellen

[812] Der Zeitpunkt der Zahlungsunfähigkeit ist hier nur sehr ungenau definiert. Aufgrund der Rechtsprechung des BGH vom 18.07.2013 (Az.: IX ZR 143/12) gibt es hier präzisere Anhaltspunkte, wann eine Zahlungsunfähigkeit vorliegt oder ob es sich lediglich um eine Zahlungsstockung handelt. Demnach ist zahlungsunfähig, wenn über einen Zeitraum von drei Wochen mindestens 10 % seiner fälligen Verbindlichkeiten nicht begleichen kann.

[813] Näheres zu den Strafmaßnahmen findet sich im Paragrafen 2.4.3.3.2 „Ziele und Aufgaben der Finanzierung" im ersten Band.

[814] Gelingt ein Ausgleich wird von einer ungefährdeten Liquidität gesprochen.

ökonomisch eine Verschwendung und einen Verstoß gegen das Ziel der Rentabilitätsmaximierung (s. u.) dar, da Zahlungsmittelbestände, wenn überhaupt, nur minimal verzinst werden. In diesem Fall stellen die Erhaltung einer optimalen Liquidität und die Rentabilitätsmaximierung konkurrierende Ziele (Zielkonflikt) dar. Auch bei dem Ziel „Unabhängigkeit von finanzierenden Stellen" ergibt sich im Hinblick auf eine Fremdfinanzierung, sichtbar im statischen Verschuldungsgrad, bei gleichrangigen Zielen ein Zielkonflikt, denn durch eine nicht durchgeführte Fremdfinanzierung wird ggf. auf eine Steigerung der Rentabilität verzichtet. Im Ergebnis handelt es sich beim dem Liquiditätsziel weder um eine Maximierungs- noch um eine Minimierungsaufgabe, sondern um ein **Satisfaktionsziel. Liquiditätssicherung in Höhe des MBLM ist somit eine unabdingbare Nebenbedingung** bei der Erreichung der unternehmerischen Ziele wie Maximierung des Shareholder Value, der Rentabilitätsmaximierung oder der Gewinnmaximierung.

Neben der Forderung, jederzeit für eine ausreichende Liquidität Sorge zu tragen, werden in der Literatur häufig drei weitere Anforderungen genannt, die sich in erwerbswirtschaftlichen Unternehmen als zentrale Ziele aus der langfristigen Steigerung des Unternehmenswertes (Konzept des Shareholder Value) unter Berücksichtigung der Interessen der Stakeholder ableiten lassen.[815]

- Liquiditätsziel
- Rentabilitätsziel
- Sicherheitsstreben
- Unabhängigkeitsstreben

Darst. 2.603: Finanzierungsziele

Das Rentabilitätsziel gehört zu den wichtigsten unternehmerischen Zielen.[816] Da eine hohe Rentabilität eine notwendige, aber nicht ausreichende Bedingung für die Erreichung des Liquiditätsziels darstellt, soll auf die entsprechenden Kennzahlen als Erstes eingegangen werden.

[815] Die Ziele Rentabilitätsmaximierung, Sicherheits- und Unabhängigkeitsstreben werden im Paragrafen 2.4.3.3.2 „Ziele und Aufgaben der Finanzierung" (Band 1) ausführlicher erläutert.

[816] Siehe Darst. 3.101 im Abschnitt 3.1 „Datenaufbereitung" des ersten Bandes.

2.6.2 Rentabilitätskennzahlen

Zweck der Rentabilitätskennzahlen

Die bisher beschriebenen Kennzahlen zur Beurteilung der betrieblichen Erfolgsgrößen ermöglichen noch **keine Bewertung des absoluten Niveaus der Ertragskraft** der bisherigen Erfolgsanteile, da ihnen der **Bezug zum investierten Kapital fehlt**. Diesen Bezug sollen insbesondere die in diesem Kapitel vorzustellenden Kennzahlen zur **Rentabilität** – eine der wichtigsten Grundsätze der Wirtschaftspraxis – herstellen. Erst die Relativierung des Erfolgs ermöglicht einen späteren Vergleich mit den alternativen Anlagemöglichkeiten des Kapitalmarktes.

Rentabilitätskennzahlen sollen die Fähigkeit des Unternehmens widerspiegeln, Gewinne zu erwirtschaften. Sie geben Aufschluss über den **Erfolg oder Misserfolg** der unternehmerischen Tätigkeit und stellen damit eine wichtige Grundlage für die **Entscheidungsvorbereitung** dar. Bei der Unternehmensanalyse mit Hilfe von Rentabilitätskennzahlen ist jedoch stets zu berücksichtigen, dass diese keine Ursachenanalyse ersetzen. Sie vermitteln lediglich einen ersten Einblick in die Erfolgssituation der Unternehmung und können demzufolge auch nur einen Anstoß zu weiterführenden kritischen Analysen liefern.

Definition von „Rentabilität"

Die Rentabilität wird durch eine Beziehungszahl ausgedrückt, bei der eine Erfolgsgröße im Zähler und eine weitere mit dem Erfolg im sachlichen Zusammenhang stehende Bezugsgröße im Nenner steht. Als Bezugsgrößen kommen vor allem das Kapital in den verschiedensten Abgrenzungsformen, z. B. Eigen- oder Gesamtkapital, und der Umsatz bzw. die Umsatzerlöse[817] in Betracht.

---

[817] Infolge der (neuen) Definition der Umsatzerlöse gem. BilRUG 2015 muss zwischen den betrieblichen Umsätzen/Erlösen und den Umsatzerlösen nach § 277 Abs. 1 HGB streng unterschieden werden. Vgl. dazu die Ausführungen bei WÖRDENWEBER, M.: Operatives Controlling – Band 1, a. a. O., Paragraf 3.1.1.1.1 „Analyse der Erfolgserzielung", Stichwort „Umsatzerlöse".

Unter **Rentabilität** wird das prozentuale Verhältnis des erzielten Gewinns zum eingesetzten Eigen- oder Gesamtkapital oder einer sonst zu verzinsenden Größe verstanden.

Die Rentabilität wird durch eine Beziehungszahl gemessen, die eine den Erfolg darstellende Größe zu einer anderen Größe in Beziehung setzt, von der vermutet wird, dass sie wesentlich zum Erfolg beigetragen hat.

Darst. 2.604: Definition Rentabilität

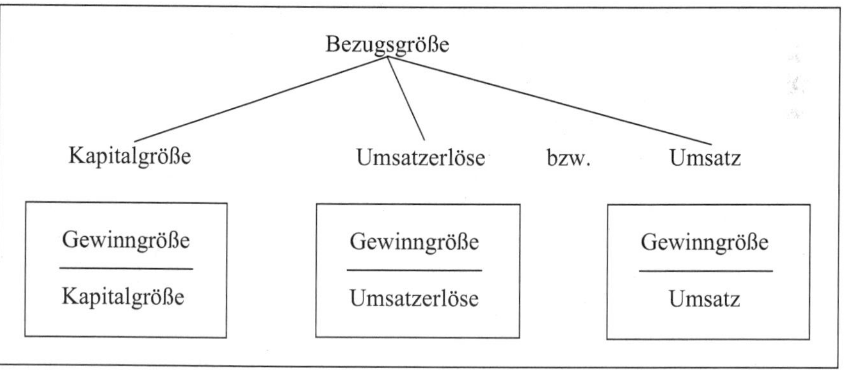

Darst. 2.605: Rentabilitätsformeln

In der Literatur finden sich häufig als Bezugsgröße (im **Nenner**) so genannte **Jahresdurchschnittswerte** des **Eigen- oder Gesamtkapitals**, um nicht eine dynamische Stromgröße mit einer statischen Bestandsgröße in Relation zu setzen. Das durchschnittliche im Unternehmen arbeitende Kapital errechnet sich dann aus der Hälfte der Summe aus Anfangs- und Endkapital. Die Vorgehensweise empfiehlt sich besonders bei Einzelunternehmen und Personengesellschaften, da das Eigen- bzw. Gesamtkapital durch außergewöhnliche Privateinlagen und -entnahmen stark beeinflusst sein kann. Diese Durchschnittsberechnung unterstellt, dass sich die Kapitalveränderung gleichmäßig über das Geschäftsjahr verteilt. Ähnliches gilt für Kapitalgesellschaften, deren Eigenkapital sich durch Kapitalerhöhungen und/oder thesaurierte Gewinne sowie deren Fremdkapital sich durch Kreditaufnahmen und/oder -tilgungen ständig verändert.

Infolge der (neuen) Definition der Umsatzerlöse gem. BilRUG 2015 muss zwischen den betrieblichen **Umsätzen/Erlösen** und den **Umsatzerlösen** nach § 277 Abs. 1 HGB streng unterschieden werden. Zum einen sind in den Umsatzerlösen Erlöse aus dem Verkauf und der Vermietung oder Verpachtung von Produkten sowie aus der Erbringung von Dienstleistungen enthalten, die *nicht* zur betrieblichen Geschäftstätigkeit gehören, also betriebsfremd sind. Dazu gehören etwa Kantinenerlöse, Gebühren für den Kindergarten des Unternehmens, Erlöse aus dem Verkauf von Roh-, Hilfs- und Betriebsstoffen, Miet- und Pachteinnahmen oder auch Erträge aus Schrottverkäufen.

Zum anderen werden Kostensteuern wie bspw. die Mineralölsteuer, Tabaksteuer, Biersteuer und Branntweinsteuer; nicht aber Grundsteuer und Kraftfahrzeugsteuer, in der Position „Umsatzerlöse" als Aufwand direkt berücksichtigt.

Befinden sich in den Umsatzerlösen außergewöhnliche und/oder periodenfremde Geschäftsvorfälle, müssen diese im Hinblick auf den Umsatz herausgerechnet werden, weil sie dem Unternehmen nicht stetig zufließen.[818] Ein Beispiel für außergewöhnliche Transaktionen können Umsatzerlöse aufgrund eines einmaligen Sonderauftrages sein.

Liegt des Fokus auf den **geschäftstypischen Vorgängen** entsprechend dem **Unternehmenszweck**, so ist der **Umsatz** des Unternehmens als Bezugsgröße im Nenner zu wählen. Die entsprechenden Schritte werden im Rahmen der Datenaufbereitung (Paragraf 3.1.1.1.1 „Analyse der Erfolgserzielung" erläutert.

Im **Zähler** einer Rentabilitätsgröße steht immer eine **Gewinngröße**, meist einfach als „Gewinn" bezeichnet. Im Folgenden ist daher zu klären, welcher „Gewinn", insbesondere im Hinblick auf die Unternehmenssteuerung gewählt werden sollte. Dazu später mehr.

Unabhängig von der Diskussion um die Größe im Nenner und/oder Zähler der Rentabilität wird **im engeren Sinne** ein Geschäft als **rentabel** verstanden, welches einen über die übliche Verzinsung des eingesetzten Kapitals hinausgehenden Gewinn abwirft. **Im weiteren Sinne** kann man aber auch alle mit Gewinn durchgeführten Aktionen als rentabel bezeichnen. Unrentabel arbeitende Unternehmen – und dies gilt unabhängig davon, ob die enge oder weite Definition angewandt wird – werden auf Dauer in einer auf Gewinnmaximierung ausgerichteten Wirtschaft keine Überlebenschancen haben."[819] Unter Beachtung des **Opportunitätsgedankens** (Verzinsung alternativer Anlagemöglichkeiten) kann betriebswirtschaftlich nur eine Verzinsung im engeren Sinne gelten.

[818] Gemäß § 385 Nr. 31 HGB muss der Bilanzierende ohnehin Erträge und Aufwendungen von außergewöhnlicher Größenordnung und Bedeutung im Anhang angeben und erläutern.

[819] SCHELD, G. A.: Kennzahlenanalyse, a. a. O., S. 101ff.

Besonders wichtige Rentabilitätskennzahlen sind der ROI (Return on Investment), die Gesamtkapitalrentabilität und die Eigenkapitalrentabilität. Alle drei Kennzahlen sollen im Folgenden detailliert besprochen und kritisch gewürdigt werden.

2.6.2.1 ROI (Return on Investment)

Oft werden die beiden Größen Gesamtkapitalrentabilität und ROI miteinander verwechselt. Dies liegt an der ähnlichen Formel zur Berechnung dieser Kennzahlen. Während die Gesamtkapitalrentabilität wie folgt definiert ist,

$$\frac{\text{Gewinn} + \text{FK-Zinsen}}{\varnothing\ \text{Gesamtkapital}} \cdot 100$$

Darst. 2.606: Gesamtkapitalrentabilität Grundformel

stellt sich der ROI wie folgt dar:

$$\frac{\text{Gewinn}}{\varnothing\ \text{Gesamtkapital}} \cdot 100$$

Darst. 2.607: Return on Investment (ROI) Grundformel

Der Unterschied besteht offensichtlich darin, dass bei der Gesamtkapitalrentabilität im Zähler die Fremdkapitalzinsen hinzuaddiert werden, während dieser Betrag im Zähler des ROI fehlt.[820]

Beschäftigen wir uns beim ROI zunächst mit dem Zähler, der Gewinngröße. Wenn davon ausgegangen wird, dass diese Größen dem Unternehmer/dem Controller bei der Steuerung des Unternehmens dienen, dann muss sich diese Größe **auf den betrieblichen Bereich fokussieren**. Es kann sich daher nur um einen **„betrieblichen" Gewinn** handeln.

[820] Die Kennzahl Umsatzrendite wurde im Abschnitt 2.4.9 „Umsatzerlösrendite/Umsatzrendite/Leistungsrendite" behandelt.

Optimal ist es daher, als Gewinn das **Betriebsergebnis laut Kosten- und Leistungsrechnung**[821] zu wählen. In der Kostenrechnung werden die Erfolgsgrößen (Erträge und Aufwendungen) im Rahmen der Kostenartenrechnung um die

- außergewöhnlichen,
- periodenfremden und (vor allem)
- betriebsfremden

Aufwendungen bereinigt. Hinzu gezählt werden die kalkulatorischen Zusatzkosten, während die kalkulatorischen Anderskosten eine betriebswirtschaftliche (kostenrechnerische) Behandlung der Erfolgsgrößen erfahren.

$$\frac{\text{Ordentlicher Betriebserfolg}}{\varnothing\ \text{Gesamtkapital}} \cdot 100$$

Darst. 2.608: ROI bei externem Benchmarking (Basis Gesamtkapital)

Voraussetzung für den Ansatz des Betriebsergebnisses (laut Kostenrechnung) als Gewinngröße ist eine funktionierende Kostenrechnung. Fehlt diese, sollte **hilfsweise** der **ordentliche Betriebserfolg**[822] Verwendung finden.

Wie im Unterabschnitt 2.2.6 von Band 1 „Bewertung von Kennzahlen und Benchmarking" ausgeführt, reicht eine isolierte Betrachtung des im konkreten Fall berechneten ROI, ob gut oder schlecht, nicht aus. Erst die vergleichende Betrachtung (Plan-Ist- bzw. Soll-Ist-Vergleich, Zeitreihenanalyse oder Benchmarking) ermöglicht eine Bewertung dieser Kennzahl.

Ein **Plan-Ist-** bzw. **Soll-Ist-Vergleich** ist aus zwei Gründen problematisch: Zum einen der **subjektive Charakter** des Soll-Wertes, zum anderen muss dieser Vergleich „mit sich selbst" **nicht realistisch** sein, d. h. es besteht die Gefahr, dass ein schlechter Wert mit einem noch schlechteren verglichen wird.

[821] Im Folgenden mit Kostenrechnung abgekürzt.

[822] Auch bei der Berechnung des ordentlichen Betriebserfolges werden, ausgehend von der GuV außergewöhnliche, periodenfremde und betriebsfremde Erfolgsgrößen in der Regel eliminiert sowie kalkulatorischer Unternehmerlohn (für Einzelunternehmer und Personengesellschaften) und die kalkulatorische Miete berücksichtigt. Das Zinsergebnis bleibt als Finanz- und Verbunderfolg außen vor.

Ein **Zeitreihenvergleich** ist prinzipiell immer möglich und sinnvoll.

Während sich für das **interne Benchmarking** die Größe Betriebsergebnis laut Kostenrechnung ohne Weiteres berechnen lässt, ist ein externes Benchmarking nahezu unmöglich, da die kostenrechnerischen Daten nicht veröffentlicht werden. Wenn überhaupt, werden in einigen Verbänden oder speziellen Vereinigungen nur die durchschnittlichen Daten der Branche oder der Mitglieder bekanntgegeben und dann meist nur denjenigen mitgeteilt, die sich an der Umfrage/Auswertung beteiligt haben.

Fragt sich, welche Größe für das **externe Benchmarking** geeignet ist. Sofern der **ordentliche Betriebserfolg** bei Externen anhand der zur Verfügung stehenden Unterlagen (Anhang, Unterlagen für Analysten etc.) ermittelbar ist, sollte dieser als Gewinngröße Geltung finden.

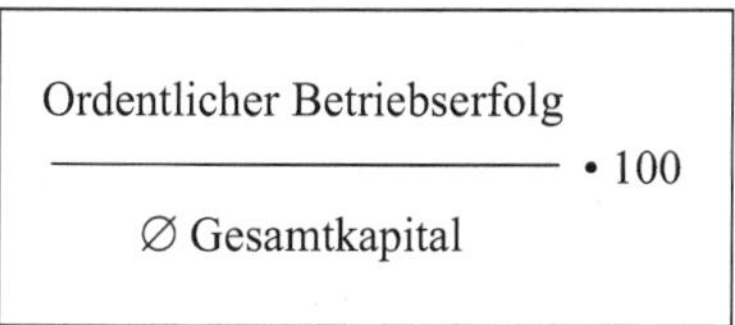

Darst. 2.609: ROI mit der Gewinngröße „Ordentlicher Betriebserfolg" (Basis Gesamtkapital)

Sofern eine Berechnung des ordentlichen Betriebserfolgs nicht möglich oder zu aufwendig erscheint, sollte geprüft werden, ob nicht bereits das EBIT von anderen Analysten berechnet wurde. Ist dies der Fall, wird als dritte Alternative das EBIT als Gewinngröße im Zähler gewählt. Der ROI lautet dann:

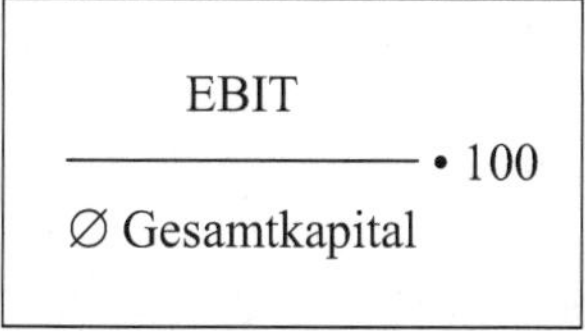

Darst. 2.610: ROI mit der Gewinngröße „EBIT" (Basis Gesamtkapital)

Anderenfalls, wenn eine Modifikation des GuV-Ergebnisses auf eine der beiden vorgenannten Arten nicht möglich oder zu aufwendig ist, muss auf das **Betriebsergebnis laut GuV**[823] zurückgegriffen werden, welches sich wie folgt ermitteln lässt:

1. Umsatzerlöse
2. Erhöhung oder Verminderung des Bestands an fertigen und unfertigen Erzeugnissen
3. andere aktivierte Eigenleistungen
4. sonstige betriebliche Erträge
5. Materialaufwand
6. Personalaufwand
7. Abschreibungen
8. sonstige betriebliche Aufwendungen
9. sonstige Steuern

= **Betriebsergebnis laut GuV**

Darst. 2.611: Betriebsergebnis laut GuV (auf der Basis Gesamtkostenverfahren)

Nachdem der Zähler des ROI ausführlich besprochen worden ist, wird nun der **Nenner** einer genauen Untersuchung unterzogen.

In den meisten Lehrbüchern steht im Nenner des ROI das Gesamtkapital, welches sich aus dem Eigen- und Fremdkapital (Passiva) zusammensetzt. Das Gesamtkapital stellt in einer Bilanz bekanntlich die Finanzierungsseite (Mittelherkunft) dar. Mit diesen Mitteln wird das Vermögen des Unternehmens (Aktiva) finanziert. In den Vermögensgegenständen spiegelt sich die Mittelverwendung wider.

Aus betrieblicher Sicht ist zu untersuchen, ob die Mittelverwendung immer im betrieblichen Sinne erfolgt ist. Dies wird in vielen Fällen wie z. B. bei Finanzanlagen im Umlaufvermögen nicht unbedingt gegeben sein. Auch Reservegrundstücke sind nicht betriebsnotwendig. Des Weiteren lässt sich das betriebsnotwendige Vermögen nicht ohne weiteres aus der Bilanz ablesen, da die Bilanzansätze nicht dem tatsächlichen Vermögenswert entsprechen: Die einzelnen Bilanzpositionen werden nach den Vorschriften des HGB bewertet. Die einzelnen Vermögensgegenstände werden in den meisten Fällen möglichst niedrig

[823] Vgl. hierzu die Ausführungen im Unterabschnitt 2.2.2 von Band 1 „Betriebswirtschaftlicher Erfolg und Gewinnbegriff“.

ausgewiesen, denn die Unternehmen sind in der Regel bestrebt, den ausgewiesenen Gewinn gering zu halten, da sich dadurch die gewinnabhängigen Steuerzahlungen[824] und Ausschüttungen an die Gesellschafter verringern. Aus diesem Grunde sind die zu niedrigen Bewertungsansätze zu korrigieren, d. h. die stillen Reserven sind aufzulösen. Durch die vorgenommenen Korrekturen ergibt sich das **betriebsnotwendige Vermögen**.[825] Hier sei auf die Ausführungen im Paragrafen 3.1.2.2.2 von Band 1 (Aufbereitung der Aktivseite) hingewiesen, die sich mit der Auflösung der stillen Reserven beschäftigen.

Wird von diesem betriebsnotwendigen Vermögen das zinslos zur Verfügung gestellte Fremdkapital (sogenanntes **Abzugskapital**) subtrahiert, ergibt sich das **betriebsnotwendige Kapital**. Zum zinslos zur Verfügung stehenden Fremdkapital werden zinsfreie Kredite, Kundenanzahlungen und Lieferantenverbindlichkeiten (sofern kein Skontoabzug vereinbart ist) gezählt.

	Bilanzsumme der Aktiva
–	betriebsfremdes Vermögen
+	aufgelöste stille Reserven
	betriebsnotwendiges Vermögen
–	Abzugskapital
	betriebsnotwendiges Kapital

Darst. 2.612: Schema zur Ermittlung des betriebsnotwendigen Kapitals

Um das im **Jahresdurchschnitt** gebundene betriebsnotwendige Kapital zu ermitteln, addiert man das betriebsnotwendige Kapital zu Beginn und zum Ende des Jahres und dividiert diese Summe durch 2.

[824] Gewerbeertragsteuer, Körperschaftsteuer, Einkommensteuer und (laut Grundgesetzt „vorübergehend“) Solidaritätszuschlag.

[825] Die beschriebene Vorgehensweise findet sich in der Kostenrechnung bei der Ermittlung des betriebsnotwendigen Kapitals, um letztlich die kalkulatorischen Zinsen zu berechnen.

Zusammenfassend ergibt sich hinsichtlich der zu verwendenden Formeln für den ROI folgende Rangfolge:

$$\frac{\text{Betriebsergebnis laut Kostenrechnung}}{\varnothing\ \text{Betriebsnotwendiges Kapital}} \cdot 100$$

Darst. 2.613: ROI bei internem Benchmarking

$$\frac{\text{Ordentlicher Betriebserfolg}}{\varnothing\ \text{Betriebsnotwendiges Kapital}} \cdot 100$$

Darst. 2.614: Betriebsrentabilität unter Verwendung des ordentlichen Betriebserfolgs als Gewinngröße

Diese Größe wird als **Betriebsrentabilität**[826] bezeichnet. Sofern eine Berechnung des ordentlichen Betriebserfolgs nicht möglich oder zu aufwendig erscheint, sollte geprüft werden, ob nicht bereits das EBIT von anderen Analysten berechnet wurde. Ist dies der Fall, wird als dritte Alternative das EBIT als Gewinngröße im Zähler gewählt. Die Betriebsrentabilität berechnet sich dann wie folgt:

$$\frac{\text{EBIT}}{\varnothing\ \text{Betriebsnotwendiges Kapital}} \cdot 100$$

Darst. 2.615: Betriebsrentabilität unter Verwendung des EBIT als Gewinngröße

[826] Ähnlich GRÄFER, H., GERENKAMP, TH.: a. a. O., S. 63. Anders Lippe, Esemann, Tänzer (LIPPE, G., ESEMANN, J., TÄNZER, TH.: Das Wissen für Bankkaufleute. Das umfassende und praxisorientierte Kompendium für die Aus- und Weiterbildung, 9. Aufl., Wiesbaden 2001, S. 302) und Wöltje (WÖLTJE, J.: Bilanzen lesen, verstehen und gestalten im Folgenden mit „Bilanzen" abgekürzt), 13. Aufl., Freiburg 2018, S. 446), die im Zähler das Betriebsergebnis laut GuV verwenden. Anders SCHRÖDER, der unter Betriebsrentabilität das Verhältnis von Betriebsergebnis zu Umsatzerlösen versteht (SCHRÖDER, H.: Finanzmanagement souverän meistern: Finanz- und Kostenmanagement erfolgreich umsetzen, Düsseldorf 2012, S. 30).

Ist eine Modifikation der Jahresabschlussdaten hinsichtlich des ordentlichen Betriebserfolgs oder des EBIT nicht möglich oder erscheint sie zu aufwendig ist, kann als viertbeste Alternative auf das Betriebsergebnis laut GuV zurückgegriffen werden:

$$\frac{\text{Betriebsergebnis laut GuV}}{\text{Ø Gesamtkapital}} \cdot 100$$

Darst. 2.616: ROI bei externem Benchmarking (vereinfachte Lösung)

2.6.2.2 Gesamtkapitalrentabilität

Laut dem Bundesverband Deutscher Unternehmensberater BDU e. V. gehört die Gesamtkapitalrentabilität zu den wichtigsten Kennzahlen, die der Unternehmer/Controller regelmäßig planen und kontrollieren sollte.[827]

Die Gesamtkapitalrentabilität, häufig auch als Bruttorendite oder Unternehm*ens*rentabilität bezeichnet, misst die Gesamtverzinsung des im Unternehmen eingesetzten Kapitals, „d. h. die durchschnittliche Ergiebigkeit aller Kapitalverwendungen.“[828]

Ausgehend von der in Darst. 2.606 vorgestellten Grundformel der Gesamtkapitalrentabilität bedeutet beispielsweise eine Gesamtkapitalrentabilität von 12 %, dass jeder im Unternehmen eingesetzte Euro einen Erfolgs- und Zinsanteil von 12 Cent enthält.

Die **Gesamtkapitalrentabilität** zeigt die Verzinsung des gesamten eingesetzten Kapitals, bestehend aus Eigen- und Fremdkapital.

Die Fremdkapitalzinsen werden neben dem Gewinn als Erfolgsgröße der Fremdkapitalgeber berücksichtigt.

Darst. 2.617: Gesamtkapitalrentabilität

[827] Vgl. BDU, a. a. O., S. 21.
[828] SCHELD, G. A.: Kennzahlenanalyse, a. a. O., S. 108.

Für die Verwendung der Gesamtkapitalrentabilität als Größe zur Unternehmenssteuerung (im Gegensatz zum ROI) spricht, dass die aufgewandten Fremdkapitalzinsen zum Erfolg hinzugerechnet werden, da sie einen quasi vorab an die Fremdkapitalgeber gezahlten Anteil des Fremdkapitals an der Gesamtkapitalrentabilität interpretiert werden können.

Die Addition der Fremdkapitalzinsen im Zähler führt im Ergebnis dazu, dass der Gewinn nach Abzug der Fremdkapitalzinsen um eben diese nach oben korrigiert wird. M. a. W.: Es wird der Gewinn betrachtet, der sich ohne Fremdkapitalzinsen ergeben hätte. Dies bedeutet, dass das Betriebsergebnis laut GuV im Vordergrund steht und nicht der Gewinn einschließlich (meist negativem) Finanzergebnis laut GuV. Letztlich wird also die Rentabilität **unabhängig von der Art der Finanzierung** betrachtet.

Wenn beispielsweise zwei Unternehmen, von denen das Unternehmen A zu 95 % eigenfinanziert, das Unternehmen B zu 95 % fremdfinanziert ist, bei identischem Umsatz und Gesamtkapital den gleichen ROI gemäß Grundformel (Darst. 2.607) aufweisen, ist das fremdfinanzierte Unternehmen als das bessere anzusehen, da es ein höheres Betriebsergebnis laut GuV aufweist. Dieses höhere Betriebsergebnis hat ausgereicht, um das negative Zinsergebnis zu kompensieren. Der Zinsaufwand wird demnach zusätzlich erwirtschaftet. Bei Verwendung des ROI bei externem Benchmarking (Darst. 2.609) oder bei Verwendung der Gesamtkapitalrentabilität wäre dies bei dem fremdfinanzierten Unternehmen gegenüber dem eigenfinanzierten deutlich zum Ausdruck gekommen, da der ROI bei einer Beschränkung auf den betrieblichen Bereich und die Gesamtkapitalrentabilität (wegen der Hinzurechnung der Fremdkapitalzinsen) deutlich höher wären als der ROI nach der Grundformel.

Wie schon beim ROI ist auch hier zu diskutieren, welche Größen im Nenner bzw. Zähler verwendet werden sollten.

Der Gewinn nach Steuern im **Zähler** macht keinen Sinn, als die Steuersätze und damit die zu zahlenden Steuern auf Einkommen und Ertrag stark differieren können. Daher sollte bei der Gesamtkapitalrentabilität der **Gewinn vor Steuern** (EEV-Steuern) als Gewinngröße gewählt werden.

$$\frac{\text{Gewinn vor Steuern (v. E. u. E.) + FK-Zinsen}}{\varnothing\ \text{Gesamtkapital}} \cdot 100$$

Darst. 2.618: Gesamtkapitalrentabilität auf der Basis Gesamtkapital

Bei der Vorstellung des ROI ist postuliert worden, dass sich der Gewinn auf den betrieblichen Bereich beschränken muss. Dieser Forderung trägt die vorstehende Formel zur Gesamtrentabilität insofern teilweise Rechnung, als dass dem Gewinn vor Steuern ein Teil des Finanzergebnisses in Form der Fremdkapitalzinsen hinzugerechnet wird.[829] Der so ermittelte Gewinn entspricht dem Betriebsergebnis laut GuV plus Zinserträge (sonstige Zinsen und ähnlichen Erträge).[830]

Sofern die Fremdkapitalzinsen 0 sind, entspricht nicht nur der Zähler dem ROI, wenn der Gewinn vor Steuern (v. E. u. E.) als Gewinngröße verwendet wird. In diesem Fall sind ROI und Gesamtkapitalrentabilität identisch.

Die Diskussion um den richtigen **Nenner** kann hier abgekürzt werden, da der Nenner bei ROI und bei der Gesamtkapitalrentabilität derselbe ist. Daher kann auf die vorangegangenen Ausführungen verwiesen werden.

$$\frac{\text{Gewinn vor Steuern (v. E. u. E.) + FK-Zinsen}}{\varnothing\ \text{Betriebsnotwendiges Kapital}} \cdot 100$$

Darst. 2.619: Gesamtkapitalrentabilität

[829] Die Zinserträge (sonstige Zinsen und ähnliche Erträge) sind nach wie vor im Gewinn vor Steuern (v. E. u. E.) enthalten.

[830] Vgl. hierzu Darst. 2.611.

Die vergleichende Bewertung[831] (Plan-Ist- bzw. Soll-Ist-Vergleich, Zeitreihenanalyse oder Benchmarking) kann ergänzt werden um die **Zinssätze für langfristiges Fremdkapital**. Das **Entscheidungskriterium** lautet:

1. Gesamtkapitalrentabilität > Verzinsung von Anlagen am Kapitalmarkt
   Die Gesamtkapitalrentabilität soll nicht niedriger sein, als die Zinssätze alternativer Anlagen des Kapitalmarktes, da es sich anderenfalls nicht lohnt, das Kapital im eigenen Unternehmen zu lassen, da sich am Kapitalmarkt ein höherer Gewinn erwirtschaften lässt.

2. Gesamtkapitalrentabilität > Durchschnittliche Gesamtkapitalrentabilität der Branche
   Die Gesamtkapitalrentabilität sollte nicht unter der Rendite vergleichbarer Unternehmen bzw. des Branchendurchschnitts liegen. Dieser Vergleich gibt Aufschluss darüber, wie die Verzinsung des gesamten Kapitals im Vergleich zum Branchenschnitt liegt. Der Vergleich ist allerdings relativ zu sehen, da bei einer generell schlechten Gesamtkapitalrentabilität die erste Bedingung verletzt wird, d. h. der Wert im Vergleich vielleicht sehr gut oder gar der Beste ist, einzeln betrachtet aber nicht ausreicht, weil er unter der vergleichbaren Rendite Kapitalmarktes liegt.

3. Gesamtkapitalrentabilität > Inflationsrate
   Durch den Vergleich der Gesamtkapitalrentabilität mit der aktuellen Inflationsrate lässt sich feststellen, ob die Substanzerhaltung des Unternehmens gesichert ist oder das Unternehmen anderenfalls „von seiner Substanz lebt". Die Gesamtkapitalrentabilität sollte immer über der aktuellen Inflationsrate liegen.

4. Gesamtkapitalrentabilität > Fremdkapitalzinssatz
   Entscheidend ist, dass die Gesamtkapitalrendite den Fremdkapitalzinssatz übersteigt, da anderenfalls (nicht einmal) die Fremdkapitalzinsen erwirtschaftet werden. Denn: Bei einer hohen Gesamtkapitalrentabilität fällt es relativ leicht, in größerem Umfang Außenfinanzierungsmittel durch die Aufnahme von Fremdkapital und Mobilisierung zusätzlichen Risikokapitals zu beschaffen. Übersteigt die Gesamtkapitalrentabilität den Fremdkapitalzins, so erweist sich eine weitere Finanzierung als vorteilhaft für das Unternehmen. Dieser Effekt, der noch einmal bei der Interpretation der Kennzahlen zur Kapitalstruktur angesprochen wird, wird als **Leverage-Effekt** oder Hebelwirkung des Fremdkapitals bezeichnet.

[831] Vgl. hierzu Unterabschnitt 2.2.6 von Band 1 „Bewertung von Kennzahlen und Benchmarking".

Exkurs: Leverage-Effekt: Der Leverage-Effekt beschreibt die Relation zwischen statischem Verschuldungsgrad und Eigenkapitalrentabilität.

$$r_{EK} = r_{GK} + \frac{\text{Fremdkapital}}{\text{Eigenkapital}} \cdot (r_{GK} - i_{FK})$$

mit:
r_{EK} = Eigenkapitalrentabilität
r_{GK} = Gesamtkapitalrentabilität
i_{FK} = Fremdkapitalzinssatz

Darst. 2.620: Zusammenhang von Eigenkapitalrentabilität und Verschuldungsgrad (Leverage-Effekt)

Aus der Formel lässt sich ablesen, dass bei gegebener Gesamtkapitalrentabilität und steigendem statischen Verschuldungsgrad die Eigenkapitalrentabilität zunimmt, sofern $r_{GK} > i_{FK}$ gilt. Die Gesamtkapitalrentabilität muss also über dem Zinssatz für die Aufnahme von Fremdkapital liegen. Übersteigt die Gesamtkapitalrentabilität den Fremdkapitalzins, so erweist sich eine weitere Finanzierung als vorteilhaft für das Unternehmen. Folgende Darstellung veranschaulicht den Leverage-Effekt:

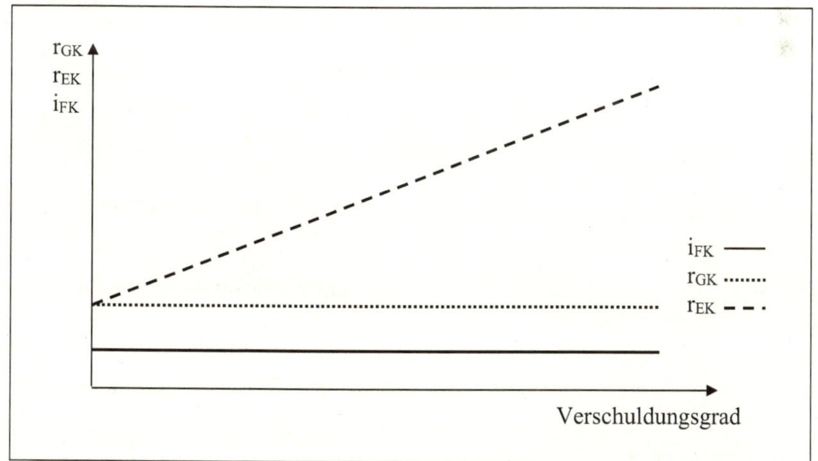

Darst. 2.621: Zusammenhang von Eigenkapitalrentabilität und Verschuldungsgrad

Grundlegende **Voraussetzung** für diese Hebelwirkung ist allerdings, dass das Unternehmen das zusätzlich aufgenommene Fremdkapital in (mindestens) gleichgünstige Anlagealternativen investieren kann. Im umgekehrten Fall, d. h. sinkt die Gesamtkapitalrentabilität unter den Fremdkapitalzinssatz (**Leverage-Risiko**), führt dies zu einer Schmälerung der Eigenkapitalrentabilität und gegebenenfalls zur Reduzierung des Eigenkapitals. Der Vorteil des Leverage-Effektes schlägt nachweisbar in das Gegenteil um, d. h. die Eigenkapitalrendite geht in dem Maße zurück, wie das in Form von Eigenkapital vorhandene Risikopolster umso schneller aufgebraucht wird, je höher der Fremdkapitalanteil ist. In einem solchen Fall ist eine Eigenfinanzierung angeraten, um den möglichen Substanzverlust aufzufangen. Fällt der Fremdkapitalzins mit der Gesamtkapitalrendite zusammen, so besteht auch eine Gleichheit zwischen Eigen- und Gesamtkapitalrentabilität.

Der gleiche negative Effekt zeigt sich, wenn die Fremdkapitalzinsen bei steigendem statischen Verschuldungsgrad so stark ansteigen, dass sie letztlich über der Gesamtkapitalrentabilität liegen. Ein **Anstieg des Fremdkapitalzinssatzes bei steigendem statischen Verschuldungsgrad** ist nicht unüblich, da das Risiko für die Kapitalgeber steigt und sie folglich einen Risikoaufschlag fordern.

Der negative Leverage-Effekt bei steigendem Fremdkapitalzinssatz wird in nachstehender Grafik veranschaulicht:

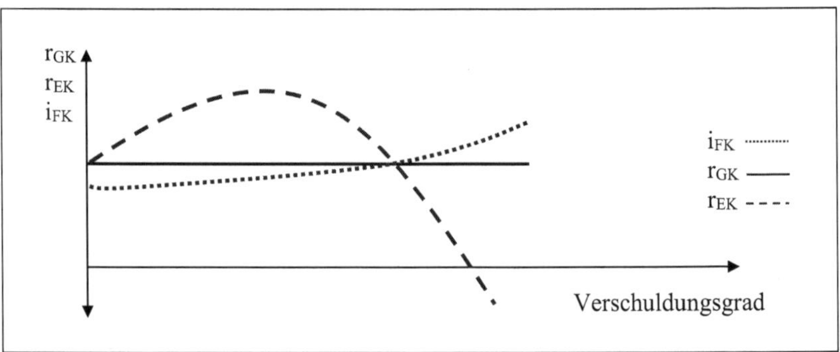

Darst. 2.622: Leverage-Effekt bei steigendem statischen Verschuldungsgrad und steigen dem Fremdkapitalzinssatz

Aus der Definition ergibt sich, dass eine **Verbesserung der Gesamtkapitalrentabilität** sowohl über den Markt, d. h. durch eine Steigerung des Erfolgs (z. B. durch entsprechende Umsatzerhöhungen) möglich ist, als auch über den internen bzw. innerbetrieblichen Sektor, d. h. über einen geringeren Kapitaleinsatz bei gleicher Ausbringungsmenge (Erfolg).

Allerdings führt auch eine steigende Zinsentwicklung zu einer Verbesserung der Gesamtkapitalrendite.

2.6.2.3 Eigenkapitalrentabilität

Eine bedeutende Kennzahl der Jahresabschlussanalyse ist die Eigenkapitalrentabilität. Alternative Begriffe sind Nettorendite oder Unternehm*er*rentabilität oder im englischsprachigen Raum Return on Equity (RoE).

Die Eigenkapitalrentabilität gehört zu den schillerndsten Kennzahlen in der Betriebswirtschaftslehre. Zwar bezeichnet der Bundesverband Deutscher Unternehmensberater BDU e. V. diese als eine der wichtigsten Kennzahlen, die im Rahmen der Unternehmenssteuerung regelmäßig geplant und kontrolliert werden sollte.[832] Dennoch kann die (alleinige, vor allem kurzfristige) Ausrichtung an dieser Kennzahl zu einem Schaden für das Unternehmen und letztlich die Gesellschafter führen. Doch dazu später mehr.

Die Eigenkapitalrentabilität in der Grundformel ist wie folgt definiert:

$$\frac{\text{Gewinn}}{\varnothing\ \text{Eigenkapital}} \cdot 100$$

Darst. 2.623: Eigenkapitalrentabilität Grundformel

Die Eigenkapitalrentabilität zeigt die **Verzinsung des Eigenkapitals** an: Welcher Gewinn wird pro Einheit Eigenkapital erwirtschaftet? Eine Eigenkapitalrentabilität von beispielsweise 12 % sagt aus, dass sich ein Euro Eigenkapital am Ende des Geschäftsjahres mit 12 Cent verzinst hat. Je höher die Eigenkapitalrentabilität, desto positiver ist die Beurteilung des Investments.

[832] Vgl. BDU, a. a. O., S. 21.

Die Eigenkapitalrentabilität verdeutlicht, wie sich das im Unternehmen eingesetzte Kapital der Eigentümer in einem bestimmten Zeitraum verzinst hat.

In der Betriebswirtschaftslehre wird hier in der Regel als Zeitraum das Geschäftsjahr zugrunde gelegt.

Darst. 2.624: Interpretation der Eigenkapitalrentabilität

„Die Eigenkapitalrentabilität hat in erster Linie **für die Gesellschafter** eine große Bedeutung, da sie angibt, ob sich das Risiko des eigenen Kapitaleinsatzes lohnt und ob eine angemessene Risikoprämie herausgesprungen ist, die mit dem langfristigen Kapitalmarktzins konkurrieren kann. Als konkretes **Entscheidungskriterium** gilt: Die Eigenkapitalrentabilität soll nicht niedriger sein als die Renditen alternativer Anlagen des Kapitalmarktes. Üblicherweise enthält die Eigenkapitalrentabilität darüber hinaus noch eine erzielte Prämie, um die Risiken, denen das Eigenkapital als Verlusttilgungs- und Haftungskapital ausgesetzt ist, abzudecken.“[833]

Im Vergleich der oben beispielhaft erwähnten Eigenkapitalrentabilität von 12 % mit dem Zinssatz für langfristige festverzinsliche Anlagen von 8 % ergibt sich eine zusätzliche Verzinsung von 4 %. Diese Zusatzverzinsung setzt sich theoretisch aus einem Zinssatz für das eingesetzte Eigenkapital und einer Wagnisprämie (Vergütung für das allgemeine Unternehmerwagnis) zusammen.[834]

Wie schon bei den vorstehenden Rentabilitätsgrößen sind auch bei der Eigenkapitalrentabilität Zähler und Nenner eingehend zu diskutieren.

Im **Zähler** geht es um die Größe Gewinn. Nun stellt sich die Frage, welcher Gewinn hier gemeint ist. Da die Eigenkapitalrentabilität in erster Linie eine (große?) Bedeutung für die Gesellschafter, eher weniger für die Geschäftsführer hat[835], ist mit dem Gewinn sicherlich der ausschüttungsfähige Gewinn gemeint.[836] Da die Steuerbelastung sehr unterschiedlich

[833] SCHELD, G. A.: Controlling im Mittelstand. Bd. 3: Operatives Unternehmenscontrolling (im Folgenden mit „Operatives“ abgekürzt), 6. Aufl., Büren 2017, S. 214.

[834] Diese Wagnisprämie ist nicht in den kalkulatorischen Wagnissen enthalten, denn letztere decken nur die betrieblichen Risiken ab.

[835] Auf einen möglichen Interessen- (Stakeholder-)Konflikt wird weiter unten noch ausführlich eingegangen. Auch die Frage, ob die Eigenkapital tatsächlich eine große Bedeutung für die Gesellschaft hat / haben sollte, muss noch eingehend diskutiert werden.

[836] Ob der erwirtschaftete Gewinn tatsächlich ausgeschüttet wird oder (teilweise) thesauriert wird, ist hier von untergeordneter Bedeutung.

ist, empfiehlt es sich, als Gewinngröße den **Gewinn vor Steuern** zu präferieren. Diese Größe kann direkt mit alternativen Anlageformen verglichen werden, zumal z. B. die (Kapital-)Einkünfte aus Finanzanlagen (Beispiel Sparbriefe) als Einkünfte aus Kapitalvermögen auch versteuert werden müssen.

Ist davon auszugehen, dass mehrere Gesellschafter an einem Unternehmen beteiligt sind und diesen nicht der gleiche Gewinnanteil zusteht, lautet der Zähler der Eigenkapitalrentabilitätsformel:

Gewinn vor Steuern (anteilig)

Darst. 2.625: Zähler Eigenkapitalrentabilitätsformel bei einem GmbH-Gesellschafter

Bislang wurde von einem klassischen GmbH-Gesellschafter ausgegangen. Wie aber ist zu verfahren, wenn es sich um einen Gesellschafter einer Aktiengesellschaft (Aktionär) handelt? Ihm fließen neben Dividenden ggf. auch Erlöse aus Bezugsrechtsverkäufen oder Beträge aus dem Verkauf von so genannten Berichtigungsaktien[837] (Kapitalerhöhung aus Gesellschaftsmitteln) zu.

Von diesen Zuflüssen sind die laufenden Aufwendungen wie z. B. Depotgebühren, Bankgebühren, Maklercourtagen, Provisionen und die Aufwendungen für den Besuch der Hauptversammlung, Fachliteratur etc. zu subtrahieren. Eine besondere Behandlung erfahren die Kursgewinne. Sie werden zwar erst im Zeitpunkt des Verkaufs realisiert[838], sind aber quasi während der Haltedauer der Aktie „entstanden". Gleiches gilt sinngemäß für die Berichtigungsaktien.

[837] Populär als Gratisaktien bezeichnet.

[838] Vgl. das Realisationsprinzip (GoB).

Im Falle eines Aktionärs sollte daher der Zähler der Eigenkapitalrentabilität wie folgt modifiziert werden:

Dividende
+ Erlöse aus Bezugsrechtsverkäufen
+ Beträge aus dem Verkauf von Berichtigungsaktien, dividiert durch die Haltedauer
+ Kursgewinne, dividiert durch die Haltedauer
./. jährliche Depotgebühren
./. laufende Bankgebühren (z. B. für Konto- und Depotauszüge)
./. weitere Aufwendungen für die Betreuung des Investments (Besuch von Hauptversammlungen, Fachliteratur)
./. Aufwendungen für den Verkauf von Bezugsrechtsverkäufen (Bankprovisionen, Maklercourtage etc.)
./. Aufwendungen für den Verkauf von Berichtigungsaktien, dividiert durch die Haltedauer (Bankprovisionen, Maklercourtage etc.)
./. Aufwendungen beim Verkauf der Aktie(n)

Darst. 2.626: Zähler der Eigenkapitalrentabilitätsformel im Fall eines Aktionärs (Näherungslösung)

Da die Eigenkapitalrentabilität i. d. R. die jährliche Verzinsung eines Investments misst, sind diejenigen Größen, die zwar zu einem bestimmten Zeitpunkt zufließen, aber das Ergebnis mehrjähriger und damit permanenter Anstrengungen sind, wie z. B. Erlöse aus dem Verkauf von Berichtigungsaktien, durch die Haltedauer der Aktie zu dividieren.

Ein, allerdings erst ex post, **genaues Ergebnis** für die Eigenkapitalrentabilität erhält man, wenn man den **internen Zinsfuß** der Aktieninvestition berechnet. Dies geschieht, indem alle Einzahlungsüberschüsse (Einzahlungen minus Auszahlungen) mit dem zu bestimmenden Kalkulationszinsfuß so diskontiert werden, dass der Kapitalwert den Wert 0 ergibt.

Die Rentabilität einer Aktienanlage wird in den Lehrbüchern zur Finanzierung[839] meist wie folgt angegeben:

$$\frac{\text{Gewinn pro Aktie}}{\text{Börsenkurs}} \cdot 100$$

Darst. 2.627: Eigenkapitalrentabilität eines Aktieninvestments

Bei dieser Definition entspricht die Eigenkapitalrendite dem Kehrwert des Kurs-Gewinn-Verhältnisses (KGV)[840].

Der Gewinn pro Aktie wird bankenüblich von der DVFA/SG[841] ermittelt und kann in guten Tageszeitungen oder auf den Websites von Finanzdienstleistern nachgelesen werden. Dieser Gewinn pro Aktie laut DVFA/SG ähnelt sehr dem ordentlichen Betriebserfolg. Zum (Konzern-)Jahresüberschuss nach Steuern werden

- außerordentliche,
- ungewöhnliche (außergewöhnliche ohne außerordentliche) und
- dispositionsbedingte (durch Wahlrechte und Ermessensspielräume)

Aufwendungen addiert und analog entsprechende Erträge subtrahiert, um einen nachhaltig erzielbaren, betrieblichen und einen mit anderen Unternehmen vergleichbaren Gewinn zu erhalten.[842]

Problematisch an dieser Rentabilitätskennzahl ist, dass der Nenner sich auf den (aktuellen) **Börsenkurs** bezieht. Dieser sowie die Aktienrendite kann täglich den Finanzkolumnen guter Tageszeitungen oder auf den Websites der Finanzdienstleister entnommen werden.

Auch wenn die vorstehende Kennzahl als Eigenkapitalrendite bezeichnet wird, so ist sie nicht als Verzinsungsgröße für das eingesetzte Kapital anzusehen, da nicht das eingesetzte

[839] Vgl. ZANTOW, R., DINAUER, J., SCHÄFFLER, C.: Finanzwirtschaft des Unternehmens. Die Grundlagen des modernen Finanzmanagements, 4. Aufl., München 2016, S. 79–81.

[840] Das Kurs-Gewinn-Verhältnis (KGV) ist definiert als Börsenkurs dividiert durch den Gewinn pro Aktie.

[841] DFVA steht für Deutsche Vereinigung der Finanzanalysten und Anlageberatung e. V.

[842] Vgl. BUSSE VON COLBE, W., U. A. (HRSG.): Ergebnis nach DVFA/SG – gemeinsame Empfehlung. 2. Aufl., Stuttgart 1996.

Kapital, sondern der Börsenkurs als Bezugsgröße dient. Der Börsenkurs kann als Marktwert des Eigenkapitals angesehen werden.

Der Börsenkurs schwankt täglich[843]. Insofern wäre eine Rentabilitätsberechnung eines Engagements in Aktien nur dann (annähernd)[844] korrekt, wenn der Investor genau am gleichen Tag Aktien erwerben würde. Aber auch der Zähler entspricht nicht den zugeflossenen (Netto-)Erträgen, da es sich bei dem Gewinn pro Aktie um eine modifizierte, bereinigte Gewinngröße nach DVFA/SG handelt und der Gewinn pro Aktie entweder den (u. U. geschätzten) Gewinn des laufenden Jahres oder einen Erwartungswert für den Gewinn des kommenden Jahres darstellt.

Vielmehr ist die Eigenkapitalrentabilität eines Aktieninvestments (Darst. 2.626) für den **Vergleich verschiedener Anlagealternativen (Aktien)** ein wichtiges Kriterium: Er zeigt die Relation des zu erwartenden Gewinns zum Börsenkurs an. Ist die Eigenkapitalrentabilität eher gering, ist der Markt offenbar der Meinung, dass diese Aktie „viel Phantasie besitzt", d. h. erst in den kommenden Jahren wird mit hohen Gewinnen gerechnet. Umgekehrt kann eine hohe Eigenkapitalrentabilität bedeuten, dass ein Unternehmen zwar (derzeit) hohe Gewinne ausweist, in der Zukunft aber Probleme gesehen werden. Das drückt dann den Aktienkurs.

Beschäftigen wir uns noch einmal genauer mit dem **Nenner** der Eigenkapitalrentabilität.

Denkbar sind folgende Größen:

- Gezeichnetes Kapital
- Eigenkapital (laut Bilanz)
- Eigenkapital laut Bilanz zuzüglich Pensionsrückstellungen
- Durchschnittliches Eigenkapital
- (Effektives) Eigenkapital in der Strukturbilanz
- Börsenkurs
- Anschaffungskosten

Darst. 2.628: Ausgewählte Größen im Nenner der Eigenkapitalrentabilität

843 Während des Börsentages sogar minütlich oder in Sekundenschnelle (z. B: Handel mit Xetra®).

844 Annähernd, weil sämtliche Bezugsnebenkosten, die zu den Anschaffungskosten gehören, fehlen.

Genau genommen ist die vorstehende Formel, was den Nenner der Eigenkapitalrentabilität betrifft, für einen **GmbH-Gesellschafter** nicht präzise: Um eine Beteiligung einzugehen, sind zunächst Aufwendungen wie Notar- und Gerichtsgebühren zu leisten. Da diese zu den Anschaffungskosten im Sinne des HGB[845] gehören, müssen sie zum Eigenkapital addiert werden. Der Begriff (ausgewiesenes) Eigenkapital (laut Bilanz) wird durch den Begriff „vom GmbH-Gesellschafter eingesetztes Kapital" ersetzt. Die Verwendung des Eigenkapitals im Nenner stellt demnach eine unzulässige Vereinfachung dar.

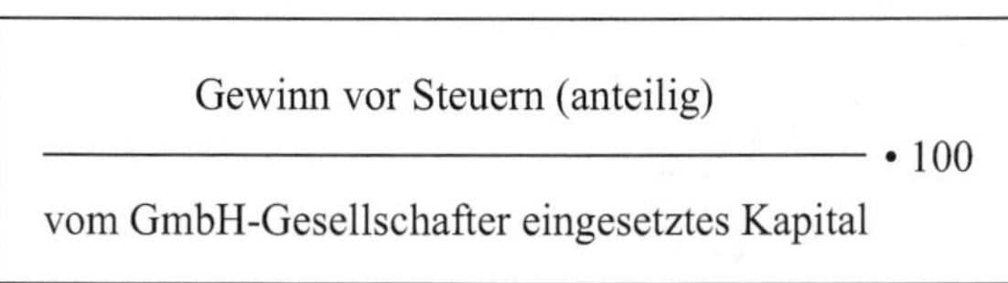

$$\frac{\text{Gewinn vor Steuern (anteilig)}}{\text{vom GmbH-Gesellschafter eingesetztes Kapital}} \cdot 100$$

Darst. 2.629: Eigenkapitalrentabilität eines GmbH-Gesellschafters

Wie bereits oben erwähnt, wird die Eigenkapitalrentabilität jährlich neu und auf jährlicher Basis berechnet. Dies hat zur Konsequenz, dass auch **weiteres**, von den Gesellschaftern **bereitgestelltes Eigenkapital** mitberücksichtigt werden muss. Dies geschieht im Zeitablauf dadurch, dass das jeweils aktuelle Eigenkapital, besser: das **vom Investor eingesetzte Kapital** zugrunde gelegt wird.

Nun enthält das Eigenkapital bekanntlich auch Rücklagen, also thesaurierte Gewinne und ein mögliches Agio bei der Neugründung oder Kapitalerhöhungen.[846] Es stellt sich die Frage, ob diese auch zum vom Investor eingesetzten Kapital gezählt werden müssen. Die Antwort lautet unter der folgenden Fiktion ja: Die Gewinne stehen grundsätzlich in voller Höhe den Gesellschaftern zu. Entscheiden sich diese, die Gewinne nicht auszuschütten, sondern im Unternehmen zu belassen, ist dieser Vorgang gleichzusetzen mit einer Auszahlung des Gewinns und anschließender Einzahlung der Gesellschafter.[847] In der Finanzierungsliteratur wird dieser Vorgang richtigerweise als Einlagenfinanzierung bezeichnet. Die im Unternehmen belassenen Gewinne dienen der Finanzierung des Unternehmens.

Das von einem **Aktionär** eingesetzte Kapital ähnelt sehr stark dem des GmbH-Gesellschafters. Wenn man von dem Fall der Neugründung einer Aktiengesellschaft einmal absieht, gibt es Unterschiede nur in den Anschaffungskosten. Statt des Geschäftsanteils ist

[845] § 255 Abs. 1 HGB.

[846] Vgl. hierzu die Ausführungen zu „Eigenkapital" in Unter-Unterabschnitt 3.1.2.2. „Aufbereitung der Bilanz".

[847] Bei der Körperschaftsteuer wird dies insofern berücksichtigt, als diese Steuer auf ausgeschüttete und thesaurierte Gewinne mit derzeit 15 % gleich hoch ist.

als Anschaffungspreis der (aktuelle) Börsenkurs zu zahlen; an die Stelle der Notar- und Gerichtskosten treten die Bankgebühren, -provisionen, Maklercourtagen u. Ä.

Zusammengefasst lautet der Nenner der Eigenkapitalrentabilitätsformel bei einem GmbH-Gesellschafter oder Aktionär:

	Anschaffungskosten für den Geschäftsanteil/die Geschäftsanteile
+	thesaurierte Gewinne (anteilig) nach Erwerb des Geschäftsanteils/der Geschäftsanteile[1]

Darst. 2.630: Vom GmbH-Gesellschafter oder Aktionär eingesetztes Kapital

[1] Die bis zum Erwerbszeitpunkt thesaurierten Gewinne sind im Kaufpreis berücksichtigt.

Fallen **laufende Aufwendungen** an, z. B. Fahrtkosten zu den Gesellschafterversammlungen, Fachliteratur, Telefonkosten, Rechtsanwaltsgebühren bei einer Beratung etc., werden sie direkt vom Gewinn abgesetzt, so wie das im Rahmen einer Steuererklärung für Kapitaleinkünfte auch üblich ist.

Bisher wurde von einem Investor ausgegangen, der sein Geld als Gesellschafter in einem Unternehmen anlegt. Davon zu unterscheiden ist eine Person, Personengruppe oder Organisation, die einem Unternehmen Finanzmittel als Darlehen zur Verfügung stellt. Dieser Fall wird hier nicht näher untersucht, da es sich (im Nenner) nicht um Eigenkapital, sondern (aus Unternehmenssicht) um Fremdkapital handelt.

Abschließend muss auf einige, zum Teil gravierende **Kritikpunkte** an der Eigenkapitalrentabilität hingewiesen werden.

„Für **Betriebsvergleiche** eignet sich diese Kennzahl nur wenig, da die Rentabilitätsgröße durch die zufällige, unternehmensspezifische Kapitalstruktur infolge verschiedener Finanzierungen der zu vergleichenden Unternehmen maßgeblich mitbestimmt wird. Weichen Gesamtkapitalrentabilität und Fremdkapitalzinsen voneinander ab, so ergeben sich bei gleichem Jahreserfolg und unterschiedlichen Eigen- und Fremdkapitalanteilen auch verschiedenartige Eigenkapitalrentabilitäten. Erst der **Zeitvergleich** macht ersichtlich, ob sich der Erfolg bei steigendem oder fallendem Eigenkapital abgeschwächt oder verstärkt hat oder aber parallel zur Veränderung des Eigenkapitals verlaufen ist.“ Bei **externem Benchmarking** ist zudem zu berücksichtigen, dass die Kennzahl Eigenkapitalrentabilität sehr stark branchenabhängig ist.

„Die Verwendung der Eigenkapitalrentabilität für Controllingzwecke ist problematisch, da sie wegen der Zinskosten für das Fremdkapital den **Einflüssen des Kapitalmarktes** unterliegt. Die Eigenkapitalrendite steigt bzw. sinkt mit sinkendem bzw. steigendem Fremdkapitalzins bei ansonsten identischer Geschäftstätigkeit.

Ebenso bedeutet ein gestiegener Gewinn bzw. eine gestiegene Eigenkapitalrentabilität **nicht automatisch, dass eine effektiv verbesserte wirtschaftliche Lage** des Unternehmens eingetreten ist – vice versa. So wird beispielsweise ein erheblich gestiegener Forschungs- und Entwicklungsaufwand aber auch Marketingaufwand über einen sinkenden Gewinn zu einer Verringerung der Eigenkapitalrendite führen und daher eine verschlechterte wirtschaftliche Lage implizieren, die jedoch unter Beachtung der **Zukunftsvorsorge** tatsächlich nicht gegeben ist."[848] Wird die Eigenkapitalrentabilität zur Steuerung des Unternehmens verwendet, vereitelt deren **kurzfristige Ausrichtung** langfristige Erfolge. Die Eigenkapitalrentabilität ist zur Unternehmensteuerung wenig geeignet.

„Ein weiteres Problem ergibt sich aus dem Zusammenhang zwischen der Rentabilität des Unternehmens und dem eingegangenen **Risiko**. So lässt sich eine höhere Eigenkapitalrendite unter bestimmten Bedingungen auch durch eine Veränderung der Finanzierungsstruktur erreichen, und zwar durch die Erhöhung des Fremdkapitalanteils. Dieses wird auch als **Leverage-Effekt** bezeichnet."[849] Eine Erhöhung des Risikos wird nicht unbedingt den Zielen des Investors entsprechen. Anders ausgedrückt: Der Investor muss sich in diesem offenkundigen **Zielkonflikt** zwischen einer hohen Eigenkapitalrentabilität mit einem hohen Risiko oder einer niedrigen Eigenkapitalrentabilität mit überschaubarem Risiko entscheiden.

Die Gültigkeit des Leverage-Effektes offenbart einen **weiteren Zielkonflikt,** und zwar **zwischen** den Stakeholdern **Gesellschafter und Geschäftsführung**.[850] Mittels Erhöhung des Fremdkapitalanteils lässt sich der (absolute) Gewinn maximieren.

Wird die Vergütung der Geschäftsführung (ausschließlich) am Gewinn orientiert und ist eine gewinnabhängige Vergütung auf Jahresbasis, also kurzfristig, vereinbart, ist es wahrscheinlich, dass sich bei zunehmender Verschuldung nicht nur das Risiko für die Unternehmung, also auch für die Gesellschafter erhöht, sondern auch die eher **langfristig orientierte Steigerung des Shareholder Value vereitelt** wird.

---

[848] SCHELD, G. A.: Operatives, a. a. O., S. 215.

[849] Ebenda, S. 215.

[850] Vgl. zu dieser Thematik das sogenannte Principal-Agent-Problem. Es wird u. a. ausführlich bei WÖRDENWEBER, M.: Unternehmensplanung, a. a. O., S. 85–86 diskutiert.

Auch dieser Punkt zeigt, dass die **Eigenkapitalrentabilität als Kennzahl zur Steuerung des Unternehmens überschätzt** wird. „Nur der naive bzw. unbelehrbare Investor wird behaupten wollen, dass dasjenige Unternehmen, das langfristig wirtschaftlich erfolgreichere sei, welches die höchste Eigenkapitalrendite eines Geschäftsjahres aufweise.[851]

Schon die Grundformel (Darst. 2.623) zeigt, dass eine **Verbesserung der Eigenkapitalrentabilität** einerseits sowohl über externe (umsatzsteigernde) als auch interne (kostensparende) Anstrengungen mit dem Ziel der Verbesserung des Gewinns und andererseits ceteris paribus über eine Reduzierung des eingesetzten Kapitals möglich ist.

Eigenkapitalrentabilität als Spitzenkennzahl

Ausgehend von der Grundformel (Darst. 2.623) lässt sich die Eigenkapitalrentabilität rechnerisch **in weitere Komponenten aufspalten**. Diese geben detaillierter über die Ursachen des Zustandekommens und die Veränderung der Rentabilität Auskunft. Im Folgenden wird das **Drei-Komponenten-Modell** kurz vorgestellt.[852]

Umsatzrendite • Umschlagshäufigkeit des Kapitals • Kapitalstruktur

$$\frac{\text{Gewinn}}{\text{Umsatz}} \cdot \frac{\text{Umsatz}}{\text{Gesamtkapital}} \cdot \frac{\text{Gesamtkapital}}{\text{Eigenkapital}}$$

Darst. 2.631: Drei-Komponenten-Modell zur Aufspaltung der Eigenkapitalrentabilität

Die erste Komponente stellt die **Umsatzrendite**, die zweite die **Umschlagshäufigkeit des Kapitals/Kapitalumschlag** und die dritte die **Kapitalstruktur** dar. Die Verbesserung jeder einzelnen Komponente führt ceteris paribus zu einer Verbesserung der Eigenkapitalrentabilität.

[851] SCHELD, G. A.: Operatives, a. a. O., S. 215.

[852] Hinsichtlich des Fünf-Komponenten-Modells wird auf die Fachliteratur (z. B. BERNDT, TH., JENNY, G.: Gewinn oder nicht Gewinn? – Bedeutung des Other Comprehensive Income bei der Bestimmung der Eigenkapitalrentabilität, in: Betriebs Berater, 2006, H. 40, S. 2181f.) verwiesen.

Die Umsatzrendite[853] drückt die Profitabilität des Unternehmens aus, die Umschlagshäufigkeit[854] gilt als Maßstab für die Effizienz des eingesetzten Kapitals, während die Kapitalstruktur als Indikator für den Anteil der innenfinanzierten Vermögensgegenstände (da Vermögen = Kapital) angesehen werden kann. Die Kapitalstruktur ist als Umkehrgröße (Eigenkapitalquote)[855] gleichzeitig Ausdruck der Bonität (Solvenz) eines Unternehmens. Die einzelnen Komponenten können im Zähler und Nenner – ähnlich den Kennzahlensystemen – weiter aufgeschlüsselt werden, um weitere „Stellschrauben", letztendlich für die Änderung der Eigenkapitalrentabilität erkennen zu können.

2.6.3 Bilanzstrukturanalyse

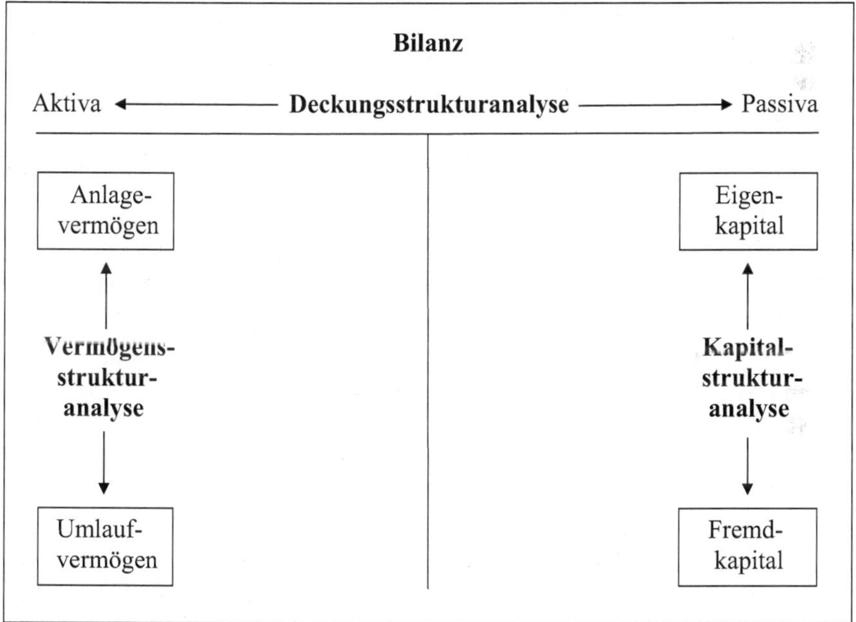

Darst. 2.632: Bilanzstrukturanalyse

[853] Vgl. hierzu die Ausführungen in Unterabschnitt 2.4.9 „Umsatzerlöserendite/Umsatzrendite/Leistungsrendite".

[854] Vgl. hierzu die Erläuterungen in Unter-Unterabschnitt 2.4.22.7 „Disposition und Lagerung als Teilfunktionen der Distributionslogistik".

[855] Näheres zu dieser Kennzahl findet sich in Paragraf 2.6.3.1.1 „Eigenkapitalquote".

Zweck der Bilanzstrukturanalyse im Unternehmen ist einerseits die Abstimmung von Finanzierung und Investition im Hinblick auf Risiko und Rentabilität, sowie die Überprüfung der Fristenkongruenzen der beschafften und in Vermögenswerten gebundenen liquiden Mittel. Gleichzeitig soll die Solidität der Finanzierung, insb. die Kreditwürdigkeit des Unternehmens betrachtet werden.[856]

Unterteilen lässt sich die Bilanzstrukturanalyse in die **Kapitalstrukturanalyse**, bei der die Passivseite, also Eigenkapital und Fremdkapital betrachtet wird, die **Vermögensstrukturanalyse**, bei der die Aktivseite der Bilanz betrachtet wird und die **Deckungsstrukturanalyse**, die die bilanzseitenübergreifenden Kennzahlen umfasst.

Die Themen Kapitalstrukturanalyse und Deckungsstrukturanalyse werden in den Unter-Unterabschnitten 2.6.3.1 und 2.6.3.2 näher erläutert. Auf die Vermögensstrukturanalyse wird nicht näher eingegangen, da sie keine Kennzahlen umfasst, die dem Funktionsbereich Finanzierung zuzuordnen sind.[857]

2.6.3.1 Kapitalstrukturanalyse

In erster Linie untersucht die Kapitalstrukturanalyse den **Verschuldungsspielraum** und den **Umfang der finanziellen Absicherung durch Eigenkapital**. In der Literatur wird sie gelegentlich auch als **Finanzierungsanalyse** bezeichnet, da sie Auskunft über die Kapitalquellen nach Art und Fristigkeit gibt und wichtige Informationen über den Aufbau der Kapitalseite liefert, um Aussagen über die finanzielle Stabilität des Unternehmens treffen zu können. Diese Analyse der Mittelherkunft ist hilfreich bei der Urteilsbildung über zukünftige Verschuldungsspielräume bzw. über die Notwendigkeit einer Eigenkapitalerhöhung.[858]

Zu den Kennzahlen der Kapitalstrukturanalyse gehören im Hinblick auf den Funktionsbereich Finanzierung die Kennzahlen Eigenkapitalquote, Fremdkapitalquote und statischer Verschuldungsgrad, die im Folgenden näher erläutert werden.

[856] Vgl. GUSERL, R., PERNSTEINER, H. (Hrsg.): Finanzmanagement in der Praxis, 2. Aufl., Wiesbaden 2015, S. 205.

[857] Die Vermögensstrukturanalyse wurde bereits im Band 1im Rahmen der gesamtbetrieblichen Kennzahlenanalyse vorgestellt. Vgl. WÖRDENWEBER, M.: Operatives Controlling – Band 1, a. a. O., S. 448–469.

[858] Vgl. SCHELD, G. A.: Operatives, a. a. O., S. 293–295.

2.6.3.1.1 Eigenkapitalquote

Die Eigenkapitalquote gibt an, wie viel Prozent des Gesamtkapitals von den Eigentümern zur Verfügung gestellt wird, bzw. **mit welchem Anteil sich die Eigentümer selbst an der Finanzierung und am Insolvenzrisiko des Unternehmens beteiligen**. Sie ist eine der **wichtigsten Kennzahlen** im Rahmen eines **Bonität-Ratings**.[859] Die Eigenkapitalquote gehört laut dem Bundesverband Deutscher Unternehmensberater BDU e. V. zu den wichtigsten Kennzahlen und sollte im Rahmen der Unternehmensplanung regelmäßig geplant und kontrolliert werden.[860]

$$\frac{\text{Eigenkapital}}{\text{Gesamtkapital}} \cdot 100$$

Darst. 2.633: Eigenkapitalquote

Eine hohe Eigenkapitalquote deutet darauf hin, dass ein Unternehmen maßgeblich auf die Finanzierung durch Eigenkapitalgeber setzt. Je höher der Kennzahlenwert, desto solider finanziert gilt das Unternehmen. Die Kennzahl repräsentiert in diesem Sinn die **finanzielle Stabilität** und **Unabhängigkeit des Unternehmens von Fremdkapitalgebern**. Gleichermaßen drückt sie auch die Fähigkeit finanzielle Risiken aufzufangen aus.[861]

Für eine möglichst hohe Eigenkapitalquote sprechen vier Gründe:

1. Das Unternehmen ist **unabhängig von Fremdkapitalgebern**, was zur Folge hat, dass die Dispositionsfreiheit der Geschäftsleitung zunimmt.[862]

2. In Bezug auf die Kapitalverzinsung ist das Unternehmen **bei der Eigenkapitalverzinsung flexibler** als bei der Verzinsung des Fremdkapitals, da Eigenkapitalgeber im Unterschied zu den Fremdkapitalgebern kein Anrecht auf feste Gewinn- oder Dividendenzahlungen besitzen. Gläubiger haben einen juristisch durchsetzbaren Anspruch auf Zins- und Tilgungszahlungen, selbst dann, wenn kein Gewinn erwirtschaftet wird.

[859] Vgl. SCHELD, G. A.: Operatives, a. a. O., S. 313.
[860] Vgl. BDU: a. a. O., S. 21.
[861] Vgl. KRAUSE, H.-U., ARORA, D.: a. a. O., S. 98.
[862] Vgl. ebenda, S. 99.

Diese konstante Liquiditätsbelastung kann liquiditätsbedrohend sein und gerade bei Liquiditätsschwierigkeiten auch die Existenz des Unternehmens gefährden.[863]

3. Das **Insolvenzrisiko** infolge einer Überschuldung wird **verringert**, da sich mit steigendem Eigenkapitalanteil die Haftungssubstanz vergrößert, die von den Eigenkapitalgebern nicht zurückgegeben werden kann.[864]

4. Eine solide Eigenkapitalausstattung bietet in den Augen der Fremdkapitalgeber, insbesondere der Kreditinstitute, eine gute **Grundlage für neue Kreditaufnahmen**, da eine wesentliche Bestimmungsgröße zur Beurteilung der Höhe der Kreditlinie das vorhandene Eigenkapital mit seiner Haftungs- und Verlustfunktion ist.[865]

Die Höhe der Eigenkapitalquote ist **branchen- und rechtsformabhängig**. Eine allgemeine betriebswirtschaftlich begründete Normhöhe kann deshalb nicht vorgegeben werden. Teilweise liegen die geforderten Eigenkapitalquoten bei 25 % oder auch 33,3 %.[866]

Die Eigenkapitalquote zeigt außerdem rechnerisch den **prozentualen Vermögensanteil, auf den die Gesellschafter einen Anspruch haben**. Bei einer Eigenkapitalquote von beispielsweise 40 % und einem Gesamtvermögen von 600 Millionen Euro besitzen die Anteilseigner im Falle der Liquidation des Unternehmens zu Buchwerten einen Anspruch auf 240 Millionen Euro.[867]

Der tatsächliche Wert der Haftungssubstanz wird in der Regel nicht durch das ausgewiesene Eigenkapital widergespiegelt. Zu berücksichtigen sind zudem die stillen Reserven, die durch nicht bilanzierungsnotwendige oder -fähige Wertsteigerungen der Aktiva zustande kommen. Der Marktwert des Eigenkapitals kann somit deutlich höher sein und das Unternehmen somit auch eine faktisch größere Eigenkapitalquote besitzen.[868]

Insbesondere bei **Unternehmensgründungen** ist zu beachten: Unter 20 % sollte der Anteil des Eigenkapitals am Gesamtkapital möglichst nicht liegen, eher höher. Bei vielen **öffentlichen Förderprogrammen** ist eine Quote von mindestens 15 % vorgeschrieben. Der potenzielle Existenzgründer sollte sich daher intensiv mit sämtlichen Möglichkeiten der Eigenkapitalbeschaffung auseinandersetzen.

---

[863] Vgl. SCHELD, G. A.: Operatives, a. a. O., S. 314–317.

[864] Vgl. KRAUSE,H.-U., ARORA, D.: a. a. O., S. 99.

[865] Vgl. SCHELD, G. A.: Operatives, a. a. O., S. 316.

[866] Vgl. KRAUSE, H.-U., ARORA, D.: a. a. O., S. 98.

[867] Vgl. ebenda, S. 100.

[868] Vgl. ebenda.

2.6.3.1.2 Fremdkapitalquote

Die Fremdkapitalquote gibt an, **mit welchem Prozentsatz das Fremdkapital an der gesamten Finanzierung** (Gesamtkapitel = Mittelherkunft) des Unternehmens **beteiligt ist**. Sie ist das Komplement zur Eigenkapitalquote, da sich beide zu 100 % ergänzen.

$$\frac{\text{Fremdkapital}}{\text{Gesamtkapital}} \cdot 100$$

Darst. 2.634: Fremdkapitalquote

Dass der Zinsaufwand des Fremdkapitals häufig niedriger ist als der Nutzen daraus, spricht für eine Erhöhung der Fremdkapitalquote. Sie kann zudem zu einer Erhöhung der Eigenkapitalrentabilität durch den sogenannten Leverage-Effekt, der in Unter-Unterabschnitt 2.6.2.2 „Gesamtkapitalrentabilität" näher erläutert wurde, führen.

Ein weiteres Argument für die Ausweitung des Fremdkapitalanteils ist, dass die **Selbstfinanzierung bei Kapitalgesellschaften aufgrund der hohen steuerlichen Belastung durch die Körperschaftssteuer** als sehr teuer gilt. Die **Fremdkapitalzinsen** stellen dagegen einen **Aufwand** dar, **der den steuer- und handelsrechtlichen Gewinn mindert**.[869]

2.6.3.1.3 Statischer Verschuldungsgrad

Der statische Verschuldungsgrad gibt an, wie sich Fremdkapital und Eigenkapital zueinander verhalten. Nach dem Bundesverband Deutscher Unternehmensberater BDU e. V. gehört der Verschuldungsgrad zu den wichtigsten Kennzahlen, die im Rahmen der Unternehmungsplanung regelmäßig geplant und kontrolliert werden sollten.[870]

Die Kennzahl wird häufig in der Kreditpraxis verwendet und ist Indikator für Finanzierungsrisiko und Insolvenzgefahr.[871]

---

[869] Vgl. SCHELD, G. A.: Operatives, a. a. O., S. 318.

[870] Vgl. BDU: a. a. O., S. 21.

[871] Vgl. SCHELD, G. A.: Operatives, a. a. O., S. 317.

$$\frac{\text{Fremdkapital}}{\text{Eigenkapital}} \cdot 100$$

Darst. 2.635: Statischer Verschuldungsgrad

2.6.3.2 Deckungsstrukturanalyse

Die Deckungsstrukturanalyse dient der **Beurteilung der finanziellen Stabilität und Liquidität** des Unternehmens. Analysiert wird die Deckung des im Unternehmen vorhandenen fristenbezogenen Vermögens durch das zugeführte, entsprechend gegliederte Kapital. Sinn ist es **Aussagen über die zukünftige Zahlungsfähigkeit** sowie die **Fristenkongruenz** (fristenkongruente Finanzierung) im Unternehmen zu treffen. Eine direkte Beziehung zwischen speziellen Vermögens- und Kapitalpositionen liegt, obwohl die konventionellen Deckungsstrukturregeln solche Deckungsverhältnisse herstellen, grundsätzlich nicht vor.[872]

Zur Deckungsstrukturanalyse des Funktionsbereichs Finanzierung gehören die Anlagendeckungsgrade sowie die Liquiditätsgrade, die im Folgenden näher beschrieben werden.

2.6.3.2.1 Anlagendeckungsgrade

Die Anlagendeckungsgrade sollen Aufschluss über die **(langfristige) Kapitalverwendung** im Unternehmen geben. Genauer gesagt darüber, **inwieweit das Anlagevermögen**, das dem Unternehmen ja langfristig dient, **durch Eigenkapital gedeckt ist**.[873]

Von der Regel zur Abgrenzung der Funktionsbereiche in Unterabschnitt 3.2.1 von Band 1 „Vorbemerkungen“, die besagt, dass der Nenner der Kennzahl die Zuordnung zum jeweiligen Funktionsbereich bestimmt, muss im Falle der Anlagendeckungsgrade abgewichen werden, da die Anlagendeckungsgrade die Finanzierung des Anlagevermögens analysieren und sich hieraus die goldene Bilanzregel ableitet, die wiederum eine Kapitalgröße als Nenner aufweist.

[872] Vgl. ebenda, S. 323.

[873] Vgl. OSSOLA-HARING, C.: Handbuch Kennzahlen zur Unternehmensführung: Kennzahlen richtig verstehen, verknüpfen und interpretieren, 3. Aufl., Landsberg am Lech 2006, S. 11.

Die Anlagendeckungsgrade werden in der Literatur in der Regel in zwei Abstufungen unterteilt.

$$\frac{\text{Eigenkapital}}{\text{Anlagevermögen}} \cdot 100$$

Darst. 2.636: Anlagendeckungsgrad I

Der **Anlagendeckungsgrad I** gibt Aufschluss darüber, **wie viel Prozent des Anlagevermögens durch Eigenkapital finanziert** ist. Je höher die Deckung des Anlagevermögens durch Eigenkapital, desto eher kann ein Kreditgeber im Falle einer Liquidation mit der Rückzahlung des geliehenen Geldes rechnen.[874]

$$\frac{\text{Eigenkapital + langfristiges Fremdkapital}}{\text{Anlagevermögen}} \cdot 100$$

Darst. 2.637: Anlagendeckungsgrad II

Der **Anlagendeckungsgrad II** zeigt hingegen, **wie viel Prozent des Anlagevermögens durch Eigenkapital und langfristiges Fremdkapital finanziert** ist.

Beide Kennzahlen sollten **nicht unter 100 %** liegen, da dies bedeutet, dass das Anlagevermögen bei Anlagendeckungsgrad I teilweise durch Fremdkapital, bei Anlagendeckungsgrad II sogar durch kurzfristiges Fremdkapital finanziert wurde. Es könnte in dem Fall sein, dass während der Nutzung der dauerhaft benötigten Vermögensgegenstände eine Anschlussfinanzierung notwendig ist, die unter Umständen nur zu einem höheren Zins möglich ist und somit Liquiditätsengpässe mit sich bringen kann. Falls keine neuen Finanzierungsmittel herbeigeführt werden können, müssen im Extremfall sogar kurz liquidierbare Vermögensgegenstände, unter Umständen mit erheblichen finanziellen Verlusten, veräußert werden, um Zahlungsverbindlichkeiten auszugleichen.[875]

---

[874] Vgl. SCHELD, G. A.: Operatives, a. a. O., S. 324.

[875] Vgl. KRAUSE, H.-U., ARORA, D., a. a. O., S. 93.

Aus den Anlagendeckungsgraden lassen sich verschiedene **Finanzierungsregeln** ableiten. Zunächst soll die goldene Bilanzregel betrachtet werden:

Die **Goldene Bilanzregel** gehört zu den Grundsätzen, die für eine erfolgreiche Unternehmensführung eingehalten werden sollten.

$$\frac{\text{Anlagevermögen}}{\text{Eigenkapital}} \leq 1$$

Darst. 2.638: Goldene Bilanzregel i. e. S.

Die **Goldene Bilanzregel im engeren Sinne** besagt, dass **langfristiges Anlagevermögen durch das Eigenkapital gedeckt** sein sollte.

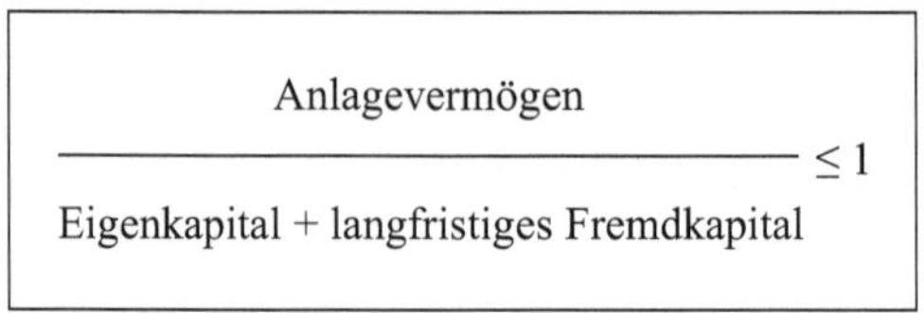

Darst. 2.639: Goldene Bilanzregel im weiteren Sinne

Bei der **Goldenen Bilanzregel im weiteren Sinne** wird gefordert, dass **das Anlagevermögen zu mindestens 100 % durch Eigenkapital und langfristiges Fremdkapital finanziert** sein sollte. Die Gründe hierfür wurden bereits bei den Deckungsgraden erläutert.

Ein wichtiges Augenmerk sollte auf die Einhaltung des Grundsatzes der Fristenkongruenzen gelegt werden, die besagt, dass die **Kapitalüberlassungsdauer und die Kapitalbindungsdauer übereinstimmen** sollten. Dieser Grundsatz wird auch als die **Goldenen Finanzierungsregeln** bezeichnet.

$$\frac{\text{Kurzfristiges Vermögen}}{\text{Kurzfristiges Kapital}} \geq 1$$

$$\frac{\text{Langfristiges Vermögen}}{\text{Langfristiges Kapital}} \geq 1$$

Darst. 2.640: Goldene Finanzierungsregeln

Kapital sollte zeitlich nicht länger in Vermögensteilen gebunden sein, als die Dauer der jeweiligen Kapitalüberlassung beträgt.

Die Einhaltung der goldenen Finanzierungsregeln soll im Unternehmen langfristig die fristgerechte Erfüllbarkeit der Zahlungsverpflichtungen gewährleisten und somit eine Aufrechterhaltung der Liquidität garantieren.[876]

2.6.3.2.2 Liquiditätsgrade

Die Abstufung in mehrere Liquiditätsgrade erfolgt sowohl in der Praxis als auch in der Literatur nicht einheitlich. Meist werden drei Grade unterschieden, es gibt jedoch auch gröbere bzw. feinere Abstufungen.

In dieser Abhandlung soll auf die Unterteilung in drei Liquiditätsgrade eingegangen werden, da diese am meisten vertreten ist. Sie unterscheiden sich formal nur hinsichtlich des Zählers je nach Umfang der betrachteten Positionen des Umlaufvermögens.

Die Liquiditätsgrade zählen zu den **kurzfristigen Deckungsgraden**. Es werden **verschiedene Teile des Umlaufvermögens den kurzfristigen Verbindlichkeiten gegenübergestellt**, um **Aussagen über die Zahlungsfähigkeit des Unternehmens**, bzw. in welcher Weise kurzfristige Verbindlichkeiten durch Liquidität gedeckt sind, zu machen. Konkret kann mit Hilfe der Liquiditätsgrade festgestellt werden, zu wie viel Prozent die kurzfristigen Schulden durch liquide Mittel, durch das monetäre Umlaufvermögen oder das Umlaufvermögen insgesamt bezahlt werden können (gedeckt sind).

[876] Vgl. PERRIDON, L., STEINER, M., RATHGEBER, A.: Finanzwirtschaft der Unternehmung, 17. Aufl., München 2017, S. 655.

Generell lässt sich bei allen drei Liquiditätsgraden die Aussage treffen, dass eine **hohe Prozentzahl auch eine hohe Liquidität widerspiegelt**. „Neben die unabdingbare Notwendigkeit der jederzeitigen Zahlungsfähigkeit tritt das Kriterium der Wirtschaftlichkeit in dem Sinne, dass **hohe Zahlungsmittelbestände jedoch nur gering verzinslich** sind. Unternehmensintern ist durch eine detaillierte Finanz- und Liquiditätsplanung sicherzustellen, dass die Zahlungsfähigkeit tagesgenau je nach Ein- und Auszahlungen gewährleistet ist. Alle überschüssigen Beträge sollten vorzugsweise in höherverzinslichen kurzfristigen Alternativen innerhalb oder außerhalb des Unternehmens Anlage finden.“[877]

Liquidität 1. Grades

Die Liquidität 1. Grades stellt die **kurzfristigen Zahlungsverpflichtungen** den **flüssigen Mitteln** auf Basis einer stichtagsbezogenen Analyse gegenüber. Unter Zahlungsmittel wird hier das Kassen- und Bankguthaben zusammengefasst.

Es sei darauf hingewiesen, dass sich der Begriff der „flüssigen Mittel“ hier von dem, wie er in der Finanzierung verwendet wird, unterscheidet. Während bei den Liquiditätsgraden nur das Kontokorrentguthaben und der Kassenbestand gezählt werden, umfassen die flüssigen Mittel in der Finanzierung auch den nicht ausgenutzte Kreditrahmen, da letzterer bei Liquiditätsengpässen genutzt werden kann.

$$\text{Liquidität 1. Grades} = \frac{\text{Zahlungsmittelbestand}}{\text{Kurzfristiges Fremdkapital}} \cdot 100$$

Darst. 2.641: Liquidität 1. Grades

Allgemein lässt sich sagen, dass **je höher der Prozentsatz der Kennzahl, desto höher ist auch die Liquidität des Unternehmens**.

Sowohl in der Literatur wie auch in der Praxis gehen die Ansichten dahingehend auseinander, wie hoch die Ausprägung dieser Kennzahl sein sollte. In einigen Fällen wird vorgeschlagen, dass die Kennzahl die Schwelle von 100 % nicht unterschreiten sollte, da die kurzfristigen Verbindlichkeiten dann nicht mehr komplett mit Zahlungsmitteln gedeckt

[877] Vgl. KRAUSE, H.-U., ARORA, D., a. a. O., S. 59.

sind. In der Praxis liegt der Wert der Liquidität 1. Grades aus Gründen der Rentabilität allerdings oft eher niedriger. Liegt der Wert unter der 100 %-Schwelle, wird davon ausgegangen, dass das Unternehmen kurzfristig auf weitere Bankkredite zurückgreifen kann.[878] Andere Autoren geben einen Wert von ≥ 20 % an. Dieser erscheint zu gering, da die kurzfristigen Verbindlichkeiten kurzfristig nicht zurückgezahlt werden können – es sei denn, dass Unternehmen verfügt über einen nicht ausgeschöpften Kreditrahmen, der jedoch aus der Bilanz nicht ersichtlich ist. Hier wird von einer **realistischen Spannweite zwischen 50 und 90 %** ausgegangen.

Liquidität 2. Grades

Die Kennzahl Liquidität 2. Grades nimmt stichtagsbezogen eine Gegenüberstellung von **kurzfristigen Verbindlichkeiten** und dem **monetären Umlaufvermögen**, also dem Umlaufvermögen abzüglich der Vorräte und der sonstigen Vermögensgegenstände, vor.

$$\text{Liquidität 2. Grades} = \frac{\text{Monetäres Umlaufvermögen}}{\text{Kurzfristiges Fremdkapital}} \cdot 100$$

Darst. 2.642: Liquidität 2. Grades

Das monetäre Umlaufvermögen entspricht dem Umlaufvermögen ohne Lager. Es setzt sich aus den Forderungen und sonstigen Vermögensgegenständen, den flüssigen Mitteln, der Wertpapieren (im Umlaufvermögen) und den aktivischen Rechnungsabgrenzungsposten (ohne Disagio) zusammen.

Auch bei der Liquidität 2. Grades klaffen die Empfehlungen weit auseinander. So soll auch bei diesem Liquiditätsgrad die Prozentzahl nicht unter 100 % liegen. Als praxistauglich erscheint eine Range zwischen 90 und 110 %.

[878] Vgl. KRAUSE, H.-U., ARORA, D., a. a. O., S. 59.

Liquidität 3. Grades

Bei der Kennzahl Liquidität 3. Grades erfolgt eine stichtagsbezogene Gegenüberstellung von **kurzfristigen Zahlungsverpflichtungen** und dem **(kurzfristigen) Umlaufvermögen**. Das kurzfristige Umlaufvermögen umfasst das Umlaufvermögen abzüglich der Teile, die, soweit ersichtlich, nicht innerhalb eines Jahres liquidiert werden können, sowie Vorräte, die durch Kundenzahlungen gedeckt sind.[879]

$$\text{Liquidität 3. Grades} = \frac{\text{Umlaufvermögen}}{\text{Kurzfristiges Fremdkapital}} \cdot 100$$

Darst. 2.643: Liquidität 3. Grades

Auch bei diesem Liquiditätsgrad sind unterschiedliche Aussagen über die empfohlene Ausprägung zu finden. So findet sich einmal die Forderung eines Wertes von 200 %. Auch Zahlenwerte zwischen 100 und 200 % sollen ausreichend sein. Hier soll einem praxisnahen Wert von 130 bis 170 % der Vorzug gegeben werden.

Abschließend soll eine Wertung dahingehend vorgenommen werden, ob und wie diese stichtagsbezogenen Kennzahlen „gestaltbar" sind und wie hoch die Aussagekraft der vorstehenden Kennzahlen generell ist.

„Insbesondere bei einer Analyse durch Außenstehende auf der Basis von Jahresabschlussdaten sind diese Kennzahlen nur sehr **begrenzt aussagefähig, da der Bilanzstichtag in der Regel schon längere Zeit zurück liegt** und sich inzwischen die entsprechenden Kapital- und Vermögenspositionen deutlich verändert haben können."[880] Dies bedeutet, dass schon einen Tag nach dem Bilanzstichtag starke Veränderungen bei den Liquiditätsgraden möglich sind, beispielsweise dann, wenn zu Beginn des Jahres die gesamten Versicherungsprämien für das Jahr gezahlt werden müssen, oder zum Ende des Wirtschaftsjahres noch eine große Zahlung eines Kunden eingeht.

[879] Vgl. PERRIDON, L., STEINER, M., RATHGEBER, A.: a. a. O., S. 657.

[880] KRAUSE, H.-U., ARORA, D., a. a. O., S. 59.

Um den Bilanzstichtag herum sind auch gezielte **Gestaltungsmöglichkeiten** seitens des Managements denkbar. Etwa, wenn massiv Retouren von Kunden zum Jahresende eingelagert werden, die Gutschrift aber erst nach einer zeitaufwändigen Inspektion im nächsten Jahr erstellt werden kann. Auch Ware „auf hoher See“ kann je nach Ausgestaltung der INCO-Terms zu einer Verzerrung der Liquiditätskennzahlen führen.

Ein weiterer Kritikpunkt bezieht sich auf die **nicht bilanzwirksamen Vorgänge**, wie diese beispielsweise im Zuge der Bankenkrise aufgedeckt wurden. Darunter fallen u. a. Optionsgeschäfte, die oftmals den Charakter von Wetten haben. Diese weisen in der Regel einen großen „Hebel“ auf, der zu enormen Gewinnen, aber auch zu extremen Verlusten führen kann. Auch andere nicht bilanzierte Belastungen, gleich ob tatsächlich oder potenziell eintretend, wie Bürgschaften etc. können der Bilanz nicht (direkt) entnommen werden, wodurch die Liquiditätsgrade nicht mehr sinngemäß (s. o.) interpretiert werden können.

Zuletzt ist ein Hinweis auf den **statischen** Charakter dieser Kennzahlen zu geben: Im Gegensatz zu dynamischen Kennzahlen ist hier keine Tendenz zu erkennen.

Insofern ist allenfalls in der langfristigen Analyse erkennbar, ob es sich um strukturelle Probleme des Unternehmens handelt, die (ggf.) zu angespannten Liquiditäten führen. Kann aber erst langfristig eine Einschätzung vorgenommen werden, ist eine Erstellung dieser (kurzfristigen) Liquiditätsgrade nahezu sinnlos.

Wie bei allen Kennzahlen ist eine vergleichende Bewertung mittels Benchmarkings denkbar. Angesichts der gravierenden Kritik an den Liquiditätsgraden soll hier auf eine weitergehende Vertiefung in Bezug auf ein Benchmarking verzichtet werden.

2.6.4 Zahlungszielabweichung

Im Unterabschnitt 2.4.18 wurde das Thema „Forderungslaufzeit“ ausführlich diskutiert. Da die Verantwortung für die Forderungsdauer in erster Linie im Vertriebsbereich liegt und der Nenner der Kennzahl „Forderungsdauer“ die Umsatzerlöse bzw. bei geschäftstypischer Betrachtung der Umsatz ist, wurde dieser Punkt im Marketing-Controlling behandelt. Die Kennzahl „**Zahlungszielabweichung**“ hingegen wird im Bereich Finanz-Controlling behandelt, da der Vertrieb die Zahlungsbedingungen bereits ausgehandelt hat und jetzt das Debitorenmanagement die weitere Betreuung der Kunden übernimmt.

Die Forderungsdauer wurde definiert als der Zeitraum zwischen Forderungsentstehung und Zahlungseingang. Diese Zeitspanne kann in die zwei Zeitabschnitte „Netto-Zahlungsziel" und „Zahlungszielabweichung" zerlegt werden. Die Zahlungszielabweichung kann **positiv** oder **negativ** sein:

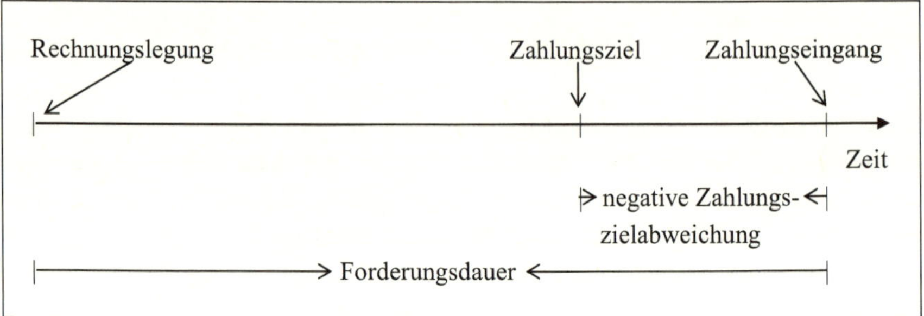

Darst. 2.644: Forderungsdauer, Zahlungsziel und negative Zahlungszielabweichung

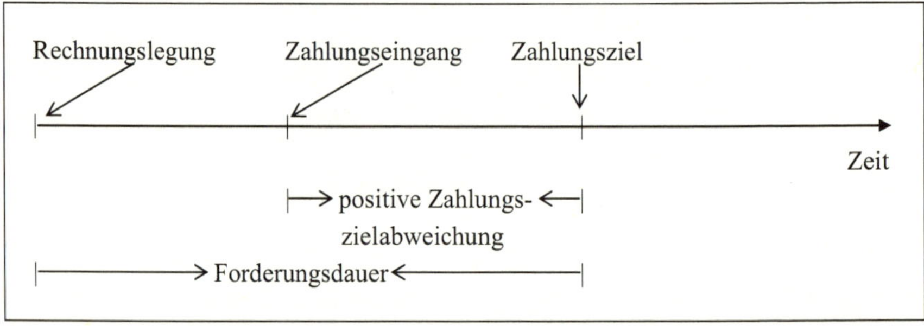

Darst. 2.645: Forderungsdauer, Zahlungsziel und positive Zahlungszielabweichung

Eine **positive Zahlungszielabweichung** besagt, dass der Kunde die Verbindlichkeit *vor* Erreichen des Netto-Zahlungsziels zurückgeführt hat. Eine **negative Zahlungszielabweichung** liegt dann vor, wenn der Debitor die Rechnung erst *nach* Überschreiten des Zahlungsziels beglichen hat.

Die Zahlungszielabweichung kann **aggregiert über alle Kunden** als Summe aller positiven abzüglich der Summe aller negativen Abweichungen der Zahlungen vom Netto-Zahlungsziel berechnet werden. Diese Kennzahl ist weit weniger sinnvoll als die kundenspezifische Zahlungszielabweichung, da

- erstere nur Aussagen über die Gesamtheit aller Kunden zulässt (beispielsweise: Der durchschnittliche Kunde zahlt seine Rechnung fünf Tage nach Ablauf des Netto-Zahlungsziels) und somit konkrete, gezielt einzelkundenbezogene (Gegen-)Maßnahmen nicht möglich sind,
- sich die positiven und negativen Zahlungsabweichungen saldieren und
- über den tatsächlichen Zahlungsmittelausfall nur Mutmaßungen angestellt werden können, da die Rechnungssummen in die Betrachtung nicht einfließen.

Die **kundenspezifische Zahlungszielabweichung** hingegen ermöglicht dem Debitorenmanagement einen direkten Einsatz der (negativen) Zahlungszielabweichung im Mahnwesen. Bei Erreichen betriebsindividuell festgelegter Zahlungszielabweichungen werden entsprechende Mahnungen an den Kunden postalisch oder elektronisch übermittelt. In der Praxis sind bei einem gut organsierten, straffen Mahnwesen beispielsweise folgende Mahnstufen anzutreffen:

Überschreitung des Zahlungsziels (Tage)	Mahnung Nr.	Inhalt
10	1	Erinnerung mit Fristsetzung
24	2	Mahnung mit Mahngebühren und erneuter Fristsetzung
36	3	„Letzte außergerichtliche Mahnung“ mit erhöhten Mahngebühren, Androhung gerichtlicher Maßnahmen oder Inkasso und erneuter Fristsetzung

Darst. 2.646: Negative Zahlungszielabweichungen und Mahnstufen

Die Zeiträume zwischen dem Nettozahlungsziel und den einzelnen Mahnstufen differieren hinsichtlich der Produkte/Produktgruppen, Branchen und Vertriebswege (z. B. stationär, Internet). Sie sollten sorgfältig überlegt und mit dem Vertrieb abgestimmt werden. Durch ein zu restriktives Mahnverhalten können Kunden von weiteren Käufen abgehalten werden. Bei extrem negativen Zahlungszielabweichungen ist denkbar, dass der Kunde so hohe Kosten (Zinsaufwand, Mahnkosten einschl. Personalaufwand) verursacht hat, dass der kundenspezifische Deckungsbeitrag[881] negativ ist. Dann ist es besser, sich von solchen

[881] Vgl. Unterabschnitt 2.4.12 „Umsatz je Kunde, Auftragswert, Kundenbedeutungsgrad, kundenbezogene Deckungsbeitragsrechnung und dynamische Kundenerfolgsrechnung“.

Kunden zu trennen bzw. sie durch hohe Mahngebühren, die dann auch konsequent eingefordert werden, abzuhalten oder schlicht – falls technisch möglich – zu sperren.

Das Mahnverfahren sollte so weit wie möglich automatisiert werden, um insbesondere den Personalaufwand zu minimieren und menschliche Fehler zu vermeiden.

Die Kennzahl „Zahlungszielabweichung" ist in ihrer negativen Variante für ein Unternehmen aus **Kosten-, Finanzierungs-, Risiko- und Absatzgründen bedeutsam**. Sie gibt Auskunft darüber, wie viele Tage der Kunde das Zahlungsziel „überzogen" hat. Sie gibt – wie die Forderungsdauer auch – **Auskunft über das Zahlungsverhalten**/die Zahlungsmoral der Kunden. Als Teil der Forderungslaufzeit ist die negative Zahlungszielabweichung Ursache der **Kapitalbindung.** Verspätete Zahlungseingänge haben zur Konsequenz, dass die vorenthaltenen Mittel nicht angelegt werden können (**Opportunitätskosten**) bzw. über die Bank zwischenfinanziert werden müssen (**Zinsaufwand**). Bei eigener angestrengter Finanzlage und ausgeschöpften Kreditlinien **fehlen** dem Unternehmen **die gebundenen Mittel für die Finanzierung.** Zudem **steigt das Kreditrisiko**, welches das Unternehmen trägt, **je später der Rechnungsausgleich erfolgt**. Das **Risiko** kann **gemindert** werden, **wenn dem Kunden für eine schnellere Zahlung Skonto angeboten wird**. Wie Tabelle 2.1121 jedoch gezeigt hat, ist die Nutzung von **Skonto eine recht teure Zahlungsbedingung**. Je höher der Skontosatz, desto höher ist der Anreiz für den Kunden, die Skontoabzugsmöglichkeit zu nutzen und desto höher ist der Effektivzinssatz.[882] **Weitere Kosten** entstehen durch das **Mahnwesen**, das bei Überschreiten des Zahlungsziels aktiv wird.

In vielen Fällen lässt sich bei einer **Verlängerung der negativen Zahlungszielabweichung** und/oder Liquiditätsengpässen „gegensteuern", beispielsweise durch eine Intensivierung des Mahnwesens[883], das verstärkte Angebot von Skonti, die Nutzung von Factoring (zu Lasten der Rentabilität?), das Anbieten oder Durchsetzen von Lastschriftverfahren sowie durch den verstärkten Einsatz von Electronic Banking. Auf die Problematik der hohen Kosten und die ggf. spätere schwierige Rücknahme von Skontoangeboten wurde schon oben hingewiesen. Auch auf die Gefahr, dass Kunden bei recht straffem Mahnverhalten den Lieferanten wechseln. Grundsätzlich und nach Abwägung aller Vor- und Nachteile ist die negative **Zahlungszielabweichung** jedoch **möglichst gering zu halten**. Bei der negativen Zahlungszielabweichung handelt es damit um ein **Minimierungs-Ziel**. In allen Fällen ist eine Abstimmung mit den betroffenen Abteilungen notwendig.

---

[882] Vgl. hierzu die detaillierten Ausführungen im Unter-Unterabschnitt 2.1.2.3 „Lieferantenkreditdauer".

[883] Im Detail könnten dies sein: Konsequente Berechnung von Mahngebühren und Verzugszinsen, konsequentes Nachfordern von unberechtigtem Skontoabzug, wöchentliches Mahnen bei großem Mahnaufkommen.

Eine **positive Zahlungszielabweichung** ist Kennzeichen einer guten Zahlungsmoral der Kunden und/oder konsequentem Ausnutzen der Skontoabzugsmöglichkeiten. In diesem Fall sollte darüber nachgedacht werden, ob eine **Verkürzung der Zahlungsfristen und/ oder eine Senkung des Skontosatzes** möglich ist. Durch beide Maßnahmen kann die Nutzung des Skontos (Skontoaufwand) verringert werden. In der Praxis ist die Rückführung des Skontosatzes oft mit großen Schwierigkeiten verbunden. Problematisch ist eine Reduzierung des Skontosatzes beispielsweise dann, wenn es sich um Kunden mit enormer Marktmacht handelt. Eine große Rolle spielt auch die Marktposition. Tendenziell ungünstig sind in derartigen Situationen ein Polypol auf Seiten des Lieferanten oder Monopol-/oligopolistische Strukturen auf der Nachfragerseite.

2.6.5 Cashflow

Der Cashflow gibt an, **welchen Mittelzufluss ein Unternehmen in einer Periode aus seiner Geschäftstätigkeit erwirtschaftet hat** und was somit unterjährig für Investitionen (in das Anlage- und Umlaufvermögen), Tilgungszahlungen, Gewinnausschüttungen, Eigenkapital-Rückzahlungen und Aufstockung der Liquiditätsbestände verwendet werden kann. Dieser **Finanzmittelüberschuss** ist eine **Stromgröße**. Sie ist nicht stichtags-, sondern zeitraumbezogen. Sie ist steht auch nicht als konkrete Liquidität (Kassenbestand, Bundesbankguthaben, Guthaben bei Kreditinstituten) zur Verfügung."[884]

Die einfachste Form, den Cashflow zu erklären, ist der Umsatzüberschuss: „... man zieht von dem Geld, das durch die Umsätze in bar (im Sinne von zahlungswirksam) zufließt, dasjenige [Geld, Anm. d. Verf.] ab, das man bar aufbringen musste, um die Umsätze realisieren zu können."[885]

Der Cashflow zeigt, in welchem Maße Finanzmittel aus der unternehmerischen Tätigkeit selbst generiert werden, er hat also hohe Relevanz bei der Beurteilung der Finanz- und Ertragskraft des Unternehmens. Vorteil ist, dass beim Cashflow der Jahresüberschuss „neutralisiert" wird, bilanzpolitische Gestaltungsmöglichkeiten, wie z. B. Abschreibungen und Rückstellungsbildungen werden „rückgängig" gemacht.[886] Der Cashflow stellt damit

[884] Vgl. KRAUSE; H.-U., ARORA, D., a. a. O., S. 74.

[885] ZANTOW, R., DINAUER, J., SCHÄFFLER. C.: Finanzwirtschaft des Unternehmens. Die Grundlagen des modernen Finanzmanagements, 4. Aufl., Hallbergmoos 2016, S. 281.

[886] Vgl. ebenda, S. 74.

eine „stabilere" Kennzahl als der Unternehmenserfolg (Jahresüberschuss oder Jahresfehlbetrag) dar.[887]

Hinsichtlich der Festlegung, was unter dem Cashflow konkret zu verstehen ist, existiert in der Literatur und Praxis – unabhängig vom noch vorzustellenden Berechnungsverfahren – je nach **Ziel der Analyse** eine enorme Spannweite an Möglichkeiten. Insofern ist auch die Zahl der Definitionen *des* Cashflows relativ hoch. Ein Grund dafür sind die beiden divergierenden Ziele:[888]

- Eliminierung von Bewertungserfolgen (Cashflow als Erfolgsindikator: Ertragskraft) und
- Abbilden des Liquidationszuflusses (Cashflow als Finanzindikator: Finanzkraft).

Da „ein zielkonformer Erfolgsindikator … anders zusammengesetzt sein [muss] als ein zielkonformer Finanzierungsindikator"[889], scheitert die Konzeption *einer* umfassenden Definition des Cashflows an der Antinomie beider Ziele. Insofern muss hier der Hinweis erfolgen, dass die Vielfalt der verwendeten Begriffsabgrenzungen dazu führt, dass im Einzelfall stets die exakte Definition des Begriffs „Cashflow" hinterfragt werden muss – selbst bei gleichlautender Bezeichnung.

Unabhängig vom Analyseziel finden sich in der Literatur zwei unterschiedliche Vorschläge, wie der Cashflow zu **berechnen** ist. Es wird je nach Analyse- und Auswertungszweck sowie Sichtweise des Controllers zwischen der **direkten**[890] und der **indirekten**[891] **Ermittlung** des Cashflows unterschieden.

[887] Vgl. GRAUMANN, M.: Controlling. Begriffe, Elemente, Methoden und Schnittstellen, 5. Aufl., Herne 2018, S. 641.

[888] Vgl. PERRIDON, L., STEINER, M., RATHGEBER, A.: a. a. O., S. 666, SCHELD, G. A.: Operatives, a. a. O., S. 269, STEGER, J.: Kennzahlen und Kennzahlensysteme. Mit einem durchgängigen Fallbeispiel und Lösungen, 3. Aufl., Herne 2017, S. 70.

[889] LEFFSON, U.: Bilanzanalyse, 3. Aufl., Stuttgart 1984, S. 165.

[890] Auch als progressive bezeichnet.

[891] Alternativer Begriff: retrograde Ermittlung.

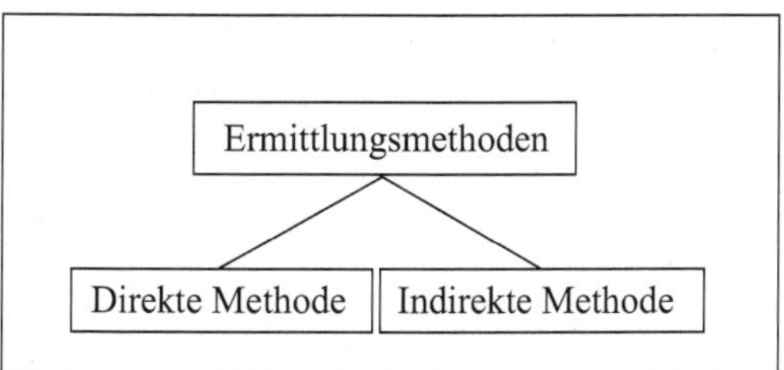

Darst. 2.647: Ermittlungsmethoden des Cashflows

Welches Format vom Analysierenden bevorzugt werden sollte, hängt vom Rechnungslegungszweck ab. Die **direkte Berechnung** empfiehlt sich für kurzfristig interne Liquiditätsplanungen, vor allem bei Sanierungen.[892] Sie ist auch leichter verständlich. Unternehmensinterne Analytiker können aufgrund der ihnen zur Verfügung stehenden Unterlagen exakt feststellen, welche Erträge und Aufwendungen zahlungswirksam bzw. nicht zahlungswirksam sind. Die **indirekte Methode** ist dagegen eher für die Veröffentlichung im Jahresabschluss bzw. für Berechnungen auf der Basis eines Jahresabschlusses zweckmäßiger. Sie wird primär dann eingesetzt, wenn es dem Analytiker nicht alle Informationen aus der Finanzbuchhaltung zugänglich sind. Dies ist die Regel bei einer externen Analyse, auch im Rahmen des Benchmarkings. Beide Methoden führen (bei entsprechendem Informationsstand) zum selben Ergebnis.[893]

Bei **direkter Berechnung** ergibt sich der Cashflow **aus der Liquiditätsrechnung als Differenz zwischen Einzahlungen und Auszahlungen** wie folgt:

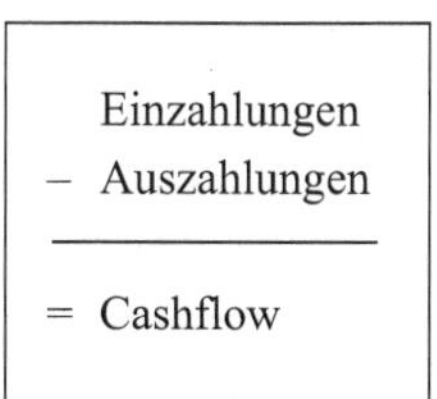

Darst. 2.648: Direkte Ermittlung des Cashflows als Differenz von Einzahlungen und Auszahlungen

[892] SCHELD, G. A.: Operatives, a. a. O., S. 264.

[893] Vgl. KRAUSE, H.-U.: a. a. O., S. 73, WÖLTJE, J.: *Formelsammlung*, a. a. O., S. 216, ZANTOW, R., DINAUER, J., SCHÄFFLER. C.: a. a. O., S. 286.

Der Cashflow könnte auch **aus der Gewinn- und Verlustrechnung (GuV) als Differenz zwischen zahlungswirksamen Erträgen und zahlungswirksamen Aufwendungen** ermittelt werden.

	Finanzwirksame Erträge
–	Finanzwirksame Aufwendungen
=	Cashflow

Darst. 2.469: Direkte Ermittlung des Cashflows als Differenz von finanzwirksamen Erträgen und finanzwirksamen Aufwendungen

Theoretisch ist auch die Ableitung des Cashflows aus der Kosten- und Leistungsrechnung denkbar.[894] Allerdings wird diese Variante von den KMU kaum genutzt.

Die direkte Berechnung des Cashflows aus der laufenden Geschäftstätigkeit, im angelsächsischen Sprachraum auch als **operating cash flow** tituliert, wird wie folgt vorgenommen:

	Einzahlungen von Kunden
–	Auszahlungen an Lieferanten
–	Auszahlungen an Beschäftigte
+	Guthabenzinsen
–	Fremdkapitalzinsen
+	Steuererstattungen
–	Steuerzahlungen
+	sonstige Einzahlungen (keine Investitions- und Finanzierungstätigkeiten)
–	sonstige Auszahlungen (keine Investitions- und Finanzierungstätigkeiten)
	Cashflow aus laufender Geschäftstätigkeit

Darst. 2.650: Direkte Ermittlung des Cashflows aus der laufenden Geschäftstätigkeit

[894] Vgl. BEHRINGER, ST., LÜHN, M.: Cashflow und Unternehmensbeurteilung. Berechnungen und Anwendungsfelder für die Finanzanalyse, 11. Aufl., Berlin 2016, S. 140ff.

Bei der **indirekten Ermittlung** des operativen Cashflows handelt es sich um eine **retrograde Vorgehensweise**: Ausgangspunkt ist der Jahresüberschuss bzw. -fehlbetrag als Saldo aller (zahlungswirksamen und zahlungsunwirksamen) Erträge und Aufwendungen. Er wird durch entsprechende Korrekturen, betreffend die nicht zahlungswirksamen Erträge und Aufwendungen, in die Stromgröße Cashflow überführt.[895]

In der stark vereinfachten Variante wird der Cashflow wie folgt ermittelt:

	Jahresüberschuss/-fehlbetrag
+/–	Abschreibungen/Zuschreibungen
=	Cashflow

Darst. 2.651: Indirekte Ermittlung des Cashflows (einfachste Variante)

Da die vorgenannte Formel in der Bestimmung der zahlungswirksamen Vorgänge sehr ungenau ist, werden bei einer anderen, der sogenannten „Praktikerformel“[896], zusätzlich die Änderungen von langfristigen Rückstellungen berücksichtigt:

	Jahresüberschuss/-fehlbetrag
+/–	Abschreibungen/Zuschreibungen auf das Anlagevermögen
+/–	Erhöhungen/Minderungen von langfristigen Rückstellungen
=	Cashflow

Darst. 2.652: Indirekte Ermittlung des Cashflows (Praktikerformel)

Eine korrekte indirekte Berechnung korrigiert die vorgenannte Praktikerformel um **weitere nicht-zahlungswirksame Erträge und Aufwendungen**. Zudem werden bestimmte Ertrags- und Aufwandsgrößen um **nicht-zahlungswirksame Bestandteile** bereinigt.

[895] Vgl. BAUMÜLLER, J., HARTMANN, A., KREUZER, C.: Integrierte Unternehmensplanung. Grundlagen, Funktionsweise und Umsetzung, 3. Aufl., Wien 2021, S. 55–58.

[896] Vgl. ENDRISS, H. W. (HRSG.): Bilanzbuchhalter-Handbuch. Nachschlagewerk für Weiterbildung und Praxis, 12. Aufl., Herne 2019, S. 751, GRÄFER, H., WENGEL, T.: a. a. O., S. 97.

Damit ergibt sich abschließend folgender Cashflow aus der laufenden Geschäftstätigkeit bei indirekter bzw. retrograder Ermittlung:

	Jahresüberschuss/-fehlbetrag
+/−	Abschreibungen/Zuschreibungen auf das Anlagevermögen
−/+	a. o. Gewinn/Verlust aus der Veräußerung von Anlagevermögen
+	Bildung von Pensionsrückstellungen
−	Pensionszahlungen
−/+	Bestandszunahme/-abnahme von Halb- und Fertigerzeugnissen
−/+	Bestandszunahme/-abnahme der Vorräte von Roh-, Hilfs- und Betriebsstoffen
−/+	Bestandszunahme/-abnahme von Forderungen aus Lieferungen und Leistungen
+/−	Bestandszunahme/-abnahme von Verbindlichkeiten aus Lieferungen und Leistungen
=	Cashflow aus laufender Geschäftstätigkeit (Umsatzerlöseüberschuss)

Darst. 2.653: Indirekte (bzw. retrograde) Berechnung des Cashflows aus der laufenden Geschäftstätigkeit
(Vgl. SCHIERENBECK, H., WÖHLE, C. B., a. a. O., S. 597.)

Der Cashflow wird in Unternehmen sehr oft verwendet, um weitere Analysen zu betreiben. Ein Beispiel ist die **Cashflow-Rendite**, die angibt, wie **rentabel** das Unternehmen arbeitet. Häufig wird die Cashflow-Rendite auch zum Bonitäts-Rating hinzugezogen.[897]

$$\frac{\text{Cashflow}}{\text{Eigenkapital}} \cdot 100$$

Darst. 2.654: Cashflow-Rendite

Der **Vorteil** der Cashflow-Rendite gegenüber der Eigenkapitalrentabilität besteht hauptsächlich darin, dass die Cashflow-Rendite **gegen außerordentliche Schwankungen weniger stark anfällig** ist. Die generelle Interpretation weist allerdings kaum Unterschiede

[897] Vgl. SCHELD, G. A.: Kennzahlenanalyse, a. a. O., S. 121.

auf, weswegen an dieser Stelle auf die Ausführungen in Unter-Unterabschnitt 2.6.2.3 „Eigenkapitalrentabilität“ verwiesen wird.[898]

2.6.6 Kapitalflussrechnung

Eine Kapitalflussrechnung kann direkt im Anschluss an die in Unterabschnitt 2.6.5 „Cashflow“ vorgestellte Berechnung des Cashflows aus der laufenden Geschäftstätigkeit vorgenommen werden. Die **Zuflüsse aus laufender Geschäftstätigkeit** (Umsatzerlöseüberschuss) werden ergänzt um den **Cashflow aus der Investitionstätigkeit** und den **Cashflow aus der Finanzierungstätigkeit**.[899] Die Unterteilung in drei Bereiche, d. h. die Zuordnung der Ein- und Auszahlungen zu den jeweiligen Bereichen bietet den **Vorteil**, dass sich der Aussagewert einer Kapitalflussrechnung insofern erhöht, als die **Zu- und Abflüsse** der Geldmittel **transparent** (und möglicherweise auch nach Verantwortungsbereichen gegliedert) aufgezeigt werden können.

Entscheidend ist, dass **verrechnungstechnische Posten** (wie Abschreibungen, Dotierung von Rückstellungen, a. o. Erfolge aus dem Verkauf von Anlagevermögen, Bestandsveränderungen an Halb- und Fertigerzeugnisse), die zwar in der Erfolgsermittlung enthalten sind, in der Kapitalflussrechnung nicht enthalten sind, genauer gesagt: **konsequent herausgehalten werden**, da ihnen keine zahlungswirksamen Vorgänge zugrunde liegen. Dies hat zur Konsequenz, dass **bilanzpolitische Maßnahmen**, die zum Zwecke der Gestaltung des auszuweisenden Gewinns erfolgten, **offenbart werden**. Aus diesem Grunde werden Kapitalflussrechnungen in der Regel nur dann veröffentlicht, wenn dies in den entsprechenden Gesetzen explizit gefordert wird.

[898] Ebenda, S. 122.

[899] Vgl. SCHIERENBECK, H., WÖHLE, C. B., a. a. O., S. 610ff.

	Einzahlungen von Kunden
−	Auszahlungen an Lieferanten
−	Auszahlungen an das Personal
+	Guthabenzinsen
−	Zinszahlungen
−	Steuerzahlungen
+	Steuererstattungen
−	sonstige Auszahlungen (keine Investitions- und Finanzierungstätigkeiten)
+	sonstige Einzahlungen (keine Investitions- und Finanzierungstätigkeiten
=	I Cashflow aus laufender Geschäftstätigkeit
	Auszahlungen für Brutto-Investitionen in das Anlagevermögen
+	Einzahlungen aus der Veräußerung von Anlagevermögen
=	II Cashflow aus der In- und Desinvestitionstätigkeit
	Einzahlungen aus Kapitalerhöhung
−	Auszahlungen an die Eigentümer
+	Einzahlungen aus der Aufnahme von Finanzverbindlichkeiten
−	Auszahlungen für Tilgung von Finanzverbindlichkeiten
=	III Cashflow aus der Finanzierungstätigkeit
	I + II + III = Veränderung der liquiden Mittel

Darst. 2.655: Kapitalflussrechnung auf der Basis der direkten Ermittlung des Cashflows aus der laufenden Geschäftstätigkeit

2.7 Mitarbeiterperspektive/Personal-Controlling

Aus ökonomischer Perspektive stellen Mitarbeiter sowohl einen Leistungsfaktor als auch einen Kostenfaktor dar. Um in einem marktwirtschaftlichen Wettbewerb bestehen zu können, ist es wichtig, sich einen Wettbewerbsfaktor gegenüber der Konkurrenz zu verschaffen. Materialien und Betriebsmittel können von allen Betrieben zu ähnlichen Konditionen erworben werden. Somit kann ein **Wettbewerbsvorteil**, auch infolge eines personalspezifischen **Kompetenzvorteils** am ehesten durch hochqualifizierte und motivierte Mitarbeiter realisiert werden, sodass die Mitarbeiter den vielleicht wichtigsten Produktionsfaktor darstellen. Jedoch ist der Einsatz von Mitarbeitern in Hochlohnländern mit einem hohen Aufwand verbunden. In Deutschland liegt die Personalaufwandsquote trotz eines hohen Mechanisierungsgrades je nach Branche bei ca. 20 – 30 %, sodass Unternehmen einem kontinuierlichen Rationalisierungsdruck unterliegen. Daraus resultieren zwei wichtige Teilaufgaben für das Management. Diese sind einerseits die **Optimierung der Personalkapazität** und andererseits die **Optimierung der Personalführung**. Bei der Optimierung der Personalkapazität besteht das Ziel, Mitarbeiterüberhänge und Mitarbeiterengpässe zu vermeiden. Dies liegt zum einen darin begründet, dass bei einem Mitarbeiterüberhang **Leerkosten**[900] entstehen können, welche wiederum zu Gewinneinbußen führen. Zum anderen kann ein Mitarbeiterengpass dazu führen, dass Aufträge nicht abgearbeitet oder sogar nicht angenommen werden können, was wiederum zu Gewinneinbußen führt. Dementsprechend wird den folgenden Mitarbeiter-orientierten Kennzahlen sowohl in der Theorie also auch in der Praxis eine hohe Relevanz zugesprochen.

Personalbezogene Kennzahlen sind ein Instrument des Personal-Controllings. Es werden Analysen vergangener Wirtschaftszeiträume durchgeführt und Entscheidungshilfen für Planungen erarbeitet.

Personalbezogene Kennzahlen dienen der internen und externen Information:

- Als **internes Informationsinstrument** dienen sie der Unternehmensleitung, der Personalleitung, den Führungskräften, dem Betriebsrat und den Arbeitnehmern.

- Als **externes Instrument** bereitet der Controller Informationen auf für außerbetriebliche Stellen wir Statistische Ämter, Sozialversicherungsträger, Arbeitsämter, Kammern, Verbände, Gewerkschaften und die Öffentlichkeit.

[900] Der Begriff „Leerkosten“ wurde bereits im ersten Band erläutert. Vgl. WÖRDENWEBER, M.: Operatives Controlling – Band 1, a. a. O., S. 572–574.

Die wichtigsten Kennzahlen beziehen sich auf folgende Bereiche:

- Personalstrukturkennzahlen
- Personalbewegungskennzahlen
- Arbeitszeitkennzahlen und Personalbedarf
- Personalaufwandskennzahlen
- Leistungsbezogene Kennzahlen
- Weitere personalbezogene Kennzahlen

Darst. 2.701: Kennzahlen im Personal-Controlling

Der stichtagsbezogene Personalbestand ist eine wichtige Bezugsgröße für viele Kennzahlen.

2.7.1 Personalstrukturkennzahlen

Die Personalstrukturkennzahlen befassen sich mit der Zusammensetzung der Belegschaft.

Darst. 2.702: Definition Personalstrukturkennzahlen

Als Merkmale der Personalstruktur kommen in Betracht:

- Art des Vertragsverhältnisses (unbefristet/befristet, Vollzeit-/Teilzeitbeschäftigung, Ausbildungsvertrag)
- Arbeitnehmerart (Arbeiter, Angestellter, Auszubildender)
- Qualifikation (ungelernt, angelernt, gelernt)
- Berufsgruppen (Mechatroniker, Elektriker, Mauer, Sattler ...)
- Stellung im Unternehmen (obere, mittlere, untere Führungsebene)
- Entlohnungsform (Gehalt, Lohn, Ausbildungsvergütung)
- Staatsangehörigkeit
- Geschlecht
- Alter
- Familienstand
- Betriebszugehörigkeit
- Funktionsgruppen (Sekretärin, Filialleiter etc.)
- Funktionsbereiche (Beschaffung, Produktion, F&E etc.)
- Organisationszugehörigkeit (Gewerkschaft, Xing, facebook, kununu u. a.)

Darst. 2.703: Merkmale der Personalstruktur
(Entnommen: RKW-Handbuch Personalplanung, 3. Aufl., Neuwied, Kriftel, Berlin 1996, S. 560.)

Einige dieser Merkmale der Personalstruktur finden Verwendung bei betriebsbedingten Kündigungen, wenn es um die sogenannte **Sozialauswahl** geht.

Zu den gebräuchlichsten Strukturkennzahlen gehören:

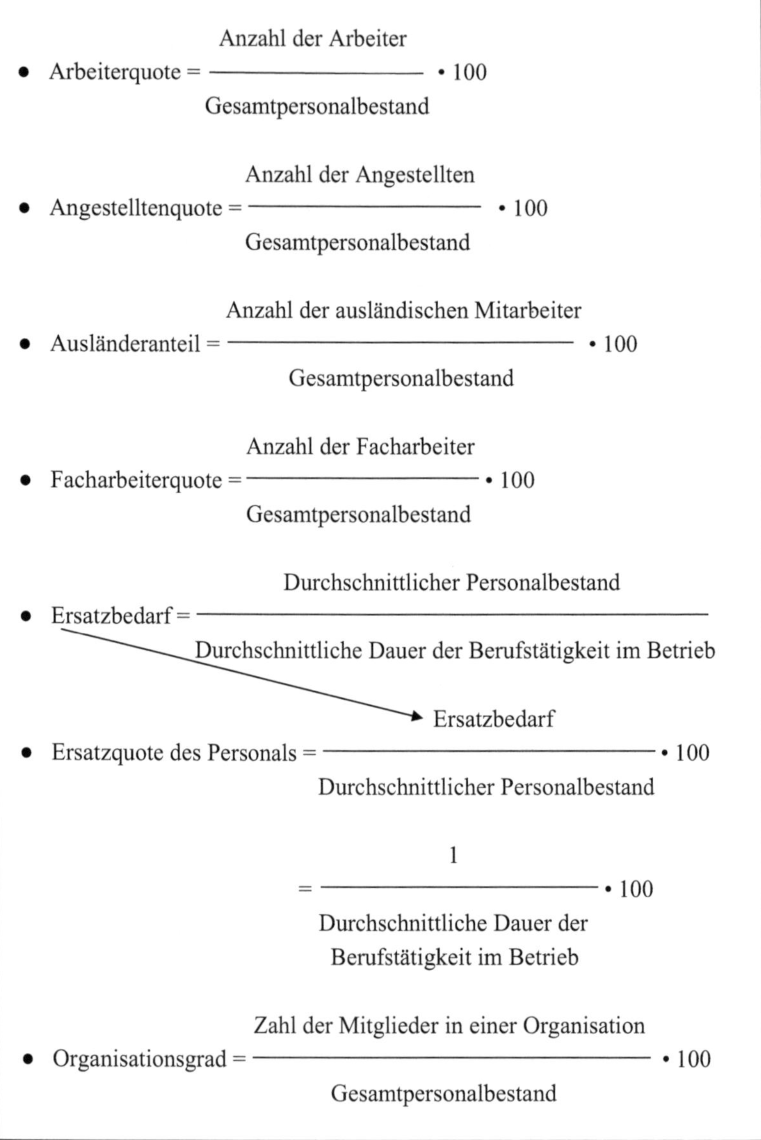

- $$\text{Arbeiterquote} = \frac{\text{Anzahl der Arbeiter}}{\text{Gesamtpersonalbestand}} \cdot 100$$
- $$\text{Angestelltenquote} = \frac{\text{Anzahl der Angestellten}}{\text{Gesamtpersonalbestand}} \cdot 100$$
- $$\text{Ausländeranteil} = \frac{\text{Anzahl der ausländischen Mitarbeiter}}{\text{Gesamtpersonalbestand}} \cdot 100$$
- $$\text{Facharbeiterquote} = \frac{\text{Anzahl der Facharbeiter}}{\text{Gesamtpersonalbestand}} \cdot 100$$
- $$\text{Ersatzbedarf} = \frac{\text{Durchschnittlicher Personalbestand}}{\text{Durchschnittliche Dauer der Berufstätigkeit im Betrieb}}$$
- $$\text{Ersatzquote des Personals} = \frac{\text{Ersatzbedarf}}{\text{Durchschnittlicher Personalbestand}} \cdot 100$$
  $$= \frac{1}{\text{Durchschnittliche Dauer der Berufstätigkeit im Betrieb}} \cdot 100$$
- $$\text{Organisationsgrad} = \frac{\text{Zahl der Mitglieder in einer Organisation}}{\text{Gesamtpersonalbestand}} \cdot 100$$

Darst. 2.704: Wichtige Personalstrukturkennzahlen
(Vgl. HENTZE, J., Personalwirtschaftslehre, Bd. 2, 6. Aufl., Bonn, Stuttgart 1995, S. 324.)

Analog zur Forschungskostenquote (%) kann auch über die F&E-Beschäftigungsquote herausgefunden werden, welche Bedeutung ein Unternehmen der Forschung und Entwicklung beimisst.

$$\text{F\&E-Beschäftigungsquote (\%)} = \frac{\text{Beschäftigte im Bereich F\&E}}{\text{Gesamtzahl der Beschäftigten}} \cdot 100$$

Darst. 2.705: F&E-Beschäftigungsquote (%)

Als wichtige Planungsgrundlage dient der Altersaufbau der Belegschaft. **Alterspyramiden getrennt nach Strukturmerkmalen** erleichtern Prognoseüberlegungen.

2.7.2 Personalbewegungskennzahlen

Die Personalbewegungskennzahlen befassen sich mit den Zugängen und Abgängen an Personal.

Darst. 2.706: Definition Personalbewegungskennzahlen

Personalbewegungen vollziehen sich generell als

- als externe Bewegung im Sinne von erstmaligem Eintritt in das Berufsleben bzw. durch das endgültige Ausscheiden aus dem Berufsleben,
- als zwischenunternehmerische Bewegung einschl. Eintritt in die Selbstständigkeit
- als interne Bewegung durch Umsetzung, Abordnung u. ä.

Darst. 2.707: Arten von Personalbewegungen
(Vgl. RKW, a. a. O., S. 566.)

Insbesondere die **Fluktuation (auf Dauer angelegtes Ausscheiden unbefristet beschäftigter Arbeitnehmer aus dem Unternehmen, das nicht einseitig betrieblich verfügt ist**

und keinen Altersaustritt darstellt)[901] stellt für die Unternehmen u. U. ein ernst zu nehmendes Problem dar, wenn es sich um Mitarbeiter handelt, die für das Unternehmen wertvoll sind. Neben dem **Verlust an Know-how** und einem ggf. teurem, **nachvertraglichem Wettbewerbsverbot** sind hier **weitere, teilweise nur schlecht quantifizierbare Kosten** zu nennen, die das Unternehmen zu kompensieren hat. Zu diesen Kosten gehören die **Nutzung des erworbenen Wissens bei einem Wettbewerber**, der hierdurch im Einzelfall einen nicht zu unterschätzenden Vorteil gewinnt (Opportunitätskosten), sowie kurzfristig die Kosten für den Ersatz des ausgeschiedenen Arbeitnehmers in Form von **Überstunden** (ggf. mit hohen Zuschlägen), wenn ein Ersatz nicht sofort gefunden werden kann. Im Zuge der Neubesetzung einer Stelle fallen **Personalakquisitionsaufwendungen** (Kosten für Stellenanzeige etc.), **Kosten im Zuge der Personalauswahl** (Bewerbungssichtung und -auswertung, Einstellungsgespräche und eventuell Personalauswahlverfahren). Nicht zu unterschätzen sind die Kosten für **Einarbeitung** des neuen Mitarbeiters mit entsprechenden (hoffentlich nur anfänglich) **Produktivitätsnachteilen** des neuen Mitarbeiters und der Beanspruchung des Einweisenden. Eine konsequent angewandte Prozesskostenrechnung würde hier noch weitere Kosten im Verwaltungsbereich des Unternehmens (Personalabteilung) auflisten, die mit dem Ausscheiden des Mitarbeiters zusammenhängen wie die **Erstellung des Arbeitszeugnisses**, ggf. die **Verabschiedung** des ausscheidenden Mitarbeiters sowie das zu empfehlende **Austrittsinterview**. Ob und inwieweit eine ggf. **negative Mundpropaganda** des Ex-Mitarbeiters zu befürchten ist, lässt sich nur im Einzelfall beurteilen. Möglicherweise spielt dieser Punkt kaum eine Rolle, denn ein Mitarbeiter wird nur ungern zugeben wollen, in einem „schlechten“ Betrieb gearbeitet zu haben, würde er sich doch eingestehen müssen, in der Vergangenheit eine Fehlentscheidung getroffen zu haben. Ein ähnliches Phänomen lässt sich beispielsweise bei geschiedenen Ex-Eheleuten beobachten.

Für die Kontrolle der Fluktuation werden **Fluktuationszahlen** berechnet.

Auf ihrer Grundlage können Aussagen zur **Bindung der Mitarbeiter** an das Unternehmen, zum **Betriebsklima** und über die **Motivation** der Beschäftigten abgeleitet werden.

[901] Hierbei handelt es sich um Personalabgänge, die auf autonomen Entscheidungen von Mitarbeitern basieren, um in anderen Unternehmen eine Anstellung zu finden oder sich selbstständig zu machen. Aus diesem Grund werden Mitarbeiter, die die Freizeitphase der Altersteilzeit begonnen haben, hier nicht mitgezählt.

Häufig angewendet werden die „BDA-Formel“ und die „Schlüter-Formel“:

$$\text{Fluktuationsquote (BDA)} = \frac{\text{Personalabgänge}}{\text{Durchschnittlicher Personalbestand}} \cdot 100$$

$$\text{Fluktuationsquote (Schlüter)} = \frac{\text{Personalabgänge}}{\text{Personalbestand zu Beginn + Zugänge}} \cdot 100$$

Darst. 2.708: Fluktuationsquoten nach BDA und Schlüter
(Vgl. JUNG, H., Personalwirtschaft, 10. Aufl., Berlin, Boston 2017, S. 686)

Die Fluktuationsquote gemäß BDA-Formel wird auch **Fluktuationsrate** oder **Fluktuationsgrad** genannt. Sie kennzeichnet das Verhältnis der Anzahl während einer Periode **aus freiwilligen Gründen** aus dem Unternehmen ausscheidenden Beschäftigten zur durchschnittlichen Gesamtzahl der Mitarbeiter.

Fluktuationsraten eignen sich aufgrund ihrer Beschaffenheit und Branchenneutralität für eine **vergleichende Betrachtung**.[902] Es empfiehlt sich, diese Kennzahl mindestens einmal im Jahr zu erheben und zu interpretieren.

Eine **hohe Fluktuationsquote** deutet auf eine eher **geringe Mitarbeitertreue** hin. Eine eingehende Analyse der **Arbeitsplatzsituation** und des **Betriebsklimas** ist eine der naheliegenden Aufgaben. Ursachen für eine zunehmende Fluktuationsrate können auch eine **schlechte Bezahlung**, **geringe Motivation, hilfsbedürftige/zu pflegende Angehörige** oder **expandierende Mitbewerber** sein. Um die Ursachen für die Fluktuation zu erkunden, werden von vielen Unternehmen freie und mehr oder weniger strukturierte Austrittsinterviews geführt.

Eine **geringe Fluktuationsrate** zeugt von einer **hohen Mitarbeitertreue** und ist somit erst einmal positiv zu werten. Zum einen ist zu beachten, dass sich die **Höhe der Fluktuation meist gegenläufig zur wirtschaftlichen Lage** verhält. Damit ist gemeint, dass der Fluktuationsgrad bei einem konjunkturellen Abschwung aufgrund der schlechteren Arbeitsmarktlage geringer ist als bei einem konjunkturellen Aufschwung. In einzelnen Fällen

[902] Vgl. hierzu Unterabschnitt 2.2.6 von Band 1 „Bewertung von Kennzahlen und Benchmarking“ (WÖRDENWEBER, M.: Operatives Controlling – Band 1, a. a. O., S. 178–192).

kann eine (zu) hohe Bezahlung („goldener Käfig“) den Mitarbeiter zwar halten; die Produktivität muss aber nicht unbedingt mit der Bezahlung korrelieren.

Die globale Betrachtung der Fluktuationsquote sollte zugunsten einer **differenzierten und nach unterschiedlichen Kriterien systematisierten Betrachtung** erweitert bzw. verfeinert werden. Eine Aufteilung der Fluktuation nach Berufsgruppen, Kündigungsgründen, Alter, Geschlecht, Kostenstelle (Funktionsbereich, Abteilung) oder der Dauer der Betriebszugehörigkeit kann weitere Erkenntnisse liefern, womit die Aussagekraft der Fluktuationsrate erheblich verbessert wird. So ist es beispielsweise denkbar, dass in einer bestimmten Abteilung eine besonders hohe Fluktuation zu verzeichnen ist, die bei näherem Hinsehen auf die schlechten Führungsqualitäten des Vorgesetzten zurückzuführen sind.

Die unterschiedlichen Fluktuationsgründe und deren Häufigkeit des Auftretens werden in einer Fluktuationsstatistik in der Personalabteilung erfasst und sollten den Personalverantwortlichen in regelmäßigen Abständen zur Verfügung gestellt werden.

Die Kennzahl **Versetzungsrate** gibt Auskunft über abteilungsbezogene Personalbewegung:

$$\text{Versetzungsrate (Abteilung)} = \frac{\text{Zahl der Abgänge}}{\text{Durchschnittlicher Personalbestand}} \cdot 100$$

Darst. 2.709: Versetzungsrate (Abteilung)
(Vgl. JUNG, H.: Personalwirtschaft, a. a. O., S. 686.)

2.7.3 Arbeitszeitkennzahlen und Personalbedarf

Arbeitszeitkennzahlen

In der Literatur werden auch im Bereich der Arbeitszeitkennzahlen differente Begrifflichkeiten zur Kennzahlenermittlung verwendet. Um Einheitlichkeit der nachfolgenden Kennzahlen des Mitarbeitereinsatzes sicherzustellen, ist es daher zunächst erforderlich, die relevanten Zeiträume im Rahmen dieser Arbeit zu definieren. Entgegen des von Gottmann verwendeten Begriffs „**Arbeitszeit**“ von der gem. der Autorin Ausfallzeiten für bspw.

Pausen abgezogen werden,[903] wird im Rahmen dieser Arbeit stattdessen der Begriff „**Anwesenheitszeit**“ genutzt, da gem. § 2 Abs. 1 ArbZG die Arbeitszeit keine Pausen beinhaltet. Dementsprechend umfasst die **Anwesenheitszeit** die gesamte **Zeit, in der sich ein Mitarbeiter im Unternehmen befindet**. Weitere Arbeitszeitbegriffe werden unten erläutert.

Die Arbeitszeitkennzahlen befassen sich vor allem mit Mehrarbeitszeit, Ausfallzeiten, persönlichen Verteilzeiten und der Ermittlung geplanter oder verfügbarer sowie effektiv geleisteter Arbeitszeit.

Darst. 2.710: Definition Arbeitszeitkennzahlen

Sie spiegeln unmittelbar den **Gesundheitszustand** und mittelbar die **Arbeitszufriedenheit** der Beschäftigten wider.

Die **Soll-Arbeitszeit** wird wie folgt berechnet:

	vertraglich vereinbarte Arbeitszeit
–	Feiertage (Wochentage)
–	allgemein bezahlte und/oder unbezahlte Freistellung[1]
–	Minderarbeitszeit durch allgemeine Umverteilung von Arbeitszeit
+	Mehrarbeitszeit
=	Soll-Arbeitszeit

Darst. 2.711: Berechnung der Soll-Arbeitszeit

[1] Einschließlich bezahltem/unbezahltem Urlaub.

Die Soll-Arbeitszeit entspricht der unten differenzierter dargestellten **verfügbaren Arbeitszeit** pro FTE/VKZ[904] **zuzüglich geplanter Mehrarbeit**. Bei der Ermittlung der **tatsächlich geleisteten Arbeitszeit** pro FTE/VKZ (**Ist-Arbeitszeit**) werden statt der bei der verfügbaren Arbeitszeit gewählten Planzahlen die tatsächlichen Ist-Zeiten angesetzt, wobei zusätzlich die ausgeführte **Mehrarbeit** zu berücksichtigen ist.

---

[903] Vgl. GOTTMANN, J.: a. a. O., S. 105–107.

[904] Das Kürzel FTE steht für „Full Time Equivalents“ und VZK für „Vollzeitkraft“.

- $\text{Quote der effektiven Arbeitszeit} = \dfrac{\text{Ist-Arbeitszeit (Tage/Stunden)}}{\text{Soll-Arbeitszeit (Tage/Stunden)}} \cdot 100$
- $\text{Fehlzeitenquote} = \dfrac{\text{Fehlzeiten (Tage/Stunden)}}{\text{Soll-Arbeitszeit (Tage/Stunden)}} \cdot 100$
- $\text{Krankheitsquote} = \dfrac{\text{Anzahl der Kranken (Tage/Stunden)}}{\text{Soll-Arbeitszeit (Tage/Stunden)}} \cdot 100$
- $\text{Überstundenquote} = \dfrac{\text{Zahl der Überstunden (Tage/Stunden)}}{\text{Soll-Arbeitszeit (Tage/Stunden)}} \cdot 100$

Darst. 2.712: Wichtige Arbeitszeitkennzahlen
(Vgl. JUNG, H.: Personalwirtschaft, a. a. O., S. 689–690.)

Die Krankheitsquote wird zuweilen zwar auch einfach als **Krankenstand** bezeichnet. Die synonyme Verwendung ist jedoch nicht korrekt, wie noch zu zeigen sein wird.

$$\text{Krankenstand} = \frac{\text{Zahl der erkrankten Mitarbeiter}}{\text{Gesamtzahl der Mitarbeiter}} \cdot 100$$

Darst. 2.713: Krankenstand

Die Kennzahl Krankenstand ist für eine **vergleichende Betrachtung** (vgl. Unterabschnitt 2.2.6 von Band 1 „Bewertung von Kennzahlen und Benchmarking“) geeignet. Es empfiehlt sich, diese Kennzahl mindestens einmal im Jahr zu erheben und zu interpretieren; besser ist eine monatliche Erhebung, um saisonale Schwankungen besser erkennen zu können.

„Nach einer Untersuchung der IHK müsste der Krankenstand in einem Unternehmen aufgrund rein medizinischer Gründe bei ca. 4 % liegen. Ein höherer Krankenstand ist insofern nicht medizinisch, sondern betrieblich bedingt und zum Beispiel auf schlechte ergonomische Arbeitsplätze, Unzufriedenheit oder sonstiges zurückzuführen."[905]

Weitere Erkenntnisse lassen sich auf der Basis einer **differenzierteren Betrachtung** nach Mitarbeitergruppen, Stellung im Unternehmen, Alter, Geschlecht, Kostenstelle (Funktionsbereich, Abteilung) usw. gewinnen. Allerdings muss darauf hingewiesen werden, dass die Aussagekraft eingeschränkt ist, denn es ist nicht eindeutig erkennbar, ob die Ursache für die Krankmeldungen auf externe Einflüsse wie „Erkältungswellen" oder die konjunkturelle Lage oder auf interne Faktoren wie z. B. Mobbing und/oder Stress zurückzuführen sind.

Da der Unternehmer grundsätzlich an einer Reduzierung der Krankheitsheitsquote interessiert sein muss, sollte er nach Möglichkeiten suchen, diese zu reduzieren; beispielsweise durch Präventivmaßnahmen, betriebliche Sportangebote, eine bessere medizinische Betreuung der Mitarbeiter oder die Schaffung mitarbeitergerechter Arbeitsstrukturen. Naheliegend ist es, innerbetriebliche Ursachen zu lokalisieren und sie zu abzustellen.

Die vorstehende Kennzahl **Krankenstand** sollte **intern nicht verwendet** werden. Die Zahl der erkrankten Mitarbeiter im **Zähler** ist **zu ungenau**, da die Gründe für eine Fehlzeit und die Dauer der Krankheit zwischen den Mitarbeiter erheblich differieren können. Mitarbeiter können z. B. Fehlstunden durch Arztbesuche aufweisen, einige Tage krankheitsbedingt fehlen oder langfristig erkrankt sein. Weil nicht genau definiert ist, welche Fälle im Zähler erfasst werden und auch die Dauer der Erkrankung nicht berücksichtigt wird, ist diese Kennzahl kaum sinnvoll zu interpretieren. Zudem ist der **Nenner** mit der Gesamtzahl der Mitarbeiter **nicht aussagekräftig**, wenn ein (mehr oder weniger großer) Teil der Mitarbeiter zwar als Beschäftigte geführt wird, tatsächlich aber nicht zur Arbeitsleistung verpflichtet ist (z. B. Schwangere, die am Zahnarztstuhl beim Dentisten arbeiten, Personen in Elternzeit usw.). Aus den vorgenannten Gründen **empfiehlt sich** die Verwendung der Kennzahl **Krankheitsquote**, da sie wesentlich genauer ist. Für eine vergleichende Betrachtung im Rahmen des externen Benchmarkings muss jedoch auf den Krankenstand zurückgegriffen werden, da i. d. R. keine genaueren Angaben anderer Unternehmen zur Verfügung stehen.

[905] SCHELD, G. A.: Operatives, a. a. O., S. 346.

Personalbedarf

Die **operative Personalplanung** ist kurzfristig angelegt, in der Regel für den Zeitraum eines Geschäftsjahres und beinhaltet **personalwirtschaftliche Maßnahmen und Aktionen**, die in diesem Zeitraum durchgeführt werden. Die Personalplanung ist ein Teil der Unternehmensplanung und unter anderem eng mit den Unternehmensteilplanungen wie der Absatz-, Produktions- und Finanzplanung verbunden. Demnach muss sich die Personalplanung an den anderen Teilplänen orientieren.[906]

Eine der Teilplanungen der operativen Personalplanung ist die **Personalbedarfsplanung**.[907] Sie beobachtet zum einen die heutigen und zukünftigen Unternehmensaktivitäten sowie die damit verbundenen Arbeitsprozesse. Zum anderen beschäftigt sie sich mit der Ermittlung des zukünftigen Personalbedarfs und der Bereitstellung der Arbeitskräfte in der **erforderlichen Anzahl (Quantität)**, zum **richtigen Zeitpunkt**, am **richtigen Ort** sowie mit den **richtigen Qualifikationen (Qualität)**, die zum Ausüben der betrieblichen Funktionen wie z. B. einkaufen, produzieren, absetzen, verwalten usw. nötig sind. Diese sollten eingehalten werden, denn personale Engpässe oder zu viel Personal gefährden die unternehmerische Zielerreichung. Die Bedarfsplanung steht bei der Personalplanung im Vordergrund, da diese grundlegende Werte für die anderen Teilpläne vorgibt.

Solange es nicht Unternehmen gibt, in den nur Roboter und Maschinen arbeiten, sind Mitarbeiter zur Leistungserbringung unentbehrlich. Jedoch müssen diese aus einer Vielzahl von Gründen im Laufe der Zeit ersetzt werden, z. B. wegen Austritt aus Altersgründen, Invalidität oder Kündigung. Es kann zudem Neubedarf entstehen, wenn das Unternehmen entweder aufgrund besserer Auftragslage sich erweitert, strukturell verändert. Verschlechtert sich die Auftragslage müssen Mitarbeiter (ggf.) freigestellt werden. Die Aufgabe der Personalbedarfsplanung ist es, diese Schwankungen im Personalbestand zu erfassen und ihnen planerisch entgegenzuwirken. Dabei sollten auch die zukünftigen Entwicklungen wie die unternehmerische Gesamtstrategie sowie die strategischen, taktischen und operativen Ziele der einzelnen Teilbereiche wie z. B. Vertrieb, Produktion oder Personal, die sich auf die Höhe des benötigten Personals auswirken können, berücksichtigt werden. Dazu gehören auch unternehmensexterne Einflüsse, die aus Änderungen der technischen, politischen, rechtlichen und gesellschaftlichen Rahmenbedingungen resultieren.

---

[906] Vgl. WICKEL-KIRSCH, S., JANUSCH, M., KNORR, E.: Personalwirtschaft. Grundlagen der Personalarbeit im Unternehmen, Wiesbaden 2008, S. 11.

[907] Vgl. WÖRDENWEBER, M.: Operatives Controlling – Band 1, a. a. O., S. 221–223.

Im Rahmen der Integration in die hierarchische Unternehmensplanung[908] ist zu unterscheiden, ob der Soll-Personalbestand strategisch, taktisch operativ erfolgen soll. Je nach Tragweite der Entscheidungen bzw. je nach Planungshorizont unterscheiden sich die bei der Personalbedarfsplanung genutzten Methoden. – Die operative Personalbedarfsplanung wird dabei zur Feststellung des **Soll-Personalbestandes (Brutto-Personalbedarfs)** und des **Netto-Personalbedarfs** in quantitativer, qualitativer und zeitlicher Hinsicht genutzt und dient damit zur Erreichung der gesamtbetrieblichen Ziele. Das Ergebnis einer Personalbedarfsplanung ergibt eine Über- oder Unterdeckung an Personal, entweder für das gesamte Unternehmen oder für einzelne Teilbereiche. Die Ermittlung des Netto-Personalbedarfs unter Beachtung des Ist- und Soll-Personalbestandes erfolgt prinzipiell in drei Schritten:[909]

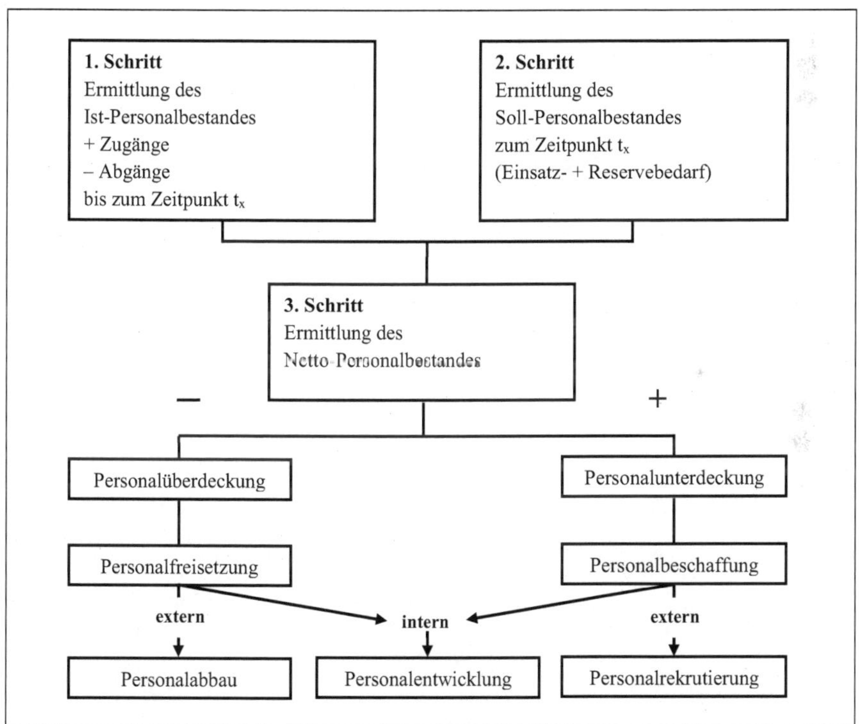

Darst. 2.714: Ermittlung des Netto-Personalbedarfs
(In Anlehnung an HAMMER, R.: a. a. O., S. 215.)

[908] Vgl. WÖRDENWEBER, M.: Unternehmensplanung, a. a. O., S. 153.

[909] Vgl. HAMMER, R.: Unternehmensplanung. Planung und Führung, 9. Aufl., Berlin, München, Boston 2015, S. 214.

1. **Ermittlung des Ist-Personalbestandes**
   Im ersten Schritt erfolgt die stichtagsbezogene Ermittlung des aktuellen Personalbestandes, wobei hier auch von der **Diagnosefunktion der Personalbedarfsplanung** gesprochen wird. Dazu wird zum Planungszeitpunkt t_0 der Personalbestand vermehrt um die Zugänge und vermindert um die Abgänge für den Zeitpunkt t_x ermittelt. Dabei sollten sowohl vorhersehbare Einflussfaktoren auf den Personalbestand wie z. B. absehbare Pensionierungen, bereits beiderseits ausgesprochene Kündigungen und Rückkehrer aus der Elternkarenz als auch auf der Basis der vorliegenden Erfahrungen in der Vergangenheit unvorhersehbare Faktoren auf den Personalbestand wie z. B. spontane Kündigungen, frühzeitige Pensionierungen oder eventuell notwendige Neueinstellungen berücksichtigt werden.[910] Detaillierter lässt sich der geplante Ist-Personalbestand zum Zeitpunkt t_x gemäß der nachstehenden Darstellung berechnen.

   Bei der Angabe des **Personalbestandes** ist festzulegen, ob dieser **als Kopfzahl** (Anzahl der Mitarbeiter) oder als **Kapazitätsgröße** (FTE oder VZK) angegeben werden soll. Das Kürzel FTE steht für „Full Time Equivalents" und VZK für „Vollzeitkraft". In diesen beiden Fällen werden die Köpfe in Abgängigkeit von der vertraglich vereinbarten Arbeitszeit in (anteilige) Vollzeit-(arbeits-)kräfte umgerechnet, wobei die betriebliche Wochenarbeitszeit zugrunde gelegt wird. – Im Fall von FTE/VZK können alle für den Planungszeitraum relevanten Arbeitsverträge zu „verfügbaren Mann-/Mitarbeiterjahren" aggregiert werden.

[910] Vgl. SCHNELL, H.: Effizienzmessung, a. a. O., S. 53.

Bestände und Bestandsänderungen	Erläuterungen zur Ermittlung
Ist-Personalbestand zum Planungszeitpunkt t_0	Gegenwärtiger Personalbestand des betrachteten Funktionsbereichs
+ Zugänge, u. a. durch	absehbare Zugänge (von t_0 bis t_x)
• laufende Einstellungsverfahren	Ermittlung der sicheren Zugänge
• geplante Einstellungen	Ermittlung der geplanten Zugänge
• geplante Ausbildungsverhältnisse	Ermittlung der vorgesehenen Ausbildungsplätze
• Rückkehr aus Elternkarenz	Ermittlung der Rückkehrer aus Mutterschutz und Elternzeit
• Arbeitsaufnahme der Genesenen	Ermittlung der Rückkehrer
• Organisationsmaßnahmen	Berücksichtigung von Beförderungen und Versetzungen
– Abgänge, u. a. durch	absehbare Abgänge (von t_0 bis t_x)
• Verrentung/Pensionierung einschl. vorgezogener Ruhestand	Ermittlung der altersbedingten Abgänge
• Auslaufen von befristeten Arbeitsverträgen oder Werkverträgen	Ermittlung der Abgänge aufgrund befristeter Vertragsverhältnisse
• Fluktuation	Berechnung über die Fluktuationsquote
• geplante Reorganisationsmaßnahmen einschl. Werksstilllegungen	Ermittlung von Abgängen aufgrund von Reorganisationen
• Nichtübernahme von Auszubildenden	Ermittlung der Zahl der nicht zu nehmenden Auszubildenden
• …	Prognose weiterer Abgänge aus anderen Gründen, z. B. Unfälle, langfristige Beurlaubungen, Tod
= geplanter Ist-Personalbestand zum Zeitpunkt t_x	Künftiger Personalbestand des betrachteten Funktionsbereichs

Darst. 2.715: Berechnung des Ist-Personalbestands zum Zeitpunkt t_x

2. Ermittlung des Soll-Personalbestandes

Im zweiten Schritt wird der Soll-Personalbestand (Brutto-Personalbedarf) mit Hilfe des aktuellen Personalbestandes und der vorliegenden Erfahrungen in der Personalwirtschaft für die Zukunft prognostiziert. Dazu wird der Soll-Personalbestand, unter Beachtung von Einsatz- und Reservebedarf zum Zeitpunkt t_x ermittelt. Dafür sollte zuvor einerseits eine zuverlässige Bezugsgröße wie eine Kennzahl definiert werden und andererseits eine Methode gewählt werden, die die Entwicklung der Bezugsgröße adäquat prognostizieren kann bzw. diese Entwicklung des Weiteren in qualitative und quantitative Personalbedarfszahlen umwandeln kann.

In die Planung der zu leistenden Arbeitszeit (Soll-Kapazität) pro Jahr fließen weitere unternehmensspezifische Größen ein. Festzulegen sind anhand der unternehmensspezifischen Regelungen und Datenlage die **Ausfallzeiten** , das sind durchschnittliche Urlaubs-, Fortbildungs- und Krankheitstage sowie die einzurechnende **persönliche Verteilzeit** (u. a. Zeiten für fachliche oder persönliche Besprechungen, anlassbezogene Feiern, persönliche Verrichtungen, Studium von Fachliteratur/Arbeitsanweisungen u. Ä.) pro Jahr. Die persönliche Verteilzeit kann als **(Arbeits-)Zeit für nicht wertschöpfende Tätigkeiten** angesehen werden.

Werden von der **Anwesenheitszeit** , das ist die gesamte Zeit, in der sich ein Mitarbeiter im Unternehmen befindet, die **Pausenzeiten** subtrahiert, erhält man die **Arbeitszeit gem. ArbZG** bzw. **vertraglich vereinbarte Arbeitszeit**. Werden weiters die **Ausfallzeiten subtrahiert**, ergibt sich die **geplante Arbeitszeit**. Wenn von dieser wiederum die **Zeiten abgezogen** wird, die **nicht** durch **wertschöpfende Tätigkeiten (persönliche Verteilzeiten)** in Anspruch genommen werden, ergibt sich die **verfügbare Arbeitszeit**. Tabellarisch ergibt sich damit folgendes Gefüge:

	Anwesenheitszeit
–	Pausen
=	**Arbeitszeit gem. ArbZG/(vertraglich vereinbarte) Arbeitszeit**
–	Ausfallzeit
=	**geplante Arbeitszeit**
–	persönliche Verteilzeit (Zeiten nicht wertschöpfender Tätigkeiten)
=	**verfügbare Arbeitszeit**

Darst. 2.716: Arbeitszeitbegriffe

Die Berechnungsmethodik zur Feststellung der verfügbaren Arbeitszeit pro FTE/VZK ist beispielhaft nachfolgend wiedergegeben.

	Kalendertage p. a.	365
–	Wochenendtage	104
=	**(vertraglich vereinbarte) Arbeitszeit**	261
–	Feiertage je nach Bundesland, z. B.	9
–	Urlaub p. a.	30
–	Fortbildungstage (∅)	6
–	Krankheitstage (∅)	13
=	**geplante Arbeitszeit pro FTE**	**203 Tage • 7,4 h/Tag[1] = 1.502,2 h p. a.**
–	persönliche Verteilzeit pro FTE	26
=	**verfügbare Arbeitszeit pro FTE**	**177 Tage • 7,4 h/Tag[1] = 1.309,8 h p. a.**

Darst. 2.717: Schema zur Ermittlung der verfügbaren Arbeitszeit pro FTE/VKZ
(Vgl. SCHULTE, C.: Personal-Controlling mit Kennzahlen. Instrumente für eine aktive Steuerung im Personalwesen, 4. Aufl., München 2020, S. 33.)
[1] Unterstellt ist im Beispiel eine Arbeitszeit von Ø 7,4 h/Tag an 5 Tagen/Woche = 37 h/Woche.

Bei der Schätzung der Ausfallzeiten kann auf verschiedene Erfahrungswerte zurückgegriffen werden. Diese liegen im besten Falle über bestimmte Kennzahlen wie Quote der effektiven Arbeitszeit, Fehlzeitenquote und Krankheitsquote vor.

Anmerkung: Bei der Ermittlung der **tatsächlich geleisteten Arbeitszeit** pro FTE (Ist-Arbeitszeit) werden statt der vorstehend gewählten Planzahlen die tatsächlichen Ist-Zeiten angesetzt, wobei zusätzlich die ausgeführte **Mehrarbeit** zu berücksichtigen ist.

Bei der Berechnung des **Personalbestandes** ist zu prüfen bzw. zu entscheiden, inwieweit Kapazitäten nicht verfügbarer Mitarbeiter mitgezählt werden. Dazu zählen insbesondere Mitarbeiter mit Mutterschutzfristen oder in Mutterschutz- bzw. Erziehungsurlaub, unbezahlte Urlaubstage, unbezahlte Krankheit, unbezahlte Heilverfahren oder unbezahlte Tage für die Pflege Angehöriger. Es kann sich in diesen Fällen um besetzte Stellen handeln, deren Stelleninhaber aktuell nicht als Arbeitskraft zur Verfügung stehen. Darüber hinaus ist über die Form des Einbezugs von Auszubildenden, Praktikanten oder Leiharbeitern zu entscheiden. – Die vorstehenden Entscheidungen wirken sich auf alle Kennzahlen, die den Personalbestand einbeziehen, bspw. die Versetzungsrate, die Fluktuationsquote, die F&E-Beschäftigungsquote und andere Personalstrukturkennzahlen (s. o.), aus. Verbindliche Festlegungen zur Berechnung des Personalbestands sind deshalb erforderlich. – Für die Planung des **Soll-Personalbestands (Brutto-Personalbedarfs)** bieten sich unterschiedliche Verfahren an. Die Spannbreite der Verfahren reicht von intuitiven Ansätzen bis hin zu arbeitswissenschaftlichen Methoden. Einen Überblick liefert die folgende Tabelle.

Verfahrensart	Beispiele für Instrumente
Schätzverfahren	• einfaches Schätzen • Expertenbefragung • Delphi-Methode
Organisatorische Verfahren	• Stellenplanmethode • Arbeitsplatzmethode
Personalbemessungsverfahren	• Selbstaufschreibungen • Multi-Moment-Verfahren • REFA-Zeitaufnahmeverfahren • Elementarzeitverfahren (WF[1]/MTM[2])
Kennzahlenverfahren	• Arbeitsproduktivität • Umsatz oder Gesamtleistung je Mitarbeiter • Leitungsspannenmethode
Statistische Verfahren	• Trendextrapolation • Regressionsanalyse/Faktorenanalyse
Monetäre Verfahren	• Budgetierung • Zero-Based-Budgeting

Darst. 2.718: Instrumente zur quantitativen Prognose des Soll-Personalbedarfs (Brutto-Personalbedarfs)

(Vgl. JUNG, H.: Personalwirtschaft, a. a. O., S. 123–130, DILLERUP, R., STOI, R.: a. a. O., S. 627.)

[1] WF steht für Work-Factor-Analyse.

[2] MTM ist eine Abkürzung für Methods-Time-Measurement-Analyse.

Die Entscheidung für ein Verfahren richtet sich im konkreten Fall nach der Art der zu bemessenden Aufgaben, der angestrebten Planungsgenauigkeit und dem möglichen Aufwand, der zur Ermittlung des Soll-Personalbestands betrieben werden soll. In der Praxis werden häufig zwei oder drei Instrumente kombiniert, um die Schwächen der Verfahren gegenseitig auszugleichen und somit zu einem gesicherteren Ergebnis zu gelangen.

Einige Verfahren der Personalbedarfsplanung (z. B. Schätzverfahren, Stellenplanmethode, Budgetierung) prognostizieren in der Regel sowohl den Einsatz- als auch den Reservebedarf. Andere (z. B. Kennzahlenverfahren, Arbeitsstudien) gehen vom Einsatzbedarf aus und berücksichtigen den Reservebedarf durch einen Zuschlag.

Im Folgenden soll die Personalbedarfsplanung mit Hilfe des REFA-Zeitaufnahmeverfahrens demonstriert werden.

Der Soll-Personalbedarf – zunächst ohne Berücksichtigung von Reserven – ergibt sich, indem z. B. im Produktionsbereich die Multiplikation von zu produzierender Menge mit der Vorgabezeit pro Mengeneinheit (Erzeugniseinheit)[911] die Soll-Arbeitszeit ergibt:

In der Prozesskostenrechnung kann die zu „produzierende Menge" die Menge der Prozesse sein, für die eine bestimmte Bearbeitungszeit erforderlich ist.[912]

$$\text{Soll-Personalbestand} = \frac{\text{zu produzierende Menge} \cdot \text{Vorgabezeit pro Mengeneinheit}}{\text{verfügbare Arbeitszeit eines Mitarbeiters (FTE/VKZ)}}$$

Darst. 2.719: Soll-Personalbestand (Brutto-Personalbedarf) ohne Reserven

Die vorstehende Kennzahl wird im Rahmen der Kontrolle, Steuerung und Kontrolle auch als Messinstrument für die **Mitarbeiterauslastung (%)/Personalauslastung (%)** verwendet, wobei der Quotient mit 100 multipliziert wird.[913] Sie gibt Auskunft

[911] Einer Mengeneinheit wird mittels einer spezifischen Maßeinheit (Bezugsgröße), z. B. Stück, ml, l, hl, g, kg, t, mm, cm, m, km, qm, qkm exakt definiert.

[912] Vgl. WÖRDENWEBER, M.: Kostenrechnung, a. a. O., S. 304-307.

[913] Vgl. GOTTMANN, J.: Produktionscontrolling, a. a. O., S. 106.

über die geplante (ex ante) oder realisierte (ex post) **Nutzung der verfügbaren (Mitarbeiter-)Arbeitszeit**. Zielsetzung dieser Kennzahl ist ex ante die frühzeitige **Erkennung von Engpässen** und generell die **Optimierung des Mitarbeitereinsatzes durch die Reduzierung der Ausfall- und ggf. der persönlichen Verteilzeiten**. Die für die Berechnung benötigten Daten können i. d. R. dem Personalzeiterfassungssystem entnommen werden.

Zu diesem Soll-Personalbedarf ohne Reserven werden noch die Reserven für persönliche Fehlzeiten (z. B. Zuspätkommen aufgrund von Verkehrsbehinderungen, Arztbesuche) und betriebliche Auslastungsspitzen addiert. Für den Ansatz der Fehlzeiten kann eine ggf. vorhandene Fehlzeitenquote herangezogen werden.

3. **Ermittlung des Netto-Personalbedarfs**
   Abschließend erfolgt im dritten Schritt die Ermittlung des Netto-Personalbestandes, indem vom Soll-Personalbestand der Ist-Personalbestand subtrahiert wird. Ist das Ergebnis positiv (+), dann wird von einer **Personalunterdeckung** gesprochen und es ist weiteres Personal, also eine Personalbeschaffung, notwendig. Dies kann entweder extern durch Personalrekrutierung oder intern mit Hilfe von Personalentwicklung geschehen. Ist das Ergebnis jedoch negativ (−), so wird von einer **Personalüberdeckung** gesprochen und es ist zu viel Personal vorhanden; somit erfolgen Maßnahmen der Personalfreisetzung. Dies kann ebenfalls extern durch Personalabbau oder intern durch Personalentwicklung durchgeführt werden.

   Die Personaldeckung kann auch als Quotient definiert werden:

$$\text{Personaldeckung} = \frac{\text{Ist-Personalbestand}}{\text{Soll-Personalbestand}}$$

Darst. 2.720: Personaldeckung

   Ist der Quotient kleiner 1, liegt eine Personalunterdeckung vor, bei einem Verhältnis größer 1 eine Personalüberdeckung.

Es kann festgehalten werde, dass unter dem Brutto-Personalbedarf der gesamte Personalbedarf in einem bestimmten Zeitraum zu verstehen ist. Der Netto-Personalbedarf bezieht sich hingegen auf die zusätzlich notwendigen Mitarbeiter bzw. die freizusetzenden Mitarbeiter. Bei der Erstellung des Personalplans sind immer die Auswirkungen der bereits im letzten Planungszeitraum beschlossenen Maßnahmen, wie z. B. Personalfreisetzung oder Personalentwicklung, zu berücksichtigen.

Als letzte Kennzahl dieses Unterabschnitts soll die Kennzahl **„Wertschöpfungszeitquote (%) Personal“** besprochen werden. Sie wird zuweilen auch als Personalverfügbarkeit (%) oder Mitarbeiterverfügbarkeit (%) bezeichnet.[914] Die vorgenannten alternativen Begriffe werden hier nicht verwendet, da sie irreführend sind. Meist bezieht sich die Personalverfügbarkeit auf die Frage, auf wieviel (und welche) Personen bei Beschäftigungsschwankungen zurückgegriffen werden kann.

Die Kennzahl Wertschöpfungszeitquote nutzt die oben (s. „Arbeitszeitbegriffe“) definierten verfügbaren Arbeitszeiten und Arbeitszeiten, indem sie diese Zeiten ins Verhältnis setzt und den Quotienten mit 100 multipliziert:

$$\text{Wertschöpfungszeitquote (\%)} = \frac{\text{verfügbare Arbeitszeit}}{\text{(vertraglich vereinbarte) Arbeitszeit}} \cdot 100$$

Darst. 2.721: Wertschöpfungszeitquote (%) Personal

Diese Kennzahl gibt an, **wieviel Prozent der (vertraglich vereinbarten) Arbeitszeit für wertschöpfende Tätigkeiten** zur Verfügung steht. Sie wird für Planungs-, Steuerungs- und Kontrollzwecke mindestens einmal jährlich erhoben. Primäre Zielsetzung dieser Kennzahl ist die **Optimierung des Mitarbeitereinsatzes durch die Reduzierung der Ausfallzeiten**. Die für die Berechnung benötigten Eingangswerte resultieren i. d. R. aus dem Personalzeiterfassungssystem.

Die globale Betrachtung der Wertschöpfungszeitquote sollte zugunsten einer **differenzierten und nach unterschiedlichen Kriterien systematisierten Betrachtung** erweitert bzw. verfeinert werden. Eine Aufteilung der Wertschöpfungszeitquote nach Berufsgruppen, Kündigungsgründen, Alter, Geschlecht, Kostenstelle (Funktionsbereich, Abteilung) oder der Dauer der Betriebszugehörigkeit kann weitere Erkenntnisse liefern, womit die Aussagekraft der Wertschöpfungsquote erheblich verbessert wird. So ist es beispielsweise

[914] Vgl. GOTTMANN, J.: Produktionscontrolling, a. a. O., S. 105.

denkbar, dass in einer bestimmten Abteilung eine besonders hohe Wertschöpfungszeitquote zu verzeichnen ist, die bspw. bei näherem Hinsehen auf die schlechten Führungsqualitäten des Vorgesetzten, Mobbing, mangelnder (intrinsischer) Motivation der Mitarbeiter oder fehlerhafte organisatorische Abläufe mit Leerzeiten zurückzuführen sind.

Die Betrachtung der genannten Kennzahlen führt dazu, dass durch die aufgedeckten Optimierungspotentiale in Bezug auf die Zeitnutzung nicht nur die Zielgröße Zeit an sich verbessert wird, sondern auch die Zielgrößen Kosten und Flexibilität. Wie bereits im Rahmen der Ziele der Produktion (vgl. Unterabschnitt 2.3.1 „Ziele und Aufgaben des Produktions-Controllings) dargelegt, ist es möglich, die Flexibilität eines Unternehmens zu steigern, wenn das eingesetzte Personal sowohl in zeitlicher als auch in arbeitsinhaltlicher Hinsicht nicht festgelegt ist. Überkapazitäten können, abhängig von der vorliegenden Qualifikation, möglicherweise dort eingesetzt werden, wo Unterkapazitäten vorliegen. Dadurch können bspw. durch Unterkapazitäten begründete Überstunden abgebaut und die Personalkosten gesenkt werden. Außerdem ist es möglich, sofern die Berücksichtigung der vorhandenen Qualifikationen erfolgt, Personal einzusetzen, das über die erforderlichen Kenntnisse verfügt, wodurch auf diesbezügliche zeit- und kostenintensive Schulungen und Einweisungen verzichtet werden kann.

2.7.4 Personalaufwands- und -kostenkennzahlen

Personalaufwandskennzahlen sind Verhältniskennzahlen. Sie befassen sich mit den personalbezogenen Gesamt – oder Teilaufwendungen eines Unternehmens und setzen diese in Relation zu einer sinnvollen Bezugsgröße.

Sinnvolle Bezugsgrößen können beispielsweise der Umsatz, die Gesamtleistung, die Wertschöpfung, die Herstellkosten, der durchschnittliche Personalbestand oder hilfsweise die Zahl der Mitarbeiter oder die Umsatzerlöse sein.

Personalkostenkennzahlen beschränken die Aufwendungen auf die betrieblich veranlassten.

Darst. 2.722: Definition Personalaufwands- und Personalkostenkennzahlen

Personalaufwands- und Personalkostenkennzahlen, die im Nenner Leistungsgrößen aufweisen, sind ein **Maß für die Wirtschaftlichkeit** betrieblicher Abläufe.

Ziel aller Personalaufwands- und Personalkostenkennzahlen ist es, den **Personalaufwand bzw. die Personalkosten c. p. zu senken**. Können aber bspw. durch den Einsatz besonders qualifizierter Mitarbeiter (mit entsprechend höheren Arbeitsentgelten) längerfristig wesentliche Wettbewerbspotenziale gehalten, ausgebaut oder neu geschaffen werden, kann auch kurzfristig eine bewusst höhere Personalaufwands- oder Personalkostenquote in Kauf genommen werden.[915]

$$\text{Personalaufwand je Mitarbeiter} = \frac{\text{Personalaufwand}}{\text{Zahl der Mitarbeiter}}$$

Darst. 2.723: Personalaufwand je Mitarbeiter

Es ist sinnvoll, den Personalaufwand je Mitarbeiter einer **vergleichenden Betrachtung** (vgl. Unterabschnitt 2.2.6 von Band 1 „Bewertung von Kennzahlen und Benchmarking“) zu unterziehen. Ein **Zeitvergleich** zeigt, ob sich das **Lohn- und Gehaltsniveau tendenziell verändert** hat. Sowohl eine Erhöhung als auch eine Senkung des Personalaufwands je Mitarbeiter kann aus Veränderungen des Einkommens, der Sozialversicherungsaufwendungen, der (betrieblichen) Altersversorgung und/oder der Vermögens- und Erfolgsbeteiligung resultieren. Ein weiterer Grund für die Veränderungen dieser Kennzahl liegt in der Ausweitung oder Reduzierung der Mitarbeiterzahl. Problematisch ist, dass es sich bei der Größe im Zähler um eine Wertgröße handelt, so dass Strukturveränderungen ohne weitergehende Informationen nicht erkennbar sind.

Im **internen oder externen Benchmarking** höhere Personalaufwendungen je Mitarbeiter können in einer ungeschickten Personaleinsatzplanung z. B. durch zahlreiche höher bezahlte Überstunden oder unausgewogene Verhältnisse in der Altersstruktur der mitarbeitenden Personen begründet sein. Letzteres ist darauf zurückzuführen, dass ältere Mitarbeiter aufgrund der längeren Berufserfahrung, ihrer längeren Betriebszugehörigkeit oder vielfacher Verhandlungsrunden meist ein höheres Durchschnittseinkommen erzielen als jüngere Arbeitnehmer. Da die Mitarbeiterzahl und/oder die Lohnkosten pro Stunde i. d. R. nicht flexibel an die Auftragslage bzw. die Markterfordernisse in Zeiten einer schwachen Konjunktur angepasst werden können, liegt der Grund für einen schlechten Unternehmenserfolg nicht selten in einem überhöhten Personalaufwand.

[915] Vgl. KRAUSE, H.-U.: Controlling-Kennzahlen, a. a. O., S. 304.

Ein niedriger Personalaufwand wird mit keinem oder niedrigen (Stunden-)Löhnen erreicht. Ein niedriger Personalaufwand je Mitarbeiter bedeutet jedoch nicht gleichzeitig einen hohen Umsatz[916] je Mitarbeiter bzw. eine hohe Produktivität.

Die Kennzahl „Personalaufwand je Mitarbeiter" ist aus den vorgenannten Gründen und weil sie nicht die (betrieblichen) Personalkosten umfasst, eher nicht zum Personal-Controlling geeignet.

$$\text{Personalkosten je Mitarbeiter} = \frac{\text{Personalkosten}}{\text{Zahl der betrieblichen Mitarbeiter}}$$

Darst. 2.724: Personalkosten je Mitarbeiter

Zwar würde eine Kennzahl „Personalkosten je Mitarbeiter" die Probleme der nicht betrieblichen, periodenfremden und außergewöhnlichen Aufwendungen außen vor lassen, dennoch ist diese Kennzahl trotz Zeitreihenbetrachtung und Benchmarking nur eingeschränkt zu beurteilen, da der Bezug zur Leistungsseite fehlt.

Eine erste Kennzahl, die im Nenner die Marktleistung berücksichtigt, ist die **Personalkostenintensität**.

$$\text{Personalkostenintensität (\%)} = \frac{\text{Personalkosten}}{\text{Umsatz}}$$

Darst. 2.725: Personalkostenintensität (%)

Eine hohe Personalkostenintensität zeigt eine starke Abhängigkeit des Unternehmens von der Entlohnung des Personals für die Erzielung des Umsatzes an.

[916] Es sei noch einmal darauf hingewiesen, dass der Umsatz bzw. die Erlöse nicht mit den Umsatzerlösen nach HGB verwechselt werden dürfen. Seit der Umsetzung des BilRUG 2015 sind in den Umsatzerlösen auch betriebsfremde Erträge wie z. B. Kantinenerlöse, Gebühren für den Kindergarten des Unternehmens, Erlöse aus dem Verkauf von Roh- Hilfs- und Betriebsstoffen, Miet- und Pachteinnahmen, Erträge aus Schrottverkäufen enthalten. Direkt mit den Umsätzen verbundene Steuern (z. B. bestimmte Verbrauch- und Verkehrsteuern) werden in der Position Umsatzerlöse saldiert. Vgl. dazu die ausführlichere Darlegung im Unter-Unterabschnitt 3.1.1.1 von Band 1 „Analyse der Erfolgserzielung".

Eine steigende Personalkostenintensität, also höhere Personalkosten im Vergleich zum Umsatz, können auf unwirtschaftliche Arbeitsprozesse oder Erhöhungen der Entgelte pro Arbeitsstunde, etwa durch ungünstige Tarifabschlüsse, zurückzuführen sein. Sie wurden an den Kunden – aus welchen Gründen auch immer – nicht weitergegeben. Eine sinkende Personalkostenintensität zeigt bei gleichbleibendem Umsatz erfolgreiche Restrukturierungs- oder Rationalisierungsmaßnahmen des Unternehmens oder eine anderweitige Reduzierung der Arbeitskosten pro Stunde, z. B. durch Lohnzugeständnisse oder die Streichung des Weihnachts- oder Urlaubsgeldes, an. Auch bei – relativ gesehen – größeren Steigerungen des Umsatzes ergibt sich ein verbessertes Betriebsergebnis und eine höhere Rentabilität.

Wie auch bei der nachstehenden Kennzahl ist hier nur ein Soll-Ist- bzw. Plan-Ist-Vergleich, eine Zeitreihenanalyse oder ein internes Benchmarking möglich. Für ein externes Benchmarking fehlen die Daten. Zudem wäre ein branchenübergreifender Vergleich nicht sinnvoll, da Personalkostenintensität in den verschiedenen Branchen (stark) variieren kann.

Optimal wäre es, die Personalkosten in Beziehung zur Wertschöpfung zu setzen, da bei der vorigen Kennzahl im Nenner die weitergehenden Leistungen, wie z. B. die Bestandserhöhungen oder aktivierte Eigenleistungen fehlen. Daraus ergeben sich die Personalkosten in % der Wertschöpfung:

$$\text{Personalkosten in \% der Wertschöpfung} = \frac{\text{Personalkosten}}{\text{Wertschöpfung}} \cdot 100$$

Darst. 2.726: Personalkosten in % der Wertschöpfung

Sofern die Wertschöpfung nicht bekannt ist, ließen sich alternativ die Herstellkosten als Bezugsgröße verwenden. Die Herstellkosten dürften dem Unternehmen trotz aller Probleme im Detail im Regelfall vorliegen, so dass sich hieraus ableiten lässt, wie viel % der Herstellkosten für den (betrieblichen) Personalbereich aufgewendet werden müssen.

$$\text{Personalkosten in \% der Herstellkosten} = \frac{\text{Personalkosten}}{\text{Herstellkosten}} \cdot 100$$

Darst. 2.727: Personalkosten in % der Herstellkosten

Diese Kennzahl ist allerdings nicht isoliert zu betrachten, da sie sich leicht durch den Zukauf von Vorprodukten oder Fremdbauteilen – die Materialkostenquote steigt dann – senken lässt. Tendenziell wird sich – gerade bei zunehmenden Personalkosten und daraus zunehmender Automatisierung – die Kennzahl Personalkosten in % der Herstellkosten reduzieren lassen. Allerdings bedeutet die Installation technisch höherwertiger und arbeitsplatzersetzender Maschinen oft auch die Einstellung/Beschäftigung höher spezialisierter und damit teurerer Mitarbeiter, so dass sich hieraus eine mehr oder weniger starke Gegentendenz bei den Personalkosten ergibt.

Die beiden vorgenannten Kennzahlen eignen sich zur internen Steuerung sehr gut, allerdings fehlt hier die Möglichkeit des Benchmarkings, da sowohl die Wertschöpfung als auch die Herstellkosten anderer Unternehmen in der Regel nicht bekannt sein dürften. In diesem Fall kann auf den Umsatz als Bezugsgröße zurückgegriffen werden. Problematisch ist beim Fremdvergleich, dass auch die Personalkosten nicht direkt ersichtlich sind. Daher muss auf die Personalaufwendungen zurückgegriffen werden. Es sollte immer darauf geachtet werden, dass nur ähnliche Unternehmen innerhalb der Branche zum Vergleich herangezogen werden.

Die Personalaufwandsquote gibt den Personalaufwand in % der Umsatzerlöse an:

$$\text{Personalaufwandsquote (\%)} = \frac{\text{Personalaufwand}}{\text{Umsatzerlöse}}$$

Darst. 2.728: Personalaufwandsquote (%)

Weder die Größe Umsatz noch Umsatzerlöse im Nenner zeigen die gesamte Leistung des Unternehmens. So werden weder bei der Verwendung des Umsatzes noch der Umsatzerlöse keine Bestandsveränderungen und auch keine aktivierten Eigenleistungen berücksichtigt. Daher sollte im Fall des internen Vergleichs (Soll-Ist- bzw. Plan-Ist-Analyse, Zeitreihenanalyse, internes Benchmarking die Größe Gesamtleistung im Nenner als Bezugsgröße angesetzt werden:

$$\text{Personalaufwand in \% der Gesamtleistung} = \frac{\text{Personalaufwand}}{\text{Gesamtleistung}} \cdot 100$$

Darst. 2.729: Personalaufwand in % der Gesamtleistung

Sofern der Umsatz im Falle des externen Benchmarkings nicht bestimmt werden kann, wird auf die Größe Umsatzerlöse als Teil der Haupterträge zurückgegriffen. Die ausführliche Formel lautet dann:

$$\text{Personalaufwand in \% der Haupterträge} = \frac{\text{Personalaufwand}}{\text{Umsatzerlöse + Bestandsveränd. + akt. Eigenleistung}} \cdot 100$$

Darst. 2.730: Personalaufwand in % der Haupterträge

Bei allen Kennzahlen, die **im Nenner eine Leistungsgröße** aufweisen, kann das Unternehmen feststellen, ob **Gehaltserhöhungen** zu einer **Steigerung der Wirtschaftlichkeit** führen oder nicht.

Weitere Personalkosten-Kennzahlen sind:

$$\text{Entgeltquote} = \frac{\text{Entgelt (Löhne und Gehälter)}}{\text{Gesamte Personalkosten}} \cdot 100$$

$$\text{Personalzusatzkostenquote} = \frac{\text{Personalzusatzkosten}}{\text{Gesamte Personalkosten}} \cdot 100$$

$$\text{Quote freiwilliger Sozialleistungen} = \frac{\text{Freiwillige Zusatzleistungen}}{\text{Gesamte Personalkosten}} \cdot 100$$

Darst. 2.731: Weitere Personalkosten-Kennzahlen

Abschließend sei darauf hingewiesen, dass es sich bei den meisten Personalaufwands- und -kostenkennzahlen um Gliederungs- oder Beziehungszahlen handelt, die im Zähler und Nenner wertmäßige Größen verwenden. Bei **wertmäßigen Größen** ist eine Veränderung der Kennzahl auf den ersten Blick nicht eindeutig zu erklären, da sich wertmäßige Größen aus dem mathematischen Produkt von Menge und Preis zusammensetzen. So ist es bspw. denkbar, dass sich bestimmte Effekte saldieren, wobei sich die Rentabilität des Unternehmens verändern kann.

2.7.5 Leistungsbezogene Kennzahlen

Insbesondere bei Lohnverhandlungen zwischen Arbeitnehmern und Arbeitgebern spielt u. a. neben dem Beschäftigungsgrad die Arbeitsproduktivität eine herausragende Rolle. Darüber hinaus machen es der hohe Anteil des Personalaufwandes am Gesamtaufwand resp. die Personalkosten im Verhältnis zu den Umsätzen (Lohnquote) und die bereits erläuterte Remanenz des Personalaufwandes bzw. der Personalkosten in Krisensituationen notwendig, die Arbeitsproduktivität genauer zu beleuchten. Kennzahlen zur Arbeitsproduktivität werden gebildet, um Daten über die **Leistungsfähigkeit, das Leistungsverhalten und die Kosten der Mitarbeiter** zu erhalten. Das Wissen um die durchschnittliche Leistung und die Durchschnittskosten pro Beschäftigten ist eine wichtige **Voraussetzung** für eine optimale kurzfristige, mittelfristige und langfristige **Personaleinsatzplanung**.

Produktivitätskennzahlen können für fast alle Bereiche des Unternehmens erstellt werden.[917] Sie unterscheiden sich im Nenner und/oder Zähler und werden als **Teilproduktivitäten** bezeichnet. Im Personalbereich werden – wie vorab erwähnt – spezielle Kennzahlen zur Arbeitsproduktivität konstruiert.

Während im **Zähler** die Größen **Umsatz** oder **Umsatzerlöse, Absatz(menge), Produktionswert, Wertschöpfung** oder **erstellte Stückzahl (oder andere Maßgrößen)** denkbar sind, kommen für den **Nenner** die Größen **Personalaufwand, Personalkosten, durchschnittlicher Personalbestand, Zahl der Mitarbeiter, Soll-Arbeitsstunden oder tatsächliche geleistete Arbeitsstunden** in Betracht.

Aus den vorgenannten Größen können verschiedene Kombinationen gebildet werden, die im Folgenden diskutiert werden sollen.

Eine erste Kombination könnte aus den Größen **Umsatzerlösen und Personalaufwand** bestehen. Das Verhältnis von Umsatzerlösen zu Personalaufwand eignet sich aus fünf Gründen nicht als Kennzahl zur Arbeitsproduktivität. Erstens beinhalten die **Personalaufwendungen** auch **betriebsfremde, periodenfremde und außergewöhnliche Bestandteile** und sind (schon) daher nicht mit dem (betrieblichen) Personalkosten gleich zu setzen. Gleiches gilt für die Umsatzerlöse.

Zweitens handelt es bei diesen Zahlen im Nenner und Zähler um **Wertgrößen**. Letztere bestehen immer aus einer Mengenangabe und einem ihr zugeordneten Preis. Dies hat zur Konsequenz, dass sich beispielsweise eine Wertgröße nicht ändert, obwohl sich die beiden Komponenten der Wertgröße verkleinert bzw. vergrößert haben. Die Saldierung der beiden Multiplikanden führt dazu, dass – ohne weitere Erkenntnisse – keine Aussage darüber getroffen werden kann, warum sich die Wertgröße tatsächlich verändert hat. Auch eine gleichbleibende Wertgröße kann aufgrund der Saldierung eine durchaus andere Interpretation erfahren: Sind beispielsweise die Umsatzerlöse konstant geblieben, obwohl sich die Menge verringert hat, der Absatzpreis aber erhöht werden konnte, ist dies durchaus positiv zu werten, denn die Umsatzrendite ist c. p. gestiegen.

Drittens ist bezüglich der Wertgrößen grundsätzlich hervorzuheben, dass diese von Ereignissen abhängen können, die **nicht im Einflussbereich des Unternehmens** liegen wie etwa Inflationsraten oder Tarifabschlüsse.

---

[917] Der Begriff „Produktivität" wurde bereits im Abschnitt 1.4 „Effizienz, Produktivität und Wirtschaftlichkeit" erörtert (WÖRDENWEBER, M.: Operatives Controlling – Band 1, a. a. O., S. 22–24) ausführlich erörtert.

Viertens sind die Umsatzerlöse u. U. nicht Leistung dieses Jahres, nämlich dann, wenn die **Bestände des Vorjahres** abgebaut worden sind. In diesem Fall sind in den Umsatzerlösen **auch Personalaufwendungen des Vorjahres** enthalten.

Fünftens kann die Interpretation dieser Kennzahl zu **irreführenden Ergebnissen** führen. Wird den Mitarbeitern beispielsweise das Weihnachtsgeld gestrichen, steigt das Verhältnis von Umsatzerlösen zum Personalaufwand, ohne dass sich die Faktoreinsatzmenge (Arbeit) und damit die Produktivität tatsächlich erhöht hat.

Ein bewertetes Verhältnis zwischen mengenmäßigem Handlungsergebnis und mengenmäßigem Mitteleinsatz wird als **Wirtschaftlichkeit** bezeichnet.[918]

Damit handelt es sich bei dem Verhältnis von Umsatzerlösen und Personalaufwand nicht um eine Arbeitsproduktivität, sondern um eine Wirtschaftlichkeitsgröße, die auf den Zahlen der Finanzbuchhaltung basiert.

In wenigen Lehrbüchern findet sich für den vorgenannten Quotienten die Bezeichnung **Personalkosten-Umschlag**.

$$\text{Personalkosten-Umschlag} = \frac{\text{Umsatz}}{\text{Personalaufwand}}$$

Darst. 2.732: Personalkosten-Umschlag (Personalaufwand-Umschlag)

Der Personalkostenumschlag, der vor allem im Einzelhandel Verwendung findet, soll messen, wie oft sich das Gehalt eines Mitarbeiters oder aller Mitarbeiter insgesamt, bezogen auf den Umsatz, umschlägt. Anders ausgedrückt: Wie viel € „Umsatz“ werden mit 1 € „Personalaufwand“ erzielt.

Soll der Personalkosten-Umschlag im Rahmen des externen Benchmarkings **mit anderen Unternehmen** der Branche **verglichen** werden, sind statt des Umsatzes (entsprechend dem Betriebszweck) die **Umsatzerlöse** anzusetzen, da der Umsatz, der über das interne Rechnungswesen ermittelt wird, im externen Vergleich nicht erhältlich ist.

---

[918] Eine ausführliche Erläuterung des Begriffs „Wirtschaftlichkeit“ findet sich u. a. im Abschnitt 1.4 „Effizienz, Produktivität und Wirtschaftlichkeit“ (WÖRDENWEBER, M.: Operatives Controlling – Band 1, a. a. O., S. 24–27).

Grundsätzlich ist ein überdurchschnittlicher Umsatz je Mitarbeiter bzw. Personalkostenumschlag positiv zu bewerten. Das Unternehmen benötigt in diesem Fall für jeden € Umsatz vermutlich einen geringeren Personalstamm, auf jeden Fall aber im Durchschnitt einen geringeren Personalaufwand als die Mitbewerber.

Beispiel: Das Gehalt eines bestimmten Verkäufers und auch der Umsatz dieses Mitarbeiters lassen sich erst wirklich beurteilen, wenn beide Größen in Beziehung gesetzt werden. Eine Verkaufskraft mit 50.000 € Jahresgehalt und 450.000 € Umsatz ist effizienter (wirtschaftlicher, nicht preiswerter!) als eine Verkaufskraft mit 25.000 € Jahresgehalt und 175.000 € Umsatz, weil im ersten Fall der Personalkostenumschlag 9-mal beträgt und im zweiten Fall nur 7-mal.

Im Grunde ist die vorgestellte Beziehungszahl Personalkosten-Umschlag nicht korrekt definiert. Statt Personalaufwand müsste der Nenner richtig Personalkosten heißen:

$$\text{Personalkosten-Umschlag} = \frac{\text{Umsatz}}{\text{Personalkosten}}$$

Darst. 2.733: Personalkosten-Umschlag

Damit würde sich der Umsatz zumindest auf die Mitarbeiter beziehen, die dem Betriebszweck dienen. Außergewöhnlicher und periodenfremder Aufwand sind ebenfalls nicht enthalten.

Gleich, welche der beiden Definitionen für den Personalkostenumschlag gewählt wird, die grundlegende Kritik ist die gleiche wie oben.

Aus den vorstehenden Erläuterungen lässt sich ableiten, dass es bei der Produktivität auf das **mengenmäßige** Verhältnis zwischen Leistungsergebnis und Leistungseinsatz ankommt.[919] Im Grunde genommen handelt es sich um die Leistungsmenge (im Zähler) und die Summe der eingesetzten Produktionsfaktoren (im Nenner).[920]

919 Vgl. WÖRDENWEBER, M.: Operatives Controlling – Band 1, a. a. O., S. 22.

920 PREITZ, O., DAHMEN, W.: Allgemeine Betriebswirtschaftslehre, 20. Aufl., Bad Homburg 1991, S. 28.

Dementsprechend gilt für die **Arbeitsproduktivität allgemein**:

$$\text{Arbeitsproduktivität (allgemein)} = \frac{\text{Mengenmäßige Arbeitsleistung}}{\text{Mengenmäßiger Arbeitseinsatz}}$$

Darst. 2.734: Arbeitsproduktivität (allgemein)

Als Zwischenergebnis verbleiben damit im Zähler die Größen Absatz (Absatzmenge) oder erstellte Stückzahl (oder andere Maßgrößen), im Nenner die Größen Zahl der Mitarbeiter, durchschnittlicher Personalbestand, Soll-Arbeitsstunden oder tatsächlich geleistete Arbeitsstunden.

Bei der **Zahl der Mitarbeiter** stellt sich erstens die Frage, welcher Stichtag zugrunde gelegt werden soll. Die Verwendung eines Stichtages ist insofern problematisch als die Zahl der Beschäftigten während eines Jahres geschwankt haben kann. Zweitens können in der Zahl der Mitarbeiter auch Beschäftigte enthalten sein, die dem Unternehmen zwar rechtlich angehören, de facto aber gar nicht arbeiten (Kranke einschl. Schwangere im Spätstadium, Auszubildende, Beurlaubte, Beschäftigte in Elternzeit etc.). Zwar kann der **durchschnittliche Personalbestand** das Manko von Schwankungen der Beschäftigtenzahl teilweise ausgleichen, nicht jedoch das Problem unproduktiver Mitarbeiter. Die Verwendung der Größe Mitarbeiterzahl empfiehlt sich nur bei externem Benchmarking (s. u.), da einerseits die Zahl der absolvierten Arbeitsstunden bei anderen Unternehmen nicht ersichtlich ist, andererseits es sich bei dem Personalaufwand oder den Personalkosten um eine Wertgrößen (mit den bekannten Problemen) handelt. **Soll-Arbeitsstunden** sind zur Messung ebenfalls nicht geeignet, weil sie erheblich von den **tatsächlich geleisteten Arbeitsstunden** abweichen können. Allein die letztgenannte Größe vermag eine eindeutige Interpretation der Arbeitsproduktivität zu gewährleisten. Zwar ließe sich hier noch einwenden, dass sich der Zähler (Arbeitsstunden) aus qualitativ unterschiedlichen und damit nicht einfach addierbaren Zeiten zusammensetzt (z. B. Facharbeiter- und Hilfsarbeiterstunden)[921]. Zum einen stellt sich die Frage, ob eine derartige Differenzierung einen zusätzlichen Nutzen generiert, denn ein Unternehmen wird immer, zumindest jedoch über einen längeren Zeitraum eine bestimmte Relation von Facharbeitern und Hilfskräften benötigen. Zum anderen ergibt sich oft (automatisch) eine Differenzierung über den Zähler (s. u.).

[921] PREITZ, O., DAHMEN, W., a. a. O., S. 29f.

Die Diskussion der Größe im Zähler führt zu folgendem Ergebnis: Die **Absatzmenge** eignet sich für eine genaue Steuerung einschl. Kontrolle der Arbeitsproduktivität nicht, da sie ggf. auch Leistungen des Vorjahres enthält. Es ist auch denkbar, dass Leistungen produziert wurden, die nicht im gleichen Geschäftsjahr am Markt abgesetzt werden. Bei dem erstellten **mengenmäßigen Output**, gemessen in g, kg, t, m, cm, km, ml, l, hl, kwh, Stück etc., ist die Bestimmung und Bewertung der Arbeitsproduktivität dann **eindeutig**, wenn es sich um eine **homogene Produktion** (Einproduktunternehmen) oder um eine **bestimmte Produktart** handelt. Dann kann der mengenmäßige Arbeitseinsatz exakt dieser Produktart zugeordnet werden.

$$\text{Arbeitsproduktivität} = \frac{\text{Mengenmäßiger Output einer Produktart}}{\text{Tatsächlich geleistete Arbeitsstunden}}$$

Darst. 2.735: Arbeitsproduktivität

In der **Auftragsdisposition**[922] als Teilbereich der **internen** oder der **externen Transportlogistik** wird eine spezielle Kennzahl der Arbeitsproduktivität, die **Auftragsabwicklungsproduktivität** verwendet. Bei dieser Kennzahl könnte im Nenner die Zahl der Mitarbeiter der Auftragsdisposition stehen.[923] Wie vorstehend ausgeführt, ist diese Zahl der Mitarbeiter aufgrund verschiedener Umstände nicht sinnvoll. Sie lässt daher weder eine Zeitreihenanalyse noch ein internes oder externes Benchmarking zu. Optimal erscheint die Zahl der tatsächlich geleisteten Arbeitsstunden der Mitarbeiter der Auftragsdisposition:

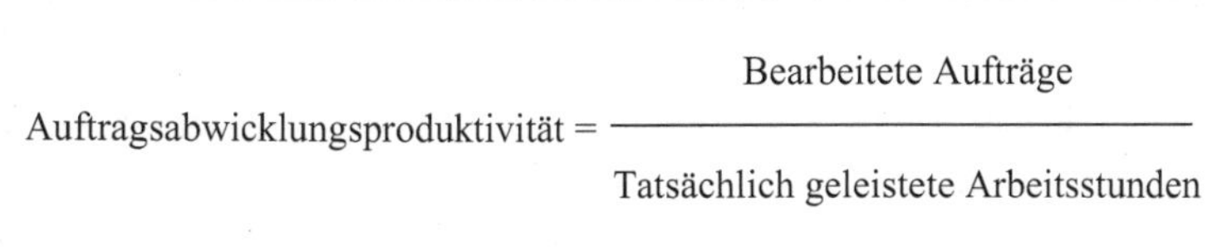

$$\text{Auftragsabwicklungsproduktivität} = \frac{\text{Bearbeitete Aufträge}}{\text{Tatsächlich geleistete Arbeitsstunden}}$$

Darst. 2.736: Auftragsabwicklungsproduktivität

[922] Die Auftragsdisposition beinhaltet die mengenmäßige Zuordnung und Verteilung von Aufgaben bzw. Aufträgen auf interne verfügbare Ressourcen. Abzuwickelnde Auftragsdispositionen können verbindliche Aufträge externer oder interner Kunden (andere Unternehmenseinheiten wie z. B. Werke, Versandläger), auch aufgrund von Planungsvorgaben, sein.

[923] Vgl. WERNER, H.: a. a. O., S. 396, der statt der Auftragsabwicklungsproduktivität die Kennzahl „Auftragsabwicklungsquote (%)" beschreibt.

Statt der Zahl der bearbeiteten Aufträge ist bei sehr unterschiedlichen Auftragszusammensetzungen die **Zahl der Auftragspositionen** empfehlenswerter.

Es sei darauf hingewiesen, dass die Zahl der *disponierten* Aufträge nicht deckungsgleich mit der Zahl der tatsächlich *versendeten* Aufträge sein muss.

Eine weitere Produktivitätskennzahl im **Versand** ist daher die **Versandabwicklungsproduktivität**. Im Unterschied zur Auftragsabwicklungsproduktivität, die die Zahl der *bearbeiteten* Aufträge ins Verhältnis zur Zahl der geleisteten Arbeitsstunden setzt, überprüft die Versandabwicklungsquote die Zahl der tatsächlich *versandten* Aufträge, denn ein abgewickelter Auftrag muss nicht zwangsläufig zu seiner späteren Versendung gelangen. Üblicherweise wird bei dieser Kennzahl die Zahl der Sendungen auf die **Zahl der Arbeitstage** bezogen:[924]

$$\text{Versandabwicklungsproduktivität (Arbeitstage)} = \frac{\text{Anzahl Sendungen}}{\text{Arbeitstage}}$$

Darst. 2.737: Versandabwicklungsproduktivität (Arbeitstage)

Der Vorteil der auf diese Weise definierten Kennzahl liegt darin, dass sie sich recht einfach berechnen lässt. Sie kann jedoch, insb. bei einem Benchmarking, wenig aussagekräftig sein, wenn die Zahl der Mitarbeiter resp. der von ihnen geleisteten Arbeitsstunden starken Schwankungen unterliegt. In diesem Fall sollte statt der Zahl der Arbeitstage **besser** die **Summe der Zahl der an einem bestimmten Arbeitstag** resp. an bestimmten Arbeitstagen **geleisteten Arbeitsstunden** – unabhängig von der Anzahl der eingesetzten Mitarbeiter – stehen. Durch die Division der Anzahl Sendungen durch die Summe der geleisteten Arbeitsstunden eines (bestimmten) Arbeitstages ist dann ein – auf den Arbeitstag bezogener – **Vergleich der Produktivität auf Stundenbasis** an verschiedenen Arbeitstagen möglich:

[924] Vgl. etwa WERNER, H.: a. a. O., S. 396, der die Versandabwicklungsproduktivität allerdings als Prozentzahl definiert.

$$\text{Versandabwicklungsproduktivität (Stunden/Arbeitstag)} = \frac{\text{Anzahl Sendungen}}{\text{Stunden pro Arbeitstag}}$$

Darst. 2.738: Versandabwicklungsproduktivität (Stunden pro Arbeitstag)

Sobald **verschiedene Produktarten** oder gar sämtliche Produkte eines Unternehmens (heterogene Produktion) in die Bestimmung der Arbeitsproduktivität einfließen sollen, stößt die **mengenmäßige Relation** auf **Schwierigkeiten**. Ergeben sich bei den einzelnen Produktarten unterschiedliche Produktionszeiten, genauer: unterschiedliche Beanspruchungen des Faktors Arbeit, müssen die Produktarten **über Wertgrößen homogenisiert** werden.

Stellt beispielsweise ein Mischkonzern sowohl elektrische Zahnbürsten, Inkontinenzprodukte für Babys und Kleinkinder, elektrische Rasierer, Hautpflegecremes, Shampoos, Batterien, Geruchsentferner, Haarspülungen, Waschmittel, Haarspray und Tiernahrung her, dann macht eine Berechnung der Arbeitsproduktivität nur für jeweils eine Produktart wie z. B. Haarspülungen Sinn. Es wäre aber denkbar, dass bestimmte Produkte, z. B. Haarspülungen, Shampoos und Haarspray zu einer Produktgruppe Haarpflege zusammengefasst werden und für diese die Arbeitsproduktivität ermittelt werden soll. Sind die Mitarbeiter für die einzelnen Produkte der Produkte unterschiedlich lange mit der Produktion (pro Stück) befasst, ist es sinnvoll, statt des mengenmäßigen Outputs eine Wertgröße wie den **Produktionswert** zu wählen. Erst recht gilt dies, wenn die Arbeitsproduktivität für sämtliche Produkte des Konzerns bestimmt werden soll.

Die modifizierte Arbeitsproduktivität lautet dann:

$$\text{Arbeitsproduktivität (Produktionswert)} = \frac{\text{Produktionswert}}{\text{Tatsächlich geleistete Arbeitsstunden}}$$

Darst. 2.739: Arbeitsproduktivität (Produktionswert)

Die Verwendung der Kennzahl Arbeitsproduktivität (Produktionswert) ist nicht unproblematisch, sofern sich die Struktur (Zusammensetzung) der Mitarbeiter ändert, d. h. die den einzelnen Produktarten produktionstechnisch zugeordneten Mitarbeiter hinsichtlich der Vergütung unterschiedlich sind.

Im Falle des externen Benchmarkings (s. u.) ist von anderen Unternehmen die Zahl der tatsächlich absolvierten Arbeitsstunden nicht zu erhalten. In diesem Fall kann im Nenner nur auf die Größe Zahl der Mitarbeiter oder hilfsweise auf den Personalaufwand zurückgegriffen werden. Statt Personalaufwand sind zwar die Personalkosten sinnvoller, aber i. d. R. nicht zu bekommen.

Damit zeigt sich bei **heterogener Produktion** resp. bei der **Zusammenfassung mehrerer Produktarten** und **externem Benchmarking**, dass die Arbeitsproduktivität letztlich nur als Wertgröße dargestellt werden kann und damit eine Wirtschaftlichkeitskennzahl ist.

$$\text{Wirtschaftlichkeit des Faktors Arbeit (Aufwand)} = \frac{\text{Produktionswert}}{\text{Personalaufwand}}$$

Darst. 2.740: Wirtschaftlichkeit des Faktors Arbeit (Aufwand)

Respektive

$$\text{Wirtschaftlichkeit des Faktors Arbeit (Kosten)} = \frac{\text{Produktionswert}}{\text{Personalkosten}}$$

Darst. 2.741: Wirtschaftlichkeit des Faktors Arbeit (Kosten)

Auf die Problematik von Wirtschaftlichkeitsgrößen wurde bereits hingewiesen.

Aus den bisherigen Ausführungen ergibt sich, dass weitere in der Literatur[925] vorgestellte Kennzahlen wie

$$\text{Erfolg je Mitarbeiter} = \frac{\text{Erfolg}}{\text{Zahl der Mitarbeiter}}$$

Darst. 2.742: Erfolg je Mitarbeiter

mit der Größe Erfolg als Gewinn vor Steuern zur Messung der Arbeitsproduktivität wegen der Größe **Erfolg** (Wertgröße) nur eingeschränkt zu empfehlen sind. Der Erfolg ist nicht nur wegen der Abhängigkeit von der **Marktleistung** (Preiserhöhungen?) eine fragliche Größe, sondern auch weil in den Erfolg u. a. das **Finanzergebnis** (also z. B. auch Spekulationsgewinne und -verluste), **Abschreibungen auf Forderungen** und **außerordentliche Ergebnisse** einfließen, die durch die mitarbeitende Kraft nur bedingt beeinflussbar sind.

Als weitere Größe, insbesondere **im Vertrieb**, wird der Umsatz je Mitarbeiter genannt.[926]

$$\text{Umsatz je Mitarbeiter} = \frac{\text{Umsatz}}{\text{Zahl der Mitarbeiter}}$$

Darst. 2.743: Umsatz je Mitarbeiter (Zahl der Mitarbeiter)

Die Zahl „Umsatz je Mitarbeiter" lässt nur eine grobe Einschätzung der Vertriebsanstrengungen der Mitarbeiter **auf Unternehmensebene** zu. Erstens ist die Größe deshalb nur bedingt aussagefähig, weil sie im Nenner die Stichtagsgröße „Zahl der Mitarbeiter" verwendet. Die Zahl der Beschäftigten kann während eines Jahres (erheblich) geschwankt haben. Besser wäre es, als Bezugsgröße die durchschnittliche Zahl der Mitarbeiter zu wählen:

---

[925] Vgl. SCHELD, G. A.: Kennzahlenanalyse, a. a. O., S. 130f.

[926] Soll der Umsatz je Mitarbeiter im Rahmen des externen Benchmarkings mit anderen Unternehmen der Branche verglichen werden, sind statt des Umsatzes (entsprechend dem Betriebszweck) die Umsatzerlöse anzusetzen, da der Umsatz, der über das interne Rechnungswesen ermittelt wird, im externen Vergleich nicht erhältlich ist. Weiters siehe unten.

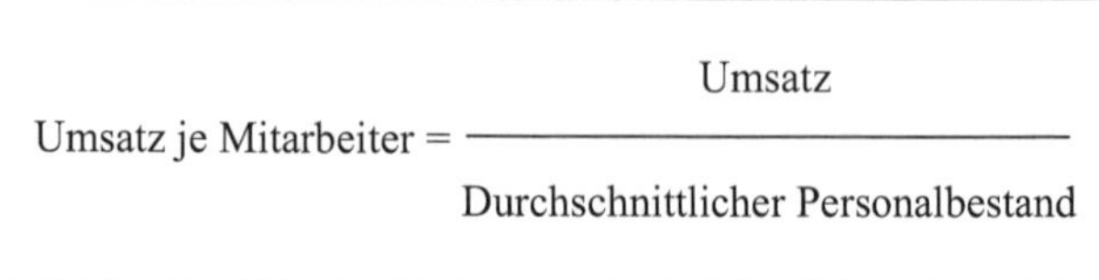

$$\text{Umsatz je Mitarbeiter} = \frac{\text{Umsatz}}{\text{Durchschnittlicher Personalbestand}}$$

Darst. 2.744: Umsatz je Mitarbeiter (Durchschnittlicher Personalbestand)

Zweitens ist sie im Vergleich mit anderen Unternehmen nur eingeschränkt geeignet, weil in der Zahl der Mitarbeiter auch Beschäftigte enthalten sind, die dem Unternehmen zwar rechtlich angehören, de facto aber gar nicht arbeiten (Kranke einschl. Schwangere im Spätstadium, Auszubildende, Beurlaubte, Beschäftigte in Elternzeit etc.). Die Zahl dieser Personen kann sich von Unternehmen zu Unternehmen erheblich unterscheiden. Darüber hinaus ist in einem Unternehmen mit (sehr) **heterogenem Produktionsprogramm oder Sortiment** davon auszugehen, dass die Verkaufspreise der Produkte in den einzelnen **Organisationseinheiten (Vertriebseinheiten)** sehr unterschiedlich sind. Insofern sollte die Zahl auf die vorgenannten Stellen **heruntergebrochen** werden. Die Kennzahl „Umsatz je Mitarbeiter" kann daher auf Unternehmensebene nur für einen zwischenbetrieblichen (Vertriebs-)Vergleich verwendet werden. Wesentlich ist, dass das externe Benchmarking wegen der unterschiedlichen Eigenarten der Branchen nur **branchenintern** sinnvoll ist. Aus der Umsatzentwicklung je Beschäftigten im Zeitablauf lassen sich Rückschlüsse auf den **Grad der Rationalisierung** ziehen. Wenn der Personalaufwand je Mitarbeiter steigt, sollte auch der Umsatz je beschäftigter Person eine positive Korrelation aufweisen.

Stehen die von den Mitarbeitern des Unternehmens erstellten Leistungen (**Gesamtleistung**) im Focus der Betrachtung, wird der Zähler der vorgenannten Kennzahl erweitert:

$$\text{Gesamtleistung je Mitarbeiter} = \frac{\text{Umsatz + Bestandsveränderung + aktivierte Eigenleistungen}}{\text{Durchschnittlicher Personalbestand}}$$

Darst. 2.745: Gesamtleistung je Mitarbeiter (Durchschnittlicher Personalbestand)

Da in den Umsätzen u. U. nicht nur die Leistung dieses Jahres enthalten ist, wenn die **Bestände des Vorjahres** abgebaut wurden oder **auf Lager** produziert worden ist, muss zu den Umsätzen die (negative oder positive) Bestandsveränderung subtrahiert oder addiert werden. Denn bei einem Lagerbestandsabbau sind in den Umsätzen Leistungen des

Vorjahres enthalten. Zusätzlich müssen in der Gesamtleistung diejenigen Produkte berücksichtigt werden, die nicht zu Verkauf bestimmt sind, sondern im Unternehmen als Produktivgüter verbleiben.

Problematisch ist seit der Umsetzung des BilRUG 2015, dass ein **externes Benchmarking** mit dieser Kennzahl kaum noch sinnvoll ist, da in der GuV **statt der Umsätze** eines Unternehmens dessen **Umsatzerlöse** veröffentlicht werden. In den Umsatzerlösen sind **auch betriebsfremde Erträge** wie z. B. Kantinenerlöse, Gebühren für den Kindergarten des Unternehmens, Erlöse aus dem Verkauf von Roh- Hilfs- und Betriebsstoffen, Miet- und Pachteinnahmen, Erträge aus Schrottverkäufen enthalten. Direkt mit den Umsätzen verbundene Steuern (z. B. bestimmte Verbrauch- und Verkehrsteuern) werden in der Position Umsatzerlöse saldiert.[927] Die modifizierte Kennzahl „Haupterträge je Mitarbeiter" setzt sich bei Verwendung des Gesamtkostenverfahrens (GKV) im Zähler aus den ersten drei Positionen gemäß § 275 Abs. 2 HGB zusammen: Umsatzerlöse, Erhöhung oder Verminderung des Bestands an fertigen und unfertigen Erzeugnissen und andere aktivierte Eigenleistungen.

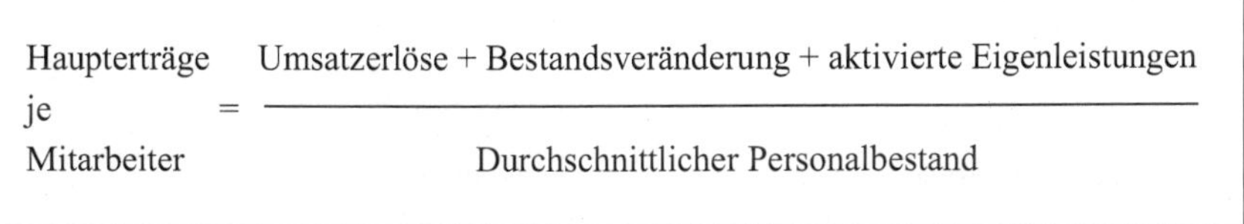

$$\text{Haupterträge je Mitarbeiter} = \frac{\text{Umsatzerlöse} + \text{Bestandsveränderung} + \text{aktivierte Eigenleistungen}}{\text{Durchschnittlicher Personalbestand}}$$

Darst. 2.746: Haupterträge je Mitarbeiter (Durchschnittlicher Personalbestand)

Bei Unternehmen, die gem. § 275 Abs. 3 HGB die GuV nach dem Umsatzkostenverfahren (UKV) aufstellen, ist die Ermittlung der Haupterträge je Mitarbeiter nach der vorstehenden Formel nicht möglich. In diesen Fällen können die Unternehmen bei einem externen Benchmarking nur mittels der Kennzahl „Umsatzerlöse je Mitarbeiter" mit der betriebswirtschaftlich unbefriedigenden Größe Umsatzerlöse im Zähler verglichen werden:

[927] Vgl. dazu die ausführlichere Darlegung im Unter-Unterabschnitt 3.1.1.1 von Band 1 „Analyse der Erfolgserzielung".

$$\text{Umsatzerlöse je Mitarbeiter} = \frac{\text{Umsatzerlöse}}{\text{Durchschnittlicher Personalbestand}}$$

Darst. 2.747: Umsatzerlöse je Mitarbeiter (Durchschnittlicher Personalbestand)

Auch bei dieser Kennzahl ist im Rahmen eines externen Benchmarkings wegen der unterschiedlichen Eigenarten der Branchen nur ein **brancheninterner Vergleich** sinnvoll.

Eine grundsätzliche Frage beschäftigt sich mit dem Thema, ob die Arbeitsproduktivität als **einzelne Größe** überhaupt **beurteilt werden kann**. Erst die **vergleichende Bewertung** zeigt, ob die Arbeitsproduktivität

- den vorgegebenen Soll-Wert erreicht, unter- oder überschritten hat (Soll-Ist-Vergleich)
- im Zeitverlauf besser oder schlechter oder gleich geblieben ist (Zeitreihenanalyse)
- im internen oder externen Vergleich höher oder niedriger ausgefallen oder den gleichen Wert aufweist (internes bzw. externes Benchmarking).

Auf die grundsätzliche Einstufung der Verfahren der vergleichenden Bewertung wurde bereits in Unterabschnitt 2.2.6 von Band 1 „Bewertung von Kennzahlen und Benchmarking“ eingegangen.

Zu klären ist, auf welche Größen bzw. mit welchen Formeln welche vergleichende Bewertung zurückgreifen kann. Dies hängt vor allem davon beim **externen Benchmarking** (branchenbezogen!) davon ab, welche Daten von anderen Unternehmen veröffentlicht werden. Erstellt das Unternehmen seine GuV nach dem Gesamtkostenverfahren, sollten es sich mit Unternehmen vergleichen, die ebenfalls das Gesamtkostenverfahren anwenden und die Kennzahl „Haupterträge je Mitarbeiter“ für den Vergleich nutzen; bei einer Aufstellung der GuV nach dem Umsatzkostenverfahren sind (andere) Unternehmen gesucht, die dieses Verfahren ebenfalls der GuV zugrunde legen. Im letzten Fall kann eine Analyse dann nur noch über die unbefriedigende Kennzahl „Umsatzerlöse je Mitarbeiter“ erfolgen.

Eine Empfehlung lautet daher:

Art der vergleichenden Bewertung	homogene Produktion bzw. nur eine Produktart	heterogene Produktion bzw. Zusammenfassung mehrerer Produktarten
Soll-Ist-Vergleich/ Plan-Ist-Vergleich	Arbeitsproduktivität	Arbeitsproduktivität (Produktionswert)
Zeitreihenanalyse	Arbeitsproduktivität	Arbeitsproduktivität (Produktionswert)
Internes Benchmarking	Arbeitsproduktivität	Arbeitsproduktivität (Produktionswert)
Externes Benchmarking	Haupterträge je Mitarbeiter (GKV), Umsatzerlöse je Mitarbeiter (UKV)	Haupterträge je Mitarbeiter (GKV), Umsatzerlöse je Mitarbeiter (UKV)

Abb. 2.748: Arbeitsproduktivitäten bzw. Wirtschaftlichkeit des Faktors Arbeit bei vergleichender Bewertung

Zuletzt sei darauf hingewiesen, dass die Arbeitsproduktivitäten bzw. die Wirtschaftlichkeit des Faktors Arbeit **mindestens am Ende jedes Geschäftsjahres, besser** aber **einmal im Monat** erhoben werden sollte.

2.7.6 Weitere personalbezogene Kennzahlen

In vielen, insbesondere kleinen und mittleren Unternehmen existiert oft keine mittel- oder gar langfristige Personalplanung. Dies führt dann dazu, dass z. B. die Nachfolge für die Geschäftsführung nicht geregelt ist oder andere wichtige Führungspositionen nicht oder nur unter Zeitdruck besetzt werden können. Diese Lösung ist selten optimal, da entweder nicht die richtigen Personen gefunden werden können und/oder die Stellenbesetzung mit teuren Mitarbeitern extern erfolgen muss.

Daher ist es aus Sicht des Unternehmens bzw. der Gesellschafter unbedingt erforderlich, sich schon frühzeitig Gedanken über künftige Führungskräfte zu machen. Als systematisches, revolvierendes Instrument empfiehlt sich hier eine **regelmäßige Personalbeobachtung und -beurteilung.**

Grundsätzlich dient die regelmäßige Personalbeobachtung und -beurteilung folgenden Zwecken:

- Auswahl und Einarbeitung von Mitarbeitern
- Aus- und Weiterbildung der Mitarbeiter
- Richtiger Personaleinsatz
- Leistungsvergütung
- Anerkennung und Förderung
- Potenzialermittlung
- Verbesserung des Führungsverhaltens und der Kooperation
- Durchführung von Disziplinarmaßnahmen

Darst. 2.749 Nutzen einer Personalbeobachtung und -beurteilung
(Vgl. KIEFER, B.-U., KNEBEL, H.: Taschenbuch für Personalbeurteilung. Feedback in Organisationen, 12. Aufl., Hamburg 2011, S. 15f.)

Insbesondere für die eingangs skizzierte Besetzung von Führungspositionen (Potenzialermittlung) bietet sich als kurz-, mittel- und möglicherweise auch langfristiges Planungsinstrument ein **Mitarbeiterportfolio** an. Die Einordnung der Mitarbeiter in die entsprechende Grafik resultiert aus den bisherigen **Mitarbeiterbeurteilungen**. Sie könnte beispielsweise als Scoring-Modell wie nachstehend gezeigt aufgebaut sein.

Werden die Mitarbeiterbeurteilungen regelmäßig durchgeführt, lässt sich anhand der **Performance** (Änderung der Punktsumme) das (Entwicklungs-)Potential ableiten und als Prozentwert berechnen. Je höher der Prozentwert, desto höher ist das Potential des Mitarbeiters einzuschätzen. Sofern die bekannte Lernkurve unterstellt wird, müsste der Prozentsatz im Laufe der Besetzung ein- und derselben Position abnehmen; bei Antreten einer neuen Herausforderung (Aufstiegsposition) wird dieser Prozentsatz zunächst wieder steigen, da die Punktsumme (s. u.) zunächst mehr oder weniger stark gefallen sein dürfte. Die Performance wurde als Kriterium gewählt, da das „lebenslange Lernen“ und die Flexibi-

Hauptkriterien/Anforderung	Bedeutung für die Position				Erfüllung der Anforderung					Zeilenprodukt
	keine 0	geringe 2	mittlere 5	besondere 10	überfordert 0	nicht immer 2	regelmäßig 5	häufig 7	ständig 10	
10 Arbeitsleistung										
11 Fachwissen und -können										
12 Qualität der Arbeit										
13 Einteilung der Arbeit										
20 Arbeitsverhalten										
21 Selbständigkeit/ Entscheidungsfähigkeit										
22 Belastbarkeit										
23 Flexibilität										
24 Initiative										
30 Zusammenarbeit										
31 Kooperationsverhalten										
32 Informationsverhalten										
33 Konfliktbewältigung										
34 Überzeugungskraft/ Verhandlungsgeschick										
40 Unternehmerisches Handeln										
41 Strategisches Handeln										
42 Kostenbewusstes Handeln										
43 Ertragsbewusstes Handeln										
44 Risikobewusstes Handeln										
45 Unternehmerische Initiative										
50 Führungsverhalten										
51 Planen/Organisieren										
52 Ziele setzen										
53 Delegieren										
54 Motivieren										
55 Mitarbeiter fördern										
Punktsumme	-	-	-	-	-	-	-	-	-	

2.750: Beispiel für eine Mitarbeiterbeurteilung

lität des Mitarbeiters für die Unternehmen im Zeitalter der Globalisierung und des stetig zunehmenden Wettbewerbs eines der entscheidenden Kriterien ist.

Die **Leistung** des Mitarbeiters (Erfüllung der Anforderungen) lässt sich aus der Punktsumme ableiten. Je höher die (positionsbezogene) Punktsumme, umso mehr erfüllt der Mitarbeiter die Anforderungen an seine Position. Da niemand perfekt ist, dürfte der positionsbezogene Maximalwert nie erreicht werden. Bei einem Aufstieg in eine höherwertige Position wird die Punktsumme auf einen niedrigeren Wert fallen, da i. d. R. nicht davon ausgegangen werden kann, dass der Mitarbeiter – selbst bei einer noch so guten Vorbereitung auf die neue Aufgabe – alle Kriterien/Anforderungen sofort erfüllt/erfüllen kann.

In Abhängigkeit von der Performance (Prozentsatz) und der Punktsumme lässt sich die Einordnung des Mitarbeiters in ein Mitarbeiterportfolio vornehmen. Dieses Mitarbeiterportfolio besteht aus einer Neun-Felder-Matrix mit den Achsen Performance (Prozentsatz) und Leistung (Punktsumme).

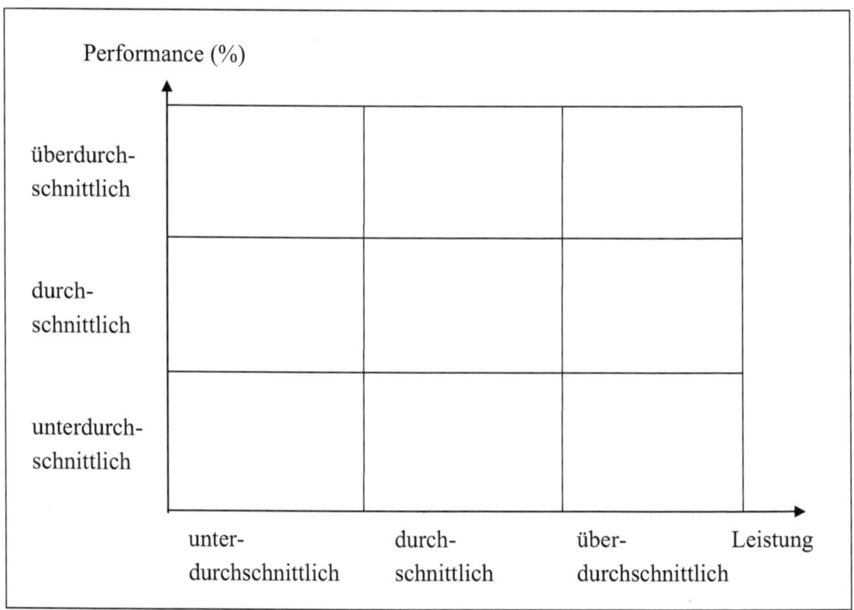

Darst. 2.751: Mitarbeiterportfolio

Die Festlegung der jeweiligen Grenzen (unterdurchschnittlich, durchschnittlich, überdurchschnittlich) muss das Unternehmen individuell festlegen. Und zwar für jede Hierarchieebene, ja sogar für jede Position, denn die Leistung (Punktsumme) und somit auch die maximal erreichbare Punktzahl ist wegen der Zahl der Kriterien und deren Bedeutung von Position zu Position unterschiedlich.

Die neun Felder des Mitarbeiterportfolios heißen:

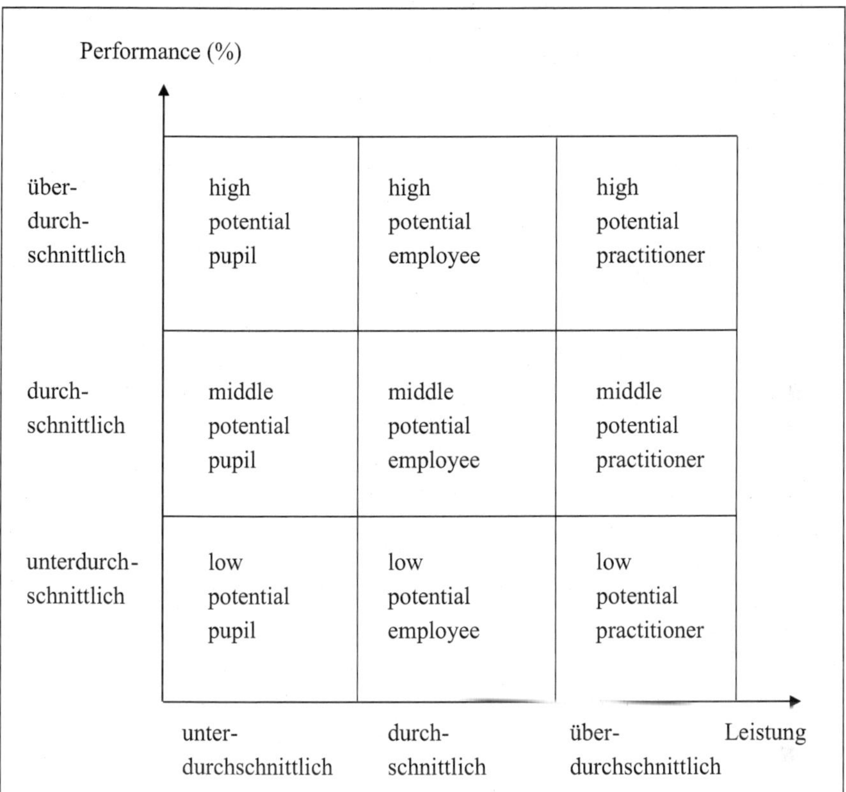

Darst. 2.752: Feldbezeichnungen des Mitarbeiterportfolios

Aus der Einordnung der Mitarbeiter in das Mitarbeiterportfolio lassen sich für die Mitarbeiter folgende generelle **Handlungsempfehlungen** ableiten. Im Einzelfall muss geprüft werden, warum die Performance nicht höher ist bzw. warum die Punktsumme, genauer die Anforderungen der Mitarbeiter im Einzelnen (noch) nicht erfüllt sind.

- high potential pupil: vorrangig Defizite hinsichtlich der Anforderungen abbauen
- middle potential pupil: Bereitschaft zur Performance fördern und Defizite hinsichtlich der Anforderungen abbauen
- low potential pupil: vorrangig Bereitschaft zur Performance fördern; bei negativer Entwicklung oder Verweigerung: outplacement
- high potential employee: vorrangig ausgewählte Defizite hinsichtlich der Anforderungen abbauen
- middle potential employee: Bereitschaft zur Performance fördern und ausgewählte Defizite hinsichtlich der Anforderungen abbauen
- low potential employee: vorrangig Bereitschaft zur Performance fördern und ausgewählte Defizite hinsichtlich der Anforderungen abbauen; prüfen, ob negative Entwicklung eingetreten ist oder vorhersehbar; bei Verweigerung: outplacement
- high potential practitioner: Ausbau, Beförderung, Empowerment, Job Enrichment, Abschöpfen
- middle potential practitioner: Bereitschaft zur Performance bei ausgewählten Defiziten hinsichtlich der Anforderungen wecken
- low potential practitioner: Bereitschaft zur Performance bei vereinzelten Defiziten hinsichtlich der Anforderungen wecken; prüfen, ob negative Entwicklung eingetreten ist oder vorhersehbar; bei Verweigerung: outplacement

Darst. 2.753: Handlungsempfehlungen für die Felder des Mitarbeiterportfolios

Literaturverzeichnis

ADAM, D.: Investitionscontrolling, 3. Aufl., München, Wien 2000

ADAM, D.: Produktions-Management, Nachdruck der 9. Aufl., Wiesbaden 2001

ADAM, D. *Produktionsplanung* bei Sortenfertigung: Ein Beitrag zur Theorie der Mehrproduktunternehmung, Wiesbaden 1969

ADAM, S.: Das Going-Concern-Prinzip in der Jahresabschlussprüfung, Diss. TU Darmstadt, Wiesbaden 2007

AG Köln, Urt. v. 24.02.2012, Az: 145 C 263/11

AGOF – ARBEITSGEMEINSCHAFT ONLINE FORSCHUNG E. V. (HRSG.): agof daily digital facts Oktober 2021, https://www.agof.de/en/?wpfb_dl=8557, Abruf am 24.12.2021

AHLERT, D.: Grundzüge des Marketing, 3. Aufl., Düsseldorf 1984

AMMON, U. ET AL.: Nachhaltiges Wirtschaften durch dialogorientiertes und systemisches Kennzahlenmanagement, Dortmund 2002, http://www.sfs.tu-dortmund.de/odb/-Repository/Publication/Doc/123/beitr126_nachhaltiges_wirtschaften.pdf, Abruf am 27.06.2016

ANDERSON, M., MAGRUDER, J.: Learning from the Crowd: Regression Discontinuity Estimates of the Effects on an Online Review Database, in: Economic Journal, Jg. 122, 2012, H. 563, S. 957-989

ANDLER, K.: Rationalisierung der Fabrikation und optimale Losgröße, München 1929

ANSOFF, H. I.: Management-Strategie, München 1966

ARNOLDS, H., HEEGE, F., RÖH, C., TUSSING, W.: Materialwirtschaft und Einkauf, 13. Aufl., Wiesbaden 2016

ARTHUR D. LITTLE (HRSG.): The Future oft he Internet. Innovation and Investment in IP Interconnection, Mai 2014, https://www.libertyglobal.com/pdf/public-policy/Liberty-Global-2014-Future-Of-The-Internet.pdf, S. 15–16, Abruf am 28.11.2021

ATZERT, S.: Strategisches Prozesscontrolling – Koordinationsorientierte Konzeption auf der Basis von Beiträgen zur theoretischen Fundierung von strategischem Prozessmanagement, 1. Aufl., Wiesbaden 2011

BÄCHLE, M., LEHMANN, F. R.: E-Business: Grundlagen elektronischer Geschäftsprozesse im Web 2.0, München 2010

BALDERJAHN, I., SPECHT, G.: Einführung in die Betriebswirtschaftslehre, 8. Aufl., Stuttgart 2020

BARTON, TH.: E-Business mit Cloud Computing. Grundlagen – Praktische Anwendungen – Verständliche Lösungsansätze, Berlin 2014

BAUER, C., GREVE, G., HOPF, G., Online Targeting und Controlling, Wiesbaden 2011

BAUER, H. H., HUBER, F. (HRSG.): Strategien und Trends im Handelsmanagement. Disziplinenübergreifende Herausforderungen und Lösungsansätze, München 2004

BAUER, J.: Produktionscontrolling und -management mit SAP ERP, 5. Aufl., Wiesbaden 2017

BAUERNHANSL, T., TEN HOMPEL, M.,VOGEL-HEUSER, B.: Industrie 4.0 in Produktion, Automatisierung und Logistik, Wiesbaden 2014

BAYER AG: Geschäftsbericht 2020, https://www.bayer.com/sites/default/files/2021-02/Bayer-Geschaeftsbericht-2020.pdf, Abruf am 09.11.2021

BAUM, H.-G., COENENBERG, A., GÜNTHER, T.: Strategisches Controlling, 5. Aufl., Stuttgart 2013

BAUMÜLLER, J., HARTMANN, A., KREUZER, C.: Integrierte Unternehmensplanung. Grundlagen, Funktionsweise und Umsetzung, 3. Aufl., Wien 2018

BECKER, J.: Marketingkonzeption. 11. Aufl., München 2019

BECKER, J., WINKELMANN, A.: Handelscontrolling. Optimale Informationsversorgung mit Kennzahlen, 4. Aufl., Berlin, Heidelberg 2019

BECKER, M.: 600 Millionen auf der hohen Kante? Zweifel an Gemeinnützigkeit des Roten Kreuzes, 15.11.2917, https://www.focus.de/finanzen/news/deutsches-rotes-kreuz-drk-experten-zweifeln-an-gemeinnuetzigkeit-des-wohlfahrtsverbands_id_7823110.html, Abruf am 11.01.2021

BEHRINGER, ST., LÜHN, M.: Cashflow und Unternehmensbeurteilung. Berechnungen und Anwendungsfelder für die Finanzanalyse, 11. Aufl., Berlin 2016

BELKIN, V.: Multikriterielles Controlling von Geschäftsprozessen. Prozessverbesserung mit Hilfe der dynamischen Simulation, Lohmar 2011

BENES, G., GROH, P.: Grundlagen des Qualitätsmanagements, 4. Aufl., München 2017

BERGER, J., SORENSEN A. T., RASMUSSEN, S. J.: Positive Effects of Negative Publicity: When Negative Reviews Increase Sales, in: Marketing Science, Jg. 29, 2010, H. 5, S. 815–827

BERNDT, TH., JENNY, G.: Gewinn oder nicht Gewinn? – Bedeutung des Other Comprehensive Income bei der Bestimmung der Eigenkapitalrentabilität, in: Betriebs-Berater, 2006, H. 40, S. 2179–2185

BESCHORNER, D., PEEMÖLLER, V. H.: Allgemeine Betriebswirtschaftslehre. Grundlagen und Konzepte, 2. Aufl., Herne, Berlin 2006

BESTMANN, U.: Betriebswirtschaftliche Formelsammlung. Kommentierte Kennzahlen, München 2011

BICHENO, J., HOLWEG, M.: The Lean Toolbox: The Essential Guide to Lean Transformation, 5. Aufl., Buckingham 2016

BIEG, H., WASCHBUSCH, G.: Buchführung. Systematische Anleitung mit zahlreichen Übungsaufgaben und Online-Training. 9. Aufl., Herne 2017

BITKOM, VDMA, ZVEI: Industrie 4.0 – Whitepaper FuE-Themen, 2014, S. 1,https://www.zvei.org/fileadmin/user_upload/Presse_und_Medien/Publikationen/2014/april/Industrie_4.0__Whitepaper_zu_Forschungs-_und_Entwicklungsthemen/Industrie-40-Whitepaper-Forschung-20140403.pdf, Abruf am 21.06.2020

BLEICHER, K., ABEGGLEN, C.: Das Konzept Integriertes Management. Visionen – Missionen – Programme, 10. Aufl., Frankfurt, New York 2021

BLEYMÜLLER, J., WEISSBACH, R., DÖRRE, A.: Statistik für Wirtschaftswissenschaftler, 18. Aufl., München 2020

BLOECH, J. ET AL.: Einführung in die Produktion, 7. Aufl., Berlin, Heidelberg 2014

BLOECH, J., ROTTENBACH, S. (HRSG.): Materialwirtschaft, Stuttgart 1986

BLOHM, H., BEER, T., SEIDENBERG, U., SILBER, H.: Produktionswirtschaft,
5. Aufl., Herne 2016

BORNEMANN, H.: Controlling im Einkauf, Wiesbaden 1987

BULLINGER, H.-J. ET AL. (HRSG.): Handbuch Unternehmensorganisation. Strategien, Planung, Umsetzung. 3. Aufl., Berlin, Heidelberg, New York 2009

BUNDESVERBAND DEUTSCHER UNTERNEHMENSBERATER BDU E. V.: Grundsätze ordnungsgemäßer Planung (GoP), Bonn 2007

BUNDESZENTRALE FÜR POLITISCHE BILDUNG (HRSG:) Die soziale Situation in Deutschland, unter: http://www.bpb.de/nachschlagen/zahlen-und-fakten/soziale-situation-in-deutschland/61538/altersgruppen; Abruf am 17.02.2015

BUSCHMANN, S.: Trends auf der „letzten Meile": Das halten Online-Shopper von Same Day, Robotern, Drohnen und Co., 01.09.2017, https://www.ifhkoeln.de/trends-auf-der-letzten-meile-das-halten-online-shopper-von-same-day-robotern-drohnen-und-co/, Abruf am 28.11.2021

BUSSE VON COLBE, W., U. A. (HRSG.): Ergebnis nach DVFA/SG – gemeinsame Empfehlung. 2. Aufl., Stuttgart 1996

BUSSIEK, J., EHRMANN, H.: Buchführung, 9. Aufl., Ludwigshafen 2010

BUSSIEK, J., EHRMANN, H.: Buchführung, 8. Aufl., Ludwigshafen 2004

BUZZELL, R. D., GALE, B. T.: The PIMS Principles. Linking Strategy to Performance, New York 1987

CABRAL, L., HORTACSU, A.: The Dynamics of Seller Reputation: Evidence from Ebay, in: The Journal of Industrial Economics, Jg. 58, 2010, H. 1, S. 54–78

CHEVALIER, J., MAYZLIN; D.: The Effect of Word of Mouth on Sales: Online Book Reviews, in: Journal of Marketing Research, Jg. 43, 2006, H. 3, S. 345–354

COENENBERG, A., FISCHER, T., GÜNTHER, T.: Kostenrechnung und Kostenanalyse, 9. Aufl., Stuttgart 2016

COENENBERG, A. G., HALLER, A., SCHULTZE; W.: Jahresabschluss und Jahresabschlussanalyse. Betriebswirtschaftliche, handelsrechtliche, steuerrechtliche und internationale Grundlagen – HGB, IAS/IFRS, US-GAAP, DRS, 26. Aufl., Stuttgart 2021

COLSMAN, B.: Nachhaltigkeitscontrolling – Strategien, Ziele, Umsetzung, 2. Aufl., Wiesbaden 2016

CORSTEN, H., GÖSSINGER, R.: Produktionswirtschaft – Einführung in das industrielle Produktionsmanagement, 14. Aufl., Berlin, Boston 2016

CORSTEN, H., REISS, M. (Hrsg.): Betriebswirtschaftslehre, Bd. 1, 4. Aufl., München, Wien 2008

CRADLE TO CRADLE E. V.: Kreisläufe, http://c2c-ev.de/c2c-konzept/kreislaeufe/, Abruf am 22.05.2017

CREDITSHELF AG: Industrieller Mittelstand und Finanzierung 4.0, Juli 2018, https://www.forum-institut.de/de/media/B3/Content/180731%20creditshelf%20Studie%20Finanzierung%204_0.pdf, Abruf am 13.07.2021

CROSBY, P. B.: Quality is free – The Art of making quality certain, New York 1979

DÄUMLER, K.-D. , GRABE, J., MEINZER, C.: Investitionsrechnung verstehen: Grundlagen und praktische Anwendung mit Online-Training, 14. Aufl., Herne 2019

DALLMER, H.: Das System des Direct Marketing – Entwicklung und Zukunftsperspektiven, in DALLMER, H. (HRSG.): Das Handbuch des Direct Marketing & More, 8. Aufl., Wiesbaden 2002

DELLAROCAS, C.: Strategic Manipulation of Internet Opinion Forums: Implications for Consumer and Firms, in: Management Science, Jg. 52, 2006, H. 10, S. 153–169

DELLAROCAS, C., GAO, G., NARAYAN, R.: Are Consumers More Likely to Contribute Online Reviews für Hit or Niche Products? In: Journal of Management Information Systems, Jg. 27, 2010, H. 2, S. 127–158

DEMKE, S., SCHREIER, H.: Operations Research deterministische Modelle und Methoden, 1. Aufl., Wiesbaden 2006

DENKWERT GMBH, MEDIENCLUSTER NRW GMBH, ARTHUR D. LITTLE AUSTRIA GMBH (HRSG.): Future of Advertising 2015, unter: https://www.eco.de/wp-content/blogs.dir/the-future-of-advertising-2015.pdf

DEYHLE, A., KOTTBAUER, M., PASCHER, D.: Manager und Controlling: Kompaktes Controlling-Wissen für Führungskräfte, Freiburg 2011

DILLERUP, R., STOI, R.: Unternehmensführung. Management & Leadership. Strategien – Werkzeuge – Praxis, 5. Aufl., München 2016

DISTELZWEIG, A.: Performance Measurement in der Beschaffung: Ein Konzeptvergleich, Wiesbaden 2014

DREWNICKI, N.: Survey: 90% say positive reviews impact purchase decisions, 2013, http://www.reviewpro.com/survey-zendesk-mashable-dimensional-research-90-say-positive-reviews-impact-purchase-decisions-26016#sthash.c9enKPvk.dpuf, Abruf am 21.11.2021

DUMAS, M., LA ROSA, M., MENDLING, J., REIJERS, H.: Fundamentals of Business Process Management, 2. Aufl., Berlin 2018

ECKSTEIN, A, HALBACH, J.: Mobile Commerce in Deutschland – Die Rolle des Smartphones im Kaufprozess, http://www.ecckoeln.de/Downloads/Themen/Mobile/ECC_Handel_Mobile_Commerce_in_Deutschland_2012.pdf, S. 2, Abruf am 01.03.2015

EHRMANN, H.: Logistik, 9. Aufl. Ludwigshafen (Rhein) 2017

ENDRISS, H. W. (HRSG.): Bilanzbuchhalter-Handbuch. Nachschlagewerk für Weiterbildung und Praxis, 12. Aufl., Herne 2019

ERICHSEN, J. (HRSG.): Controlling für Einsteiger, Planegg/München 2010

EVERSHEIM, W. (HRSG.): Prozeßorientierte Unternehmensorganisation. Konzepte und Methoden zur Gestaltung „schlanker" Organisationen, 2. Aufl., Berlin 1996

FAHRENKAMP, R.: Supply Chain Management, in: WEBER, J., BAUMGARTEN, H.: Handbuch Logistik, Management von Material- und Warenflussprozessen, Stuttgart 1999

FIETEN, R.: Integrierte Materialwirtschaft. Leinfelden-Echterdingen, Konradin 1994

FRETER, H.: Marketing. Die Einführung mit Übungen, München 2004

FREUDENMANN, H.: Planung neuer Produkte, Stuttgart 1965

FREY-VOR, G., SIEGERT, G., STIEHLER, H.-J.: Mediaforschung, Konstanz 2008

FRITZ, W.: Internet-Marketing und Electronic Commerce: Grundlagen – Rahmenbedingungen – Instrumente, 3. Aufl., Wiesbaden 2004

FRITZ, W., VON DER OELSNITZ, D., SEEGEBARTH, B.: Marketing. Elemente marktorientierter Unternehmensführung, 5. Aufl., Stuttgart 2019

FUCHS, W., UNGER, F.: Management der Marketing-Kommunikation, 5. Aufl., Heidelberg 2014

FÜERMANN, T., DAMMASCH, C.: Prozessmanagement, in: KAMISKE, G. (HRSG.): Handbuch QM-Methoden, 3. Aufl., München 2015, S. 341–392

GEIGER, W., KOTTE, W.: Handbuch Qualität – Grundlagen und Elemente des Qualitätsmanagements, 5. Aufl., Wiesbaden 2008

GIEBEL, M.: Wertsteigerung durch Qualitätsmanagement. Entwicklung eines Modells zur Beschreibung der Wirkmechanismen und eines Vorgehenskonzepts zu dessen Einführung, Kassel 2011

GÖTZE, U.: Kostenrechnung und Kostenmanagement, 5. Aufl., Berlin, Heidelberg 2010

GOTTMANN, J.: Produktionscontrolling – Wertströme und Kosten optimieren, 2. Aufl., Wiesbaden 2019

GRÄFER, H., GERENKAMP, TH.: Bilanzanalyse, 13. Aufl., Herne 2016

GRÄFER, H., WENGEL, T.: Bilanzanalyse. Kompaktes Lern- und Arbeitsbuch mit Online-Training, 14. Aufl., Herne 2019

GRANT, R. M., NIPPA, M.: Strategisches Management: Analyse, Entwicklung und Implementierung von Unternehmensstrategien, 5. Aufl., München 2006

GRAUMANN, M.: Controlling. Begriffe, Elemente, Methoden und Schnittstellen, 5. Aufl., Herne 2018

GRAUMANN, M.: Wirtschaftliches Prüfungswesen, 6. Aufl., Herne 2020

GREIPL, E.: Bestimmung und Würdigung von Marktanteilen, in: BÖCKER, F., DICHTL, E., (HRSG.): Erfolgskontrolle im Marketing, Schriften zum Marketing, Bd. 1, Berlin 1975

GRITZMANN, K.: Kennzahlensysteme als entscheidungsorientierte Informationsinstrumente der Unternehmensführung in Einzelhandelsunternehmen, Diss. Universität Göttingen, Göttingen 1991

GROCHLA, E.: Grundlagen der Materialwirtschaft. Das materialwirtschaftliche Optimum im Betrieb, 3. Aufl., Wiesbaden 1992

GROCHLA, E., FIETEN, M. PUHLMANN, M., VAHLE, M.: Erfolgsorientierte Materialwirtschaft durch Kennzahlen, Baden-Baden 1983

GRUNWALD, A., KOPFMÜLLER, J.: Nachhaltigkeit, 2. Aufl., Frankfurt/Main 2012

GUNIA, P.-G.: Mehr Effizienz und mehr Erfolg im Personalkostenmanagement: ein Arbeitshandbuch zur Kostensenkung und Leistungssteigerung, Renningen 1995

GUSERL, R., PERNSTEINER, H. (Hrsg.): Finanzmanagement in der Praxis, 2. Aufl., Wiesbaden 2015

GUTENBERG, E.: Grundlagen der Betriebswirtschaftslehre, Bd. 1. Die Produktion, 24. Aufl., Berlin, Heidelberg, New York 1983

GUTT, D., HERRMANN, P.: Sharing Means Caring? Hosts' Price Reactions to Rating Visibility, in: Proceedings oft he 23rd European Conference on Information Systems (ECIS), Münster 2015, https://ris.uni-paderborn.de/record/254

HÄRDLER, J., GONSCHOREK, T. (HRSG.): Betriebswirtschaftslehre für Ingenieure. Lehr- und Praxisbuch. 6. Aufl., Leipzig 2016

HAHN, D.: Ziele des Produktionsmanagement, in: CORSTEN, H. (HRSG.): Handbuch Produktionsmanagement: Strategie – Führung – Technologie – Schnittstellen, Wiesbaden 1994

HAMMER, R.: Unternehmensplanung. Planung und Führung, 9. Aufl., Berlin, München, Boston 2015

HARMANN, A.: Bilanzanalyse für die Praxis unter Berücksichtigung moderner Kennzahlen, 2. Aufl., Herne, Berlin 1986

HARTMANN, E.: TPM – Effiziente Instandhaltung und Maschinenmanagement, 4. Aufl., München 2013

HARTMANN, H.: Materialwirtschaft, 9. Aufl., Gernsbach 2005

HASSLER, M.: Web Analytics, 2. Aufl., Heidelberg 2010

HAUNERDINGER, M., PROBST, H.: BWL leicht gemacht: Die wichtigsten Instrumente und Methoden der Unternehmensführung, München 2009

HEINRICH, J.: Medienökonomie. Bd. 2. Hörfunk und Fernsehen, 2. Aufl., Heidelberg 2010

HEINRICH, J., PÄTZOLD, U., RÖPER, H.: Werbepotenziale für die privaten elektronischen Medien in Nordrhein-Westfalen, Opladen 2002

HENTZE, J., Personalwirtschaftslehre, Bd. 2, 6. Aufl., Bonn, Stuttgart 1995

HERING, E.: Controlling für Ingenieure, Heidelberg 2014

HERMANNS, A.: Online-Marketing im E-Commerce. Herausforderungen für das Management, in: HERMANNS, A., SAUTER, M. (HRSG.): Management-Handbuch Electronic Commerce. Grundlagen, Strategien, Praxisbeispiele, 2. Aufl., München 2001, S. 103

HERMSEN, J.: Rechnungswesen der Industrie – IKR, 21. Aufl., Köln 2021

HEUPEL, T.: Funktionales Controlling, Studienbrief 003233-001565 des Instituts für Verbundstudien der Fachhochschulen Nordrhein-Westfalens – IfV NRW, Hagen 2009

HEUPEL, T., REINHARDT, M.: Das Controlling-Bild der Zukunft: Welche Chancen und Risiken ergeben sich im Spannungsverhältnis zwischen IT und Controlling für den Controller der Zukunft? In: KÜMPEL, T., SCHLENRICH, K., HEUPEL, T. (HRSG.): Controlling & Innovation 2019. Digitalisierung, Wiesbaden 2019, S. 111–134

HOFBAUER, G., HELLWIG, C.: Professionelles Vertriebsmanagement - Der prozessorientierte Ansatz aus Anbieter- und Beschaffersicht, 4. Aufl., Erlangen 2016

HOITSCH, H.-J.: Ziele und Aufgaben des Produktionscontrolling, in: CORSTEN, H. (HRSG.:) Handbuch Produktionsmanagement, Wiesbaden 1994

HOLIDAYCHECK GROUP: Die Psychologie des Bewertens, 2016, https://www.holidaycheckgroup.com/news/die-psychologie-des-bewertens-studie-zum-thema-online-bewertungen/, Abruf am 21.11.2021

HOLLAND, H.: Direktmarketing, 3. Aufl., München 2009

HOLZ, B. F., GAEBLER, W.: Flexible Fertigungssysteme. Der FFS-Report der INGERSOLL ENGINEERS, Berlin, Heidelberg, New York, Tokyo 1985

HOPFENBECK, W.: Allgemeine Betriebswirtschafts- und Managementlehre. 14. Aufl., Landsberg/Lech 2002

HORVÁTH, P.: Produktionscontrolling, in: KERN, W., SCHRÖDER, H.-H., WEBER, J. (HRSG.): Handbuch der Produktionswirtschaft, 2. Aufl., Stuttgart 1996

HORVÁTH, P., GLEICH, R., SEITER, M.: Controlling, 14. Aufl., München 2020

HORVÁTH, P., MAYER, R.: Prozeßkostenrechnung – Der neue Weg zu mehr Kostentransparenz und wirkungsvolleren Unternehmensstrategien, in: Zeitschrift für Controlling, 1. Jg., 1989, Heft 4, S. 214–219

http://www.absatzwirtschaft.de/budget-ausschlaggebend-fuer-kampagnenerfolg-10727/; Abruf am 17.05.2015

http://www.axelspringer-mediapilot.de/artikel/Preise-Formate-Zeitschriften-Anzeigenpreise-Zeitschriften-2015_21879832.html, Abruf am 10.03.2015

http://www.gujmedia.de/print/preise-fakten/, Abruf am 10.03.2015

http://www.lexikon.guj.de/print_text.php?slid=975&sprache_id=1&autor_id=2, Abruf am 19.02.2015

http://www.uebernehmensie.com/gericht.html, Abruf am 17.02.2015

https://www-genesis.destatis.de/genesis/online?operation=abruftabelleBearbeiten&levelindex=2&levelid=1628612799902&auswahloperation=abruftabelleAuspraegungAuswaehlen&auswahlverzeichnis=ordnungsstruktur&auswahlziel=werteabruf&code=42241-0004&auswahltext=&werteabruf=starten&nummer=4&variable=4&name=WZ08X2#abreadcrumb

https://www.mecalux.de/handbuch-lagerlogistik/kommissionierung, Abruf am 01.11.2021

https://www.support.google.com/analytics/answer/1009409?hl=de, Abruf am 13.11.2014; 15:38 Uhr

https://www.support.google.com/analytics/answer/1032415?hl=de, Abruf am 13.11.2014; 18:14 Uhr)

HUBER, F., HERRMANN, A., BRAUNSTEIN, C.: Der Zusammenhang zwischen Produktqualität, Kundenzufriedenheit und Unternehmenserfolg, in: HINTERHUBER, H. H., MATZLER, K.: Kundenorientierte Unternehmensführung – Kundenorientierung, Kundenzufriedenheit, Kundenbindung, 6. Aufl., Wiesbaden 2009, S. 69–86

HUBERT, B.: Grundlagen des operativen und strategischen Controllings. Konzeptionen, Instrumente und ihre Anwendung, 2. Aufl., Wiesbaden 2019

IGZ: SAP Manufacturing: OEE, o. J., https://www.igz.com/sap-manufacturing/oee/, Abruf am 03.05.2020.

IPH, unter: www.awf.de/wp-content/uploads/2014/12/Ruestablaufanalyse-mit-FastCura.pdf, Abruf am 04.072015

JACOB, H.: Industriebetriebslehre in programmierter Form: Bd. I: Grundlagen, Wiesbaden 1972

JÜNEMANN, R.: Materialfluss und Logistik. Systemtechnische Grundlagen mit Praxisbeispielen, Berlin, Heidelberg 1989

JUNG, H.: Allgemeine Betriebswirtschaftslehre, 13. Aufl., München 2016

JUNG, H.: Controlling, 4. Aufl., München 2014

JUNG, H., Personalwirtschaft, 10. Aufl., Berlin, Boston 2017

JUNGE, M.: Controlling moderner Produktfamilien in der Automobilindustrie, Diss. Uni Mainz 2004, Wiesbaden 2005

KAISER, A.: Elektronische Medien: Herausforderung für die Marketing-Kommunikation, in: BAUER, H. H., DILLER, H. (HRSG.): Wege des Marketing, Berlin 1995, S. 83

KARIMI, S., WANG, F.: Online review helpfulness: Impact of reviewer profile image, in: Decision Support Systems, Jg. 96, 2017, S. 39–48

KARJALAINEN, K., VAN RAAIJ, E.M.: An Empirical test of contributing factors to different forms of maverick buying, in: Journal of Purchasing and Supply Management. 17. Jg, 2011, S. 185–197, http://www.ippa.org/IPPC4/Proceedings/04EconomicsofProcurement/Paper4-2.pdf, Abruf am 04.08.2021

KERTH, K., ASUM, H., STICH, V.: Die besten Strategietools in der Praxis. Welche Werkzeuge brauche ich wann? Wie wende ich sie an? Wo liegen die Grenzen? 6. Aufl., München 2015

KIEFER, B.-U., KNEBEL, H.: Taschenbuch für Personalbeurteilung. Feedback in Organisationen, 12. Aufl., Hamburg 2011

KIENER, ST., MAIER-SCHEUBECK, N., OBERMAIER, R., WEISS, M.: Produktions-Management: Grundlagen der Produktionsplanung und -steuerung, 11. Aufl., München 2018

KILGER, W.: Optimale Produktions- und Absatzplanung: Entscheidungsmodell für den Produktions- und Absatzbereich industrieller Betriebe, Opladen 1973

KLEIN, A.: Moderne Controlling-Instrumente für Marketing und Vertrieb, München 2010

KLEIN, A.: *Unternehmenssteuerung* mit Kennzahlen, München 2014

KLEIN, A., SCHNELL, H.: Controlling in der Produktion– Instrumente, Kennzahlen und Best-Practices, München 2012

KLETTI, J., SCHUMACHER, J.: Die perfekte Produktion. Manufacturing Excellence durch Short Interval Technology (SIT), 2. Aufl., Berlin, Heidelberg 2014

KLOSS, I.: Werbung. Handbuch für Studium und Praxis, 5. Aufl. München 2012

KOHN, W., ÖZTÜRK, R.: Statistik für Ökonomen. Datenanalyse mit R und SPSS, 3. Aufl., Berlin, Heidelberg 2017

KOLLMANN, T.: Online-Marketing: Grundlagen der Absatzpolitik in der Net Economy, 2. Aufl., Stuttgart 2013

KOPP, G.: Behavioral Targeting: Identifizierung verhaltensorientierter Zielgruppen im Rahmen der Online-Werbung, Hamburg 2014

KOTLER, PH., ARMSTRONG, G., HARRIS, L., PIERCY, N.: Grundlagen des Marketing, 7. Aufl., Halbergmoos 2019

KOTLER, PH., KELLER, K., OPRESNIK, M.: Marketing-Management. Konzepte – Instrumente – Unternehmensfallstudien, 15. Aufl., Hallbergmoos 2017

KRAUSE, H.-U.: *Controlling-Kennzahlen* für ein nachhaltiges Management. Ein umfassendes Kompendium kompakt erklärter Key Performance Indicators, Berlin, Boston 2016

KRAUSE, H.-U.: *Ganzheitliches Reporting* mit Kennzahlen im Zeitalter der digitalen Vernetzung. Ein fallstudienbegleiteter Ansatz zur Nachhaltigkeits-Implementierung, 2. Aufl., Berlin, Boston 2019

KRAUSE, H.-U., ARORA, D.: Controlling-Kennzahlen/Key Performance Indicators, 2. Aufl., München 2010

KRIEGEL, J.: Logistik, Studienbrief 01-0904-002-3 der HFH, 3. Aufl., Hamburg 2019

KROEBER-RIEL, W., GRÖPPEL-KLEIN, A.: Konsumentenverhalten, 11. Aufl., München 2019

KÜMPEL, T., DEUX, T.: Kennzahlensysteme und Portfoliotechniken für das Einkaufscontrolling, in: Controller Magazin, Heft 4, 2003, S. 364-369

KÜPPER, H.-U., FRIEDL, G., HOFMANN, C. ET AL.: Controlling. Konzeption, Aufgaben, Instrumente, 6. Aufl., Stuttgart 2013

KÜTING, K., WEBER, C.-P.: Die Bilanzanalyse, 6. Aufl., Stuttgart 2001

KUHN, A.: Electronic commerce: Interface-Design und Website-Gestaltung im Business-to-Consumer-Bereich, Münster 2006

KUMMER, S. (HRSG.), GRÜN, O., JAMMERNEGG, W.: Grundzüge der Beschaffung, Produktion und Logistik, 4. Aufl., München 2019

KUNDISCH, D.: Einfluss und Relevanz von digitalen Kundenbewertungen. Vortrag auf einer Veranstaltung des Bundesverbandes mittelständische Wirtschaft (BVMW) am 14.06.2018 in Lichtenau

KUTSCHKER, M., SCHMID, S.: Internationales Management, 7. Aufl., München 2011

LAMMENETT, E.: Praxiswissen Online-Marketing: Affiliate-, Influencer-, Content-, Social-Media-, Amazon-, Voice-, B2B-, Sprachassistenten- und E-Mail-Marketing, Google Ads, SEO, 8. Aufl., Wiesbaden 2021

LEFFSON, U.: Bilanzanalyse, 3. Aufl., Stuttgart 1984

LEHRSTUHL FÜR FÖRDERTECHNIK MATERIALFLUSS LOGISTIK (fml), Technische Universität München: xyz-Analyse (http://www.fml.mw.tum.de/fml/index.php?Set_ID=320&letter=X), Abruf am 24.10.2014

LEWIS, G., ZERVAS, G.: The Supply and Demand Effects of Review Platforms, in: Communication & Computational Methods eJournal, Oktober 2019

LIEBL, CHR.: Kommunikations-Controlling: Ein Beitrag zur Steuerung der Marketing-Kommunikation am Beispiel der Marke Mercedes-Benz, Diss. TU Berlin, Wiesbaden 2003

LIPPE, G., ESEMANN, J., TÄNZER, TH.: Das Wissen für Bankkaufleute. Das umfassende und praxisorientierte Kompendium für die Aus- und Weiterbildung, 9. Aufl., Wiesbaden 2001

MANGALINDAN, M.: Web Stores Tap Product Reviews, in: Wall Street Journal, 11.09.2007

MANZ, K., SCHLACK, R., POETHKO-MÜLLER, C., ET AL.: Körperlich-sportliche Aktivität und Nutzung elektronischer Medien im Kindes- und Jugendalter. Ergebnisse der KiGGS-Studie – Erste Folgebefragung (KiGGS Welle 1), in: BUNGESGESUNDHEITSBLATT 2014 57, Berlin Heidelberg 2014, S. 844

MATHAR, H.-J., SCHEURING, J.: Logistik für technische Kaufleute und HDW. Grundlagen mit Beispielen, Repetitionsfragen und Antworten sowie Übungen, 2. Aufl., Zürich 2011

MATHAR, H.-J., SCHEURING, J.: Unternehmenslogistik. Grundlagen für die betriebliche Praxis mit zahlreichen Beispielen, Repetitionsfragen und Antworten, 3. Aufl., Zürich 2018

MEFFERT, H.: Absatzpolitik, 2 Bände, Münster 1974

MEFFERT, H.: Marketing. Einführung in die Absatzpolitik, 5. Aufl., Wiesbaden 1982

MEFFERT, H., BURMANN, C., KIRCHGEORG, M., EISENBEISS, M.: Marketing. Grundlagen marktorientierter Unternehmensführung. Konzepte – Instrumente – Praxisbeispiele, 13. Aufl., Wiesbaden 2019

MEHLAN, A.: Praxishilfen Controlling. Die besten Controlling-Instrumente mit Excel, Darmstadt 2007

MEIER, A., STORMER, H.: eBusiness & eCommerce. Management der digitalen Wertschöpfungskette, 3. Aufl., Berlin, Heidelberg 2012

MENGE, H.: Menge-Güthling. Langenscheidts Großwörterbuch Griechisch-Deutsch . Mit Etymologie, 22. Aufl., Berlin, München 1973

MERAN, R., JOHN, A., STAUDTER, C., ROENPAGE, O. in LUNAU, S. (HRSG.): Six Sigma + Lean Toolset. Mindset zur erfolgreichen Umsetzung von Verbesserungsprojekten, 5. Aufl., Berlin, Heidelberg 2014

MEYER, C., Betriebswirtschaftliche Kennzahlen und Kennzahlen-Systeme, 6. Aufl., Sternenfels 2011

MORSCHETT, D., SCHRAMM-KLEIN, H., ZENTES, J.: Strategic International Management, 3. Aufl., Wiesbaden 2015

MUCHNIK, L., ET AL.: Social Influence Bias: A Randomized Experiment, in: Science, Jg. 341, 2013, H. 6146, S. 647–651

MÜLLER, U.: Finanzbuchhaltung: vom Geschäftsvorfall bis zum Jahresabschluss, 2. Aufl., Stuttgart 2012

MÜLLER, U.: Finanzbuchhaltung: vom Geschäftsvorfall bis zum Jahresabschluss, Herne, Berlin 2001

NAGEL, M., MIEKE, C., TEUBER, S.: Methodenhandbuch der Betriebswirtschaft, 2. Aufl., München 2020

NEBL, T.: Produktionswirtschaft, 7. Aufl., München 2011

NERDINGER, F. W., NEUMANN, C., CURTH, S.: Kundenzufriedenheit und Kundenbindung, in: MOSER, K.: Wirtschaftspsychologie, 2. Aufl. Berlin, Heidelberg 2015, S. 119–138

NEUMANN, J., GUTT, D., KUNDISCH, D.: A Homeowner's Guide to Airbnb: Theory and Empirical Evidence for Optimal Pricing Conditional on Online Ratings, vorgestellt anlässlich: INFORMS Conference on Information Systems and Technology (CIST), Houston USA, 2017

NIESCHLAG, R., DICHTL, E., HÖRSCHGEN, H.: Marketing, 16. Aufl., Berlin 2002

NTV: Containerschiffe stauen sich in China, 22.06.2021, https://www.n-tv.de/wirtschaft/Containerschiffe-stauen-sich-in-China-article22636382.html

OBERMAIER; R.: „Industrie 4.0" – Stand und Perspektivem digital vernetzter Produktions- und Produktsysteme, in: CORSTEN, H., GÖSSINGER, R., SPENGLER, T. (HRSG.): Handbuch Produktions- und Logistikmanagement in Wertschöpfungsnetzwerken, Berlin, Boston 2018, S. 1266–1285

OBERMAIER, R.: Industrie 4.0 und digitale Transformation als unternehmerische Gestaltungsaufgabe: Strategische und operative Handlungsfelder für Industriebetriebe, in: OBERMAIER, R. (HRSG.): Handbuch Industrie 4.0 und digitale Transformation – Betriebswirtschaftliche, technische und rechtliche Herausforderungen, 1. Aufl., Wiesbaden 2019, S. 3–36

OBERMAIER, R., WAGENSEIL, V.: Betriebswirtschaftliche Wirkungen digital vernetzter Fertigungssysteme – Eine Analyse des Einsatzes moderner Manufacturing Execution Systeme in der verarbeitenden Industrie, in: OBERMAIER, R. (HRSG.): Handbuch Industrie 4.0 und digitale Transformation – Betriebswirtschaftliche, technische und rechtliche Herausforderungen, 1. Aufl., Wiesbaden 2019, S. 205–234

OELDORF, G., OLFERT, K.: Material-Logistik, 14. Aufl., Ludwigshafen 2018

OLFERT, K.: Einführung in die Betriebswirtschaftslehre, 6. Aufl., Herne 2020

OLFERT, K.: Finanzierung. 17. Aufl., Herne 2017

OLFERT, K.: Investition, 14. Aufl., Herne 2019

OLFERT, K., RAHN, H.-J.: Einführung in die Betriebswirtschaftslehre, 12. Aufl., Herne 2017

OLFERT, K., RAHN, H.-J., ZSCHENDERLEIN, O.: Lexikon der Betriebswirtschaftslehre, 9. Aufl., Ludwigshafen 2020

ORSINGHER, C., VALENTINI, S., ANGELIS, M.: A meta-analysis of satisfaction with complaint handling in services, in: Journal of the Academy of Marketing Science, Vol. 38, 2009, H. 2, S. 169–186

OSSOLA-HARING, C.: Handbuch Kennzahlen zur Unternehmensführung: Kennzahlen richtig verstehen, verknüpfen und interpretieren, 3. Aufl., Landsberg am Lech 2006

PEPELS, W. ET AL.: Expert Praxislexikon betriebswirtschaftliche Kennzahlen: Instrumente zur unternehmerischen Leistungsmessung, 2. Aufl., Renningen 2008

PERRIDON, L., STEINER, M., RATHGEBER, A.: Finanzwirtschaft der Unternehmung, 17. Aufl., München 2017

PFISTER, M. D., PFISTER, R.-D.: Value-oriented Leadership in Organizations auf Basis des ganzheitlichen Value Management-Ansatzes nach EN 12973 (VoLiO), Bd. 1., Kennzahlen als Basis für eine nationale und internationale Organisationsführung, Konstanz 2015

PFOHL, H.-C.: Logistiksysteme. Betriebswirtschaftliche Grundlagen. Logistik in Industrie, Handel und Dienstleistungen, 9. Aufl., Berlin 2018

PIONTEK, J.: Beschaffungscontrolling, 5. Aufl., Berlin, Boston 2016

PIONTEK, J.: Controlling, 3. Aufl., München, Wien 2005

PLÜMER, TH., STEINFATT, E.: Produktions- und Logistikmanagement, 2. Aufl., Berlin, Boston 2016

POOTEN, H., LANGENBECK, J.: Bilanzanalyse, 4. Aufl., Herne 2016

PORTER, M. E.: Wettbewerbsstrategie: Methoden zur Analyse von Branchen und Konkurrenten, 12. Aufl., Frankfurt, New York 2013

PRÄTSCH, J., SCHIKORRA, U., LUDWIG, E.: Finanzmanagement: Lehr- und Praxisbuch für Investition, Finanzierung und Finanzcontrolling, 4. Aufl., Berlin, Heidelberg 2012

PREISSLER, P. R.: Betriebswirtschaftliche Kennzahlen: Formeln, Aussagekraft, Sollwerte, Ermittlungsintervalle, München 2008

PREITZ, O., DAHMEN, W.: Allgemeine Betriebswirtschaftslehre, 20. Aufl., Bad Homburg 1991

RAMME, I.: Marketing. Einführung mit Fallbeispielen, Aufgaben und Lösungen, 3. Aufl., Stuttgart 2009

REFA – VERBAND FÜR ARBEITSSTUDIEN UND BETRIEBSORGANOISATION (HRSG.): Methodenlehre der Betriebsorganisation, 2. Aufl., München 2002

REFA – VERBAND FÜR ARBEITSSTUDIEN UND BETRIEBSORGANOISATION (HRSG.): Methodenlehre der Betriebsorganisation – Aufbauorganisation, München 1992

REFA-Methodenlehre der Planung und Steuerung, Teil 2, 4. Aufl., München 1985

REGBER, H., ZIMMERMANN, K.: Changemanagement in der Produktion: Prozesse effizient verbessern im Team, Landsberg 2013

REICHMANN, TH., KISSLER, M., BAUMÖL, U.: Controlling mit Kennzahlen – Die systemgestützte Controlling-Konzeption, 9. Aufl., München 2017

REINECKE, S., JANZ, S.: Marketingcontrolling, Stuttgart 2007

RKW-Handbuch Personalplanung, 3. Aufl., Neuwied, Kriftel, Berlin 1996

ROGGE, J.: Werbung, 6. Aufl., Ludwigshafen 2004

RUNDELL, M. (HRSG.): Macmillan English Dictionary – For advanced learners of american English, Begriff "Business", New York 2002

SABRAUTZKY, TH.: Erfolgreiche und profitable Vertriebssteuerung, Norderstedt 2013

SAP: Overall Equipment Effectiveness, o. J., https://help.sap.com/viewer/e1adc70af32241619335c8768a892edb/15.2/deDE/59d8e9a1370f49fbaac56fed0fac804f.html, Abruf am 03.05.2020

SCHELD, G. A.: Betriebswirtschaftliche *Kennzahlenanalyse* unter besonderer Berücksichtigung mittelständischer Unternehmen, Büren 2009

SCHELD, G. A.: Controlling im Mittelstand. Bd. 1: *Grundlagen* und Informationsmanagement, 4. Aufl., Büren 2008

SCHELD, G. A.: Controlling im Mittelstand. Bd. 3: *Operatives* Unternehmenscontrolling, 6. Aufl., Büren 2017

SCHIERENBECK, H., WÖHLE, C. B.: Grundzüge der Betriebswirtschaftslehre, 19. Aufl., München 2017

SCHILD, U.: Lebenszyklusrechnung und lebenszyklusbezogenes Zielkostenmanagement, Wiesbaden 2005

SCHLEUNING, CHR.: Dialog Marketing, Ettlingen 1997

SCHLOSKE, A., THIEME, P.: Qualität als entscheidender Wettbewerbsfaktor, in: BULLINGER, H.-J. ET AL. (HRSG.): Handbuch Unternehmensorganisation – Strategien, Planung, Umsetzung, 3. Aufl., Berlin, Heidelberg 2009, S. 150–153

SCHMELZER, H. J., SESSELMANN, W.: Geschäftsprozessmanagement in der Praxis, 9. Aufl., München 2020

SCHMITT, M.: Zwischen Strategie und Produktionsreporting: Produktivitätskennzahlen als Bindeglied, in: KLEIN, A., SCHNELL, H. (HRSG.): Controlling in der Produktion – Instrumente, Kennzahlen und Best-Practices, München 2012, S. 121–138

SCHMITT, R., PFEIFER, T.: Qualitätsmanagement, 5. Aufl., München, Wien 2015

SCHNEIDER, W., HENNIG, A.: Lexikon Kennzahlen für Marketing und Vertrieb, 2. Aufl., Berlin, Heidelberg 2008

SCHNELL, H.: *Effizienzmessung* in der Produktion mit Hilfe von Kennzahlen, in: KLEIN, A., SCHNELL, H. (HRSG.): Controlling in der Produktion – Instrumente, Kennzahlen und Best-Practices, München 2012, S. 41–62

SCHNELL, H.: *Produktionscontrolling*: Bedeutung, Selbstverständnis, Aufgaben, Instrumente, in: KLEIN, A., SCHNELL, H. (HRSG.): Controlling in der Produktion – Instrumente, Kennzahlen und Best-Practices, München 2012, S. 21–40

SCHRÖDER, H.: Finanzmanagement souverän meistern: Finanz- und Kostenmanagement erfolgreich umsetzen, Düsseldorf 2012

SCHROETER, A., WESTERMEYER, PH., MÜLLER, CHR. ET AL.: Die Zukunft des Display Advertising. Intelligenter – automatisierter – effizienter durch Real Time Bidding, Hamburg 2012

SCHUH, G., AGHASSI, S., BREMER, D. ET AL.: Einkaufsstrukturen, in: SCHUH, G. (HRSG.): Einkaufsmanagement. Handbuch Produktion und Management 7, 2. Aufl., Berlin, Heidelberg 2014, S. 25–74

SCHUH, G., GUO, D.: Ordnungsrahmen Einkaufsmanagement, in: SCHUH, G. (HRSG.): Einkaufsmanagement. Handbuch Produktion und Management 7, 2. Aufl., Berlin, Heidelberg 2014, S. 9–16

SCHUH, G., SCHMIDT, C.: Produktionsmanagement, 2. Aufl., Berlin 2015

SCHULTE, C.: Personal-Controlling mit Kennzahlen. Instrumente für eine aktive Steuerung im Personalwesen, 4. Aufl., München 2020

SCHULTE, K.: Controlling 3. Konzeption, Ausprägungen und Instrumentarium des Bereichscontrollings, Studienbrief 01-2523-001-1 der HFH, 1. Aufl., Hamburg 2016

SCHULTE-ZURHAUSEN, M.: Organisation, 6. Aufl., München 2014

SCHWARZ, M. in: http://www.ba-breitenbrunn.de/fileadmin/benutzer/benutzer_i/skripte/herr_prof_dr_schwarz/Kapitel_3__Materialauswahl_.pdf, Abruf am 01.03.2015

SCHWARZE, J., SCHWARZE, ST.: Electronic Commerce. Grundlagen und praktische Umsetzung, Herne, Berlin 2002

SCHWEITZER, M., KÜPPER, H.-U., FRIEDL, G., PEDELL, B.: Systeme der Kosten- und Erlösrechnung, 11. Aufl., Wiesbaden 2016

SCHWENK, J.: Maverick Buying – Anarchie im Indirect Procurement. DIMension, Ulm 2011

SCHWICKERT, A. C.: Web Site Engineering: Ökonomische Analyse und Entwicklungssystematik für eBusiness-Präsenzen, Berlin 2013

SEGHEZZI, H. D., FAHRNI, F., FRIEDLI, T.: Integriertes Qualitätsmanagement. Der St. Galler Ansatz, 4. Aufl., München 2013

SEPEHR, PH.: Die Entwicklung der Marketingdisziplin: Wandel der marktorientierten Unternehmensführung in Wissenschaft und Praxis, Diss. Uni Münster 2013, Wiesbaden 2014

SIEBER, C.: Kooperation von Zentralcontrolling und Bereichscontrolling, Messung – Auswirkung – Determinanten, Wiesbaden 2008

SHINGO, S.: A Revolution in Manufacturing. The SMED System, New York 1985

SHINGO, S.: Quick Changeover for Operators: SMED System, New York 1996

SIEDENBIEDEL, G.: Internationales Management. Einflussgrößen – Erfolgskriterien – Konzepte, Stuttgart 2008

SIEGERT, G., BRECHEIS, D.: Werbung in der Medien- und Informationsgesellschaft: Eine kommunikationswissenschaftliche Einführung, 3. Aufl., Wiesbaden 2017

SIHN, W. ET AL.: Produktion und Qualität, München 2016

SIMON, H.: Beat the crisis, New York 2009

SIMON, H.: Hidden Champions. Aufbruch nach Globalia. Die Erfolgsstrategien unbekannter Weltmarktführer, Frankfurt, New York 2012

SIMON, H., BILSTEIN, F., LUBY, F.: Manage for Profit, not for Market Share. A Guide to higher Profitability in Highly Contested Markets, Boston 2006

SJURTS, I. (HRSG): Gabler Lexikon Medienwirtschaft, 2. Aufl., Wiesbaden 2010

STÄHLER, P.: Geschäftsmodelle in der digitalen Ökonomie: Merkmale, Strategien und Auswirkungen, 2. Aufl., Köln-Lohmar 2002

STATISTA: Was ist Ihnen beim Fliegen besonders wichtig? 2021, https://de.statista.com/statistik/daten/studie/258540/umfrage/umfrage-zu-den-wichtigsten-kriterien-bei-flugreisen/, Abruf am 21.11.2021

STATISTA: Welche betriebswirtschaftlichen Kennzahlen erheben Sie regelmäßig? https://de.statista.com/statistik/daten/studie/458886/umfrage/umfrage-unter-handwerksbetrieben-zu-erhobenen-betriebswirtschaftichen-kennzahlen/, Abruf am 28.11.2020

STAUSS, B., SEIDEL, F.: Beschwerdemanagement – Unzufriedene Kunden als profitable Zielgruppe, 5. Aufl., München 2014

STEGER, J.: Kennzahlen und Kennzahlensysteme. Mit einem durchgängigen Fallbeispiel und Lösungen, 3. Aufl., Herne 2017

STELLING, J. N.: Kostenmanagement und Controlling, 3. Aufl., München 2008

STENDER-MONHEMIUS, K.: Marketing kompakt und Fallstudien. Systematik, Beispiele, Fallstudie mit Lösungen, 3. Aufl., Norderstedt 2020

STEVEN, M.: Handbuch Produktion. Theorie – Management – Logistik – Controlling, Stuttgart 2007

STOMMEL, H. J., KUNZ, D.: Untersuchungen über Durchlaufzeiten in Betrieben der metallverarbeitenden Industrie mit Einzel- und Kleinserienfertigung, Wiesbaden 1973

SZAMEITAT, TH.: Praxiswissen Anzeigenverkauf: So gelingt die Kommunikation zwischen Verlag, Agentur und Kunde, Wiesbaden 2010

T3N: Retouren verringern: 5 Tipps, die deine Quote senken, 16.03.2014, https://t3n.de/news/retouren-verringern-532832/, Abruf am 02.12.2021

TAKEDA, H.: LCIA – Low Cost Intelligent Automation: Produktivitätsvorteile durch Einfachautomatisierung, 3. Aufl., München 2011

THOMAS, B., HOUSDEN, M.: Direct and Digital Marketing in Practice, 3rd ed., New York 2017

THOME, R.: e-business, in: Informatik Spektrum, Bd. 25, 2002, Heft 2, S. 151

THOME, R., SCHINZER, H., HEPP, M.: Electronic Commerce: Ertragsorientierte Integration und Automatisierung, in: THOME, R., SCHINZER, H., HEPP, M. (HRSG.): Electronic commerce und Electronic Business – Mehrwert durch Integration und Automation, 3. Aufl., München 2005, S. 1–28

THOMMEN, J., ACHLEITNER, A. GILBERT, D. ET AL.: Allgemeine Betriebswirtschaftslehre, 9. Aufl., Wiesbaden 2020

T&O: T&OMCAT, http://www.tundo.de/wertschoepfung/139-taomcat, Abruf am 24.10.2014

TROMMSDORFF, V.: Vorlesung Konsumentenverhalten. Einstellungen/Werte, Sommersemester 2010, TU Berlin, Lehrstuhl Marketing, unter: https://www.marketing.tu-berlin.de/fileadmin/fg44/download_kv/ss10/KV_04_05_Einstellungen_Werte.pdf, Abruf am 13.02.2015

ULRICH, H.: Management, Bern 1984

UNGER, F, FUCHS, W., MICHEL, B.: Mediaplanung. Methodische Grundlagen und praktische Anwendungen, 6. Aufl., Berlin 2013

UNTEREINER, V.: Krabben nach Marokko, 12.03.2007, https://www.welt.de/wirtschaft/article756944/Krabben-nach-Marokko.html, Abruf am 13.11.2020

VAHRENKAMP, R.: Produktionsmanagement, 6. Aufl., München 2008

VAHS, D.: Organisation. Ein Lehr- und Managementbuch, 10. Aufl., Stuttgart 2019

VAJNA, S., SCHLINGENSIEPEN, J.: CIM Lexikon, Braunschweig 1990
VDI: Organisation des VDI, o. J., https://www.vdi.de/ueber-uns/organisation/vdi-gruppe, Abruf am 20.05.2020

VDI: VDI 3423: Verfügbarkeit von Maschinen und Anlagen – Begriffe, Zeiterfassung und Berechnung, August 2011

VDI: VDI 4400: Logistikkennzahlen für die Distribution, Berlin Juli 2002

VDI: VDI 4490: Operative Logistikkennzahlen von Wareneingang bis Versand, Berlin Mai 2007

VDI: VDI 4801: Ressourceneffizienz in kleinen und mittleren Unternehmen (KMU) – Strategien und Vorgehensweisen zum effizienten Einsatz natürlicher Ressourcen, Mai 2018

VDI: VDI-Richtlinien, o. J., https://www.vdi.de/richtlinien, Abruf am 20.05.2020

VDMA: Der VDMA, o. J., https://www.vdma.org/ueber-den-vdma, Abruf am 20.05.2020

VDMA: MES, o. J., https://www.vdma.org/v2viewer/-/v2article/render/15291019, Abruf am 20.05.2020

VDMA: VDMA 66412-1, Oktober 2009

VDMA: VDMA-Einheitsblatt 66412-1: Manufacturing Execution Systems Kennzahlen, Berlin, Oktober 2009

VDMA: Verzeichnis der VDMA-Einheitsblätter, o. J., https://www.vdma.org/v2viewer/-/v2article/render/15252708, Abruf am 20.05.2020

VOLLAND, ST.: Produktionsmanagement, 3. Aufl., Berlin 2011

VOSSEBEIN, U.: Materialwirtschaft und Produktionstheorie, 2. Aufl., Wiesbaden 2001

WAGNER, K. W., LINDNER, A. M.: WPM – Wertstromorientiertes Prozessmanagement – Effizienz steigern, Verschwendung reduzieren, Abläufe optimieren, 2. Aufl., München 2017

WANNENWETSCH, H.: Erfolgreiche Verhandlungsführung in Einkauf und Logistik: Praxisstrategien und Wege zur Kostensenkung – für Einkauf, Logistik und Vertrieb, 4. Aufl., Berlin, Heidelberg 2013

WCED/UN: Report of the World Commission on Environment and Development – Our Common Future, Oxford 1987

WEBER, J., WALLENBURG, C. M.: Logistik- und Supply Chain Controlling, 6. Aufl., Stuttgart 2010

WEBER, M.: Schnelleinstieg Kennzahlen, Freiburg 2006

WEDELL, H., DILLING, A.: Grundlagen des Rechnungswesens. Lehrbuch und Online-Training mit über 50 Aufgaben, 16. Aufl., Herne 2018

WEIBER, R.: Handbuch Electronic Business, 2. Aufl., Wiesbaden 2002 (Reprint 2014)

WEIS, H. C, Marketing, 18. Aufl., Herne 2018

WEIS, H. C., STEINMETZ, P.: Marktforschung, 8. Aufl., Herne 2012

WEISE, D., ZEISEL, S.: Controlling und Einkauf – erfolgreich in die Zukunft führen, in: GADATSCH, A., KRUPP, A., WIESEHAHN, A. (HRSG.): Controlling und Leadership. Konzepte – Erfahrungen – Entwicklungen, 1. Aufl, Wiesbaden 2017, S. 215–231

WELGE, M. K.: Planung, Unternehmensführung. Band 1. Planung, Stuttgart 1985 (Reprint 1992)

WERNER, H.: Supply Chain Management. Grundlagen, Strategien, Instrumente und Controlling, 7. Aufl., Wiesbaden 2020

WESTKÄMPER, E.: Einführung in die Organisation der Produktion, 1. Aufl., Berlin, Heidelberg 2006

WICKEL-KIRSCH, S., JANUSCH, M., KNORR, E.: Personalwirtschaft. Grundlagen der Personalarbeit im Unternehmen, Wiesbaden 2008

WILDEMANN, H.: Kosten- und Leistungsbeurteilung von Qualitätssicherungssystemen. In: Zeitschrift für Betriebswirtschaft, 62. Jg., 1992, Heft 7, S. 761–782

WILDEMANN, H.: Rüstzeitmanagement: Leitfaden zur Reduzierung des Rüstaufwands und Steigerung der Anlagenproduktivität, 9. Aufl. München 2015

WILDMANN, L.: Makroökonomie, Geld und Währung, 2. Aufl. München 2010

WIRCHER, H.: Beschwerdemanagement, in: WISU, 2016, H. 10, S. 1108–1109

WIRTZ, B. W.: Electronic Business, 3. Aufl., Wiesbaden 2010

WÖHE, G., DÖRING, U., BRÖSEL, G.: Einführung in die Allgemeine Betriebswirtschaftslehre, 27. Aufl., München 2020

WÖLTJE, J.: Betriebswirtschaftliche *Formelsammlung*, 7. Aufl., Freiburg 2020

WÖLTJE, J.: Betriebswirtschaftliche *Formeln*: TaschenGuide, 6. Aufl., Freiburg 2021

WÖLTJE, J.: *Bilanzen* lesen, verstehen und gestalten, 13. Aufl., Freiburg 2018

WÖRDENWEBER, M.: Kennzahlen und Verfahren der *Kostenrechnung*, 2. Aufl., Norderstedt 2021

WÖRDENWEBER, M.: Nachhaltigkeitsmanagement – Grundlagen und Praxis unternehmerischen Handelns, 1. Aufl., Stuttgart 2017

WÖRDENWEBER, M.: *Normatives Management* und konstitutive Entscheidungen, 1. Aufl., Norderstedt 2019

WÖRDENWEBER, M.: Operatives Controlling – Band 1. Planung, Datenaufbereitung, gesamtbetriebliche Kennzahlen, Kontrolle, 3. Aufl., Berlin 2021

WÖRDENWEBER, M.: *Unternehmensplanung* und Kontrolle, 2. Aufl., Norderstedt 2021

WÖRDENWEBER, M.: Wertorientiertes Controlling, 1. Aufl., Norderstedt 2021

WÜST, K., KUPPINGER, B.: Optimierung von Losgröße, Durchlaufzeit und Werkstattumlaufbeständen, in: KLEIN, A., SCHNELL, H. (HRSG.): Controlling in der Produktion– Instrumente, Kennzahlen und Best-Practices, München 2012, S. 87–104, Abruf am 17.07.2016

www.volkswagen-poznan.pl/de/schulung-smed-modul

ZANTOW, R., DINAUER, J., SCHÄFFLER, C.: Finanzwirtschaft des Unternehmens. Die Grundlagen des modernen Finanzmanagements, 4. Aufl., Halbergmoos 2016

ZENTES, J., SWOBODA, B., FOSCHT, T.: Handelsmanagement, 3. Aufl., München 2012

ZIEGENBEIN, K.: Controlling. 10. Aufl., Herne 2011

ZOLLONDZ, H.-D.: Grundlagen Qualitätsmanagement. Einführung in Geschichte, Begriffe, Systeme und Konzept, 3. Aufl., München 2011

Stichwortverzeichnis